U0301713

高级氧化水处理工艺基础与应用

Advanced Oxidation Processes for Water Treatment
FUNDAMENTALS AND APPLICATIONS

[加] 米哈埃拉·I. 斯蒂芬 编
贾瑞宝 孙文俊 译

中国建筑工业出版社

著作权合同登记图字：01—2021—2744 号

图书在版编目（CIP）数据

高级氧化水处理工艺基础与应用 /（加）米哈埃拉·I. 斯蒂芬（Mihaela I. Stefan）编；贾瑞宝，孙文俊译. —北京：中国建筑工业出版社，2022. 9

书名原文：Advanced Oxidation Processes for Water Treatment FUNDAMENTALS AND APPLICATIONS

ISBN 978-7-112-27597-7

Ⅰ. ①高… Ⅱ. ①米… ②贾… ③孙… Ⅲ. ①水处理—氧化—技术 Ⅳ. ①TU991. 2

中国版本图书馆 CIP 数据核字（2022）第 118571 号

Advanced Oxidation Processes for Water Treatment
FUNDAMENTALS AND APPLICATIONS
Edited by Mihaela I. Stefan
ISBN 9781780407180

责任编辑：于　莉　孙书妍
责任校对：芦欣甜

高级氧化水处理工艺基础与应用
Advanced Oxidation Processes for Water Treatment
FUNDAMENTALS AND APPLICATIONS
［加］米哈埃拉·I. 斯蒂芬　编
贾瑞宝　孙文俊　译
*
中国建筑工业出版社出版、发行（北京海淀三里河路 9 号）
各地新华书店、建筑书店经销
北京红光制版公司制版
河北鹏润印刷有限公司印刷
*
开本：787 毫米×1092 毫米　1/16　印张：41¼　字数：939 千字
2022 年 8 月第一版　2022 年 8 月第一次印刷
定价：**178. 00** 元
ISBN 978-7-112-27597-7
（39061）

对所有梦想远大的人来说，相信自己，努力改变世界。

我想念我的父母。尽管出身卑微，但是他们教会了我坚持不懈的价值；

我也想念我的家人，是他们的支持让我一路走来。

米哈埃拉·I. 斯蒂芬
（Mihaela I. Stefan）
2017年8月3日

翻译委员会

主　　译　贾瑞宝　孙文俊

副 主 译　孙韶华　楚文海　刘建广　王明泉　宋武昌

翻译人员

山东省城市供排水水质监测中心

贾瑞宝　孙韶华　王明泉　宋武昌　马中雨
辛晓东　李桂芳　宋　艳　姚振兴　潘章斌
侯　伟　陈发明　逯南南　孙　莉　冯桂学
杨晓亮　李　祥　刘　帅　杜振齐　朱小康
米记茹　秦　尧　高玉婷　朱欢欢　周安然
姬广雪　王　鑫　董笑彤　王锐敏　王　栋

清华大学　孙文俊　陈仲賓　敖秀玮　李思淼　路则栋
李　晨　凌艳晨

同济大学　楚文海　肖　融　欧　恬　廖青莹　王武明
刘晓宇　盖世博　陈　莉　曹中琦　周子翀
王　品

山东建筑大学　刘建广　杨淑淇　孙晓云　胡广宁　安　琦
朱鹏宇　薛萍萍　马　兰　金　岩　郭　宁

审校委员会

主　　　审 马　军　吕东明

审校专家（以姓氏笔画为序排列）：

王玉珏　王建龙　方晶云　石宝友　关小红

李梦凯　宋卫华　张永吉　张传兴　陈　卓

陈白杨　赵梓名　谈超群

译者的话

水是人类最宝贵的资源。随着我国社会经济的快速发展，以各种途径进入水体的有机污染物种类、数量不断增加，水环境污染越来越严重，水环境质量也急剧下降。部分污染物化学性质稳定，难以被环境微生物降解，且很多“三致”物质在水体中含量较低，通过常规的物理、化学、生物方法难以有效去除。随着科学技术研究的不断深入，高级氧化工艺（Advanced Oxidation Processes，简称 AOPs）应运而生并有了显著进展。

AOPs 是 20 世纪 80 年代开始形成的高效水处理技术，其可将污废水中可生化性差、相对分子质量大的有机污染物直接矿化或通过氧化提高污染物的可生化性，同时在饮用水微量有害化学物质的处理方面也具有很大的技术优势。多年来，科研工作者对 AOPs 的理论和应用进行了广泛研究，同时还开展了基于 AOPs 的工程技术的研发工作。由于 AOPs 具有氧化性强、操作条件易于控制的优点，且对水中污染物的去除具有良好的经济性和可持续性，因此应用前景广阔。

本书概述了目前研究最广泛的高级氧化工艺，其中一些工艺已被广泛用于水质净化处理。重点讨论了每种高级氧化工艺的基本原理、动力学模型、水质对工艺性能的影响、副产物的生成、经济合理性、小试和中试研究案例、工程应用和未来的研究需求。除高级氧化工艺章节外，本书还设置了五个专题章节，内容包括荷兰 PWN 供水公司的饮用水高级处理、水回用高级氧化工艺、城市污水和工业废水的处理用高级氧化工艺、水环境中的光化学法以及用于水处理中的绿色技术。

本书由贾瑞宝、孙文俊主译。各章节译者为：第 1 章，贾瑞宝、刘建广、马中雨、孙莉、李祥、刘帅；第 2 章，孙韶华、楚文海、宋武昌、李桂芳、杨晓亮、杜振齐、朱小康、米记茹；第 3 章，贾瑞宝、孙韶华、楚文海、潘章斌、陈发明、秦尧、高玉婷；第 4 章，贾瑞宝、孙韶华、刘建广、宋艳、王明泉、姬广雪；第 5 章，孙文俊、陈仲贇、潘章斌、陈发明；第 6 章，孙文俊、敖秀玮、宋武昌、李桂芳、杨晓亮；第 7 章，楚文海、王武明、刘晓宇、盖世博、肖融、欧恬、冯桂学；第 8 章，楚文海、陈莉、曹中琦、周子翀、王品、廖青莹、辛晓东；第 9 章，孙文俊、陈仲贇、李思淼、路则栋、姚振兴；第 10 章，孙文俊、敖秀玮、李晨、凌艳晨、宋艳；第 11 章，刘建广、杨淑淇、孙晓云、胡广宁、姬广雪、金岩、逯南南；第 12 章，刘建广、安琦、朱鹏宇、薛萍萍、马兰、郭宁、侯伟；第 13 章，孙韶华、贾瑞宝、孙文俊、辛晓东、王锐敏、王栋；第 14 章，孙韶华、贾瑞宝、孙文俊、侯伟、周安然、陈仲贇；第 15 章，贾瑞宝、孙韶华、逯南南、王鑫；第 16 章，贾瑞宝、孙韶华、姚振兴、朱欢欢、敖秀玮；第 17 章，贾瑞宝、孙韶华、王明泉、董笑彤、陈仲贇。

本书的出版得到了有关方面的大力支持。首先得益于国家水体污染控制与治理科技重大专项“城镇供水系统关键材料设备评估验证及标准化”（2017ZX07501—003）课题、山东省“饮用水安全保障技术”泰山学者岗位建设工程项目（ts201712084）的资助。感谢原书编者米哈埃拉·I. 斯蒂芬女士在本书出版过程中给予的帮助和指导。感谢哈尔滨工业大学马军院士、阿尔德拉科技（深圳）有限公司吕东明博士等审校委员会专家对全书翻译质量的严格把关。国际水协会（IWA）大中华区总监李涛博士、中国建筑出版传媒有限公司于莉、孙书妍编辑在图书出版中也做了大量工作，在此一并深表感谢。

尽管本书并不是对高级氧化工艺的全面综述，但它提供了目前该领域前沿的科学技术成果，以期为水处理行业特别是从事高级氧化工艺研究和应用的专业技术人员、科研人员提供参考。限于译者的专业和文字水平，对诸多问题的认识还不够深刻，难免存在疏漏之处，敬请读者批评指正。

译 者

2021 年 3 月

编者简介

米哈埃拉·I. 斯蒂芬（Mihaela I. Stefan）博士毕业于罗马尼亚布加勒斯特大学，并获得光化学和化学动力学博士学位。斯蒂芬博士在UV/AOPs水处理技术的学术和工程应用研究方面拥有近25年的经验。她曾经在加拿大安大略省伦敦西部大学任职，自2001年起以高级研究员身份加入加拿大特洁安技术公司。斯蒂芬博士设计、领导并实施了多个基于紫外线处理技术修复微污染水体的基础和应用研究项目，涉及直接光解、UV/H_2O_2以及UV/Cl_2等多种工艺。主要研究方向有水源水中化学污染物的光化学和自由基反应、降解动力学、动力学建模和水质对UV工艺性能的影响、反应机理和副产物形成、后UV/AOP水处理对处理水质的影响等。斯蒂芬博士在同行评审期刊上撰写并发表了多篇论文，并同加拿大自然科学与工程研究委员会（NSERC）和水研究基金会（Water Research Foundation）合作开展了数个研究项目。

撰稿人简介

通德·奥洛皮(Tünde Alapi)博士
塞格德大学无机与分析化学系环境分析化学助理教授
匈牙利塞格德
alapi@chem. u-szeged. hu

埃斯特·奥洛尼(Eszter Arany)博士
塞格德大学无机与分析化学系环境分析化学研究员
匈牙利塞格德
arany. eszter@chem. u-szeged. hu

希亚拉·伯恩(Ciara Byrne)理学学士
斯莱戈理工学院环境科学系 纳米技术与生物工程部 精密工程、材料与制造研究中心博士研究生
爱尔兰斯莱戈
Ciara. Byrne@mail. itsligo. ie

赫里斯托福罗斯·克里斯托福里迪(Christophoros Christophoridis)博士
NCSR "Demokritos" 纳米科学与纳米技术研究所 催化-光催化过程与环境分析实验室研究员
希腊雅典
cchrist@chem. auth. gr

约瑟夫·德·莱特(Joseph De Laat)博士
普瓦纳大学 IC2MP(CNRS7285) 教授
法国普瓦纳
joseph. de. laat@univ-poitiers. fr

狄奥尼修斯·D. 狄奥尼西奥(Dionysios D. Dionysiou)博士
辛辛那提大学化学与环境工程系教授
美国俄亥俄州辛辛那提市
dionysios. d. dionysiou@uc. edu

约尔格·E. 德勒韦斯(Jörg E. Drewes)博士
慕尼黑工业大学 城市水系统工程系主任/教授
德国加尔兴
jdrewes@tum. de

波利卡波斯·法拉尔斯(Polycarpos Falaras)博士
IAMPPNM NCSR "Demokritos" 物理化学部研究室主任
希腊雅典
papi@chem. demokritos. gr

亚历山德拉·菲什巴彻(Alexandra Fishbacher)硕士
杜伊斯堡-埃森大学化学系仪器分析化学博士研究生
德国埃森
alexandra. fischbacher@uni-due. de

吉尔伯特·加利亚德(Gilbert Galjaard)
普华永道科技公司首席技术官
荷兰维尔塞布鲁克
ggaljaard@pwntechnologies. com

丹尼尔·格里蒂(Daniel Gerrity)博士
内华达大学拉斯维加斯分校土木环境工程与建筑系助理教授
美国内华达州拉斯维加斯
daniel. gerrity@unlv. edu

米格尔·A. 格雷西亚·皮尼拉(Miguel A. Gracia Pinilla)博士
新莱昂自治大学研究与物理数学科学中心物理与数学学院副教授
墨西哥
miguelchem@gmail. com

韩昌熙(Changseok Han)博士
美国环保署土地和材料管理处、橡树岭科学和教育研究所材料管理处博士后助理研究员
美国俄亥俄州辛辛那提市
changseok. han94@gmail. com

安娜斯塔西娅·希斯契亚(Anastasia Hiskia)博士
NCSR "Demokritos" 纳米科学与纳米技术研究所催化-光催化过程与环境分析实验室、研究室主任
希腊雅典
hiskia@chem. demokritos. gr

娜塔莉·卡佩尔·韦尔·莱特纳(Nathalie Karpel Vel Leitner)博士
普瓦捷大学 IC2MP 研究室主任
法国普瓦捷
nathalie. karpel@univ-poitiers. fr

斯图亚特·J. 卡恩(Stuart J. Khan)博士
新南威尔士大学土木与环境工程学院副教授
澳大利亚悉尼
s. khan@unsw. edu. au

阿萨纳修斯·G. 康托斯(Athanassios G. Kontos)博士
IAMPPNM NCSR "Demokritos" 物理化学部高级研究员
希腊雅典
akontos@chem. demokritos. gr

埃里克·科雷曼(Erik Koreman)硕士
PWN 科技公司科学研究员
荷兰维尔瑟布鲁克
ekoreman@pwntechnologies. com

兹苏桑纳·科兹梅尔(Zsuzsanna Kozmér)硕士
塞吉德大学无机和分析化学系环境分析化学博士研究生
匈牙利塞吉德
kozmerzs@chem. u-szeged. hu

雅各布·拉利(Jacob Lalley)硕士
Pegasus 技术服务公司化学家
美国俄亥俄州辛辛那提市
jacobmlalley@gmail. com

奥-纳龙·拉尔帕里苏蒂(On-anong Larpparisudthi)博士
朱拉隆功大学环境工程系教授
泰国曼谷
onny80@gmail. com

道格拉斯·E. 拉奇(Douglas E. Latch)博士
西雅图大学化学系副教授
美国华盛顿州西雅图
latchd@seattleu. edu

布鲁斯·R. 洛克(Bruce R. Locke)博士
佛罗里达州立大学化学与生物医学工程系教授
美国宾夕法尼亚州塔拉哈西
locke@eng. fsu. edu

霍尔格·吕策(Holger Lutze)博士
杜伊斯堡-埃森大学化学系仪器分析化学研究员
德国埃森
holger. lutze@uni-due. de

拉玛林伽·V. 曼加拉拉哈(Ramalinga V. Mangalaraja)博士
康塞普西翁大学工学院 材料工程系教授
智利康塞普西翁
mangal@udec. cl

提摩西·J. 梅森(Timothy J. Mason)博士
考文垂大学名誉教授;肯沃斯索化学中心有限公司
沃里克郡
sonochemistry@hotmail. com

布拉姆·马基恩(Bram Martijn)博士
PWN 科技公司技术研究员

荷兰维尔塞布鲁克
bmartijn@pwnt. com

尼尔·B. 麦吉尼斯(Niall B. McGuinness)博士
斯莱戈理工学院环境科学系纳米技术与生物工程部精密工程、材料与制造研究中心 助理讲师
爱尔兰斯莱戈
McGuinness. Niall@itsligo. ie

塞尔玛·梅杰多维奇·萨伽德(Selma Mededovic Thagard)博士
克拉克森大学化学与生物分子工程系副教授
美国纽约波茨坦
smededov@clarkson. edu

克里斯多夫·J. 米勒(Christopher J. Miller)博士
新南威尔士大学土木与环境工程学院高级助理研究员
澳大利亚悉尼
c. miller@unsw. edu. au

马利卡尔琼纳·N. 纳达古达(Mallikarjuna N. Nadagouda)博士
美国环保署水资源恢复处物理学家
美国俄亥俄州辛辛那提市
nadagouda. mallikarjuna@epa. gov

凯文·奥谢(Kevin O'Shea)博士
佛罗里达国际大学化学与生物化学系教授
美国佛罗里达州迈阿密
osheak@fiu. edu

拉尔沙·帕尼威克(Larysa Paniwnyk)博士
考文垂大学健康与生命科学学院在读
英国考文垂
apx122@coventry. ac. uk

苏雷什·C. 皮莱(Suresh C. Pillai)博士
斯莱戈理工学院环境科学系纳米技术与生物工程部精密工程、材料与制造研究中心教授
爱尔兰斯莱戈
pillai. suresh@itsligo. ie

费尔南多·L. 罗萨里奥-奥尔蒂斯(Fernando L. Rosario-Ortiz)博士
科罗拉多大学博尔德分校土木、环境和建筑工程系副教授
美国科罗拉多

托尔斯滕·C. 施密特(Torsten C. Schmidt)博士
杜伊斯堡-埃森大学化学系仪器分析化学教授;环境与水研究中心主任
德国埃森
torsten. schmidt@uni-due. de

克里斯蒂娜·施兰茨(Krisztina Schrantz)博士
塞格德大学无机与分析化学系环境分析化学助理教授
匈牙利塞格德
sranc@chem. u-szeged. hu

维伦德·K. 沙玛(Virender K. Sharma)博士
得克萨斯农工大学公共卫生学院环境与职业健康系环境与可持续发展项目教授
美国得克萨斯州
vsharma@sph. tamhsc. edu

霍利·绍尔尼-达尔比(Holly Shorney-Darby)博士
PWN 科技公司高级研究工程师
荷兰维尔塞布鲁克
hshorney@pwntechnologies. com

本杰明·D. 斯坦福(Benjamin D. Stanford)博士
美国水资源公司水资源研究与开发高级主管
美国新泽西州沃希斯
Ben. Stanford@amwater. com

米哈埃拉・I.斯蒂芬(Mihaela I. Stefan)博士
特洁安技术公司高级研究员
加拿大伦敦
mstefan@trojanuv. com

拉斯洛・绍博(László Szabó)博士
匈牙利科学院能源研究中心能源安全与环境安全研究所研究员;布达佩斯技术与经济大学有机化学与技术系研究员
匈牙利布达佩斯
szabo. laszlo@energia. mta. hu

伊丽莎白・陶卡奇(Erzsébet Takács)博士
匈牙利科学院能源研究中心能源安全与环境安全研究所教授;奥布达大学 Sándor Rejtő 轻工业与环境工程学院教授
匈牙利布达佩斯
erzsebet. takacs@energia. mta. hu

塞奥佐罗斯・特里安蒂斯(Theodoros Triantis)博士
NCSR "Demokritos" 纳米科学与纳米技术研究所催化-光催化过程与环境分析实验室高级研究员
希腊雅典
t. triantis@inn. demokritos. gr

苏珊・沃德利(Susan Wadley)工程学硕士
自由作家和水处理专家
澳大利亚悉尼
susan. vanhuyssteen2012@gmail. com

T.戴维・韦特(T. David Waite)博士
新南威尔士大学土木与环境工程学院教授
澳大利亚悉尼
d. waite@unsw. edu. au

特洛伊・瓦尔克(Troy Walker)
Hazen 和 Sawyer 环保公司水回用负责人
美国亚利桑那州坦佩市
twalker@hazenandsawyer. com

王建龙博士
清华大学核能与新能源技术研究院环境技术实验室教授
中国北京
wangjl@mail. tsinghua. edu. cn

埃里克・C.韦特(Eric C. Wert)博士
南内华达水资源管理局(SNWA)项目经理
美国内华达州拉斯维加斯
eric. wert@snwa. com

拉斯洛・沃伊瑙罗维奇(László Wojnárovits)博士
匈牙利科学院能源研究中心能源安全与环境安全研究所教授
匈牙利布达佩斯
wojnarovits. laszlo@energia. mta. hu

徐乐瑾博士
清华大学核能与新能源技术研究院环境技术实验室
中国北京
xulejin@gmail. com

拉德克・兹博里尔(Radek Zboril)博士
奥洛莫克帕拉克大学科学院物理化学与实验物理系先进技术与材料区域中心教授
捷克奥洛莫克
radek. zboril@upol. cz

前　言

由于气候变化，全球地表水和地下水资源正在逐渐减少。随着可利用淡水量的减少和对洁净水的需求不断增加，世界上许多地方正在使用替代水源。与此同时，各种各样的人造化学品对水栖野生动物和人类健康产生了已知或未知的影响，导致环境污染不断加重，这已成为一个无可争议的事实。水源水中新的污染物不断出现，微污染物越来越多，为保障饮用水安全、去除水中病原微生物和化学污染物，供水企业正在寻求现代、高效、经济和环保的净水技术。

深度水处理工艺包括化学工艺（氧化）、物理工艺（分离）或二者结合的工艺，可去除水中各种结构和特性的有机及无机化合物。高级氧化工艺（AOPs）依赖于强氧化自由基的原位生成和对多种微污染物的高反应活性。多年来，科研工作者对 AOPs 的理论和应用进行了广泛研究，同时还开展了基于 AOPs 的绿色新技术的研发工作。鉴于 AOPs 在去除水中污染物方面显著的有效性、经济性和可持续性，世界上许多水处理设施利用 AOPs 进行地表水、地下水和城市废水处理以及水的循环利用。

本书概述了目前研究最广泛的 AOPs，其中一些工艺已被广泛用于水质净化处理。重点讨论了每种高级氧化工艺的基本原理、动力学模型、水质对工艺性能的影响、副产物的生成、经济合理性、小试和中试研究案例、工程应用和未来的研究需求。除高级氧化工艺章节外，本书还设置了五个专题章节，内容包括荷兰 PWN 供水公司的饮用水高级处理、水回用高级氧化工艺、城市污水和工业废水的处理用 AOPs、水环境中的光化学法以及用于水处理中的绿色技术。尽管本书并不是对 AOPs 的全面综述，但它提供了目前该领域最前沿的科学技术成果，旨在为包括水行业专业人士、咨询工程师和科学家、大学教授、研究人员和学生在内的任何对水处理工艺感兴趣的人提供帮助。

本书各章的作者都是著名的科学家和水行业的专业人士。他们中的许多人都是各自领域的顶尖专家。我非常感谢大家对本书的杰出贡献和支持。

米哈埃拉·I. 斯蒂芬

目 录

第 1 章　关于水的一些叙述

米哈埃拉·I. 斯蒂芬

上埃及国王蝎王二世（Scorpion Ⅱ，约公元前 2725—公元前 2671 年）的石制杖头是人类历史上第一个关于“水管理”的记录证据，同时也证明了国王的存在。1897—1898 年，英国考古学家 James E. Quibell 和 Frederick W. Green 发现的石制杖头，描绘了国王手持锄头的情景，锄头是一种古老的农业手工工具，在仪式上被法老用来打开堤坝灌溉农田。大约在同一时期（公元前 2500 年左右），古印度文明最先进的城市聚落 Mohenjo-Daro 建成，现在位于巴基斯坦信德省拉尔卡纳地区的遗址被联合国教科文组织列入世界遗产名录。除了令人印象深刻的建筑城市规划外，Mohenjo-Daro 还拥有完善的供水网络，可为人们提供淡水和污水处理。据估计，至少有 700 口水井是在楔形标准尺寸砖地面上方或下方垂直建造的，其设计可承受 20m 或更深井的侧向压力。大多数水井位于私人建筑中，但是每个建筑街区都建造了一口或多口公共水井，可以从主要街道直接到达（Jensen，1989）。为了防止水分蒸发和盐结晶，水井被覆盖起来。几乎每家每户的废水和其他污水都沿主要街道排入地下圆柱形管道。考古遗址显示，私人浴室采用优质砖块铺设而成，并且被低矮的砖墙围绕；流出的污水排入渗水坑或城市污水排放系统。Jensen（1989）提到，Mohenjo-Daro 水厂（城市内部供水和污水处理系统）“发展到极致”，直到 2000 年后才被罗马人和“古典时期土木工程和建筑的繁荣”所超越。

上面的简要说明不仅是对 4500 多年前人类文明取得的惊人成就的认可，更是对人们在人口稠密的半干旱气候中通过独立供水和水源保护等方式确保自给自足和生存的认可。

在我们这个时代，水这个无可替代的自然资源正面临着前所未有的日益增长的需求。尽管世界上四分之三的地方都被水覆盖，但地球上 97%以上的水是咸水，只有不到 3%的水是淡水。大约 70%的淡水冻结在冰川和极地冰盖中，29%的淡水贮存在地下含水层中，只有约 1%的淡水来自河流、湖泊和溪流。气候变化对水的影响潜移默化地影响着地球的生态系统，进而影响着我们的社会。人口增长、城市化和生活水平的提高、工业扩张和农业需求、区域失衡将继续加剧全球对水资源的需求，可用的淡水也将减少。这些因素之间的用水需求分布在很大程度上因国家而异。联合国教科文组织估计，2020—2050 年期间，由于全球平均气温上升 2℃，每年应对气候变化的成本将从 700 亿美元增至 1000 亿美元(http://www.unesco.org/fileadmin/MULTIMEDIA/HQ/SC/pdf/WWDR4%20Background%20Briefing%20Note_ENG.pdf)。

截至 2017 年 4 月，世界人口数量已达 75 亿，预计到 2056 年将增至 100 亿。人口增长的同时，全球对粮食的需求也在增加（例如，预计到 2050 年将增加 70%），对畜产品的需求也呈快速上升趋势。生产肉类、乳制品和鱼类对水（2.9 倍）、能源（2.5 倍）、肥料（13 倍）和杀虫剂（1.4 倍）的需求量远高于蔬菜（Angelakis 等，2016）。

2010 年 7 月 28 日联合国大会通过第 64/292 号决议明确承认获得水和卫生设施是一项人权(http://www.un.org/waterforlifedecade/human_right_to_water.shtml)。供水量应满足个人和家庭的使用，水质应保证安全（不存在微生物、化学物质和构成健康威胁的放射性危害），水的颜色、气味和味道在可接受范围内，家庭、教育、卫生或工作场所能够获得直接供水或在其附近具有供水点，并且水的价格合理。全世界大约有 10 亿人无法获得安全的饮用水；根据 2010 年的报道，世界上还有 26 亿人没有足够的卫生设施(http://www.unesco.org/fileadmin/MULTIMEDIA/HQ/SC/pdf/WWDR4%20Background%20Briefing%20Note_ENG.pdf)。世界上约有一半的人口依赖于受污染的水源，大约 10 亿人消费的农产品来自未经处理或未经充分处理的废水灌溉的土地(Bougnom 和 Piddock，2017)。

为应对水资源短缺状况，世界各地实施了扩大现有供水规模的工程解决方案。例如，海水淡化、废水回用和流域之间的大量水调配。在“水-能源关系”背景下对全球和区域水能源进行评估，许多出版物以能源生产的用水需求与供应、处理和输送水所需的能源之间的联系为主题［如 Liu 等（2016）及其中的参考文献］。生命周期评估（LCA）已成为评估水和废水处理技术环境可持续性的常用工具（Friedrich，2002；Stokes 和 Horvath，2006；Lyons 等，2009；Law，2016）。

目前世界上大约有 15000 座海水淡化厂（Brookes 等，2014）。在中东，海水淡化满足了该地区约 70%的用水需求。沙特阿拉伯是全球最大的淡化水生产国，拥有世界上最大的太阳能光伏发电海水淡化厂，到 2019 年，该国所有的海水淡化厂都将采用太阳能技术提供动力(https://www.fromthegrapevine.com/innovation/5-countries-cutting-edge-water-technology#)。

在全世界受干旱、淡水资源匮乏和高需水量影响的地区，废水循环利用成为一种替代水源。再生水的主要用途是直接或间接的饮用水回用（地下水补给、地表水补给）或非饮用水回用（如景观、高尔夫球场、农业灌溉、海水屏障、工业和商业用途、自然系统恢复、湿地和野生动物栖息地、地热能生产）。最早的直接饮用水回用的大型再生水厂建于 1968 年，位于纳米比亚的温得和克（Windhoek）。在 20 世纪 90 年代末，该厂的技术已经落后。新建的一座更大的再生水厂于 2002 年投入运营。其将进入稳定塘 2～4d 的市政污水二级出水与地表水（比例 9：1）混合后，采用多种工艺进行处理。多级自动处理系统还包括臭氧氧化、生物和颗粒活性炭过滤以及氯化和分配前的超滤（21000m^3/d）在内的高级水处理技术。整个处理过程中每天对水质进行全面监测，水质必须符合一系列的饮用水指南和标准，包括《世界卫生组织准则》、《欧盟饮用水导则》、《兰德水公司（南非）饮用水质量标准》和《纳米比亚指南》(NamWater)。处理过的水也用于含水层补给(Lahnsteiner 和 Lempert，2007)。

根据澳大利亚统计局的数据，2010 年/2011 年，公共消费的主要水源是地表水(92%）和地下水；其中一小部分由再生水厂和海水淡化厂提供（Dolnicar 等，2014）。在澳大利亚，13%的家庭使用私人收集池中的雨水作为饮用水，且大多数分布在农村地区。虽然在大多数地区使用雨水的风险很低，但众所周知，收集池中的雨水在处理和管理等方面无法做到像市政管网供水一样好。雨水的大量使用与公众对配水管网中水质的看法有关。Dolnicar 等（2014）对澳大利亚“水案例”的研究表明，在接受通过替代水源获得供水的情况下，公众对瓶装水、回用水、淡化海水、自来水和雨水等不同种类的水及其属性的看法可能非常广泛。

所有未经处理的水源（自然或替代）中普遍存在的一个问题是微生物和化学污染。已发表的文献详细记录了世界范围内水环境中存在的纳克级至微克级的化学污染物，有关其迁移和对水生生物潜在毒性的研究也在迅速增多。地表水和地下水受到自然产生的微量污染物和源自人类农业和工业活动的污染物以及废水排放的影响。自然产生的水污染物包括蓝藻毒素和各种产生味道和气味的化合物（T&O），这些化合物是由藻类细胞（如蓝藻和金藻）在藻华季节释放的，受到水体营养水平、空气含量、水温以及光照的影响。虽然大多数嗅味化合物是无毒的，但是却会影响水的口感，蓝藻毒素（如微囊藻毒素、石房蛤毒素、柱孢藻毒素、鱼腥藻毒素 a、软骨藻酸-海洋毒素、节球藻毒素）是强效毒素并会对人类健康构成潜在威胁。砷、铬、锰、铁、钒等无机物是天然存在的污染物，其含量受当地的地质和集水条件影响。水中其他类别的污染物包括农药（如三嗪类农药及其代谢产物、草甘膦、除草定、绿麦隆、聚乙醛、利谷隆、丙酸）、工业溶剂（如三氯乙烯、四氯乙烯、1,4-二恶烷、氯代和非氯代芳香族化合物、甲基叔丁基醚）、人用和兽用药物、天然和合成激素、家用和个人护理品中的成分（如咖啡因、苯并三唑、苯甲酸酯）、塑化剂、多环芳烃、全氟化合物。

由于再生水中含有大量可以穿透过滤膜的低分子量中性物质，如亚硝胺、1,4-二恶烷、消毒副产物、内分泌干扰物等，因此再生水需要进行深度处理。

为了控制和防止受纳水体受到污染，保护水生环境、栖息地和生物多样性，世界各地的环境保护机构和公共卫生组织颁布了饮用水质量标准，并在许多管辖区颁布了废水排放标准。此外，还专门制定了强制性的再生水质量标准。《世界卫生组织饮用水质量指南》为公共卫生保护和风险管理建议提供了框架。根据 1996 年的《安全饮用水法案》（SDWA），美国环保署对包括微生物、消毒剂、消毒副产品、放射性核素及其他无机和有机化合物在内的 91 种污染物执行国家一级饮用水法规。1996 年的 SDWA 修正案通过的污染物候选名单（CCLs）和随后的监管决定（RDs）为进一步的污染物法规和标准制定设定了流程。目前，超过 100 种有机和无机化合物被列在最新的 CCL（CCL4）上，以备在研发时进行监管。CCL4 包括约 40 种农药及其降解产物、约 30 种工业溶剂、5 种 N-亚硝胺、3 种蓝藻毒素、5 种无机化合物（天然污染物）、8 种激素或激素类化合物、2 种全氟化合物以及其他类别的化合物如炸药、臭氧化副产物、药物（人用和兽用）、食品和化妆品等。在饮用水和用于含水层补给的再生水中，许多污染物的数量已经处于联邦或州警示级别。2017 年 2 月，欧盟委员会启动了关于人类饮用水质量的 98/83/EC 指令（饮用水指令）的修订程序。由联邦-省-地区级饮用水委员会（CDW）制定的《加拿大卫生部饮用水质量指南》(2014 年),包括 5 种关键的微生物指标、约 90 种有机和无机污染物以及 6 种放射性指标及其最大可接受浓度(MACs)。2016 年 11 月更新的《澳大利亚饮用水指南》(ADWG)2011-6 为评估饮用水质量提供了建议,用于保障安全良好的饮用水,同时对如何保障输水过程中的水质安全提供了建议。ADWG 针对大量的水体微生物和化学污染物列出了基于健康和美学的指南,但为非强制性标准。2012 年 7 月,中国政府对全国城市供水监测的 106 种化合物和各类化合物(如消毒副产物)制定了饮用水水质国家标准。饮用水中化学污染物的最大允许含量在本书提到的各种标准和指南中差异较大。

维持和提高水的数量和质量、评估和控制污染物、可持续发展与优化、经济有效和环保的处理工艺和技术、基准绩效指标、监测和模拟污染物及其降解副产物以及处理工艺对处理后水质影响的管理、有效生物测定方法的开发以及对处理后水体生物活性进行基准测试,这些仅是水质科学和技术研究趋势和挑战的几个方向。

水法规将继续推动水处理工艺的实施。大量研究表明,高级氧化工艺(AOPs)适用于水和废水的修复。然而,在全世界只有极少数的水厂为实现水质循环利用使用 AOPs 去除饮用水水源或废水排放物中的微污染物。本书旨在为读者提供一些高级氧化工艺的科学理论和应用概述,以及分享作者对未来研究需求的看法。与工程化 AOPs 相比,本书的第 1 章描述了水生环境中自然发生的类似过程。三个章节涉及了 AOPs 的具体应用,即在最先进的饮用水处理厂、全球再生水项目以及废水修复中的应用。最后一章简要介绍了水修复的“绿色”技术。

1.1 参考文献

Angelakis A. N., Mays L. W., De Feo G., Salgot M., Laureano P. and Drusiani R. (2016). Topics and challenges on water history. In: Global Trends & Challenges in Water Science, Research and Management. 2nd Edition, H. Li (ed.), International Water Association (IWA), London, UK (http://www.iwa-network.org/wp-content/uploads/2016/09/IWA_GlobalTrendReport2016.pdf).

Bougnom B. P. and Piddock L. J. V. (2017). Wastewater for urban agriculture: a significant factor in dissemination of antibiotic resistance. *Environmental Science and Technology*, **51**, 5863–5864.

Brookes J. D., Carey C. C., Hamilton D. P., Ho L., van der Linden L., Renner R. and Rigosi A. (2014). Emerging challenges for the drinking water industry. *Environmental Science and Technology*, **48**, 2099–2101.

Dolnicar S., Hurlimann A. and Grün B. (2014). Branding water. *Water Research*, **57**, 325–338.

Friedrich E. (2002). Life-cycle assessment as an environmental management tool in the production of potable water. *Water Science and Technology*, **46**(9), 29–36.

Jansen M. (1989). Water supply and sewage disposal at Mohenjo-Daro. *World Archaeology: Archaeology of Public Health*, **21**(2), 177–192.

Lahnsteiner J. and Lempert G. (2007). Water management in Windhoek, Namibia. *Water Science and Technology*, **55**(1–2), 441–448.

Law I. B. (2016). An Australian perspective on DPR: technologies, sustainability and community acceptance. *Journal of Water Reuse and Desalination*, **6**(3), 355–361.

Liu Y., Hejazi M., Kyle P., Kim S. H., Davis E., Miralles D. G., Teuling A. J., He Y. and Niyogi D. (2016). Global and regional evaluation of energy for water. *Environmental Science and Technology*, **50**(17), 9736–9745.

Lyons E., Zhang P., Benn T., Sharif F., Li K., Crittenden J., Costanza M. and Chen Y. S. (2009). Life cycle assessment of three water supply systems: importation, reclamation and desalination. *Water Science and Technology: Water Supply*, **9**(4), 439–448.

Stokes J. and Horvath A. (2006). Life cycle assessment of alternative water supply systems. *International Journal of Life Cycle Assessment*, **11**(5), 335–343.

第 2 章　UV/H_2O_2 工艺

米哈埃拉·I．斯蒂芬

2.1　引言

历史上，高级氧化工艺（AOPs）是指在主要步骤中利用羟基自由基（·OH）的化学降解反应。Glaze 等（1987）最早将 AOPs 定义为“常温常压下通过产生充足的羟基自由基实现有效水质净化的水处理工艺”。1894 年，Fenton 首次发表了关于·OH 氧化降解有机化合物的研究成果，尽管当时并不知道是·OH 反应（Fenton，1894）；他发现在痕量亚铁盐（Fe^{2+}）和过氧化氢存在条件下溶液中的酒石酸和外消旋氨基酸被降解，但并未研究其反应机理。1932 年，Haber 和 Weiss（1932）首次提出了 Fe^{2+} 还原 H_2O_2 可生成·OH。

尽管 H_2O_2 的光化学分解在 20 世纪初到 20 世纪 50 年代间得到了广泛的研究，但是直到 1975 年 Koubeck 等才首次报道了利用 H_2O_2 光解产生·OH 以去除废水中有机污染物的研究（Koubeck，1975）。在随后的几十年中，有关高级氧化工艺原理、工程应用和工艺设计的研究得到迅速发展。

先进的实验和分析技术、数学模拟、计算流体动力学和辐射强度场分布模型等方法可用于研究反应机理、化学反应和光化学反应动力学以及精准预测工艺效能，还可用于反应器结构的优化设计和工艺过程的优化与控制。UV/H_2O_2 工艺也是商业应用最多的高级氧化工艺。1992 年，在加拿大格洛斯特市建成了全球首个利用 UV/H_2O_2 工艺的 UV 系统，用于处理回灌地下水中的 1，4-二恶烷（泵和含水层回灌处理）。据我们所知，1998 年，在美国犹他州盐湖城，UV/H_2O_2 工艺首次用于饮用水处理，主要去除地下水中的四氯乙烯（PCE）。目前，UV/H_2O_2 工艺已被世界各地的水处理厂广泛用于地表水、地下水以及废水三级处理出水中的微污染物治理，以实现水的回用。

本章旨在概述 UV/H_2O_2 高级氧化工艺的技术原理、影响反应效能的相关因素、动力学模型及反应机理，介绍 UV 反应器的设计和优化方法、相关工程案例和工艺经济学，分析副产物生成情况并提出控制措施。在大多数 UV/H_2O_2 工艺应用过程中，由于目标污染物和/或共存的污染物在吸收 UV 光子后会在一定程度上被降解，因此本章节也会简要介绍 UV 直接光解的原理和应用。尽管激发·OH 降解污染物与激发 UV 光解污染物的主要步骤在机理上是不同的，但两个过程中均出现了由化学键断裂导致活性自由基生成现象。通常，在存在溶解氧的情况下，上述两个过程中的主要自由基遵循类似的氧化途径，从而产生原始污染物的降解产物。天然水源和市政污水中含有各种无机和有机化合物，这些物质一方面可通过光吸收（直接光解）产生$\cdot OH$，另一方面可通过与其他溶解性物质的反应间接产生$\cdot OH$，由这些物质产生的$\cdot OH$引发的高级氧化工艺不在本章讨论之列。

2.2 电磁辐射、光化学定律和光化学参数

2.2.1 电磁辐射

光具有波粒二象性。麦克斯韦理论指出了光和声的波状特性（反射、折射、衍射、干涉和偏振），并将它们称为电磁波。光的粒子特性与吸收和发射过程有关。基于普朗克的辐射量子理论，这一特性还解释了光化学反应和光电效应。普朗克辐射定律（式（2-1））表示了光的波/粒子二重性，即光以特定频率（ν，s^{-1}）和波长（λ，m^{-1}）的能量E的离散形式出现，称为光子或量子。

$$E_\lambda = hv = \frac{hc}{\lambda} = hc\bar{\nu} \tag{2-1}$$

其中，h=6.6260755×10^{-34}J·s，是普朗克常数，c是真空中的光速（2.99792458×10^8m/s），$\bar{\nu}$是波数（m^{-1}，通常以cm^{-1}给出）。1mol光子（量子）的能量称为1einstein，代表携带波长的相关能量［式（2-2)］，式中N_A为6.0221367×10^{23}光子/mol（阿伏伽德罗常数）：

$$E_\lambda = N_A\frac{hc}{\lambda} = \frac{0.11962658}{\lambda}\text{J/einstein} \tag{2-2}$$

在电磁波谱中，紫外线处于X射线区域和可见光区域之间，即波长范围在4～400nm（Koller，1965)；也有其他研究指出，紫外线波长范围是10～400nm。图2-1给出了波长在100～1000nm范围内的电磁波谱。

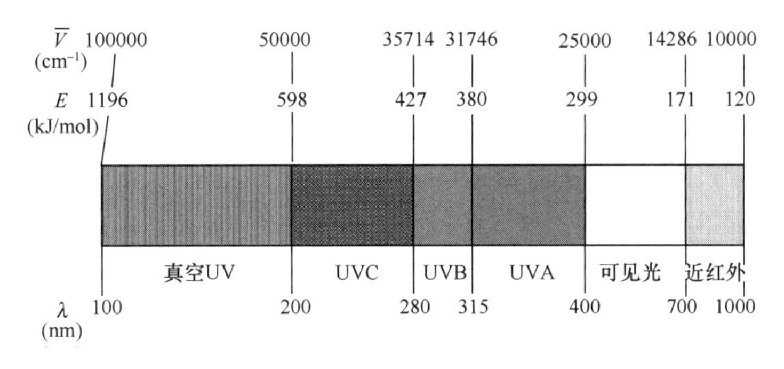

图2-1 100～1000nm的电磁辐射光谱（改编自Phillips，1983）

用UV去除水中的环境污染物和微生物病原体时，人们感兴趣的UV光谱范围是UV-C区域（200～280nm），许多化学物质、DNA和过氧化氢更容易吸收此范围的UV

光。特殊的 AOP 应用使用真空紫外线（VUV，100～200nm），其中水是主要的光吸收剂（见第 5 章）。原则上，携带能量等于或大于化学键解离能（BDE，ΔE°，J/mol）的辐射都可以破坏相应的化学键。这种反应发生与否主要取决于两个因素：一是光吸收强度，其由化学物质自身的光学性质决定；二是吸收光线后的激发态发生化学反应概率。这两个因素也可用摩尔吸光系数和量子产率表述。

2.2.2 光化学定律

光化学第一定律，即 Grotthus（1817）-Draper（1843）定律，提出“只有被分子吸收的光才能有效地在分子中产生光化学变化”（Calvert 和 Pitts，1966）。

当光束通过吸收介质时，其强度会衰减。Lambert（1760）-Beer（1852）定律给出了该过程的定量关系，定律方程如式（2-3）所示：

$$P_{\lambda} = P_{\lambda}^{\circ} \times 10^{-(\alpha_{\lambda}+\varepsilon_{\lambda,i}C_i)l} \tag{2-3}$$

其中：P_{λ} 和 P_{λ}° 分别是波长为 λ 的透射和入射光谱辐射功率（W/m，常用单位 W/nm）；C_i（mol/L）是被辐射溶液中化合物 i 的浓度；l（m，常用单位 cm）是辐射穿过距离；α_{λ} 和 $\varepsilon_{\lambda,i}$ 分别是波长为 λ 时介质的衰减系数（如果是水，通常称为“水背景值”）（m^{-1}，常用单位 cm^{-1}）和目标化合物 i 的摩尔吸光系数 [m^2/mol，常用单位 L/(mol・cm)]。在紫外光的应用中，化学污染物的浓度一般非常低（通常为 μg/L 水平），因此，这些低浓度的化学污染物对总体光吸收的贡献可以忽略不计。系数（$\alpha_{\lambda}+\varepsilon_{\lambda,i}C_i$）是水的吸光度 a_{λ}（m^{-1}，通常以 cm^{-1}表示），在实验中一般用分光光度计测量。系数（$\alpha_{\lambda}+\varepsilon_{\lambda,i}C_i$）$l$ 是在特定波长 λ 和水层厚度 l 下溶液的吸光度 A_{λ}。吸光度是一个叠加参数（比尔定律），即如果溶液中存在多种吸收物质，则溶液的总吸光度是特定波长 λ 和水层厚度 l 下所有成分的个体吸光度值之和，吸光度与溶液透光率 T_{λ} 相关，如式（2-4）所示：

$$T_{\lambda} = \frac{P_{\lambda}}{P_{\lambda}^{\circ}} = 10^{-A_{\lambda}};\ A_{\lambda} = -\log T_{\lambda} \tag{2-4}$$

透光率通常表示为在给定波长和水层厚度条件下的百分数（例如，$T_{254nm,1cm}=95\%$）。吸光度和透光率都是无单位的，并且是用 UV 工艺处理的任何水体的关键参数。

Lambert-Beer 定律假设水中各种溶质分子之间的相互作用可以忽略不计，并且由于它们的浓度较低，每种化学污染物对光的吸收作用不会受到其他污染物的影响。因此，它们的降解实验可以彼此独立地进行。当光吸收剂浓度非常大时，可能会形成二聚体或发生其他分子聚集现象，此时该定律会表现出偏差，即吸光度和化学物质浓度之间的线性关系不再成立。

根据光化学第一定律，化学物质吸收的光可以影响化学反应过程。当单色光以波长 λ 入射时，水中浓度为 C_i的化合物 i 吸收到的光可由式（2-5）表示；而当发射光源为多色光时，化合物 i 在一段波长范围内吸收的光可由式（2-6）表示。

$$F_{\lambda}^{abs} = \frac{\varepsilon_{\lambda,i}C_i}{a_{\lambda}}(1-10^{-a_{\lambda}l}) \tag{2-5}$$

$$E_{p,\lambda}=\int_{\lambda_1}^{\lambda_2}\frac{\varepsilon_{\lambda,i}c_i}{a_\lambda}(1-10^{-a_\lambda l})E_{p,o\lambda}\mathrm{d}\lambda \tag{2-6}$$

其中：$E_{p,\lambda}$ 和 $E_{p,o\lambda}$ 分别是吸收和初始光子通量率。光子通量率的 SI 单位是 $m^{-2}\cdot s^{-1}$。当作为基础化学量时，$E_{p,o\lambda}$ 将除以阿伏伽德罗常数，此时的单位变为 mol/(m^2 · s）或爱因斯坦 $m^{-2}\cdot s^{-1}$。吸收的光也可以用单位时间吸收的光子（量子）($q_{p,\lambda}$，s^{-1}）表示，或者以光子的摩尔数表示，einstein/s。根据 IUPAC 命名法，光子摩尔相关术语的符号在下标中应包含“n”[例如，$E_{n,p,o\lambda}$，einstein/(m^2 · s)；$q_{n,p,\lambda}$，einstein/s]。为简单起见，本章使用的符号不包含“n”；基于爱因斯坦的术语可通过其单位正确识别。读者可参考《光化学》中使用的“IUPAC 术语和定义”（Braslavsky，2007），以查看本章中使用的术语和符号。

式（2-5）和式（2-6）表明，某种化合物吸收的光与摩尔吸光系数以及化合物浓度成正比，与水的吸光度成反比。化学污染物吸收的光所占比例越大，该种物质发生直接光解过程的效率越高。类似地，对于·OH 引发的氧化反应，当 H_2O_2 吸收的光所占比例越大时·OH 的产率越高，因此 UV/H_2O_2 工艺的氧化效率越高（H_2O_2 浓度限制条件除外，此时 H_2O_2 变为·OH 清除剂）。

光化学第二定律，即 Stark-Bodenstein（1908—1913）和 Einstein（1905，1912）定律，指出“分子对光的吸收是一个量子过程，所以主要量子产量 φ 的加和必须是一致的”（Calvert 和 Pitts，1966）。强大的光源（如激光）可以产生极高浓度的激发态，而在同一分子的激发态期间（μs 或数十纳秒）可以发生双光子吸收现象。但当使用的是 UV 反应器中的光源时，水处理过程中不会发生这种光物理过程。

当处于基态的分子吸收量子后，其会产生不稳定的、短寿命的高能激发态。形成单激发态或三重激发态的电子跃迁过程有多种类型，其取决于跃迁过程中的分子轨道。例如，当键合轨道的一个 π 电子被激发到更高能量的反键合分子轨道 π * 时，π→π * 跃迁发生在不饱和的 C=C 键、芳香环和（s）-三嗪结构上；当非键合（n）成对电子中的一个电子被激发到更高的 π * 电子能级时，n→π * 跃迁发生在含杂原子化合物、羰基化合物以及 S—S键上等。例如，NDMA 的吸收光谱（图 2-2）含有两个吸收带，其中一个能量较高，对应的 λ_{max}= 228nm [ε_{max}= 7378L/(mol · cm)]，另一个能量较低，对应的 λ_{max}= 352nm [ε_{max}= 109L/(mol · cm)]。两个吸收带分别对应于 π→π * 分子内电荷转移过程和 n→π * 跃迁过程。电子激发态一方面可基于键分离作用发展为自由基，另一方面也可经由辐射（荧光或磷光）和/或非辐射（热）回到基态，这一过程伴随的能量损失会使其失效。Jablonski 图（Calvert 和 Pitts，1966）给出了分子从基态和激发态发生光物理过程的示意。就光化学理论和实验的深入研究而言，读者可参考有关光化学论文，包括 Calvert 和 Pitts（1966）、Parker（1968）、Wöhrle 等（1998）、Turro 等（2010）。

2.2.3 光化学参数

本节将讨论有关化合物吸收紫外光的两个基本光化学参数：摩尔吸光系数和量子产

率。这两个参数均可决定微污染物直接光解过程的效率。UV/H_2O_2工艺中的过氧化氢光解效率也取决于这两个参数，具体如 2.4.1 节所述。

2.2.3.1 摩尔吸光系数

2.2.2 节简要介绍了摩尔吸光系数 ε_λ [L/(mol · cm)]。该参数可表示某分子结构从电磁波谱中吸收特定波长辐射的能力。摩尔吸光系数的大小与最高占据分子轨道和最低未占据分子轨道之间的能量差有关，即 $E_{LUMO}-E_{HOMO}$。某种化合物的摩尔吸光系数可通过在所选波长下利用该化合物吸光度与浓度之间的线性关系实验测定。摩尔吸光系数与 λ 的关系图表示了该化合物的吸收光谱。考虑到溶质-溶剂相互作用，摩尔吸光系数（即吸收光谱）与溶剂的性质有关。在一些情况下，某些具有弱酸/弱碱性质的微污染物以质子化或去质子化形式存在，其也可能受 pH 影响以混合状态存在。通常情况下，处于这两种状态的物质具有不同的吸收光谱；因此，某物质的摩尔吸光系数由溶液的 pH 决定。图 2-2 给出了选定微污染物的吸收光谱实例，并说明了磺胺甲恶唑（SMX）摩尔吸光系数的 pH 依赖性。

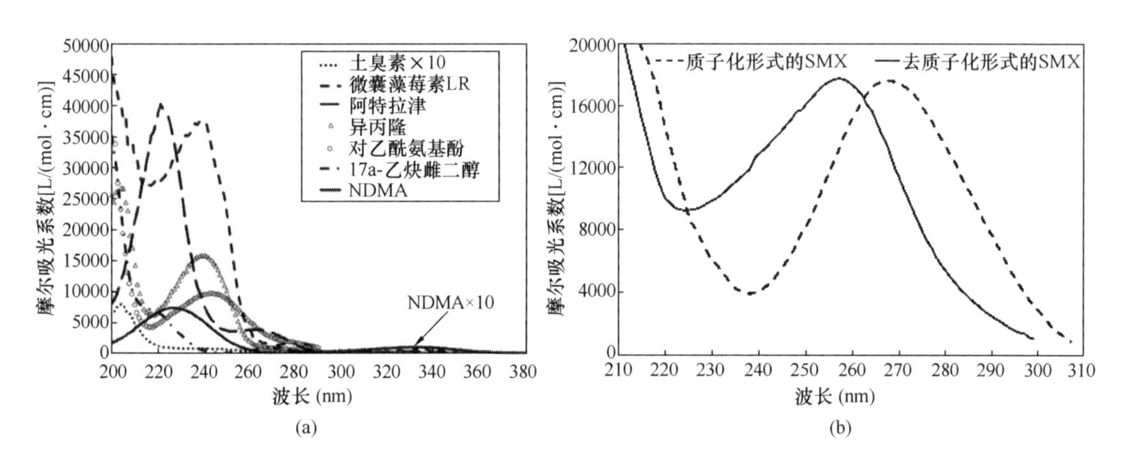

图 2-2 吸收光谱（pK_{a2} = 5.9；改编自 Carlson 等，2015）

（a）选定微污染物的吸收光谱；（b）SMX 的吸收光谱

尽管某些微污染物（如图 2-2 中的阿特拉津、微囊藻毒素 LR、对乙酰氨基酚、磺胺甲恶唑）在紫外线波长范围内的摩尔吸光系数较大，但由于它们在水源水中的浓度较低，因此相对水中本底物而言，这些化合物吸收的光所占比例可以忽略不计。诸如 1,4-二恶烷、甲基叔丁基醚（MTBE）、三氯乙烷及聚乙醛之类的化学污染物的分子结构上缺乏发色团，因此它们不吸收 UV 辐射，也不能通过直接光解被去除。

2.2.3.2 量子产率

根据光化学第二定律，“初级量子产率”不能超过总量。必须区分初级量子产率（φ）和反应（总体）量子产率（Φ）。初级量子产率 φ_i 与单个过程 i 相关联，随后是一部分吸收 λ 波长辐射的分子；这些初级过程包括碰撞失活、荧光反应、无辐射跃迁、分解产生初级自由基。初级量子产率具有重要的理论意义，但对其进行测量难度很大且需要快速的动力学监测技术。通常在实验室内进行检测并可用于 UV 处理效能动力学模型预测的量子产率是指反应量子产率（Φ）。IUPAC对反应量子产率的定义是系统吸收的每个光子的已定义事件数。光化学反应中的量子产率如下式所示：

$$\Phi(\lambda)=\frac{\text{反应物转化或产物形成的摩尔数}}{\text{吸收波长的光子数}} \tag{2-7}$$

$$\Phi(\lambda)=\frac{-\frac{\mathrm{d}[C]}{\mathrm{d}t}[\mathrm{mol/(L\cdot s)}]}{I_a(\lambda)[\mathrm{mol/(L\cdot s)}]} \tag{2-8}$$

其中，$I_a(\lambda)$ [mol/(L·s)] 是化合物C的光吸收速率，即单位时间内每升光子（爱因斯坦）的摩尔数。注意，Φ 通常基于吸收光进行测量。量子产率是一个无量纲参数，仅限于在单色光辐射条件下讨论，即在特定波长 λ 情况下进行讨论。对于多波长光源的UV反应器而言，由灯发射的辐射波长与目标化合物的吸收光谱重叠的量子产率必须是已知的，并且用于目标波长范围内得到的污染物衰减的动力学公式。$\Phi<1.0$ 表示激发态通过未导致任何化学反应的过程显著失活；$\Phi>1.0$ 表示次反应中涉及原始反应物，比如自由基反应和链式反应。

量子产率可由式（2-8）直接测量或间接测量，其中间接测量是通过比较目标化合物和添加到溶液中的“参比”（“探针”）物质的直接光解动力学从而得到目标化合物的量子产率。这一过程中，辐射在“吸收消失”条件下进行（$A<0.02$；von Sonntag 和 Schuchmann，1992），并且必须已知目标化合物和参比物质在 λ 波长处的摩尔吸收系数以及 Φ_λ（探针物质在 λ 波长处的量子产率）。就实用的 Φ 测定方法而言，读者可参考已发表的文献，如 Johns（1971）、Zepp（1978）、Leifer（1988）、Schwarzenbach 等（1993）、Bolton 和 Stefan（2002）、Bolton 等（2015）。

量子产率取决于波长、pH、温度、化合物浓度、溶剂和溶解氧（DO）水平等。

分子结构中含有发色基团的化合物可吸收电磁辐射，且它们的吸收光谱含有一个或多个吸收带。通常，每个吸收带对应一个特定的电子跃迁过程，因此 Φ 通常与该吸收带中的波长无关 [Zepp，1978；Schwarzenbach 等（1993）及其中的参考文献]。不同/特定波长下的有机化合物量子产率如下：异丙隆，$\Phi_{250nm}\approx0.045$、$\Phi_{275nm}\approx0.0045$；敌草隆，$\Phi_{253.7nm}\approx0.022$、$\Phi_{296nm}\approx0.0014$（Gerecke 等，2001）；二嗪农，$\Phi_{253.7nm}\approx0.082$、$\Phi_{313nm}\approx0.012$；毒死蜱，$\Phi_{253.7nm}=0.016$、$\Phi_{313nm}=0.052$（Wan 等，1994）；硝酸盐转化为亚硝酸盐，$\Phi_{205nm}\approx0.215$、$\Phi_{214nm}\approx0.180$、$\Phi_{220nm}=0.172$、$\Phi_{230nm}=0.149$、$\Phi_{240nm}=0.097$、$\Phi_{253.7nm}=0.065$、$\Phi_{270nm}\approx0.02$、$\Phi_{300nm}=0.0094$（Goldstein 和 Rabani，2007）。

表2-1列出了不同温度和pH下所选污染物的量子产率。如上所述，根据它们的 pK_a，一些化合物在饮用水水源相关pH条件下以质子化和非质子化形态存在。两种形态的摩尔吸光系数和量子产率都可以是不同的。由于光解一级速率常数取决于这两个光化学参数，因此它们将由pH决定。图2-3展示了在入射光波长为253.7nm时，pH对磺胺甲恶唑光解速率常数的影响（参见图2-2中的SMX的吸收光谱和表2-1中的 $\Phi_{253.7nm,pH-SMX}$）。

由于基于通量（紫外线剂量）的速率常数与 Φ 成正比(Bolton 和 Stefan，2002)，因此在已知pH和温度特征的条件下，必须知道水厂待处理水的目标污染物的量子产率数据，才

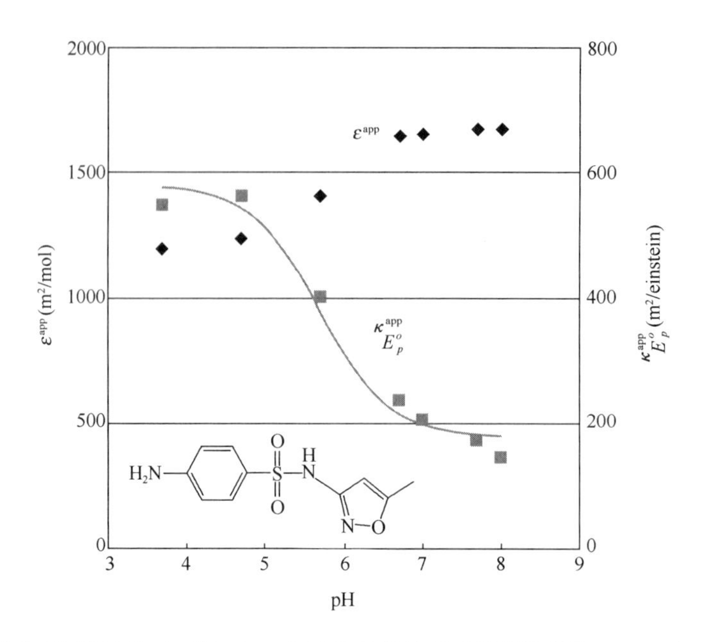

图 2-3　不同 pH 下 SMX 在 253.7nm 基于光子通量的速率常数变化（Canonica 等，2008）

注：实线代表预测的 $\kappa^{app}_{E^o_p}$。

不同 pH 和温度下化合物的量子产率一览表　　**表 2-1**

化合物	$\Phi_{253.7nm}$	pH	t（℃）	参考文献
利谷隆	0.0382	5	20	Benitez 等（2006）
	0.0345	7	20	
	0.0367	9	20	
	0.0550	7	40	
	0.0192	7	10	
绿麦隆	0.0309	2	20	
	0.0328	9	20	
	0.0533	7	40	
	0.0148	7	10	
磺胺甲恶唑	0.212	约<4		Canonica 等（2008）
	0.046	>7.5		
三氯生	0.36	<6.2	24	Carlson 等（2015）
	0.20	>10		
N-亚硝基二甲胺（NDMA）	0.28～0.31	2～8		Lee 等(2005a,b)；Stefan 等(2002)
	0.41～0.46		25	Soltermann 等（2013）
	约 0.09→约 0.06	9→11		Lee 等（2005a）
	0.27→0.16	10→12		Stefan 等（2002）

能确定紫外线设备的规模和预测处理效果。如图 2-3 所示，在饮用水水源 pH 条件下(6.5～8.2)SMX 光解速率常数变化范围可高达约 60% 。由于表观摩尔吸光系数(ε^{app})在

该 pH 范围内是准恒定的，因此 $\kappa_{E_p^o}^{app}$ 的变化主要是因为 Φ 随 pH 变化，这又归因于质子化和非质子化 SMX 的比率不同。在 pH=6.5 时，降解水中 90%的 SMX 所需的紫外线剂量将比在 pH=8.2 时达到相同处理水平所需的剂量低约 60%。

Hessler 等发现，阿特拉津和吡草胺这两种农药的量子产率与其浓度有关（Hessler 等，1993）。例如，阿特拉津浓度为 3μmol/L 时 $\Phi_{253.7nm}$ 为 0.047，阿特拉津浓度为 160μmol/L 时 $\Phi_{253.7nm}$ 为 0.028；吡草胺的 $\Phi_{253.7nm}$ 则由 4μmol/L 时的 0.44 降至 360μmol/L 时的 0.23。Lee 等（2005b）在 pH=7 时测定了不同浓度下 NDMA（0.001mol/L、0.005mol/L、0.010mol/L 和 0.050mol/L）的 $\Phi_{253.7nm,NDMA}$，其值为 0.28。Sharpless 和 Linden（2003）报道称，在 pH=8 和 NDMA 浓度为 1×10^{-6} mol/L 的条件下，在 253.7nm 处和中压 Hg 灯发出的波长范围内 $\Phi_{NDMA}=0.3$。以上研究表明，Φ_{NDMA} 与其浓度及辐射波长均无关。

氯乙酸（$ClCH_2COOH$）光解产生氯离子的量子产率取决于辐射波长、温度和溶剂类型（Neumann-Spallart 和 Getoff，1979）。Φ 取决于波长，由驱动 C—Cl 键断裂的笼形效应决定（例如，$\Phi_{213.9nm,30℃}=0.5\pm0.1$；$\Phi_{253.7nm,30℃}=0.35\pm0.05$），而溶剂影响了激发态水解过程中形成的过渡态的极性（$\Phi_{253.7nm,100\%水}=0.35\pm0.05$；$\Phi_{253.7nm,45\%水+55\%CH_3OH}=0.67$）。

表 2-1 中的 $\Phi_{253.7nm}$ 数据是在水中 DO 水平下测定的。Lee 等（2005a）研究了 DO 对 $\Phi_{253.7nm,NDMA}$ 的影响，并在氧饱和条件下测得 $\Phi_{253.7nm,NDMA}\approx0.31$。在氮饱和溶液中，$\Phi_{253.7nm,NDMA}$ 在 pH=2～4 时为 0.26～0.30，pH 由 4 升至 8 时其值由 0.30 迅速下降至 0.14，在 pH=10 时其值几乎达到 0。在有氧和无氧条件下，253.7nm 四氯乙烯（PCE）的 Φ 值分别为 0.84 和 0.34（Mertens 和 von Sonntag，1995）。

当某种物质的摩尔吸光系数和量子产率在光源辐射波长范围内均较高时，此时直接光解作用可有效去除受污染水中的该种微污染物。UV 辐射（波长 253.7nm 或多波长 200～400nm）可直接光解 NDMA 和其他脂肪族亚硝胺、二甲基硝胺、三乙嗪、三氯生、磺胺甲恶唑、磺胺异恶唑、双氯芬酸、酮洛芬、RDX（六氢-1，3，5-三硝基-1，3，5-三嗪）等易受污染物。

天然水中有机物和无机物的光化学反应在水生环境和基于光的水处理过程中起着重要作用。含发色团的溶解性有机物（CDOM）、硝酸盐和金属络合物等水中成分可吸收 UV-可见光辐射而产生三重态、单线态氧（$^1O_2$）、$^{\bullet}OH$、超氧自由基（$O_2^{\bullet-}$）和 H_2O_2 等活性物质。这些活性物质可能有助于微污染物的降解，微污染物的分子结构易于和 $^3CDOM^*$ 发生能量、电子或质子耦合电子转移，和/或与 $^1O_2$、$^{\bullet}OH$、$O_2^{\bullet-}$、H_2O_2 反应，因而提高了纯水中的量子产率。这种“外部”诱导的降解过程称为光敏化过程，有时被错误地称为“间接光解”。鉴于水中由光化学反应产生的活性物质浓度极低，这些活性物质对水处理工艺中污染物总降解率的贡献相当小。但此过程是天然水体中微污染物减少的主要原因（见第 13 章）。

目前，人们已获得了许多与环境和人类健康有关的化合物包括新兴微污染物的光化学参数。除了上面讨论的研究之外，以下参考文献提供了关于不同类型的微污染物的量子产率数据，例如：内分泌干扰物（Mazellier 和 Leverd，2003；Gmurek 等，2017）；对羟基苯甲酸酯（Gmurek 等，2015）；亚硝胺（Plumlee 和 Reinhard，2007）；氯化联苯（Dulin 等，1986；Langford 等，2011）；农药（Draper，1987；Nick 等，1992；Palm 和 Zetzsch，1996；Millet 等，1998；Fdil 等，2003；Benitez 等，2006）；药物（Boreen 等，2004；Pereira 等，2007；Yuan 等，2009；Rivas 等，2011；Wols 等，2014；Lian 等，2015）；藻毒素（Afzal 等，2010；He 等，2012）；苯并三唑和苯并噻唑（Bahnmüller 等，2015）；多氯化 1，3 丁二烯（Lee 等，2017）；RDX（爆炸性，Bose 等，1998）；氯化二噁英和呋喃（Dulin 等，1986；Nohr 等，1994）；各种微污染物［Baeza 和 Knappe，2011；Lester 等，2012；Wols 和 Hofman-Caris（2012a）及其中的参考文献；Benitez 等，2013；Shu 等，2013］。消毒副产物（DBPs）是影响人类和环境健康的一类特殊化合物。Chuang 等（2016）报道了 25 种 DBPs 在 253.7nm 处的摩尔吸光系数、量子产率和不同剂量下的降解速率常数。该研究观察到量子产率为 0.11～0.58，摩尔吸光系数为 10～1370L/(mol·cm)，有着巨大的变化，这些变化转化为范围很宽的基于剂量的速率常数，为 0.05×10^{-4}～$26.5\times10^{-4}cm^2/mJ$。

2.3 UV 辐射光源

光源可产生连续或脉冲的 UV 辐射。本节简要概述了目前在水厂紫外水处理系统应用的 UV 灯和处于开发阶段的研究用紫外光源。

2.3.1 黑体辐射

电磁辐射的发射与“黑体辐射器”的概念有关。不论波长和角度如何，完全黑色的物体可将入射在其上的所有辐射全部吸收，既不反射也不透射。一个理想的吸收体也是一个理想的发射体（Kirchhoff 定律；Calvert 和 Pitts，1966）。黑体发射的总辐射功率 M（W/m^2）取决于温度 T（K）的四次方（Stefan-Boltzmann 定律，1879）；随着温度的升高，发射光谱的最大值（λ_{max}，m）向低波长区域移动（维也位移定律，1894）（Phillips，1983）：

$$M(T)=5.67\times10^{-8}\ T^4[\sigma\approx5.67\times10^{-8}\text{W}/(\text{m}^2\cdot\text{K}^4)\text{，其为 Stefan-Boltzmann 常数}]$$

$$\lambda_{max}=2.8978\times10^{-3}T^{-1} \tag{2-9}$$

普朗克的量子理论（1901）假定电子振荡器在黑体原子中产生的辐射能量具有离散值，因此发射是在特定频率下以离散量子的形式发生的［见式（2-1）］。该理论解释了黑体辐射的概念，并推导出了在给定波长范围（λ＋dλ，m）内的能量密度分布方程。式（2-10）给出了普朗克定律中的光谱辐射率分布（Phillips，1983）：

$$M_\lambda(T)=\frac{2\pi hc^2}{\lambda^5(e^{hc/(k_B\lambda T)}-1)}=\frac{3.742\times10^{-25}}{\lambda^5(e^{14.39\times10^{-3}/(\lambda T)}-1)}[\text{W}/(\text{m}^2\cdot\text{nm})] \tag{2-10}$$

其中，玻尔兹曼常数 $k_B = 1.38\times10^{-23}$J/K，其他符号之前已有定义。式（2-10）适用于理想化的黑体辐射器；对于实际辐射器，上面的公式需要乘以光谱发射率因子 $\varepsilon(\lambda, T)(0<\varepsilon(\lambda,T)\leqslant 1)$，并与波长和温度两个参数有关。式（2-10）表明，为了在 UV-C 范围内提供有效的输出，发射器应在非常高的温度下工作。某些气体放电灯（例如，脉冲 UV 灯）可在非常短的时间内产生这样高的温度。

2.3.2 用于水处理的汞蒸气紫外光源

水处理用紫外灯技术发展迅速，特别是在过去的 20 年里。技术的进步主要涉及增强型和定制型紫外灯的输出、额定功率范围；紫外灯的设计、稳定性和使用寿命；强大与长效的电源，如高电效率（>95%）、可变输出功率和高频电子驱动器（镇流器）；用于精确光谱辐射功率测量的仪器和方法，用于等离子体行为的预测模型包括等离子体成分和内部压力的各种参数，用于灯组件的材料，用于监测反应器内光强的紫外传感器。

为水处理工艺（消毒和 AOPs）设计的 UV 灯在 200～300nm 波长范围内发射显著。汞蒸气紫外灯含有液态汞或合金汞以及一种稀有气体（氩、氖、氙、氪），其中最常见的是氩（Ar）。汞具有较高的蒸气压和较低的电离能，对石英和电极材料具有准化学惰性，且其共振线在紫外线波长范围内。该种紫外灯由一些部件组成，其灯管的长度和管径有多种规格。

人造光源可发射单色光或多色光辐射，由其发射原子或分子的性质、激发态的浓度和能量以及辐射跃迁的概率决定。发射线的波长、锐度和相对强度取决于汞压和稀有气体的压力。大多数光源的能量来源是电能，而激发态主要是通过与高能电子碰撞产生的，且电子在电场中加速。基态和激发态（单线态和三线态）中汞原子的格罗特里能级图说明了汞原子在能级之间的辐射跃迁，有助于读者理解汞蒸气灯中汞线的来源（Calvert 和 Pitts，1966）。

Hg 原子的共振线波长为 184.9nm 和 253.7nm。Hg 可以达到超激发态，这些态的辐射发射取决于 Hg 蒸气压。在有关光化学的书中广泛介绍了原子和分子的光物理以及光化学的基本原理。Phillips（1983）详细介绍了汞灯的基本原理和应用。Gould（1989）、Braun（1991）、Masschelein（2000）、Rivera（2001）、Schalk（2006）等相关文献和紫外灯制造公司的网站对传统光源的特征都有描述。

2.3.2.1 低压（LP）汞灯

标准 LP 汞灯以电弧（“热”阴极）或辉光放电模式（“冷”阴极）工作。该种汞灯的填充物是汞和一种惰性气体的混合物，其中惰性气体通常是氩气。该种汞灯的运行温度为 40～42℃，Hg 蒸气压为 100～1000Pa。汞灯中氩气的作用是启动和维持放电、降低放电所需的起始电压以及保护电极使其不产生溅射和蒸发，从而延长汞灯的寿命。当汞灯接通时，电子在电场中加速运动。激发的电子和原子之间的碰撞是弹性的，并且随着原子激发态（Hg^* 和 Ar^*）的产生而导致能量转移的发生。在 LP 汞灯中 Hg^* 状态对基态的辐射失活导致产生 253.7nm 和 184.9nm 的共振汞线。超激发态 Hg 原子的辐射跃迁也会发生，但是考虑到仅产生少量的这些激发态，所以它们的强度相较于 253.7nm 线而言非常低。图 2-4（a）展示了 LP 汞灯的相对辐射率。

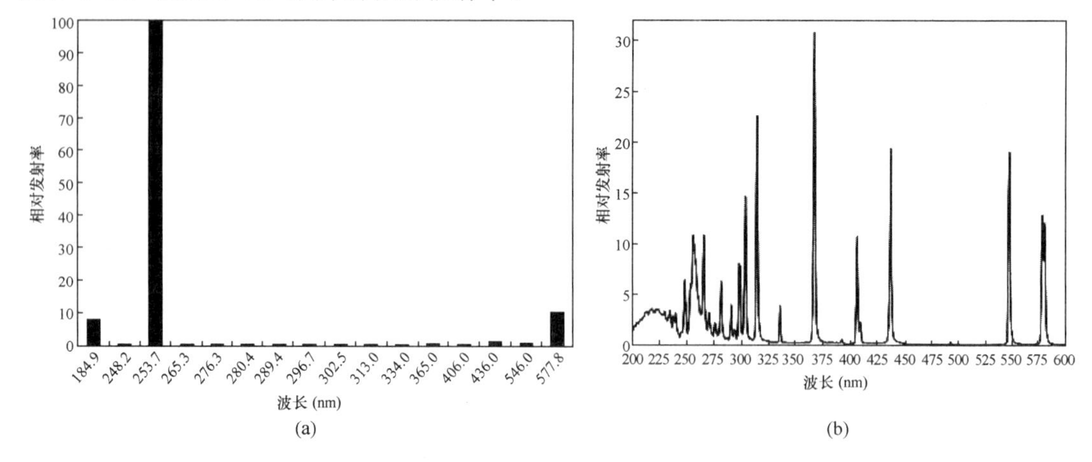

图 2-4　LP 和 MP 汞灯的相对辐射光谱分布图（Stefan，2004）

（a）LP 汞灯的相对辐射光谱分布图；（b）MP 汞灯的相对辐射光谱分布图

LP 汞灯发射出的主要是波长为 253.7nm 的辐射光；因此，LP 汞灯被认为是准单色光源。在 LP 汞灯发出的所有辐射中，波长在 VUV 范围（184.9nm）内的占比为 8%～10%，波长在可见光范围内的占比约为 8%。184.9nm 的辐射不能透过普通石英但可穿透高质量的石英；一旦其被水吸收，就会产生羟基自由基并启动 VUV-AOP（见第 5 章）。

当前市面上的商业化 LP 汞灯在波长 253.7nm 处的辐射功率效率高达约 40%。UV 输出功率取决于工作温度。应控制放电过程中的 Hg 原子浓度，以便从输入电能获得最大的 UV-C 输出量。最佳压力约为 0.006mmHg（Light Sources Inc，2013）。

标准 LP 汞灯的一个更好的变种即是低压高输出（LPHO）汞灯，其电极组件在灯丝后面有一个“死”体积（“冷点温度区域”），其温度应保持在约 40℃以在 253.7nm 处实现最佳效率。该汞灯可以在高于 50℃的壁温下工作，并且单位弧长的额定线性功率（mW/cm）高于标准 LP 汞灯（Schalk 等，2006）。

LP 汞合金灯避免了环境温度对灯效率的影响，其中 Hg 与铋、铟或镓等形成汞合金，通常情况下为汞铟合金。Voronov 等（2003）开发了基于有效涂层的“长寿命技术”，这使得紫外灯在运行时间大于 16000h 后仍可以有 90%以上的 UV-C 输出。表 2-2 比较了各种 LP 灯的主要特征。

商用 LP 汞蒸气弧灯的特性（改编自 Schalk 等，2006；Light Sources Inc，2013）　**表 2-2**

参数	TiO_2掺杂石英，软玻璃	天然或合成熔融石英		天然或合成熔融石英汞合金灯
		标准	高输出	
辐射波长（nm）	253.7	184.9 253.7	184.9 253.7	184.9 253.7
壁温（℃）	30～50	30～50	>50，冷却 40	90～200
电流（A）	0.2～0.5	0.3～0.4	0.8～1.3	1.2～5.0

续表

参数	TiO_2掺杂石英，软玻璃	天然或合成熔融石英		天然或合成熔融石英汞合金灯
		标准	高输出	
电弧长度（cm）	7～148	5～155	27～200	27～200
电功率（W）	5～80	5～80	10～150	40～1000
比功率*（W/cm）	0.25～0.3	0.3～0.5	0.5～1.0	1.0～5.0
额定 UV-C 辐射功率*（mW/cm）	<175	<200	<350	<2000
UV-C（253.7nm）辐射效率（%）	25～35	30～40	25～35	30～38
寿命（h）（>90%初始 253.7nm 输出）	9000（>85%）	16000（>85%）	12000	16000

* 每单位弧长。

除了上面简要提到的因素之外，灯的性能还取决于灯的使用年限、镇流器的工作频率和开关频次。

特洁安技术公司（Trojan Technologie）的 Solo Lamp™（500W 或 1000W）是一种功能强大的汞合金灯，其与中压汞弧光灯相比具有多种优势，包括电能效率高、寿命长（>15000h）、UV-C 输出效率在 100%～30%范围内可调、能耗低（例如，在相同的 UV 输出量下其能耗为 MP 汞灯的 1/3）以及低碳、环保。基于以上特征，其运营和维护成本的降低，按 20 年生命周期折算，其生产制造、运行维护及处置等综合成本约为 MP 等的 1/4(http://www.trojanuv.com/resources/trojanUV/Products/SoloLamp/SoloLamp_Handout_1000_500W.pdf)。

2.3.2.2 中压（MP）汞灯

中压（MP）汞灯是由真空紫外（VUV）到红外（IR）的光谱辐射分布的多色光源。其发射光谱［有效范围见图 2-4（b）］的特征是在少量连续辐射（特别是在短波长 UV 范围内）上叠加多条线，这是由等离子体中离子和电子重组造成的。相较于 LP 汞灯，MP 汞灯在更高的辐射强度下运行（50～250W/cm）。因此，MP 汞灯中所有汞元素都处于蒸气状态，等离子体（电子、汞蒸气、离子、氩）温度高达 5000～7000K，灯壁温度也高达 600～950℃。在这些条件下，Hg 蒸气压为 0.1～0.6MPa（Schalk 等，2006），并且等离子组分处于一种碰撞概率极高的“局部热平衡”状态，由此汞灯中产生了大量的 Hg^*。稀有气体压力（氩气气压为几 mmHg）对触发电压、汞灯的预热特性和电极寿命起着重要的作用，但除非压力太高，否则也不影响汞灯的稳定运行（Phillips，1983）。灯管由高纯度石英制成。

在预热阶段，当灯温低时 Hg 蒸气的浓度低，此时 MP 汞灯与 LP 汞灯功能相近，主要发射波长为 184.9nm 和 253.7nm 的辐射。在稳定状态下（等离子体温度极高），两条共振 Hg 线被 Hg 蒸气（原子）自身充分吸收。由于 MP 汞灯对 253.7nm 的辐射具有自吸收作用，最大输出波长转移到更长的波长（约 256nm），并且谱线由于高压而变宽。同时，加速电子和激发态 Hg 之间的碰撞会导致产生超激发态，该激发态可发射各种波长的辐射［取决于参与过渡的两个状态之间的 ΔE，见式（2-1）］。MP 汞灯的高压力和高辐射强度导致这种灯的 UV-C 效率较低（最高 15%）。

MP 汞灯的电功率可高达 60kW，电弧长度在 5～150cm 范围内；但输入功率的 UV-C 转换效率远低于 LP 汞灯。MP 汞灯的使用寿命在 1500～10000h 范围内。

LP 汞灯和 MP 汞灯的光谱辐射功率均在工作时间达到 100h 时测量，可使用准确的方法和软件辅助仪器完成。操作人员可通过安装在反应器中的“工作”UV 传感器监测运行过程中的灯老化状态。“工作”传感器应根据 NIST 可溯源的“参比”UV 传感器，定期校准检查其响应的准确性。UV 传感器由光学和电子组件组成，市场上售有不同设计原理的传感器。在所有消毒工程应用中和最近才考虑引入 UV 传感器的污染物去除设备中，UV 传感器响应被用于计算 UV 反应器输出的 UV 剂量。在 UV 传感器的最新技术发展中，有一种传感器能够监测 MP 汞灯的宽带发射，且能覆盖短波长 UV 辐射（$\lambda <$ 240nm），而广泛使用的基于碳化硅的传感器对其不敏感。水研究基金会报告 91236 号（2009）中全面研究和描述了水处理用 UV 系统中 UV 传感器的设计和性能指南。该种被开发出的微（$0.07mm^3$）荧光二氧化硅探测器可提供一种 360°视角，且测试用于不同 UVT 水中 LP 汞灯和 MP 汞灯反应器中的紫外光强的分布情况［Li 等（2017）及其中的参考文献］。

利用 LP 汞灯或 MP 汞灯的 UV 系统在世界范围内得到了广泛应用，用于处理水中的微生物病原体和化学污染物等。UV 系统（LP 汞灯或 MP 汞灯）的选择取决于项目具体情况。

2.3.2.3 石英套管

市场上有多种石英管可用于制造 UV 反应器中的 UV 灯套管。石英的选择取决于许多因素，其中包括应用工艺类型（如消毒、用于微污染物控制的 UV/AOP 以及去除 TOC）、紫外灯类型、水质和潜在副产物的形成、成本等。最常用于 UV 水处理的石英套管的 UV 透射光谱见图 2-5。如果需要阻挡电磁波谱中的特定光谱区域，也可以使用掺杂石英材料。掺杂 TiO_2 的石英可阻挡高能量、短波长的辐射。有时，这种类型的石英套管可用在处理高污染水（如富含硝酸盐的水）的 UV 系统中，以防止水中组分发生光化学反应而形成标准内或标准外的副产物（如硝酸盐转变为亚硝酸盐）。在某些特殊区域用于水消毒的 UV 反应器中需要使用 219 型石英或等效物，以尽量减少 MP 汞灯低于 240nm 的输出。

UV 灯套管使用的石英材料的光学、热学和机械性能会影响水中 UV 光谱分布和套管使用寿命。熔融石英基质中的微量化学元素和/或“冻结网络缺陷”会影响石英的光学性质及其对灯发射的高能辐射的抵抗力，即其对过度曝光作用的抵抗力。石英的过度曝光是一种已知的现象，已有文献对其进行了研究和报道。简而言之，过度曝光是由于石英长时间暴露于高强度辐射下（特别是 VUV 辐射）而产生的透射逐渐损失现象，但该现象不限

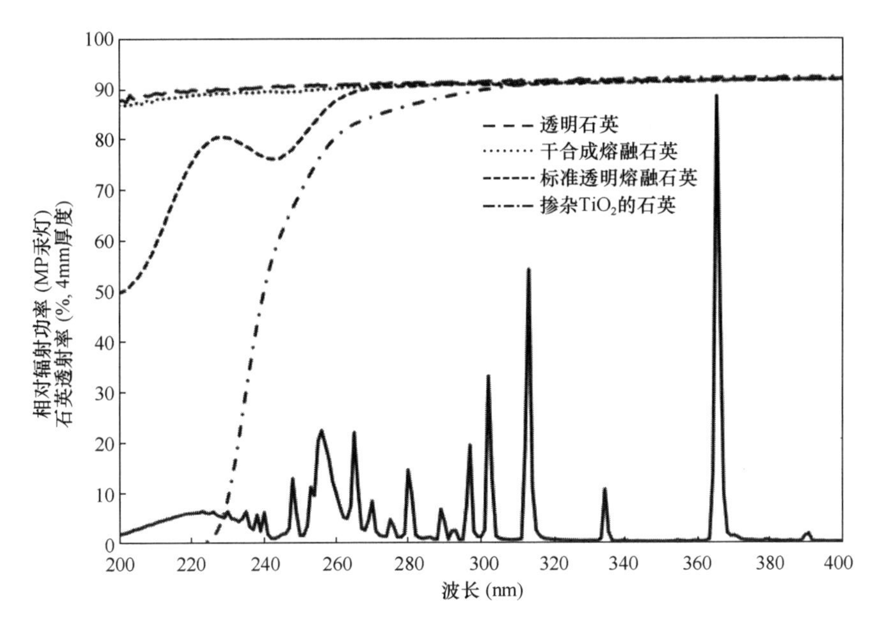

图 2-5 石英透射光谱和 MP 汞灯的典型紫外光谱发射（实线）

注：光谱汇编来自 Stefan（2004）和 https：//www. heraeus. com/media/media/hqs/doc _ hqs/products _ and _ solutions _ 8/tubes/Quartz _ lamp _ materials _ EN. pdf。

于该波长范围。过度曝光的程度取决于多种因素，包括石英质量、制造工艺、辐射波长和强度、暴露持续时间和温度等。

在图 2-5 所示的熔融石英样品中，标准石英最容易受过度曝光影响，特别是当其与 MP 汞灯一起使用时；而透明石英非常耐晒。因过度曝光导致的熔融石英透射率损失可以通过在温度高于 500℃条件下对石英进行热处理（退火）来消除（https：//www. momentive. com)。

天然存在的有机物质和无机离子（特别是铁和钙）可在石英表面与 UV 辐射相互作用，这会导致石英套管结垢从而降低其透光率［Wait（2009）及其中的参考文献］。UV 反应器配备有自动机械、化学或机械加化学套管清洗系统，用于去除套管污垢。在 UV 系统长期运行期间，无机物可以通过 UV 辐射诱导的局部反应改变套管壁上二氧化硅基质的组成，而这一过程是不可逆的。在给定水质紫外透光率下，除反应器 UV 功率之外，UV 传感器也会响应改变石英套管的透光率的灯管老化以及光化学和化学过程。

2.3.3 无汞紫外灯

科学技术向环保“绿色”工艺发展和实践的总趋势促成了许多关于无汞灯用于水消毒和污染物去除的研究。研究人员开发了准分子激光器、无汞闪光灯和基于发光二极管（LED）的 UV 光源等相关技术，以用于 UV 处理工艺。尽管上述关于 UV 光源的技术研发取得了一定进展，但其整体性能均未达到 LP 汞灯和 MP 汞灯的水平，且尚未用于实际生产中的水处理工艺。

2.3.3.1 准分子灯

非相干准分子和激发复合灯是以气体放电的准单色光源。电磁辐射是一种在相同的气体或两种气体的混合物中通过微波放电或“静音”放电（也称为介质阻挡放电，DBD）而产生的过程。准分子灯的发射光谱取决于填充气体的性质。这些光源在接近室温的条件下工作，不发射 IR 辐射，需在高电压（高达 20kV）和高频条件下放电（kHz 到 MHz）。当这些灯中的填充气体是一种惰性气体（Ne、Ar、Kr、Xe）时，其发射辐射的激发态（如 Xe_2^*）被称为准分子；而当填充气体为惰性气体和卤素的混合物时，其激发态（如 $XeCl^*$）被称为激发复合体。准分子灯较汞蒸气灯而言具有以下优点：灵活的形状设计、无预热时间、使用寿命长（根据设计和操作条件可高达 10000h）、无电极、窄带发射、高光子通量且不吸收自身辐射，根据填充气体不同其 UV/VUV 功率效率在 1%～2%到 60%范围内，此外，准分子灯为无汞的环境友好型光源（Sosnin 等，2006）。本书第 5 章介绍了准分子和激发复合灯的光谱发射、准分子灯的特征及其局限性以及该种灯型在结构和电源方面的最新进展，并引用了其在该领域的相关研究。大多数关于激发复合灯的应用研究都在 VUV 区域内进行，主要用于有机化合物的矿化。Matafonova 和 Batoev（2012）综述了 UV 准分子灯相关研究，包括其通过直接光解过程和 AOPs 工艺处理水中污染物，以及作为生物降解的预处理工艺等方面。

2.3.3.2 脉冲紫外灯

脉冲光技术是利用脉冲电能在惰性气体（Xe、Ar、Kr）中的放电作用实现的。脉冲持续时间通常为 50～3000μs，脉冲间隔时间以毫秒为单位。放电过程几乎瞬间将填充气体（通常为 Xe）加热到非常高的温度（≥13000K），使得石英管内壁上覆盖一层薄“壳”等离子体（电离气体、电子、激发态）。被加热的等离子体对等离子体温度发射呈现黑体连续辐射特性。UV 范围内的光谱发射形状也取决于等离子体温度，因此，其将由闪光灯的工作条件决定。总辐射输出中 38%～52%在 185～400nm 波长范围内，而平均 UV-C 效率为 15%～20%（Haag，1994）。尽管氙气的价格高于 Ar 和 Kr，但其由于电离电位低（E°= 12.1eV；Masschelein，2000）而成为首选的稀有气体。等离子体发射的辐射不会被稀有气体吸收。脉冲紫外灯的紫外光强可以比汞灯高 3～4 个数量级。脉冲光源发出辐射的性能特征可参见有关文献（Phillips，1983；Marshak，1984；Haag，1994；Schaefer 等，2007）。Gómez-López 和 Bolton（2016）提出了在实验室进行脉冲光实验测量光剂量的标准化方法。

脉冲紫外灯可瞬时达到全功率状态，其光谱紫外线辐射输出由灯和电源设置决定。过高的脉冲能量（外加电压高达 30kV 时）会增加热应力，从而大大缩短紫外灯的寿命。脉冲紫外灯已成功用于水中病原体灭活和污染物去除的实验室研究，在短时间内实现了部分污染物的高效去除，其中包括 NDMA（Liang 等，2003）、氯代脂肪族化合物（Haag，1994）以及农药（Baranda 等，2014）。

2.3.3.3 发光二极管（LED）灯

自 1962 年以来，LED 光源在室内和室外照明领域已有 50 多年的商业化应用，并大量应用于分析仪器领域。LED 通过半导体芯片中 p-n 结处的电子-空穴复合过程将电能转换为辐射。电子-空穴（h^+）重组产生高能态，其可在弛豫时释放出光子；释放出光子的波长取决于 LED 灯中使用的半导体材料。据报道，掺杂了包括金刚石（λ= 235nm；Koizumi 等，2001）和Ⅲ族元素氮化物（如 GaN、AlGaN 和 AlN）在内的宽禁带材料的 LED 灯可在紫外线范围内电致发光，其中 Tanyiasu 等（2006）开发并介绍了最短波长（210nm）LED（AlN PIN）（p 型/本征/n 型）的特性。AlGaN LED 灯的 UV 辐射波长覆盖 210～365nm 范围，其中 AlN 和 GaN 以特定比例组合。UV-C LED 灯可向各个方向发射辐射，但由于受材料和结构的限制，UV-C LED 灯为点光源发射器。30mW UV-C LED 灯的光功率密度（mW/cm^2）分别约为典型 MP 汞灯和典型 LP 汞灯的 1.8 倍和 50 倍（Pagan 和 Lawal，2015）。据报道，UV LED 灯的制造和商业应用取得了显著进步，商用 LED 的单芯片输出功率从 2012 年的约 2mW 发展为 2015 年的 30mW，其寿命可达成千上万小时（Pagan 和 Lawal，2015）。

LED 灯可在间歇或连续模式下运行。与汞蒸气灯相比，LED 灯的光源具有诸多优点，如具有更高的 UV 功率密度、在直流电（d. c.）条件下操作、结构紧凑、性能稳固以及可瞬时全功率启动，此外，其还具有能耗低、使用寿命长、波长稳定、规格尺寸和反应器设计灵活可调以及环境友好等优势。然而，目前 UV-C LED 灯的成本过高，且其电光转换效率较低，另外有关产品设计的开发程度不足。

UV-C LED 灯被广泛用于研究其对水和物体表面微生物病原体的灭活能力（Song 等，2016）。当前，关于 UV-LED 对微污染物去除的报告非常有限，大多数主要关注于 UV-A（365nm）LED/TiO_2 AOP 方面。在 255nm、310nm 和 365nm 的发射波长下，Autin 等（2013）考查了 Al-In-Ga-氮化物 LED 灯与 TiO_2 或 H_2O_2 的组合工艺对模拟地表水中亚甲蓝和四聚乙醛（农药）的去除效果。

2012 年，AquiSense Technologies 公司推出首款在 PearlAqua 平台进行低流量水消毒的 UV-C LED 产品。2017 年，该公司又推出三款小体积的 UV-C LED 产品线，其中 PearlAqua Micro 是世界上最小的 UV 水消毒系统。

2.4　UV/H_2O_2 工艺原理

2.4.1　过氧化氢的光解

Tian 于 1910 年报道了水溶液中的过氧化氢在 Hg 蒸气灯 UV 辐射下的光分解过程（Tian，1910），并且观察到该过程遵循“单分子动力学”。Urey 等（1929）测定了水中 H_2O_2 对 215～375nm 波长范围内的光的摩尔吸光系数，并对主要分解步骤进行了讨论。研究者揭示了这是一种没有结构的连续性光谱，并且由热化学计算表明了最长吸收波长的光子能量足以致使以下三种反应中的任何一种发生：

$$H_2O_2 + h\upsilon \rightarrow 2\,{}^{\bullet}OH \ (39cal) \tag{2-11}$$

$$H_2O_2 + h\upsilon \rightarrow H_2O + 1/2O_2 \ (55.8cal) \tag{2-12}$$

$$H_2O_2 + h\upsilon \rightarrow HO_2^{\bullet} + {}^{\bullet}H \ (67.3cal) \tag{2-13}$$

Urey 等最早提出 H_2O_2 光分解形成 $^{\bullet}OH$ 的假设，并推断式（2-11）中的反应更易于发生。这一假设与推断基于与卤素参与的主要过程的类比，以及他们在锌火花线照射低压过氧化氢的实验观察。

过氧化氢是紫外线辐射的弱吸收剂。水溶液中 H_2O_2 及其共轭碱和氢过氧化物离子 HO_2^-（$pK_a=11.7$）的摩尔吸光系数可在已发表的文献中查询获得。HO_2^- 的摩尔吸光系数大于 H_2O_2；例如，$\varepsilon(H_2O_2，210nm)=(189\pm28)L/(mol\cdot cm)$，$\varepsilon(HO_2^-，210nm)=(733.7\pm63.1)L/(mol\cdot cm)$，$\varepsilon(H_2O_2，300nm)=(0.96\pm0.21)L/(mol\cdot cm)$，$\varepsilon(HO_2^-，300nm)=(27.3\pm1.0)L/(mol\cdot cm)$（Morgan 等，1988）。在 254nm 处，$\varepsilon(H_2O_2)$ 约为 19.2L/(mol·cm)。Chu 和 Anastasio(2005)报道了 H_2O_2(6.5～26mmol/L)的摩尔吸光系数与波长(240～380nm)和温度(1～25℃)的函数关系。相较于 1℃而言，H_2O_2 的摩尔吸收光系数在 25℃条件下呈现出一个稳定但微弱的增加趋势，例如，摩尔吸光系数从 240nm 下的 0.5%增加到 280nm 下的约 6.6%，而在 254nm 下增加至 2.2%。

鉴于与水中组分相比，H_2O_2 对于紫外线的吸收性能较差，因此在 UV/H_2O_2 应用中必须加入适量的 H_2O_2，以使得 H_2O_2 吸收的 UV 光满足工艺性能所需的 $^{\bullet}OH$ 产率。最佳 H_2O_2 剂量应视工艺应用而定，且取决于以下几个因素：水质、紫外灯类型和功率、反应器设计、污染物与 $^{\bullet}OH$ 的反应活性、污染物处理水平以及直接光解对整体处理效果的贡献率。在典型的地表水和地下水中，只有一小部分由光源发出的紫外线辐射用于产生 $^{\bullet}OH$，并且观察到 H_2O_2 浓度小幅度降低(降低率最高约为 15%)。

以下一系列反应描述了在没有溶质的情况下，过氧化氢光解过程和随后的自由基反应：

光吸收/引发过程

$$H_2O_2+h\upsilon\rightarrow 2\,^{\bullet}OH \quad \phi_{H_2O_2}\approx 0.5；\phi_{^{\bullet}OH}\approx 1.0$$

$$HO_2^-+h\upsilon\rightarrow\,^{\bullet}O^-+\,^{\bullet}OH \tag{2-14}$$

散布过程

$$^{\bullet}OH+H_2O_2\rightarrow H_2O+HO_2^{\bullet} \quad k_{2\text{-}15}=2.7\times10^7L/(mol\cdot s)\text{(四个值的平均值；Buxton 等，1988)}$$

$$k_{2\text{-}15}=(3.2\pm1.5)\times10^7L/(mol\cdot s)\text{(首选值；Yu，2004)} \tag{2-15}$$

$$^{\bullet}OH+HO_2^-\rightarrow OH^-+O_2^{\bullet-}+H^+ \quad k_{2\text{-}16}=(7.5\pm1.0)\times10^9L/(mol\cdot s)\text{(Christensen 等，1982)} \tag{2-16}$$

$$^{\bullet}O^-+H_2O_2\rightarrow OH^-+O_2^{\bullet-}+H^+ \quad k_{2\text{-}17}\leqslant 5\times10^8L/(mol\cdot s)\text{(Christensen 等，1982)}$$

$$k_{2\text{-}17}=(4.2\pm0.2)\times10^9L/(mol\cdot s)\text{(首选值；Yu，2004)} \tag{2-17}$$

$$^{\bullet}O^-+HO_2^-\rightarrow OH^-+O_2^{\bullet-} \quad k_{2\text{-}18}=4\times10^8L/(mol\cdot s)\text{(平均值；Buxton 等，1988)}$$

$$k_{2\text{-}18}=(7.8\pm0.8)\times10^9L/(mol\cdot s)\text{(首选值；Yu，2004)} \tag{2-18}$$

$$HO_2^{\bullet-}+H_2O_2\rightarrow\,^{\bullet}OH+H_2O+O_2 \quad k_{2\text{-}19}=3.7L/(mol\cdot s)\text{(Farhataziz 和 Ross，1977)} \tag{2-19}$$

$$O_2^{\bullet-}+H_2O_2\rightarrow\,^{\bullet}OH+OH^-+O_2 \quad k_{2\text{-}20}=(0.13\pm0.07)L/(mol\cdot s)\text{(Weinstein 和 Bielski，1979)} \tag{2-20}$$

终止

$$HO_2^{\bullet}+HO_2^{\bullet}\rightarrow H_2O_2+O_2 \quad k_{2\text{-}21}=8.3\times10^5 L/(mol\cdot s)(\text{Bielski 等，1985}) \tag{2-21}$$

$$HO_2^{\bullet}+O_2^{\bullet-}+H_2O\rightarrow H_2O_2+O_2+OH^- \quad k_{2\text{-}22}=9.7\times10^7 L/(mol\cdot s)(\text{Bielski 等，1985}) \tag{2-22}$$

$$O_2^{\bullet-}+O_2^{\bullet-}+2H_2O\rightarrow H_2O_2+O_2+2OH^- \quad k_{2\text{-}23}<0.35 L/(mol\cdot s)(\text{Weinstein 和 Bielski，1979}) \tag{2-23}$$

$$^{\bullet}OH+{}^{\bullet}OH\rightarrow H_2O_2 \quad 2k_{2\text{-}24}=1.1\times10^{10} L/(mol\cdot s)(\text{选定值；Buxton 等，1988}) \tag{2-24}$$

$$^{\bullet}OH+HO_2^{\bullet}\rightarrow H_2O+O_2 \quad k_{2\text{-}25}=6\times10^9 L/(mol\cdot s)(\text{Buxton 等，1988}) \tag{2-25}$$

$$^{\bullet}OH+O_2^{\bullet-}\rightarrow OH^-+O_2 \quad k_{2\text{-}26}=8\times10^9 L/(mol\cdot s)(\text{Buxton 等，1988}) \tag{2-26}$$

H_2O_2 光分解机制中各物质的平衡状态：

$$H_2O_2\leftrightarrows HO_2^-+H^+ \quad pK_a=11.7 \tag{2-27}$$

$$HO_2^{\bullet}\leftrightarrows O_2^{\bullet-}+H^+ \quad pK_a=4.7 \tag{2-28}$$

$$^{\bullet}OH\leftrightarrows {}^{\bullet}O^-+H^+ \quad pK_a=11.9 \tag{2-29}$$

过氧化氢分解通过初级光解步骤进行，随即发生自由基诱导反应。H_2O_2 和自由基物质均以离子态或非离子态形式存在于平衡状态下，因此，H_2O_2 光分解反应的动力学和机理是受 pH 控制的。在上述的所有反应中，在自然水的 pH 条件下，整个过程占主导地位的反应包括式（2-11）、式（2-15）、式（2-21）和式（2-22）。

$^{\bullet}OH$ 与 OH^- 的反应［$k=1.3\times10^9 L/(mol\cdot s)$；Buxton 等，1988］不包括在上述机理中，这是因为在该反应中形成的自由基（$^{\bullet}O^-$）在天然水体或污水三级处理/深度处理后的出水 pH 条件下会被快速质子化为 $^{\bullet}OH$。

式（2-15）和式（2-19）［和/或式（2-20）］通常称为 Haber-Weiss 循环反应，最初是由 Haber 和 Willstätter（1931）提出的。有关式（2-19）和式（2-20）的进一步动力学研究结论如下：与歧化反应式（2-21）和式（2-22）相比，它们产生的概率非常低以至于可以忽略［Koppenol（2001）及其中的参考文献］。

H_2O_2 在水中无任何 $^{\bullet}OH$ 清除剂时发生光分解反应的初级［式（2-11）］和总量子产率［式（2-11）、式（2-15）、式（2-21）和式（2-22）］已被广泛研究和报道。已发表的文献对此已达成共识，即初级量子产率为 $\phi_{H_2O_2}\approx0.5$，而总量子产率 $\Phi_{H_2O_2}$ 接近于一致。一些研究者报道了 H_2O_2 在波长 253.7nm、温度 25～27℃条件下发生光分解时的量子产率，其中包括 Hunt 和 Taube（1952）（$\phi_{H_2O_2}=0.49$；$\Phi_{H_2O_2}=0.98\pm0.05$）、Weeks 和 Matheson（1956）（$\phi_{H_2O_2}=0.490\pm0.065$）、Baxendale 和 Wilson（1956）（$\phi_{H_2O_2}=0.50$；$\Phi_{H_2O_2}=1.00\pm0.02$）、Volman 和 Chen（1959）（$\phi_{H_2O_2}=0.54\pm0.05$；$\Phi_{H_2O_2}=0.94\pm0.05$）、Loraine 和 Glaze（1999）（$\phi_{H_2O_2}=0.45\pm0.06$；$\Phi_{H_2O_2}=1.1\pm0.1$）。但也有文献中报道了与这些值不同的量子产率数据［参见 Yu 和 Barker（2003b）对这些研究的批判性分析］。在天然水体中，水中的组分与 H_2O_2 竞争 $^{\bullet}OH$ 降低了式（2-15）发生的可能性，并且光分解的总量子产率低于 1.0（$0.5\leqslant\Phi_{H_2O_2}<1.0$）。

研究发现，H_2O_2 总量子产率与波长无关，且在高辐射强度和低浓度条件下不受辐射强度和 H_2O_2 浓度影响（Baxendale 和 Wilson，1956；Volman 和 Chen，1959），但不同温度下的 H_2O_2 总量子产率不同，例如，其在2℃时为0.74但在50℃时为1.10（Volman 和 Chen，1959）；在0℃时为0.76±0.05而在25℃时为0.98±0.05（Hunt 和 Taube，1952）；在4℃时为0.8但在25℃时为1.00±0.02（Baxendale 和 Wilson，1956）。计算可得，辐射致使的 H_2O_2 分解反应的活化能为2.7～3.1kcal/mol。H_2O_2 光解速率与辐射强度和 H_2O_2 浓度的相关性也已在早期的文献中进行了讨论，例如 Allmand 和 Style（1930）及其中的参考文献。

在含水介质中，$^{\bullet}OH$ 生成反应［式（2-11）］的初级量子产率接近1.0，是 H_2O_2 初级量子产率的2倍。当一个光子吸收的能量等于或大于 H_2O_2 中 O—O 键解离能（211kJ/mol；Calvert 和 Pitts，1966）时，此时的 H_2O_2 分子达到“活化状态”，将迅速在溶剂（水）笼中变成两个 $^{\bullet}OH$。溶剂笼内发生的 $^{\bullet}OH$ 快速重组速率与其扩散至溶液的速率相近（在约 10^{-9}s 内），因此，在溶剂笼内产生的 $^{\bullet}OH$ 只有一半可“逃出”溶剂笼并且参与到水中进行的化学反应。

早期的研究是基于 H_2O_2 初级量子产率估算 $^{\bullet}OH$ 量子产率，但较新的研究与之前不同，是利用可定量捕获羟基自由基的化学探针测定 H_2O_2 光解产生 $^{\bullet}OH$ 的产率。针对用间接定量方式得到的 $^{\bullet}OH$ 产率（H_2O_2 光解产生），表2-3总结了文献中已有的 $\phi_{^{\bullet}OH}$ 数据以及这些研究使用的实验条件。

表2-3中的数据表明，H_2O_2 光解产生 $^{\bullet}OH$ 的量子产率与 UV 辐射波长和溶液 pH（0～7）无关。Herrmann 等（2010）汇编了1949—2007年有关 $^{\bullet}OH$ 的报道。$^{\bullet}OH$ 量子产率与溶液离子强度无关（Chu 和 Anastasio，2005），但受到温度影响。Zellner 等（1990）研究了在5～25℃范围内，在308nm和351nm处，温度对于 H_2O_2 光解（pH=7）产生的 $\phi_{^{\bullet}OH}$ 的影响。在以上两种波长条件下，量子产率从5℃时的0.82（308nm）和0.83（351nm）增加到25℃时的0.98（308nm）和0.96（351nm）。量子产率在这两种波长条件下展示的温度依赖性对应于 E_a=（5.5±1.6）kJ/mol 这一活化能值。这个数值与 Chu 和 Anastasio（2005）报道的 H_2O_2 光解为 $^{\bullet}OH$，E_a=（5.5±0.14）kJ/mol 的活化能数值相似，该值依据由 Arrhenius 方程绘制的图确定（图2-6）。

水溶液中 H_2O_2 光解生成 $^{\bullet}OH$ 的初级量子产率　　表2-3

波长（nm）	$\phi_{^{\bullet}OH}$	温度（℃）	pH	参考文献
200	1.12	25		Crowell 等（2004）
205	1.14±0.05	24±1	7.0±0.2	Goldstein 等（2007）
214	1.08±0.03	24±1	7.0±0.2	Goldstein 等（2007）
240	1.12±0.05	24±1	7.0±0.2	Goldstein 等（2007）
248	0.88	25	8.3	Crowell 等（2004）
	1.0±0.1	24±2	0～4	Yu 和 Barker（2003b）
253.7	1.17±0.09	24±1	7.0±0.2	Goldstein 等（2007）

续表

波长（nm）	$\phi_{\cdot OH}$	温度（℃）	pH	参考文献
	1.15±0.05	24±1	7.0±0.2	Goldstein 等（2007）
260	1.11±0.05	24±1	7.0±0.2	Goldstein 等（2007）
270	1.07±0.04	24±1	7.0±0.2	Goldstein 等（2007）
280	1.04±0.04	24±1	7.0±0.2	Goldstein 等（2007）
308	0.8±0.2	24±2	0～4	Yu 和 Barker（2003b）
	0.98±0.03	25	7	Zellner 等（1990）
313	0.72±0.017	−10	5	Chu 和 Anastasio（2005）
334	0.69±0.008	−10	5	Chu 和 Anastasio（2005）
351	0.96±0.04	25	7	Zellner 等（1990）
300～400	0.96±0.09	25		Sun 和 Bolton（1996）
最大值为 360				

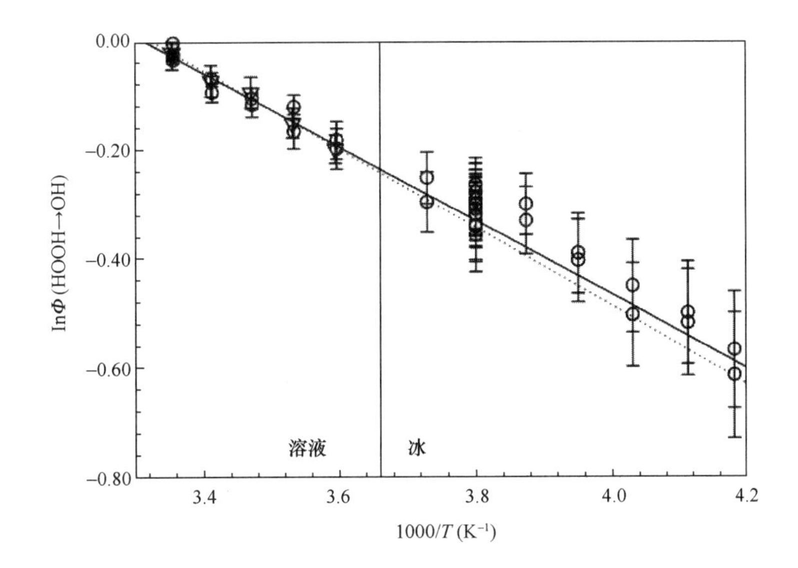

图2-6 在水和冷冻条件下（100μmol/L H_2O_2，200μmol/L 苯甲酸，pH=5），在 313nm 下 H_2O_2 光解为˙OH 的量子产率随温度的变化（239～318K）

注：圆圈和实线（回归线）代表 Chu 和 Anastasio（2005）的数据；倒三角形和点线（回归线）代表 Zellner 等（1990）的数据。

大量研究报道了˙OH 与 H_2O_2 反应的速率常数［$k_{\cdot OH,H_2O_2}$，式（2-15）］。Yu（2004）汇编并综述了 1962～2003 年期间研究得到的 13 个 $k_{\cdot OH,H_2O_2}$ 值。所有数据均在不同 pH 下通过各种方法直接或间接测得，数值在 1.2×10^7L/(mol·s)（直接测量，Fricke 和 Thomas，1964）到 4.5×10^7L/(mol·s)（间接测量，Hatada 等，1974）范围内。Yu 和 Barker（2003a）用激光闪光光解技术直接测量得到 pH 为 2 时 $k_{\cdot OH,H_2O_2}$ =（4.2±0.2）×10^7L/(mol·s)。这两位研究者计算了由直接测量方法得到的四个 $k_{\cdot OH,H_2O_2}$ 值的未加权平均值，得到的 $k_{\cdot OH,H_2O_2}$ =（3.5±1.5）×10^7L/(mol·s) 被称为“首选值”。普遍被接受

和使用的速率常数是 $k_{\cdot OH,H_2O_2}=2.7\times10^7$ L/(mol·s)（四个值的平均值；Buxton 等，1988）。

Christensen 等（1982）在 N_2O^- 和氩均饱和的条件下，用脉冲辐解法研究了 pH（6.8～13.8）和温度（14～160℃，pH=7.8）对 $k_{\cdot OH,H_2O_2}$ 的影响。当 pH 在 6.8～9.3 范围内时，不论溶液中的气体状态如何，速率常数［$k_{\cdot OH,H_2O_2}=(2.7\pm0.3)\times10^7$ L/(mol·s)］在该 pH 范围内不受 pH 影响。随着 pH 增加至约 12，“表观”速率常数（各种不同的自由基和分子物质的组合；参见上述 pK_a 值）增加，然后随着 pH 进一步增加而降低，直到 pH 增加至 13.8。速率常数随着温度的增加而增加，从 14℃时的 2.1×10^7 L/(mol·s) 增加到 160℃时的 1.5×10^8 L/(mol·s)，在整个温度范围内与 Arrhenius 曲线呈线性相关［ln$k$ vs. $1/T$（K）］。

2.4.2 羟基自由基

如本书多个章节所述，·OH 在工程化的高级氧化技术和天然水体中通过光解或热（即暗）过程产生。·OH 是强氧化剂，因此化学性质非常活泼。表 2-4 列出了一些与环境相关的无机自由基的还原电位（在 O_2 饱和溶液中）。

所选无机自由基的还原电位（von Sonntag，2006；p. 93） 表 2-4

自由基对	E（V）	自由基对	E（V）
$F^\cdot/F^-$	+3.60	O_3，$H^+/HO_3^\cdot$（pH=7）	+1.80
$^\cdot OH$，H^+/H_2O	+2.73	$CO_3^{\cdot-}/CO_3^{2-}$	+1.59
$Cl^\cdot/Cl^-$	+2.60	$HO_2^\cdot$，H^+/H_2O_2（pH=0）	+1.48
$SO_4^{\cdot-}/SO_4^{2-}$	+2.47	$O_3/O_3^{\cdot-}$（pH=11～12）	+1.01
$Cl_2^{\cdot-}/2Cl^-$	+2.30	$NO_2^\cdot/NO_2^-$	+1.00
$^\cdot OH/OH^-$	+1.90	O_2（$^1\Delta_g$）$/O_2^{\cdot-}$	+0.65

2.4.2.1 水溶液中羟基自由基的特性、检测和定量

Dorfman 和 Adams（1973）合著了一本关于水溶液中·OH 反应活性的综合专著。Gligorovski 等（2015）发表了一篇关于·OH 的综述论文，内容包括·OH 的生成过程、检测方法、各种性质、动力学、反应机制及其对环境的影响。

·OH 是一种中性自由基，且是最强氧化自由基之一。与其化学反应活性直接相关的最重要性质包括还原电位 E°（具有 pH 依赖性，在酸性和碱性介质中分别为 2.7V 和 1.8V）、pK_a（约 11.9）和扩散系数（$2.3\times10^{-5}cm^{-2}\cdot s^{-1}$）(Dorfman 和 Adams，1973)。在其与有机化合物的反应中，·OH 表现为亲电试剂，攻击分子的富电子位点，而其共轭碱·O^- 是亲核试剂。

由于·OH 具有很高的反应活性，所以其在溶液中存在时间短、浓度低（通常＜10^{-12} mol/L)，这使得·OH 的检测和监测只能通过先进的快速动力学工具完成，如可实现瞬态吸收或发射测量的激光闪光光解技术（LFP）、电子顺磁共振技术（EPR）或电子自

旋共振技术（ESR）以及 γ 辐解技术。文献中描述了有关·OH 检测和监测的技术、方法、数据记录、计算过程和说明，以及在设计实验时为防止出现干扰和误导性结果需要采取的预防措施。Thomsen 等（2001）利用飞秒脉冲 LFP 技术在 266nm 波长条件下研究由 HOCl 光解形成的·OH 和·Cl。该研究利用瞬态吸收光谱法（230～400nm）在皮秒时间内监测了两种自由基的直接生成情况、反应动力学和自由基光产物的产率。Herrmann（2003）综述了用于研究·OH 动力学的 LFP 技术。利用在 77Kγ 辐射下冰的顺磁共振研究，Smaller 等（1954）首次证明了·OH 的存在，·OH 的 EPR 光谱非常难获得。自旋陷阱被用于生成比·OH 寿命更长的顺磁物种，最常用的是 1,1-二甲基-吡咯烷 N-氧化物（DMPO）、N-叔丁基苯基硝酮（PBN）和 2,2,6,6-四甲基哌啶-N-氧基（TEMPO）（Wolfrum 等，1994；Goldstein 等，2004；Clément 和 Tordo，2007）。·OH 与自旋捕捉剂反应的速率常数处于扩散控制内，由此产生的 OH^- 自旋加合物具有明显的 EPR（或 ESR）光谱表征。由于·OH 的吸光系数小，基于·OH 在短紫外线范围内的吸收，直接检测电离辐射产生的·OH 是相当困难的。使用这种技术精确检测和定量·OH 通常用化学探针实现，最常见的探针物质是 SCN^-。在微秒级的时间尺度上，可以用光谱方法在可见光范围［$\varepsilon_{475nm}=7600L/(mol \cdot s)$］监测 SCN^- 与·OH 的反应（Milosavljevic 和 LaVerne，2005）以及由此产生的自由基 $(SCN)_2^{\cdot -}$。使用具有众所周知的速率常数和与·OH 反应的产物转化率的化学探针与脉冲辐射分解和稳态辐射技术一起用于量化·OH 产率。用于·OH 定量探针的化合物包括水杨酸、对羟基苯甲酸、甲醇、二甲基亚砜、对苯二甲酸酯、二羟基苯甲酸酯、香豆素-3-羧酸、3′-对-（氨基苯基）荧光素。这些探针的产物可以用常用的分析方法进行分析，如采用高效液相色谱法进行紫外或电化学检测，衍生化后再进行紫外-可见光谱分析、荧光光谱分析、气相色谱/质谱分析。实验结果的准确性受实验方法、产生方法、矩阵、分析方法等因素的影响。Fernández-Castro 等（2014）阐述了用于检测和量化高级氧化工艺中活性氧种类（·OH、$HO_2^{\cdot}$、$O_2^{\cdot -}$、$^1O_2$）的方法及探针的优势和局限性。

2.4.2.2 羟基自由基的反应

作为一种强氧化剂，·OH 对有机和无机化合物的攻击具有非选择性，其中大多数反应都几乎达到了扩散控制反应的极限。·OH 的高反应活性解释了其在水中稳态浓度非常低（10^{-10}～10^{-12} mol/L）的原因。·OH 与重要环境有机物的反应速率常数在 10^6～10^{10} L/(mol·s) 范围内。·OH 与化合物的反应包括夺氢反应、富电子位点（如不饱和键和芳香环）上的加成反应以及电子转移反应。

在饱和化合物中，夺氢反应主要发生在 C—H 键位置，形成一种碳中心自由基(·R)［式（2-30)］。这个过程涉及过渡态的大量电荷分离，并且比其他的·OH 反应需要更多能量。

$$\cdot OH + R-H \rightarrow [R\text{---}H^+\text{---}O^- H^+]^{\neq} \rightarrow \cdot R + H_2O \tag{2-30}$$

·OH 对 C—H 键的攻击具有高度选择性，该过程发生在叔碳原子（即—CHR_2，其中 R≠H）上的概率远高于伯碳原子（例如，—CH_3）。表 2-5 举例说明了脂肪醇中各种

C—H 键的夺氢概率。注意，当夺氢反应发生在 O—H 基团上时，将生成氧中心自由基。

相较于—OH 基团，不同 C—H 位点的夺氢产率（改编自 Asmus 等，1973） **表 2-5**

醇	夺氢产率 α—C	夺氢产率 β，γ，δ，etc. —C	夺氢产率 O—H
CH_3OH	93.0		7.0
CH_3—CH_2—OH	84.3	13.2	2.5
CH_3—CH_2—CH_2—OH	53.4	46.0	$<$0.5
$(CH_3)_2CH$—OH(IPA)	85.5	13.3	1.2
CH_3—CH_2—CH_2—CH_2—OH	41.0	58.5	$<$0.5
$(CH_3)_3C$—OH(TBA)		95.7	4.3
HO—CH_2—CH_2—OH	100		$<$0.1
HO—CH_2—CH(OH)—CH_3	79.2	20.7	$<$0.1

相邻的给电子取代基（例如，$-CH_3$、$-OR$、$-NR_2$）可使生成的碳中心自由基处于稳定状态，这将促进$^{\cdot}OH$ 在该特定 C—H 键处发生夺氢反应。相反，相邻的吸电子取代基会降低夺氢反应速率。例如，虽然甲醇和叔丁醇都只含有伯碳原子，但 $k_{\cdot OH,CH_3OH}$ [9.7×10^8 L/(mol·s)] $>k_{\cdot OH,t\text{-}BuOH}$ [6×10^8 L/(mol·s)]，这是由于—OH 对产生的自由基（$^{\cdot}CH_2OH$）具有稳定作用。另一个例子是$^{\cdot}OH$ 与甲基-叔丁基醚（MTBE）发生的夺氢反应，在该过程中甲氧基（CH_3O—）中的 C_6^-H 键比三个甲基（CH_3^-）中的 C—H 键更容易受到$^{\cdot}OH$ 攻击。UV/H_2O_2 AOP 降解 MTBE 反应的产物研究结果证实了这一理论（Stefan 等，2000）。氯原子具有很强的吸电子能力，在$^{\cdot}OH$ 与氯代有机物发生夺氢反应时其会影响反应速率。Maruthamuthu 等（1995）测定了一系列卤代乙酸的 $k_{\cdot OH}$值，其随着卤化程度的增加而降低［例如，$k_{\cdot OH,CH_2ClCOO^-}=4\times10^8$ L/(mol·s)；$k_{\cdot OH,CHCl_2COO^-}=9\times10^7$ L/(mol·s)］。

包括全氟羧酸（PFC）和全氟磺酸（PFS）在内的全氟化合物几乎不会与$^{\cdot}OH$ 反应。全氟辛烷磺酸（PFOS）和全氟辛酸（PFOA）被认为是饮用水中需要关注的微污染物，列于美国环保署污染物候选清单（CCL3 和 CCL4 草案，https://www.epa.gov/ccl/chemical-contaminants-ccl-4）。

Das 和 von Sonntag（1986）指出，pH 对夺氢反应速率有重要影响。例如，三甲胺的质子化作用降低了反应中心（—CH_3 基团）的电子密度，使反应速率降低至 1/30。

$^{\cdot}OH$ 可与某些无机物发生夺氢反应，如 NH_3、HSO_4^-、过氧化氢离子（HO_2^-）、H_2O_2、一氯胺（NH_2Cl），生成相应的自由基和水分子。

$^{\cdot}OH$ 与不饱和键（例如，C=C、C≡C、C=N 以及亚砜中的 S=O）发生的亲电加成反应的速率受扩散过程控制。由于 C 原子属于缺电子原子，所以 C=O 基团上很难发生$^{\cdot}OH$的加成反应；而$^{\cdot}OH$ 更易于加成到不饱和键中的 C 原子位点上。不饱和键的邻位取代基以及不饱和键（与$^{\cdot}OH$ 反应的）中的 C 原子使得其成为$^{\cdot}OH$ 的加成位点。例如，在与三氯乙烯（Cl_2C=CHCl）反应时，$^{\cdot}OH$ 更倾向于加成至取代基较少的 C 原子上，这是

因为另一个 C 原子上的两个 Cl 原子具有吸电子特性，从而使得该 C 原子处于缺电子状态（Köster 和 Asmus，1971）。所有在不饱和键上发生的 $^{\bullet}OH$ 加成反应均会通过一种瞬态粒子产生碳中心自由基或杂原子中心自由基，如反应（2-31）所示。

$$^{\bullet}OH + H_2C{=}CHR \rightarrow [HO{-}{-}CH_2{-}{-}{-}CH{-}R]^{\neq} \rightarrow HOCH_2-{}^{\bullet}CHR \quad (2\text{-}31)$$

向芳环中加入 $^{\bullet}OH$，形成与原始反应物平衡的短寿命 π-络合物，后该络合物发展成 σ-络合物［羟基环己二烯基，反应序列（2-32）］，其中 OH 基团与“选择性”C 原子结合（Ashton 等，1995）。

(2-32)

π-络合物　　σ-络合物

Minakata 等（2015）利用脉冲辐解法（PR）将 $^{\bullet}OH$ 加成到许多连有羧基和羟基的苯环上。该研究提供了在芳香族化合物初始转化时生成了羟基环己二烯自由基和 HO—加合物的深刻见解。实验速率常数、热化学性质和瞬态光谱被用于解释羧基和羟基对 $^{\bullet}OH$ 与所研究化合物之间反应活性的影响。

通常，当脂肪族侧链可被取代时，$^{\bullet}OH$ 主要与不饱和键（在脂肪族化合物中）或芳环反应。在芳香族体系中，苯环上的羟基取代位置具有强取代基效应。给电子基团（如—CH_3、—OCH_3、—NH_2、—NR_2、—OH）使得取代反应发生在其邻位和对位，而吸电子基团（如—NO_2、C=O、—SO_3H）则使得取代反应发生在其间位。当取代基为弱给电子基团或弱吸电子基团时，此时的羟基化产物呈准等分布。除此之外（即在环上的取代基 C 上）$^{\bullet}OH$ 基本是不受欢迎的，特别是在大体积取代基的情况下。据推测，$^{\bullet}OH$ 的区域选择性可能发生在由 π-络合物向 σ-络合物转化的过程中。

$^{\bullet}OH$ 与杂环化合物的反应遵循类似的原理，且此反应中也会形成杂原子中心自由基。Tauber 和 von Sonntag（2000）报道了 $^{\bullet}OH$ 与均三嗪［$k_{^{\bullet}OH}=9.6\times10^7 L/(mol \cdot s)$］和阿特拉津［$k_{^{\bullet}OH}=3.0\times10^9 L/(mol \cdot s)$］反应的速率常数，其中阿特拉津是一种含取代基的均三嗪化合物。数据表明，观察到的阿特拉津和其他类似的均三嗪类化合物对 $^{\bullet}OH$ 的高反应性，是因为从脂肪链中的快速夺氢反应，而不是 $^{\bullet}OH$ 加入三嗪环，尽管给电子取代基增强了环对 $^{\bullet}OH$ 的反应性。这与含取代基的苯环物质完全不同，芳环与 $^{\bullet}OH$的高反应活性使得苯环成为 $^{\bullet}OH$ 的优先反应位点。

Song 等（2008a）的研究阐述了有关复杂分子与 $^{\bullet}OH$ 之间由结构驱动的反应选择性，该研究得到了三种含 6-氨基青霉烷酸（APA）基团的 β-内酰胺抗生素以及 APA 物质本身与 $^{\bullet}OH$ 之间的反应速率常数（图 2-7）。

APA 的速率常数［$k_{^{\bullet}OH}=2.4\times10^9 L/(mol \cdot s)$］比 β-内酰胺抗生素的速率常数［$6.94\times10^9 \sim 8.76\times10^9 L/(mol \cdot s)$］小 3～3.7 倍，这表明只有 25%～30%的 $^{\bullet}OH$ 会攻击抗生素分子中的 APA 基团，而大多数 $^{\bullet}OH$ 会与其中的芳环反应。

计算化学和分子模型现如今被用于预测 $^{\bullet}OH$ 攻击各种分子结构的反应机理和产物分

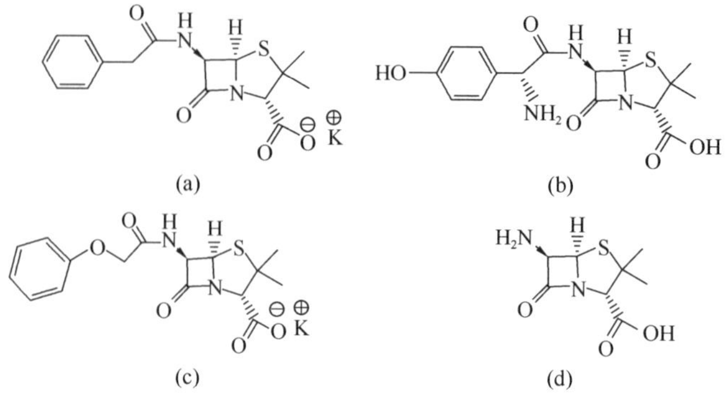

(a) (b) (c) (d)

图 2-7 β-内酰胺类抗生素和模型化合物（APA）的分子结构

（a）青霉素 G 钾盐；（b）阿莫西林；（c）青霉素 V 钾盐；（d）（+）-6-氨基青霉烷酸

布，从而补充由实验得到的相关信息（Nicolaescu 等，2005；Li 和 Crittenden，2009；Li 等，2013）。

$^{\bullet}OH$ 可与无机和有机化合物进行电子转移反应，该反应的主要步骤都是先形成一个双中心的三电子键合的加合自由基，随后进行电子转移。例如，$^{\bullet}OH$ 与卤素离子（如溴化物、氯化物）的反应通过三电子键合（弱 σσ * 键）中间体自由基［式（2-33）中的 $BrOH^{\bullet -}$］以接近扩散控制的速率［$k_{^{\bullet}OH,X^-} \approx 10^9 \sim 10^{10}$ L/(mol・s)］发生，其中电子转移发生在形成氢氧根离子（OH^-）和活性卤素原子［式（2-34）］的过程中。活性卤素原子与卤离子快速反应形成二卤化自由基阴离子络合物［式（2-35）］。所有这些反应都与 pH 有关（详见第 9 章）。

$$^{\bullet}OH + Br^- \rightleftharpoons BrOH^{\bullet -} \quad k_{\rightarrow} = (1.06 \pm 0.08) \times 10^{10}\ \mathrm{L/(mol \cdot s)};\ k_{\leftarrow} = (3.3 \pm 0.4) \times 10^7\ \mathrm{s^{-1}} \tag{2-33}$$

（Zehavi 和 Rabani，1972）

$$BrOH^{\bullet -} \rightarrow Br^{\bullet} + OH^- \quad k = (4.2 \pm 0.6) \times 10^6\ \mathrm{s^{-1}}\text{（Zehavi 和 Rabani，1972）} \tag{2-34}$$

$$Br^{\bullet} + Br^- \rightleftharpoons Br_2^{\bullet -} \quad k_{\rightarrow} = 10^{10}\ \mathrm{L/(mol \cdot s)};\ k_{\leftarrow} = 10^5\ \mathrm{s^{-1}}\text{（Zehavi 和 Rabani，1972）} \tag{2-35}$$

$^{\bullet}OH$ 也可与其他无机离子发生电子转移反应，例如 SCN^-、HCO_3^-、CO_3^{2-}、NO_2^-、AsO_2^-、N_3^-、Fe^{2+}、Ce^{3+}，此外还包括一些有机化合物（如二甲基硫醚）。

$^{\bullet}OH$ 与不含取代基的酚盐离子（25℃时 $pK_a = 10$）的反应包括其与氧化物基团进行的电子转移反应以及在芳环上进行的加成反应（优先进行）。

2.4.2.3 碳中心基团、氧-自由基和过氧自由基的反应

由 $^{\bullet}OH$ 反应形成自由基的化学和光化学过程非常复杂，其在用 AOPs 进行水处理时驱动副产物的生成。为了能够预测污染物降解机制及副产物的形成和分布，相关研究人员必须理解在应用的处理过程中和水质背景下这些自由基的形成过程和归趋。关于这些主题的详细讨论不在本章范围内。

有关碳中心自由基、氧中心自由基、杂原子中心自由基及其氧自由基和过氧自由基的

产生、检测、性质、反应和动力学在文献中有广泛的论述（Howard 和 Scaiano，1984；Neta 等，1990；von Sonntag 和 Schuchmann，1991；Neta 等，1996；Alfassi，1997；Neta 和 Grodkowski，2005；von Sonntag，2006）。

根据它们的结构、浓度、反应性以及水成分的性质和浓度，由有机和无机物质与 ·OH反应形成的自由基可能会参与各种反应。在经曝气处理的水溶液中，大多数碳中心自由基与溶解氧发生不可逆反应产生过氧自由基（R—O—O·），反应速率常数接近扩散控制极限 [$k>10^9$ L/(mol·s)]。茚满和芴的共振稳定自由基或是有类似缩合结构的自由基与 O_2 的反应活性较低 [$k\approx10^5\sim10^7$ L/(mol·s)]。由于双烯丙基自由基结构具有高度稳定性，因此与 O_2 反应的 k 值较低 [$3\times10^8\sim5\times10^8$ L/(mol·s)]，羟基环己二烯基由苯、甲苯、萘和其他芳香烃的 ·OH 加成形成。Asmus 等测定了硝基苯的 OH-加合物自由基的极低速率常数 [2.5×10^6 L/(mol·s)；Asmus 等，1967]，其可用该自由基的高电负性来解释。通常，氮中心自由基与 O_2 的反应速率远低于碳中心自由基与 O_2 的反应速率。以氨基自由基 $NH_2^{\cdot}$ 与 O_2 的反应为例，不同研究得到的反应速率常数相差超过一个数量级：3.8×10^8 L/(mol·s)（Pagsberg，1972）；1×10^7 L/(mol·s)（Neta 等，1978）；1.2×10^8 L/(mol·s)（pH=11.9；Men'kin 等，1991）。Laszlo 等（1998）对这些研究中使用的实验方法进行了批判性分析，其中包括 $NH_2^{\cdot}$ 的过氧化速率系数和后续 $NH_2O_2^{\cdot}$ 反应的速率系数。氧中心自由基几乎不与 O_2 反应。

过氧自由基浓度随单分子或双分子反应的发生而降低，其速率常数由过氧自由基的结构和性质决定。其中单分子反应包括 $HO_2^{\cdot}$ 或 $O_2^{\cdot-}$ 的去除、断裂、由—O—O· 加成到双键上引发的分子内重排以及分子内的夺氢过程。双分子反应包括通过四氧化物或三氧化物中间体进行的头对头自终止反应或交叉终止反应、与稳定化合物进行的电子转移和夺氢反应等。尽管氢过氧自由基 HO_2· 及其共轭碱 $O_2^{\cdot-}$ 在水溶液中的反应活性很低，但其在氧自由基和过羟基自由基相关化学反应中占有重要地位，因为它们相对于其他自由基而言浓度更高。氧自由基（R-O·）的生成路径包括过氧自由基的单分子或双分子反应以及醇基或酚基（—OH）的夺氢反应。值得注意的是，包括氧自由基和过氧自由基在内的有机自由基不仅可在微污染物的相关反应中生成，而且还可在 ·OH 诱导进行的水中天然有机物的氧化反应中产生。氧中心自由基的反应活性通常遵循以下顺序：·OH≫烷氧基>过氧基>苯氧基（Howard 和 Scaiano，1984）。自由基动力学研究需要采用快速动力学监测技术，如脉冲辐射分解技术以及纳秒和微秒闪光光解技术。

2.4.3 ·OH 与有机、无机化合物的反应速率常数

作为一种强电解质，·OH 可与多种有机和无机化合物反应，其与不同反应物的反应速率系数相差超过 4～5 个数量级。水中只有极少数的污染物可以通过直接光解去除，因此，绝大多数 UV/H_2O_2 工艺应用是通过 ·OH 引发的反应降解微污染物的。化合物与 ·OH 反应的速率常数一方面可通过实验方法测定，另一方面还可根据化合物的反应活性、化学结构、化学性质和热力学性质之间的统计关系进行预测，其中包括定量结构-性质/活性关系

（QSPR/QSAR）、线性自由能关系（LFER）以及基团贡献法（GCM）。水质参数，如pH和温度，会影响$^{\cdot}OH$反应的速率常数。

2.4.3.1 对文献中$k_{\cdot OH}$数据的简要回顾

Dorfman和Adams（1973）、Farhataziz和Ross（1977）以及Buxton等（1988）汇总了水合电子（e_{aq}^{-}）、氢原子（$H^{\cdot}$）、羟基自由基（$^{\cdot}OH$）及氧化物阴离子（$O^{\cdot -}$）与有机和无机化合物反应的实验速率常数，建议了一个平均值或选定值，并提供了原始研究的参考文献。研究人员可以通过NIST网站（http：//kinetics.nist.gov/solution/）轻松获取各种化合物与自由基反应的速率常数。NIST数据库涵盖了20世纪90年代中期之前发表的文献数据。在过去的二十年中，多项有关微污染物可处理性的研究被报道，其中包括了与直接光解和UV/H_2O_2工艺相关的化学和光化学动力学参数。

Wols和Hofman-Caris（2012）将100余种有机化合物（主要是新兴污染物）以及与水处理相关的$^{\cdot}OH$清除剂（包括无机物和各种来源的溶解性有机物）的$k_{\cdot OH}$、量子产率以及摩尔吸光系数（253.7nm波长下）以表格形式列出。在另一项工作中，Wols等（2013）研究了在超纯水、龙头水和经预处理后的地表水中，暴露在LP和MP UV辐射下的40种药物在有无H_2O_2时的反应动力学。这些研究者测定了除曲马多、特布他林、青霉素V以外的其他被研究药物的$k_{\cdot OH}$数据以及对应LP、MP通量辐射下的反应速率常数，而这些不包括在内的药物可在H_2O_2暗反应中被迅速去除。Yan和Song（2014）总结了2003—2013年期间发表的有关太阳光和模拟太阳光下多种药物活性化合物的降解动力学（量子产率，$k_{\cdot OH}$和$k_{^1O_2}$）研究。Jin等（2012）使用实验室规模的反应器测定了24种微污染物的$k_{\cdot OH}$和k_{O_3}，包括内分泌干扰物、药物和个人护理品。水研究基金会报告（2010）提供了$^{\cdot}OH$和e_{aq}^{-}与51种新兴污染物（藻毒素、药物、X射线造影剂、双酚A、阿特拉津及其主要降解产物）及9种被分离出的有机物之间的反应速率常数。美国环保署CCL3中所选的化合物与O_3和$^{\cdot}OH$的反应速率常数可以在Mestankova等（2006）的研究中找到。Herrmann等（2010）汇编了文献中得到的动力学数据（$k_{\cdot OH}$和Arrhenius参数），包括大量有机化合物和一些无机化合物。利用以苯乙酮作为探针物质的竞争动力学方法，Armbrust（2000）测定了在水源中常见的14种农药物质的$^{\cdot}OH$速率常数。Ikehata和Gamal El-Din（2006）对利用UV/H_2O_2和Fenton型AOPs降解农药的研究进行了综述。除了总结实验条件和假定的降解途径外，他们还汇编了选定农药的$k_{\cdot OH}$数据。Peter和von Gunten（2007）报道了13种嗅味（T&O）物质与$^{\cdot}OH$和O_3的反应速率常数，所选物质的嗅阈值范围为0.03ng/L（2,4,6-三氯苯甲醚）至70000ng/L（顺式-3-己烯-1-醇）。Bahnmüller等报道了苯并噻唑和苯并三唑与$^{\cdot}OH$反应的速率常数。Fang等（2000）讨论了$^{\cdot}OH$与多卤化酚盐反应的机理，并测定了相关反应的二级动力学速率常数。Chuang等（2016）通过实验测定了42种DBPs与$^{\cdot}OH$的反应速率常数，并将它们与用基团贡献法（GCM）计算的预测值进行了比较。表2-6给出了$^{\cdot}OH$与所选有机化合物反应的速率常数。

·OH与所选化合物反应的速率常数 **表2-6**

类别	化合物	$k_{\cdot OH}$ [$\times 10^9$ L/(mol·s)]	参考文献
工业溶剂	1，2，3-三氯丙烷	<0.5	Mestankova 等（2016）
	四氯乙烯（PCE）	2.3~2.8	Buxton 等（1988）
	三氯乙烯（TCE）	4.0~4.3	Buxton 等（1988）
	1，4-二恶烷	2.5~3.1	Buxton 等（1988）
	N-甲基-2-吡咯烷酮	3.1~4.9	Gligorovski 等（2009）
消毒副产物	一溴二氯甲烷	0.064	Chuang 等（2016）
	三氯甲烷	0.054	Chuang 等（2016）
	三碘甲烷	7.2	Chuang 等（2016）
	三氯硝基甲烷	0.08	Chuang 等（2016）
	二氯乙酸	0.13	Chuang 等（2016）
	二氯乙腈	0.025	Chuang 等（2016）
汽油添加剂	甲基叔丁基醚（MTBE）	1.6~3.9	Cooper 等（2009）
		1.0	Acero 等（2001）
	己烷	6.6	Buxton 等（1988）
蓝藻毒素	鱼腥藻毒素	3.0	Onstad 等（2007）
		5.3	Afzal 等（2010）
	肝毒素	5.5	Onstad 等（2007）
		5.1	He 等（2013）
	微囊藻毒素 LR	11	Onstad 等（2007）
		23	Song 等（2009）
		11.3	He 等（2015）
	微囊藻毒素 RR	14.5	He 等（2015）
	微囊藻毒素 LA	11	He 等（2015）
	微囊藻毒素 YR	16.3	He 等（2015）
N-亚硝胺	N-亚硝基二甲胺（NDMA）	0.43	Landsman 等（2007）
		0.45	Lee 等（2007）
	N-亚硝基甲基乙基胺（NMEA）	0.495	Landsman 等（2007）
	N-亚硝基二乙胺（NDEA）	0.7	Landsman 等（2007）
	N-亚硝基二丙胺（NDPA）	2.3	Landsman 等（2007）
	N-亚硝基乙基丁基胺（NEBA）	3.1	Landsman 等（2007）
	N-亚硝基吡咯烷（NPYR）	1.75	Landsman 等（2007）
	N-亚硝基二苯胺（NDPhA）	6.5	Mestankova 等（2014）
食品添加剂	丁基羟基茴香醚	7.4	Jin 等（2012）
农药	迪坎巴	3.5	Jin 等（2012）
	三氟脲	1.3	Jin 等（2012）
	甲氧基氯	3.9	Jin 等（2012）

续表

类别	化合物	$k_{\cdot OH}$ [$\times 10^9$ L/(mol·s)]	参考文献
农药	乙酰甲胺磷	7.1	Mestankova 等（2016）
	二氯磷	5.5	Mestankova 等（2016）
	甲胺磷	8.2	Mestankova 等（2016）
	非那米磷	6.2	Mestankova 等（2016）
	异丙甲草胺	6.1	De Laat 等（1996）
	金属醛	1.3	Autin 等（2012）
	草甘膦	0.18	Haag 和 Yao（1992）
		2.8	Balci 等（2009）
炸药	六氢-1,3,5-三硝基-1,3,5-三嗪（RDX）	0.34（UV/H_2O_2）	Bose 等（1998）
		1.1（UV/H_2O_2）	Elovitz 等（2008）
		5.2（PR）	Elovitz 等（2008）
		0.25（O_3/H_2O_2）	Chen 等（2008）
	三硝基甲苯（TNT）	0.43	Bose 等（1998）
嗅味物质	2-甲基异莰醇（2-MIB）	5.09	Peter 和 von Gunten（2007）
	土臭素（GSM）	7.8	Peter 和 von Gunten（2007）
	环柠檬醛	7.42	Peter 和 von Gunten（2007）
	2,4,6-三溴茴香醚	3.74	Peter 和 von Gunten（2007）
	2,4,6-三氯茴香醚	5.1	Peter 和 von Gunten（2007）
	2,6-壬醛	10.49（UV/H_2O_2）	Peter 和 von Gunten（2007）
		8.95（γ-辐解）	Peter 和 von Gunten（2007）

2.4.2.2 和 2.6 节简要讨论了水处理有关的无机物与·OH 反应的速率常数，且上文也涵盖了全面的相关数据汇编。许多无机微污染物被·OH 氧化的反应速率接近于扩散控制，例如，$k_{\cdot OH,CN^-}=7.6\times10^9$ L/(mol·s)；$k_{\cdot OH,Fe(CN)_6^{4-}}=1.05\times10^{10}$ L/(mol·s)；$k_{\cdot OH,SeO_3^{2-}}=3.5\times10^9$ L/(mol·s)；$k_{\cdot OH,AsO_2^-}=9.0\times10^9$ L/(mol·s)（Buxton 等，1988）。

2.4.3.2 ·OH 反应的温度依赖性

Herrmann 等（2010）汇编了可用于各类脂肪族化合物（醇类、羰基和羧基衍生物、醚类和卤代化合物）与·OH 反应的 Arrhenius 参数。这些动力学研究通常在温度约为 283～328K 范围内进行。测定得到的反应活化能 E_a 和预指数因子 A 分别为 5～20kJ/mol 和 10^8～10^{11} L/(mol·s)。Minakata 等（2011）报道了一系列环境有关卤代乙酸盐与·OH 在 22～50℃范围内的反应速率常数［(0.60～4.77) $\times10^8$ L/(mol·s)］，并确定了 Arrhenius 因子 A 和反应活化能 E_a（13.3～33.5kJ/mol）。他们的实验结果表明，反应温度增加 10℃可使 $k_{\cdot OH}$ 提高 1.05～1.2 倍。Beltran-Heredia 等（1996）研究了农药灭草松的量子产率及其 $k_{\cdot OH}$ 的温度依赖性，结果显示温度为 10℃和 40℃时，灭草松与·OH 反应的速率常数分别为 2.66×10^9 L/(mol·s) 和 4.14×10^9 L/(mol·s)，并得出了该反应在 10～40℃温度范围内的 $k_{\cdot OH}$-Arrhenius 相关性。在 2～37℃的温度范围内，Zhu 等（2003）检测了水溶液中·OH 与二甲基硫醚氧化副产物（即二甲基亚砜、二甲基砜和甲磺酸盐）反应的温度速率系数（$k_{\cdot OH}$）。其他研究报告了·OH 与有机化合物反应速率常数的温度依赖性，包括 Chin 等（1994）、Ashton 等（1995）、Herrmann（2003）、Gligorovski 等（2009年）。

McKay 等（2011）使用脉冲辐射分解法测定了三种分离出的 NOM（Elliot 土壤的腐殖酸、Pony 湖的富里酸和 Suwannee 河的富里酸）和三种污水二级出水有机物（EfOM）样本与·OH 反应的速率常数在 9～43℃范围内的温度依赖性。分离出的 NOM 在 20.5～24.4℃条件下与·OH 反应的速率常数在（1.21～6.9）×10^8L/(mol · s）范围内，而相应的 Arrhenius 活化能在 15.18～29.93kJ/mol 范围内。

2.4.3.3 $k_{\cdot OH}$测定的实验和理论方法

实验测定的 $k_{\cdot OH}$数据要么来自底物羟基加合物形成动力学的绝对值，要么来自竞争动力学方法相对于已知速率常数的化学探针（参考）的绝对值。·OH 可以通过多种过程产生，如电离辐射、O_3/H_2O_2、UV/O_3、UV/H_2O_2、UV/TiO_2 和 Fenton 反应。以下是一些利用实验方法测定 $k_{\cdot OH}$的研究实例。

Song 等（2008a）使用脉冲和γ-辐射分解通过绝对动力学和竞争动力学测量β-内酰胺抗生素的 $k_{\cdot OH}$。绝对 $k_{\cdot OH}$数据是根据所研究底物的 OH 加合物在选定的时间尺度上的瞬时动力学（作为底物浓度的函数）确定的［图 2-8（a)］。瞬时动力学是在物质吸收光谱的峰值处进行监测。用假一级速率常数对β-内酰胺抗生素浓度作图得到直线的斜率即为该特定化合物的 $k_{\cdot OH}$［图 2-8（b)］。

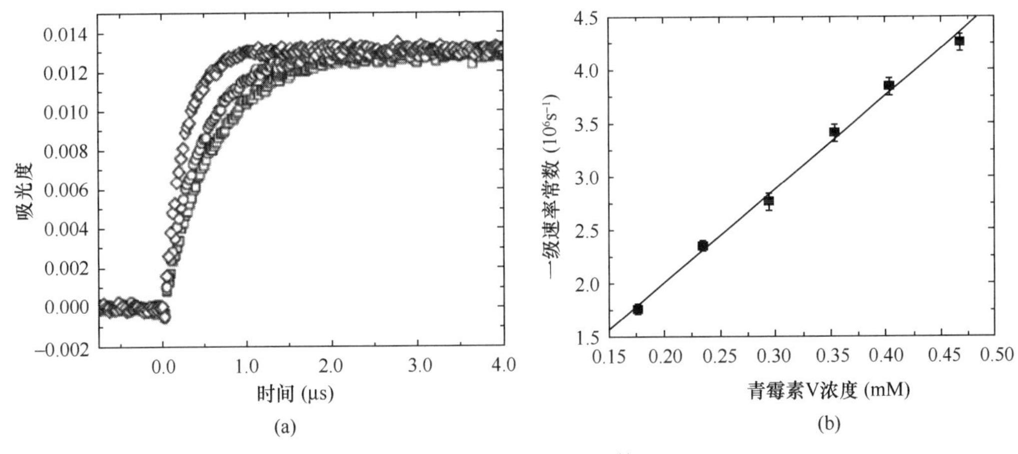

图 2-8 $k_{\cdot OH}$测定方法（Song 等，2008a）

（a）pH=7 时不同浓度的青霉素 V 溶液在脉冲辐射分解中在 320nm 处的瞬时吸收量随时间变化的函数；
（b）从（a）中不同浓度的青霉素处测定的一级速率常数（k×10^6/s^{-1}）与青霉素 V 溶液浓度的函数［斜率表示 $k_{\cdot OH,青霉素V}$=（8.76±0.28）×10^9L/(mol · s)］

利用竞争动力学方法测定 6-氨基青霉烷酸（APA）的 $k_{\cdot OH}$时，探针物质为硫氰酸根离子（SCN^-）。通过增加 APA 浓度（［APA］）使 $(SCN)_2^{\cdot-}$ 浓度降低的函数关系，分析了 APA 和 SCN^-（固定浓度）之间的竞争。$(SCN)_2^{\cdot-}$ 是SCN^- 与·OH 反应时形成的瞬态产物，其吸收光谱已得到充分表征，可在 475nm 波长下监测到 [$\varepsilon=7600L/(mol \cdot cm)$]。$k_{\cdot OH,APA}$由用 [$(SCN)_2^{\cdot -}]_0$/ [$(SCN)_2^{\cdot -}$] 对 [APA]/[$SCN^-$] 作图得到的斜率计算，其中 [$(SCN)_2^{\cdot -}]_0$是当不存在 APA 且 $k_{\cdot OH,SCN^-}=1.05\times10^{10}$ L/(mol · s) 情况下的瞬时浓度 [式 (2-36)]。

$$\frac{[(SCN)_2^{\cdot -}]_0}{[(SCN)_2^{\cdot -}]}=1+\frac{k_{\cdot OH,APA}[APA]}{k_{\cdot OH,SCN^-}[SCN^-]} \tag{2-36}$$

通过使用自旋捕获技术并对 OH 加合物进行 EPR 检测，Kochany 和 Bolton (1992) 利用一种巧妙的竞争动力学方法测定了苯和六种卤代苯与·OH 的反应速率常数 $k_{\cdot OH}$。·OH是在 EPR 石英池中由 H_2O_2 光解产生的。DMPO 被用作自旋捕获剂和探针化合物 [$k_{\cdot OH,DMPO}=4.3\times10^9 L/(mol \cdot s)$]。由 EPR 信号幅度确定的 DMPO-OH 加合物形成的初始速率随底物（卤代苯）浓度的变化而变化。

竞争动力学方法常用的化学探针包括对氯苯甲酸（p-CBA）、对苯二甲酸二钠、3′-对氨基苯基荧光素、香豆素-3-羧酸、羟基苯甲酸和苯甲酸。由于 p-CBA 易于用高效液相色谱（HPLC）定量，且其与 O_3 反应的速率常数 K_{o_3} 较小，因此可被用于 O_3/H_2O_2 工艺中；另外，当 p-CBA 被用于 UV/H_2O_2 工艺中时，其在 253.7nm 波长下的直接光解量子产率较低，基于以上原因，p-CBA 被广泛用作探针化合物。然而，在进行 O_3 反应或 UV 光解反应时需要考虑对 p-CBA 动力学进行校正。其中 p-CBA 用作化学探针和 $UV_{253.7nm}/H_2O_2$ 用于·OH 生成过程的基本竞争动力学方程如下所示。在式 (2-37) 中，$k_{1,UV/H_2O_2}$是 UV/H_2O_2 工艺中探针或测试化合物衰减的一级速率常数，$k_{1,UV}$ (p-CBA) 是 p-CBA 直接光解的一级速率常数，$k_{\cdot OH}$ (p-CBA) 和 $k_{\cdot OH}$ (C) 分别是·OH 与 p-CBA [$5\times10^9 L/(mol \cdot s)$] 以及·OH 与测试化合物反应的二级速率常数。此处假定测试化合物不发生直接光解过程。式 (2-37) 左项中的速率常数可以是基于时间或通量的速率常数。

$$\frac{k_{1,UV/H_2O_2}^{p\text{-}CBA}-k_{1,UV}^{p\text{-}CBA}}{k_{1,UV/H_2O_2}^{C}}=\frac{k_{\cdot OH}^{p\text{-}CBA}}{k_{\cdot OH}^{C}} \tag{2-37}$$

上述方法的替代方案是首先使用具有明显特征的化学探针确定给定水质、氧化剂浓度和紫外线剂量条件下的·OH 暴露量，然后使用此方法在相同的条件下测定一种或多种目标化合物的动力学衰变，并从个别的一级动力学表达式中解出 $k_{\cdot OH,C}$ (Gerrity 等，2016)。

准确的$k_{\cdot OH}$数据报告是至关重要的，因为该参数是用于 AOPs 性能预测和设备规模设计的动力学模型的关键输入参数，并且 $k_{\cdot OH}$的误差会被传递到动力学模型的输出数据中（参见第 2.5 节和第 2.7 节）。

提出预测范围广泛的分子结构的 $k_{\cdot OH}$值的理论方法之后，将其预测结果与现有的实验 $k_{\cdot OH}$数据进行比较。有关化合物分子参数和性质的庞大数据库，可用于构建微污染物的化学、物理、生物化学和毒理学反应的计算预测工具。定量结构-活性/性质关系（QSAR/QSPR）模型为研究化合物对特定处理技术、反应机制和降解途径的响应提供了有价值的信息，因此，有助于对这些过程的选择和绩效评估（例如，Sudhakaran 等，

2012；Sudhakaran，等，2013），并取代了耗时、昂贵且由于分析方法和仪器限制经常难以实施的实验方法。

QSAR 模型是基于化学结构参数及其与特定分子的化学反应性关系的预测工具。在用于建立微污染物对羟基自由基反应的定量 QSAR 模型的分子结构描述符中包括了：平均分子极化率、偶极矩、标准生成热、电子能和总能量、E_{HOMO} 和 E_{LUMO}、特定原子上的正负电荷分布、分子量、分子体积、分子表面积、分子原子分布和致密性、Hammett/Taft 常数、水合平衡常数。分子描述符的选择取决于它们与相应分子与·OH 反应的相关性，这一点通过广泛的统计分析得到了进一步的评估。Wang 等（2009）建立了一种 QSAR 模型来预测许多取代苯酚和苯、醇和烷烃在水相中反应的 $k_{\cdot OH}$ 值。研究发现，控制这些化合物的 $k_{\cdot OH}$ 的量子化学描述符是 E_{HOMO}、氢原子上的平均净原子电荷、分子表面积和偶极矩。

Sudhakaran 和 Amy（2013）建立了通过臭氧化和高级氧化（·OH）从选定的地表水源中去除微污染物的 QSAR 模型，并使用特定的分子描述符确定了·OH 速率系数。该方法通过以下步骤描述：数据集评估、描述符和速率常数之间的相关性分析、变量减少的主成分分析（PCA）、作为 QSAR 模型构建的最后一步的多元回归分析（MLR）、模型验证。利用已知速率常数的各种类别的水微污染物对模型进行了验证，并定义了描述符的作用。确定了 $k_{\cdot OH}$ QSAR 模型适用性区域的 pH 为 5～8，$k_{\cdot OH}$ 值为 0.04×10^9～18×10^9 L/(mol·s)。Wols 和 Vries（2012）开发了一种 QSAR 模型，用于预测 UV/H_2O_2 工艺中的微污染物降解并估算 $k_{\cdot OH}$ 数据。模型开发的方法遵循经合组织（经济合作与发展组织）可靠 QSAR 模型的原则。Kušic 等（2009）报道了一项 QSAR 研究，用于预测水中芳香族化合物降解的 $k_{\cdot OH}$。他们研究了 78 种具有不同官能团的化合物。这项工作的主要目标是找到一个机制性结构-降解关系，并随后找到可接受的定量构效关系模型。E_{HOMO} 是所有选中的描述符中的最佳描述符。他们得出结论，4 变量模型可用于预测微污染物的降解及其在天然水中的持久性。Borhani 等（2016）采用全面的 QSAR 模型开发方法，使用 QSPR 方法对来自 27 个化学类别的 457 种水污染物的·OH 速率常数进行了建模，并使用各种技术验证了使用不同方法建立的模型，数据分析表明，这些模型可以预测大量水污染物的 $\log k_{\cdot OH}$，绝对相对误差小于 4%。Borhani 等将他们的模型与其他最近开发的模型进行了比较，并讨论了化合物结构特征在 AOPs 效率中的作用。Luo 等（2017）详细阐述了一个比先前的模型具有更广泛适用范围的 QSAR 模型。关于 QSAR 模型的评论也可以在文献中找到，其中包括 Canonica 和 Tratnyek（2008）、Wojnárovits 和 Takács（2013）、Doussin 和 Monod（2013）。

Minakata 等（2009）开发了一种综合的基团贡献法（GCM），预测水中微污染物通过以下机制与·OH 反应的 $k_{\cdot OH}$：夺氢，烯烃中 C=C 键的加成，芳环的加成，·OH 与含杂原子（N、S、P）的有机化合物的反应。在该方法中，$k_{\cdot OH}$ 基于以“基团速率常数”为特征的反应类型（例如，夺氢反应和来自分子中所有潜在位点的 $k_{\cdot OH,H\text{-}abstr}$ “基团”，如一级、二级、三级—C、—OH、—COOH）和相邻官能团的影响进行计算，即“基团贡献因子"。该项研究中开发的 GCM 可用于预测水中的 $k_{\cdot OH}$，该 GCM 计入了水相中的反应机理和 Atkinson（1987）开发的 GCM 的"基本特征"，目前 Atkinson 的 GCM 已经在美国环保署的气相 EPI Suite™软件（2012a）中实现。Minakata 等的 GCM 包括上述˙OH 机制的 66 组速率常数和 80 组贡献因子，并使用报道的 310 种化合物的实验 $k_{\cdot OH}$数据校准了 GCM。校准的组速率常数和组贡献因子用于预测来自不同化学类别和承载各种官能团的 124 种化合物的 $k_{\cdot OH}$值。77 个预测的 $k_{\cdot OH}$数据（即所有预测的 $k_{\cdot OH}$数据的 62%）是实验速率常数的 0.5～2.0 倍。GCM 软件以 MS Excel 电子表格形式提供数据，并在 Minakata 等（2009）出版物的补充信息中有 Fortran 编程。Lee 和 von Gunten（2012）使用 GCM 预测了 16 种微污染物的 $k_{\cdot OH}$值，包括 BPA、8 种药物、三氯生和 2 种蓝藻毒素（MC-LR 和解毒素-a）。16 种化合物中有 11 种的预测值与实验值 $k_{\cdot OH}$比率≤1.5；比率最大的因子（3.3）是对解毒素-a 及其质子化形式的计算结果。用于预测水相中˙OH 引发的微污染物降解速率系数的 GCM 的准确性受到诸多因素影响，包括许多官能团有限的热力学和动力学数据、官能团作用的平均化方法以及有关速率常数的加和性、氢键作用、空间和溶剂化效应、分子内和分子间电子效应（Minakata 和 Crittenden，2011）等的某些假设。

利用气相˙OH 反应（H 原子提取和加入烯烃中的双键）和考虑水效应的溶剂化方法，使用 ab initio 量子力学计算了若干含单官能团的有机化合物（烷烃、氧化的和卤化的结构）的标准活化自由能（$\Delta^{\ddagger}G_{rxn,aq}$），并将 $\Delta^{\ddagger}G_{rxn,aq}$数据与实验中的 $k_{\cdot OH}$数据相关联。计算所得 $\Delta^{\ddagger}G_{rxn,aq}$数据与文献中报道的实验 $\Delta^{\ddagger}G_{rxn,aq}$数据一致（±3kcal/mol），验证了理论方法的正确性。利用所建立的 $\Delta^{\ddagger}G_{rxn,aq}$和 $\log k_{\cdot OH}$（实验）之间的线性关系，对一系列含氧和含卤化合物与多官能团的氢原子的提取和加成反应进行了 $k_{\cdot OH}$预测，并计算了标准活化自由能。预测的 $k_{\cdot OH}$数据与文献中报道的实验数据相差 5 倍。文献作者指出，根据过渡态理论，$\Delta^{\ddagger}G_{rxn,aq}$相差 1kcal/mol 将导致 $k_{\cdot OH}$估算值相差 5.4 倍。

2.5 UV/H_2O_2 工艺的动力学模型

对于一个特定、典型光源，开发用于预测 UV/H_2O_2 工艺性能的动力学模型需要很好地理解直接光解、自由基生成和自由基反应机理（包括目标化合物、H_2O_2、关键的水质成分即溶解的有机物、硝酸盐和碳酸盐），以及 pH 和吸水性的影响。由于 UV/H_2O_2 水处理中并非所有自由基反应都对工艺性能有显著影响，因此通常需要进行灵敏度分析，并根据相关反应和方程建立动力学模型。然后用数值方法求解来描述光解、自由基反应和稳定化合物的相关单双分子反应的常微分方程（ODEs）。由于水中微污染物的浓度较低，因此它们的降解遵循假一级动力学方程。

预测 UV/H_2O_2 工艺性能的动力学模型考虑了光源的标称功率和绝对紫外光谱功率分布、石英套管的光谱透光率、通过 CFD 建模确定的平均反应器水力效率、根据辐射模型确定的反应器内部平均光吸收效率，以及灯老化、石英套管老化和结垢的许多安全因素。更复杂的 UV/H_2O_2 性能评估方法是采用模型，其中流态（CFD 模型）、辐射分布场（辐射模型）和化学动力学（动力学模型）在反应器中从空间和时间上集成并一起解决。本节总结了已发表文献中有关预测污染物衰减和 UV/H_2O_2 工艺性能的主要模型的信息。

2.5.1 假稳态近似和动态动力学模型

原则上，稳态近似模型假设，鉴于自由基的高反应性，这些自由基一旦生成，它们将在与水分子的反应中消耗，也就是说，每个自由基的形成速度等于该自由基的消失速度。在这种假设下，反应机理中考虑的自由基浓度的变化在时间上可以忽略不计，即自由基达到假稳态浓度。式（2-38）给出了 UV/H_2O_2 工艺中羟基自由基假稳态浓度的一般表达式。

$$[\mathrm{OH}]_{\mathrm{SS}}|_{\lambda}=\frac{\Phi_{\cdot\mathrm{OH}}f_{\mathrm{abs},\lambda}^{\mathrm{H_2O_2}}q_{p,\lambda}(1-\mathrm{e}^{-A_{\lambda}})}{k_{\mathrm{OH,H_2O_2}}[\mathrm{H_2O_2}]+\sum_i k_{\mathrm{OH},S_i}[S_i]} \tag{2-38}$$

在式（2-38）中，分子和分母项分别代表$\cdot$OH 的形成速率和衰减速率，分子中 $q_{p,\lambda}$ 和 f_{abs}，λ（H_2O_2）分别表示进入水中的光子流量［einstein/(L·s)］和 H_2O_2 在波长 λ 处的吸光度。分母解释了与水中存在的 H_2O_2 和所有清除剂（S_i）的$\cdot$OH 反应，包括微污染物、DOM、碳酸盐类等。假定 H_2O_2 和 S_i 的浓度为常数且与其初始浓度相等，简化后的假稳态近似动力学模型假定 H_2O_2 和 S_i 的浓度为常数。$\Sigma_k k_{\mathrm{OH},S_i}[S_i]$ 通常被称为$\cdot$OH 水背景需求（或简称为清除剂）。在文献报道的动力学模型中，该参数可以通过水质参数计算得出或通过实验确定。该参数将在 2.5.1.2 节中进一步讨论。因此，在假稳态近似方法下，直接光解和$\cdot$OH 引起的在波长 λ 处反映污染物衰减的速率表达式变为：

$$-\frac{\mathrm{d}C}{\mathrm{d}t}\bigg|_{\lambda}=\Phi_{\lambda}^{C}f_{\mathrm{abs},\lambda}^{C}q_{p,\lambda}(1-\mathrm{e}^{-A_{\lambda}})+k_{\mathrm{OH},C}[\cdot\mathrm{OH}]_{\mathrm{ss},\lambda}[C] \tag{2-39}$$

$$-\frac{\mathrm{d}C}{\mathrm{d}t}\bigg|_{\lambda}=\Phi_{\lambda}^{C}f_{\mathrm{abs},\lambda}^{C}q_{p,\lambda}(1-\mathrm{e}^{-A_{\lambda}})+k_{\mathrm{OH},C}\frac{\Phi_{\cdot\mathrm{OH}}f_{\mathrm{abs},\lambda}^{\mathrm{H_2O_2}}q_{p,\lambda}(1-\mathrm{e}^{-A_{\lambda}})}{k_{\mathrm{OH,H_2O_2}}[\mathrm{H_2O_2}]+\sum_i k_{\mathrm{OH},S_i}[S_i]}[C] \tag{2-40}$$

Glaze 等（1995）开发了一个基于自由基假稳态近似的动力学模型来预测 1，2-二溴-3-氯丙烷在模拟和实际地下水中的氧化。实验工作在配备有 4 个灯的紫外线（253.7nm）反应器中进行。他们研究了各种 DBCP 处理条件：各种光强度、H_2O_2 和碱度以及 pH 组合。动力学模型包括$\cdot$OH 与 DBCP 的反应（$k_{\cdot\mathrm{OH,DBCP}}$的估算值），在 pH 相关浓度下 H_2O_2 和碳酸盐类的反应，以及一系列涉及$\cdot$OH、$CO_3^{\cdot-}$、$HO_2^{\cdot}$、$O_2^{\cdot-}$ 的自由基反应。他们还研究了 DBCP 光解，但在动力学模型中没有考虑二溴环己烷的光解反应，因为他们发现二溴环己烷的光解反应不显著。他们推导出了自由基稳态浓度的表达式，并用于描述 DBCP、H_2O_2 和 HCO_3^- 等分子的衰减。在 0.26～3.00mmol/L H_2O_2 和低碱度条件下，实验值与预测值一致性较好，但在高碱度条件下，预测值偏低。在天然地下水中，该模型过度预测了 DBCP 的降解，可能是因为该模型未考虑 DOM 对紫外线强度衰减和$\cdot$OH 清除的贡献。

Liao 和 Gurol（1995）给出了在连续流动搅拌槽式反应器（CSTR）中，在不同 H_2O_2

剂量、光照强度和碳酸盐/碳酸氢盐浓度下，氯丁烷（BuCl）降解的 UV/H_2O_2 动力学模型。他们的动力学模型包括 DOM 对 BuCl 降解速率的作用。标准腐殖酸（HA）用于此目的，并且通过建模演练估算出 $k_{\cdot OH,HA}=1.6\times10^4$ mgc/(L・s)。对自由基浓度采用稳态近似，非线性普通方程在 MATLAB 软件中以数字方式求解。该模型在各种实验条件和 3～9 的 pH 范围内均能很好地预测 BuCl 和 H_2O_2 的状态。

与上述模型不同，“动态”动力学模型没有使用稳态近似来描述辐照系统中自由基的动力学。Crittenden 等（1999）对几种 UV/H_2O_2 动力学模型进行了批判性评估，结果表明，在某些情况下，假稳态近似可能导致误差。Crittenden 等概述了在他们的工作中开发的高级氧化动力学模型（AdOx^{TM}）的改进，其中：考虑了所有已知的光化学途径；速率表达式没有简化为假稳态假设；在物种化学中，溶液 pH 的变化、腐殖质和其他水成分与·OH 的反应以及这些反应对 UV/H_2O_2 性能的影响被考虑在内；考虑了腐殖质的光吸收及其对 H_2O_2 和污染物光解效率的影响；可以在强大的求解器中求解 ODEs。AdOx^{TM}模型是为完全混合的间歇反应器（CMBR）开发的，并将其作用机理中考虑的每种物质的速率表达式包含在各自控制质量平衡的联立 ODEs 中，用后向微分公式法（Gear′s 方法）求解这些方程。该模型通过由 Glaze 等（1995）获得的大量实验数据成功地进行了验证。并且用于预测在各种实验条件下 DBCP 降解的单阶电能消耗量（E_{EO}）。AdOx^{TM}软件已在市场上销售，其适用于单反应器或槽式串联（TIS）反应器，并具有内置的示踪剂研究分析。

Song 等的动力学模型（2008b）通过考虑 DOM 内部过滤效应、DOM 光解、·OH 清除能力，使用 310nm 的紫外吸光度（UVA_{310}）作为替代品改进了 Crittenden 等的模型。Song 等和 Crittenden 等的模型都很好地预测了 Glaze 等的 DBCP 实验数据。Song 等使用甲草胺（一种在饮用水中被法规限制的农药）作为探针化合物来测试他们的模型。在多种组合条件下，甲草胺的模型预测数据与实验数据非常吻合。研究给出了模型预测的在有 DOM 存在时体系中形成的自由基浓度随时间变化的规律，DOM（$k_{\cdot OH,DOM}$［·OH］［DOM］）和碳酸盐类清除·OH 能力的动力学规律，以及随时间变化的 f_{abs,H_2O_2} 和 $f_{abs,DOM}$。

Li 等（2004）研究了三氯乙烯（TCE）光解、副产物形成及其降解，以实现 TCE 中原始有机碳的矿化。该研究在实验室级水中进行，使用 1kW MP 灯小试反应器以再循环模式进行。在产物研究的基础上，提出了一种综合反应机理，并进一步用该机理建立了动力学模型方程（考虑 32 个 ODEs 和 8 个酸碱平衡）。动力学模型考虑了光子流动光谱分布、三氯乙烯及其降解产物在灯发射的多色辐射中的光化学性质、Cl·、$CO_2^{\cdot-}$、C-中心和氧自由基反应、pH 变化及其对羧酸形态的影响。该模型很好地预测了 TCE 降解、中间产物形成和衰变、氯离子形成和 pH 变化的实验数据。在随后的研究中，Li 等（2007）使用 AdOx^{TM}模型框架模拟 UV/H_2O_2 工艺中 TCE 降解及产物的形成和衰减。除了对所有相关物种进行直接光解和·OH 反应外，该模型还考虑了 Cl·、$Cl_2^{\cdot-}$、$HO_2^{\cdot-}$、$CO_2^{\cdot-}$-中心和氧自由基反应，存在于水中的分子物种之间的暗（“热”）反应，以及受水 pH 影响的物种的酸碱平衡。该模型很好地预测了实验数据，并描述了 UV 光解、$\cdot OH$、$Cl^{\cdot}$ 和 $Cl_2^{\cdot -}$ 对 TCE 降解的动力学作用。

Hofman-Caris 等（2012）考虑了两个动力学模型和 CFD 模型，用于预测基于 UV/H_2O_2 去除 9 种优先控制污染物（阿特拉津、NDMA、布洛芬、溴马隆、卡马西平、双氯芬酸、美托洛尔、非那酮和磺胺甲恶唑）的中试去除效果。配备了 MP、LP 和 DBD-UV 灯的反应器安装在荷兰的三个地点，MP 和 LP 反应器在美国的一个地点使用。UVPerox Ⅰ动力学模型是基于 $\cdot OH$ 假稳态假设开发的，并且 $\cdot OH$ 水背景需求是根据实验测量的水质参数计算的。UVPerox Ⅱ模型是基于实验测量的相应水质中的 9 种污染物中的每一种基于通量的速率常数而开发的。两种方法都与 CFD 模型集成，用于各种灯功率和流量操作条件。两种模型都相当好地预测了实验数据，除了来自荷兰一个地点的 MP 反应器数据和 UVPerox Ⅱ模型，在这种情况下，差异归因于模型中使用的 MP 灯发射光谱的不确定性。Hofman-Caris 等得出结论，虽然（理论）UVPerox Ⅰ模型只有在已知所有动力学和水质数据时才能使用，但如果水的吸收特性已知，UVPerox Ⅱ模型（基于 UV 剂量的模型）可应用于任何反应器和任何灯管类型。

Wols 等（2014）建立了一个非稳态自由基浓度近似动力学模型，用于通过直接光解和 $UV_{253.7nm}$/H_2O_2 工艺降解实验室水和两个预处理的地表水中的 36 种微污染物。在 MATLAB 中设定并求解 ODEs 和酸碱平衡。该模型考虑了硝酸盐光解和随后的 N_xO_y 物种反应，以及 $CO_3^{\cdot -}$ 反应的高选择性，并且在某些情况下，该自由基具有大的速率常数。量子产率、$\cdot OH$ 和 $CO_3^{\cdot -}$ 反应速率常数作为拟合参数获得，并与文献报道的数据进行了很好的比较。模型对每个结合反应的敏感性表明硝酸盐光解在低 H_2O_2 和 DOC 水平下可能变得重要，并且在高碱度水中应考虑 $CO_3^{\cdot -}$ 反应。该模型很好地预测了 36 种化合物中 31 种的实验数据。该动力学模型与 CFD 模型一起用于预测自来水中（LP-UV 反应器）中试规模的 35 种药物化合物的降解（Wols 等，2015a）。温度对降解速率的影响在实验室小试规模的实验中进行了考查，并包括在中试规模的预测动力学模型中。该项研究中，动力学在 CFD 模型产生的辐射场和流态内确定。与之前的模型一样，在 MATLAB 中针对每个粒子轨迹求解 ODEs，并且根据反应器中的积分通量和停留时间计算出沿着粒子轨迹的平均光子通量率。预测和观察到的降解产率之间的绝对差异确定为 5%～10%。

Wols 等（2015b）描述了多色辐射的动力学模型。采用与 Wols 等（2014）相似的研究方法和相同的水基质研究 31 种药物通过直接光解和 UV/H_2O_2 工艺用 MP 灯降解。用 MP 辐射进行的硝酸盐光解产生亚硝酸盐，产率比 LP 灯反应器高得多。在这种情况下，即原位产生强 $\cdot OH$ 清除剂的情况下，基于假稳态近似的模型可能产生错误的预测。

如本章所述，UV/H_2O_2 工艺最重要的降解途径是直接光解和羟基自由基反应。对于直接光解，Bolton 和 Stefan（2002）推导出基于积分通量的速率常数（$k'_{1,\lambda}$，m^2/J）并表明它仅取决于基本参数 Φ_λ 和 ε_λ [L/(mol・cm)]：

$$k'_{1,\lambda}=\frac{\Phi_\lambda^C\varepsilon_\lambda^C\ln(10)}{10\times U_\lambda} \tag{2-41}$$

式（2-41）可以通过将等号两边的项乘以 U_λ 转化为基于光子积分通量的速率常数（$k'_{1,po,\lambda}$，m^2/einstein）。通过组合过程作为通量（H'，J/m^2）的函数可将化合物 C 的一级动力学衰减的综合速率公式变为：

$$\ln\frac{[C]_0}{[C]_{H'}}\bigg|_\lambda=\left[\frac{\ln(10)}{U_\lambda}\left(\Phi_\lambda^C\varepsilon_\lambda^C+\frac{k_{OH,C}\,\varepsilon_\lambda^{H_2O_2}\,\Phi_{\cdot OH}[H_2O_2]}{k_{OH,H_2O_2}[H_2O_2]+\sum_i k_{OH,S_i}[S_i]}\right)\right]H'_\lambda \qquad (2\text{-}42)$$

Wols 和 Hofman-Caris（2012a）在 $\cdot$OH 浓度的假稳态近似下得出类似的表达式（2-43），并用于预测在 400mJ/cm² 和 10mg/L H_2O_2 条件下，LP 灯准直装置对地表水中近 90 种微污染物的去除效果。为了保持一致性，在式（2-43）中，Wols 和 Hofman-Caris 论文中使用的符号被本章中使用的符号替换。

$$\ln\frac{[\overline{C}]_t}{[C]_0}\bigg|_\lambda=-E'_{p,0,\lambda}\frac{1-10^{-al}}{al}t\left(\Phi_\lambda^C\varepsilon_\lambda^C+2\phi_{H_2O_2}\varepsilon_\lambda^{H_2O_2}\overline{[H_2O_2]}\frac{k_{OH,C}}{\sum_i k_{OH,S_i}[S_i]}\right) \qquad (2\text{-}43)$$

在式（2-43）中，$[\overline{C}]$、$[\overline{H_2O_2}]$ 表示 C 和 H_2O_2 的体积平均浓度，$E'_{p,0,\lambda}$是光子通量率［einstein/(m² · s)］，其他符号是之前定义的。在稳态近似下，H_2O_2 和 S_i 浓度设定为常数并等于原始值。在式（2-43）中，$\cdot$OH 清除剂包括 H_2O_2 的贡献。$E'_{p,0,\lambda}(1-10^{-al})t/(al)$ 乘以 1mol 光子的能量（U_λ，J/einstein）得到通量（H'_λ）。图 2-9 显示了在上述规定的处理条件下选定微污染物的去除率，其由式（2-43）计算得到。

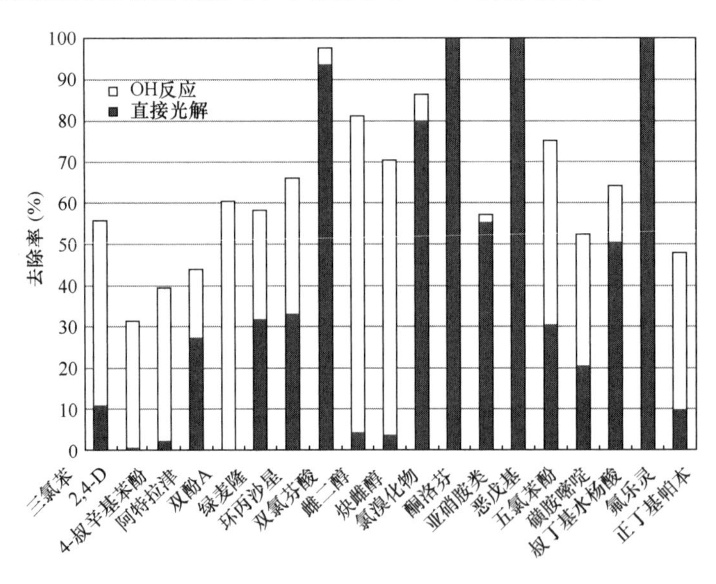

图 2-9 400mJ/cm² 的 UV/H_2O_2 对地表水中微污染物的去除率

（改编自 Wols 和 Hofman-Caris，2012）

Lee 等（2016）使用一个类似于式（2-42）的假稳态动力学模型方程来估算 16 种微污染物的减少，包括处理后的废水中的药物、BPA、杀虫剂和 NDMA，并比较了各种 AOPs（O_3、O_3+UV、UV/H_2O_2、O_3/H_2O_2）及其组合在水再生利用中需要的电能。他们以 DOM、碳酸盐物种、亚硝酸盐和溴化物作为 $\cdot$OH 清除剂估算了 $\cdot$OH 需求量。值得注意的是，根据先前报道的方法（Lee 等，2013），将臭氧作为$\cdot OH$源，通过实验确定了模型中使用的$k_{\cdot OH,DOM}$值。确定并讨论了$\cdot OH$引发的反应对总体降解速率的贡献。

Chuang 等（2016）确定了与大量常见和新兴消毒副产物反应的$\cdot OH$速率系数。他们利用这些化合物的量子产率、摩尔吸光系数和$k_{\cdot OH}$建模研究了水回用处理条件下（pH 约为 5，3.4mg/L H_2O_2）UV/H_2O_2 工艺去除卤代 DBPs 的效果。他们使用化学动力学模型 Kintecus 4.55 做了 170 次反应实验，并观察到 DBPs 的实验测量降解值与作为 UV 通量函数的预测值之间的良好一致性。

通过辐射计算模型预测 UV 反应器中的积分通量率分布。文献中描述了在小试和中试规模的反应器中模型预测通量率分布的实验验证方法（Bohrerova 等，2005；Rahn 等，2006；Zhao 等，2009；Shen 等，2009；Gandhi 等，2012；Solari 等，2015）。用结合了水力、辐射和动力学模型的计算模型（CFD）对 UV/H_2O_2 工艺建模会在第 2.5.2 节中简要描述。

2.5.1.1 使用 $R_{OH,UV}$ 参数对 UV/H_2O_2 工艺进行建模

Rosenfeldt 和 Linden（2005）引入了$R_{OH,UV}$概念来表征和模拟 UV/H_2O_2 工艺，类似于 Elovitz 和 von Gunten（1999）为臭氧应用引入的R_{ct}概念。在随后出版的论文中进一步描述了$R_{OH,UV}$（Rosenfeldt 等，2006；Rosenfeldt 和 Linden，2007）。$R_{OH,UV}$被定义为在给定的水质、初始 H_2O_2 浓度以及进入水中的光源发出的辐射的相对光谱分布条件下，每单位 UV 通量（H'_λ，J/m^2）的$\cdot OH$生成量（$\int[\cdot OH]dt$，mol・s）。$R_{OH,UV}$是一个可以用基于探针化合物（如 p-CBA）的动力学实验来确定的参数。为简单起见，用式（2-44）计算单色辐射$R_{OH,UV}$ [mol・s・m^2/(L・J)，常用单位是 mol・s・cm^2/(L・mJ)]。

$$R_{OH,UV}=\frac{\int_0^t[\cdot OH]dt}{H'_\lambda}=\frac{k'_{1,UV/H_2O_2}-k'_{1,UV}}{k_{OH,p\text{-}CBA}} \tag{2-44}$$

$R_{OH,UV}$与波长有关，并在受控的通量率条件下（例如，准平行光仪）确定。用于计算 *p*-CBA 基于通量的速率常数$k'_{1,UV/H_2O_2}$（UV/H_2O_2 工艺）和$k'_{1,UV}$（直接光解）的 UV 剂量可用 Bolton 和 Linden（2003）所述确定。

$R_{OH,UV}$可用于通过实验确定水对$\cdot OH$的需求量，需求量可进一步用于动力学模型方程，以预测 UV/H_2O_2 工艺中的污染物去除情况。使用假稳态近似和 *p*-CBA 作为化学探针，在不同 H_2O_2 浓度下曝光于 253.7nm 的给定水基质中，可得出以下公式（Rosenfeldt 和 Linden，2007）：

$$\frac{E'_{avg}}{[\cdot OH]_{ss}}=\frac{U_{253.7nm}(\sum_i k_{OH,S_i}[S]_i)+k_{OH,p\text{-}CBA}[p\text{-}CBA]}{\phi_{OH}\,\varepsilon_{253.7nm}^{H_2O_2}}\times\frac{1}{[H_2O_2]}+\frac{U_{253.7nm}\times k_{OH,H_2O_2}}{\phi_{OH}\,\varepsilon_{253.7nm}^{H_2O_2}} \tag{2-45}$$

其中，E'_{avg}是通过水的平均通量率（W/m^2，常用单位是 mW/cm^2），$E'_{avg}/[\cdot OH]_{ss}$是 $1/R_{OH,UV}$。在各种初始 H_2O_2 浓度下，$1/R_{OH,UV}$数据与 $1/[H_2O_2]$ 的关系图可以计算该特

定水基质的·OH 需求。

$R_{OH,UV}$参数用于考量水质对 UV/H_2O_2 工艺中·OH 暴露量的影响（Rosenfeldt 和 Linden，2007），并比较了各种 AOPs（O_3、O_3/H_2O_2、UV/H_2O_2）中·OH 的暴露量以及两种 UV 灯（MP 和 LP）作为通量和选定的 H_2O_2 浓度的函数（Rosenfeldt 等，2006）。

Gerrity 等（2016）模拟了从美国、瑞士和澳大利亚的 10 座污水处理厂收集的废水（254nm 紫外透光率 <80%）中的 17 种微污染物的降解情况。·OH 暴露量由 p-CBA 降解动力学确定，然后用于估算与所选污染物反应的 $k_{\cdot OH}$。他们开发了一个半经验模型，该模型使用 $R_{OH,UV}$值来估计·OH 暴露量并将该参数与 $UV_{253.7nm}$通量/DOC 比率相关联。该模型可以用作考虑不同水基质·OH 需求影响的半经验策略，并预测用 UV/H_2O_2 工艺去除微污染物的效果。

2.5.1.2 水基质·OH 背景需求的实验测定

每个 UV/H_2O_2 应用都需要准确确定$\sum k_{\cdot OH,S_i}$ $[S_i]$。第 2.5.1.1 节描述了 $R_{OH,UV}$方法。Nöthe 等（2009）描述了在臭氧化过程中测量废水样品的·OH 清除能力的方法。该方法基于给定 O_3 剂量和暴露时水基质和叔丁醇（TBA）之间的竞争。类似的方法可以用于 UV/H_2O_2 工艺，其中 UV 通量和 H_2O_2 浓度在一系列暴露中保持恒定，而 TBA 浓度不同。根据各种 TBA 初始浓度下·OH 与 TBA 反应的甲醛产率计算竞争。

Lee 和 von Gunten（2010）使用 Zepp 等（1987）开发的方法计算废水中·OH 的形成和消耗速率。该方法可得到在一种已知浓度的·OH 添加清除剂（如 TBA）存在下，一种·OH 探针化合物（如 p-CBA，$k_{1,p\text{-}CBA}$）的动力学，其中·OH 是在 253.7nm 下通过 H_2O_2 光解产生的。用来计算·OH 清除率的公式推导为：

$$\frac{1}{k_{1,p\text{-}CBA}}=\frac{\sum_i k_{OH,S_i}[S_i]}{vk_{OH,p\text{-}CBA}}=\frac{k_{S_i^0}}{vk_{OH,p\text{-}CBA}}+\frac{k_{OH,TBA}[TBA]}{vk_{OH,p\text{-}CBA}} \tag{2-46}$$

其中，k_{Sio}（s^{-1}）是 H_2O_2 和 p-CBA 加成时的·OH 水基质需求，$v[(\Delta\cdot OH)_t/t$, mol/(L·s)] 是·OH 形成的速率，$k_{OH,p\text{-}CBA}=5\times10^9$ L/(mol·s)，$k_{OH,TBA}=6.0\times10^8$ L/(mol·s)。k_{Sio}值是根据方程的第一项对应［TBA］的曲线的斜率和截距计算的，然后再减去 H_2O_2 和 p-CBA 的贡献，计算得到·OH 水基质需求。这一方法被 Katsoyiannis 等（2011）进一步发展，用以确定湖水样品中与 DOM 反应的·OH 速率常数。

Rosenfeldt（2010）报道了一种基于亚甲蓝（MB）降解速率测量·OH 水背景需求的快速方法，在 MB 吸收光谱的可见光范围内通过分光光度法监测。基于 MB 和荧光素作为探针的分光光度法与 Lee 和 von Gunten（2010）的方法结合使用，以确定 NOM 分离物的 $k_{\cdot OH,NOM}$值，并进一步将这些数据与 NOM 特征相关联（Donham 等，2014）。Keen 等（2014a）将 Rosenfeldt 的 MB 方法与 Glaze 等（1995）的模型相结合，以确定从 8 个不同污水处理设施中收集的 28 个过滤废水的·OH 总清除需求。也计算了 $k_{\cdot OH,EfOM}$值。Kwon 等（2014）使用罗丹明 B 的 $R_{OH,UV}$参数作为确定清除项的快速且方便的方法。通过分光光度法在 554nm 处监测罗丹明 B 的衰减。

2.5.2 UV/H_2O_2 工艺的计算流体动力学模型

CFD模型方程描述了空间和时间流体动力学，考虑了质量、动量和能量的守恒。流体动力学和湍流模型还包括反应器内速度和压力分布。用于UV反应器的CFD模型包括通量率的空间分布。其中，辐射子模型考虑了灯的布置（数量、几何形状和间隔）和光谱功率密度、石英光学、界面处的反射和折射、流体和反应器部件的光学性质。辐射模型的例子包括多点累加（MPSS）模型、线源积分（LSI）模型、多段源累加（MSSS）模型、修改的LSI模型（RAD－LSI）和使用离散纵坐标（DO）方法的辐射传递方程。Liu等（2004）通过对反应器中一些选定点处的通量率实验值与预测值的比较，评估了CFD模型中用于预测反应器内辐射场分布的各种通量率模型。由光化学和化学反应引起的化学变化采用动力学模型方程描述，并结合流体动力学和辐射模型描述单独采用UV或UV/H_2O_2处理微污染物的过程。UV AOP模型可在欧拉（Eulerian）或拉格朗日（Lagrangian）框架内的CFD模型中描述。在欧拉框架内，化学化合物和自由基物种的浓度在计算网格内求解，而在拉格朗日框架内，“粒子”被引入流体中。粒子的运动轨迹由水力模型确定，化学浓度沿着辐射场中的粒子轨迹计算（Wols和Hofman-Caris，2012b）。Elyasi和Taghipour（2010）描述了逐步建立CFD模型的方法，该模型使用欧拉框架模拟UV反应器中·OH引发的污染物的氧化。另外，他们使用平面激光诱导荧光技术测量了LP灯UV反应器内探针（罗丹明WT）的浓度分布。该技术允许作者相对于实验分布评估流体动力学和辐射子模型，因此，利用该技术可对不同几何形状和操作条件的紫外线反应器进行模拟和优化。Wols和Hofman-Caris（2012b）讨论了许多具有不同复杂程度的建模方法，并且评估了欧拉框架和拉格朗日框架在化学物质迁移方面的应用。他们使用CFD模型对UV/H_2O_2工艺在LP准平行光仪和横流式四支LP灯过流式反应器中（5mg/L和10mg/L H_2O_2）降解阿特拉津进行了数值模拟，并对数值模拟结果进行了比较。动力学模型包括直接光解和·OH反应，以及碳酸氢盐和DOC反应。他们还采用三维CFD模型定义了过流式反应器中的复杂水力学，并结合COMSOL 4.2软件包中的k-ε湍流模型对雷诺平均Navier-Stokes（RANS）方程进行求解。他们观察到所有条件下模拟和实验数据之间具有良好的一致性。此外，两个框架得到的结果之间存在良好的一致性。Wols和Hofman-Caris指出，拉格朗日方法相对于欧拉方法的主要优点是，一旦粒子轨迹已知，微污染物的动力学就可以通过ODE解决，从而降低了欧拉方法所需的高计算量和时间要求。后来，Wols等（2015a）使用拉格朗日方法结合经过验证的UV/H_2O_2动力学模型来预测中试规模中的大量药物的降解。对于大多数化合物，CFD模拟值和实验数据吻合良好。Santoro等（2010）开发了一个适用于$UV_{253.7nm}$/H_2O_2降解三（2-氯乙基）磷酸酯（TCEP）和磷酸三丁酯（TBP）的动态动力学模型（改编自AdOx™软件），并将其结合进欧拉框架内的CFD模型中，还采用该模型对一个环形反应器和横流反应器进行了模拟。通过使用DO模型求解辐射传递方程（RTE）计算通量率分布，而通过求解CFD模型中的RANS方程来确定流场分布。该模型使用粒子追踪方法预测·OH浓度等值线，从而评估污染物对·OH 的暴露。Santoro 等发现环形反应器中的 TCEP 和 TBP 降解产率始终高于横流反应器，这是由于环形反应器中没有回流区。Alpert 等（2010）评估了 CFD/辐射/UV/H_2O_2 结合模型在环形单支低压灯中试反应器中预测 UV/H_2O_2 降解指示剂（亚甲蓝，MB）的能力。他们还研究了 CFD 模型预测对于湍流和辐射模型的敏感性以及对水质和 $k_{\cdot OH,MB}$的敏感性。在不同流量（5～30gal/min）和水质参数下，对三种湍流闭合子模型（k-ε、RNGk-ε 和 k-ω）和两种通量率子模型（MSSS 和 RAD-LSI）进行了测试。CFD 模型倾向于低估 MB 的去除率。与 RAD-LSI 子模型相比，MSSS 辐射子模型预测的降解程度更大，而湍流子模型对预测的影响可以忽略不计。该模型对 $k_{\cdot OH,MB}$和 DOC 对·OH的清除效应敏感。

2.6 水质对 UV/H_2O_2 工艺性能的影响

水质在为某一给定应用选择合适的 AOP 和预测所选择的 AOP 对污染物的处理性能方面起着至关重要的作用。关于水的特性对 UV/H_2O_2 工艺性能的影响，已经有很多文章介绍过了。对这些研究的讨论超出了本章的范围。相反，本节对关键水质参数（pH、温度和组分）的作用会做简单介绍。

2.6.1 pH

水的 pH 在直接光解和·OH 引发的氧化性能中都起着重要作用。pK_a 值在±1 单位水 pH 范围内的化学微污染物，可以以离子和非离子形式存在，其与 UV/H_2O_2 工艺相关的光化学（Φ，ε）和化学（$k_{\cdot OH}$）参数可能会大不相同。这同样适用于水基质组分（DOM、碳酸盐物种）。一般而言，解离物反应的·OH 速率常数大于其各自非解离态的速率常数（见 Buxton 等，1988）。

碱度是关键的水质参数之一。与碳酸氢根离子相比，碳酸根离子与·OH 的反应性几乎高两个数量级［$k_{\cdot OH,碳酸盐}=3.9\times10^8$L/(mol·s)；$k_{\cdot OH,碳酸氢盐}=8.5\times10^6$L/(mol·s)；Buxton 等，1988］。也就是说，即使在微碱性水中，碳酸根离子也会影响 UV/H_2O_2 工艺的效率。在第 2.2.3 节中简要讨论了 pH 对直接光解，即 Φ_λ 和 ε_λ 的影响。

2.6.2 温度

如第 2.2.3.2 节和第 2.4.3.2 节所述，Φ_λ 和 $k_{\cdot OH}$ 都可能与温度有关。由于有关水处理过程中发生的关键光化学和化学反应的热力学参数的文献资料极其有限，很难预测反应动力学随温度的变化。

水温也可能会影响汞灯的紫外输出，从而影响反应器内的光子通量率。因此，光化学速率将受到影响。作为温度函数的 UV 输出惯例上是确定的，特别是对于低压汞蒸气弧灯，因此，温度效应可以在辐射模型中考虑。

2.6.3 水基质组分

水中无机和有机化合物的形态、光化学和化学性能以各种方式影响微污染物的降解动力学。水的成分可以是 UV-C 或整个 UV 波长范围内的强吸收剂和/或可以有效竞争$\cdot OH$的物质。它们还可以产生活性氧物质，从而提高污染物的去除率。水的浊度由无机和/或有机颗粒引起，通过光吸收和光散射干扰处理过程，并且经常分解 H_2O_2。通常，在 UV/H_2O_2 上游供水设施将水浊度降低到不影响高级氧化性能（<5NTU）的水平。下面简要讨论最相关的无机和有机水成分在 UV/H_2O_2 处理性能中所起的作用。

2.6.3.1 无机化合物

美国环保署（MCL 为 45mg/L）和《欧盟饮用水指令》（MCL 为 50mg/L）对饮用水中的硝酸盐进行了规定。硝酸根离子吸收光谱在 200～230nm 范围内显示出强波段，在 UV-A 范围内显示出弱波段（Armstrong，1963；Sharpless 和 Linden，2001），因此它与中压汞灯的发射光谱有部分重叠；NO_3^- 在 254nm 处具有小的摩尔吸光系数［4L/(mol·cm)，Mark 等，1996］。在富含硝酸盐的水中，应用 MP-UV/H_2O_2 时，由于 H_2O_2 会吸收部分光，因此$\cdot OH$的产率受到硝酸盐的强烈影响。硝酸盐光解产生亚硝酸盐，其产率与波长、pH、浓度和温度相关［Sharpless 和 Linden，2001；Goldstein 和 Rabani（2007）及其中的参考文献；Beem Bendict 等，2017］。亚硝酸盐在饮用水中的限值被规定为 0.1mg/L NO_2^-（欧盟）和 3mg/L NO_2^-（北美）。DOM 干扰硝酸盐光化学性能，因为它与$\cdot OH$和活性氮氧化物自由基反应。亚硝酸盐是一种强的$\cdot OH$清除剂［$k_{\cdot OH, NO_2^-}=1.1\times 10^{10}$ L/(mol·s)，Buxton 等，1988］，即使在非常低的水平（例如，μg/L），它也会增加$\cdot OH$的需求量。在 LP-Hg 灯反应器中，仅在高透光率（>98%）和高硝酸盐水平（>10～15mg/L）的水中观察到通过亚硝酸盐的形成明显影响硝酸盐的光解。

碳酸氢根和碳酸根离子通常由水的“碱度”表示。它们在不同 pH 下的形态很重要，因为它们与$\cdot OH$的反应性不同，这将造成它们对水的整体$\cdot OH$背景需求量的不同。

由于缺氧条件，金属离子如铁（Ⅱ）和锰（Ⅱ）通常存在于地下水中。这些离子及其与 DOM 成分的复合物可吸收紫外线辐射，因此，根据它们的浓度和吸收特性，它们会干扰 H_2O_2 对光的吸收。它们还可以与目标微污染物竞争$\cdot OH$，例如，$k_{\cdot OH, Fe(II)}=3.5\times 10^8$ L/(mol·s)、$k_{\cdot OH, FeEDTA2\_}=5.0\times 10^9$ L/(mol·s)、$k_{\cdot OH, Mn(II)}=3.0\times 10^7$ L/(mol·s)、$k_{\cdot OH, MnEDTA2\_}=1.5\times 10^9$ L/(mol·s)。

地表水中氯离子（Cl^-）浓度通常约为 4～5mg/L，废水处理的二级出水中氯离子浓度为 10～20mg/L，Cl^- 和$\cdot OH$之间的电子转移反应和随后的反应是 pH 驱动的，并且仅在酸性介质中变得相关。

溴离子与$\cdot OH$的反应接近扩散控制极限［式（2-33）］，并引发了含溴化物水的高级氧化中溴酸盐（BrO_3^-）的形成机制（von Gunten 和 Oliveras，1998）。在世界各地的内陆地表水和地下水中检测到溴化物含量高达 2mg/L（Magazinovic 等，2004）。在式(2-35)中形成的二溴自由基阴离子（$Br_2^{\bullet -}$）的歧化产生分子溴（Br_2），其溶于水中，产生次溴酸（HOBr）。HOBr 及其共轭碱（$OBr_2^{\cdot-}$）是溴酸盐形成必需的中间体，因为这些物质是溴氧自由基（$BrO^{\cdot}$）的前体物，其进一步的反应产生溴酸盐（von Gunten 和 Oliveras，1998）。

尽管在 UV/H_2O_2 工艺中发生了式（2-33）～式（2-35）并且产生了 HOBr，但是 H_2O_2 与 HOBr 及其共轭碱 OBr^- 的快速反应抑制了产生溴酸盐的反应，将溴物种转化回 Br^-。因此，与基于臭氧的方法不同，在富含溴化物的水的 UV/H_2O_2 处理中不形成溴酸盐。

$$H_2O_2+HOBr \rightarrow Br^-+H^++H_2O+O_2 \quad k=1.5\times10^4 L/(mol\cdot s)\text{（Taube，1942）} \tag{2-47}$$

$$H_2O_2+OBr^- \rightarrow Br^-+H_2O+O_2 \quad k=1.3\times10^6 L/(mol\cdot s)\text{（von Gunten 和 Oliveras，1997）} \tag{2-48}$$

氯胺是在水和废水氯化过程中形成的。当水回用时，氯（作为次氯酸盐）在废水出水的反渗透（RO）膜过滤之前加入，以防止膜污染。在该步骤中，通过氯与游离氨的反应形成氯胺。由于氯胺不能被反渗透膜很好地去除，因此它们将以 2～4mg/L 的浓度存在于 RO 渗透液（ROP）中。在以直接和间接饮用为目的的水回用处理中，需要用 UV/H_2O_2 处理 ROP 里的 NDMA 和二氧六环（见第 14 章）。当采用氯化对取水中的斑马贝进行控制时，氯胺也可在地表水处理的 UV 反应器进水中以低浓度存在。与游离氯［$k_{H_2O_2-OCl^-,25℃}=1.7\times10^5 L/(mol\cdot s)$，Connick，1947］不同，氯胺与 H_2O_2 反应非常缓慢［$k_{H_2O_2\text{-}NH_2Cl,24.6℃}\approx2.76\times10^{-2} L/(mol\cdot s)$ 和 $k_{H_2O_2\text{-}NHCl_2,35℃}=1.14\times10^{-5} L/(mol\cdot s)$，McKay 等，2013］。因此，$H_2O_2$ 和氯胺可以在 UV 进水中共存。单胺和二氯胺对紫外线辐射的吸收比 H_2O_2 强得多，因此会竞争影响$^{\cdot}OH$ 产率的紫外线。氯胺与$^{\cdot}OH$ 反应［例如，$k_{\cdot OH,NH_2Cl,22℃}=(2.8\pm0.2)\times10^9 L/(mol\cdot s)$，Johnson 等，2002；$k_{\cdot OH,NH_2Cl,22℃}=5.2\times10^8 L/(mol\cdot s)$，Poskrebyshev 等，2003］，因此它们会增加水的$^{\cdot}OH$ 背景需求量。

2.6.3.2 溶解有机物（DOM）

天然有机物（NOM）在此称为溶解有机物（DOM），是水处理工艺设计和运行中考虑的关键水质参数。DOM 是疏水组分和亲水组分的复合混合物，具有不同的结构、性质和分子量。DOM 成分含有各种官能团，其中许多具有不同的解离常数，因此 DOM 的光化学和化学性质具有 pH 依赖性。DOM 的组成显示出地理和季节变化性。DOM 以多种方式干扰 UV/H_2O_2 工艺。它可吸收紫外线辐射，因此限制了 H_2O_2 的光吸收和$^{\cdot}OH$ 产率。DOM 是水中主要的$^{\cdot}OH$ 清除剂（参见表 2-7 中的 $k_{\cdot OH}$实例），可与目标微污染物竞争$^{\cdot}OH$。

$k_{\cdot OH,DOM}$实验值（引文中报告了水质条件） **表 2-7**

DOM 来源	本体/离体	$k_{\cdot OH,DOM}$ [L/(mol·s)]	参考文献
SRFA	离体	2.06×10^8	McKay 等（2011）
ESHA	离体	1.21×10^8	McKay 等（2011）
EfOM	本体	$(6.79\sim9.37)\times10^8$	McKay 等（2011）

续表

DOM 来源	本体/离体	$k_{\cdot OH,DOM}$ [L/(mol · s)]	参考文献
湖水	本体	(2.4～3.2) ×10^8	Katsoyiannis 等 (2011)
EfOM	本体	4.2×10^8	Katsoyiannis 等 (2011)
EfOM	本体	(6.3～14.1) ×10^8	Dong 等 (2010)
EfOM	本体	3.6×10^8	Nöthe 等 (2009)
EfOM	本体	(2.7～12.1) ×10^8	Rosario-Ortiz 等 (2008)
SRFA	离体	(1.4～1.9) ×10^8	Westerhoff 等 (2007)
Saguaro 湖	离体	(1.5～2.2) ×10^8	Westerhoff 等 (2007)
Nogales EfOM	离体	(1.7～4.5) ×10^8	Westerhoff 等 (2007)
SRFA	离体	3.2×10^8	Goldstone 等 (2002)
SRHA	离体	2.3×10^8	Goldstone 等 (2002)
17 地表水	离体	(2.6～8.1) ×10^8	Westerhoff 等 (1999)
湖水	本体	(1.8～3.7) ×10^8	Brezonik 和 Fulkerson-Brekken (1998)

注：EfOM 代表废水有机物；SRFA 代表 Suwanee 河富里酸；SRHA 代表 Suwanee 河腐殖酸；ESHA 代表 Elliot 土壤腐殖酸。

在 UV/H_2O_2 工艺中，DOM 的疏水组分部分转化为亲水组分，这些组分对·OH 的反应活性可能不同于母体结构。此外，根据 H_2O_2 剂量和施加的通量，DOM 可能发生碎裂和部分氧化。因此，被处理水的光学性质和·OH 清除能力将不同于 UV 进水的光学性质和·OH 清除能力。UV/H_2O_2 处理过程中水特性的这些变化难以预测，但其净累积效应将反映在目标污染物去除率中。

2.7　基于紫外光的高级氧化工艺的性能指标

2.7.1　单阶电能消耗量

单阶电能消耗量（E_{EO}）是 Bolton 等引入的高级氧化工艺技术开发和应用的评价指标。几年后，Bolton 等在 IUPAC 技术报告中介绍了 E_{EO}概念，其适用范围扩展到太阳能驱动系统（Bolton 等，2001）。

E_{EO}定义为在单位体积内将化合物浓度降低一个数量级（90%）所需的电能（kWh）[例如，1m³（1000L）或在北美经常采用 1000US gal（1US gal=3.785L）]。E_{EO}值根据实验数据计算，其公式如下：

$$E_{EO}[\mathrm{kWh/(m^3 \cdot 阶)}] = \frac{P(\mathrm{kW}) \times t(\mathrm{h})}{V(\mathrm{m^3}) \times \log\left(\frac{c_i}{c_f}\right)} \quad （静态反应器） \tag{2-49}$$

$$E_{EO}[\mathrm{kWh/(m^3 \cdot 阶)}] = \frac{P(\mathrm{kW})}{F(\mathrm{m^3/h}) \times \log\left(\frac{c_i}{c_f}\right)} \quad （过流式反应器） \tag{2-50}$$

在上述表达式中，P、V、t、c_i、c_f和 F 分别表示电功率、在时间 t 内处理的水的体积 V、污染物的初始和最终浓度（mol/L）以及流量。E_{EO}因数适用于污染物降解遵循假一级动力学的条件，并且通过式（2-51）与速率常数 k_1 关联，其中 V 和 k_1 的单位分别为 L 和 min^{-1}。

$$E_{EO} = \frac{38.4P}{Vk_1} \tag{2-51}$$

E_{EO}表示使用给定工艺处理给定水质中的微污染物的设备的电能效率。E_{EO}用于计算 UV 设备的规模，以满足特定的处理目标和作为系统性能参数。该指标可用于比较各种 AOPs 的水处理性能，并评估用于处理给定水源中各种污染物的 UV 工艺效率。低 E_{EO}可在项目生命周期内实现低功耗成本。E_{EO}仅与 UV 处理产生的电能成本相关，它仅是与 UV 系统的实施、操作和维护相关以及与氧化剂相关的总成本的一部分。

E_{EO}取决于几个因素，因此，必须正确理解和使用该指标。其中，E_{EO}取决于：反应器设计（几何形状、灯间距和取向、“有效”路径长度）；灯类型、光谱功率分布和效率；用于灯管的石英材料的质量和光学特性；UV 反应器的水力和光学（吸收）效率；电源（镇流器）效率；工艺条件（直接光解和/或高级氧化）；给定水基质中目标污染物的化学和光化学动力学参数；氧化剂（如 H_2O_2）浓度、吸收特性、化学和光化学特性；水质，包括光谱吸收特性、$^{\cdot}OH$ 背景需求以及水成分的光化学和化学特性。基本上，所有这些“因素”都会影响污染物衰减的速率常数（k_1），这决定了处理性能。如今，E_{EO}是用动力学模型计算的，这些模型考虑了上面提到的所有因素，其中一些是通过实验确定的，另一些则是通过结合辐射和 CFD 模型生成的。

理论上，E_{EO}不应该依赖于 F；然而，已观察到在较大的流量范围内，E_{EO}随着 F 的增加而减少，这是由于紫外线剂量分布变窄，也就是说，在流量大时，水力效率更高。E_{EO}对有效辐射路径长度敏感，即反应器内光的吸收越好，反应器壁上 UV 辐射损失越少，则 E_{EO}越低。因此，考虑污染物化学和光化学特性，水力学和反应器光学的综合影响对优

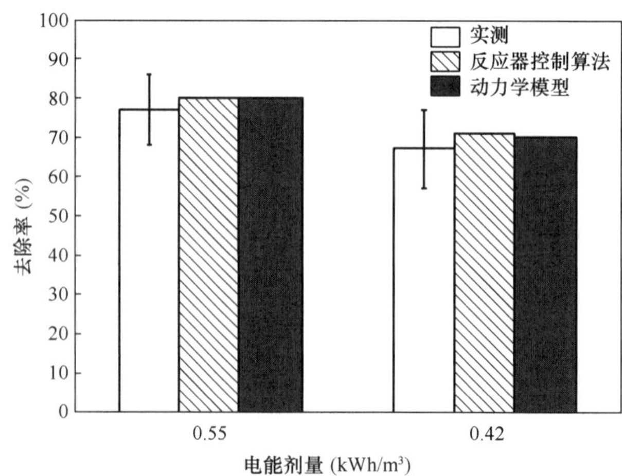

图 2-10　在荷兰 Andijk 进行的全尺寸性能测试中使用 UV（MP）/ H_2O_2 工艺去除阿特拉津（改编自 Kruithof 和 Martijn，2013）

化 UV 反应器性能是至关重要的。

多年来，E_{EO}被证明是一种简单、可靠和实用的指标，用于评估水处理设施的 UV-AOP 系统性能。针对各种化学污染物的长期处理性能数据证实，E_{EO}可以与强大的动力学模型一起用作 UV 系统放大的设计参数，并作为 UV 反应器控制算法的参数。图 2-10 举例说明了 E_{EO}指标作为一个工艺性能监视和控制参数的可靠性。

2.7.2　紫外线通量（UV 剂量）

紫外线通量（UV 剂量）在最近的发展中被用作紫外 AOP 设备规模设计和控制的参数，也是污染物去除性能监测的参数。基本上，这种方法依赖于实验测定或动力学模型计算的基于通量的污染物衰减速率常数，并进一步用于计算达到具体应用中污染物处理水平（对数减少）所需的 UV 剂量（“去除当量剂量”，RED）。然后将计算的剂量作为 UV 反应器控制算法中的设定点输入。

Aflaki 等（2015）描述了终端岛水回用厂（TIWRP）的高级水净化设施（AWPF）中紫外线设备的全尺寸放大、实施和控制 1,4-二恶烷处理的方法。他们利用小试和中试规模的测试数据，确定了 RO 渗透水中 1,4-二恶烷浓度降低 0.5log 所需的 UV 剂量和氧化剂（氯）浓度，并进一步利用这些参数放大紫外线系统。利用辐射（点源累加，PSS）和 CFD 模型计算了紫外线系统传递的 UV 剂量，并将其设置为紫外线反应器控制的临界报警点。Scheideler 等（2016）描述了在韩国始兴市政饮用水厂进行 2-MIB 处理的基于 UV 剂量的设备规模设计和 UV/H_2O_2 工艺性能控制的方法。基于中试 RED，对给定的 H_2O_2 浓度（6mg/L）全尺寸放大所需的 UV 剂量进行了计算。Scheideler 等指出，采用 UV 剂量法控制紫外 AOP 系统，既能快速响应水质变化，又能显著节省电能。

Sharpless（2005）和 Bircher（2015）发展了用小试测定的基于通量的污染物衰减速率常数对 UV-AOP 系统放大的理论方法。Sharpless（2005）将 Bolton 和 Stefan（2002）的分析扩展到 UV/H_2O_2 工艺，其中污染物通过光解和$^{\bullet}$OH 驱动氧化而衰减。在动力学方程的推导中，Sharpless 使用［$^{\bullet}$OH］稳态近似和 R_{OH}概念，给出了对给定 E'_{avg}得到的$^{\bullet}$OH 浓度。对于多色辐射，将分别计算基于污染物加权和 H_2O_2 加权平均通量的速率常数和平均通量归一化的 R_{OH}值。直接光解和$^{\bullet}$OH 引起的氧化速率常数的加权因子为污染物的摩尔吸光系数和量子产率，以及 H_2O_2 的摩尔吸光系数（Sharpless，2005；Hofman-Caris 等，2015a）。基于通量的化合物的一级动力学衰减公式在第 2.5.1 节中已进行讨论，表达如下，其中 H'被 $E'_{avg}\times t$ 代替。

$$\ln\frac{[C]_0}{[C]}\bigg|_{\lambda}=\left[\frac{\ln(10)}{U_{\lambda}}\left(\Phi_{\lambda}^{C}\varepsilon_{\lambda}^{C}+\frac{k_{OH,C}\,\varepsilon_{\lambda}^{H_2O_2}\,\Phi_{\cdot OH}[H_2O_2]}{k_{OH,H_2O_2}+\sum_i k_{OH,S_i}[S_i]}\right)\right]E'_{avg,\lambda}t \tag{2-42}$$

在式（2-42）中，大括号中的项是基于通量的假一级速率常数 $k'_{1,UV/H_2O_2}$（cm^2/mJ），它可以通过实验确定或当所有定义它的参数已知时计算得到。UV 通量率 $E'_{avg,\lambda}$与 UV 反应器设计、水质和流动条件有关，可使用光学和流体水力模型计算。

由式（2-42）描述的一级动力学也可以表示为 $R_{OH,UV}$［mol·s·cm^2/(L·mJ)，Gerrity 等，2016］的函数，$R_{OH,UV}$可通过实验确定（第 2.5.1.1 节）。基于 $R_{OH,UV}$的污染物动力学由式（2-52）描述，其中 $k'_{1,\lambda}$和 $H'_{avg,\lambda}$分别表示直接光解的基于通量的假一级速率常数和反应器在波长 λ 处传递的平均 UV 剂量。

$$\ln\frac{[C]_0}{[C]}\bigg|_{\lambda}=(k'_{1,\lambda}+k_{OH,C}\times R_{OH,UV})\times H'_{avg,\lambda} \tag{2-52}$$

Bircher（2015）建议使用污染物每对数减少的 UV 剂量（D_L）和 CFD 模型来确定全尺寸 UV 反应器的规模，然后测试反应器性能。Bircher 强调，虽然许多定义 E_{EO}的参数可以很容易地按比例放大，但需要 CFD 来确定过流式反应器的水力和混合效率；如前所述，水力效率确实会影响 E_{EO}。因此，在 CFD 建模中采用小试规模确定的 D_L确定 UV 反应器中每个点的污染物去除率的经验方法，考虑水力效率时，可以合适地确定反应器中的 UV 剂量和 UV 反应器的性能。在配备有 253.7nm 灯的过流式反应器中传递的 UV 剂量的一般表达如下：

$$D=\sum_{d_1}^{d_n}\frac{P_eF_i(1-10^{-a_{254}d_i})}{Q\times a_{254}\ln(10)} \tag{2-53}$$

式（2-53）来自 Bircher（2015），其中 D、P_e、F_i、Q 和 d_i 分别表示 UV 剂量、进入水中 253.7nm 的总辐射功率、在被吸收之前穿过距离 d_i 的光子分数、流量和 UV 反应器内的光子穿过的光程。Bircher 提出了一种由反应器几何形状计算光程分布的方法，并计算报告了作为光程和水透光率（85%～100%）的函数的 UV 剂量趋势。研究结果表明，水体在 254nm 处透光率<90%时，由于完全吸收，UV 剂量相对独立于长度大于 20cm 的光程，但是对于高透光率（>97%）的水体，应设计大尺寸反应器。这些计算没有考虑反应器的水力效率，因此，恰当的 UV 剂量计算应基于 CFD 模型。对于多色辐射光源，UV 剂量应用 H_2O_2 吸收光谱加权。

UV 设备规模设计或处理性能控制的 E_{EO}和 UV 剂量指标不应被视为两个独立指标。Bolton 和 Stefan（2002）指出，直接光解过程中污染物衰减的基于通量的速率常数（k'_1，m^2/J）仅取决于基本的光化学参数［式（2-41）］，并推导出 E_{EO}与用准单色辐射 UV 灯操作的小试 UV 反应器中的平均通量率（E'_{avg}，W/m^2）之间的关系［式（2-54）］。因此，E_{EO}与所处理的污染物的基本光化学参数直接相关［式（2-55）］。

$$E_{EO}=\frac{0.6396P}{Vk'_1E'_{avg}} \tag{2-54}$$

$$E_{EO}=\frac{6.396PU_{\lambda}}{V\Phi_C\,\varepsilon_C\ln(10)E'_{avg}} \tag{2-55}$$

在上述公式中，ε_C和 V 的单位分别为 L/(mol・cm) 和 L；除 V 和 P 外的所有参数都与波长有关。所有参数都是先前定义过的。用阿特拉津作为探针化合物，用式（2-55）计算了一个循环流动的半小试 LP 反应器中的平均通量率。这种方法在 Sharpless 和 Linden（2005）的研究中得到了应用，使用 LP-UV 和 MP-UV 反应器，以及用阿特拉津和 NDMA 作为化学探针。

通过类比式（2-54），使用来自式（2-42）或式（2-52）的 UV/H_2O_2 AOP 的基于通

量的总速率常数，过流式反应器的 E_{EO} [kWh/(m^3·阶)] 可以表示为在反应器中传递的 UV 剂量的函数（H'_{avg}，mJ/cm^2），如式（2-56）所示。用于预测给定应用中 UV/H_2O_2 性能以及用于确定 UV 设备规模的动力学模型建立于 E_{EO} 和 UV 通量之间的关系之上。

$$E_{EO}=\frac{38.38P}{F\times k'_{1,UV/H_2O_2}H'_{avg}} \tag{2-56}$$

在式（2-56）中，F 的单位为 L/min。通过集成的 CFD 和 UV 辐射模型确定传递给水的 UV 剂量，这一模型考虑了在给定流量下反应器内的流态和 UV 辐射分布及吸收。显然，对于 UV 系统规模设计、控制和处理性能监测所使用或发展的 E_{EO} 和 UV 剂量概念是相互关联的，并且最终取决于前面针对 E_{EO} 概括的相同因素，因为两者都依赖于相同的关键性能指标——污染物去除率（即对数减少）。实施两个指标中的任何一个都需要可靠的动力学模型和 UV 系统控制算法。虽然在 E_{EO} 和 UV 剂量控制的污染物处理中，水透光率的变化可以获取并可以相应地调整 UV 系统的运行条件，但是这两个指标都不会响应 $^{\bullet}$OH 水基质需求的潜在实时变化。

2.8 UV/H_2O_2 高级氧化工艺设备的设计和实施

为了研究实验室条件下的微污染物光化学特性，研究者们使用了各种各样的实验室规模的紫外线系统，其中包括准平行光仪、连续式反应器、单灯间歇式反应器和带有循环回路的单灯半间歇式反应器。但本节没有讨论这些提到的反应器，而是提供了关于全尺寸紫外线反应器方面的基本信息，其中包括其设计考虑和组成部分，如何根据实验室和中试装置取得的数据确定其系统规模，以及如何在应用紫外光工艺控制微污染物的水厂的处理流程中进行紫外线系统的集成。

2.8.1 UV 反应器的设计概念

UV 反应器设计的基本目标是保证光子通量率的均匀分布和 UV 辐射在水体中的高效吸收效率（即不在反应器壁处浪费），以及在辐射场内具有良好的水力混合和均匀的水流分布模式（即高水力效率）。通过对反应器光学和水力学模型进行优化，并与目标微污染物的化学和光化学动力学机理有机结合，实现在整个项目期间以可持续和经济的方式处理目标污染物。全尺寸紫外线系统是为明确的水透光率和流量范围而设计的，这也有助于紫外线反应器在具体应用中的选型。通过 CFD 建模，可实现包括几何结构在内的反应器设计的优化。

UV 反应器可以是加压（封闭式）或非加压（开放式）反应器，并配有单色或多色汞蒸气弧光灯。为了通过 UV/AOP 去除污染物，主要使用加压的封闭式 UV 反应器。图 2-11 举例说明了封闭式和开放式 UV 反应器。

入口和出口水流条件，有时还包括反应器内的混合元素，是影响反应器效率的设计参数。这些因素旨在确保水和 H_2O_2 在反应器内整个辐射场中均匀分布。

图 2-11 全尺寸管道式和明渠式的 UV 反应器

UV 系统的关键部件是反应器壳体、UV 灯、石英套管和套筒清洁装置、传感器、灯电源（驱动器或“镇流器”）和反应器控制器。

反应器几何形状的设计考虑了灯的功率、配置和方向、灯的数量、流量和水透光率范围。为了应对水处理厂设备间的占地或空间限制，现代化的全尺寸紫外线反应器具有灵活的模块化设计。

（1）紫外灯。相对于水流（垂直、平行或成某个角度）的灯定位和 UV 反应器内灯之间的距离（灯间距）是关键的设计参数。紫外灯通常使用平行配置的方式，以使水头损失最小化，并且在流速足够大时，水流能沿灯管方向实现良好的径向混合，从而具有较高的效率。垂直配置的方式通常能使紫外光在相对于流体流动方向上的分布更均匀并加强混合，而倾斜配置在一定程度上能结合平行配置和垂直配置的优点。综合考虑流体流动条件以及紫外光谱功率分布上的水和 H_2O_2 的光学特性，存在最佳的灯间距，能使反应器内的辐射吸收效率最大化。

在反应器设计中也要考虑紫外灯的类型（LP 或 MP），因为灯型的选择与具体项目的要求密切相关。与 MP 灯相比，LPHO UV 灯具有较高的 UV-C 效率和广泛的水质适应性，因此成为现代 UV 应用设备中采用的主要灯型。研究者在准平行光仪和实验室规模的反应器中对 LP 灯和 MP 灯在直接光解以及 UV/H_2O_2 工艺处理多种微污染物过程中的效果进行了对照实验，结果表明相比于 MP 灯，采用 LP 灯时处理工艺的 E_{EO} 值降低了 30%～50%（IJpelaar 等，2010）。Lekkerkerker-Teunissen 等（2013）对 UV/H_2O_2 工艺降解 Dunea（荷兰）水厂中预处理后地表水中的阿特拉津、除草定、布洛芬和 NDMA 进行的中试试验也观察到了类似的结果。因此，尽管单色（LP 灯）和多色（MP 灯）辐射均能有效处理水中的污染物，但要注意紫外灯的 UV－C 效率会影响电能成本。然而，对于特定的应用，例如饮用水处理中对季节性嗅味问题（T&O 事件）的控制，成本评估报告表明在双模式（在 T&O 事件期间的 UV/H_2O_2 模式和其余时间的单纯 UV 消毒模式）下操作的 MP 灯反应器是被认可的解决方案。

（2）石英套管。套管所用石英质量的选择取决于灯的类型和水质。例如，在基于短波紫外线辐射（例如，200～240nm 范围）的应用中，MP 灯反应器可采用高纯度抗日晒的熔融石英套管，以便高效利用在该光谱区域发射的光能。在 UV 反应器的控制程序中对石英表面循环的机械和/或化学清洗进行编程，以确保通过套管能向水中输送恒定的光谱功率。清洗机制也是反应器设计过程的一部分。

（3）传感器。UV 反应器系统使用液位传感器、压力传感器、温度传感器、辐照度传感器和流量计来控制水处理条件。UV 传感器的数量及其在 UV 反应器内的位置应在反应器的设计阶段就合理取定，并且还应符合美国环境保护署消毒指导手册（2006）的规定。除传感器和灯电源数据外，还应通过校准后的紫外光学仪在线连续监测 254nm 波长下的水透光率。

（4）紫外灯电源。UV 灯驱动器安装在 UV 反应器的外部，通常在指定的具有环境湿度和温度控制的空间内。UV 灯驱动器控制 UV 灯的功率。UV 反应器使用高效能的电源。可以在反应器控制界面上调节从灯驱动器到灯的功率。

（5）反应器控制。UV 系统的操作和控制可通过可编程逻辑控制器（PLC）算法实现。原则上，控制算法基于 E_{EO} 与污染物对数减少量的关系、UV 系统能耗（实时输入的运行中紫外灯的数量、灯能耗）、紫外灯和石英套管的龄期（即运行小时数）、实时输入的水温、流量、水体 254nm 紫外透光率和 H_2O_2 剂量。如第 2.7.2 节所示，E_{EO} 和反应器内的 UV 辐射通量之间存在直接关系；将上述关系嵌入控制算法中，UV 辐射通量以及其他操作参数可显示在 UV 反应器的监测屏幕上。使用 E_{EO} 指标的 UV 反应器性能控制系统能确保符合项目设计规范，并且还允许基于实时现场条件（例如，水质和流量）节省能量和 H_2O_2 投加量。此外，由于水源中的污染物浓度通常具有波动性，因此操作员能够在反应器的控制面板（人机触屏界面，HMI）上设置所要求的污染物对数减少量和/或进水/出水中的污染物浓度。作为响应，控制算法以最小的能量和氧化剂成本计算并优化所选条件下所需的功率和 H_2O_2 剂量的组合，并根据优化后的参数控制 UV/H_2O_2 处理工艺。UV 系统和水流条件的实时信息记录在 SCADA（监控和数据采集系统）中。基于传感器输入的报警也内置在反应器控制中并上传到 SCADA。

在全尺寸 UV 系统安装之前，基于小试和中试试验测试的其他反应器控制原理近来也得到了推广和应用。Scheideler 等（2016）描述了一种基于反应器内传递的 UV 通量的 UV 反应器控制原理，并已应用在韩国始兴市水处理厂中针对 2-MIB 控制的 UV/H_2O_2 工艺。利用 UV 传感器输入的数据、流量和紫外透光率，通过 PLC 算法，使用 PSS 方法计算 UV 剂量，并且调节功率以维持由准平行光仪和中试测试确定并确认的 UV 通量设定点。

结合选定的管道配置下的流体流动特性和组分输送，以及反应器内的通量分布及污染物动力学的复杂的计算密集型的模型用于优化给定应用中的 UV 反应器设计。这些模型以及 UV 系统控制算法根据不同的 UV 设备供应商而异。用于 UV/H_2O_2 工艺的 UV 反应器的设计在许多出版物中都可以找到。Wols 等（2015c）利用一种分析模型，系统地研究了 UV 反应器的设计，其中讨论了每个设计参数对反应器性能的关键影响，所选择的参数包括与通量率分布有关的速度分布、水层、石英套管直径、反应器内 H_2O_2 分布等。他们还采用 CFD 模拟技术开发了新型的 UV/H_2O_2 反应器，并对 34 种药物的降解进行了实验研究。使用优化设计后的反应器能使药物降解率明显提高，最高增幅达 30%（以对数为基础）。在该团队先前发表的论文中描述了基于 CFD 的反应器设计的系统方法（Wols 等，2011）。Coenen 等（2013）对单灯和多灯光化学反应器的几何结构进行了建模和优化，在水研究基金会项目 3176 号（WRF 2011）的资助下研究了基于 UV/H_2O_2 工艺和反应器设计的 CFD 建模评价，包括文献综述和操作成本优化。Wols（2012）关于饮用水处理中 CFD 的论文涵盖了 CFD 建模的关键主题，包括使用这一强大工具优化 UV 系统设计并预测其性能。

2.8.2 由小试和中试确定全尺寸 UV 设备的规模

UV 设备规模设计需要处理输入信息，并选择最经济的运行条件，以满足客户设定的处理目标。在工艺经济性和设备规模设计中广泛使用的衡量标准是 E_{EO}。在满足项目的设计规范条件并进行工艺条件优化时，还要考虑与 H_2O_2 相关的成本。

直接光解和/或 UV/H_2O_2 工艺的成功使用，需要在给定流量和辐射场条件下对目标微污染物、H_2O_2 以及水体中特定的有机物组分的化学和光化学动力学有正确的认识。投产之前进行实验室规模的测试是非常必要的，该测试可确定微污染物的化学和光化学参数以及水质数据，包括吸收光谱、pH、浊度、碱度、硝酸盐浓度及总有机碳含量、总悬浮固体含量，以及水中 $^{\bullet}OH$ 的背景需求量等。另外，也可通过针对具体水体进行的小试研究，获取处理的技术可行性作为 H_2O_2 浓度和灯型的函数的初步信息。现有的文献中对从实验室或中试规模到全尺寸 UV 系统的光学反应器的放大方法已有介绍，例如 Ghafoori 等（2014）及其中的参考文献。

中试规模的试验在即将安装全尺寸设备的水厂中进行，其中所使用的小型 UV 反应器具有和大规模系统相似的紫外灯光谱特性以及概念设计。尽管中试试验是验证动力学模型的好机会，但从这种试验扩展到全尺寸处理系统并不简单。以下现象已被广泛证明：

（1）与全尺寸相比，中试试验通常会导致较高的 E_{EO}值。

（2）由于在较高流量下湍流现象增强，混合效应会使全尺寸系统的水力效率提高。

（3）在全尺寸系统中光学效率（吸收效率）通常较高，由于反应器尺寸较大，因此紫外光的光程较长，从而更易被水吸收。这对于高透光率的水体尤其明显，例如透光率＞80%。图 2-12 给出了一个例子，它说明了对于装有 LP 灯的环形反应器，E_{EO}（NDMA）与光程长度和水透光率的函数关系（Bolton 和 Stefan，2002）。

(4) 相比于中试装置，全尺寸反应器具有更高的光学反应器效率，从而能更好地利用 H_2O_2，即对于相同的 H_2O_2 剂量，在全尺寸反应器中观察到更高的 $\cdot OH$ 产率和污染物控制效果。

(5) 与全尺寸 UV 反应器中使用的大功率紫外灯相比，用于中试的小型反应器所配备的紫外灯的 UV-C 效率可能会较低，且 UV-C 效率与温度和/或镇流器功率水平（BPL）的关系模式不同。

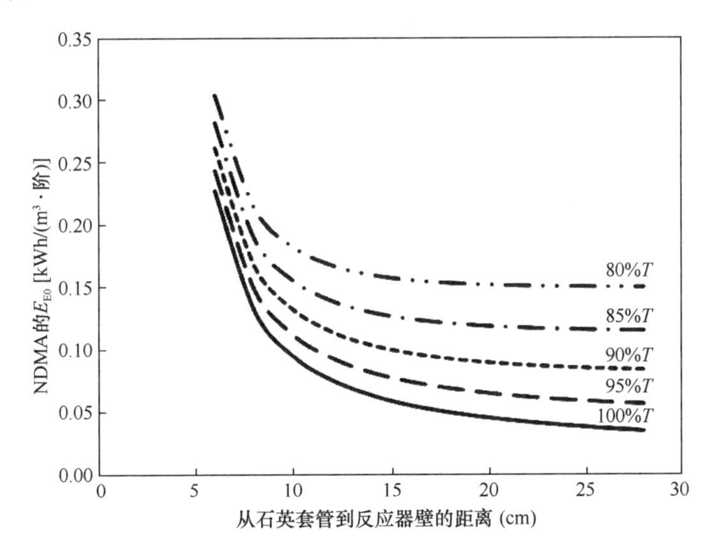

图 2-12 反应器效率随 254nm 透光率和光程的变化趋势
（Bolton 和 Stefan，2002）

放大过程与具体反应器有关，必须考虑污染物光降解动力学参数（ε、Φ、$k_{\cdot OH}$）、H_2O_2 浓度、水质参数、水中光敏成分及其副产物的光化学和化学特性以及 UV（LP 灯或 MP 灯）反应器的水力学和光学效率等因素之间的相互关系。可靠的 UV 设备规模设计模型结合了所有这些关键因素，并确定了它们的最佳组合，以最低的成本处理目标污染物。

水处理厂建成 UV 系统之后，作为合同义务应进行全面的性能评估。在各种水质和工艺条件下处理各种污染物的全尺寸 UV/H_2O_2 工艺装置的经验，以及规模设计模型的广泛验证，使得全尺寸装置的性能数据与预测数据非常吻合。在这种情况下，规模设计工具的准确性已经得到了充分的证明，无需再进行现场中试试验，可以机械性地使用 UV/H_2O_2 模型安全地确定 UV 系统的规模。

2.8.3 将紫外线处理技术融入水处理系统

为了有效地去除化学污染物，UV 系统在水处理流程中的位置视项目情况而定。一般而言，紫外线处理技术与其他处理技术（如活性炭过滤、生物降解、离子交换（IX）和膜技术）联用的效果非常好。许多水处理厂采用多屏障水处理工艺控制微生物和化学污染物，而 UV 或 UV/H_2O_2 工艺是其中的“屏障”之一。

在以地表水为原水的饮用水处理中，UV 反应器上游的净水工艺通常包括混凝、沉淀和过滤。在处理高浓度硝酸盐水时，在 MP-UV/H_2O_2 工艺前引入离子交换技术，能降低硝酸盐水平，这既增加了 MP 灯发出的短波辐射范围内的水透光率，又防止了硝酸盐光解形成的亚硝酸盐引起的·OH 需求的增加。PWN 技术公司（PWNT）在其位于 Andijk 的水厂进行了广泛的研究，结果表明，用 IX-膜微滤（MF）作为预处理步骤取代混凝-快速砂滤（CSF）可显著节约能源。使用 NDMA 和 1,4-二恶烷作为化学探针的中试试验表明，经 IX-超滤（UF）预处理水后，这些化合物在 UV/H_2O_2 处理水中的 E_{EO} 值比在 CSF 预处理水中的测定值低 50%（Martijn 等，2010；另见第 15 章）。2015 年，Andijk 水厂在 UV/H_2O_2 工艺的前端，采用 PWNT 工艺 SIX®（离子交换）和 CeraMac®（微滤）进行了改造。

地下水可能受到铁和锰的影响，从而降低水的透光率并导致石英套管结垢。在 UV/H_2O_2 处理之前，可采用预氯化法对 Fe 和 Mn 进行氧化，并进行过滤。受挥发性有机化合物严重影响的地下水的修复可能需要在进入 UV/H_2O_2 处理之前进行空气吹脱、碳吸附、离子交换或生物处理或采用其组合工艺进行处理。

以直接或间接饮用为目的的水回用处理中广泛使用的深度预处理技术包括微滤（MF）、超滤（UF）和反渗透（RO）。UV 的进水需要满足高紫外透光率（≥95%）值和非常低的·OH 水背景值的要求。有关水回用应用的详细信息，请参见第 14 章。

GAC 或 BAC 过滤通常作为 UV/H_2O_2 的后处理步骤。其中，需要较短的空床接触时间（EBCT 约为 6min）来去除 H_2O_2 残留物，同时需要高达 20～30min 的 EBCT 以去除在 UV/H_2O_2 处理之前或之后形成的副产物。GAC 和 BAC 代表了水中微污染物的又一道“屏障”技术（Tabrizi 和 Mehrvar，2004；Kruithof 等，2007）。

水处理厂也采用 UV/H_2O_2 之后氯化以去除水中残留的 H_2O_2 并确保配水管网中有足够的消毒剂余量。如果选择氯胺作为消毒剂，则将氨加入氯化后的水中。氯与 H_2O_2 反应（摩尔比 1∶1；质量比 2.09∶1）快速发生（在几秒内），并且不产生有害的副产物。亚硫酸钠和硫代硫酸钠被认为是潜在的 H_2O_2 消解剂，但由于它们与 H_2O_2 反应缓慢、机制复杂且受 pH 影响较大，因此不推荐使用（Keen 等，2013）。

表 2-8 列出了采用 UV/H_2O_2 工艺去除化学污染物的一些净水厂的水处理流程。

水处理流程中 UV/H_2O_2 工艺位置的例子　　表 2-8

WTP	水源	处理工艺
康沃尔，加拿大	河水	预氯化—混凝—介质过滤—UV/H_2O_2—氯化
加拿大安大略省西埃尔金	湖水	二氧化氯—超滤—UV/H_2O_2—氯化
荷兰安代克	湖水	IX—MF—UV/H_2O_2—BAC—二氧化氯
美国帕托卡湖	地表水	预氯化—混凝—过滤—UV/H_2O_2—氯/氨
加利福尼亚州圣加布里埃尔谷	地下水	IX 用于高氯酸盐去除—UV 光解—空气吹脱—氯化
美国亚利桑那州图桑	地下水	空气吹脱—UV/H_2O_2—GAC—氯化
英国霍尔（林肯）	河水	GAC—超滤—UV/H_2O_2—BAC—UV 消毒—氯化
加拿大安大略省格林布鲁克	地下水	用于 Fe/Mn 氧化—介质过滤—UV/H_2O_2—GAC—氯胺

2.9 UV/H_2O_2 高级氧化工艺在微污染物水处理中的应用

UV/H_2O_2 高级氧化工艺是目前研究最广泛地用于水中有机和无机微污染物去除的工艺。许多文献研究都是在水的法规推动下得以完成和继续的，而也有一些研究则积极主动地寻找目前未受管制的化合物的可行解决方案，这些化合物对人类或生态健康的不利影响已被证实或可以预期。最近，几类新兴污染物引起了研究人员的注意，如杀虫剂、药物、个人护理品、阻燃剂、新型工业添加剂及其副产物、表面活性剂、合成激素、藻毒素、纳米材料、水处理副产物等。文献中有关于优先污染物存在、立法要求和修复策略等的报告，如水研究基金会报告（2010）、Shi 等（2012）、Merel 等（2013）、Stone 等（2014）、Ribeiro 等（2015）、Barbosa 等（2016）、Bui 等（2016）。多年来，一些综述涵盖了通过高级氧化工艺去除环境污染物的文献报道，包括 UV/H_2O_2 高级氧化工艺，其中包括 Peyton（1990）、Legrini 等（1993）、Zhou 和 Smith（2002）、Oturan 和 Aaron（2014）、Yang 等（2014）。

以下各节列举了存在和不存在 H_2O_2 情况下使用紫外线进行微污染水处理的实验室和中试研究的例子，并描述了一些供水生产中所选用的全尺寸 UV/H_2O_2 装置，最后一节给出了已发表文献中关于 UV/H_2O_2 工艺经济性的高度概括。

2.9.1 实验室研究

实验室研究主要目的是了解紫外光解工艺或 UV/H_2O_2 工艺在去除水中微污染物方面的有效性，这些实验在各种水质下进行，通常采用调剂过的实验室级水，并使用单色或多色光源。

Stefan 和 Williamson（2004）综述了被确定为饮用水水源优先控制污染物的有机化合物紫外光解的相关文献研究，包括卤代脂肪族 VOCs、多环芳烃、苯酚及其衍生物、氯化苯、氯化联苯、二噁英和呋喃、硝基芳香化合物、各种农药、亚硝胺等。本章不能提供基于紫外线处理微污染物全面的文献综述，而是从水体中几种污染物中选择了少数例子，并适当地对直接光解和$^{\bullet}$OH 诱导过程进行了简要讨论。

2.9.1.1 亚硝胺类

脂肪族和芳香族 N-亚硝胺被确定为优先控制污染物，划归为肝毒性和强致癌物质。美国环保署的综合风险信息系统（IRIS）数据库显示，N-亚硝胺在饮用水中浓度低至纳克每升（ng/L）的终身癌症风险为 10^{-6}（http://www.epa.gov/iris/）。美国环保署 IRIS 数据库列出了 8 种亚硝胺物质（NDMA、NDEA、NMEA、NDPA、NEBA、NPYR、NDPhA 和 N-硝基异丙啶 NPIP），其中 NDMA、NDEA、NDPA、NPYR 和 NDPhA 五种包括在 CCL3 和 CCL4 中。加拿大卫生部饮用水标准（2014）中规定 NDMA 上限为 40ng/L，而世界卫生组织的水质指南（2011）中规定 NDMA 上限为 100ng/L。2009 年，加利福尼亚州公共卫生部（CDPH）确立 NDMA、NDEA 和 NDPA 三种亚硝胺物质的上限为 10ng/L。

脂肪族和杂环类 N-亚硝胺有两个特征吸收光谱带，一个在 UV-C 范围内（200～280nm，$\pi \rightarrow \pi^*$ 跃迁，最大值在 220～240nm），另一个在 UV-B-UV-A 范围内（290～400nm，$n \rightarrow \pi^*$ 跃迁，最大值在 330～350nm）（Plumlee 和 Reinhard，2007）。NDPhA 的吸收光谱显示有两条，一条从 200nm 到 250nm，肩峰在 230nm，第二条延伸到 UV-B 范围，最大值在 295nm。NDMA 的吸收光谱在 Stefan 和 Bolton（2002）的论文中已给出。2007 年，Plumlee 和 Reinhard 在 pH 为 6 的模拟太阳光条件下（290nm＜λ＜800nm）测定了美国环保署 IRIS 数据库中 8 种亚硝胺中的 7 种亚硝胺物质的光解量子产率。波长平均量子产率从 NDMA 的 0.41±0.02 到 NMEA 的 0.61±0.03 不等。尽管有大量关于 NDMA 光解的研究，但报道中其在 253.7nm 处的量子产率为 0.30～0.43 不等。第 2.2.3.2 节提供了其他关于 NDMA 的量子产率数据，并讨论了 pH、浓度和波长的影响。

Lee 等（2005a，b）提出了迄今为止最详细的 NDMA 光解机理（图 2-13）。他们还提出了 NDMA 激发态演化的三个主要途径，所有这些途径都涉及 NDMA* 的质子化和 N—NO 键的断裂。图 2-13 列出了这些反应途径：均裂、异裂和氧化。关于 NDMA 光解的产物研究（Lee 等 2005a，b；Stefan 和 Bolton，2002）表明，NDMA 光解后形成了二甲胺、一甲胺、甲醛、N-甲基甲酰胺、亚硝酸盐、硝酸盐、甲酸等物质。

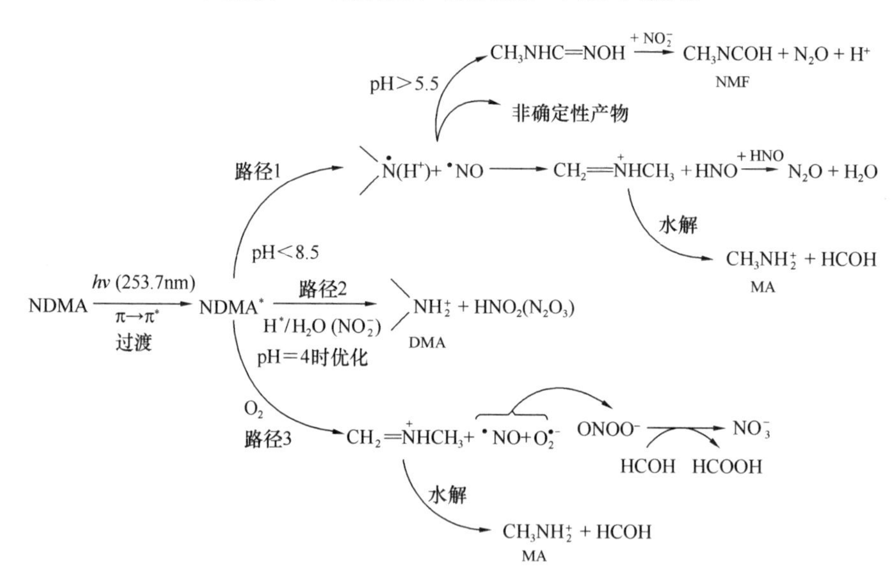

图 2-13 NDMA 光解途径和水溶液中的后续反应（Lee 等，2005b）

注：MA 代表甲胺；DMA 代表二甲胺；NMF-N 代表甲基甲酰胺

Xu 等（2009）报道了小试反应器中 253.7nm 辐照下 NPYR 和 NPIP 的光解情况，试验利用实验室级水配水开展了 pH（3～10.5）影响和降解产物研究，利用饮用水（a_{254nm}＝0.08cm^{-1}）和河水（a_{254nm}＝0.14cm^{-1}）开展了不同水质对污染物的去除影响研究。结果表明，NPIP 的降解不受 pH 影响；NPYR 在 pH 分别为 6.0、7.1 和 10.5 下的假一级速率常数与 pH 在 3.1 下的速率常数之比分别为 0.96、0.80 和 0.05。

本书涉及的亚硝胺类·OH反应速率常数变化超过一个数量级（表2-6）。亚硝胺类的光化学特性决定了这些物质能够直接被光解，因此，除NDPhA因含有芳香环易受·OH攻击外，预计亚硝胺类物质在UV/H_2O_2 工艺中·OH诱导反应对总降解率的贡献相对较小。Lee等（2007）研究了采用O_3和O_3/H_2O_2降解NDMA的动力学以及pH、碳酸氢盐和H_2O_2的作用，得到速率常数$k_{O_3,NDMA}=0.052\pm0.0016L/(mol\cdot s)$，$k_{\cdot OH,NDMA}=(4.5\pm0.21)\times10^8L/(mol\cdot s)$。单独$O_3$不能有效去除NDMA，但在pH=8的去离子水中，由于O_3与OH^-反应生成了·OH，其降解率增加了50%。Zhou等（2012）研究了上述8种N-亚硝胺及其混合物中N-亚硝二丁胺（NDBA）在单独使用波长为253.7nm的紫外光照、单独使用H_2O_2以及UV/H_2O_2三种工艺下的降解过程。直接光解对8种物质的去除率由高到低依次为NDBA≈NPIP≈NDPA≈NMOR＞NDEA＞NPYR≈NMEA＞NDMA≫NDPhA；UV/H_2O_2（25μmol/L H_2O_2）对其去除率略有增加的有NDBA、NDPA、NMOR、NPIP和NDEA；UV/H_2O_2（25μmol/L H_2O_2）对其去除率有一定幅度增加的是NMEA和NPYR，而对NDMA和NDPhA的降解率增加显著，分别增加了约50%和100%。有关亚硝胺类处理的更多信息，尤其是在水循环利用项目中的相关信息，见第14章。

2.9.1.2 农药

农药对水和土壤的广泛污染，其在环境中存在的持久性，与神经发育和神经退行性疾病之间的联系，免疫反应的改变，以及糖尿病、易患不同类型癌症和农药暴露等，都推动了饮用水水质关于农药标准的出台。根据欧盟指令，饮用水中农药的最大污染水平（MCL）为单类农药0.1μg/L，农药总量（含代谢产物）不超过0.5μg/L。与欧盟指令（2013/39/EU）相比，美国环境保护署制定的饮用水标准中纳入管制的农药品种少，且最大污染水平（MCL）更高，其中CCL3和CCL4包括大约40种农药及其环境降解产物。Burrows等（2002）参考了大约300篇文献，综述了与农药光解相关的研究，重点关注了反应机理的研究，包括直接光解反应机理和由$^1O_2{}^-$及·OH诱导的反应机理。Ikehata和Gamal EI-Din（2006）引用了150多篇研究论文，综述了在水溶液中利用UV/H_2O_2和Fenton试剂的高级氧化工艺对农药的降解研究，涉及的农药种类有苯胺类衍生物、氨基甲酸酯类、氯苯氧基化合物、氯化有机物、有机磷酸酯、吡啶类和嘧啶类衍生物、三嗪类和三嗪类化合物、取代尿素类化合物以及一些其他农药等，他们总结了农药的基本性质、高级氧化工艺的反应条件和动力学、量子产率和$k_{\cdot OH}$值、反应副产物等。Stefan和Williamson（2004）回顾了有关三嗪、尿素、氨基甲酸酯、有机磷、氯乙酰胺、二硝基苯胺和氯酚农药的紫外光解。Ribeiro等（2015）概述了利用高级氧化工艺处理优先控制污染物，包括欧盟指令（2013/39/EU）中列出的五大类农药。

1. 三嗪类农药

一些学者研究了三嗪类农药在H_2O_2存在和不存在情况下的光解情况。Nick等（1992）研究了阿特拉津（ATZ）、西玛津（SIM）、扑灭津（PPZ）和特丁津（TBZ）在253.7nm下的光解情况，报道了四种农药的量子产量、摩尔吸光系数及其部分降解副产物，其中四种农药的量子产率及摩尔吸光系数如下：ATZ［3860L/(mol·cm)；Φ=0.05］；SIM［3330L/(mol·cm)；Φ=0.083］；PPZ［3370L/(mol·cm)；Φ=0.099］；TBZ［3830L/(mol·cm)；Φ=0.094］。在降解产物机理中，氯原子的光水解是主要的反应途径，然后是脱烷基化反应。文献中还报道了阿特拉津的其他光化学参数值，例如：ε_{254nm}=3683L/(mol·cm)；Φ_{254nm}=0.033（Bolton 和 Stefan，2002）；$\Phi_{\lambda<250nm}$=0.038；$\Phi_{\lambda>250nm}\approx$0.06（Sharpless 和 Linden，2005）。Acero 等（2000）识别了阿特拉津与$^{\cdot}OH$反应的一级和二级降解副产物，提出了降解机理，确定了各反应途径的贡献。他们还测定了$^{\cdot}OH$与 ATZ［3×10^9L/(mol·s)；t=20℃］及其一级副产物［1.2×10^9～1.9×10^9L/(mol·s)；t=20℃］反应的速率常数。Alvarez 等（2016）利用活性炭和多层碳纳米管吸附、紫外（253.7nm）光解、UV/H_2O_2、O_3、O_3/H_2O_2、臭氧接触氧化和太阳能驱动工艺等多种方法研究了特丁津（TBZ）的降解效果，结果发现，UV/H_2O_2 工艺处理效果最佳，源于较大的$k_{^{\cdot}OH,TBZ}$值，测得的$k_{^{\cdot}OH,TBZ}$=3.3×10^9L/(mol·s)，根据测量的ε_{254nm}=3615L/(mol·cm) 和$\Phi_{253.7nm}$=0.064，计算得出单独紫外光解 90%的 TBZ 所需紫外线剂量为 2074mJ/cm^2；而在 5mg/LH_2O_2 存在下，每去除 1 logTBZ 所需紫外线剂量为1404mJ/cm^2，并提出了基于$^{\cdot}OH$和O_3^- 引发降解的反应机理。Sorlini 等（2014）也得到了类似的结论，他们研究了地下水中（DOC 浓度为 1.9mg/L，Fe 浓度为 0.03mg/L，Mn浓度为 0.035mg/L，以 $CaCO_3$ 计的总碱度为 242mg/L）TBZ 降解的过程，单独紫外光解，紫外线剂量在 2000mJ/cm^2 时，TBZ 去除率为 85%，在 5mg/L H_2O_2 存在条件下，紫外线剂量为 1200mJ/cm^2 时，TBZ 去除率约为 75%。

Ijpelaar 等（2010）利用水厂预处理出水，比较了 LP-UV/H_2O_2 和 MP-UV/H_2O_2 工艺在去除一系列化学污染物方面的效果，研究对象包括阿特拉津、草净津、西玛津、二甲基阿特拉津、氰氯氰菊酯等系列三嗪类农药，还有 5 种雌激素、10 种药物以及甲基叔丁基醚。小试反应器数据显示，除甲基叔丁基醚和氰氯氰菊酯外，其他所有化合物的E_{EO}均小于 1.0kWh/(m^3·阶)，LP-UV/H_2O_2 去除 90%阿特拉津所需能耗比 MP-UV/H_2O_2 低约 40%。

2. 尿素类农药

苯脲类除草剂的光化学降解取决于芳香环上取代基的性质和位置，研究发现了光重排和光水解两种主要降解过程。Amine-Khodja（2004）参考 53 篇文献研究，综述了以下苯脲类除草剂的光化学性质：非卤代类（非草隆、异丙隆）；单卤代类（绿麦隆、秀谷隆、甲氧隆、绿谷隆、灭草隆）；二卤代类（氯溴隆、敌草隆、利谷隆）。这些化合物显示三个吸收带，中间一个吸收带在 225～275nm 范围内［ε 高达 20000L/(mol·cm)］，一个非常弱的吸收带延伸到 UV-A 范围内。根据杀虫剂分子结构的不同，其在 253.7nm 下的量子产率在 0.002～0.13 之间不等；根据杀虫剂的分子式结构特点，给出了直接光解、光敏化和自由基反应的反应机理和详细解释。另外，已出版的文献中还提到了利用硝酸盐敏化和中压紫外灯降解水中包括农药在内的大量微污染物研究，如 Nélieu 等（2009）及其中的参考文献中的相关研究。

Benitez 等（2006）研究了在超纯水系统、253.7nm 紫外线波长下，pH（2～9）和温度（10～40℃）对利谷隆、绿麦降、敌草隆和异丙隆等摩尔吸光系数的影响以及这些农药的羟基速率系数。在实验条件下取得的 $\Phi_{253.7nm}$ 数据如下：异丙隆（0.0035～0.0066）、敌草隆（0.0057～0.0238）、绿麦降（0.0148～0.0533）、利谷隆（0.0192～0.055）。所有除草剂的 $k_{\cdot OH}$ 值相似，从 4.3×10^9 L/(mol·s)（利谷隆）到 5.2×10^9 L/(mol·s)（异丙隆）。成功地模拟了在超纯水、矿泉水、地下水和湖水中这些除草剂混合物的去除过程。

3. 氯苯氧基羧酸类农药

Meunier 和 Boule（2000）研究了 pH、溶解氧和波长对丙酸［2-（4-氯-2-甲基苯氧基）-丙酸］（MCPP）在水溶液中直接光解的影响，鉴定了早期降解产物，并提出了光转化机理。丙酸的分子形式和阴离子形式（$pK_a=3.78$）具有相似的光谱，光谱中心带在 280nm（分子形式和阴离子形式的光谱能量分别为 1390L/(mol·cm) 和 1604L/(mol·cm)）。在 280nm 下测定饱和空气和脱氧溶液中分子形式的量子产率分别为 0.34 和 0.23，在单独氧气条件下离子形式的量子产率为 0.75。降解产物及其量子产率与辐照波长有关。Shu 等（2013）报道了在中压紫外灯多波长辐射下，在 pH=7 的水溶液中，对两种农药［MCPP 和 2,4-二氯苯氧基乙酸（2,4-D)］和六种药物（萘普生、卡马西平、双氯芬酸、吉非罗齐、布洛芬和咖啡因）的直接光解和 UV/H_2O_2 氧化研究，MCPP 和 2，4-D 的平均波长（200～300nm）量子产率分别为 0.0866±0.0034 和 0.0036±0.0003。Φ_{MCPP} 几乎比 Meunier 和 Boule（2000）研究的数值小一个数量级，而 $\Phi_{2,4\text{-}D}$ 非常低，与 Benitez 等（2004）报道的数值相似，为 0.008（紫外线波长=253.7nm)。报道的 $k_{\cdot OH,MCPP}$ 数值分别为 1.9×10^9 L/(mol·s)（Beltran 等，1994)、3.2×10^9 L/(mol·s)（Fdil 等，2003）和 2.5×10^9 L/(mol·s)（Armbrust，2000)。

Benitez 等（2004）研究了 2,4-D 和 4-氯-2-甲基苯氧基-乙酸（MCPA）在波长 253.7nm 处的直接光解与 pH 的关系和用 UV/H_2O_2 工艺的处理，总结得出，$\Phi_{2,4\text{-}D}$ 与 pH 无关（约为 0.008，pH=3～9)，而 Φ_{MCPA} 分别为 0.004（pH=3）和 0.15（pH=5～9)；$^{\cdot}$OH速率常数分别为 $k_{\cdot OH,MCPA}=6.6\times10^9$ L/(mol·s）和 $k_{\cdot OH,2,4\text{-}D}=5.1\times10^9$ L/(mol·s)。

Fdil 等（2003）选择氯苯氧基乙醇类除草剂为目标污染物，研究比较了水溶液在 $UV_{253.7nm}$、$UV_{253.7nm}/H_2O_2$ 和光-Fenton 反应［$UV_{253.7nm}/H_2O_2$/Fe（Ⅲ)］三种工艺中的降解动力学。研究的除草剂及其动力学参数如下：$\Phi=0.38$，$k_{\cdot OH}=3.2\times10^9$ L/(mol·s)（MCPP)；$\Phi=0.41$，$k_{\cdot OH}=3.6\times10^9$ L/(mol·s)（MCPA)；$\Phi=0.20$（2,4-D)；$k_{\cdot OH}=1.6\times10^9$ L/(mol·s)［2-（2,4-二氯苯氧基）丙酸］（2,4-DP)；$\Phi=0.10$，$k_{\cdot OH}=1.5\times10^9$ L/(mol·s)［2,4,5-三氯苯氧乙酸］（2,4,5-T)。$^{\cdot}$OH 速率常数由与 $k_{\cdot OH,2,4\text{-}D}=1.5\times10^9$ L/(mol·s）相关的竞争动力学确定，还讨论了反应机理和完全矿化动力学。Armbrust（2000）报道了$^{\cdot}$OH 与上述杀虫剂及其他杀虫剂的反应速率常数。

4. 混杂类农药

聚乙醛（2,4,6,8-四甲基-1,3,5,7-四氧羰基）是一种灭杀软体动物的杀虫剂，用于控制草皮、观赏植物、蔬菜、柑橘、浆果上的蜗牛和蛞蝓。聚乙醛是一种无发色团的环状乙醛四聚体，因此，在紫外一可见光谱范围内没有特征吸收。在酸性条件下，聚乙醛可水解为乙醛，在 GAC 上吸附性差，不能被臭氧氧化。

文献中关于水中聚乙醛处理的综述文献较少。Autin 等（2012）利用模拟水和水厂预处理地表水出水比较了 UV/H_2O_2 和 UV/TiO_2 工艺对聚乙醛的去除效率。在没有 H_2O_2 单独紫外光照的情况下，紫外线（253.7nm）剂量为 1750mJ/cm^2 时聚乙醛的去除率低于 2%。以 p－CBA 为探针，采用竞争动力学方法测定得到 $k_{\cdot OH,聚乙醛}=1.3\times10^9$ L/(mol · s)。这个速率常数比报道的绝大多数杀虫剂的 $k_{\cdot OH}$值要小得多。·OH 攻击很可能发生在分子的三级 C 原子上，随后依次开环，形成乙醛作为副产物。Semitsoglou-Tsiapou 等（2016b）通过直接光解和 $UV_{253.7nm}/H_2O_2$ 两种工艺开展了聚乙醛、二氯吡啶酸和丙酸的降解研究，在 5mg/L H_2O_2 下，三种物质降解的假一级速率常数排序为：丙酸≫聚乙醛＞二氯吡啶酸。

二氯吡啶酸（3,6-二氯-2-吡啶-羧酸；$pK_{a1}=1.4$；$pK_{a2}=4.4$）是一种用于控制阔叶杂草的除草剂，对豌豆、西红柿、菠菜等作物有一定的危害。关于紫外光诱导的二氯吡啶酸降解的研究报道很少。二氯吡啶酸的吸收光谱由两个不同的波段组成，一个在约 200～250nm 范围内，另一个较弱，在 250～300nm 范围内（Tizaoui 等，2011）。Tizaoui 等比较了在 pH=5.6 的条件下，UV/TiO_2、UV/H_2O_2 和 O_3 三种工艺对水中二氯吡啶酸的降解，其中所用紫外光由中压紫外灯发射，结果表明，三种工艺对二氯吡啶酸均有去除，但是由于每个工艺条件都没有优化，因此无法对其效果的优劣进行比较。Xu 等（2013）发表了一项关于二氯吡啶酸在不存在和存在 H_2O_2 情况下降解的研究；与·OH 诱导的氧化相比，直接光解效果不明显；鉴定出的降解产物为短链羧酸和氯离子。Orellana-García 等（2014）在超纯水、自来水和废水三种体系中，评估了 253.7nm 紫外线辐射条件下，pH 和浓度对二氯吡啶酸及其他三种农药（杀草强、氟氧吡咯和敌草隆）的降解。他们测得这几种物质的量子产率和摩尔吸光系数分别为：二氯吡啶酸 0.0677 和 845L/(mol · cm)、杀草强 0.0478 和 151L/(mol · cm)、氟氧吡咯 0.0539 和 2142L/(mol · cm)、敌草隆 0.0127 和 9837L/(mol · cm)。Orellana-García 等发现，pH 对降解率具有显著影响，阴离子形式的反应性高于分子形式的反应性。Autin（2012）采用 Minakata 等的 GCM（2009）计算得到 $k_{\cdot OH,二氯吡啶酸}=1.15\times10^7$ L/(mol · s)。Semitsoglou-Tsiapou 等（2016b）以 p-CBA 作为探针，采用竞争动力学和动力学模型，给出了三个 $k_{\cdot OH,二氯吡啶酸}$值，分别为 5.0×10^8 L/(mol · s)、7.5×10^8 L/(mol · s) 和 2.0×10^8 L/(mol · s)。相关报道中 $k_{\cdot OH,二氯吡啶酸}$值差异较大，需要进一步研究并准确测定该速率常数。

草甘膦是一种广谱有机磷类除草剂，是世界上应用最广泛的农药。草甘膦在土壤中可迅速降解为氨基甲酰膦酸（AMPA）和乙醛酸盐。尽管草甘膦在北美、欧盟和世界其他地区的饮用水标准中均有限定，但对其光解的研究不足，且文献中所报道的其对·OH 反应性的数据差异较大。Manassero 等（2010）研究了 $UV_{253.7nm}/H_2O_2$ 工艺对草甘膦的降解，未发现有明显的直接光解现象，实验得到的 $k_{\cdot OH,草甘膦}$ 值见表 2-6。Vidal 等（2015）利用 UV/H_2O_2 降解草甘膦，预估模型值 $k_{\cdot OH,草甘膦}=3.37\times10^7$ L/(mol · s)，这使得相关报告的羟基速率常数跨越了 3 个数量级。

2.9.1.3　蓝藻毒素类

在季节性藻类的生长过程中，由于良好的环境条件（温度、光照、营养），使得蓝藻（蓝藻菌）可构成淡水（湖泊、池塘、水库）甚至沿海海域浮游植物的主要群落。某些蓝藻产生并释放毒素（蓝藻毒素，也称为藻毒素），这些毒素会破坏水质，对人类和生态健康构成严重威胁。蓝藻毒素是强大的神经毒素、肝毒素和皮肤毒素。微囊藻毒素（MCs）LR 和 RR、类毒素-a（ATX-a）、柱胞藻毒素（CYN）和蛤蚌毒素（STXs）是目前研究最广泛的蓝藻毒素。有关蓝藻和蓝藻毒素的成百上千篇参考文献中有一些很好的评论和报告，例如 WRF（2010）、Hitzfeld 等（2000）、Svrcek 和 Smith（2004）、Westrick 等（2010）、Merel 等（2013a，b）、Pantelić等（2013）、USGS（2016）、Tarrah 等（2017）。许多国家的饮用水标准都对藻毒素做了限定，例如 1.5μg/L MCs（加拿大）、1.3μg/L MC-LR 和 1μg/L CYN（澳大利亚）、1.0μg/L MC-LR 和 1μg/L CYN（新西兰）；并发布了健康建议，例如 1μg/L MC-LR（世界卫生组织，1998）、0.3μg/L 和 1.6μg/L MC-LR 和 0.7μg/L 和 3μg/L CYN（取决于年龄，美国环保署 2015 年）。欧盟和美国没有针对藻毒素制定饮用水法规，但美国环保署 CCL3 和 CCL4 对蓝藻毒素（包括但不限于类毒素-a、柱胞藻毒素、微囊藻毒素和蛤蚌毒素）进行了规定。

WRF 报告（2010）记录了在藻类暴发季节，从美国和加拿大的公用水源水中采集了 243 份样品进行检测，其中，181 份（75%）样品检测出嗅味（T&O）物质呈阳性，148 份（82%）样品检测出微囊藻毒素呈阳性。在 91%的藻类水华中 T&O 物质和蓝藻毒素会共同出现，微囊藻毒素与 2-MIB 和 GSM 同时出现，而类毒素-a 主要与 GSM 同时出现。从受影响水体中去除蓝藻毒素的一般方法是，利用常规处理（混凝、沉淀、过滤）在蓝藻毒素从细胞内部释放出来之前进行处理，如果蓝藻毒素已经从细胞内释放到水中，则通过典型的水处理工艺，如 GAC 过滤、臭氧氧化、氯化、高级氧化等适用工艺进行处理。

大多数蓝藻毒素的分子结构都含有发色团，这些发色团能够强烈吸收低压紫外灯和中压紫外灯发出的紫外光。一般来说，藻毒素与 $^{\cdot}OH$ 也具有较强的反应活性（表 2-6），因此，可以通过基于 $^{\cdot}OH$ 的 AOPs 工艺（包括 UV/H_2O_2 工艺）进行有效处理。

Sharma 等（2012）总结回顾了传统工艺和高级氧化工艺去除水中微囊藻毒素的研究。他们讨论了工艺效率、反应动力学、中间副产物及其毒性以及可能的降解途径。De Freitas 等（2013）比较了太阳能光-Fenton、UV-A/光-Fenton 和 UV-C（MP 灯）/H_2O_2 三种高级氧化工艺对 MC-LR 的降解效果，结果表明，UV-C/H_2O_2 对 MC-LR 的去除率高。根据 WRF 报告（2010），在 253.7nm 紫外光下，仅需 300mJ/cm^2 的紫外线剂量就可以将预处理过的华盛顿湖水（DOC 含量为 5.1mg/L，254nm 透光率为 82%）中含有的 MC-LR 降解 58%（0.37log）。这一结果可以通过直接光解和光敏化降解来解释。在紫外线剂量为 990mJ/cm^2 且 H_2O_2 浓度为 2mg/L 条件下，对 MC-LR 的降解率为 1.3log。He 等（2012）研究了在 253.7nm 紫外光下对 MC-LR 的直接光解和基于 UV/H_2O_2 的降解效果，测得了 MC-LR 的基于光通量的直接光解速率常数 k'_1 为 $3.6\times10^{-3}cm^2/mJ$，该常数比 NDMA 大 50%以上，计算得出量子产率为 0.06。因此，MC-LR 可单独使用紫外线进行有效去除。考虑到 MC-LR 分子结构的复杂性，UV/H_2O_2 工艺降解 MC-LR 的基于光通量的速率常数 $k'_{1,UV/H_2O_2}$ 受 pH 的影响，发现在 pH=6 的条件下 $k'_{1,UV/H_2O_2}$ 是 pH=7～9 时的两倍。在后来的研究中，Xe 等（2015）测定了 4 种微囊藻毒素的 $k_{\cdot OH}$，即 MC-LR、MC-RR、MC-LA 和 MC-YR（表 2-6），同时研究了其直接光解和·OH 反应的降解产物。基于副产物模式，假设了两种工艺的降解机理。Zong 等（2013）选择 MC-LR 作为微囊藻毒素的模型化合物，基于 UV/H_2O_2 工艺对其降解产物进行了全面的研究，通过两级质谱（MS/MS）鉴定出 7 种氧化产物，并对其产物进行了分离与纯化（>90%纯度）。Zong 等对 MC-LR 分子的·OH 攻击位点提出了假设，并提出了降解机理。对 MC-LR 及其氧化产物的分子毒性分析表明，其中一种副产物比 MC-LR 具有更强的毒性。总的来说，在降解过程中物质毒性降低，但混合物仍然显示有残留毒性。

De La Cruz 等（2013）回顾了柱胞藻毒素（CYN）的产生、检测、毒性和降解方法。He 等（2013）通过直接光解和 UV/H_2O_2、UV/$S_2O_8^{2-}$ 和 UV/HSO_5^- 等工艺研究了在 253.7nm 紫外光下 CYN 的降解，并测定了 CYN 与各自由基反应的速率常数。与 MC－LR 不同的是，单用紫外线没有观察到 CYN 降解。在后来的文献报道中，He 等（2014）报道了一项基于用 UV/H_2O_2 工艺对 CYN 降解产生的中间体的研究，并提出了反应机理。Song 等（2012）测定了 $k_{\cdot OH,CYN}=(5.09\pm0.16)\times10^9$ L/(mol·s)，这与其他报道数据（表 2-6）非常一致，这是首次公布通过·OH 反应降解 CYN 的机理。

Afzal 等（2010）研究了类毒素-a 在不同水基质、中压紫外灯辐射或 VUV（Xe_2*，172nm）辐射下的降解，结果显示，在辐射剂量为 $1285mJ/cm^2$ 的完整多色光照条件下，浓度分别为 0.6mg/L 和 1.8mg/L 的类毒素-a 被直接光解的去除率分别为 88%和 50%。对于初始浓度分别为 0.6mg/L 和 1.8mg/L 的类毒素-a，波长平均量子产率分别为 0.15 和 0.05。Verma 和 Sillanpää（2015）利用 LED 灯在紫外线波长 260nm 下研究了类毒素-a 直接光解和·OH 诱导降解的动力学，该动力学研究是在添加和不添加腐殖酸和/或碳酸氢盐的纯水及预处理后的地表水中进行的。结果显示，经降解处理后样品毒性有所降低；在 260nm 处类毒素-a 光解的量子产率为 0.26。Vlad 等（2014）回顾了实际饮用水处理工艺去除类毒素-a 的情况，分析表明，基于氯处理的工艺是无效的，而臭氧氧化、高级氧化和高锰酸盐氧化能将其有效去除。

蛤蚌毒素（STX）存在于各种氨基甲酸酯基结构中，是本书讨论的毒性最强的蓝藻毒素。研究最多的去除细胞外 STX 的方法是氯化和粉末活性炭过滤（Nicholson 等，2003；Lo 等，2009；Zamyadi 等，2010）。Orr 等（2004）研究了来自澳大利亚饮用水厂经过臭氧处理（臭氧浓度达 15mg/L）、经过或未经过预臭氧处理的 BAC 过滤（EBCT 为 15min）和 O_3/H_2O_2（质量比 10∶1）工艺处理后水中胞外 STXs 的去除情况。臭氧和过氧化氢的处理过程均不能去除 STX，而 BAC 过滤可 100%去除 STX。且经 BAC 过滤水样毒性有效降低，从 28.5μg/L（STX 当量）降低到 1μg/L（STX 当量）。

2.9.1.4　嗅味（T&O）物质

总的来说，由于T&O物质是藻类暴发期间自然物质释放的产物，因此T&O物质导致的化合物也是季节性产生的，其他嗅味污染物与水处理过程有关，如氯化和氯胺化处理。与主要影响饮用水感官的天然致嗅物质不同，卤代物质引发了公众对健康的关注。在所有致嗅物质中，2-MIB和GSM在发生嗅味问题时经常被检出，一些公共水处理设施已经采取了AOPs以去除嗅味物质在水中的含量。文献中提到了几篇相关综述。Antonopoulou等（2014）涵盖了大量关于各种T&O物质特性及来源和实验室规模及部分中试规模的AOPs的研究。所讨论的T&O物质包括苯并噻唑、GSM和2-MIB、硫醇和硫醚类、芳香族化合物、有气味的脂肪族醛、酮和醇、卤代茴香醚等，探讨了主要的实验条件和动力学数据，并在一定程度上讨论了降解机理。Srinivasan和Sorial（2011）回顾了嗅味物质的产生及通过传统工艺和高级处理工艺对嗅味物质的去除。

Glaze等（1990）最先倡导采用AOPs处理与水处理厂类似条件下地表水（科罗拉多河）中的嗅味物质。采用三种典型AOPs：O_3/UV、O_3/H_2O_2和UV/H_2O_2，其中紫外光由低压紫外灯产生；研究了6种T&O物质：2-MIB、GSM、1-己醛、1-庚醛、2,4-癸二醛和三甲基三硫化。Glaze等利用实验数据首次估算了假稳态近似动力学模型的·OH速率常数，其报道的$k_{\cdot OH,2\text{-}MIB}$=（8.2±0.4）$\times 10^9$L/(mol·s）和$k_{\cdot OH,GSM}$=（1.4±0.3）$\times 10^{10}$L/(mol·s）。后来，Peter和von Gunten（2007）采用实验竞争动力学方法对11种T&O物质（包括2-MIB和GSM）的速率常数进行了更准确的测定，并进行了报道（表2-6），同时还测定了臭氧氧化速率常数。Rosenfeldt等（2005）采用低压和中压准平行光仪及UV/H_2O_2（0～7.2mg/L）工艺（紫外线剂量高达5000mJ/cm^2），研究了从饮用水厂采集的井水原水和水厂处理出来的干净水样品中的2-MIB和GSM氧化降解效果。文献还报道了2-MIB和GSM的摩尔吸光系数，在多波长光照辐射下，通过直接光解对2-MIB和GSM进行了降解研究。Agus等（2011）研究了城市废水处理出水中嗅味物质的含量水平及其采用高级氧化工艺进行处理后达到可饮用的回用水的处理效果。在废水处理二级出水中，检测到15种嗅味物质，其中12种含量约100ng/L。反渗透膜可以去除大部分嗅味物质，但其中一些嗅味物质残余浓度仍高于它们的嗅阈值。臭氧-BAC-UV/H_2O_2和RO-UV/H_2O_2高级处理系列可以清除嗅味物质，但没有一个单独的处理工艺能够使处理后嗅味物质含量低于嗅阈值。Jo等（2011）采用UV/H_2O_2工艺在实验室里用去离子水配水，研究了同时处理DBPs、GSM和2-MIB的效果，结果表明，在紫外线剂量为1200mJ/cm^2和H_2O_2浓度为6mg/L下，GSM和2-MIB的去除率分别为90%和60%。

2.9.1.5　挥发性有机化合物（VOCs）

来自不同类别的有机化合物被归类为挥发性有机化合物，尽管其中一些可大量溶于水中，但在饮用水水源中的含量水平条件下，其不能被空气吹脱出去。VOCs在饮用水中已纳入监测指标且有标准限值。在UV/H_2O_2应用中，一些VOCs可通过直接光解和·OH诱导的高级氧化反应而降解，另一些VOCs则只能通过·OH诱导的高级氧化反应实现降解。近年来，人们针对三氯乙烯（TCE）和四氯乙烯（PCE）进行了广泛的研究，如Sundstrom 等（1986）、Mertens 和 von Sonntag（1994）、Mertens 和 von Sonntag（1995）、Hirvonen 等（1996）、Hirvonen 等（1998）、Li 等（2004）、Li 等（2007）、Ikehata 等（2016）。还可参见 Stefan 和 Williamson（2004），了解 TCE、PCE 及其他氯化 VOCs 的光解研究。TCE 和 PCE 都能吸收 UV-C 并被光解，量子产率很高，例如，$\Phi_{TCE,200\sim300nm}=0.46$（Li 等，2004）；$\Phi_{PEC,253.7nm,O_2}=0.84$，$\Phi_{PCE,253.7nm,-O_2}=0.34$（Mertens 和 von Sonntag，1995）。Li 等（2004）在对两种 TCE 直接光解中间产物鉴定和量化研究的基础上，提出了 PCE 的降解机理，并推测主要的光解过程包括 C—Cl 键的均相分解、分子氯的损失、光水解和 HCl 的损失。在后来的研究中，Li 等（2007）通过实验室实验，利用 MP 灯反应器研究了 UV/H_2O_2 工艺对 TCE 的降解，建立了机理性动力学模型，较好地预测了实验结果。模型预测了直接光解对 TCE 的贡献在 12%～8%，而 Cl 原子和二氯根（$Cl_2^{\bullet-}$）引发的反应分别约占 TCE 总降解量的 1% 和 4%，$^\bullet$OH 诱导的降解占 TCE 总降解量的 86%～88%。图 2-14 是用 UV/H_2O_2 工艺降解 TCE 的原理示意图。详细的分子和自由基反应机理以及该系统的模型可在已发表的研究中查得。

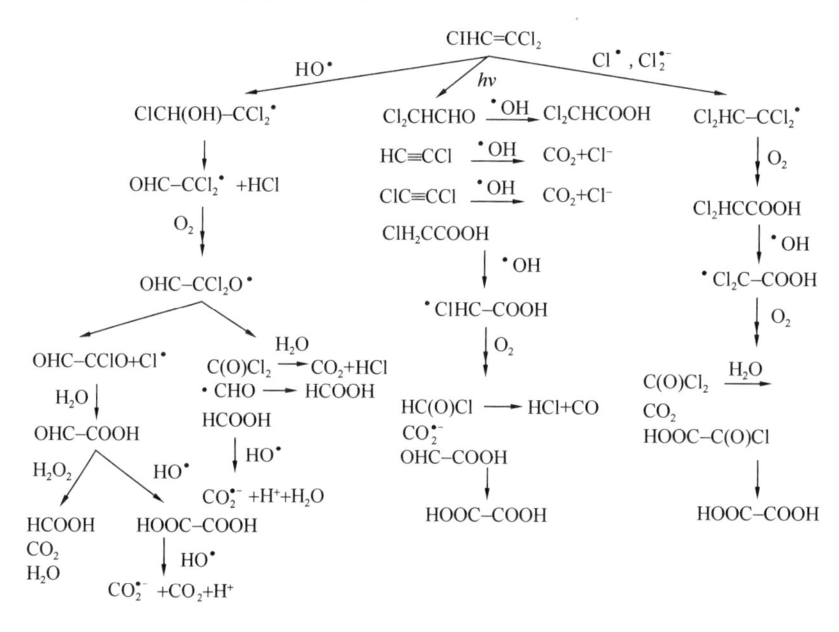

图 2-14 UV/H_2O_2 工艺降解 TCE 简化反应机理及其副产物（Li 等，2007）

Guo 等（2014）首先开发了基于计算机的第一原理动力学模型，用来预测 UV/H_2O_2 工艺对水体中化合物的降解机理。该模型包括一个基于规则的路径发生器、一个反应速率常数估算器、一个机理性还原模块、一个 ODE 发生器及一个用于计算和生成各种实时数据的求解器。该模型还包括毒性估算模块，以预测主要物种的毒性和降解过程中的毒性趋势。Stefan 等（1996）、Stefan 和 Bolton（1999）以及 Li 等（2007）利用 UV/H_2O_2 高级氧化工艺分别针对丙酮和 TCE 进行研究验证了该模型。在后来的研究中，Guo 等（2015）描述了用以预测 UV/H_2O_2 高级氧化工艺处理微污染物的中间产物生成及衰减的动态蒙特卡罗（KMC）模型。KMC 模型中采用的方法的新颖性在于，路径是随着降解的进程而发展的，而不是在使用KMC求解ODES之前提出来的。

Ikehata等（2016）在南卡罗来纳州辛普森维尔的一个超级基金赞助点采用O_3/H_2O_2、O_3/UV、O_3/H_2O_2/UV和UV/H_2O_2四种高级氧化工艺，对被污染地下水处理的有效性、成本和副产物生成等进行了研究，UV/H_2O_2工艺采用低压紫外准平行光仪。原水污染物包括氯化乙烷和乙烯、1,4-二恶烷和四氢呋喃（THF），测得样品中溴化物浓度高达360μg/L。高级氧化工艺中的样品经过吹脱工艺处理，原水中VOCs大大减少。在紫外线剂量为1000mJ/cm^2和H_2O_2浓度为20mg/L的条件下，TCE、1,1-二氯乙烯和1,4-二恶烷分别从200μg/L、110μg/L和10μg/L降低到低于各自要求的处理水平。单独采用紫外线处理，PCE的去除率为25%，而TCE的去除率仅为5%。采用的所有基于臭氧的高级氧化工艺中，均有溴酸盐产生。

1,4-二恶烷被认为是一种半挥发性有机化合物。目前，美国环境保护署饮用水标准还没有明确1,4-二恶烷的限值，仅提出了健康建议值为3μg/L，但却包含在CCL3和CCL4中，且美国各地的本地公告和通告级别均有效。1,4-二恶烷是一种不含发色团的环状脂肪族醚，因此，预计其不会发生直接光解。1,4-二恶烷与$^{\bullet}OH$反应的速率常数约为3×10^9L/(mol·s)（表2-6）。人们采用UV/H_2O_2工艺对1,4-二恶烷的降解进行了很好地实验室和中试研究，并在自来水厂进行了全尺寸生产性验证。实验室研究的例子包括Stefan和Bolton（1998）、Quen和Chidambara Raj（2006）、Coleman等（2007）、Martijn等（2010）、Chitra等（2012）。Stefan和Bolton（1998）采用MP-UV/H_2O_2工艺综合开展了1,4-二恶烷处理过程中的产物研究。研究表明，1,2-乙二醇单酯和二甲酸酯、甲酸和甲氧基乙酸是主要的降解中间体，乙醇、乙酸和草酸是经过长期处理后被量化的副产物，降解过程实现了完全矿化，获得了良好的碳质量平衡，并提出了一种完整的降解机理。

Quen和Chidambara Raj（2006）研究了1,4-二恶烷和THF的处理，以提高工业废水的生物降解性。他们发现，对1,4-二恶烷的处理，采用UV/O_3工艺较UV/H_2O_2工艺能更好地提高生物可降解性；而在降解THF时，UV/H_2O_2工艺能更好地提高生物可降解性。Martijn等（2010）研究了混凝砂滤（CSF）和离子交换超滤（IX-UF）两种预处理工艺对UV/H_2O_2工艺去除地表水中NDMA和1,4-二恶烷的影响，该研究同时采用了中压准平行光仪实验室研究和中压紫外线系统中试研究两种方式。研究表明，相比于原水，预处理后的水的光吸收率有所降低（原水为89%、CSF处理水为85%、IX-UF处理水为72%），而0.5mg/L NDMA的光吸收率（原水为7%、CSF处理水为9%、IX-UF处理水为17%）和6mg/L H_2O_2的光吸收率（原水为4%、CSF处理水为6%、IX-UF处理水为11%）均有所增加。该结论可通过CSF工艺能去除DOC以及IX—UF工艺能去除硝酸盐来解释。因此，NDMA光解产物和1,4-二恶烷氧化产物均有所增加。E_{EO}（NDMA）从CSF处理后的1.24kWh/(m^3·阶）降至IX-UF处理后的0.41kWh/(m^3·阶），且与H_2O_2浓度（0～10mg/L）无关。投加5mg/L H_2O_2处理1,4-二恶烷，IX-UF预处理水计算的E_{EO}［1.41kWh/(m^3·阶)］比CSF预处理水计算的E_{EO}［3.0kWh/(m^3·阶)］低50%以上，且随着H_2O_2投加量的增加，E_{EO}（1,4-二恶烷）降低。

基于 UV/H_2O_2 去除其他与环境有关的醚类的研究实例包括：Li 等（1995）在 BCEE 发表了（2-氯乙基）醚的降解动力学和降解机理研究；Christensen 等（2009）在 BCEE 上证明了 UV/H_2O_2 处理水中醚类的降解可行性、脱氯率和副产物生成以及处理后的生物可降解性等；Schuchmann 和 von Sonntag（1982）利用脉冲辐射研究了二乙醚与 $^{\cdot}OH$ 及其副产物的反应；Chang 和 Young（2000）研究了甲基叔丁基醚（MTBE）的降解动力学；Stefan 和 Bolton（2000）及 Cooper 等（2009）综述了关于 MTBE 的降解产物和全部的降解机制；Cater 等（2000）综述了实验室规模中压反应器中 MTBE 处理的 E_{EO} 数据；Acero 等（2001）研究了采用 O_3 和 O_3/H_2O_2 工艺去除 MTBE 及其副产品，并报告了 MTBE 和一些副产品的 $k_{\cdot OH}$。

许多芳香族化合物是挥发性或半挥发性的，文献广泛报道了饮用水水源和废水中的芳香族化合物通过 AOPs 进行处理，包括基于紫外光的工艺。以下只是几个例子：Guittonneau 等（1988）、Shen 等（1995）、Masten 等（1996）、Hirvonen 等（2000）、Daifullah 和 Mohamed（2004）、Czaplicka（2006）。

2.9.1.6 内分泌干扰物（EDCs）

内分泌干扰物是能以极低水平（ng/L）干扰生物体内分泌系统正常功能的环境微污染物，其可以作为激素，干扰野生动物的正常繁殖和发育；也不能排除因饮用水处理不充分而对人类健康造成的潜在威胁。内分泌干扰物并非天然存在于环境中，而是由人类产生的，并通过处理后的废水排放到环境中。EDCs 不仅包含天然或合成的雌激素，例如 17α-乙炔雌二醇（EE2）、17β-雌二醇（E2）、雌酮（E1）、雌三醇、黄体酮、睾酮、雄烯二酮，也包括具有类似效果的其他类别的化合物，包括农药（滴滴涕、林丹、草甘膦、阿特拉津）、烷基酚及其乙氧基化物（4-叔辛基苯酚，OP；壬基酚，NP；双酚 A，BPA；壬基酚乙氧基化物，NPE）、邻苯二甲酸二丁酯（（2-乙基己基）邻苯二甲酸盐）、防腐剂、溴化阻燃剂十溴二苯醚、多氯联苯、二噁英和呋喃、重金属（镉、汞、砷）等。一些具有内分泌干扰性质的化学物质在饮用水中受到管制，其他一些或在欧洲水框架指令内规定了水生环境中的最高水平（例如，EE2 为 0.035ng/L，E2 为 0.4ng/L），或在世界其他环境政策中予以考虑监管（例如，美国环境保护署 CCL3 和 CCL4 中规定了 EE2、E2、雌三醇、马烯雌酮、马萘雌酮、炔诺酮等）。关于内分泌干扰物的处理综述例子包括 Silva 等（2012）、Luo 等（2014）、Sornalingam 等（2016）、Gmurek 等（2017）。

Rosenfeldt 和 Linden（2004）采用低压和中压紫外准平行光仪研究了 EE2、E2 和 BPA 直接光解及与 $^{\cdot}OH$ 反应有关的光化学和化学参数。这三种化合物的吸收光谱均在 200～300nm 范围内，且由三个波段组成，实验测得 EE2、E2 和 BPA 在 253.7nm 下的量子产率分别为 0.026、0.043 和 0.0085，在 200～300nm 范围内的量子产率分别为 0.061、0.10 和 0.019；$k_{\cdot OH}$ 值为（1.02～1.41）$\times 10^{10}$ L/(mol・s)，该反应速度非常快，且受 $^{\cdot}OH$ 扩散控制。利用这些参数建立的动力学模型适用于纯水、模拟天然水以及经过 0.45μm 滤膜过滤后的河水中 EE2、E2 和 BPA 三种物质的 UV/H_2O_2 高级氧化处理过程。Mazellier 等（2008）研究了 EE2 和 E2 在 253.7nm 和多波长光（λ＞290nm）下的降解，得出 E2、EE2 在紫外线波长为 253.7nm 下的摩尔吸光系数和量子产率分别为 ε=420±20 L/(mol·cm)、Φ=0.067±0.007 和 ε=440±35L/(mol·cm)、Φ=0.062±0.007。长波长吸收带的量子产率与 253.7nm 结果相近，即为 0.07~0.08，表明量子产率与波长无关。Zhang 等（2010）在不投加和投加 H_2O_2 条件下研究了 EE2 的降解，并研究了在 EE2 不同的去除阶段中，酵母雌激素筛选试验（YES）中 EE2 的光解，结果表明 EE2 占样品雌激素活性的 95%，而其副产物不具有生物学活性。

Carlson 等（2015）测定了 10 种药物和 5 种内分泌干扰物（EE2、E2、E1、NP 和 BPA）的 pK_a值、量子产率（253.7nm）、摩尔吸光系数和基于通量的速率常数。NP 的量子产率与浓度有关，从 0.32±0.08（23μg/L）到 0.092±0.006（230μg/L），而三氯生（抗菌剂）（pK_a=8.2）的光化学参数与 pH 有关，即三氯生形式的特异性，其 ε=1440 L/(mol·cm)，Φ=0.34±0.02（pH=4.2，质子化形式）；ε=4590L/(mol·cm)，Φ=0.25±0.02（pH=10.8，去质子化形式）。Mazellier 和 Leverd（2003）确定了 OP 的量子产率 $\Phi_{253.7nm}$=0.058，$k_{\cdot OH}$=（6.4±0.5）×10^9L/(mol·s)，讨论了 OP 的光解和 UV/H_2O_2 降解产物，讨论了降解机理和动力学模型。Ning 等（2007）在一项关于臭氧氧化作用的研究中报道了 NP 的 $k_{\cdot OH}$=1.1×10^{10} L/(mol·s)，OP 的 $k_{\cdot OH}$=1.4×10^{10}L/(mol·s)，该报道的 $k_{\cdot OH}$值相比较高些。

Ahel 等（1994）发表了一项关于模拟阳光（λ>280nm）下 NP 和 NP-乙氧基化物光解及其在湖水基质中敏化降解的早期研究。研究表明，在天然水中，烷基酚及其乙氧基化物的降解是通过直接光解和^{3}DOM 敏化过程进行的，而$^1O_2$ 的贡献微乎其微。Ikehata 和 Gamal El-Din（2004）综述了通过 O_3 和 AOPs 去除线性烷基苯磺酸盐、烷基酚乙氧基化物（APE）和季铵表面活性剂的相关研究。烷基酚乙氧基化物（APE）中乙氧基化物单元的平均数目在 7 个或更少到 20 个或更多，烷基链经常有很多支链。综述讨论了包括 UV/H_2O_2 在内的 AOPs，它们能够将三类污染物降解成更易生物降解的物质。

Karci 等（2014）采用 UV/H_2O_2 工艺对地表水中的 NP-聚乙氧基化合物进行了降解研究，测定得出 E_{EO}=1.2kWh/(m^3·阶)，进行了毒性和基因毒性分析，并根据处理时间绘制了它们的形状。Peng 等（2016）研究了模拟阳光下 NP 的光解以及硝酸盐、铁离子和碳酸氢盐的影响。Chen 等（2007）研究了平均 10 个乙氧基单位的混合 NP-乙氧基化物的光解动力学，并鉴定了光解产物。

邻苯二甲酸酯被发现是一种致突变、致癌和较强的内分泌干扰物。Wang 等（2016）采用 $UV_{253.7nm}$/H_2O_2 工艺研究了增塑剂邻苯二甲酸二丁酯（DBP）的降解，研究表明，在 pH=7.6、投加 1mmol/L H_2O_2、紫外线剂量为 160mJ/cm^2 的条件下，初始浓度 1μmol/L 的 DBP 去除率为 77%。Lau 等（2005）的研究表明，邻苯二甲酸二丁酯光解和降解中间体的性质与 pH 相关。在 pH=3 的条件下，酸催化光水解占主导地位，而当 pH 在 3~5 范围内时，丁基部分同时发生水解和氧化/还原反应；在碱性条件下（pH>7），碱催化酯水解反应降解最快；研究还讨论了降解动力学和 pH 影响机理。

AwwaRF 关于“去除饮用水和再生水处理过程中的 EDC 和药物”项目的报告（AwwaRF，2007）是一个关于去除地表水、饮用水和回用水中环境浓度水平的 EDC、药物和个人护理品的一个非常好的信息来源。

2.9.1.7 药物

术语“药物”包括几类人类和兽医药物化合物，具有不同的分子结构和作用方式。药物主要通过废水排放到地表水而进入水环境。生活垃圾的不当处理及农业肥料的使用，导致土壤被药物污染，进而渗入地下水井。文献记录了药物残留（ng/L 水平）对野生动物和水生物种的影响，通过饮用水摄入对人体健康的潜在影响尚不清楚（Khetan 和 Collins，2007）。

据报道，基于紫外线技术的处理工艺是降解多种药物的可行方案，包括激素和类固醇、抗菌剂和抗生素、镇痛剂和抗炎药、精神病药、心脏病药物、抗糖尿病药物、X 射线造影剂及兽药。有几篇综述引用上百篇研究论文总结了相关实验室研究及其研究结果，包括与直接光解和 $^{\cdot}OH$ 诱导引起的氧化降解相关的光化学和化学参数，例如 Boreen 等（2003）、Ikehata 等（2006）、Klavarioti 等（2009）、Fatta-Kassinos 等（2011）、Homem 和 Santos（2011）、Rivera-Utrilla 等（2013）、Yan 和 Song（2014）、Keen 等（2014b）、Postigo 和 Richardson（2014）、Trawinski 和 Skibinksi（2017）。Wols 和 Hofman-Caris（2012a）回顾了已发表的文献研究，包括大量微污染物（包括药物、EDCs 和个人护理品）的量子产率、摩尔吸光系数和 $k_{\cdot OH}$ 数据，列出了这些参数并提供了相应的参考文献。

Wols 等（2014 和 2015b）测定了与 35 种药物的光解和 UV/H_2O_2 工艺相关的动力学参数，比较了在实验室水和两种地表水中采用低压和中压紫外辐射的实验数据与预测数据，并阐明了所研究的微污染物的 $^{\cdot}OH$ 速率常数与温度具有相关性。Keen 和 Linden（2013）使用低压和中压准平行光仪检测研究了 6 种抗生素（包括红霉素 A）在纯水和两种废水二级处理出水中的降解情况，报告了量子产率、$k_{\cdot OH}$ 值以及基于通量的速率常数 [$k_{\cdot OH,红霉素}=3.7\times10^9 L/(mol \cdot s)$]。在 6 种抗生素中，4 种抗生素经处理后生物活性降低；红霉素和多西环素在紫外线剂量达到 $500mJ/cm^2$ 采用 UV/H_2O_2 处理后生成了生物活性中间产物，但继续提高紫外线剂量，这些中间产物又被进一步去除。Yuan 等（2011）采用直接光解和 UV/H_2O_2 高级氧化处理两种工艺，研究了土霉素、多西环素和环丙沙星在超纯水、地表水及当地饮用水和污水处理厂处理水中的光解和毒性变化，费氏弧菌实验表明，紫外线直接降解增加了样品毒性，而 UV/H_2O_2 方式则使毒性先增加后完全消除。Yao 等（2013）采用直接光解和 $UV_{253.7nm}/H_2O_2$ 两种工艺，利用小试试验研究了 4 种离子载体抗生素（抗寄生虫兽药）在纯水、饮用水处理厂的预处理地表水和废水处理二级出水体系中的降解，测定了 $^{\cdot}OH$ 速率常数在 3.49×10^9～$4.00\times10^9 L/(mol \cdot s)$ 范围内，报道了 E_{EO} 数据，并给出了主要中间产物的生成和衰变方式。同时，Yao 等还利用动力学模型，预测了在地表水和废水处理二次出水中，UV/H_2O_2 处理过程中 E_{EO} 随 H_2O_2 浓度的变化，并说明了直接光解和 $^{\cdot}OH$ 引发的降解对 E_{EO} 的贡献。

Jeong 等（2010）测定了 4 种碘化 X 射线造影剂（碘海醇、碘普罗胺、碘异酞醇、碘美普尔）的 $k_{\cdot OH}$，确定了与 $^{\cdot}OH$ 反应的中间体并提出了降解机理。

Kim 等（2008）采用实验室规模的低压紫外线反应器评估了 29 种药物和 N，N-二乙基-m-甲苯酰胺（DEET）在高品质水中（TOC＜50μg/L）用 O_3、单独 UV、UV/O_3、UV/H_2O_2 和 O_3/H_2O_2 五种工艺处理的可降解性。许多化合物的光解产率都很好，包括酮洛芬、双氯芬酸、磺胺甲恶唑、安替比林、非诺洛芬等；其他药物在投加 4.9mg/L H_2O_2 的 UV/H_2O_2 工艺中在直接光解和·OH 诱导降解的联合作用下被有效去除，如萘普生、美托洛尔、克拉霉素、卡马西林等。Kim 等（2009）采用单独 UV 和 $UV_{253.7nm/H_2O_2}$ 两种工艺去除废水生物二级处理出水中检测到的 41 种药物，实验使用三个 3×65W 低压紫外灯反应器串联，调节流量以传递不同的紫外线剂量，采用 UV/H_2O_2 工艺时投加 7.8mg/L H_2O_2。由于药物结构不同，在直接光解工艺中检测到不同的去除效率。除诺氟沙星和咖啡因外，所有药物采用 UV/H_2O_2 工艺处理时，在 5min 的水力停留时间内的去除效率均超过了 90%，文献还讨论了水质的影响。

有关紫外光诱导的个别药物活性化合物降解的若干研究可在文献中获得。

2.9.1.8 其他微污染物

诸如 1,3,5-三硝基三氮杂环己烷（RDX，炸药研究部门的首字母缩写）、八氢-1,3,5,7-四硝基-1,3,5,5-四氮辛（HMX，各种名称的首字母缩写，包括高速军用炸药、高熔点炸药）、2,4,6-三硝基甲苯（TNT）、1,3-二硝基氧基丙烷-2-基硝酸盐（硝酸甘油，NG）、3-硝基氧基-2,2 双（硝基氧基甲基）丙基硝酸盐（PETN）、N-甲基-N,2,4,6-四硝基苯胺（tetryl）和笼状结构多环饱和硝胺 CL-20 等军用炸药由于广泛污染环境而被大量研究。由 IUPAC 发起并由 Kalderis 等（2011）发表了一篇关于这些污染物在环境中的产生和生存以及最新修复工艺的优秀综述，该综述引用了 400 多篇参考文献。军事行动中未爆炸的军火、制造过程中产生的废水和对这些物质的处置均可能污染土壤。降雨导致这些物质溶解扩散至含水土层，进而污染地下水。硝胺炸药的生物降解会产生副产物，如联氨和取代的联氨，这些副产物被称为 N－亚硝胺前体物，从而导致地下水被亚硝胺和硝胺污染。各司法管辖区的环境保护机构发布了饮用水中爆炸物相关的指南、法规和/或健康咨询限值。尽管美国没有在饮用水标准中对这些化合物进行限定，但美国环境保护署办公室（2012b）发布了 RDX、HMX、TNT、2,4-二硝基甲苯和 2,6-二硝基甲苯的健康建议。

美国陆军在 20 世纪 70 年代末至 80 年代初资助了早期关于处理军用炸药的基于紫外线工艺的研究（例如，Kubose 和 Hoffsommer，1977；Noss 和 Chyrek，198；Burrows 和 Brueggemann，1986）。RDX、HMX 和 TNT 吸收 UV-C 辐射的峰值波长约为 230～240nm；RDX 的吸收光谱延伸到 UV-A，因此这种化合物在受污染的湖水/池塘中在日光下可缓慢衰减。Peyton 等（1999）回顾了现有技术，研究了波长 253.7nm 条件下的 RDX 光化学反应，提出了包括光化学和自由基反应的综合机理，并建立了 RDX 光解的动力学模型。Sun 等（2012）综述了一些高能炸药，如硝基甲烷、二甲基硝胺（DMNA）、1,3,5-三氨基-2,4,6-三硝基苯（TATB）、RDX、HMX 和 CL-20 等的光解及其降解机理。

Bose 等（1998）根据直接光解的实验假一级速率常数和测量的 $\varepsilon_{254nm}=5000L/(mol \cdot cm)$，首次计算得出了 RDX 在 253.7nm 下的量子产率（$\Phi=0.13$）。在这项研究中，还利用先前报道的$k_{\cdot OH,RDX}=3.4\times10^8 L/(mol\cdot s)$，并将量子产率作为一个可调参数，模拟了采用UV/$H_2O_2$工艺对RDX的降解研究。结果得到$\Phi=0.34$，该数值比直接光解大2.5倍左右。Bose等认为，这个巨大差异归因于RDX光解副产物对光的竞争，而这些副产物在计算中未被考虑。这一解释得到了Gares等（2015）研究的支持，他们报道了从RDX光解实验中得出的$\Phi_{RDX,229nm}$约为0.35和0.32。其中RDX分别通过高效液相色谱和1580cm^{-1}处的拉曼光谱带强度衰减进行定量。Gares等通过920cm^{-1}处的拉曼光谱带强度衰减计算出量子产率为0.19，预计这是受到副产物的干扰。由于波长229nm和253.7nm都在RDX的同一吸收光谱带内，因此可以认为在强吸收带内Φ_{RDX}约为0.34。Bordeleau等（2013）引用了量子产率值$\Phi_{RDX,302nm}\approx0.16$ [$\varepsilon_{302nm}=113L/(mol\cdot cm)$]，并用它估算了302nm [$\Phi_{NG,302nm}\sim0.23$；$\varepsilon_{NG,302nm}=5L/(mol\cdot cm)$] 下硝化甘油光解的量子产率。Gares等（2015）鉴定了RDX降解副产物，并将其形成序列与光谱变化相关联。Chen等（2008）采用竞争动力学和两种·OH源工艺，测定了CCL4中包括RDX在内的一些污染物反应的$k_{\cdot OH}$值，报道的$k_{\cdot OH,RDX}$数据分散度几乎为一个数量级：（0.25±0.01）$\times10^9 L/(mol\cdot s)$（$O_3/H_2O_2$工艺，溴苯为探针）；（1.6±0.2）$\times10^9 L/(mol\cdot s)$（UV/$H_2O_2$工艺，硝基苯为探针）。其他$k_{\cdot OH,RDX}$见表2-6。

Liou等（2003）比较了7种炸药在Fenton和光（253.7nm）-Fenton两种体系中的氧化过程，7种炸药包括2,4,6-三硝基苯酚（TNP）、苦味酸铵（AP）、二硝基甲苯（DNT）、四硝基甲苯（Tetryl）、三硝基甲苯（TNT）、RDX和HMX。直接光解数据尚不确定，但Fenton过程（pH=2.8）中·OH诱导产生的降解率顺序为：DNT＞TNP＞AP＞TNT＞Tetryl＞RDX＞HMX，这与Bose等（1998）观察到的RDX与·OH的低反应性一致。

Ayoub等（2010）回顾了1990年至2009年发表的关于各种AOPs降解TNT的研究，包括直接光解和UV/H_2O_2工艺。Gares等（2014）研究了229nm辐照下TNT的降解，利用拉曼光谱和液相色谱/质谱技术对中间体进行了鉴定，并对其降解机理进行了解释，计算出量子产率约为0.015。Mahbub和Nesterenko（2016）发表了一篇关于均匀和非均匀紫外光降解环硝胺和硝基芳香炸药的综述文章。Qasim等（2007）发表了另一篇有趣的论文，认为计算化学是一种有力的预测工具，可以基于分子结构特点和反应特性预测硝基芳香族和硝胺炸药环境影响、命运和毒性。

消毒副产物（DBPs）属于一类独立的化合物，它正从饮用水标准中传统管制的（氯代和溴代）THMs和HAAs迅速扩展到新一代DBPs，其中包括碘代THMs和HAAs、卤代羰基化合物、卤代烷罗甲烷、卤代乙腈和卤代酰胺、亚硝胺及其他含碳（C-DBPs）和含氮（N-DBPs）的消毒副产物，以及由除氯/氯胺/二氧化氯消毒工艺以外形成的副产品，例如臭氧氧化。Jones和Carpenter（2005）确定了自然光下低浓度CH_2I_2、CH_2IBr和CH_2ICl的降解率，以及在水、盐水和海水三种体系中的光解产物。Fang等（2013）以pH（3～9）为函数变量，研究了253.7nm辐照下卤代硝基甲烷（HNMs）的光解，测定了反应动力学参数并提出了光解机理。除三氯硝基甲烷（TCNM）的k_{app}与pH呈准独立关系外，速率常数随 pH 的增加而增加，量子产率与 pH 相关，并测定出溴硝基甲烷、二溴硝基甲烷、二氯硝基甲烷和三氯硝基甲烷的量子产率分别为 0.114、0.409、0.327 和 0.46。Xiao 等（2014）基于光解和 UV/H_2O_2，发表了针对一些 THMs 降解的详细研究，研究的 THMs 包括 $CHCl_2I$（DCIM）、CHClBrI（CBIM）、$CHClI_2$（CDIM）、$CHBr_2I$（DBIM）、$CHBrI_2$（BDIM）、CHI_3（TIM）、$CHBr_3$（TBM）、$CHClBr_2$（CDBM）和 $CHCl_2Br$（DCBM），并测定了所有化合物的量子产率和基于通量的速率常数。量子产率从 DCBM 的 0.02 到 DBIM 的 0.58±0.07 不等，讨论了 NOM、碱度和硝酸根对降解产物的影响。在 H_2O_2 浓度为 6mg/L、紫外线剂量为 540mJ/cm^2 的条件下，对单组分溶液中物质的去除率大于 97%，其混合物中测定单个 DBPs 的去除率大于 84%，基于 DBP 反应特性与特定分子结构的相关性，建立了 QSAR 模型，并观察到 log$K$ 的模型预测值与实验值具有较好的一致性。Chuang 等（2016）报道了对各类 DBPs 的综合实验和理论研究，测定了 26 种 DBPs 在 254nm 下的光化学参数和 42 种 DBPs 的实验 $k_{\cdot OH}$值。

个人护理品（PCPs）代表一类属于各种化学类别的化合物，通常用作化妆品、洗发水、护手霜、防晒霜、营养补充剂、家用产品（洗涤剂、香料、除臭剂、消毒剂）等产品中的成分。有证据表明这些化合物对水生物种的繁殖和发育系统有干扰。三氯生是一种广泛使用的抗菌剂，在紫外辐射光谱中具有很高的光解率，它的光化学性质在本章的其他节中进行了简要讨论。本章介绍了在环境相关条件下三氯生光解产生有害光产物的过程，并在第 13 章进行了综述。在工程紫外线技术中，三氯生能通过直接光解被很好地去除，其量子产率与 pH 有关。三氯生与·OH 反应受扩散控制；$k_{\cdot OH,TCS}=(5.4\pm0.3)\times10^9$L/(mol·s)（Latch 等，2005）。N,N-二乙基间甲酰胺（DEET）是驱虫剂中用于防止蚊虫叮咬的一种活性化合物。Benitez 等（2013）以超纯水、地表水和两种废水二级出水为基质，采用小试 LP 灯反应器研究了医院和家庭清洁及消毒用抗菌剂 DEET 和氯酚（CF）的光氧化。实验测定了 254nm 条件下 DEET 和 CF 的摩尔吸光系数，分别为 1642L/(mol·cm) 和 1350L/(mol·cm)；量子产率和 $k_{\cdot OH}$分别为 $\Phi_{DEET}=0.0012$、$\Phi_{CF}=0.429$、$k_{\cdot OH,DEET}=(7.51\pm0.07)\times10^9$L/(mol·s) 和 $k_{\cdot OH,CF}=(8.47\pm0.19)\times10^9$L/(mol·s)。在天然水中投加 0.1μmol/L H_2O_2 情况下，处理相同时间 CF 去除率达 90%，DEET 去除率小于 5%，这表明 CF 的主要降解途径是直接光解；在 TOC 含量为 11mg/L 的二级废水处理出水中，投加 0.5μmol/L H_2O_2 条件下得到类似结论。对羟基苯甲酸酯类（PBs）是作为防腐剂添加到化妆品、个人护理品、药物和食品中的酯类，这些化合物被证实具有在极低水平下干扰内分泌的潜能。Gmurek 等（2015）的研究表明，甲基、乙基、丙基、丁基和苄基对羟基苯甲酸酯吸收 UV−C 辐射，吸收带中心在 240～260nm，在 254nm 处的摩尔吸光系数从 8741 L/(mol·cm)（苄基-PB）到 16866L/(mol·cm)（丙基-PB）。由于这些化合物的量子产率非常低（约为 10^{-3}），因此不能被直接光解去除，其 $k_{\cdot OH}$ 值从（3.76 ± 0.2）$\times10^9$L/(mol·s)（甲基-PB）到（1.33 ± 0.3）$\times10^{10}$L/(mol·s)（苄基-PB）不等，并与其他研究报道的数值进行了比较。Gmurek 等还采用 UV/H_2O_2 工艺测定了实际废水中 PBs 的去除效率，并尝试计算了运行成本和能耗。Gao 等（2016）以绿藻（水蚤）和鱼类为实验物种，采用计算方法研究了·OH引发的4种PBs降解、动力学和处理后的毒性。

2.9.2 中试试验

文献报道了使用紫外线反应器进行的各种微污染物和处理条件下的中试试验研究。一般来说，这些试验要么是小试试验后以研究为目的而进行，要么是为在水厂实施紫外线工艺做准备。本节提供了中试试验的案例，重点关注了为进一步在水厂实施紫外线工艺的案例，或以现有紫外线系统作为"新兴"微污染物屏障的知识扩展案例。

北荷兰的PWN供水公司有两个水处理厂采用了UV/H_2O_2工艺，分别是Andijk（2004）和Heemskerk（2008）水厂，目的是降低用于饮用水生产的地表水中的农药含量。在全尺寸应用该工艺之前，PWN供水公司与加拿大特洁安技术公司合作，通过小试和中试试验进行了广泛的研究。小试以阿特拉津、西玛津、除草定、吡唑酮、甲基苯并噻唑隆、麦草畏、异丙隆、敌草隆、2,4-D、灭草松、三氯乙酸、三氯吡啉为研究对象开展了相关研究，中试中未考虑三氯乙酸。地表水水质受农业活动的影响，总有机碳（1.7～5mg/L）和硝酸盐（2～15mg/L）随季节性发生变化；因此，水在254nm的紫外透光率（$\%T_{254nm,1cm}$）也随季节发生变化，在87%～89%（夏季）到82%（冬季）之间。Stefan等（2005）和Kruithof等（2007）提供了有关实验室和中试研究的信息。中试试验中使用了配有4×3kW中压紫外灯且可改变紫外线功率的TrojanUVSwift™4L12型反应器，试验流量范围为20～60m^3/h。当电能剂量（EED）为0.56kWh/m^3（即紫外线剂量为540mJ/cm^2）、投加6mg/L H_2O_2时，可实现阿特拉津去除率达到80%的目标。Martijn等（2006）报道了按照Andijk水厂全尺寸高级氧化工艺条件，采用同上的试验设备开展了一年关于副产物生成的试验，报道还讨论了通过生物活性炭过滤去除副产物的方法。研究表明，NO_2^-形成高达250μg/L，且不能通过新的活性炭过滤去除；当新碳成为生物活性炭后，EBCT为15min的碳过滤可将NO_2^-降低到欧盟饮用水标准以下，并且低温不会抑制硝化过程。同样，AOP处理后，AOC从20μg/L左右增加到85μg/L左右，但在30min的EBCT条件下，经BAC过滤后，AOC降低到约30μg/L，当H_2O_2残留量约为5.5mg/L时，在7.5min的EBCT条件下，H_2O_2接近未检测出。研究还提供了全尺寸装置中THM的趋势和形态以及AOC、亚硝酸盐和污染物的去除信息。在另一项研究中，Martijn等（2014）选择了除草剂、药物和全氟化合物等作为研究对象，在EED=0.54kWh/m^3和6mg/L H_2O_2条件下，研究了后续增加和不增加GAC过滤（Norit ROW 0.8；20min EBCT）工艺，UV/H_2O_2工艺对污染物的去除效果。在"夏季"水体中，除草剂的降解率为80%～92%，而在"冬季"水体中，除草剂的去除率为60%～80%。"冬季"水在进行UV/H_2O_2处理后经GAC过滤，除草剂去除率几乎为100%。药物类（卡马西平、双氯芬酸、美托洛尔、己酮可可碱、索他洛尔、二甲双胍）除二甲双胍降解率仅为20%外，其余降解率在60%～100%，而经后续GAC过滤后，总去除率高于90%。全氟化合物类，即全氟丁烷磺酸酯（PFBS）、全氟己烷磺酸酯（PFHS）、全氟己烷磺酸酯（PFOS）、全氟丁酸（PFBA）、全氟己酸（PFHA）、全氟辛酸（PFOA）和全氟单纳米酸

(PFNA) 等，在 UV/H_2O_2 工艺中的处理效果非常差，去除率为 1%～15%。而在后续 GAC 上观察到对这些污染物的不同吸附作用，PFHA、PFOS、PFOA 和 PFNA 的去除率大于 95%，而 PFBS、PFHA 和 PFBA 的去除率分别为 80%、70%和 25%。

英国盎格鲁水服务公司（AWS）服务饮用水用户量约 450 万人。该公司水源约一半为地表水源，另一半通过 450 个钻井从地下含水层中抽取。井水中的主要污染物是杀虫剂、铁/锰、硝酸盐和微生物病原体。AWS 在 Riddlesworth 水处理厂进行了地下水处理的中试试验，采用 UV 和 UV/H_2O_2 工艺处理两种农药（草达津和灭草松），使其含量降低到 0.1μg/L 以下的欧盟标准（Holden 和 Richardson，2009），试验比较了 TrojanUV-Phox™8AL20（LP 灯）和 TrojanUVSwift™4L12（MP 灯）两种反应器的应用效果。由于 3 号钻孔处于农业区，其地下水硝酸盐含量大约为 80mg/L（欧盟标准为 50mg/L）；碱度为 240mg/L，$CaCO_3$ 硬度为 400mg/L；254nm 紫外透光率在 96%～97%。试验中流量最高可达 17m^3/h，H_2O_2 剂量范围为 0～15mg/L。在 EED＝0.66kWh/m^3 时，用 LP 反应器和 MP 反应器处理草达津去除效率分别为 85%和 56%。在 15mg/L 的 H_2O_2 存在下，用 LP 反应器和 MP 反应器处理草达津去除效率分别为 95%和 71%。硝酸盐（试验时为 54mg/L）对 MP 灯反应器的性能有影响，而且采用 MP 灯反应器生成了大约 0.24mg/L 的 NO_2^-，而采用 LP 反应器生成了大约 0.07mg/L 的 NO_2^-，这就增加了 MP-UV/H_2O_2 工艺中的·OH 需求，因此，在工艺选择中否定了 MP-UV 工艺选项。通过对 GAC（2495k 英镑）和紫外线技术（1040k 英镑）15 年净现值（NPV）的成本比较，从而确定了两个 TrojanUVPhox™72AL75 紫外线反应器并联配置，且每 24h 交替运行/备用。项目不需要投加 H_2O_2 来满足要求，紫外线系统处理后草达津可得到＞0.5log 的去除率（从 0.2μg/L 降至 0.06μg/L），而灭草松在最终氯化后浓度达到 0.01μg/L 以下。为满足欧盟关于硝酸盐的水质标准，将 3 号钻孔处理后的水与其他两个井水进行混合，然后在氯化消毒前再经过脱硝酸盐处理工艺。

荷兰 Dunea 水务公司服务饮用水用户 130 多万人，平均产水量约为 9000m^3/h（Knol，2017），其水源为 Meuse 河，处理工艺包括混凝和快速砂滤、沙丘通道管理蓄水层补给（MAR）、软化、活性炭过滤、快速砂滤和慢速砂滤等多个步骤。尽管大多数有机微污染物（OMPs）在 MAR 工艺段中被生物降解或吸附，但 MAR 之后还能定量检出一些化合物如甲基叔丁基醚（MTBE）、二甘醇二甲醚（diglyme）、灭草松（bentazone）、1,4-二恶烷（1,4-dioxane）（Lekkerkerker-Teunissen 等，2012）。为此，在 2009—2012 年间，在贝格巴赫特的 Dunea 水务公司现场开展了规模为 5m^3/h 的中试研究，评估了 AOPs 处理原水在经预处理后进入沙丘前的水中有机微污染物的去除效果。Lekkerkerker-Teunissen 等（2012）报道了在不同 O_3：H_2O_2 比率（6mg/L 和 10mg/L H_2O_2）和不同紫外线剂量下（700～950mJ/cm^2），通过单独和串联使用 O_3/H_2O_2、$UV_{253.7nm}$/H_2O_2 高级氧化工艺，去除水中 14 种有机微污染物（9 种药物、4 种杀虫剂和二甘醇二甲醚）的试验结果，试验为期 6 个月。试验所用的臭氧发生器和低压紫外线反应器（LBX 10）均由 Wedeco（德国赛莱默）提供。Dunea 水务公司全尺寸装置的处理目标是阿特拉津去除率达到 80%，而阿特拉津是其中一种试验测试杀虫剂。在投加 6mg/L H_2O_2 和 1.5mg/L O_3 条件下，除草定、灭草松和 5 种药物的去除率都超过了 90%，阿特拉津去除率为 35%～60%，而二甲双胍去除率最低（小于 30%）。采用 O_3（1.5mg/L）/H_2O_2（6mg/L）/LP-UV 串联处理，6 种有机微污染物得到进一步降解。研究测定出该系列 AOPs 中 $E_{EO,阿特拉津}$=0.55kWh/(m^3·阶)，该数值低于 LP-UV/H_2O_2 试验测定的数值［0.73kWh/(m^3·阶)］。预计全尺寸系统的 E_{EO}值会明显低于中试研究中得到的数值。同时，试验数据显示，溴酸盐不超过 0.5μg/L（Dunea 标准）。另外，Scheideler 等（2011）、Hofman-Caris 等（2012），Lekkerkerker-Teunissen 等（2013）提供并讨论了在该试验点进行的中试试验的其他数据。基于以上大量的中试试验数据，Dunea 水务公司董事会批准了在贝格巴赫特水厂安装流量为 2200m^3/h 的 AOPs。该项目由 Wedeco 获得，其 AOPs 预计将于 2017 年 10 月投入运行。全新的处理系统包括由 Dunea 和 Wedeco 共同设计的 O_3 反应器、2×K-216 Wedeco 紫外线反应器以及 3 个 GAC（ROW 0.8 cat，3min EBCT），用于残留 H_2O_2 的处理。该项目处理目标是去除 80%的微污染物，能耗为 0.15kWh/m^3（Knol，2017）。

在美国大辛辛那提水务公司（GCWW）的 Richard Miller 水处理厂也进行了广泛的中试规模研究（2005—2012），研究了 UV-AOPs 在不同紫外光源（LP、MP、DBD）下对多种污染物的去除效果，包括农药、致嗅物质、药物。在水处理工艺链中，UV 的最佳位置应根据处理性能进行评估予以确定，也应考虑包括水质在内的其他标准。关于实验方法、数据分析、实验结果和工艺经济性等详细信息分散在系列研究报道中，例如 Dotson 等（2010）、IJpelaar 等（2010）、Metz 等（2011）、Heringa 等（2011）、Hofman-Caris 等（2012）、Metz 等（2012）。一个占地面积 1820m^2、耗资 3000 万美元的最先进的紫外线消毒设施在 GCWW 建成。设施采用两个平行配置的 8×Sentinel® 48″Chevron 反应器（卡尔冈炭素公司，美国宾夕法尼亚州匹兹堡市）以处理 2.4 亿 gal/d 的 GAC 过滤水，配置的每个反应器有 5 根 20kW 的中压紫外灯。在下一步工厂扩建计划中，还将增加另外两个反应器。目前，UV 系统以消毒模式运行，但系统还可灵活性地以 UV/AOPs（UV/氯）模式运行，以应对季节性嗅味问题。紫外消毒项目包括在紫外线设施的屋顶上安装 160 块太阳能电池板，这可以抵消多达 7%的紫外线系统电力能耗，并减少水处理厂的碳排放。

华盛顿州肯纳威克市的过滤水厂处理规模为 0.15 亿 gal/d，水源为哥伦比亚河，处理工艺为常规处理加膜过滤。在该水厂中开展了中试研究，对比了 $KMnO_4$、O_3 和 $UV_{253.7nm}$/H_2O_2 对膜过滤水（紫外透光率 T_{254nm}＞97%，TOC 约为 1mg/L）中 2-甲基异莰醇和土臭素的去除效果。结果表明，投加高达 2mg/L 的 $KMnO_4$ 对致嗅物质的去除没有效果，而投加 0.6mg/L 的 O_3 可以将土臭素降低 60%，但嗅阈值（TON）增加。使用 Trojan 技术的 UV 反应器和 UV/H_2O_2 工艺的试验数据显示，其对 2-甲基异莰醇和土臭素的去除效果最佳。投加 2mg/L 的 H_2O_2 土臭素去除超过 90%，增加 H_2O_2 投加量至 6mg/L 改变了嗅味特点且 TON 增加（Chang，2010）。

Wang 等（2015a）在加拿大安大略省康沃尔市的全尺寸 UV/H_2O_2 处理厂，采用

UV/H_2O_2 和 UV/氯高级氧化工艺，比较了去除预处理的圣劳伦斯河水中 2-甲基异莰醇（2-MIB）和土臭素（GSM）的效果。该水厂共有 4 个 TrojanUVSwiftECT™ 8L24 中压反应器，用于全年紫外线消毒和出现嗅味问题时的嗅味物质控制。单台紫外线反应器功率为 83.5kW，H_2O_2 投加剂量为 1～4.8mg/L，pH 分别控制在 6.5、7.5 和 8.5，2-MIB、GSM 和咖啡因投加到 UV 反应器进水中。结果发现，在所有 H_2O_2 浓度和所有测试化合物中，$E_{EO}s$ 都与 pH 相关，且最小的 $E_{EO}s$ 出现在 pH＝6.5 和 4.8mg/L H_2O_2 条件下，GSM、2-MIB 和咖啡因的 $E_{EO}s$ 分别为 0.23kWh/(m^3·阶)，0.31kWh/(m^3·阶）和 0.36kWh/(m^3·阶)。Wang 等（2015b）报道了两种 AOPs 中副产物的生成情况。Wang 等（2015a，b）报道中关于 UV/氯与 UV/H_2O_2 的数据详见第 9 章。

2011—2012 年间，在新加坡 Choa Chu Kang 水处理厂（CCKWW，新加坡）也进行了为期两年的 AOPs 中试试验，以评估 O_3、O_3/H_2O_2 和 $UV_{253.7nm}/H_2O_2$ 高级氧化工艺的性能和相关成本，试验处理对象为砂滤出水中的 19 种微污染物，包括致嗅物质（T&O）、PPCPs、EDCs、人造甜味剂以及一种工业溶剂（1,4-二恶烷）。该中试装置由 Wedeco（赛莱默，德国）提供并由他们开展试验，试验设计流量为 5～20m^3/h，水力停留时间（HRT）最长为 10min。Wang 等（2015c）报道了试验结果，在 O_3 投加浓度为 2mg/L、HRT 为 5min 条件下，10 种 PPCPs 中的 6 种和 4 种 EDCs 均能被有效去除；在≥3mg/L O_3 或 2mg/L O_3/H_2O_2（浓度未详细说明）及 HRT 为 5min 条件下，4 种人造甜味剂、环己氨基磺酸盐和乙酰磺胺酸盐的去除效率在 80%以上。在所有测试条件下，采用 O_3 和过氧化物工艺均能将土臭素去除 80%以上；而对 2-MIB 而言，仅采用过氧化物工艺能达到 80%以上的去除率。1,4-二恶烷是采用基于 O_3 氧化方法中去除效率最低的化合物。整个试验过程中溴酸盐均控制在 5μg/L 以下。试验在投加（5mg/L 或 10mg/L）或不投加 H_2O_2，UV 剂量在 510～875mJ/cm^2 的条件下进行。根据 Wang 等的研究，去除 80%以上 2-MIB、DEET 和布洛芬需要的最低紫外线剂量和 H_2O_2 投加量分别为 820mJ/cm^2 和 10mg/L；据报道，在 H_2O_2 投加量为 10mg/L，UV 剂量大于 510mJ/cm^2 时，土臭素去除率大于 80%；且试验发现，采用 O_3/H_2O_2 工艺进行中试规模处理 MIB、GSM 和 1,4-二恶烷的 E_{EO}值低于 UV/H_2O_2 工艺。

Chu 等（2016）报告了在上述报道中同一地点（CCKWW，新加坡）开展的另一组 UV/H_2O_2 中试试验数据。试验装置由 Trojan UVSwift™ 4L12 反应器、外部 H_2O_2 和化学加药罐以及下游活性炭装置组成，其中活性炭装置用于去除残留 H_2O_2 和一些氧化副产物。在进入紫外设备前，原水经过了混凝、絮凝、超滤处理。在 3 个流量（40m^3/h、50m^3/h 和 60m^3/h）和分别投加 0mg/L、5mg/L 和 10mg/L H_2O_2 下，加入 8 种微污染物，即双酚 A（BPA）、E2、双氯芬酸、全氟辛酸（PFOA）、全氟辛烷磺酸（PFOS）、亚硝基二甲胺（NDMA）、2-甲基异莰醇（2-MIB）和土臭素（GSM），进行处理研究。结果表明，在不投加 H_2O_2 的情况下，除 PFOA 和 PFOS 外，所有化合物的 E_{EO} 均小于 0.5kWh/(m^3·阶)，且在 UV/H_2O_2 工艺中，E_{EO}值显著降低。例如，在 0mg/L、5mg/L 和 10mg/L H_2O_2 下，$E_{EO,2\text{-}MIB}$值分别为 0.32kWh/(m^3·阶)、0.23kWh/(m^3·阶）和

0.15kWh/(m³·阶)。2-MIB 和 GSM 的 $E_{EO}s$ 与它们的初始浓度有关，如初始浓度在300ng/L 时，其 $E_{EO}s$ 比初始浓度在 150ng/L 时低约 50%；这一趋势在 Chu 等引用的一项研究中也被观察到，这可能是由于直接光解对多色辐射处理的 2-MIB 和 GSM 的整体降解动力学的贡献。

Kommineni 等（2008）采用中试试验研究了低压高强（LPHO）和中压（MP）UV/H_2O_2 工艺对甲基叔丁基醚（MTBE）的处理。该试验采用了特洁安技术公司的 UV-Phox™8AL20 和 Swift™4L12 反应器，对美国加州 Santa Monica 的地下水和加拿大安大略省 Huron 湖的地表水进行了测试。试验的主要目的是评估水质对 UV-AOP 性能的影响，测定 MTBE 副产物的生成水平，并评估全尺寸水处理厂处理 Santa Monica 地下水中 MTBE 的经济性。试验所采用的地下水的碱度和硝酸盐含量较高，TOC 含量较低，而地表水则 TOC 含量高，碱度和硝酸盐含量低。在所有试验条件下，两种水源中 MP-UV/H_2O_2 的 $E_{EO,MTBE}$值均高于 LP-UV/H_2O_2 的 $E_{EO,MTBE}$值；地表水的 E_{EO}低于地下水的 E_{EO}。Kommineni 等开发了一个动力学模型，估算了中试和全尺寸试验的 $E_{EO,MTBE}$，$E_{EO,MTBE}$是 $^{\bullet}OH$水基质需求和 H_2O_2 浓度的函数，并认为与中试规模相比，全尺寸试验装置的光学和水力效率更高。已鉴定的副产物也在一项关于 MTBE 用 UV/H_2O_2 工艺降解的综合产物研究中被报道（Stefan 等，2000）。

在 UV-AOP 中试规模下，从饮用水水源中去除药物和 EDC 等新兴污染物的研究也在文献中进行了很好的描述。Merel 等（2015）发表了一项有趣的研究，他们采用三种不同的分析方法监测 UV 和 UV/H_2O_2 工艺去除来自美国亚利桑那州南部制水规模为 7500m³/d 的污水处理厂二级处理出水中的微量有机污染物。这项工作的目的是评估将要使用或将要开发作为在线传感器检测方法的适用性，或作为评估水中各种（已知或未知）微污染物及其副产物的存在和命运的可靠程序。将二级处理出水引入试验装置，该试验装置包括型号为 LBX 20 LP-UV-AOP 的系统（Wedeco，德国赛莱默），试验最大流量为 6m³/h，在投加或不投加 H_2O_2 的情况下采用三个 UV 剂量。试验运行 30 个月，通过 8 次采样活动监测了 29 种具有不同光化学和化学特性的与 UV-AOP 相关的微污染物的产生、浓度和处理效果。Merel 等选择二级处理出水中检出率在 75%、最低浓度水平在 25ng/L 的 16 种痕量有机污染物作为研究对象，考查 UV-AOP 的处理效果，具体去除效果总结如图 2-15 所示。

Zhang 等（2016）研究了实际水厂所采用各种处理工艺的协同作用去除药物、类固醇和农药的总体效果，处理工艺包括溶解空气浮选、投加或不投加 H_2O_2 的预臭氧化和中间臭氧化、中间氯化、双介质过滤、GAC 和 UV/H_2O_2 等。Kim 等（2009）报道了经生物处理和砂滤处理后的废水中 41 种不同类别药物的紫外光解和 $UV_{253.7nm}$/H_2O_2（7.8mg/L）处理的实验数据。试验采用 3 个 65W 串联使用的 LP 反应器，水进入反应器前经曝气处理。结果表明，在 41 种药物中，仅通过紫外线处理即使紫外线剂量达到 2800mJ/cm²，也有 29 种药物没有得到很好的去除；在紫外线剂量为 923mJ/cm² 和 7.8mg/L H_2O_2 条件下，39 种药物去除率至少达到 90%。

二级废水出水中TOrCs的平均浓度和检测频率

此前UV-AOP的实现流程

在30个月内进行
8次抽样调查

二级废水的特征

选择合适的TOrCs
评估UV-AOP性能

检测频率≥75%
浓度≥25ng/L

组1 超高浓度　组2 高浓度　组3 中等浓度　组4 低浓度

混合物浓度 (ng/L)

10000ng/L 超高 500ng/L 高 100ng/L 中等 25ng/L 低 1ng/L

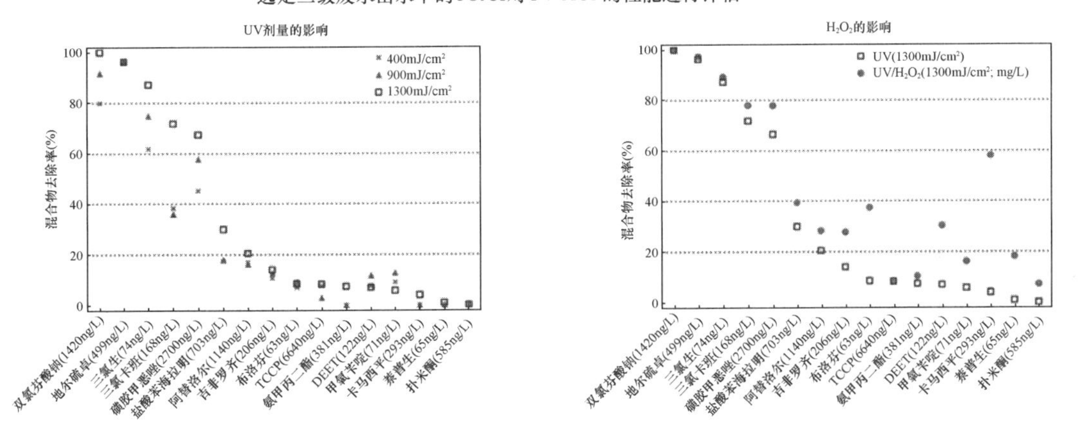

图 2-15 二级废水出水中痕量有机物指标检出频率与去除率（Merel 等，2015）

Appleman 等（2014）对 18 个饮用水水源、2 个废水处理排放水中的聚全氟烷基物质（PFASs）检出情况以及美国采用不同工艺的 5 个水处理厂对聚全氟烷基物质（PFASs）的处理情况进行了彻底调查。在 70%以上的原水样品中检测到全氟羧酸（PFCAs）和全氟磺酸（PFSAs）。2016 年，美国环保署为 PFOA 和 PFOS 建立了 70 万亿分之一（0.070μg/L）的健康指导水平。如果在饮用水中发现这两种化合物，则应将 PFOA 和 PFOS 的总浓度与 0.070μg/L 的健康指导水平进行比较。在该调查研究中包括的 15 个水处理厂中，有 3 个采用了 UV/H_2O_2 高级氧化工艺，例如，微滤（MF）/RO/UV-H_2O_2/氯化、河岸过滤（RBF）/含水层补给和回用/软化/UV-H_2O_2/BAC/GAC、MF/超滤（UF）/RO/UV-H_2O_2/氯化。调查发现，混凝、MF、UF、高锰酸盐氧化、臭氧化、氯化、氯胺化及 UV/H_2O_2 等工艺在去除 PFASs 方面几乎没有效果；阴离子交换和 GAC 过滤可去除长链 PFASs 和 PFSAs，而 RO 膜对所有全氟化合物均有很好的去除效果。

正如本章其他地方所讨论的，中试规模研究是有关所调查工艺降解环境污染物能力的有用信息来源。然而，当试图比较各种工艺条件（包括紫外线系统、操作设置、水样来源及水质特性）产生的数据时，应小心谨慎。通常，所报告的数据并不是在最优工艺条件下得到的。此外，将中试试验数据放大到全尺寸处理条件可能既有挑战性又存在风险。

2.9.3 全尺寸 UV/H_2O_2 高级氧化工艺装置

目前，世界上一些饮用水厂安装了基于 UV 光系统的 UV/H_2O_2 工艺系统，一方面用以处理饮用水水源中的微污染物质，另一方面用于消毒。有的回用水处理厂也安装了全尺寸紫外线系统，用于处理二级污水出水以达到直接或间接饮用回用目的（见第 14 章）。紫外线系统很少用于工业废水排放前或再利用前。以下给出了基于全尺寸 UV/H_2O_2 的系统的实例。下面介绍的特洁安技术公司的案例主要来自该公司网站：http：//www.trojanuv.com/。

荷兰 Andijk。2004 年，特洁安技术公司在 PWN 供水公司位于北荷兰的 Andijk 水厂安装了一套基于中压紫外灯的紫外线处理系统。系统由 3 个并联机组组成，每个机组配有 4 台 TrojanUVSwiftECT™16L30 反应器，采用 UV/H_2O_2 工艺运行。该水厂水源来自伊塞尔湖，原水在进入紫外线处理设施前经过了混凝和快速砂滤处理。紫外线系统的设计目标是在 EED=0.56kWh/m^3、H_2O_2 投加量为 6mg/L 条件下，阿特拉津最低去除率达到 80%。如本章和第 15 章所述，多年来，PWN 供水公司探索了改善进入紫外线系统水质的新技术，同时实现了显著的节能和高质量的饮用水生产。2015 年，PWN 供水公司改造了 Andijk 水厂，即现在的 Andijk Ⅲ期水厂（http：//pwntechnologies.com/portfolio-item/andijk-ⅲ/）。目前的地表水处理工艺包括以下过程：软化、离子交换（SIX® 技术）、微滤（CeraMac® 技术）、UV/H_2O_2 AOP、GAC/BAC 过滤（Norit ROW 0.8，20min EBCT）、带微细格栅的清水池，用以完全去除微生物的生长以及从 GAC 带来的碳颗粒，最后用二氧化氯进行消毒。该水厂最大供水规模为 5000m^3/h（120000m^3/d），采用了多级屏障技术处理微污染物和消毒，是最先进的水处理工艺。图 2-16 展示了 Andijk Ⅲ期水厂的一组 UV-AOP 设备。

2008 年，荷兰 Heemskerk 水厂安装了 4 个紫外线系统平行机组，每个机组配有 5 台 TrojanUVSwiftECT™16L30 反应器，采用 UV/H_2O_2 工艺运行。紫外线系统设计目标是去除 80%的阿特拉津和 70%的除草定。单组系统流量为 1500m^3/h，H_2O_2 最大投加浓度为 20mg/L。经过 UV/H_2O_2 处理后的水进入活性炭滤池，EBCT 为 9min，出水泵入沙丘。

英国林肯的霍尔净水厂（WTW）。盎格鲁水服务公司（AWS）在地理位置上是英国最大的供水公司，约有 140 家水厂，供水量达 1200000m^3/d。2008 年，在地表水中发现了新的农药，有聚乙醛、二氯吡啶酸和矮壮素，这些物质不能通过 O_3 去除，少部分可通过 O_3/H_2O_2 去除，非常少的部分可以通过活性炭吸附进行去除。此外，作为霍尔净水厂

图 2-16 荷兰 Andijk Ⅲ期水厂的 TrojanUV SwiftECT™16L30 反应器

的唯一饮用水水源，特伦特河水中的溴化物含量高达约 450μg/L，这需要考虑基于臭氧处理时的溴酸盐问题。AWS 和特洁安技术公司合作，在实验室和中试规模下采用低压和中压紫外线反应器开展了 UV/H_2O_2 工艺研究，研究表明，LP-UV/H_2O_2 是适用于霍尔净水厂项目的一项经济有效的技术。而原水中硝酸盐含量高、紫外进水的透光率低，影响了中压紫外线系统的工艺性能。AWS 决定安装由 4 台并联的 TrojanUVTorrent™反应器组成的紫外线系统。紫外线系统设计水质紫外透光率 $T_{254nm,1cm}$ 为 80%，处理水量为 20000m^3/d，设计目标为投加 H_2O_2 浓度高达 50mg/L 情况下，聚乙醛、阿特拉津、矮壮素的去除率分别为 65%、80%和 45%。每个紫外线反应器装有 96 根 1.0kW 的低压高强特洁安专供紫外灯。霍尔净水厂工艺原理图如图 2-17 所示。值得注意的是，尽管系统设计参数要求阿特拉津去除率仅为 0.7log，以确保符合欧盟饮用水标准 0.1μg/L（单项杀虫剂），但霍尔净水厂的紫外线系统实际运行中达到了同时去除 1.12log 阿特拉津和 0.45log 聚乙醛的效果。两套 GAC 滤池也是该工艺系统的一部分，用于控制 THM 前体物。后置的 UV/AOP GAC 滤池用于消解残余的 H_2O_2 并去除氧化过程中形成的潜在副产物。紫外消毒系统的紫外线剂量为 25mJ/cm^2，可确保任何可能从 GAC 滤池泄漏的微生物予以灭活。霍尔净水厂始建于 2012 年，于 2015 年 3 月全面投入运营。

加拿大安大略省康沃尔市。康沃尔市水厂从圣劳伦斯河取水用于生产饮用水。该地区的农业活动使支流携带大量的磷进入圣弗朗西斯湖的近岸区域，圣弗朗西斯湖是康沃尔附近圣劳伦斯河沿岸的一个河流湖泊。因此，在高温季节，藻类大量繁殖，释放出来的致嗅物质会影响水的感官。2004 年，康沃尔市（ON）选择了 TrojanUVSwiftECT™技术用于水源中出现嗅味问题时的嗅味物质处理和确保全年的消毒处理。系统安装了 4 个并联生产线，峰值处理规模 100000m^3/d，每个生产线由一台 Swift™ ECT 8L24 紫外线反应器组

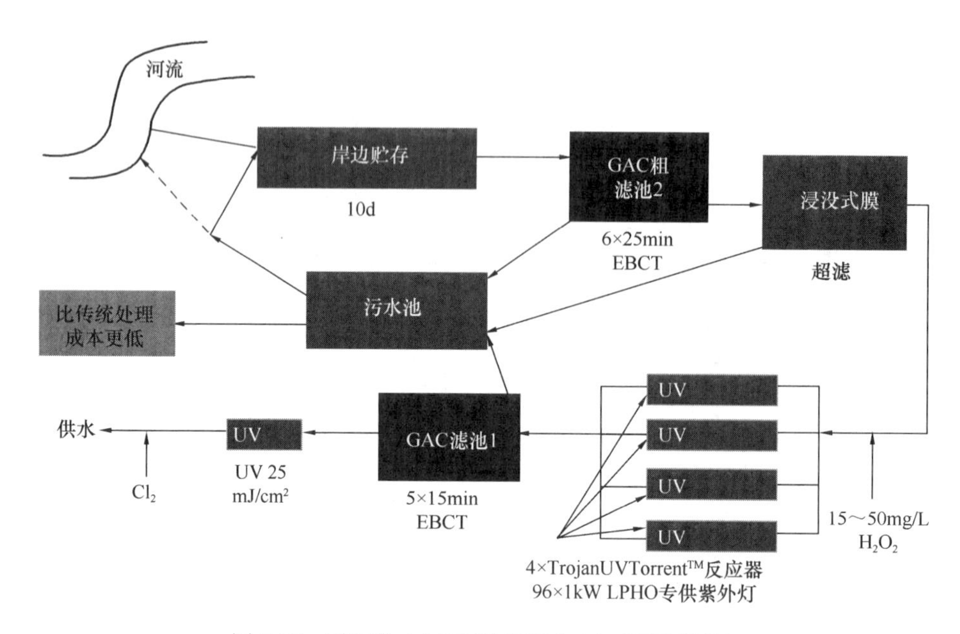

图 2-17　霍尔净水厂工艺原理图（由 AWS 提供）

成。该紫外线系统于 2006 年全面投入使用。河水在水厂取水口进行氯化处理，以控制斑马蚌，然后在进入紫外线反应器前先进行混凝、沉淀和 GAC 过滤。在 UV 工艺的下游投加氯，用于去除残留的 H_2O_2，同时确保在输配水管网系统中有持续消毒能力。UV 系统可以双模式运行，一种是消毒模式，紫外线的最小剂量为 $40mJ/cm^2$，目标是实现大于 1log 贾第鞭毛虫灭活，消毒模式全年运行；另一种是 UV-AOP 模式，在出现嗅味问题时运行。在 AOP 模式下，UV 反应器控制算法调节 UV 反应器功率，为比用于水消毒更多的紫外灯供电，并启动和控制 UV/H_2O_2 工艺的 H_2O_2 投加剂量。UV/H_2O_2 系统的设计目标为土臭素浓度降低 90%。根据文献报道的 $k_{\cdot OH,GSM}/k_{\cdot OH,2\text{-}MIB}\approx 1.5$（表 2-6）和 UV/H_2O_2 工艺中的藻毒素动力学，预测从水中去除 90%土臭素（96% T_{254nm}；3mg/L H_2O_2）的同时，可实现 2-MIB、类毒素-a、MC-LR 和柱胞藻毒素去除率分别为 78%、88%、99.5%和 78%。

韩国一山（Ilsan）。从 1992 年起，一山多区域供水系统向 Ilsan 新城和 Giyang 市提供生活用水（http：//english. kwater. or. kr/eng）。Ilsan 水处理厂从汉江取水，供水能力为 $150000m^3/d$，未来将扩建至 $250000m^3/d$。季节性的藻类繁殖与嗅味问题有关，会影响饮用水质量。韩国水资源公司（K-Water）将 UV/H_2O_2 AOP 控制嗅味的项目委托给了特洁安技术公司。2016 年，两个内置 1kW 低压高强专供紫外灯的 TrojanUVTorrent™96SL48 反应器并联安装（图 2-18）。该紫外线系统处理规模 $150000m^3/d$，可去除 70%的 2-MIB，同时确保透光率 $T_{254nm,1cm}$在 92.5%～97%的水质条件下，隐孢子虫灭活率大于 3log。在进入紫外线系统之前，来水经过了混凝、絮凝和沉淀处理。在沉淀出水中投入 H_2O_2，然后泵送至两个紫外线反应器之间的分离点进入紫外线反应器。UV/H_2O_2 处理后的水通过 GAC 过滤，并在进入管网前予以氯化消毒。该系统在发生嗅味问题时以 AOP 模式运行，其余时间以紫外线消毒模式（低能）运行。

图 2-18 安装在韩国 Ilsan 水处理厂的紫外线系统

安装在北美的基于 UV/H_2O_2 的全尺寸 UV 系统用于控制嗅味物质的其他示例包括：Lorne Park 水处理厂（米西索加，加拿大安大略省）。Lorne Park 水处理厂位于皮尔地区，是世界上用于控制嗅味物质的最大的 UV/H_2O_2 装置。现场描述：安装在膜过滤后面的 8 个并联 TrojanUVSwift™ECT 16L30 反应器自 2011 年开始运行，在 H_2O_2 最大投加浓度为 10mg/L、最大峰值处理量为 390000m^3/d 时 GSM 去除率达到 83%，处理量为 200000m^3/d 时 GSM 和 2-MIB 去除率分别达到 95%和 90%，残余的 H_2O_2 通过 GAC 过滤进行消解。Neshaminy Falls 水处理厂（美国宾夕法尼亚州内沙米尼），2020 年投入运行，有两条并联生产线，每条一台 TrojanUVSwift™ ECT 16L30 反应器，平均流量为 45000m^3/d 时 GSM 去除率为 90%，峰值流量为 57000m^3/d 时 GSM 去除率为 80%；残余 H_2O_2 用游离氯进行消解。Patoka Lake 水处理厂（美国帕托卡湖），自 2013 年开始运行，有两个并联机组，每组由 3 台 TrojanUVSwift™ ECT 16L30 反应器组成，流量为 38000m^3/d 时 2-MIB 去除率为 97%，残余 H_2O_2 用游离氯进行消解。目前，特洁安技术公司在全球安装了 20 多套紫外线系统，它们都以双模式运行，即在有嗅味问题时用于控制嗅味物质，其余时间用于消毒处理。

韩国四会（Siheung）。2014 年，威德高（赛莱默品牌）在韩国四会水厂实施了 UV/H_2O_2 工艺，用于饮用水消毒和微污染物控制，这是该水厂基础设施升级的第一阶段。其紫外线系统包括 3 个并联安装的威德高 K143 低压高强紫外线反应器，第四个反应器计划在水厂扩建时安装。四会水厂项目要求：在总流量为 4419m^3/h（每个反应器 1473m^3/h）、水质紫外透光率 T_{254nm} 为 92.7%～97.3%和 TOC 为 1.13～1.85mg/L 的条件下，紫外线系统达到灭活 3log 隐孢子虫，除消毒外，在 AOP 模式下运行时，2-MIB 去除 0.5log（从 50ng/L 降至 15ng/L），UVAOP 系统的性能和控制基于紫外线剂量，紫外线剂量是通过紫外线传感器输入（Scheideler，2016）的参数计算得出的。图 2-19 是安装在四会水厂的紫外线系统的照片。

图 2-19　安装在韩国四会水厂的紫外线系统

在全尺寸系统设计及安装之前进行了小试和中试试验。相关实验数据、工艺经济性分析以及用于全尺寸紫外线系统的基于紫外线剂量的控制算法等在 Scheideler 等（2015）、Scheideler 等（2016）和 Scheideler（2016）的研究文献中进行了讨论。

美国亚利桑那州图桑市。由于大量地下水被高浓度的挥发性有机化合物（TCE 和 PCE）污染，因此，1983 年图桑国际机场区被列为超级基金污染场址，并于 20 世纪 80 年代末启动了采取适当的技术措施去除 TCE 的清理行动。清理项目被称为图桑机场修复项目（TARP）。2002 年，在整个图桑机场修复项目区域发现了 1,4-二恶烷。在 20 世纪 40 年代至 70 年代，1,4-二恶烷是图桑机场地区飞机制造公司工业溶剂中的稳定剂。图桑水务公司决定在项目区域附近修建一个 AOP 设施，该设施于 2014 年竣工。2010 年，针对 $UV_{253.7nm}/H_2O_2$ 工艺对 1,4-二恶烷的去除效率、副产物的生成和残余 H_2O_2 的消解开展了中试研究。试验处理流量为 11m^3/h 和 22m^3/h，在投加 15mg/L H_2O_2 的条件下，分别得到 1,4-二恶烷去除率为 1.55log、TCE 去除率为 1.71log 和 1,4-二恶烷去除率为 0.97log、TCE 去除率为 1.69log。6 台 TrojanUVPhox^{TM} D72AL75 反应器安装在 3 个并联机组中，每个机组包含 2 台 D72AL75 机组单元（图 2-20），每个单元有 144 根低压高强紫外灯。系统设计参数包括从先进的 H_2O_2 加药系统中投加 H_2O_2，且峰值流量为 1317m^3/h 时，1,4-二恶烷去除率达到 1.6log，TCE、PCE 和 1,1-DCE 等次要污染物也被同时去除。

图 2-20　安装在亚利桑那州图桑市 TARP 水厂的紫外线系统

加拿大安大略省格林布鲁克。2004 年 7 月，在滑铁卢地区格林布鲁克的饮用水水源井中检测到高达 285μg/L 的 1,4-二恶烷。作为预防措施，通常以 150L/s 运行的水处理厂被关闭。在 1,4-二恶烷处理后浓度低于 10μg/L 的目标水平下，采用空气吹脱和 GAC 过滤试验，去除效果不佳。为此，进行了 AOPs 去除 1,4-二恶烷的小试和中试试验，AOPs 包括：UV/H_2O_2（特洁安技术公司，加拿大）、O_3/H_2O_2（应用工艺技术公司，APT，加利福尼亚州，美国）和 UV/TiO_2（Purifics，伦敦，安大略省，加拿大）。由于加拿大特洁安技术公司相对其他两个公司技术性能优越，最后选择了加拿大特洁安技术公司的技术方案。此外，小型紫外线系统适合现有设施。在试验条件下，在 75L/s 和 50L/s 的流速下，UV/H_2O_2 工艺对地下水中 1,4-二恶烷的去除率分别达到了 1.28log 和 1.39log。该紫外线系统于 2008 年投入使用，共并联安装 3 组，每组 3 台 TrojanUVSwift™ 16L30 紫外线反应器，通过 UV/H_2O_2 工艺可去除 1.3log 1,4-二恶烷，同时可对处理量为 12940m^3/d 的地下水进行消毒。进入紫外线反应器前安装了新的铁锰过滤器，后面的 GAC 滤池去除残留的 H_2O_2 和不良副产物。

美国特拉华州兰戈伦。由 Artesian 水务公司运营的兰戈伦井场由 4 个公共供水井和 1 个蓄水层贮存和回收井组成，并于 20 世纪 50 年代开始运行，20 世纪 60 年代后期供水量减少 380 万 gal/d（约 14400m^3/d）（Civardi 等 2014）。由于附近的两个超级基金污染场址污染地下水，污染物包括双（2-氯乙基）醚（BCEE）以及微量的苯、1,2-二氯乙烷、镭和铬，公司就停止了兰戈伦井场的运行。2000 年 10 月，特拉华州公共卫生部（DDPH）针对 BCEE 设定了 0.96μg/L 的指导水平。为此，安装了 GAC，但两年后，GAC 被穿透，与其更换相关的成本显著增加。2013 年，根据 DDPH 的要求进行了 1,4-二恶烷测试，该污染物在此区域最大井（G-3R）中的含量较高，因此该井已被 Artesian 水务公司弃用。针对 1,4-二恶烷的处理，在两个水井中开展了对两种 AOPs 的研究，两种 AOPs 为基于低压高强和中压紫外灯的 UV/H_2O_2 工艺及 O_3/H_2O_2 工艺。基于可供选择的设计方案，以经济和非经济标准进行评估（经济分析见 2.9.4）。经过仔细评估并根据评分表，Artesian 水务公司选择了特洁安技术公司的 UV（LPHO）/H_2O_2 工艺。实验室实验有多个目标。Civardi（2014）给出了具体的水质、实验设计及实验数据。全尺寸 UV/H_2O_2 系统自 2014 年 9 月开始运行，设计标准如下：2 组，预留第三组；每组一台 TrojanUVPhox™D72AL75 反应器（144 根低压高强紫外灯）；每台反应器的平均流量为 110 万 gal/d（4163m^3/d）；最低紫外透光率 T_{254nm}为 95%；1,4-二恶烷去除率 2log（从最高浓度 300μg/L）；BCEE 去除率 1.3log（从最高浓度 8μg/L）；H_2O_2 最大投加量为 18.0mg/L。G-3R 井场安装了一个 7.8kgal（29.5m^3）双壁高密度聚乙烯 H_2O_2 储罐，并配有加药泵。UV/H_2O_2 工艺后设 GAC 过滤工艺。

在世界各地的水回用和地下水修复项目中，特洁安技术公司已经安装了 40 多套紫外线系统，采用 UV/H_2O_2 工艺，从受污染的水（处理量从 380000m^3/d 到 80m^3/d）中去除 1,4-二恶烷。

30 多年前，卡尔冈炭素紫外技术公司率先将基于紫外光的高级氧化技术用于水体修复，在许多装置中安装了 20 多套系统，用于地下水和饮用水中 1,4-二恶烷的处理。卡尔冈炭素紫外技术将功能强大的中压紫外灯反应器与 H_2O_2 结合，提供占地面积小的 UV-AOP 处理选项。30kW Rayox® 反应器用于低流量的处理，而 Sentinel™系列的 24 英寸和 48 英寸反应器可用于高流量的处理，例如，每个反应器的最大处理量可达 5200 万 gal/d（196820m^3/d）(http://www.calgon carbon.com/wp-content/uploads/2015/02/Calgon_Carbon_DioxaneFactSheet-Final2.pdf）。卡尔冈炭素紫外技术公司网站上没有关于 AOPs 处理污染物的研究案例，因此，本章没有提供卡尔冈的任何例子。

美国内布拉斯加州黑斯廷斯。黑斯廷斯地下水污染现场位于东北部黑斯廷斯及其周围，是美国环保署最大和最复杂的地下水净化项目之一。1986 年，美国环境保护署将该地列入了超级基金项目的国家优先事项名单。该地公共和私人用水均受到挥发性有机化合物（TCE、PCE、氯乙烯、1,1-DCE、1,1-三氯乙烷、多环芳烃）、炸药（如 RDX 和 TNT）和金属（https://semspub.epa.gov/work/07/30303295.pdf）等相关化学品的污染。2001 年启动地下水监测项目，发现紫外光解和气提技术是修复地下水中 RDX 和挥发性有机化合物的可行技术。RDX 和 TCE 的处理目标分别为 2μg/L 和 5μg/L。在东北部黑斯廷斯并联安装了两台 TrojanUVPhox™ 18AL50 反应器，反应器内配有低压高强紫外灯。紫外线系统设计目的是在 T_{254nm} 为 88%、单台反应器处理量高达 241.5gal/min（约 55m^3/h）的条件下，去除 1.42log（96%，从最高浓度 33μg/L）的 RDX。在为期 30 年的地下水开采和处理项目中，紫外线系统将运行 20 年。两台 Aquionics 中压紫外线反应器（10kW/反应器）被安装在同一现场的两个不同地点。经紫外线处理后的水被泵送至空气汽提塔平衡罐，然后进行空气吹脱，以去除挥发性有机化合物。经过处理的地下水要么被重新用于灌溉，要么被排放到附近的小溪中。

2.9.4 工艺经济性、可持续性和生命周期评估

高级氧化工艺包括 UV/H_2O_2-AOP，可将日益受到污染的水中有机和无机微污染物予以去除。值得再次一提的是，Sudhakaran 等（2013）概述了对某一给定应用选择最佳高级氧化工艺的多条件分析（MCA）方法。

与其他需要添加化学药剂的 AOPs 相比，UV/H_2O_2 工艺有几个优点，如无传质限制、无需废气处理、无溴酸盐生成。但由于灯管电能转化为紫外辐射能的转化率较低，且水质对工艺性能的影响较大，因此对能量的要求较高。Bui 等（2016）对各种高级处理技术的优缺点给出了详细比较。

Katsoyiannis 等（2011）比较了采用常规臭氧、O_3/H_2O_2 和 $UV_{253.7nm}$/H_2O_2 处理地表（湖泊）水和废水中的阿特拉津、磺胺甲恶唑和 NDMA 的能耗。对于这些特定的水质，UV/H_2O_2 工艺比基于 O_3 的工艺更耗能，采用 UV/H_2O_2 和臭氧两种工艺去除苏黎世湖中 90%的 NDMA，其 EEDs 分别为 0.44kWh/m^3 和 0.50kWh/m^3。Lee 等（2016）使用经验证的 UV/H_2O_2 动力学模型，通过各种深度处理方案（包括臭氧、$UV_{253.7nm}$、H_2O_2 以及 O_3/$UV_{253.7nm}$/H_2O_2 联用）计算降解废水处理二级出水（6mg/L DOC，73% T_{254nm}）中 16 种有机污染物所需的电能来选择水回用处理的潜在方案。计算中也包括了生产 O_3 和 H_2O_2 所需的能量，并将最佳路径长度用于 UV 和 UV/H_2O_2 工艺。结果表明，除 NDMA 外，要达到 90%的去除率，UV/H_2O_2 工艺（0.2～1.06kWh/m^3）比臭氧工艺（0.02～0.15kWh/m^3）需要多 4～25 倍的能量；而对于 NDMA 而言，UV/H_2O_2 工艺需要比臭氧工艺少 5.4 倍的能量（0.25kWh/m^3 对比 1.38kWh/m^3）；在不投加 H_2O_2 的情况下，去除 1log NDMA 所需的能量仅为 0.15kWh/m^3，这就使得当目标污染物为 NDMA 时，紫外处理为首选处理工艺。图 2-21 总结了 4 种 AOPs 对微污染物的去除率和相应的能量需求。下游 UV/H_2O_2 工艺通过利用臭氧工艺残余的 H_2O_2，降低了顺续式 AOPs 的电能消耗。

为控制污染物质而采用的 UV/H_2O_2 工艺的全尺寸紫外线系统已有数个案例，但在公共领域中很少有关于其生命周期可持续性分析（LCSA）的报告，LCSA 拓展了主要基于能量利用的传统的环境生命周期评估（LCA）范围。LCSA 反映了 AOPs 对全球变暖的潜能（GWP）、温室气体（GHG）排放以及生命周期清单分析（LCIA）描述的其他可持续性指标，如流入和流出系统的原材料、化学品和其他材料、能源类型以及向大气、水和土壤排放的物质等。在过去 10 年左右的时间里，LCSA 报告几乎都是关于水循环回用项目的，其结果值得回顾，如 Lyons 等（2009）、Law（2016）。下面给出的一些关于全尺寸 UV-AOP 经济学分析的例子包括生命周期分析。

Neshaminy Falls 水厂在设置 UV/H_2O_2 工艺之前，拥有并运营该厂的 Pennsylvania 水务公司探索了结合现有的混凝处理工艺与粉末活性炭（PAC）过滤组合工艺进行嗅味物质控制的工艺选择（Civardi 和 Luca，2012）。对于供水规模为 1500 万 gal/d 的水厂，

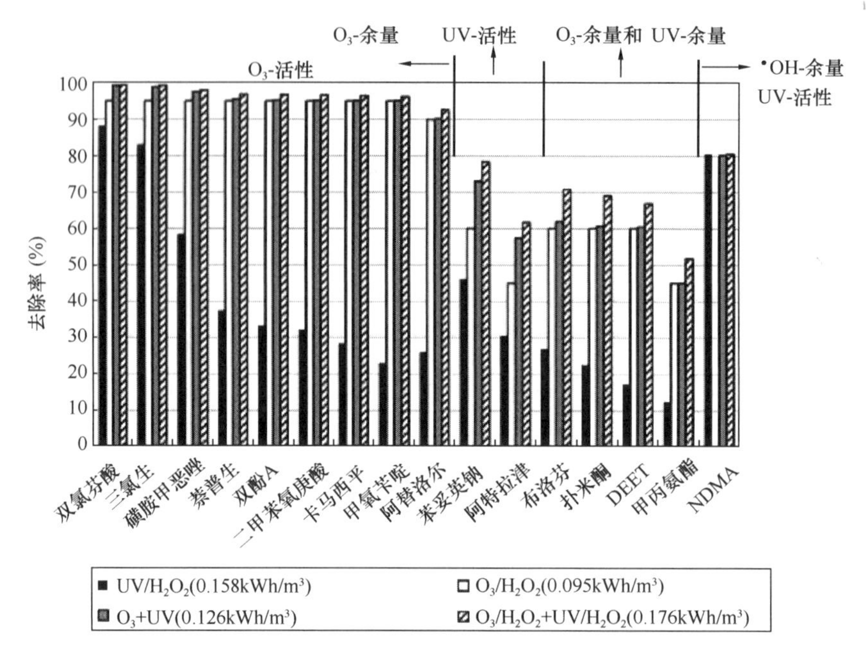

图 2-21 不同 AOPs 处理废水二级出水中微污染物的能量需求（改编自 Lee 等，2016）

采用 PAC 工艺需要大型碳容器以及为现有固体生产、使用和处置能力两倍的设施。据报道，PAC 工艺成本首次投资为 220 万美元，年度运行费用为 310000 美元（按照每年运行 90d，处理水量 1200 万 gal/d 计算，不包括固体处置成本），折旧成本为 475000 美元（按照等额年成本法，20 年内按 4%折扣计算）。相比之下，采用 UV/H_2O_2 工艺，实现 90%的土臭素去除率，首次投资为 250 万美元，年度运行费用为 200000 美元（运营成本包括能耗、灯管更换、H_2O_2 消耗、用于消解残留 H_2O_2 的氯气消耗等），折旧成本为 384000 美元（20 年 4%折扣的等额年度成本）(Civardi 和 Luca，2012)。对这两种技术进行 20 年净现值（NPV）分析表明，PAC 和 UV/H_2O_2 技术的成本分别约为 52.8 亿美元和 47.8 亿美元。该分析基于为期 90d 的嗅味物质控制过程，并按照 4%的折旧系数计算，核算成本包括投资、建设、运营和维护（包括与 PAC 相关的固体废弃物的处理和处置）(http：//www. trojanuv. com/resources/trojanuv/casestudies/ECT/ECT _ CaseStudy _ Neshaminy _ FINAL. pdf)。特洁安技术公司与伦敦西部大学合作，在宾夕法尼亚州的内沙米尼瀑布进行了一次 PAC 与 UV/H_2O_2 工艺控制季节性嗅味物质的 LCA 计算。数据表明，UV 工艺过程释放的二氧化碳当量（CO_2-e）比 PAC 过程少 74%。根据 PAC（30mg/L）和 TrojanUVSwift™ECT 系统处理内沙米尼瀑布嗅味物质的研究（90d 事件），估算两种工艺 20 年的环境总碳排放量分别为 32000t 和 8000t 二氧化碳当量。

Swaim 等（2011）提供了饮用水中嗅味物质控制的 3 种技术（臭氧、PAC 和 UV/H_2O_2）在投资成本、运行维护（O&M）成本和温室气体（GHG）排放等方面的全面比较，作为可持续性的衡量标准。Swaim 等认识到成本比较与具体地点的应用相关，他们的分析是基于一个典型的饮用水水厂，水厂供水量 114000m^3/d，平均流量为 76000m^3/d，估计值基于季节性嗅味事件三种持续时间，即每年 4 周、16 周和 52 周。除了嗅味物质去除工艺外，BAC 过滤和氯化工艺也包括在设计的处理系统中。处理目标是去除 90%的 GSM。Swaim 等对每个工艺的详细描述、关键设计参数、成本工具（包括寿命周期成本工具、GHG 模块和假设）等都进行了讨论。表 2-9 举例说明了分析中考虑的嗅味物质控制工艺的投资和净现值成本。从表 2-9 可以看出，在提供消毒和嗅味物质控制的两种技术之间（O_3 和 UV/H_2O_2），对于 4 周/年和 16 周/年的嗅味事件，采取与 BAC 过滤联用的 UV-AOP 成本低于臭氧。对于全年嗅味物质控制来说，采用 UV/H_2O_2 工艺比臭氧工艺更昂贵（数据未显示）。若需要增压泵则会大大增加成本。PAC 是所有场景中成本最低的工艺，但不提供任何消毒作用。由于碳损失、固体处理和处置以及能源密集型再活化，PAC 在这三种技术中的碳足迹也最大。表 2-9 中 6 种工艺方案中，用于嗅味物质控制的 BAC 过滤-UV/H_2O_2 联合工艺（方案 5）因建设、20 年（4 周/年）运行维护相关的温室气体排放量最低（约 7000t 二氧化碳当量），与每年 16 周嗅味物质处理的 O_3/BAC（约 15000t 二氧化碳当量）相比也低。

Swaim 等（2011）研究的 T&O 控制技术的成本比较（美元） **表 2-9**

工艺	投资金额	4 周净现值	16 周净现值
(1) O_3-BAC	16268000	25869000	26089000
(2) PAC（固体处理）	4819000	10340000	17739000
(3) UV/H_2O_2-BAC	18067000	29699000	33008000
(4) UV/H_2O_2-BAC（增压泵）	21265000	35378000	38687000
(5) BAC-UV/H_2O_2-Cl_2	12056000	18500000	22942000
(6) BAC-UV/H_2O_2-Cl_2（增压泵）	15255000	24179000	28621000

MacNab 等（2015）采用 LCA 方法评估了三种假设的与饮用水水厂中 2-MIB 和 GSM 的不同处理技术相关的 GWP 和 GHG 排放：（1）PAC（半烟煤，35mg/L）；（2）臭氧（由空气源产生并以 10mg/L 加入水中）；（3）UV/H_2O_2 AOP。出于对三个假设水厂 GWP 和 GHG 排放量估计的目的，假定三个水厂在 2 个月的嗅味发生周期内，在设计水处理量为 37800m^3/d 时，2-MIB 和 GSM 去除率分别为 0.7log（63%）和 0.9log（81%）。在这一评估中，基于实验室研究的观察结果，MacNab 等认为残留的 H_2O_2 能在 2min 的 EBCT 下被 BAC 过滤去除。GWP 以二氧化碳当量（CO_2-e）表示，甲烷和一氧化二氮也基于通常采用的转换因子以 CO_2-e 表示。估算的 GWPs 包括所有单个工艺的贡献，例如原材料的提取及其进一步传输至相应的设备和设施、运输、能源消耗等。与 O_3（3.07×10^6 kg CO_2-e）和 UV/H_2O_2（3.10×10^6 kg CO_2-e）两种工艺相比，PAC（1.07×10^7 kg CO_2-e）的环境影响最大。原材料的生产（活化）对 PAC 碳足迹的贡献最大，而 O_3 和 UV/H_2O_2 两种工艺的最大贡献则来自电能。MacNab 等提供了 UV/H_2O_2 工艺中 GWP 分类，即电能占 80%、H_2O_2 占 12%、其他设备占 5%、基础设施和运输占 3%。用可再生资源替代传统能源可减少 UV/H_2O_2 和 O_3 工艺中碳的排放。

2014 年 9 月，Artesian 水务公司在美国特拉华州兰戈伦井场安装了一套基于低压高强紫外灯的紫外线系统，该系统采用了 UV/H_2O_2 工艺以处理最大污染井中的 1,4-二恶烷和 BCEE。Civardi 等（2014）描述了该项目和技术选择的决策过程。在概念阶段，采用经济和非经济标准对 3 种工艺方案进行了评估，即特洁安技术公司的 LPHO-UV/H_2O_2、卡尔冈的 MP-UV/H_2O_2 和 ATP 的 O_3/H_2O_2，评估基于两种选择的设计情景，针对 1,4-二恶烷浓度小于等于 3μg/L 这一相同的污染物去除目标，即：（1）在现有的 1,4-二恶烷浓度和总处理流量为 341m^3/h 条件下，两种 AOPs 链对 1,4-二恶烷去除率达到 1.2log；（2）受附近的超级基金场址影响，1,4-二恶烷浓度增加至 300μg/L，1,4-二恶烷去除率须达到 2.0log。在 AOPs 处理后考虑采用 GAC 过滤。表 2-10 总结了估算成本以及影响工艺方案排名的经济和非经济性得分；成本明细在文献中提供。最高可能分数为 100 分，经济和非经济分数分别为 60 分和 40 分。

兰戈伦井场的 1,4-二恶烷处理工艺方案排名（改编自 Civardi 等，2014）　**表 2-10**

考核指标	LPHO-UV/H_2O_2	MP-UV/H_2O_2	O_3/H_2O_2
经济			
建设（美元）	3100000	2901000	3787000
年度运行维护成本（美元）	121000	224000	77000
生命周期成本（美元）	4290000	5100000	4540000
经济得分	60	50	57
非经济得分	38	32	19
总得分	98	82	76

运营成本也进行了评估，按照一年 365d、每天 24h、平均流量为 1500gal/min（341m^3/h）进行估算。对于生命周期成本，与每项技术相关的资本和运行维护成本以 8% 的利率转换为 20 年的现值生命周期成本。评分的非经济因素包括供应商的经验、设备复杂性、许可级别、同时去除 BCEE 的水平、整合进现有设施的容易程度以及操作员培训要求。

Kommineni 等（2008）在概念阶段对全尺寸 UV/H_2O_2 工艺处理水中 MTBE 的投资和运营成本进行了估算，其处理水质与加利福尼亚州圣莫尼卡市的地下水相当。设计考虑和处理成本是基于使用在中试规模下验证的动力学模型估计的全尺寸紫外线系统的 E_{EO} 值，以及全尺寸紫外线系统的光学性能和水力性能。利用 $E_{EO,MTBE}$=0.35kWh/(m^3·阶)（MP-UV/H_2O_2）和 $E_{EO,MTBE}$=0.13kWh/(m^3·阶)（LP-UV/H_2O_2）计算了供水量分别为 100 万 gal/d、300 万 gal/d 和 1000 万 gal/d（3785m^3/d、11355m^3/d 和 37850m^3/d）下 UV/H_2O_2 系统的成本，其中中压和低压系统 H_2O_2 投加量均为 15mg/L。投资、运行维护成本和总成本以及成本估算中考虑的假设在 Kommineni 等发表的论文中进行了广泛的介绍和讨论。对于处理规模为 1000 万 gal/d 的水厂，Kommineni 等估算采用 MP-UV/H_2O_2 和 LP-UV/H_2O_2 系统处理的成本分别为 0.41 美元/3.8m^3 水和 0.32 美元/3.8m^3 水，同时，为去除残留 H_2O_2 和 MTBE 降解的副产物，对 AOPs 处理出水进行 BAC 过滤

(EBCT 为 20min)，此工艺段的估算成本额外增加 0.20 美元/3.8m^3 水（详细信息参见文献中的 AwwaRF 项目）。

在杜尼亚的贝汉巴赫特水处理厂，中试试验否定了安装全尺寸 O_3/H_2O_2-UV/H_2O_2 组合高级氧化工艺处理农药和其他微污染物。一组试验是评估单个工艺和组合工艺去除 80%四种探针污染物（阿特拉津、溴酸盐、NDMA 和布洛芬）及控制溴酸盐形成的效率，其试验条件和数据见 Scheideler 等（2011）。对一个规模为 240000m^3/d 的水处理厂在 3 种 AOPs 场景下的处理成本进行估算，计算并比较了投资成本（按 20 年折旧，4%折旧率/年计算）、吨水运行维护成本以及运行维护明细（维护、能耗、H_2O_2、产臭氧用氧气源）。臭氧工艺（2gO_3/5gH_2O_2）的成本最低（约 0.01 欧元/m^3），但该工艺对阿特拉津和 NDMA 的去除率分别只有 58%和<10%。在紫外线能量为 0.26kWh/m^3 和投加 6g/m^3 H_2O_2 的条件下，UV/H_2O_2 工艺可去除 80%以上的 NDMA，但仅能去除 53%的阿特拉津、59%的布洛芬和 50%的除草定，其相关成本约为 0.037 欧元/m^3。提高 EED 到 0.42kWh/m^3 时，4 种污染物的去除率均能达到 80%以上，但成本增加了 60%以上。采用 2g/m^3 O_3、6g/m^3 H_2O_2、0.26kWh/m^3 EED_{UV}的组合 AOP，可以实现四种污染物的处理率在 80%以上，处理成本为 0.044 欧元/m^3，该组合工艺比估算的单独 UV/H_2O_2 工艺运行成本仅高 20%。成本明细显示，每种情况下投资成本占总成本的 20%～25%。在既定的条件下，O_3/H_2O_2 工艺的运行维护成本主要为 H_2O_2（约占 25%）、产 O_3 的 O_2 源（约占 25%）和电耗（约占 20%），而对于 UV/H_2O_2 和 O_3/H_2O_2/UV 等高级氧化工艺，电能是主要成本贡献者（约占 40%），其次是维护成本（约占 25%）；而基于紫外线的工艺中 H_2O_2 相关成本不超过 15%。

Plumlee 等（2014）在概念层面广泛分析了污水回用项目中全尺寸深度处理的相关成本。他们为选定的深度处理单元工艺制定了资本和运行维护成本曲线，以允许在各种处理工艺方案下，在一系列流量范围内，对单位流量进行成本估算。单元工艺包括 MF/UF 膜、NF 或 RO 膜、投加或不投加 H_2O_2 的臭氧工艺、UV/H_2O_2 以及 BAC。他们还简要讨论了作为目标出水水质函数的多种痕量有机污染物的深度处理成本，并估算了能耗和二氧化碳排放量的增加以及向公众转移的相关财务成本等。

2.10 副产物的形成以及减少副产物的策略

任何化学或光化学水处理过程都会产生化学副产物，其性质和产量往往是未知和难以预测的。在 UV/H_2O_2 水处理过程中，副产物可以由目标微污染物、DOM、硝酸盐和/或其他水中组分形成，或者由生成的副产物与水基质和/或添加到水中的化学品（如氯、氯胺、二氧化氯）发生进一步反应形成。副产物的形成和种类受水质、UV/AOP 上游和下游处理工艺、UV/AOP 操作条件、光源特性和 UV/AOP 后消毒措施等控制，即与应用具体情况高度相关。

世界各地司法管辖区的饮用水和直接/间接饮用水用途的再生水法规规定了成品水中

各种化合物和特定类别副产物（如 DBP）的限值含量。行动和通告水平也在起作用，对一些不在监管范围内但未来会考虑被监管的化学物质强制实施监测需求。

化学微污染物的降解中间体由实验室产物研究鉴定。通常，对于给定的水质，基于 LP 和 MP 灯的工艺会产生类似的副产物，然而，它们的相对产量取决于微污染物的浓度和光化学性质。特别是与基于多色辐射的富含硝酸盐的水处理有关的副产物已经在文献中报道，并推测或证明可生成亚硝基和/或硝基衍生物。Postigo 和 Richardson（2014）综述了在用臭氧、UV、UV/H_2O_2、氯、氯胺和 ClO_2 氧化药物期间形成的副产物，重点强调了 DBP 类的副产物。

指令 2013/39/EU 框架政策包括几种农药作为优先控制污染物。S-三嗪的光解和 $^{\bullet}OH$ 引发的氧化被广泛研究（Nick 等，1992；Hessler 等，1993；Beltran 等，1996；Müller 等，1997；Acero 等，2000；Evgenidou 和 Fytianos，2002；Álvarez 等，2016），s-三嗪的脱烷基化和羟基化产物是光解和 $^{\bullet}OH$ 氧化过程的副产物，并且被鉴定为代谢物。

氯化乙烯（1,2-二氯乙烯 DCE、TCE、PCE）既能被光解也容易与 $^{\bullet}OH$ 发生反应。在 TCE 的降解产物中鉴定出了一氯乙酸和二氯乙酸（Haag，1994；Hirvonen 等，1996；Li 等，2004，2007），而 PCE 的降解副产物有二氯乙酸和三氯乙酸（Mertens 和 von Sonntag，1995；Hirvonen 等，1998）。这些酸属于卤乙酸（HAAs），是饮用水中的消毒副产物，其浓度值受限并被监测。氯乙醛也是 PCE 的降解副产物，同时也是二氯乙酸的前体物。由于水中氯化乙烯的浓度非常低，预计通过其降解形成的 HAA 水平是微不足道的。

三氯生是一种广泛用于个人护理品的抗菌化合物，存在于受污水排放影响的地表水中。2,8-二氯二苯并对二噁英（2,8-DCDD）被鉴定为三氯生在暴露于天然或模拟太阳光的水中的光化学副产物（Tixier 等，2002；Latch 等，2003；Latch 等，2005；Kliegman 等，2013）。众所周知，多氯二噁英具有强毒性和致癌性，毒性效应随着氯化程度的增加而增加。辐照三氯生溶液产生的 2,8-DCDD 浓度水平取决于实验条件，产率范围为 1.2%～12%（Latch 等，2003）。虽然氯化二噁英和酚类可以在三氯生及其氯化衍生物的紫外光水处理过程中形成，但由于这些化合物在典型的 AOPs 条件下能有效降解而未在成品水中发现（Gao 等，2014）。

据已发表的文献记载，通过“热”（暗）反应或通过光化学或化学氧化处理从各种化合物形成了 N-亚硝基二甲基胺。Shen 和 Andrews（2011）证实了用氯胺对 20 种药物和个人护理品进行消毒后，形成了 NDMA 的前体物（FP）。所有选择的化合物在其化学结构中含有叔胺基，即 N,N′-二甲基胺部分。以摩尔计，雷尼替丁显示出最高的 NDMA-FP（>80%），而二甲双胍和曲马多具有最低的 NDMA-FP（约为 0.1%）。Sgroi 等（2015）检查了在一个全尺寸的间接饮用水再生水设施中对用 UV/H_2O_2 处理过的 RO 渗透液进行氯胺化时的 NDMA 形成情况，在所有的研究情景中都观察到了 NDMA 的形成（低与高 UV 剂量，投加和不投加 3mg/L H_2O_2）。在全尺寸 NDMA 处理条件下，采用通常 UV 剂量一半的 UV/H_2O_2 工艺较仅采用 UV 工艺增强了 NDMA 的产生。研究报道了在紫外线

剂量达到 $1000mJ/cm^2$ 的条件下，降低了氯胺化和水质稳定后 NDMA 的形成水平。膜污染控制（O_3/MF/RO）的预臭氧化对 NDMA 形成的影响在实验室和中试条件下进行了研究，检测到了高水平的 NDMA（117～227ng/L），臭氧化随后氯胺化处理提高了 NDMA 产率。这可能是由于在深度处理期间形成了 NDMA 前体物。

在最近的一项中试研究中，Li 等（2017）报道了在用 O_3 或 UV/H_2O_2 处理的废水暴露于生物活性炭后，生成了 NDMA。在进入 BAC 柱里用 O_3 处理过的水中观察到了 NDMA 的生成，在进入 BAC 柱里用 UV/H_2O_2 处理过的水中也观察到了 NDMA 的生成，但生成量相对较小。EBCT 在 NDMA 形成中发挥了至关重要的作用，在短于 12～16min 的 EBCT 内未观察到 NDMA，但是在较长的 EBCT（例如，20min）下始终能形成 NDMA。Li 等考查了 BAC 柱里微生物种群并解释了 NDMA 生成趋势的观察结果，他们认为在较短的 EBCT 下亚硝酸盐被氧化，顺着水流方向 BAC 中硝酸盐含量增加；而在较长的 EBCT 中由于氮循环和微生物种类和活性的相互影响，有利于亚硝化反应，从而使得 NDMA 增加。

Zeng 等（2016）考查了美国 5 个全尺寸深度处理水厂沿着饮用目的的再生水处理流程（MF 后、RO 后和 AOPs 后）及其管网水系统中 9 种 N-亚硝胺和 32 种卤化 DBPs 的发生和形成，32 种卤化 DBPs 包括氯代和溴代 THMs、I-THMs、HAAs、卤代酮、卤代乙腈、卤代乙醛、卤代乙酰胺和三氯硝基甲烷等。用于膜污染控制的氯胺化处理，会使 MF 后出水中的 DPBs 略有增加。NDMA、N-亚硝基吡咯烷和 N-亚硝基吗啉含量分别在 4.5～1020ng/L、<2～17ng/L 和 2.7～39ng/L 范围内。RO 膜可以去除大部分 DBPs，使其浓度低于检测方法限值，NDMA 浓度可降至 2～490ng/L。UV/H_2O_2 工艺使所有亚硝胺的浓度降低到 2ng/L 以下，并去除了大部分通过 RO 膜的 DBPs，而氯仿是被去除最少的 DBPs，其浓度水平为 4～8.7μg/L。

文献中广泛研究和报道了 UV/H_2O_2 AOP 对 UV/AOP 后续进行氯化后与 DBPs 形成相关的 DOM 组成和性质的影响，以及对生物降解性增加的影响。研究表明，通常 DBPs 由疏水的非极性天然有机物（NOM）部分形成。Wang 等（2017）提供了关于 DBP 形成潜力和 NOM 分子组成之间相关性的新证据。饮用水中 DBP 的标准因司法管辖区不同而各异。

Sarathy 和 Mohseni（2010）研究了 UV/H_2O_2 对 NOM 芳香性和疏水性的影响，以及由于 AOP 诱导的 NOM 转化导致的 DBP-FP 的变化。将地表原水（TOC 为 2.53mg/L；$T_{254nm,1cm}$为 81%）不经处理直接通过 DAX-8 树脂的水样（TOC 为 1.16mg/L；$T_{254nm,1cm}$为 95%）进行 UV/H_2O_2 处理，UV 剂量为 500～$2000mJ/cm^2$，H_2O_2 投加量为 15mg/L，在所有条件下均未出现 DBP-FP 增加的现象，而芳香性物质减少，亲水性物质增多。Sarathy 等（2011）利用 LP 和 MP 紫外线反应器，采用 UV/H_2O_2-BAC 工艺，以 UV 剂量和灯类型为变量函数，研究了水中 TOC、%T、THM-FP、甲醛和乙醛浓度以及 BDOC 的变化。实验的初始 H_2O_2 浓度保持恒定在 10mg/L。结果表明，有色可溶解有机物（CDOM）和芳香取代物显著减少，在施加的最大 UV 剂量（$880mJ/cm^2$）下，THM-FP

略有增加（约 14μg/L），BDOC 增加 4 倍。后续的 BAC 过滤（20min EBCT）去除了残留的 H_2O_2 和 BDOC，并分别去除了最高达 60%的 THM-FP 和 75%的 HAA-FP。

Dotson 等（2010）研究了从大辛辛那提水厂（GCWW）全尺寸水处理设施收集的水样中 THM、HAAs 和总有机卤化物（TOX）的生成情况。实验利用 LP 或 MP 紫外灯准平行光仪，紫外线剂量为 500mJ/cm^2 和 1000mJ/cm^2，投加 5mg/L 或 10mg/L H_2O_2 对水样进行处理，数据显示，在紫外线剂量为 1000mJ/cm^2 和 H_2O_2 为 10mg/L 条件下，LP 和 MP 系列中总 THM 分别增加高达 30μg/mg-C 和 20μg/mg-C。在相同条件下，在 LP 灯照射下 9 种 HAA 增加了约 12～17μg/mg-C 且 TOX 大幅增加，在 MP 灯照射下没有观察到 HAA 的变化，且 TOX 没有增加或仅有微小增加。Metz 等（2011）在 GCWW 处理厂进行了为期一年的中试研究，研究利用 MP 和 LP 紫外线反应器，评估不同的 DOM 组成和 TOC 含量的两种水厂工艺出水（常规和 GAC 处理）在经 UV/H_2O_2 工艺处理过程中 DBP 的形成，实验利用 3d 的模拟管网以测定 DBP 的形成，实验设定 H_2O_2 投加量为 10mg/L 和阿特拉津去除率为 80%。结果显示，经 UV/H_2O_2 工艺处理后，THM-FP 大幅增加，增加幅度为 20%～118%，而经 GAC 过滤后再进行 UV/H_2O_2 工艺处理，则 THM-FP 增加较少。

与上述报道不同，Toor 和 Mohseni（2007）的研究表明，在 LP-准平行光仪和过流式环形反应器中，当紫外线剂量高达 3350mJ/cm^2 和 H_2O_2 浓度为 4～23mg/L 时，经过和未经过 UV/H_2O_2 处理的地表原水中的 THM-FP 数据无统计学差异。而当紫外线剂量高达 1500mJ/cm^2 时，投加 23mg/L H_2O_2 观察到了 HAA-FP 的微小增加，当施加更高的 UV 剂量时，HAA-FP 含量下降到低于未处理前的含量水平。此外，UV/H_2O_2 处理水再经 BAC 过滤后，DBP-FP、TOC 和%T_{254nm}都显著降低。

Guo 等（2016）通过对从上海饮用水处理厂采集的水样进行氯胺化处理，研究了紫外线剂量（0～1700mJ/cm^2）、pH、硝酸盐和溴化物对 DBP-FP 生成的影响。实验分别采用了 LP 和 MP 紫外照射并进行比较，详细信息在发表的文献中给出，总体结论是 MP 紫外照射比 LP 紫外照射能产生更多的 DBPs，尤其是 N-DBP（HANs 和 HNMs）。另一方面，Chu 等（2014）指出，单独采用 $UV_{253.7nm}$（19.5～585mJ/cm^2）和单独采用 H_2O_2（2～20mg/L）都没有显著改变总卤代酰胺类副产物（HAMs），而在 UV 剂量为 585mJ/cm^2、H_2O_2 投加量为 10mg/L 的 UV/H_2O_2 工艺下，控制了饮用水中 HAMs 和其他几种 N-DBPs 的形成。

Lyon 等（2014）描述了消毒剂对从一家水处理厂收集的 MP-UV 处理过的水样中的副产物类型及其浓度的影响以及 DOM 荧光性质与 DBP 形成之间的相关性。对氯化处理后的环境水和用 10mg/L 硝酸盐修正的水，在 UV 剂量为 1000mJ/cm^2 下，4 种 THMs 增加约 37%，水合醛类增加了近 4 倍；在氯胺化处理条件下，THMs 没有变化。在 UV 剂量为 1000mJ/cm^{2}照射下，氯胺化处理后产生了非常低浓度的氯化氰（0.8～1.9μg/L）。

NOM 生物降解性的增加可能导致管网系统中因消毒剂余量不足而出现细菌生长。Bazri 等（2012）研究了 $UV_{253.7nm}$/(10mg/L) H_2O_2 工艺对分子量分布和生物稳定性的影响。当 UV 剂量增加至 2000mJ/cm^2 时，两种天然水（5mg/L 和 10mg/L TOC）中的可同化有机碳（AOC）和 BDOC 均出现增加。Sarathy 和 Mohseni（2009）研究发现，经 $UV_{253.7nm}$/(20mg/L) H_2O_2 处理后的地表原水和过滤（超滤）的地表原水，其可生物降解的有机化合物，特别是甲醛和乙醛的量增加，且在 UV 剂量为 1500mJ/cm^2 的条件下，处理后的地表原水和过滤的地表原水中分别有 15%和 27%的 NOM 被矿化。Toor 和 Mohseni（2007）研究了加拿大不列颠哥伦比亚省温哥华地区用作饮用水水源的地表水经 $UV_{253.7nm}$/H_2O_2 处理后，NOM（约 1.9mg/L TOC）的生物降解性，在 AOP 中投加 20mg/L H_2O_2，AOC 从 62μg/L（水源水）增加至 100μg/L（处理水），AOP 处理水经 BAC 过滤后（8.2min EBCT）AOC 降低至水源水 AOC 含量水平；BDOC 变化趋势与 AOC 类似，从未处理水中的 TOC 为 7%增加到处理后样品中 TOC 为 45%，经 BAC 过滤后又降低至 TOC 为 22%。

许多水厂采用氯化工艺处理 UV/H_2O_2 工艺残留的 H_2O_2，这些 UV-AOP 大多数为控制季节性嗅味物质。Keen 等（2013）研究了各种 H_2O_2 消解剂，研究表明，氯化处理残留的 H_2O_2 可能会导致 DBP 有所增加。Batterman 等（2000）发现，采用氯化消解残留的 H_2O_2 产生的 DBPs 比同样的水不投加 H_2O_2 而进行氯化处理产生的 DBPs 少。

Wang 等（2015b）比较了在康沃尔（加拿大安大略省）净水厂采用 UV/氯和 UV/H_2O_2 两种工艺去除 GSM 和 2-MIB 的特性，还检测了 THMs、HAA9、HANs、HKs、三氯硝基甲烷、可吸附有机卤化物（AOX）、无机 DBPs 等不同类别的 DBPs。试验恒定 UV 剂量约为 1800mJ/cm^2，改变 H_2O_2 剂量和 pH，测定短时间（最多 1min）和长时间（24h）余氯浓度为 6.5mg/L Cl_2（相当高）的氯化对 DPBs 的影响。在任何测试的 UV/H_2O_2 运行条件下，短氯化时间下 DBPs 几乎没有增加。在反应 24h 后，处理样品中 THMs 和 HAAs 浓度相对于未处理水中的 THMs 和 HAAs 均有所增加，但是不超过美国环保署规定的 80μg/L 的 THM 标准，但略微超过 60μg/L 的 HAA 标准。在 24h 氯化处理样品中，HANs 增加 8μg/L，而 AOX 变化微不足道。

Civardi 和 Lucca（2012）在 Neshaminy Faus（美国宾夕法尼亚州）水处理厂开展的全尺寸嗅味物质可处理性试验表明，UV/H_2O_2 工艺与传统化学处理工艺（双介质过滤/氯化（气体）/氯胺化）在 HAAs 和 THMs 的直接生成方面没有统计学上的显著差异。Royce 和 Stefan（2005）讨论了使用 TrojanUVSwift™ 16L30 反应器进行 2-MIB 和 GSM 处理的全尺寸研究结果，测试了处理量高达 600 万 gal/d（22710m^3/d）、H_2O_2 剂量从 0 到 11mg/L 试验条件下的相关数据，分析了几个样品组在 UV/H_2O_2 处理前后 DBPs AOC 和溴酸盐的变化，结果表明，UV-AOP 使 THM 和 HAA 含量分别平均降低 25%和 12%，没有形成溴酸盐，而未经处理和处理的样品的 AOC 没有来自商业实验室的相关统计数据。在实验室小试、中试和水厂实际应用的全尺寸 AOPs 条件下得到的副产物数据存在差异，这提醒人们要提高对从不同实验装置中得到的数据进行仔细解释和谨慎推断的意识。

美国环境保护署饮用水标准中亚硝酸根（NO_2^-）的标准为 1mg/L（以 N 计）（或 3.0mg/L，以 NO_2^- 计），而欧盟标准为 0.03mg/L（以 N 计）（0.1mg/L，以 NO_2^- 计）。

一些地表水受到高硝酸盐（NO_3^-）水平的影响，从而，在紫外线和基于 UV/H_2O_2 工艺处理中，亚硝酸盐可以作为硝酸盐光解副产物产生。因此，考虑本章前面讨论的亚硝酸盐对 UV/H_2O_2 工艺性能的影响时，也需要法规方面的考量，特别是在 NO_2^- 标准更为严格的欧盟地区。硝酸盐和亚硝酸盐光解产生中间自由基，其可与水基质中存在的有机化合物反应，形成亚硝基和硝基衍生物，其中一些是潜在的诱变和遗传毒性化合物。如果在 UV 或 UV/H_2O_2 工艺中形成亚硝酸盐，则其在后续的氯化处理或 BAC 过滤中会被快速去除。

Sharpless 和 Linden（2001）研究了形成亚硝酸盐的硝酸盐光解与 DOC、碱度水平、pH 以及由 LP 或 MP 灯提供的 UV 剂量的关系。他们得出结论，仅在一种情况下（5mg/L DOC，pH=8，UV 剂量为 300mJ/cm^2），NO_2^- 超过了美国环保署标准约 10%。Semitsoglou-Tsiapou 等（2016a）检测了暴露于准平行光仪 253.7nm 紫外光辐射下，含有 50mg/L 硝酸盐的合成水样中亚硝酸盐的形成情况，研究了 NOM 来源和浓度，以及 UV 剂量（0～2100mJ/cm^2）和 H_2O_2 浓度（0mg/L、10mg/L、25mg/L 和 50mg/L）对亚硝酸盐产率的影响。他们指出，对含有 50mg/L NO_3^- 的水进行 LP-UV/H_2O_2 处理（UV 剂量>1500mJ/cm^2 和 H_2O_2 剂量>10mg/L）时，NO_2^- 可能会超过欧盟标准。

从硝酸盐光化学角度来看，采用 MP-UV/H_2O_2 处理富含硝酸盐的水比采用 LP-UV/H_2O_2 处理会产生更多的亚硝酸盐（Lekkerkerker-Teunissen 等，2013；Hofman-Caris 等，2015b；Kruithof 等，2007），且在 UV/H_2O_2 工艺之后检测到产生的亚硝酸盐超过了欧盟标准。BAC 过滤后可以去除亚硝酸盐，但是采用新的 GAC 时亚硝酸盐是有问题的，特别是在低温条件下（Kruithof 等，2007；Martijn 和 Kruithof，2012）。

水处理中硝酸盐的光化学作用引起了人们对含氮活性物质与水基质成分之间潜在反应导致有害副产物生成的关注。一氧化氮（NO）和二氧化氮（NO_2）属于这类活性物质，文献中综述了涉及这些物质已被人所知的亚硝化和硝化反应（例如，Williams，2004）。有研究报道了含有硝酸盐或亚硝酸盐的水在暴露于 UV 时，芳香族探针化合物（苯酚、儿茶酚、萘）的硝化和亚硝化作用（例如，Vione 等，2005；Machado 和 Boule，1995）。另外，土壤和水生 NOM 对亚硝化的敏感性也为人所知。

Heringa 等（2011）评估了经 UV/H_2O_2 处理（MP-灯反应器）和 GAC/BAC 过滤后地表水的遗传毒性。从三个不同地点的中试或全尺寸设备中收集水样，即 Dunea 的 Bergambacht 水厂（荷兰）、Greater Cincinnati 水厂（OH，美国）和 Andijk 水厂（荷兰）。文献提供了水源和水质参数以及测试条件的详细描述。彗星实验数据显示，在测定的任何样品中均未观察到基因毒性反应。对于所有采样点样品经 UV/H_2O_2 处理后，在鼠伤寒沙门氏菌 TA98 菌株中 Ames Ⅱ试验显示阳性。经 BAC 过滤后，诱变活性被完全去除。在这项工作之后，许多研究聚焦于水质和 AOPs 条件对处理水的致突变活性的影响，并强调了 BAC 过滤去除致突变活性的有效性。Lekkerkerkek-Teunissen 等（2013）在中试规模（Dunea 水厂，荷兰）条件下，比较了利用 3 种不同的紫外灯，采用 UV/H_2O_2 工艺处理地表水后基因毒性（彗星实验）和致突变性（Ames Ⅱ试验）的变化，3 种紫外灯即 MP、LP 和 DBD（发射波长约 240nm）。结果显示，彗星实验没有响应，但是在 MP、LP 和

DBD紫外灯反应器中用UV/H_2O_2 处理的所有样品的Ames Ⅱ测试均为阳性。该实验水中含有约15mg/L硝酸盐和4mg/L TOC。在类似的UV剂量辐射下（但计算的光谱功率分布不同），LP和DBD紫外灯反应器处理后水的阳性反应孔数比MP紫外灯反应器的数量少。

在第2.9.3节中简要描述了北荷兰PWN供水公司运营的Andijk水厂和Heemskerk水厂的情况，两个水厂均采用MP-UV/H_2O_2 后续加BAC过滤处理工艺。PWN对其水厂实施的工艺流程（包括MP-UV/H_2O_2 AOP）进行了深入研究，其研究成果分散报道在科学活动和期刊出版物中。Martijn和Kruithof（2012）研究了从两个全尺寸应用水厂中收集的样品中亚硝酸盐生成和Ames Ⅱ试验响应情况。随着EED的增加，亚硝酸盐产量增加；且MP灯用高纯度石英套管比用天然熔融石英（214石英）的情况下亚硝酸盐产量更高。样品中硝酸盐含量为9mg/L。经过常规混凝/砂滤后，Ames Ⅱ（有和没有代谢活化的TA98菌株，即+S9和−S9）响应有微小增加，但经MP-UV/H_2O_2 处理后菌株TA98-S9出现显著响应（约540mJ/cm^2，Andijk水厂），而菌株TA98+S9中的响应低得多。BAC（30min EBCT）过滤样品中的致突变性水平与阴性对照反应相当。从Heemskerk水厂收集的样品显示，从第一个到第五个MP反应器处理出来的样品，其采用Ames Ⅱ测试响应逐渐增加，然后经BAC（9min EBCT）过滤后的样品其菌株TA98−S9的响应降低，而从沙丘渗透流出的样品的响应非常小。实验观察到，阳性孔数与亚硝酸盐产量之间呈线性相关性。在含有和不含有硝酸盐的NOM溶液经辐射处理后，其初步Ames Ⅱ测定显示，在不含有NO_3^- 时没有响应，而在含有NO_3^- 的样品中菌株TA98±S9中均显示出显著响应。Martijn和Kruithof强调，经MP-UV/H_2O_2 处理的样品在经典Ames试验下未观察到实验反应。进一步的研究（Martijn等，2014）支持了早期的研究结果，并且揭示，表征良好的NOM（IHSS Pony Lake NOM）溶液在相对于矿泉水来说没有NO_3^- 的情况下，经MP-UV（含有或不含有H_2O_2）处理后其Ames Ⅱ试验（TA98-S9）基本没有反应，而在有NO_3^- 存在的情况下，出现大量的阳性孔数。在苯酚存在下进行的实验表明，通过硝酸盐光解产生的N_xO_y 活性物质与芳族化合物反应形成2-硝基苯酚和4-硝基苯酚及4-硝基儿茶酚。在含有IHSS Pony Lake NOM的合成水样中，采用稳定同位素^{15}N标记的硝酸盐进行更深入的研究，利用高分辨率质谱分析技术鉴定了84种不同的含N副产物，并在离子化模式下以灭草松-d_6 和阿特拉津-d_5 为内标物进行了定量分析（Kolkman等，2015）。在这84种化合物中，有22种在全尺寸MP-UV/H_2O_2 处理的水中被检出，包括4-硝基苯酚、4-硝基儿茶酚和2-甲氧基-4,6-二硝基苯酚。有学者研究使用基于已知致癌物（4-硝基喹啉氧化物，4-NQO）进行初步风险评估的方法来表达经UV/H_2O_2 处理的水的遗传毒性效应（Martijn等，2015；Martijn等，2016），测定了经全尺寸MP-UV/H_2O_2 处理的水的4-NQO当量浓度为107ng/L，因此Martijn等认为，如果将这个水未经后续深度处理而直接供应给消费者，会存在安全隐患。Martijn等（2015）的研究表明，采用IX-MF对地表水进行预处理后，可以降低有机物含量和硝酸盐水平，显著降低Ames Ⅱ试验响应以及经MP-UV和MP-UV/H_2O_2 处理水样中的4-NQO当量浓度。该团队已发表的所有关于副产物（包括致突变性）研究的关键信息是，UV/H_2O_2 工艺是主消毒和化学污染物的可靠屏障，为了减少副产物的生成，应采取涉及 UV 工艺前、UV 工艺后的综合处理方法。

一些研究考查了各种微污染物的生物活性（毒性、致突变性和/或遗传毒性、激素性等），这些微污染物包括在各种水基质中用各种处理工艺处理后的饮用水标准中规定的化合物和新兴污染物。大部分研究是在污染物浓度远大于实际水源中检测到的浓度下进行的，例如研究采用 mg/L 级别而实际水体浓度在 μg/L 和 ng/L 级别，并且通常在与实际水处理无关的工艺条件下进行，例如，$[H_2O_2] \gg 10mg/L$ 和极其高的紫外线剂量。

N-亚硝胺被认为是致癌的环境污染物。Wagner 等（2012）比较了 5 种亚硝胺在沙门氏菌菌株 YG7108 和哺乳动物细胞中的遗传毒性。亚硝胺类可以通过直接光解有效地从水中去除，一些亚硝胺类（例如，NDPA、NPYR、NDPhA）以接近扩散控制的速率与 ·OH反应。Mestankova 等（2014）使用 3 种鼠伤寒沙门氏菌菌株（TA98、TAMix 和 YG7108）进行了 Ames 试验（其中 YG7108 菌株对亚硝胺敏感），对这些亚硝胺类物质经直接光解和·OH 诱导产生的降解物质的致突变性趋势进行了监测。NDMA、NDEA、NDPA 和 NPYR 在直接光解下，其在菌株 YG7108 中的特异性诱变活性得以去除。然而，在没有代谢活化（S9）的情况下，NDPA 和 NPYR 在·OH 诱导过程中引发的降解产物，在特定菌株 YG7108 和 TAMix 中的致突变性出现增加。未发现 NDPhA 具有致突变性，但其经光解后产生了诱变副产物，在菌株 TA98 中显示阳性反应。在另一项研究中，Mestankova 等（2016）考查了来自美国环保署 CCL3 中 $k_{\cdot OH} > 5 \times 10^8 L/(mol \cdot s)$ 的 23 种有机化合物的致突变性和雌激素性，并测定了它们与·OH 和 O_3 反应生成的降解副产物（在他们的方法中发现 $UV_{253.7nm}$ 光解只对少数化合物存在相关问题）。其中，评估致突变性采用沙门氏菌菌株 TA98 和 TAMix 及±S9 的 Ames 试验，而雌激素性评估则采用重组酵母雌激素筛选（YES）试验。大多数被考查的化合物氧化后生物活性降低，且处理后没有形成任何形式的致突变性和/或雌激素性物质。在 CCL3 上列出的下列污染物在氧化时发现诱变活性增加：硝基苯（·OH，光解）、苯胺和 NDPhA（光解）、喹啉（·OH，O_3）、甲胺磷、NPYR 和 NDPA（·OH）；而对于雌激素活性仅发现喹啉（·OH）有所增加。

水生环境的广泛污染是一个无可争议的现实，微污染物的生态毒性得到了证实。许多已发表的研究也强调地表水中诱变物的存在并对其进行了评估（Ohe 等，2004）。Richardson等（2007，2008）对监管范围内和新兴 DBPs 的产生及其遗传毒性和致癌性进行了全面评估，并指出存在的差距和未来的研究需求。毫无疑问，关于水处理技术对饮用水质量影响的研究是非常宝贵的信息来源，应采取一切可能的措施保障饮用水水质和保护环境。然而，采用对从浓缩水样获得的基因毒性和致突变性数据的解读对实际水基质进行风险评估的完整性和复杂性极具挑战，目前仍在探索中。单一生物测定不能代表环境样品的混合物生物活性，因此，开发了代表不同作用模式的具有多终点的体外生物测定电池（Escher 等，2008；Escher 等，2012；Jia 等，2015）。Jeong 等（2012）发表了首个将哺乳动物细胞（中国仓鼠卵巢细胞、CHO 细胞）的定量体外毒理学数据（慢性细胞毒性和急性遗传毒性）与分析化学数据和饮用水 DBPs 的人类流行病学记录相结合的研究。该研究涵盖了 5 个欧洲国家的 11 座饮用水水厂，研究发现，慢性哺乳动物细胞的细胞毒性与鉴定出的 DBP 的数量和浓度之间存在非常好的相关性。遗传毒性反应与分析数据相关性不是很好，这可能是由于未知的 DBP 或其他水里未识别的有毒性污染物的干扰所造成的。

2.11 未来的研究需求

从 1910 年第一个大型紫外线装置落地安装，用于对法国鲁昂郊区的水厂进行消毒以来，基于紫外光的工艺在消毒和污染物处理方面取得了巨大的科技进步，这些进步通过以下方面的知识获取得以实现：病原体、化学微污染物和水体光化学与化学、紫外灯和电源供应开发、UV 反应器设计、工程化和实施复杂的控制算法、预测紫外线系统水动力学和辐射分布以及处理性能的强大的理论模型、对水处理工艺流程中紫外线技术集成的更好了解等。

鉴于 UV/H_2O_2 工艺在去除水中范围广泛的污染物方面被证明是有效的，预计其在水处理厂中的应用将会增长。这一工艺的研究机会也将在各个领域不断发展和多样化，其中包括用于污染物或污染物替代品“指纹”监测的在线传感器以作为工艺性能控制的手段；实时确定$^{\bullet}$OH 水背景需求及其对工艺控制算法的输入；了解水中组分的光化学和化学性质对 UV/H_2O_2 工艺性能的影响；“原位”或现场制备 H_2O_2；关于饮用水法规范围内微污染物的产品研究；副产物的形成及其经济、可靠和环境友好型的减少策略；用于预测 $k_{\bullet OH}$、降解机制和副产物形成的可靠计算工具；用于评估整体水毒性/致突变性/遗传毒性的敏感的生化工具/测试软件的开发；UV/H_2O_2 工艺与上游/下游工艺之间的协同作用以及整合工艺的优化；生命周期可持续性分析等。

2.12 致谢

本章作者非常感谢 Silvio Canonica 博士提供图 2-3 的原始图纸，感谢 Cort Anastasio 博士提供图 2-6 的原始图表、Wols 博士和 Hofman Caris 博士提供图 2-9 和动态模型数据、Changha Lee 博士提供图 2-13 的原始图纸、Shane Snyder 博士提供图 2-15 的文件、Jens Scheideler 先生提供图 2-19 的高分辨率图像、Yunho Lee 博士提供图 2-21 的原始数据，以及 Sarah Brown 女士提供本章插入的 Trojan Technologies UV 系统的高分辨率图像。

2.13 参考文献

Acero J. L., Stemmler K. and von Gunten U. (2000). Degradation kinetics of atrazine and its degradation products with ozone and OH radicals: a predictive tool for drinking water treatment. *Environmental Science and Technology*, **34**, 591–597.

Acero J. L., Haderlein S. B., Schmidt T. C., Suter M. J. F. and von Gunten U. (2001). MTBE oxidation by conventional ozonation and the combination ozone/hydrogen peroxide: efficiency of the processes and bromate formation. *Environmental Science and Technology*, **35**(21), 4252–4259.

Aflaki R., Hammond S., Tag Oh S., Hokanson D., Trussell S. and Bazzi A. (2015). Scaling-up step-by-step and AOP investment decision. *Proceedings of the Water Environment Federation's Technical Exhibition and Conference (WEFTEC)*, September 26–30, Chicago, IL, USA.

Afzal A., Oppenländer T., Bolton J. R. and Gamal El-Din M. (2010). Anatoxin-a degradation by advanced oxidation processes: vaccum-UV at 172 nm, photolysis using medium pressure UV and UV/H_2O_2. *Water Research*, **44**, 278–286.

Agus E., Lim M. H., Zhang L. and Sedlak D. (2011). Odorous compounds in municipal wastewater effluent and potable water reuse systems. *Environmental Science and Technology*, **45**, 9347–9355.

Ahel M., Scully F. E. Jr., Hoigné J. and Giger W. (1994). Photochemical degradation of nonylphenol and nonlyphenol polyethoxylates in natural waters. *Chemosphere*, **28**, 1361–1368.

Alfassi Z. B. (ed.) (1997). The Chemistry of Free Radicals: Peroxyl Radicals. John Wiley & Sons, New York, NY, USA, pp. 1–18; 19–26; 27–48; 173–234; 407–438; 439–456; 483–506.

Allmand A. J. and Style D. W. G. (1930). The photolysis of aqueous hydrogen peroxide solutions. Part I. Experimental methods. *Journal of Chemical Society*, 596–606; Part II. Experimental results. *ibid*., 606–626.

Alpert S. M., Knappe D. R. U. and Ducoste J. J. (2010). Modeling the UV/Hydrogen peroxide advanced oxidation process using computational fluid dynamics. *Water Research*, **44**, 1797–1808.

Álvarez P. M., Quinõnes D. H., Terrones I., Rey A. and Beltrán F. J. (2016). Insights into the removal of terbutylazine from aqueous solution by several treatment methods. *Water Research*, **98**, 334–343.

Amine-Khodja A., Boulkamh A. and Boule P. (2004). Photochemical behavior of phenylurea herbicides. *Photochemical and Photobiological Sciences*, **3**, 145–156.

Appleman T. D., Higgins C. P., Quinones O., Vanderford B. J., Kolstad C., Zeigler-Holady J. C. and Dickenson E. R. V. (2014). Treatment of poly- and perfluoroalkyl substances in U.S. full-scale water treatment systems. *Water Research*, **51**, 246–255.

Armbrust K. L. (2000). Pesticide hydroxyl radical rate constants: measurements and estimates of their importance in aquatic environment. *Environmental Technology and Chemistry*, **19**(9), 2175–2180.

Armstrong F. A. J. (1963). Determination of nitrate in water by ultraviolet spectrophotometry. *Analytical Chemistry*, **35**(9), 1292–1294.

Ashton, L., Buxton G. V. and Stuart C. R. (1995). Temperature dependence of the rate of reaction of OH with some aromatic compounds in aqueous solution. *Journal of Chemical Society Faraday Transactions*, **91**(11), 1631–1633.

Asmus K.-D., Cercek B., Ebert M., Henglein A. and Wigger A. (1967). Pulse radiolysis of nitrobenzene solutions. *Transactions of Faraday Society*, **63**, 2435–2441.

Asmus K.-D., Möckel H. and Henglein A. (1973). Pulse radiolytic study of the site of OH radical attack on aliphatic alcohols in aqueous solution. *Journal of Physical Chemistry*, **77**(10), 1218–1221.

Atkinson R. (1987). A structure-activity relationship for the estimation of rate constants for the gas-phase reactions of OH radicals with organic compounds. *International Journal of Chemical Kinetics*, **19**, 799–828.

Autin O. (2012). Micropollutant Removal by Advanced Oxidation Processes. PhD thesis, Cranfield University, Cranfield, UK.

Autin O., Hart J., Jarvis P., MacAdam J., Parsons S. A. and Jefferson B. (2012). Comparison of UV/H_2O_2 and UV/TiO_2 for the degradation of metaldehyde: kinetics and the impact of background organics. *Water Research*, **46**(17), 5655–5662.

Autin O., Romelot C., Rust L., Hart J., Jarvis P., MacAdam J., Parsons S. A. and Jefferson B. (2013). Evaluation of a UV-light emitting diodes unit for the removal of micropollutants in water for low energy advanced oxidation processes. *Chemosphere*, **92**, 745–751.

AwwaRF (2007). Removal of EDCs and Pharmaceuticals in Drinking and Reuse Treatment Processes. Project #2758.

Awwa Research Foundation, Denver, CO, USA.
Ayoub K., van Hullebusch E. D., Cassir M. and Bermond A. (2010). Application of advanced oxidation processes for TNT removal: a review. *Journal of Hazardous Materials*, **178**, 10–28.
Baeza C. and Knappe D. R. (2011). Transformation kinetics of biochemically active compounds in low-pressure UV photolysis and UV/H_2O_2 advanced oxidation processes. *Water Research*, **45**, 4531–4542.
Bahnmüller S., Loi C. H., Linge K. L., von Gunten U. and Canonica S. (2015). Degradation rates of benzotriazoles and benzothiazoles under UV-C irradiation and the advanced oxidation process UV/H_2O_2. *Water Research*, **74**, 143–154.
Balci B., Oturan M. A., Oturan N. and Sirés I. (2009). Decontamination of aqueous glyphosate, (aminomethyl) phosphonic acid, and glufosinate solutions by electro-Fenton-like process with Mn^{2+} as the catalyst. *Journal of Agricultural and Food Chemistry*, **57**, 4888–4894.
Baranda A. B., Fundazuri O. and Martínez de la Maranón I. (2014). Photodegradation of several triazinic and organophosphoric pesticides in water by pulsed light technology. *Journal of Photochemistry and Photobiology A: Chemistry*, **286**, 29–39.
Barbosa M. O., Moreira N. F. F., Ribeiro A. R., Pereira M. F. R. and Silva A. M. T. (2016). Occurrence and removal of organic micropollutants: an overview of watch list of EU Decision 2015/495. *Water Research*, **94**, 257.
Baxendale J. H. and Wilson J. A. (1957). The photolysis of hydrogen peroxide at high light intensities. *Transactions of the Faraday Society*, **53**, 344–356.
Bazri M. M., Barbeau B. and Mohseni M. (2012). Impact of UV/H_2O_2 advanced oxidation treatment on molecular weight distribution of NOM and biostability of water. *Water Research*, **46**, 5297–5304.
Beem Benedict K., McFall A. S. and Anastasio C. (2017). Quantum yield of nitrite from aqueous nitrate above 300 nm. *Environmental Science and Technology*, **51**(8), 4387–4395.
Beer A. (1852). Bestimmung der Absorption des rothen Lichts in farbigen Flüssigkeiten (Determination of the absorption of red light in colored liquids). *Annalen der Physik und Chemie*, **86**, 78–88.
Beltran F. J., Gonzales M., Rivas J. and Marin M. (1994). Oxidation of mecoprop in water with ozone and ozone combined with hydrogen peroxide. *Industrial and Engineering Chemistry Research*, **33**, 125–136.
Beltran F. J., Gonzales M., Rivas J. F. and Alvarez P. (1996). Aqueous UV radiation and UV/H_2O_2 oxidation of atrazine first degradation products: deethylatrazine and deisopropylatrazine. *Environmental and Toxicological Chemistry*, **15**(6), 868–872.
Beltran-Heredia J., Benitez F. J., Gonzalez T., Acero J. L. and Rodriguez B. (1996). Photolytic decomposition of bentazone. *Journal of Chemical Technology and Biotechnology*, **66**, 206–212.
Benitez F. J., Acero J. A., Real F. J. and Roman S. (2004). Oxidation of MCPA and 2,4-D by UV radiation, ozone, and the combinations UV/H_2O_2 and O_3/H_2O_2. *Journal of Environmental Science and Health. Part B-Pesticides, Food Contaminants, and Agricultural Wastes*, **B39**, 393–409.
Benitez F. J., Real F. J., Acero J. L. and Garcia C. (2006). Photochemical oxidation processes for the elimination of phenyl-urea herbicides in waters. *Journal of Hazardous Materials*, **B138**, 278–287.
Benitez F. J., Acero J. L., Real F. J., Roldan G. and Rodriguez E. (2013a). Photolysis of model emerging contaminants in ultra-pure water: kinetics, by-product formation and degradation pathways. *Water Research*, **47**, 870.
Benitez F. J., Acero J. L., Real F. J. and Roldan G. (2013b). Modeling the photodegradation of emerging contaminants in waters by UV radiation and UV/H_2O_2 system. *Journal of Environmental Science and Health. Part A*, **48**, 120–128.
Bielski B. H. J., Cabelli D. E., Arudi R. L. and Ross A. B. (1985). Reactivity of HO_2/O_2^- radicals in aqueous solution. *Journal of Physical Chemistry Reference Data*, **14**(4), 1041–1100.
Bircher K. G. (2015). Calculating UV dose for UV/AOP reactors using dose/log as a water quality metric. *IUVA News*, **17**(2), 19–24.
Bohrerova Z., Bohrer G., Mohanraj S. M., Ducoste J. and Linden K. G. (2005). Experimental measurements of fluence rate distribution in a UV reactor using fluorescent microspheres. *Environmental Science and Technology*, **39**, 8925–8930.
Bolton J. R. and Linden K. G. (2003). Standardization of methods for fluence (UV dose) determination in bench-scale UV experiments. *Journal of Environmental Engineering*, **129**(3), 209–215.
Bolton J. R. and Stefan M. I. (2002). Fundamental photochemical approach to the concepts of fluence (UV dose) and electrical energy efficiency in photochemical degradation reactions. *Research on Chemical Intermediates*, **28**(7–9), 857–870.
Bolton J. R., Bircher K. G., Tumas W. and Tolman C. A. (1996). Figures-of-merit for the technical development and application of advanced oxidation processes. *Journal of Advanced Oxidation Processes*, **1**(1), 13–17.
Bolton J. R., Bircher K. G., Tumas W. and Tolman C. A. (2001). Figures-of-merit for the technical development and application of advanced oxidation technologies for both electric- and solar-driven systems. *Pure and Applied*

Chemistry, **73**(4), 627–637.
Bolton J. R., Mayor-Smith J. and Linden K. G. (2015). Rethinking the concepts of fluence (UV dose) and fluence rate: the importance of photon-based units – a systemic review. *Photochemistry and Photobiology*, **91**(6), 1252–1262.
Bordeleau G., Martel R., Ampleman G. and Thiboutot S. (2013). Photolysis of RDX and nitroglycerin in the context of military training ranges. *Chemosphere*, **93**, 14–19.
Boreen A. L., Arnold W. A. and McNeill K. (2003). Photodegradation of pharmaceuticals in the aquatic environment. A review. *Aquatic Sciences*, **65**, 320–421.
Boreen A. L., Arnold W. A. and McNeill K. (2004). Photochemical fate of sulfa drugs in the aquatic environment: sulfa drugs containing five-membered heterocyclic groups. *Environmental Science and Technology*, **38**(14), 3933–3940.
Borhani T. N. G., Saniedanesh M., Bagheri M. and Lim J. S. (2016). QSPR prediction of the hydroxyl radical rate constants of water contaminants. *Water Research*, **98**, 344–353.
Bose P., Glaze W. H. and Maddox D. S. (1998). Degradation of RDX by various advanced oxidation processes: I. Reaction rates. *Water Research*, **32**(4), 997–1004.
Braslavsky S. E. (2007). International union of pure and applied chemistry (IUPAC): glossary of terms used in photochemistry. *Pure and Applied Chemistry*, **79**(3), 293–465.
Braun A. M., Maurette M.-T. and Oliveros E. (1991). Photochemical Technology. Wiley, Chichester, UK.
Brezonik P. L. and Fulkerson-Brekken J. (1998). Nitrate-induced photolysis in natural waters: controls on concentrations of hydroxyl radical photo-intermediates by natural scavenging agents. *Environmental Science and Technology*, **32**(19), 3004–3010.
Bui X. T., Vo T. P. T., Ngo H. H., Guo W. S. and Nguyen T. T. (2016). Multicriteria assessment of advanced treatment technologies for micropollutant removal at large-scale applications. *Science of the Total Environment*, 563–564, 1050–1067.
Burrows W. D. and Brueggemann E. E. (1986). Tertiary treatment of effluent from Holston AAP industrial liquid waste treatment facility. V. Degradation of nitramines in Holston AAP wastewaters by ultraviolet radiation. Technical Report 8602, ADA176195; US Army Toxic and Hazardous Materials Agency, Aberdeen Proving Gound, MD.
Burrows H. D., Canle L. M., Santaballa J. A. and Steenken S. (2002). Reaction pathways and mechanisms for photodegradation of pesticides. *Journal of Photochemistry and Photobiology B: Biology*, **67**, 71–108.
Buxton G. V., Greenstock C. L., Helman W. P. and Ross A. B. (1988). Critical review of rate constants for reactions of hydrated electrons, hydrogen atoms and hydroxyl radicals ($^{\bullet}HO/^{\bullet}O^{-}$) in aqueous solution. *Journal of Physical and Chemical Reference Data*, **17**(2), 513–886.
Calvert J. G. and Pitts J. N. Jr. (1966). Photochemistry. Wiley, New York.
Canonica S. and Tratnyek P. G. (2003). Quantitative structure-activity relationships for oxidation reactions of organic chemicals in water. *Environmental Toxicology and Chemistry*, **22**(8), 1743–1754.
Canonica S., Meunier L. and von Gunten U. (2008). Phototransformation of selected pharmaceuticals during UV treatment of drinking water. *Water Research*, **42**, 121–128.
Carlson J. C., Stefan M. I., Parnis M. J. and Metcalfe, C. D. (2015). Direct UV photolysis of selected pharmaceuticals, personal care products, and endocrine disruptors in aqueous solution. *Water Research*, **84**, 350–361.
Cater S. R., Stefan M. I., Bolton J. R. and Safarzadeh-Amiri A. (2000). UV/H_2O_2 treatment of methyl *tert*-butyl ether in contaminated waters. *Environmental Science and Technology*, **34**, 659–662.
Chang Y. (2010). UV/Peroxide oxidation process for taste & odor control. *IUVA News*, **12**(2), 14–16.
Chang P. B. and Young T. M. (2000). Kinetics of methyl *tert*-butyl ether degradation and by-product formation during UV/hydrogen peroxide water treatment. *Water Research*, **34**, 2233–2240.
Chen L., Zhou H. J. and Deng Q. Y. (2007). Photolysis of nonylphenol ethoxylates: the determination of the degradation kinetics and intermediate products. *Chemosphere*, **68**, 354–359.
Chen W. R., Wu C., Elovitz M. S., Linden K. G. and Suffet I. H. (2008). Reactions of thiocarbamate, triazine and urea herbicides, RDX and benzenes on EPA Contaminant Candidate List with ozone and with hydroxyl radicals. *Water Research*, **42**, 137–144.
Chin M. and Wine P. H. (1994). A temperature-dependent competitive kinetics study of the aqueous phase reactions of OH radicals with formate, formic acid, acetate, acetic acid, and hydrated formaldehyde. In: Aquatic and Surface Photochemistry, G. R. Helz, R. G. Zepp and D. G. Crosby (eds), Lewis Publishers, CRC Press, Boca Raton, FL, U.S.A.
Chitra S., Paramasivan K., Cheralathan M. and Sinha P. K. (2012). Degradation of 1,4-dioxane using advanced oxidation processes. *Environmental Science & Pollution Research*, **19**, 871–878.
Christensen H., Sehested K. and Corftizen H. (1982). Reactions of hydroxyl radicals with hydrogen peroxide at

ambient and elevated temperatures. *Journal of Physical Chemistry*, **86**(9), 1588–1590.

Christensen A., Gurol M. D. and Garoma T. (2009). Treatment of persistent organic compounds by integrated advanced oxidation processes and sequential batch reactor. *Water Research*, **43**, 3910–3921.

Chu L. and Anastasio C. (2005). Formation of hydroxyl radical from the photolysis of frozen hydrogen peroxide. *Journal of Physical Chemistry A*, **109**(28), 6264–6271.

Chu W., Gao N., Yin D., Krasner S. W. and Mitch W. A. (2014). Impact of UV/H_2O_2 pre-oxidation on the formation of haloacetamides and other nitrogenous disinfection byproducts during chlorination. *Environmental Science and Technology*, **48**(20), 12190–12198.

Chu X., Xiao Y., Quek E., Xie R., Pang T. and Xing Y. (2016). Pilot-scale UV/H_2O_2 study for emerging contaminants decomposition. *Reviews on Environmental Health*, **31**(1), 71–74.

Chuang Y.-H., Parker K. M. and Mitch W. A. (2016). Development of predictive models for the degradation of halogenated disinfection byproducts during the UV/H_2O_2 advanced oxidation process. *Environmental Science and Technology*, **50**, 11209–11217.

Civardi J. and Lucca M. A. (2012). Aqua PA's experience with UV hydrogen peroxide for reduction of taste and odors at two water treatment plants. *Proceedings of the IUVA Conference "Moving Forward: Sustainable Solutions to Meet Evolving Regulatory Standards"*, Washington DC, August 12–14, 2012.

Civardi J., Prosser A., Gray J. M., Marie J. and Greising K. (2014). Treatment of 1,4-dioxane using advanced oxidation at Artesian Water Company's Llangollen wellfield. *IUVA Americas Regional Conference*, White Plains, NY, USA, October 26–29.

Clément J. L. and Tordo P. (2007). Advances in spin trapping. *Electron Paramagnetic Resonance*, **20**, 29–49.

Coenen T., Van de Moortel W., Logist F., Luyten J., Van Impe J. F. M. and Degrève J. (2013). Modeling and geormetry optimization of photochemical reactors: single- and multi-lamp reactors for UV-H_2O_2 AOP systems. *Chemical Engineering Science*, **96**, 174–189.

Coleman H. M., Vimonses V., Leslie G. and Amal R. (2007). Degradation of 1,4-dioxane in water using TiO_2 based photocatalytic and H_2O_2/UV processes. *Journal of Hazardous Materials*, **146**, 496–501.

Connick R. E. (1947). The interaction of hydrogen peroxide and hypochlorous acid in acidic solutions containing chloride ion. *Journal of the American Chemical Society*, **69**, 1509–1514.

Cooper W. J., Cramer C. J., Martin N. H., Mezyk S. P., O'Shea K. E. and von Sonntag C. (2009). Free radical mechanisms for the treatment of methyl-*tert*-butyl ether (MTBE) *via* advanced oxidation/reductive processes in aqueous solutions. *Chemical Reviews*, **109**, 1302–1345.

Crittenden J. C., Hu S., Hand D. W. and Green S. A. (1999). A kinetic model for H_2O_2/UV process in a completely mixed batch reactor. *Water Research*, **33**(10), 2315–2328.

Crowell R. A., Lian R., Sauer M. C. Jr., Oulianov D. A. and Shkrob I. A. (2004). Geminate recombination of hydroxyl radicals generated in 200 nm photodissociation of aqueous hydrogen peroxide. *Chemical Physics Letters*, **383**, 481–485.

Czaplicka M. (2006). Photo-degradation of chlorophenols in the aqueous solution (a review). *Journal of Hazardous Materials B*, **134**, 45–59.

Daifullah A. H. and Mohamed M. M. (2004). Degradation of benzene, toluene, ethylbenzene and *p*-xylene (BTEX) in aqueous solutions using UV/H_2O_2 system. *Journal of Chemical Technology and Biotechnology*, **79**, 468–474.

Das S. and von Sonntag, C. (1986). Oxidation of trimethylamine by OH radicals in aqueous solution as studied by pulse radiolysis, ESR and product analysis. The reactions of the alkylamine radical cation, the aminoalkyl radical and the protonated aminoalkyl radical. *Zeitschrift für Naturforschung*, **41b**, 505–513.

De Freitas A. M., Sirtori C., Lenz C. A. and Zamora P. G. P. (2013). Microcystin-LR degradation by solar photo-Fenton and UV-C/H_2O_2: a comparative study. *Photochemical and Photobiological Sciences*, **12**, 696–702.

De La Cruz A. A., Hiskia A., Kaloudis T., Chernoff N., Hill D., Antoniou M. G., He X., Loftin K., O'Shea K., Zhao C., Pelaez M., Han C, Lynch T. J. and Dionysiou D. D. (2013). A review on cylindrospermopsin: the global occurrence, detection, toxicity and degradation of a potent cyanotoxin. *Environmental Sciences Processes & Impacts*, **15**, 1979–2003.

De Laat J., Doré M. and Suty H. (1995). Oxydation de s-triazines par les procédés d'oxydation radicalaire. Sous-produits de réaction et constants cinétiques de réaction [Oxidation of s-triazines by advanced oxidation processes. By-products and kinetic rate constants]. *Revue des Sciences de l'Eau*, **8**, 23–42.

De Laat J., Maouala-Makata P. and Doré M. (1996). Rate constants for reactions of ozone and hydroxyl radicals with several phenyl-ureas and acetamides. *Environmental Technology*, **17**(7), 707–716.

Dong M., Mezyk S. P. and Rosario-Ortiz F. L. (2010). Reactivity of effluent organic matter (EfOM) with hydroxyl radical as a function of molecular weight. *Environmental Science and Technology*, **44**(15), 5714–5720.

Donham J. E., Rosenfeldt E. J. and Wigginton K. R. (2014). Photometric hydroxyl radical scavenging analysis of standard natural organic matter isolates. *Environmental Sciences Processes & Impacts*, **16**, 764.

Dorfman L. M. and Adams G. E. (1973). Reactivity of the hydroxyl radical in aqueous solutions. *National Standards and Reference Data Series*, **46**, 1–59. U.S. National Bureau of Standards, Washington DC, USA.

Dotson A. D., Keen V. O. S. and Linden K. G. (2010). UV/H_2O_2 treatment of drinking water increases post-chlorination DBP formation. *Water Research*, **44**(12), 3703–3713.

Doussin J. F. and Monod A. (2013). Structure-activity relationship for the estimation of OH-oxidation rate constants of carbonyl compounds in the aqueous phase. *Atmospheric Chemistry and Physics*, **13**, 11625–11641.

Draper W. M. (1987). Measurement of quantum yields in polychromatic light: dinitroaniline herbicides. *ACS Symposium Series*, **327**, 268–281.

Dulin D., Drossman H. and Mill T. (1986). Products and quantum yields for photolysis of chloroaromatics in water. *Environmental Science and Technology*, **20**, 72–77.

Elovitz M. and von Gunten U. (1999). Hydroxyl radical ozone ratios during ozonation processes. I – The R-ct concept. *Ozone: Science & Engineering*, **21**, 239–260.

Elovitz M. S., Shemer H., Peller J. R., Vinodgopal K., Sivaganesan M. and Linden K. G. (2008). Hydroxyl radical rate constants: comparing UV/H_2O_2 and pulse radiolysis for environmental pollutants. *Journal of Water Supply: Research and Technology-AQUA*, **57**(6), 391–401.

Elyasi S. and Taghipour F. (2010). Simulation of UV photoreactor for degradation of chemical contaminants: model development and evaluation. *Environmental Science and Technology*, **44**, 2056–2063.

Escher B. I. and Leusch F. (2012). Bioanaytical Tools in Water Quality Assessment. IWA Publishing, London, UK.

Escher B. I., Bramaz N., Mueller J. F., Quayle P., Rutishauser S. and Vermeirssen E. L. M. (2008). Toxic equivalent concentrations (TEQs) for baseline tocxicity and specific modes of action as a tool to improve interpretation of ecotoxicity testing in environmental samples. *Journal of Environmental Monitoring*, **10**, 612–621.

Evgenidou E. and Fytianos K. (2002). Photodegradation of triazine herbicides in aqueous solutions and natural waters. *Journal of Agricultural and Food Chemistry*, **50**, 6423–6427.

Fang X., Schuchmann H.-P. and von Sonntag, C. (2000). The reaction of the OH radical with pentafluoro-, pentachloro- and 2,4,6-triiodophenol in water: electron transfer vs. addition to the ring. *Journal of Chemical Society, Perkin Transactions*, **2**, 1391–1398.

Fang J. Y., Ling L. and Shang C. (2013). Kinetics and mechanisms of pH-dependent degradation of halonitromethanes by UV photolysis. *Water Research*, **47**, 1257–1266.

Farhataziz P. C. and Ross A. B. (1977). Selected Specific Rates of Reactions of Transients from Water in Aqueous Solution. Ⅲ. Hydroxyl Radical and Perhydroxyl Radical and their Radical Ions. *National Standards and Reference Data Series*, 59. U.S. National Bureau of Standards, Washington DC, USA.

Fatta-Kassinos D., Vasquez M. I. and Kümmerer K. (2011). Transformation products of pharmaceuticals in surface waters and wastewater formed during photolysis and advanced oxidation processes – degradation, elucidation of byproducts and assessment of their biological potency. *Chemosphere*, **85**, 693–709.

Fdil F., Aaron J.-J., Oturan N., Chaouch A. and Oturan M. A. (2003). Photochemical degradation of chlorophenoxyalcanoic herbicides in aqueous media. *Revue des Sciences de l'Eau*, **16**, 123–142.

Fenton H. J. H. (1894). LXXIII-Oxidation of tartaric acid in presence of iron. *Journal of Chemical Society Transaction (London)*, **65**, 899–910.

Fernández-Castro P., Vallejo M., Fresnedo San Román M. and Ortiz I. (2015). Insight on the fundamentals of advanced oxidation processes. Role and review of the determination methods of reactive oxygen species. *Journal of Chemical Technology and Biotechnology*, **90**, 796–820.

Fricke H. and Thomas J. K. (1964). Basic mechanisms in the radiation chemistry of aqueous media. *Radiation Research Supplement*, **4**, 35–53.

Gandhi V. N., Roberts P. J. W. and Kim J.-H. (2012). Visualizing and quantifying dose distribution in a UV reactor using three-dimensional laser-induced fluorescence. *Environmental Science and Technology*, **46**, 13220–13226.

Gao Y., Ji Y., Li G. and An T. (2014). Mechanism, kinetics and toxicity assessment of OH-initiated transformation of triclosan in aquatic environment. *Water Research*, **49**, 360–370.

Gao Y., Ji Y., Li G. and An T. (2016). Theoretical investigation on the kinetics and mechanisms of hydroxyl radical-induced transformation of parabens and its consequences for toxicity: influence of alkyl-chain length. *Water Research*, **91**, 77–85.

Gares K. L., Bykov S. V., Godugu B. and Asher S. A. (2014). Solution and solid trinitrotoluene (TNT) photochemistry: persistence of TNT-like ultraviolet (UV) resonance Raman bands. *Applied Spectroscopy*, **68**, 49–56.

Gares K. L., Bykov S. V., Brinzer T. and Asher S. A. (2015). Solution and solid hexahydro-1,3,5-trinitro-1,3,5-triazine (RDX) ultraviolet (UV) 229 nm photochemistry. *Applied Spectroscopy*, **69**, 545–554.

Gerecke A. C., Canonica S., Müller S. R., Schärer M. and Schwarzenbach R. P. (2001). Quantification of dissolved natural organic matter (DOM) mediated phototransformation of phenylurea herbicides in lakes. *Environmental Science and Technology*, **35**(19), 3915–3923.

Gerrity D., Lee Y., Gamage S., Lee M., Pisarenko A. N., Trenholm R. A., von Gunten U. and Snyder S. A. (2016). Emerging investigators series: prediction of trace organic contaminant abatement with UV/H_2O_2: development and validation of semi-empirical models for municipal wastewater effluents. *Environmental Science Water Research and Technology*, **2**, 460–473.

Ghafoori S., Mehvar M. and Chan P. K. (2014). Photoreactor scale-up for degradation of aqueous poly(vinyl alcohol) using UV/H_2O_2 process. *Chemical Engineering Journal*, **245**, 133–142.

Glaze W. H., Kang J. W. and Chapin D. H. (1987). The chemistry of water treatment processes involving ozone, hydrogen peroxide and UV-radiation. *Ozone: Science & Engineering*, **9**, 335–352.

Glaze W. H., Schep R., Chauncey W., Ruth E. C., Zarnoch J. J., Aieta E. M., Tate C. H. and McGuire M. J. (1990). Evaluating oxidants for the removal of model taste and odor compounds from a municipal water supply. *Journal of the American Water Works Association*, **82**(5), 79–84.

Glaze W. H., Lay Y. and Kang J.-W. (1995). Advanced oxidation processes. A kinetic model for the oxidation of 1,2-dibromo-3-chloropropane in water by the combination of hydrogen peroxide and UV radiation. *Industrial and Engineering Chemistry Research*, **34**, 2314–2323.

Gligorovski S., Rousse D., George C. H. and Herrmann H. (2009). Rate constants for the OH reactions with oxygenated organic compounds in aqueous solution. *International Journal of Chemical Kinetics*, **41**(5), 309–326.

Gligorovski S., Strekowski R., Barbati S. and Vione D. (2015). Environmental implications of hydroxyl radicals (•OH). *Chemical Reviews*, **115**, 13051–13092.

Gmurek M., Rossi A. F., Martins R. C., Quinta-Ferreira R. M. and Ledakowicz S. (2015). Photodegradation of single and mixture of parabens – Kinetic, by-product identification and cost-efficiency analysis. *Chemical Engineering Journal*, **276**, 303–314.

Gmurek M., Olak-Kucharczyk M. and Ledakowicz S. (2017). Photochemical decomposition of endocrine disrupting compounds – a review. *Chemical Engineering Journal*, **310**(2), 437–456.

Goldstein S. and Rabani J. (2007). Mechanism of nitrite formation by nitrate photolysis in aqueous solutions: the role of peroxynitrite, nitrogen dioxide, and hydroxyl radical. *Journal of the American Chemical Society*, **129**, 10597–10601.

Goldstein S., Rosen G. M., Russo A. and Samuni A. (2004). Kinetics of spin trapping superoxide, hydroxyl and aliphatic radicals by cyclic nitrones. *Journal of Physical Chemistry A*, **108**(32), 6679–6685.

Goldstone J. V., Pullin M. J., Bertilsson S. and Voelker B. M. (2002). Reactions of hydroxyl radical with humic substances: bleaching, mineralization, and production of bioavailable carbon substrates. *Environmental Science and Technology*, **36**(3), 364–372.

Goméz-Lopéz V. M. and Bolton J. R. (2016). An approach to standardize methods for fluence determination in bench-scale pulsed light experiments. *Food and Bioprocess Technology*, **9**, 1040–1048.

Gould I. R. (1989). Conventional light sources. Chapter 5 In: Handbook of Organic Photochemistry, J. C. Scaiano (ed.), CRC Press, Boca Raton, FL, Vol. 1.

Guittonneau S., De Laat J., Doré M., Duguet J. P. and Bonnel C. (1988). Comparative study of the photodegradation of aromatic compounds in water by UV and H_2O_2/UV. *Environmental Technology Letters*, **9**, 1115.

Guo X., Minakata D., Niu J. and Crittenden J. C. (2014). Computer-based first-principles kinetic modeling of degradation pathways and byproduct fates in aqueous-phase advanced oxidation processes. *Environmental Science and Technology*, **48**, 5718–5725.

Guo X., Minakata D. and Crittenden J. C. (2015). On-the-fly kinetic Monte Carlo simulation of aqueous phase advanced oxidation processes. *Environmental Science and Technology*, **49**, 9230–9236.

Guo Z. B., Lin Y. I., Xu B., Hu C. Y., Huang H., Zhang T. Y., Chu W. H. and Gao N. Y. (2016). Factors affecting THM, HAN and HNM formation during UV-chlor(am)ination of drinking water. *Chemical Engineering Journal*, **306**, 1180–1188.

Haag W. R. (1994). Photooxidation of organic compounds in water and air using low-wavelength pulsed xenon lamps. In: Aquatic and Surface Photochemistry, G. R. Helz, R. G. Zepp and D. G. Crosby (eds), Lewis Publishers, Boca Raton, FL, pp. 517–530.

Haag W. R. and Yao C. C. D. (1992). Rate constants for reaction of hydroxyl radicals with several drinking water contaminants. *Environmental Science and Technology*, **26**, 1005–1013.

Haber F. and Weiss J. (1932). Über the Einwirkung von Hydroperoxyd auf Ferrosalz. *Naturwissenschaft*, **51**, 948–950.

Haber F. and Willstätter R. (1931). Unpaarigheheit und Radikalketten im Reaktion-Mechanismus organischer unde enzymatischer Vorgänge. *Chemische Berichte*, **64**, 2844–2856.

Hatada M., Kraljic I., El Samahy A. and Trumbore C.N. (1974). Radiolysis and photolysis of the hydrogen peroxide-*p*-nitrosodimethylaniline -oxygen system. *Journal of Physical Chemistry*, **78**(9), 888–891.

He X., Pelaez M., Westrick J. A., O'Shea K. E., Hiskia A., Triantis T., Kaloudis T., Stefan M. I., de la Cruz A. A. and Dionysiou D. D. (2012). Efficient removal of microcystin-LR by UV-C/H_2O_2 in synthetic and natural water samples. *Water Research*, **46**, 1501–1510.

He X., de la Cruz A. A. and Dionysiou D. D. (2013). Destruction of cyanobacterial cylindrospermopsin by hydroxyl radicals and sulfate radicals using UV-254 nm activation of hydrogen peroxide, persulfate and peroxomonosulfate. *Journal of Photochemistry and Photobiology A: Chemistry*, **251**, 160–166.

He X., Zhang G., de la Criz A. A., O'Shea K. E. and Dionysiou D. D. (2014). Degradation mechanism of cyanobacterial toxin cylindrospermopsin by hydroxyl radicals in homogeneous UV/H_2O_2 process. *Environmental Science and Technology*, **48**, 4495–4504.

He X., de la Cruz A. A., Hiskia A., Kaloudis T., O'Shea K. E. and Dionysiou D. D. (2015). Destruction of microcystins (cyanotoxins) by UV-254nm-based direct photolysis and advanced oxidation processes (AOPs): influence of variable aminoacids on the degradation kinetics and reaction mechanisms. *Water Research*, **74**, 227–238.

Heringa M. B., Harmsen D. J. H., Beerendonk E. F., Reus A. A., Krul C. A. M., Metz D. H. and Ijpelaar G. F. (2011). Formation and removal of genotoxic activity during UV/H_2O_2-GAC treatment of drinking water. *Water Research*, **45**, 366–374.

Herrmann H. (2003). Kinetics of aqueous phase reactions relevant for atmospheric chemistry. *Chemical Reviews*, **103**, 4691–4716.

Herrmann H., Hoffmann D., Schaefer T., Bräuer P. and Tilgner A. (2010). Tropospheric aqueous-phase free-radical chemistry: radical sources, spectra, reaction kinetics and prediction tools. *ChemPhysChem*, **11**, 3796–3822.

Hessler D. P., Gorenflo V. and Frimmel F. H. (1993). Degradation of aqueous atrazine and metazachlor solutions by UV/H_2O_2 – Influence of pH and herbicide concentration. *Acta Hydrochimica and Hydrobiologica*, **21**, 209–214.

Hirvonen A., Tuhkanen T. and Kalliokoski P. (1996). Removal of chlorinated ethylenes in contaminated ground water by hydrogen peroxide mediated oxidation processes. *Environmental Technology*, **17**, 263–272.

Hirvonen A., Tuhkanen T., Ettala M., Korhonen S. and Kalliokoski P. (1998). Evaluation of a field-scale UV/H_2O_2-oxidation system for the purification of groundwater contaminated with PCE. *Environmental Technology*, **19**, 821–828.

Hirvonen A., Trapido M., Hentunen J. and Tarhanen J. (2000). Formation of hydroxylated and dimeric intermediates during oxidation of chlorinated phenols in aqueous solution. *Chemosphere*, **41**, 1211–1218.

Hitzfeld C. C., Höger S. J. and Dietrich D. R. (2000). Cyanobacterial toxins: removal during drinking water treatment and human risk assessment. *Environmental Health Perspectives*, **108**(Suppl. 1), 113–122.

Ho L., Tanis-Plant P., Kayal N., Slyman N. and Newcombe G. (2009). Optimising water treatment practices for the removal of *Anabaena circinalis* and its associated metabolites, geosmin and saxitoxins. *Journal of Water and Health*, **7**, 544–556.

Hofman-Caris C. H. M., Harmsen D. J. H., Beerendonk E. F., Knol T. H., Houtman C. J., Metz D. H. and Wols B. A. (2012). Prediction of advanced oxidation performance in various pilot UV/H_2O_2 reactor systems with MP- and LP- and DBD-UV lamps. *Chemical Engineering Journal*, **210**, 520–528.

Hofman-Caris C. H. M., Harmsen D. J. H., Wols B. A., Beerendonk E. F. and Keltjens L. L. M. (2015a). Determination of reaction rate constants in a collimated beam setup: the effect of water quality and water depth. *Ozone: Science & Engineering*, **37**(2), 134–142.

Hofman-Caris R. C. H. M., Harmsen D. J. H., Puijker L., Baken K. A., Wols B. A., Beerendonk E. F. and Keltjens L. L. M. (2015b). Influence of process conditions and water quality on the formation of mutagenic byproducts in UV/H_2O_2 process. *Water Research*, **74**, 191–202.

Holden B. and Richardson A. (2009). Reduction of trietazine from groundwater by UV. *Proceedings of the 5th International Congress on Ultraviolet Technologies*, Amsterdam, The Netherlands, September 21–23.

Homem V. and Santos L. (2011). Degradation and removal methods of antibiotics from aqueous matrices – A review. *Journal of Environmental Management*, **92**, 2304–2347.

Howard J. A. and Scaiano J. C. (1984). Radical reaction rates in liquids: Oxyl, peroxyl and related radicals. In: Landolt-Börnstein: Numerical Data and Functional Relationships in Science and Technology. Molecules and Radicals, H. Fisher (ed.), Springer-Verlag, Berlin-Heidelberg, Germany, Vol. 13D.

Hunt J. P. and Taube H. (1952). The photochemical decomposition of hydrogen peroxide. Quantum yields, tracer and fractionation effects. *Journal of the American Chemical Society*, **74**, 5999–6002.

IJpelaar G. F., Harmsen D. J. H., Beerendonk E. F., van Leerdam R. C., Metz D. H., Knol A. H., Fulmer A. and Krijnen S. (2010). Comparison of low pressure and medium pressure UV lamps for UV/H_2O_2 treatment of natural waters containing micropollutants. *Ozone: Science & Engineering*, **32**, 329–337.

Ikehata K. and Gamal El-Din M. (2004). Degradation of recalcitrant surfactants in wastewater by ozonation and advanced oxidation processes. A review. *Ozone: Science & Engineering*, **26**, 327–343.

Ikehata K. and Gamal El-Din M. (2006). Aqueous pesticide degradation by hydrogen peroxide/ultraviolet irradiation and Fenton-type advanced oxidation processes: a review. *Journal of Environmental Engineering and Science*, **5**, 81–135.

Ikehata K., Naghashkar N. J. and Gamal El-Din M. (2006). Degradation of aqueous pharmaceuticals by ozonation and advanced oxidation processes. A review. *Ozone: Science & Engineering*, **28**, 353–414.

Ikehata K., Wang-Stanley L., Qu X. and Li Y. (2016). Treatment of groundwater contaminated with 1,4-dioxane, tetrahydrofuran, and chlorinated volatile organic compounds using advanced oxidation processes. *Ozone: Science & Engineering*, **38**, 413–424.

Jeong J., Jung J., Cooper W. J. and Song W. (2010). Degradation mechanisms and kinetic studies for the treatment of X-ray contrast media compounds by advanced oxidation/reduction processes. *Water Research*, **44**, 4391–4398.

Jeong C. H., Wagner E. D., Siebert V. R., Anduri S., Richardson S. D., Daiber E. J., McKague A. B., Kogevinas M., Villaneuva C. M., Goslan E. H., Luo W., Lorne M. I., Pankow J. F., Grazuleviciene R., Cordier S., Edwards S. C., Righi E., Nieuwenhuijsen M. J. and Plewa M. J. (2012). Occurrence and toxicity of disinfection byproducts in European drinking waters in relation with the HIWATE epidemiology study. *Environmental Science and Technology*, **46**, 12120–12128.

Jia A., Escher B. I., Leusch F. D. L., Tang J. Y. M., Prochazka E., Dong B., Snyder E. M. and Snyder S. A. (2015). *In vitro* bioassays to evaluate complex chemical mixtures in recycled water. *Water Research*, **80**, 1–11.

Jin X., Peldszus S. and Huck P. M. (2012). Reaction kinetics of selected micropollutants in ozonation and advanced oxidation processes. *Water Research*, **46**, 6519–6530.

Jo C. H., Dietrich A. M. and Tanko J. M. (2011). Simultaneous degradation of disinfection byproducts and earthy-musty odorants by the UV/H_2O_2 advanced oxidation process. *Water Research*, **45**, 2507–2516.

Johns H. E. (1971). Quantum yields and kinetics of photochemical reactions in solution. Chapter 3 In: Creation and Detection of the Excited States, A. A. Lamola (ed.), Marcel Dekker, New York, Vol. 1 Part A, pp. 123–171.

Johnson H. D., Cooper W. J., Mezyk S. P. and Bartels D. M. (2002). Free radical reactions of monochloramine and hydroxylamine in aqueous solution. *Radiation Physics and Chemistry*, **65**, 317–326.

Jones C. E. and Carpenter L. J. (2005). Solar photolysis of CH_2I_2, CH_2ICl and CH_2IBr in water, saltwater and seawater. *Environmental Science and Technology*, **39**, 6130–6137.

Kalderis D., Juhasz A. L., Boopathy R. and Comfort S. (2011). Soil contaminated with explosives: environmental fate and evaluation of state-of-the-art remediation processes (IUPAC Technical Report). *Pure and Applied Chemistry*, **83**(7), 1407–1484.

Karci A., Arslan-Alaton I., Bekbolet M., Ozhan G. and Alpertunga B. (2014). H_2O_2/UV-C and photo-Fenton treatment of a nonlyphenol polyethoxylate in synthetic freshwater: follow-up of degradation products, acute toxicity and genotoxicity. *Chemical Engineering Journal*, **241**, 43–51.

Katsoyiannis I. A., Canonica S. and von Gunten U. (2011). Efficiency and energy requirements for the transformation of organic micropollutants by ozone, O_3/H_2O_2 and UV/H_2O_2. *Water Research*, **45**(13), 3811–3822.

Keen O. S. and Linden K. G. (2013). Degradation of antibiotic activity during UV/H_2O_2 advanced oxidation and photolysis in wastewater effluent. *Environmental Science and Technology*, **47**, 13020–13030.

Keen O. S., Dotson A. and Linden K. G. (2013). Evaluation of hydrogen peroxide chemical quenching agents following an advanced oxidation process. *Journal of Environmental Engineering*, **1**, 137–140.

Keen O. S., McKay G., Mezyk S. P., Linden K. G. and Rosario-Ortiz F. L. (2014a). Identifying the factors that influence the reactivity of effluent organic matter with hydroxyl radicals. *Water Research*, **50**, 408–419.

Keen O. S., Bell K. Y., Cherchi C., Finnegan B. J., Mauter M. S., Parker A. M., Rosenblum J. S. and Stretz H. A. (2014b). Emerging pollutants – Part Ⅱ: treatment. *Water Environment Research*, **86**, 2036–2096.

Khetan S. K. and Collins T. J. (2007). Human pharmaceuticals in the aquatic environment: a challenge to green chemistry. *Chemical Reviews*, **107**, 2319–2364.

Kim I. H., Tanaka H., Iwasaki T., Takubo T., Morioka T. and Kato Y. (2008). Classification of the degradability of 30 pharmaceuticals in water with ozone, UV and H_2O_2. *Water Science and Technology*, **57**, 195–200.

Kim I., Yamashita N. and Tanaka H. (2009). Performance of UV and UV/H_2O_2 processes for the removal of pharmaceuticals detected in secondary effluent of a sewage treatment plant. *Journal of Hazardous Materials*, **166**, 1134–1140.

Klavaroti M., Mantzavinos D. and Kassinos D. (2009). Removal of residual pharmaceuticals from aqueous systems by advanced oxidation processes. *Environment International*, **35**, 402–417.

Kliegman S., Eustis S. N., Arnold W. A. and McNeill K. (2013). Experimental and theoretical insights into the involvement of radicals in triclosan phototransformation. *Environmental Science and Technology*, **47**, 6756–6763.

Knol A. H. (2017). Effective OMP control in drinking water treatment by serial AOP with O_3/H_2O_2 and UV/H_2O_2 in front of MAR. *Wasser Berlin International; International Ozone Symposium*, Berlin, Germany, March 28–31.

Kochany J. and Bolton J. R. (1992). Mechanism of photodegradation of aqueous organic pollutants. 2. Measurement of the primary rate constants for reaction of $^{\bullet}OH$ radicals with benzene and some halobenzenes using an EPR spin-trapping method following the photolysis of H_2O_2. *Environmental Science and Technology*, **26**(2), 1992.

Koizumi S., Watanabe K., Hasegawa M. and Kanda H. (2001). Ultraviolet emission from a diamond p-n junction. *Science*, **292**, 1899–1901.

Kolkman A., Martijn B. J., Vughs D., Baken K. A. and van Wezel, A. P. (2015). Tracing nitrogenous disinfection byproducts after medium pressure UV water treatment by stable isotope labeling and high resolution mass spectrometry. *Environmental Science and Technology*, **49**(7), 4458–4465.

Koller L. R. (1965). Ultraviolet Radiation. 2nd edn, Wiley, New York, pp. 1–312.

Kommineni S., Chowdhury Z., Kavanaugh M., Mishra D. and Croue J. P. (2008). Advanced oxidation of methyl-tertiary-butyl ether: pilot findings and full-scale implications. *Journal of Water Supply: Research and Technology – AQUA*, **57**(6), 403–419.

Koppenol W. H. (2001). The Haber-Weiss cycle – 70 years later. *Redox Report*, **6**(4), 229–234.

Köster R. and Asmus K.-D. (1971). Die Reaktionen chlorierter Äthylene mit hydratisirten Elektronen und OH-Radikalen in wäβriger Lösung. *Zeitschrift für Naturforschung*, **26b**, 1108–1116.

Koubek E. (1975). Photochemically induced oxidation of refractory organics with hydrogen peroxide. *Industrial Engineering Chemistry Process Design and Development*, **14**(3), 348–350.

Kruithof J. C. and Martijn B. J. (2013). UV/H_2O_2 treatment: an essential process in a multi-barrier approach against trace chemical contaminants. *Water Science and Technology: Water Supply*, **13**(1), 130–137.

Kruithof J. C., Kamp P. C. and Martijn B. J. (2007). UV/H_2O_2 Treatment: a practical solution for organic contaminant control and primary disinfection. *Ozone: Science & Engineering*, **29**, 273–280.

Kubose D. A. and Hoffsommer J. C. (1977). Photolysis of RDX in Aqueous Solution. Initial Studies. Report No. NSWC/WOL/TR-77–20, ADA042199; Naval Surface Weapons Center, White Oak Laboratory, White Oak, MD.

Kušic H., Rasulev B., Leszczynska D., Leszczynski J. and Koprivanac N. (2009). Prediction of rate constants for radical degradation of aromatic pollutants in water matrix. *Chemosphere*, **75**, 1128–1134.

Kwon M., Kim S., Yoon Y., Jung Y., Hwang T-M and Kang J-W. (2014). Prediction of the removal efficiency of pharmaceuticals by a rapid spectrophotometric method using Rhodamine B in the UV/H_2O_2 process. *Chemical Engineering Journal*, **236**, 438–447.

Lambert J. H. (1760). Photometria sive de mensura et gradibus luminis, colorum et umbrae [Photometry or on the Measure and Gradations of Light, Colors, and Shade]. Eberhardt Klett, Augsburg, Germany.

Landsman N. A., Swancutt K. L., Bradford C. N., Cox C. R., Kiddle J. J. and Mezyk S. P. (2007). Free radical chemistry of advanced oxidation process removal of nitrosamines in water. *Environmental Science and Technology*, **41**, 5818–5823.

Langford C. H., Achari G. and Izadifard M. (2011). Wavelength dependence of luminescence and quantum yield in dechlorination of PCBs. *Journal of Photochemistry and Photobiology A: Chemistry*, **222**, 40–46.

Laszlo B., Alfassi Z. B., Neta P. and Huie R. E. (1998). Kinetics and mechanism of the reaction of $^{\bullet}NH_2$ with O_2 in aqueous solutions. *Journal of Physical Chemistry A*, **102**, 8498–8504.

Latch D. E., Packer J. L., Arnold W. A. and McNeill K. (2003). Photochemical conversion of triclosan to 2,8-dichlorodibenzo-p-dioxin in aqueous solution. *Journal of Photochemistry and Photobiology A: Chemistry*, **158**, 63–66.

Latch D. E., Packer J. L., Stender B. L., Van Overbecke J., Arnold W. A. and McNeill K. (2005). Aqueous photochemistry of triclosan: formation of 2,4-dichlorophenol, **2**,8-dichlorodibenzo-p-dioxin, and oligomerization products. *Environmental Toxicology and Chemistry*, **24**(3), 517–525.

Lau T. K., Chu W. and Graham N. (2005). The degradation of endocrine disruptor di-*n*-butyl phthalate by UV irradiation: a photolysis and product study. *Chemosphere*, **60**, 1045–1053.

Law I. B. (2016). An Australian perspective on DPR: technologies, sustainability and community acceptance. *Journal of Water Reuse and Desalination*, **6**(3), 355–361.

Lee Y. and von Gunten U. (2010). Oxidative transformation of micropollutants during municipal wastewater treatment: comparison of kinetic aspects of selective (chlorine, chlorine dioxide, ferrate^{VI}, and ozone) and non-selective oxidants (hydroxyl radical). *Water Research*, **44**, 555–566.

Lee Y. and von Gunten U. (2012). Quantitative structure-activity relationships (QSARs) for the transformation of organic micropollutants during oxidative water treatment. *Water Research*, **46**, 6177–6195.

Lee C., Choi W. and Yoon J. (2005a). UV Photolytic mechanism of *N*-nitrosodimethylamine in water: roles of dissolved oxygen and solution pH. *Environmental Science and Technology*, **39**, 9702–9709.

Lee C., Choi W., Kim Y. G. and Yoon J. (2005b). UV Photolytic mechanism of *N*-nitrosodimethylamine in water: dual pathways to methylamine versus dimethylamine. *Environmental Science and Technology*, **39**, 2101–2106.

Lee C., Yoon J. and von Gunten U. (2007). Oxidative degradation of *N*-nitrosodimethylamine by conventional ozonation and the advanced oxidation process ozone/hydrogen peroxide. *Water Research*, **41**, 581–590.

Lee Y., Gerrity D., Lee M., Bogeat A. E., Salhi E., Gamage S., Treholm R. A., Wert E. C., Snyder S. A. and von Gunten U. (2013). Prediction of micropollutant elimination during ozonation of municipal wastewater effluents: use of kinetic and water specific information. *Environmental Science and Technology*, **47**, 5872–5881.

Lee Y., Gerrity D., Lee M., Gamage S., Pisarenko A. N., Trenholm R. A., Canonica S., Snyder S. A. and von Gunten U. (2016). Organic contaminant abatement in reclaimed water by UV/H_2O_2 and a combined process consisting of O_3/H_2O_2 followed by UV/H_2O_2: prediction of abatement efficiency, energy consumption, and by-product formation. *Environmental Science and Technology*, **50**(7), 3809–3819.

Lee M., Merle T., Rentsch D., Canonica S. and von Gunten U. (2017). Abatement of polychloro-1,3-butadienes in aqueous solution by ozone, UV photolysis, and advanced oxidation processes (O_3/H_2O_2 and UV/H_2O_2). *Environmental Science and Technology*, **51**(1), 497–505.

Legrini O., Oliveros E. and Braun A. M. (1993). Photochemical processes for water treatment. *Chemical Reviews*, **93**, 671–698.

Leifer A. (1988). The Kinetics of Environmental Aquatic Photochemistry: Theory and Practice. ACS Professional Reference Book. American Chemical Society, Washington DC.

Lekkerkerker-Teunissen K., Knol A. H., van Altena L. P., Houtman C. J., Verberk J. Q. J. and van Dijk J. C. (2012). Serial ozone/peroxide/low pressure UV treatment for synergetic and effective organic micropollutant conversion. *Separation and Purification Technology*, **100**, 22–29.

Lekkerkerker-Teunissen K., Knol A. H., Derks J. G., Heringa M. B., Houtman C. J., Hofman-Caris R. C. H. M., Beerendonk E. F., Reus A., Verberk J. Q. J. C. and van Dijk J. C. (2013). Pilot plant results with three different types of UV lamps for advanced oxidation. *Ozone: Science & Engineering*, **35**, 38–48.

Lester Y., Mamane H. and Dror A. (2012). Enhanced removal of micropollutants from groundwater using pH modification coupled with photolysis. *Water, Air and Soil Pollution*, **223**, 1639.

Li K. and Crittenden J. (2009). Computerized pathway elucidation for hydroxyl radical-induced chain reaction mechanisms in aqueous phase advanced oxidation processes. *Environmental Science and Technology*, **43**, 2831–2837.

Li K. Y., Liu C. C., Ni Q., Liu Z. F., Huang F. Y. C. and Colapret J. A. (1995). Kinetic study of UV peroxidation of bis(2-chloroethyl) ether in aqueous solution. *Industrial and Engineering Chemistry Research*, **34**, 1960.

Li K., Stefan M. I. and Crittenden J. C. (2004). UV Photolysis of trichloroethylene: product study and kinetic modeling. *Environmental Science and Technology*, **38**, 6685–6693.

Li K., Stefan M. I. and Crittenden J. C. (2007). Trichloroethene degradation by UV/H_2O_2 advanced oxidation process: product study and kinetic modeling. *Environmental Science and Technology*, **41**, 1696–1703.

Li X., Zeng F. and Li K. (2013). Computer assisted pathway generation for atrazine degradation in advanced oxidation processes. *Journal of Environmental Protection*, **4**, 62–69.

Li D., Stanford B., Dickenson E., Khunjar W. O., Homme C. L., Rosenfeldt E. J. and Sharp J. O. (2017a). Effect of advanced oxidation on N-nitrosodimethylamine (NDMA) formation and microbial ecology during pilot-scale biological activated carbon filtration. *Water Research*, **113**, 160–170.

Li M., Qiang Z., Bolton J. R. and Blatchley E. R. (2017b). Experimental assessment of photon fluence rate distributions in a medium-pressure UV photoreactor. *Environmental Science and Technology*, **51**(6), 3453–3460.

Lian J., Qiang Z., Li M., Bolton J. R. and Qu J. (2015). UV photolysis of sulfonamides in aqueous solution based on optimized fluence quantification. *Water Research*, **75**, 43–50.

Liang S., Min J. H., Davis M. K., Green J. F. and Remer D. S. (2003). Use of pulsed-UV processes to destroy NDMA. *Journal of the American Water Works Association*, **95**(9), 121–131.

Liao C. H. and Gurol M. D. (1995). Chemical oxidation by photolytic decomposition of hydrogen peroxide. *Environmental Science and Technology*, **29**, 3007–3014.

Light Sources Inc. (2013). Germicidal Lamps Basics. http://www.light-sources.com/wp-content/uploads/2015/05/Germicidal_Lamp_Basics_-_2013.pdf.

Liou M. J., Lu M. C. and Chen J. N. (2003). Oxidation of explosives by Fenton and photo-Fenton processes. *Water Research*, **37**, 3172–3179.

Liu D., Ducoste J., Jin S. and Linden K. G. (2004). Evaluation of alternative fluence rate distribution models. *Journal of Water Supply: Research and Technology – AQUA*, **53**, 391–408.

Loraine G. A. and Glaze W. H. (1999). The ultraviolet photolysis of aqueous solutions of 1,1,1-trichloroethane and hydrogen peroxide at 222 nm. *Journal of Advanced Oxidation Technologies*, **4**(4), 424–433.

Luo Y., Guo W., Ngo H., Nghiem L. D., Hai F. I., Zhang J., Liang S. and Wang X. C. (2014). A review on the occurrence of micropollutants in the aquatic environment and their fate and removal during wastewater treatment. *Science of the Total Environment*, 473–474, 619–641.

Luo X., Yang X., Qiao X., Wang Y., Chen J., Wei X. and Peijnenburg W. J. G. M. (2017). Development of a QSAR model for predicting aqueous reaction rate constants for organic chemicals with hydroxyl radicals. *Environmental Science Processes & Impacts*, **19**, 350–356.

Lyon B. A., Cory R. M. and Weinberg H. S. (2015). Changes in dissolved organic matter fluorescence and disinfection byproduct formation from UV and subsequent chlorination/chloramination. *Journal of Hazardous Materials*, **264**, 411–419.

Lyons E., Zhang P., Benn T., Sharif F., Li K., Crittenden J., Costanza M. and Chen Y. S. (2009). Life cycle assessment of three water supply systems: importation, reclamation and desalination. *Water Science and Technology: Water Supply*, **9**(4), 439–448.

Machado F. and Boule P. (1995). Photonitration and photonitrosation of phenolic derivatives induced in aqueous solution by excitation of nitrite and nitrate ions. *Journal of Photochemistry and Photobiology A: Chemistry*, **86**, 73–80.

MacNab A., Bindner S. and Festger A. (2015). Effectiveness and carbon footprint of UV-oxidation for the treatment of taste and odor-causing compounds in drinking water. *Proceedings of Water New Zealand Annual Conference and Exhibition*, Hamilton, New Zealand, September 16–18.

Magazinovic R. S., Nicholson B. C., Mulcahy D. E. and Davey D. E. (2004). Bromide levels in natural waters: its relationship to levels of both chloride and total dissolved solids and the implications for water treatment. *Chemosphere*, **57**, 329–335.

Mahbub P. and Nesterenko P. N. (2016). Application of photo-degradation for remediation of cyclic nitramine and nitroaromatic explosives. *RSC Advances*, **6**, 77603–77621.

Manassero A., Passalia C., Negro A. C., Cassano A. E. and Zalazar C. S. (2010). Glyphosate degradation in water employing the H_2O_2/UVC process. *Water Research*, **44**, 3875–3882.

Mark G., Korth H.-G., Schuchmann H.-P. and von Sonntag C. (1996). The photochemistry of aqueous nitrate revisited. *Journal of Photochemistry and Photobiology A: Chemistry*, **101**, 80–103.

Marshak I. S. (1984). Radiation Characteristics of Flashlamps. Chapter 5 in Pulsed light sources. Consultants Bureau, New York, NY.

Martijn A. J. (2014). How drugs in wastewater enforce advanced drinking water treatment. In "Wastewater and Biosolids Treatment and Reuse: Bridging Modeling and Experimental Studies"; *Engineering Conferences International Symposium Series*. http://dc.engconfintl.org.

Martijn A. J. and Kruithof J. C. (2012). UV and UV/H_2O_2 treatment: the silver bullet for by-product and genotoxicity formation in water production. *Ozone: Science & Engineering*, **34**, 92–100.

Martijn B. J., Kruithof J. C. and Welling M. (2006). UV/H_2O_2 treatment: the ultimate solution for organic contaminant control and primary disinfection. *Proceedings of the AWWA Water Quality and Technology Conference*, Denver, CO.

Martijn B. J., Fuller A. L., Malley J. P. and Kruithof J. C. (2010). Impact of IX-UF pretreatment on the feasibility of UV/H_2O_2 treatment for degradation of NDMA and 1,4-dioxane. *Ozone: Science & Engineering*, **32**(6), 383–390.

Martijn A. J., Boersma M. G., Vervoorf J. M., Rietjens I. M. C. M. and Kruithof, J. C. (2014). Formation of genotoxic compounds by medium pressure ultraviolet treatment of nitrate-rich water. *Desalination and Water Treatment*, **52**, 6275–6281.

Martijn B. J., Kruithof J. C., Hughes R. M., Mastan R. A., Van Rompay A. R. and Maller J. P. Jr. (2015). Induced genotoxicity in nitrate-rich water treated with medium-pressure ultraviolet processes. *Journal of American Water Works Association*, **107**(6), 301–312.

Martijn B. J., Van Rompay A. R., Penders E. J. M., Alharbi Y., Baggelaar P. K., Kruithof J. C. and Rietjens I. M. C. M. (2016). Development of a 4-NQO toxic equivalency factor (TEF) approach to enable a preliminary risk assessment of unknown genotoxic compounds detected by Ames II test in UV/H_2O_2 water treatment samples. *Chemosphere*, **144**, 338–345.

Maruthamuthu P., Padmaja S. and Huie R. E. (1995). Rate constants for some reactions of free radicals with haloacetates in aqueous solution. *International Journal of Chemical Kinetics*, **27**, 605–612.
Masschelein W. J. (2000). Utilisation des U.V. dans le traiement des eaux. *Tribune de l'eau*, **53**(4–5), 7–107.
Masten S. J., Shu M., Galbraith M. J. and Davies S. H. R. (1998). Oxidation of chlorinated benzenes using advanced oxidation processes. *Hazardous Waste & Hazardous Materials*, **13**, 265–282.
Matafonova G. and Batoev V. (2012). Recent progress on application of UV excilamps for degradation of organic pollutants and microbial inactivation. *Chemosphere*, **89**, 637–647.
Mazellier P. and Leverd J. (2003). Transformation of 4-*tert*-octylphenol by UV irradiation and by an H_2O_2/UV process in aqueous solution. *Photochemical and Photobiological Sciences*, **2**, 946–953.
Mazellier P., Meite L. and De Laat J. (2008). Photodegradation of the steroid hormones 17 beta-estradiol (E2) and 17 alpha-ethinylestradiol (EE2) in dilute aqueous solution. *Chemosphere*, **73**, 1216–1223.
McKay G., Dong M. M., Kleinman J. L., Mezyk S. P. and Rosario-Ortiz F. L. (2011). Temperature dependence of the reaction between the hydroxyl radical and organic matter. *Environmental Science and Technology*, **45**, 6932–6937.
McKay G., Sjelin B., Chagnon M., Ishida K. I. and Mezyk S. P. (2013). Kinetic study of the reactions between chloramine disinfectants and hydrogen peroxide: temperature dependence and reaction mechanism. *Chemosphere*, **92**, 1417–1422.
Men'kin V. B., Makarov I. E. and Pikaev A. K. (1991). Mechanism for formation of nitrite in radiolysis of aqueous solutions of ammonia in the presence of oxygen. *High Energy Chemistry*, **25**, 48–52.
Merel S., Walker D., Chicana R., Snyder S., Baurès E. and Thomas O. (2013a). State of knowledge and concerns on cyanobacterial blooms and cyanotoxins. *Environment International*, **59**, 303–327.
Merel S., Villarin M. C., Chung K. and Snyder S. (2013b). Spatial and thematic distribution of research on cyanotoxins. *Toxicon*, **76**, 118–131.
Merel S., Anumol T., Park M. and Snyder S. A. (2015). Application of surrogates, indicators, and high-resolution mass-spectrometry to evaluate the efficacy of UV processes for attenuation of emerging contaminants in water. *Journal of Hazardous Materials*, **282**, 75–85.
Mertens R. and von Sonntag C. (1994). Reaction of OH radical with tetrachloroethene and trichloroacetaldehyde (hydrate) in oxygen-free aqueous solutions. *Journal of Chemical Society Perkin Transactions*, **2**, 2175–2180.
Mertens R. and von Sonntag C. (1995). Photolysis ($\lambda = 254$ nm) of tetrachloroethene in aqueous solutions. *Journal of Photochemistry and Photobiology A: Chemistry*, **85**, 1–9.
Mestankova H., Schirmer K., Canonica S. and von Gunten U. (2014). Development of mutagenicity during degradation of N-nitrosamines by advanced oxidation processes. *Water Research*, **66**, 399–410.
Mestankova H., Parker A. M., Bramaz N., Canonica S., Schirmer K., von Gunten, U. and Linden K. G. (2016). Transformation of Contaminant Candidate List (CCL3) compounds during ozonation and advanced oxidation processes in drinking water: assessment of biological effects. *Water Research*, **93**, 110–120.
Metz D. H., Meyer M., Dotson A., Beerendonk E. and Dionysiou D. D. (2011). The effect of UV/H_2O_2 treatment on disinfection by-product formation potential under simulated distribution system conditions. *Water Research*, **45**, 3969–3980.
Metz D. H., Meyer M., Vala B., Beerendonk E. F. and Dionysiou D. D. (2012). Natural organic matter: effect on contaminant destruction by UV/H_2O_2. *Journal of American Water Works Association*, **104**(12), 31–32.
Meunier L. and Boule P. (2000). Direct and induced phototransformation of mecoprop [2-(4-chloro-2-methylphenoxy)-propionic acid] in aqueous solution. *Pest Management Science*, **56**, 1077–1085.
Millet M., Palm W. U. and Zetzsch C. (1998). Investigation of the photochemistry of urea herbicides (chlorotoluron and isoproturon) and quantum yields using polychromatic irradiation. *Environmental Toxicology and Chemistry*, **17**(2), 258–264.
Milosavljevic B. H. and LaVerne J. A. (2005). Pulse radiolysis of aqueous thiocyanate. *Journal of Physical Chemistry A*, **109**, 165–168.
Minakata D. and Crittenden J. (2011). Linear free energy relationships between the aqueous phase hydroxyl radical ($HO^•$) reaction rate constants and the free energy of activation. *Environmental Science and Technology*, **45**, 3479–3486.
Minakata D., Li K., Westerhoff P. and Crittenden J. (2009). Development of a Group Contribution Method to predict aqueous phase hydroxyl radical ($HO^•$) reaction rate constants. *Environmental Science and Technology*, **43**, 6220–6227.
Minakata D., Song W., Mezyk S. P. and Cooper W. J. (2015). Experimental and theoretical studies on aqueous-phase reactivity of hydroxyl radicals with multiple carboxylated and hydroxylated benzene compounds. *Physical Chemistry Chemical Physics*, **17**, 11796–11812.

Morgan M. S., Van Trieste P. F., Garlick S. M., Mahon M. J. and Smith A. L. (1988). Ultraviolet molar absorptivities of aqueous hydrogen peroxide and hydroperoxyl ion. *Analytica Chimica Acta*, **215**, 325–329.

Müller S. R., Berg M., Ulrich M. M. and Schwarzenbach R. P. (1997). Atrazine and its primary metabolites in Swiss lakes: input characteristics and long-term behavior in the water column. *Environmental Science and Technology*, **31**, 2104–2113.

Nélieu S., Perreau F., Bonnemoy F., Ollitrault M., Azam D., Lagadic L., Bohatier J. and Einhorn J. (2009). Sunlight nitrate-induced photodegradation of chlorotoluron: evidence of the process in aquatic mesocosms. *Environmental Science and Technology*, **43**, 3148–3154.

Neta P. and Grodkowski J. (2005). Rate constants for reactions of phenoxyl radicals in solution. *Journal of Physical Chemistry Reference Data*, **34**(1), 109–199.

Neta P., Maruthamuthu P., Carton P. M. and Fessenden R. W. (1978). Formation and reactivity of the amino radical. *Journal of Physical Chemistry*, **82**, 1875–1878.

Neta P., Huie R. E. and Ross A. B. (1990). Rate constants for reactions of peroxyl radicals in fluid solutions. *Journal of Physical Chemistry Reference Data*, **19**(2), 413–513.

Neta P., Grodkowski J. and Ross A. B. (1996). Rate costants for reactions of aliphatic carbon-centered radicals in aqueous solution. *Journal of Physical Chemistry Reference Data*, **25**(3), 709–937.

Neumann-Spallart, M. and Getoff, N. (1979). Photolysis and radiolysis of monochloroacetic acid in aqueous solution. *Radiation Physical Chemistry*, **13**, 101–105.

Nicholson B. C., Shaw G. R., Morrall J., Senogles P. J., Woods T. A., Papageorgiou J., Kapralos C., Wickramasinghe W., Davis B. C., Eaglesham G. K. and Moore M. R. (2003). Chlorination for degrading saxitoxins (paralytic shellfish poisons) in water. *Environmental Technology*, **24**, 1341–1348.

Nick K., Schoeler H. F., Mark G., Söylemez T., Akhlaq M. S., Schuchmann H.-P. and von Sonntag C. (1992). Degradation of some triazine herbicides by UV radiation such as in the UV disinfection of drinking water. *Journal of Water Supply: Research and Technology-Aqua*, **41**(2), 82–87.

Nicolaescu A. R., Wiest O. and Kamat P. V. (2005). Mechanistic pathways of hydroxyl radical reactions of quinoline. 2. Computational analysis of hydroxyl radical attack at C atoms. *Journal of Physical Chemistry A*, **109**, 2829–2835.

Ning B., Graham N. J. D. and Zhang Y. (2007). Degradation of octylphenol and nonylphenol by ozone – Part Ⅱ: indirect reaction. *Chemosphere*, **68**, 1173–1179.

Nohr R. S., MacDonald J. G., Kogelschatz U., Mark G., Schuchmann H.-P. and von Sonntag C. (1994). Application of excimer incoherent-UV sources as a new tool in photochemistry: photodegradation of chlorinated dibenzodioxins in solution and adsorbed on aqueous pulp sludge. *Journal of Photochemistry and Photobiology A: Chemistry*, **79**, 141–149.

Noss C. I. and Chyrek R. H. (1984). Tertiary Treatment of Effluent from Holston AAP Industrial Liquid Waste Treatment Facility. IV. Ultraviolet Radiation and Hydrogen Peroxide Studies: TNT, RDX, HMX, TASX, and SEX. Technical Report 8308; US Army Medical Bioengineering Research & Development Laboratory, Fort Detrick, Frederick, Maryland.

Nöthe T., Fahlenkamp H. and von Sonntag C. (2009). Ozonation of wastewater: rate of ozone consumption and hydroxyl radical yield. *Environmental Science and Technology*, **43**(15), 5990–5995.

Ohe T., Watanabe T. and Wakabayashi K. (2004). Mutagens in surface waters: a review. *Mutation Research*, **567**, 109–149.

Onstad G. D., Strauch S., Meriluoto J., Codd G. A. and von Gunten U. (2007). Selective oxidation of key functional groups in cyanotoxins during drinking water ozonation. *Environmental Science and Technology*, **41**, 43976–4404.

Orellana-García F., Álvarez M. A., López-Ramón V., Rivera-Utrilla J., Sánchez-Polo M. and Mota A. J. (2014). Photodegradation of herbicides with different chemical natures in aqueous solution by ultraviolet radiation. Effects of operational variables and solution chemistry. *Chemical Engineering Journal*, **255**, 307.

Orr P. I., Jones G. J. and Hamilton G. R. (2004). Removal of saxitoxins from drinking water by granular activated carbon, ozone and hydrogen peroxide – implications for compliance with the Australian drinking water guidelines. *Water Research*, **38**, 4455–4461.

Oturan M. A. and Aaron J.-J. (2014). Advanced oxidation processes in water/wastewater treatment: principles and applications. A review. *Critical Reviews in Environmental Science and Technology*, **44**, 2577–2641.

Pagan J. and Lawal O. (2015). Coming of age – UV-C LED technology update. *IUVA News*, **17**(1), 21–24.

Pagsberg P. B. (1972). Investigation of the NH_2 radical produced by pulse radiolysis of ammonia in aqueous solution. *Risø* **256**, 209–221.

Palm W. U. and Zetzsch C. (1996). Investigation of the photochemistry and quantum yields of triazines using polychromatic irradiation and UV spectroscopy as an analytical tool. *International Journal of Environmental and Analytical Chemistry*, **65**(4), 313–329.

Pantelić D., Svirčev Z., Simeunovic J., Vidović M. and Trajković I. (2013). Cyanotoxins: characteristics, production and degradation routes in drinking water treatment with reference to the situation in Serbia. *Chemosphere*, **91**, 421–441.

Parker C. A. (1968). Photoluminiscence of Solutions: With Applications to Photochemistry and Analytical Chemistry. Elsevier Publishing Co., New York.

Peng J., Wang G., Zhang D., Zhang D. and Li X. (2016). Photodegradation of nonlylphenol in aqueous solution by simulated solar irradiation: the comprehensive effect of nitrate, ferric ion and bicarbonate ions. *Journal of Photochemistry and Photobiology A: Chemistry*, **326**, 9–15.

Pereira V. J., Weinberg H. S., Linden K. G. and Singer P. C. (2007). UV degradation kinetics and modelling of pharmaceutical compounds in laboratory grade and surface water via direct and indirect photolysis at 254 nm. *Environmental Science and Technology*, **41**, 1682–1688.

Peter A. and von Gunten U. (2007). Oxidation kinetics of selected taste and odor compounds during ozonation of drinking water. *Environmental Science and Technology*, **41**, 626–631.

Peyton G. (1990). Oxidative treatment methods for removal of organic compounds from drinking water supplies. In: Significance and Treatment of Volatile Organic Compounds in Water Supplies, N. M. Ram, R. F. Christman and K. P. Cantor (eds), Lewis, Chelsea, MI (USA), pp. 313–362.

Peyton G., LeFaivre M. H. and Maloney S. W. (1999). Verification of RDX Photolysis Mechanism. Technical Report 99/93. US Army Construction Engineering Research laboratory, Champaign, IL.

Phillips R. (1983). Sources and Applications of Ultraviolet Radiation. Academic Press Inc., New York.

Plumlee M. H. and Reinhard M. (2007). Photochemical attenuation of *N*-nitrosodimethylamine (NDMA) and other nitrosamines in surface water. *Environmental Science and Technology*, **41**, 6170–6176.

Plumlee M. H., Stanford B. D., Debroux J. F., Hopkins D. C. and Snyder S. A. (2014). Costs of advanced treatment in water reclamation. *Ozone: Science & Engineering*, **36**(5), 485–495.

Poskrebyshev G. A., Huie R. E. and Neta P. (2003). Radiolytic reactions of monochloramine in aqueous solutions. *Journal of Physical Chemistry A*, **107**, 7423–7428.

Postigo C. and Richardson S. D. (2014). Transformation of pharmaceuticals during oxidation/disinfection processes in drinking water treatment. *Journal of Hazardous Materials*, **279**, 461–475.

Qasim M. M., Moore B., Taylor L., Honea P., Gorb L. and Leszczynski J. (2007). Structural characteristics and reactivity relationships of nitroaromatic and nitramine explosives – A review of our computational chemistry and spectroscopic research. *International Journal of Molecular Sciences*, **8**, 1234–1264.

Quen H. L. and Chidambara Raj C. B. (2006). Evaluation of UV/O_3 and UV/H_2O_2 processes for nonbiodegradable compounds: implications for integration with biological processes for effluent treatment. *Chemical Engineering Communications*, **193**, 1263–1276.

Rahn R. O., Bolton J. R. and Stefan M. I. (2006). The iodate/iodate actinometer in UV disinfection: determination of fluence rate distribution in UV reactors. *Photochemistry and Photobiology*, **82**, 611–615.

Ribeiro A. R., Nunes O. C., Pereira M. F. R. and Silva A. M. T. (2015). An overview of the advanced oxidation processes applied for the treatment of water pollutants defined in the recently launched Directive 2013/39/EU. *Environment International*, **75**, 33–51.

Richardson S. D., Plewa M. J., Wagner E. D., Schoeny R. and DeMarini D. M. (2007). Occurrence, genotoxicity, and carcinogenicity of regulated and emerging disinfection by-products in drinking water: a review and roadmap for research. *Mutation Research*, **636**, 178–242.

Richardson S. D., Thruston A. D., Krasner S. W., Weinberg H. S., Miltner R. J., Schenck K. M., Narotsky M. G., McKague A. B. and Simmons J. E. (2008). Integrated disinfection by-products mixtures research: comprehensive characterization of water concentrates prepared from chlorinated and ozonated/post-chlorinated drinking water. *Journal of Toxicology and Environmental Health Part A*, **71**(17), 1165.

Rivas J., Gimeno O., Borralho T. and Sagasti J. (2011). UV-C and UV-C/peroxide elimination of selected pharmaceuticals in secondary effluents. *Desalination*, **279**, 115–120.

Rivera R. L. (2001). Mercury amalgam lamps: Characteristics, design parameters and comparison to other UV technologies. *Proceedings of First International Congress on Ultraviolet Technologies*, IUVA, June 14–16, Washington DC.

Rivera-Utrilla J., Sánchez-Polo M., Ferro-García M. A., Prados-Joya G. and Ocampo-Pérez R. (2013). Pharmaceuticals as emerging contaminants and their removal from water. A review. *Chemosphere*, **93**, 1268–1287.

Rosario-Ortiz F. L., Mezyk S. P., Doud D. F. R. and Snyder S. A. (2008). Quantitative correlation of absolute hydroxyl radical rate constants with non-isolated effluent organic matter bulk properties in water. *Environmental Science and Technology*, **42**(16), 5924–5930.

Rosenfeldt E. J. (2010). Rapid method for measuring background hydroxyl radical scavenging for impacts on design of advanced oxidation processes. *Proceedings of AWWA Water Quality and Technology Conference and Exhibition*, November 14–18, Savannah, GA, USA.

Rosenfeldt E. J. and Linden K. G. (2004). Degradation of endocrine disrupting chemicals bisphenol A, ethinylestradiol, and estradiol during UV photolysis and advanced oxidation processes. *Environmental Science and Technology*, **38**, 5476–5483.

Rosenfeldt E. J. and Linden K. G. (2005). The $R_{OH,UV}$ concept to characterize and model UV/H_2O_2 processes in natural waters. *Proceedings of the 3-rd International Congress on Ultraviolet Technologies*, IUVA, Whistler, BC, Canada, May 24–27.

Rosenfeldt E. J. and Linden K. G. (2007). The $R_{OH,UV}$ concept to characterize and to model UV/H_2O_2 process in natural waters. *Environmental Science and Technology*, **41**, 2548–2553.

Rosenfeldt E. J., Melcher B. and Linden K. G. (2005). UV and UV/H_2O_2 treatment of methylisoborneol (MIB) and geosmin in water. *Journal of Water Supply: Research and Technology-AQUA*, **54**, 423–435.

Rosenfeldt E. J., Linden K. G., Canonica S. and von Gunten U. (2006). Comparison of the efficiency of OH radical formation during ozonation and the advanced oxidation processes O_3/H_2O_2 and UV/H_2O_2. *Water Research*, **40**, 3695–3704.

Royce A. and Stefan M. I. (2005). Application of UV in drinking water treatment for simultaneous disinfection and removal of taste and odor compounds. *Proceedings of AWWA Water Quality and Technology Conference*, Quebec City, QC, Canada, November 6–10.

Santoro D., Raisee M., Moghaddami M., Ducoste J., Sasges M., Liberti L. and Notarnicola M. (2010). Modeling hydroxyl radical distribution and trialkyl phosphates oxidation in UV-H_2O_2 photoreactors using computational fluid dynamics. *Environmental Science and Technology*, **44**, 6233–6241.

Sarathy S. and Mohseni M. (2009). The fate of natural organic matter during UV/H_2O_2 advanced oxidation of drinking water. *Canadian Journal of Civil Engineering*, **36**, 140–169.

Sarathy S. and Mohseni M. (2010). Effects of UV/H_2O_2 advanced oxidation on chemical characteristics and chlorine reactivity of surface water natural organic matter. *Water Research*, **44**, 4087–4096.

Sarathy S., Stefan M. I., Royce A. R. and Mohseni M. (2011). Pilot-scale UV/H_2O_2 advanced oxidation process for surface water treatment: effects on natural organic matter characteristics, DBP formation potential, and downstream biological treatment. *Environmental Technology*, **33**(11–16), 1709–1718.

Schaefer R. B., Grapperhaus M., Schaefer I. and Linden K. G. (2007). Pulsed UV lamp performance and comparison with UV mercury lamps. *Journal of Environmental Engineering and Science*, **6**, 303–310.

Schalk S., Adam V., Arnold E., Brieden K., Voronov A. and Witzke H.-D. (2006). UV lamps for disinfection and advanced oxidation: lamp types, technologies, and applications. *IUVA News*, **8**(1), 32–37.

Scheideler J. (2016). Development of a novel control philosophy for UV AOPs. *Proceedings of the IUVA Congress*, January 31–February 3, Vancouver, BC, Canada.

Scheideler J., Lekkerkerker-Teunissen K., Knol T., Ried A., Verbeck J. and van Dijk H. (2011). Combination of O_3/H_2O_2 and UV for multiple barrier micropollutant treatment and bromate formation control – an economic attractive option. *Water Practice & Technology*, **6**(4); DOI:10.2166/wpt.2011.0063.

Scheideler J., Lee K. H., Raichle P., Choi T. and Dong H. S. (2015). UV-advanced oxidation process for taste and odor removal – comparing low pressure and medium pressure UV for a full-scale installation in Korea. *Water Practice & Technology*, **10**(1), 66–72.

Scheideler J., Lee K.-H., Gebhardt J. and Fassbender M. (2016). Development of a novel control philosophy for UV AOPs in S. Korea. *IUVA News*, **18**(3), 17–18.

Schuchmann M. N. and von Sonntag C. (1982). Hydroxyl radical-induced oxidation of diethyl ether in oxygenated aqueous solution. A product and pulse radiolysis study. *Journal of Physical Chemistry*, **86**, 1995–2000.

Schwarzenbach R. P., Gschwend P. M. and Imboden D. M. (1993). Photochemical transformation reactions. In: Environmental Organic Chemistry, John Wiley & Sons, Inc., New York, pp. 436–484.

Semitsoglou-Tsiapou S., Mous A., Templeton M. R., Graham N. J. D., Hernández-Leal L. and Kruithof J. C. (2016a). The role of natural organic matter in nitrite formation by LP-UV/H_2O_2 treatment of nitrate-rich water. *Water Research*, **106**, 312–319.

Semitsoglou-Tsiapou S., Templeton M. R., Graham N. J. D., Hernández-Leal L., Martijn B. J., Royce A. and Kruithof J. C. (2016b). Low pressure UV/H_2O_2 treatment for the destruction of pesticides metaldehyde, clopyralid and mecoprop – Kinetics and reaction product formation. *Water Research*, **91**, 285–294.

Sgroi M., Roccaro P., Oelker G. L. and Snyder S. A. (2015). N-nitrosodimethylamine (NDMA) formation at an indirect potable reuse facility. *Water Research*, **70**, 174–183.

Sharma V. K. (2012). Kinetics and mechanism of formation and destruction of N-nitrosodimethylamine in water – A review. *Separation and Purification Technology*, **88**, 1–10.

Sharma V. K., Triantis T. M., Antoniou M. G., He X., Pelaez M., Han C., Song W., O'Shea K. E., De La Cruz A. A., Kaloudis T., Hiskia A. and Dionysiou D. D. (2012). Destruction of microcystins by conventional and advanced oxidation processes. A review. *Separation and Purification Technology*, **91**, 3–17.

Sharpless C. M. (2005). Weighted fluence-based parameters for assessing UV and UV/H_2O_2 performance and transferring bench-scale results to full-scale water treatment reactor models. *IUVA News*, **7**(3), 13–19.

Sharpless C. M. and Linden K. G. (2001). UV photolysis of nitrate: effects of natural organic matter and dissolved inorganic carbon and implications for water disinfection. *Environmental Science and Technology*, **35**, 2949–2955.

Sharpless C. M. and Linden K. G. (2003). Experimental and model comparisons of low- and medium-pressure Hg lamps for the direct and H_2O_2 assisted UV photodegradation of *N*-nitrosodimethylamine in simulated drinking water. *Environmental Science and Technology*, **37**, 1933–1940.

Sharpless C. M. and Linden K. G. (2005). Interpreting collimated beam ultraviolet photolysis rate data in terms of electrical efficiency of treatment. *Journal of Environmental Engineering and Science*, **4**, S19–S26.

Shen R. and Andrews S. A. (2011). Demonstration of 20 pharmaceuticals and personal care products (PPCPs) as nitrosamine precursors during chloramine disinfection. *Water Research*, **45**, 944–952.

Shen Y. S., Ku Y. and Lee K. C. (1995). The effect of light absorbance on the decomposition of chlorophenols by ultraviolet radiation and UV/H_2O_2 processes. *Water Research*, **29**, 907–914.

Shen C., Scheible O. K., Chan P., Mofidi A., Yun T. I., Lee C. C. and Blatchley E. R. Ⅲ (2009). Validation of medium pressure UV disinfection reactors by Lagrangian actinometry using dyed microspheres. *Water Research*, **43**, 1370–1380.

Shi H., Cheng X., Wu Q., Mu R. and Ma Y. (2012). Assessment and removal of emerging water contaminants. *Journal of Environmental and Analytical Toxicology*, **S2**, 1–14.

Shu Z., Bolton J. R., Belosevic M. and Gamal El Din M. (2013). Photodegradation of emerging micropollutants using the medium-pressure UV/H_2O_2 advanced oxidation process. *Water Research*, **47**(8), 2881–2889.

Silva C. P., Otero M. and Esteves V. (2012). Processes for the elimination of estrogenic steroid hormones from water: a review. *Environmental Pollution*, **165**, 38–58.

Smaller B., Matheson M. S. and Yasaitis E. L. (1954). Paramagnetic resonance in irradiated ice. *Physical Review*, **94**(1), 202.

Solari F., Girolimetti G., Montanari R. and Vignali G. (2015). A new method for the validation of ultraviolet reactors by means of photochromic materials. *Food and Bioprocess Technology*, **8**(11), 2192–2211.

Soltermann F., Lee M., Canonica S. and von Gunten U. (2013). Enhanced N-nitrosamine formation in pool water by UV irradiation of chlorinated secondary amines in the presence of monochloramine. *Water Research*, **47**, 79–90.

Song W., Chen W., Cooper W. J., Greaves J. and Miller G. E. (2008a). Free-radical destruction of β-lactam antibiotics in aqueous solution. *Journal of Physical Chemistry A*, **112**, 7411–7417.

Song W., Ravindran V. and Pirbazari M. (2008b). Process optimization using a kinetic model for the ultraviolet radiation-hydrogen peroxide decomposition of natural and synthetic organic compounds in groundwater. *Chemical Engineering Science*, **63**, 3249–3270.

Song W., Xu T., Cooper W. J., Dionysiou D. D., de la Cruz A. A. and O'Shea K. E. (2009). Radiolysis studies on the destruction of microcystin-LR in aqueous solution by hydroxyl radicals. *Environmental Science and Technology*, **43**(5), 1487–1492.

Song W., Yan S., Cooper W. J., Dionysiou D. D. and O'Shea K. E. (2012). Hydroxyl radical oxidation of cylindrospermopsin (cyanobacterial toxin) and its role in the photochemical transformation. *Environmental Science and Technology*, **46**, 12608–12615.

Song K., Mohseni M. and Taghipour F. (2016). Application of ultraviolet light-emitting diodes (UV-LEDs) for water disinfection: a review. *Water Research*, **94**, 341–349.

Sorlini S., Gialdini F. and Stefan M. (2014). UV/H_2O_2 oxidation of arsenic and terbuthylazine in drinking water. *Environmental Monitoring and Assessment*, **186**, 1311–1316.

Sornalingam K., McDonagh A. and Zhou J. L. (2016). Photodegradation of estrogenic endocrine disrupting steroidal hormones in aqueous systems: progress and future challenges. *Science of the Total Environment*, **550**, 209–224.

Sosnin E. A., Oppenländer T. and Tarasenko V. F. (2006). Applications of capacitive and barrier discharge excilamps in photoscience. *Journal of Photochemistry and Photobiology C: Photochemistry Reviews*, **7**, 145–163.

Srinivasan R. and Sorial G. A. (2011). Treatment of taste and odor compounds 2-methylisoborneol and geosmin in drinking water: a critical review. *Journal of Environmental Sciences*, **23**, 1–13.

Stefan M. I. (2004). UV photolysis: Background. In: Advanced Oxidation Processes for Water and Wastewater Treatment, S. Parsons (ed.), IWA Publishing, London, UK, pp. 7–48.

Stefan M. I. and Bolton J. R. (1998). Mechanism of the degradation of 1,4-dioxane in dilute aqueous solution using the

UV/hydrogen peroxide process. *Environmental Science and Technology*, **32**, 1588–1595.
Stefan M. I. and Bolton J. R. (1999). Reinvestigation of acetone degradation mechanism in dilute aqueous solution by the UV/H_2O_2 process. *Environmental Science and Technology*, **33**, 870–873.
Stefan M. I. and Bolton J. R. (2002). UV direct photolysis of N-nitrosodimethylamine (NDMA): kinetic and product study. *Helvetica Chimica Acta*, **85**, 1416–1426.
Stefan M. I. and Williamson C. T. (2004). UV light-based applications. In: Advanced Oxidation Processes for Water and Wastewater Treatment, S. Parsons (ed.), IWA Publishing, London, UK, pp. 49–85.
Stefan M. I., Hoy A. R. and Bolton J. R. (1996). Kinetics and mechanism of the degradation and mineralization of acetone in dilute aqueous solutions sensitized by the UV photolysis of hydrogen peroxide. *Environmental Science and Technology*, **30**, 2382–2390.
Stefan M. I., Mack J. and Bolton J. R. (2000). Degradation pathways during the treatment of methyl-*tert*-butylether by the UV/H_2O_2 process. *Environmental Science and Technology*, **34**(4), 650–658.
Stefan M. I., Atasi K., Linden K. G. and Siddiqui M. (2002). Impact of water quality on the kinetic parameters of NDMA photodegradation. *Proceedings AWWA Water Quality and Technology Conference*, Seattle, WA.
Stefan M. I., Kruithof J. C. and Kamp P. C. (2005). Advanced oxidation treatment of herbicides: From bench-scale studies to full-scale installation. *Proceedings of the Third International Congress on Ultraviolet Technologies*, Whistler, BC, Canada, May 24–27.
Stone W. W., Gilliom R. J. and Ryberg K. R. (2014). Pesticides in U.S. streams and rivers: occurrence and trends during 1992–2011. *Environmental Science and Technology*, **48**, 11025–11030.
Sudhakaran S. and Amy G. L. (2013). QSAR models for oxidation of organic micropollutants in water based on ozone and hydroxyl radical rate constants and their chemical classification. *Water Research*, **47**, 1111–1122.
Sudhakaran S., Calvin J. and Amy G. (2012). QSAR models for the removal of organic micropollutants in four different river water matrices. *Chemosphere*, **87**, 144–150.
Sudhakaran S., Latterman S. and Amy G. (2013). Appropriate drinking water treatment processes for organic micropollutants removal based on experimental and model studies – A multi-criteria analysis study. *Science of the Total Environment*, **442**, 478–488.
Sun L. and Bolton J. R. (1996). Determination of the quantum yield for the photochemical generation of hydroxyl radicals in TiO_2 suspensions. *Journal of Physical Chemistry*, **100**(10), 4127–4134.
Sun Y., Shu Y., Xu T., Shui M., Zhao Z., Gu Y. and Wang X. (2012). Review of the photodecomposition of some important energetic materials. *Central European Journal of Energetic Materials*, **9**(4), 411–423.
Sundstrom D. W., Klei H. E., Nalette T. A., Reidy D. J. and Weir B. A. (1986). Destruction of halogenated aliphatics by ultraviolet catalyzed oxidation with hydrogen peroxide. *Hazardous Waste & Hazardous Materials*, **3**, 101.
Svrcek C. and Smith D. W. (2004). Cyanobacteria toxins and current state of knowledge on water treatment options: a review. *Journal of Environmental Engineering Science*, **3**, 155–185.
Swaim P. D., Ridens M., Festger A. and Royce A. (2011). UV Advanced oxidation for taste and odor control: Understanding life-cycle cost and sustainability. *Proceedings of the 2nd North American Conference on Ozone, Ultraviolet and Advanced Oxidation Technologies*, Toronto, ON, Canada, September 18–21.
Tabrizi G. B. and Mehrvar M. (2004). Integration of advanced oxidation technologies and biological processes: recent developments, trends, and advances. *Journal of Environmental Science and Health. Part A-Toxic/Hazardous Substances & Environmental Engineering*, **A39**(11–12), 3029–3081.
Taniyasu Y., Kasu M. and Makimoto T. (2006). An aluminum nitride light-emitting diode with a wavelength of 210 nanometres. *Nature*, **441**, 325–328.
Tarrah H., Plummer S. and Roberton A. (2017). Occurrence and state approaches for addressing cyanotoxins in US drinking water. *Journal of American Water Works Association*, **109**, 40–47.
Taube H. (1942). Reactions of solutions containing ozone, H_2O_2, H^+ and Br^-. *Journal of the American Chemical Society*, **64**, 2468.
Tauber A. and von Sonntag C. (2000). Products and kinetics of the OH radical-induced dealkylation of atrazine. *Acta hydrochimica et hydrobiologica*, **28**(1), 15–23.
Thomsen C. L., Madsen D., Poulsen J. Aa., Thøgersen J. and Knak-Jensen S. J. (2001). Femtosecond photolysis of aqueous HOCl. *Journal of Chemical Physics*, **115**(20), 9361–9369.
Tian M. (1910). Sur la nature de la décomposition de l'eau oxygénée produite par la lumière. *Comptes rendus*, **151**, 1040.
Tixier C., Singer H. P., Canonica S. and Müller S. R. (2002). Phototransformation of triclosan in surface waters: a relevant elimination process for this widely used biocide – laboratory studies, field measurements, and modeling. *Environmental Science and Technology*, **36**, 3482–3489.
Tizaoui C., Mezughi K. and Bickley R. (2011). Heterogeneous photocatalytic removal of the herbicide clopyralid and

its comparison with UV/H_2O_2 and ozone oxidation techniques. *Desalination*, **273**, 197–204.
Toor R. and Mohseni M. (2007). UV-H_2O_2 based AOP and its integration with biological activated carbon treatment for DBP reduction in drinking water. *Chemosphere*, **66**, 2087–2095.
Trawinski J. and Skibinski R. (2017). Studies on photodegradation processes of psychotropic drugs: a review. *Environmental Science and Pollution Research*, **24**, 1152–1199.
Turro N. J., Ramamurthy V. and Scaiano J. C. (2010). Modern molecular photochemistry of organic molecules. J. Stiefel (ed.), University Science Books, Mill-Valley, CA, USA.
U.S. EPA (2006). UV Disinfection Guidance Manual. Office of Water, U.S. Environmental Protection Agency, Washington DC.
U.S. EPA (2012a). Estimation Programs Interface (EPI) Suite™ for Microsoft® Windows v.4.11. AOPWIN™ Program. United States Environmental Protection Agency, Washington DC, USA.
U.S. EPA (2012b). 2012 Edition of the Drinking Water Standards and Health Advisories. Office of Water, U.S. EPA, Washington DC, April 2012.
Urey H. C., Dawsey L. H. and Rice F. O. (1929). The absorption spectrum and decomposition of hydrogen peroxide by light. *Journal of the American Chemical Society*, **51**, 1371–1383.
USGS (2016). Total cylindrospermopsins, microcystins/nodularins, and saxitoxins data for the 2007 United States Environmental Protection Agency National Lake Assessement. US Geological Survey Report, Data Series 929, Reston, VA, USA.
Verma S. and Sillanpää M. (2015). Degradation of anatoxin-a by UV-C LED and UV-C LED/H_2O_2 advanced oxidation processes. *Chemical Engineering Journal*, **274**, 274–281.
Vidal E., Negro A., Cassano A. and Zalazar C. (2015). Simplified reaction kinetics, models and experiments for glyphosate degradation in water by the UV/H_2O_2 process. *Photochemical and Photobiologocal Sciences*, **14**, 366–377.
Vione D., Maurino V., Minero C. and Pelizzetti E. (2005). Nitration and photonitration of naphthalene in aqueous system. *Environmental Science and Technology*, **39**, 1101–1110.
Vlad S., Abderson W. B., Peldszus S. and Huck P. M. (2014). Removal of the cyanotoxin anatoxin-a by drinking water treatment processes: a review. *Journal of Water and Health*, **12**(4), 601–617.
Volman D. H. and Chen J. C. (1959). The photochemical decomposition of hydrogen peroxide in aqueous solutions of allyl alcohol at 2537 Å. *Journal of the American Chemical Society*, **81**, 4141–4144.
von Gunten U. and Oliveras Y. (1997). Kinetics of the reaction between hydrogen peroxide and hypobromous acid: implication on water treatment and natural systems. *Water Research*, **31**(4), 900–906.
von Gunten U. and Oliveras Y. (1998). Advanced oxidation of bromide-containing waters: bromate formation mechanisms. *Environmental Science and Technology*, **32**, 63–70.
von Sonntag C. (2006). Free-radical-induced DNA damage and its repair. In: A Chemical Perspective, S. Schreck (ed.), Springer-Verlag Heidelberg, Germany.
von Sonntag C. and Schuchmann H.-P. (1991). The elucidation of peroxyl radical reactions in aqueous solution with the help of radiation-chemical methods. *Angewandte Chemie International Edition English*, **30**, 1229–1253.
von Sonntag C. and Schuchmann H.-P. (1992). UV Disinfection of drinking water and by-product formation - some basic considerations. *Journal of Water Supply, Research and Technology-Aqua*, **41**(2), 67–74.
Voronov A., Arnold E. and Roth E. (2003). Long-life technology of high power amalgam lamps. *Proceedings of the 2nd International Congress of IUVA*, Vienna, Austria, July 9–11.
Wagner E. D., Hsu K. M., Lagunas A., Mitch W. A. and Plewa M. J. (2012). Comparative genotoxicity of nitrosamine drinking water disinfection byproducts in *Salmonella* and mammalian cells. *Mutation Research*, **741**, 109.
Wait I. (2009). Lamp Sleeve Fouling in Ultraviolet Disinfection Reactors: the Accumulation of Inorganic Foulants on Potable Water UV Reactor Lamp Sleeves: Composition, Rate, Effects, and Modelling. VDM Verlag, Dr. Müller GmbH & Co.; Saarbrücken, Germany. ISBN-10: 363912023X.
Wan H. B., Wong M. K. and Mok C. Y. (1994). Comparative study on the quantum yields of direct photolysis of organophosphorus pesticides in aqueous solution. *Journal of Agricultural Food and Chemistry*, **42**(11), 2625–2630.
Wang Y.-N., Chen J., Li X., Zhang S. and Qiao X. (2009). Estimation of aqueous phase reaction rate constants of hydroxyl radical with phenols, alkanes, and alcohols. *QSAR & Combinatorial Science*, **28**, 1309–1316.
Wang D., Bolton J. R., Andrews S. A. and Hofmann R. (2015a). UV/chlorine control of drinking water taste and odour at pilot and full-scale. *Chemosphere*, **136**, 239–244.
Wang D., Bolton J. R., Andrews S. A. and Hofmann R. (2015b). Formation of disinfection by-products in the ultraviolet/chlorine advanced oxidation process. *Science of the Total Environment*, 518–519, 49–57.

Wang J., Ried A., Stapel H., Zhang H., Zhang Y., Chen M., Ang W. S., Xie R., Duarah A., Zhang L. and Lim M. H. (2015c). A pilot-scale investigation of ozonation and advanced oxidation processes at Choa Chu Kang Waterworks. *Water Practice & Technology*, **10**(1), 43–49.

Wang D., Duan X., He X. and Dionysiou D. D. (2016). Degradation of dibutyl phthalate (DBP) by UV-254 nm/H_2O_2 photochemical oxidation: kinetics and influence of various process parameters. *Environmental Science and Pollution Research*, **23**, 23772–23780.

Wang X., Zhang H., Zhang Y., Shi Q., Wang J., Yu J. and Yang M. (2017). New insights into trihalomethane and haloacetic acid formation potentials: correlation with the molecular composition of natural organic matter in source water. *Environmental Science and Technology*, **51**(4), 2015–2021.

Water Research Foundation (2009). Design and Performance Guidelines for UV Sensor Systems. Project #91236. Published by Water Research Foundation, Denver, CO, USA.

Water Research Foundation (2010). Treating Algal Toxins Using Oxidation, Adsorption, and Membrane Technologies. Project #2839. Published by Water Research Foundation, Denver, CO, USA.

Water Research Foundation (2011). Evaluation of Computational Fluid Dynamics for Modelling the UV-initiated Advanced Oxidation Processes. Project #3176. Published by Water Research Foundation, Denver, CO, USA.

WateReuse Foundation (2010). Reaction Rates and Mechanisms of Advanced Oxidation Processes (AOPs) for Water Reuse. Project number: WRF-04-017, Published by WateReuse Foundation, Alexandria, VA, USA.

Weeks J. L. and Matheson M. S. (1956). The primary quantum yield of hydrogen peroxide decomposition. *Journal of the American Chemical Society*, **78**, 1273–1279.

Weinstein J. and Bielski B. H. J. (1979). Kinetics of the interaction of HO_2 and O_2^- radicals with hydrogen peroxide. The Haber-Weiss reaction. *Journal of the American Chemical Society*, **101**(1), 58–62.

Westerhoff P., Aiken G., Amy G. and Debroux J. (1999). Relationships between the structure of natural organic matter and its reactivity towards molecular ozone and hydroxyl radicals. *Water Research*, **33**, 2265–2276.

Westerhoff P., Mezyk S. P., Cooper W. J. and Minakata D. (2007). Electron pulse radiolysis determination of hydroxyl radical rate constants with Suwannee river fulvic acid and other dissolved organic matter isolates. *Environmental Science and Technology*, **41**, 4640–4646.

Westrick J., Szlag D. C., Southwell B. J. and Sinclair J. (2010). A review of cyanobacteria and cyanotoxin removal/inactivation in drinking water treatment. *Analytical and Bioanalytical Chemistry*, **397**(5), 1705–1714.

Williams D. L. H. (2004). Nitrosation Reactions and the Chemistry of Nitric Oxide. Elsevier, Amsterdam.

Wöhrle D., Tausch M. W. and Stohrer W. D. (1998). Photochemie, Konzepte, Methoden, Experimente. Wiley-VCH, Weinheim, Germany.

Wojnárovits L. and Takács E. (2013). Structure dependence of the rate coefficients of hydroxyl radical + aromatic molecule reaction. *Radiation Physics and Chemistry*, **87**, 82–87.

Wolfrum E. J., Ollis D. F. and Lim P. K. (1994). The UV-H_2O_2 process: quantitative EPR determination of radical concentrations. *Journal of Photochemistry and Photobiology, A: Chemistry*, **78**, 259–265.

Wols B. A. (2012). Computational Fluid Dynamics in Drinking Water Treatment. B. A. Wols ed. IWA Publishing, London, UK.

Wols B. A. and Hofman-Caris C. H. M. (2012a). Review of photochemical reaction constants of organic micropollutants required for UV advanced oxidation processes in water. *Water Research*, **46**, 2815–2827.

Wols B. A. and Hofman-Caris C. H. M. (2012b). Modelling micropollutant degradation in UV/H_2O_2 systems: Lagrangian versus Eulerian method. *Chemical Engineering Journal*, **210**, 289–297.

Wols B. and Vries D. (2012). On a QSAR approach for the prediction of priority compound degradation by water treatment processes. *Water Science & Technology*, **66**(7), 1446–1453.

Wols B. A., Hofman J. A. M. H., Beerendonk E. F., Uijttewaal W. S. J. and van Dijk J. C. (2011). A systematic approach for the design of UV reactors using computational fluid dynamics. *AIChE Journal*, **57**(1), 193–207.

Wols B. A., Hofman-Caris C. H. M., Harmsen D. J. H. and Beerendonk E. F. (2013). Degradation of 40 selected pharmaceuticals by UV/H_2O_2. *Water Research*, **47**(15), 5876–5888.

Wols B. A., Harmsen D. J. H., Beerendonk E. R. and Hofman-Caris C. H. M. (2014). Predicting pharmaceutical degradation by UV (LP)/H_2O_2 processes: a kinetic model. *Chemical Engineering Journal*, **255**, 334–343.

Wols B. A., Harmsen D. J. H., Wanders-Dijk J., Beerendonk E. F. and Hofman-Caris C. H. M. (2015a). Degradation of pharmaceuticals in UV (LP)/H_2O_2 reactors simulated by means of kinetic modeling and computational fluid dynamics. *Water Research*, **75**, 11–24.

Wols B. A., Harmsen D. J. H., Beerendonk E. R. and Hofman-Caris C. H. M. (2015b). Predicting pharmaceutical degradation by UV (MP)/H_2O_2 processes: a kinetic model. *Chemical Engineering Journal*, **263**, 336–345.

Wols B. A., Harmsen D. J. H., van Remmen T., Beerendonk E. F. and Hofman-Caris C. H. M. (2015c). Design aspects of UV/H_2O_2 reactors. *Chemical Engineering Science*, **137**, 712–721.

Xiao Y., Fan R., Zhang L., Yue J., Webster R. D. and Lim T. T. (2014). Photodegradation of iodinated trihalomethanes in aqueous solution by UV 254 irradiation. *Water Research*, **49**, 275–285.

Xu B., Chen Z., Qi F., Ma J. and Wu, F. (2009). Rapid degradation of new disinfection by-products in drinking water by UV irradiation: *N*-Nitrosopyrrolidine and *N*-nitrosopiperidine. *Separation and Purification Technology*, **69**, 126–133.

Xu G., Liu N., Wu M., Bu T. and Zheng M. (2013). The photodegradation of clopyralid in aqueous solutions: effects of light sources and water constituents. *Industrial and Engineering Chemistry Research*, **52**, 9770–9774.

Yan S. and Song W. (2014). Photo-transformation of pharmaceutically active compounds in the aqueous environment: a review. *Environmental Science: Processes & Impacts*, **16**, 697–720.

Yang W., Zhou H. and Cicek N. (2014). Treatment of organic micropollutants in water and wastewater by UV-based processes: a literature review. *Critical Reviews in Environmental Science and Technology*, **44**, 1443.

Yao H., Sun P., Minakata D., Crittenden J. C. and Huang C. H. (2013). Kinetics and modeling of degradation of ionophore antibiotics by UV and UV/H_2O_2. *Environmental Science and Technology*, **47**, 4581–4589.

Yu X.-Y. (2004). Critical evaluation of rate constants and equilibrium constants of hydrogen peroxide photolysis in acidic aqueous solutions containing chloride ions. *Journal of Physical and Chemical Reference Data*, **33**(3), 747–763.

Yu X.-Y. and Barker J. R. (2003a). Hydrogen peroxide photolysis in acidic aqueous solutions containing chloride ions. I. Chemical mechanism. *Journal of Physical Chemistry A*, **107**, 1313–1324.

Yu X.-Y. and Barker J. R. (2003b). Hydrogen peroxide photolysis in acidic aqueous solutions containing chloride ions. II. Quantum yield of $HO^{\bullet}$ (aq.) radicals. *Journal of Physical Chemistry A*, **107**, 1325–1332.

Yuan F., Hu C., Hu X., Qu J. and Yang M. (2009). Degradation of selected pharmaceuticals in aqueous solution with UV and UV/H_2O_2. *Water Research*, **43**, 1766–1774.

Yuan F., Hu C., Wei D., Chen Y. and Qu J. (2011). Photodegradation and toxicity changes of antibiotics in UV and UV/H_2O_2 process. *Journal of Hazardous Materials*, **185**, 1256–1263.

Zamyadi A., Ho L., Newcombe G., Daly R. I., Burch M., Baker P. and Prévost M. (2009). Release and oxidation of cell-bound saxitoxins during chlorination of *Anabaena circinalis* cells. *Environmental Science and Technology*, **44**, 9055–9061.

Zehavi D. and Rabani J. (1972). The oxidation of aqueous bromide ions by hydroxyl radicals. A pulse radiolysis investigation. *Journal of Physical Chemistry*, **76**(3), 312–319.

Zellner R., Exner M. and Herrmann H. (1990). Absolute OH quantum yields in the laser photolysis of nitrate, nitrite and dissolved H_2O_2 at 308 and 351 nm in the temperature range 278~353 K. *Journal of Atmospheric Chemistry*, **10**, 411–425.

Zeng T., Plewa M. J. and Mitch W. A. (2016). *N*-Nitrosamines and halogenated disinfection byproducts in U.S. full advanced treatment trains for potable reuse. *Water Research*, **101**, 176–186.

Zepp R. G. (1978). Quantum yields for reaction of pollutants in dilute aqueous solution. *Environmental Science and Technology*, **12**(3), 327–329.

Zepp R. G., Hoigné J. and Bader H. (1987). Nitrate-induced photooxidation of trace organic chemicals in water. *Environmental Science and Technology*, **21**, 443–450.

Zhang Z., Feng Y., Liu Y., Sun Q., Gao P. and Ren N. (2010). Kinetic degradation model and estrogenicity changes of EE2 (17α ethinylestradiol) in aqueous solution by UV and UV/H_2O_2 technology. *Journal of Hazardous Materials*, **181**, 1127–1133.

Zhang S., Gitungo S., Axe L., Dyksen J. E. and Raczko R. F. (2016). A pilot plant study using conventional and advanced water treatment processes: evaluating removal efficiency of indicator compounds representative of pharmaceticals and personal care products. *Water Research*, **105**, 85–96.

Zhao X., Alpert S. M. and Ducoste J. J. (2009). Assessing the impact of upstream hydraulics on the dose distribution of ultraviolet reactors using fluorescence microspheres and computational fluid dynamics. *Environmental Engineering Science*, **26**(15), 947–959.

Zhou H. and Smith D. W. (2002). Advanced technologies in water and wastewater treatment. *Journal of Environmental Engineering Science*, **1**, 247–264.

Zhou C., Gao N., Deng Y., Chu W., Rong W. and Zhou S. (2012). Factors affecting ultraviolet irradiation/ hydrogen peroxide (UV/H_2O_2) degradation of mixed N-nitrosamines in water. *Journal of Hazardous Materials*, 231–232, 43–48.

Zhu L., Nicovich J. M. and Wine P. (2003). Temperature-dependent kinetics studies of aqueous phase reactions of hydroxyl radicals with dimethylsulfoxide, dimethylsulfone, and methanesulfonate. *Aquatic Sciences*, **65**, 425–435.

Zong W., Sun F. and Sun X. (2013). Oxidation by-products formation of microcystin-LR exposed to UV/H_2O_2: toward the generative mechanism and biological toxicity. *Water Research*, **47**, 3211–3219.

第 3 章　臭氧在水和废水处理中的应用

丹尼尔·格里蒂，费尔南多·L. 罗萨里奥-奥尔蒂斯，埃里克·C. 韦特

3.1 引言

臭氧在水处理中的应用可以追溯到 20 世纪初期，1906 年法国尼斯在供水设施中首次采用臭氧消毒（Rice 等，1981）。从此，臭氧在饮用水中应用以达到消毒、去除异嗅味物质、减少消毒副产物形成以及氧化有机污染物的目的。在过去的十年中，由于臭氧能够灭活病原体和氧化有机污染物，因此在废水/再生水处理和工业水处理应用中越来越普遍。臭氧产生技术的进步使产生每磅臭氧需要的电能更少，生成臭氧的质量分数达到了 10%～12%（Thompson 和 Drago，2015）。显著的氧化能力与更加高效的臭氧生成技术为臭氧在未来市政和工业应用方面的发展奠定了基础。

有关臭氧在水和废水处理的历史、化学和应用方面（von Sonntag 和 von Gunten，2012）有大量的研究文献和综述报道（Hubner 等，2015；von Gunten，2003a，b）。本章的目的不是提供一个关于臭氧应用的不同处理技术的全面讨论，而是向读者介绍臭氧在水和废水处理方面的研究进展（包括消毒和有机污染物氧化方面），其在臭氧当前应用和未来发展方面占有重要地位。

3.2 臭氧的性质

臭氧分子由三个氧原子组成（图 3-1）。臭氧分子的电子密度和分布情况导致其高度不稳定，可与水中各种成分发生反应。在 20℃时，臭氧在水中的溶解度约为 0.01mol/L，亨利定律常数为 100atm/(mol/L)（von Sonntag 和 von Gunten，2012）。

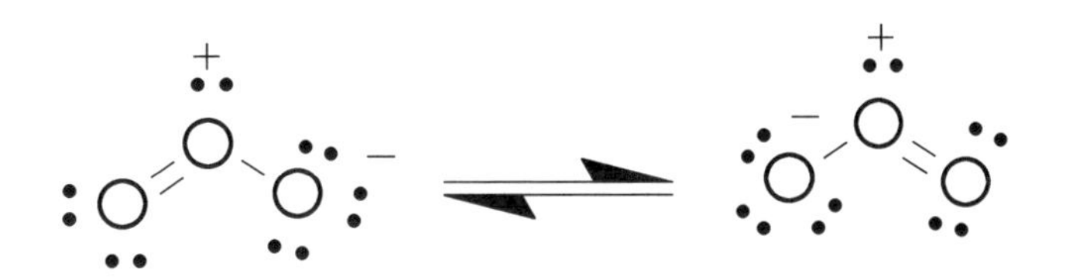

图 3-1　臭氧分子的结构

3.3 水中臭氧的分解

从 Hoigné 和其他人的开创性工作开始，科学界对臭氧在水中的分解机制产生了极大兴趣（Buhler 等，1984；Hoigné 和 Bader，1975；Staehelin 等，1984；Staehelin 和 Hoigné，1982）。臭氧分解的初步工作研究了该物质与氢氧根离子之间的反应［式（3-1)］。据报道，该反应初始步骤反应速率常数为 70L/(mol・s)（Staehelin 等，1984）。然而，该反应仅在高 pH（>10）下才是主要反应，观察到的臭氧的半衰期预计在几分钟之内。

$$OH^- + O_3 \rightarrow 产物 \quad k_1 = 70L/(mol \cdot s) \tag{3-1}$$

在该机理中，最初研究认为反应过程中通过转移氧原子形成 HO_2^- 和氧分子［式（3-2)］（Staehelin 和 Hoigné，1982；Tomiyasu 等，1985）。然后通过一系列附加反应生成$^{\bullet}OH$。

$$OH^- + O_3 \rightarrow HO_2^- + O_2 \tag{3-2}$$

但最近的研究表明该过程是通过形成加合物而发生的，加合物分解成自由基，最终生成$^{\bullet}OH$（式（3.3）～式（3.7)）（Merenyi 等，2010）。

$$OH^- + O_3 \rightarrow HO_4^- \tag{3-3}$$

$$HO_4^- \rightleftharpoons HO_2^{\bullet} + O_2^{\bullet} \tag{3-4}$$

在存在臭氧的情况下，发生式（3-5）～式（3-7)，形成$^{\bullet}OH$。

$$O_2^{\bullet -} + O_3 \rightarrow O_2 + O_3^{\bullet -} \tag{3-5}$$

$$O_3^{\bullet -} \rightarrow O_2 + O^{\bullet -} \tag{3-6}$$

$$O^{\bullet -} + H_2O \rightarrow {}^{\bullet}OH + OH^- \tag{3-7}$$

在没有臭氧的情况下，$HO_2^{\bullet}$ 及其共轭碱 $O_2^{\bullet -}$ 发生歧化反应生成 HO_2^-［其快速质子化为 H_2O_2；pK_a（H_2O_2 = 11.8)］和 O_2，反应速率常数为 $k = 9.7 \times 10^7 L/(mol \cdot s)$（Bielski 等，1985），仅为式（3-4）逆反应速率的 1/50。$^{\bullet}OH$ 的形成是臭氧化学的一个重要方面，其不具有选择性，且以接近扩散控制限度的反应速率与有机污染物反应（Buxton 等，1988）。有关臭氧分解反应的更多详情，请参阅 von Sonntag 和 von Gunten（2012）的出版物。

在天然水体（包括地表水）和废水中，臭氧通过与水中溶解性有机物（DOM）上的活性基团发生反应而分解（Buffle 等，2006b；Buffle 和 von Gunten，2006；Nöthe 等，2009）。臭氧在天然水体中的衰减被认为是多阶段反应，观察到 2～3 种不同的动力学反应（von Sonntag 和 von Gunten，2012）。采用停流技术可以监测快速动力学反应过程，即反应时间在毫秒内的反应过程（Buffle 等，2006b）。本论述中观察到的动力学过程分为初始阶段和第二阶段。

在反应初始阶段（在前 20s 内），臭氧与溶解性有机物发生一系列快速反应而分解（Buffle 等，2006b；Buffle 和 von Gunten，2006）。臭氧与溶解性有机物特定基团有较高的反应活性，如仲胺和叔胺以及酚类（Buffle 和 von Gunten，2006）。在这些反应中，臭氧被供电子基团还原成臭氧自由基［式（3-8）］。

$$DOM + O_3 \rightarrow DOM^{\cdot +} O_3^{\cdot -} \tag{3-8}$$

形成的臭氧自由基进一步分解成·OH，见式（3-6）和式（3-7）。关于该反应途径的一个重要发现是溶解性有机物中的活性基团是在臭氧和溶解性有机物之间的其他反应的基础上被改造的（Nöthe 等，2009）。这些反应可能将继续形成酚醛类结构，可以将电子转移到臭氧分子。然而，有报道称臭氧在一定程度上降低了溶解性有机物的供电子能力（Wenk 等，2013）。

在缓慢分解阶段（$t > 20s$）臭氧衰减缓慢，符合假一级动力学模型（Buffle 等，2006a；Buffle 等，2006b；Buffle 和 von Gunten，2006）。在此范围内，臭氧氧化天然有机物分离物的假一级降解速率常数在 $0.001 \sim 0.02 s^{-1}$ 之间（von Sonntag 和 von Gunten，2012），氧化废水和废水产生的有机物质的速率常数在 $0.01 \sim 0.05 s^{-1}$ 之间（Gonzales 等，2012；Wert 等，2009a）。

一个重要的考虑因素是溶解性有机物对·OH 的清除作用。DOM 和·OH 之间的反应速率常数可采用多种方法确定（脉冲辐解、竞争动力学等），不同研究小组的方法已在文献中报道（Dong 等，2010；Hoigné 和 Bader，1979；Keen 等，2014；Lee 等，2013；Rosario-Ortiz 等，2008；Westerhoff 等，2007）。文献中速率常数范围为 $1 \times 10^4 \sim 9.5 \times 10^4$ $(mg\ C/L)^{-1} \cdot s^{-1}$（Keen 等，2014；Lee 等，2013；Rosario-Ortiz 等，2008；Westerhoff 等，2007），最近的研究表明速率常数范围更小（Lee 等，2013；Keen 等，2014）。在公开发表的研究成果中，采用其他来源的·OH，脉冲辐解法检测的速率常数比竞争动力学法变化更明显。目前尚不清楚检测值的差异是否是所用检测方法不同，或者是所采用的溶解性有机物反应性的内在差异造成的。但最近的一项研究采用竞争动力学法和脉冲辐解法分析比较了动力学数值，发现两种方法之间的整体一致性良好（Keen 等，2014），表明在不同样品中观察到的差异可能是由于被分析样品组之间的内在差异造成的。

基于臭氧在水和废水处理过程中·OH 产生的重要性，需要量化·OH 产量。臭氧浓度可采用不同的方法比较容易实现定量分析，包括比色法和使用现代电化学传感器（Bader 和 Hoigne，1982；Kaiser 等，2013；Rakness 等，2010）。但是没有方法可以对臭氧化水中·OH 预期浓度进行定量分析。相反，使用可以监测的探针分子是首选方法。理论上任何对臭氧反应性有限的有机化合物都可以使用，最广泛使用的方法是对氯苯甲酸(p-CBA)定量分析法（Elovitz 和 von Gunten，1999）。p-CBA 和·OH 之间的反应速率常数为 $5 \times 10^9 L/(mol \cdot s)$，而与臭氧的反应速率常数 $\leqslant 0.15 L/(mol \cdot s)$（Elovitz 和 von Gunten，1999）。p-CBA 的衰减是可以监测的，并且从式（3-9）可以计算出总体·OH 暴露量。

$$\ln \frac{[\text{p-CBA}]_{t=t}}{[\text{p-CBA}]_{t=0}} = -k_{\text{p-CBA}} \int_{t=0}^{t=t} OH \quad dt \tag{3-9}$$

Von Gunten 的研究表明，在臭氧化的第二阶段，·OH 与臭氧暴露的比例 R_{ct} 是恒定的（Elovitz 和 von Gunten，1999）。因此，通过了解臭氧浓度，可以估计·OH 浓度。对于不同的水和废水样品，R_{ct} 值大约为 10^{-8}（Elovitz 和 von Gunten，1999；Gonzales 等，

2012；Hollender，2009）。该方法已广泛用于模拟臭氧化有机污染物衰减过程。

3.4 臭氧氧化去除污染物

3.4.1 概述

臭氧在污染物氧化中的应用引起了广泛关注（Acero 等，2001；Acero 和 von Gunten，2001；Dodd 等，2006；Gerrity 等，2011；Gerrity 和 Snyder，2011；Huber 等，2003；Huber 等，2005；Lee 等，2013；Rivas 等，2009；Roth 和 Sullivan，1981；Wert 等，2009a）。有机化合物定量分析的最新技术已经广泛应用于新兴污染物检测（CECs），如在许多淡水资源中含量为 ppt 至 ppb 级别的内分泌干扰物（EDCs）、药物和个人护理品（PPCPs）以及农药等（Snyder 等，2003a；Snyder 等，2003b）。这些化学物质大多用于预防、控制和治疗疾病或农业生产。摄入的化学物质通常不会被完全代谢，而是随着人类排泄物最终进入污水处理厂。由于传统的污水处理工艺无法完全去除这些痕量有机污染物，这些难去除的化合物会排放到水生环境中并进入下游饮用水水源取水口（Snyder 等，2003b）。在工业化国家，超过 90%的废水在集中式污水处理厂进行处理，使其成为痕量有机污染物的主要来源，也是最有效的减排地点（Hollender 等，2009）。由于关注地表水源中有机污染物的存在，人们对在排水和饮用水系统采用臭氧降解这些有机污染物产生了极大兴趣。

3.4.2 臭氧的直接作用

臭氧与有机化合物反应有三种主要作用机制。第一种机制是环加成反应，臭氧作用于碳-碳双键（C=C），例如烯烃化合物（Beltran，2003）。克里吉反应机理是最著名的环加成机理（图 3-2）。当臭氧形成不稳定的五元环或臭氧化物时，就会发生克里吉机理。在水溶液中，最终产物是酮、醛或酸。臭氧还可以与芳香族化合物发生环加成反应，使芳香环分解（Beltran，2003；Hubner 等，2015）。第二种机制是亲电取代反应。亲电取代是臭氧攻击有机化合物上的亲核位置导致分子的一部分被取代。由于芳香环结构稳定，芳香族化合物很可能发生亲电取代。第三种机制是臭氧直接氧化还原物质，例如与还原态含硫化合物的臭氧反应。为了更进一步了解臭氧反应机制，包括与不同污染物的反应机理，请参阅最近发表的文章（Hubner 等，2015；von Sonntag 和 von Gunten，2012）。

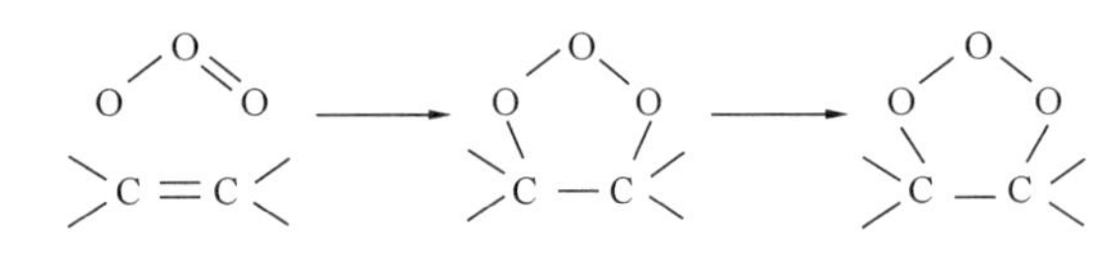

图 3-2 克里吉机制中臭氧环的形成

通常，有机化合物与臭氧的反应比有机化合物与·OH 的反应要慢。表 3-1 列出了臭氧和·OH 与特定有机物反应的二级反应速率常数。某些有机化合物与臭氧的反应性有限，将限制在臭氧应用的最初阶段，即臭氧浓度最高时，清除这些污染物的效率高。然而，这些污染物仍将通过与·OH 的直接反应去除，接近扩散控制极限［即 10^{10} L/(mol · s)］(Buxton 等，1988)。

臭氧与各种痕量有机化合物的反应活性和相应的二级反应速率常数已在文献中得到了广泛的研究和报道。多年来，人们使用了各种实验技术（如竞争动力学、停流快速动力学）和复杂的理论模型来确定动力学速率常数。Canonica 和 Tratnyek（2003）综述了采用多种常用氧化剂（包括臭氧）氧化各种有机化合物的定量结构-活性关系（QSAR），强调了与传统经验模型之间的相互关系，以及基于理论模型的 QSAR 发展潜力。Lee 等（2013）开发了 QSAR 模型，确定了臭氧双分子速率常数随温度的变化情况。对各种化合物的模型描述进行了验证，包括烯烃、环烯烃、卤代烯烃、炔烃、含氧及含氮化合物和芳香结构。Sudhakaram 和 Amy（2013）建立了基于 O_3 和·OH 工艺的 QSAR 模型，并预测了许多具有不同结构特征的化合物的 k_{O_3} 和 $k_{\cdot OH}$ 值。k_{O_3} 速率常数为 $5\times10^{-4}\sim10^5$ L/(mol · s)，而 $k_{\cdot OH}$ 速率常数为 $0.04\times10^9\sim18\times10^9$ L/(mol · s)。他们确定了几种影响臭氧或·OH 反应活性的分子特性，包括双键等价性、电离势、电子亲和力和溶剂可及表面的弱极性组分。通过具体方法对模型进行了验证。图 3-3 举例说明了预测数据和实验数据之间的相关性。

特定有机污染物的臭氧和·OH 反应速率常数　　表 3-1

化合物名称	速率常数		参考文献
	k_{O_3} [L/(mol · s)]	$k_{\cdot OH}\times10^{-9}$ [L/(mol · s)]	
卡马西平	3×10^5	8.8	Huber 等（2003）
地西泮	0.75	7.2	Huber 等（2003）
双氯芬酸	1×10^6	7.5	Huber 等（2003）
布洛芬	9.6	7.4	Huber 等（2003）
碘普罗胺	<0.8	3.3	Huber 等（2003）
萘普生	2×10^5	9.6	Huber 等（2003）
磺胺甲恶唑	5.7×10^5	5.5	Huber 等（2003）
2-甲基异莰醇（2-MIB）	0.35	5.1	Peter 和 von Gunten（2007）
土臭素（GSM）	0.10	7.8	Peter 和 von Gunten（2007）
微囊藻毒素-LR	4.1×10^5	11	Rodriguez 等（2007）
筒孢藻毒素（pH=8）	3.4×10^5	5.5	Rodriguez 等（2007）
安纳托辛-a（pH=8）	6.4×10^5	3.0	Rodriguez 等（2007）
对亚硝基二甲基苯胺（NDMA）	0.052±0.0016	0.45±0.021	Lee 等（2007）
1,4-二恶烷	<1	3	Bowman 等（2001）
阿特拉津	6	3	Acero 等（2000）
双酚 A（BPA）	7×10^5	10	Deborde 等（2005）
甲氧滴滴涕	250±24	3.9±0.9	Rosenfeldt 和 Linden（2004）

续表

化合物名称	速率常数		参考文献
	k_{O_3} [L/(mol·s)]	$k_{\cdot OH}\times10^{-9}$ [L/(mol·s)]	
麦草畏	<0.1	3.5±0.1	Jin 等(2012)
六氯苯	<0.01	0.24 ±0.12	Jin 等(2012)
三(2-氯乙基)磷酸酯(TCEP)	0.8±0.2	0.56±0.02	Jin 等(2012);Watts 和 Linden(2009)

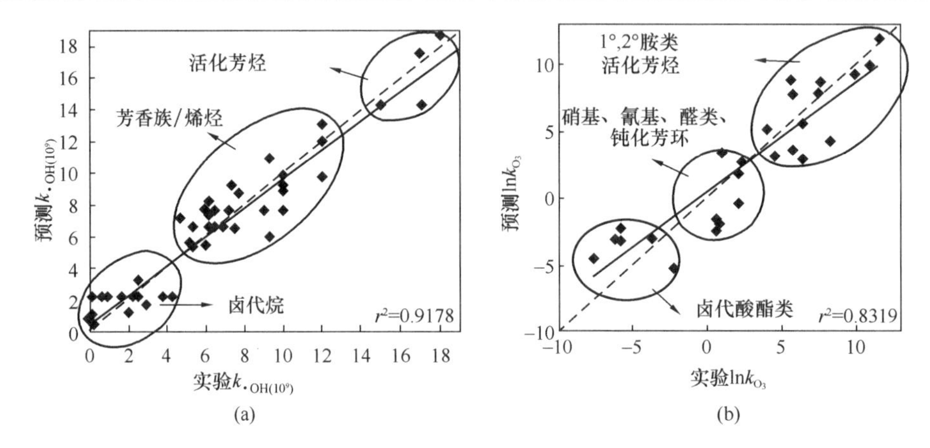

图 3-3 QSAR 预测的 k_{O_3} 和 $k_{\cdot OH}$ 与实验测定的 k_{O_3} 和 $k_{\cdot OH}$ 的数据比较(改编自 Sudhakaran 和 Amy,2013)

(a)$k_{\cdot OH}$预测/分类图;(b)k_{O_3} 预测/分类图

Lee 和 von Gunten(2012)利用 18 种 QSAR 模型来描述氯、二氧化氯、高铁酸盐和臭氧对有机化合物和无机化合物的氧化作用,用这些模型预测氧化剂与新型污染物反应的速率常数,并讨论了 QSAR 模型预测速率常数的不确定性如何影响水处理过程中痕量有机化合物去除的动力学模型预测的准确性。

Lee 等(2015)基于量子化学分子轨道计算方法,采用 *ab initio* Hartree-Fock 和密度泛函理论方法,报告了对于各种有机化合物(芳烃、烯烃和胺)k_{O_3} 预测理论模型。Lee 等发现基于 Hammett 和 Taft 常数的 QSAR 模型预测的速率常数与使用分子轨道描述开发的量子力学模型预测的速率常数之间存在良好的相关性(r^2=0.77~0.96)。

3.4.3 水质对工艺性能的影响

臭氧处理系统的工艺性能在很大程度上取决于水质特性,特别是水中有机组分和无机组分的数量和组成。因为臭氧氧化去除特定化合物的性能主要依靠臭氧氧化和·OH 氧化[式(3-10)],重要的是工艺效果如何受到各种水质成分(清除剂)和氧化物质(O_3 和·OH)竞争反应的影响。

$$-\ln\left(\frac{[C]_{t=t}}{[C]_{t=0}}\right)=k_{O_3}\int_{t=0}^{t=t}[O_3]dt+k_{\cdot OH}\int_{t=0}^{t=t}[\cdot OH]dt \tag{3-10}$$

对于臭氧，亚硝酸盐和溶解性有机物是影响初始阶段臭氧需求量的主要因素。臭氧工艺有时会投加过氧化氢，加速臭氧分解成·OH，这部分内容将在下一章讨论。臭氧和亚硝酸盐快速反应见式（3-11）（Crittenden等，2012）。因为NO_2^-的分子量（46g/mol）和O_3的分子量（48g/mol）大致相等，为满足亚硝酸盐臭氧氧化需求，反应过程需要1∶1的质量比。

$$O_3 + NO_2^- \rightarrow \text{产物} \quad k_{O_3 \cdot NO_2^-} = (3.7 \pm 0.5) \times 10^5 \text{L/(mol} \cdot \text{s)} \tag{3-11}$$

就DOM而言，O_3/DOC（或O_3/TOC）（DOC代表溶解性有机碳，TOC代表总有机碳）比值已被证明可用于解释不同水基质中DOM浓度变化的影响和废水处理中痕量有机物的去除效果预测（Lee等，2013）。后面讨论的许多概念都是以O_3/DOC表示。该比值简单地用臭氧剂量除以DOC（即O_3/DOC）或TOC（即O_3/TOC）。在实际应用，O_3/DOC可以在0.25～1.5范围内，但设计比值最终将取决于多种因素，包括水质、处理后废水用途、处理目标和潜在的消毒副产物的形成等。例如，饮用水再利用的O_3/DOC可能受到溴酸盐形成的限制，在美国溴酸盐的最大污染物浓度水平为10μg/L。当处理含有高浓度有机物的废水时，由于臭氧发生器的产量限制，O_3/DOC可能存在实际限制，特别是在高流量系统中。

当将此比值用于臭氧投加时，可根据式（3-12）计算所需投加的臭氧剂量。对于10种不同的二级出水，O_3/DOC与臭氧暴露量（或臭氧CT）的关系如图3-4所示。图中臭氧的暴露量是根据每个剂量条件下的总需求衰减计算的。

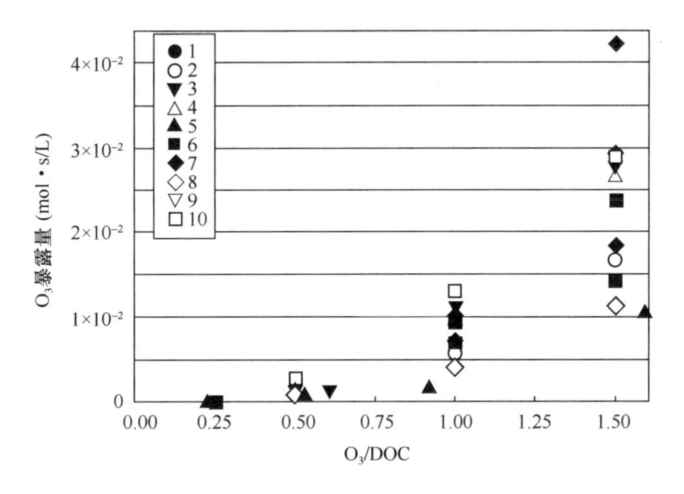

图3-4 在10种不同的二级出水中溶解臭氧暴露量与O_3/DOC的函数
（改编自Lee等，2013）

$$\text{应用的} O_3\left(\frac{\text{mg}}{\text{L}}\right) = \frac{O_3}{\text{DOC}} \times \text{DOC}\left(\frac{\text{mg}_\text{C}}{\text{L}}\right) + [NO_2^-]\left(\frac{\text{mg}_{NO_2^-}}{\text{L}}\right) \tag{3-12}$$

图3-4表明，以O_3/DOC和溶解臭氧暴露量绘图，溶解臭氧暴露量存在“滞后”现象。实际上臭氧的投加量必须大于O_3/DOC（0.25）时，30s后才能检出溶解残留臭氧。30s阈值有时用于定义初始臭氧需求阶段的上限；设定此阈值的理由将在定量溶解臭氧浓

度的内容中进行描述。在低 O_3/DOC 情况下，臭氧暴露量（或臭氧 CT）实际上为零，因为所投加的臭氧剂量小于初始臭氧的需求。然而在低剂量情况下，一些痕量的、与臭氧快速反应的有机化合物去除目标仍然可以实现（Wert 等，2009a，b）。换句话说，臭氧 CT 并不总是最合适的评估臭氧工艺效率的方法，特别是在高级氧化情况下。

在满足亚硝酸盐需求后，臭氧会迅速氧化原水中 DOM 的反应基团（如胺、酚类和烷氧基芳烃等）或废水出水中的有机物（EfOM）。臭氧和 EfOM 之间的初始需求反应通常会进入二级衰减阶段，因为反应基团的丰度以及反应活性位点预期重组改变（Nöthe 等，2009）。这解释了在 O_3/DOC 比值高的情况下，不同废水中溶解臭氧暴露量具有较大差异性（图 3-4）。随着 pH 的增加，臭氧二级衰减阶段进一步加快 [$k_{OH^-,O_3}=70L/(mol \cdot s)$ (Crittenden 等，2012)]，见图 3-5 和上文所述。

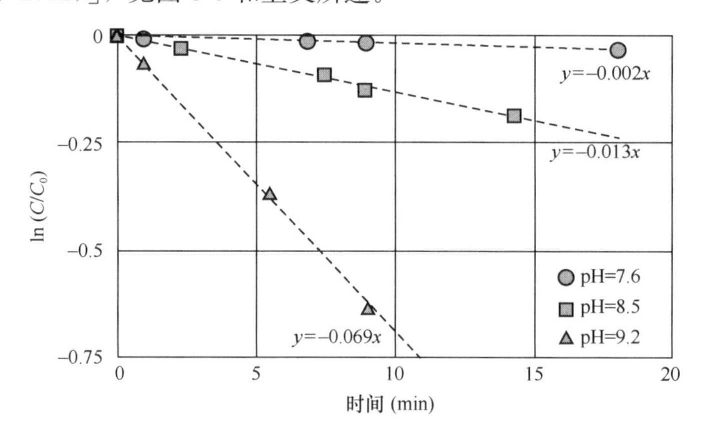

图 3-5　实验室级用水中溶解臭氧浓度随 pH 变化的衰减情况

（改编自 Crittenden 等，2012）

注：随着 pH 从 7.6 增加到 9.2，臭氧衰减的假一级反应速率常数从 $0.002min^{-1}$ 增加到 $0.069min^{-1}$。

其中的一些反应，特别是臭氧和 DOM 之间的反应，导致作为主要的、高反应活性的中间体·OH 形成（Buffle 和 von Gunten，2006；Gonzales 等，2012；Nöthe 等 2009；Pablo Pocostales 等，2010）。如前所述，·OH 对于微量有机化合物的去除可能是有益的，但可能对消毒产生不利影响。许多痕量的有机污染物易被臭氧和·OH 氧化（Lee 等，2013；von Gunten，2003a；Wert 等，2009a），但由于某些微生物的复杂结构，特别是孢子类微生物，为达到消毒目标，需要延长溶解臭氧暴露时间（Gamage 等，2013）。因此预测臭氧的性能，特别是在消毒应用中，需要估计臭氧暴露量或臭氧 CT，它是初始臭氧剂量和臭氧与各种水质成分之间反应性的函数。

图 3-6 说明了三种不同废水的二级处理出水之间的关系。通过水与臭氧混合（臭氧取自已知浓度的原液），可生成“需求-衰减曲线”。在整个衰减阶段测量并记录样品中溶解的臭氧浓度。在实验室规模系统中，可以使用基于靛蓝溶液氧化的重量分析法测量溶解的臭氧量（Rakness 等，2010）。在全尺寸应用中，其他类型的方法，包括电化学传感器（Kaiser 等，2013）可用于测量臭氧。每个投药条件的瞬时臭氧需求量（IOD）（即初始需

求阶段）可以以多种方式进行解释。由于实验室规模的需求-衰减试验的实际局限性，很难在30s之前收集有代表性的样品。因此，IOD有时被定义为投加的臭氧剂量与30s后溶解臭氧残留量之差。更先进的淬灭流动系统（Lee等，2013）能够在添加臭氧后立即测量溶解臭氧的残留量，从而更准确地描述初始需求阶段的特征，在此阶段可以观察到显著的臭氧消耗和·OH的形成（Nöthe等，2009；Buffle和von Gunten，2006）。当使用淬灭流动系统，二级出水中的O_3/DOC为0.25时，观察到在2s内溶解的臭氧残留几乎完全耗尽（Lee等，2013）；当O_3/DOC小于0.25时，能够量化臭氧暴露量到0.01mg·min/L（Buffle等，2006b）。

关于图3-6，表3-2概述了臭氧二级衰减阶段（k_{O_3}）相应的TOC浓度、IODs和假一级速率常数。这些值反映出它们对水质的依赖性，是因为水中基质的差异，也反映了臭氧和有机物之间反应的复杂性，因为它们在相同基质内随着臭氧投加剂量（或O_3/DOC）的变化而变化。随着臭氧投加剂量或DOM浓度增加，溶解臭氧浓度（包括IOD）的变化率也会在量级上增加。

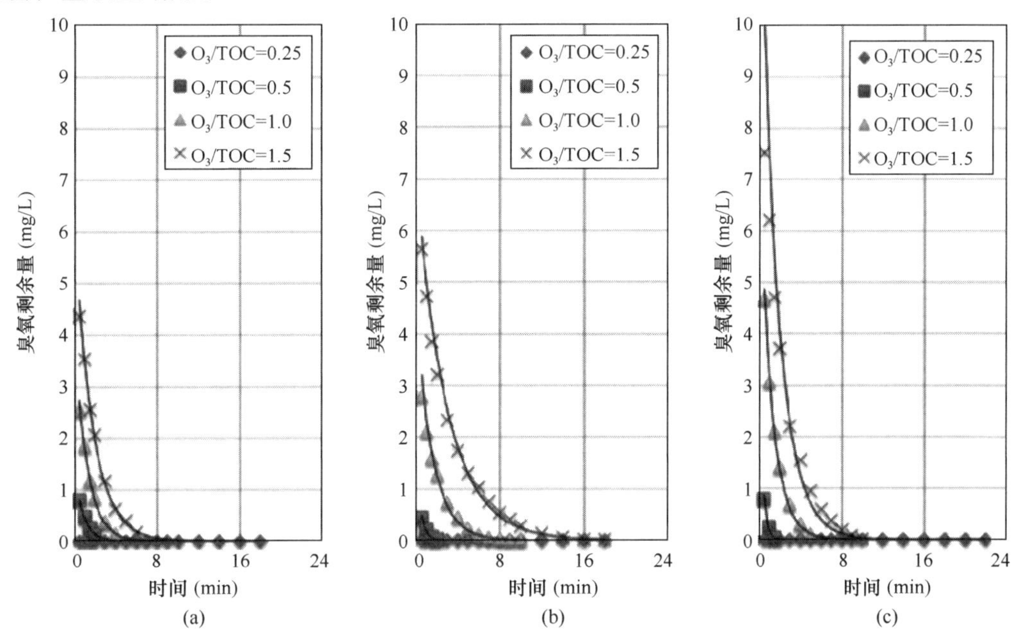

图3-6 三种不同废水二级处理出水的臭氧衰减曲线

（改编自Snyder等，2015）

注：水样按溶解性有机碳浓度增加的顺序列出（表3-2）。

出水臭氧衰减的DOC、IOD和假一级速率常数汇总（改编自Snyder等，2015） **表3-2**

	DOC (mg C/L)	IOD (mg/L)			k_{O_3} (min^{-1})			O_3CT (mg·min/L)			O_3暴露量 (10^{-3}mol·s/L)		
O_3/DOC	—	0.5	1.0	1.5	0.5	1.0	1.5	0.5	1.0	1.5	0.5	1.0	1.5
A	6.1	1.6	2.0	2.9	1.2	0.8	0.6	1.3	5.0	11	1.6	6.2	14
B	6.8	2.0	2.4	3.2	2.1	0.6	0.3	0.7	7.0	21	0.8	8.7	26
C	13.6	3.0	6.2	6.8	3.0	0.8	0.6	1.3	8.9	23	1.6	11	29

除了表征水基质的反应特性，还可以利用需求-衰减曲线来计算任何时间累积的臭氧暴露量。一种方法是使用简单的数值方法，如梯形法则，计算需求-衰减曲线下的面积，相当于臭氧暴露量或臭氧 CT（表 3-2 中数值的微小差异是由于单位转换引起的）。臭氧暴露量通常以 mol・s/L 为单位描述，根据动力学估计臭氧性能，或以 mg・min/L 为单位，用于估计臭氧在消毒应用中的性能。如果将需求-衰减曲线转换成指数衰减模型，也可以使用解析方法，如式（3-13）（溶解臭氧残余量随时间的变化；指数回归方程）和式（3-14）（臭氧暴露量或臭氧 CT 作为时间的函数）（假设对亚硝酸根的清除作用不明显）所示。在这种方法中，IOD 可通过臭氧投加剂量与指数回归方程常数之间的差值来计算。图 3-6 中各曲线的模型参数和相应的臭氧 CT（或暴露量）在表 3-2 中进行了总结。

$$C_{O_3}(t) = (O_3/DOC \times DOC - IOD) \times e^{-k_{O_3} t} \quad (3\text{-}13)$$

$$\int_0^t [O_3] dt = \frac{(O_3/DOC \times DOC - IOD)}{k_{O_3}} \times (1 - e^{-k_{O_3} t}) \quad (3\text{-}14)$$

式中 $C_{O_3}(t)$——t 时刻溶解的臭氧浓度（mg/L）；

$\int_0^t [O_3]$——0 到 t 时刻臭氧暴露量或 CT 值（mg・min/L）。

正如先前在图 3-4 中提到的臭氧暴露量，图 3-6 中不容忽视的问题是低于 IOD 剂量的影响（例如，$O_3/DOC < 0.25$），采用传统的实验室设备，无法测量残余臭氧量。尽管在这些情况下臭氧 CT 非常低，但最近的研究表明，低剂量臭氧仍然可以实现快速反应化合物的氧化（Lee 等，2013；Wert 等，2009a，b）以及病毒和无芽孢细菌的有限灭活（Gamage 等，2013）。然而，其他处理过程需要更高的臭氧剂量，以达到可测量的 CT，有时是增加溶解臭氧的暴露量（即消毒），有时是增加臭氧投加量（即消除抗臭氧的微量有机化合物）。Gamage 等报道说，根据传统实验室设备的 30s 限制，实现可测量 CT 值的 O_3/TOC 阈值为 0.33。

前面讨论了臭氧衰减的概述和计算 CT 的方法。但是，计算暴露时间和对数灭活积分所需的程序与实际应用可能会有所不同。读者应参考相关的监管指南［例如，美国环保署指导手册（USEPA，2010）］，以获得在实际反应系统（即非理想）中如何计算暴露时间和对数灭活积分的具体说明。

虽然较高的臭氧暴露量通常对处理效果有利，但可能需要大型接触器才能使臭氧完全衰减并得到最大程度的利用。在废水处理方面，高臭氧剂量应用（如 $O_3/TOC > 1.0$）中臭氧衰减可能需要 10～30min 的接触时间（图 3-6），这意味着需要更高的资本成本和更大的反应结构。对于更稳定的水质，如反渗透水、地下水或地表水，相似的臭氧剂量可能需要更长的接触时间。

正如下一章所述，O_3/H_2O_2 工艺可以用来缓解这个问题，因为它可以加速臭氧分解成为快速反应的·OH［$k_{O_3,H_2O_2} = 1.4 \times 10^3$ L/(mol・s)（Crittenden 等，2012）］，显著减少了必要的接触时间。然而，臭氧还可以与其他水质成分（包括 DOM）发生反应生成

$\cdot$OH，如本章前面所述。因此，考虑水质如何影响$\cdot$OH 氧化效果是非常重要的。

$\cdot$OH 暴露量有时被描述为“稳态”浓度和暴露时间的乘积（即 $[\cdot OH]_{ss} \times t$）。由于臭氧与各种水组分之间的反应，$[\cdot OH]_{ss}$参数可定义为$\cdot$OH 生成速率的比值（单位为 M/s），式（3-15）中定义了$\cdot$OH 消耗速率常数（$k_{i,\cdot OH}$，单位 s^{-1}）。式（3-15）中主要使用的 $k_{i,\cdot OH}$如下：$k_{DOC,\cdot OH}$=基质特异性（mg C/L）$^{-1}$ • s^{-1}（Lee 等，2013），$k_{HCO_3^-,\cdot OH}=8.5\times10^6$ L/(mol • s)（Buxton 等，1988），$k_{CO_3^{2-}\cdot OH}=3.9\times10^8$（Buxton 等，1988），$k_{NH_3,\cdot OH}=9.0\times10^7$ L/(mol • s)（Buxton 等，1988），$k_{Br^-,\cdot OH}=1.1\times10^9$ L/(mol • s)（Buxton 等，1988）和 $k_{NO_2^-,\cdot OH}=1\times10^{10}$ L/(mol • s)（Coddington 等，1999）。描述 DOM 和$\cdot$OH 之间反应活性的基质特异性比速率常数可以用不同的方法测定（如上文所述），平均值在文献中亦有报道。例如，基于 10 种不同废水二级处理出水实验的平均 $k_{DOC,\cdot OH}$值被确定为（2.1 ± 0.6）$\times10^4$（mgC/L）$^{-1}$ • s^{-1}（Lee 等，2013），与最近报道的值相似（Keen 等，2014）。

$$k_{i}\cdot_{OH}(s^{-1})=k_{DOC}\cdot_{OH}\times[DOC]+k_{HCO_3^-,}\cdot_{OH}\times[HCO_3^-]+k_{CO_3^{2-}}\cdot_{OH}\times[CO_3^{2-}]$$
$$+k_{NH_3}\cdot_{OH}\times[NH_3]+k_{Br^-}\cdot_{OH}\times[Br^-]+k_{NO_2^-}\cdot_{OH}\times[NO_2^-] \tag{3-15}$$

式中　$k_{i,\cdot OH}$ ——$\cdot$OH 的假一级消耗速率常数（s^{-1}）；

$k_{DOC,\cdot OH}$ ——DOC 与$\cdot$OH 之间的二级速率常数［(mg C/L）$^{-1}$ • s^{-1}］；

DOC——溶解性有机碳浓度（mg C/L）；

$k_{i,\cdot OH}$ ——主要反应物和$\cdot$OH 之间的二级速率常数。

在臭氧应用中，由于低浓度的亚硝酸盐被臭氧和$\cdot$OH 迅速转化为硝酸盐，所以亚硝酸盐对$\cdot$OH 的消耗作用一般可以被忽略。Lee 等（2013）描述了式（3-15）中各主要成分在 10 种废水二级处理出水中对$\cdot$OH 消耗作用的相对贡献（Lee 等，2013）。他们使用基于叔丁醇转化为甲醛的竞争动力学方法（Nöthe 等，2009；von Sonntag 和 von Gunten，2012）定量了特定水质的出水有机物（EfOM）和$\cdot$OH 反应的二级速率常数，以及各水质中总的假一级$\cdot$OH 消耗速率常数［见式（3-15)］。表 3-3 总结了该研究中的二级出水水质数据，图 3-7 显示了总体$\cdot$OH 消耗速率常数和每种清除剂的相对贡献。

用于表征$\cdot$OH 去除潜力的 10 种废水二级处理出水的水质数据汇总

（改编自 Lee 等，2013）　　**表 3-3**

WW	SRT[a] (d)	pH	DOC[c] (mg C/L)	碱度 (以 HCO_3^- 计，mmol/L)	NH_4^+ (mg N/L)	NO_2^- (mg N/L)	Br^- (μg/L)	$k_{DOC,\cdot OH}$ (mg/L)$^{-1}$ • s^{-1} (10^{-4})	$k_{\cdot OH}$ (s^{-1}) (10^{-5})
1	11	7.0	4.7	2.9	0.023	0.07	37	2.00	1.20
2	17	7.2	4.7	4.4	0.025	<0.05	40	2.05	1.36
3	3	7.2	6.0	1.3	0.11	0.16	940	1.95	1.41
4	7	6.9	7.1	2.5	0.09	0.06	174	1.80	1.52

续表

WW	SRT[a] (d)	pH	DOC[c] (mg C/L)	碱度 (以 HCO_3^- 计，mmol/L)	NH_4^+ (mg N/L)	NO_2^- (mg N/L)	Br^- (μg/L)	$k_{DOC,\cdot OH}$ $(mg/L)^{-1}\cdot s^{-1}$ (10^{-4})	$k_{\cdot OH}$ (s^{-1}) (10^{-5})
5	11	7.1	7.0	2.1	0.09	0.05	330	2.00	1.63
6	7	7.6	5.7	2.7	0.07	<0.05	93	2.65	1.77
7	12	7.3	7.0	4.1	0.02	<0.05	730	2.20	2.00
8	11	7.3	6.3	3.4	5.8	0.30	31	3.40	2.45
9	N/A[b]	7.3	26	5.9	46.8	0.45	140	1.05	3.35
10	1.5	7.3	15	6.6	46.9	0.17	409	2.15	3.90

[a]SRT =固体保留时间；[b]N/A =不适用；[c]DOC =溶解性有机碳。

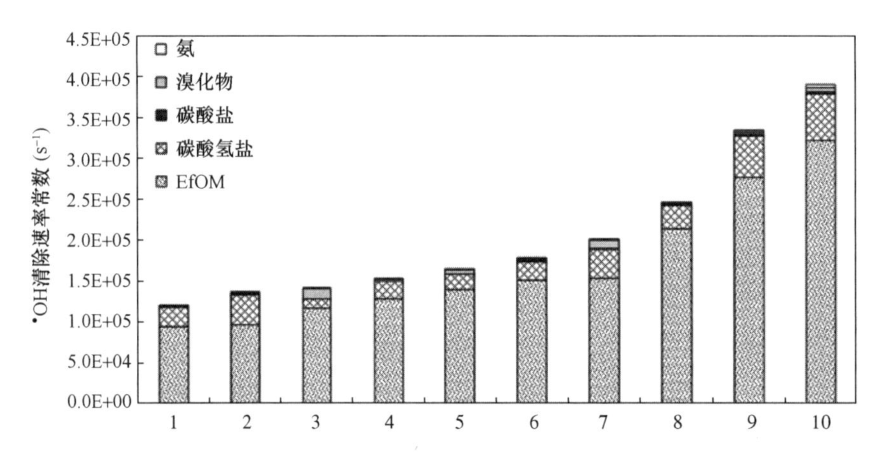

图 3-7　10 种废水二级处理出水中主要·OH 清除剂对总体·OH 假一级清除速率常数的贡献（表 3-3）（改编自 Lee 等，2013）

如图 3-7 所示，EfOM 是废水臭氧氧化过程中清除·OH 的主要成分（Keen 等，2014）。碳酸氢盐也有很大的贡献，但是其余成分通常对整体清除率的影响较小。这些观察结果进一步证实了在·OH 暴露量背景下 O_3/DOC 的实用性。图 3-8 显示了在废水二级处理出水中 O_3/DOC 和·OH 暴露量之间的线性关系，相应的回归方程见式（3-16）。与前面描述的臭氧暴露量相似，图 3-8 和式（3-16）表明 O_3/DOC 必须达到的最小值要求（即水平截距），才能实现·OH 暴露量测量。对于图 3-8 中的 10 种废水二级处理出水，O_3/DOC“阈值”范围为 0.06～0.24［或根据式（3-16）值为 0.10］（Lee 等，2013）。

$$\int_0^t [\cdot OH] dt(M-s) = 3.8\times10^{-10}\times O_3/DOC - 3.7\times10^{-11}(M-s) R^2 = 0.89 \tag{3-16}$$

如图 3-4 和图 3-8 所示，O_3/DOC 分别是估算臭氧和·OH 暴露量的有用参数。Lee 等（2013）进一步揭示了为什么 O_3/DOC 对预测各种废水中痕量有机化合物的去除是有用的。首先，当考虑对总体化合物去除作用的相对贡献时，通过·OH 接触氧化往往是更重要的反应机制。如式（3-10）所示，化合物的总体去除取决于其与溶解的臭氧和·OH的接触以及描述目标化合物与每种氧化剂的反应活性的二级速率常数。如表3-1所示，痕量有机化合物与·OH的反应活性比溶解的臭氧高几个数量级。尽管在典型的臭氧应用中·OH暴露量有限，但·OH氧化仍然是耐臭氧氧化化合物[即具有$k_{s,O_3}<10^3\sim10^4$ L/(mol·s)的化合物]的主要反应机制，因为溶解臭氧的动力学明显变慢（图3-9）。如图3-8所示，对于O_3/DOC范围为0.25～1.5的情况，废水处理应用中的·OH

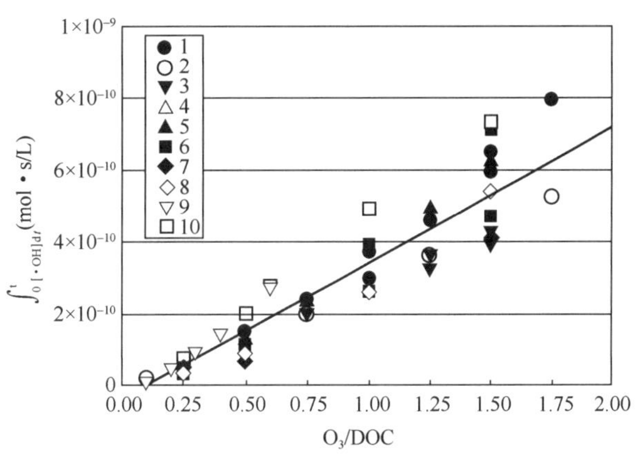

图3-8 10种废水二级处理出水臭氧氧化过程中·OH暴露量与O_3/DOC之间的线性关系（表3-3）（改编自Lee等，2013）

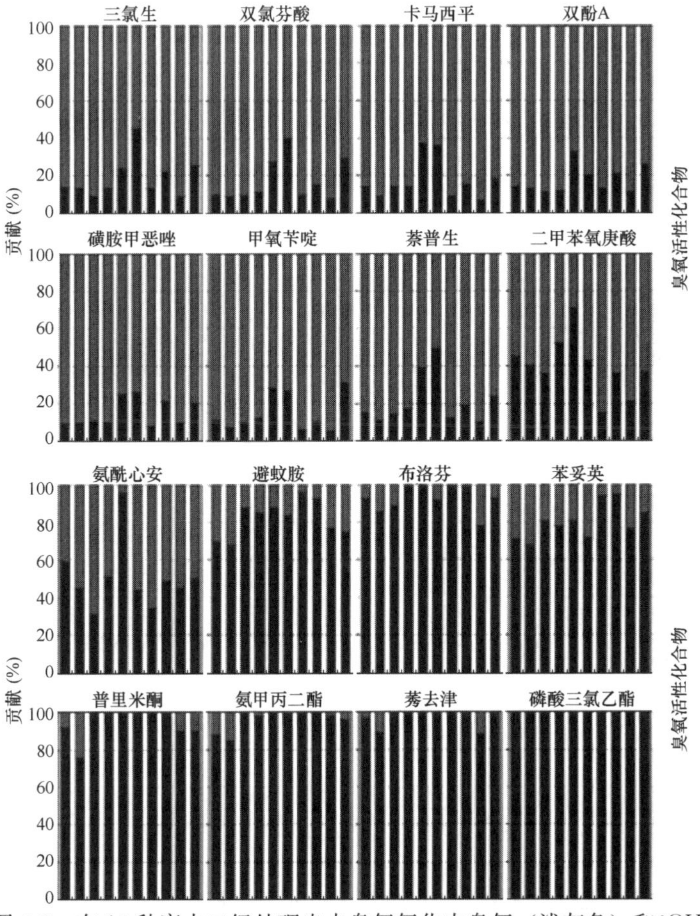

图3-9 在10种废水二级处理出水臭氧氧化中臭氧（浅灰色）和·OH（黑色）对整体清除的相对贡献（改编自Lee等，2013）

注：基于化合物是否具有反应性［$k_{i,O_3}>10^4$ L/(mol·s)］或抗性［$k_{i,O_3}<10^4$ L/(mol·s)］对化合物进行分组。如阿替洛尔与臭氧有中度反应［$k_{i,O_3}=1.7\times10^3$ L/(mol·s)］，这解释了其臭氧和·OH具有大致相等的贡献。

暴露量范围通常为<$1\times10^{-10}\sim8\times10^{-10}$ L/(mol·s)（Lee 等，2013）。

其次，·OH 暴露量与 O_3/DOC 产生了很强的线性相关性［图 3-8 和式（3-16)］，并且该关系比溶解的臭氧暴露量更加一致（图 3-4）。事实上，在相同的 O_3/DOC 下，·OH 暴露量相差不到 2 倍，而在较高的 O_3/DOC 下，溶解的臭氧暴露量相差 4 倍以上。因此，人们可能会认为，在高 O_3/DOC 下去除臭氧活性化合物具有很高的废水特异性。然而，臭氧反应性化合物［即 $k_{s,O_3}>10^3\sim10^4$ L/(mol·s)］即使在低 O_3/DOC（即 O_3/DOC<0.5）下也会经历几乎完全一致的去除作用。在这个剂量范围内，溶解的臭氧暴露量差异不太显著。

不同二级出水中·OH 暴露量与 O_3/DOC 线性关系较强的原因有两个：（1）DOM 是废水臭氧氧化过程中主要的·OH 清除剂（Keen 等，2014；Lee 等，2013）；（2）DOM 和·OH 之间的二级速率常数在不同的样品之间是相对恒定的（Keen 等，2014；Lee 等，2013）。因此，臭氧的全面去除作用仅对于具有 $k_{s,O_3}>10^3\sim10^4$ L/(mol·s）的臭氧反应活性化合物是显著的。即使在低 O_3/DOC 下，这些化合物几乎也能完全被去除。许多其他痕量有机化合物主要易被·OH 氧化，并且·OH 暴露量主要受臭氧剂量和 DOC 浓度控制，其浓度可从<5mg C/L 到> 20mg C/L，具体取决于二级出水的水质。综上所述，这些研究结果解释了 O_3/DOC 在预测废水臭氧氧化过程中痕量有机化合物去除的效用，如图 3-10 所示。表 3-4 总结了各种痕量有机化合物在 O_3/DOC 为 0.25～1.5 时的预期去除

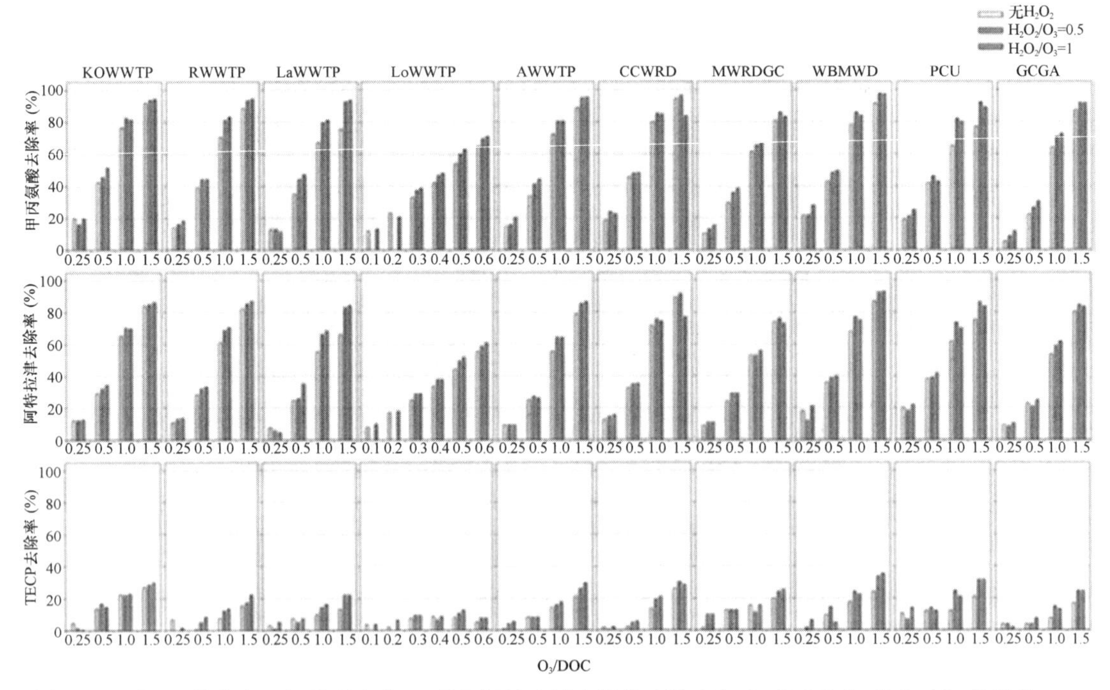

图 3-10 在 10 种废水二级处理出水中 耐臭氧的痕量有机物去除率与 O_3/DOC 和 H_2O_2/O_3 的函数（在下一章中描述，改编自 Lee 等，2013）。

注 “LoWWTP” 的 O_3/DOC 级别与其他废水不同。目标化合物包括抗焦虑药物甲丙氨酸（上图）、除草剂阿特拉津（中间）和阻燃剂 2-氯乙基磷酸酯（下图）。

百分比。不同 O_3/DOC 下去除每种化合物的一级速率常数也包括在表中。表中所列百分比代表了10种不同废水二级处理出水的平均去除率。根据化合物与臭氧和·OH的反应活性（见脚注）对其进行分组，并且还列出了每组的代表性"指示剂"化合物。

各种痕量有机化合物随 O_3/DOC 变化的预期去除百分比

（改编自 Snyder 等，2015）　　**表 3-4**

组	化合物名称	$k_{s,O_3/DOC}$	O_3/DOC=0.25	O_3/DOC=0.5	O_3/DOC=1.0	O_3/DOC=1.5
1[a]	三氯生	8.96	93±9	97±1	97±1	97±1
	萘普生	8.12	90±16	98±0	98±0	98±0
	磺胺甲恶唑	7.96	84±13	98±0	99±1	99±1
	卡马西平	7.85	92±15	99±0	99±0	99±0
	双氯芬酸	7.34	91±13	98±1	98±1	98±1
	甲氧苄啶	6.84	92±15	99±0	99±0	99±0
	双酚 A	5.90	91±14	98±1	98±1	98±1
	指示剂	7.57	90±14	98±0	98±0	98±0
2[b]	吉非罗齐	6.19	81±18	99±0	99±0	99±0
	阿替洛尔	4.20	47±8	97±1	98±1	98±1
	指示剂	5.20	64±13	98±1	99±1	99±1
3[c]	苯妥英钠	2.84	34±15	67±13	94±4	98±1
	布洛芬	2.62	38±10	69±7	94±4	98±1
	扑痫酮	2.55	30±9	60±8	91±5	97±2
	DEET	2.35	26±9	57±9	88±6	97±3
	指示剂	2.59	32±10	63±9	92±5	98±2
4[d]	眠尔通	1.40	18±5	40±8	71±9	86±8
	阿特拉津	1.10	15±5	33±6	64±8	81±8
	指示剂	1.25	17±5	37±6	68±8	84±8
5[e]	TCEP	0.18	-1±13	9±5	15±3	23±3

* 阴影表示> 80%的氧化。

[a]组 1：$k_{s,O_3} \geqslant 1\times10^5$ L/(mol·s)；

[b]组 2：10L/(mol·s) $\leqslant k_{s,O_3} < 1\times10^5$ L/(mol·s)；

[c]组 3：$k_{s,O_3} <$ 10L/(mol·s)，$k_{s,\cdot OH} \geqslant 5\times10^9$ L/(mol·s)；

[d]组 4：$k_{s,O_3} <$ 10L/(mol·s)，1×10^9 L/(mol·s) $\leqslant k_{s,\cdot OH} < 5\times10^9$ L/(mol·s)；

[e]组 5：$k_{s,O_3} <$ 10L/(mol·s)，$k_{s,\cdot OH} < 1\times10^9$ L/(mol·s)

3.4.4　总结

如式（3-10）所述，预测臭氧系统的性能需要了解目标污染物与活性物质的速率常数、总体臭氧暴露量以及整体·OH暴露量。由于与亚硝酸盐（如果存在）的快速反应以及与水中存在的有机物质的不同反应速率，不同基质之间的臭氧需求和衰减通常变化很大。因此，通常通过具有多种剂量条件的实验室规模或中试规模的臭氧需求-衰减试验来估计总体臭氧暴露量。·OH 暴露量也是臭氧剂量和水中各种物质浓度的函数，但已开发出与基质无关的经验模型，以帮助预测·OH 暴露量。由于在不同水中·OH 和有机物质具有相似的反应性质，以 O_3/DOC（或 O_3/TOC）为框架使臭氧剂量标准化是有用的策略。更多具体水质的估计，其中描述目标化合物与·OH 反应性的二级速率常数是已知的，可用于估计给定臭氧投加条件下的·OH 浓度。

在最近发表的一项研究中，Schindler Wildhaber 等（2015）提出了一种基于化学和生物测量的实验室分级方法，通过在污水处理厂臭氧化来评估微污染物处理的可行性。该方法由 4 个不同的模块组成，使实验人员能够就废水的可处理性得出有价值的结论。主要考虑因素包括：（1）水质对臭氧稳定性的影响；（2）臭氧氧化对痕量有机化合物的去除效果；（3）形成潜在毒性的副产物，如 NDMA 和溴酸盐等，作为臭氧氧化对处理水质影响的指标；（4）生物处理前后对臭氧处理出水进行体外和体内毒性试验。类似的方法可用于评价饮用水处理过程的臭氧氧化。

3.5 副产物的形成

水经过臭氧氧化后会产生各种无机和有机副产物（von Gunten，2003a）。含溴水体的臭氧氧化可能有形成溴酸盐的风险（Haag 和 Hoigne，1983）。溴酸盐是一种已知的致癌物质，美国环保署规定饮用水中溴酸盐的限值为 10μg/L（美国环境保护署，1998）。溴化物经臭氧和·OH 氧化形成溴酸盐通过以下几种潜在途径实现（Fischbacher 等，2015；von Gunten，2003b；von Gunten 和 Hoigne，1994；von Gunten 和 Oliveras，1998）。在直接途径中，臭氧将次溴酸盐（OBr^-）氧化为亚溴酸盐（BrO_2^-），再氧化为溴酸盐（BrO_3^-）。在直接-间接和间接-间接途径中，·OH 和臭氧参与中间氧化反应，导致溴酸盐形成。HOBr/OBr^-平衡常数（pK_a=8.8）是影响这些溴酸盐形成途径的关键因素。添加氨、降低 pH 和联合氯胺是在实践中尽量减少溴酸盐形成的最实用技术（Buffle 等，2004；von Gunten，2003a；Wert 等，2007）。

含有天然或人为来源的 DOM 的水的臭氧氧化可产生各种有机副产物（von Gunten，2003a）。较大的复杂有机分子被臭氧氧化形成较小的有机物，包括醛、羧酸和酮，形成这些有机物也可以通过可生物同化有机碳（AOC）来评估。由于臭氧氧化会使 AOC 增加，采用臭氧的公共设施分配系统中会有大肠菌群再生的风险。建议 AOC 浓度低于 100μg/L，以尽量降低这种风险（LeChevallier 等，1992）。因此，臭氧氧化工艺之后通常采用生物过滤工艺以去除在臭氧氧化过程中形成的这些有机副产物（即 AOC），并增加水的稳定性。

在废水处理的应用过程中，臭氧氧化会产生有机副产物而导致毒性增加（Stalter 等，2010b）。有研究表明，臭氧氧化产生的醛混合物会导致鱼类幼虫变形（Yan 等，2014）。臭氧氧化工艺之后进行活性炭处理，可去除此类有机副产物以降低毒性（Stalter 等，

2010a；Stalter 等，2011）。臭氧-生物过滤工艺的性能一直是几个水回收利用项目关注的焦点（Gerrity 等，2011；Gerrity 和 Snyder，2011；Reungoat 等，2012；Reungoat 等，2011；Reungoat 等，2010）。

另一个值得考虑的是在饮用水、废水或工业水中痕量有机化合物的臭氧氧化转化产物（Hubner 等，2015）。识别产物及分析这些产物的毒性是相当复杂的，目前仍然是一个活跃的研究领域。亚硝胺的形成（最显著的是二甲基亚硝胺（NDMA））也被证明是臭氧与废水直接反应产生的（Gerrity 等，2015；Pisarenko 等，2012；Schmidt 和 Brauch，2008）。废水处理过程中添加的聚合物（Padhye 等，2011）、纺织加工染料或洗衣剂（Zeng 和 Mitch，2015）及废水中的一些痕量有机化合物被认为是与臭氧发生反应生成亚硝胺的主要前体物（Marti 等，2015；Schmidt 和 Brauch，2008）。Marti 等（2015）研究了许多模型化合物，以评价它们作为 NDMA 前体物的作用，并发现一些腙、氨基脲和氨基甲酸酯具有相对较高的 NDMA 产量。同样的研究表明，在臭氧化过程中鉴定的 NDMA 前体物在氯胺化过程中不一定产生 NDMA（即前体物基团稍微不同），并且溴化物是一些前体物形成 NDMA 的重要催化剂。在 NDMA 前体物和杀真菌剂对甲抑菌灵的细菌代谢物二甲基硫酰胺（DMS）的臭氧氧化过程中也报道了溴化物的催化作用（von Gunten 等，2010）。多项研究表明，不是·OH 而是分子臭氧才是臭氧氧化过程中 NDMA 形成的主要原因（Marti 等，2015）。迄今为止，除了去除前体物或最大限度地减少臭氧剂量外，很少有缓解措施。臭氧氧化过程中亚硝胺的形成依然不甚明朗，仍然是一个活跃的研究领域。

3.6 微生物学的应用

臭氧在水处理中的应用最初是用于对铁和锰的控制以及对嗅味物质的去除和消毒作用（USEPA，1999a；von Gunten，2003b；Zuma 等，2009；Zuma 和 Jonnalagadda，2010），特别是对隐孢子虫卵囊和贾第鞭毛虫孢囊等微生物的灭活作用（von Gunten 等，2001）。目前，很多饮用水和废水处理设施仍主要应用其消毒效果，但另一方面，越来越多的设施也在利用臭氧促进生物生长。事实上，有些设施甚至在这两个目标上都采用了臭氧：(1) 分解大量有机物质以促进生物生长并改善下游生物过滤过程中的生物降解作用（如生物过滤池）；(2) 作为消毒应用。以下部分将分别介绍这些应用。虽然研究还是集中在饮用水处理的应用上，但有些文献与废水中臭氧消毒有关。因此，下面的讨论主要来自 Gamage 等（2013），概述了臭氧在废水消毒过程中的应用。

3.6.1 饮用水和废水的消毒应用

随着技术的进步和处理目标的改变，臭氧系统的运行控制随着时间的推移而不断发展。在美国环保署 1986 年的消毒指南手册（USEPA，1986）中，将尾气浓度和尾气浓度与时间的乘积作为评价微生物灭活的准则。对于给定的臭氧剂量，较低的尾气浓度对应于较高的臭氧转移效率，并且实际上更充分的臭氧暴露能带来更好的消毒效果。近年来，“CT”已成为消毒的标准剂量参数（Rakness 等，2005；von Gunten，2003b）。

在废水应用中，臭氧与 EfOM 迅速反应，因此几乎无法测量溶解的臭氧残留量并确定相应的 CT（Buffle 等，2006a；Lee 等，2013；Rosario-Ortiz 等，2008）。对于臭氧/H_2O_2 高级氧化工艺来说尤其如此，在最小限度的溶解臭氧存在的情况下，臭氧就可以与 H_2O_2 反应产生$\cdot$OH（Lee 等，2013）。即使不添加 H_2O_2，当低臭氧剂量不能满足高 EfOM 浓度（即 CT 为 0mg·min/L）所需臭氧量时，溶解的臭氧残留量也会在数秒内耗尽。因此，近年来提出的 O_3/TOC 或微分紫外吸光度的方法可以作为衡量消毒效果和过程控制策略的备选方案。有研究（von Gunten 等，2001）甚至提出了一种通过检测消毒副产物的形成来评价饮用水消毒效果的方法。该研究讨论了臭氧 CT 与微生物灭活（大肠杆菌、兰伯氏贾第鞭毛虫孢囊、枯草芽孢杆菌孢子、隐孢子虫卵囊）之间的关系，分析了与臭氧氧化过程中消毒副产物溴酸盐形成的相关性，并基于此相关性分析，提出了枯草芽孢杆菌孢子灭活和溴酸盐形成之间的一级动力学模型。

尽管臭氧是一种高效的消毒剂，但其主要局限之一是在水中不稳定。相比之下，游离氯和氯胺在大多数水体，特别是饮用水中都非常稳定，因此这些氧化剂可以提供长期消毒剂余量来抑制输配水系统中微生物的生长。臭氧的快速衰减性决定了它没有消毒剂余量。然而臭氧比氯和氯胺能更有效地破坏孢子、卵囊或孢囊类的微生物。这一点在 1993 年密尔沃基（Mackenzie 等，1994）和 1994 年拉斯维加斯（Goldstein 等，1996；USEPA，2001）爆发隐孢子虫病后变得尤为重要。因此，臭氧和氯的联合使用在灭活更大范围微生物的同时又提供稳定的消毒剂余量。

3.6.2 微生物替代物和指示物

在水和废水处理过程中消毒的主要目的是灭活致病的病原微生物。然而，在实际水处理厂甚至在实验室环境中，这些微生物通常难以量化且成本较高。因此，微生物指标通常用作评估消毒效果和表征疾病风险的替代物。理想的指示微生物是专指与粪便污染相关的微生物，它们存在于水中的数量比目标病原体要多，而且被认为比目标病原体更耐消毒。基于这些标准，水质中指示微生物的存在等同于更高水平的粪便污染和病原接触风险及后续水传播疾病。因为理想的指示微生物更耐消毒，如果它们经处理后消失，则表明病原微生物也已被去除。然而目前尚未确定理想的指标，因此水行业被迫使用非理想指标，如大肠杆菌，在不同程度上满足这些标准。

除微生物指标外，微生物替代物也用于实验研究，最近也被用于实际水厂消毒过程的验证测试中。微生物替代物是在水和废水处理过程中表现与病原体相似的微生物、颗粒、染料或其他添加剂。这些替代物不一定与粪便污染相关，但它们通常易于检测并提供一个关于病原体在处理过程中如何反应的估计。

对于臭氧化过程，常见的微生物指标或替代物包括大肠杆菌、MS2 噬菌体（感染细菌的病毒）和枯草芽孢杆菌孢子。大肠杆菌通常被用作营养细菌病原体灭活的替代物，是粪便污染的指示指标，也是粪便和总大肠菌群的一种。监控指标有时侧重于大肠杆菌、粪大肠菌群、总大肠菌群，有时侧重于三者的组合。MS2仅感染细菌，但它经常在环境样品中与指示菌（如大肠杆菌）和人类病原体一起被检测出来。由于它与粪便污染有关，因此它也被认为是一种微生物指示指标。然而，MS2通常用作消毒过程中致病病毒（例如，脊髓灰质炎病毒、柯萨奇病毒和埃可病毒）灭活的替代物。枯草芽孢杆菌是原生动物寄生虫（如隐孢子虫和贾第鞭毛虫）的有效替代物，因为它能形成抗消毒剂的孢子，其易于测定，并对人或动物没有致病性。

关于紫外线消毒，某些微生物的剂量反应曲线与同一组内的其他微生物有显著差异（例如，防紫外线腺病毒与对紫外线敏感的脊髓灰质炎病毒）。相反，臭氧消毒的效果在每一个微生物组中相对一致，但与其他消毒剂一样，组间差异显著。因此，臭氧对这些主要微生物群的消毒效果将在以下各节介绍。

3.6.3 臭氧消毒剂量标准

臭氧CT一般被认为是消毒应用，特别是对于饮用水处理中臭氧工艺控制的工业标准。然而，由于在描述臭氧氧化痕量有机污染物效率方面用途广泛（Lee等，2013），O_3/TOC工艺也被作为预测消毒效果的有效方案。如图3-11所示，它说明了5种二级处理出水中O_3/TOC与CT的关系，当O_3/TOC小于1.3时，两者相关性较强，当O_3/TOC大于1.3时，两者相关性较弱。由此可以推断，当O_3/TOC小于1.3（Gamage等，2013）时，式（3-17）可用于预测废水消毒中臭氧CT值。

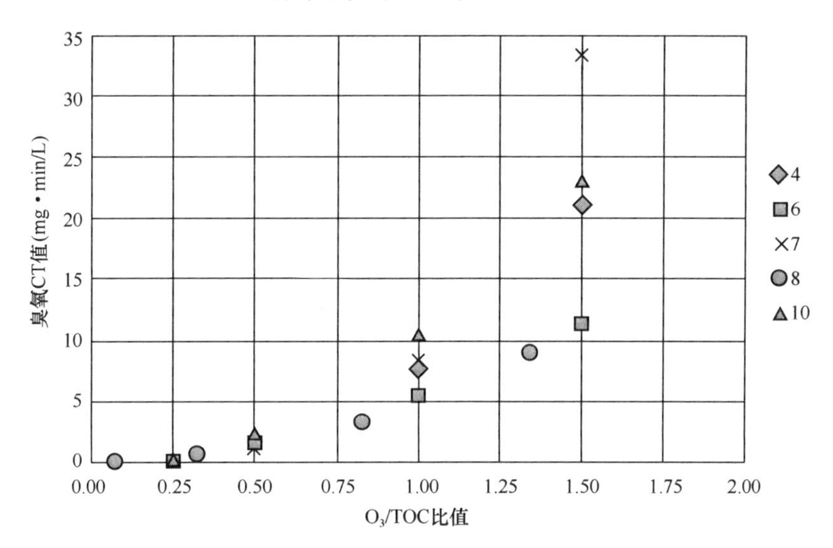

图3-11 5种二级处理出水中臭氧CT值与O_3/TOC比值的关系（改编自Gamage等，2013）

注：与表3-3中的废水相对应。

$$臭氧CT(mg \cdot min/L) = 10 \times O_3/TOC - 3.3 \quad R^2 = 0.86 \tag{3-17}$$

如前所述，假一级臭氧衰减速率常数（k_{O_3}）具有废水特异性且与O_3/TOC呈负相关关系。因此，O_3/TOC 越高，溶解臭氧的稳定性越好，并且在一些特定废水中效果越明显，如图 3-11 中的废水 7。

关于臭氧消毒已有多种动力学模型，包括 Chick［式（3-18)］、Chick-Watson［式（3-19)］和延迟的 Chick-Watson 模型［式（3-20)］（Crittenden 等，2012）。此外，Crittenden 等（2012）研究总结了许多微生物灭活动力学的活化能［式（3-21)］。在不同温度下，这些活化能可以与 Arrhenius 方程结合修正式（3-18）～式（3-20）中的动力学参数。表 3-5 中提供了一部分微生物的活化能，并且在式（3-21）中提供了对 Arrhenius 方程的修正（Crittenden 等，2012）。

部分微生物的活化能（改编自 Crittenden 等，2012） **表 3-5**

微生物	E_a（kJ/mol）
大肠杆菌	37.1
枯草芽孢杆菌	46.8
隐孢子虫	76.0
鼠隐孢子虫	92.8
贾第鞭毛虫	39.2
鼠贾第鞭毛虫	70.0
耐格里原虫	31.4

注：根据修正的 Arrhenius 方程［式（3-21)］，可用于校正随温度变化的 k_C［式（3-18)］或 Δ_{cw}［式（3-19）和式（3-20)］的活化能。

$$\ln\left(\frac{N_t}{N_0}\right)=-k_C t \tag{3-18}$$

$$\ln\left(\frac{N_t}{N_0}\right)=-\Delta_{cw}\mathrm{CT} \tag{3-19}$$

$$\ln\left(\frac{N_t}{N_0}\right)=-\Delta_{cw}(\mathrm{CT}-b)(\text{当 CT}>b\text{ 时}) \tag{3-20}$$

$$\frac{k_{T_1}}{k_{T_2}}=(\mathrm{e}^{E_a/RT_1T_2})^{(T_1-T_2)} \tag{3-21}$$

式中 N_t——t 时刻微生物数量；

N_0——0 时刻微生物数量；

k_C——假一级 Chick's 定律速率常数（min^{-1}）；

Δ_{cw}——特定致死性系数（mg·min/L）$^{-1}$；

CT——臭氧暴露量（mg·min/L）；

b——滞后系数（mg·min/L）；

k_{T_1}——T_1 温度时的 k_C 或 Δ_{cw}［min^{-1} 或（mg·min/L）$^{-1}$］；

k_{T_2}——T_2 温度时的 k_C 或 Δ_{cw}［min^{-1} 或（mg·min/L）$^{-1}$］；

E_a——活化能（kJ/mol）；

R——理想气体常数，$R=8.314\times10^{-3}$ kJ/(mol·K)；

T_1——温度 1（K）；

T_2——温度2（K）。

后面将讨论，微分紫外吸光度是另一个验证臭氧剂量和预测臭氧处理性能的有用指标。同样，该剂量体系也能评估预测消毒效果的能力。因此，消毒效果将在以下章节的动力学模型、臭氧CT、O_3/TOC和UV_{254}吸光度的背景下进行介绍。

3.6.4 细菌繁殖体

多项研究表明，臭氧对大肠杆菌等营养细菌的灭活可能是多变的（Blatchley等，2012；Gamage等，2013；Ishida等，2008）。这是有问题的，因为规章制度通常只针对指示细菌的特定浓度阈值（例如，最可能的数量是小于2.2/100mL或未检测到）。相比之下，病毒和原生动物寄生虫通常是用对数灭活率来控制的。因此，臭氧氧化过程中的消毒变异性，可能是由颗粒屏蔽或高抗性的亚群引起的，更有可能导致指示菌不符合监管要求。

图3-12的误差条反映了这种变化，并显示了臭氧化二级处理出水中大肠杆菌的灭活情况。此外，图3-12显示了一些消毒过程中观察到的伴随反应。这种效应被描述为相应测定方法的人为检测限，它也被归因于颗粒屏蔽和耐药性亚群。图3-12（b）还表明了CT参数指标的一个潜在问题，特别是在废水消毒应用中，由于臭氧剂量低或者与EfOM快速反应，CT很难测量。在这些情况下，表面上臭氧CT为0，但仍可观察到明显的微生物灭活作用。

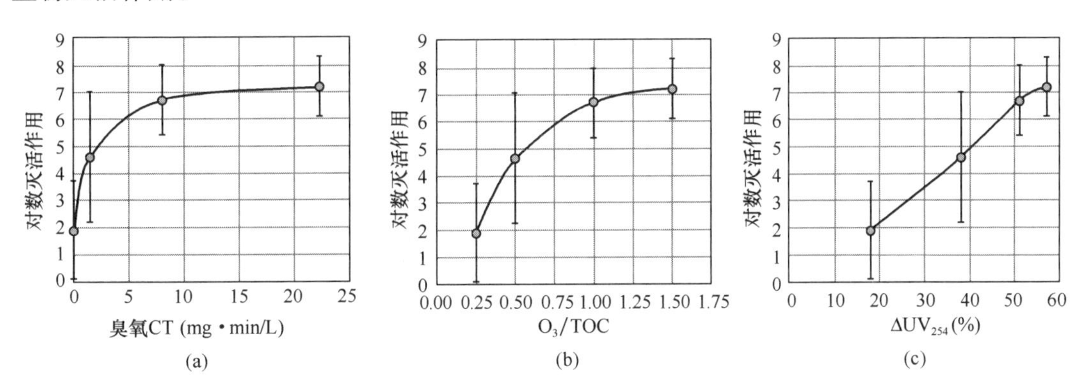

图3-12 臭氧化二级处理出水中添加的大肠杆菌的对数灭活作用与臭氧CT、O_3/TOC和ΔUV_{254}吸光度（20℃）的函数关系（改编自Gamage等，2013）

注：误差条表示基于4种不同的二级处理出水的平行实验的±1标准偏差。

根据Gamage等的试验结果，臭氧CT大于2mg·min/L时，通常能使添加的大肠杆菌至少达到5log的灭活（Gamage等，2013）。在中试规模的臭氧反应器中也观察到了类似的结果（Ishida等，2008）。这项研究还表明，臭氧CT值≥1mg·min/L时，能将天然总大肠菌群浓度降低至<1CFU/100mL。

然而，在饮用水中进行的实验结果却略有不同。关于Chick-Watson方程（式（3-19）），先前的研究报道臭氧和大肠杆菌之间的反应Δ_{cw}为130（mg·min/L）$^{-1}$（Hunt和Marinas，1997；von Gunten，2003b）。基于此，ln（10^{-5}）（即5log灭活）对应的臭氧

CT 为 0.09mg·min/L，明显低于废水中的值。因此，废水消毒的复杂性可能需要考虑单独的 CT 指标。

研究还表明，大肠杆菌（和其他微生物）的灭活主要由于臭氧氧化作用（Gamage 等，2013；von Gunten，2003b；Zuma 等，2009）。事实上，von Gunten（2003）认为微生物灭活主要归因于 DNA 损伤，由于细菌细胞壁的自由基消耗，$^{\cdot}OH$ 氧化的可能性很小（von Gunten，2003b）。图 3-13 显示了细胞结合相对游离三磷酸腺苷（ATP）浓度随 O_3/TOC 的变化，也说明了这一点。ATP 被生物体用作细胞能量的来源，越来越多地用于水和废水中指示的细菌量和生物活性。在图 3-13 中，细胞结合 ATP 是细菌细胞完整性的指示，而游离 ATP 是严重受损或溶解的细菌细胞的重要指示。根据图 3-12（b），当 O_3/TOC 比值为 0.25 时，可以灭活 0～4log 的大肠杆菌。然而，根据图 3-13，相同的剂量条件产生最小的 ATP 释放，这表明尽管对细菌细胞壁的损伤较小，但仍可灭活。因此，臭氧可能通过细胞壁和细胞膜扩散，随后攻击遗传物质以达到灭活目的。较高的臭氧剂量最终会损害细菌细胞壁的完整性，但在某些废水中即使 O_3/TOC 为 1.5 时，仍可观察到细胞结合的 ATP。

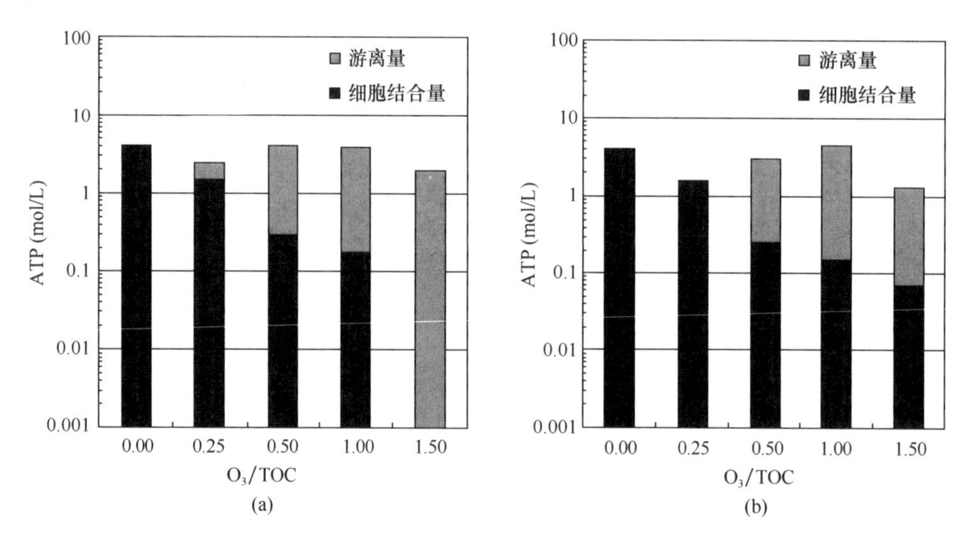

图 3-13　在两种不同的二级处理出水中细胞结合 ATP 和游离 ATP 浓度与 O_3/TOC 的关系（改编自 Snyder 等，2014）

3.6.5　病毒

图 3-14 说明了臭氧化二级处理出水中 MS2 噬菌体的灭活情况。与图 3-12 相比，MS2 的灭活率相对于大肠杆菌更高且更一致（如标准偏差更小）。O_3/TOC 为 0.25 时能达到 1log 至 4log 的灭活，并且 O_3/TOC 大于 0.25 时，能实现大于 5log 的灭活。至少 5log 的 MS2 灭活可以通过测定 CT（基于实验室规模的臭氧需求-衰减试验）达到，CT 值增大到 1.0mg·min/L 时，可达到至少 6log 的 MS2 灭活。图 3-12 和图 3-14 也表明大肠杆菌和 MS2 表现出相似的灭活特征。因此，在臭氧氧化应用中使用大肠杆菌灭活作为 MS2（或

病毒）的保守替代品似乎是可行的。在某些情况下，该方法会低估病毒灭活，但它为在废水处理厂实验室替代 MS2 检测提供了有用的方案。

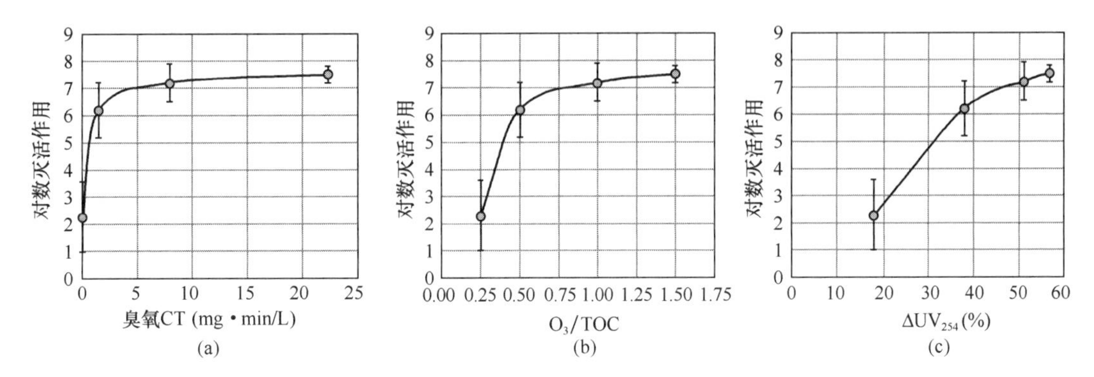

图 3-14 臭氧化二级处理出水中添加的 MS2 噬菌体的对数灭活作用与臭氧 CT、O_3/TOC 和 ΔUV_{254}吸光度（20℃）的函数关系（改编自 Gamage 等，2013）

注：误差条表示基于 4 种不同的二级处理出水的平行实验的±1 标准偏差。

一些监管条例要求生产企业在其技术投入生产应用前，必须通过中试试验验证特定病毒灭活水平。例如，加利福尼亚州的“22 条”认证要求消毒工艺要达到至少 5log 病毒（脊髓灰质炎病毒）的灭活，才能用于再生水生产。在这方面，Ishida 等首次证实，在臭氧化过程中，5log 脊髓灰质炎病毒灭活等同于 6.5log MS2 灭活（Ishida 等，2008）。随后，该研究确定仅 0.2mg·min/L 的臭氧 CT 剂量足以实现 6.5log MS2 灭活目标。这个值还与饮用水再利用相关，因为最近的风险评估表明，在任何饮用水回用系统中，需要去除或灭活 12log 的病毒（Trussel，2012；Trussell 等，2013），每个处理单元不超过 6log 病毒灭活（CDPH，2014）。

关于饮用水的应用，美国环境保护署公布了用于病毒灭活的臭氧 CT，以满足市政地表水处理要求，要求公共供水系统满足 4log 的病毒灭活。图 3-15 显示了病毒灭活的相应臭氧 CT 与温度的关系。

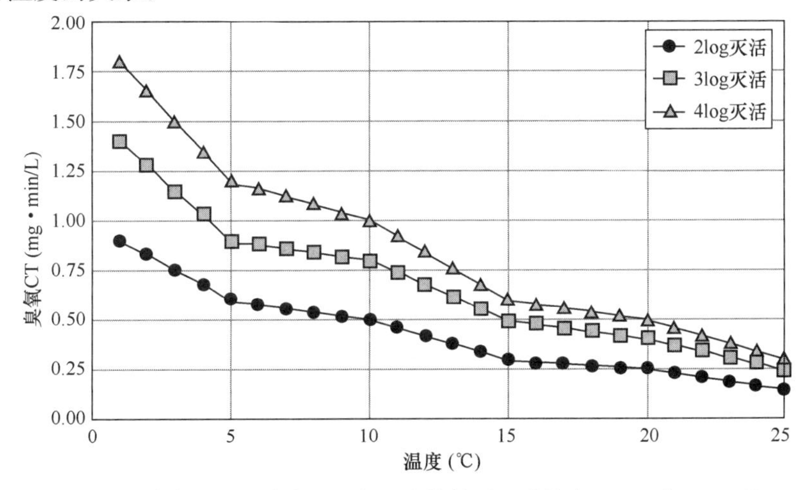

图 3-15 病毒灭活的臭氧 CT 与温度的关系（改编自 USEPA，1999b）

3.6.6 孢子微生物

图 3-16 显示了臭氧化的二级处理出水中枯草芽孢杆菌孢子的灭活情况。由于其高抗药性，因此需要长期接触溶解的臭氧才能达到孢子灭活目的。具体而言，CT 小于 8mg·min/L 或 O_3/TOC 小于 1.0 时可达到最小的灭活效果。超过这些阈值，灭活的程度则以二级处理出水之间的显著差异为特征。

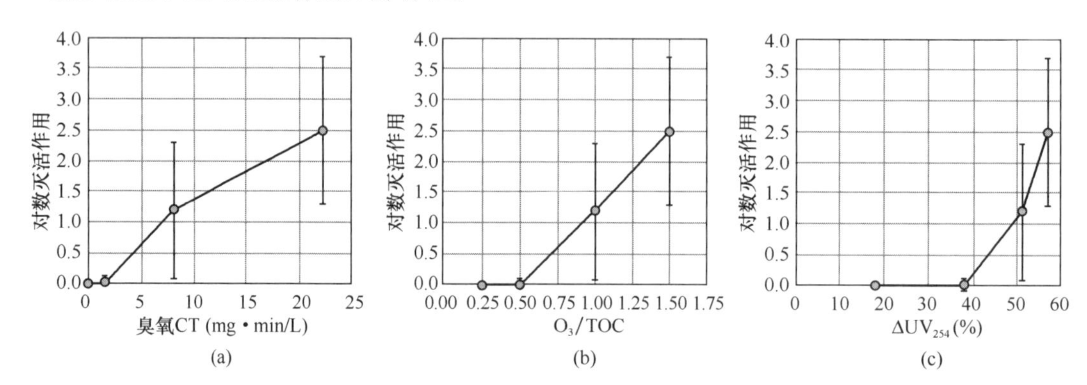

图 3-16 臭氧化二级处理出水中添加的枯草芽孢杆菌孢子的灭活作用与臭氧 CT、O_3/TOC 和 ΔUV_{254}吸光度（20℃）的函数关系（改编自 Gamage 等，2013）

注：误差条表示基于 4 种不同的二级处理出水的平行实验的±1 标准偏差。

关于延迟的 Chick-Watson 模型［式（3-20)］，有研究提出，对于枯草芽孢杆菌孢子，CT 延迟为 2.9mg·min/L 且 Δ_{cw}为 2.9（mg·min/L)$^{-1}$（Driedger 等，2001；von Gunten，2003b）。另一项研究指出，CT 延迟为 4.91mg·min/L 且 Δ_{cw}为 2.12（mg·min/L)$^{-1}$（Crittenden 等，2012；Larson 和 Marinas，2003）。这些动力学模型与图 3-16（a）中的剂量响应曲线一致。

如前所述，枯草芽孢杆菌孢子通常用作替代耐药性的隐孢子虫卵囊和贾第鞭毛虫孢囊，这些是水和废水消毒中的目标微生物。美国环境保护署的地表水处理条例要求去除或灭活 3log 贾第鞭毛虫孢囊及灭活或去除 3log 隐孢子虫卵囊。关于饮用水回用，最新风险评估建议至少去除或灭活 10log 贾第鞭毛虫孢囊（CDPH，2014）和隐孢子虫卵囊（Trussell，2012；CDPH，2014；Trussell 等，2013）。图 3-17 说明了臭氧氧化使贾第鞭毛虫孢囊灭活的相应 CT，在 20～25℃时，大约灭活 2log 隐孢子虫属的 CT 为 2.4～7.8mg·min/L（USEPA，1999a）。表 3-6 总结了芽孢杆菌、贾第鞭毛虫和隐孢子虫的动力学参数。

关于用臭氧（20～25℃）灭活消毒剂抗性微生物的 Chick-Watson［式（3-18)］和延迟 Chick-Watson［式（3-19)］动力学参数的总结

（改编自 Crittenden 等，2012） **表 3-6**

微生物	Δ_{cw} (mg·min/L)$^{-1}$	b (mg·min/L)	2log CT (mg·min/L)	3log CT (mg·min/L)	参考文献
芽孢杆菌	2.12	4.91	7.1	8.2	Larson 和 Marinas (2003)
芽孢杆菌	2.90	2.90	4.5	5.3	Driedger 等 (2001)

续表

微生物	Δ_{cw} (mg·min/L)$^{-1}$	b (mg·min/L)	2log CT (mg·min/L)	3log CT (mg·min/L)	参考文献
贾第鞭毛虫	1.90	—	2.4	3.6	Wallis 等 (1989)
隐孢子虫	0.84	0.83	6.3	9.1	Driedger 等 (2001)
隐孢子虫	1.70	0.22	2.9	4.3	Oppenheimer 等 (2000)

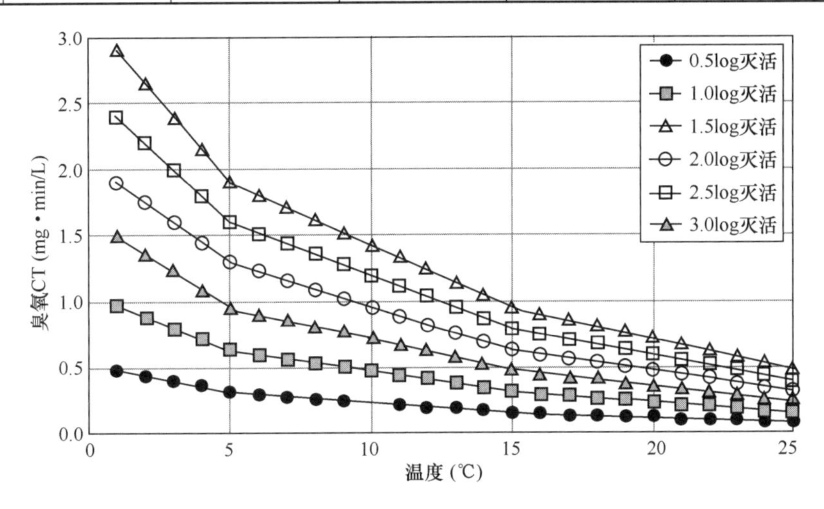

图 3-17 贾第鞭毛虫孢囊灭活的臭氧 CT 与温度的关系（改编自 USEPA，1999b）

3.7 生产应用

3.7.1 臭氧系统

臭氧系统的四个主要组成部分包括原料气供应、臭氧发生器、臭氧接触器和尾气破坏(Rakness，2005)。原料气供应通常利用空气、液氧（LOX）或真空压力吸附来为臭氧发生器提供氧气。然后臭氧发生器将氧气转换成臭氧进料气体。在传质过程中，进料气体通过微气泡扩散或侧流注入从气相转换为液相。臭氧接触器为水中的臭氧残余提供了与特定污染物或目标微生物反应的时间。尾气系统破坏所有未转移到水中的气相臭氧。

3.7.2 臭氧接触器

臭氧溶解方法定义了两种类型的臭氧接触器：微气泡扩散器和侧流注入系统（Rakness，2005)。许多臭氧设施依靠微气泡扩散，使用多孔石质扩散器将臭氧转移到水中（图 3-18)。溶解后，臭氧化水通过一个密闭的接触室完成氧化和消毒反应。近年来，侧流注入已成为臭氧溶解中微气泡扩散的替代方案（图 3-19)。

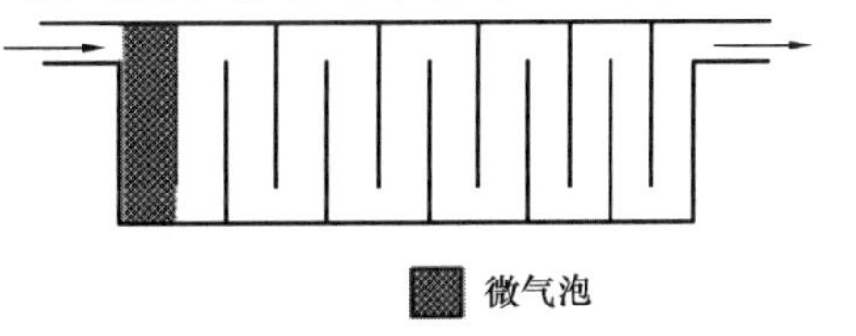

图 3-18 微气泡扩散的典型接触器示意图

侧流注入系统通过注入过程将臭氧溶解到侧流中，或者溶解到全过程流中。侧流与全流充分混合以达到臭氧目标剂量。在某些情况下，脱气容器可在与全过程流混合之前消除剩余的臭氧进料气体。

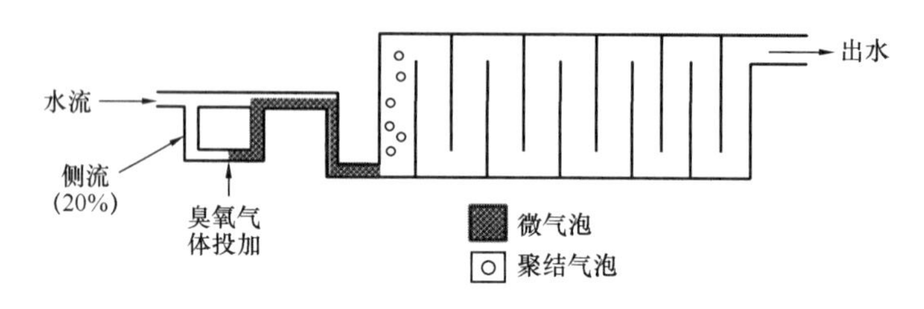

图 3-19　侧流注入的典型接触器示意图

3.7.3　传质效率

两种臭氧溶解系统都能够实现大于 85%的转移效率。在微气泡扩散系统中，石质扩散器上方的水深必须在 18～22ft 之间（Rakness，2005）。空气供给臭氧系统（1%质量）的转移效率约为 85%，而氧气供给臭氧系统（8%～10%质量）可实现 95%的转移效率（Rakness，2005）。在侧流注入系统中，气液比（G/L）是实现良好转移效率的关键。当 G/L 约为 0.1 时，可以实现 90%的转移效率。混合点的下游压力应保持在 5～10lb/in^2 之间，以实现大于 90%的转移效率。侧流注入系统还有维护优势，因为所有设备都易于评估，并且不需要扩散器维护（Rakness，2007）。

3.7.4　成本估算

在一些应用中，臭氧被认为是一种成本较高、能耗较大的处理方式，但是在水的深度处理应用中（例如，饮用水回用），臭氧被认为是一种更可持续的、成本更低的选择。因此，要重点考虑应用的背景和替代处理方案的适用性。以下是关于成本和能耗的讨论，引用自 Gerrity 等（2014）、Plumlee 等（2014）和 Snyder 等（2014）。

值得注意的是，下面提供的数字基于成本工程进展协会（AACE）第 4 类成本估算。因此，这些成本估算基本上是概念性的，通常用于规划阶段（设计完成度小于 1%），估计范围在实际成本的－30%～50%比较合适。同样重要的是，成本（调整至 2011 年美元）和能源估算是基于供应商和从 21 世纪初开始实际水处理厂的设施报告的数据。随着技术的进步和更广泛的应用，许多估值将随着时间的推移而改变。但是，这些概念层面的数据仍然为成本对比提供了有用的基础。读者可参考前述参考文献，获得关于成本估算方法的详细描述。

臭氧系统的流量范围为 100 万～5 亿 gal/d 时，下面的单位成本曲线可用来估算臭氧系统的资金成本［式（3-22）］、年度运营和维护成本（O&M）［式（3-23）］。在应用成本曲线时，单位成本以百万美元（2011 年美元）/MGD（即百万加仑/天）计算，因此必须应用两次流量以计算最终成本（以百万美元为单位）。单位成本是有用的，因为它们明确地说明了规模效益，随着设计能力的增加单位成本降低。单位成本曲线是使用 3mg/L 的臭氧剂量基线得出的。差异资金成本［式（3-24）］和差异年度运营和维护成本［式（3-25）］方程可用于校正不同臭氧剂量的基线成本曲线。

$$\text{资金成本(百万美元 /MGD)} = 2.26 \times Q^{-0.54} \tag{3-22}$$

$$\text{年度运营和维护成本(百万美元 /MGD)} = 0.0068 \times Q^{-0.051} \tag{3-23}$$

$$\triangle \text{资金成本(百万美元)} = 0.0156 \times Q \times (D/3 - 1) \tag{3-24}$$

$$\triangle \text{年度运营和维护成本(百万美元)} = 0.005 \times Q \times (D/3 - 1) \tag{3-25}$$

式中　Q——设计流量（MGD）；

D——设计应用臭氧剂量（mg/L）。

根据上述成本曲线可算出投资成本、年度运营和维护成本以及臭氧估计能耗与设计流量和臭氧剂量的关系（表 3-7）。表 3-8 和表 3-9 分别总结了在饮用水回用中一些最常见的处理设备的总资本及年度运营和维护成本。下一节中将详细讨论这些处理设备。在讨论替代处理设备时应重点考虑估算成本，因为在处理设备能够达到处理水质要求的情况下，通过臭氧处理可以显著节约成本。

估算投资成本（2011 年美元）、年度运营和维护成本（2011 年美元）以及臭氧能耗与设计流量和臭氧剂量的关系

（改编自 Snyder 等，2014）　　**表 3-7**

设计流量（MGD）	成本与能耗[a]	应用臭氧剂量（mg/L）			
		1.5	3	6	9
1	投资成本（百万美元）	2.3	2.3	2.3	2.3
	年度运营和维护成本（百万美元）	0.01	0.01	0.01	0.01
	能耗（MWh）	25	50	99	149
5	投资成本（百万美元）	4.7	4.7	4.8	4.9
	年度运营和维护成本（百万美元）	0.02	0.03	0.06	0.08
	能耗（MWh）	124	249	497	746
10	投资成本（百万美元）	6.4	6.5	6.7	6.8
	年度运营和维护成本（百万美元）	0.04	0.06	0.11	0.16
	能耗（MWh）	249	497	995	1492
25	投资成本（百万美元）	9.7	9.9	10.3	10.7
	年度运营和维护成本（百万美元）	0.08	0.14	0.27	0.39
	能耗（MWh）	622	1243	2487	3730
50	投资成本（百万美元）	13.3	13.7	14.4	15.2
	年度运营和维护成本（百万美元）	0.15	0.28	0.53	0.78
	能耗（MWh）	1243	2487	4973	7460

[a] 假设臭氧发生器的特定能耗为 0.012kWh/g O_3。

回用水系统中先进处理设备的总投资成本（2011年美元）

（改编自 Snyder 等，2014）　　**表 3-8**

容量（MGD）	工艺流程和投资成本（百万美元）				
	O_3-BAC	MF-O_3-BAC	MF-RO	MF-RO-UV/H_2O_2	MF-O_3-RO（O_3-MF-RO）
1	5.2	9.0	11	11	13
5	11	24	38	40	42
10	16	38	65	69	71
25	31	75	132	142	142
50	50	126	226	245	240
80	71	180	327	356	344

回用水系统中先进处理设备的年度运营和维护成本（2011年美元）

（改编自 Snyder 等，2014）　　**表 3-9**

容量（MGD）	工艺流程及年度运营和维护成本（百万美元）				
	O_3-BAC	MF-O_3-BAC	MF-RO	MF-RO-UV/H_2O_2	MF-O_3-RO（O_3-MF-RO）
1	0.1	0.4	0.5	0.6	0.5
5	0.3	1.4	2.6	2.7	2.6
10	0.6	2.4	4.8	5.1	4.8
25	1.4	5.1	11	11	11
50	2.8	9.1	19	21	19
80	4.0	13	29	31	29

最后，表 3-10 提供了由臭氧（假设臭氧为 50mgd）和生物活性炭（BAC）工艺处理 TOC 含量为 6mg/L 的废水时的处理费用。成本为臭氧剂量和痕量有机污染物去除水平的函数。臭氧和各种高级氧化工艺（如 O_3/H_2O_2 和 UV/H_2O_2）的成本比较也可在文献中找到（Katsoyiannis 等，2011）。

处理含 6mg/LTOC 废水的臭氧（50mgd）-BAC 工艺的总投资成本及

年度运营和维护成本（2011年美元）（改编自 Snyder 等，2014）　　**表 3-10**

项目	O_3 剂量	1.5mg/L	3mg/L	6mg/L	9mg/L
	O_3/TOC	0.25	0.5	1.0	1.5
投资成本估算（百万美元）	投资成本	49	50	52	53
	年度运营和维护成本	2.7	2.8	3.1	3.3
有机化合物的平均消除百分比	组 1	>90%	>90%	>90%	>90%
	组 2	>60%	>90%	>90%	>90%
	组 3	>30%	>60%	>90%	>90%
	组 4	>15%	>30%	>60%	>80%
	组 5	<5%	>5%	>15%	>20%

注：化合物组（和示例化合物）在表 3-4 中已经列出。

3.7.5 工艺控制

在饮用水应用中，为满足所需的消毒目标，工艺控制由臭氧剂量设定值或臭氧 CT 确定。当以 CT 为控制目标时，在线溶解臭氧分析仪用于提供实时浓度测量。当以最少的臭氧残留量为控制目标时，可以计算出一级衰减速率并且对衰减曲线下的面积进行积分以确定臭氧 CT（Rakness 等，2005）。在其他应用中，直接臭氧衰减测量也用于控制臭氧剂量，包括污染物氧化（Kaiser 等，2013）。在一些处理地下水以去除硫化氢的水务公司中，水的氧化还原电位（ORP）已成功应用于工艺控制。

在废水应用中，可以通过使用 O_3/DOC 和所选痕量有机化合物的反应速率常数来实现工艺控制（Lee 等，2013）。在一些情况下，可以在不产生可测量的溶解臭氧残留的情况下，充分消除微量污染物。在这些情况下，工艺性能可以通过在线 UV 吸光度或荧光测量来实时评估（Bahr 等，2007；Gerrity 等，2012；Wert 等，2009b）。图 3-20 说明了用于工艺控制和验证的在线紫外吸光度测量的实现框架，图 3-21 展示了在实验室和中试规模的臭氧系统中差异 UV_{254} 吸光度与二苯乙内酰脲减少百分比之间的相关性。

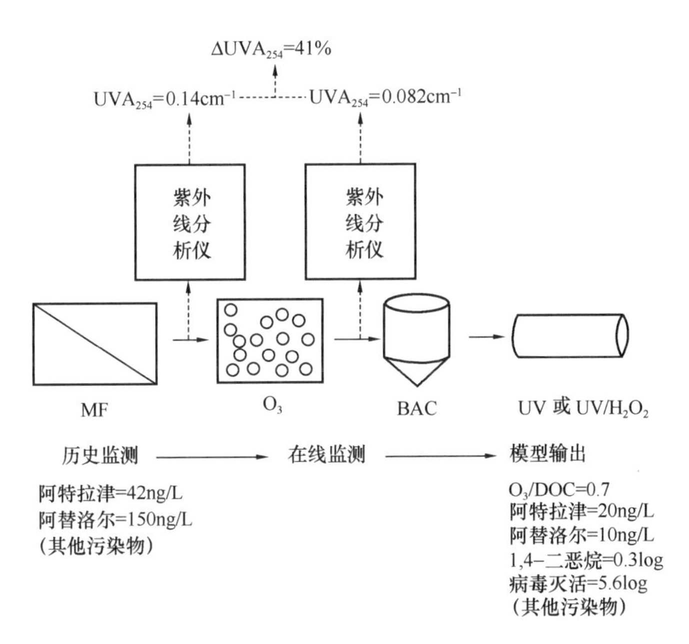

图 3-20 在假设的饮用水再利用处理系统中使用在线紫外吸光度分析仪以监测和预测臭氧处理过程性能的示例框架

（模型参数改编自 Gerrity 等，2012）

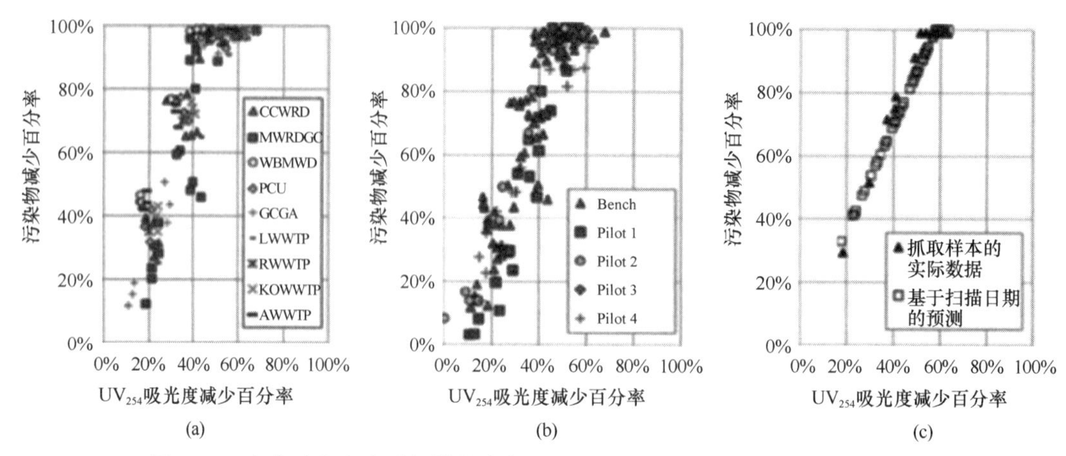

图 3-21　在实验室和中试规模的臭氧系统中二苯乙内酰脲浓度的降低百分比随着 UV_{254} 吸光度变化的关系

(a) 台架试验研究；(b) 中试验证；(c) 实时演示

注：这些相关性首先在 9 种不同的废水二级处理出水中发现（a），然后在独立的中试规模臭氧系统（b）中进行验证，最后在中试规模的臭氧系统中与在线 UV_{254} 分析仪一起实施。Gerrity 等（2012）描述了其他痕量有机化合物和微生物替代物的模型开发等。

3.8　应用案例

3.8.1　饮用水应用

由于臭氧的多种优势如消毒、无机和有机污染物的氧化、DBP 前体物的破坏、有助于絮凝等，臭氧在饮用水中的应用越来越广泛。根据地表水深度处理规程（LT2ESWTR）（USEPA，2006），臭氧被认为是一种适于灭活隐孢子虫的处理技术。然而，处理富含溴离子水的公用设施必须考虑副产物溴酸盐的形成，USEPA 规定其最高浓度为 10μg/L（USEPA，1998）。

饮用水处理厂实施臭氧氧化的其他驱动因素可能包括氰毒素的氧化。臭氧已被证明在氧化多种氰毒素方面非常有效，包括微囊藻毒素、柱孢藻毒素和鱼腥藻毒素-a（Rodriguez 等，2007）。多种嗅味物质也可以通过臭氧氧化去除（Peter 和 von Gunten，2007）。然而，两种最常见的嗅味物质，2-MIB 和土臭素，是通过·OH 氧化而不是与臭氧分子反应来去除的（Lalezary 等，1986；Westerhoff 等，2006）。在臭氧化过程中，氯化消毒副产物也会减少。在一项研究中使用 3 种天然有机物，臭氧化处理后三卤甲烷生成势降低了 24%～46%（Galapate 等，2001）。这些例子进一步说明了臭氧在饮用水处理过程中的优势。

南内华达水务局于 2003 年在 Alfred Merritt Smith 和 River Mountains 水厂应用臭氧进行水处理。臭氧设施的设计目标是实现对在 20 世纪 90 年代暴发的隐孢子虫达到 2.0log 的灭活（Roefer 等，1996）。水源水由科罗拉多河经米德湖提供，其中溴离子约为 100μg/L。因此，需要一种溴酸盐控制策略。考虑了降低 pH 和加氨等方法；在中试和生产试验中，添加氯和氨能更好地控制溴酸盐（Wert 等，2007）。SNWA 还利用游离氯对输配水系统进行二次消毒。在更换为臭氧后，三卤甲烷浓度下降约 10μg/L，卤乙酸浓度下降 5μg/L（Wert 和 Rosario-Ortiz，2011）。除消毒副产物总体浓度下降外，在应用臭氧后，生成物也从二氯化物和三氯化物转化为二溴化物和三溴化物。

3.8.2　废水和饮用回用水应用

在许多地区，废水已被认为是一种资源——富含水、营养和能量，而不是必须排放的废物。与生物测定和分析方法相关的技术进步也为研究人员、水务公司和监管机构提供了对废水排放后意外后果的更全面的了解。例如，酵母菌雌激素筛选（YES）试验提供了废水雌激素的定量评估。在环境排放应用中，这种雌激素与水生物种的雌性化有关。此外，废水中通常含有足够的营养物质，即使经过深度的化学和生物处理，也能在地表水中引起藻华。因此，将处理不当的废水排入海洋或其他水体越来越少。相反，许多污水处理公司正在实施先进的处理技术，臭氧正成为一种越来越流行的选择，作为单一屏障或多屏障处理系统的一部分。这些升级是出于需要、新的监管条例或者仅仅是对出现的水质问题（如雌激素和微量有机污染物）的一种积极响应。图 3-22 列举了几种基准臭氧设施，并在下文中进行了描述。与设备容量、臭氧剂量等相关的具体细节见相关文献（Gerrity 等，2013；Oneby 等，2010；Audenaert 等，2014）。

2000 年之前，在得克萨斯州 Fred Hervey 回用水处理厂［图 3-22（b）］和佐治亚州 F. Wayne Hill 水资源中心［图 3-22（c）和图 3-22（d）］构建了臭氧和生物活性炭饮用回用水处理系统，以增加当地水资源。然而，随着技术的进步和工艺系统在奥兰治县和新加坡的成功应用，公用事业公司在 21 世纪初开始转向反渗透，以满足其饮用水再利用需求（例如，澳大利亚西部走廊循环水项目）。尽管它们有良好的效果，但采用反渗透的处理方式成本高且能耗大。因此，澳大利亚几家公用事业公司［图 3-22（c）、图 3-22（e）和图 3-22（f）］采用臭氧-BAC 工艺，该工艺能达到上述相似的水质（总溶解固体除外），同时降低了成本和能耗。随着“世纪干旱”平息，澳大利亚许多深度处理设施已经退役，而倾向于选择传统处理工艺。

在监管方面，加利福尼亚州饮用水部门的地下水补给再利用条例（CDPH 2014）和欧盟（EU）的水框架指令（2000/60/EC）现在对处理方式的选择产生了重大影响。在加利福尼亚州，直接将循环水注入含水层（可能在 2017 年之前注入地表水）的公用事业公司，要求必须使用包括反渗透和 AOPs 的处理方法，微滤通常也用作预处理。在这类应用中，臭氧被用来降低西盆市供水区微滤膜上的有机污染（Stanford 等，2011）［图 3-22（i）］，并用于减少斯科茨代尔市水上校园氯化过程中 NDMA 的形成［图 3-22（h）］。值得注意的是，臭氧降低 NDMA 生成势并不是在所有系统中都可行。一些废水中含有高浓度的臭氧特异性 NDMA 前体物（Gerrity 等，2015），因此，在臭氧-氯胺联合应用中，上游臭氧化实际上会导致 NDMA 的增加。这是西部盆地水处理系统中的一个重要问题。在深度处理设施中，在没有 UV/H_2O_2 作为最终处理过程的情况下，NDMA 可以得到控制，同时也有可能实现臭氧（或臭氧/H_2O_2）作为 AOPs——这一概念已在加利福尼亚州进行

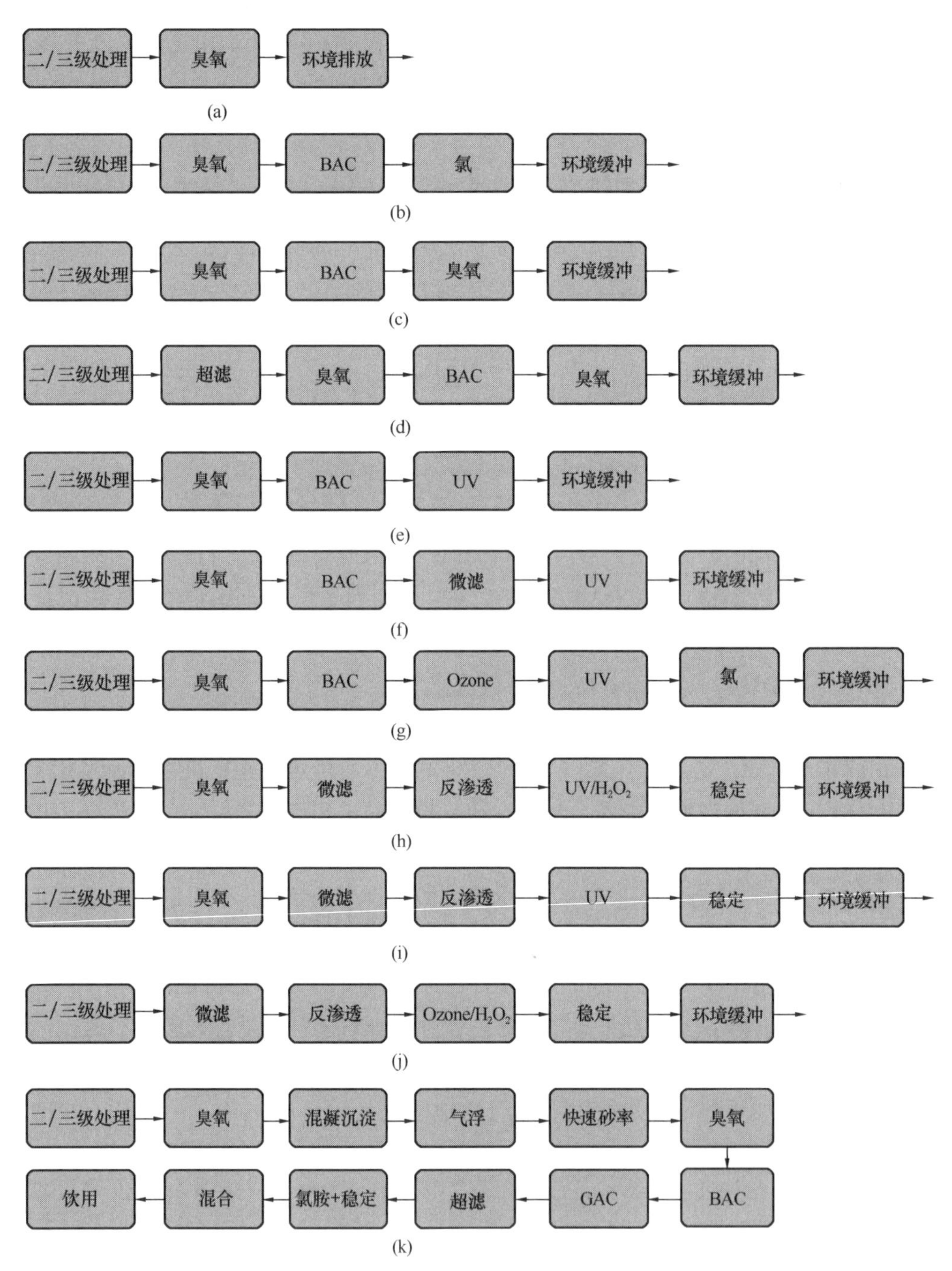

图 3-22 采用臭氧化处理的基准废水和回用水处理系统的原理图。改编自 Gerrity et al.（2013）。（a）Spingfield，Missouri；Frankfort，Kentucky；（b）EI paso，Texas（包括 PAC 二级工艺和石灰软化）；Regensdorf，Switzerland（包括生物活性炭滤池代替 BAC）；（c）Gwinnett Connty，Georgia（包括石灰软化）；Caboolture，Queenaland，Australia（包括二级三级间的预臭氧）；（d）Gwinnett County，Georgia（包括石灰软化）；Reno，Nevada（中试，不包含最终的臭氧化）；Las Vegas，Nevada（不包括活性炭和最终的臭氧化）；（e）Landsborough，Queensland，Australia；（f）Gerringong，New South Wales，Australia；（g）Melbourne，Victoria，Australia；（h）Scottsdale，Arizona；（i）EI Segundo，California（全深度处理）；（j）Los Angeles，California（中试，全深度处理）；（k）Windhoek，Namibia（饮用性再生）

了中试试验［图 3-22（j）］（Tiwari 等，2012）。

臭氧也适用于加利福尼亚州的循环水扩散应用、加利福尼亚州以外的任何饮用水再利用项目以及针对大分子有机污染物转化、痕量有机物氧化或消毒的任何非饮用水再利用项目。在这些应用中，臭氧有时在工艺流程中的多个位置使用，以实现这三个主要的处理目标。例如，佐治亚州的 F. Wayne Hill 水资源中心［图 3-22（c）和图 3-22（d）］在其 BAC 工艺和最终消毒之前用臭氧进行了处理，澳大利亚的 South Caboolture 回用水处理厂［图 3-22（c）］进行了三次不同剂量的处理。在欧盟水框架指令中，由于即将出台有关水中微量有机污染物的法规（Audenaert 等，2014），因此预计臭氧在欧洲的应用将变得越来越普遍。即使没有监管机构的推动，一些公用事业公司，如内华达州克拉克县水回用区［图 3-22（d）］，也在积极提升他们的设施，利用臭氧以减少痕量有机污染物，并减少污水排放对水生生物潜在的负面影响。这些相对较新的应用中补充了臭氧在全世界许多地方用于消毒的历史记录（Audenaert 等，2014；Oneby 等，2010）。

3.9　参考文献

Acero J. L. and von Gunten U. (2001). Characterization of oxidation processes: ozonation and the AOP O_3/H_2O_2. *Journal of American Water Works Association*, **93**(10), 90–100.

Acero J. L., Stemmler K. and von Gunten U. (2000). Degradation kinetics of atrazine and its degradation products with ozone and OH radicals. *Environmental Science and Technology*, **34**, 591–597.

Acero J. L., Haderlein S. B., Schmidt T. C., Suter M. J. F. and von Gunten U. (2001). MTBE oxidation by conventional ozonation and the combination ozone/hydrogen peroxide: efficiency of the processes and bromate formation. *Environmental Science and Technology*, **35**(21), 4252–4259.

Audenaert W., Chys M. and Van Hulle S. (2014). (Future) regulation of trace organic compounds in WWTP effluents as a driver for advanced wastewater treatment, IOA-PAG Annual Conference, August 24–27, 2014, Montreal, Canada.

Bader H. and Hoigne J. (1982). Determination of ozone in water by the indigo method: a submitted standard method. *Ozone Science and Engineering*, **4**(4), 169–176.

Bahr C., Schumacher J., Ernst M., Luck F., Heinzmann B. and Jekel M. (2007). SUVA as control parameter for the effective ozonation of organic pollutants in secondary effluent. *Water Science & Technology*, **55**(12), 267–274.

Beltran F. J. (2003). Ozone Reaction Kinetics for Water and Wastewater Systems. CRC Press, Boca Raton, Florida.

Bielski B. H. J., Cabelli D. E., Arudi R. L. and Ross A. B. (1985). Reactivity of HO_2/O_2^- radicals in aqueous solution. *Journal of Physical Chemistry Reference Data*, **14**, 1041–1100.

Blatchley E. R., III, Weng S., Afifi M. Z., Chiu H.-H., Reichlin D. B., Jousset S. and Erhardt R. S. (2012). Ozone and UV254 radiation for municipal wastewater disinfection. *Water Environment Research*, **84**(11), 2017–2027.

Bowman R. H., Miller P., Purchase M. and Schoellerman R. (2001). Ozone-peroxide Advanced Oxidation Water Treatment System for Treatment of Chlorinated Solvents and 1,4-Dioxane. American Chemical Society Meeting, April 1–5, 2001, San Diego, CA.

Buffle M. O. and von Gunten U. (2006). Phenols and amine induced HO center dot generation during the initial phase of natural water ozonation. *Environmental Science and Technology*, **40**(9), 3057–3063.

Buffle M.-O., Galli S. and von Gunten U. (2004). Enhanced bromate control during ozonation: the chlorine-ammonia process. *Environmental Science and Technology*, **38**(19), 5187–5195.

Buffle M. O., Schumacher J., Meylan S., Jekel M. and von Gunten U. (2006a). Ozonation and advanced oxidation of wastewater: effect of O_3 dose, pH, DOM and HO-scavengers on ozone decomposition and HO generation. *Ozone Science and Engineering*, **28**(4), 247–259.

Buffle M. O., Schumacher J., Salhi E., Jekel M. and von Gunten U. (2006b). Measurement of the initial phase of ozone decomposition in water and wastewater by means of a continuous quench-flow system: Application to disinfection and pharmaceutical oxidation. *Water Research*, **40**(9), 1884–1894.

Buhler R. E., Staehelin J. and Hoigne J. (1984). Ozone decomposition in water studied by pulse-radiolysis .1. HO_2/O_2-and HO_3/O_3- as intermediates. *Journal of Physical Chemistry*, **88**(12), 2560–2564.

Buxton G. V., Greenstock C. L., Helman W. P. and Ross A. B. (1988). Critical review of rate constants for reactions of hydrated electrons, hydrogen atom and hydroxyl radicals (OH/$^{\bullet}O^{-}$) in aqueous solutions. *Journal of Physical and Chemical Reference Data*, **17**, 513–886.

Canonica S. and Tratnyek P. G. (2003). Quantitative structure-activity relationships for oxidation reactions of organic chemicals in water. *Environmental Toxicology and Chemistry*, **22**(8), 1743–1754.

California Department of Public Health (CDPH) (2014). Groundwater replenishment using recycled water. Title 22 California code of regulations. DPH-14-003E.

Coddington J. W., Hurst J. K. and Lymar S. V. (1999). Hydroxyl radical formation during peroxynitrous acid decomposition. *Journal of the American Chemical Society*, **121**(11), 2438–2443.

Crittenden J. C., Trussell R. R., Hand D. W., Howe K. J. and Tchobanoglous G. (2012). Water Treatment: Principles and Design. 3rd edn, John Wiley & Sons Inc., Hoboken, New Jersey, USA.

Deborde M., Rabouan S., Duguet J. and Legube B. (2005). Kinetics of aqueous ozone-induced oxidation of some endocrine disruptors. *Environmental Science and Technology*, **39**(16), 6086–6092.

Dodd M. C., Buffle M. O. and von Gunten U. (2006). Oxidation of antibacterial molecules by aqueous ozone: Moiety-specific reaction kinetics and application to ozone-based wastewater treatment. *Environmental Science and Technology*, **40**(6), 1969–1977.

Dong M. M., Mezyk S. P. and Rosario-Ortiz F. L. (2010). Reactivity of effluent organic matter (EfOM) with hydroxyl radical as a function of molecular weight. *Environmental Science and Technology*, **44**(15), 5714–5720.

Driedger A., Staub E., Pinkernell U., Marinas B., Koster W. and von Gunten U. (2001). Inactivation of Bacillus subtilis spores and formation of bromate during ozonation. *Water Research*, **35**(12), 2950–2960.

Elovitz M. S. and von Gunten U. (1999). Hydroxyl radical ozone ratios during ozonation processes. I-The R-ct concept. *Ozone Science and Engineering*, **21**(3), 239–260.

Fischbacher A., Loppenberg K., Von Sonntag C. and Schmidt T. C. (2015). A New Reaction Pathway for Bromite to Bromate in the Ozonation of Bromide. *Environmental Science and Technology*, **49**(19), 11714–11720.

Galapate R. P., Baes A. U. and Okada M. (2001). Transformation of dissolved organic matter during ozonation: effects on trihalomethane potential. *Water Research*, **35**(9), 2201–2206.

Gamage S., Gerrity D., Pisarenko A. N., Wert E. C. and Snyder S. A. (2013). Evaluation of process control alternatives for the inactivation of escherichia coli, MS2 bacteriophage, and Bacillus subtilis spores during wastewater ozonation. *Ozone Science and Engineering*, **35**(6), 501–513.

Gerrity D. and Snyder S. (2011). Review of ozone for water reuse applications: toxicity, regulations, and trace organic contaminant oxidation. *Ozone Science and Engineering*, **33**(4), 253–266.

Gerrity D., Gamage S., Holady J. C., Mawhinney D. B., Quinones O., Trenholm R. A. and Snyder S. A. (2011). Pilot-scale evaluation of ozone and biological activated carbon for trace organic contaminant mitigation and disinfection. *Water Research*, **45**(5), 2155–2165.

Gerrity D., Gamage S., Jones D., Korshin G. V., Lee Y., Pisarenko A., Trenholm R. A., von Gunten U., Wert E. C. and Snyder S. A. (2012). Development of surrogate correlation models to predict trace organic contaminant oxidation and microbial inactivation during ozonation. *Water Research*, **46**(19), 6257–6272.

Gerrity D., Holady J. C., Mawhinney D. B., Quinones O., Trenholm R. A. and Snyder S. A. (2013). The effects of solids retention time in full-scale activated sludge basins on trace organic contaminant concentrations. *Water Environment Research*, **85**(8), 715–724.

Gerrity D., Owens-Bennett E., Venezia T., Stanford B. D., Plumlee M. H., Debroux J. and Trussell R. S. (2014). Applicability of ozone and biological activated carbon for potable reuse. *Ozone Science and Engineering*, **36**(2), 123–137.

Gerrity D., Pisarenko A. N., Marti E., Trenholm R. A., Gerringer F., Reungoat J. and Dickenson E. (2015). Nitrosamines in pilot-scale and full-scale wastewater treatment plants with ozonation. *Water Research*, **72**, 251–261.

Goldstein S. T., Juranek D. D., Ravenholt O., Hightower A. W., Martin D. G., Mesnik J. L., Griffiths S. D., Bryant A. J., Reich R. R. and Herwaldt B. L. (1996). Cryptosporidiosis: an outbreak associated with drinking water despite state-of-the-art water treatment. *Annals of Internal Medicine*, **124**(5), 459–468.

Gonzales S., Pena A. and Rosario-Ortiz F. L. (2012). Examining the role of effluent organic matter components on the decomposition of ozone and formation of hydroxyl radicals in wastewater. *Ozone Science and Engineering*, **34**(1), 42–48.

Haag W. R. and Hoigne J. (1983). Ozonation of bromide-containing waters: kinetics of formation of hypobromous acid and bromate. *Environmental Science and Technology*, **17**(5), 261–267.

Hoigné J. and Bader H. (1975). Ozonation of water-Role of hydroxyl radicals as oxidizing intermediates. *Science*, **190**(4216), 782–784.

Hoigné J. and Bader H. (1979). Ozonation of water-Oxidation-competition values of different types of waters used in Switzerland. *Ozone Science and Engineering*, **1**(4), 357–372.

Hollender J., Zimmermann, S. G., Koepke, S., Krauss, M., McArdell, C. S., Ort, C., Singer, H., von Gunten, U. and Siegrist, H. (2009). Elimination of organic micropollutants in a municipal wastewater treatment plant upgraded with a full-scale post-ozonation followed by sand filtration. *Environmental Science and Technology*, **43**(20), 7862–7869.

Huber M. M., Canonica S., Park G. Y. and von Gunten U. (2003). Oxidation of pharmaceuticals during ozonation and advanced oxidation processes. *Environmental Science and Technology*, **37**(5), 1016–1024.

Huber M. M., Gobel A., Joss A., Hermann N., Loffler D., McArdell C. S., Ried A., Siegrist H., Ternes T. A. and von Gunten U. (2005). Oxidation of pharmaceuticals during ozonation of municipal wastewater effluents: a pilot study. *Environmental Science and Technology*, **39**(11), 4290–4299.

Hubner U., von Gunten U. and Jekel M. (2015). Evaluation of the persistence of transformation products from ozonation of trace organic compounds – a critical review. *Water Research*, **68**, 150–170.

Hunt N. K. and Marinas B. J. (1997). Kinetics of Escherichia coli inactivation with ozone. *Water Research*, **31**(6), 1355–1362.

Ishida C., Salveson A., Robinson K., Bowman R. and Snyder S. (2008). Ozone disinfection with the HiPOX (TM) reactor: streamlining an "old technology" for wastewater reuse. *Water Science and Technology*, **58**(9), 1765–1773.

Jin X., Peldszus S. and Huck P. M. (2012). Reaction kinetics of selected micropollutants in ozonation and advanced oxidation processes. *Water Research*, **46**(19), 6519–6530.

Kaiser H.-P., Koester O., Gresch M., Perisset P. M. J., Jaeggi P., Salhi E. and von Gunten U. (2013). Process control for ozonation systems: a novel real-time approach. *Ozone Science and Engineering*, **35**(3), 168–185.

Katsoyiannis I. A., Canonica S. and von Gunten U. (2011). Efficiency and energy requirements for the transformation of organic micropollutants by ozone, O3/H2O2 and UV/H2O2. *Water Research*, **45**(13), 3811–3822.

Keen O. S., McKay G., Mezyk S. P., Linden K. G. and Rosario-Ortiz F. L. (2014). Identifying the factors that influence the reactivity of effluent organic matter with hydroxyl radicals. *Water Research*, **50**, 408–419.

Lalezary S., Pirbazari M. and McGuire M. J. (1986). Oxidation of five earthy-musty taste and odor compounds. *Journal of the American Water Works Association*, **78**(3), 62–69.

Larson M. A. and Marinas B. J. (2003). Inactivation of Bacillus subtilis spores with ozone and monochloramine. *Water Research*, **37**(4), 833–844.

LeChevallier M. W., Becker W. C., Schorr P. and Lee R. G. (1992). Evaluating the performance of biologically active rapid filters. *Journal of American Water Works Association*, **84**(4), 136–140.

Lee C., Yoon J. and von Gunten U. (2007). Oxidative degradation of N-nitrosodimethylamine by conventional ozonation and the advanced oxidation process ozone/hydrogen peroxide. Water Research, **41**(19), 581–590.

Lee M., Zimmermann-Steffens S. G., Arey J. S., Fenner K. and von Gunten U. (2015). Development of prediction models for the reactivity of organic compounds with ozone in aqueous solution by quantum chemical calculations: the role of delocalized and localized molecular orbitals. *Environmental Science and Technology*, **49**(16), 9925–9935.

Lee Y. and von Gunten U. (2012). Quantitative structure-activity relationships (QSARs) for the transformation of organic micropollutants during oxidative water treatment. *Water Research*, **46**(19), 6177–6195.

Lee Y., Gerrity D., Lee M., Bogeat A. E., Salhi E., Gamage S., Trenholm R. A., Wert E. C., Snyder S. A. and von Gunten U. (2013). Prediction of micropollutant elimination during ozonation of municipal wastewater effluents: use of kinetic and water specific Iiformation. *Environmental Science and Technology*, **47**(11), 5872–5881.

Li X., Zhao W., Li J., Jiang J., Chen J. and Chen J. (2013). Development of a model for predicting reaction rate constants of organic chemicals with ozone at different temperatures. *Chemosphere*, **92**(8), 1029–1034.

Mackenzie W. R., Hoxie N. J., Proctor M. E., Gradus M. S., Blair K. A., Peterson D. E., Kazmierczak J. J., Addiss D. G., Fox K. R., Rose J. B. and Davis J. P. (1994). A massive outbreak in Milwaukee of Cryptosporidium infection transmitted through the public water supply. *New England Journal of Medicine*, **331**(3), 161–167.

Marti E. J., Pisarenko A. N., Peller J. R. and Dickenson E. R. V. (2015). N-nitrosodimethylamine (NDMA) formation from the ozonation of model compounds. *Water Research*, **72**, 262–270.

Merenyi G., Lind J., Naumov S. and von Sonntag C. (2010). The reaction of ozone with the hydroxide ion: mechanistic considerations based on thermokinetic and quantum chemical calculations and the role of HO_4^- in superoxide dismutation. *Chemistry-A European Journal*, **16**(4), 1372–1377.

Nöthe T., Fahlenkamp H. and von Sonntag C. (2009). Ozonation of wastewater: rate of ozone consumption and hydroxyl radical yield. *Environmental Science and Technology*, **43**(15), 5990–5995.

Oneby M. A., Bromley C. O., Borchardt J. H. and Harrison D. S. (2010). Ozone treatment of secondary effluent at US municipal wastewater treatment plants. *Ozone Science and Engineering*, **32**(1), 43–55.

Oppenheimer J. A., Aieta E. M., Trussell R. R., Jacangelo J. G. and Najm I. N. (2000). Evaluation of Cryptosporidium Inactivation in Natural Waters. Water Research Foundation, Denver, CO.

Pablo Pocostales J., Sein M. M., Knolle W., von Sonntag C. and Schmidt T. C. (2010). Degradation of ozone-refractory organic phosphates in wastewater by ozone and ozone/hydrogen peroxide (peroxone): the role of ozone consumption by dissolved organic matter. *Environmental Science and Technology*, **44**(21), 8248–8253.

Padhye L., Luzinova Y., Cho M., Mizaikoff B., Kim J.-H. and Huang C.-H. (2011). PolyDADMAC and dimethylamine as precursors of N-nitrosodimethylamine during ozonation: reaction kinetics and mechanisms. *Environmental Science and Technology*, **45**(10), 4353–4359.

Peter A. and von Gunten U. (2007). Oxidation kinetics of selected taste and odor compounds during ozonation of drinking water. *Environmental Science and Technology*, **41**(2), 626–631.

Pisarenko A. N., Stanford B. D., Yan D. X., Gerrity D. and Snyder S. A. (2012). Effects of ozone and ozone/peroxide on trace organic contaminants and NDMA in drinking water and water reuse applications. *Water Research*, **46**(2), 316–326.

Plumlee M. H., Stanford B. D., Debroux J.-F., Hopkins D. C. and Snyder S. A. (2014). Costs of advanced treatment in water reclamation. *Ozone Science and Engineering*, **36**(5), 485–495.

Rakness K. L. (2005). Ozone in Drinking Water Treatment: Process Design, Operation, and Optimization. American Water Works Association, Denver, CO.

Rakness K. L. (2007). Ozone side-stream design options and operating considerations. *Ozone Science and Engineering*, **29**(4), 231–244.

Rakness K. L., Najm I., Elovitz M., Rexing D. and Via S. (2005). Cryptosporidium log-inactivation with ozone using effluent CT10, geometric mean CT10, extended integrated CT10 and extended CSTR calculations. *Ozone Science and Engineering*, **27**(5), 335–350.

Rakness K. L., Wert E. C., Elovitz M. and Mahoney S. (2010). Operator-friendly technique and quality control considerations for indigo colorimetric measurement of ozone residual. *Ozone Science and Engineering*, **32**(1), 33–42.

Reungoat J., Macova M., Escher B. I., Carswell S., Mueller J. F. and Keller J. (2010). Removal of micropollutants and reduction of biological activity in a full scale reclamation plant using ozonation and activated carbon filtration. *Water Research*, **44**(2), 625–637.

Reungoat J., Escher B. I., Macova M. and Keller J. (2011). Biofiltration of wastewater treatment plant effluent: effective removal of pharmaceuticals and personal care products. *Water Research*, **45**(9), 2751–2762.

Reungoat J., Escher B. I., Macova M., Argaud F. X., Gernjak W. and Keller J. (2012). Ozonation and biological activated carbon filtration of wastewater treatment plant effluents. *Water Research*, **46**(3), 863–872.

Rice R. G., Robson C. M., Miller G. W. and Hill A. G. (1981). Uses of ozone in drinking water treatment. *Journal of the American Water Works Association*, **73**(1), 44–57.

Rivas J., Gimeno O., de la Calle R. G. and Beltran F. J. (2009). Ozone treatment of PAH contaminated soils: Operating variables effect. *Journal of Hazardous Materials*, **169**(1–3), 509–515.

Rodriguez E., Onstad G. D., Kull T. P. J., Metcalf J. S., Acero J. L. and von Gunten U. (2007). Oxidative elimination of cyanotoxins: comparison of ozone, chlorine, chlorine dioxide and permanganate. *Water Research*, **41**(15), 3381–3393.

Roefer P. A., Monscvitz J. T. and Rexing D. J. (1996). The Las Vegas cryptosporidiosis outbreak. *Journal of the American Water Works Association*, **88**(9), 95–106.

Rosario-Ortiz F. L., Mezyk S. P., Doud D. F. R. and Snyder S. A. (2008). Quantitative correlation of absolute hydroxyl radical rate constants with non-isolated effluent organic matter bulk properties in water. *Environmental Science and Technology*, **42**(16), 5924–5930.

Rosenfeldt E. J. and Inden K. G. (2004). Degradation of endocrine disrupting chemicals bisphenol A, ethinyl estradiol, and estradiol during UV photolysis and advanced oxidation processes. *Environmental Science and Technology*, **38**(20), 5476–5483.

Roth J. A. and Sullivan D. E. (1981). Solubility of ozone in water. *Industrial & Engineering Chemistry Fundamentals*, **20**(2), 137–140.

Schindler Wildhaber Y., Mestankova H., Schärer M., Schirmer K., Salhi E. and von Gunten U. (2015). Novel test procedure to evaluate the treatability of wastewater with ozone. *Water Research*, **75**, 324–335.

Schmidt C. K. and Brauch H.-J. (2008). N,N-Dimethylsulfamide as Precursor for N-Nitrosodimethylamine (NDMA) formation upon Ozonation and its fate during drinking water treatment. *Environmeantal Science and Technology*, **42**(17), 6340–6346.

Snyder S., Vanderford B., Pearson R., Quinones O. and Yoon Y. (2003a). Analytical methods used to measure endocrine disrupting compounds in water. *Practice Periodical of Hazardous, Toxic, and Radioactive Waste Management*, **7**(4), 224–234.

Snyder S., Westerhoff P., Yoon Y. and Sedlak D. L. (2003b). Pharmaceuticals, personal care products, and endocrine disruptors in water: implications for the water industry. *Environment Engineering Science*, **20**(5), 449–469.

Snyder S. A., von Gunten U., Amy G., Debroux J. and Gerrity D. (2014). Use of Ozone in Water Reclamation for Contaminant Oxidation. WateReuse Foundation, Alexandria, VA.

Staehelin J. and Hoigné J. (1982). Decomposition of ozone in water – rate of initiation by hydroxide ions and hydrogen-peroxide. *Environmental Science and Technology*, **16**(10), 676–681.
Staehelin J., Buhler R. E. and Hoigné J. (1984). Ozone decomposition in water studied by pulse-radiolysis .2. Oh and HO_4^- as chain intermediates. *Journal of Physical Chemistry*, **88**(24), 5999–6004.
Stalter D., Magdeburg A. and Oehlmann J. (2010a). Comparative toxicity assessment of ozone and activated carbon treated sewage effluents using an in vivo test battery. *Water Research*, **44**(8), 2610–2620.
Stalter D., Magdeburg A., Weil M., Knacker T. and Oehlmann J. (2010b). Toxication or detoxication? In vivo toxicity assessment of ozonation as advanced wastewater treatment with rainbow trout. Water Research, **44**(2), 439–448.
Stalter D., Magdeburg A., Wagner M. and Oehlmann J. (2011). Ozonation and activated carbon treatment of sewage effluents: removal of endocrine activity and cytotoxicity. *Water Research*, **45**(3), 1015–1024.
Stanford B. D., Pisarenko A. N., Holbrook R. D. and Snyder S. A. (2011). Preozonation effects on the reduction of reverse osmosis membrane fouling in water reuse. *Ozone Science and Engineering*, **33**(5), 379–388.
Sudhakaran S. and Amy G. L. (2013). QSAR models for oxidation of organic micropollutants in water based on ozone and hydroxyl radical rate constants and their chemical classification. *Water Research*, **47**(3), 1111–1122.
Thompson C. M. and Drago J. A. (2015). North American installed water treatment ozone systems. *Journal of the American Water Works Association*, **107**(10), 45–55.
Tiwari S., Hokanson D., Stanczak G. and Trussell R. R. (2012). Pilot-scale UV / H_2O_2 and O3 / H_2O_2 AOP performance comparison for groundwater recharge, WateReuse California Annual Conference, Sacramento, CA.
Tomiyasu H., Fukutomi H. and Gordon G. (1985). Kinetics and mechanism of ozone decomposition in basic aqueous-solution. *Inorganic Chemistry*, **24**(19), 2962–2966.
Trussell R. (2012). Examining the Criteria for Direct Potable Reuse. WateReuse Foundation, Arlington, VA.
Trussell R. R., Salveson A., Snyder S. A., Trussell R. S., Gerrity D. and Pecson B. M. (2013). Potable Reuse: State of the Science Report and Equivalency Criteria for Treatment Trains. WateReuse Foundation, Arlington, VA.
USEPA (1986). Design Manual: Municipal Wastewater Disinfection. EPA/625/1-86/021. Office of Research and Development, Water Engineering Research Laboratory, Center for Environmental Research Information, Cincinnati, OH, USA.
USEPA (1998). National primary drinking water regulations: disinfectants and disinfection byproducts final rule. *Federal Register*, **63**(241), 69390.
USEPA (1999a). Alternative Disinfectants and Oxidants Guidance Manual, EPA 815-R-99-014. Washington, DC.
USEPA (1999b). Disinfection Profiling and Benchmarking Guidance Manual. EPA 815-R-99-013. Washington, DC.
USEPA (2001). Cryptosporidium: Human Health Criteria Document. EPA 822-K–94-001. Washington, DC.
USEPA (2006). National Primary Drinking Water Regulations: Long Term 2 Enhanced Surface Water Treatment Rule; Final Rule. *Federal Register*, **71**(3), 654.
USEPA (2010). Long Term 2 Enhanced Surface Water Treatment Rule Toolbox Guidance Manual. EPA 815-R-09-016. Washington, DC.
von Gunten U. (2003a). Ozonation of drinking water: Part I. Oxidation kinetics and product formation. *Water Research*, **37**(7), 1443–1467.
von Gunten U. (2003b). Ozonation of drinking water: Part II. Disinfection and by-product formation in presence of bromide, iodide or chlorine. *Water Research*, **37**(7), 1469–1487.
von Gunten U. and Hoigne J. (1994). Bromate formation during ozonation of bromide-containing water: interaction of ozone and hydroxyl radical reactions. *Environmental Science and Technology*, **28**(7), 1234–1242.
von Gunten U. and Oliveras Y. (1998). Advanced Oxidation of Bromide-Containing Waters: Bromate Formation Mechanisms. *Environmental Science and Technology*, **32**(1), 63–70.
von Gunten U., Driedger A., Gallard H. and Salhi E. (2001). By-products formation during drinking water disinfection: A tool to assess disinfection efficiency? Water Research, **35**(8), 2095–2099.
von Gunten U., Salhi E., Schmidt C. K. and Arnold W. A. (2010). Kinetics and mechanisms of N-nitrosodimethylamine formation upon ozonation of N,N-dimethylsulfamide-containing waters: Bromide catalysis. *Environmental Science and Technology*, **44**(15), 5762–5768.
von Sonntag C. and von Gunten U. (2012). Chemistry of Ozone in Water and Wastewater Treatment: From Basic Principles to Applications. IWA Publishing, London.
Wallis P., van Roodselaar A., Neurwirth M., Roach P., Buchanan-Mappin J. and Mack H. (1989). Inactivation of Giardia Cysts in a Pilot Plant using Chlorine Dioxide and Ozone. American Water Works Association, Philadephia, PA, 695–708.
Watts M. J. and Linden K. G. (2009). Advanced oxidation kinetics of aqueous trialkyl phosphate flame retardants and plasticizers. *Environmental Science and Technology*, **43**(8), 2937–2942.

Wenk J., Aeschbacher M., Salhi E., Canonica S., von Gunten U. and Sander M. (2013). Chemical oxidation of dissolved organic matter by chlorine dioxide, chlorine, and ozone: effects on Its optical and antioxidant properties. *Environmental Science and Technology*, **47**(19), 11147–11156.

Wert E. C. and Rosario-Ortiz F. L. (2011). Effect of ozonation on trihalomethane and haloacetic acid formation and speciation in a full-scale distribution system. *Ozone Science and Engineering*, **33**(1), 14–22.

Wert E. C., Neemann J. J., Johnson D., Rexing D. and Zegers R. (2007). Pilot-scale and full-scale evaluation of the chlorine-ammonia process for bromate control during ozonation. *Ozone Science and Engineering*, **29**(5), 363–372.

Wert E. C., Rosario-Ortiz F. L. and Snyder S. A. (2009a). Effect of ozone exposure on the oxidation of trace organic contaminants in wastewater. *Water Research*, **43**(4), 1005–1014.

Wert E. C., Rosario-Ortiz F. L. and Snyder S. A. (2009b). Using ultraviolet absorbance and color to assess pharmaceutical oxidation during ozonation of wastewater. *Environmental Science and Technology*, **43**(13), 4858–4863.

Westerhoff P., Nalinakumari B. and Pei P. (2006). Kinetics of MIB and geosmin oxidation during ozonation. *Ozone Science and Engineering*, **28**(5), 277–286.

Westerhoff P., Mezyk S. P., Cooper W. J. and Minakata D. (2007). Electron pulse radiolysis determination of hydroxyl radical rate constants with Suwannee River Fulvic Acid and other dissolved organic matter isolates. *Environmental Science and Technology*, **41**(13), 4640–4646.

Yan Z., Zhang Y., Yuan H., Tian Z. and Yang M. (2014). Fish larval deformity caused by aldehydes and unknown byproducts in zonated effluents from municipal wastewater treatment systems. *Water Research*, **66**, 423–429.

Zeng T. and Mitch W. A. (2015). Contribution of N-nitrosamines and their precursors to domestic sewage by greywaters and blackwaters. *Environmental Science and Technology*, **49**(22), 13158–13167.

Zuma F., Lin J. and Jonnalagadda S. B. (2009). Ozone-initiated disinfection kinetics of Escherichia coli in water. *Journal of Environmental Science and Health Part A-Toxic/Hazardous Substances & Environmental Engineering*, **44**(1), 48–56.

Zuma F. N. and Jonnalagadda S. B. (2010). Studies on the O_3-initiated disinfection from Gram-positive bacteria Bacillus subtilis in aquatic systems. *Journal of Environmental Science and Health Part A-Toxic/Hazardous Substances & Environmental Engineering*, **45**(2), 224–232.

第4章 臭氧/H_2O_2和臭氧/UV工艺

亚历山德拉·菲什巴彻，霍尔格·吕策，托尔斯滕·C. 施密特

4.1 引言

高级氧化工艺（AOPs）是产生高活性羟基自由基（$^{\cdot}OH$）的水处理工艺。这些自由基能够降解其他氧化工艺如传统臭氧氧化中残留的污染物，因此，为了达到低饮用水标准中对管控微污染物的要求，实施基于$^{\cdot}OH$的水处理工艺是一种可行的选择。

两种常见的基于臭氧的AOPs依赖于臭氧与过氧化氢的反应（过臭氧化工艺）以及臭氧在紫外光下的光解。

4.2 O_3/H_2O_2（过臭氧化工艺）基本原理

4.2.1 羟基自由基生成的机理

过臭氧化工艺描述了臭氧（O_3）与过氧化氢（H_2O_2）反应生成$^{\cdot}OH$的过程。O_3与H_2O_2的反应非常缓慢[$k<0.01L/(mol \cdot s)$]，但与阴离子HO_2^-的反应却快几个数量级[$k=5.5\times10^6 L/(mol \cdot s)$]。因此，只有后一种物质与过臭氧化工艺相关，导致表观反应速率常数k_{obs}对pH具有强相关性，如式（4-1）所示。

$$k_{obs} = k(HO_2^- + O_3) \times 10^{(pH-pK_a)} \tag{4-1}$$

由于H_2O_2的pK_a很高为11.8，因此过臭氧反应仅在高pH条件下能快速发生。当pH分别为6、7和8时，计算的k_{obs}值依次为8.72L/(mol·s)、87.2L/(mol·s)和872L/(mol·s)。

在20世纪80年代早期，Staehelin和Hoigné（1982）提出了过臭氧化工艺的反应机制，如式（4-2）～式（4-7）所示。总结基本步骤的综合反应（$H_2O_2 + 2O_3 \rightarrow 2^{\cdot}OH + 3O_2$）表明消耗每摩尔$O_3$生成$^{\cdot}OH$的产率。几十年来，人们一直认为这个产率与臭氧消耗量在摩尔基础是统一的。

$$H_2O_2 \rightleftharpoons H^+ + HO_2^- \tag{4-2}$$

$$HO_2^- + O_3 \rightarrow HO_2^{\cdot} + O_3^{\cdot-} \tag{4-3}$$

$$HO_2^{\cdot} \rightleftharpoons O_2^{\cdot-} + H^+ \tag{4-4}$$

$$O_2^{\bullet -} + O_3 \rightarrow O_2 + O_3^{\bullet -} \tag{4-5}$$

$$O_3^{\bullet -} + H^+ \rightleftharpoons HO_3^{\bullet} \tag{4-6}$$

$$HO_3^{\bullet} \rightarrow {}^{\bullet}OH + O_2 \tag{4-7}$$

最近有人指出，HO_2^- 与 O_3 的电子转移反应是通过形成加合物［HO_5^-，式（4-8）］进而使 $O_3^{\bullet -}$ 转化为$^{\bullet}OH$ 完成的，之前由式（4-6）和式（4-7）所描述的过程，近来由式（4-10）和式（4-11）所替代（Sein 等，2007；Merenyi 等，2010）。

$$HO_2^- + O_3 \rightleftharpoons HO_5^- \tag{4-8}$$

$$HO_5^- \rightarrow HO_2^{\bullet} + O_3^{\bullet -} \tag{4-9}$$

$$O_3^{\bullet -} \rightleftharpoons O_2 + O^{\bullet -} \tag{4-10}$$

$$O^{\bullet -} + H_2O \rightleftharpoons {}^{\bullet}OH + OH^- \tag{4-11}$$

Merenyi 等（2010）指出，式（4-8）生成的加合物在其基态下也可以衰变成 O_2 和 OH^-，如式（4-12）所示。这种衰变与引发生成$^{\bullet}OH$ 的反应［式（4-9）］相竞争。由于两个反应只有一个能生成$^{\bullet}OH$，因此在过臭氧化工艺中$^{\bullet}OH$ 的产率必然低于 1。

$$HO_5^- \rightarrow 2\,{}^3O_2 + OH^- \tag{4-12}$$

Fischbacher 等（2013 年）的最新研究成果也证实了这一新假设。为此，采用了三种不同的方法来验证这个假设。第一个证据是从竞争动力学实验得出的。在 H_2O_2 浓度恒定、叔丁醇（tBuOH）作为$^{\bullet}OH$ 竞争剂的情况下，监测臭氧难降解化合物对氯苯酸（p-CBA）、对硝基苯甲酸（p-NBA）和阿特拉津的消耗量随臭氧浓度的变化情况。进一步的证据由产物分析检测给出。因此，生成的$^{\bullet}OH$ 被 tBuOH 和二甲基亚砜（DMSO）定量捕获，这些反应生成的产物具有已知的每自由基攻击的产率［即 50%的甲醛（tBuOH 试验）和 92%的甲基亚磺酸和甲基磺酸（DMSO 试验）］。依次对这些产物进行定量，可以得到所研究反应的$^{\bullet}OH$ 产率。将竞争实验和产物分析测定（tBuOH）的结果与使用 γ-辐解作为$^{\bullet}OH$ 源产生已知$^{\bullet}OH$ 浓度的类似实验进行比较，对上述方法进行测试。表 4-1 总结了通过不同方法获得的过臭氧化工艺中的$^{\bullet}OH$ 产率。

通过不同方法确定的过臭氧化工艺中每摩尔 O_3 的$^{\bullet}OH$ 产率（Fischbacher 等，2013）

表 4-1

方法	$^{\bullet}OH$ 产率	方法	$^{\bullet}OH$ 产率
竞争动力学（p-CBA 作为探针）	56%	产物分析（tBuOH 作为$^{\bullet}OH$ 捕获剂）	50.9%
竞争动力学（p-NBA 作为探针）	49%	产物分析（DMSO 作为$^{\bullet}OH$ 捕获剂）	49.5%
竞争动力学（阿特拉津作为探针）	60%		

因此，可以得出以下结论：过臭氧化工艺中的$^{\bullet}OH$ 产率约为消耗臭氧浓度的 50%（以摩尔计），证实了 Merenyi 等（2010）的假定机制［式（4-8）～式（4-12）］。

4.2.2　O_3 和·OH 暴露量：R_{ct}概念

R_{ct}是表征臭氧和·OH 氧化水中微污染物的工具（Elovitz 和 von Gunten，1999），可用于基于臭氧的水处理中氧化过程的预测/建模。为了表征这些氧化过程，必须知道臭氧和·OH 的浓度或暴露量（浓度随时间的积分）。臭氧浓度可以通过量热法、光谱法和电化学方法很容易地测量出来。然而，因为·OH 具有很高的活性，并且其稳态浓度太低不能直接测量，所以·OH 浓度的测定比较困难。间接测定·OH 暴露量的方法是测量探针化合物的衰减。探针化合物应具备的条件是与 O_3 的反应性低和与·OH 的反应性高。常用的探针化合物是 pCBA，因为它与 O_3 反应非常缓慢 [$k_{O_3+p\text{-}CBA} \leqslant 0.15 L/(mol \cdot s)$]（Neta 等，1988），但与·OH 反应很快 [$k_{\cdot OH+p\text{-}CBA} = 5\times10^9 L/(mol \cdot s)$]（Buxton 等，1988）。

探针化合物的反应可描述为二级反应。由于探针化合物不与 O_3 反应，因此仅考虑其与·OH 的反应。

$$\frac{-d[\text{探针}]}{dt} = k_{\cdot OH+\text{探针}} \times [\text{探针}][\cdot OH] \tag{4-13}$$

对式（4-13）进行积分和重新排列得到式（4-14）：

$$-\ln\left(\frac{[\text{探针}]}{[\text{探针}]_0}\right) = k_{\cdot OH+\text{探针}} \times \int [\cdot OH] dt \tag{4-14}$$

R_{ct}描述了·OH 和 O_3 的暴露量比值。

$$R_{ct} = \frac{\int [\cdot OH] dt}{\int [O_3] dt} \tag{4-15}$$

将式（4-15）代入式（4-14）中得出式（4-16）：

$$-\ln\left(\frac{[\text{探针}]}{[\text{探针}]_0}\right) = k_{\cdot OH+\text{探针}} \times R_{ct} \int [O_3] dt \tag{4-16}$$

因为 $k_{\cdot OH+\text{探针}}$是已知的，可以通过绘制探针化合物随臭氧暴露量（$\int[O_3]dt$）的衰减曲线 [ln（[探针] / [探针]$_0$）]，根据斜率计算得到 R_{ct}值。如果 O_3 暴露量是已知的，一旦确定某一水样的 R_{ct}值，则可以通过式（4-15）计算出·OH 的暴露量。由于 O_3 可以通过合适的电极实时在线监测，因此·OH 的暴露量也可实时获得。从而能够连续预测污染物的降解 [式（4-14）]，其可用于工艺控制。

臭氧化过程的 R_{ct}值取决于水质，例如溶解性有机碳（DOC）浓度、pH、碱度和温度，因此对于不同种类的水源而言这个值变化很大。通常，臭氧稳定性高的水源 R_{ct}值较低。在常规臭氧化中，由于 O_3 主要被有机物消耗，低 DOC 地下水的 R_{ct}值会低于高 DOC 地表水的 R_{ct}（Elovitz 等，2000a）。此外，臭氧衰减可以揭示常规臭氧化中的不同动力学阶段。图 4-1 展示了基于臭氧工艺中臭氧的一级衰减。在常规臭氧化中，通常可以观察到臭氧衰减的两个动力学阶段，即第一快速阶段和第二慢速阶段（图 4-1）。在第一阶段，

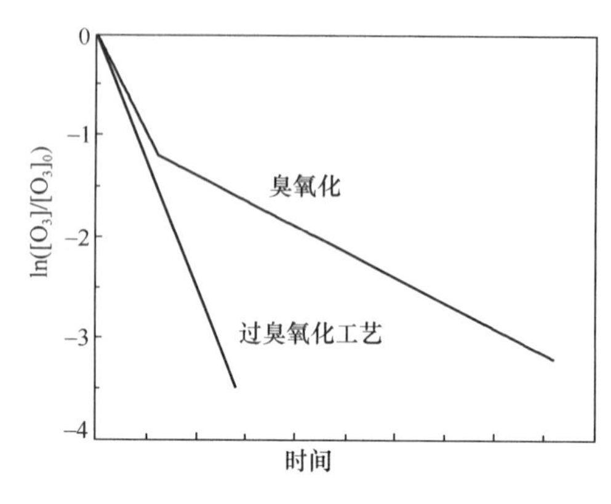

图 4-1　臭氧衰减在臭氧化和过臭氧化工艺中的一般表现

注：随着时间变化过臭氧化工艺中臭氧衰减的动力学是恒定的，而它在臭氧化工艺中显示两个阶段，一个快速阶段紧接着一个慢速阶段。

O_3 与 DOC 中的富电子基团快速反应，导致 O_3 的快速消耗（饮用水臭氧化中约占 5%～30%）。这些活性基团会在反应开始的前几秒被消耗掉，导致第二阶段的臭氧衰减动力学变慢。这也可以从 R_{ct} 反映出来，R_{ct} 在臭氧衰减的第一阶段比第二阶段更高。在臭氧分解的第二阶段，R_{ct} 在较长时间内（通常在反应器的整个水力停留时间内）相当稳定，因此它可以描述任何反应时刻˙OH 与臭氧消耗的比率（Elovitz 和 von Gunten，1999；Acero 和 von Gunten，2001b）。但是，在某些情况下，O_3 衰减可以观察到三个甚至更多个阶段。

在高 DOC 浓度（例如废水）下，臭氧衰减和 R_{ct} 与过臭氧化工艺相似。在过臭氧化工艺中，因为引发剂（HO_2^-）的化学性质在反应过程中不会发生变化，所以通常观察不到这种臭氧衰减动力学的分段（图 4-1）。

在饮用水处理过程中，高 R_{ct} 表明臭氧难降解微污染物的高效降解。然而，由于高 R_{ct} 通常伴随着低臭氧暴露量，因此消毒效率较低（参见第 4.6 节消毒）。通常在臭氧化工艺中 R_{ct} 在 10^{-9}～10^{-8} 范围内，而在过臭氧化工艺中 R_{ct} 可高两个数量级。

4.2.3　反应动力学和建模

根据间歇反应器或塞流反应器的二级反应动力学，可以预测与臭氧和˙OH 反应的微污染物的降解。微污染物（MP）的降解可表示如下：

$$-\frac{d[MP]}{dt}=k_{\cdot OH+MP}\times[\cdot OH]\times[MP]+k_{O_3+MP}\times[O_3]\times[MP] \tag{4-17}$$

根据式（4-15）用 $R_{ct}\times[O_3]$ 代替式（4-17）中的 [˙OH] 得出：

$$-\frac{d[MP]}{dt}=k_{\cdot OH+MP}\times R_{ct}\times[O_3]\times[MP]+k_{O_3+MP}\times[O_3]\times[MP] \tag{4-18}$$

对式（4-18）进行积分得到：

$$\ln\frac{[MP]_t}{[MP]_0}=-\left(\int_0^t[O_3]dt\right)(k_{\cdot OH+MP}\times R_{ct}+k_{O_3+MP}) \tag{4-19}$$

在测定 R_{ct}（参见第 4.2.2 节）和微污染物的二级速率常数（k_{O_3+MP} 和 $k_{\cdot OH+MP}$）后，可以使用式（4-19）这个臭氧暴露量的函数预测微污染物的氧化程度。因此，在原水中应用不同的 H_2O_2/O_3 比值，确定不同 H_2O_2/O_3 比值下的臭氧暴露量和 R_{ct} 值，可以粗略地评估微污染物的降解，而无需测量它们在每种 H_2O_2/O_3 比值下的降解。这是一个有用的工具，只需很少的实验就可以评估最佳的 H_2O_2/O_3 比值（Acero 和 von Gunten，2001b）。

需要注意的是，反应速率k的误差会使这种对污染物降解程度的预测产生偏差。

必须考虑到在O_3稳定性较高的水中，H_2O_2的加入会加速微污染物的降解，但不一定会显著改变整体的氧化效率（von Gunten，2003b）。

$^{\cdot}OH$与污染物反应的比例通常非常小，因为大部分$^{\cdot}OH$会被水中的基质成分消耗。这些基质成分的反应速率常数列于表4-2中。利用该数据可以通过式（4-20）计算目标微污染物（此处为p-CBA）与自由基反应的实际百分比。式（4-20）包括清除$^{\cdot}OH$的所有相关水基质组分和添加的化学物质（H_2O_2）。因此，式（4-20）给出了$^{\cdot}OH$氧化p-CBA和$^{\cdot}OH$与所有$^{\cdot}OH$清除剂（S）反应加和的比例。

$$\%^{\cdot}OH_{p\text{-}CBA} = 100\frac{k_{^{\cdot}OH+p\text{-}CBA}[p\text{-}CBA]}{\{k_{^{\cdot}OH+p\text{-}CBA}[p\text{-}CBA] + \sum k_{^{\cdot}OH+s}[S]\}} \tag{4-20}$$

表4-2列出了天然水体中存在的可能作为$^{\cdot}OH$清除剂的基质化合物。在典型的水处理条件下（1mg/L DOC，1mmol/L HCO_3^-，10μg/L Br^-），仅有约6.69%的$^{\cdot}OH$与p-CBA（0.5μmol/L）反应，大多数自由基主要被DOC（66.89%）消耗，其次是HCO_3^-（22.74%）。上述计算可以评估哪些基质成分是影响污染物降解效率的最重要因素。

天然水体中的基质化合物和H_2O_2与$^{\cdot}OH$的反应速率常数　　表4-2

基质化合物	与$^{\cdot}OH$的反应速率常数	参考文献
溶解性有机碳	2.5×10^4 L/(mg·s)	Larson和Zepp（1988）
HCO_3^-	8.5×10^6 L/(mol·s)	Hoigné和Bader（1983a）
CO_3^{2-}	3.9×10^8 L/(mol·s)	Buxton等（1988）
NO_2^-	8×10^9 L/(mol·s)	Buxton等（1988）
Br^-	1.1×10^{10} L/(mol·s)	Zehavi和Rabani（1972）
H_2O_2	2.7×10^7 L/(mol·s)	Buxton等（1988）

$^{\cdot}OH$的清除剂也可能是O_3。但是，Rosenfeldt等（2006）测试了包括和排除O_3与$^{\cdot}OH$反应的方法，并且观察到在两种测试方案中与p-CBA反应的$^{\cdot}OH$组分的差异（$\Delta\%^{\cdot}OH_{p\text{-}CBA}$）仅为0.5%。因此，可以忽略臭氧与$^{\cdot}OH$的反应。

必须考虑的是，计算的组分只对反应的初始条件有效，测量基质化合物浓度的误差和公布的反应速率的差异会显著改变$^{\cdot}OH$与目标化合物反应的结果。

反应速率常数k可用于评价微污染物与氧化剂的反应并获得微污染物的半衰期。许多速率常数是针对臭氧和$^{\cdot}OH$编制的（Hoigné和Bader，1983a；Hoigné和Bader，1983b；von Sonntag和von Gunten，2012；Buxton等，1988；Neta等，1988）。如果在文献中找不到反应速率常数，可以用不同的实验方法测定（Huber，2004）或进行预测。定量构效关系（QSARs）是预测氧化剂与微污染物反应速率常数的工具。

Lee和von Gunten（2012）开发了用于预测O_3与酚类、酚盐、苯衍生物、烯烃和胺反应的QSARs。这些QSARs的建立基于Hammettσ（σ、σ^+和σ^-）或Taft σ^*常数与反应速率常数之间的相关性[一些值由Hansch等（1991）编制]。他们还建立了O_3与ClO_2和O_3与HOCl反应的k值之间的相互关系。Sudhakaran和Amy（2013）提出了两种基于多元线性回归的标准化 QSAR 模型方程，用于预测 $k_{\cdot OH}$ 和 k_{O_3}。卤代烷烃、芳烃、烷烃和活化芳烃的 $k_{\cdot OH}$ 预测值与实验值的关系图显示出良好的相关性（$r^2=0.9178$）。该模型可用于 pH 范围为 5～8 且 $k_{\cdot OH}$ 介于 4×10^7～1.8×10^{10} L/(mol·s) 的 ·OH 反应，以及 pH 范围为 5～8 且 k_{O_3} 介于 5×10^{-4}～1×10^5 L/(mol·s) 的 O_3 反应。

Li 等（2013）开发了一个 QSAR 模型来预测不同温度下 O_3 与有机化学物质反应的 k 值。该方程包括 13 个描述符，适用于预测 O_3 与具有不同官能团的结构多样化合物［比如＞C＝C＜、—C≡C—、—OH、—CHO、—O—、＞C＝O、—COOH、—C≡N、—NO_2 和—X（Cl，F）］反应的 k。

4.2.4 水质对工艺性能的影响：O_3 和 H_2O_2 剂量的选择标准

与基于 O_3 的工艺类似，水基质会影响污染物的降解效率和副产物的形成。在这方面，其他基质（即 DOC、CO_3^{2-}/HCO_3^- 和 Br^-）的浓度和 pH 值起重要作用（图 4-2）。第 4.2.1 节已经解释了 pH 对 O_3 与 H_2O_2 引发 ·OH 形成［式（4-21）］的反应速率的影响。在低 k_{obs}（$O_3+H_2O_2$）下，与 DOC 反应的 O_3［式（4-22）］比例增加，使过臭氧化工艺变为常规臭氧化工艺。这可以通过增加 H_2O_2 剂量来改善。然而，随着 H_2O_2 浓度的增加，·OH 与 H_2O_2 的反应变得愈发重要，见式（4-24）。·OH 与 H_2O_2 发生氢抽提反应产生 $HO_2^{\cdot}$［k（·OH＋H_2O_2）＝2.7×10^7 L/(mol·s)（Buxton 等，1988）］，然后 $HO_2^{\cdot}$ 去质子化［pK_a＝4.8（Bielski 等，1985）］产生超氧化物（$O_2^{\cdot-}$）（Christensen 等，1982）。$O_2^{\cdot-}$ 与 O_3 快速反应产生 ·OH，导致 O_3 催化分解，使消毒强度以及污染物的降解程度降低。然而，O_3 与 DOC 的富电子基团（即酚基和去质子化的胺类）反应也会引发 ·OH 的形成（von Sonntag 和 von Gunten，2012），其产率与富 DOC 水中的过臭氧化工艺相当（von Gunten，2003a）。DOC、碳酸盐和碳酸氢盐也会消耗 ·OH，见式(4-23)和式（4-25）［k（·OH＋DOC）＝2.5×10^4 L/(mg·s)（Larsson 和 Zepp，1988）］，k（·OH＋HCO_3^-）＝8.5×10^6 L/(mol·s)，k（·OH＋CO_3^{2-}）＝3.9×10^8 L/(mol·s)（Buxton 等，1988），

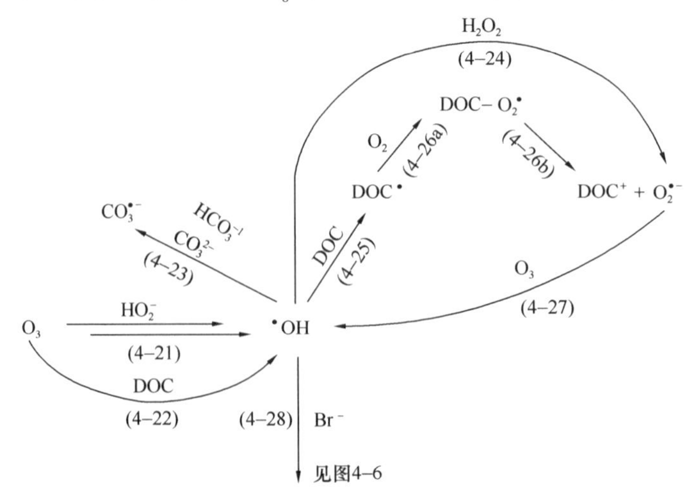

图 4-2 ·OH 与水基质成分的相关反应影响过臭氧化工艺

致使通过·OH途径降解的O_3难降解污染物在过臭氧化工艺中的氧化强度降低。·OH与有机化合物的反应通常会产生以碳为中心的自由基（R·），该自由基迅速加成氧气［k（O_2+R·）≈10^9L/(mol·s)（von Sonntag等，1997)］（von Sonntag和von Gunten，2012)。随后的过氧自由基（ROO·）可裂解为超氧化物（$O_2^{\cdot -}$）［式（4-26)］，这有助于O_3转化为·OH［式（4-27)］，从而增加污染物的降解速率。加速生成·OH的反应称为传播反应（von Gunten，2003a)。

·OH与HCO_3^-和CO_3^{2-}反应（式（4-23)）会生成碳酸根自由基（$CO_3^{\cdot -}$），它们既不会显著促进污染物的降解，也不会与O_3发生反应。这种只消耗·OH的反应被称为清除反应（von Gunten，2003a)。具有高碱度和低DOC的水（例如地下水）通常具有高清除能力和低自由基引发/传播能力。这会显著降低臭氧化过程中O_3难降解污染物的降解效率，通过添加引发剂H_2O_2可以显著改善臭氧化过程中O_3难降解污染物的降解效果（von Gunten，2003a)。

值得注意的是，H_2O_2可能会影响还原态锰的氧化。H_2O_2可以迅速还原胶体MnO_2，这可能会阻碍基于O_3工艺对还原态锰的去除。常规臭氧化工艺中还原态锰和铁的氧化主要由O_3驱动，因为该反应速度快［k（O_3+Fe^{2+}）≈8×10^5L/(mol·s)；k（O_3+Mn^{2+}）≈10^3L/(mol·s)］（von Sonntag和von Gunten，2012)，O_3浓度通常比·OH浓度高几个数量级（Elovitz等，2000a)。因此，通过加入H_2O_2来降低O_3的稳定性不利于去除这些金属。事实上，所有依赖于O_3反应处理的目标物，都可能因加入H_2O_2而受到阻碍。因此，过臭氧化工艺是控制溴酸盐和降解O_3难降解化合物的折中方案，同时也失去了常规臭氧化工艺的多数其他处理目的，例如微絮凝、消毒、增强生物降解和去除还原态金属物质（见上文)。

4.3 O_3/H_2O_2高级氧化工艺去除微污染物

4.3.1 小试研究

科研人员对过臭氧化工艺降解微污染物的研究进展进行了综述。Ikehata和Gamal El-Din发表了两篇关于O_3和基于O_3的高级氧化工艺降解亲水性农药的综述（Ikehata和Gamal El-Din，2005a；Ikehata和Gamal El-Din，2005b)。他们得出的结论是大部分农药与O_3的反应活性很高。总的来说，基于O_3的AOPs甚至比臭氧化更有效。该研究团队也综述了O_3和其他AOPs降解亲水性药物的文献（Ikehata等，2006)。许多药物例如卡马西平、双氯芬酸、17β-雌二醇和一些抗生素与O_3具有很高的反应活性。对于这些化合物，臭氧化处理足以去除微污染物，但对于与臭氧反应较慢的药物（例如三碘化的X射线造影剂)，高级氧化工艺比单独臭氧化更有效。在废水处理中，主要目标是提高耐生物降解药物的可生化性（例如抗生素、细胞抑制剂、激素、X射线造影剂和一些酸性药物)。然而在大多数研究中，这只是一些抗生素的情况，且只在少数研究中观察到O_3和·OH降低毒性的情况。

Yargeau 和 Leclair（2008）发表了一篇关于操作条件（如 pH、温度、H_2O_2 和 O_3 剂量、反应器设置和废水组成）影响臭氧化和过臭氧化工艺中抗生素降解的综述。

Ning 等（2007）发表的综述涉及臭氧和几种 AOPs 对内分泌干扰物（EDCs）的降解。他们的结论是单独臭氧可以降解激素和双酚 A，而邻苯二甲酸盐化合物与臭氧的反应活性较低，但与·OH 的反应活性较好。总而言之，他们建议使用基于 O_3 的 AOPs 来处理 EDCs。

除了这些综述外，还有许多重要的出版物涉及实验室规模的过臭氧化工艺去除微污染物。以下描述了基于过臭氧化的水处理研究。

甲基叔丁基醚（MTBE）是汽油的重要组分，由于地下汽油储罐的泄漏，经常在地表水和地下水中检测到 MTBE。Acero 等（2001）从两个湖泊和一个地下井采集了水样并对 O_3/H_2O_2 氧化 MTBE 进行了研究。两个湖水的水质参数 DOC 分别为 1.4mg/L 和 2.7mg/L，HCO_3^- 分别为 2.5mmol/L 和 3.8mmol/L；而井水的水质参数 DOC 为 0.8mg/L，HCO_3^- 为 5.0mmol/L 。这些水样代表三种不同情况：(1) 低 DOC 和低碱度；(2) 高 DOC 和高碱度；(3) 低 DOC 和高碱度。在溴化物初始浓度为 50μg/L，溴酸盐浓度不超过饮用水标准（10μg/L）的情况下，MTBE 去除率达到 34%～46%。对于水样情况（1）可获得最佳结果，在去除 46%MTBE 的同时只生成了 8.8μg/L 溴酸盐。所应用的 H_2O_2 : O_3（摩尔比）为 0.5。

由于农药的大规模使用及其在环境中的持久性，农药的降解具有重要的意义。Chelme-Ayala 等（2011）比较了过臭氧化和臭氧化对自然水体中农药（溴苯腈和氟乐灵）的氧化作用。他们调研了河水［DOC：2.8mg/L；碱度：136mg/L（以 $CaCO_3$ 计）］和灌溉回流水［DOC：20.6mg/L；碱度：230mg/L（以 $CaCO_3$ 计）］两种水样。通过调研发现加入 H_2O_2 后自然水体中两种农药的降解率提高约 10%～15%。H_2O_2 : O_3 的最佳摩尔比为 0.5。当臭氧剂量为 2×10^{-5}mol/L，H_2O_2 剂量为 1×10^{-5}mol/L 时，溴苯腈（3.6×10^{-6}mol/L）在超纯水中降解率为 99%，在河水中降解率为 70%，在灌溉回流水中降解率为 49%。在相同的处理条件下，研究氟乐灵（3.0×10^{-6}mol/L）的降解也得到了相似的结果。结果表明氟乐灵在超纯水中降解率为 91%，在河水中降解率为 54%，在灌溉回流水中降解率为 47%。当 DOC 值较高时会导致臭氧消耗，碱度较高时碱度会捕获·OH，致使可用于与农药反应的 O_3［$k_{溴苯腈+O_3}=5.2\times10^2$L/(mol·s)，$k_{氟乐灵+O_3}=1\times10^2$L/(mol·s)］和·OH［$k_{溴苯腈+\cdot OH}=2\times10^{10}$L/(mol·s)，$k_{氟乐灵+\cdot OH}=7.1\times10^9$L/(mol·s)］减少，所以这两种情况下降解率均会降低。

过去已有研究报道过地表水中存在多种药物（Ternes，1998；Kümmerer，2001；Al-Rifai 等，2007；Lin 等，2016）。其中，绝大部分药物无法在传统污水处理过程中去除（Carballa 等，2004）。Zwiener 和 Frimmel（2000）研究了过臭氧化工艺对鲁尔河流水（DOC 为 3.7mg/L，HCO_3^- 浓度为 122mg/L）中环境相关药物（氯贝酸、布洛芬和双氯芬酸）的氧化作用。当 O_3 浓度为 3.7mg/L、H_2O_2 浓度为 1.4mg/L 时，药物的降解效率可达 90%；而当 O_3 浓度为 5.0mg/L，H_2O_2 浓度为 1.8mg/L 时，药物的降解效率甚至高达 98%。

Rosal 等（2008）研究了臭氧化和过臭氧化工艺对废水中 32 种药物的去除效果。在 5L 的反应器中对城市污水和生活废水进行了试验。产生的臭氧通过曝气的方式进入反应器水样中。结果显示，所有药物在臭氧化和过臭氧化中的氧化率几乎相同。在 5min 之内，无论是否加入 H_2O_2，大多数药物的去除率均大于 99%，但 H_2O_2 的添加显著提高了总有机碳（TOC）的去除率。TOC 是衡量矿化程度的一个指标。在臭氧化处理 1h 后，TOC 降低了约 15%。加入 H_2O_2（每 5min 脉冲注射 0.15mL 30% w/v 的 H_2O_2）后，TOC 降低了约 90%。但是由于过臭氧化工艺的能耗限制，这样的处理条件不适用于实际水处理。研究表明，当 O_3 和 H_2O_2 剂量分别为 3.456kg/m^3、108g/m^3 时，TOC 的降解率可以达到 90%，此时需要 52.92kWh/m^3 的能量。将该能耗与水处理的典型能耗进行比较（参见第 4.3.5 节），显然这种用量在经济上是不可行的。因此，在经济可行的条件下，过臭氧化工艺无法实现微污染物的矿化，地表水、地下水或公共用水回用处理也无法实现。

Pocostales 等（2010）研究了 O_3/H_2O_2 对废水（DOC 为 11mg/L，HCO_3^- 为 3.5mmol/L，pH=8）中有机磷酸酯（磷酸三正丁酯和磷酸三-2-氯异丙酯）的降解作用。将含有 O_3 的蒸馏水作为储备溶液加入废水中，这使废水稀释了两倍。由于废水中 O_3 与 DOC 的反应几乎超过了与 H_2O_2 的反应，因此在低 O_3 浓度（即 O_3 为 42μmol/L）下，加入 21μmol/L H_2O_2 几乎没有效果。但是，在较高 O_3 浓度（即 O_3 浓度≥84μmol/L）和 H_2O_2∶O_3（摩尔比）恒为 0.5 的情况下，此时加入 H_2O_2 使得$\cdot$OH 的产率增加了 1.5 倍。这可能是由于在臭氧剂量较高的情况下，DOC 的高反应富电子基团被大量氧化，从而降低了 DOC 与 O_3 的反应速率。

1,4-二恶烷是一种用于制造纸张、纺织品和化妆品的溶剂。由于被列为潜在致癌物，世界卫生组织（WHO）公布的饮用水水质标准中其含量不超过 50μg/L。Takahashi 等（2013）研究了 O_3/H_2O_2 和 O_3/UV 对去离子水缓冲溶液中 1,4-二恶烷的降解效果。150mg/L 的 1,4-二恶烷可被 O_3/H_2O_2 工艺在 60min 内完全降解，被 O_3/UV 工艺在 120min 内完全降解。

藻毒素通过蓝藻细胞裂解释放到水中，其在世界各地出现水华的地表水中都有发现。这些在候选化学名单上的毒素（例如美国环保署的 CCL3），引起了研究者们的强烈关注。Al Momani（2007）研究了臭氧化和过臭氧化作用对纯水缓冲溶液中鱼腥藻毒素的降解效果。结果发现 1mg/L 的鱼腥藻毒素在过臭氧化工艺中（2mg/L O_3 和 0.001mg/L H_2O_2）降解的表观速率常数为（87±2）s^{-1}，在臭氧化工艺中（2mg/L O_3）降解的表观速率常数为（5.1±0.2）s^{-1}。过臭氧化和臭氧化工艺中的半衰期分别为 21s 和 180s。Orr 等（2004）研究了 O_3/H_2O_2 工艺对饮用水水库原水中石房蛤毒素的去除效果［由淡水蓝藻 A. 卷曲鱼腥藻产生的藻毒素（包括石房蛤毒素、新岩蛤毒素、C 毒素和膝沟藻毒素）］。在序批实验中应用过臭氧化工艺处理时［H_2O_2∶O_3 为 1∶10（w∶w），O_3 浓度为 1mg/

L，反应时间为10min]，无法将30μg（STX当量）/L的初始毒性［定义为μg石房蛤毒素（STX）毒性当量/L］减小至澳大利亚饮用水准则推荐的3μg（STX当量）/L以下，毒性只能减少到28.7μg（STX当量）/L。

地表水中藻类衍生的污染物是2-甲基异莰醇（2-MIB）和土臭素，这些化合物在味觉和嗅觉上会降低饮用水的感官品质，因此被归类为嗅味物质（T&O）。Mizuno等（2011）对过臭氧化和臭氧化工艺去除河水中的嗅味物质和降低溴酸盐生成进行了研究。当Br^-初始浓度为50μg/L时，使用臭氧化工艺（O_3浓度为2mg/L）处理，可以将溴酸盐的生成量控制在10μg/L以下。但是，2-MIB的浓度仍然高于日本饮用水质量标准要求的10ng/L（初始浓度为100ng/ L）。在臭氧化工艺中（O_3浓度为2mg/L；H_2O_2浓度为0.5～1.7mg/L），虽然Br^-和2-MIB的初始浓度较高（分别高达500μg/L和500ng/ L），但经过处理后，2-MIB被降解至10ng/L以下，同时溴酸盐浓度也低于10μg/L的饮用水标准。

Westerhoff等（2006）研究了O_3/H_2O_2和O_3工艺对不同水质参数（DOC、碱度和Br^-）的地表水中嗅味物质的降解。其中，O_3/H_2O_2工艺（H_2O_2∶O_3（摩尔比）为0.07）对所有水样中2-MIB的降解率≥98%，而在相同条件下，使用臭氧化工艺时，2-MIB的降解率为66%～86%。在这两种工艺中·OH起主要作用，因为添加tBuOH作为·OH清除剂，降解率降至6%～20%。这与Peter和von Gunten（2007）测定的几种嗅味物质混合物的反应速率一致，他们发现2-MIB几乎不与臭氧反应［k=0.35L/(mol·s)］，但与·OH反应迅速［$k=5.09\times10^9$ L/(mol·s)］。

4.3.2 中试研究

由于从实验室研究中获得的氧化水中微污染物的结果往往不能转化为生产性应用，因此有必要进行中试研究。在加利福尼亚州南部大都会水区的一项中试研究中，Ferguson等（1990）比较了过臭氧化与臭氧化工艺对两种不同水域中嗅味化合物的降解作用［科罗拉多河水，中等DOC和碱度，低Br^-浓度（0.03～0.07mg/L）；国家计划用水，中等DOC和碱度，高Br^-浓度（0.33～0.48mg/L）］。试验装置包括4个容量为2.73m^3/h的臭氧接触器，模拟了包括12min接触时间的预氧化（过臭氧化或臭氧化）、混凝、絮凝、沉淀和过滤的全规模处理流程。对科罗拉多河水的2-MIB和土臭素的去除研究结果证明过臭氧化比单独臭氧化更有效。单独臭氧处理中，4mg/L的臭氧剂量能够降解90%的2-MIB，而使用过臭氧化工艺［H_2O_2∶O_3（摩尔比）为0.3］降解90%的2-MIB仅需要2mg/L的臭氧。降解国家计划用水中约80%的2-MIB，单独臭氧化工艺需要O_3剂量为4mg/L，过臭氧化工艺需要O_3剂量为1mg/L。结果表明，氧化嗅味化合物最佳的H_2O_2∶O_3分别为0.15～0.3（低碱度国家计划用水）和0.4及以上（碱度较高的科罗拉多河水），这种最佳配比的不同是由水质差异造成的。

Duguet等（1990）研究了O_3/H_2O_2工艺对地下水［pH=6.7，DOC为1.9mg/L，碱度为225mg/L（以$CaCO_3$计）］中氯硝基苯的去除作用。地下水中的主要污染物是邻-氯硝基苯（浓度高达1828μg/L）。中试装置配备了两个臭氧接触器、一个臭氧发生器（最高 10g/h)、一个过氧化氢投加系统和两个平行运行的过滤器（沙子和颗粒活性炭(GAC))，装置以 450L/h 的速度运行。在优化条件下，芳香族化合物的去除率可以达到 99%，此时，O_3 和 H_2O_2 浓度分别为 8mg/L 和 3mg/L，H_2O_2 ∶ O_3（摩尔比）为 0.5，接触时间为 20min。单独以 16mg/L O_3 接触 40min 后，臭氧化可以降解 88%的氯硝基苯 [$k_{p\text{-}CNB+O_3}=1.6L/(mol\cdot s)$，Shen 等（2008）]。

Wu 和 Englehardt（2015）应用 O_3/H_2O_2 工艺去除废水中的 COD。收集废水中 COD 的初始浓度为 10～16.5mg/L，依次经过生物处理、铁介导曝气、絮凝、低压真空超滤和 O_3/H_2O_2。中试试验在 3785L 的罐中进行，2300～3030L 废水以 151L/min 的流速循环处理。为了减少 90%的 COD，需要在 2.3mg/(L・h) O_3 [O_3 ∶ H_2O_2（质量比）为 3.4] 下处理 60h，在 O_3 剂量为 18.83mg/(L・h) 时，需要不到 5h [O_3 ∶ H_2O_2（质量比）为 3.61]。单位 COD 对 O_3 的消耗量为 7.4～13.15mg O_3/mg COD。能量消耗计算为 1.73～2.49kWh/(m^3・阶)。研究者认为 O_3/H_2O_2 工艺有助于促进 COD 的矿化，可以满足水的回收再利用需求，是一个有吸引力的方法。

休伦湖是五大湖之一，也是加拿大和美国的饮用水水源。据调查，该湖水被药物和个人护理品（PPCPs）以及内分泌干扰物（EDCs）污染。因此，在加拿大的沃克顿清洁水中心安装了两套总流量为 12.4L/min 的中试处理工艺（Uslu 等，2012）。两套工艺包括一个混凝-絮凝室（水力停留时间为 90min)、一个澄清池（水力停留时间为 20min)，然后进行双介质过滤。流程 1 只包含这些单元，而流程 2 在混凝之前加入了 O_3/H_2O_2 工艺，O_3 浓度为 2～2.3mg/L，H_2O_2 浓度为 0.2mg/L。原水中碱度（以 $CaCO_3$ 计）和 DOC 浓度分别为 80～106mg/L 和 1.5～1.9mg/L，在原水中加入 9 种微污染物（PPCPs 和 EDCs)。在流程 1 和流程 2 整个过程末端取样，在流程 2 通过 AOP 反应器之后（混凝前）取样。流程 1 中的微污染物去除率小于 15%，流程 2 和 AOP 反应器后的处理结果没有显著不同。在 AOP 反应器之后，因为 AOP 反应器在流程 2 的末端，即为流程 2 的一部分，可以完全去除 9 种目标化合物中的 5 种（双酚 A、萘普生、吉非罗齐、双氯芬酸和阿托伐他汀)，而 O_3 难降解化合物（如阿特拉津和布洛芬）去除率不足，研究者认为，这可能是由于 H_2O_2 ∶ O_3（摩尔比，0.14）较低所致。

荷兰的 Dunea Duin 水务公司使用 Meuse 河水作为海牙及周边地区的饮用水水源。有机微污染物（包括农药、EDCs、PPCPs）在地表水中的含量为 1ng/L 至几 μg/L。Dunea 通过复杂的基础设施和各种处理步骤，为 Meuse 河水提供了一个多屏障的处理。在“死水侧流”收集后，河水经过常规处理，如混凝、沉淀、微筛过滤、曝气等。在预处理之后，将水泵送到 27km 外的 Bergambacht 进行进一步的预处理（双介质过滤），然后通过两条管道输送和渗透到沙丘（地下水回补，MAR）。经过平均 120d 左右的停留时间后，将经沙丘过滤后的水泵送至三个不同的位置进行多级处理（软化、活性炭过滤、级联曝气、快速砂滤和慢速砂滤），然后分配给消费者（Lekkerkerker 等，2009）。Dunea 水务公司与 Xylem Inc 品牌公司 WEDECO 合作，对去除有机微污染物（OMP）的高级氧化工艺进行了广泛的研究，这是 Dunea 水务公司防止在处理后的水中存在任何不良化合物的战略的一部分。WEDECO AOP 中试系统安装在 Bergambacht 的预处理位置上，用于测试 O_3/H_2O_2、UV/H_2O_2 及其组合工艺在不同处理条件下去除 14 种选定的 OMP（农药、药物、X 射线对比剂）的有效性。由于水中存在的溴化物会形成溴酸盐，因此溴酸盐是水处理过程中水质监测的一个关键参数。中试研究结果可在已发表的文献中找到（Lekkerkerker 等，2009；Scheideler 等，2011；Lekkerkerker-Teunissen 等，2012；Lekkerkerker-Teunissen 等，2013；Knol 等，2015）。Lekkerkerker-Teunissen 等（2012）报道了特定工艺条件下单独的过臭氧化工艺和连续的高级氧化工艺（O_3/H_2O_2/LP-UV/H_2O_2）的数据，工艺条件如下：流速为 $5m^3/h$，O_3 浓度为 $0.7\sim2g/m^3$，H_2O_2 浓度为 0mg/L、6mg/L 和 10mg/L，UV（253.7nm）剂量为 $700mJ/cm^2$ 和 $950mJ/cm^2$。进入 O_3/H_2O_2 或连续高级氧化工艺的预处理水具有较高的 DOC 浓度（3～5mg/L）、较低的透光率（73%～83% $T_{254nm,1cm}$），平均溴化物浓度为 120μg/ L。当 O_3 浓度为 1.5mg/L、H_2O_2 浓度为 6mg/L 时，O_3/H_2O_2 工艺可以去除 90%以上的除草定、非那宗、灭草松、卡马西平、双氯芬酸、呋塞米、异丙隆和甲氧苄啶，同时能够控制溴酸盐水平保持在 0.5μg/L 的检测限以下。其他药物的去除率都比较低，如美托洛尔和布洛芬（70%～90%），二甘醇二甲醚、碘普罗胺、阿特拉津和二甲双胍（20%～70%），大多数化合物在冬季的处理效率比夏季低约 10%。由于过臭氧化工艺没有达到 Dunea 设定的去除 80%阿特拉津的目标，因此又研究了一系列高级氧化工艺。依次通过 O_3（1.5mg/L）/H_2O_2（6mg/L）-LP UV（$0.73kWh/m^3$）/H_2O_2（过臭氧化工艺残留的 5.5mg/L）的连续处理，阿特拉津的去除率达到了 80%，并且其他污染物的转化率也显著提高，与两个单独 AOPs 处理相比，连续处理表现出协同作用。二甲双胍作为一种难降解污染物，在连续高级氧化工艺中去除率为 37%。同时，水的透光率提高了 5%，并且 DOC 可以去除大约 0.2mg/L。研究者指出由于三个反应器中水的透光率增加，将紫外辐射分布在三个反应器中，而不是一次性分配在一个反应器中，可以提高连续 AOPs 的处理效率（去除率提高 5%～15%）。2014 年，Dunea Duin 水务公司决定在他们的 Bergambacht 水厂实施连续 AOPs 全方位系统。在向所有 AOPs 技术供应商开放招标过程之后，2015 年 Dunea 将全面的系统实现授予了 Xylem Inc 品牌公司的 WEDECO。

基于 Dunea 广泛的试点工作，Knol 等（2015）发表了一篇描述 O_3/H_2O_2 工艺去除上述 14 种模型化合物效果的报道，并强调了水质参数（即碳酸氢盐、DOC 和温度）对去除率的影响。从 2011 年 8 月到 2012 年 3 月，研究者对过臭氧化中试处理含溴水（104～136μg/L）过程中的溴酸盐生成情况进行了监测。该臭氧循环反应器（WEDECO，Xylem Inc.）具有连续的臭氧注入口和反应/脱气室，该试验装置的水源和水质与上述研究中使用的类似。将微污染物（1.8～31.5μg/L）和 H_2O_2 分别添加到进水（流量为 $5m^3/h$）中，在 1m 间距的 4 个投料点上投加臭氧，然后接入静态混合器（图 4-3）。研究者称，当添加 6mg/L H_2O_2 和 1.5mg/L O_3 [H_2O_2∶O_3（摩尔比）为 5.65] 时，微污染物的去除率至少能达到 70%，而溴酸盐的产生量则远低于 0.5μg/L 的限值。除二甲双胍是处理效果最差的化合物外（无论水质条件如何，降解率约 20%），其他微污染物的降解率随水温

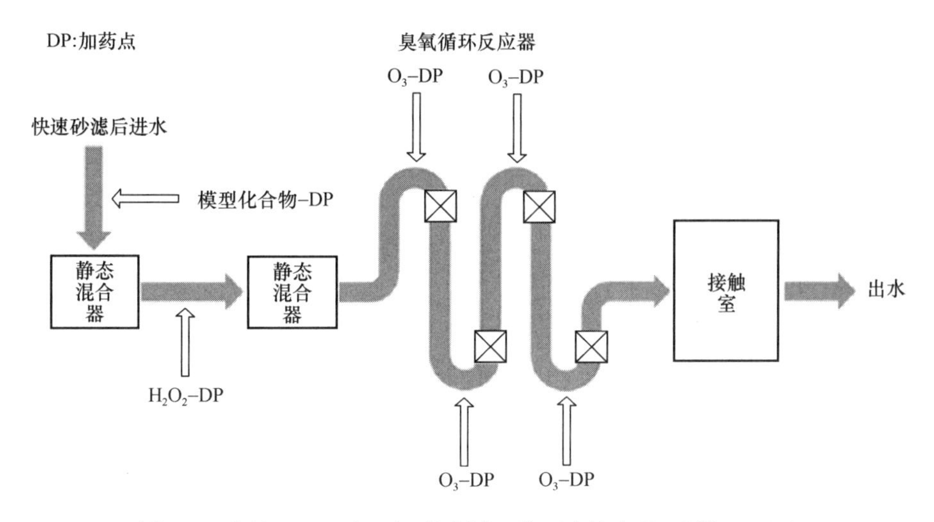

图 4-3　荷兰 Bergambracht 的中试工艺（改编自 Knol 等，2015）

升高、DOC 和 HCO_3^- 浓度降低而增加。改变 H_2O_2 浓度对微污染物降解率的影响很小，但限制了溴酸盐的生成。溴酸盐生成量随温度和溴离子浓度的增加而增加，随碱度和 pH 值的增加而减少。从这些研究中，Knol 等（2015）认为可以通过调整臭氧和 H_2O_2 剂量、水温、DOC、碳酸氢盐浓度来调整微污染物的降解和溴酸盐的形成。由此看来，在冬季，在不超过溴酸盐限值的情况下，增加臭氧剂量可以强化微污染物的降解；在夏季，可通过增加 H_2O_2 浓度来控制溴酸盐的生成，但对微污染物的降解没有明显的影响。

四聚乙醛在园艺和农业中常用作杀软体动物剂，它会污染地下水和地表水。在欧盟国家，其在饮用水中的最大允许含量为 0.1μg/L。采用传统处理工艺很难降解四聚乙醛，四聚乙醛既不光解，也不会被臭氧去除，它与·OH 的反应速率常数 $k=1.3\times10^9$L/(mol·s)（Autin 等，2012）。Scheideler 和 Bosmith（2014）报道了在一家由 Anglian Water Services 运营的自来水公司进行的为期 8 个月的过臭氧化、UV（253.7nm）/H_2O_2 及其组合中试研究处理四聚乙醛的数据。中试预处理后的地表水水质特征参数为：溴化物的浓度约为 80μg/L，溴酸盐的浓度低于 5μg/L，DOC 浓度约为 5mg/L，硬度（以 $CaCO_3$ 计）约为 207mg/L，pH 值为 8，$T_{254nm,1cm}$ 为 88%。O_3-AOP 设备（WEDECO 的 PRO_3MIX）的主要组成部分包括臭氧发生器（气源为液态 O_2）、H_2O_2 加药装置、反应室、脱气和残留臭氧催化破坏装置、测量设备。O_3 循环反应器有 5 个 O_3 加药口，后接静态混合器。水流量在 30～40m³/h 之间变化，在进水口添加 H_2O_2（高达 24g/m³），在循环反应器中逐量添加 O_3（高达 16g/m³），以最大限度地减少溴酸盐的形成。Anglian Water 设定的四聚乙醛处理目标为 0.5log 的去除率。O_3/H_2O_2 研究表明，O_3 浓度为 8g/m³、O_3/H_2O_2 质量比为 2～2.5 时，可以将四聚乙醛去除 0.4～0.5log，溴酸盐浓度保持在 3μg/L 以下。为了达到恒定的 0.5log 四聚乙醛去除效果，需要增加 O_3 剂量。由于 H_2O_2 对·OH 的消耗较低，较低的过氧化氢剂量便可以获得更好的降解率。UV-AOP 试验（3×80W 低压灯反应器）数据表明，为了获得 0.5log 的四聚乙醛去除率，需要 1300mJ/cm² 的 UV 和 20mg/L

的 H_2O_2 剂量。

组合高级氧化工艺表明，对于过臭氧化工艺中残留的 H_2O_2，随着 UV 剂量的增加，四聚乙醛的去除率增加。Scheideler 和 Bosmith（2014）提供的试验数据表明，在 O_3（8mg/L）/H_2O_2（16～22mg/L）和低于 500mJ/cm^2 的 UV 处理下，可以去除四聚乙醛 0.5log，这远远低于单独 UV-AOP 所需的 UV 剂量。这一结果表明，组合高级氧化工艺具有协同效应。如果要去除 90%（1.0log）的四聚乙醛，那么在 O_3-AOP 后的 UV 剂量为 1200mJ/cm^2 就可以满足（相比之下，单独 UV-AOP 工艺中 UV 剂量为 2600mJ/cm^2）。在这一系列操作中任何试验条件下，溴酸盐生成量都没有超标。

4.3.3 大规模应用

韩国的 Sung-Nam 水处理厂（http：//www.xylem.com/treatment/nz/casestudies）的处理原水来自汉江，由 K-Water 运营，每天生产供应超过 300 万人口的自来水和约 4.5 万瓶饮料业用的净水。在水华期间，T&O 化合物（如土臭素、2-MIB）释放到水中，影响了消费者的感官感受，这些化合物可以被以羟基自由基为基础的 AOPs 有效处理。为了给客户提供优质的水，K-Water 选用了过臭氧化高级氧化与活性炭过滤相结合的工艺。使用 WEDECO MiPRO™ eco$_3$ AOP 系统去除 T&O 化合物。AOP 系统的设计目标是实现 0.5log（70%）的 2-MIB 去除。系统由三个臭氧发生器（WEDECO PDO 1000；Xylem）组成，总容量为 51kg O_3/h。臭氧由液氧生成，以 2g/m^3 的剂量注入水中。将臭氧与 H_2O_2（0.5mg/L）结合，H_2O_2∶O_3（摩尔比）为 0.35，可生成高效的羟基自由基用于氧化 T&O 化合物。34390m^3/h 的水通过两次臭氧注入管道，然后进入两个单独的混凝土接触罐进行反应和脱气。该设备还包括 H_2O_2 贮存和输送系统，以确保两种氧化剂的有效混合及其均匀分布到水流中。Sung-Nam 水处理厂自 2012 年开始使用 O_3-AOP。

奥地利 Moosbrunn 自来水厂：维也纳自来水厂为其顾客提供来自饮用水水源的饮用水。400000m^3/d 的用水需求由分配给两条供水干线的 32 个泉眼满足。这些设备于 19 世纪 70 年代安装，并持续运行，且没有进行过任何重建。在炎热干燥的夏季，为防止需重建两条供水干线中的一条，或增加用水需求，Vienna 自来水厂决定再增加一个预留水源。新水源是两口水平地下水井（Moosbrunn 自来水厂），自 2006 年开始运营（Werderitsch，2013）。但该地下水被四氯乙烷（PCE）和三氯乙烷（TCE）污染。研究者对这些污染物的浓度进行了多年的监测（1989—2005 年）。两口井的污染均呈上升趋势，2005 年井 1 和井 2 的氯化烃浓度分别为 25～30μg/L 和 7～10μg/L，总氯代烃（TCE 和 PCE）超过了饮用水标准中规定的 10μg/L。经过半年的试点测试（864m^3/d），Vienna 自来水厂决定设置 AOPs 处理工艺。将 H_2O_2 注入原水，然后注入 O_3，水在静态搅拌机中混合，然后泵入 O_3/H_2O_2 反应室。处理后的水贮存在水库中，在排放前用二氧化氯消毒。在试验期间，为了使 TCE 和 PCE 的去除率在 90%以上并减少溴酸盐的形成，最优工艺条件为：O_3 浓度为 2.5g/m^3，H_2O_2 浓度为 1.75g/m^3 [H_2O_2∶O_3（摩尔比）为 0.98]，反应池中最短停留时间为 10 min。然而，由于剩余 H_2O_2 会引起二氧化氯的需求量增加，降低了 H_2O_2

剂量，因此，H_2O_2∶O_3（摩尔比）从1降低到0.7，对氯化烃的降解速率没有显著影响。整个处理厂的处理量为6.4万m^3/d，优化氧化剂的用量和缩短水力停留时间（≤10min）可以减缓溴酸盐的形成。

西班牙安达卢西亚（http://www.mcilvainecompany.com/Decision_Tree/subscriber/articles/ITT_Water_and_Wastewater_Case_Studies.pdf）。为了符合欧盟关于三卤甲烷（100μg/L）和农药（每种农药0.1μg/L，总农药及其代谢物最高水平0.5μg/L）的饮用水法规，GIAHSA（西班牙安达卢西亚的水供应商之一）决定在AljaraAque、Tinto和Lepe的饮用水处理厂实施预臭氧化、中间臭氧化和H_2O_2（O_3-AOP）结合以及活性炭过滤工艺。水处理厂设有臭氧化站，为预臭氧化及中间臭氧化提供臭氧气体。该站拥有两台WEDECO SMO 700 O_3发生器，带有自动O_3剂量控制和O_3分析仪、气体流量计、气体扩散系统、催化O_3破坏和SCADA。每个O_3单元都有一个最大容量9300g/h（按10%重量计），气源为液态O_2，冷却水温度为20℃。各臭氧化步骤的设计剂量为1～4mg/L，工艺的最小和最大流量分别为2160m^3/h和4320m^3/h。该项目由安达卢西亚公共行政部门资助，O_3机组于2007年安装。

ATPwater（美国加利福尼亚州萨克拉门托）系统用于受污染水的修复。现有两种不同的操作系统，即原位化学氧化系统（PulseOx®）和连续接触系统（HiPOx®）。PulseOx®工艺基于过臭氧化工艺用于污染土壤和地下水的修复。臭氧、过氧化氢、氧气和空气通过一系列加压脉冲被直接注入地下。氧化反应原位发生。PulseOx®工序曾/现在下列地点进行：

（1）美国加利福尼亚州布里奇波特市的一个加油站（http://www.wateronline.com/doc/pulseox-in-well-reactor-iwr-case-study-0002）

1993年在一个加油站发生的泄漏事件致使土壤和地下水受到BTEX、MTBE和TPH-g的污染。2007年苯、BTEX、MTBE和TPH-g的浓度分别为56μg/L、243μg/L、9μg/L和660mg/L。因此，在2008年，将两个井内反应堆（IWR）安装在现有的两个监测井内。IWRs运行了6周。O_3和H_2O_2分别以0.45kg/d和3.8L/d的剂量注入每个IWR，再循环速率为3.8～19L/min。运转6周后，污染物浓度降至规定的检测限以下。

（2）美国加利福尼亚州Cooper Drum超级基金基地（http://www.wateronline.com/doc/pulseox-case-study-cooper-drum-superfund-0001）

自1941年以来，Cooper Drum公司和其他几家公司使用该场地（面积约1.5万m^2）对使用过的钢桶进行翻新，滚筒工艺废料收集在露天混凝土沟中。这种废物的收集导致污染物的浸出[例如，1,4-二恶烷和挥发性有机化合物（VOCs）并进入场地下方的土壤和地下水]。从1996年到2001年，美国环保署在这个地点进行了补救调查实验，并将其列入需要采取补救行动的危险废物地点的国家优先清单。受污染的地点靠近饮用水水井（最近的井位于该地点不到1km的范围内），供应33.5万人。污染物羽流长250m，宽75m，在地下12～25m。O_3和H_2O_2的剂量分别为0.9kg/d和90L/d。试验期从2005年7月至2006年6月。其中1个试验点对1,4-二恶烷的降解率为88%，其余试验点对1,4-二恶烷的降解率≥49%。在成功进行试点之后，美国环保署建议全面实施脉冲氧化法，在Cooper Drum 公司现场去除 1,4-二恶烷。

HiPOx 是一种连续的在线系统，使用过臭氧化工艺处理水，注射和混合技术已授权专利。HiPOx® 的处理过程在以下地点进行：

（1）美国亚利桑那州空军 44 号工厂（http：//www.wateronline.com/doc/hipox-case-study-us-air-force-plant-44-0002）

美国空军 44 号工厂位于图森国际机场超级基金基地。自 20 世纪 50 年代以来，它被用于制造导弹和飞机部件。工艺废料被堆置在露天池塘里，浸出到土壤和地下水中导致 1,4-二恶烷和 TCE 的污染。污染物羽流影响了图森市的饮用水供应。20 世纪 80 年代开始进行地下水和土壤的修复。水经气提处理后采用活性炭吸附，土壤采取土壤气相抽提系统处理。2002 年，该处理系统的进水和出水中检出 1,4-二恶烷。由于其挥发性不强，不能吸附在活性炭上，所以穿透了处理系统。为了消除 TCE 外的 1,4-二恶烷，2009 年安装了 HiPOx® AOP 系统，并在美国空军基地更换了使用了 20 多年的设备。该工厂的产能为 1310 万 L/d，应用臭氧剂量为 27kg/d。地下水被泵入工厂，经过现场处理后重新注入地下。新系统成功地降解了 TCE 和 1,4-二恶烷，并减少了每年超过 1.21 亿 L 抽提造成的水分损失。

（2）韩国聚酯生产设备（http：//aptwater.com/hipox/case-studies/hipox-case-study-polyester-aop-water-treatment-south-korea/）

韩国一个聚酯生产厂的废水中含有高浓度的 1,4-二恶烷（高达 65mg/L）及其他表面活性剂，导致废水的 COD 约为 200mg/L。1,4-二恶烷经过处理（厌氧处理工艺）后排放到河里。为了改善河流水质，环境部要求工业废水在排放前去除污染物，如 1,4-二恶烷。HiPOx® 系统于 2005 年安装。该系统运行流量为 0.5～0.75m^3/min，臭氧投加量为 90kg/d。将 1,4-二恶烷的浓度降低到 10mg/L 的规定限度以下是可以实现的。该工厂运行了 48000 多个小时，仅用很少的维护就处理了 3400 多万升的水。

（3）美国新罕布什尔州 keefe 环境服务超级基金基地（http：//www.wateronline.com/doc/hipox-case-study-Keefe-environmental-0001）

2003 年，美国环保署检测到 keefe 环境服务超级基金基地所在地 Epping 的地下水中含有 1,4-二恶烷。从 1978 年到 1981 年，该基地一直作为危险废物贮存地。废水处理（去除金属及气提修复系统）出水中检出 1,4-二恶烷。2004 年 10 月的试验表明，1,4-二恶烷浓度可以从 270μg/L 降至项目规定的 3μg/L 以下，具有较好的降解性能。基于这些结果，全尺寸装置安装于 2005 年完成。HiPOx® 系统以 100L/min 的流量和 1.6kg/d 的臭氧剂量运行。

（4）美国内布拉斯加州军械厂（http：//www.wateronline.com/doc/hipox-case-study-nebraska-ordnance-plant-0002）

在第二次世界大战和朝鲜战争期间，炸弹、炮弹和火箭都是在内布拉斯加州军械厂组装的。这些现场活动导致地下水受到氯化溶剂的污染，如 TCE。2002 年，美国陆军工程兵团在该地区启动了一项修复工程。该处理装置由气提和气相碳吸附两部分组成。由于 TCE 浓度高达 5.8mg/L，处理设施无法经济地达到修复目标。2008 年安装的HiPOx® 系统运行流量为2.3m^3/min，O_3和H_2O_2的剂量分别为45kg/d和57L/d。经过处理后，水中污染物的去除率达到了99.8%左右，TCE浓度小于10μg/L，符合公共卫生要求。前6个月共处理了54万m^3水，降解了770kg TCE。与现有的气提系统相比，处理费用减少了71%（164000美元/年）。

（5）美国加利福尼亚州南太浩湖（http：//aptwater.com/hipox/case-studies/hipox-case-study-in-south-lake-tahoe-ca/）

1998年，南太浩湖市发现34口饮用水供应井中有13口存在MTBE及其降解产物tBuOH的污染。这些受污染的水井必须关闭。为了恢复水井使用，南太浩湖市在2002年安装了一套HiPOx® 系统（流量为3m^3/min），2004年在另一口水井安装了第二套HiPOx® 系统（流量为5.7m^3/min）。第二口水井的MTBE和tBuOH浓度分别为6μg/L和8μg/L。两种污染物均可降解至检测限以下（MTBE<0.2μg/L）。两个系统的臭氧能力均为27kg/d。

（6）美国堪萨斯州威奇托含水层贮存恢复（ASR）（http：//aptwater.com/hipox/case-studies/wichita-asr-project-ks-bromate-control/）

本应用是针对阿肯色河的季节性（春季和秋季）雨水变化来补给地下水。补给含水层的1.1×$10^5$$m^3$/d地表水处理的初步设计流程包括取水、沉淀、超滤、氯化。考虑到农业径流中阿特拉津的污染、病原体（包括病毒）、高TOC水平和浊度，威奇托市对可能的雨水处理工艺进行了研究。粉状或颗粒状活性炭在应用时还需投加额外的化学试剂，运行和维护现场废物处理成本高。UV技术不适用于处理高浊度水，单独应用O_3并不能有效去除阿特拉津，还会生成溴酸盐。2008年和2009年，使用ATPwater HiPOx® 系统在各种实验条件下进行了一系列中试试验。中试结果表明，HiPOx® 技术可以将阿特拉津去除到3μg/L以下，达到饮用水水质处理要求，控制溴酸盐生成量低于10μg/L的监管限制，同时灭活4～5log脊髓灰质炎病毒。威奇托市和清洗发展机制（CDM）建议在ASR项目中对规模为1.1×$10^5$$m^3$/d的水厂采用HiPOx® 技术进行雨水处理，该项目于2009年9月获得堪萨斯州卫生和环境部门的批准，并于2011年建成。

4.3.4　工艺经济性与局限性

比较和评估水处理工艺效率的一个重要因素是实现某一污染物处理目标所需的电能消耗。Bolton等（2001）在电能驱动系统中引入两个参数，即每质量电能（E_{EM}）和每阶电能（E_{EO}）。

E_{EM}为降解单位质量（例如1kg）污染物所需的电能（kWh）。它在污染物浓度较高时适用，其降解速率与电能率成正比（零级动力学）。鉴于在实际水处理过程中污染物浓度通常较低，没有出现过上述情况，所以这里不再进一步解释E_{EM}。

第二种表征方法是E_{EO}，将其定义为每单位体积（1m^3）水中污染物降解一个数量级（90%）所需的电能（kWh）。E_{EO}适用于污染物浓度较低且所需能量与污染物浓度无关的情况（一级动力学）。这意味着将10mg/L的污染物降解到1mg/L所需的电能与将10μg/L的污染物降解到1μg/L所需的电能相同。这种电能消耗可用于计算间歇反应器［式（4-

29)］和过流运行操作［式（4-30)］所需的电能。

$$E_{EO}=\frac{P\times t\times 1000}{V\times \log\left(\frac{C_i}{C_f}\right)} \tag{4-29}$$

$$E_{EO}=\frac{P}{F\times \log\left(\frac{C_i}{C_f}\right)} \tag{4-30}$$

式中 P——系统的额定功率（kW）；

t——处理时间（h）；

V——处理水量，（L）；

F——水流量（m^3/h）；

C_i——污染物的初始浓度或进水浓度（mol/L）；

C_f——污染物的最终浓度或出水浓度（mol/L）。

一般来说，产生 1kg 臭氧所需电量约为 15 kWh，产生 1kg H_2O_2 所需电量约为 10kWh（Rosenfeldt 等，2006）。

对于使用 UV 光源的工艺，其照射器所需电量可按式（4-31）计算：

$$ER_{lamp}=\frac{H_\lambda(90\%)}{l^{avg}\times \eta_{UV}}\times\frac{kWh}{3.6\times 10^6 J} \tag{4-31}$$

式中 ER_{lamp}——比能耗（kWh/m^3）；

$H_\lambda(90\%)$——将化合物转化 90%所计算的通量值；

l^{avg}——紫外灯的平均光程长度；

η_{UV}——紫外灯的效率，Katsoyiannis 等（2011）认为紫外灯的效率为 0.3（$\eta_{uv}=0.3$）。

Katsoyiannis 等（2011）比较了不同水样在间歇反应器中分别通过 O_3、O_3/H_2O_2 和 UV/H_2O_2 处理 p-CBA 所需能耗，即苏黎世湖（DOC 为 1.3mg/L，碳酸盐碱度为 2.6mmol/L)、Jonsvatnet 湖（DOC 为 3mg/L，碳酸盐碱度为 0.4mmol/L)、Greifensee 湖（DOC 为 3.1mg/L，碳酸盐碱度为 4.0mmol/L）和 Dübendorf 废水（DOC 为 3.9mg/L，碳酸盐碱度为 6.5mmol/L)。可以看出，O_3/H_2O_2 工艺对能量的需求略高于单独臭氧化，UV/H_2O_2 工艺的能耗在处理湖泊水时约高出一个数量级，在废水中约为其 4 倍（表 4-3)。

O_3/H_2O_2、O_3 和 UV/H_2O_2 去除各种水质中 90%p-CBA 的能量需求（Katsoyiannis 等，2011） **表 4-3**

处理工艺	能量（kWh/m^3）			
	苏黎世湖	Jonsvatnet 湖	Greifensee 湖	Dübendorf 废水
O_3/H_2O_2	0.043	约 0.043	约 0.080	约 0.25
O_3	0.035	0.035	0.065	0.20
UV/H_2O_2	0.230	0.450	0.610	0.82

注：O_3/H_2O_2（H_2O_2 与 O_3 摩尔比为 0.5）；UV/H_2O_2（5cm 路径长度和 0.2mmol/L H_2O_2）。

Lekkerkerker-Teunissen等（2012）在Dunea水处理厂试点工作中对O_3/H_2O_2和连续AOPs处理14种微污染物的E_{EO}数据进行了计算（见第4.3.2节）。这14种污染物具有不同的结构特征，其中一些污染物与O_3的反应活性中等甚至良好，其他污染物易于被·OH降解（中等至高反应活性），也存在一种污染物质（二甲双胍）与O_3和·OH的反应活性均较低。E_{EO}值反映了在O_3/H_2O_2和连续AOPs处理工艺中反应物的活性。例如，通过比较所有使用过的氧化剂比率，可以得到O_3/H_2O_2去除除草定的E_{EO}值在0.01～0.02kWh/(m^3·阶）之间，而连续AOPs处理的E_{EO}值则增加到0.13～0.17kWh/(m^3·阶)。这一趋势体现了除草定与O_3的高反应活性，而通过UV/H_2O_2工艺进行的基于·OH的反应几乎没有优势。类似的例子有二甘醇、布洛芬、卡马西平、甲氧苄氨嘧啶和双氯芬酸。相反，阿特拉津无法被O_3高效处理，与·OH的反应速率常数中等，并在253.7nm处表现出中度直接光解。因此，阿特拉津在O_3/H_2O_2处理工艺的E_{EO}值为0.11～0.18kWh/(m^3·阶)，这取决于氧化剂投加的比例，而连续AOPs处理的E_{EO}值增加到0.43～0.79kWh/(m^3·阶)，这取决于O_3/H_2O_2的比例和施加的UV剂量。无论是利用O_3/H_2O_2（0.21～0.39kWh/m^3）还是连续AOPs（0.9～2.45kWh/m^3）进行处理，二甲双胍都需要更高的电能消耗才能达到90%的去除率。实验数据表明，当采用O_3（1.5mg/L）/H_2O_2（6mg/L）工艺，在$E_{EO}\leqslant$0.027kWh/(m^3·阶）时，14种化合物中有8种化合物的去除率在90%以上。Dunea设定的阿特拉津去除目标为80%。在连续AOPs处理中，80%的去除率所需电耗为0.52kWh/m^3，远低于单独采用LP-UV/H_2O_2工艺（0.73kWh/m^3）所要求的电耗。

Scheideler和Bosmith（2014）基于在Anglian水务公司（UK）一家自来水厂进行的中试，为O_3-AOP、UV-AOP处理聚乙醛提供了成本分析以及后续应用（见第4.3.2节）。所列费用包括化学药品（H_2O_2和液氧）、能源、维修和资本支出，并假定一定的价格。投资成本和配件费用（如备用紫外灯和驱动灯的电子镇流器的成本）不包括在内。在假定流量为800m^3/h和10年折旧期的情况下，使用O_3/H_2O_2工艺和UV-AOP单个工艺处理0.5log聚乙醛的成本分别约为0.048欧元/m^3和0.064欧元/m^3。对于UV-AOP和O_3-AOP串联UV-AOP，达到90%聚乙醛去除率的处理成本分别约为0.091欧元/m^3和0.085欧元/m^3。他们的结论是，当需要大量降低聚乙醛浓度（例如，1log）时，串联AOPs可以显著节约成本（约77000欧元/年），因此可以作为一种处理方案。另一方面，组合AOPs为去除各种分子结构（具有不同O_3、·OH和紫外辐射反应活性）的微污染物提供了强大的保障。

Lee等（2016）报道了四种不同的AOPs（UV-O_3、O_3/H_2O_2-UV/H_2O_2、UV/H_2O_2和O_3/H_2O_2）去除废水中几种微污染物的计算数据（表4-4）。虽然O_3/H_2O_2对能量的需求低于其他工艺，但是该工艺不足以去除废水中的N-亚硝基二甲基胺（NDMA）或其前体物。O_3/H_2O_2-UV/H_2O_2组合工艺可以达到微污染物最大程度的降解。优化条件可以降低该组合工艺的能耗需求，使该组合工艺更具经济可行性。

不同 AOPs 对不同微污染物的去除效果及所需能量（Lee 等，2016） 表 4-4

微污染物	所需能量下的微污染物去除率（%）			
	UV/H_2O_2 0.158kWh/m³	O_3/H_2O_2 0.095kWh/m³	O_3+UV 0.126kWh/m³	O_3/H_2O_2+UV/H_2O_2 0.176kWh/m³
双酚 A	33	94	94	96
阿特拉津	30	44	57	62
布洛芬	27	60	62	71
NDMA	80	0	80	80

4.4 O_3/UV 工艺

4.4.1 工艺基本原理

臭氧在水中发生光解会生成·OH，因此也是一种 AOP。由于臭氧的摩尔吸光系数［ε=3300L/(mol·cm)］在相关波长（λ=253.7nm）下远高于 H_2O_2 的摩尔吸光系数[ε=19.6L/(mol·cm)］（Legrini 等，1993），因此臭氧的光解效率远高于 H_2O_2 的光解效率。由图 4-4 可知，O_3 在 260nm 处的吸光度最大。低压汞灯是一种适合于 O_3 光解的光源，因为其发光波长为 253.7nm。波长≥300nm 的光源不适用于 O_3 的光解。

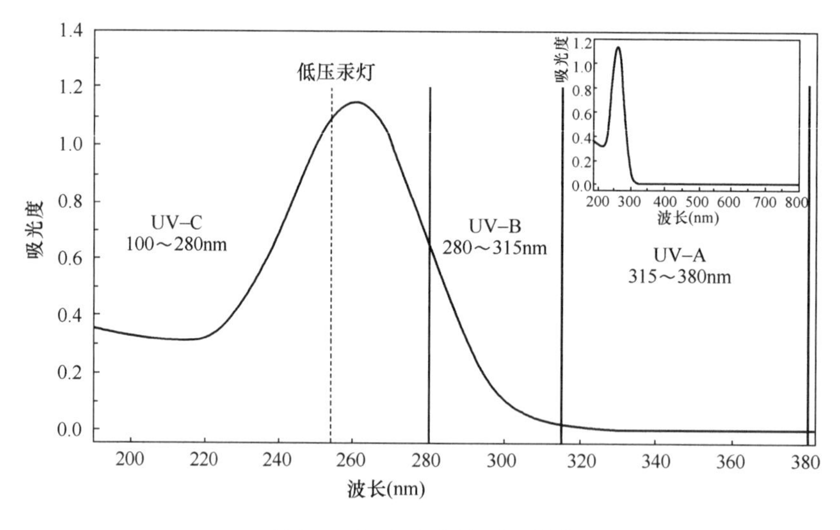

图 4-4 O_3 在水中的 UV 光谱

注：图中标明了 UV-A、UV-B、UV-C 范围，插图为 O_3 的全光谱（190～800nm）。

臭氧的光解作用是指臭氧在溶剂笼中生成基态和/或激发态［式（4-32a）～（4-32d）］的氧原子和分子氧。相关物质有 O（^1D）（激发态氧原子）、O（^3P）（基态氧原子）、单线态氧分子［$O_2(^1\Delta_g)$］以及基态氧分子［O_2（$^3\Sigma_g^-$）］。这些物质既参与“笼”内的重组反应（当它们从溶剂笼中逸出时），又会参与到和溶液中的水分子和/或其他化合物的反应中去。

$$O_3 + h\nu \rightarrow O(^1D) + O_2(^1\Delta_g) \tag{4-32a}$$

$$O_3 + h\nu \rightarrow O(^1D) + O_2(^3\Sigma_g^-) \tag{4-32b}$$

$$O_3 + h\nu \rightarrow O(^3P) + O_2(^1\Delta_g) \tag{4-32c}$$

$$O_3 + h\nu \rightarrow O(^3P) + O_2(^3\Sigma_g^-) \tag{4-32d}$$

O（^{1}D）能量高，比三重基态^{3}P 亲电性强，因此更容易发生成键加成反应，所以它很容易与水反应生成“热” H_2O_2（式（4-33））。这可以使反应升温［式（4-34）］或使 H_2O_2 分解生成两个$^•$OH［式（4-35）］。如果生成$^•$OH，溶剂笼效应会促使$^•$OH 重新结合为 H_2O_2［式（4-36）］，从而限制自由基扩散到本体溶液中。因此，大多数 O（^{1}D）会生成 H_2O_2（Peyton 和 Glaze，1988；Von Sonntag，2008；Von Sonntag 和 Von Gunten，2012）。

$$O(^1D) + H_2O \rightarrow H_2O_2(热) \quad k = 1.8 \times 10^{10} L/(mol \cdot s) \tag{4-33}$$

$$H_2O_2(热) \rightarrow H_2O_2 \tag{4-34}$$

$$H_2O_2(热) \rightarrow 2^\bullet OH \tag{4-35}$$

$$[^\bullet OH + ^\bullet OH]_{笼} \rightarrow H_2O_2 \tag{4-36}$$

如果辐射被吸收，形成的 H_2O_2 可以被光解［式（4-37）］，或可以与臭氧发生反应，引发过臭氧化过程（见上文）。

$$H_2O_2 + h\nu \rightarrow 2^\bullet OH \tag{4-37}$$

然而，与臭氧光解一样，$^•$OH 的笼状复合［式（4-36）］也发生在 H_2O_2 的光解过程中（H_2O_2 光解初级量子产率=0.5）。在竞争式（4-33）中，O（^{1}D）与 O_2（$^1\Delta_g$）反应生成臭氧［式（4-38）］。

$$O(^1D) + O_2(^1\Delta_g) \rightarrow O_3 \tag{4-38}$$

处于基态的氧原子与基态的氧发生式（4-32d）的逆向反应［式（4-39）］也可形成臭氧。

$$O(^3P) + O_2(^3\Sigma_g^-) \rightarrow O_3 \tag{4-39}$$

直接臭氧光解的表观量子产率 Φ=0.5。通过在体系中添加 tBuOH 作为$^•$OH 清除剂，Reisz 等（2003）发现$^•$OH 生成的量子产率相当低（Φ=0.1）。

4.4.2 研究与应用

虽然臭氧的光解作用在中试或大规模应用中并不多见，但针对不同水基质中的光解作用已经进行了大量的实验室研究。数个出版物中均有涉及 O_3/UV 氧化水中药物的研究。Lee 等（2011）的研究表明，O_3 与 UV 结合可能是降解畜禽废水中抗生素氯四环素的一个非常有效的选择［DOC 为 2.5g/L，碱度为 4.8g/L（以 $CaCO_3$ 计），pH= 8.5］。他们研究了 O_3、O_3/UV、O_3/H_2O_2、O_3/UV/H_2O_2 对氯四环素的降解。所有实验均在 1.2L 圆柱形反应器中进行。将气态 O_3 以 0.7L/min 的流速、7g/m^3 的浓度连续鼓泡进入充满 1L 水的反应器中，使溶解 O_3 浓度为 0.6mg/L。在 0～200mg/L 范围内加入 H_2O_2，使用低压汞灯在 253.7nm 紫外波长、4.9W 输出功率下发光。使用 O_3/UV/H_2O_2 工艺和 O_3/UV 工艺分别可以在 15min 和 20min 内完全去除废水中的氯四环素。使用 O_3/H_2O_2（40min 内去除 65%）或单独使用臭氧氧化（40min 内去除 30%）都无法实现这种效果。

Illés 等（2014）观察了 O_3 和 O_3/UV 对酮洛芬（抗炎止痛药）的去除效果。实验是在纯水中进行的。采用紫外发射波长为 185nm 和 253.7nm 的低压汞灯作为光源。紫外输出功率为 2.7W，发射光子通量为 5.7×10^{-6} einstein/s。使用 O_3/UV 工艺处理酮洛芬时的降解速度明显快于单独使用 O_3 时的降解速度（约 56 倍）。在 1h 内，采用 O_3/UV 工艺可获得较高的矿化率（95%），而单独使用 O_3 时的矿化率仅为 65%。

O_3/UV 去除 30 种 PPCPs 的假一级速率常数比 UV/H_2O_2 和 O_3 去除 PPCPs 的假一阶速率常数大（Kim 等，2008）。在随后的研究中，Kim 和 Tanaka（2010）研究了 O_3/UV、O_3/H_2O_2 和 O_3 对 40 种药物在砂滤废水（DOC 为 3.1～3.8）中的氧化作用。实验装置由三个反应器串联组成，每个反应器的体积是 35L，每个反应器的水力停留时间是 5min。气态 O_3 以 1.0L/min 的流量不断鼓泡（42mg/L）进入反应器 1 和 2 中，使反应器中 O_3 浓度为 6mg/L。反应器 1 和 2 分别配备了 3 个 65W 的低压汞灯（每盏灯的紫外线照射率为 1.025mW/cm^2）。这三种紫外灯在接触时间为 10min 时的紫外荧光强度为 1845 mJ/cm^2。针对已有研究过程，几乎所有药物的降解率都能达到 90%以上。但是溴酸盐的生成有很大不同。在应用 O_3/H_2O_2 工艺处理过程中没有溴酸盐的形成，而单独臭氧化产生的溴酸盐浓度最高（达到 6μg/L）。使用 O_3/UV 仍不能完全避免溴酸盐的生成，但生成溴酸盐的量会明显低于单独使用臭氧时。O_3 和 O_3/UV 工艺的处理成本已在之前进行了比较。虽然 O_3/UV 对能量的要求远高于其他两种工艺，但需要考虑的是，O_3/UV 处理可以减少水中溴酸盐的生成，并且由于短波紫外线的暴露，在很大程度上提高了消毒效率（Kim 和 Tanaka，2011）。

Xu 等（2010）比较了单独 UV 和 O_3/UV 对 N-亚硝基二乙胺（NDEA）降解的影响。由于 NDEA 的致癌性远远大于 NDMA，因此很受关注。使用的 UV 光源来自低压汞灯（8W，253.7nm），光子流量为 3.3×10^{-6} einstein/(L·s)。实验在 O_3 浓度为 6.6mg/L，紫外光强度为 1mW/cm^2 的条件下进行。两种方法的降解效率相似，但降解产物和降解途径不同。O_3/UV 的优势在于降低了二乙胺（DEA）和 NO_2^- 这两种主要产物的浓度，从而抑制了 NDEA 的转化。

EDCs（内分泌干扰物）是非常值得关注的，因为它们会干扰负责维持体内稳态平衡、生殖、发育和行为的天然激素发挥作用（美国环保署，1997）。Lau 等（2007）研究了纯水中 EDC 呋喃丹（杀虫剂）在紫外线照射、臭氧氧化和 O_3/UV 下的降解效果。直接光解实验在一个 1L 的石英烧杯中进行，烧杯周围有 8 盏低压汞灯，发光波长为 253.7nm [1.5×10^{-6} einstein/(L·s)]。通过连续曝气引入 O_3，使其浓度为 18μmol/L。O_3/UV 被认为是一种有效降解呋喃丹的方法。TOC 作为污染物矿化的量度，当反应时间为 30min 时，TOC 可以去除 24%。Irmak 等（2005）研究了 O_3/UV 氧化 EDCs 17β-雌二醇和双酚 A（BPA），实验采用 15W 低压汞紫外灯。在 O_3/UV 氧化过程中，17β-雌二醇在 O_3 与

17β-雌二醇比值为6.6的条件下可以被完全去除；单独臭氧氧化时，该物质被完全去除要求 O_3 与17β-雌二醇的比值为8.9。在单独臭氧氧化中，双酚A被完全去除要求 O_3 与双酚A的比值为15；在应用 O_3/UV 氧化时，要求 O_3 与双酚A比值为14。

4.5 副产物形成与减少策略

4.5.1 O_3/H_2O_2 工艺

溴酸盐是臭氧氧化过程中产生的副产物，是一种致癌物质，饮用水标准中要求其浓度不超过10μg/L。溴酸盐的形成是一个多步骤的过程（Haag 和 Hoigné，1983；von Gunten 和 Hoigné，1994），且近日该过程的最后一步［$BrO_2^- + O_3$（式（4-52））］得到修正（Fischbacher 等，2015）。图4-5给出了溴酸盐的形成过程和可行的缓解策略。

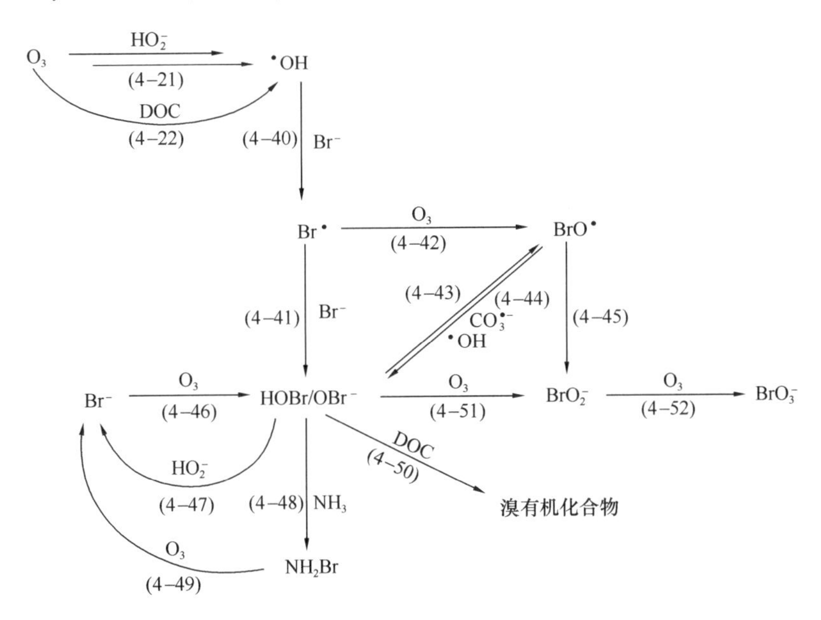

图4-5 臭氧处理过程中溴酸盐的形成及缓解策略

减少溴酸盐生成是过臭氧化工艺的一个重要目标。溴酸盐的最小化效应是基于 H_2O_2［式（4-47）］对溴酸盐形成的中间产物［次溴酸（$HOBr/OBr^-$），在式（4-41）和式（4-46）中形式］的拦截。该反应揭示了pH对溴酸盐的形成有较大影响（von Gunten 和 Oliveras，1997）。反应速率随着pH的增加而增加，在pH为10.2时达到最大值，这与 H_2O_2（约为11.8）和HOBr（约为8.5）的 pK_a 值的平均值相对应（von Gunten 和 Oliveras，1997）。游离酸和阴离子的反应可以用来解释这种现象的发生，其机理是亲核取代（von Gunten 和 Oliveras，1997）。由于 HO_2^- 是比 H_2O_2 更强的亲核试剂，HOBr 是比 OBr^- 更强的亲电试剂，由此发生了式（4-53）（von Gunten 和 Oliveras，1997）。

$$HO_2^- + HOBr \rightarrow Br^- + H_2O + O_2 \quad k = 7.1 \times 10^5 L/(mol \cdot s) \tag{4-53}$$

反应受 pH 影响的特性对 H_2O_2 控制溴酸盐生成的效率有重要影响。在 pH≤7 时，反应变得非常缓慢［k_{app}≤25L/(mol · s)］（von Gunten 和 Oliveras，1997），以至于 H_2O_2 的加入量可能需要超过 O_3，以抑制 HOBr 的氧化［式（4-44）和式（4-51)］。然而，这可能导致臭氧分解循环［式（4-24）和式（4-27)］，从而大大降低污染物降解和消毒的效率。

NH_3/NH_4^+ 和 DOC 的存在也有助于清除中间产物 $HOBr/OBr^-$，见式（4-48）和式（4-49)。HOBr 很容易溴化 NH_3/NH_4^+，随后生成的溴铵被 O_3 氧化生成硝酸盐和溴化物（Pinkernell 和 von Gunten，2001；von Sonntag 和 von Gunten，2012）。当 DOC 作为 $HOBr/OBr^-$ 清除剂时，DOC 的富电子酚醛基团与 HOBr 发生反应。值得注意的是，在这个反应中，溴通过亲电取代反应结合到 DOC 中是次要的（相对于 HOBr 的消耗，反应的产率约为 20%～30%）（Criquet 等，2015）。相反，可以用电子转移反应来解释大量溴化物的产生（Criquet 等，2015)。DOC 和氨的存在主要降低了溴酸盐的产率，这可能会减少控制溴酸盐生成所需 H_2O_2 的量。然而，HCO_3^-/CO_3^{2-} 可能会促进溴酸盐的形成，因为式（4-23）中生成的 $CO_3^{\bullet-}$ 也可能会有助于 HOBr 的氧化［式（4-44)］（von Sonntag 和 von Gunten，2012）。

式（4-42）中 $Br^\bullet$的拦截为溴酸盐形成开辟了一条无需 $HOBr/OBr^-$ 作为中间产物的途径（$BrO^\bullet$的歧化作用)。因此，并不能完全通过添加 H_2O_2 来控制溴酸盐的形成，尽管在过臭氧化过程中，式（4-42）会由于 O_3 的不稳定性不易发生。

Acero 等（2001a）证明，臭氧中加入 H_2O_2 会导致溴酸盐的生成量减少约一半。在 pH 为 7 和 8 时，对三种不同的天然水体进行了研究。向所有水样中加溴，使其初始浓度为 50μg/L。H_2O_2 与 O_3 的摩尔比为 0.5（每 mg O_3 含 0.34mg H_2O_2）。经过臭氧单独处理后，各水样中溴酸盐浓度均超过了饮用水水质标准（10μg/L）（$[BrO_3^-]$ =12μg/L 和 20.7μg/L）。臭氧剂量为 2mg/L 时，通过过臭氧化生成的溴酸盐浓度在 4.2～12.5μg/L 之间变化。

饮用水处理中形成的另一个重要副产物是可吸收有机碳（AOC)。AOC 是微生物可利用的底物（有机碳）的量。由于饮用水分配系统中的大多数细菌都是异养菌，因此碳对它们的生长至关重要。AOC 占总有机碳的一小部分，往往由小分子量化合物组成，因此很容易被微生物降解。如果水中 AOC 的浓度低于 50μg/L（Kaplan 等，1993），则该水环境具有生物稳定性。与溴酸盐相比，氧化后应用生物滤池可以降低 AOC 含量。Hacker 等（1994）研究了臭氧化和过臭氧化工艺中 AOC 的生成情况。他们证明，过氧化氢的加入导致了更多 AOC 的形成。但是，并未发现 AOC 增多与 H_2O_2/O_3 比值增高之间存在明显的关系。采用双介质（生物活性无烟煤/砂过滤器）对臭氧化和过臭氧化处理后的水样进行过滤，可使 AOC 降低 75%～90%，其浓度与原水 AOC 浓度相当甚至更低。

NDMA 是一种人类致癌物，随着在地表水和饮用水中发现痕量的 NDMA，人们对 NDMA 污染的关注不断增加（世界卫生组织，2006）。它是由含氮前体物在水中产生的一种二次污染物，在用氯胺消毒的水中会形成这种物质（Najm 和 Trussell，2001；Mitch

和 Sedlak，2002）。如果水中存在二甲胺，那么它会与一氯胺反应生成 1,1-二甲肼，并被氧化为 NDMA。最近的研究表明，如果存在 N,N-二甲基磺胺（DMS），即杀菌剂托利氟脲的降解产物，则 NDMA 也可以在臭氧化过程中形成（Lee 等，2007）。Von Gunten 等（2010）发现 DMS 与 O_3 和$\cdot OH$ 的直接反应不会生成 NDMA，只有当 Br^- 存在时才会形成 NDMA。Br^- 被 O_3 和$\cdot OH$ 氧化成 HOBr，并与 DMS 的伯胺反应生成 Br-DMS，这种 Br-DMS 物质与 O_3 反应生成 NDMA。

Lee 等（2007）研究了常规臭氧氧化和 O_3/H_2O_2 对两种不同湖水中 NDMA 的降解效果（苏黎世湖：DOC＝1.2mg/L，HCO_3^-＝2.6mmol/L，pH＝7.9；格赖芬湖：DOC＝3.9mg/L，HCO_3^-＝4.1mmol/L，pH＝8.1）。结果表明，与常规臭氧氧化相比，使用 O_3/H_2O_2 对 NDMA 的降解效果更好。在常规臭氧氧化（160μmol/L O_3）条件下，苏黎世湖和格赖芬湖的臭氧氧化对 NDMA 的降解率分别为 25％和 9％。在相同 O_3 剂量和 H_2O_2 ∶ O_3 为 0.5 的过臭氧化工艺中，苏黎世湖和格赖芬湖中 NDMA 的氧化率分别为 55％和 28％。格赖芬湖中 HCO_3^- 清除了更多的$\cdot OH$，因此在上述两个工艺中 NDMA 的降解率均较低。由于常规臭氧氧化工艺中 O_3 没有被完全消耗，因此臭氧化和过臭氧化工艺中，每消耗 1mol O_3 氧化的 NDMA 相同。O_3 剂量较高会导致 NDMA 降解增加和溴酸盐生成增加。因此，溴酸盐的形成可能是 NDMA 氧化的限制因素。

Lee 等（2016）研究了几种 AOPs 及其组合工艺对废水中 NDMA 的降解作用。由于 NDMA 与$\cdot OH$ 的反应速率常数较低［$k_{\cdot OH+NDMA}=4\times10^8 L/(mol\cdot s)$］，因此 O_3/H_2O_2 不适合降解废水中的 NDMA。然而，直接光解对 NDMA 的去除率几乎是 100％，因此如果以降解 NDMA 为处理目标，则应采用基于 UV 的工艺。此外，他们还研究了在臭氧化和 O_3/H_2O_2 工艺中，NDMA 前体物与 O_3 反应生成 NDMA。在研究的 7 个废水水样中，有 3 个废水水样在臭氧化过程中生成了高浓度的 NDMA。相比之下，O_3/H_2O_2 的应用只略微减少了 NDMA 的生成（－4％～14％）。NDMA 前体物与 O_3 反应速度快，在臭氧化和过臭氧化工艺中很难避免 NDMA 的生成。在他们看来，O_3/H_2O_2 是一种适用于废水中微污染物降解的处理工艺，除 NDMA 外，O_3/H_2O_2 还可以实现对多种微污染物的高效降解，而环境中形成的 NDMA 主要通过 UV 工艺进行降解。

4.5.2　O_3/UV 工艺

溴酸盐可以在溴化物与臭氧或$\cdot OH$ 的反应中形成（见第 4.5.1 节），因此 O_3/UV 工艺运行过程中必须控制溴酸盐的生成。

在过臭氧化工艺中，BrO^- 可以被 H_2O_2 还原为 Br^-。在 O_3/UV 工艺中，BrO_3^- 可以被UV 还原为 BrO_2^-，然后被还原为 BrO^-，最后被还原为 Br^-，见式（4-54）～（4-56）（Siddiqui 等，1996）。

$$2BrO_3^- + hv \rightarrow 2BrO_2^- + O_2 \tag{4-54}$$

$$2BrO_2^- + hv \rightarrow 2BrO^- + O_2 \tag{4-55}$$

$$2BrO^- + h\upsilon \rightarrow 2Br^- + O_2 \tag{4-56}$$

Siddiqui 等（1996）研究了溴酸盐在不同紫外线照射和水质条件下的光解。采用四种不同的 UV 光源：VUV（184.9nm）/UV（253.7nm）低压汞灯、UV（253.7nm）低压汞灯、（200～400nm）中压汞灯和脉冲电弧放电光源（VUV-UV 范围）。值得注意的是，两盏低压汞灯都发出了 184.9nm 和 253.7nm 的辐射，但两盏低压汞灯的功率和石英套管不同，从而可以隔离其中一盏低压汞灯 253.7nm 的辐射。由于溴酸盐在 195nm 处具有最大的吸收峰，所以在研究的 UV 光源中，VUV（184.9nm）/UV（253.7nm）低压汞灯对溴酸盐的转化最有效。由于 BrO_3^- 对光子的竞争作用，溶解性有机碳和硝酸盐会影响 184.9nm 处溴酸盐的去除率，但相对于其他 UV 光源，并不会改变 VUV 光源的整体性能。降低温度会使溴酸盐去除率下降，而 pH 值的变化不会对其产生明显影响。该研究提供了特定溴酸盐去除率下 UV 剂量的实验数据，但对反应器壁的紫外辐射场如何监测，以及流体动力学是否纳入 UV 剂量的计算尚不清楚。

Zhao 等（2013）研究了 O_3/UV 水处理中溴酸盐的形成和腐殖酸的去除。利用低压汞灯发出 254nm 和 185nm 的光，但由于实验设置问题，185nm 处的光被石英套管和石英套管中的氧气吸收了。臭氧剂量为 2mg/L。在溴化物浓度为 100μg/L、反应时间为 60min、不向水中添加腐殖酸的条件下，O_3/UV（17.1～77.6μg/L）中溴酸盐浓度高于单独臭氧（8～33.8μg/L）。Zhao 等解释了高浓度溴酸盐的形成原因，即溶液中没有 DOC 清除 O_3 和 $\cdot OH$。经过 60min 的反应时间（第一阶段）后，继续用紫外光照射 30min 并不再添加臭氧（第二阶段）。在此阶段，溴酸盐在紫外光照射下减少了 20％左右。当腐殖酸加入水中时，溴酸盐在 O_3/UV 工艺中的生成速率低于臭氧化工艺。但臭氧浓度高、腐殖酸浓度低时，O_3/UV 工艺中溴酸盐浓度会超过 10μg/L 的饮用水标准限值。

4.6 消毒

臭氧化广泛用于对病毒、细菌及其孢子的有效灭活，而对原生动物的灭活作用较低。臭氧能使较多种类的病原体灭活，这使得它比其他常见的消毒剂，如二氧化氯、游离氯和氯胺更有效（von Gunten，2003b）。臭氧灭活细菌、孢子和原生动物的动力学与紫外辐射相似。通常情况下，由于微生物的修复机制，动力学开始时会出现滞后现象，然后是一级衰减过程。然而许多情况下，滞后阶段非常短，以至于可以忽略（von Sonntag 和 von Gunten，2012）。在 O_3 和紫外辐射灭活过程中，DNA 是主要的灭活目标。与紫外辐射不同，O_3 的作用方式更有效。DNA 的单一损伤不会导致微生物的失活，因为其细胞中存在 DNA 的修复机制。臭氧可以引起单碱基损伤，而其引起的 DNA 双链断裂和 DNA 交联是次要的（von Sonntag 和 von Gunten，2012）。

由于无法监测所有可能的病原体，因此只能监测指示微生物。水中一种典型的指示微生物是大肠杆菌，它标志着水中的粪便性污染情况。只有当其他病原体的灭活与指示微生物的灭活同样有效，甚至更好时，这种方法才有效。一个更可靠的评估消毒效率的方法是

ct 值。可以用 Chick 和 Watson 方程来描述：

$$\ln\left(\frac{N}{N_0}\right)=-kct \tag{4-57}$$

式中　N——经过一定暴露时间后的微生物数量；

N_0——初始微生物数量；

k——某一微生物灭活速率常数；

c——消毒剂浓度；

t——消毒剂暴露时间。

暴露量（或 ct 值）通过消毒剂浓度随时间的积分进行计算。从 ct 值中减去失活曲线（ct_{lag}）上滞后区的氧化剂暴露量。消毒效果的评估是基于公布的 ct 值（请参见表 4-5），该值是通过测量特定微生物灭活获得的。如果表中没有对应的 CT 值，可以通过测定 O_3 暴露量得到，O_3 暴露量的测定可以用不同的方法进行实际和理论上的测定（Roustan 等，1993；von Gunten 等，1999；Do-Quang 等，2000；Rakness 等，2005）。

臭氧灭活特定微生物（细菌、孢子、病毒和原生动物）的动力学　　表 4-5

微生物	$k_{臭氧}$ [L/(mg·min)]	ct_{lag} (mg·min/L)	用于灭活 4log 的 CT 值（mg·min/L）	温度 (℃)	参考文献
大肠杆菌	7800	—	0.001	20	Hunt 和 Mariñas（1997）
枯草芽孢杆菌孢子	4.91	2.12	4	20	Larson 和 Mariñas（2003）
	2.9	2.9	6.1	20	Driedger 等（2001）
轮状病毒	76	—	0.12	5	von Sonntag 和 von Gunten（2012）
贾第鞭毛虫孢囊	29	—	0.32	25	Wickramanayake 等（1984a）
鼠贾第虫孢囊	2.4	—	3.9	25	Wickramanayake 等（1984b）
隐孢子虫卵囊	0.84	0.83	11.8	20	Driedger 等（2001）

鉴于 O_3 和 UV 的互补作用模式，臭氧与紫外线的结合可以提高水的消毒效果。在 O_3/UV 高级氧化工艺中，UV-C 辐射被 DNA 和 RNA 吸收，使微生物失活。

Lee 等（2011）对含氯四环素（抗生素）废水中的细菌消毒进行了研究，分别用单独 UV 和单独臭氧以及 O_3/UV 工艺进行消毒。单独臭氧在 1h 内导致细菌失活小于 2log，而 UV 在 20min 内导致细菌失活 4log，在 40min 内导致细菌失活 5log。作用效果最好的是发挥协同作用的 O_3/UV 工艺，此时消毒效果加强，在 20min 内细菌失活 5log。

Wolfe 等（1989）研究了臭氧化和过臭氧化工艺对地表水中大肠杆菌、两种大肠杆菌噬菌体（MS2 和 f2）和鼠贾第虫孢囊的灭活。采用的 H_2O_2 ∶ O_3（摩尔比）为 0.07～0.4，在臭氧化过程中大肠杆菌和大肠杆菌噬菌体的失活率无显著差异，在过臭氧化处理中鼠贾第虫孢囊的失活率略高于单独臭氧。

H_2O_2 的加入会加快·OH的生成和臭氧的消耗。因此，用于消毒的有效臭氧量较少，·OH在饮用水消毒中的作用尚不清楚。在臭氧化工艺中典型的 R_{ct} 值为 10^{-8}（见第 4.2.2 节），·OH 的消毒作用可以忽略。这与高级氧化工艺不同，高级氧化工艺的 R_{ct} 值约为 10^{-6}，并且·OH 可能在灭活微生物中发挥作用，如枯草芽孢杆菌孢子、鼠贾第虫孢囊和隐孢子虫卵囊（表 4-5）。同时，必须要考虑微生物失活的一个主要目标是损伤其 DNA，而·OH 在到达 DNA 之前会被细胞壁或其他非关键细胞成分清除（von Gunten，2003b）。

4.7 参考文献

Acero J. L. and von Gunten U. (2001b). Characterization of oxidation processes: ozonation and the AOP O_3/H_2O_2. *Journal of the American Water Works Association*, **93**(10), 90–100.

Acero J. L., Haderlein S. B., Schmidt T. C., Suter M. J. F. and von Gunten U. (2001a). MTBE oxidation by conventional ozonation and the combination ozone/hydrogen peroxide: efficiency of the processes and bromate formation. *Environmental Science & Technology*, **35**(21), 4252–4259.

Al-Rifai J. H., Gabefish C. L. and Schaefer A. I. (2007). Occurrence of pharmaceutically active and non-steroidal estrogenic compounds in three different wastewater recycling schemes in Australia. *Chemosphere*, **69**(5), 803–815.

Al Momani F. (2007). Degradation of cyanobacteria anatoxin-a by advanced oxidation processes. *Separation and Purification Technology*, **57**(1), 85–93.

Autin O., Hart J., Jarvis P., MacAdam J., Parsons S. A. and Jefferson B. (2012). Comparison of UV/H_2O_2 and UV/TiO_2 for the degradation of metaldehyde: kinetics and the impact of background organics. *Water Research*, **46**(17), 5655–5662.

Bielski B. H. J., Cabelli D. E., Arudi R. L. and Ross, A. B. (1985). Reactivity of HO_2/O_2^- radicals in aqueous solution. *Journal of Physical and Chemical Reference Data*, **14**(4), 1041–1100.

Bolton J. R., Bircher K. G., Tumas W. and Tolman C. A. (2001). Figures-of-merit for the technical development and application of advanced oxidation technologies for both electric- and solar-driven systems – (IUPAC technical report). *Pure and Applied Chemistry*, **73**(4), 627–637.

Buxton G. V., Greenstock C. L., Helman W. P. and Ross A. B. (1988). Critical-review of rate constants for reactions of hydrated electrons, hydrogen-atoms and hydroxyl radicals (·OH/·O⁻) in aqueous-solution. *Journal of Physical and Chemical Reference Data*, **17**(2), 513–886.

Carballa M., Omil F., Lema J. M., Llompart M., Garcia-Jares C., Rodriguez I., Gomez M. and Ternes T. (2004). Behavior of pharmaceuticals, cosmetics and hormones in a sewage treatment plant. *Water Research*, **38**(12), 2918–2926.

Chelme-Ayala P., Gamal El-Din M., Smith D. W. and Adams C. D. (2011). Oxidation kinetics of two pesticides in natural waters by ozonation and ozone combined with hydrogen peroxide. *Water Research*, **45**(8), 2517–2526.

Christensen H., Sehested K. and Corfitzen H. (1982). Reactions of hydroxyl radicals with hydrogen peroxide at ambient and elevated temperatures. *Journal of Physical Chemistry*, **86**(9), 1588–1590.

Criquet J., Rodriguez E. M., Allard S., Wellauer S., Salhi E., Joll C. A. and von Gunten U. (2015). Reaction of bromine and chlorine with phenolic compounds and natural organic matter extracts – electrophilic aromatic substitution and oxidation. *Water Research*, **85**, 476–486.

Do-Quang Z., Roustan M. and Duguet J. P. (2000). Mathematical modeling of theoretical cryptosporidium inactivation in full-scale ozonation reactors. *Ozone Science & Engineering*, **22**(1), 99–111.

Driedger A., Staub E., Pinkernell U., Mariñas B., Köster W. and von Gunten, U. (2001). Inactivation of bacillus subtilis spores and formation of bromate during ozonation. *Water Research*, **35**(12), 2950–2960.

Duguet J. P., Anselme C., Mazounie P. and Mallevialle J. (1990). Application of combined ozone-hydrogen peroxide for the removal of aromatic compounds from a groundwater. *Ozone: Science & Engineering*, **12**(3), 281–294.

Elovitz M. S. and von Gunten U. (1999). Hydroxyl radical/ozone ratios during ozonation processes. I. The R_{ct} concept. *Ozone: Science & Engineering*, **21**(3), 239–260.

Elovitz M. S., von Gunten U. and Kaiser H. P. (2000b). Hydroxyl radical/ozone ratios during ozonation processes. II. The effect of temperature, pH, alkalinity, and DOM properties. *Ozone: Science and Engineering*, **22**(2), 123–150.

Elovitz M. S., von Gunten U. and Kaiser H. P. (2000a). The influence of dissolved organic matter character on ozone decomposition rates and R_{ct}. In: Natural Organic Matter and Disinfection By-Products, S. E. Barrett, S. W. Krasner and G. L. Amy (eds), 761, American Chemical Society, pp. 248–269.

Ferguson D. W., McGuire M. J., Koch B., Wolfe R. L. and Aieta E. M. (1990). Comparing peroxone and ozone for controlling taste and odor compounds, disinfection by-products, and microorganisms. *Journal of the American Water Works Association*, **82**(4), 181–191.

Fischbacher A., von Sonntag J., von Sonntag C. and Schmidt T. C. (2013). The •OH radical yield in the $H_2O_2 + O_3$ (peroxone) reaction. *Environmental Science & Technology*, **47**(17), 9959–9964.

Fischbacher A., Löppenberg K., von Sonntag C. and Schmidt T. C. (2015). A new reaction pathway for bromite to bromate in the ozonation of bromide. *Environmental Science & Technology*, **49**(19), 11714–11720.

Haag W. R. and Hoigné J. (1983). Ozonation of bromide-containing waters: kinetics of formation of hypobromous acid and bromate. *Environmental Science & Technology*, **17**(5), 261–267.

Hacker P. A., Paszko-Kolva C., Stewart M. H., Wolfe R. L. and Means E. G. (1994). Production and removal of assimilable organic carbon under pilot-plant conditions through the use of ozone and peroxone. *Ozone: Science & Engineering*, **16**(3), 197–212.

Hansch C., Leo A. and Taft R. W. (1991). A survey of hammett substituent constants and resonance and field parameters. *Chemical Reviews*, **91**(2), 165–195.

Hoigné J. and Bader H. (1983a). Rate constants of reactions of ozone with organic and inorganic compounds in water.1. Non-dissociating organic compounds. *Water Research*, **17**(2), 173–183.

Hoigné J. and Bader H. (1983b). Rate constants of reactions of ozone with organic and inorganic compounds in water.2. Dissociating organic compounds. *Water Research*, **17**(2), 185–194.

Huber M. M. (2004). Elimination of pharmaceuticals during oxidative treatment of drinking water and wastewater: application of ozone and chlorine dioxide. PhD thesis, ETH Zurich, Switzerland.

Hunt N. K. and Mariñas B. J. (1997). Kinetics of Escherichia coli inactivation with ozone. *Water Research*, **31**(6), 1355–1362.

Ikehata K. and Gamal El-Din M. (2005a). Aqueous pesticide degradation by ozonation and ozone-based advanced oxidation processes: a review (Part I). *Ozone-Science & Engineering*, **27**(2), 83–114.

Ikehata K. and Gamal El-Din M. (2005b). Aqueous pesticide degradation by ozonation and ozone-based advanced oxidation processes: a review (Part II). *Ozone-Science & Engineering*, **27**(3), 173–202.

Ikehata K., Jodeiri Naghashkar N. and Gamal El-Din M. (2006). Degradation of aqueous pharmaceuticals by ozonation and advanced oxidation processes: a review. *Ozone: Science & Engineering*, **28**(6), 353–414.

Illés E., Szabó E., Takács E., Wojnárovits L., Dombi A. and Gajda-Schrantz K. (2014). Ketoprofen removal by O_3 and O_3/UV processes: kinetics, transformation products and ecotoxicity. *Science of the Total Environment*, **472**, 178–184.

Irmak S., Erbatur O. and Akgerman A. (2005). Degradation of 17 β-estradiol and bisphenol A in aqueous medium by using ozone and ozone/UV techniques. *Journal of Hazardous Materials*, **126**(1–3), 54–62.

Kaplan L. A., Bott T. L. and Reasoner D. J. (1993). Evaluation and simplification of the assimilable organic carbon nutrient bioassay for bacteria growth in drinking water. *Applied and Environmental Microbiology*, **59**(5), 1532–1539.

Katsoyiannis I. A., Canonica S. and von Gunten U. (2011). Efficiency and energy requirements for the transformation of organic micropollutants by ozone, O_3/H_2O_2 and UV/H_2O_2. *Water Research*, **45**(13), 3811–3822.

Kim I. and Tanaka H. (2010). Use of ozone-based processes for the removal of pharmaceuticals detected in a wastewater treatment plant. *Water Environment Research*, **82**(4), 294–301.

Kim I. and Tanaka H. (2011). Energy consumption for PPCPs removal by O_3 and O_3/UV. *Ozone-Science & Engineering*, **33**(2), 150–157.

Kim I. H., Tanaka H., Iwasaki T., Takubo T., Morioka T. and Kato Y. (2008). Classification of the degradability of 30 pharmaceuticals in water with ozone, UV and H_2O_2. *Water Science and Technology*, **57**(2), 195–200.

Knol A. H., Lekkerkerker-Teunissen K., Houtman C. J., Scheideler J., Ried A. and van Dijk J. C. (2015). Conversion of organic micropollutants with limited bromate formation during the peroxone process in drinking water treatment. *Drinking Water Engineering and Science*, **8**(2), 25–34.

Kümmerer K. (2001). Drugs in the environment: emission of drugs, diagnostic aids and disinfectants into wastewater by hospitals in relation to other sources – a review. *Chemosphere*, **45**(6–7), 957–969.

Larson M. A. and Mariñas B. J. (2003). Inactivation of Bacillus subtilis spores with ozone and monochloramine. *Water Research*, **37**(4), 833–844.

Larson R. A. and Zepp R. G. (1988). Environmental chemistry. Reactivity of the carbonate radical with aniline derivatives. *Environmental Toxicology and Chemistry*, **7**(4), 265–274.

Lau T. K., Chu W. and Graham N. (2007). Degradation of the endocrine disruptor carbofuran by UV, O_3 and O_3/UV. *Water Science and Technology*, **55**(12), 275–280.

Lee C., Yoon J. and von Gunten U. (2007). Oxidative degradation of N-nitrosodimethylamine by conventional ozonation and the advanced oxidation process ozone/hydrogen peroxide. *Water Research*, **41**(3), 581–590.

Lee H., Lee E., Lee C. H. and Lee K. (2011). Degradation of chlorotetracycline and bacterial disinfection in livestock wastewater by ozone-based advanced oxidation. *Journal of Industrial and Engineering Chemistry*, **17**(3), 468–473.

Lee Y. and von Gunten U. (2012). Quantitative structure–activity relationships (QSARs) for the transformation of organic micropollutants during oxidative water treatment. *Water Research*, **46**(19), 6177–6195.

Lee Y., Gerrity D., Lee M., Gamage S., Pisarenko A., Trenholm R. A., Canonica S., Snyder S. A. and von Gunten U. (2016). Organic contaminant abatement in reclaimed water by UV/H_2O_2 and a combined process consisting of O_3/H_2O_2 followed by UV/H_2O_2: prediction of abatement efficiency, energy consumption, and byproduct formation. *Environmental Science & Technology*, **50**(7), 3809–3819.

Legrini O., Oliveros E. and Braun A. M. (1993). Photochemical processes for water treatment. *Chemical Reviews*, **93**(2), 671–698.

Lekkerkerker K., Scheideler J., Maeng S. K., Ried A., Verberk J. Q. J. C., Knol A. H., Amy G. and van Dijk J. C. (2009). Advanced oxidation and artificial recharge: a synergistic hybrid system for removal of organic micropollutants. *Water Science and Technology: Water Supply*, **9**(6), 643–651.

Lekkerkerker-Teunissen K., Knol A. H., van Altena L. P., Houtman C. J., Verberk J. Q. J. C. and van Dijk J. C. (2012). Serial ozone/peroxide/low pressure UV treatment for synergistic and effective organic micropollutant conversion. *Separation and Purification Technology*, **100**, 22–29.

Lekkerkerker-Teunissen K., Knol A. H., Derks J. G., Heringa M. B., Houtman C. J., Hofman-Caris C. H. M., Beerendonk E. F., Reus A., Verberk J. Q. J. C. and van Dijk J. C. (2013). Pilot plant results with three different types of UV lamps for advanced oxidation. *Ozone-Science & Engineering*, **35**(1), 38–48.

Li X., Zhao W., Li J., Jiang J., Chen J. and Chen J. (2013). Development of a model for predicting reaction rate constants of organic chemicals with ozone at different temperatures. *Chemosphere*, **92**(8), 1029–1034.

Lin T., Yu S. and Chen W. (2016). Occurrence, removal and risk assessment of pharmaceutical and personal care products (PPCPs) in an advanced drinking water treatment plant (ADWTP) around Taihu Lake in China. *Chemosphere*, **152**, 1–9.

Merenyi G., Lind J., Naumov S. and von Sonntag C. (2010). Reaction of ozone with hydrogen peroxide (peroxone process): a revision of current mechanistic concepts based on thermokinetic and quantum-chemical considerations. *Environmental Science & Technology*, **44**(9), 3505–3507.

Mitch W. A. and Sedlak D. L. (2002). Formation of N-nitrosodimethylamine (NDMA) from dimethylamine during chlorination. *Environmental Science and Technology*, **36**(4), 588–595.

Mizuno T., Ohara S., Nishimura F. and Tsuno H. (2011). O_3/H_2O_2 process for both removal of odorous algal-derived compounds and control of bromate ion formation. *Ozone: Science & Engineering*, **33**(2), 121–135.

Najm I. and Trussell R. R. (2001). NDMA formation in water and wastewater. *Journal of the American Water Works Association*, **93**(2), 92–99.

Neta P., Huie R. E. and Ross A. B. (1988). Rate constants for reactions of inorganic radicals in aqueous solution. *Journal of Physical and Chemical Reference Data*, **17**(3), 1027–1284.

Ning B., Graham N., Zhang Y., Nakonechny M. and Gamal El-Din M. (2007). Degradation of endocrine disrupting chemicals by ozone/AOPs. *Ozone: Science & Engineering*, **29**(3), 153–176.

Orr P. T., Jones G. J. and Hamilton G. R. (2004). Removal of saxitoxins from drinking water by granular activated carbon, ozone and hydrogen peroxide – implications for compliance with the Australian drinking water guidelines. *Water Research*, **38**(20), 4455–4461.

Peter A. and von Gunten U. (2007). Oxidation kinetics of selected taste and odor compounds during ozonation of drinking water. *Environmental Science and Technology*, **41**(2), 626–631.

Peyton G. R. and Glaze W. H. (1988). Destruction of pollutants in water with ozone in combination with ultraviolet radiation. 3. Photolysis of aqueous ozone. *Environmental Science & Technology*, **22**(7), 761–767.

Pinkernell U. and von Gunten U. (2001). Bromate minimization during ozonation: mechanistic considerations. *Environmental Science and Technology*, **35**(12), 2525–2531.

Pocostales J. P., Sein M. M., Knolle W., von Sonntag C. and Schmidt T. C. (2010). Degradation of ozone-refractory organic phosphates in wastewater by ozone and ozone/hydrogen peroxide (peroxone): the role of ozone

consumption by dissolved organic matter. *Environmental Science & Technology*, **44**(21), 8248–8253.
Rakness K. L., Najm I., Elovitz M., Rexing D. and Via S. (2005). Cryptosporidium log-inactivation with ozone using effluent CT_{10}, geometric mean CT_{10}, extended integrated CT_{10} and extended CSTR calculations. *Ozone: Science & Engineering*, **27**(5), 335–350.
Reisz E., Schmidt W., Schuchmann H. P. and von Sonntag C. (2003). Photolysis of ozone in aqueous solutions in the presence of tertiary butanol. *Environmental Science & Technology*, **37**(9), 1941–1948.
Rosal R., Rodríguez A., Perdigón-Melón J. A., Mezcua M., Hernando M. D., Letón P., García-Calvo E., Agüera A. and Fernández-Alba A. R. (2008). Removal of pharmaceuticals and kinetics of mineralization by O_3/H_2O_2 in a biotreated municipal wastewater. *Water Research*, **42**(14), 3719–3728.
Rosenfeldt E. J., Linden K. G., Canonica S. and von Gunten U. (2006). Comparison of the efficiency of OH radical formation during ozonation and the advanced oxidation processes O_3/H_2O_2 and UV/H_2O_2. *Water Research*, **40**(20), 3695–3704.
Roustan M., Beck C., Wable O., Duguet J. P. and Mallevialle J. (1993). Modeling hydraulics of ozone contactors. *Ozone: Science & Engineering*, **15**(3), 213–226.
Scheideler J. and Bosmith A. (2014). AOP für den Abbau von Metaldehyd: Weitergehende Oxidationprozesse gegen Pestizid im Oberflächenwasser. *Aqua & Gas*, **94**(3), 52–57.
Scheideler J., Lekkerkerker-Teunissen K., Knol T., Ried A., Verberk J. and van Dijk H. (2011). Combination of O_3/H_2O_2 and UV for multiple barrier micropollutant treatment and bromate formation control – an economic attractive option. *Water Practice and Technology*, **6**(4), 1–8.
Sein M. M., Golloch A., Schmidt T. C. and von Sonntag C. (2007). No marked kinetic isotope effect in the peroxone ($H_2O_2/D_2O_2 + O_3$) reaction: mechanistic consequences. *ChemPhys Chem.*, **8**(14), 2065–2067.
Shen J. M., Chen Z. L., Xu Z. Z., Li X. Y., Xu B. B. and Qi F. (2008). Kinetics and mechanism of degradation of p-chloronitrobenzene in water by ozonation. *Journal of Hazardous Materials*, **152**(3), 1325–1331.
Siddiqui M. S., Amy G. L. and McCollum L. J. (1996). Bromate destruction by UV irradiation and electric arc discharge. *Ozone: Science and Engineering*, **18**(3), 271–290.
Staehelin J. and Hoigné J. (1982). Decomposition of ozone in water: rate of initiation by hydroxide ions and hydrogen peroxide. *Environmental Science & Technology*, **16**(10), 676–681.
Sudhakaran S. and Amy G. L. (2013). QSAR models for oxidation of organic micropollutants in water based on ozone and hydroxyl radical rate constants and their chemical classification. *Water Research*, **47**(3), 1111–1122.
Takahashi N., Hibino T., Torii H., Shibata S., Tasaka S., Yoneya J., Matsuda M., Ogasawara H., Sugimoto K. and Fujioka T. (2013). Evaluation of O_3/UV and O_3/H_2O_2 as practical advanced oxidation processes for degradation of 1,4-dioxane. *Ozone: Science & Engineering*, **35**(5), 331–337.
Ternes T. A. (1998). Occurrence of drugs in german sewage treatment plants and rivers. *Water Research*, **32**(11), 3245–3260.
US EPA (1997). Special report on environmental endocrine disruption: an effects assessment and analysis, Report EPA/630/R-96/012, Risk Assessment Forum, U.S. EPA, Washington, D.C., USA.
Uslu M. O., Rahman M. F., Jasim S. Y., Yanful E. K. and Biswas N. (2012). Evaluation of the reactivity of organic pollutants during O_3/H_2O_2 process. *Water, Air & Soil Pollution*, **223**(6), 3173–3180.
von Gunten U. (2003a). Ozonation of drinking water: part I. Oxidation kinetics and product formation. *Water Research*, **37**(7), 1443–1467.
von Gunten U. (2003b). Ozonation of drinking water: part II. Disinfection and by-product formation in presence of bromide, iodide or chlorine. *Water Research*, **37**(7), 1469–1487.
von Gunten U. and Hoigné J. (1994). Bromate formation during ozonation of bromide-containing waters: interaction of ozone and hydroxyl radical reactions. *Environmental Science & Technology*, **28**(7), 1234–1242.
von Gunten U. and Oliveras Y. (1997). Kinetics of the reaction between hydrogen peroxide and hypobromous acid: implication on water treatment and natural systems. *Water Research*, **31**(4), 900–906.
von Gunten U., Elovitz M. and Kaiser H. P. (1999). Calibration of full-scale ozonation systems with conservative and reactive tracers. *Journal of Water Supply Research and Technology-Aqua*, **48**(6), 250–256.
von Gunten U., Salhi E., Schmidt C. K. and Arnold W. A. (2010). Kinetics and mechanisms of N-nitrosodimethylamine formation upon ozonation of N,N-dimethylsulfamide-containing waters: bromide catalysis. *Environmental Science & Technology*, **44**(15), 5762–5768.
von Sonntag C. (2008). Advanced oxidation processes: mechanistic aspects. *Water Science and Technology*, **58**(5), 1015–1021.
von Sonntag C. and Schuchmann H. P. (1997). Peroxyl radicals in aqueous solutions. In: Peroxyl Radicals, Z. B. Alfassi (ed.), John Wiley & Sons Ltd., Chichester, England, pp. 173–234.

von Sonntag C. and von Gunten U. (2012). Chemistry of Ozone in Water and Wastewater Treatment – from Basic Principles to Applications. IWA Publishing, London.

Werderitsch M. (2013). Planning, construction and operation of a full scale advanced oxidation treatment plant for drinking water. AOT-Conference, San Diego.

Westerhoff P., Nalinakumari B. and Pei P. (2006). Kinetics of MIB and geosmin oxidation during ozonation. *Ozone: Science & Engineering*, **28**(5), 277–286.

WHO (2006). N-Nitrosodimethylamine in drinking-water. Background document for development of WHO Guidelines for Drinking-water Quality, Report, WHO, Geneva, Switzerland.

Wickramanayake G. B., Rubin A. J. and Sproul O. J. (1984a). Inactivation of Giardia lamblia cysts with ozone. *Applied and Environmental Microbiology*, **48**(3), 671–672.

Wickramanayake G. B., Rubin A. J. and Sproul O. J. (1984b). Inactivation of *Naegleria* and *Giardia* cysts in water by ozonation. *Journal of Water Pollution Control Federation*, **56**(8), 983–988.

Wolfe R. L., Stewart M. H., Scott K. N. and McGuire M. J. (1989). Inactivation of Giardia muris and indicator organisms seeded in surface water supplies by peroxone and ozone. *Environmental Science & Technology*, **23**(6), 744–745.

Wu T. and Englehardt J. D. (2015). Peroxone mineralization of chemical oxygen demand for direct potable water reuse: kinetics and process control. *Water Research*, **73**, 362–372.

Xu B. B., Chen Z. L., Qi F., Ma J. and Wu F. C. (2010). Comparison of N-nitrosodiethylamine degradation in water by UV irradiation and UV/O_3: efficiency, product and mechanism. *Journal of Hazardous Materials*, **179**(1–3), 976–982.

Yargeau V. and Leclair C. (2008). Impact of operating conditions on decomposition of antibiotics during ozonation: a review. *Ozone: Science & Engineering*, **30**(3), 175–188.

Zehavi D. and Rabani J. (1972). Oxidation of aqueous bromide ions by hydroxyl radicals. A pulse radiolytic investigation. *Journal of Physical Chemistry*, **76**(3), 312–319.

Zhao G., Lu X., Zhou Y. and Gu Q. (2013). Simultaneous humic acid removal and bromate control by O_3 and UV/O_3 processes. *Chemical Engineering Journal*, **232**, 74–80.

Zwiener C. and Frimmel F. H. (2000). Oxidative treatment of pharmaceuticals in water. *Water Research*, **34**(6), 1881–1885.

第 5 章　真空紫外辐射驱动工艺

通德·奥洛皮，克里斯蒂娜·施兰茨，埃斯特·奥洛尼，兹苏桑纳·科兹梅尔

5.1　真空紫外工艺的基本原理

真空紫外（VUV）光解法是高级氧化工艺（AOPs）体系中一种用于去除水和空气中污染物的工艺方法。1893 年，德国物理学家维克多·舒曼将波长 200nm 以下的紫外线（UV）命名为真空紫外，这种紫外线能被空气强烈吸收。紫外电磁光谱的波长范围通常定义为 10～400nm，并细分为多个光谱范围（http：//spacewx. com/solar _ spectrum. html）。真空紫外的波长范围为 100～200nm，其光谱域的光化学研究主要集中在 140～200nm。

5.1.1　用于水处理的真空紫外辐射光源

光驱动的高级氧化工艺应用中（如真空紫外光解），处理效率由光源类型决定。在真空紫外光解中常用的光源有两种：低压汞蒸气灯（LP）和准分子灯。

低压汞灯的辐射光谱（其中汞的最佳压力约为 1Pa）主要由 253.7nm 和 184.9nm 的两条共振线构成。253.7nm 辐射功率占紫外线总发射功率的 85%，而由于常规低压汞灯石英灯管的强烈吸收，184.9nm 辐射功率会降低到 253.7nm 辐射功率（设为 100%）的 8%（Masschelein，2002）（图 5-1）。空气中 O_2 吸收 184.9nm 辐照会产生臭氧，所以这种低压汞蒸气灯通常被称为“产臭氧紫外灯”。而同时生成的臭氧也会被光解（$\varepsilon_{O_3,254nm}$ =

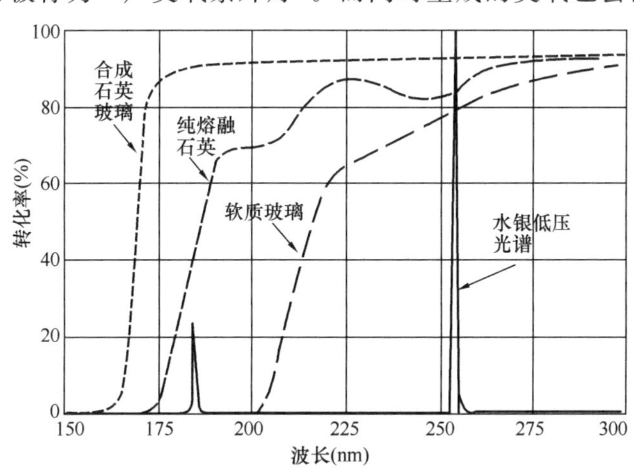

图 5-1　不同石英玻璃类型下低压汞灯的透射比及其相关光谱发射率（经许可转载自 Schalk 等，2005）

2952L/(mol·cm)，$\Phi_{230\sim280nm}$（$^{\cdot}$O$^{\cdot}$）=1.0（Atkinson 等，2004））。

低压汞蒸气灯的最佳工作温度为 40℃，较低的温度会导致部分汞蒸气冷凝在灯罩上。当温度超过 40℃时，汞蒸气的自吸收能力会增强。因此，灯的紫外输出取决于工作温度。线性功率密度（单位弧长电功率）一般为 0.3～0.6W/cm，紫外输出总量在 0.2～0.3W/cm 范围内，即紫外效率（紫外输出量与电输入量的比值）在 25%～35%之间，能量损失以热量形式消耗为主（Masschelein，2002；Schalk 等，2005）。

低压汞蒸气灯使用汞/铟汞合金，在灯表面温度接近 100 ℃时达到最佳汞蒸气压，因此这种灯有更高的电功率，且紫外输出对环境温度的依赖性较小（Van der Pol 和 Krijnen，2005）。

低压汞蒸气灯启动后需要一段预热时间，才能达到其最大紫外输出功率的 90%。石英灯管在日晒作用下会导致 184.9nm 波长的透过率降低，日晒 700h 后损耗可达 50%（Masschelein，2002）。灯管老化的另一个原因是在灯的内壁表层会形成紫外吸收氧化汞层。该氧化汞层源于石英玻璃中的汞离子与氧气发生的反应，随着工作时间的增加紫外线输出下降。目前通常用氧化铝保护涂层降低这种影响，可将灯管寿命延长至 16000h（Voronov 等，2003）。通过高透光率石英材料、银汞合金灯和长寿命技术相结合，可得到在 184.9nm 波长处具有高输出效率的灯。

根据石英灯管材质的不同，低压汞蒸气灯有“无臭氧”和“有臭氧”两种。普通石英由天然石英熔合而成，在 200nm 处的透光率低，且含有铝、钛等金属杂质。合成的熔融石英可以由富含硅的化学前体物制成，通常是一个连续的过程，包括挥发性硅化合物的火焰氧化成 SiO_2，及由此产生的粉尘的热熔融。在 184.9nm 紫外波长处，天然熔融石英的透光率约为 50%，而合成熔融石英的透光率约为 90%（Schalk 等，2005；Witzke，2001）（图 5-1）。

低压汞蒸气灯通常是圆柱形，但 Hereaus 公司也在做扁平灯技术的市场推广。这些光源更易以较低的成本获得，也可以较好地建立和量化发射光谱。一些光源制造商生产和经销种类繁多的“有臭氧”或 VUV/UV 低压灯；例如，日本的 SEN（http://www.senlights.com/），美国的 Jelight（http://www.jelight.com/），美国的 LightTech（http://www.light-sources.com/）。

低压汞蒸气灯在全球范围内专门用于水的消毒、无害化和氧化及去除水中的总有机碳（TOC）和氯/氯胺。184.9nm 和 253.7nm 的辐照组合可同时实现水中有机化合物的光氧化和消毒。采用高纯石英制作的低压汞蒸气灯可用于臭氧发生器（http://www.jelight.com/ozone-generator.html）。UVOX 系统采用这类低压汞蒸气灯，将紫外线消毒与臭氧和$^{\cdot}$OH 的氧化作用相结合用于净水处理（http://www.uvox.com/en/choice-of-right-uvox-system.html）。除了水处理和消毒，VUV/UV 低压灯还有其他应用，如：表面清洗及改性、光化学气相沉积、电离、IC 存储器的清除以及测量仪器的光源等。

基于惰性气体/卤素激发剂或稀有气体/卤素激发剂的准分子和激态络合物光源代表了新一代的光源。它们是近几十年来发展起来的，并且成为最重要的非相干光源，可以在紫外和真空紫外光谱区域较宽的波长范围内操作使用（图 5-2）。其操作基于激发二聚体的形成。

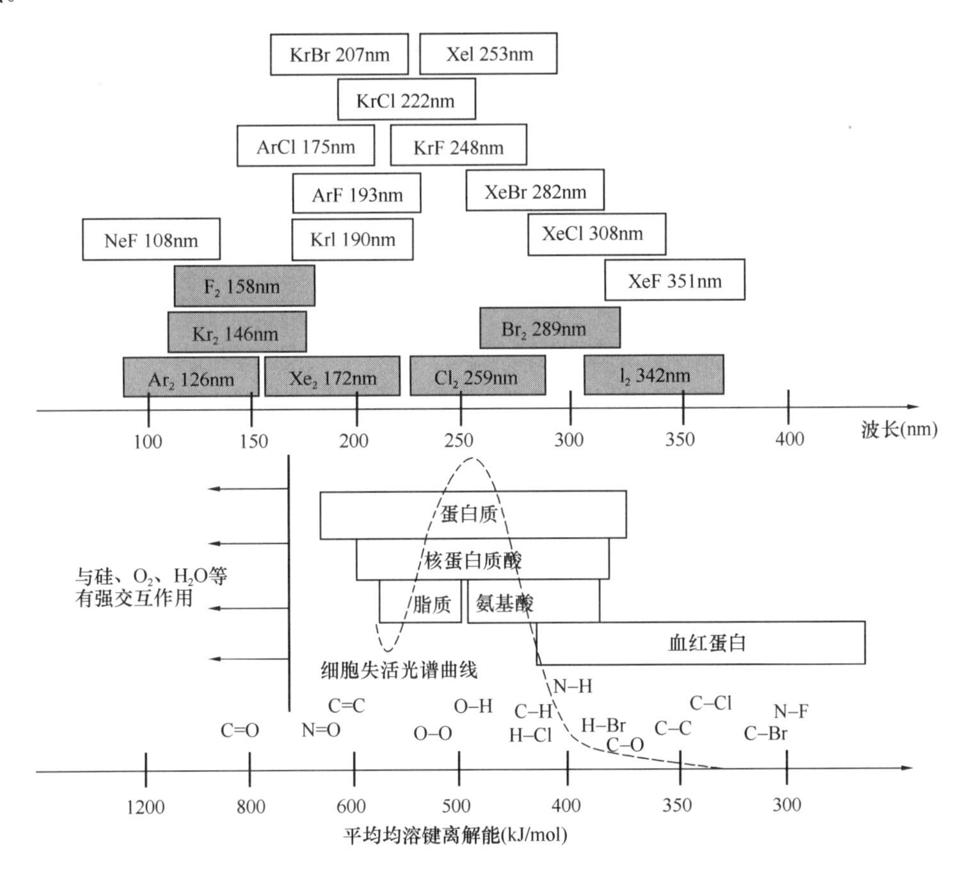

图 5-2　普通准分子和惰性气体/卤素激态络合物光源的发射波长、生物分子的吸收带、微生物病原体的失活光谱范围、化学键的离解能

严格地说，“准分子”（激发态二聚体）一词仅限于二聚体的两个组分是相同的原子或分子的情况。激态络合物是指异质二聚体的情况；然而通常的用法扩展了准分子以覆盖激态络合物。稀有气体和卤素气体准分子灯的辐射光谱具有极窄的发射带（Eliasson 和 Kogelschatz，1988；Gellert 和 Kogelschatz，1991；Oppenländer，2003），因此这些灯通常被称为“准单色光源”。这些光源光谱发射带的半宽主要取决于气体的种类和激发条件。

Wieser 等（1997）首次开发了一种基于电子束激发惰性气体准分子的真空紫外光源。近年来，利用不同激发方式已成功制备了不同类型的准分子灯（Kitamura 等，2004；Lomaev 等，2006b；Sosnin 等，2002；Sosnin 等，2011b），其中电容放电（CD）和介质阻挡放电（DBD）两种类型备受关注。关于准分子灯技术和准分子在大规模工业应用中的潜力在文献中被广泛挖掘（Kogelschatz，1990，2003，2012；Kogelschatz 等，2000；Kogelschatz 等，1997；Lomaev 等，2003；Lomaev 等，2006b；Sosnin 等，2006）。

通常，大多数紫外灯因其固定的几何形状限制了反应器设计的灵活性。而这种新型的非相干准分子光源的优点是其反应器设计与电极结构无关（Kogelschatz，1990，2003；

Oppenländer 和 Sosnin，2005）。许多已发表的论文中涉及工作参数的详细优化（最优压力、气体组成、激发方法和各种参数，如：电压脉冲波形、激发脉冲重复频率及电源供给）（Kogelschatz，1990，2004；Kogelschatz 等，2000；Lomaev 等，2003；Lomaev 等，2012；Lomaev 等，2006b；Oppenländer，2007；Oppenländer 和 Sosnin，2005；Oppenländer 等，2005；Sosnin 等，2006；Tarasenko 等，1999）。

氙准分子（Xe_2^*）灯是目前研究最多的真空紫外光源，并且广泛应用于净水研究。为了产生激发态分子，需要高能电子来产生激发态的惰性气体原子。当带电电子与惰性气体原子碰撞时，惰性气体会暴露在极高的电能密度下，从而形成电离态和激发态。短寿命的准分子（如 Xe_2^*）是在三体反应中形成的，反应涉及稀有气体原子的激发态和基态原子，其中第三个碰撞体带走了准分子多余的能量。光子由激发态二聚体（准分子）发射，同时在基态形成两个惰性气体原子（图 5-3）。由于准分子的分子结构与惰性气体原子不同，不存在准分子基态，所以发射出的辐射不会有自吸收现象。由于没有足够的能量产生激发物，所以离子过量消耗的能量就会造成能量损失（Zvereva 和 Gerasimov，2001）。Xe_2^* 在辐射峰值 172nm 处会发生衰减，其光谱发射带的半宽为 14nm（Braslavsky，2007）。准分子灯 70%～80%的辐射功率集中在此单一发射带（Eliasson 和 Kogelschatz，1991）。

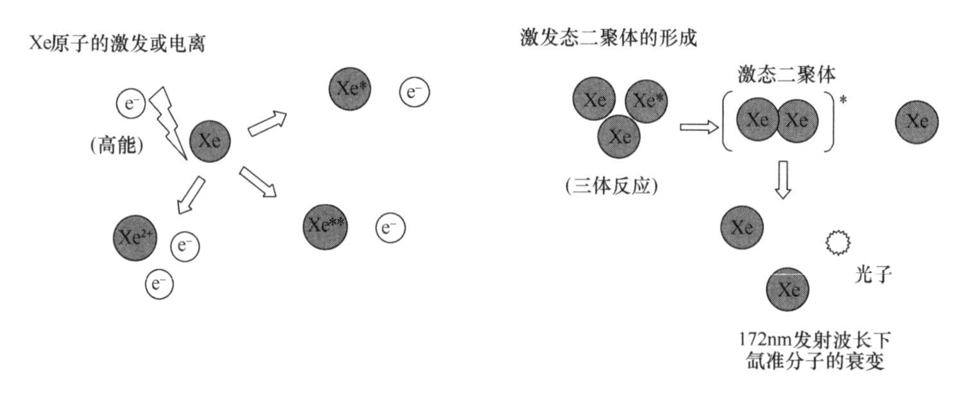

图 5-3　Xe_2^* 形成和衰变的主要过程

理论上，在最优条件下，80%的电能可以转化为 Xe_2^* 的真空紫外辐射（Kogelschatz，2003，2012）。而在实际应用中，氙准分子灯的典型辐射效率约为到 40%（Avdeev 等，2008；Gerasimov 等，2006；Lomaev 等，2003；Lomaev 等，2006a；Lomaev 等，2012；Lomaev 等，2006b；Tarasenko 等，1999；Zhang 和 Boyd，2000）。脉冲氙准分子灯的效率可达到 40%（Carman 和 Mildren，2003）。Beleznai 等（2008）对一种介质阻挡氙放电灯进行了理论和实验研究，真空紫外总输出效率为 66.8%，其中在 172nm 处的输出效率为 47.2%。其他发射波长的输出效率分别是 2.4%（147nm）和 17.2%（150nm）。除了氙准分子灯，Lomaev 等（2006b）还调查了无视窗激发态 Kr_2^* 和激发态 Xe_2^* 灯，并且分别报道了 Kr_2^* 在 146nm 处的辐射效率为 25%，Xe_2^* 在 172nm 处的辐射效率为 45%。Elsner 等（2006）和 Baricholo 等（2011）也对氩准分子灯进行了研究。

一般来说，准分子灯的平均输出功率密度不超过 50mW/cm²。使用双屏障准分子灯可以提高激发功率和辐射功率密度（Erofeev等，2010；Lomaev等，2008）。单屏障和双屏障准分子灯的平均辐射功率密度分别为20～30mW/cm^{2}和40mW/cm^2（Lomaev等，2008）。Lomaev等（2003）设计、制造并测试了一种输出功率密度为120mW/cm^{2}的大功率密封DBD氙准分子灯。

Volkova和Gerasimov（1997）及Gerasimov等（2000，2002）研究了Kr和Xe混合物的发射光谱，结果表明，加入少量Xe会导致Kr分子的激发失活。发射能量的再分配伴随着147nm附近的非线性辐射放大。他们还对Xe-X和Kr-Y的二元混合物进行了进一步的研究（X是He、Ne、Ar或Kr；Y是He、Ne或Ar）。所研究的发射带与异核二聚体中的电子跃迁有关（Gerasimov等，2003）。

在121.6nm处，由于氢原子（莱曼线）的跃迁，辐射线极为狭窄，可以在含有微量（小于0.1%）氢气的氦或氖气体中获取，能量效率约为10%（Yan等，2002；Yan和Gupta，2003）。Yan等研究了这种光源的光谱、光功率、稳定性和效率。微量的水（0.02%）在充满氩气的灯内会引发一个高效且具选择性的激发O-H波段。Shuaibov等（2012）研究了氩气向水的能量转移。紫外区发射最大值分别在297.6nm和308.9nm处，真空紫外区发射最大值分别在156.0nm、180.3nm和186.0nm处。

准分子和激态络合物灯的种类繁多（图5-2）。惰性气体-卤素准分子灯（Avdeev等，2008）和惰性气体/卤素激态络合物灯都得以广泛研究（Kogelschatz，2012；Lomaev等，2012；Lomaev等，2007；Tarasenko等，1999）。其中，最常见的是$KrCl^*$（Erofeev等，2010；Shuaibov等，2013；Sosnin等，2011a；Sosnin等，2015a；Sosnin等，2015b；Zhuang等，2010）、$XeCl^*$（Avtaeva等，2013；Baadj等，2013）和$XeBr^*$灯，其发射波长分别为222nm、308nm和282nm。通常情况下这些灯的辐射效率可以达到5%～18%。$KrCl^*$是在含有1%氯供体［包括Cl_2、HCl或CCl_4（Shuaibov等，2013）］的Kr气体中形成的。Zhuang等（2010）研究了气体组分和压力的影响，发现填充Kr（19.8kPa）和Cl_2（0.2kPa）的$KrCl^*$在222nm处达到最大辐射效率，其值为9.2%。其他的准分子光源也处于实验室研究阶段，如在可见光范围内辐射的激发物、多波长准分子源等。内部荧光涂层是无汞荧光灯和大屏幕等离子显示板的基础，曾用于Xe_2^*在172nm处辐射转化为近紫外或可见光辐射的过程（Beleznai等，2006；Beleznai等，2008；Malinin，2006）。

Zhang和Boyd（2000）比较了172nm、222nm和308nm准分子灯的寿命，以及其整体效率、稳定性和输出波动。氙准分子灯在透明石英中会形成“色心”，在最初的60h操作中，石英传输强度会降低22%。相比之下，222nm和308nm的石英灯在运行4000h后，仍然能保持原来100%的紫外强度输出，这些风冷准分子灯的平均辐射功率波动仅为2%～5%（Lomaev等，2003；Zhang和Boyd，2000）。

高效准分子灯的操作需要一种特殊的封套材料，这种材料在真空紫外光谱范围内具有高透射率且耐高能辐射。石英玻璃中光诱导“色心”是由各种缺陷引起的。外部缺陷主要是微量杂质；内在缺陷产生于生产过程中的热效应，通常表现为平衡缺陷或冷态缺陷、材料内部有缺陷、如二倍和三倍配位硅原子、Si-Si键、氧缺陷中心、非桥接氧原子、间隙氧原子和间隙氧气。此外，还有技术相关的缺陷，如石英玻璃在含有氢气的空气中熔融，典型的缺陷是氢化物（SiH）、羟基（OH）和游离氢。这些缺陷也存在于合成熔融石英。其他技术相关的缺陷是卤素原子引起的缺陷，如为了生产干燥的合成熔融石英，通常用氯和氟去除羟基。在干燥的熔融石英中，可能存在 Si—Cl 键或 Si—F 键，以及间质氯和氟。Schreiber 等（2005）研究了真空紫外灯用石英玻璃的着色和抗辐照性能。含有 250mg/L 羟基和石英玻璃熔融培养晶体的合成熔融石英是 172nm 真空紫外应用的最佳材料。

Ar_2^* 的短波辐射（126nm）需要特殊的介质材料（如 CaF_2、MgF_2、LiF），这些材料价格昂贵且仅适用于小尺寸。为了解决这个问题，Kogelschatz（1992）设计了开放式放电结构，称为"无窗准分子灯"。Lomaev 等（2006a）描述了一种可在 Ar_2^*（126nm）、Kr_2^*（146nm）和 Xe_2^*（172nm）条件下操作的开放式无窗准分子灯。

准分子灯具有诸多性能优势，如在真空紫外和紫外辐射下平均功率系数高、发射光子能量高、准单色辐射、光谱功率密度高、无可见光和红外辐射、辐射面加热要求低（冷灯）、无固定几何形状、无预热时间等。通过同时激发不同种类的作用准分子，能够获得多波长的紫外辐射。最后，准分子灯是基于无害的惰性气体，因此比汞蒸气灯更环保。

如图 5-2 所示，真空紫外辐射可以破坏大部分化学键。真空紫外准分子灯发射短波长的波，其高能辐射通常被用于大规模的表面改性，包括低温氧化、在热敏基片上沉积金属图案、光化学聚合和清洗（干洗）。Ar_2^* 灯主要用于光刻技术。真空紫外准分子灯作为分析仪器的光源或电离源会有很大的发展潜力。很多公司，如 Ushio 和 Osram，可以制造氙基荧光准分子灯，作为扫描仪和复印机中的无汞图像处理灯（Kogelschatz，2012）。真空紫外和紫外准分子灯是传统紫外线消毒光源的替代品，细胞失活的光谱曲线如图 5-2 所示。准分子灯在光线疗法（银屑病）、波长选择性药物光毒性试验等医学研究和应用中有巨大的潜力（Oppenländer，1994，1996）。有关准分子灯及其应用的详细信息可在已发表的文献中找到（Kogelschatz，2012；Lomaev 等，2012；Oppenländer 和 Schwärzwalder，2002；Oppenländer 和 Sosnin，2005；Sosnin 等，2006）。

各种各样的准分子（Ar_2^*、Kr_2^*、Xe_2^*）和激态络合物（$KrCl^*$、$XeCl^*$、$XeBr^*$）灯已经可以在市场上买到。Osram（http：//www. osram. com/osram _ com/）、Ushio（http：//www. ushio. com/）和 Hamamatsu（http：//www. hamamatsu. com/）是主要制造商。在实验室中应用最广泛的光源是 Osram 的 XERADEX Xe_2^* 灯，该光源在正常工作时不需要冷却，没有启动时间，开关操作循环不受限制，预计使用寿命 2500h。真空紫外在 172nm 处的输出功率为 $40mW/cm^2$，并可以通过主动冷却提高到 $80mW/cm^2$。灯管功率为 60～300W，在 172nm 处真空紫外标称效率为 40%（http：//www. osram. com/osram _ com/）。

5.1.2 水的真空紫外（VUV）辐照

5.1.2.1 纯水的 VUV 光解

VUV 光解主要用于水溶液中各种污染物的去除和矿化。有机和无机分子及离子在真空紫外波段具有较高的吸光系数。水溶液中，当水分子浓度（55.5mol/L）大大超过了溶解的化合物浓度时，真空紫外光子几乎被水完全吸收。图5-4为25℃时测定的水的吸光系数（Barrett 和 Baxendale，1960；Barrett 和 Mansell，1960；Halmann 和 Platzner，1965；Kröckel 和 Schmidt，2014；Querry 等，1978；Segelstein，1981；Week 等，1963）。水的吸光系数和光解量子产率与140～200nm区域的辐射波长相关。

25℃时，184.9nm处水的吸光系数为1.46～1.80cm^{-1}（Barrett 和 Mansell，1960；Halmann 和 Platzner，1965；Kröckel 和 Schmidt，2014；Weeks 等，1963）。Kröckel 和 Schmidt（2014）的最新研究结果为1.62cm^{-1}。他们在研究中观察到187nm处的吸光系数与温度（10～30℃）成线性相关（例如，温度从10℃上升到30℃，吸光系数从0.45cm^{-1}增大到0.67cm^{-1}）。172nm处水的吸光系数为550cm^{-1}。因此，真空紫外辐射穿透水层的穿透深度在184.9nm时为几毫米，在172nm时为零点几毫米（Heit 和 Braun，1996，1997）。水对真空紫外辐射吸收会导致水分子的均裂和光化学电离［式（5-1）和式（5-2）］。

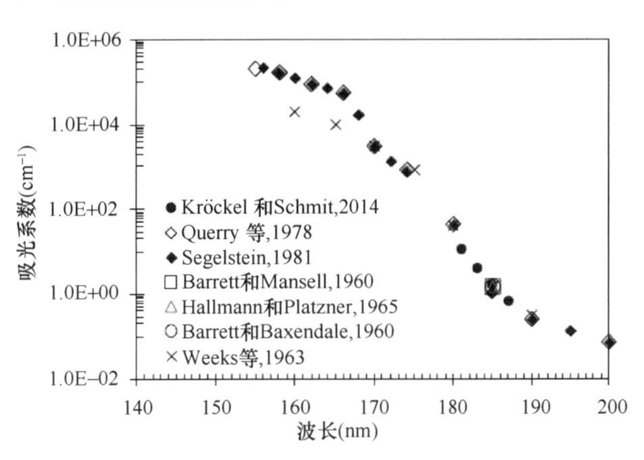

图5-4　25℃下测定的纯水吸光系数

$$H_2O + h\upsilon(<190nm) \rightarrow H^{\cdot} + HO^{\cdot} \tag{5-1}$$

$$H_2O + h\upsilon(<200nm) \rightarrow [e^-, H_2O^+] + H_2O \rightarrow$$

$$[e^-, H_2O^+] + (H_2O) \rightarrow e^-_{aq} + HO^{\cdot} + H_3O^+ \tag{5-2}$$

如图5-5所示，水均裂的量子产率与波长相关。

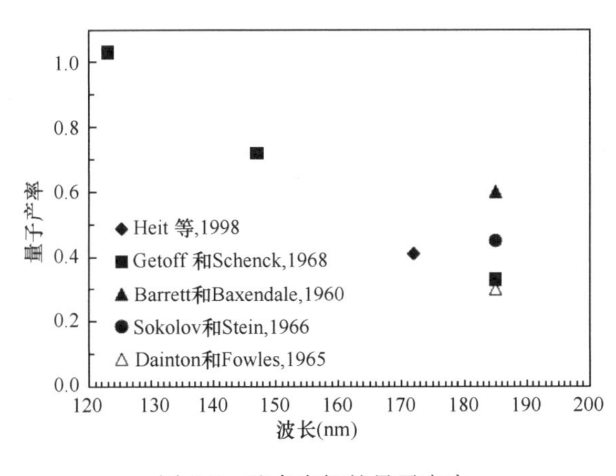

图5-5　纯水光解的量子产率

表5-1是关于水光解的文献数据，以及相应的羟基自由基（$HO^{\cdot}$）、氢原子（$H^{\cdot}$）和水合电子（e^-_{aq}）在172nm和184.9nm处的量子产率。水光解的阈值能量为6.41～6.71eV（Nikogosyan 和 Görner，1992）。

真空紫外光解水主要产生了$H^{\cdot}$和$HO^{\cdot}$。一般来说，e^-_{aq}反应对真空紫外系统整体机理的贡献相当小，因为e^-_{aq}浓度非常低。$\Phi(e^-_{aq})$与pH略有关系，在pH>9的碱性溶液中$\Phi(e^-_{aq})$有所增加，这是由于$H^{\cdot}$与$HO^{\cdot}$发生了式（5-3）所示的反应（Gonzalez 等，2004）。

$$HO^- + H^{\cdot} \rightarrow H_2O + e^-_{aq} \tag{5-3}$$

相反，$\Phi(e_{aq}^-)$ 在 pH<4 的溶液中显著下降，这是因为 e_{aq}^- 被 H_3O^+（水合氢离子）清除了［式（5-4）］(Gonzalez 等，2004)。

$$H^+ + e_{aq}^- \rightarrow H^{\cdot} \quad k = 2.2 \times 10^{10} L/(mol \cdot s) \tag{5-4}$$

用 Xe_2^* 灯和低压灯分别在 172nm 和 184.9nm 处测定水的均裂和电离的量子产率　表 5-1

波长 (nm)	量子产率 $H_2O + h\nu$ (<190nm) $\rightarrow H^{\cdot} + HO^{\cdot}$	量子产率 $H_2O + h\nu$ (<200nm) $\rightarrow e_{aq}^- + HO^{\cdot} + H_3O^+$	参考文献
172	0.42		Heit 等 (1998)
184.9	0.33	0.045	Getoff 和 Schenck (1968)
	0.6		Barrett 和 Baxendale (1960)
	0.45		Sokolov 和 Stein (1966)
	0.3		Dainton 和 Fowles (1965)

此外，e_{aq}^- 与 $HO^{\cdot}$ 的反应会生成更稳定的 HO^-，提高了水的 pH 值［式（5-5）］。

$$e_{aq}^- + HO^{\cdot} \rightarrow HO^- \quad k = 3 \times 10^{10} L/(mol \cdot s)(\text{Gonzalez 等},2004) \tag{5-5}$$

在强碱性溶液（pH>12.7）中，$HO^{\cdot}$（$O^{\cdot -}$）与溶解氧（DO）反应生成大量的臭氧自由基阴离子（$O_3^{\cdot -}$）［式（5-6）和式（5-7）］，HO^- 的来源见式（5-8）和式（5-9）（Gonzalez 等，2004；Hayon 和 McGarvey，1967；Martire 和 Gonzalez，2001）。

$$HO^{\cdot} + HO^- \rightarrow H_2O + O^{\cdot -} \quad pK_a = 11.9(\text{Gonzalez 等},2004) \tag{5-6}$$

$$O^{\cdot -} + O_2 \rightarrow O_3^{\cdot -} \quad k = 3.5 \times 10^3 L/(mol \cdot s)(\text{Gonzalez 等},2004) \tag{5-7}$$

$$O_3^{\cdot -} + H^+ \rightarrow H_2O + HO_3^{\cdot} \quad pK_a = 8.2(\text{Gonzalez 等},2004) \tag{5-8}$$

$$HO_3^{\cdot} \rightarrow O_2 + HO^{\cdot} \tag{5-9}$$

主要的自由基（$H^{\cdot}$ 和 $HO^{\cdot}$）是在有利于重组的溶剂笼中形成的（Thomsen 等，1999；László 等，1998)，因此其量子产率低于 1。$H^{\cdot}$ 和 $HO^{\cdot}$ 能够引发一系列的扩散控制反应，它们的自重组可以产生过氧化氢（H_2O_2）、氢气(H_2)和水[式(5-10)～式(5-12)]。

$$2HO^{\cdot} \rightarrow H_2O_2 \tag{5-10}$$

$$k = 4 \times 10^9 \sim 2.0 \times 10^{10} L/(mol \cdot s)(\text{Buxton 等},1988;\text{Gonzalez 等},2004)$$

$$2H^{\cdot} \rightarrow H_2 \tag{5-11}$$

$$k = 1.0 \times 10^{10} L/(mol \cdot s)(\text{Buxton 等},1988;\text{Gonzalez 等},2004)$$

$$HO^{\cdot} + H^{\cdot} \rightarrow H_2O \tag{5-12}$$

$$k = 2.4 \times 10^9 L/(mol \cdot s)(\text{Buxton 等},1988;\text{Gonzalez 等},2004)$$

溶解氧（DO）会影响自由基反应，氧气与 $H^{\cdot}$ 的反应［式（5-14）］极大地降低了 $H^{\cdot}$ 与 $HO^{\cdot}$ 再结合的概率，因此 $HO^{\cdot}$ 的浓度增大，而 $H^{\cdot}$ 的浓度则大幅度减小。László 和

Dombi（2002）研究了 172nm 辐射下的$[Fe(CN)_6]^{4-}$和$[Fe(CN)_6]^{3-}$水溶液中$H^{\bullet}$和$HO^{\bullet}$的氧化还原性能。在无氧溶液中，$[Fe(CN)_6]^{4-}$的氧化速率与$[Fe(CN)_6]^{3-}$的还原速率无显著差异。而在 DO 存在条件下，$[Fe(CN)_6]^{4-}$的氧化速率显著提高，$[Fe(CN)_6]^{3-}$的还原速率明显受到抑制，这是因为氧气分别与e_{aq}^-和$H^{\bullet}$结合，并生成$O_2^{\bullet -}$及其共轭酸$HO_2^{\bullet}$［式（5-13）～(5-15)］。

$$O_2 + e_{aq}^- \rightarrow O_2^{\bullet -} \tag{5-13}$$

$$k = 2\times 10^{10} L/(mol\cdot s)\text{(Buxton 等，1988；Gonzalez 等，2004)}$$

$$H^{\bullet} + O_2 \rightarrow HO_2^{\bullet} \quad k = 2.1\times 10^{10} L/(mol\cdot s)\text{(Buxton 等，1988)} \tag{5-14}$$

$$HO_2^{\bullet} + H_2O \rightleftharpoons H_3O^+ + O_2^{\bullet -} \quad pK_a = 4.8\text{(Bielski 等，1985)} \tag{5-15}$$

在溶解氧（DO）存在条件下，H_2O_2主要由$HO_2^{\bullet}/O_2^{\bullet -}$的歧化反应生成［式（5-16）］。

$$O_2^{\bullet -} + HO_2^{\bullet} + H_2O \rightarrow O_2 + H_2O_2 + HO^- \tag{5-16}$$

$$k = 9.7\times 10^{7} L/(mol\cdot s)\text{(Buxton 等，1988)}$$

式（5-16）的速率常数与 pH 有关（Bielski 等，1985），在$pH\approx pK_a$时具有最大值。

在真空紫外光解不含氧气的纯水时，生成的过氧化氢可以忽略不计。在 DO 存在条件下，H_2O_2浓度增加主要通过歧化反应式（5-16）进行。有机化合物如草酸、芳香族化合物、甲酸和甲醇等（Arany 等，2012；Azrague 等，2005；Imoberdorf 和 Mohseni，2011；Robl 等，2012）在 DO 存在的条件下，产生过氧化氢的量显著提高。Azrague 等（2005）报道的结果显示过氧化氢浓度急剧增加，最大值相当于草酸约 25％的转化率。随着底物浓度的降低，过氧化氢的浓度降低到纯水中测定的浓度。Imoberdorf 和 Mohseni（2011）以甲酸为模型化合物，探究过氧化氢浓度升高直至有机底物转化率约为 75％。Robl 等（2012）证实了甲醇水溶液中过氧化氢产量的增加。在有机污染物氧化过程中，通过与有机过氧自由基的反应，可以形成和积累$HO_2^{\bullet}$。因此，很多研究（Alapi 和 Dombi，2007；Azrague 等，2005；Robl 等，2012）观察到的过氧化氢浓度增加，是由有机化合物氧化降解机制中形成的$HO_2^{\bullet}/O_2^{\bullet -}$浓度增加引起的。

5.1.2.2 VUV 辐照水溶液的异质性

VUV 辐照系统的异质性主要是由于真空紫外辐射的低穿透深度造成的。水光解伴随着主要活性物质（$HO^{\bullet}$、$H^{\bullet}$、e_{aq}^-）的形成，其发生在很薄的液体层内。短寿命的［$<10\mu s$（Hoigné，1998）］初级自由基不能在辐射体积外的范围扩散，因此，它们的双分子反应都发生在这个光反应区内（图 5-6）。

在含有 DO 的溶液中，$H^{\bullet}$和e_{aq}^-易被 DO 捕获，因此有机物的转化主要由与$HO^{\bullet}$的反应引发，形成的以碳为中心的自由基也被 DO 捕获，导致光反应区的 DO 耗尽。Heit 和 Braun（1996）通过一项精心设计的实验验证 DO 耗尽，其中 DO 的浓度分布被确定为氙准分子灯表面径向距离的函数。结果证实了一个薄的（0.036mm）光反应区的存在，其特征是短寿命初级自由基的扩散控制反应。向$H^{\bullet}$和以碳为中心的自由基添加 DO 会产生

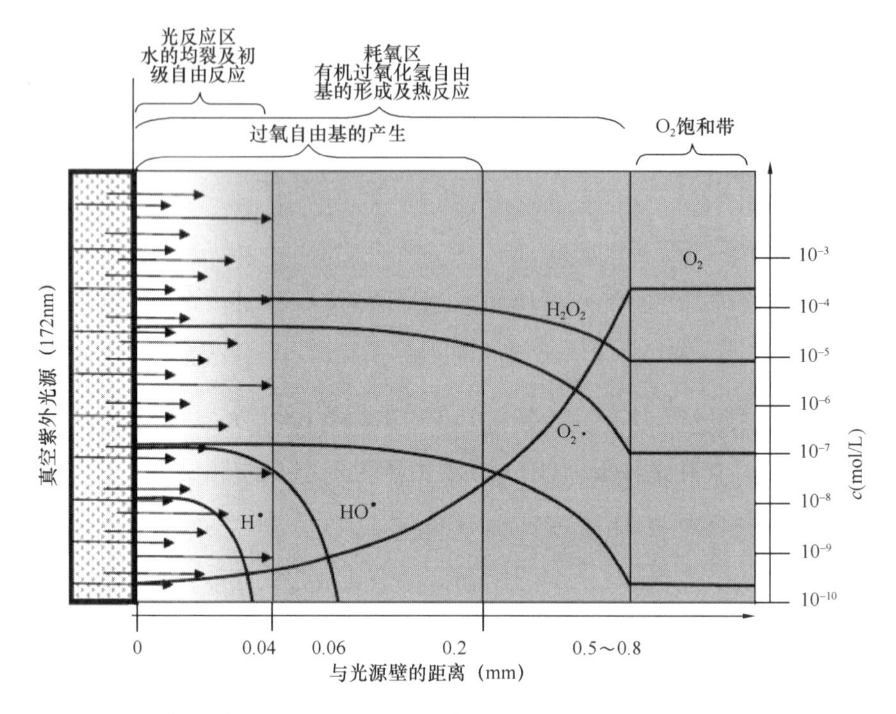

图 5-6　VUV 辐照水溶液的异质性（这些数据是基于 Heit 和 Braun（1996，1997）、László（2001）和 Oppenländer（2003）研究呈现的数据图形）

氧气消耗区域，该区域位于辐照区之外。DO 耗竭程度取决于有机底物浓度和光子通量，并与水溶液流速略有关系。在氧气消耗区域内，过氧自由基的反应占主导地位。与寿命较短的初级自由基相反，$HO_2^{\cdot}$/$O_2^{\cdot -}$ 和有机过氧自由基具有更长的寿命，这使得它们能够扩散到“暗”区，对氙准分子灯来说最大距离是离灯表面约 0.5mm。

通过使用能产生径向混合和湍流条件的高流速，可以减缓真空紫外辐照溶液的不均匀性（Dobrovic 等，2007），增强向光反应区的传质，从而提高污染物的氧化和矿化速率。将真空紫外光解与电解相结合，在靠近辐照区的阳极生成 DO，从而提高苯甲酸的氧化矿化速率（Wörner 等，2003）。Tasaki 等（2009）研究了氧气微泡在紫外（253.7nm）和真空紫外/紫外（184.9nm/253.7nm）辐照中对甲基橙溶液的作用，通过 DO 从未辐照的本体向光反应区的扩散来控制矿化速率，使用陶瓷布气装置或通过多孔玻璃板注入氧气或空气，可防止真空紫外辐照区的 DO 耗尽。

5.2　动力学与反应模型

5.2.1　一级和二级形成活性组分的反应及作用

在真空紫外辐照水溶液中，初级形成的活性组分是 $HO^{\cdot}$、$H^{\cdot}$ 和 e_{aq}^{-}。在 Buxton 等

（1988）的研究中可以找到这些组分与多种化合物反应的速率常数汇编。

e_{aq}^-是一种强还原剂。在与卤代有机化合物的反应中，e_{aq}^-作为亲核试剂，卤化物离子为反应产物。该反应与去除全卤化饱和烃，即对 HO˙ 无反应的化合物显著相关（Gonzalez 等，2004；Oppenländer 和 Schwarzwälder，2002）。

H˙ 是 e_{aq}^-的共轭酸，还原电位为－2.3V（Buxton 等，1988）。该组分通过攫氢反应与饱和有机化合物反应，或在与不饱和化合物的反应中加成双键。

目前，HO˙ 是真空紫外辐照水溶液最主要的活性物质，特别是在 DO 存在的情况下。HO˙ 与有机和无机化合物反应的速率常数超过几个数量级，其中大部分接近扩散控制极限［10^9～10^{10}L/(mol・s)］。

尽管 HO˙ 被认为是一种高活性和非选择性氧化剂，但可以观察到攫氢反应对底物的结构特性具有显著的选择性。HO˙ 通过亲电加成富 π 电子基团与不饱和化合物反应，如不饱和的双键或三键。HO˙ 也参与电子转移反应，通常与无机化合物有关。芳香结构与 HO˙ 最常见的反应是芳香环的加成反应，而侧链的电子转移和攫氢反应一般较少发生。通常，HO・加成反应的速率常数比攫氢反应的速率常数大。HO˙ 是一种强亲电基团，并且优先加成于负极化位点。HO˙ 与有机化合物的大多数反应都产生以碳为中心的自由基。

在无 DO 的溶液中，以碳为中心的自由基参与一系列反应，包括组合反应和歧化反应。在 DO 存在条件下，以碳为中心的自由基通过扩散控制反应转化为过氧自由基（von Sonntag 和 Schuchmann，1991）。有关过氧自由基在水溶液中形成和作用的详细信息可以在 von Sonntag 和 Schuchmann（1997）的文章中找到。

$HO_2^{\cdot}$ 和$O_2^{\cdot-}$的反应活性远低于 HO˙ 和 H˙（Bielski 等，1985）；$HO_2^{\cdot}$ 和 $O_2^{\cdot-}$ 与苯酚的反应速率常数分别为 2.7×10^3L/(mol・s)（Kozmér 等，2014）和 5.8×10^2L/(mol・s)（Tsujimoto 等，1993）。但是，如果这些物质浓度较高，则有助于降解有机污染物（Alapi 和 Dombi，2007；Arany 等，2015；Kozmér 等，2014）。$HO_2^{\cdot}$ 和$O_2^{\cdot-}$的一个典型反应是芳香环的加成（Getoff，1996）。$O_2^{\cdot-}$ 也可以参与电子转移反应，且反应速率非常快（如减少醌类）。在目标化合物矿化过程中，有机过氧自由基反应［如 Russell 机理（von Sonntag 和 Schuchmann，1997）］生成$HO_2^{\cdot}$ 和$O_2^{\cdot-}$。因此，在真空紫外辐照下的含 DO 的有机化合物溶液中，$HO_2^{\cdot}$ 和$O_2^{\cdot-}$的浓度大大提高。

在 172nm 或 184.9nm/253.7nm 辐照体系中，DO 对化学降解速率有促进或抑制作用。有研究表明，在 DO 存在条件下，转化速率有所提高（Gonzalez 和 Braun，1996；Han 等，2004；Quici 等，2008；Szabó 等，2011），有机碳的有效矿化率也有所提高（Arany 等，2015；Gonzalez 和 Braun，1996；Han 等，2004；Oppenländer 等，2005）。Gonzales 等（1994，1995）的研究表明，阿特拉津和 3-氨基-5-甲基异恶唑的光解速率（172nm）不依赖于 DO 浓度，且无氧条件下的矿化产率高于有氧条件下的矿化产率。

5.2.2 真空紫外高级氧化工艺的动力学和机理模型

污染物的真空紫外转化是由真空紫外光解水产生自由基的二级动力学反应引发的［式

(5-1) 和式 (5-2)]。在恒定的光子通量下，反应自由基接近准稳态浓度，因此降解速率通常用伪一级动力学来描述。

真空紫外辐射在水中穿透深度较浅，导致介质的不均匀性，使得真空紫外工艺的建模较为复杂（详见第 5.1.2.2 小节）。此外，一部分组分通过光依赖反应原位形成，而其他组分随后通过不依赖于光的反应形成。而且，反应组分的反应活性和寿命不同。

Gonzalez 和 Braun（1995）建立了一个动力学模型，考察了 12 种不同物质的共计 28 种基本反应。随后，Gonzalez 等（2004）以甲醇为模型化合物，结合其氧化机理，考察了 27 种不同的物质和 54 种基本反应。

László（2001）模拟了 172nm 辐照水中的自由基浓度和过氧化氢的形成。$H^•$、$HO^•$、$HO_2^•$、$O_2^{•-}$ 和 H_2O_2 的浓度分布是一个有关氙准分子灯表面辐射距离的函数，与 Heit 和 Braun（1997）的研究结果一致。$H^•$ 和 $HO^•$ 分别只存在于 0.03 mm 和 0.07 mm 的水层内，而 $HO_2^•$、$O_2^{•-}$ 和 H_2O_2 的浓度在距灯表面 0.5mm 处达到稳态。László 证明了在混合间歇反应器中过氧化氢形成的模型预测与实验结果具有良好的一致性。

Zvereva（2010）模拟了 172nm 真空紫外辐射下液态水分解产物的浓度。他考虑了连续照射，在 10^{-2}s 的时间间隔内建立了动力学模型，忽略了初始形成的活性组分的扩散。$H^•$、$HO^•$ 和 e_{aq}^- 的浓度基于其形成的量子产率和局部（空间）光强计算。该模型用于估算多氯联苯与 $HO^•$ 反应的分解速率。

Imoberdorf 和 Mohseni（2011）使用化学探针研究了真空紫外高级氧化工艺在实验室规模反应器中对环境污染物的破坏。他们选择甲酸这一简单分子，建立并验证了在单灯环状流序批运行反应器中，真空紫外（184.9nm）/紫外（253.7nm）高级氧化工艺的动力学模型。动力学模型包括水光化学、真空紫外辐照期间生成的甲酸和 H_2O_2 的光解以及溶液中发生的自由基反应。将动力学模型与使用蒙特卡罗方法求解的辐射模型相结合，根据光子在反应器内的流动传播和溶液的光学特性计算出光子吸收的局部（空间）速率。实验和模型数据表明，真空紫外辐射驱动的甲酸降解符合零级动力学，这也表明反应体系中可用的 $HO^•$ 有限。将该模型扩展到 H_2O_2/VUV 和 H_2O_2/UV 高级氧化工艺，观察得到实验数据与模拟数据有良好的一致性（Imoberdorf 和 Mohseni，2011）。

Imoberdorf 和 Mohseni（2012）对超纯水和从加拿大不列颠哥伦比亚省三个不同地点采集的地表水等水样做了 VUV/UV 降解农药 2，4-D（2，4-二氯氧乙酸）的动力学研究，研究提供了 184.9nm 和 253.7nm 辐射的模型方程、质量平衡和径向辐射剖面，以及 2，4-D 和已经确定的降解副产物的实验模型。在一项致力于天然有机物（NOM）降解的研究中，Imoberdorf 和 Mohseni（2011）确定了在 TOC 减少 50%时，通过 VUV 光解而降解的 NOM 的总量子效率为 0.10。

近日，Bagheri 和 Mohseni（2015b）开发并用实验验证了综合计算流体动力学（CFD）模型，其中包括了流体动力学、184.9nm 和 253.7nm 的辐射传播以及综合动力学方案。他们监测了阿特拉津的光转变，发现 VUV/UV 工艺性能很大程度上取决于光反应器内的流动特性。在一项关于湍流和混合对 VUV/UV 高级氧化工艺性能影响的研究中，也报道了类似的结果（Bagheri 和 Mohseni，2015a）。使用对氯苯甲酸为探针化合物，并使用单阶电能消耗量（E_{EO}）作为工艺性能指标。为了加强 UV 反应器内的混合效果，内置了挡板。与 UV/H_2O_2 工艺相比，VUV/UV 工艺的处理效果与混合程度显示出更强的相关性。由于挡板的存在，增强了混合和涡流（“环流区”），从而使得与 VUV/UV 处理能量相关的成本降低了高达 50%，而对于 UV/H_2O_2（5mg/L）工艺并未观察到对 E_{EO}的显著影响。

Crapulli 等（2014）创造了一种新的机理模型，该模型描述了环形光反应器中 VUV 在 172nm 或 184.9nm 处的光解（结合 253.7nm，添加或不添加 H_2O_2）。研究表明，根据反应器的特性和操作条件，在 172nm-VUV 工艺中，反应区可能比光子穿透层深一个数量级以上。该模型证实了短寿命的 $HO^{\bullet}$ 的存在区域远远超出辐射穿透深度的径向距离。动力学模拟结果表明，$HO^{\bullet}$ 与灯表面较长径向距离的存在是造成复杂反应动力学非线性行为的原因。

5.3　真空紫外辐射用于水质的改善

5.3.1　VUV 用于去除特定化合物

在过去的 20 年中，使用 VUV 处理污水的方法得到了广泛的研究。这些研究涉及特定化合物的转化产量、化学污染物的矿化、副产物的形成以及机理路径的预测。

5.3.1.1　脂肪族和含氯挥发性有机化合物

在含有 DO 的水溶液中，非卤化脂肪族化合物的转化主要由 $HO^{\bullet}$ 通过攫氢反应或不饱和键加成引发。Heit 等（1998）和 Gonzalez 等（2004）对 VUV（172nm）和 VUV/UV（184.9nm/253.7nm）处理水中的甲醇进行了详细的研究（图 5-7）。$HO^{\bullet}$ [$k_{甲醇,HO^{\bullet}}=9.7\times10^8$L/(mol·s)（Heit 等，1998）] 或 $H^{\bullet}$ [$k_{甲醇,H^{\bullet}}=2.6\times10^6$L/(mol·s)（Heit 等，1998）] 的攻击是羟甲基自由基（$HOCH_2^{\bullet}$）形成（Gonzalez 等，2004）的主要原因。这些自由基的反应机制取决于是否有氧气存在。

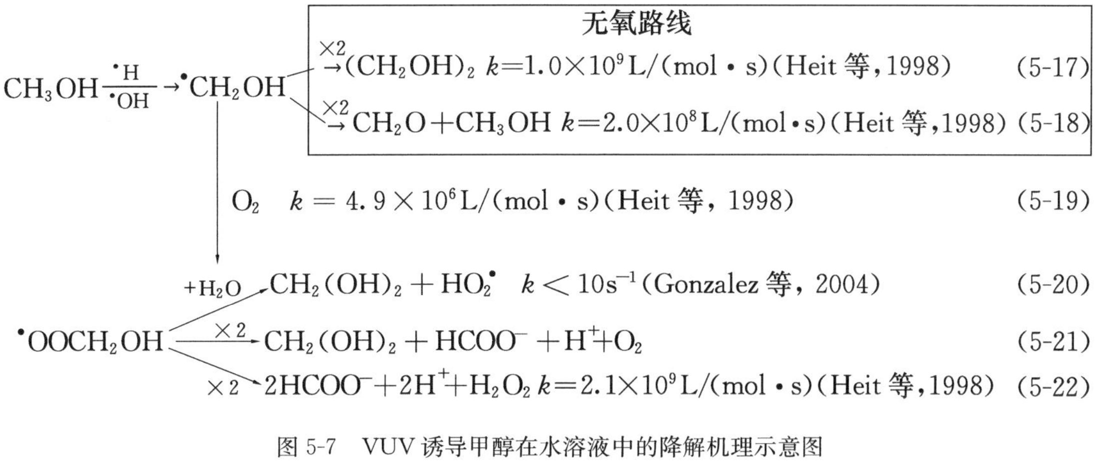

$$CH_3OH \xrightarrow[\cdot OH]{\cdot H} {}^{\bullet}CH_2OH$$

无氧路线

$$\xrightarrow{\times 2} (CH_2OH)_2 \quad k=1.0\times10^9\,L/(mol\cdot s)\text{(Heit 等,1998)} \tag{5-17}$$

$$\xrightarrow{\times 2} CH_2O+CH_3OH \quad k=2.0\times10^8\,L/(mol\cdot s)\text{(Heit 等,1998)} \tag{5-18}$$

$$O_2 \quad k=4.9\times10^6\,L/(mol\cdot s)\text{(Heit 等, 1998)} \tag{5-19}$$

$${}^{\bullet}OOCH_2OH \xrightarrow{+H_2O} CH_2(OH)_2+HO_2^{\bullet} \quad k<10s^{-1}\text{(Gonzalez 等, 2004)} \tag{5-20}$$

$$\xrightarrow{\times 2} CH_2(OH)_2+HCOO^-+H^++O_2 \tag{5-21}$$

$$\xrightarrow{\times 2} 2HCOO^-+2H^++H_2O_2 \quad k=2.1\times10^9\,L/(mol\cdot s)\text{(Heit 等,1998)} \tag{5-22}$$

图 5-7　VUV 诱导甲醇在水溶液中的降解机理示意图

（速率常数取自 Heit 等（1998）和 Gonzalez 等（2004））

Oppenländer 和 Gliese（2000）研究并比较了 172nm 辐射引发的 20 种不同结构有机微污染物的转化和矿化速率，其中包括C_1到C_8醇；所有化合物的初始 TOC 含量（40～50mg/L）相似。芳香族C_6 化合物的矿化速率比C_6 饱和醇快，芳香环上的 Cl^- 置换具有活化作用。

氯代烷系烃，如CCl_4 $[k_{CCl_4,\cdot OH}<10^5 L/(mol \cdot s)]$ 和$CHCl_3$ 与 $HO^\cdot$ 、$H^\cdot$ 反应缓慢，而它们与 e_{aq}^-的反应几乎是扩散控制的。在氧气存在的条件下，高卤代化合物的降解速度减慢（详见反应式（5-13））。

$$CCl_4 + e_{aq}^- \rightarrow {}^\cdot CCl_3 + Cl^- \quad k = 3\times10^{10} L/(mol \cdot s) \text{(Gonzalez 等，2004)} \tag{5-23}$$

$$CHCl_3 + HO^\cdot \rightarrow {}^\cdot CCl_3 + H_2O \quad k = 5\times10^{7} L/(mol \cdot s) \text{(Gonzalez 等，2004)} \tag{5-24}$$

$$CHCl_3 + H^\cdot \rightarrow {}^\cdot CCl_3 + H_2 \quad k = 1.1\times10^{7} L/(mol \cdot s) \text{(Gonzalez 等，2004)} \tag{5-25}$$

$$CHCl_3 + e_{aq}^- \rightarrow {}^\cdot CHCl_2 + Cl^- \quad k = 3\times10^{10} L/(mol \cdot s) \text{(Gonzalez 等，2004)} \tag{5-26}$$

暴露于 172nm 的真空紫外且存在 DO 时，$CHCl_3$ 中超过 93%的有机氯会以Cl^-的形式释放出来，这表明$^\cdot CCl_3$ 反应导致 HCl 和CO_2 的形成（Gonzalez 等，2004）。

三氯乙烷（TCE）、四氯乙烷（PCE）和 1,2-二氯乙烷（DCE）是挥发性有机化合物（VOCs），它们及其代谢产物，如氯乙烯或三氯乙酸，是有毒的且在饮用水中是受到监管的（Weissflog 等，2004）。受到 TCE、DCE 和 PCE 污染的地下水可以使用 172nm 的真空紫外辐照处理（Baum 和 Oppenländer，1995）。向不饱和键中加入 $HO^\cdot$ 、$H^\cdot$ 和 e_{aq}^-可以引发降解过程［式（5-27）～式（5-29）］。

$$Cl_2C = CCl_2 + HO^\cdot \rightarrow Cl_2(OH)C - C^\cdot Cl_2 \quad k = 4.9\times10^{8} L/(mol \cdot s) \text{(Getoff，1990)} \tag{5-27}$$

$$Cl_2C = CCl_2 + H^\cdot \rightarrow Cl_2HC - C^\cdot Cl_2 \quad k = 5\times10^{9} L/(mol \cdot s) \text{(Getoff，1990)} \tag{5-28}$$

$$Cl_2C = CCl_2 + e_{aq}^- \rightarrow Cl_2C_5C^\cdot Cl_2 + Cl^- \quad k = 4.2\times10^{10} L/(mol \cdot s) \text{(Getoff，1990)} \tag{5-29}$$

以碳为中心的自由基Cl_2（OH）C—$C^\cdot$ Cl_2 在扩散控制的速率下与 DO 反应，并进一步分解为醛和羧酸。1,1,2-三氯乙烷（1,1,2-TCA）是 DCE 降解的副产物（Baum 和 Oppenländer，1995；Gonzalez 等，2004）。Shirayama 等（2001）研究了 PCE、TCE、DCE、1,1,1-TCA、1,1,2-TCA、$CHCl_3$ 和CCl_4在 VUV/UV（184.9nm /253.7nm）辐照水溶液中的直接光解。在没有 DO 的情况下，这些氯化烃的降解速率会增加。以氯化甲烷为例，在 253.7nm 处光解效率不高，而 TCE 和 PCE 则更易降解。184.9nm 辐射会使 C—Cl 键解离进而引发氯化乙醇和甲烷的转化。DO 的负面影响归因于 DO 与氯化物竞争 184.9nm 光子（Shirayama 等，2001）。Wang 等（2014）指出，DO 和有机物竞争 VUV 光子并不显著，且氧气气泡在反应器中的辐射散射可以忽略不计。DO 对氯代化合物降解速率的负面影响很可能与DO清除e_{aq}^-有关。Gu等（2013）在TCE、PCE和TCA水溶液的VUV/UV处理过程中没有检测到任何有机中间体。

5.3.1.2　全氟有机化合物

全氟化合物（PFCs）是一种持久性有机氟环境污染物，具有良好的抗生物降解和抗氧化性能。全氟辛酸（PFOA）、全氟癸酸（PFDeA）和全氟辛烷磺酸（PFOS）在人类和海洋生物群血浆和肝脏组织中、水源、沉积物、生活污泥甚至偏远的北极地区都定量存在。动物实验数据表明，PFOA可导致多种类型的肿瘤和新生儿死亡，并可能影响免疫和内分泌系统（Steenland等，2010）。由于其高稳定性且和$HO^\cdot$几乎不反应，因此不能通过高级氧化工艺（AOPs）去除水中的PFC。

关于VUV（172nm）和VUV/UV（184.9nm /253.7nm）处理全氟化合物的研究表明，与e_{aq}^-的反应（还原过程）以及VUV光解在一定程度上代表了这些化合物降解的机理路径。PFOA、PFDeA和PFOS可以被184.9nm的辐射降解，但不能被253.7nm的辐射去除（Cao等，2010；Chen等，2007；Giri等，2011a；Giri等，2012；Jin和Zhang，2015；Wang等，2010a；Wang和Zhang，2014）。Chen等（2007）假设PFCs的直接VUV光解会导致photo-Kolbe反应脱羧，生成的自由基（$C_7F_{15}^\cdot$）水解形成较短链的PFC，如全氟庚酸（Chen等，2007；Wang和Zhang，2014）。随后逐步失去CF_2基团，连续形成短链全氟碳羧酸（Chen等，2007）。

Wang和Zhang（2014）研究了pH和DO在184.9/253.7nm辐照下对降解PFOA的影响。在DO存在的条件下，PFOA的降解效率随着pH从4.5增加到12.0而降低。在不含DO的溶液中，pH的增加提高了降解速率。结论表明，在没有DO的情况下，在酸性和中性溶液中，PFOA的降解主要是通过直接VUV光解，而在碱性条件下的主要降解途径是与e_{aq}^-反应。Jin和Zhang（2015）还假设了e_{aq}^-引发的PFCs在无氧微碱溶液中的转化作用。其他研究（Cao等，2010；Wang等，2010a）证实了e_{aq}^-在VUV工艺中对PFC的降解作用。在一系列出版物中报道了通过VUV/UV（184.9nm/253.7nm）工艺降解PFOA的研究（Giri等，2011a；Giri等，2011b；Giri等，2012），详细讨论了pH、初始浓度、水质（Giri等，2012）和基质效应（Giri等，2011b）对去除PFOA的影响。除PFOA外，水有较强的e_{aq}^-清除能力，因此河水处理厂和污水处理厂出水的除氟效率可忽略不计。

5.3.1.3　芳香族化合物

苯酚常作为模型化合物被用作研究各种高级氧化工艺（AOPs）的效率。苯酚的VUV降解由扩散控制速率下的$HO^\cdot$和$H^\cdot$反应引发［$k_{苯酚,HO^\cdot}=8.4\times10^9$ L/(mol·s)（Bonin等，2007），$k_{苯酚,H^\cdot}=1.7\times10^9$ L/(mol·s)（Buxton等，1988）］，分别产生二羟基-环己二烯基（$DHCD^\cdot$）和羟基-环己二烯基（$HCD^\cdot$）。这些自由基的二聚和歧化反应产生双环己二烯、二羟基苯/环己二烯和苯酚（Gonzalez等，2004）。芳香族自由基可进一步转化为开环产物，最终得到CO_2和H_2O（Gonzalez等，2004）。Huang等（2013）研究了4-叔辛基酚在184.9nm/253.7nm辐射下的转化，其降解主要通过直接光解（C—C

键断裂）生成苯酚，以及 HO˙ 氧化生成 4-叔辛基邻苯二酚。

氯酚代表了另一类环境污染物。2,4-二氯苯酚是氯苯氧除草剂的工业中间产物（Wild 等，1993）。利用Xe_2^*灯可将有机结合的氯原子转化为Cl^-，实现氯酚的高效光矿化（Baum 和 Oppenländer，1995；Jakob 等，1993）。芳香环上的Cl^-取代对 HO˙ 的加入具有活化作用，并加速了矿化速率，发现其中 4-氯苯酚和 2,4-二氯苯酚的矿化速率低于苯酚的矿化速率（Oppenländer 和 Gliese，2000）。

利用 172nm 或 184.9nm/253.7nm 辐射处理 4-氯-3,5-二硝基苯甲酸（CDNBA），其释放Cl^-和NO_2^-的速率与底物消耗速率相似。NO_2^-被有效氧化为NO_3^-，在有机物存在条件下通过 H˙ /e_{aq}^-引发反应进一步还原为NH_4^+（Lopez 等，2000）。未检测到芳香族中间体，从而得出结论开环是伴随碳基与 DO 反应后形成的。与使用 172nm VUV 处理相比，在使用低压灯的 VUV/UV 工艺时 CDNBA 的转化和矿化速度稍慢，最可能的原因是两种波长下 HO˙ 的产量不同（Lopez 等，2000）。

5.3.1.4 农药

各种农药的稳定性和流动性导致土壤、地表水和地下水的污染，并对生物体产生长期的影响。许多农药已被证实对鱼类、两栖动物、鸟类、爬行动物、实验鼠，甚至人类的内分泌造成干扰。美国环保署对饮用水中的 20 多种农药进行管制，其最大污染物水平从 0.2μg/L（林丹）到 0.5mg/L（毒莠定）不等，而根据欧盟的规定，饮用水中农药及其代谢产物的总浓度不应超过 0.5μg/L，任何一种农药的浓度不得超过 0.1μg/L。

阿特拉津（2-氯-4-乙胺-6-异丙胺-均三嗪）是一种使用最广泛的均三氮苯类农药。脉冲辐射降解研究表明，在无 DO 的溶液中，阿特拉津降解主要通过与e_{aq}^-反应发生，其他机理路径涉及 HO˙ 和 H˙ （Khan 等，2015）。Gonzales 等（1994）研究了 172nm 辐射下的水溶液中阿特拉津的矿化，并观察到 TOC 衰变的两个不同阶段。在第一个阶段（在氩、空气和氧气饱和溶液中速率相同），TOC 被迅速去除，反应动力学与氧的浓度无关。当矿化过程达到大约三分之二时，TOC 去除在所有研究条件下达到了平衡，表明形成了不可降解的产物；在有氧气存在的情况下，TOC 去除达到平衡的速度比在氩饱和溶液中要快。阿特拉津被降解为多种产物，其中包括稳定的、不可降解的三聚氰尿酸。研究还发现阿特拉津降解为三聚氰尿酸的转化率与氧有关，在氩气、空气和氧气饱和条件下的转化率分别为 10%、30%和 50%。研究表明，阿特拉津经 172nm 辐射矿化为CO_2和无机氮产物并不一定需要 DO 的存在，存在其他涉及还原组分的机理路径。

在 172nm 引发的 3-氨基-5-甲基异恶唑降解中也观察到了类似的效果（Gonzalez 等，1995）。氰化物是 3-氨基-5-甲基异恶唑的降解产物，通过 HO˙ 反应被完全去除。Liu（2014）用理论方法证实了三嗪环的电子缺失会导致三聚氰尿酸对氧化处理的抗性。据报道，脱氯和羟基化是均三嗪环涉及的主要反应，降解中间产物的毒性低于母体污染物（Gonzalez 等，1994；Khan 等，2014；Khan 等，2015）。

2,4-二氯苯酚和 H_2O_2 被检测为除草剂 2,4-二氯氧乙酸在 VUV 降解下的副产物（Imoberdorf 和 Mohseni，2012）。Moussavi 等（2014）评估了 UV（253.7nm）和 VUV/

UV（184.9nm/253.7nm）工艺降解二嗪农（杀虫剂）的性能。在最佳pH（UV为5，VUV/UV为9）时，184.9nm辐射条件下，转换速率高出两个数量级。

5.3.1.5　药物

药物和个人护理品（PPCPs）属于地表水、地下水甚至饮用水中检测到的新兴污染物，已被证明会对水生物种造成不利影响，并可能影响人类健康。

Kim和Tanaka（2009）研究了253.7nm和184.9nm/253.7nm降解地表水中常见的30种PPCPs。在230mJ/cm^{2}的剂量下，分别用UV和VUV/UV照射，观察到其去除率分别约为3%（茶碱）～100%（双氯芬酸）和15%（克拉霉素）～100%（双氯芬酸）。在VUV/UV工艺下，PPCPs的降解速度比UV工艺普遍快1.4倍。结果表明，某些含有酰胺键（如环磷酰胺）的PPCPs在253.7nm时具有较强的抗光降解能力，而在184.9nm时去除率明显提高，证明184.9nm辐射增强了氧化转化，但HO$^•$引发的降解对总速率的贡献取决于PPCPs的初始浓度及其在253.7nm时的摩尔吸光系数和量子产率（Szabó等，2011）。直接紫外光解在酮洛芬和双氯芬酸的VUV/UV降解过程中占主导地位，而184.9nm辐射加速了布洛芬的转化速率。无论是在UV还是VUV/UV辐照溶液中，DO的存在都会提高布洛芬的降解率，但对酮洛芬的去除率没有影响（Szabó等，2011）。但是，DO会提高矿化率。Arany等（2013）的研究表明在253.7nm时，DO对萘普生的转化率没有显著影响，在172nm或184.9nm/253.7nm时还会降低工艺的去除率。只有172nm的辐照才能使萘普生完全矿化。在VUV（172nm）照射下，布洛芬、酮洛芬、萘普生和双氯芬酸的降解是由攫氢反应、HO$^•$/H$^•$加成和脱羧反应引发的。DO显著提高了每种污染物的TOC去除率（Arany等，2015）。

5.3.1.6　水中其他污染物

烷基酚是一种内分泌干扰物，常在地表水中检测到，浓度范围为$1.0\times10^{-3}\sim1.0\mu g/L$。4-叔辛基酚［可能是烷基酚中最强的雌激素化合物（Routledge和Sumpter，1997）］在184.9nm/253.7nm联合照射下的转化率远高于单独253.7nm的照射。C—C键会在184.9nm处吸收打断，虽然在184.9nm处的直接光解相对于HO$^•$引发的反应可能不那么重要（Huang等，2013）。

致嗅化合物（如土臭素和2-甲基异莰醇（MIB））虽然无毒，但影响饮用水的感官性。目前，世界上已经建成了几个采用UV/H_2O_2工艺设施来处理饮用水水源中受季节性藻类暴发造成的致嗅物质。184.9nm和253.7nm联合辐照（不论是否同时产生臭氧）可以有效去除这些化合物（Kutschera等，2009；Zoschke等，2012）。

1,4-二恶烷是一种持久的潜在致癌化学品，广泛用作稳定剂和溶剂，据报道它是许多家用洗涤剂的表面活性剂杂质。利用VUV/UV处理、光催化和这些工艺的结合工艺，可有效降解1,4-二恶烷、土臭素和2-MIB，其降解速率遵循以下次序：土臭素>2-MIB>1,4-二恶烷，这与它们对HO$^•$的反应活性一致。

类毒素a是一种强效神经毒素，在淡水蓝藻水华时产生。由于来自水基质组分的HO$^•$的激烈竞争，在含有3.94mg/L溶解有机碳（DOC）的天然水中和含有6.63mg/L DOC的合成水中，类毒素 a 在 172nm 处的降解速度明显慢于在纯水中（Afzal 等，2010）。

VUV/UV 辐射能够将不可降解的纺织染料转化为可降解的氧化中间产物，从而提高其在 VUV-生物过滤联合处理中的去除效果（Al-Momani 等，2002）。

砷（As）是含砷矿物风化过程中从土壤中释放到地下水中的一种致癌污染物。美国环保署规定饮用水中砷的最大污染水平为 10μg/L（https：//www3. epa. gov/）。砷的去除技术主要是吸附、氧化和混凝/沉淀，As（Ⅴ）比 As（Ⅲ）能更好地用这些方法去除，相较于UV/H_2O_2、光-芬顿或光催化高级氧化工艺，As（Ⅲ）在 VUV/UV（184. 9nm/253. 7nm）处理中的氧化效率更高（Yoon 等，2008）。在所有这些工艺中，$HO^•$ 是 As（Ⅲ）的氧化组分，在碱性溶液（pH＞9）中原位生成的 H_2O_2 的分子氧化贡献较小。由于在 253. 7nm 辐射下额外产生的 $HO^•$ 和 Fe（Ⅳ），Fe（Ⅲ）或 H_2O_2 的加入提高了 As（Ⅲ）的氧化效率。腐殖酸（7. 5～15mg/L）的存在不会显著影响 As（Ⅲ）的氧化效率。将 VUV/UV 工艺与活性氧化铝吸附相结合，或是与使用$FeCl_3$ 的混凝/沉淀联合，被认为是去除 As 的有效方法（Yoon 等，2008）。

5. 3. 2　VUV 与其他处理技术联用

5. 3. 2. 1　VUV 和 VUV/UV 与 H_2O_2 联用

H_2O_2 在 172nm 和 184. 9nm 处的摩尔吸光系数［ε_{172nm}＝782L/(mol・cm)（Schürgers 和 Welge，1968)，$\varepsilon_{184.9nm}$＝297L/（mol・cm）（Weeks 等，1963)］高于水［ε_{172nm}＝9. 9L/(mol・cm)（Heit 和 Braun，1996；Heit 等，1998)，$\varepsilon_{184.9nm}$＝0. 04L/(mol・cm)(Weeks 等，1963)］。然而，水是 H_2O_2 水溶液中主要的 VUV 光吸收化合物。在吸收 VUV 辐射后，H_2O_2 发生光解并形成 $HO^•$［式（5-30)］。

$$H_2O_2 + h\upsilon(< 300nm) \rightarrow 2HO^• \tag{5-30}$$

在水溶液中，H_2O_2 光解量子产率为 1. 11±0. 07（Goldstein 等，(2007))，超过了水光解量子产率（0. 42（172nm）和 0. 33（184. 9nm))。虽然 H_2O_2 是 253. 7nm 辐射的弱吸收剂，但在 VUV/UV 辐射的水中添加 H_2O_2 可以提高 $HO^•$ 的总产率。

在氯贝酸降解中，VUV/UV（184. 9nm/253. 7nm）/H_2O_2 工艺比 UV（253. 7nm)、VUV/UV 和 UV（253. 7nm）/H_2O_2 工艺更高效（Li 等，2011)。Simonsen 等（2013）证明了 VUV/ UV（184. 9nm/253. 7nm）/H_2O_2 工艺降解亚硝基二甲基苯胺中的协同作用。

随着 H_2O_2 浓度的增加，VUV/UV 工艺去除 1,4-二恶烷的效率得到提高。在 1mg/LH_2O_2 条件下，VUV/UV/H_2O_2 工艺比 UV/H_2O_2 工艺效果更好。将 H_2O_2 浓度提高到 5. 0mg/L，可以降低 VUV/UV/H_2O_2 与 UV/H_2O_2 工艺去除率的差异（Matsushita 等，2015)。在 172nm 辐射下，硝基苯的降解速率随 H_2O_2 的加入而提高，直至最优的 H_2O_2 浓度与硝基苯初始浓度比为 7：1；超过这一比例，过量的 H_2O_2 与硝基苯竞争 $HO^•$，从而降低转化率（Li 等，2006)。

UV/H_2O_2 工艺可以有效处理城市污水二次出水的反渗透浓水（ROC），而采用 $VUV/UV/H_2O_2$ 工艺可以达到更好的处理效果。ROC 中具有低生物降解性的高度共轭化合物被 HO˙ 有效破碎氧化，从而提高了其生物降解性和矿化程度（Liu 等，2011）。

5.3.2.2　VUV 和 VUV/UV 与光催化联用

无论是悬浮状态还是固定在固体表面，二氧化钛（TiO_2）都是常用的光催化剂。由于 VUV 只能在非常薄的水层内被吸收，所以 TiO_2 粒子只能在这一水层内被 VUV 辐射激发。在使用低压（LP）灯的 VUV/UV 工艺中，光催化剂的激发也可以在更长的路径长度上通过吸收 253.7nm 辐射经悬浮液发生。然而，在含 1.00g/L TiO_2 的悬浮液中，253.7nm 的辐射在 2mm 内被吸收。

研究发现，VUV/UV（184.9nm/253.7nm）或 VUV（172nm）辐射降解有机污染物的效果优于 UV（253.7nm）/TiO_2 工艺（Dombi 等，2002；Han 等，2004；Matsushita 等，2015；Wang 等，2014）。在 VUV/UV 辐射溶液中加入 TiO_2 后，各污染物的转化率略有提高，矿化速度加快。当 TiO_2 薄片与灯的距离较大时，如 3.5cm（Matsushita 等，2015）或 1.5cm（Han 等，2004），没有观察到 VUV/UV 工艺与光催化之间的协同作用。

加入 H_2O_2 可以提高 $VUV/UV/TiO_2$ 工艺的效率。虽然这种组合的性能优于 VUV/UV 或 $VUV/UV/TiO_2$ 工艺，但比 $VUV/UV/H_2O_2$ 工艺差，最可能的原因是悬浮液中的 TiO_2 与 H_2O_2 激烈地竞争光子，且 HO˙ 产率（0.05）低于 H_2O_2 光解（1.0）（Shen 和 Liao，2007）。

VUV（172nm，7.2mW/cm^2）/TiO_2 工艺对苯酚的转化效率也优于 UV（253.7nm，10mW/cm^2）/TiO_2、UV（310～380nm，4mW/cm^2）/TiO_2 或 VUV（172nm）工艺（Ochiai 等，2013a；Ochiai 等，2013b）。

5.3.2.3　VUV 和 VUV/UV 与臭氧联用

臭氧在水中是不稳定的，其降解速率取决于多种因素，包括 pH 值和水的组成。O_3 在 253.7nm 处对 UV 辐射具有较大的吸光系数［$330M^{-1}\cdot cm^{-1}$（Reisz 等）］。HO˙ 是 O_3 光解形成的活性反应组分之一。气相中的氧气经 VUV 光解原位光化学生成 O_3。因此，反应器的结构为 VUV、VUV/UV 或 UV 光解和臭氧氧化的联合提供了可能，而无需外部臭氧发生器。

利用单光源研究 172nm 或 184.9nm/253.7nm 辐射与臭氧氧化联用，将气相中的 O_2 通过光化学反应生成 O_3。Hashem 等（1997）将该技术用于 VUV（172nm）/O_3 处理实验室用水中的 4-氯酚。Zoschke 等（2014）利用原位生成的臭氧与 VUV/UV（184.9nm/253.7nm）辐射联合来研究土臭素和 2-MIB 的降解。

将 184.9nm/253.7nm 辐射与臭氧氧化相结合，比单独的 VUV/UV、UV/O_3、O_3 或直接 UV（253.7nm）工艺更有效地促进了 NOM 的矿化（Ratpukdi 等，2010）。结果表明在 pH 为 7 和 9 时有协同作用，在 pH 为 11 时没有；同时，处理水的生物降解性也有所提高。与顺序应用各个工艺相比，在 pH 为 7.5 条件下通过 VUV/UV（184.9nm /

253.7nm）/O_3 降解有机磷酸三酯（OPEs）期间也观察到了协同作用（Echigo 等，1996）。据报道，该组合工艺的效率随着 O_3 浓度的增加而提高。这种组合工艺也比蒸馏水中的 O_3/H_2O_2 工艺更有效，但仅在低浓度 OPE 条件下才有效。在纯水中处理 20mg/L OPE 两种工艺表现出类似的效率，而处理固体垃圾填埋废水时 O_3/H_2O_2 工艺的效率略高于 VUV/UV/O_3 组合工艺。这可以用NO_3^- 对 VUV/UV 工艺性能的负面影响来解释。

5.4 水质对真空紫外工艺性能和副产物形成的影响

5.4.1 无机离子的影响

众所周知无机离子会影响 VUV 工艺性能。因此，在设计用于水质净化的 VUV 工艺时，了解水基质的组成是很重要的，包括离子浓度，如 NO_2^-、NO_3^-、Cl^-、CO_3^{2-}、HCO_3^-、SO_4^{2-}、HPO_4^{2-} 和 $H_2PO_4^-$。其中一些离子，例如NO_2^- 和 CO_3^{2-}，对 $HO^{\bullet}$ 具有较高的反应活性。许多无机离子与 $HO^{\bullet}$ 反应的速率常数可在已发表的文献中获得（Buxton 等，1988）。天然水体中存在的大部分无机离子对 $HO^{\bullet}$ 的反应活性要比有机污染物低几个数量级，因此只有浓度较大的无机离子才会对污染物处理性能有显著影响。

在低 pH（<3）时，Cl^- 成为显著的 $HO^{\bullet}$ 清除剂，会降低 VUV 工艺的效率。通过分解不稳定的中间产物$HOCl^{\bullet -}$，Cl^- 与 $HO^{\bullet}$ 反应形成 $Cl^{\bullet}$。$Cl^{\bullet}$ 对有机化合物具有高反应活性，能提高水吸附有机卤素（AOX）的水平（Oppenländer，2003）。Gu 等（2013）研究观察到Cl^-对 VUV/UV 辐射的溶液中 1,1,1-三氯乙烷转化有抑制作用。

HCO_3^- 或 CO_3^{2-} 会竞争 $HO^{\bullet}$，特别是在高碱度水中。HCO_3^-、CO_3^{2-} 与 $HO^{\bullet}$ 的反应是电子转移反应。在 pH>10.5 时，CO_3^{2-} 对 $HO^{\bullet}$ 的清除作用变得显著，其中 CO_3^{2-} 是主要的碳酸盐物质 [$k_{HO^{\bullet},碳酸盐}=3.9\times10^8$ L/(mol • s)（Buxton 等，1988)]。

尽管在 172nm 辐射下光解 SO_4^{2-}、HPO_4^{2-} 和 $H_2PO_4^-$ 会分别产生具有高度反应活性和选择性的自由基，即 $SO_4^{\bullet -}$、$HPO_4^{\bullet -}$、$H_2PO_4^{\bullet}$，但由于在 λ<175nm 处水的摩尔吸光系数较高，所以这一过程相对于水的光解是微不足道的。在含量小于10^{-2}mol/L 的溶解性有机化合物的水溶液中，摩尔吸光系数为 6×10^3mol/(L • cm)，基于真空紫外处理的主要过程（λ<200nm）是水的光解作用（Gonzalez 等，2004）。

在硝酸根（NO_3^-）和亚硝酸根（NO_2^-）存在的情况下，VUV（172nm）水光解是一个非常复杂的反应体系。它涉及 16 种含氮物质和 64 种反应，其中NO_2^- 由NO_3^- 生成，反之亦然，生成的N_2O 和N_2 是最终产物。由于NO_3^- 与 $HO^{\bullet}$ 的反应速率很小 [式（5-31)]，所以 NO_3^- 优先与还原性组分反应 [式（5-32）和式（5-33)]，并且它会与 DO 有效竞争 e_{aq}^-。亚硝酸根是NO_3^- 光解的中间产物，在扩散控制的速率下与水的 VUV 光解的所有主要自由基反应（Gonzalez 和 Braun，1995）[式（5-34）～式（5-36)]。

$$NO_3^- + HO^{\bullet} \rightarrow NO_3^{\bullet} + HO^- \quad k < 1\times10^5 \text{L/(mol • s)(Gonzalez 和 Braun，1995)} \quad (5\text{-}31)$$

$$NO_3^- + H^{\bullet} \rightarrow NO_3H^{\bullet -} \quad k = 2.4 \times 10^7 L/(mol \cdot s)(Gonzalez 和 Braun, 1995) \tag{5-32}$$

$$NO_3^- + e_{aq}^- \rightarrow NO_3^{\bullet 2-} \quad k = 1 \times 10^{10} L/(mol \cdot s)(Gonzalez 和 Braun, 1995) \tag{5-33}$$

$$NO_2^- + HO^{\bullet} \rightarrow NO_3H^{\bullet -} \quad k = 2.5 \times 10^9 L/(mol \cdot s)(Gonzalez 和 Braun, 1995) \tag{5-34}$$

$$NO_2^- + e_{aq}^- \rightarrow NO_2^{\bullet 2-} \quad k = 6 \times 10^9 L/(mol \cdot s)(Gonzalez 和 Braun, 1995) \tag{5-35}$$

$$NO_2^- + H^{\bullet} \rightarrow NO_2H^{\bullet -} \quad k = 1 \times 10^9 L/(mol \cdot s)(Gonzalez 和 Braun, 1995) \tag{5-36}$$

研究发现，无论是否存在DO，用172nm辐照硝酸溶液（C_0=2.6×10^{-4}～2.3×10^{-3} mol/L）过程中形成的含氮组分都会促进苯酚的转化和矿化（Gonzalez 和 Braun，1996）。Gonzales等的综述（2004）对VUV辐照系统中无机氮组分的机理路径和动力学以及它们对污染物处理效率的影响进行了全面的描述。

NO_2^- 在水中不常见，但它可以通过NO_3^- 光解，特别是在中压灯和184.9nm辐射下原位生成。因此，在基于VUV-中压灯-高级氧化工艺（AOP）应用中，应该预测并适当考虑其对 $HO^{\bullet}$ 总体需水的贡献。在VUV（172nm）/O_3 和/或VUV/UV（184.9nm / 253.7nm）/O_3 的联合工艺中，通过与 O_3 的反应NO_2^- 被快速去除（Kutschera等，2009；Zoschke等，2012）。

5.4.2　溶解性天然有机物（NOM）的影响

对VUV/UV（184.9nm/253.7nm）辐射作为饮用水生物过滤预处理步骤潜在应用的研究表明，VUV/UV工艺与单独的UV（253.7nm）辐射相比，生物降解性和NOM矿化程度都有所提高（Buchanan等，2006；Ratpukdi等，2010；Thomson等，2002）。VUV/UV辐照使NOM在水样中的生物降解性增强，这归因于疏水酸性NOM组分中的高分子量共轭化合物连续分解，形成可降解的带电（亲水）和中性（亲水）结构。然而NOM的低分子量亲水中性组分不易被光氧化，但比疏水性组分更适合用生物过滤（Buchanan等，2005）。

Xing等（2015）研究了UV（253.7nm）、VUV/UV（184.9nm/253.7nm）光解焦化废水的前处理或后处理，并比较了工艺对处理水样中的TOC、COD、BOI、NH_4^+、NO_2^- 浓度及总氮含量、可生物降解性和毒性的影响。

结果表明，相较于单独臭氧氧化，UV或VUV与 O_3 联用对于高分子量化合物的分解更有效。组合工艺对于NOM中疏水中性和酸性组分的矿化效果较好。氧化残留物主要由亲水中性NOM组成，比原始NOM更易生物降解（Ratpukdi等，2010）。因此，VUV/UV光氧化或与其他氧化剂联用，加后续生物处理，是一个很有前景的去除NOM的方法（Matilainen和Sillanpää，2010；Zoschke等，2014）。

NOM预期会在预处理过程中去除，尤其是水处理中，这需要通过基于 $HO^{\bullet}$ 工艺去除污染物。众所周知，腐殖酸和富里酸以及其他的NOM组分都是 $HO^{\bullet}$ 的清除剂和紫外线吸收物质。水基质成分对VUV/UV工艺效率的负面影响在已发表的文献中都有介绍（Imoberdorf和Mohseni，2012；Kutschera等，2009；Li等，2009；Li等，2011）。

5.4.3 pH 的影响

第 5.1.2 节简要讨论了 pH 对主要自由基（$HO^{\cdot}$、$H^{\cdot}$ 和 e_{aq}^{-}）产率及其后续反应的影响。目标化合物的质子化和去质子化的反应速率常数以及含有 $HO^{\cdot}$ 的 NOM 组分和其他活性组分的 pH 依赖结构有所不同。pH 还影响水中 HCO_3^-/CO_3^{2-} 浓度比，从而影响这些组分对 HO·水背景需求的贡献。因此，pH 对 VUV 辐射水溶液的影响是复杂的。

Quici 等（2008）研究了 pH 对 172nm 辐照的柠檬酸和没食子酸溶液的影响。pH＝3.4 时柠檬酸的去除速率高于 pH＝11，这是由于 $HO^{\cdot}$ 在 pH＝11［$pK_{a(HO^{\cdot})}$＝11.9（Gonzalez 等，2004）］时的稳态浓度低于 pH＝3.4，且柠檬酸盐离子对 $O^{\cdot-}$ 的反应活性低于对 $HO^{\cdot}$ 的反应活性。此外，在高 pH 值下，电离组分与 $O^{\cdot-}$ 之间的库仑排斥降低了底物的降解速率。没食子酸（pK_a 分别为 4.44、8.45 和 10.05）的降解速率在 pH＝2.5～7.5 范围内受 pH 的影响不显著，尽管已有报道没食子酸完全质子化［pH＝0 时为 6.4×10^9 L/(mol·s)］和单质子化［pH＝6.8 时为 1.1×10^{10} L/(mol·s)］的 $HO^{\cdot}$ 速率常数不同（Dwibedy 等，1999）。

在碱性介质中，253.7nm 辐射叔辛基苯酚（4-OP）的降解效率显著高于酸性条件（pH＝3 或 6）（Huang 等，2013），这可能是由于 4-OP 电离形式在 254nm 处的摩尔吸光系数大于非电离形式。$HO^{\cdot}$/$O^{\cdot-}$ 形态是 pH 的函数，$HO^{\cdot}$ 的氧化还原电位与 pH 相关，这些因素在评估 VUV/UV 去除处理水中污染物时都需要考虑（Huang 等，2013）。据报道，$HO^{\cdot}$ 的氧化电位在 pH＝0 时为 2.59V，在 pH＝7 时为 2.18V，而 $O^{\cdot-}$ 的氧化电位在 pH＝14 时为 1.64V（Koppenol 和 Liebman，1984）。

据报道，用 VUV/UV 和 VUV/UV/TiO_2 工艺处理脱氯缓冲自来水中的 1,4-二噁英、土臭素和 2-MIB，其降解速率在 pH 为 5.5～8.0 范围内随着 pH 的增加而降低（Matsushita 等，2015），这归因于碳酸根离子的形态依赖于 pH 以及它们与 $HO^{\cdot}$ 的反应活性。在 VUV 辐照下含有 DO 的溶液中，H_2O_2 的形成和积累主要由于$HO_2^{\cdot}$/$O_2^{\cdot-}$ 的 pH 依赖型歧化反应（Arany 等，2012；Azrague 等，2005；Robl 等，2012）。鉴于 pK_a($HO_2^{\cdot}$)＝4.8，预计在 pH＜6 时$HO_2^{\cdot}$ 通过歧化反应形成的 H_2O_2 浓度高于中性和碱性 pH 时。

5.4.4 VUV 工艺中副产物的形成及通过生物活性炭过滤对其进行的去除

5.4.4.1 氯化消毒副产物（DBPs）

Buchanan 等（2006）和 Matsushita 等（2015）分别研究了 NOM 和 1,4-二恶烷经 VUV/UV 辐射处理后 THM 的生成势。所使用的 UV 剂量比实际 AOPs 应用中使用的剂量大若干倍。Matsushita 等（2015）观察到，VUV/UV 剂量低于 10J/cm^2 时会降低 THM 的生成势，尤其是对于氯仿、二溴一氯甲烷和一溴二氯甲烷。在 30～40J/cm^2 剂量下，THM 的生成势增加，这是高分子量的 NOM 组分生成的低分子量化合物被卤化所致。虽然经 VUV/UV 处理后 THM 的总生成势有所降低，但三溴甲烷的形成呈线性增加。三溴甲烷的形成仅与 NOM 亲水性组分的处理有关。THM 生成势的主要组分为氯化疏水化合物。这也证明了 VUV/UV 处理相较于 UV 光解在降低 THM 生成势方面的优势（Buchanan 等，2006；Matsushita 等，2015）。

九种卤乙酸（即一氯乙酸、二氯乙酸、三氯乙酰、一溴代乙酸、二溴代乙酸、三溴代乙酸、一溴一氯乙酸、二溴氯乙酸、一溴二氯乙酸）具有潜在的基因毒性和致癌性。采用 VUV/UV 处理 1,4-二恶烷和 NOM 时，HAA 的生成势在剂量低于 $32J/cm^2$ 下几乎保持恒定，在≥$48J/cm^2$ 剂量下降低。相比之下，UV 光解对 HAA 生成势无明显影响。大多数 HAAs 是氯化化合物，但也可观察到浓度较高的溴化 HAAs（Buchanan 等，2006；Matsushita 等，2015）。

生物活性炭（BAC）过滤是水处理中一种成熟的、广泛的工艺。BAC 可以有效去除 DOC 的生物可降解部分、水中大量的微污染物、无机组分以及有毒和基因毒性化合物。

VUV/UV 处理与 BAC 或颗粒活性炭（GAC）过滤联用可以显著降低三卤甲烷和 HAA 的生成势，这是因为 BAC 具有去除亲水可生物降解化合物的能力，这类化合物包括由 VUV 诱导 NOM 疏水组分降解产生的羰基和羧基化合物（Buchanan 等，2008；Matsushita 等，2015）。

5.4.4.2　醛类、亚硝酸和过氧化氢

低分子量化合物，如醛类和羧酸是可同化有机碳，是给水管网和水处理过滤膜上生物膜生长的主要诱因。含NO_3^- 的水经 VUV/UV 处理后，生成NO_2^-。暴露于NO_2^- 可能导致婴儿出现高铁血红蛋白血症和哺乳动物细胞突变。在 DO 存在的条件下，VUV 水光解形成的 H_2O_2 在使用或排放前应从水中除去。H_2O_2 与氯反应，增加了消毒过程中对氯的需求。VUV/UV 工艺处理的溶液中形成的 H_2O_2 浓度超过了 UV（253.7nm）辐照时形成的 H_2O_2 浓度（Buchanan 等，2006；Matsushita 等，2015）。

Matsushita 等（2015）的研究表明，白鸟湖原水和地下原水经过氯化处理和 VUV/UV 处理后，NOM 会生成甲醛、乙二醛和甲醛组成的化合物。这些化合物经过后续 BAC 或 GAC 处理能被有效去除。Imoberdorf 和 Mohseni（2014）报道称，VUV/UV 剂量在 $1\sim3J/cm^2$ 范围内会增加乙醛水平，继续增大剂量后乙醛水平反而降低（$>4J/cm^2$）。

VUV/UV/BAC 或 VUV/UV/GAC 工艺可以从 VUV/UV 处理后的水中去除NO_2^- 和 H_2O_2（Buchanan 等，2006，2008；Matsushita 等，2015）。NO_2^- 在 VUV/O_3 或 VUV/UV/O_3 处理水中的浓度低于检出限（Kutschera 等，2009；Zoschke 等，2012）。

5.4.4.3　溴酸盐

虽然在 O_3 存在的情况下，VUV 或 VUV/UV 工艺的效率可以显著提高，但组合工艺的应用引起了人们对溴酸盐（BrO_3^-）形成的担忧。在 VUV/UV/O_3 工艺中，Br^- 通过基于 $HO^•$ 机理被 O_3 氧化生成BrO_3^-。溴酸盐吸收 VUV 辐照，并转换回Br^-。在同一反应器中进行 UV（253.7nm）或 VUV/UV（184.9nm/253.7nm）光解和臭氧氧化溴酸盐水溶液，且有足够的时间让 VUV/VU 还原BrO_3^- 时，VUV/UV/O_3 工艺出水中的BrO_3^- 浓度比 UV/O_3 工艺在 pH=9 时低 6 倍（Ratpukdi 等，2011）。在两个反应器中分别进行臭氧氧化和光分解的系统中，在较短的 VUV/UV 处理时间内，发现了相反的结果（Collivignarelli 和 Sorlini，2004）。由于灯的电源功率、O_3 浓度、pH 的增加会增加BrO_3^- 的浓度和 DOC 的去除量，因此需要优化这些因素来控制BrO_3^- 的形成，从而最大限度地提高污染物的去除效率（Ratpukdi 等，2011）。

5.5 水的消毒

基于 UV 的氧化工艺的优点是可以同步实现消毒作用。低压灯发出的 253.7nm 辐射通过吸收诱导 DNA 结构变化导致微生物失活。VUV 辐射的消毒机理不同于 UV 辐射的消毒机理。在 VUV 工艺中，消毒是自由基的作用，其诱导细胞壁表面氧化，造成细胞膜损伤（Wang 等，2010b）。通过受损膜 $HO^•$ 的扩散为自由基诱导的生物活性细胞成分的改变创造了条件（Mamane 等，2007）。

Wang 等（2010b）测定了在 172nm、222nm 和 253.7nm 处枯草芽孢杆菌孢子灭活的速率常数，分别为 $0.0023cm^2/mJ$、$0.122cm^2/mJ$ 和 $0.069cm^2/mJ$。这些定量结果表明，单独使用 VUV 光对于水和废水的消毒效果并不理想，但是低压灯发射的 VUV（184.9nm）和 UV（253.7nm）辐射的组合对于微污染物的去除（AOPs 工艺）和微生物的灭活都是有效的。

VUV 工艺的效率取决于 $HO^•$ 的浓度，其浓度在自由基清除剂，如 NOM 存在的情况下会降低。Liu 和 Ogden（2010）报道称，在 VUV/UV（184.9nm/253.7nm）下纯水中的黄单胞菌比在 UV（253.7nm）照射下更快失活。Zoschke 等（2012）检测了在 VUV/UV 和 UV 照射下，饮用水中大肠菌群和大肠杆菌的失活情况，结果无显著差异。在对活枯草芽孢杆菌孢子的灭活作用研究中也得到了类似的结论。他们对该结果的解释为 $HO^•$ 清除剂的影响，使得 184.9nm 辐射对微生物失活的贡献可以忽略不计，因此消毒主要是在 253.7nm 光照下完成的。此外，VUV/UV 照射后的再生潜力略高于 UV 单独照射后的再生潜力，原因是在 VUV-自由基引发的氧化过程中，水基质中的有机物形成了分子量较低的化合物。

Ochiai 等（2013a）比较了 UV（253.7nm）/TiO_2 筛分过滤/O_3 和 VUV（172nm）/TiO_2 筛分过滤两种 AOPs 对污染物去除和水源性病原体灭活的功效。结果表明 VUV/TiO_2 工艺在污染物去除方面比 UV（253.7nm）/TiO_2 筛分过滤/O_3 工艺更有效，但 VUV/TiO_2 工艺对实验室给水和污水中大肠杆菌的灭活效率较低。

5.6 反应器/设备设计及经济考量

5.6.1 用于 VUV 光子流量测定的光度测定法

为了设计光反应器，必须知道入射光子流量。在一定波长下进行光诱导反应的化学系统，其量子产率已知且可通过测量反应速率来计算吸收的光子通量，可作为光度计使用。

它必须使用简单，易于重现，不需要特殊设备。光度计反应的量子产率应该独立于反应物浓度和光强，条件允许时应知道其对温度的依赖关系。

气相和液相化学光度计用于测量VUV辐射入射光子流。László等（1998）在氧气形成臭氧之后，采用间接氧气光测量法测定了 Xe_2^* 灯（172nm）的辐射功率。模型计算得出了 O_3 生成的量子产率与室温下 O_3 和 O_2 的浓度之间存在简单相关性（$\Phi=2-1.10[O_3]/[O_2]^{1.94}$）。该方法也被Vicente等（2009）用于串联反应器系统。

有三种用于184.9nm和172nm VUV光的液相化学光度计（Kuhn等，2004）。乙醇/水光度计（Farkas和Hirshberg，1937），又称Farkas光度计，是建立在氢气的气相色谱（GC）分析基础上的，氢气是由乙醇在水中光解（184.9nm）形成的。由于 $\Phi(H_2)$ 对乙醇浓度的依赖性，这种方法并不常用。Adam和Oppenländer（1984）使用一种基于顺式-环辛烯的顺反异构化的可重现方法来量化184.9nm的辐射。采用气相色谱法测定顺式-环辛烯的浓度。由于在辐照约20min后会形成少量降解产物，因此该光度计被认为仅适用于较短的辐照时间。

目前甲醇是最常用的VUV辐射化学光度计。Heit等（1998）首次描述了基于甲醇降解的光度计，所使用的为 Xe_2^* 灯（172nm）。Heit等从甲醇降解的实验速率和 $HO^•$ 的生成速率确定了水光解的量子产率。在172nm处水光解（$\Phi(H_2O)$）的总量子产率为0.42±0.04（Heit等，1998）。该甲醇光度计是用顺式-环辛烯光度计标定校准的。Oppenländer和Schwarzwälder（2002）利用甲醇光解和水光解的竞争动力学，测定了 Xe_2^* 灯（172nm）发出的光子流量。甲醇的降解动力学与其初始浓度有关。在低浓度（$<1\times10^{-3}$mol/L）时，甲醇降解遵循假一级动力学，而在高浓度（0.075～0.250mol/L）时遵循零级动力学[$k_0^{obs.}=(4.9\pm0.2)\times10^{-4}$mol/(L·min)]。在后一种实验条件下，甲醇的VUV光解与水的VUV光解同时发生，而甲醇的 $HO^•$ 降解增加了 $k_0^{obs.}$ 值（Heit等，1998；Oppenländer和Schwarzwälder，2002）。光量测定必须在用于光降解实验的同一反应器中进行。

近年来，甲醇光度计的替代品得到一定程度的发展。例如，基于金刚石的传感器已在宽光谱范围内得到了开发和测试，从极端紫外区（20nm）到近红外区（2400nm）（Balducci等，2005），结果显示VUV与UV的敏感性比大于400（Bergonzo等，2000），表明了它们的日盲性。这是金刚石带隙能（5.5eV）的结果，其对应于225nm的辐射能量，因此金刚石传感器只对能量更高的辐射敏感，如低压灯的184.9nm辐射和 Xe_2^* 灯的172nm辐射。Hayashi等（2005）证明了金刚石传感器的输出信号对于 Xe_2^* 灯的连续辐照超过500h是可重现且稳定的。Suzuki等（2006）报道了使用基于金刚石的VUV传感器监测一种低压汞灯的184.9nm辐射的直接测量数据，这种灯用于VUV/O_3 表面干洗工艺。

在短VUV光谱区工作的小型光电离灯被用于分析工程，特别是带有电离检测器的气体分析装置。这些光源通常是 Kr_2^* 灯或 Xe_2^* 灯。Budovich和Ⅱ'in（2014）描述了一种使用在大气压下操作的流动电离总吸收室来测量 Kr_2^*（116.5nm和123.6nm）和 Xe_2^*

(129.6nm 和 147.0nm) 电离灯的光强的方法。气室没有窗户，辐射直接导入已知单独浓度的挥发性有机物蒸汽（如甲烷、正己烷和/或异丁烯）、氧气和/或氮气的混合物中。光子通量由测量到的电离电流、电离量子产率和有机物吸收的辐射分数间接确定。该方法被证明适用于 105～147nm 的波长范围和 10^5～10^{15} 光子/s 的光子通量。

5.6.2 反应器设计

光化学反应器可以设计成序批式、半间歇式或连续流结构。通常半间歇式装置(图 5-8)多用于研究 VUV 工艺，灯放置在水冷管式反应器的中心。VUV 灯由高纯度石英套管封装，以允许 VUV 辐射的高透射率，并能抵抗日晒。

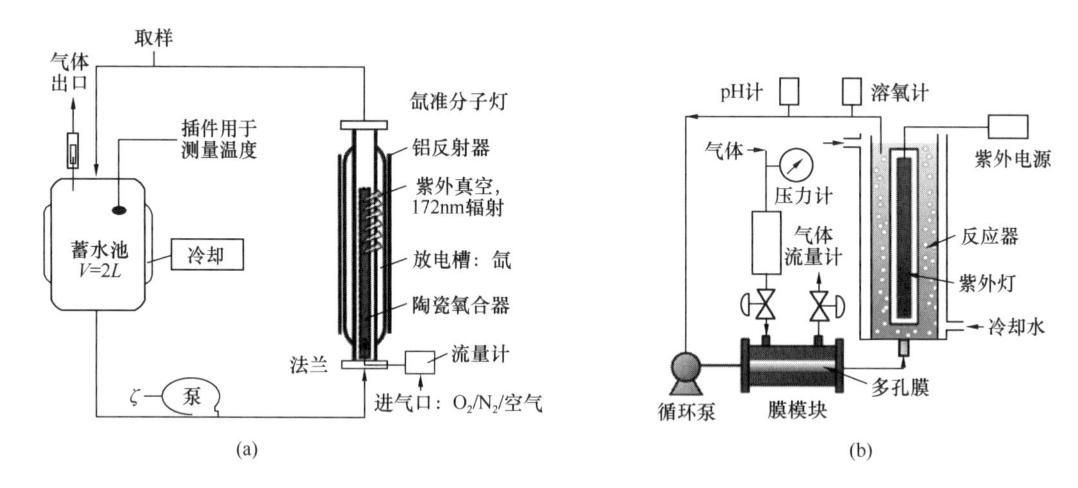

图 5-8　半间歇式装置

(a) 含陶瓷气体单元的 100W 光化学装置（经许可转载自 Oppenländer 等，2005）；(b) 光化学仪器（包含用于形成微气泡的 Shirasu 多孔膜（SPG）组件）（经许可转载自 Tasaki 等，2009）

完全混合的间歇式圆柱形容器也是常用的反应器结构。一个典型的间歇操作需要一个化学贮存库，且 UV 反应器配备有一个氧气进样口。反应室通常由冷却套包围。

考虑到水分解的量子产率对温度的依赖，研究通常在恒温反应器中进行。Oppenländer 和 Xu（2008）证明，连续流光反应器中 VUV（172nm）引发的氧化和甲醇矿化速率在 20～50℃范围内与水温无关。

研究显示，DO 的存在对污染物的转化率有显著影响（Oppenländer 等，2005）。而且，DO 浓度在灯壁附近降低。为了减少 DO 需求层的负面影响，Han 等（2004）向多孔玻璃板注入了氧气或空气，这一做法大大提高了 TOC 的去除率。类似地，Oppenländer 等（2005）使用了一个轴向安装 Xe_2^* 灯的陶瓷氧合器，促进了氧气直接转移进入辐照区［图 5-8（a）］。

Tasaki 等（2009）在甲基橙（模型化合物）的辐照溶液中使用尺寸均匀的氧气微气泡（平均直径为 5.79nm）。结果表明，微气泡体系脱色反应速率常数是传统大气泡体系脱色反应速率常数的 2.1 倍。光降解实验使用低压灯（253.7nm 和 184.9nm/253.7nm）［图 5-8（b）］。在 184.9nm/253.7nm 辐射下，氧气微气泡加快了甲基橙的脱色和 TOC 还原速率，但对253.7nm辐射的动力学无显著影响。

Braun等（2004）和Wörner等（2003）进行了VUV辐照原位电化学生成氧气的相关实验研究。该方法使所研究的有机化合物快速矿化。在这种情况下，通过在辐射体积内或辐射体积附近电化学产生的氧气，并通过采用最佳的反应器设计，来克服传质限制

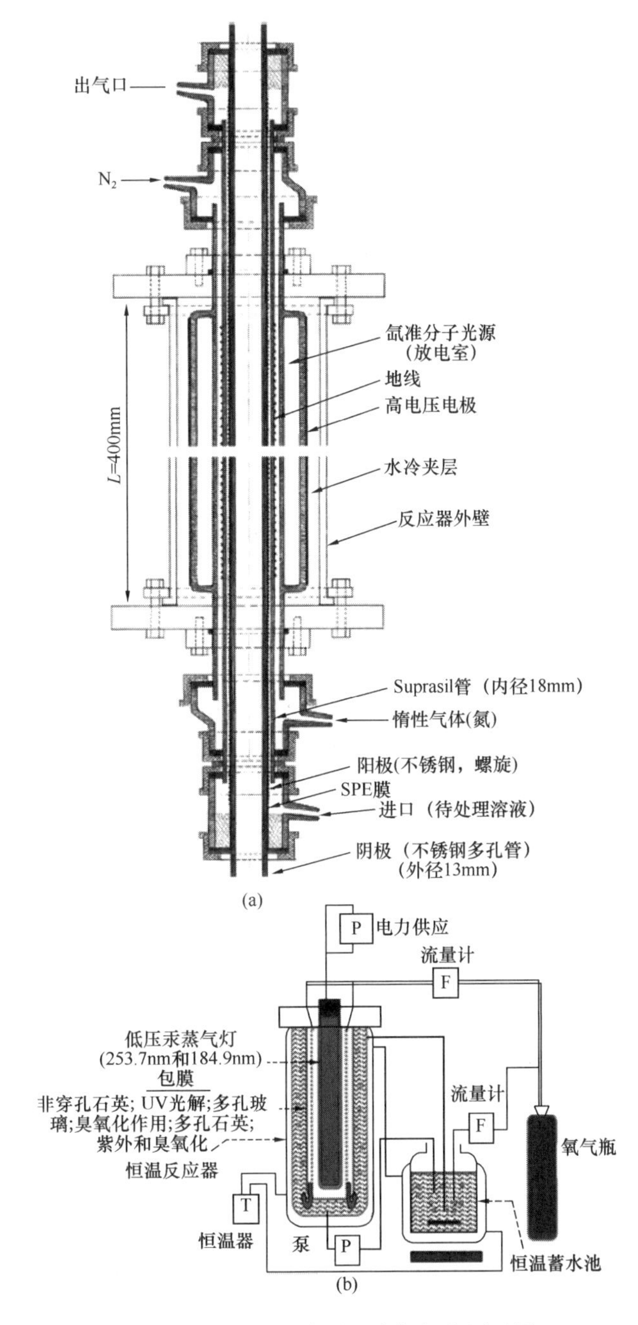

图5-9 光化学反应器生成氧气的原理图

（a）光化学反应器结合电化学生成氧气的原理图（经许可转载自Gonzalez等，2004）；

（b）VUV/UV光化学反应器生成氧气的原理图（改编自Alapi等，2013）

[图 5-9 (a)]。

正如本章前面简要提到的，低压灯发出的 VUV 辐射可用于气相中的 O_2 生成 O_3。图 5-9 (b)展示了反应器配置，其中臭氧在装有 VUV/UV 灯的石英套管内的空气/氧气环境中生成。含 O_3 的气体通过辐照溶液，在 253.7nm 辐照下 O_3 光解生成 $HO^{\bullet}$，从而产生 UV/O_3 处理的条件。Zhao 等（2013）和 Alapi 等（2013）使用了这种反应器配置。

Oppenländer 等（1995）在 VUV/UV-准分子流光反应器中使用 172nm（VUV）和 222nm（UV）辐射进行废水处理。VUV/UV-准分子“双辐照”单元由耦合的 Xe_2^* 和 $KrCl^*$ 光源组成。结果表明，在这种“双辐照”条件下，有机物的光矿化比单辐照条件下更有效。纯水的 172nm 辐照充满空气或氧气，原位生成了 O_3 和 H_2O_2。因此，VUV/UV 氧化工艺在准分子流光反应器中能够结合多种光氧化工艺（H_2O_2/O_3/UV），无需额外添加化学氧化剂。

Alekseev 等（2006）构建了一个连续流反应器，适用于高达 40atm（1atm＝101.325kPa）的压力下照射气体和溶液。他们使用了一个密封的单栅 Xe_2^* 灯，辐射表面约为 700cm^2。平均 VUV 辐射功率与灯的温度呈反比。

Dobrovic 等（2007）研究了雷诺数对连续流 VUV/UV 反应器中 NOM 转化速率的影响。在 184.9nm 辐射（VUV/UV 工艺）存在条件下，与相同流动条件下的 UV (253.7nm) 工艺相比，在较低雷诺数和较高雷诺数下，总降解速率分别增加了 10 倍和 17 倍，这证明了光反应器的流体力学特性对 VUV 处理的整体能量效率具有重要影响。Al-Gharabli 等（2016）比较了使用低压汞灯或 Xe_2^* 灯条件下，流速对罗明丹 B 转化效率的影响。在 184.9nm/253.7nm 的实验中没有发现流速的影响，而流体力学在基于 172nm 的测试中发挥了重要作用，这表明随着流速的增加光反应区的传质增强，特别是对于非常窄的光反应区，如 172nm 辐射的情况。

Bagheri 和 Mohseni（2015b）根据 $HO^{\bullet}$ 在 VUV/UV（184.9nm /253.7nm）反应器中的分布，强调了流速对 VUV AOP 性能的影响，计算出的体积加权平均 $HO^{\bullet}$ 浓度在 0.5L/min 时是 6.7L/min 时的两倍。在较高的 UV 剂量下，预计 $HO^{\bullet}$ 的浓度更高（如较低的流速），但应优化流速，以便实现充分的混合。在 VUV/UV 光反应器中，微污染物的降解速率受到 VUV 辐照光反应区内传质的限制。混合区和循环区范围大小是控制处理经济性和能源效率的关键参数（Bagheri 和 Mohseni，2015a，2015b）。

5.6.3 经济考量

有机污染物的处理是一个耗能过程，因此，根据能源的投入应选用适当的“性能表征”系数。处理成本中最大的部分是电能成本。Bolton 等（2001）提出了两种性能表征系数，一种是单位质量电能（E_{EM}，kWh/kg)，用来评估含高浓度污染物原水的工艺处理性能（这种情况下遵守零级反应动力学）；另一种是单阶电能［E_{EO}，kWh/(m^3 · 阶)］，用来评估微污染原水的工艺处理性能（在这一情况下，遵守假一级动力学）。

Thomson 等（2004）的结论表明通过 VUV/UV 工艺从高色度地表水中去除 NOM

在经济上是不可行的，因为需要 290kWh/m^3 的电能才能将 DOC 降低一个数量级。Puspita 等（2011）比较了添加 H_2O_2 和不添加 H_2O_2 的 UV（253.7nm）和 VUV/UV（184.9nm/253.7nm）工艺去除废水中腐殖酸的 E_{EO} 值。在研究的水质和操作条件下，测定的 E_{EO} 值［kWh/（m^3·阶）］依次为：29（UV）＞15（VUV/UV）＞5［UV/H_2O_2（16mg/L）］＝5［VUV/UV/H_2O_2（16mg/L）］＞2.5［UV/H_2O_2（32mg/L）］。

Andreozzi 等（1999）指出，2.5kWh/（m^3·阶）的 E_{EO} 对于水中有机微污染物的实际应用是可接受的。Matsushita 等（2015）研究了一系列 AOPs 对水中 1,4-二恶烷、土臭素、2-MIB 的降解效果，结果表明在该研究的实验条件下，工艺效率依次为：UV/TiO_2＜VUV/UV＜VUV/UV/TiO_2。这些工艺在经济评估上都是可行的，同时也确定了 VUV/UV 和 VUV/UV/TiO_2 AOPs 的最佳性能，即 E_{EO} 值低于 1kWh/(m^3·阶)。

Zoschke 等（2012）计算了在 VUV/UV（184.9nm /253.7nm）照射下土臭素和 2-MIB 降解的 E_{EO} 值，并与 UV/O_3 和UV/H_2O_2 工艺中得到的值进行了比较。在超纯水中，对于这两种污染物，处理产生的 E_{EO} 值接近或低于 1kWh/(m^3·阶)。在饮用水水库的（德国萨克森州）原水中，对于 VUV/UV、UV/O_3 和UV/H_2O_2 工艺，两种污染物分别以 1.5kWh/(m^3·阶)、0.5kWh/(m^3·阶）和 3.5kWh/(m^3·阶）被去除。在这些实验中，O_3 的剂量为 0.9mg/min，并由静电放电产生。结果还表明，E_{EO} 值随着 O_3 剂量的增加而降低，且在 O_3 剂量超过 1mg/min 时，E_{EO} 值稳定在 1kWh/(m^3·阶)。

Afzal 等（2010）报道了采用 VUV（172nm）和 UV（253.7nm）/H_2O_2 处理纯水、天然水体和合成水时类毒素 a（如富马酸盐）的降解。结果表明，200mJ/cm^2 的紫外线剂量足以使基于 $HO^•$ 的 AOPs（172nm VUV 和 UV（253.7nm）/H_2O_2（30mg/L））降解超过 70%的类毒素 a。而直接光解降解 88%的 0.6mg/L 的类毒素 a 则需要 1285mJ/cm^2 的 UV 剂量。

Bagheri 和 Mohseni（2015b）使用经过验证的计算机模型来优化各种反应器配置的 VUV/UV 工艺的效率。模型中包括了E_{EO}、$HO^•$ 浓度、紫外线的传递和 VUV 剂量分布。混合区和环流区被认为是控制 VUV/UV 工艺经济性和能量效率的关键参数。他们采用计算机辅助反应器设计，内置挡板控制反应器内良好的混合区和环流区，结果显示经过 VUV/UV 处理法降解阿特拉津所需的总电能减少 72%。优化反应器/挡板结构的理论预测通过实验得到了验证。

5.7 真空紫外光源的应用

5.7.1 化学分析仪器的应用

分析水样中 TOC 的仪器，通常把用 VUV 辐射水光解作为生成 $HO^•$ 的一种方式。该过程将水中的有机碳矿化成CO_2（http：//www.lfe.de/en/process-water-analysis/toc-810）。Satou 等（2013）采用自制光通式光反应器，其内置反应管（内径 2mm），通过

40W 的 VUV（184.9nm）/UV（253.7nm）低压灯，用于矿化河水中的 DOM。这种“无试剂”光反应器也适用于河水样品的 TOC 分析。以邻苯二甲酸氢钾为标准化合物，检测限为 6.2μgC/L。

用于鉴定和量化 NOM 馏分的液相色谱仪具有有机碳-有机氮检测功能（LC-OCD-OND），配有 VUV/UV（184.9nm /253.7nm）灯。VUV/UV 灯放置在称为 Graentzel 的薄膜反应器中，该反应器有一个光屏蔽结构（用于无机碳，IC）和一个曝光结构（用于有机碳，OC）。有关工艺原理的详细描述，请参阅制造商网站（http：//www.doc-labor.de/OCD.html）。LC-OCD/OND 仪器被广泛用于饮用水、废水、海水水质表征、电厂蒸汽冷凝水分析等领域。在化学、制药和半导体行业的分析实验室中也得到了广泛应用。

非相干 VUV 准分子光也可用于飞行时间质谱分析仪（TOF-MS）的单光子电离（SPI）。这些仪器中最常见的光源一般是基于昂贵的强光（聚焦）激光器，或者是传统低输出的 VUV 氘灯。稀有气体准分子 VUV 灯不会发出高强度辐射，因此在没有进行进一步的改性的情况下不适用于这类仪器。Muhlberger 等（2002）通过一个薄的陶瓷箔窗，利用电子束激发致密稀有气体，产生了致密的明亮 VUV 光。将这种新型的 VUV 光源耦合到一个紧凑的、可移动的 TOF-MS 上，该装置可用于以分析和监测为目的应用。Chen 等（2014）设计了一种准捕获化学电离（QT-CI）源，其商用的 VUV 10.6eV 的Kr_2^* 灯可用于飞行时间质谱分析仪。Kr_2^* 灯的使用提高了灵敏度，扩大了可电离分子的范围，电离电位高于 10.6eV。

VUV 分析股份有限公司（http：//www.vuvanalytics.com/）开发了一种新型的用于气相色谱的 VUV/UV 吸收检测器，它可以获取从 120nm 到 240nm 的数据。从气相色谱柱中洗脱出来的化合物进入加热传输线，在加热传输线的末端，引入了载气的补充流，它将分析物带入由氚灯照射的流动池中。洗脱后的组分吸收光，导致透射率和检测信号降低。这款检测器（蒸汽产生附件，VGA-100）在 2014 年的墨西哥湾沿岸会议上获得了杰出的“最佳新分析仪器”奖，从世界最新科学仪器的竞争市场中脱颖而出。

Matter 等（1994）描述了$KrCl^*$灯（222nm）和传统低压灯（184.9nm/253.7nm）的应用。他们研究了燃烧气溶胶的电离与电功率、辐射时间之间的关系，并表明可以通过测量光电流区分不同来源（汽油发动机、柴油发动机、香烟烟雾）的颗粒。激态络合物灯具有快速开关的优点，可消除测量中的时间延迟。这个系统可以通过激态络合物灯的小型化而变得更加紧凑（http：//www.epa.gov/ordntrnt/ORD/NRMRL/archive-etv/pubs/01_vs_ecochem_pas2000.pdf）。这些仪器可用于室内和室外空气质量分析或燃烧气溶胶的定量等污染检测领域，也可用于空调或火灾报警系统。

椭圆偏振仪用于研究薄膜的介电性能（复折射率或介电函数）。这项技术在许多不同的领域得到了应用，从半导体物理到微电子学和生物学，从基础研究到工业应用。VUV-VASE® 光谱椭圆偏振仪是光复刻技术应用中材料光学表征的标准仪器。配备有氘灯、氙灯和钨卤灯，其光谱范围从 140nm 到 1700nm（http：//www.jawoollam.com/vuv_home.html）。

VUV 共振荧光 CO 仪器（VUV-CO）是 Gerbig 等（1999）描述的仪器商业化版本。利用共振荧光（RF）放电气体灯在 VUV 范围内发射，定量测定了机载 CO。利用光学滤波器获得了以 151nm 为中心的窄发射带，并通过光子计数检测 CO 荧光。该仪器被集成到 HAIS O_3 上，HAIS O_3 是美国宇航局机载科学项目中使用的仪器（https：//airborne-science. nasa. gov/instrument/VUV-CO）。

已开发的基于场不对称离子迁移率光谱（FAIMS）和Ar_2^*（126nm）发射体电离的爆炸物检测新方法与 Chistyakov 等（2014）的便携式检测器联合使用。炸药蒸气被引入含有Ar_2^*灯的电离区。离子基于它们的相对迁移而分离。利用可变补偿电压（CV）产生离子电流谱，使其与 CV 成函数关系。

5.7.2　超纯水生产

超纯水（UPW）生产是 VUV 工艺最重要的工业应用之一。UPW 具有严格的质量规范，用于半导体、太阳能光伏、制药、发电等行业，也常用于科研实验室。使用点（POU）处理常用于关键技术的应用，如浸入式光复刻。典型的晶片制造每天需用 5500m^3 的城市水生产 UPW，这些水仅使用一次就成为废水。目前鼓励回收半导体制造工艺中的冲洗水。此外，考虑到净水处理和废水处理成本的增加，目前正在研究回收和再利用使用过的 UPW（Yazdani，2016）。

UPW 是将水中所有类型的污染物都处理到最高纯度，包括有机和无机化合物、溶解物质和微粒物质、挥发物和非挥发物、活性或惰性组分、溶解酶和细菌。处理步骤包括粗过滤去除大颗粒、碳过滤、水软化、反渗透（RO）、VUV/UV 工艺去除 TOC 和消毒、离子交换或电极电离、热交换、最后过滤或超滤。根据水质要求，UPW 处理厂通常还具有脱气、微滤和超滤功能（图 5-10）。

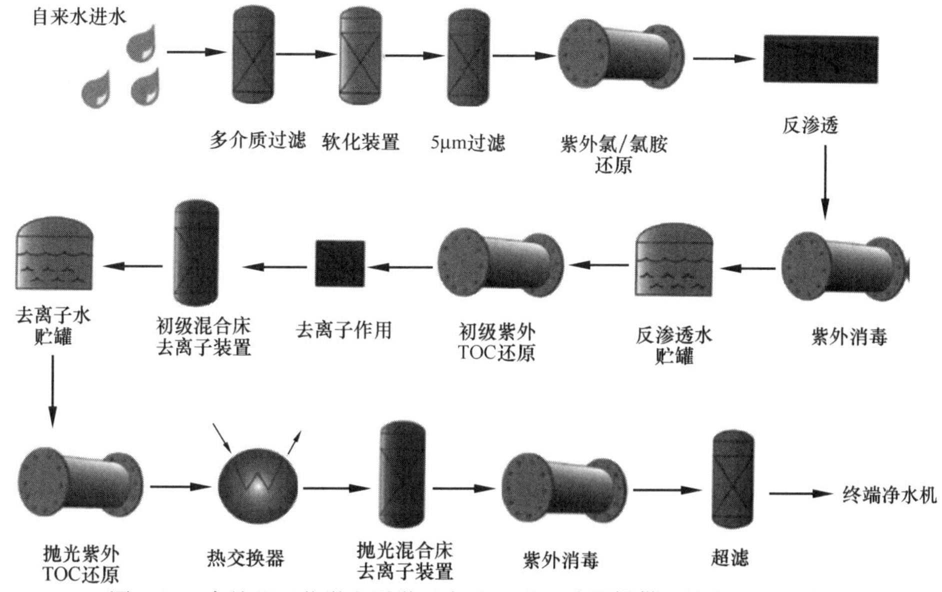

图 5-10　水处理工艺微电子学（由 Aquafine 公司提供，Valencia，CA）。

反渗透膜上形成的生物膜会导致膜水通量降低、操作压力增大等运行问题。Bohus 等（2010）在一个工业 UPW 处理厂进行的微生物研究表明，大多数已鉴定出的细菌都可能导致微生物诱导的半导体工业产品腐蚀。

通过过滤和超滤来控制可引起光复刻产品缺陷的颗粒。TOC 通过提供营养物质促进细菌增殖，在严重的情况下，会在产品和生产线上留下残留物。进入 UPW 净化系统的水一般含有 0.7～15mg/L 的 TOC。TOC 的去除需要活性炭过滤、RO、介质氧化工艺，最后由 VUV/UV 工艺将其降低到 1μg/L 以下，最好是 0.5μg/L 以下。还需要通过离子交换或电离溶解性气体（O_2、O_3 和CO_2）消除金属和阴离子（主要是二氧化硅）污染物。

通常，城市供水中含有多种有害污染物和余氯，要根据 UPW 规范经过一系列净化步骤将其去除。UPW 系统一般由三个子系统构成，即预处理、初级处理和深度处理。预处理采用多介质过滤和超滤去除悬浮物，降低浊度，同时通过活性炭除氯并减少有机负荷，由此产生净水。商用活性炭能有效去除较大的非极性分子，但对异丙醇（IPA）、丙酮等低分子量中性化合物的去除率较低；丙酮是 IPA 氧化的副产物。UPW 生产中最难处理的化合物是尿素、三卤甲烷和低分子量中性化合物，如丙酮。去除氯仿和溴仿对降低 TOC 有重要意义。提高 pH 可以提高 UV 消毒前的 RO 工艺效率，从而提高有机物和硼的去除率。

减少 TOC 残留的初级处理（图 5-10）是基于 VUV/UV 工艺的，可添加或不添加氧化剂（如过硫酸钠或 H_2O_2）。过硫酸盐的使用受到限制，是因为残留的过硫酸盐和硫酸盐都是 UPW 离子污染物。VUV/UV 工艺效率受悬浮固体（光遮蔽效应）、Fe^{2+} 和 Mn^{2+} 的影响，分别限制在 0.3mg/L 和 0.05mg/L，以避免 VUV/UV 灯的石英套管变色、浑浊和灯套污损。尽管如此，VUV/UV 初级处理的优点远远胜过这些限制（http：// www.prudentialtechgy.com/data/TOC-reduction-article-JD.pdf）。Gareth 和 Avijit（2003）讨论了 THMs 的去除，特别是 RO 出水中的氯仿，并显示了 184.9nm 辐射对 $CHCl_3$ 的去除作用。另一种选择是使用热交换器，它能够使气体转移膜提取形成的挥发性有机物，从而降低残留的 TOC 水平。在初级处理阶段，IPA 非常有效地被降解为丙酮。

最终处理的抛光处理系统（用于 TOC 还原的 VUV/UV 光解、热交换、去离子化、终端的 UV 消毒和超滤）包括一个再循环和分配系统，以保持稳定和高品质的 UPW。高品质的 UPW 具有高电阻率，一般在 18MΩ·cm。当 TOC 小于 1mg/L 且水中氧气饱和时，VUV/UV 工艺可以有效地将有机物氧化为CO_2。使用具有 184.9nm 高输出的 VUV/UV 灯可以将 TOC 降至 0.5μg/L 以下的水平（Baas，2003）。TOC 的矿化导致部分有机物的电阻率下降和电离，因此抛光处理系统还需要一个去离子装置。有机物的氧化降解会产生CO_2，可以被脱气器消除。

现今，半导体制造工艺通常需要 TOC 小于 1μg/L（最好是 0.5μg/L）。特洁安技术公司旗下的 Aquafine 公司生产的基于 VUV（184.9nm）/UV 灯的反应器，为减少 UPW 生产中的微量有机物和微生物污染提供增强的协同效果。这些系统被用于减少 TOC、消毒、臭氧（通常用于预处理步骤，以及消毒和再循环系统）的破坏和氯/氯胺的去除。Aquafine公司还提供基于UV/H_2O_2的高级氧化解决方案，用于淋洗水的再利用，这大大节省了公用事业的成本，并减少废物处理。

为了防止在驱动涡轮机的蒸汽中形成腐蚀酸，对核电厂的工业用水中TOC降低（<100μg/L）的要求越来越高。该系统由Aquafine公司为Frosmark核电站（瑞典）开发安装，运行功率为2.7kW，流量为$58m^3/h$（http：//www. aquafineuv. com）。

Evoqua推出了一种针对TOC降低的高流量解决方案。Vanox AOP系统可以将TOC持续降低到0.5μg/L，并处理原水中的季节性TOC变化（http：//www. evoqua. com）。该系统可以有效去除尿素、THMs、1,4-二恶烷、IPA等杂质。Vanox AOP系统生产的UPW颗粒物含量低（<100单位/L，平均直径0.05μm），且残余金属含量低（<1.0ng/L）。

UPW还广泛应用于分析化学和基础研究。EMD Millipore（达姆施塔特，德国）公司生产了一系列Milli-Q®水系统，其以自来水为原水生产高品质UPW（Milli-Q水，电阻率>18MΩ，<4μg/L TOC）。该系统包括RO预处理单元、电去离子单元和UV辐照消毒单元，以及抛光处理系统。抛光处理系统包含两个VUV/UV（184.9nm/253.7nm）低压灯。第一个用于减少TOC，第二个是在线TOC分析仪的一部分。TOC由VUV/UV感光氧化前后水的电阻率差确定。

5.8 真空紫外高级氧化工艺——一般结论

VUV光解法是一种简单、清洁的方法，可以在不添加氧化剂的情况下在水中产生高浓度的$HO^•$。由于水是主要的吸收剂，VUV光解水产生$HO^•$的总产率高于其他任何一种AOPs。然而，它在水处理中的应用受到限制，限制因素是VUV辐射的穿透深度短和VUV水系统的不均匀性。各种研究表明，VUV辐照水体会导致有机微污染物的快速降解和较大的NOM结构的有序分解。此外，当气相中的O_2通过光化学生成O_3时，VUV光源提供了VUV光解与臭氧化相结合的可能性，可以避免使用外部臭氧发生器。虽然VUV光解增强了饮用水中无机副产物NO_2^-的生成，但VUV辐照和由同一盏灯产生的O_3联合提高了系统的氧化和消毒效率，并最大限度地减少了NO_2^-的生成。

目前，VUV光源主要采用高品质石英套管封装低压灯。可以同时实现紫外光的消毒杀菌作用和通过184.9nm光产生$HO^•$矿化有机物。此外，由于UV对H_2O_2光解产生$HO^•$，H_2O_2的加入提高了VUV/UV工艺的效率。

VUV准分子灯为扩展VUV AOP应用和开发多功能反应器提供了新的机会。准分子灯与汞蒸气灯相比，具有无汞、光子通量高、发射线清晰、即时开关、无UV功率损耗等优点，且其几何形状可适应各种反应器结构。VUV准分子灯的进一步发展为水处理开辟了新的领域。

尽管目前存在局限性，但VUV AOP可以作为小众应用的可行性解决方案，例如工业废水原位处理可提高生物降解性，以及在VUV后结合活性炭过滤技术作为小型住宅的化学微污染物破坏和消毒处理设备。

然而，首先，VUV-AOP 必须从实验室规模发展到实际工程应用规模。其次，需要提高 VUV 灯的效率，通过优化光反应区的流体动力学和质量传递来优化光反应器的概念和设计，开发可靠的动力学模型用于确定设备尺寸和性能保证。

5.9 致谢

作者要感谢 Thomas Oppenländer 教授和 Mihaela Stefan 博士对本章的宝贵贡献。特别感谢 André Braun 教授和 Masato Kukizaki 博士提供的高质量 VUV 反应器图表（本章中的图 5-9（a）和图 5-9（b）经 Elsevier 许可转载）。

5.10 参考文献

Adam W. and Oppenländer T. (1984). Absolute intensity method for the determination of quantum yields in 185nm photochemistry: application to the azoalkane 2,3-diazabicyclo[2.2.1]hept-2-ene. *Photochemistry and Photobiology*, **39**(6), 719–723.

Afzal A., Oppenländer T., Bolton J. R. and El-Din M. G. (2010). Anatoxin-a degradation by advanced oxidation processes: vacuum-UV at 172 nm, photolysis using medium pressure UV and UV/H_2O_2. *Water Research*, **44**(1), 278–286.

Alapi T. and Dombi A. (2007). Comparative study of the UV and UV/VUV-induced photolysis of phenol in aqueous solution. *Journal of Photochemistry and Photobiology A: Chemistry*, **188**(2–3), 409–418.

Alapi T., Berecz L. and Arany E. (2013). Comparison of the UV-induced photolysis, ozonation, and their combination at the same energy input using a self-devised experimental apparatus. *Ozone Science and Engineering*, **35**(5), 350–358.

Alekseev S. B., Kuvshinov V. A., Lisenko A. A., Lomaev M. I., Orlovskii V. M., Panarin V. A., Rozhdestvenskii E. A., Skakun V. S. and Tarasenko V. F. (2006). A photoreactor on the basis of a Xe_2 excilamp. *Instruments and Experimental Techniques*, **49**(1), 132–134.

Al-Gharabli S., Engesser P., Gera D., Klein S. and Oppenländer T. (2016). Engineering of a highly efficient Xe_2*-excilamp (xenon excimer lamp, λ_{max} = 172 nm, η = 40%) and qualitative comparison to a low-pressure mercury lamp (LP-Hg, λ = 185/254 nm) for water purification. *Chemosphere*, **144**, 811–815.

Al-Momani F., Touraud E., Degorce-Dumas J. R., Roussy J. and Thomas O. (2002). Biodegradability enhancement of textile dyes and textile wastewater by VUV photolysis. *Journal of Photochemistry and Photobiology A: Chemistry*, **153**(1–3), 191–197.

Andreozzi R., Caprio V., Insola A. and Marotta R. (1999). Advanced oxidation processes (AOP) for water purification and recovery. *Catalysis Today*, **53**, 51–59.

Arany E., Oppenländer T., Gajda-Schrantz K. and Dombi A. (2012). Influence of H_2O_2 formed in situ on the photodegradation of ibuprofen and ketoprofen. *Current Physical Chemistry*, **2**(3), 286–293.

Arany E., Szabó R. K., Apáti L., Alapi T., Ilisz I., Mazellier P., Dombi A. and Gajda-Schrantz K. (2013). Degradation of naproxen by UV, VUV photolysis and their combination. *Journal of Hazardous Materials*, **262**, 151–157.

Arany E., Alapi T. and Schrantz K. (2015). Reactive Species against Selected Nonsteroidal Anti-inflammatory Drugs. Lap Lambert Academic Publishing, Saarbrücken, Germany.

Atkinson R., Baulch D. L., Cox R. A., Crowley J. N., Hampson R. F., Hynes R. G., Jenkin M. E., Rossi M. J. and Troe J. (2004). Evaluated kinetic and photochemical data for atmospheric chemistry: volume I gas phase reactions of O_x, HO_x, NO_x and SO_x species. *Atmospheric Chemistry and Physics*, **4**, 1461–1738.

Avdeev S. M., Sosnin É. A., Skakun V. S., Tarasenko V. F. and Schitz D. V. (2008). Two-band emission source based on a three-barrier KrCl-XeBr excilamp. *Technical Physics Letters*, **34**(9), 725–727.

Avtaeva S. V., Sosnin E. A., Saghi B., Panarin V. A. and Rahmani B. (2013). Influence of the chlorine concentration on the radiation efficiency of a XeCl exciplex lamp. *Plasma Physics Reports*, **39**(9), 768–778.

Azrague K., Bonnefille E., Pradines V., Pimienta V., Oliveros E., Maurette M. T. and Benoit-Marquie F. (2005). Hydrogen peroxide evolution during V-UV photolysis of water. *Photochemical & Photobiological Sciences*,

4(5), 406–408.

Baadj S., Harrache Z. and Belasri A. (2013). Electrical and chemical properties of XeCl* (308 nm) exciplex lamp created by a dielectric barrier discharge. *Plasma Physics Reports*, **39**(12), 1043–1054.

Baas M. (2003). Enhanced 185 nm UV-source to achieve a TOC reduction below 1 ppb. *Ultrapure Water*, **20**, 26–30.

Bagheri M. and Mohseni M. (2015a). Impact of hydrodynamics on pollutant degradation and energy efficiency of VUV/UV and H_2O_2/UV oxidation processes. *Journal of Environmental Management*, **164**, 114–120.

Bagheri M. and Mohseni M. (2015b). A study of enhanced performance of VUV/UV process for the degradation of micropollutants from contaminated water. *Journal of Hazardous Materials*, **294**, 1–8.

Balducci A., Marinellia M., Milani E., Morgada M. E., Tucciarone A. and Verona-Rinati G. (2005). Extreme ultraviolet single-crystal diamond detectors by chemical vapor deposition. *Applied Physics Letters*, **86**(19), 193509.

Baricholo P., Hlatywayo D. J., Von Bergmann H. M., Stehmann T., Rohwer E. G. and Collier M. (2011). Influence of gas discharge parameters on emissions from a dielectric barrier discharge excited argon excimer lamp. *The South African Journal of Science*, **107**(11–12), 46–52.

Barrett J. and Baxendale J. H. (1960). The photolysis of liquid water. *Transactions of the Faraday Society*, **56**, 37–43.

Barrett J. and Mansell A. L. (1960). Ultraviolet absorption spectra of the molecules H_2O, HDO and D_2O. *Nature*, **187**, 138–139.

Baum G. and Oppenländer T. (1995). Vacuum-UV-oxidation of chloroorganic compounds in an excimer flow-through photoreactor. *Chemosphere*, **30**(9), 1781–1790.

Beleznai S., Mihajlik G., Agod A., Maros I., Juhász R., Németh Z., Jakab L. and Richter P. (2006). High-efficiency dielectric barrier Xe discharge lamp: theoretical and experimental investigations. *Journal of Physics D: Applied Physics*, **39**(17), 3777–3787.

Beleznai S., Mihajlik G., Maros I., Balázs L. and Richter P. (2008). Improving the efficiency of a fluorescent Xe dielectric barrier light source using short pulse excitation. *Journal of Physics D: Applied Physics*, **41**(11), 115202.

Bergonzo P., Brambilla A., Tromson D., Mer C., Guizard B. and Foulon F. (2000). Diamond devices as characterisation tools for novel photon sources. *Applied Surface Science*, **154–155**, 179–185.

Bielski B. H. J., Cabelli D. E., Arudi R. L. and Ross A. B. (1985). Reactivity of HO_2/O_2^- radicals in aqueous-solution. *Journal of Physical and Chemical Reference Data*, **14**(4), 1041–1100.

Bolton J. R., Bircher K. G., Tuman W. and Tolman C. A. (2001). Figure-of-merit for the technical developement and application of advanced oxidation technologies for both electric- and solar-driven systems. *Pure and Applied Chemistry*, **73**(4), 627–637.

Bonin J., Janik I., Janik D. and Bartels D. M. (2007). Reaction of the hydroxyl radical with phenol in water up to supercritical conditions. *The Journal of Physical Chemistry A*, **111**(10), 1869–1878.

Braslavsky S. E. (2007). Glossary of terms used in photochemistry, 3rd edition (IUPAC Recommendations 2006). *Pure and Applied Chemistry*, **79**(3), 293–465.

Braun A. M., Pintori I. G., Popp H. P., Wakahata Y. and Worner M. (2004). Technical development of UV-C- and VUV-photochemically induced oxidative degradation processes. *Water Science and Technology*, **49**(4), 235–240.

Buchanan W., Roddick F., Porter N. and Drikas M. (2005). Fractionation of UV and VUV pretreated natural organic matter from drinking water. *Environmental Science & Technology*, **39**(12), 4647–4654.

Buchanan W., Roddick F. and Porter N. (2006). Formation of hazardous by-products resulting from the irradiation of natural organic matter: comparison between UV and VUV irradiation. *Chemosphere*, **63**(7), 1130–1141.

Buchanan W., Roddick F. and Porter N. (2008). Removal of VUV pre-treated natural organic matter by biologically activated carbon columns. *Water Research*, **42**(13), 3335–3342.

Budovich V. L. and Il'in V. P. (2014). Measurements of the intensities of vacuum ultraviolet radiation sources using the flow ionization chamber. *Instruments and Experimental Techniques*, **57**(2), 195–200.

Buxton G. V., Greenstock C. L., Helman W. P. and Ross A. B. (1988). Critical-review of rate constants for reactions of hydrated electrons, hydrogen-atoms and hydroxyl radicals (•OH/•O^-) in aqueous-solution. *Journal of Physical and Chemical Reference Data*, **17**(2), 513–886.

Cao M. H., Wang B. B., Yu H. S., Wang L. L., Yuan S. H. and Chen J. (2010). Photochemical decomposition of perfluorooctanoic acid in aqueous periodate with VUV and UV light irradiation. *Journal of Hazardous Materials*, **179**(1–3), 1143–1146.

Carman R. J. and Mildren R. P. (2003). Computer modelling of a short-pulse excited dielectric barrier discharge xenon excimer lamp ($\lambda \approx 172$ nm). *Journal of Physics D: Applied Physics*, **36**(1), 19–33.

Chen J., Zhang P. and Liu J. (2007). Photodegradation of perfluorooctanoic acid by 185 nm vacuum ultraviolet light. *Journal of Environmental Sciences*, **19**(4), 387–390.

Chen P., Hou K., Hua L., Xie Y., Zhao W., Chen W., Chen C. and Li H. (2014). Quasi-trapping chemical ionization source based on a commercial VUV lamp for time-of-flight mass spectrometry. *Analytical Chemistry*, **86**(3), 1332–1336.

Chistyakov A. A., Kotkovskii G. E., Sychev A. V. and Budovich V. L. (2014). An excimer-based FAIMS detector for detection of ultra-low concentration of explosives. Conference: SPIE Defense + Security. Chromdet/Analytical Instruments, Russia.

Collivignarelli C. and Sorlini S. (2004). AOPs with ozone and UV radiation in drinking water: contaminants removal and effects on disinfection byproducts formation. *Water Science and Technology*, **49**(4), 51–56.

Crapulli F., Santoro D., Sasges M. R. and Ray A. K. (2014). Mechanistic modeling of vacuum UV advanced oxidation process in an annular photoreactor. *Water Research*, **64**, 209–225.

Dainton F. S. and Fowles P. (1965). The photolysis of aqueous systems at 1849 Å. I. Solutions containing nitrous oxide. *Proceedings of Royal Society*, **A287**, 295–311.

Dobrovic S., Juretic H. and Ruzinski N. (2007). Photodegradation of natural organic matter in water with UV irradiation at 185 and 254 nm: importance of hydrodynamic conditions on the decomposition rate. *Separation Science and Technology*, **42**(7), 1421–1432.

Dombi A., Ilisz I., László Z. and Wittmann G. (2002). Comparison of ozone-based and other (VUV and TiO_2/UV) radical generation methods in phenol decomposition. *Ozone Science and Engineering*, **24**(1), 49–54.

Dwibedy P., Dey G. R., Naik D. B., Kishore K. and Moorthy P. N. (1999). Pulse radiolysis studies on redox reactions of gallic acid: one electron oxidation of gallic acid by gallic acid OH adduct. *Physical Chemistry Chemical Physics*, **1**(8), 1915–1918.

Echigo S., Yamada H., Matsui S., Kawanishi S. and Shishida K. (1996). Comparison between O_3/VUV, O_3/H_2O_2, VUV and O_3 processes for the decomposition of organophosphoric acid triesters. *Water Science and Technology*, **34**(9), 81–88.

Eliasson B. and Kogelschatz U. (1988). UV excimer radiation from dielectric-barrier discharges. *Applied Physics B-Photo*, **46**(4), 299–303.

Eliasson B. and Kogelschatz U. (1991). Modeling and applications of silent discharge plasmas. *IEEE Transactions on Plasma Science*, **19**(2), 309–323.

Elsner C., Lenk M., Prager L. and Mehnert R. (2006). Windowless argon excimer source for surface modification. *Applied Surface Science*, **252**(10), 3616–3624.

Erofeev M. V., Schitz D. V., Skakun V. S., Sosnin E. A. and Tarasenko V. F. (2010). Compact dielectric barrier discharge excilamps. *Physica Scripta*, **82**(4), 045403.

Farkas L. and Hirshberg Y. (1937). The photochemical decomposition of aliphatic alcohols in aqueous solution. *Journal of the American Chemical Society*, **59**(11), 2450–2453.

Gareth T. and Avijit D. (2003). Removal of trihalomethanes from RO product water using UV 185 nm technology. *Ultrapure Water*, **20**, 18–22.

Gellert B. and Kogelschatz U. (1991). Generation of excimer emission in dielectric barrier discharges. *Applied Physics B-Photo*, **52**(1), 14–21.

Gerasimov G. N., Volkova G. A., Hallin R., Zvereva G. N. and Heikensheld F. (2000). VUV spectrum of the barrier discharge in a krypton-xenon mixture. *Optics and Spectroscopy*, **88**(6), 814–818.

Gerasimov G. N., Krylov B. E., Hallin R., Morozov A. O., Arnesen A. and Heijkenskjold F. (2002). Stimulated emission of inert gas mixtures in the VUV range. *Optics and Spectroscopy*, **92**(2), 290–297.

Gerasimov G. N., Krylov B. E., Hallin R., Morozov A. O., Arnesen A. and Heijkenskjold F. (2003). Vacuum ultraviolet spectra of heteronuclear dimers of inert gases in a direct-current discharge. *Optics and Spectroscopy*, **94**(3), 374–383.

Gerasimov G. N., Krylov B. E., Hallin R. and Arnesen A. (2006). Parameters of VUV radiation from a DC capillary discharge in a mixture of krypton with xenon. *Optics and Spectroscopy*, **100**(6), 825–829.

Gerbig C., Schmitgen S., Kley D., Volz-Thomas A., Dewey K. and Haaks D. (1999). An improved fast-response vacuum-UV resonance fluorescence CO instrument. *Journal of Geophysical Research*, **104**(D1), 1699–1704.

Getoff N. (1990). Decomposition of biological resistant pollutants in water by irradiation. *Radiation Physics and Chemistry*, **35**, 432–439.

Getoff N. (1996). Radiation-induced degradation of water pollutants – state of the art. *Radiation Physics and Chemistry*, **47**(4), 581–593.

Getoff N. and Schenck G. O. (1968). Primary products of liquid water photolysis at 1236 Å, 1470 Å and 1849 Å. *Journal of Photochemistry and Photobiology A: Chemistry*, **8**, 167–178.

Giri R. R., Ozaki H., Morigaki T., Taniguchi S. and Takanami R. (2011a). UV photolysis of perfluorooctanoic acid (PFOA) in dilute aqueous solution. *Water Science and Technology*, **9**, 276–282.

Giri R. R., Ozaki H., Okada T., Takikita S., Taniguchi S. and Takanami R. (2011b). Water matrix effect on UV photodegradation of perfluorooctanoic acid. *Water Science and Technology*, **64**(10), 1980–1986.

Giri R. R., Ozaki H., Okada T., Taniguchi S. and Takanami R. (2012). Factors influencing UV photodecomposition of perfluorooctanoic acid in water. *Chemical Engineering Journal*, **180**, 197–203.

Goldstein S., Aschengrau D., Diamant Y. and Rabani J. (2007). Photolysis of aqueous H_2O_2: quantum yield and applications for polychromatic UV actinometry in photoreactors. *Environmental Science & Technology*, **41**(21), 7486–7490.

Gonzalez M. C. and Braun A. M. (1995). VUV photolysis of aqueous solutions of nitrate and nitrite. *Research on Chemical Intermediates*, **21**, 837–859.

Gonzalez M. C. and Braun A. M. (1996). Vacuum-UV photolysis of aqueous solutions of nitrate: effect of organic matter I. Phenol. *Journal of Photochemistry and Photobiology A: Chemistry*, **93**, 7–19.

Gonzalez M. C., Braun A. M., Prevot A. B. and Pelizzetti E. (1994). Vacuum-ultraviolet (VUV) photolysis of water - mineralization of atrazine. *Chemosphere*, **28**(12), 2121–2127.

Gonzalez M. C., Hashem T. M., Jakob L. and Braun A. M. (1995). Oxidative-degradation of nitrogen-containing organic-compounds – Vacuum-ultraviolet (VUV) photolysis of aqueous-solutions of 3-amino 5-methylisoxazole. *Fresenius J. Anal. Chem.*, **351**(1), 92–97.

Gonzalez M. C., Oliveros E., Worner M. and Braun A. (2004). Vacuum-ultraviolet photolysis of aqueous reaction systems. *Journal of Photochemistry and Photobiology C: Photochemistry Reviews*, **5**(3), 225–246.

Gu X., Lu S., Qiu Z., Sui Q., Banks C. J., Imai T., Lin K. and Luo Q. (2013). Photodegradation performance of 1,1,1-trichloroethane in aqueous solution: in the presence and absence of persulfate. *Chemical Engineering Journal*, **215–216**, 29–35.

Halmann M. and Platzner I. (1965). The photochemistry of phosphorus compounds. Part III. Photolysis of ethyl dihydrogen phosphate in aqueous solution. *Journal of the Chemical Society*, **1440**, 5380–5385.

Han W., Zhang P., Zhu W., Yin J. and Li L. (2004). Photocatalysis of p-chlorobenzoic acid in aqueous solution under irradiation of 254 nm and 185 nm UV light. *Water Research*, **38**(19), 4197–4203.

Hashem T. M., Zirlewagen M. and Braum A. M. (1997). Simultaneous photochemical generation of ozone in the gas phase and photolysis of aqueous reaction systems using one VUV light source. *Water Science and Technology*, **35**(4), 41–48.

Hayashi K., Tachibana T., Kawakami N., Yokota Y., Kobashi K., Ishihara H., Uchida K., Nippashi K. and Matsuoka M. (2005). Diamond sensors durable for continuously monitoring intense vacuum ultraviolet radiation. *The Japanese Journal of Applied Physics*, **44**(10), 7301–7304.

Hayon E. and McGarvey J. J. (1967). Flash photolysis in the vacuum ultraviolet region of $S_2O_4^{2-}$, CO_3^{2-} and OH^- ions in aqueous solutions. *Journal of Physical Chemistry*, **71**(5), 1472–1477.

Heit G. and Braun A. M. (1996). Spatial resolution of oxygen measurements during VUV-photolysis of aqueous systems. *Journal of Information Recording*, **22**(5–6), 543–546.

Heit G. and Braun A. M. (1997). VUV-photolysis of aqueous systems: spatial differentiation between volumes of primary and secondary reactions. *Water Science and Technology*, **35**(4), 25–30.

Heit G., Neuner A., Saugy P. Y. and Braun A. M. (1998). Vacuum-UV (172 nm) actinometry. The quantum yield of the photolysis of water. *The Journal of Physical Chemistry A*, **102**(28), 5551–5561.

Hoigné J. (1998). Chemistry of aqueous ozone and transformation of pollutants by ozonation and advanced oxidation processes, Part C Quality and treatment of drinking water II. In: The Handbook of Environmental Chemistry, J. Hrubec (ed.), Springer, Berlin.

Huang L., Jing H., Cheng Z. and Dong W. (2013). Different photodegradation behavior of 4-tert-octylphenol under UV and VUV irradiation in aqueous solution. *Journal of Photochemistry and Photobiology A: Chemistry*, **251**, 69–77.

Imoberdorf G. and Mohseni M. (2011). Modeling and experimental evaluation of vacuum-UV photoreactors for water treatment. *Chemical Engineering Science*, **66**(6), 1159–1167.

Imoberdorf G. and Mohseni M. (2012). Kinetic study and modeling of the vacuum-UV photoinduced degradation of 2,4-D. *Chemical Engineering Science*, **187**, 114–122.

Imoberdorf G. and Mohseni M. (2014). Comparative study of the effect of vacuum-ultraviolet irradiation on natural organic matter of different sources. *Journal of Environmental Engineering*, **140**(3), 04013016.

Jakob L., Hashem T. M., Bürki S., Guindy N. M. and Braun A. M. (1993). Vacuum-ultraviolet (VUV) photolysis of water: oxidative degradation of 4-chlorophenol. *Journal of Photochemistry and Photobiology A: Chemistry*, **75**(2), 97–103.

Jin L. and Zhang P. (2015). Photochemical decomposition of perfluorooctane sulfonate (PFOS) in an anoxic alkaline solution by 185nm vacuum ultraviolet. *Chemical Engineering Journal*, **280**, 241–247.

Khan J. A., He X., Shah N. S., Khan H. M., Hapeshi E., Fatta-Kassinos D. and Dionysiou D. D. (2014). Kinetic and mechanism investigation on the photochemical degradation of atrazine with activated H_2O_2, $S_2O_8^{2-}$ and HSO_5^-. *Chemical Engineering Journal*, **252**(0), 393–403.

Khan J. A., Shah N. S., Nawaz S., Ismail M., Rehman F. and Khan H. M. (2015). Role of e_{aq}^-, •OH and H• in radiolytic degradation of atrazine: a kinetic and mechanistic approach. *Journal of Hazardous Materials*, **288**, 147–157.

Kim I. and Tanaka H. (2009). Photodegradation characteristics of PPCPs in water with UV treatment. *Environment International*, **35**(5), 793–802.

Kitamura M., Mitsuka K. and Sato M. A. (2004). Practical high-power excimer lamp excited by a microwave discharge. *Applied Surface Science*, **79–80**, 507–513.

Kogelschatz U. (1990). Silent discharges for the generation of ultraviolet and vacuum ultraviolet excimer radiation. *Pure and Applied Chemistry*, **62**(9), 1667–1674.

Kogelschatz U. (1992). Silent-discharge driven excimer UV sources and their applications. *Applied Surface Science*, **54**, 410–423.

Kogelschatz U. (2003). Dielectric-barrier discharges: their history, discharge physics, and industrial applications. *Plasma Chemistry and Plasma Processing*, **23**(1), 1–46.

Kogelschatz U. (2004). Excimer lamps: history, discharge physics, and industrial applications. Proceedings of the SPIE 5483, Atomic and Molecular Pulsed Lasers V. Bellingham, WA.

Kogelschatz U. (2012). Ultraviolet excimer radiation from nonequilibrium gas discharges and its application in photophysics, photochemistry and photobiology. *Journal of Optical Technology*, **79**(8), 484–493.

Kogelschatz U., Esrom H., Zhang J. Y. and Boyd I. W. (2000). High-intensity sources of incoherent UV and VUV excimer radiation for low-temperature materials processing. *Applied Surface Science*, **168**, 29–36.

Kogelschatz U., Eliasson B. and Egli W. (1997). Dielectric-barrier discharges. Principle and applications. *J. Phys. IV France*, **7**(C4), 47–66.

Koppenol W. H. and Liebman J. F. (1984). The oxidizing nature of the hydroxyl radical – a comparison with the ferryl ion (FeO_2^+). *Journal of Physical Chemistry*, **88**(1), 99–101.

Kozmér Z., Arany E., Alapi T., Takács E., Wojnárovits L. and Dombi A. (2014). Determination of the rate constant of hydroperoxyl radical reaction with phenol. *Radiation Physics and Chemistry*, **102**, 135–138.

Kröckel L. and Schmidt M. A. (2014). Extinction properties of ultrapure water down to deep ultraviolet wavelengths. *Optical Materials Express*, **4**(9), 1932–1942.

Kuhn H. J., Braslavsky S. E. and Schmidt R. (2004). International Union of pure and applied chemistry organic and biomolekular chemistry division subcommittee on photochemistry, Chemical actinometry (IUPAC Technical Report). *Pure and Applied Chemistry*, **76**(12), 2105–2146.

Kutschera K., Bornick H. and Worch E. (2009). Photoinitiated oxidation of geosmin and 2-methylisoborneol by irradiation with 254 nm and 185 nm UV light. *Water Research*, **43**(8), 2224–2232.

László Z. (2001). Application of the VUV Photolysis in the Mineralization of Pollutants of Water. PhD thesis, University of Szeged, Szeged, Hungary.

László Z. and Dombi A. (2002). Oxidation of $[Fe(CN)_6]^{4-}$ and reduction of $[Fe(CN)_6]^{3-}$ in VUV irradiated aqueous solutions. *Chemosphere*, **46**, 491–494.

László Z., Ilisz I., Peintler G. and Dombi A. (1998). VUV intensity measurement of a 172 nm Xe excimer lamp by means of oxygen actinometry. *Ozone Science and Engineering*, **20**(5), 421–432.

Li Q. R., Gu C. Z., Di Y., Yin H. and Zhang J. Y. (2006). Photodegradation of nitrobenzene using 172 nm excimer UV lamp. *Journal of Hazardous Materials*, **133**(1–3), 68–74.

Li W., Lu S., Chen N., Gu X., Qiu Z., Fan J. and Lin K. (2009). Photo-degradation of clofibric acid by ultraviolet light irradiation at 185 nm. *Water Science and Technology*, **60**(11), 2983–2989.

Li W., Lu S., Qiu Z. and Lin K. (2011). UV and VUV photolysis vs. UV/H_2O_2 and VUV/H_2O_2, treatment for removal of clofibric acid from aqueous solution. *Environmental Technology*, **32**(9–10), 1063–1071.

Liu G. Y. (2014). Recalcitrance of cyanuric acid to oxidative degradation by OH radical: theoretical investigation. *RSC Advances*, **4**(70), 37359–37364.

Liu K., Roddick F. A. and Fan L. (2011). Potential of UV/H_2O_2 oxidation for enhancing the biodegradability of municipal reverse osmosis concentrates. *Water Science and Technology*, **63**(11), 2605–2611.

Liu Y. and Ogden K. (2010). Benefits of high energy UV 185nm light to inactivate bacteria. *Water Science and Technology*, **62**(12), 2776–2782.

Lomaev M. I., Skakun V. S., Sosnin E. A., Tarasenko V. F., Shitts D. V. and Erofeev M. V. (2003). Excilamps: efficient sources of spontaneous UV and VUV radiation. *Physics-Uspekhi*, **46**(2), 193–209.

Lomaev M. I., Skakun V. S., Tarasenko V. F., Shitts D. V. and Lisenko A. A. (2006a). A windowless VUV excilamp. *Technical Physics Letters*, **32**(7), 590–592.

Lomaev M. I., Sosnin E. A., Tarasenko V. F., Shits D. V., Skakun V. S., Erofeev M. V. and Lisenko A. A. (2006b). Capacitive and barrier discharge excilamps and their applications (Review). *Instruments and Experimental Techniques*, **49**(5), 595–616.

Lomaev M. I., Tarasenko V. F. and Schitz D. V. (2007). On the formation of a barrier discharge in excilamps. *Technical Physics*, **52**(8), 1046–1052.

Lomaev M. I., Skakun V. S., Tarasenko V. F. and Schitz D. V. (2008). One- and two-barrier excilamps on xenon dimers operating in the VUV range. *Technical Physics*, **53**(2), 244–248.

Lomaev M. I., Sosnin E. A. and Tarasenko V. F. (2012). Excilamps and their applications (Review). *Quantum Electronics*, **36**(1), 51–97.

Lopez J. L., Einschlag F. S. G., Gonzalez M. C., Capparelli A. L., Oliveros E., Hashem T. M. and Braun A. M. (2000). Hydroxyl radical initiated photodegradation of 4-chloro-3,5-dinitrobenzoic acid in aqueous solution. *Journal of Photochemistry and Photobiology A: Chemistry*, **137**(2–3), 177–184.

Malinin A. N. (2006). An excimer source of visible light. *Instruments and Experimental Techniques*, **49**(1), 96–100.

Mamane H., Shemer H. and Linden K. G. (2007). Inactivation of *E. coli*, *B. subtilis* spores, and MS2, T4, and T7 phage using UV/H_2O_2 advanced oxidation. *Journal of Hazardous Materials*, **146**, 479–486.

Martire D. O. and Gonzalez M. C. (2001). Aqueous phase kinetic studies involving intermediates of environmental interest: phosphate radicals and their reactions with substituted benzenes. *Progress in Reaction Kinetics and Mechanism*, **26**(2–3), 201–218.

Masschelein W. J. (2002). Ultraviolet Light in Water and Wastewater Sanitation. Lewis Publishers. Boca Raton, FL.

Matilainen A. and Sillanpää M. (2010). Removal of natural organic matter from drinking water by advanced oxidation processes - review. *Chemosphere*, **80**, 351–365.

Matsushita T., Hirai S., Ishikawa T., Matsui Y. and Shirasaki N. (2015). Decomposition of 1,4-dioxane by vacuum ultraviolet irradiation: study of economic feasibility and by-product formation. *Process Safety and Environmental Protection*, **94**, 528–541.

Matter D., Burtscher H., Kogelschatz U. and Scherrer L. (1994). Photoemission of combustion aerosols using an excimer UV radiation source. *Staub-Reinhaltung der Luft*, **54**, 163–166.

Moussavi G., Hossaini H., Jafari S. J. and Farokhi M. (2014). Comparing the efficacy of UVC, UVC/ZnO and VUV processes for oxidation of organophosphate pesticides in water. *Journal of Photochemistry and Photobiology A: Chemistry*, **290**, 86–93.

Muhlberger F., Wieser J., Ulrich A. and Zimmermann R. (2002). Single photon ionization (SPI) via incoherent VUV-excimer light: robust and compact time-of-flight mass spectrometer for on-line, real-time process gas analysis. *Analytical Chemistry*, **74**(15), 3790–3801.

Nikogosyan D. N. and Görner H. (1992). Photolysis of aromatic amino acids in aqueous solution by nanosecond 248 and 193 nm laser light. *Journal of Photochemistry and Photobiology B: Biology*, **13**(3–4), 219–234.

Ochiai T., Masuko K., Tago S., Nakano R., Nakata K., Hara M., Nojima Y., Suzuki T., Ikekita M., Morito Y. and Fujishima A. (2013a). Synergistic water-treatment reactors using a TiO_2-modified Ti-mesh filter. *Water*, **5**(3), 1101–1115.

Ochiai T., Masuko K., Tago S., Nakano R., Niitsu Y., Kobayashi G., Horio K., Nakata K., Murakami T., Hara M., Nojima Y., Kurano M., Serizawa I., Suzuki T., Ikekita M., Morito Y. and Fujishima A. (2013b). Development of a hybrid environmental purification unit by using of excimer VUV lamps with TiO_2 coated titanium mesh filter. *Chemical Engineering Journal*, **218**, 327–332.

Oppenländer T. (1994). Novel incoherent excimer UV irradiation units for the application in photochemistry, photobiology/-medicine and for waste water treatment. *European Photochemistry Association Newsletter*, **50**, 2–8.

Oppenländer T. (1996). The contribution of organic photochemistry to investigations of phototoxicity. In: The Photostability of Drugs and Drug Formulations, H. Tonnesen (ed.), Taylor & Francis, London, pp. 217–265.

Oppenländer T. (2003). Photochemical Purification of Water and Air. Wiley-VCH, Weinheim.

Oppenländer T. (2007). Mercury-free sources of VUV/UV radiation: application of modern excimer lamps (excilamps) for water and air treatment. *Journal of Environmental Engineering and Science*, **6**(3), 253–264.

Oppenländer T. and Gliese S. (2000). Mineralization of organic micropollutants (homologous alcohols and phenols) in water by vacuum-UV-oxidation (H_2O-VUV) with an incoherent xenon-excimer lamp at 172nm. *Chemosphere*, **40**, 15–21.

Oppenländer T. and Schwarzwälder R. (2002). Vacuum-UV oxidation (H_2O-VUV) with a xenon excimer flow-through lamp at 172 nm: use of methanol as actinometer for VUV intensity measurement and as reference compound for OH-radical competition kinetics in aqueous systems. *Journal of Advanced Oxidation Technologies*, **5**(2), 155–163.

Oppenländer T. and Sosnin E. (2005). Mercury-free vacuum-(VUV) and UV excilamps: lamps of the future? *IUVA News*, **7**(4), 16–20.

Oppenländer T. and Xu F. (2008). Temperature effects on the vacuum-UV (VUV)-initiated oxidation and mineralization of organic compounds in aqueous solution using a xenon excimer flow-through photoreactor at 172 nm. *Ozone Science and Engineering*, **30**(1), 99–104.

Oppenländer T., Baum G., Egle W. and Hennig T. (1995). Novel vacuum-UV-(VUV) and UV-excimer flow-through photoreactors for waste water treatment and for wavelength-selective photochemistry. *Proceedings of the Indian Academy of Sciences, Chemical Sciences*, **107**(6), 621–636.

Oppenländer T., Walddorfer C., Burgbacher J., Kiermeier M., Lachner K. and Weinschrott H. (2005). Improved vacuum-UV (VUV)-initiated photomineralization of organic compounds in water with a xenon excimer flow-through photoreactor (Xe_2^* lamp, 172 nm) containing an axially centered ceramic oxygenator. *Chemosphere*, **60**(3), 302–309.

Puspita P., Roddick F. A. and Porter N. A. (2011). Decolourisation of secondary effluent by UV-mediated processes. *Chemical Engineering Journal*, **171**(2), 464–473.

Querry M. R., Cary P. G. and Waring R. C. (1978). Split-pulse laser method for measuring attenuation coefficients of transparent liquids: application to deionized filtered water in the visible region. *Applied Optics*, **17**(22), 3587–3592.

Quici N., Litter M. I., Braun A. M. and Oliveros E. (2008). Vacuum-UV-photolysis of aqueous solutions of citric and gallic acids. *Journal of Photochemistry and Photobiology A: Chemistry*, **197**(2–3), 306–312.

Ratpukdi T., Siripattanakul S. and Khan E. (2010). Mineralization and biodegradability enhancement of natural organic matter by ozone-VUV in comparison with ozone, VUV, ozone-UV, and UV: effects of pH and ozone dose. *Water Research*, **44**(11), 3531–3543.

Ratpukdi T., Casey F., DeSutter T. and Khan E. (2011). Bromate formation by ozone-VUV in comparison with ozone and ozone-UV: effects of pH, ozone dose, and VUV power. *Journal of Environmental Engineering*, **137**(3), 187–195.

Reisz E., Schmidt W., Schochmann H.-P. and von Sonntag C. (2003). Photolysis of ozone in aqueous solution in the presence if tertiary butanol. *Environmental Science & Technology*, **37**(9), 1941–1948.

Robl S., Worner M., Maier D. and Braun A. M. (2012). Formation of hydrogen peroxide by VUV-photolysis of water and aqueous solutions with methanol. *Photochemical & Photobiological Sciences*, **11**(6), 1041–1050.

Routledge E. J. and Sumpter J. P. (1997). Structural features of alkylphenolic chemicals associated with estrogenic activity. *The Journal of Biological Chemistry*, **272**(6), 3280–3288.

Satou T., Nakazato T. and Tao H. (2013). Online TOC analysis based on reagent-free oxidation of dissolved organic matter using a mercury lamp-pass-through photoreactor. *Analytical Sciences*, **29**, 233–238.

Schalk S., Adam V., Arnold E., Brieden K., Voronov A. and Witzke H.-D. (2005). UV-lamps for disinfection and advanced oxidation – lamp types, technologies and applications. *IUVA News*, **8**(1), 32–37.

Schreiber A., Kühn B., Arnold E., Schilling F. J. and Witzke H. D. (2005). Radiation resistance of quartz glass for VUV discharge lamps. *Journal of Physics D: Applied Physics*, **38**(17), 3242–3250.

Schürgers M. and Welge K. H. (1968). Absorptionskoeffizient von H_2O_2 und N_2H_4 zwischen 1200 und 2000 Å. *Z. Naturforsch.*, **23a**, 1508–1510.

Segelstein D. J. (1981). The Complex Refractive Index of Water. M.S. thesis, University of Missouri, Kansas City, USA.

Shen Y. S. and Liao B. H. (2007). Study on the treatment of Acid Red 4 wastewaters by a laminar-falling-film-slurry-type VUV photolytic process. *Water Science and Technology*, **55**(12), 13–18.

Shirayama H., Tohezo Y. and Taguchi S. (2001). Photodegradation of chlorinated hydrocarbons in the presence and absence of dissolved oxygen in water. *Water Research*, **35**(8), 1941–1950.

Shuaibov A. K., Minya A. I., Malinin A. N., Homoki Z. T. and Hrytsak R. V. (2012). VUV lamp based on mixtures of inert gases with water molecules pumped by a pulsed-periodic capacitive discharge. *Journal of Applied Spectroscopy*, **78**(6), 867–872.

Shuaibov A. K., Gomoki Z. T., Minya A. I. and Shevera I. V. (2013). Emission characteristics of an ultraviolet emitter based on mixtures of krypton with low-aggressive halogen carriers pumped by a barrier discharge. *Optics and Spectroscopy*, **114**(2), 189–192.

Simonsen M. E., Jensen C. V. and Sogaard E. G. (2013). Comparison of different UV-activated AOP methods. *Journal of Advanced Oxidation Technologies*, **16**(1), 179–187.

Sokolov U. and Stein G. (1996). Photolysis of liquid water at 1849 Å. *Journal of Chemical Physics*, **44**(9), 3329–3337.

Sosnin E. A., Erofeev M. V., Tarasenko V. F. and Shitz D. V. (2002). Capacitive discharge excilamps. *Instruments and Experimental Techniques*, **45**(6), 838–839.

Sosnin E. A., Oppenländer T. and Tarasenko V. F. (2006). Applications of capacitive and barrier discharge excilamps in photoscience. *Journal of Photochemistry and Photobiology C: Photochemistry Reviews*, **7**(4), 145–163.

Sosnin E. A., Avdeev S. M., Panarin V. A., Tarasenko V. F., Pikulev A. A. and Tsvetkov V. V. (2011a). The radiative and thermodynamic processes in DBD driven XeBr and KrBr exciplex lamps. *The European Physical Journal D*, **62**(3), 405–411.

Sosnin E. A., Pikulev A. A. and Tarasenko V. F. (2011b). Optical characteristics of cylindrical exciplex and excimer lamps excited by microwave radiation. *Technical Physics*, **56**(4), 526–530.

Sosnin E. A., Avdeev S. M., Tarasenko V. F., Skakun V. S. and Schitz D. V. (2015a). KrCl barrier-discharge excilamps: energy characteristics and applications (Review). *Instruments and Experimental Techniques*, **58**(3), 309–318.

Sosnin E. A., Korzenev A. N., Avdeev S. M., Volkind D. K., Novakovskii G. S. and Tarasenko V. F. (2015b). Numerical simulation and experimental study of thermal and gas-dynamic processes in barrier-discharge coaxial excilamps. *High Temperature*, **53**(4), 558–563.

Steenland K., Fletcher T. and Savitz D. (2010). Epidemiologic evidence on the health effects of perfluorooctanoic acid (PFOA). *Environmental Health Perspectives*, **118**(8), 1100–1108.

Suzuki F., Ono K., Sakai K. and Hayashi K. (2006). Direct measurement of 185 nm radiation from low-pressure mercury lamps using diamond-based vacuum ultraviolet sensors. *The Japanese Journal of Applied Physics*, **45**(8A), 6484–6485.

Szabó R. K., Megyeri C., Illés E., Gajda-Schrantz K., Mazellier P. and Dombi A. (2011). Phototransformation of ibuprofen and ketoprofen in aqueous solutions. *Chemosphere*, **84**(11), 1658–1663.

Tarasenko V. F., Chernov E. B., Erofeev M. V., Lomaev M. I., Panchenko A. N., Skakun V. S., Sosnin E. A. and Shitz D. V. (1999). UV and VUV excilamps excited by glow, barrier and capacitive discharges. *Applied Physics A*, **69**, 327–329.

Tasaki T., Wada T., Fujimoto K., Kai S., Ohe K., Oshima T., Baba Y. and Kukizaki M. (2009). Degradation of methyl orange using short-wavelength UV irradiation with oxygen microbubbles. *Journal of Hazardous Materials*, **162**(2–3), 1103–1110.

Thomsen C. L., Madsen D., Keiding S. R., Thøgersen J. and Christiansen O. (1999). Two-photon dissociation and ionization of liquid water studied by femtosecond transient absorption spectroscopy. *Journal of Chemical Physics*, **110**(7), 3453–3462.

Thomson J., Roddick F. A. and Drikas M. (2002). Natural organic matter removal by enhanced photo-oxidation using low pressure mercury vapour lamps. *Water Science and Technology*, **2**(5–6), 435–443.

Thomson J., Roddick F. A. and Drikas M. (2004). Vacuum ultraviolet irradiation for naturai organic matter removal. *Journal of Water Supply: Research & Technology*, **53**(4), 196–206.

Tsujimoto Y., Hashizume H. and Yamazaki M. (1993). Superoxide radical scavenging activity of phenolic compounds. *International Journal of Biochemistry*, **25**(4), 491–494.

Van der Pol A. J. H. P. and Krijnen S. (2005). Optimal UV output in different application of low-pressure UV-C lamps. Proceedings of the Third International Congress on Ultraviolet Technologies, International Ultraviolet Association. Whistler, BC, Canada.

Vicente J. S., Gejo J. L., Rothenbacher S., Sarojiniamma S., Gogritchiani E., Worner M., Kasper G. and Braun A. M. (2009). Oxidation of polystyrene aerosols by VUV-photolysis and/or ozone. *Photochemical & Photobiological Sciences*, **8**(7), 944–952.

Volkova G. A. and Gerasimov G. N. (1997). Amplification of $\lambda = 147$ nm radiation from a barrier discharge in a mixture of krypton with xenon. *Quantum Electronics*, **27**(3), 213–216.

von Sonntag C. and Schuchmann H. P. (1991). The elucidation of peroxyl radical reactions in aqueous solution with the help of radiation-chemical methods. *Angewandte Chemie International Edition (England)*, **30**, 1229–1253.

von Sonntag C. and Schuchmann H. P. (1997). Peroxyl Radicals in Aqueous Solutions. John Wiley and Sons, Chichester.

Voronov A., Arnold E. and Roth E. (2003) Long life technology of high power amalgam lamps. Proceedings of the Second International Conference on Ultraviolet Technologies, International Ultraviolet Association. Vienna, Austria.

Wang B. B., Cao M. H., Tan Z. J., Wang L. L., Yuan S. H. and Chen J. (2010a). Photochemical decomposition of perfluorodecanoic acid in aqueous solution with VUV light irradiation. *Journal of Hazardous Materials*, **181**(1–3), 187–192.

Wang D., Oppenländer T., El-Din M. G. and Bolton J. R. (2010b). Comparison of the disinfection effects of vacuum-UV (VUV) and UV light on Bacillus subtilis spores in aqueous suspensions at 172, 222 and 254 nm. *Photochemistry and Photobiology*, **86**(1), 176–181.

Wang J., Yang C., Wang C., Han W. and Zhu W. (2014). Photolytic and photocatalytic degradation of micro pollutants in a tubular reactor and the reaction kinetic models. *Separation and Purification Technology*, **122**, 105–111.

Wang Y. and Zhang P. (2014). Effects of pH on photochemical decomposition of perfluorooctanoic acid in different atmospheres by 185 nm vacuum ultraviolet. *Journal of Environmental Sciences (China)*, **26**(11), 2207–2214.

Weeks J. L., Meaburn G. M. A. C. and Gordon S. (1963). Absorption coefficients of liquid water and aqueous solutions in the far ultraviolet. *Radiation Research*, **19**(3), 559–567.

Weissflog L., Elansky N., Putz E., Krueger G., Lange C. A., Lisitzina L. and Pfennigsdorff A. (2004). Trichloroacetic acid in the vegetation of polluted and remote areas of both hemispheres - Part II: salt lakes as novel sources of natural chlorohydrocarbons. *Atmospheric Environment*, **38**(25), 4197–4204.

Wieser J., Murnick D. E., Ulrich A., Huggins H. A., Liddle A. and Brown W. L. (1997). Vacuum ultraviolet rare gas excimer light source. *Review of Scientific Instruments*, **68**(3), 1360–1364.

Wild S. R., Harrad S. J. and Jones K. C. (1993). Chorophenols in digested UK sewage sludges. *Water Research*, **27**(10), 1527–1534.

Witzke H.-D. (2001) Recent studies on fused quartz and synthetic fused silica for light sources. Proceedings of 9th International Symposium on the Science and Technology of Light Sources. Ithaca, NY, USA.

Wörner M., Eggers J., Nunes M., Schnabel C., Rudolph S., Zegenhagen f., Workman A. and Baum A. M. (2003). Combination of VUV (Vacuum-Ultraviolet)-photolysis and electrolysis for the accelerated mineralization of organic pollutant in aqueous systems. 3rd International Conference on Oxidation Technologies for Water and Wastewater – Special Topic: AOP's for Recycling and Reuse. Clausthal.

Xing R., Zheng Z. and Wen D. (2015). Comparison between UV and VUV photolysis for the pre- and post-treatment of coking wastewater. *Journal of Environmental Sciences (China)*, **29**, 45–50.

Yan J. and Gupta M. C. (2003). High power 121.6 nm radiation source. *Journal of Vacuum Science & Technology B*, **21**(6), 2839–2842.

Yan J., El-Dakrouri A., Laroussi M. and Gupta M. C. (2002). 121.6 nm radiation source for advanced lithography. *Journal of Vacuum Science & Technology B*, **20**(6), 2574–2577.

Yazdani A. (2016). Is POU water recovery and reuse practical in microelectronics fabs? *Ultrapure Water*, 1–3. https://www.ultrapurewater.com/articles/micro/is-pou-water-recovery-and-reuse-practical-in-microelectronics-fabs

Yoon S. H., Lee J. H., Oh S. and Yang J. E. (2008). Photochemical oxidation of As(III) by vacuum-UV lamp irradiation. *Water Research*, **42**(13), 3455–3463.

Zhang J.-W. and Boyd I. W. (2000). Lifetime investigation of excimer UV sources. *Applied Surface Science*, **168**, 296–299.

Zhao G., Lu X., Zhou Y. and Gu Q. (2013). Simultaneous humic acid removal and bromate control by O_3 and UV/O_3 processes. *Chemical Engineering Journal*, **232**, 74–80.

Zhuang X., Han Q., Zhang H., Feng X., Roth M., Rosier O., Zhu S. and Zhang S. (2010). The efficiency of coaxial KrCl* excilamps. *Journal of Physics D: Applied Physics*, **43**(20), 205202.

Zoschke K., Dietrich N., Bornick H. and Worch E. (2012). UV-based advanced oxidation processes for the treatment of odour compounds: efficiency and by-product formation. *Water Research*, **46**(16), 5365–5373.

Zoschke K., Bornick H. and Worch E. (2014). Vacuum-UV radiation at 185 nm in water treatment – A review. *Water Research*, **52**, 131–145.

Zvereva G. N. (2010). Investigation of water decomposition by vacuum ultraviolet radiation. *Optics and Spectroscopy*, **108**(6), 915–922.

Zvereva G. N. and Gerasimov G. N. (2001). Numerical simulation of a barrier discharge in Xe. *Optics and Spectroscopy*, **90**(3), 321–328.

第6章　基于γ射线和电子束的高级氧化工艺

拉斯洛·沃伊瑙罗维奇，伊丽莎白·陶卡奇，拉斯洛·绍博

6.1 引言

虽然关于辐射化学领域的研究已有100多年的历史，但其中的方法有了基本的改变。一直到20世纪50年代和60年代，人们的主要目的是了解辐射能量吸收的基本过程和辐射的化学特性。近年来，辐射化学越来越成为基础研究的可靠工具，如反应动力学，通过它可以测量重要的动力学参数并阐明反应机理。辐照技术通常作为技术的重要组成部分去应用，例如聚合物加工、食品加工和灭菌（Woods和Pikaev，1994）。在过去的20年中，在环境保护领域（即空气和水处理）辐射化学的使用越来越受重视（IAEA，2007）。

当它们穿透物质时，高能光子或电子与介质分子相互作用。由于非弹性碰撞，粒子损失能量并形成富能激发或电离分子。初级能量沉积具有非选择性，它基本上是由分子中的电子数决定的。这是与传统光化学的一个基本区别，在传统光化学中，发色基团决定能量吸收特性。

用于研究分析或工业目的的电离辐射源可分为两类：含有会辐射γ射线的放射性核素的辐射源，如^{60}Co或^{137}Cs，以及电子加速器。在小试实验中，电离辐射源主要是放射性核素。使用放射性核素源进行大规模水处理时需要相当坚固的设备，并仅允许批量操作。为了在连续运行中每天处理几千立方米的水，需要更通用的电子加速器（IAEA，2007）。电子束（EB）源提供的吸收剂量率比全尺寸装置所需的γ辐照器高得多。这种电子束加速器具有可靠、高效率（电能可以以60%～80%的效率转换成加速电子动能）的特点，装机功率高达400kW。

本章介绍了水和水溶液的辐射化学，综述了辐射技术在水处理中的研究和应用现状。

6.2 辐射分解作为自由基反应的通用研究工具和大规模工业处理技术

6.2.1 辐射化学反应机制的建立

用于研究辐射诱导的化学反应包括两种完全不同的实验方法。其中一种方法（稳态辐解）用于定性或定量地测定中间体（例如固体基质中“冻结”的离子或自由基）以及在测量期间稳定且不变化的最终产物。另一种方法（脉冲辐解）使用时间依赖性测量来观察中

间体或最终产物的积聚（Tabata，1991a，1991b）。

最终产物采用各种分析技术进行分析，其中分光光度法、气相色谱法和液相色谱法是最常见的分析方法。当系统配备质谱仪检测器（GC-MS/MS、LC-MS/MS）时，产物鉴定相对容易。

在辐解反应中，激发态分子、阳离子、自由电子、阴离子和自由基是主要的中间体。用脉冲辐解法可直接研究中间体。简言之，在这项技术中，加速至数 MeV 能量的 ps-μs 电子脉冲被导入含有待辐照样品的细胞（Baxendale 和 Busi，1982；Tabata，1991b；Wishart，2008）。利用时间分辨光学检测技术对中间产物和稳定产物的积累和衰变进行了监测。这种方法也称为动力学分光光度法或时间分辨分光光度法，因其响应时间非常短而区别于传统分光光度法。动力学分光光度计以单一路径工作：参考水平是在辐照前通过样品的光水平。这是高灵敏度动力学分光光度法的基础，精确测量透射光变化小于 1%。利用计算机数据采集系统可以对大量的痕迹进行平均。

脉冲辐射分解装置示意图如图 6-1 所示。通常情况下，测量系统分为两部分。第一部分包括安置在辐照室中用于样品照明的光源、透镜系统、防止样品加热和光解的快门、滤光器和测量单元本身。该装置的其他部分位于防辐射混凝土墙和法拉第罩外，以防电磁干扰。其中包括单色器、光电探测器、示波器/数字化仪和用于数据采集和处理的计算机系统。光通过反射镜和透镜的屏蔽孔从辐照室传输到测量室，这样就避免了导光电缆的大量使用。

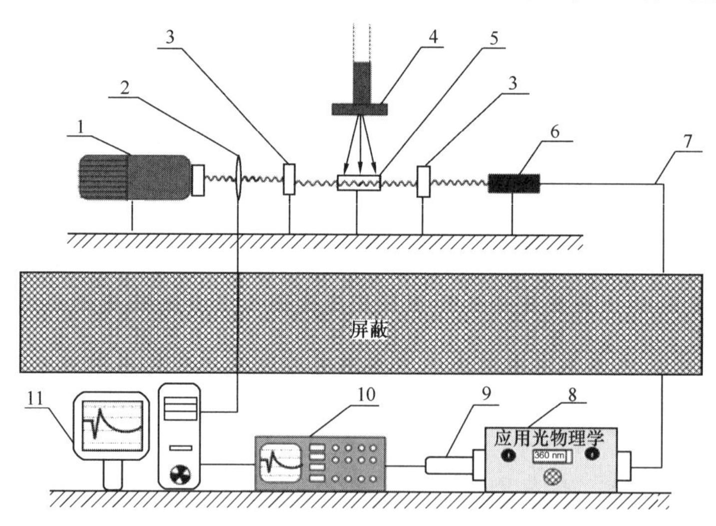

图 6-1　脉冲辐射分解装置示意图

1—氙灯；2—快门；3—镜头；4—电子加速器窗口；5—样品；6—导光电缆进口；7—光导纤维电缆；8—单色仪；9—光电倍增管；10—数字示波器；11—电脑

在动力学分光光度法中，测量了被观察物质的时变吸光度，并用朗伯比尔定律计算了中间浓度。在大多数实验中，都是在给定波长下监测吸光度随时间的变化。在获得许多选定波长随时间的变化后，可以通过在脉冲后的给定时间获取吸光度来组成中间体的光谱。中间体的鉴定是基于吸收光谱的。在有机分子水溶液的辐射分解过程中，主要是碳中心或氧中心自由基。简单烷基自由基（如戊基、环戊基和环己基）在 220～300nm 波长范围内具有宽的吸收带，最大吸收波长约为250nm，摩尔吸光系数约为1000L/(mol·cm)(Swallow，1982)。与简单烷基自由基相比，α-羟烷基自由基（例如，$^{\cdot}CH_2OH$、$CH_3{}^{\cdot}CHOH$、$CH_3{}^{\cdot}C(OH)CH_3$）的λ_{max}变短（≤220nm）。然而，当羧基或酰胺官能团连接到自由基α位置（例如，$CH_3{}^{\cdot}CHCOOH$、$CH_3{}^{\cdot}CHCONH_2$）时，吸收带位于较长波长处。对于由丙烯酸和丙烯酸酯形成的自由基，其特征紫外波段在280～330nm、ε_{max}=300～600L/(mol·cm)之间。对于丙烯酰胺λ_{max}=360～480nm、ε_{max}=600～1000L/(mol·cm)(Wojnárovits等，2001)。

在上面提到的自由基中，自由基的位置主要集中在一个碳原子上。然而，许多自由基都有离域自旋，在这种情况下ε_{max}通常更大。例如，在烷基取代的芳香分子中，从侧链的α-位置（例如，$C_6H_5CH_2^{\cdot}$、苄基）提取氢原子，自旋分布在芳香环和α-碳原子上。离域导致光谱红移（从λ_{max}=250nm到λ_{max}=318nm）和摩尔吸收系数的增加（例如，对于苄基自由基ε_{max}=（19200 ± 3840）L/(mol·cm)(Hodgkins和Megarity，1965)。

当氢原子或羟基自由基攻击芳香族分子时，得到环己烯基型自由基。这些自由基的非结构吸收带在300～400nm之间，λ_{max}约为340nm，ε_{max}在几百到几千L/(mol·cm)的范围内（Wojnárovits等，2002；Albarran和Schuler，2007）。400nm以上的吸收很弱。图6-2给出了以邻位、间位和对位混合物形式向苯酚中添加$^{\cdot}OH$后形成的二羟环己烯基的吸收光谱，与苯氧基的吸收光谱进行比较。二羟环己烯基是以C为中心的自由基，在一定条件下转化为以O为中心的苯氧基。

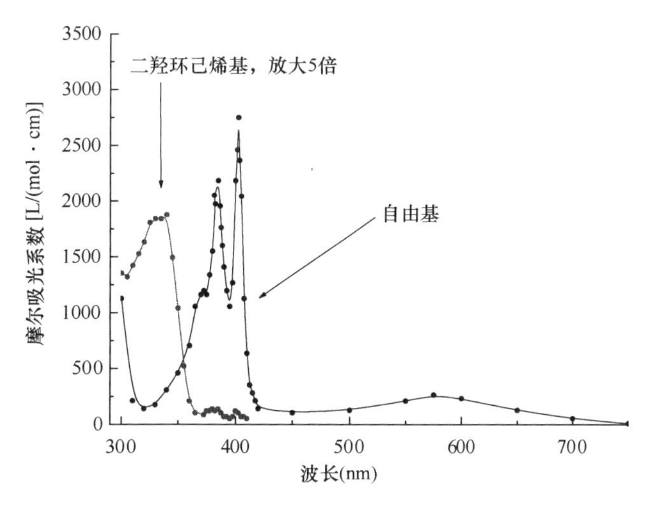

图6-2　$^{\cdot}OH$与苯酚反应中间体的吸收光谱
(Johnston等，1993；Albarran和Schuler，2007)

当苯酚羟基中的H原子被消除时，得到了苯氧基。这个自由基在氧原子和邻位、对位碳原子上有相当大的自旋密度。苯氧基自由基的吸收光谱比较复杂。它具有宽的非结构化吸收带，最大值在280～350nm之间，一个结构吸收带具有λ_{max}≈400nm和ε_{max}≈3000L/(mol·cm)，以及一个宽的非结构吸收带，其最大定义在600nm左右（Johnston等，1993；Wojnarovits等，2002；Steenken和Neta，2003)。

6.2.2　水处理中的电离辐射源

为了测试辐射技术在水处理中的大规模适用性，在工业应用之前，设计并建造了多个流通式实验室和中试装置设施。其中一些实验室试验反应堆使用^{60}Co伽马射线进行辐照（例如Lee和Yoo，2004)。然而，在工业环境下，一般需要处理大量的废水，因此占地面积小的电子加速器是更好的选择。电子加速器很容易应用于污水处理厂现有的水处理系统。图 6-3 显示了用于辐射处理的高能电子加速器。

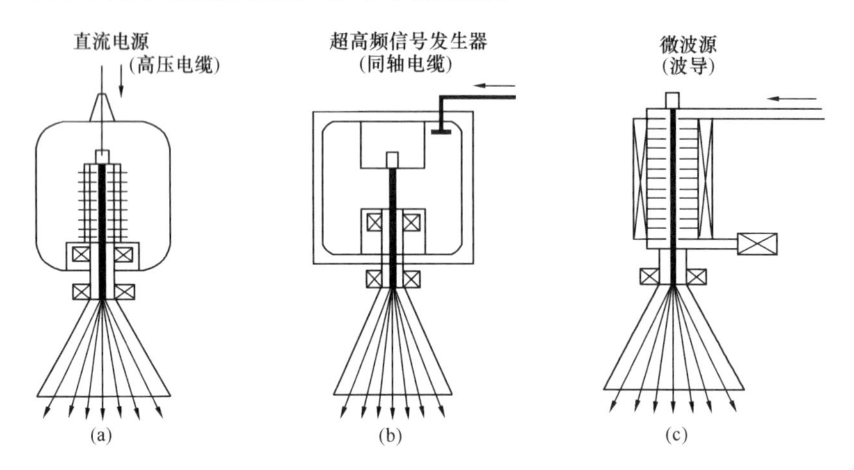

图 6-3 用于辐射处理的电子加速器（Zimek 和 Bulka，2007）
（a）直接高压加速器；（b）单腔射频加速器；（c）线性微波加速器

对于成本效益好的技术，加速器需要将电能高效转换为加速电子能。在各种类型的加速器中，转换效率最高的是直接高压加速器，即电子由静电场加速［图 6-3（a）］。与其他使用射频或微波的加速器相比，这些加速器对电子加速施加高压。对于直接高压加速器，电子能量限制在几 MeV。对于水处理，建议在功率高达 400kW 时使用 1～5MeV 加速器（IAEA，2007）。这种能量在允许的水动力流动状态下，提供了加速电子充分穿透水中的能力。加速电子的剂量一深度分布在最初的积累期后会经历一个最大值，然后随着距离的增加而近乎线性地减小［图 6-4］。单腔射频加速器［图 6-3（b）］和线性微波加速器［图

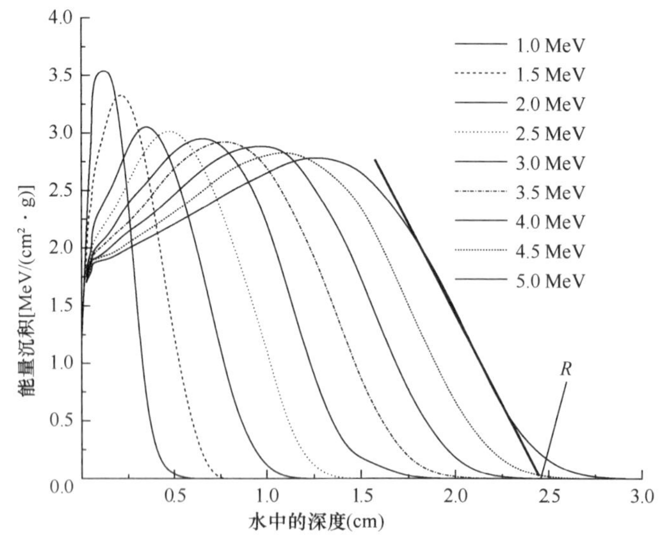

图 6-4 1～5MeV 电子在水中的剂量-深度分布（Strydom 等，2005）

注：在 y 轴上显示的是每克每平方厘米的能量损失率，MeV/（cm^2 · g）（称为质量停止功率）；图中还显示了 5.0MeV 电子的穿透深度 R。

6-3（c）］比直接高压加速器具有更低的转换效率和更高的电子能量。一般来说，这种加速器适用于辐射灭菌或聚合物交联。

6.2.3 *G*值、剂量、穿透深度

辐射化学产额*G*（X）是指某一特定实体X的物质因辐射而产生、破坏或改变的量*n*（X)与被辐射物质的平均能量*E*的商：

$$G(\mathrm{X}) = \frac{n(\mathrm{X})}{E} \tag{6-1}$$

因此，*G*值的国际单位是mol/J。在20世纪90年代的大多数文献中，*G*值被表示为每吸收100eV能量产生、破坏或改变的分子数。换算成国际单位如下（Spinks和Woods，1990)：

$$1\mu\mathrm{mol/J} = 9.65\mathrm{mol}(100\mathrm{eV})^{-1} \tag{6-2}$$

$$1\mathrm{mol}(100\mathrm{eV})^{-1} = 0.1036\mu\mathrm{mol/J} \tag{6-3}$$

由于只有入射辐射通量的吸收部分才能引起物理或化学变化，因此吸收能量，换句话说，吸收剂量是一个重要的量。吸收剂量*D*被定义为平均能量传递到物质的增量（d*E*）除以物质的质量（d*m*)：

$$D = \frac{\mathrm{d}E}{\mathrm{d}m} \tag{6-4}$$

吸收剂量的国际单位制单位是Gray（Gy)，即介质每单位质量（kg）的能量（J)，即J/kg。单位时间内单位质量吸收的能量称为吸收剂量率，以Gy/s表示。在恒定剂量率（$D^{\bullet}$）下，吸收剂量与辐照时间成正比。在γ-放射分析实验中，剂量率通常在1～10Gy/s之间。在使用电子加速器的流通系统的工业水处理中，剂量率在1000Gy/s的范围内，“接触时间”是1s的几分之一（McLaughlin等，1989)。

穿透深度（*R*）定义为剂量-深度曲线尾部外推与*X*轴的距离（图6-4）（更精确的定义见Strydom等，2005)。电子束的穿透深度与入射电子的能量成正比，与流体的密度成反比。在水中，能量为1MeV的电子的*R*约为0.4cm。

6.3 水放射分析

6.3.1 工艺原理、反应中间体的产率及反应

在水合电子（e_{aq}^{-}）的辐射分解反应中，一级过程中会产生反应中间体羟基自由基（$^{\bullet}OH$)和氢原子（$H^{\bullet}$)，（Buxton，1982，1987，2001)，一般方案如下所示，在括号中，辐射化学产额（*G*值）以μmol/J单位给出。

$$H_2O \rightsquigarrow [0.28]^{\bullet}OH + [0.27]e_{aq}^{-} + [0.06]H^{\bullet} + [0.07]H_2O_2 + [0.27]H_3O^{+} + [0.05]H_2 \tag{6-5}$$

最初的辐射分解中间产物是在称为 spurs 的孤立体积元素中生成的。当 spurs 通过扩散扩张时，小部分物种会发生反应结合在一起，而其他物质则逃逸到大体积溶液中。这一过程大约在 10^{-7}s 内完成。在水中，10^{-7}s 是自由基与浓度约为 10^{-3}mol/L 的溶质 S 在短脉冲中以扩散限制速率常数反应的寿命，即 k [S] $=10^{7}s^{-1}$，其中 k 是双分子速率常数（$k \approx 10^{10}$ L/(mol · s)），而 [S] 是溶质浓度（k [S] 乘积称为清除能力）。在 pH 为 3～11 之间时 e_{aq}^{-1}、$^{\bullet}OH$ 和 $H^{\bullet}$ 中间体的产量分别为 0.27μmol/J、0.28μmol/J 和 0.06μmol/J。这些产额实际上与快速电子或 γ 射线的能量无关。

$^{\bullet}OH$ 是一种强氧化性物质，与标准氢电极（NHE）相比，标准还原电位为 E°（$^{\bullet}OH/OH^{-}$）=1.9V（表 6-1）。水合电子具有很强的还原性，其 E°为−2.9V。$H^{\bullet}$ 还原剂比 e_{aq}^{-1} 还原剂略弱（E°=−2.42V）。

辐射化学研究中某些自由基的单电子还原电位与标准氢电极的比较

（Steenken，1985；Wardman，1989；Parker，1992） **表 6-1**

电子对	E°（V）	电子对	E°（V）
aq/e_{aq}^{-}	−2.90	$NO_2^{\bullet}/NO_2^{-}$	1.03
$H_{aq}^{+}/H^{\bullet}$	−2.42	$(SCN)_2^{\bullet}/2SCN^{-}$	1.33
$CO_2/CO_2^{\bullet-}$	−1.90	$BrO_2^{\bullet}/BrO_2^{-}$	1.33
$(CH_3)_2CO$，$H^{+}/(CH_3)_2^{\bullet}COH$	−1.39	$N_3^{\bullet}/N_3^{-}$	1.33
$O_2/O_2^{\bullet-}$	−0.33	$^{\bullet}OH/HO^{-}$	1.90
$C_6H_5O^{\bullet}/C_6H_5O^{-}$	0.79	$SO_4^{\bullet-}\cdot/SO_4^{2-}$	2.43
$ClO_2^{\bullet}/ClO_2^{-}$	0.94		

除这些反应性自由基中间体外，H_2O_2 也在早期辐射化学过程中产生，产率为 0.07μmol/J（Spinks 和 Woods，1990）。

在有氧溶液中，e_{aq}^{-}和 $H^{\bullet}$ 主要转化为 $O_2^{\bullet-}/HO_2^{\bullet}$ 对。超氧自由基阴离子（$O_2^{\bullet-}$）具有还原性，其 E°（$O_2/O_2^{\bullet-}$）= −0.33V（表 6-1）。根据定义，这种还原电位与 O_2 饱和溶液有关。为了与基于摩尔浓度的其他值进行比较，应考虑−0.179V 的值（von Sonntag，2006）。$O_2^{\bullet-}$ 是过氧化氢自由基（$HO_2^{\bullet}$）pK_a（$HO_2^{\bullet}$）=4.8 的去质子化形式（Bielski 等，1985）。

$$e_{aq}^{-}+O_2 \rightarrow O_2^{\bullet-} \quad k_{6\text{-}6}=1.9\times10^{10}\,\text{L/(mol}\cdot\text{s)} \tag{6-6}$$

$$H^{\bullet}+O_2 \rightarrow HO_2^{\bullet} \quad k_{6\text{-}7}=1.2\times10^{10}\,\text{L/(mol}\cdot\text{s)} \tag{6-7}$$

$H^{\bullet}$ 和 e_{aq}^{-}与溶解的 O_2 反应，速率常数分别为 1.2×10^{10} L/(mol · s) 和 1.9×10^{10} L/(mol · s)（Buxton 等，1988）。20℃时，水从空气中吸收 2.8×10^{4}mol/LO_2。由于速率常数较高，e_{aq}^{-}和 $H^{\bullet}$ 清除能力（k [S]，其中 S 代表 O_2 浓度）分别为 $5.3\times10^{6}s^{-1}$ 和 $3.4\times10^{6}s^{-1}$。如果计算出的溶解物的清除能力在这个范围内，则任何杂质都可以与 $e_{aq}^{-}+O_2$ 和 $H^{\bullet}+O_2$ 反应竞争。当扩散控制速率常数约为 10^{10} L/(mol · s) 时，需要约 10^{-4}mol/L 的

杂质浓度。由于这是一种高浓度的环境水样，e_{aq}^-和 $H^\bullet$ 反应在微污染降解中几乎不起决定作用。然而，在相对较高的溶质浓度下，当在非常高的剂量率下（电子束辐照）发生相当大的氧气消耗时，e_{aq}^-反应不可忽略。

与$^\bullet OH$、e_{aq}^-和 $H^\bullet$ 不同的是，$O_2^{\bullet -}$ 和 $HO_2^\bullet$ 与大多数有机溶质都不发生反应（Bielski 等，1985）。在没有合适反应物的情况下，在缓慢的自由基反应中，$O_2^{\bullet -}$ 和$HO_2^\bullet$ 从溶液中消失，生成 H_2O_2；在中性溶液中，交叉反应式（6-10）占主导地位：

$$2HO_2^\bullet \rightarrow H_2O_2 + O_2 \quad k_{6\text{-}8} = 8.3 \times 10^5 L/(mol \cdot s) \tag{6-8}$$

$$2O_2^{\bullet -} + 2H_2O \rightarrow H_2O_2 + O_2 + 2OH^- \quad k_{6\text{-}9} < 3 \times 10^1 L/(mol \cdot s) \tag{6-9}$$

$$HO_2^\bullet + O_2^{\bullet -} + H_2O \rightarrow H_2O_2 + O_2 + OH^- \quad k_{6\text{-}10} = 9.7 \times 10^7 L/(mol \cdot s) \tag{6-10}$$

因此，在水中辐射分解的过氧化氢是在早期过程中产生的［式（6-5），$G=0.07\mu mol/J$］，也在 $O_2^{\bullet -}/HO_2^\bullet$ 对的反应中产生［式(6-8)～式(6-10)］。在一定条件下，H_2O_2 可以与生成物质的反应中间体发生反应，从而对化学污染物的降解产生很大的影响。然而，其在降解机制中的作用通常被忽略，只有很少的文献中提到 H_2O_2 在降解中的可能作用（例如，Szabó 等，2014；Liu 等，2014）。在实验室级水中，在 DO 存在下进行的 γ 辐射分解实验中，观察到 H_2O_2 的形成具有相对较高的产量（$G=0.3\mu mol/J$）。在剂量>1kGy 时，由于形成反应和降解反应之间的竞争，H_2O_2 浓度-剂量曲线达到平稳。

在实际的水处理方案中，在微量过渡金属离子的存在下，H_2O_2 有望在类芬顿反应中消失。

6.3.1.1 羟基自由基

在电离辐射废水处理中，羟基自由基（$^\bullet OH$）被认为是引发溶质降解的主要反应中间体。在碱性溶液中$^\bullet OH$ 转化为 $O_2^{\bullet -}$，pK_a 为 11.9：

$$^\bullet OH + OH^- \rightleftarrows O^{\bullet -} + H_2O \quad k_{6\text{-}11a} = 1.3 \times 10^{10} L/(mol \cdot s) \tag{6-11a}$$

$$k_{6\text{-}11b} = 1.8 \times 10^6 L/(mol \cdot s) \tag{6-11b}$$

$^\bullet OH$ 与溶解性有机分子的反应有三种不同的方式：双键加成、从 C—H 键抽离氢原子和直接电子转移。

由于亲电性，$^\bullet OH$ 容易与 C=C 和 C=N 键反应，但不与 C=O 键反应，C=O 键缺乏碳原子的电子。尽管$^\bullet OH$ 与 C=C 键以接近扩散控制的速率反应，但该反应具有高度区域选择性，这主要是由于羟基自由基反应的亲电性（von Sonntag，2006）。

在芳香结构的情况下，$^\bullet OH$ 反应的速率常数在 $2\times10^9\sim1\times10^{10} L/(mol \cdot s)$ 的窄范围内变化（Wojnárovits 和 Takács，2013），即接近扩散控制反应速率。例如，公布的$^\bullet OH$ 与苯反应的平均速率常数为 $k_{OH}=7.8\times10^9 L/(mol \cdot s)$（Buxton 等，1988）。吸电子取代基，如—Cl、$—NO_3$ 或—COOH，与相应的芳香族化合物一起降低$^\bullet OH$ 速率常数，而$—NH_2$、—OH 或$—CH_3$ 等给电子取代基，则增加速率常数，且 k_{OH} 接近扩散限值（表 6-2）。

$\cdot OH$、$H\cdot$ 和 e_{aq}^- 反应的速率常数［L/(mol·s)］ 表 6-2

	化合物	$\cdot OH$	$H\cdot$	e_{aq}^-
简单的无机化合物或离子	O_2		1.2×10^{10},a	1.9×10^{10},a
	H_2O_2	2.7×10^{7},a	9×10^{7},a	1.1×10^{10},a
	H_3O^+			2.3×10^{10},a
	OH^-	1.3×10^{10},a		
简单的有机化合物	苯	7.8×10^{9},b	1.1×10^{9},c	1×10^{7},a
	苯酚	8.4×10^{9},b	1.7×10^{9},d	2.0×10^{7},a
	对甲酚	9.2×10^{9},b	4.1×10^{9},e	
	苯胺	8.6×10^{9},b	1.9×10^{9},f	3×10^{7},f
	氯苯	5.6×10^{9},b	1.4×10^{9},a	5×10^{8},g
	硝基苯	3.5×10^{9},b	1×10^{9},a	3.7×10^{10},a
	苯甲酸	1.9×10^{9},b	9.2×10^{8},a	7.1×10^{9},a
	苯酸盐离子	5.9×10^{9},b	1.1×10^{9},a	3.2×10^{9},a
内分泌干扰物	17β-雌二醇	5.3×10^{9},h		2.5×10^{8},i
	壬基酚	1.1×10^{10},j		
	双酚	6.9×10^{9},k		
	邻苯二甲酸二酯	3.4×10^{9},l		1.6×10^{10},l
农药	2,4-二氯苯酚	6.0×10^{9},m		5.0×10^{8},n
	2,4-D	5.5×10^{9},m	1.4×10^{9},o	2.5×10^{9},o
	阿特拉津	2.4×10^{9},m		4.8×10^{9},p
	西玛津	2.6×10^{9},m		
	扑灭通	2.8×10^{9},m		
	非草隆	8.3×10^{9},m		1×10^{9},r
	灭草隆	7.3×10^{9},m		
	敌草隆	6.0×10^{9},m		1×10^{10},s
药物	氯霉素	1.8×10^{9},t	1.0×10^{9},t	2.3×10^{10},t
	磺胺醋酰	5.3×10^{9},u		
	磺胺甲恶唑	6.5×10^{9},v		1.0×10^{10},w
	磺胺甲嘧啶	6.7×10^{9},v		2.4×10^{10},w
	青霉素 G	8.4×10^{9},v		2.7×10^{9},x
	阿莫西林	6.4×10^{9},v		5.2×10^{9},y
	氨苄青霉素	6.7×10^{9},v		5.7×10^{9},x
	邻氯青霉素	7.1×10^{9},v		7.5×10^{9},x
	水杨酸	1.07×10^{10},y	2.3×10^{9},d	9×10^{9},z
	对乙酰氨基酚	5.6×10^{9},aa		5×10^{8},aa
	双氯芬酸	8.12×10^{9},bb		1.7×10^{9},bb
	酯洛芬	4.6×10^{9},bb		2.6×10^{10},bb
	布洛芬	6.1×10^{9},bb	4.0×10^{9},cc	8.9×10^{9},bb

续表

	化合物	$^{\bullet}OH$	$H^{\bullet}$	e_{aq}^{-}
有机染料	酸性红 265	9.3×10^9,dd		
	酸性蓝 62	1×10^10,ee	3.8×10^9,ee	3×10^10,ee
	异丁氧基萘	1.8×10^10,ff	5.0×10^9,ff	2.5×10^10,ff
	磺酸盐	(过高估计)		

[a] Buxton等，1988；[b] Wojnárovits和Takács，2013；[c] Roduner和Bartels，1992；[d] Madden和Mezyk，2011；[e] Wojnárovits等，2002；[f] Solar等，1986；[g] Lichtscheidl和Getoff，1979；[h] Kosaka等，2003；[i] Mezyk等，2013；[j] Ning等，2007；[k] Peller等，2009；[l] Wu等，2011；[m] Wojnárovits和Takács，2014；[n] Hoy和Bolton，1994；[o] Zona等，2002a；[p] Varghese等，2006；[r] Kovács等，2014；[s] Kovács等，2015；[t] Kapoor和Varshney，1997；[u] Sági等，2015；[v] 几个测量值的平均值；[w] Mezyk等，2007；[x] Philips等，1973a；[y] Szabó等，2016a；[z] Ayatollahi等，2013；[aa] Szabó等，2012；[bb] Jones，2007；[cc] Illés等，2013；[dd] Wojnárovits和Takács，2008；[ee] Perkowski等，1989；[ff] Gogolev等，1992；Pikaev，2001。

在第一步羟基与酚类和酚盐类的反应中，形成了环己烯基型自由基。在中性pH范围内以及通常实验条件下的中间二羟环己烯基［式（6-12）和式（6-13）］终止于自由基反应。在低和高pH条件下，中间体在酸/碱催化的水/羟基消除中分解为苯氧基（Steenken，1987；Ashton等，1995；Roder等，1999）。在有氧溶液中，这些反应与过氧自由基形成竞争。

$$C_6H_5OH + {}^{\bullet}OH \rightarrow [{}^{\bullet}C_6H_5OHOH] \rightarrow C_6H_5O^{\bullet} + H_2O \tag{6-12}$$

$$C_6H_5O^- + {}^{\bullet}OH \rightarrow [{}^{\bullet}C_6H_5OOH^-] \rightarrow C_6H_5O^{\bullet} + OH^- \tag{6-13}$$

图6-2显示了二羟环己烯基和苯氧基中间体的吸收光谱：在μs内完成了在pH=3以下和pH=9以上的二羟环己烯基到苯氧基的转化（Wojnárovits等，2002）。

HO—H键的离解能为499kJ/mol；在饱和烃中，C—H键弱得多。在烷烃中，伯（$—CH_3$）、仲（$—CH_2—$）和叔（CH—）C—H键的能量分别为423kJ/mol、412kJ/mol和403kJ/mol。在C=C键（例如，$CH_2=CH—CH_2—H$、$C_6H_5—H_2C—H$）位置处的取代基中的C—H键能量约为365kJ/mol。因此，在这些情况下，对脱氢反应具有相当大的驱动力。尽管存在这种驱动力，但也存在一些显著的选择性。从伯碳中提取氢的可能性比从仲碳和叔碳中提取氢的可能性小（von Sonntag，2006）。$^{\bullet}OH$与饱和有机化合物的反应通常通过脱氢反应进行（例如，分别与叔丁醇和2-丙醇反应的式（6-14）和式（6-15））（Alam等，2001）。脱氢反应的速率常数比扩散控制反应的速率常数小1～2个数量级。

$$^{\bullet}OH + (CH_3)_3COH \rightarrow H_2O + {}^{\bullet}CH_2C(CH_3)_2OH \quad k_{6\text{-}14} = 6\times10^8 L/(mol\cdot s) \tag{6-14}$$

$$^{\bullet}OH + (CH_3)_2CHOH \rightarrow H_2O + (CH_3)_2C^{\bullet}OH \quad k_{6\text{-}15} = 1.9\times10^9 L/(mol\cdot s) \tag{6-15}$$

在与异丙醇［式（6-15）］反应时，脱氢发生在叔碳处，反应中形成的α-羟基异丙基呈现出强烈的还原性（表 6-1）。与叔丁醇［式（6-14）］反应生成的自由基没有还原性，在大多数反应体系中是相当惰性的。

尽管$^{\bullet}OH/OH^-$对的还原电位很高，但在与有机分子的$^{\bullet}OH$反应中很少观察到直接电子转移，并且在观察到的地方，很可能涉及中间配合物（Wojnárovits，2011）。电子转移需要在反应中心周围对水分子进行大量的重新排列；这种重新排列不利于反应（高熵变）。电子转移的一个例子是金属M^{n+}离子氧化成$M^{(n+1)+}$离子（例如，$Fe^{2+} \rightarrow Fe^{3+}$）。然而，这种反应也可能通过中间体（$M^{n+} \cdot OH$）络合物（加成消除机制）发生。

酚类化合物的电子转移具有很强的放热性，虽然电子转移在热力学上有利于加成反应，但酚类化合物离子被$^{\bullet}OH$氧化的机理主要涉及芳香环的自由基加成［式（6-13）］。但是，在某些情况下，加成反应和电子转移反应相互竞争，例如，当加成物的优选位置被一个大的取代基阻塞时。

在实验室实验中，通常在N_2O饱和溶液中研究$^{\bullet}OH$反应。在这种溶液中，水合电子转化为$^{\bullet}OH$是一个两步过程，伴随着中间$O^{\bullet-}$离子形成［式（6-16）和式（6-17）］：

$$N_2O + e_{aq}^- \rightarrow N_2 + O^{\bullet-} \quad k_{6\text{-}16} = 9.1 \times 10^9 L/(mol \cdot s) \tag{6-16}$$

$$O^{\bullet-} + H_2O \rightarrow OH^- + {}^{\bullet}OH \quad k_{6\text{-}17} = 1.8 \times 10^6 L/(mol \cdot s) \tag{6-17}$$

在N_2O饱和溶液中，$^{\bullet}OH$的产率为 0.56μmol/J。在这种条件下，$H^{\bullet}$反应也有助于化学转化，产率为 0.06μmol/J（Swallow，1982）。

6.3.1.2 水合电子

在与有机分子的反应中，e_{aq}^-作为亲核试剂反应。水合电子优先与低位分子轨道结构反应，如芳香烃、共轭烯烃、羧基化合物、卤代烃（Swallow，1982；Buxton，1982，1987，2001）。e_{aq}^-具有以 720nm 为中心的强光吸收带和约为 20000L/(mol · s）的最大摩尔吸光系数。该波段用于脉冲辐射分解法测定e_{aq}^-反应速率常数。

以前我们提到过e_{aq}^-与溶解氧［式（6-6）］反应，速率常数很高。其在与过氧化氢的反应过程中形成$^{\bullet}OH$。

$$e_{aq}^- + H_2O_2 \rightarrow {}^{\bullet}OH + OH^- \quad k_{6\text{-}18} = 1.1 \times 10^{10} L/(mol \cdot s) \tag{6-18}$$

e_{aq}^-与许多化合物反应，这些化合物能够通过解离电子转移进而释放阴离子。在许多与解离电子相关的反应中，短暂的自由基阴离子是中间产物。只有当单键参与这一过程时，才能发生解离电子捕获（von Sonntag，2006）。典型的反应是与卤代化合物的反应，其中电子在卤素位置被“清除”，然后卤离子消除。一个例子是水合电子与氯乙酸的反应［式（6-19）］，产生Cl^-和$^{\bullet}CH_2CO_2H$（Swallow，1973）：

$$e_{aq}^- + ClCH_2CO_2H \rightarrow Cl^- + {}^{\bullet}CH_2CO_2H \tag{6-19}$$

假定与氯苯的反应是通过一个中间自由基阴离子（$C_6H_5Cl^{\bullet-}$）进行的两步反应，该阴离子分解为苯基自由基和氯离子［式（6-20）］：

$$e_{aq}^- + C_6H_5Cl \rightarrow [C_6H_5Cl^{\bullet-}] \rightarrow C_6H_5^{\bullet} + Cl^- \quad k_{6\text{-}20} = 5 \times 10^8 L/(mol \cdot s) \tag{6-20}$$

具有高电子亲和力的化合物（例如硝基和氰基衍生物）与 e_{aq}^- 反应，扩散控制速率常数约为 3×10^{10} L/(mol・s)，形成相应的自由基阴离子。与醛和酮的速率常数约为 4×10^9 L/(mol・s)。电子被容纳在羰基碳上。与羧酸、酯类和酰胺反应的 e_{aq}^- 速率常数约为 10^7 L/(mol・s)。

简单烯烃与 e_{aq}^- 的反应速率不大，但具有扩展π-电子离域作用的化合物与水合电子反应迅速。含有共轭双键（例如，O=CH—HC=CH—HC=O）的顺丁烯二酸盐和延胡索酸盐的速率常数在扩散控制极限范围内（Takács 等，2000；Wojnárovits 等，2003）。在式(6-21）中形成的自由基阴离子瞬间形成原生质体（Grotthuss 机理）。质子化反应在羰基处产生以碳为中心的自由基［式（6-22)］（在以下的反应中，R 代表烷基，H 代表原子）。

$$e_{aq}^- + ROOC-CH=CH-COOR \rightarrow RO-O^{\cdot}C-CH=CH-COOR$$

$$k_{6\text{-}21} = (2\sim3)\times10^{10}\,L/(mol\cdot s) \qquad (6\text{-}21)$$

$$H_3O^+ + RO-O^{\cdot}C-CH=CH-COOR \rightarrow RO(HO)^{\cdot}C-CH=CH-COOR + H_2O$$

$$k_{6\text{-}22} = (5\sim6)\times10^{10}\,L/(mol\cdot s) \qquad (6\text{-}22)$$

在与芳香族分子的反应中，e_{aq}^- 通过形成自由基阴离子加到环上。在苯和烷基苯的情况下，速率常数很小［$\leqslant10^7$ L/(mol・s)］，且该过程是可逆的；添加 e_{aq}^- 后可进行热活化离解（von Sonntag，2006）。这种离解与产生环己二烯基（$C_6H_7^{\cdot}$）的阴离子质子化竞争［式（6-23)］。

$$e_{aq}^- + C_6H_6 \rightleftarrows C_6H_6^{\cdot-} \xrightarrow[-OH^-]{+H_2O} C_6H_7^{\cdot} \quad k_{6\text{-}23} = 1\times10^7\,L/(mol\cdot s) \qquad (6\text{-}23)$$

当吸电子取代基（如—COOH、—Cl 或—NO_2 基团）连接到苯环上时（表 6-2），ke_{aq}^- 值较高［$10^8\sim10^9$ L/(mol・s)］。e_{aq}^- 与苯甲酸、氯苯［电子加成后除氯，式（6-20)］和硝基苯的反应速率常数分别为 7.1×10^9 L/(mol・s)、5×10^8 L/(mol・s) 和 3.7×10^{10} L/(mol・s)。

6.3.1.3　氢原子

在中性或碱性溶液中 H 原子的产率较低，$G=0.06\mu mol/J$。在酸性溶液中，由于 $e_{aq}^- \rightarrow H^{\cdot}$ 转化［式（6-24)］，其产率可高达 $G=0.33\mu mol/J$。

$$e_{aq}^- + H_3O^+ \rightarrow H^{\cdot} + H_2O \quad k_{6.24} = 2.3\times10^{10}\,L/(mol\cdot s) \qquad (6\text{-}24)$$

因此，主要在酸性叔丁醇溶液中进行 $H^{\cdot}$ 反应研究。如前所述，该添加剂用于将 $^{\cdot}OH$ 转化为反应性较低的叔丁醇自由基［式（6-14)］；$H^{\cdot}$ 与叔丁醇的反应性较低［1×10^6 L/(mol・s)，Wojnárovits 等，2004］。$H^{\cdot}$ 和 $^{\cdot}OH$ 不吸收通常波长范围（250～800nm）的脉冲辐射分解中的光。在瞬态测量中，使用 $H^{\cdot}$（或 $^{\cdot}OH$）反应产物或竞争技术确定速率常数。

在与几种金属离子的反应中观察到直接还原反应，例如，$H^{\cdot}$ 将 Cu^{2+} 还原为 Cu^+，k_H 为 9.1×10^7 L/(mol・s)（Buxton 等，1988）。与有机分子反应时，$H^{\cdot}$ 类似于 $^{\cdot}OH$ 从脂

肪族链中提取 H 原子，或添加到分子的双键中。脱氢反应的速率常数一般比氢原子的速率常数小 1～3 个数量级。在加成反应中，H˙ 表现类似于˙OH，即作为亲电体（Wojnárovits 等，2003；von Sonntag，2006），两个自由基加成反应的速率常数是相似的，尽管˙OH 比 H˙ 更具反应性。H˙ 与苯反应的速率常数为 1.1×10^9 L/(mol・s)。当电子释放-OH（在苯酚中）或-NH_2（在苯胺中）基团附在苯环上时，k_H 分别增加到 1.7×10^9 L/(mol・s) 和 2.4×10^9 L/(mol・s)（Buxton 等，1988；Madden 和 Mezyk，2011）。

6.3.2 主要物质与常见无机离子的反应

水辐射分解的高活性˙OH、H˙ 和 e_{aq}^- 中间产物与无机物（离子）反应，通常产生较少的活性自由基中间产物（Neta 等，1988）。因此，在存在各种无机溶质下的水辐射分解是复杂的，因为可以形成多种活性自由基，根据它们的还原/氧化电位，这些活性自由基可以参与与其他水成分的后续反应。水辐射分解中形成的主要物质与一些常见无机离子的反应示例如下：

$$^{\bullet}OH + NO_2^- \rightarrow OH^- + NO_2^{\bullet} \quad k_{6\text{-}25} = 1\times10^{10}\ L/(mol\cdot s) \tag{6-25}$$

$$^{\bullet}OH + ClO_2^- \rightarrow OH^- + ClO_2^{\bullet} \quad k_{6\text{-}26} = 6.6\times10^{9}\ L/(mol\cdot s) \tag{6-26}$$

$$e_{aq}^- + BrO_3^- + 2H_3O^- \rightarrow BrO_2^{\bullet} + 3H_2O \quad k_{6\text{-}27} = 2.6\times10^{9}\ L/(mol\cdot s) \tag{6-27}$$

$$e_{aq}^- + S_2O_8^{2-} \rightarrow SO_4^{\bullet-} + SO_4^{2-} \quad k_{6\text{-}28} = 1.2\times10^{10}\ L/(mol\cdot s) \tag{6-28}$$

这类反应通常用于高级氧化工艺研究，以研究化学污染物的降解机理或用于技术应用（例如硫酸盐自由基阴离子形成，式（6-28））。在˙OH 与 NO_2^- 或 ClO_2^- 离子的反应中，形成了 $NO_2^{\bullet}$ 和 $ClO_2^{\bullet}$ 氧化自由基，这些自由基的还原电位分别为 1.03V 和 0.94V（表 6-1）。e_{aq}^- 与溴酸盐（BrO_3^-）或过硫酸盐（$S_2O_8^{2-}$）离子反应，将还原性水合电子转变为氧化性 $BrO_2^{\bullet}$ 和 $SO_4^{\bullet-}$，还原电位分别为 1.33V 和 2.43V。

6.3.2.1 碳酸盐自由基阴离子的分布

实际上，废水中总是含有碳酸盐和碳酸氢盐离子。在 CO_3^{2-} 和 HCO_3^- 与˙OH、碳酸盐自由基阴离子 $CO_3^{\bullet-}$ 的反应中，通过电子转移反应生成一种强单电子氧化剂，E° = 1.78V（与 pH=7 下的 NHE 相比）（Huie 等，1991）。

$$^{\bullet}OH + CO_3^{2-} \rightarrow CO_3^{\bullet-} + OH^- \quad k_{6\text{-}29} = 3.9\times10^{8}\ L/(mol\cdot s) \tag{6-29}$$

$$^{\bullet}OH + HCO_3^- \rightarrow H_2O + CO_3^{\bullet-} \quad k_{6\text{-}30} = 8.5\times10^{6}\ L/(mol\cdot s) \tag{6-30}$$

$CO_3^{\bullet-}$ 与有机分子发生选择性反应（表 6-3）。速率常数在 10^2～10^9 L/(mol・s) 范围内。$CO_3^{\bullet-}$ 可通过电子转移（芳香胺、硫醇、金属离子、无机阴离子）或通过吸氢（醇、伯胺、硫醇、酚类）进行反应（Neta 等，1988）。

选择性无机自由基与有机分子反应的速率常数 [L/(mol·s)]　　表 6-3

化合物	$O_2^{\cdot -}$	$HO_2^{\cdot}$	$CO_3^{\cdot -}$	$Cl_2^{\cdot -}$	$SO_4^{\cdot -}$
苯			$3\times10^{3,c}$		
苯胺			$5.0\times10^{8,c}$		
苯酚	$5.8\times10^{2,a}$	$2.7\times10^{3,b}$	$2.2\times10^{7,c}$	$2.5\times10^{8,c}$	$2.1\times10^{8,d}$
苯酸盐离子				$2\times10^{6,c}$	$1.2\times10^{9,c}$

[a] Tsujimoto 等，1993；[b] Kozmér 等，2014；[c] Neta 等，1988；[d] Das，2005。

6.3.2.2　二氯自由基阴离子反应

在 $^{\cdot}OH$ 诱导的 Cl^- 氧化和 $Cl^{\cdot}$ 与氯离子的快速络合反应中，生成了二氯自由基阴离子（$Cl_2^{\cdot -}$）。$Cl_2^{\cdot -}$ 本身是一种强氧化剂，与 NHE 相比较，标准单电子还原电位为 2.1V（Hasegawa 和 Neta，1978）。

$$^{\cdot}OH + Cl^- \rightarrow Cl^{\cdot} + OH^- \quad k_{6\text{-}31} = 4.3\times10^9 L/(mol\cdot s) \tag{6-31}$$

$$Cl^{\cdot} + Cl^- \rightarrow Cl_2^{\cdot -} \quad k_{6\text{-}32} = 8.5\times10^9 L/(mol\cdot s) \tag{6-32}$$

$Cl_2^{\cdot -}$ 可以从脂肪族化合物中提取 H 原子，速率常数在 $10^3\sim10^6$L/(mol·s) 之间（Neta 等，1988）。与烯烃的反应是在加 Cl·的情况下发生的，$k_{Cl_2^-}$ 在 $10^6\sim10^9$L/(mol·s) 范围内。另外，其与芳香环也可能发生反应，$k_{Cl_2^-}\leqslant10^7$L/(mol·s)，但通过电子转移直接氧化芳香环似乎是主要的途径。只有当给电子官能团如-OH、-OCH_3 或-NH_2 在芳香环上时，才会发生氧化反应。

6.3.2.3　硫酸盐自由基阴离子反应

在大量出版物中，$SO_4^{\cdot -}$（$[E^\circ(SO_4^{\cdot -}/SO_4^{2-})]=2.43$V，与 NHE 相比）被认为是水处理中的氧化剂 [见式（6-28）]（Lutze，2013；Paul（Guin）等，2014a，2014b；Criquet 和 Karpel Vel Leitner，2015）。$SO_4^{\cdot -}$ 具有一些独特的特性，例如它是一种非常强的电子受体，能够降解 $^{\cdot}OH$ 氧化难处理的难降解污染物，如全氟羧酸（PFCAs），它虽然缓慢地被 $SO_4^{\cdot -}$ 降解，但在其他 AOP 中仍然存在。

当过硫酸盐添加到溶液中时，e_{aq}^- 与溶解氧的反应 [式（6-6）] 被过硫酸盐 + e_{aq}^- 反应 [式（6-28）] 取代。$SO_4^{\cdot -}$ 也可能与 $O_2^{\cdot -}$ 发生过硫酸盐反应 [式（6-33）]（Fang 等，2013）。

$$O_2^{\cdot -} + S_2O_8^{2-} \rightarrow O_2 + SO_4^{\cdot -} + SO_4^{2-} \tag{6-33}$$

结果表明，在辐照/过硫酸盐 AOP 中，硫酸盐自由基阴离子增强了有机化合物的降解，例如羧酸或芳香分子（Criquet 和 Karpel Vel Leitner，2011，2012；Paul（Guin）等，2014 a，2014 b）。$SO_4^{\cdot -}$ 通过电子转移与芳香环反应，形成自由基阳离子。这与 $^{\cdot}OH$ 反应形成了对比，其中加环反应占主导地位。因此，预测在 $^{\cdot}OH$ 和 $SO_4^{\cdot -}$ 反应中会有不同的产物。下文举例说明去除布洛芬（图 6-5）中的硫酸盐自由基阴离子与芳香化合物的反应 [Paul（Guin）等，2014a]；$k_{SO_4^-}=3.8\times10^9$L/(mol·s)。

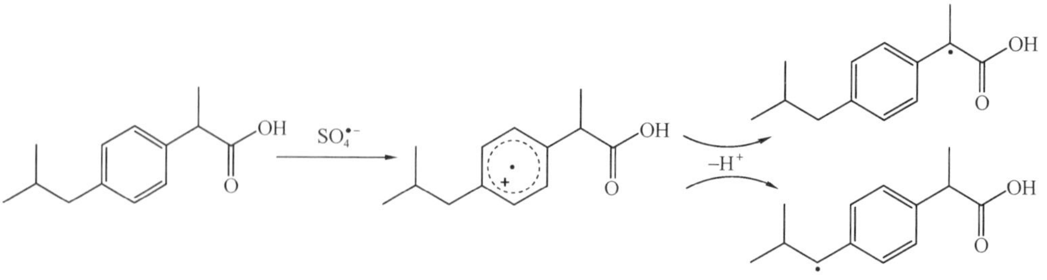

图 6-5　$SO_4^{\bullet-}$ 与布洛芬的反应

基于 $SO_4^{\bullet-}$ 的水处理工艺受到水组分的强烈影响（Lutze，2013），如 Cl^- 和 HCO_3^-；$k_{SO_4^{\bullet-},Cl^-}=2\times10^8 L/(mol\cdot s)$；$k_{SO_4^{\bullet-},HCO_3^-}=9.1\times10^6 L/(mol\cdot s)$（Neta 等，1988）。

6.3.2.4　臭氧存在下的反应

在臭氧/氧气存在下，一级水辐射分解中间体 $H^{\bullet}$ 和 e_{aq}^- 与臭氧反应迅速，速率常数在 $10^{10} L/(mol\cdot s)$ 范围内。（$^{\bullet}OH+O_3$）反应的速率常数为 $1.1\times10^8 L/(mol\cdot s)$（Buxton 等，1988）。溶解分子臭氧的反应会产生反应性中间体，其中 $^{\bullet}OH$ 氧化性强（von Gunten，2003；Drzewicz 等，2004；Gehringer 等，2008）。在辐照前或辐照过程中注入 O_3，将水辐射分解还原物转化为关键中间体，即臭氧自由基阴离子（$O_3^{\bullet-}$），其会提高体系中的 $^{\bullet}OH$ 产率。我们列出了一个基于 Merényi 等（2010）和 Fischbacher 等（2013）提出的简化反应机理：

$$H^{\bullet}+O_3\rightarrow HO_3^{\bullet}\quad k_{6\text{-}34}=2.2\times10^{10} L/(mol\cdot s)\tag{6-34}$$

$$HO_3^{\bullet}\rightarrow O_3^{\bullet-}+H^+\tag{6-35}$$

$$O_3^{\bullet-}\rightleftharpoons O^{\bullet-}O_2\xrightarrow{+H_2O^{\bullet}}OH+OH^-+O_2\tag{6-36}$$

$$e_{aq}^-+O_3\rightarrow O_3^{\bullet-}\quad k_{6\text{-}37}=3.6\times10^{10} L/(mol\cdot s)\tag{6-37}$$

$$^{\bullet}OH+O_3\rightarrow HO_2^{\bullet}+O_2\quad k_{6\text{-}38}=1.1\times10^8 L/(mol\cdot s)\tag{6-38}$$

$$O_2^{\bullet-}+O_3\rightarrow O_3^{\bullet-}+O_2\quad k_{6\text{-}39}=1.5\times10^9 L/(mol\cdot s)\tag{6-39}$$

关于臭氧和电子束辐射结合的文献研究在这两个过程之间的潜在协同作用方面不一致。例如，Gehringer 等（2008）报告称，与单一辐照处理相比，采用辐照/O_3 组合方法能将自来水中降解 1,5-NDSA（萘-1,5-二磺酸）所需的剂量减少到一半。对于 1,5-NDSA 的矿化，出乎意料的是，复合处理比单一电子束辐照处理效率低：经过 1,5-NDSA 总分解后，复合处理的 TOC 降解率仅约为 60%，而单一电子束辐照处理的 TOC 降解率为 83%。

Cooper 等（2004）对臭氧/电子束联合辐射技术作了更详细的描述。

6.3.3　电离辐射诱导工艺的动力学和建模

在水处理过程中，溶质浓度的时间依赖性可以用稳态动力学来描述：反应中间体的形成速率（γ_x）等于中间体的衰减速率（Wojnárovits 和 Takács，2008）。三种反应中间体的形成速率（r_{OH}，$r_{e_{aq}^-}$ 和 r_H）与剂量率（D•，J/(kg•s)）和密度（ρ，对于水为 1kg/L)成正比：

$$r_{OH}=2.8\times10^{-7}D\cdot\rho(\text{mol/(L}\cdot\text{s))};\ r_{e_{aq}^-}=2.7\times10^{-7}D\cdot\rho(\text{mol/(L}\cdot\text{s))};$$

$$r_H=0.6\times10^{-7}D\cdot\rho(\text{mol/(L}\cdot\text{s))}$$

与中间体 X（X= $^{\bullet}$OH、e_{aq}^- 或 H$^{\bullet}$ ）反应时，溶质 R 转化为稳定产物 P 的动力学取决于 P 与 X 的反应活性，当 X 与 R 反应的速率常数远高于与 P 反应的速率常数时，R 浓度与时间呈线性关系：

$$R+X\rightarrow\rightarrow P(\text{稳定产物}) \tag{6-40}$$

$$\frac{d[X]}{dt}=r_X-k_X[R][X]\approx0\quad[X]=\frac{r_X}{k_X[R]} \tag{6-41}$$

$$\frac{d[R]}{dt}=-k_X[R][X]\approx k_X[R]\frac{r_X}{k_X[R]} \tag{6-42}$$

$$[R]=[R]_0-r_Xt=[R]_0\left[1-\frac{r_X}{[R]_0}t\right]=[R]_0(1-k_{obsd}t) \tag{6-43}$$

实际上，很少观察到 R 浓度的线性时间依赖性。图 6-6 显示了一个示例，即 e_{aq}^- 与偶

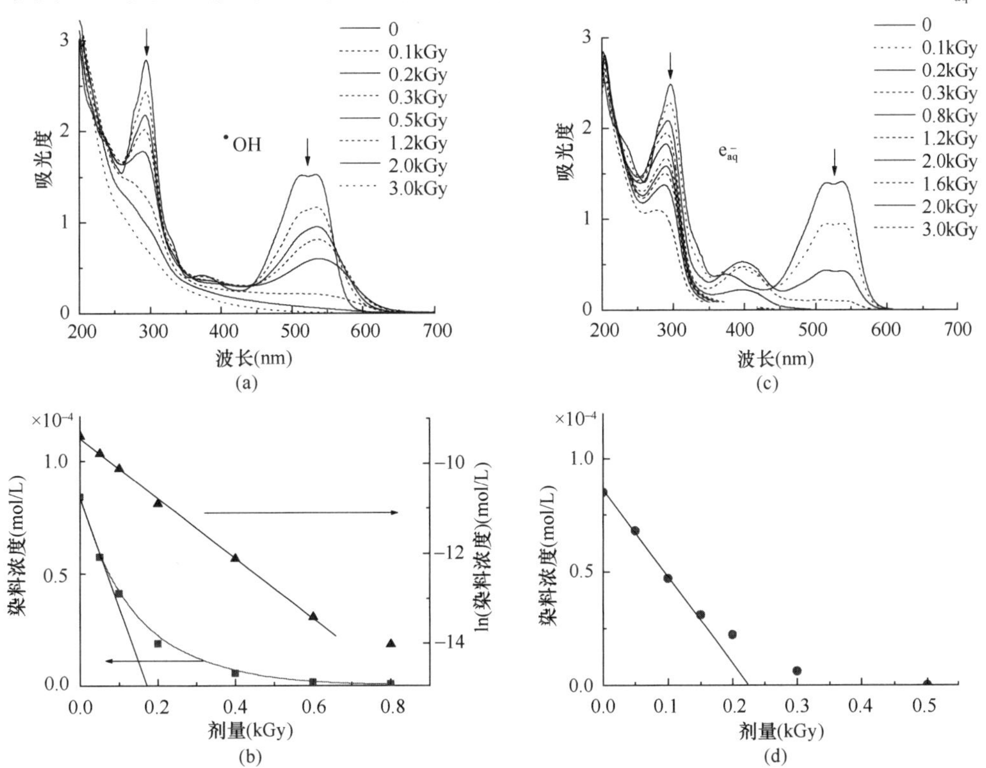

图 6-6　AR-28 在伽马辐射降解过程中通过与 $^{\bullet}$OH 和 e_{aq}^- 反应而发生辐射降解

（初始染料浓度为 8.5×10^{-5}mol/L）（Wojnárovits 和 Takács，2008）

（a）与 $^{\bullet}$OH 反应辐照溶液的吸收光谱；（b）与 $^{\bullet}$OH 反应染料浓度吸收剂量动力学；

（c）与 e_{aq}^- 反应辐照溶液的吸收光谱；（d）与 e_{aq}^- 反应染料浓度吸收剂量动力学

氮染料 Apollofix Red（AR-28）（图 6-7）的反应。水合电子与—N═N—偶氮键反应，此反应通过这种连接破坏延伸的共轭。如图 6-6（c）所示，可见光谱范围内的吸光度随吸收剂量单调下降。图 6-6（d）显示了染料浓度的降低（另见第 6.4.5.1 节）。

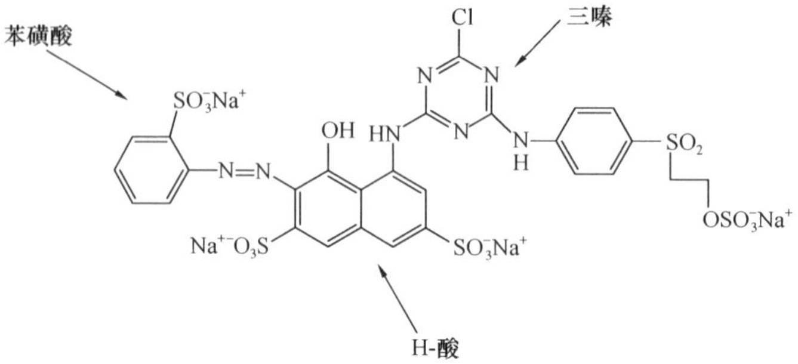

图 6-7　Apollofix Red（AR-28）

当反应中间体 X 与起始 R 分子和产物 P 以高（几乎相同）速率常数反应时（$k_X \approx k_{X,P}$），假设 $[R]+[P]=[R]_0$，则分别在方程积分之后获得指数时间相关：

$$\frac{d[X]}{dt}=r_X-k_X[R][X]-k_{X,P}[P][X]$$

$$\approx r_X-k_X[R]_0[X]\approx 0 \quad [X]=\frac{r_X}{k_X[R]_0} \tag{6-44}$$

$$\frac{d[R]}{dt}=-k_X[R][X]\approx -k_X[R]\frac{r_X}{k_X[R]_0} \tag{6-45}$$

$$[R]=[R]_0\exp\left[-\frac{r_X}{[R]_0}t\right]=[R]_0\exp(-k_{obsd}t) \tag{6-46}$$

在恒定剂量条件下进行的羟基自由基的放射分解反应中，起始分子的浓度通常随时间（剂量）呈指数下降。图 6-6（b）显示了$^{\bullet}$OH＋AR-28 反应的指数依赖性，更多细节见第 6.4.5.1 节。

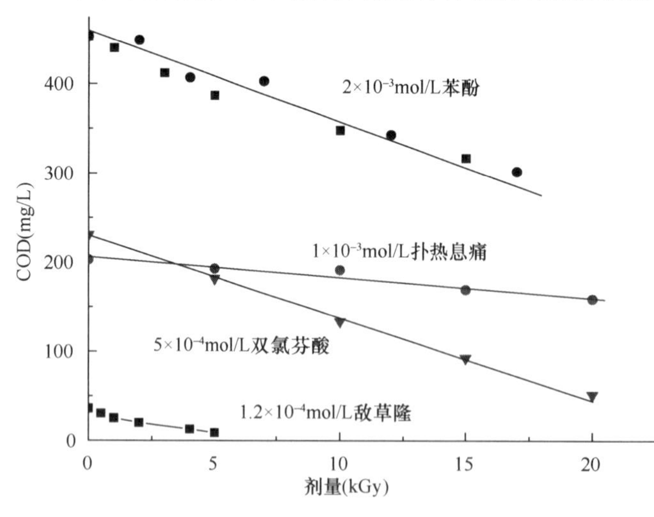

图 6-8　COD 在苯酚、扑热息痛、双氯芬酸和敌草隆空气饱和溶液中的衰减（数据收集自 Csay 等（2014）、Homlok 等（2013）和 Kovács 等（2015）的著作）

随着降解的进行，反应混合物中积累了越来越多的产物，反应动力学可以用 COD 或 TOC 等体积参数的变化来描述。图 6-8 显示了苯酚（2×10^{-3} mol/L）和其他三种化合物的曝气溶液中化学需氧量（COD）随吸收剂量（γ 辐射）变化的函数。在固定剂量率辐照下，反应中间体在溶液中以恒定的速率形成，因此，在初始阶段，COD随剂量线性降低并不奇怪（Homlok等，2013；Csay等，2014），即氧化过程以恒定速率进行。

6.3.4　电离辐射处理后水的毒性

在实际应用中，为了控制水质，进行了大量的毒性试验。其中，微量毒素检测是最简单的方法之一。生物测定使用费歇尔弧菌，它是一种发光的海洋细菌。细菌暴露在有毒样品中，通过光度计测量相对于无毒样品的发光量。健康的细菌比受样品质量影响的细菌发出更多的光。测得的光照量表明细菌的代谢状态，从而表明样品的毒性（Ruiz等，1997；Gunatilleka和Poole，1999）。这些细菌是由制造商以冻干的形式提供的，可以贮存几个月，并可根据需求使用。

对单个化合物降解的放射分析实验表明，一般来说，随吸收剂量的增加，毒性先增大后减小。在γ和电子束辐射分解放射分析中观察到的这种模式可能有两个原因：(1) 一些有机降解产物比起始化合物毒性更大；(2) 在辐射诱导过程中，在对细菌有毒的水平上形成过氧化氢。例如，苯酚溶液受辐照后会产生羟基化产物，其中对苯二酚的毒性是苯酚的20倍。Zona和Solar（2003）指出，在进行毒性生物测定之前，在样品中引入过氧化氢酶来破坏 H_2O_2，可以对辐射诱导实验中的副产物毒性进行准确评估。图6-9举例说明了存在和不存在过氧化氢酶时费歇尔弧菌的发光趋势。

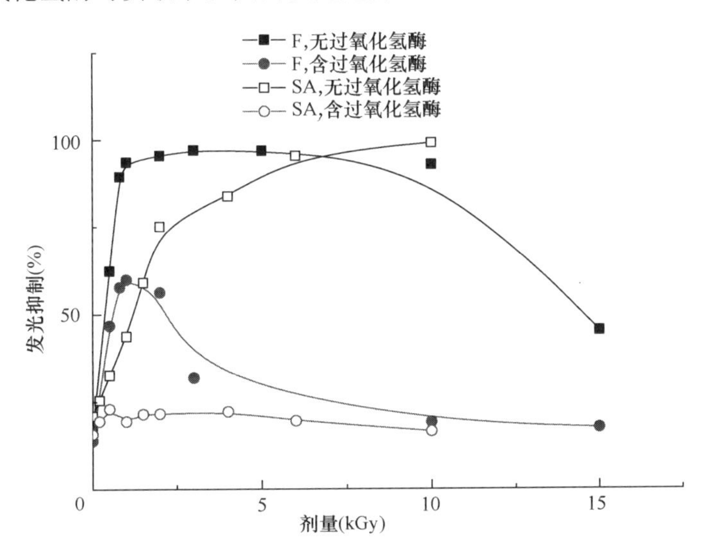

图6-9　纯水中含有 2×10^{-4} mol/L 非草隆（F）和 5×10^{-4} mol/L 水杨酸（SA）的辐照溶液在添加和不添加过氧化氢酶时的微毒素生物测定发光模式（Kovács等，2014；Szabó等，2014）。

6.4　水中有机污染物的辐射诱导降解研究

许多研究团队对多种有机污染物的电离辐射诱导降解进行了研究，从简单结构的小分子物质（如氯化烷烃）到复杂结构的大分子物质（如含有共轭或未共轭芳香环的染料）。本节提供了过去 15 年报道过的关于电离辐射引起的水中微污染物降解研究的精选实例，特别强调内分泌干扰物、农药、药物、染料和乳化剂。

6.4.1 芳香族化合物

大量资料报道了水溶液中苯酚的放射性降解（例如 Sato 等，1978；Hashimoto 等，1980；Mvula 等，2001；Miyazaki 等，2006）。降解产物可分为三类：（1）羟基化产物（二羟苯）；（2）二聚体（o，o′-联苯酚）；（3）环降解产物（例如，二羟粘二醛、己二烯二酸衍生物、顺丁烯二酸）。

尽管在环上的任何碳原子上都可能发生·OH 加成反应，但在被取代的环中，由于取代基的导向作用，取代环有相当大的选择性。·OH攻击位置取决于环上的电荷分布，其优先选择攻击高电子密度的位置（Schuler 和 Albarran，2002；Albarran 和 Schuler，2007）。产生的自由基分布提供了关于环上电荷分布的信息，提供电子的取代基优先将加成物导向邻位和对位。对于苯酚来说（图 6-10），本、邻、间和对加成的概率分别为 0.08、0.50、0.08 和 0.34。

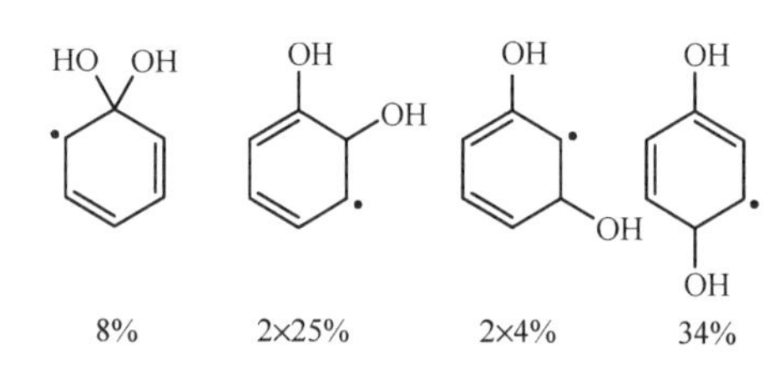

图 6-10 ·OH＋苯酚反应生成的二羟环己烯基异构体

在曝气溶液中，二羟环己烯基与氧气反应，形成过氧化物自由基，并与原始物质平衡（Fang 等，1995）。当环上有一个给电子取代基时，氧的加入速度快，加合物相对稳定；当为吸引电子取代基时则相反。一般认为，在过氧自由基结构处发生环开口（Getoff，1997；von Sonntag 和 Schuchmann，1997，2001）。

基于 Getoff 和 von Sonntag 的研究，在图 6-11 中，我们提出了一种可能的反应机理，

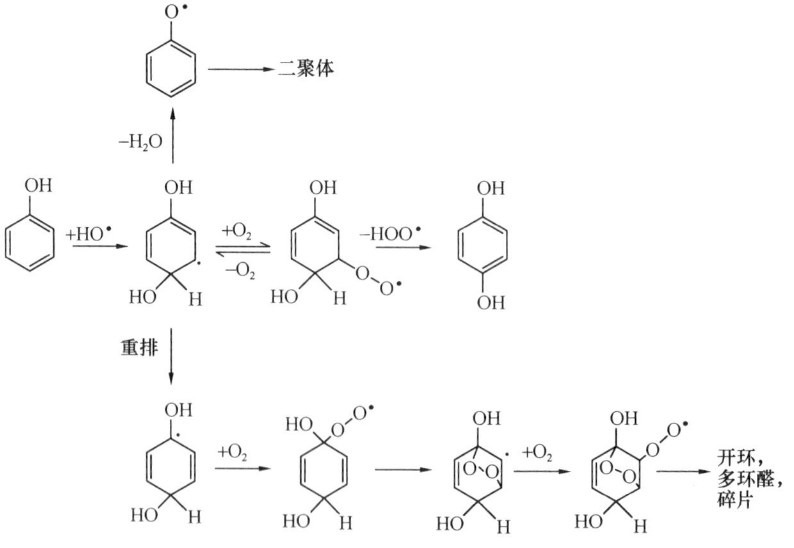

图 6-11 ·OH 诱导苯酚降解

用于·OH 诱导苯酚降解的初始步骤。图中显示了在对位置的攻击。

苯酚氧化（ΔCOD/kGy）的初始速率为（8.8± 0.6）mg/(L·kGy)，即 2.75×10^{-4} mol/(L·kGy)（图 6-8)。在溶液中形成 1kGy 剂量的 2.8×10^{-4} mol/L·OH。最后两个值（$2.75\times10^{-4}/2.8\times10^{-4}$）的比值表明，1mol 的·OH 能诱导 0.98mol 的 O_2 分子进入苯酚。当一个氧分子被合并到产物中时，就会发生四电子氧化。因此，作为单电子氧化剂，·OH 平均诱导 3.92 个电子氧化。当·OH 攻击有机分子时，就会形成有机自由基。以碳为中心的自由基与溶解的氧反应形成过氧自由基（第二氧化步骤)。此外，过氧自由基的单分子或双分子反应可能会引起额外的氧化作用，如图 6-11 中苯酚所示。

氯化和溴化芳香分子的降解是辐射化学研究的一个常见主题（Al-Sheikhly 等，1997；Poster 等，2003；Zhang 等，2007；Tang 等，2010)。通常，选用水溶性氯化苯酚型和溴化芳香族化合物作为更复杂分子（如农药）的模型物质。在水溶性差的多氯联苯或苯的降解研究中，采用了异丙醇、丙酮或甲醇等有机溶剂来提高其溶解度。过去多氯联苯（在许多国家，直到 20 世纪 70 年代末）广泛应用于变压器、电容器、传热和液压流体等领域。这些化学品中的很大一部分被释放到环境中，并且由于在水中的溶解度较低，因此在河流和湖泊的沉积物中积累。一些论文也致力于研究这些化合物在沉积物中的放射性降解。

多氯化分子辐照的基本目的是脱氯。根据一般经验，·OH 和 e_{aq}^- 反应都会导致脱氯。当·OH 添加到环中的一个氯取代碳原子位置时，本-加合物经过非常快速的消除 HCl，形成苯氧基型自由基：

$$^{\bullet}OH + ArCl \rightarrow {}^{\bullet}ArCl(OH) \rightarrow ArO^{\bullet} + HCl \quad (6\text{-}47)$$

C—Cl 键可通过离解电子捕获反应快速离解：

$$e_{aq}^- + ArCl \rightarrow {}^{\bullet}Ar + Cl^- \quad (6\text{-}48)$$

在通常的反应体系中，这种反应与 $e_{aq}^- + O_2$ 反应相竞争。

在碱性甲醇或异丙醇溶液中，观察到多氯化芳烃的链式分解（Singh 等，1985；Al-Sheikhly 等，1997)。这种连锁反应是由于中间的醇自由基阴离子作为链的载体。例如，对于甲醇，建议进行以下反应：

$$^{\bullet}OH + CH_3OH \rightarrow H_2O + {}^{\bullet}CH_2OH \quad (6\text{-}49)$$

$$^{\bullet}CH_2OH + OH^- \rightleftharpoons {}^{\bullet}CH_2O^- + H_2O \quad (6\text{-}50)$$

$$^{\bullet}CH_2O^- + ArCl \rightarrow CH_2O + Cl^- + Ar^{\bullet} \quad (6\text{-}51)$$

$$Ar^{\bullet} + CH_3OH \rightarrow ArH + {}^{\bullet}CH_2OH \quad (6\text{-}52)$$

溶解的氧气与自由基反应会抑制链式反应。为了获得更高的效率，需要仔细优化反应条件。降解多卤代化合物所需的剂量通常远高于降解其他最常见的有机污染物所需的剂量。虽然辐射技术相对其他技术而言可能更有竞争性，可作为一种选择，但这些技术也有一些缺点。

6.4.2 内分泌干扰物

内分泌干扰物（EDCs）包括多种化学类别，如天然激素和多种工业产品。这些化合物大多都是大量生产的，其中一些被释放到环境中（Hu 和 Aizawa，2003；Gültekin 和 Ince，2007）。内分泌干扰物影响脊椎动物的激素功能。在工业过程中大量应用并被鉴定为 EDCs 的化学化合物中，烷基酚、双酚和邻苯二甲酸酯因为高生物活性而受到科学界和公众关注。

6.4.2.1 烷基酚

这类化合物具有雌激素受体结合活性，在处理后的废水中通常具有非常低的浓度（例如，ng/L）。一般将含有微污染物样品的雌激素活性作为“处理标准”而不是微污染物浓度。通常使用酵母双杂交测试评估水样的雌激素活性。17β-雌二醇（E2）是雌激素生物测定中常用的标准。E2 是类固醇激素，由人类和家畜释放到环境中。

17β-雌二醇与 $^{\cdot}OH$ 反应，速率常数为 5.3×10^{9} L/(mol·s)（Kosaka 等，2003）。对实验室水中 E2 进行的电离辐射实验表明，在照射开始时，雌激素活性增加，在进一步暴露时，雌激素活性降低（Kimura 等，2004，2006，2007）。该模式表明，在初级氧化步骤中，E2 的降解副产物仍带有决定内分泌干扰性质的分子核心结构。这种中间副产物被鉴定为 2-羟基雌二醇（Wheeler 和 Montalvo，1967；Kimura 等，2004）。在这些研究中，结果显示当纯水中 E2 的初始浓度从 1.8×10^{-9} mol/L 开始时，需要 10Gy 剂量来降解雌激素，而雌激素活性只能在应用剂量为 30Gy 时消除。去除实际废水中的雌激素活性会受到其他杂质的干扰（Kimura 等，2007）。当合成废水中含有 1.8×10^{-9} mol/L E2 和 1mg/L TOC 时，100Gy 足以去除雌激素活性。

由于与 E2 的结构相似性，一些烷基酚，特别是具有较长烷基链的烷基酚，也被鉴定为内分泌干扰物。壬基酚（NP）是人造化学品中雌激素活性最高的物质之一，与雌激素受体具有约 0.1% 的交叉反应性，在约 1×10^{-6} mol/L 的浓度水平以上观察到该活性。图 6-12所示的对壬基苯酚异构体［4-（1,2,4-三甲基己基）苯酚］类似于雌二醇(图 6-13)结构。

图 6-12　4-（1,2,4-三甲基己基）苯酚　　　图 6-13　雌二醇

在辐射分解实验中，NPs 与 $^{\cdot}OH$ 反应产生两种中间副产物，即对壬基儿茶酚和 1-(对羟基苯基）-1-壬醇（Kimura 等，2006，2007）。在 γ 辐射分解/H_2O_2 反应系统中，与单独的 γ 辐射分解相比，壬基酚乙氧基化物的降解速率大大增加。H_2O_2 促进了酸性降解产物的形成（Iqbal 和 Bhatti，2015）。Petrovic 等（2007）使用中试规模的电子束辐照系统对污水处理厂出水中的表面活性剂（主要是壬基酚和辛基酚及其衍生物）分解进行了详细研究。烷基酚类化合物的初始浓度超过 265μg/L。使用 3kGy 的剂量，可以观察到约一个数量级的降解。辐照处理有效降低了溶液的毒性。

6.4.2.2 双酚

该类型的代表性化合物是双酚 A（图 6-14），主要用于增塑剂、聚碳酸酯、环氧树脂和不饱和聚酯树脂、阻燃剂、杀菌剂、抗氧化剂和橡胶助剂的合成。

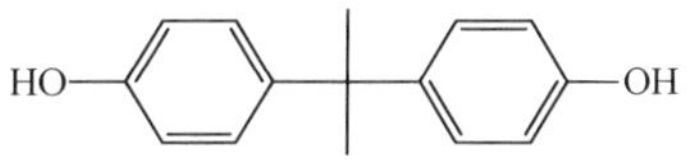

在脉冲辐射分解研究中测得加入双酚 A 的$^{\cdot}$OH 的速率常数为 6.9×10^{9}L/(mol·s)（Peller 等，2009）。羟基环己二烯基类型瞬态在 0.5ms 内完全转化为羟基化副产物。这些产物对随后的$^{\cdot}$OH 反应表现出一定程度的抵抗力，因为它们在双酚 A 氧化过程中以稳定的可检测产物的形式积累。在 N_2O 饱和溶液中，羟基化产物的 G 值为（0.45±0.02）μmol/J，相当于与$^{\cdot}$OH 反应的总降解效率为 76%。

图 6-14 双酚 A

当在经过预处理的废水中进行实验时，水中溶解物对羟基化产物有抑制作用。双酚 A 与其他污染物之间存在$^{\cdot}$OH 竞争。在处理过的废水中对低浓度 E2 和壬基酚的辐射分解研究中也发现了类似的竞争现象（Kimura 等，2007）。氧化条件下的降解效率高于还原条件下的降解效率，并且随着剂量的增加而增加，但随初始浓度的增加而降低（Xu 等，2011）。

6.4.2.3 邻苯二甲酸酯

邻苯二甲酸酯被广泛用作聚氯乙烯（PVC）树脂和纤维素薄膜涂料的增塑剂；它们还用于化妆品、驱虫剂和固体火箭的推进剂制作。其中，二-（2-乙基己基）-邻苯二甲酸酯的生产规模最大（Gültekin 和 Ince，2007）。

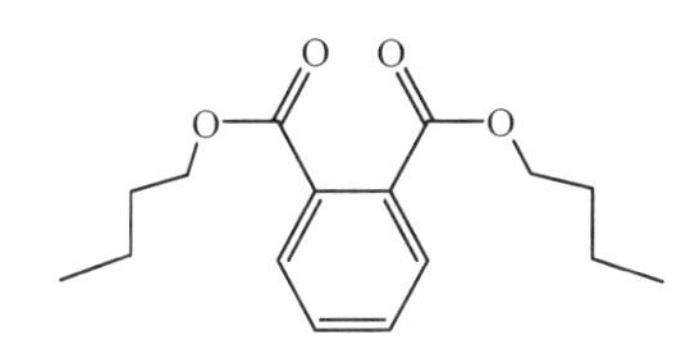

图 6-15 邻苯二甲酸二正丁酯

在一些文献中研究了邻苯二甲酸、邻苯二甲酸二正丁酯（图 6-15）和邻苯二甲酸二甲酯水溶液的电解辐射效应影响（Tezuka 等，1978；Yoshida 等，2003；Wu 等，2011）。邻苯二甲酸酯双阴离子和单离子的 e_{aq}^{-} 反应速率常数分别为 1.9×10^{9}L/(mol·s) 和 1.1×10^{10}L/(mol·s)，而$^{\cdot}$OH 与双阴离子的反应速率常数为 5.9×10^{9}L/(mol·s)（Buxton 等，1988）。Tezuka 等（1978）研究了电离辐射诱导的邻苯二甲酸二正丁酯的降解，并鉴定了邻苯二甲酸单丁酯为第一种稳定的反应产物。Yoshida 等（2003）的研究表明，在实验室水中用总剂量 750Gy 照射该化合物（17mg/L）时，反应物实现了完全矿化。

6.4.3 农药

6.4.3.1 氯苯氧基农药

氯苯氧基除草剂 2,4-二氯苯氧基乙酸（2,4-D）是一种中等毒性的化学物质（Zona 和 Solar，2003）。然而，2,4-D 也被认为是内分泌干扰物和可能的致癌物质。淡水通常含有可检测水平的 2,4-D 及其降解产物（Peller 等，2004）。

几个研究小组研究了 2,4-D 在稀溶液中的放射性分解的规律（Peller 等，2001，2003，2004；Zona 和 Solar，2003；Drzewicz 等，2004；Jankowska 等，2004；Peller 和 Kamat，

2005)。Peller 等(2004)比较了 2,4-D 及其衍生物 2,4-二氯苯酚、2-(2,4-二氯苯氧基)丙酸和 2,4,6-三氯苯酚的降解,采用三种高级氧化工艺,即 TiO_2-光催化、超声波分解和辐射分解,研究结果表明在所有这些工艺中,˙OH 是引发农药氧化的活性物质。

在溶液 pH 为 4~8,1kGy 剂量下,2×10^{-4}mol/L 2,4-D 溶液辐射分解时,2,4-D 及其芳香族降解产物的降解率为 50%。该降解比较研究还表明,在˙OH 介导的 2,4-D 转化中,在三种 AOP 中形成的主要副产物都是 2,4-二氯苯酚(2,4-DCP)。除了这一主要的副产物外,Zona 等(2002a,2002b)以及 Zona 和 Solar(2003)研究发现了一些较小的羟基化副产物。2,4-D 降解为 2,4-DCP 的机制包括在芳环上加入˙OH,然后从加合物中除去乙醇酸(图 6-16)。

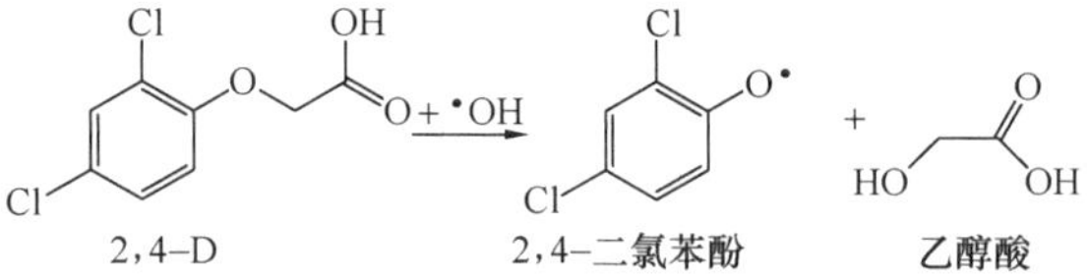

在上述反应中,芳环没有断裂。环断裂应该发生在后续过程中。环断裂产率($G\approx0.1\mu$mol/J)远小于˙OH 产率($G=0.56\mu$mol/J),也小于由 Zona 等(2002a)测定的酚产物的总产率,即 $G=0.179\mu$mol/J。在 γ 辐射分解研究中,氧浓度在 2,4-D 降解中不起重要作用(Drzewicz 等,2004)。过氧化氢不与 2,4-D 反应;然而,添加 H_2O_2 作为氧和羟基自由基的补充来源,大大增强了 2,4-D 及其中间产物的降解。

2,4-D + ˙OH → 2,4-二氯苯酚 + 乙醇酸

图 6-16 2,4-D 的降解(Zona 等,2002a)

2,4-DCP 比 2,4-D 的毒性更大;毒性在辐照的第一阶段增加,然后随着 2,4-DCP 的氧化而下降(Zona 和 Solar,2003)。

在 4-氯-2-甲基苯氧基乙酸(MCPA)的辐射分解中(在 2,4-D 结构中,邻位 Cl 被 CH_3 取代)也有类似图 6-16 所示的˙OH 诱导的降解(Bojanowska-Czajka 等,2006)。在纯水中,与在酸性条件下相比,在碱性条件下可观察到更有效的矿化。这种 pH 依赖性归因于碳酸氢盐,特别是在矿化过程中形成的碳酸盐,并且竞争去除˙OH。Bojanowska-Czajka 等指出,因为在较高浓度下˙OH+H_2O_2 反应也会降低降解速率,为了提高降解速率,应谨慎在辐照前向溶液中加入 H_2O_2。在对来自工业生产过程的废水(未标明浓度)进行的实验中,5kGy 的剂量足以降解 MCPA,在 10kGy 剂量下,大多数有机产物也被分解。在照射前向液体中加入 1.3g/L 的 H_2O_2 显著提高了降解速率。然而,当在 H_2O_2 存在下进行照射时,毒性水平远高于处理过的废水样品中不存在 H_2O_2 的毒性水平。

6.4.3.2 三嗪类农药

s-三嗪核心结构广泛用于许多除草剂中。这些化合物的特征在于强化学稳定性。阿特拉津(2-氯-4-(乙胺)-6-(异丙胺)-s-三嗪)是该组的代表(图 6-17)。有研究指出了通过各种方法(包括 γ 辐射)对 s-三嗪的降解(Bucholtz 和 Lavy,1977;Karpel Vel Leitner 等,1999;Angelini 等,2000;Basfar 等,2009;Mohamed 等,2009)。与 e_{aq}^- 反应的速率常数在($1\sim5$)$\times10^9$L/(mol·s)范围内(Varghese 等,2006)。推荐的阿特

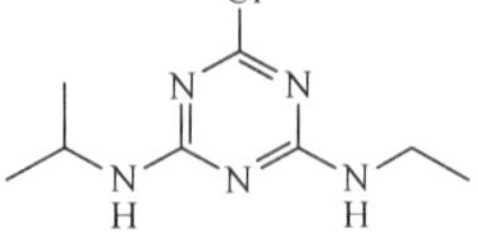

图 6-17 阿特拉津

拉津 k_{OH} 为 2.4×10^9 L/(mol・s)，其他三嗪的速率常数与该值差别不大（Wojnárovits 和 Takács，2014）。k_{OH} 和 $k_{e_{aq}^-}$ 都比扩散控制极限小 5～10 倍。

水合电子加入到杂环中的一个缺电子氮原子上，形成自由基阴离子，它在与水反应时迅速质子化。在 e_{aq}^- 反应中形成的中间自由基是 N-质子化的电子加合物，在邻位碳原子上具有不成对的电子（Varghese 等，2006）。e_{aq}^- 反应在无溶解氧时具有相关性；在辐射诱导 AOP 的实际应用中，这种反应发生的概率非常低。

$^{\bullet}$OH 可以通过添加到环中或从侧链中的 C—H 键提取 H 而与三嗪分子反应（Karpel Vel Leitner 等，1999；Khan 等，2015）。阿特拉津的主要降解产物为脱异丙基- 阿特拉津（DIA）、脱乙基- 阿特拉津（DEA）和脱乙基-脱异丙基-阿特拉津（DEDIA），它们是侧链上的二级和三级 C 原子被 $^{\bullet}$OH 提取 H 原子后产生的。

在 γ 辐射实验中，阿特拉津在脱氧溶液中的降解速率比在含氧溶液中高（Khan 等，2015）。该发现表明了 e_{aq}^- 对阿特拉津降解的贡献。在臭氧存在下进行的实验降解产率明显提高，即具有协同效应。在不同的地下水基质中进行的阿特拉津降解实验表明，降解速率对地下水类型的依赖性很大。特别是碳酸盐、碳酸氢盐和硝酸根离子浓度，这是因为它们与活性中间体发生的竞争反应影响降解速率（Mohamed 等，2009）。

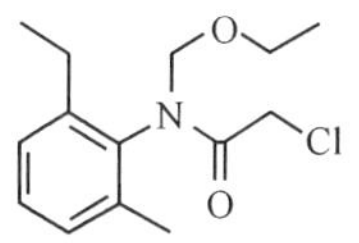

图 6-18　乙草胺

乙草胺（图 6-18）用于控制玉米种植地中的杂草，对于一些重要的杂草，它作为阿特拉津的替代品效果显著。其在碱性溶液中的放射性降解速率高于酸性溶液，并且在 γ 放射性实验中，其降解速率随着剂量的增加而增加。在水溶液中，该化合物在氧化和还原条件下都易分解（Liu 等，2004，2005）。

6.4.3.3　苯脲除草剂

苯脲除草剂是光合作用抑制剂，用于杀灭阔叶杂草。许多苯脲除草剂是在芳环上带有各种取代基的 N-二甲基衍生物。这些化合物在环境中具有高度持久性，在土壤中的半衰期为数月。非草隆、灭草隆和敌草隆是最常用的苯脲类农药。

与非草隆、灭草隆和敌草隆反应的 $^{\bullet}$OH 速率常数分别为 8.3×10^9 L/(mol・s)、7.3×10^9 L/(mol・s) 和 6.0×10^9 L/(mol・s)（Wojnárovits 和 Takács，2014；Kovács 等，2014，2015）。随着环上氯原子数的增加，k_{OH} 的减少归因于 Cl 原子的电子吸收效应。$^{\bullet}$OH 与芳环反应，生成羟基环己二烯基，进一步转化为脱氯和羟基化或羟基化产物（Zhang 等，2008；Kovács 等，2014，2015）。$^{\bullet}$OH 对甲基的攻击不如与芳环的反应重要，这与大多数其他 AOP 研究的结果一致（例如，Oturan 等，2010）。然而，Mazellier 和 Sulzberger（2001）在异质光-芬顿降解敌草隆［3-（3,4-二氯苯基）-1-甲酰基-1-甲基脲］反应中只检测到一种产物，该产物是在 $^{\bullet}$OH 攻击甲基过程中形成的。溶解氧提高了脱氯速率以及降解的总体速率。敌草隆的降解速率远高于非草隆或灭草隆（Kovács 等，2014，2015）。这是由于在敌草隆的自由基反应中形成了高度不稳定的中间体。中间体易于脱氯，或在溶解氧中发生环降解。

6.4.4 药物

由于药物的广泛使用，在城市污水中发现了多种药物化合物，其主要来源是家庭和医院；大部分（高达约90%）药物被摄入后作为原始化合物或其代谢物再被排出。由于其大规模使用，并且在某些情况下生物降解性低，因此会在地表水中定期检测出药物。它们对水生物种的长期影响尚未阐明，但当受污染的地表水用于饮用水生产时，人们会对水中药物的存在感到担忧。例如，瑞士日内瓦湖就是废水处理后出水的“接收器”，作为饮用水生产水源。在经洛桑市污水处理厂处理过的污水中检测到的微污染物，同时也有40%在饮用水中检测到。这些微污染物中大多数是药物化合物（De la Cruz 等，2012）。

本节介绍了所选抗生素和非甾体类抗炎药的放射化学。

6.4.4.1 抗生素

在过去10年中，通过各种高级氧化工艺去除抗生素已引起科学界的极大关注（Michael 等，2013）。一个主要的问题是环境中耐药细菌的增加。在生物处理过程中抗生素污染物和多种细菌种群共存的条件下，城市污水处理厂为耐药细菌的繁殖提供了理想条件。这就是一个存在大量编码抗性机制的基因库（Wright，2007），同时也适用于致病细菌，削弱了现代医学的成就（Rizzo 等，2013）。

6.4.4.1.1 氯霉素

氯霉素（图6-19）是第一种用于治疗微生物感染的广谱抗生素。它通过干扰细菌蛋白质合成来起作用，主要是抑菌作用。

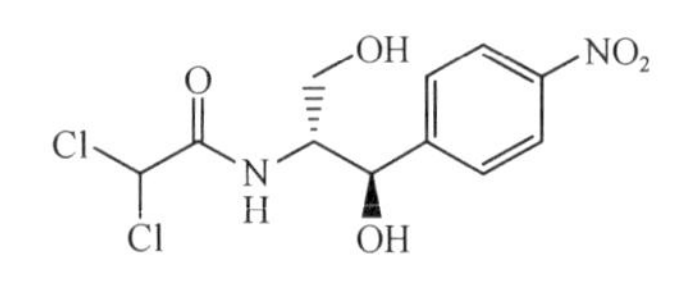

图6-19 氯霉素

Kapoor 和 Varshney（1997）使用脉冲辐射分解技术研究了氯霉素在水溶液中的基本辐射化学，而 Varshney 和 Patel（1994）以及由 Zhou 等（2009）和 Csay 等（2012）报道了氯霉素的降解机理和产物鉴定。

水合电子和氢原子与氯霉素反应，速率常数分别为 2.3×10^{10} L/(mol·s) 和 1×10^{9} L/(mol·s)（Kapoor 和 Varshney，1997）。在 pH=7 条件下，$^{\bullet}OH$ 的反应速率常数被测量为 1.8×10^{9} L/(mol·s)。低 k_{OH} 常数是由于芳环上的吸电子硝基不利于亲电子 $^{\bullet}OH$ 攻击。低 k_{H} 常数可能具有相同的原因。相反，亲核 e_{aq}^{-} 攻击的速率常数很高，它导致自由基阴离子的形成。在辐照开始时，环和侧链羟基化化合物在产物谱中占主导地位。在 2.5kGy 剂量下观察到 1×10^{-4} mol/L 氯霉素完全被去除（Csay 等，2012）。

6.4.4.1.2 磺胺类药物

磺胺类药物来源于磺胺。许多药物都属于这一类。脂族基团或5-元杂环或6-元杂环与磺酰胺单元连接。三个代表性结构如图6-20所示。这些抗生素阻断了细菌中的叶酸代谢，并抑制了一种核苷酸的合成。

磺胺类药物具有两个酸碱解离平衡。在 pH≈2 时，游离 NH_2 基团发生质子化/去质子化，而在 pH=5～7 时，质子化解离发生在磺酰胺（$-SO_2-NH-R$）基团上。大多数辐射

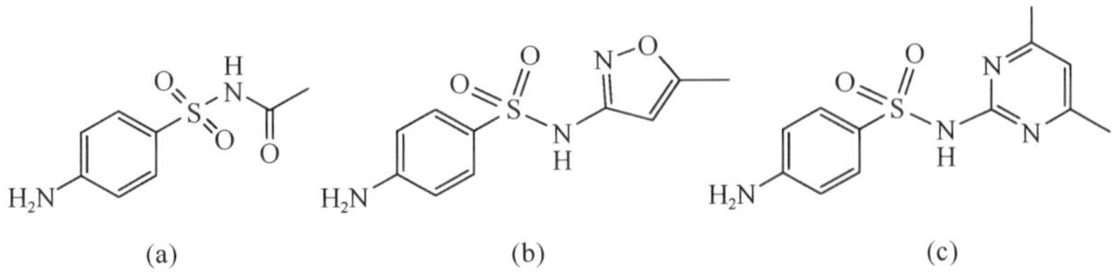

(a) (b) (c)

图 6-20 磺胺类药物

（a）磺胺醋酰；（b）磺胺甲恶唑；（c）磺胺二甲嘧啶

分解实验（Sabharwal 等，1994；Mezyk 等，2007；Kim 等，2009，2012；Liu 等，2013，2014；Sági 等，2014，2015）在非缓冲溶液中进行（pH 约为 5～6）。

$^{\bullet}OH$ 与磺胺类药物的反应速率常数在 $4\times10^{9}\sim8\times10^{9}$ L/(mol·s) 范围内，这是芳香族化合物的典型特征。$^{\bullet}OH$ 主要与苯环反应；鉴于杂环上有电子离域，如果分子中存在这样的环，那么也会发生该位点的$^{\bullet}OH$ 攻击。

在浓度约为 1×10^{-4}mol/L 的磺胺类药物的曝气溶液中进行实验，羟基化产物的产率在约 0.6kGy 的吸收剂量下达到最大值。苯酚的形成，开环和断裂同时发生，这表现在一次$^{\bullet}OH$ 攻击下，产物中的 O_2 含量很高（约 0.75），而且即使在低剂量下，pH 也会急剧下降，并出现低分子量有机酸。硫酸盐（SO_4^{2-}）和铵（NH_4^+）离子也在低剂量下被观察到，然而，与完整磺胺类药物分子的曲线相比，它们的浓度-剂量曲线在时间上发生了偏移。在磺胺类药物分子衰变后不久苯酚就从溶液中消失；在辐射剂量 1.0kGy 以上几乎没有检测到任何有机产物。SO_4^{2-} 和 NH_4^+ 浓度-剂量依赖性相似；这些离子可以与开环同时形成。硝酸根（NO_3^-）离子主要在体系辐射分解结束时形成，并且可以源自酰胺 N 或杂环中的 N 原子。其机理模式为先羟基化后降解，与观察到的低剂量下 COD 比 TOC 下降得更快是一致的。无机分子/离子（矿化）在多个步骤中形成，可以同时或连续进行。

在辐射前向溶液中加入 H_2O_2 的实验研究中，观察到降解效率的显著提高，溶液中碳酸根离子的存在略微降低了降解速率（Guo 等，2012；Liu 和 Wang，2013）。

6.4.4.1.3 β-内酰胺类抗生素

青霉素和头孢菌素类β-内酰胺类抗生素主要用于细菌感染的治疗，是社区和医院中处方最多的抗生素（ECDC，2014）。β-内酰胺部分是具有固有结构的环状酰胺，并赋予分子抗菌性。青霉素具有相同的核心结构，是一个与噻唑烷环稠合的四元β-内酰胺环；头孢菌素具有类似的四元β-内酰胺部分，但与二氢噻嗪环缩合（图 6-21）。β-内酰胺通过模拟其天然 D-Ala-D-Ala 底物靶向转肽酶而阻碍细菌细胞壁的生物合成途径从而发挥其抗微生物作用（Walsh，2003）。β-内酰胺结构是有效的酰化剂，并且与酶的丝氨酸残基共价结合，产生失活的酰基-酶复合物。在不存在四元内酰胺结构的情况下，分子失去抗菌活性。以结构上的远程侧链基团为目标将导致工艺效率降低。各种高级氧化工艺中活性物质的主要攻击位置如图 6-21 所示（Dodd 等，2006，2010；Rickman 和 Mezyk，2010；Karlesa 等，2014；Szabó 等，2016b，2016c）。

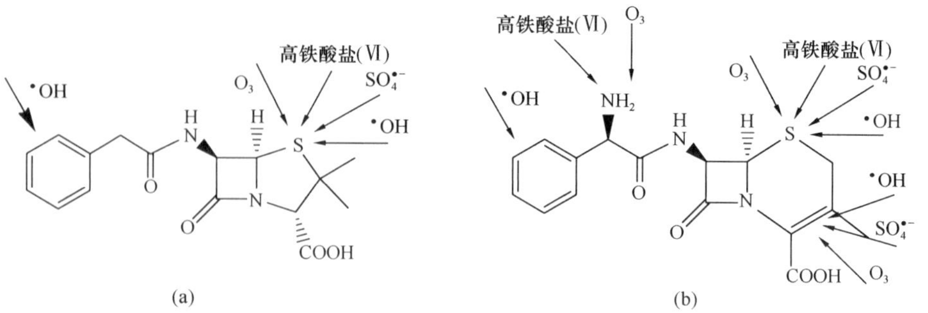

图 6-21 β-内酰胺高级氧化下的活性物质的反应位点（Dodd 等，2006，2010；Rickman 和 Mezyk，2010；Karlesa 等，2014；Szabó 等，2016b，2016c）

（a）青霉素 G；（b）头孢氨苄

β-内酰胺的辐射化学降解已被广泛研究（Song 等，2008；Yu 等，2008；Chung 等，2009；Dail 和 Mezyk，2010；Zhang 等，2011；Mezyk 和 Otto，2013；Otto 等，2015；Szabó 等，2016b）。β-内酰胺与˙OH 反应的速率常数（表 6-2）接近扩散控制的极限（Dail 和 Mezyk，2010）。青霉素结构具有许多易于发生˙OH 氧化的位点，通过在阿莫西林的稳态 γ-辐射分解下形成的大量产物可以证明（该化合物与青霉素 G 不同，它在苯环的对位具有˙OH 基团和与头孢氨苄相似的伯氨基）。由于˙OH 对芳烃和有机硫化物具有显著的反应活性，速率常数在 $0.2\times10^{10}\sim1\times10^{10}$ L/(mol · s) 范围内（Hiller 等，1981；Wojnárovits 和 Takács，2013），因此在青霉素的远程芳环和硫醚位点之间会有竞争发生。在头孢菌素中，竞争涉及硫醚位点、芳族/杂环侧链和二氢噻嗪环中的双键。

在分子的不同部分之间分配˙OH 加快了反应效率，因为靶向芳族部分降低了抗生素失活的可能性，邻近 β-内酰胺环的硫的氧化可导致开环，即原始分子结构的破坏。图 6-22显示了青霉素 G 的˙OH 氧化机理，如同 Pogocki 和 Bobrowski（2014）以及 Szabó 等（2016b）对结构相似的衍生物所做的假设一样。˙OH 对芳环的攻击产生相应的羟基环

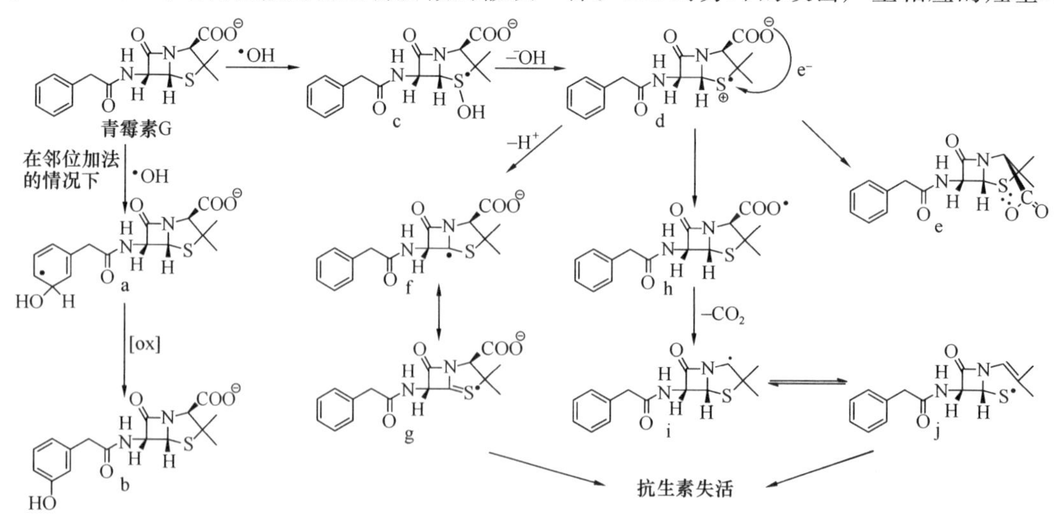

图 6-22 青霉素 G 的˙OH 诱导降解途径

己二烯基（a），其可与溶解的氧气反应形成稳定的OH-取代产物（b）。杂环硫的氧化通常从加合物的形成（c）开始，其转化为硫自由基阳离子（d）（Asmus等，1977）。该中间体不稳定，重排成分子内结构（e）。

这种类型的三种电子键合物质也可以通过含有自由p-电子对的杂原子的化合物生成，例如 Cl^- 加到S中心（Bonifacic和Asmus，1980）。（d）中与硫相邻的 α-碳的去质子化产生 α-（烷硫基）烷基（f），其以两种中间体形式（f）和（g）存在。通过中间体（h）的分子内电子转移，随后脱羧（假-Kolbe机理）在噻唑烷环中以相当高的效率进行，产生 α-氨基（i）。这些物质经历 β-碎裂以形成平衡的硫基（j）。假设具有抗生素失活的 β-内酰胺环的开环始于 α-(烷硫基）烷基和硫基。

引发分子结构破坏而导致抗微生物活性丧失的 $^{\bullet}OH$ 比例，可以基于最终产物实验确定。Philips等（1973b）在青霉素G的降解中观察到羟基化衍生物的产率约为0.05μmol/J，这相当于初始可用 $^{\bullet}OH$ 的消耗量约为18%。

在 β-内酰胺环破坏之后可以使用定量IR方法（Szabó等，2016c），显示阿莫西林 β-内酰胺环开环的产率约为0.1μmol/J，为36%的 $^{\bullet}OH$ 产量。这表明阿莫西林与 $^{\bullet}OH$ 反应的化学计量约为3∶1（$^{\bullet}OH$∶阿莫西林），导致抗菌失活。在高碱性水中的微生物测试（Otto等，2015）中发现了相同的比例。

下面给出了去除抗菌药物活性所需的 $^{\bullet}OH$ 比例的基本计算方法，电辐射用于处理经活性污泥处理但未经消毒工艺处理的废水。为了进行这样的计算，从文献中选择以下条件：出水有机物（EfOM）TOC为7mg/L（来自Keen等（2014）研究中的28个样品的平均值）；EfOM的 $^{\bullet}OH$ 清除能力约为 $1.6\times10^5 s^{-1}$（Hoigné，1997；von Gunten，2003）；碱度为105mg/L（以 $CaCO_3$ 计，来自Keen等（2014）研究中的平均值）；阿莫西林浓度为120ng/L（Andreozzi等，2004），从来自意大利的处理后的废水取样测得。在这些条件下计算得到用于消除抗菌活性的 $^{\bullet}OH$ 的百分比约为0.00025%，这是非常低的值。可使用下式计算剂量需求：

$$\%(^{\bullet}OH)\times10^{-2}\times G(^{\bullet}OH)\,[mol/J]\times D[Gy]\times\rho[kg/L]=[污染物][mol/L] \tag{6-53}$$

产生（密度 ρ 为1kg/L）约500Gy的实际剂量需求。该模型对污染物浓度不敏感，例如，AMX浓度增加100倍不会显著影响剂量。

6.4.4.2　非甾体类抗炎药

6.4.4.2.1　阿司匹林

阿司匹林（2-乙酰氧基苯甲酸，ASA）可缓解轻微的疼痛、退烧并且减少炎症。在室温下，阿司匹林缓慢水解成水杨酸（2-羟基苯甲酸，SA）和乙酸（图6-23）。在废水样品中检测到水杨酸而非阿司匹林。在水杨酸中，酚羟基与邻位的羧基之间存在强氢键。

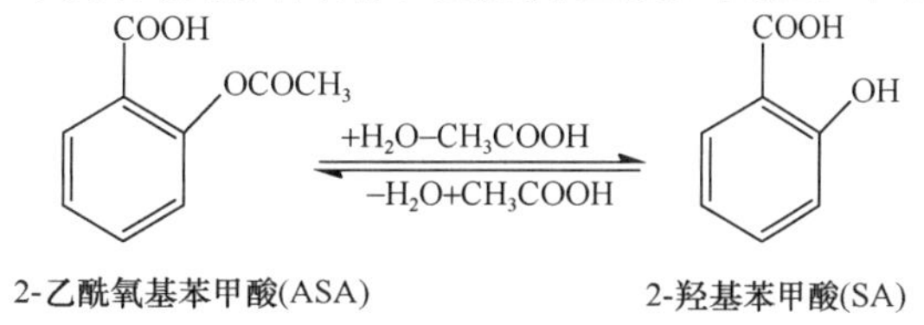

COOH
$OCOCH_3$
$+H_2O-CH_3COOH$
$-H_2O+CH_3COOH$
COOH
OH
2-乙酰氧基苯甲酸(ASA)
2-羟基苯甲酸(SA)

图6-23　阿司匹林与水杨酸之间的转化

水杨酸的降解是辐射化学中常见的研究方向（Amphlett 等，1968；Albarran 和 Schuler，2003；Kishore 和 Mukherjee，2006；Ayatollahi 等，2013）；阿司匹林/水杨酸水解混合物的降解仅在一本出版物中详述过（Szabó 等，2014）。在与苯酚的反应中，$^{\bullet}OH$ 优先添加到 OH 取代基的邻位和对位。在水杨酸中，邻位比对位更有利（速率常数为 1.07×10^{10} L/(mol·s)）。这种差异表明，氢键增强了水杨酸根阴离子中邻位的电子密度。水杨酸的主要降解产物被鉴定为 2,3-二羟基苯甲酸、2,5-二羟基苯甲酸和儿茶酚，2,4-二羟基苯甲酸是次要产物（Albarran 和 Schuler，2003）。在长时间辐照下，还检测到三羟基化衍生物（Szabó 等，2014）。水合电子与水杨酸反应，$k_{e_{aq}^-}$ 为 9×10^{9} L/(mol·s)（Ayatollahi 等，2013）。在电子加成之后立即发生质子化，形成环己二烯基型自由基。

水杨酸盐是具有中等毒性的化合物。然而照射 5×10^{-4} mol/L 水杨酸的充气溶液后，费氏弧菌试验中的发光逐渐受到抑制，直至 10kGy 的吸收剂量，然后逐渐降低（图 6-9），这表明降解产物比母体化合物毒性更大（Szabó 等，2014）。在毒性试验之前，将过氧化氢酶引入经辐照的样品中导致荧光抑制率显著降低，这表明 $^{\bullet}OH$ 是其具有毒性的主要原因。当用自来水代替纯净水进行试验时，照射时毒性的增加较小。因为自来水总是含有痕量的过渡金属离子，会像芬顿过程一样催化 $^{\bullet}OH$ 的降解。

6.4.4.2.2 扑热息痛（对乙酰氨基酚）

对乙酰氨基酚（N-（4-羟基苯基）乙酰胺）（图 6-24）常用作镇痛药和解热药。辐照开始时对乙酰氨基酚降解的速度很慢（图 6-8），这可能是由于羟基环己二烯基自由基快速转化为低反应活性的苯氧基型自由基（Szabó 等，2012）。这种基团也称为半亚氨基醌基团，因为不成对的电子可以在氧原子或在氮原子上（Bisby 和 Tabassum，1988）。

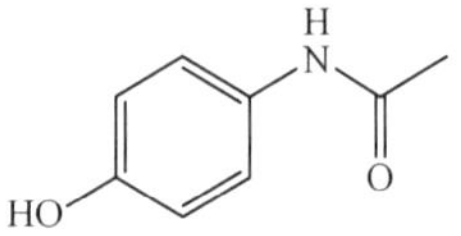

图 6-24 扑热息痛

COD-剂量曲线的初始斜率表明，经过一次 $^{\bullet}OH$ 攻击（单电子氧化）时，约 0.2 O_2 分子被掺入产物中。该值小于其他酚类化合物的值。然而，一旦对乙酰氨基酚结构降解为有机副产物，产物就会迅速分解。$^{\bullet}OH$ 诱导反应的第一批产物是 N-（3,4-二羟基苯基）乙酰胺、N-（2,4-二羟基苯基）乙酰胺、乙酰胺和氢醌。由于后两种产物以及过氧化氢是在第一阶段辐照期间生成，使用微生物发光能力测试可确定样品毒性显著增加（Szabó 等，2012）。对乙酰氨基酚溶液浓度从 1×10^{-4} mol/L 开始，在 0.5kGy 剂量下观察到最大毒性。

6.4.4.2.3 双氯芬酸

双氯芬酸（2-（2，6-二氯苯基氨基）苯乙酸，DCF）（图 6-25）是最常用的非甾体类抗炎药之一，用于治疗风湿性和非风湿性炎症。虽然它在太阳光下易受光降解影响，但双氯芬酸仍然是地表水中最常检测到的药物之一，浓度高达 μg/L 水平。DCF 的生态毒性相对较低；然而，有研究表明它与水中其他药物共存时，其毒性会显著增加。据报道，在传统的废水处理过程中，废水中的药物几乎没有被去除（Jones，2007）。

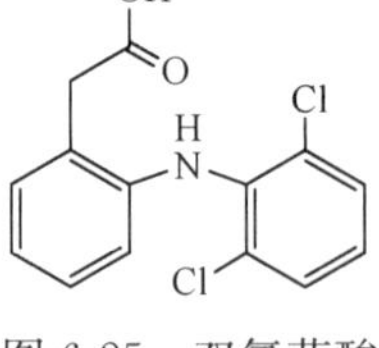

图 6-25 双氯芬酸

通过 $^{\bullet}OH$ 诱导的反应可以有效去除双氯芬酸（Sein 等，2008；

Liu 等，2011；Trojanowicz 等，2012）。在吸收剂量为 1kGy 时，1×10^{-4} mol/L 的双氯芬酸及其大部分降解产物被去除，需要高一个数量级的剂量才能实现初始有机碳的完全矿化（Homlok 等，2011）。$^{\bullet}$OH ＋ DCF 反应的高速率常数（8.12×10^{9}L/(mol · s)，Jones (2007)）表明$^{\bullet}$OH 主要攻击没有氯原子的环的活性位点。在反应中可形成各种羟基环已二烯基类型（Sein 等，2008）。在几种其他高级氧化工艺（TiO_2 光催化，臭氧氧化）中也检测到了羟基化产物，其中$^{\bullet}$OH 在降解中起到重要作用（例如，Sein 等，2008）。

降解主要从$^{\bullet}$OH 加成到-NH-基团对位上带环的-CH_2COOH 基团开始。由此形成的羟基环已二烯基可以以 5-羟基二氯芬酸结构稳定存在，这是主要的降解产物之一。在 O_2 存在时，该产物的产率大大提高。文献中也报道了$^{\bullet}$OH 对氨基的本位加成（Sein 等，2008）。本位加成加合物通过释放取代基而快速分解产生 2，6-二氯苯胺。该化合物在辐射分解和其他高级氧化工艺中均被检测到。$^{\bullet}$OH 攻击也可能发生在碳-氯键的芳环上。因此会快速消除 HCl 和形成共轭环已二烯基型自由基。这些自由基可以稳定为醌类化合物。这些产物也可由其他 OH-加合物形成。

6.4.4.2.4　酮洛芬和布洛芬

由于酮洛芬（（RS）-2-（3-苯甲酰基苯基）丙酸）（图 6-26）和布洛芬（（RS）-2-(4-（2-甲基丙基）苯基）丙酸）（图 6-27）的立体中心均位于丙酸的 α-位，因此存在两种立体异构体形式。酮洛芬在体内和体外常用作生物系统中的光敏剂。

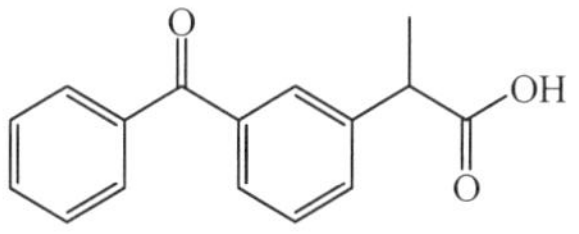

图 6-26　酮洛芬 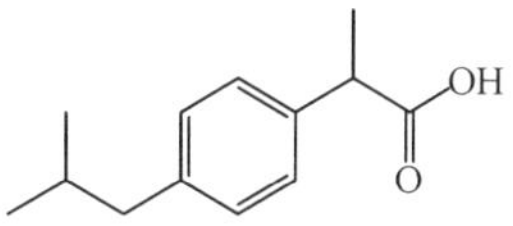　　图 6-27　布洛芬

酮洛芬是取代的二苯甲酮（C_6H_5-CO-C_6H_5）。对二苯甲酮的光物理和光化学过程进行了深入研究；其光化学行为是由于其低三重激发态导致的。酮洛芬的光化学降解主要是脱羧，形成（3-苯甲酰基苯基）乙烷作为最终产物（Borsarelli 等，2000；Musa 等，2007）。

其水溶液辐射分解时，e_{aq}^{-} 与酮洛芬反应，反应速率常数为 2.6×10^{10} L/(mol · s)（Jones，2007）。高速率常数表明电子附着于羰基的碳原子上。根据二苯甲酮反应（Brede 等，1975），建议羟基加到一个芳环上，$k_{OH}=4.6\times10^{9}$L/(mol · s)（Jones，2007）。在 N_2O 饱和的酮洛芬溶液中获得的瞬态吸收光谱类似于二苯甲酮的$^{\bullet}$OH 反应中形成的光谱（Brede 等，1975；Sharma 等，1997；Illés 等，2012）。基于光谱和动力学的相似性，假设瞬态吸收光谱属于羟基环已二烯基。据报道，通过$^{\bullet}$OH 自由基引发反应，二苯甲酮辐射分解的产物为 2-羟基二苯甲酮、3-羟基二苯甲酮和 4-羟基二苯甲酮（Sharma 等，1997）。预期类似的羟基化产物在酮洛芬辐射分解过程中也可能形成，然而，侧链的叔位发生的夺氢反应也应有助于降解。

布洛芬的$^{\bullet}$OH 反应速率常数为 6.1×10^{9}L/(mol · s)。e_{aq}^{-} 反应速率常数为 8.9×10^{9}L/

(mol・s)(Jones，2007)。瞬态吸收光谱表明，$^{\cdot}OH$ 具有两个反应途径：(1) 通过环加成形成苯酚自由基；(2) 在侧链的叔碳位置进行 H 原子提取，得到以碳为中心的自由基。在辐射分解研究中，除了发现环化羟基化产物之外，在降解的早期阶段也观察到在叔位置羟基化的产物 (Zheng 等，2011；Illés 等，2013；Gajda-Schrantz 等，2013)。在 1kGy 辐照剂量下，1×10^{-4}mol/L 布洛芬在纯水中被完全降解。溶液中 CO_3^{2-} 和 NO_3^- 离子与 $^{\cdot}OH$ 反应，降低了降解速率。当过硫酸钾加入到布洛芬溶液中时，e_{aq}^-转化为强氧化性 $SO_4^{\cdot-}$，导致降解速率增加 [Paul (Guin) 等，2014a]。与 $^{\cdot}OH$ 不同，$SO_4^{\cdot-}$ 优先通过苯自由基阳离子产生苄基型自由基 (参见图 6-5)。

6.4.5 有机染料

用于染色织物的有机染料具有黏附性、持久性、耐日晒、耐化学处理的特征。从工业废水中去除染料十分必要，因为即使在较低的浓度下 ($\leqslant10^{-5}$mol/L)，它们也会改变水质和美观度。而且染料难以被生物降解，它们的化学/光化学降解产物 (例如，芳香胺、醛) 通常具有高毒性 (Janos，2009)。

6.4.5.1 偶氮染料

偶氮染料具有 R-N=N-R′的共同结构 (R 和 R′′均为芳基)。由于两个芳环和偶氮 (N=N)基团的电子离域，这些化合物具有鲜艳的颜色。最常用的是含 H-酸的染料，属于“活性”染料。在此，选择 Apollofix Red (AR-28) 作为模型化合物。这是一种红色的含有三嗪类和含氢酸的偶氮染料 (λ_{max}=514nm 和 532nm，$\varepsilon_{max,514nm和532nm}$=31400L/(mol・s))。AR-28 (图 6-6) 和一些 1-芳基偶氮-2-萘酚类染料 (例如，酸性橙 7，AO7) 的脉冲和 γ 辐射降解实验被广泛研究 (Wojnárovit 和 Takács，2008)。

在 $^{\cdot}OH$ 降解染料期间，无论在可见光区域还是紫外光区域吸光度随着吸收剂量的增加而降低 (图 6-6 (a))。可见光区域的光谱逐渐转变到更长的波段。然而，没有明确的等吸收点，这表明原始化合物不会定量转化为单一的有色产物，但在可见光范围内的吸收性能比 AR-28 弱。化学分析表明初始化合物的浓度随剂量急剧下降 (图 6-6 (b))。然而，新产物的光谱特征和洗脱时间与初始化合物相似，表明这些产物是 AR-28 的取代形式。这些观察结果可能与 AR-28 的复杂结构有关，AR-28 包含多个潜在的 $^{\cdot}OH$ 攻击点。Hihara 等 (2006) 通过理论计算得出，“优选的”自由基攻击位点不是—N=N—键，最有可能是在芳香环上的不同位置。随后反应中的有机自由基中间体最终以 AR-28 的环羟基化形式存在。与 AR-28 类似，这些产品也具有扩展的共轭体系和较大的摩尔吸光系数。然而，由于芳环上的额外羟基基团，它们同 AR-28 一样，吸收光谱稍微偏移到更长的波段 (Wojnárovits 等，2005；Pálfi 等，2007，2011)。

e_{aq}^- (和 $H^{\cdot}$) 与偶氮键反应，在第一步产生肼基自由基。偶氮键处的反应破坏了电子的扩展离域并导致变色。可见光吸收带没有变化，这表明羟基自由基反应产物与 e_{aq}^-反应产物可能不同 (图 6-6 (c))。

6.4.5.2 蒽醌染料

活性蒽醌染料是纺织工业中继偶氮染料后的第二大纺织染料。蒽醌类（9，10-蒽二酮的衍生物）是生物体中广泛分布的分子，它们存在于细菌、真菌、地衣和几种高等植物科中（Orbán等，2009）。众所周知，9，10-蒽二酮的天然衍生物自古以来广泛用于世界许多地区染色纺织品的产品中，同时还提供各种合成染料来染色。与偶氮染料相比，这些染料在水中的溶解度较低（或者不溶，例如分散红60（图6-28（a））），并且它们通常以分散形式存在于水中（Pikaev等，1997a；Bagyo等，1998）。为了增加它们的溶解度，通常将—SO_3^-或—NH_3^+基团引入分子中。

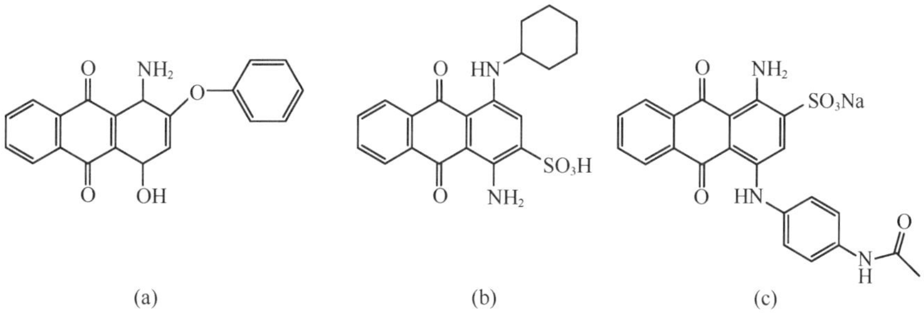

(a) (b) (c)

图6-28 蒽醌染料

（a）分散红60；（b）酸性蓝62；（c）酸性蓝40

许多研究小组对蒽醌染料的降解情况进行了研究，其中一个例子是酸性蓝62（ABSBR）（图6-28（b））。它以$k_{OH}=1\times10^{10}$ L/(mol·s)的扩散速率控制与·OH反应（Perkowski等，1989）。假定加成反应产生单一中间体（Perkowski等，1989；Perkowski和Mayer，1989）。辐射分解实验表明，与·OH反应引起变色。从酸性蓝40（图6-28（c））（Nagai和Suzuki，1976）的降解实验中也得出了类似的结论。在无氧气溶液中照射ABSBR和酸性蓝40时，在600nm处的光吸收减少同时导致溶液变色，在400～500nm范围内出现新的吸收带。变色过程中，碳骨架没有被破坏。溶解的氧气影响羟基加合物的二次反应，并且在那些实验中没有观察到400～500nm范围内的新吸收带（Nagai和Suzuki，1976）。还有学者提出了通过溶解的氧气在辐射中对碳骨架的破坏作用处理其他蒽醌染料（Vysotskaya等，1986；Hashimoto等，1979）。

当染料以分散形式存在于水中时，由于可接近性低，辐射分解具有低效的降解效果（Pikaev等，1997a；Bagyo等，1998）。对于分散红60的降解，通过混凝和絮凝方法实现含有该染料的废水的完全纯化（Pikaev等，1997a）。通过这种处理，水溶性和不溶性染料都可以被除去。

6.4.6 萘磺酸衍生物

磺化芳香族化合物广泛应用于各种化学过程（例如表面活性剂和染料生产），因此已经被大量生产。在萘磺酸盐中，萘-1，5-二磺酸盐（1，5-NDSA）（图6-29）存在得最持

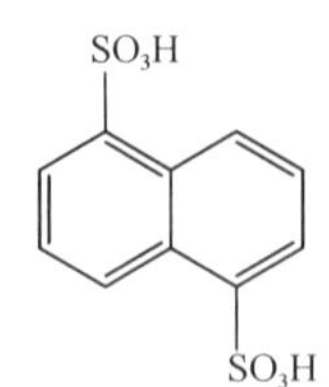

图 6-29　萘-1，5-二磺酸盐

久并且经常在地表水中被发现（Knepper 等，2004；Gehringer 等，2006，2008）。1，5-NDSA 不易被生物降解，因此在以常规生物处理为主流工艺的污水处理厂中不能将其除去，并且它对臭氧的反应性也很低（k=41L/(mol・s)）。

Gehringer 等（2006，2008）研究了通过辐射分解反应、臭氧和辐射分解/臭氧联合处理降解自来水中的 30mg/L 1,5-NDSA 进行。在给定的实验条件下，发现单电子束（EB）辐射比其他两个过程更有效。臭氧化是 1,5-NDSA 矿化效率最低的方法。在 2kGy 的低吸收剂量下，电子束辐照可以分解所有的 1,5-NDSA 及其代谢物。考虑到废水的复杂基质的影响，该处理被认为是有效的。

Pikaev 的团队详细研究了异丁基萘磺酸盐（也称为二丁基萘磺酸钠，通式为 $C_{10}H_6$（R)SO_3Na，其中 R 是（CH_3)$_3$C-、（CH_3)$_2$$CHCH_2$-或 CH_3CH_2CH（CH_3）-)水溶液的辐射化学（Gogolev 等，1992；Pikaev 等，1998；Pikaev，2001）。在这些研究中，研究者发现水辐射分解的三种主要活性物质都参与了异丁基萘磺酸盐（IBNS）分子的降解。$^{\bullet}OH$和 e_{aq}^- 与这些分子反应，扩散控制速率常数分别为 1.8×10^{10} L/(mol・s)（过高估计）和 2.5×10^{10} L/(mol・s)；与 IBNS 反应的 H 原子的速率常数小于其他两个，为 k_H = 5.0×10^9 L/(mol・s)（Gogolev 等，1992）。在$^{\bullet}OH$ 反应中，形成 λ_{max}=430nm 的中间体，这与在 e_{aq}^-（或 $O_2^{\bullet-}$）反应中产生的中间体不同。虽然假设 IBNS 通过$^{\bullet}OH$ 和 e_{aq}^- 反应都发生降解，但$^{\bullet}OH$ 反应更占优势（Pikaev，2001）。在 45～180mg/L 范围内，二丁基萘磺酸钠降解的产率为 0.20μmol/J，与初始浓度无关。除去烷基或磺酸盐基团后就足以将化合物变成可生物降解的产物。

6.5　电离辐射在水处理中的应用：中试规模和工业规模应用

20 世纪 50 年代首次开展了用于处理废物的 γ 辐射研究，主要集中在消毒（IAEA，2007）。在 20 世纪 60 年代，这些研究的主题扩展到水和废水的净化（例如，Amphlett 等，1968）。工业废水和地下水污染的实验室研究始于 20 世纪 70 年代，之后，人们越来越关注开发用于全规模应用的辐射化学高级氧化工艺（Woods 和 Pikaev，1994）。在实验室研究的基础上，在 20 世纪 90 年代设计了第一批试验工厂，后来又建立了工业规模的水处理设施。

6.5.1　一般考虑因素

不使用添加剂的辐射技术（γ 射线和电子束）为高级氧化工艺提供了产生自由基物种的最有效方法，实验室和中试研究证明，废水的辐射处理可以成为一种有竞争力的技术（Han，2009）。原则上，可以用电离辐射工艺处理的水分为两类：（1）地下水和饮用水；（2）工业和城市废水。

两类水之间的主要差异是污染物浓度和微生物污染水平，这两者在第二类水中都较

高。一般而言，地下水和饮用水的处理目标是微生物消毒，而对于废水涉及提高其生物可降解性（Cooper等，1998；IAEA，2007）。

地下水和饮用水水源的水质参数通常易于表征，并且它们随时间的变化是已知的或可预测的。相反，在大多数情况下，废水具有定量和定性可变的成分，因此，水质参数，例如化学需氧量（COD）、生物需氧量（BOD）和总有机碳（TOC）用来表征废水性质。

城市污水处理包括机械筛选、沉淀和生物处理。电子束辐射工艺可以在生物处理之前实施，以改善有机物的可生物降解性，或者在处理过的废水出水上实现，以降解难去除的微污染物和/或用于消毒。根据处理目的判断需要高吸收剂量（约20kGy）还是低吸收剂量（<2kGy）。在生物处理工艺之前安装电离辐射高级氧化装置，从抵抗微生物抗性的角度出发具有一系列优点，例如消除了抗生素降解而导致细菌耐药性增加的担忧，限制或消除了活性污泥中的高浓度微生物暴露于抗生素残留物中，并通过减少生物处理的污泥停留时间而获得额外的益处（Yamazaki等，1983；Kim等，2007；Han等，2012）。

工业废水含有高浓度的有机物，这些有机物可能不适合仅通过电离辐射降解，此时可以采用组合工艺。

6.5.2 用于水处理的电离辐射反应器

在剂量水平为1kGy下时，电子束加速器每天可处理数十万立方米的废水。达到统一的处理性能的关键要求是：(1) 恒定射束电流的连续操作；(2) 均匀的剂量分布；(3) 不随温度和压力变化的恒定流速。电离辐射反应器的设计主要有三种：上流式反应器、喷雾型反应器和喷嘴式反应器。

在上流式反应器中，水向上流入反应容器并从容器的边缘溢出（图6-30）。将反应器置于较大的容器中，收集处理过的水。使用空气气泡确保良好的混合。通过特殊的鼓泡器从下方注入气体。反应室通常垂直分成几个部分。在巴西的一个试验工厂中建造了几种不同样式的上流式反应堆，用于处理工业和城市污水处理厂的实际废水（Rela等，2000，2008）。

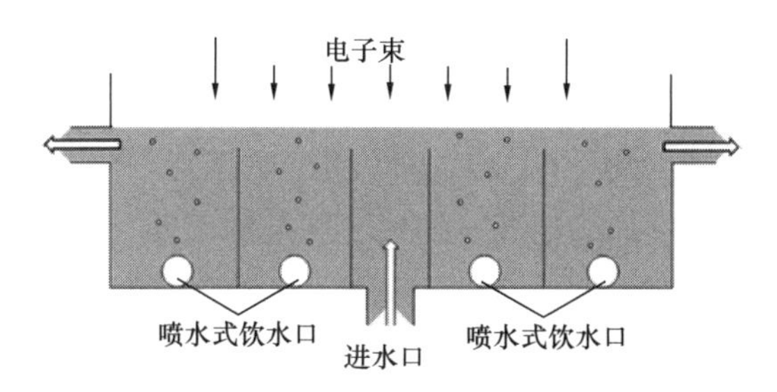

图6-30 在上流式反应器中的废水辐射（IAEA，2007）

在喷雾型反应器中，废水通过喷雾器形成细小的水滴（图6-31）。该反应器确保了与空气的良好混合，从而提高了污染物的氧化速率。在俄罗斯拉杜日内的试验工厂中，结合

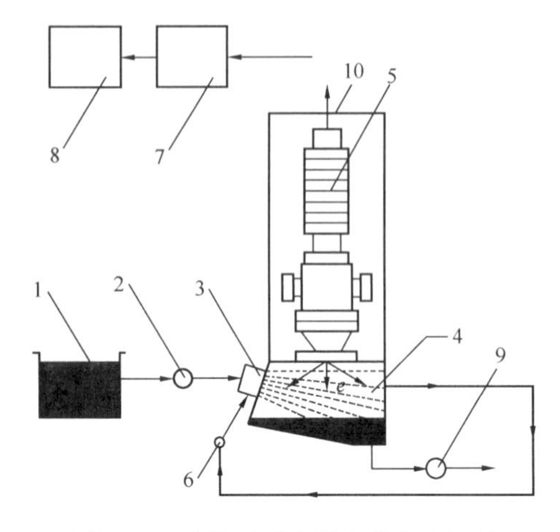

图 6-31 喷雾型反应器中的废水辐射（Pikaev 等，2001）

1—废水进水池；2—废水泵；3—喷雾器；4—辐射室；5—电子加速器；6—涡轮鼓风机；7—电源；8—控制台；9—净化水去除泵；10—生物屏蔽

臭氧工艺对该设计进行了测试（Podzorova 等，1998；Pikaev 等，1997b；Pikaev，1998）。

喷嘴式反应器将废水流态变为宽的连续水射流进行处理（图 6-32）。水射流的厚度由加速电子的穿透深度进行调节。水射流的宽度对应于电子束的宽度。该射流由横向电子束照射，并且在下面通道中收集出水（Han 等，2002，2005a，2005b，2012；Makarov 等，2004）。在韩国大邱的某工业规模装置使用喷嘴式反应器处理纺织印染废水。

此外还有移动式水辐照系统，在拖车上设有电子束加速器及水处理、控制和安全系统，用作即用型、自屏蔽和自供电的可持续单元对污水进行处理（Nickelsen 等，1998；Han 等，2009）。移动式水辐照系统促进电子束技术在市政和工业废水处理的应用，它们也可用于工程演示。

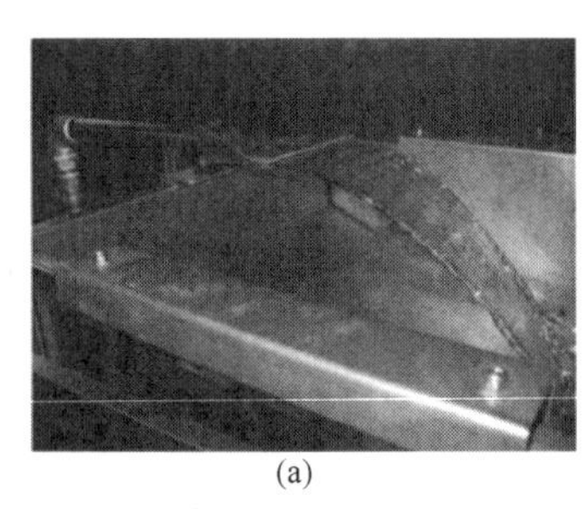
(a)

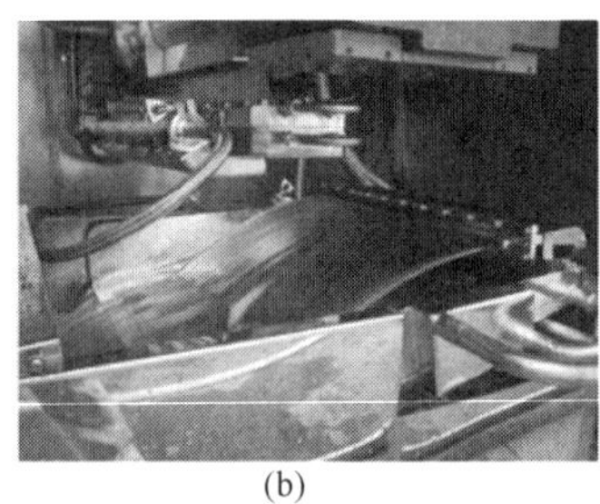
(b)

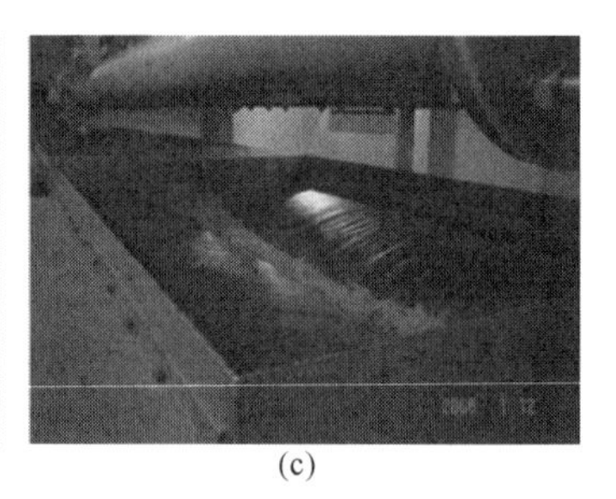
(c)

图 6-32 用于纺织印染废水处理的喷嘴式反应器（由韩国大邱 EB-Tech 公司的 Bumsoo Han 博士提供）

（a）实验室（$50m^3/d$）；（b）小规模试验厂（$1000m^3/d$）；（c）工业厂房（$10000m^3/d$）

6.5.3 用于水处理的电离辐射：中试研究

6.5.3.1 美国迈阿密电子束研究设施（EBRF）

迈阿密电子束研究设施（EBRF）自 1988 年开始运行，已对多种溶质（包括天然水中溶质的混合物）进行了序批式或连续式的生产规模的辐照（Cooper 等，2004）。加速器是垂直布置的绝缘铁芯变压器（类型为：75kW、1.5MeV、50mA）。使用扫描光束以提供 122cm×7.6cm 区域的均匀、连续照射，并将其引导到落在堰上的水流上。设计流速为 460L/min，辐照的下落水流的厚度为 0.38cm。该中试装置用于研究大量分子降解的技术细节，例如不同的小分子芳烃或甲基叔丁基醚（MTBE）（汽油中用于增加辛烷值的添加剂）。MTBE 初始浓度为 2.3mg/L，剂量为 6kGy 时，浓度降低至可检测水平以下（Cooper 和 Tornatore，1999；Cooper 等，2009）。用该系统可以进行其他研究，例如在流动系统中测试三氯乙烯（TCE）或全氯乙烯（PCE）的去除（Nickelsen等，2002）。

6.5.3.2　巴西有机和石化污染物的去除

该中试装置的建立是为了处理IPEN（Instituto de Pesquisa em Energia Nuclear，Brazil）电子束设施中的废水和工业废水。它采用动态电子加速器，加速电压从500keV到1.5MeV，电子束电流从1mA到25mA。频率为100Hz的光束可以扫描60cm长和2cm宽的区域（Rela等，2000，2008；Sampa等，2004）。该中试装置可以在5kGy的平均剂量下处理高达70L/min的水量。具有1200L容量的两个水箱用于贮存并收集液体，两个泵用于均化并泵送液体至辐照装置。在一系列实验中，测试了不同的上流式反应器以求寻找最佳解决方案。

该装置用于饮用水、市政和工业废水处理实验。大型工业城市的饮用水中含有78μg/L $CHCl_3$、12μg/L $CHBrCl_2$ 和168μg/L $CHBr_2Cl$。在1.3m^3/h流速和2kGy剂量下，87%的氯仿被去除，其他卤代化合物的浓度降低至检测限以下（Sampa等，1995）。

6.5.3.3　奥地利饮用水厂对电子束结合臭氧技术的应用

奥地利中试装置配备了ICT-500高压（美国）电子束加速器（500keV，25mA，1.2m扫描宽度），恒定水流量高达4m^3/h。该系统专门用于辐射/O_3联合处理（Gehringer等，2003，2008）。离开臭氧发生器的气体中O_3浓度远低于O_2浓度。由于O_2和O_3在水中的溶解度不同，离开臭氧发生器的气体首先在加压条件下注入纯净水中，部分过量氧气被去除，然后将臭氧/水与试验用的地下水混合。辐射/O_3联合处理的优点先前在6.3.2.4中讨论过。其另一个优点是当水中含有较高浓度的硝酸盐时，水合电子可能会将NO_3^-还原为有害的NO_2^-。O_3在快速反应中去除了部分e_{aq}^-；此外，O_3将NO_2^-氧化成NO_3^-（Gehringer等，1993）。

6.5.3.4　俄罗斯废水气溶胶的辐照去除

低能量电子的穿透深度较浅，这在一些应用中将是一个缺陷。为克服上述问题，在俄罗斯拉杜日内建立了一个中试装置用于处理城市污水。在该中试系统中，使用注射喷嘴喷射液体废水并对气溶胶进行辐照。气溶胶的密度比液态水的密度小一个数量级，因此穿透深度高出一个数量级。加速器产生300keV能量的电子，最大功率为15kW。该中试装置在辐照剂量小于4～5kGy条件下，每天处理500m^3的城市污水。结果表明，辐照处理后的污水中污染物浓度降低了2～3个数量级（Pikaev等，1997b；Podzorova等，1998）。

6.5.3.5　中国去除水中的HCN的中试应用研究

该中试装置采用自屏蔽电子束加速器，其能量为0.5～1.0MeV，射束电流为10～15mA。扫描光束作用于从两个喷嘴喷出的含氰化物废水。根据水中电子的穿透深度，每个喷嘴的尺寸设计为10cm（宽）×0.2cm（厚）。电子束下水的平均速度约为1.37m/s，停留时间约为0.05s，流量约为1.82m^3/h。该中试装置用于优化从碳纤维工厂的废气中去除HCN的条件。离开纤维生产工艺线的气体依次通过两个喷雾塔以降低气流中的HCN浓度。然后将剩余的HCN通入含有次氯酸钠的吸收溶液中。将残留的氰化物水溶液引入处理容器中并用电子束/臭氧技术处理。使用水调节罐将进水CN^-浓度控制在

(15±2) mg/L。在吸收剂量为 12kGy 时该处理使 CN^- 保持在规定限度 (0.5mg/L) 以下，达到安全的工业废水排放标准。得到的结果表明，该组合工艺可有效去除废气中的 HCN (Ye 等，2013)。中国正在建设一座全规模的使用水辐射装置的水厂。

6.5.4 基于辐射的高级氧化工艺的工业规模装置

6.5.4.1 俄罗斯沃罗涅日电子束-生物过滤废水处理设施

据报道，俄罗斯沃罗涅日橡胶厂是首个全规模应用该设施处理废水的工厂，处理水量为每日 2000 m^3 (Pikaev，2001；IAEA，2007)。异丁基萘磺酸钠在合成橡胶的生产中用作乳化剂。在橡胶厂附近，这种表面活性剂严重污染了地下水。结果发现，应用电子束/生物处理组合方法可以成功地净化异丁基萘磺酸钠废水。该工厂配备了两条 50kW 加速器的生产线，将废水中存在的不可生物降解的乳化剂转化为可生物降解的形式。在浓度为1×10^{-3}mol/L 时矿化异丁基萘磺酸钠所需的剂量为 300kGy。然而，仅需去除烷基或磺酸盐基团以使分子更容易生物降解。

6.5.4.2 韩国大邱电子束-生物过滤废水处理设施

另一个全规模应用是辐照和生物处理的组合工艺处理纺织印染废水。最初的实验室调查表明，电子束处理纺织印染废水非常具有前景。这些研究表明，剂量为 1～2kGy 就会导致有机污染物变色和破坏。在流通系统 (图 6-32) 中进行实验室规模试验后，1998 年在大邱印染工业园区建立了一个中试装置 (产量 1000m^3/d)，用电子束和生物处理的组合工艺处理大邱印染工业园区的工业纺织印染废水 (大邱，韩国) (Han 等，2002，2005a，2005b，2012；Makarov 等，2004)。该工厂已显著减少了化学废水处理步骤中化学品的使用，也缩短了生物处理中的停留时间，同时提高了 COD 和 BOD 的去除效率。根据从中试装置运营获得的数据，在 2005 年建成了一个工业规模的设施。该设施位于现有废水处理设施的区域，其处理容量为每天 10000m^3 废水。该设施使用 1MeV、400kW 加速器运行，辐射预处理与现有生物处理设施相结合。该设施为该技术运行的可靠性和详细经济评估提供了更多的数据。该设施的总建设成本为 400 万美元，运营成本每年不超过 100 万美元，每立方米废水约 0.3 美元 (Han 等，2012)。

6.5.5 经济性

基于电子束的水处理的经济性取决于许多因素，在工业应用之前，需要进行详细的评估。技术成本评估可在文献中找到 (Gehringer，2004；IAEA，2007；Emmi 和 Takács，2008；Han，2009)。总成本取决于加速器特性、类型和尺寸、电压和功率以及电力成本。能量利用效率直接受工艺特性、加速器结构和电子束应用的影响。它可以通过电子能量、射束电流和辐照材料特性之间的适当关系来实现优化。另一方面，成本在很大程度上取决于废水的体积和特性 (微生物污染、化学成分、COD、BOD、毒性)、处理目的 (消毒、脱色、矿化) 以及处理的其他步骤技术 (与生物、化学方法相结合)。所有这些参数都对辐射剂量要求有影响。

如第6.2.2节所述，工业水处理应用需要1～5MeV的电子能量。在中试装置和全规模操作中，吸收剂量从0.2kGy到2kGy不等。表6-4显示了两个1MeV（功率100kW和400kW）和一个2.5MeV（功率100kW）加速器的预估安装和维护成本。

EB加速器的成本评估（由韩国大邱EB-Tech公司的Bumsoo Han博士提供）　表6-4

项目		数值			备注
能量（最大值）（MeV）		1.0	1.0	2.5	
功率（最大）（kW）		100	400	100	
投资成本（kUSD）	加速器	880	2000	960	
	盾库	400	700	400	当地费用
	处理系统	200	300	200	反应器
	许可等	100	100	100	
	总价	1580	3100	1660	
维护成本（kUSD）	电子枪、钛箔	2.5	3.0	2.5	1～2年
	离子泵	2.5×2	2.5×6	2.5×2	2～3年
	其他	2.0	2.0	2.0	每年
	每年	9.5	20.0	9.5	

注：USD为美元。

上述资本成本不包括土地和建筑相关成本。在维护成本中，最昂贵的部分是电子枪和钛箔（更换成本为每年2500～3000美元，或每两年换一次）。钛箔用作加速器窗口，电子穿过加速器窗口离开高真空进入空气。表6-5显示了该技术在水处理中的成本预估。

处理成本评估（由韩国大邱EB-Tech公司的Bumsoo Han博士提供）　表6-5

项目	数值			备注
能量（最大值）（MeV）	1.0	1.0	2.5	
功率（最大）（kW）	100	400	100	
固定成本（kUSD）	150	160	160	
可变成本（kUSD）（8000h/年）	125	345	125	
理论处理量（m^3/d）	3600	15000	3600	1kGy
	360	1500	360	10kGy
	150	600	150	25kGy
处理成本（可变成本）（美元/m^3）	0.1	0.07	0.1	1kGy
	1.0	0.72	1.0	10kGy
	2.6	1.8	2.6	25kGy
处理成本（总成本）（美元/m^3）	0.23	0.11	0.24	1kGy
	2.3	1.1	2.4	10kGy
	5.7	2.6	5.9	25kGy

注：USD为美元。

固定成本不依赖于主要设施的处理量。它们与投资成本和管理费用有关。设备成本是较常见的固定费用，包括加速器、租赁或购买土地在内，其他固定费用是员工医疗保健、责任保险、环境成本、研发、税收等。

此外，还应包括运行设施产生的可变支出以及材料、公用事业和人工成本等费用。电子束操作中的公用事业成本主要是电力。由于在加速器的水冷系统中通常应用闭环，因此耗水量相对较低。需要注意劳动力成本和电力成本因国家而异，能耗正在成为任何成本分析的重要组成部分之一。

成本是功率的函数（图 6-33），但能源对成本有很大的影响，如表 6-4 和表 6-5 所示。1MeV、400kW 的加速器的投资和维护成本比 1MeV、100kW 的加速器高约 2 倍，由此可见成本随功率增加适度增加。400kW 加速器的处理成本（美元/m^3）是最低的。对于不同的处理量，以每单位辐照水量计算的可变费用不是恒定的。对于工业规模处理（大容量）每天处理量为 15000m^3，高功率加速器似乎是最经济的，1kGy 剂量的成本低至 0.11 美元/m^3，由于较低的剂量会增加流量并因此降低处理成本，因此，此处给出的每立方米的成本是估计的最大值。

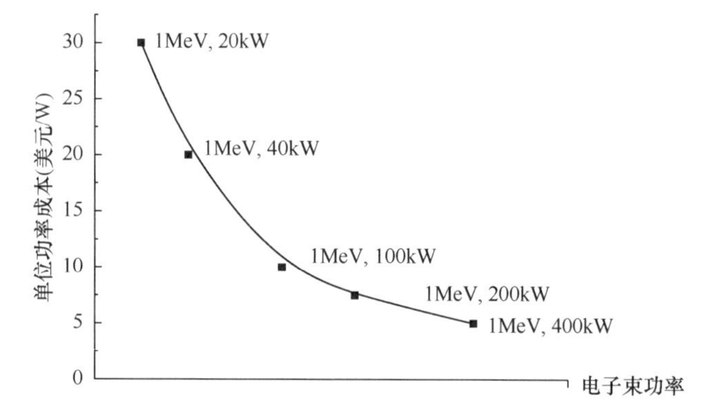

图 6-33 具有不同功率的 1MeV 电子加速器的单位功率成本

（由韩国大邱 EB-Tech 公司的 Bumsoo Han 博士提供）

6.6 结论

自 20 世纪 70 年代以来，辐射处理已经成为水/废水处理等环境保护领域最有前景的工艺之一。市场上已有几百千瓦功率的加速器，其中一些已被证明能在烟气或废水处理、聚合物加工和消毒中长期可靠地运行。在某些情况下，辐射技术是唯一且独特的处理方式。

在稀溶液中，辐射能量主要被溶剂即水吸收，水辐射分解活性中间体（羟基自由基、水合电子、氢原子）引起溶质的降解。直接影响可以忽略不计。还原中间体（e_{aq}^-、$H^{\cdot}$）的产率几乎等于在纯脱氧水中的氧化中间体［$^{\cdot}OH$、过氧化氢（次要产物）］的产率。在空气饱和水中，如果溶质浓度低于 10^{-4}mol/L，则 e_{aq}^-和 $H^{\cdot}$ 与溶解的氧气反应时主要转化为活性较低的$O_2^{\cdot-}$/$HO_2^{\cdot}$对。在使用电离辐射的水处理中，化学反应主要由$^{\cdot}OH$引发。然而，在高溶质浓度下，并且施加非常高剂量的电子束辐射时，会发生相当大的氧气消耗，在这种情况下，e_{aq}^-反应可能对整体污染物降解有显著贡献。

在过去的几十年中，人们对水溶液中许多有害化合物的放射性降解进行了深入的研究。现在已经很好地理解了基本的辐射化学以及在某些情况下化学反应的细节。研究涉及初始化合物的衰变，科学家经常跟踪研究化合物的命运，直到完全转化为水、二氧化碳和其他无机物质（矿化）。许多研究也会补充毒性测量数据。

在实际废水中，不同溶液成分与活性水辐射分解中间体之间的反应总是存在竞争。完全矿化所需的剂量比脱色所需的剂量高5～10倍。然而，通常脱色增加了可生物降解性，因此仅通过辐射对化学结构进行小的改性（例如脱氯）就可以改善其可生物降解性。在生物测定实验中，有时在降解开始时辐射溶液的毒性比初始溶液的毒性更高。这是由于降解产物的毒性高于初始分子的毒性。在使用充气净化水进行的实验过程中形成的H_2O_2也有助于增加毒性。在真正的废水实验中，H_2O_2有助于消毒，并且预计它会在类芬顿反应中迅速分解。

对于内分泌干扰物、药物、农药、有机染料和二磺酸来说，辐射化学的主要过程是在芳环上加入羟基。当存在溶解的氧气时，羟基加合物羟基环己二烯基通常与溶解的氧气分子快速反应，形成过氧自由基。开环反应和接下来的矿化可以通过过氧自由基的反应进行。溶解的氧气通常会提高脱色速率和矿化速率。当有机基团不与溶解的氧气反应时，氧化速率很低。

经过多次实验室试验后，该技术在中试和生产规模水平上进行了应用。中试装置用于处理被异丁基萘磺酸钠（二丁基萘磺酸钠）、氯化烃、内分泌干扰物、氰化物或偶氮染料污染的水。工业装置用于处理含有二丁基萘磺酸钠的废水和印染废水。

辐射处理的优点是不需要添加剂（催化剂），不需要加热并且不产生二次废物。系统中的能量吸收与浊度、温度和聚集状态无关。从电能到加速电子能量的能量转换效率高达80%。每天可以处理高达10万m^3的废水。辐射技术可以适应现有的技术路线，制作自动化系统很容易。中试和工业应用也证明了其与其他高级氧化工艺的经济竞争力。在污水处理厂中应用辐射处理作为末端处理技术，可以在去除残留的有害有机污染物的同时进行消毒。剂量为1kGy的辐射处理技术的费用预估为0.1～0.2美元/m^3。

6.7　致谢

感谢Stephen Mezyk教授的建议。感谢国际原子能机构（合同编号16485）和OTKA（匈牙利科学基金会，NK 105802）的经济支持。

6.8 参考文献

Alam M. S., Rao B. S. M. and Janata E. (2001). A pulse radiolysis study of H atom reactions with aliphatic alcohols: evaluation of kinetics by direct optical absorption measurement. *Physical Chemistry Chemical Physics*, **3**, 2622–2624.

Albarran G. and Schuler R. H. (2003). Concerted effects in the reaction of ·OH radicals with aromatics: radiolytic oxidation of salicylic acid. *Radiation Physics and Chemistry*, **67**, 279–285.

Albarran G. and Schuler R. H. (2007). Hydroxyl radical as a probe of the charge distribution in aromatics: phenol. *The Journal of Physical Chemistry A*, **111**, 2507–2510.

Al-Sheikhly M., Silverman J., Neta P. and Karam L. (1997). Mechanisms of ionizing radiation-induced destruction of 2,6-dichlorobiphenyl in aqueous solutions. *Environmental Science and Technology*, **31**, 2473–2477.

Amphlett C. B., Adams G. E. and Michael B. D. (1968). Pulse radiolysis studies of deaerated aqueous salicylate solutions. In: Radiation Chemistry, Advances in Chemistry, E. J. Hart (ed.) American Chemical Society, Washington, DC, USA, pp. 231–250.

Andreozzi R., Caprio V., Ciniglia C., De Champdoré M., Guidice R. L., Marotta R. and Zuccato E. (2004). Antibiotics in the environment: occurrence in Italian STPs, fate, and preliminary assessment on algal toxicity of amoxicillin. *Environmental Science and Technology*, **38**, 6832–6838.

Angelini G., Bucci R., Carnevaletti F. and Colosimo M. (2000). Radiolytic decomposition of aqueous atrazine. *Radiation Physics and Chemistry*, **59**, 303–307.

Ashton L., Buxton G. V. and Stuart C. R. (1995). Temperature dependence of the rate of reaction of OH with some aromatic compounds in aqueous solution. Evidence for the formation of a π-complex intermediate? *Journal of the Chemical Society, Faraday Transactions*, **91**, 1631–1633.

Asmus K.-D., Bahnemann D., Bonifacic M. and Gillis H. A. (1977). Free radical oxidation of organic sulphur compounds in aqueous solution. *Faraday Discussions of the Chemical Society*, **63**, 213–225.

Ayatollahi S., Kalnina D., Song W., Turks M. and Cooper W. J. (2013). Radiation chemistry of salicylic and methyl substituted salicylic acids: models for the radiation chemistry of pharmaceutical compounds. *Radiation Physics and Chemistry*, **92**, 93–98.

Bagyo A. N. M., Andayani W. and Surtipanti S. (1998). Radiation-induced degradation and decoloration of disperse dyes in water. In: Environmental Applications of Ionizing Radiation, W. J. Cooper, R. D. Curry and K. E. O'Shea (eds), John Wiley & Sons, New York, USA, pp. 507–520.

Basfar A. A., Mohamed K. A., Al-Abduly A. J. and Al-Shahrani A. A. (2009). Radiolytic degradation of atrazine aqueous solution containing humic substances. *Ecotoxicology and Environmental Safety*, **72**, 948–953.

Baxendale J. H. and Busi F. (eds) (1982). The Study of Fast Processes and Transient Species by Electron Pulse Radiolysis, NATO Advanced Study Institutes Series. D. Reidel Publishing Company, Dordrecht, Netherlands.

Bielski B. H., Cabelli D. E., Arudi R. L. and Ross A. B. (1985). Reactivity of HO_2/O_2^- radicals in aqueous solution. *Journal of Physical and Chemical Reference Data*, **14**, 1041–1100.

Bisby R. H. and Tabassum N. (1988). Properties of the radicals formed by one-electron oxidation of acetaminophen – a pulse radiolysis study. *Biochemical Pharmacology*, **37**, 2731–2738.

Bojanowska-Czajka A., Drzewicz P., Kozyra C., Nałęcz-Jawecki G., Sawicki J., Szostek B. and Trojanowicz M. (2006). Radiolytic degradation of herbicide 4-chloro-2-methyl phenoxyacetic acid (MCPA) by γ-radiation for environmental protection. *Ecotoxicology and Environmental Safety*, **65**, 265–277.

Bonifacic M. and Asmus K.-D. (1980). Stabilization of oxidized sulphur centres by halide ions. Formation and properties of $R_2S\therefore X$ radicals in aqueous solutions. *Journal of the Chemical Society, Perkin Transaction* 2, 758–762.

Borsarelli C. D., Braslavsky S. E., Sortino S., Marconi G. and Monti S. (2000). Photodecarboxylation of ketoprofen in aqueous solution. A time resolved laser-induced optoacoustic study. *Photochemistry and Photobiology*, **72**, 163–171.

Brede O., Helmstreit W. and Mehnert R. (1975). Pulsradiolyse von Benzophenon in wäßriger Lösung (Pulse radiolysis of benzophenone in aqueous solution). *Zeitschrift für Physikalische Chemie*, **256**, 513–521.

Bucholtz D. L. and Lavy T. L. (1977). Effects of ^{60}Co radiation on herbicides in aqueous solution. *Weed Science*, **25**, 200–202.

Buxton G. V. (1982). Basic radiation chemistry of liquid water. In: The Study of Fast Processes and Transient Species by Electron Pulse Radiolysis, NATO Advanced Study Institutes Series, J. H. Baxendale and F. Busi (eds), D. Reidel Publishing Company, Dordrecht, Netherlands, pp. 241–266.

Buxton G. V. (1987). Radiation chemistry of the liquid state: (1) water and homogeneous aqueous solutions. In: Radiation Chemistry, Principles and Applications, Farhataziz and M. A. J. Rodgers (eds), VHC Publishers, New York, USA, pp. 321–349.

Buxton G. V. (2001). High temperature water radiolysis. In: Radiation Chemistry: Present Status and Future Trends, Studies in Physical and Theoretical Chemistry 87, C. D. Jonah and B. S. M. Rao (eds), Elsevier, Amsterdam, Netherlands, pp. 145–162.

Buxton G. V., Greenstock C. L., Helman W. P. and Ross A. B. (1988). Critical review of rate constants for reactions of hydrated electrons, hydrogen atoms and hydroxyl radicals ($^{\bullet}OH/^{\bullet}O^-$) in aqueous solution. *Journal of Physical and Chemical Reference Data*, **17**, 513–886. An extended database is available on the internet: http://kinetics.nist.gov/solution/.

Chung B. Y., Kim J.-S., Lee M. H., Lee K. S., Hwang S. A. and Cho J. Y. (2009). Degradation of ampicillin in pig manure slurry and an aqueous ampicillin solution using electron beam irradiation. *Radiation Physics and Chemistry*, **78**, 711–713.

Cooper W. J. and Tornatore P. M. (1999). Destruction of MTBE in Contaminated Groundwater Using Electron Beam Injection. ACS Proceeding, Anaheim, California.

Cooper W. J., Curry R. D. and O'Shea K. E. (eds) (1998). Environmental Applications of Ionizing Radiation. John Wiley & Sons, New York, USA.

Cooper W. J., Gehringer P., Pikaev A. K., Kurucz C. N. and Mincher B. J. (2004). Radiation processes. In: Advanced Oxidation Processes for Water and Wastewater Treatment, S. Parsons (ed), IWA Publishing, London, UK, pp. 209–245.

Cooper W. J., Cramer C. J., Martin N. H., Mezyk S. P., O'Shea K. E. and Sonntag C. (2009). Free radical mechanisms for the treatment of methyl tert-butyl ether (MTBE) via advanced oxidation/reductive processes in aqueous solutions. *Chemical Reviews*, **109**, 1302–1345.

Criquet J. and Karpel Vel Leitner N. (2011). Electron beam irradiation of aqueous solution of persulfate ions. *Chemical Engineering Journal*, **169**, 258–262.

Criquet J. and Karpel Vel Leitner N. (2012). Electron beam irradiation of citric acid aqueous solutions containing persulfate. *Separation and Purification Technology*, **88**, 168–173.

Criquet J. and Karpel Vel Leitner N. (2015). Reaction pathway of the degradation of the *p*-hydroxybenzoic acid by sulfate radical generated by ionizing radiations. *Radiation Physics and Chemistry*, **106**, 307–314.

Csay T., Rácz G., Takács E. and Wojnárovits L. (2012). Radiation induced degradation of pharmaceutical residues in water: chloramphenicol. *Radiation Physics and Chemistry*, **81**, 1489–1494.

Csay T., Homlok R., Illés E., Takács E. and Wojnárovits L. (2014). The chemical background of advanced oxidation processes. *Israel Journal of Chemistry*, **54**, 233–241.

Dail M. K. and Mezyk S. P. (2010). Hydroxyl-radical-induced degradative oxidation of β-lactam antibiotics in water: absolute rate constant measurements. *The Journal of Physical Chemistry A*, **114**, 8391–8395.

Das T. N. (2005). Oxidation of phenol in aqueous acid: characterization and reactions of radical cations vis-à-vis the phenoxyl radical. *The Journal of Physical Chemistry A*, **109**, 3344–3351.

De la Cruz N., Giménez J., Esplugas S., Grandjean D., de Alencastro L.F. and Pulgarin C. (2012). Degradation of 32 emergent contaminants by UV and neutral photo-Fenton in domestic wastewater effluent previously treated by activated sludge. *Water Research*, **46**, 1947–1957.

Dodd M. C., Buffle M.-O. and von Gunten U. (2006). Oxidation of antibacterial molecules by aqueous ozone: moiety-specific reaction kinetics and application to ozone-based wastewater treatment. *Environmental Science and Technology*, **40**, 1969–1977.

Dodd M. C., Rentsch D., Singer H. P., Kohler H.-P. E. and von Gunten U. (2010). Transformation of β-lactam antibacterial agents during aqueous ozonation: reaction pathways and quantitative bioassay of biologically-active oxidation products. *Environmental Science and Technology*, **44**, 5940–5948.

Drzewicz P., Trojanowicz M., Zona R., Solar S. and Gehringer P. (2004). Decomposition of 2,4-dichlorophenoxyacetic acid by ozonation, ionizing radiation as well as ozonation combined with ionizing radiation. *Radiation Physics and Chemistry*, **69**, 281–287.

European Centre for Disease Prevention and Control (2014). Surveillance of Antimicrobial Consumption in Europe 2012. ECDC, Stockholm, Sweden.

Emmi S. S. and Takács E. (2008). Water remediation by the electron-beam treatment. In: Radiation Chemistry – From Basics to Applications in Material and Life Sciences, M. Spotheim-Maurizot, M. Mostafavi, T. Douki and J. Belloni (eds), EDP Sciences, Paris, France, pp. 79–95.

Fang G.-D., Dionysiou D. D., Al-Abed S. R., Zhou D.-M. (2013). Superoxide radical driving the activation of persulfate by magnetite nanoparticles: implications for the degradation of PCBs. *Applied Catalysis B: Environmental*, **129**, 325–332.

Fang X., Pan X., Rahmann A., Schuchmann H.-P. and von Sonntag C. (1995). Reversibility in the reaction of cyclohexadienyl radicals with oxygen in aqueous solution. *Chemistry - A European Journal*, **1**, 423–429.

Fischbacher A., von Sonntag J., von Sonntag C. and Schmidt T. C. (2013). The •OH radical yield in the $H_2O_2 + O_3$ (peroxone) reaction. *Environmental Science and Technology*, **47**, 9959–9964.

Gajda-Schrantz K., Arany E., Illés E., Szabó E., Pap Zs., Takács E. and Wojnárovits L. (2013). Advanced oxidation processes for ibuprofen removal and ecotoxicological risk assessment of degradation intermediates. In: Ibuprofen: Clinical Pharmacology, Medical Uses and Adverse Effects, W. C. Carter and B. R. Brown (eds), Nova Science Publishers, New York, USA, pp. 152–232.

Gehringer G., Eschweiler H., Szinovatz W., Fiedler H., Steiner R. and Sonneck G. (1993). Radiation-induced OH radical generation and its use for groundwater remediation. *Radiation Physics and Chemistry*, **42**, 711–714.

Gehringer P. (2004). Technical and economical aspects of radiation technology for wastewater treatment applications in industrial scale. In: IAEA-TECDOC-1407, Status of Industrial Scale Radiation Treatment of Wastewater and its Future, International Atomic Energy Agency, Vienna, Austria, 2003, pp. 19–27.

Gehringer P., Eschweiler H., Leth H., Pribil W., Pfleger S., Cabaj A., Haider T. and Sommer R. (2003). Bacteriophages as viral indicators for radiation processing of water: a chemical approach. *Applied Radiation and Isotopes*, **58**, 651–656.

Gehringer P., Eschweiler H., Weiss S. and Reemtsma T. (2006). Decomposition of aqueous naphthalene-1,5-disulfonic acid by means of oxidation processes. *Ozone: Science and Engineering*, **28**, 437–443.

Gehringer P., Eschweiler H., Weiss S. and Reemtsma T. (2008). Effluent polishing by means of advanced oxidation. In: IAEA-TECDOC-1598, Irradiation Treatment of Polluted Water and Wastewater, International Atomic Energy Agency, Vienna, Austria, 2006, pp. 15–26.

Getoff N. (1997). Peroxyl radicals in the treatment of waste solutions. In: Peroxyl Radicals, Z.B. Alfassi (ed.), John Wiley & Sons, New York, USA, pp. 483–506.

Gogolev A. V., Kabakchi S. A. and Pikaev A. K. (1992). Pulse radiolysis of aqueous solutions of Nekal. *Khimiya Vysokikh Energii*, **25**, 531–535.

Gunatilleka A. D. and Poole C. F. (1999). Models for estimating the non-specific aquatic toxicity of organic compounds. *Analytical Communications*, **36**, 235–242.

Guo Z., Zhou F., Zhao Y., Zhang C., Liu F., Bao C. and Lin M. (2012). Gamma irradiation-induced sulfadiazine degradation and its removal mechanisms. *Chemical Engineering Journal*, **191**, 256–262.

Gültekin I. and Ince N. H. (2007). Synthetic endocrine disruptors in the environment and water remediation by advanced oxidation processes. *Journal of Environmental Management*, **85**, 816–832.

Han B. (2009). Electron beam for environmental conversion. International topical meeting on nuclear research application and utilization of accelerators. Vienna, Austria, 4–8 May 2009. http://www-pub.iaea.org/MTCD/publications/PDF/P1433_CD/datasets/presentations/SM-EB-23.pdf.

Han B., Ko J., Kim J., Kim Y., Chung W., Makarov I. E., Ponomarev A. V. and Pikaev A. K. (2002). Combined electron-beam and biological treatment of dyeing complex wastewater. Pilot plant experiments. *Radiation Physics and Chemistry*, **64**, 53–59.

Han B., Kim J. K., Kim Y. R., Makarov I. E. and Ponomarev A. V. (2005a). Electron beam treatment of textile dying wastewater: operation of pilot plant and industrial plant construction. In: IAEA-TECDOC-1473, Radiation Treatment of Gaseous and Liquid Effluents for Contaminant Removal, International Atomic Energy Agency, Vienna, Austria, pp. 101–110.

Han B., Kim J., Kim Y., Choi J. S. and Makarov I. E. (2005b). Electron beam treatment of textile dyeing wastewater: operation of pilot plant and industrial plant construction. *Water Science and Technology*, **52**, 317–324.

Han B., Kim J. K., Kim Y., Choi J. S. and Jeong K. Y. (2012). Operation of industrial-scale electron beam wastewater treatment plant. *Radiation Physics and Chemistry*, **81**, 1475–1478.

Hasegawa K. and Neta P. (1978). Rate constants and mechanism of reaction of $Cl_2^{\bullet-}$ radicals. *The Journal of Physical Chemistry*, **82**, 854–857.

Hashimoto S., Miyata T., Suzuki N. and Kawakami W. (1979). Decoloration and degradation of an anthraquinone dye aqueous solution in flow system using an electron accelerator. *Radiation Physics and Chemistry*, **13**, 107–113.

Hashimoto S., Miyata T. and Kawakami W. (1980). Radiation-induced decomposition of phenol in flow system. *Radiation Physics and Chemistry*, **16**, 59–65.

Hihara T., Okada Y. and Morita Z. (2006). Photo-oxidation of pyrazolinylazo dyes and analysis of reactivity as azo and hydrazone tautomers using semiempirical molecular orbital PM5 method. *Dyes and Pigments*, **69**, 151–176.

Hiller K.-O., Masloch B., Göbl M. and Asmus K.-D. (1981). Mechanism of the ·OH radical induced oxidation of methionine in aqueous solution. *Journal of the American Chemical Society*, **103**, 2734–2743.

Hodgkins J. E. and Megarity E. D. (1965). Study of the benzyl free radical and substituted benzyl free radicals. *The Journal of Physical Chemistry*, **87**, 5322–5326.

Hoigné J. (1997). Inter-calibration of OH radical sources and water quality parameters. *Water Science and Technology*, **35**, 1–8.

Homlok R., Takács E. and Wojnárovits L. (2011). Elimination of diclofenac from water using irradiation technology. *Chemosphere*, **85**, 603–608.

Homlok R., Takács E. and Wojnárovits L. (2013). Degradation of organic molecules in advanced oxidation processes: relation between chemical structure and degradability. *Chemosphere*, **91**, 383–389.

Hoy A. R. and Bolton J. R. (1994). Determination of rate constants for reactive intermediates in the aqueous photodegradation of pollutants using a spin-trap/EPR method. In: Aquatic and Surface Photochemistry, G. R. Helz, R. G. Zepp and D. G. Crosby (eds), CRC Press, Boca Raton, USA, pp. 491–498.

Hu J.-Y. and Aizawa T. (2003). Quantitative structure-activity relationships for estrogen receptor binding affinity of phenolic chemicals. *Water Research*, **37**, 1213–1222.

Huie R. E., Clifton C. L. and Neta P. (1991). Electron transfer reaction rates and equilibria of the carbonate and sulfate radical anions. *Radiation Physics and Chemistry*, **38**, 477–481.

IAEA (2007). Radiation Processing, Environmental Applications (2007). International Atomic Energy Agency, Vienna, Austria.

Iqbal M. and Bhatti I.A. (2015). Gamma radiation/H_2O_2 treatment of a nonylphenol ethoxylates: degradation, cytotoxicity, and mutagenicity evaluation. *Journal of Hazardous Materials*, **299**, 351–360.

Illés E., Takács E., Dombi A., Gajda-Schrantz K., Gonter K. and Wojnárovits L. (2012). Radiation induced degradation of ketoprofen in dilute aqueous solution. *Radiation Physics and Chemistry*, **81**, 1479–1483.

Illés E., Takács E., Dombi A., Gajda-Schrantz K., Rácz G., Gonter K. and Wojnárovits L. (2013). Hydroxyl radical induced degradation of ibuprofen. *Science of the Total Environment*, **447**, 286–292.

Jankowska A., Biesaga M., Drzewicz P., Trojanowicz M. and Pyrzynska K. (2004). Chromatographic separation of chlorophenoxy acid herbicides and their radiolytic degradation products in water samples. *Water Research*, **38**, 3259–3264.

Janos P. (2009). Non-conventional sorbents for the dye removal from waters: mechanism and selected applications. In: Dyes and Pigments: New Research, A. R. Lang (ed.), Nova Science Publishers, New York, USA, pp. 201–224.

Johnston L. J., Mathivanan N., Negri F., Siebrand W. and Zerbetto F. (1993). Assignment and vibrational analysis of the 600 nm absorption band in the phenoxyl radical and some of its derivatives. *Canadian Journal of Chemistry*, **71**, 1655–1662.

Jones K. G. (2007). Applications of radiation chemistry to understand the fate and transport of emerging pollutants of concern in coastal waters. PhD thesis, North Caroline State University, Raleigh, North Carolina, USA.

Kapoor S. and Varshney L. (1997). Redox reactions of chloramphenicol and some aryl peroxyl radicals in aqueous solutions: a pulse radiolytic study. *The Journal of Physical Chemistry A*, **101**, 7778–7782.

Karlesa A., De Vera G. A. D., Dodd M. C., Park J., Espino M. P. B. and Lee Y. (2014). Ferrate(VI) oxidation of β-lactam antibiotics: reaction kinetics, antibacterial activity changes, and transformation products. *Environmental Science and Technology*, **48**, 10380–10389.

Karpel Vel Leitner N., Berger P. and Gehringer P. (1999). γ-irradiation for the removal of atrazine in aqueous solution containing humic substances. *Radiation Physics and Chemistry*, **55**, 317–322.

Keen O. S., McKay G., Mezyk S. P., Linden K. G. and Rosario-Ortiz F. L. (2014). Identifying the factors that influence the reactivity of effluent organic matter with hydroxyl radicals. *Water Research*, **50**, 408–419.

Khan J. K., Shah N. S., Nawaz S., Ismail M., Rehman, F. and Khan H. M. (2015). Role of e_{aq}^-, ·OH and H· in radiolytic degradation of atrazine: a kinetic and mechanistic approach. *Journal of Hazardous Materials*, **288**, 147–157.

Kim H. Y., Yu S. H., Lee M. J., Kim T.-H. and Kim S. D. (2009). Radiolysis of selected antibiotics and their toxic effects on various aquatic organisms. *Radiation Physics and Chemistry*, **78**, 267–272.

Kim T.-H., Lee J.-K. and Lee M.-J. (2007). Biodegradability enhancement of textile wastewater by electron beam irradiation. *Radiation Physics and Chemistry*, **76**, 1037–1041.

Kim T.-H., Kim S. D., Kim H. Y., Lim S. J., Lee M. and Yu S. (2012). Degradation and toxicity assessment of sulfamethoxazole and chlortetracycline using electron beam, ozone and UV. *Journal of Hazardous Materials*, **227–228**, 237–242.

Kimura A., Taguchi M., Arai H., Hiratsuka H., Namba H. and Kojima T. (2004). Radiation-induced decomposition of trace amounts of 17β-estradiol in water. *Radiation Physics and Chemistry*, **69**, 295–301.

Kimura A., Taguchi M., Ohtani Y., Takigami M., Shimada Y., Kojima T., Hiratsuka H. and Namba H. (2006). Decomposition of *p*-nonylphenols in water and elimination of their estrogen activities by ^{60}Co γ-ray irradiation. *Radiation Physics and Chemistry*, **75**, 61–69.

Kimura A., Taguchi M., Ohtani Y., Shimada Y., Hiratsuka H. and Kojima T. (2007). Treatment of wastewater having estrogen activity by ionizing radiation. *Radiation Physics and Chemistry*, **76**, 699–706.

Kimura A., Osawa M. and Taguchi M. (2012). Decomposition of persistent pharmaceuticals in wastewater by ionizing radiation. *Radiation Physics and Chemistry*, **81**, 1508–1512.

Kishore K. and Mukherjee T. (2006). A pulse radiolysis study of salicylic acid and 5-sulpho-salicylic acid in aqueous solutions. *Radiation Physics and Chemistry*, **75**, 14–19.

Knepper T. P., Barcelo D., Lindner K., Seel P., Reemtsma T., Ventura F., De Wever H., Van der Voet E., Gehringer P. and Schönerklee M. (2004). Removal of persistent polar pollutants through improved treatment of wastewater effluents (P-THREE). *Water Science and Technology*, **50**, 195–202.

Kosaka K., Yamada H., Tsuno H., Shimizu Y. and Matsumi S. (2003). Reaction rate constants of di-*n*-butyl phthalate and 17β-estradiol with ozone and hydroxyl radical. *Journal of Japan Society on Water Environment*, **26**, 215–221.

Kovács K., Mile V., Csay T., Takács E. and Wojnárovits L. (2014). Hydroxyl radical-induced degradation of fenuron in pulse and gamma radiolysis: kinetics and product analysis. *Environmental Science and Pollution Research*, **21**, 12693–12700.

Kovács K., He S., Mile V., Csay T., Takács E. and Wojnárovits L. (2015). Ionizing radiation induced degradation of diuron in dilute aqueous solution. *Chemistry Central Journal*, **9**, doi: 10.1186/s13065-015-0097-0, Open access.

Kozmér Z., Arany E., Alapi T., Takács E., Wojnárovits L. and Dombi A. (2014). Determination of the rate constant of hydroperoxyl radical reaction with phenol. *Radiation Physics and Chemistry*, **102**, 135–138.

Lee M.-J. and Yoo D.-H. (2004). Gamma rays treatment of groundwater polluted by TCE and PCE. In: IAEA-TECDOC-1407, Status of Industrial Scale Radiation Treatment of Wastewater and its Future, International Atomic Energy Agency, Vienna, Austria, 2003, pp. 81–86.

Lichtscheidl J. and Getoff N. (1979). Pulsradiolytische Untersuchungen der Reaktion des e_{aq}^- mit halogenierten aromatischen Verbindungen (Pulse radiolysis investigations on the reaction of e_{aq}^- with halogenated aromatic compounds). *Monatshefte für Chemie*, **110**, 1357–1375.

Liu S.-Y., Chen Y.-P. and Yu H.-Q. (2004). Degradation pathways of acetochlor by γ-radiolysis. *Chemistry Letters*, **33**, 1164–1165.

Liu S.-Y., Chen Y.-P., Yu H.-Q. and Zhang S.-J. (2005). Kinetics and mechanism of radiation-induced degradation of acetochlor. *Chemosphere*, **59**, 13–19.

Liu Q., Luo X., Zheng Z., Zheng B., Zhang J., Zhao Y., Yang X., Wang J. and Wang L. (2011). Factors that have effect on degradation of diclofenac in aqueous solutions by gamma ray irradiation. *Environmental Science and Pollution Research*, **18**, 1243–1252.

Liu Y. and Wang J. (2013). Degradation of sulfamethazine by gamma irradiation in the presence of hydrogen peroxide. *Journal of Hazardous Materials*, **250–251**, 99–105.

Liu Y., Hu J. and Wang J. (2014). Fe^{2+} enhancing sulfamethazine degradation in aqueous solution by gamma irradiation. *Radiation Physics and Chemistry*, **96**, 81–87.

Lutze H. (2013). Sulfate radical based oxidation in water treatment. Dissertation Dr. rer. nat., Universität Duisburg, Essen, Germany.

Madden K. P. and Mezyk S. P. (2011). Critical review of aqueous solution reaction rate constants for hydrogen atoms. *Journal of Physical and Chemical Reference Data*, **40**, 1–43.

Makarov I. E., Ponomarev A. V. and Han B. (2004). Demonstration plant for electron-beam treatment of Taegu dye industrial complex wastewater. In: IAEA-TECDOC-1386, Emerging Applications of Radiation Processing, International Atomic Energy Agency, Vienna, Austria, pp. 138–152.

Mazellier P. and Sulzberger B. (2001). Diuron degradation in irradiated, heterogeneous iron/oxalate systems: the rate determining step. *Environmetnal Science and Technology*, **35**, 3314–3320.

McLaughlin W. L., Boyd A. W., Chadwick K. H., McDonald J. C. and Miller A. (1989). Dosimetry for Radiation Processing. Taylor and Francis, London, UK.

Merenyi G., Lind J., Naumov S. and von Sonntag C. (2010). Reaction of ozone with hydrogen peroxide (peroxone process): a revision of current mechanistic concepts based on thermokinetic and quantum-chemical considerations. *Environmental Science and Technology*, **44**, 3505–3507.

Mezyk S. P. and Otto S. C. (2013). Quantitative removal of β-lactam antibiotic activity by hydroxyl radical reaction in water: how much oxidation is enough? *Journal of Advanced Oxidation Technologies*, **16**, 117–122.

Mezyk S. P., Neubauer T. J., Cooper W. J. and Peller J. R. (2007). Free-radical-induced oxidative and reductive degradation of sulfa drugs in water: absolute kinetics and efficiencies of hydroxyl radical and hydrated electron reactions. *The Journal of Physical Chemistry A*, **111**, 9019–9024.

Mezyk S. P., Rickman K. A., Hirsch C. M., Dail M. K., Scheeler J. and Foust T. (2013). Advanced oxidation and reduction process radical generation in the laboratory and on a large scale: an overview. In: Monitoring Water Quality: Pollution Assessment, Analysis, and Remediation, S. Ahuja (ed.), Elsevier, Waltham, USA, pp. 227–248.

Michael I., Rizzo L., McArdell C. S., Manaia C. M., Merlin C., Schwartz T., Dagot C. and Fatta-Kassinos D. (2013). Urban wastewater treatment plants as hotspots for the release of antibiotics in the environment: a review. *Water Research*, **47**, 957–995.

Miyazaki T., Katsumura Y., Lin M., Muroya Y., Kudo H., Taguchi M., Asano M. and Yoshida M. (2006). Radiolysis of phenol in aqueous solution at elevated temperatures. *Radiation Physics and Chemistry*, **75**, 408–415.

Mohamed K. A., Basfar A. A. and Al-Shahrani A. A. (2009). Gamma-ray induced degradation of diazinon and atrazine in natural groundwaters. *Journal of Hazardous Materials*, **166**, 810–814.

Musa K. A. K., Matxain J. M. and Eriksson L. A. (2007). Mechanism of photoinduced decomposition of ketoprofen. *Journal of Medicinal Chemistry*, **50**, 1735–1743.

Mvula E., Schuchmann M. N. and von Sonntag C. (2001). Reactions of phenol-OH-adduct radicals. Phenoxyl radical formation by water elimination vs. oxidation by dioxygen. *Journal of the Chemical Society, Perkin Transactions* 2, 264–268.

Nagai T. and Suzuki N. (1976). The radiation-induced degradation of anthraquinone dyes in aqueous solution. *The International Journal of Applied Radiation and Isotopes*, **27**, 699–705.

Neta P., Huie R. E. and Ross A. B. (1988). Rate constants for reactions of inorganic radicals in aqueous solution. *Journal of Physical and Chemical Reference Data*, **17**, 1027–1284.

Nickelsen M. G., Kajdi D. C., Cooper W. J., Kurucz C. N., Waite T. D., Gensel F., Lorenzl H. and Sparka U. (1998). Field application of mobile 20-kW electron-beam treatment system on contaminated groundwater and industrial wastes. In: Environmental Applications of Ionizing Radiation, W. J. Cooper, R. D. Curry and K. E. O'Shea (eds), John Wiley & Sons, New York, USA, pp. 451–466.

Nickelsen M. G., Cooper W. J., Secker D. A., Rosoch L. A., Kurucz C. N. and Waite T. D. (2002). Kinetic modeling and simulation of PCE and TCE removal in aqueous solutions by electron-beam irradiation. *Radiation Physics and Chemistry*, **65**, 579–587.

Ning B., Graham N. J. D. and Zhang Y. (2007). Degradation of octylphenol and nonylphenol by ozone - Part II: Indirect reaction. *Chemosphere*, **68**, 1173–1179.

Orbán N., Boldizsár I. and Bóka K. (2009). Enhanced anthraquinone dye production in plant cell cultures of *Rubiaceae* species: emerging role of signalling pathways. In: Dyes and Pigments: New Research, A. R. Lang (ed.), Nova Science Publishers, New York, USA, pp. 403–420.

Otto S. C., Mezyk S. P. and Zimmerman K. D. (2015). Complete β-lactam antibiotic activity removal from wastewaters: hydroxyl radical-mediated oxidation efficiencies. In: Food, Energy, and Water: The Chemistry Connection, S. Ahuja (ed.), Elsevier, Amsterdam, Netherlands, pp. 113–128.

Oturan M. A., Edelahi M. C., Oturan N., El Kacemi K. and Aaron J.-J. (2010). Kinetics of oxidative degradation/mineralization pathways of the phenylurea herbicides diuron, monuron and fenuron in water during application of the electro-Fenton process. *Applied Catalysis B: Environmental*, **97**, 82–89.

Pálfi T., Takács E. and Wojnárovits L. (2007). Degradation of H-acid and its derivative in aqueous solution by ionising radiation. *Water Research*, **41**, 2533–2540.

Pálfi T., Wojnárovits L. and Takács E. (2011). Mechanism of azo dye degradation in Advanced Oxidation Processes: degradation of sulfanilic acid azochromotrop and its parent compounds in aqueous solution by ionizing radiation. *Radiation Physics and Chemistry*, **80**, 462–470.

Parker, V. D. (1992). Homolytic bond (H-A) dissociation free energies in solution. Application of the standard potential of the ($H^+/H^•$) couple. *Journal of the American Chemical Society*, **114**, 7458–7462.

Paul (Guin) J., Naik D. B., Bhardwaj Y. K. and Varshney L. (2014a). Studies on oxidative radiolysis of ibuprofen in presence of potassium persulfate. *Radiation Physics and Chemistry*, **100**, 38–44.

Paul (Guin) J., Naik D. B., Bhardwaj Y. K. and Varshney L. (2014b). An insight into the effective advanced oxidation process for treatment of simulated textile dye waste water. *RSC Advances*, **4**, 39941–39947.

Peller J. and Kamat P. V. (2005). Radiolytic transformations of chlorinated phenols and chlorinated phenoxyacetic acids. *The Journal of Physical Chemistry A*, **109**, 9528–9535.

Peller J., Wiest O. and Kamat P. V. (2001). Sonolysis of 2,4-dichlorophenoxyacetic acid in aqueous solutions. Evidence for •OH-radical-mediated degradation. *The Journal of Physical Chemistry A*, **105**, 3176–3181.

Peller J., Wiest O. and Kamat P. V. (2003). Mechanism of hydroxyl radical-induced breakdown of the herbicide 2,4-dichlorophenoxyacetic acid (2,4-D). *Chemistry - A European Journal*, **9**, 5379–5387.

Peller J., Wiest O. and Kamat P. V. (2004). Hydroxyl radical's role in the remediation of a common herbicide, 2,4-dichlorophenoxyacetic acid (2,4-D). *The Journal of Physical Chemistry A*, **108**, 10925–10933.

Peller J. R., Mezyk S. P. and Cooper W. J. (2009). Bisphenol A reactions with hydroxyl radicals: diverse pathways determined between deionized water and tertiary treated wastewater solutions. *Research on Chemical Intermediates*, **35**, 21–34.

Perkowski J. and Mayer J. (1989). Gamma radiolysis of anthraquinone dye aqueous solution. *Journal of Radioanalytical and Nuclear Chemistry*, **132**, 269–280.

Perkowski J., Gebicki J. L., Lubis R. and Mayer J. (1989). Pulse radiolysis of anthraquinone dye aqueous solution. *Radiation Physics and Chemistry*, **33**, 103–108.

Petrovic M., Gehringer P., Eschweiler H. and Barceló D. (2007). Radiolytic decomposition of multi-class surfactants and their biotransformation products in sewage treatment plant effluents. *Chemosphere*, **66**, 114–122.

Philips G. O., Power D. M., Robinson C. and Davies J. V. (1973a). Interactions of bovine serum albumin with penicillins and cephalosporins studied by pulse radiolysis. *Biochemica et Biophysica Acta*, **295**, 8–17.

Philips G. O., Power D. M. and Robinson C. (1973b). Chemical changes following γ-irradiation of benzylpenicillin in aqueous solution. *Journal of the Chemical Society, Perkin Transaction 2*, 575–582.

Pikaev A. K. (1998). Electron-beam purification of water and wastewater. In: Environmental Applications of Ionizing Radiation, W. J. Cooper, R. D. Curry and K. E. O'Shea (eds), John Wiley & Sons, New York, USA, pp. 495-506.

Pikaev A. K., Makarov I. E., Ponomarev A. V., Kim Y., Han B. and Kang H. J. (1997a). A combined electron-beam and coagulation method of purification of water from dyes. *Mendeleev Communications*, **7**, 176–177.

Pikaev A. K., Podzorova E. A. and Bakhtin O. M. (1997b). Combined electron-beam and ozone treatment of wastewater in the aerosol flow. *Radiation Physics and Chemistry*, **49**, 155–157.

Pikaev A. K. (2001). Application of pulse radiolysis and computer simulation for the study of the mechanism of radiation purification of polluted water. *Research on Chemical Intermediates*, **27**, 775–786.

Pikaev A. K., Podzorova E. A., Bakhtin O. M., Lysenko S. L. and Belyshev V. A. (2001). Electron beam technology for purification of municipal wastewater in the aerosol flow. In: IAEA-TECDOC-1225, Use of irradiation for chemical and microbial decontamination of water, wastewater and sludge, International Atomic Energy Agency, Vienna, Austria, 1999, pp. 45–55.

Podzorova E. A., Pikaev A. K., Belyshev V. A. and Lysenko S. L. (1998). New data on electron-beam treatment of municipal wastewater in aerosol flow. *Radiation Physics and Chemistry*, **52**, 361–364.

Pogocki D. and Bobrowski K. (2014). Oxidative degradation of thiaproline derivatives in aqueous solutions induced by •OH radicals. *Israel Journal of Chemistry*, **54**, 321–332.

Poster D. L., Chaychian M., Neta P., Huie R. E., Silverman J. and Al-Sheikhly M. (2003). Degradation of PCBs in a marine sediment treated with ionizing and UV radiation. *Environmental Science and Technology*, **37**, 3808–3815.

Rela P. R., Sampa M. H. O., Duarte C. L., Costa F. E. D. and Sciani V. (2000). Development of an up-flow irradiation device for electron beam wastewater treatment. *Radiation Physics and Chemistry*, **57**, 657–660.

Rela P. R., Sampa M. H. O., Duarte C. L., Costa F. E., Sciani V., Borrely S. I., Mori M. N., Somessari E. S. R. and Silveira C. G. (2008). The status of radiation process to treat industrial effluents in Brazil. In: IAEA-TECDOC-1598, Irradiation treatment of polluted water and wastewater, International Atomic Energy Agency, Vienna, Austria, pp. 27–41.

Rickman K. A. and Mezyk S. P. (2010). Kinetics and mechanisms of sulfate radical oxidation of β-lactam antibiotics in water. *Chemosphere*, **81**, 359–365.

Rizzo L., Manaia C., Merlin C., Schwartz T., Dagot C., Ploy M. C., Michael I. and Fatta Kassinos D. (2013). Urban wastewater treatment plants as hotspots for antibiotic resistant bacteria and genes spread into the environment: a review. *Science of the Total Environment*, **447**, 345–360.

Roder M., Wojnárovits L., Földiák G., Emmi S. S., Beggiato G. and D'Angelantonio M. (1999). Addition and elimination kinetics in OH radical induced oxidation of phenol and cresols in acidic and alkaline solutions. *Radiation Physics and Chemistry*, **54**, 475–479.

Roduner E. and Bartels D. M. (1992). Solvent and isotope effects on addition of atomic hydrogen to benzene in aqueous solution. *Berichte der Bunsengesellschaft für Physikalische Chemie*, **96**, 1037–1042.

Ruiz M. J., López-Jaramillo L., Redondo M. J. and Font G. (1997). Toxicity assessment of pesticides using the Microtox test: application to environmental samples. *Bulletin of Environmental Contamination and Toxicology*, **59**, 619–625.

Sabharwal S., Kishore K. and Moorthy P. N. (1994). Pulse radiolysis study of oxidation reactions of sulphacetamide in aqueous solutions. *Radiation Physics and Chemistry*, **44**, 499–506.

Sági Gy., Csay T., Pátzay Gy., Csonka E., Wojnárovits L. and Takács E. (2014). Oxidative and reductive degradation of sulfamethoxazole in aqueous solutions: decomposition efficiency and toxicity assessment. *Journal of Radioanalytical and Nuclear Chemistry*, **301**, 475–482.

Sági Gy., Csay T., Szabó L., Pátzay G., Csonka E., Takács E. and Wojnárovits L. (2015). Analytical approaches to the OH radical induced degradation of sulfonamide antibiotics in dilute aqueous solutions. *Journal of Pharmaceutical and Biomedical Analysis*, **106**, 52–60.

Sampa M. H. O., Borrely S. I., Silva B. L., Vieira, J. M., Rela, P. R., Calvo W. A. P., Nieto, R. C., Duarte C. L., Perez H. E. B., Somessari E. S. and Lugão A. B. (1995). The use of electron beam accelerator for the treatment of drinking water and wastewater in Brazil. *Radiation Physics and Chemistry*, **46**, 1143–1146.

Sampa M. H. O., Rela P. R., Las Casas A., Mori M. N. and Duarte C. L. (2004). Treatment of industrial effluents using electron beam accelerator and adsorption with activated carbon: a comparative study. *Radiation Physics and Chemistry*, **71**, 459–462.

Sato K., Takimoto K. and Tsuda S. (1978). Degradation of aqueous phenol solution by gamma irradiation. *Environmental Science and Technology*, **12**, 1043–1046.

Schuler R. H. and Albarran G. (2002). The rate constants for reaction of $^{\bullet}OH$ radicals with benzene and toluene. *Radiation Physics and Chemistry*, **64**, 189–195.

Sein M. M., Zedda M., Tuerk J., Schmidt T. C., Golloch A. and von Sonntag C. (2008). Oxidation of diclofenac with ozone in aqueous solution. *Environmental Science and Technology*, **42**, 6656–6662.

Sharma S. B., Mudaliar M., Rao B. S. M., Mohan H. and Mittal J. P. (1997). Radiation chemical oxidation of benzaldehyde, acetophenone, and benzophenone. *The Journal of Physical Chemistry A*, **101**, 8402–8408.

Singh A., Kremers W., Smalley P. and Bennett G.S. (1985). Radiolytic dechlorination of polychlorinated biphenyls. *Radiation Physics and Chemistry*, **25**, 11–19.

Solar S., Solar W. and Getoff N. (1986). Resolved multisite OH-attack on aqueous aniline studied by pulse radiolysis. *Radiation Physics and Chemistry*, **28**, 229–234.

Song W., Chen W., Cooper W. J., Greaves J. and Miller G. E. (2008). Free-radical destruction of β-lactam antibiotics in aqueous solution. *The Journal of Physical Chemistry A*, **112**, 7411–7417.

Spinks J. W. T. and Woods R. J. (1990). An Introduction to Radiation Chemistry. 3rd edn, Wiley-Interscience, New York, USA.

Steenken S. (1985). Electron transfer equilibria involving radicals in aqueous solution. In: Landolt-Börnstein, Neue Serie, Gruppe II, Vol. 13e, E. Fischer (ed.), Springer Verlag, Heidelberg, Germany, pp. 147–293.

Steenken S. (1987). Addition-elimination paths in electron-transfer reactions between radicals and molecules. Oxidation of organic molecules by OH radical. *Journal of the Chemical Society, Faraday Transactions I*, **83**, 113–124.

Steenken S. and Neta P. (2003). Transient phenoxyl radicals. Formation and properties in aqueous solution. In: Chemistry of Phenols, Part 2, Z. Rappoport (ed.), John Wiley & Sons, Chichester, UK, pp. 1107–1152.

Strydom W., Parker W. and Olivares M. (2005) Electron beams: physical and clinical aspects. In: Radiation Oncology Physics: a Handbook for Teachers and Students, E.B. Podgorsak (techn. ed.), International Atomic Energy Agency, Vienna, Austria. pp. 273–299.

Szabó L., Tóth T., Homlok R., Takács E. and Wojnárovits L. (2012). Radiolysis of paracetamol in dilute aqueous solution. *Radiation Physics and Chemistry*, **81**, 1503–1507.

Szabó L., Tóth T., Homlok R., Rácz G., Takács E. and Wojnárovits L. (2014). Hydroxyl radical induced degradation of salicylates in aerated aqueous solution. *Radiation Physics and Chemistry*, **97**, 239–245.

Szabó L., Tóth T., Rácz G., Takács E. and Wojnárovits L. (2016a). $^{\bullet}OH$ and e_{aq}^- are yet good candidates for demolishing the β-lactam system of a penicillin eliminating the antimicrobial activity. *Radiation Physics and Chemistry*, **124**, 84–90.

Szabó L., Tóth T., Rácz G., Takács E. and Wojnárovits L. (2016b). Drugs with susceptible sites for free radical induced oxidative transformations: the case of a penicillin. *Free Radical Research*, **50**, 26–38.

Szabó L., Tóth T., Rácz G., Takács E. and Wojnárovits L. (2016c). Change in hydrophilicity of penicillins during advanced oxidation by radiolytically generated $^{\bullet}OH$ compromises the elimination of selective pressure on bacterial strains. *Science of the Total Environment*, **551–552**, 393–403.

Swallow A. J. (1973). Radiation Chemistry: An Introduction. Longman, London, UK.

Swallow A. J. (1982). Application of pulse radiolysis to study of aqueous organic systems. In: The Study of Fast Processes and Transient Species by Electron Pulse Radiolysis, NATO Advanced Study Institutes Series, J. H. Baxendale and F. Busi (eds), D. Reidel Publishing Company, Dordrecht, Netherlands, pp. 289–315.
Tabata Y. (ed.) (1991a). CRC Handbook of Radiation Chemistry. CRC Press, Boca Raton, USA.
Tabata Y. (ed.) (1991b). Pulse Radiolysis. CRC Press, Boca Raton, USA.
Tang L., Xu G., Wu W., Shi W., Liu N., Bai Y. and Wu M. (2010). Radiolytic decomposition of 4-bromodiphenyl ether. *Nuclear Science and Techniques*, **21**, 72–75.
Takács E., Dajka K., Wojnárovits L. and Emmi S. S. (2000). Protonation kinetics of acrylate anions. *Physical Chemistry Chemical Physics*, **2**, 1431–1433.
Tezuka M., Okada S. and Tamemasa O. (1978). Radiolytic decontamination of di-*n*-butyl phthalate from water (Article in Japanese). *Radioisotopes*, **27**, 306–310.
Trojanowicz M., Bojanowska-Czajka A., Kciuk G., Bobrowski K., Gumiela M., Koc A., Nalecz-Jawecki G., Torun M. and Ozbay D.S. (2012). Application of ionizing radiation in decomposition of selected pollutants in water. *European Water*, **39**, 15–26.
Tsujimoto Y., Hashizume H. and Yamazaki M. (1993). Superoxide radical scavenging activity of phenolic compounds. *International Journal of Biochemistry*, **25**, 491–494.
Varghese R., Mohan H., Manoj P., Manoj V. M., Aravind U. K., Vandana K. and Aravindakumar C. T. (2006). Reactions of hydrated electrons with triazine derivatives in aqueous medium. *Journal of Agricultural and Food Chemistry*, **54**, 8171–8176.
Varshney L. and Patel K. M. (1994). Effects of ionizing radiations on a pharmaceutical compound, chloramphenicol. *Radiation Physics and Chemistry*, **43**, 471–480.
von Gunten U. (2003). Ozonation of drinking water: part 1. Oxidation kinetics and product formation. *Water Research*, **37**, 1443–1467.
von Sonntag C. (2006). Free-Radical-Induced DNA Damage and its Repair. A Chemical Perspective. Springer, Heidelberg, Germany.
von Sonntag C. and Schuchmann H.-P. (1997). Peroxyl radicals in aqueous solution. In: Peroxyl Radicals, Z.B. Alfassi (ed.), John Wiley & Sons, New York, USA, pp. 173–274.
von Sonntag C. and Schuchmann H.-P. (2001). The chemistry behind the application of ionizing radiation in water-pollution abatement. In: Radiation Chemistry: Present Status and Future Trends, Studies in Physical and Theoretical Chemistry 87, C. D. Jonah and B. S. M. Rao (eds), Elsevier, Amsterdam, Netherlands, pp. 657–670.
Vysotskaya N. A., Bortun L. N., Ogurtsov N. A., Migdalovich E. A., Revina A. A. and Voldko V. V. (1986). Radiolysis of anthraquinone dyes in aqueous solutions. *Radiation Physics and Chemistry*, **28**, 469–472.
Walsh C. (2003). Antibiotics: Actions, Origins, Resistance. ASM Press, Washington, DC, USA.
Wardman P. (1989). Reduction potentials of one-electron couples involving free radicals in aqueous solution. *Journal of Physical and Chemical Reference Data*, **18**, 1637–1755.
Wheeler O. H. and Montalvo R. (1967). Irradiation of estrone in aqueous solutions. *The International Journal of Applied Radiation and Isototopes*, **18**, 127–131.
Wishart J. F. (2008). Tools for radiolysis studies. In: Radiation Chemistry – From Basics to Applications in Material and Life Sciences, M. Spotheim-Maurizot, M. Mostafavi, T. Douki and J. Belloni (eds), EDP Sciences, Paris, France, pp. 17–33.
Wojnárovits L. (2011). Radiation chemistry. In: Handbook of Nuclear Chemistry, A. Vértes, S. Nagy, Z. Klencsár, R. Lovas and F. Rösch (eds), Springer US, New York, USA, pp. 1267–1331.
Wojnárovits L. and Takács E. (2008). Irradiation treatment of azo dye containing wastewater: an overview. *Radiation Physics and Chemistry*, **77**, 225–244.
Wojnárovits L. and Takács E. (2013). Structure dependence of the rate coefficients of hydroxyl radical + aromatic molecule reaction. *Radiation Physics and Chemistry*, **87**, 82–87.
Wojnárovits L. and Takács E. (2014). Rate coefficients of hydroxyl radical reactions with pesticide molecules and related compounds: a review. *Radiation Physics and Chemistry*, **96**, 120–134.
Wojnárovits L., Takács E., Dajka K., D'Angelantonio M. and Emmi S. S. (2001). Pulse radiolysis of acrylamide derivatives in dilute aqueous solution. *Radiation Physics and Chemistry*, **60**, 337–434.
Wojnárovits L., Földiák G., D'Angelantonio M. and Emmi S. S. (2002). Mechanism of OH radical-induced oxidation of *p*-cresol to *p*-methylphenoxyl radical. *Research on Chemical Intermediates*, **28**, 373–386.
Wojnárovits L., Takács E., Dajka K., Emmi S. S., Russo M. and D'Angelantonio M. (2003). Rate coefficient of H atom addition with acrylate monomers in aqueous solution. *Tetrahedron*, **59**, 8353–8358.
Wojnárovits L., Takács E., Dajka K., Emmi S. S., Russo M. and D'Angelantonio M. (2004). Re-evaluation of the rate

constant for the H atom reaction with *tert*-butanol in aqueous solution. *Radiation Physics and Chemistry*, **69**, 217–219.

Wojnárovits L., Pálfi T. and Takács E. (2005). Radiolysis of azo dyes in aqueous solution: Apollofix Red. *Research on Chemical Intermediates*, **31**, 679–690.

Woods R. J. and Pikaev A. K. (1994). Applied Radiation Chemistry: Radiation Processing. Wiley, New York, USA.

Wright G. D. (2007). The antibiotic resistome: the nexus of chemical and genetic diversity. *Nature Reviews Microbiology*, **5**, 175–186.

Wu M.-H., Liu N., Xu G., Ma J., Tang L., Wang L. and Fu H.-Y. (2011). Kinetics and mechanisms study on dimethyl phthalate degradation in aqueous solutions by pulse radiolysis and electron beam radiolysis. *Radiation Physics and Chemistry*, **80**, 420–425.

Xu G., Ren H., Wu M.-H., Liu N., Yuan Q., Liang T. and Liang W. (2011). Electron-beam induced degradation of bisphenol A. *Nuclear Science and Techniques*, **22**, 277–281.

Yamazaki M., Sawai T., Sawai T., Yamazaki K. and Kawaguchi S. (1983). Combined γ-ray irradiation-activated sludge treatment of humic acid solution from landfill leachate. *Water Research*, **17**, 1811–1814.

Ye L., He S., Yang C., Wang J. and Yu J. (2013). A comparison of pilot scale electron beam and bench scale gamma irradiations of cyanide aqueous in solution. *Nuclear Science and Techniques*, **24**, 1–9.

Yoshida T., Tanabe T., Chen A., Miyashita Y., Yoshida H., Hattori T. and Sawasaki T. (2003). Method for the degradation of dibutyl phthalate in water by gamma-ray irradiation. *Journal of Radioanalytical and Nuclear Chemistry*, **255**, 265–269.

Yu S., Lee B., Lee M., Cho I.-H. and Chang S.-W. (2008). Decomposition and mineralization of cefaclor by ionizing radiation: kinetics and effects of the radical scavengers. *Chemosphere*, **71**, 2106–2112.

Zhang J., Zheng Z., Luan J., Yang G., Song W., Zhong Y. and Xie Z. (2007). Degradation of hexachlorobenzene by electron beam irradiation. *Journal of Hazardous Materials*, **142**, 431–436.

Zhang J., Zheng Z., Zhao T., Zhao Y., Wang L., Zhong Y. and Xu Y. (2008). Radiation-induced reduction of diuron by gamma-ray irradiation. *Journal of Hazardous Materials*, **151**, 465–472.

Zhang X. H., Cao D. M., Zhao S. Y., Gong P., Hei D. Q. and Zhang H. Q. (2011). Gamma radiolysis of ceftriaxone sodium for water treatment: assessments of the activity. *Water Science and Technology*, **63**, 2767–2774.

Zheng B. G., Zheng Z., Zhang J. B., Luo X. Z., Wang J. Q., Liu Q. and Wang L. H. (2011). Degradation of the emerging contaminant ibuprofen in aqueous solution by gamma irradiation. *Desalination*, **276**, 379–385.

Zhou J., Wu M., Xu G., Liu N. and Zhou Q. (2009). Irradiation degradation of chloramphenicol, thiamphenicol and florfenicol with electron beam. IEEE Xplore, International Conferece on Information and Automation, Proceedings of the 2009 IEEE, Zhuhai, Macau, China, 2009, pp. 659–664. doi: 10.1109/ICINFA.2009.5205004.

Zimek Z. and Bulka S. (2007). Electron accelerator facilities. Regional Training Course on Validation and Process Control for Electron Beam Radiation Processing, Technical Cooperation Project RER/8/010 'Quality Control Methods and Procedures for Radiation Technology', 2007, Warsaw, Poland.

Zona R. and Solar S. (2003). Oxidation of 2,4-dichlorophenoxyacatic acid by ionizing radiation: degradation, detoxification and mineralization. *Radiation Physics and Chemistry*, **66**, 137–143.

Zona R., Solar S., Sehested K., Holcman J. and Mezyk S. P. (2002a). OH-Radical induced oxidation of phenoxyacetic acid and 2,4-dichlorophenoxyacetic acid. Primary radical steps and products. *The Journal of Physical Chemistry A*, **106**, 6743–6749.

Zona R., Solar S. and Gehringer P. (2002b). Degradation of 2,4-dichlorophenoxyacetic acid by ionizing radiation: influence of oxygen concentration. *Water Research*, **36**, 1369–1374.

第7章　芬顿、光-芬顿和类芬顿工艺

克里斯多夫·J. 米勒，苏珊·沃德利，T. 戴维·韦特

7.1　引言

芬顿反应最初是由芬顿于1894年发现并命名的，该反应通过向反应体系中添加Fe^{2+}和$^{\cdot}H_2O_2$产生一种高活性、非选择性的氧化剂。Haber和Weiss（1934）提出这种氧化剂是$^{\cdot}OH$。然而近期有越来越多的研究表明，芬顿反应中的这种活性中间体可能不是$^{\cdot}OH$，而可能是高价态铁离子$Fe^{IV}_{(aq)}$（Bossmann等，1998；Barbusiński，2009）。这些活性中间体（如羟基自由基或者四价铁离子）能够无选择性地氧化大多数有机化合物。正如第7.3节所述，一个复杂的链式反应体系中会产生一些其他自由基或活性中间体，而铁在该反应体系中起催化作用，其可在多种氧化态中循环。

典型的芬顿反应发生在均相反应体系中，而当铁以非溶解态与H_2O_2发生反应时，无论铁是以无载体支撑的矿物质颗粒形态还是有载体（如颗粒物或者膜）支撑的其他形式存在于体系中，此时的芬顿反应被称为"非均相芬顿反应"。由于Fe（Ⅲ）可与H_2O_2反应生成Fe（Ⅱ），因此芬顿反应中初始加入的铁可以是Fe（Ⅱ）或者Fe（Ⅲ）形式。

在芬顿反应体系中引入外加非化学能（如紫外光、电流以及超声波）能够提高反应的效率，这类反应被称为"改进型芬顿反应"。

"类芬顿反应"指任何与芬顿反应相似但又不是典型芬顿反应的反应，包括非均相芬顿反应和以Fe（Ⅲ）作为铁源的反应。无论反应体系中的H_2O_2是作为反应试剂直接投加至反应体系还是在反应中原位生成（如通过电化学反应或者Fe（Ⅲ）络合物光解反应），我们主张将所有以铁（任何形态）为催化剂、以H_2O_2为氧化剂的反应都归类为"芬顿型反应"。而"类芬顿反应"可以指所有与芬顿反应具有相似化学特征的反应，也包括利用除铁之外的其他金属作为催化剂和/或不以H_2O_2作为氧化剂的反应。更多有关芬顿型反应和一些类芬顿反应的内容将在7.2节详细说明。

在全球水质方面，包括氯代农药、其他含氯化合物及燃烧副产物等在内的持久性有机污染物（Persistent Organic Pollutants，POPs）引起了广泛关注（EPA，2015）。尽管在美国和一些其他国家已经不再生产多种POPs，但由于它们的降解速率较慢且在食物链中具有生物富集的性质，其对环境仍然具有持久性的影响。这些有毒有害的POPs物质很难被微生物降解或被太阳光直接光解。此外，物化分离工艺（如吸附、絮凝、沉淀、气浮以及压力驱动型膜等工艺）很难充分去除水中的POPs。这些分离工艺产生的废弃物中仍然

含有 POPs（浓度通常高于其在原水中的浓度），尽管相对原水的体积大幅度降低，但这类废弃物仍然难以处置。而芬顿反应可用于提高污水中有机化合物的可生物降解性，在一定条件下可实现有机化合物的完全矿化。

除了 POPs，美国环保署（EPA，2014a）于 2014 年还公布了一些新兴污染物（contaminants of emerging concern，CEC），包括药物及个人护理品（pharmaceuticals and personal care products，PPCPs）、全氟化合物（perfluorinated compounds，PFCs）以及多溴联苯醚（polybrominated diphenyl ethers，PBDEs）等。欧盟国家现行的环境质量标准列出了一系列优先控制污染物（欧盟委员会，2015），其中一些优先控制污染物与其他污染物一起被定义为优先控制有害物质。优先控制污染物包括农业用杀虫剂、杀菌剂、金属和多环芳烃等，而其他污染物主要是欧盟或者美国已经不再生产或使用的有机氯类杀虫剂，以及有机氯类溶剂。

截至目前，美国环保署的污水排放指南共涉及 56 种产业类型，相关企业的污水被排放至天然水体、污水处理厂或者是公共处理厂（EPA，2014b）。通常来说，相关指南基于某些特定工艺的处理效果规定了每类产业出水中污染物的最大允许排放浓度。此外，企业也可以使用其他替代工艺以满足规定的污染物排放限值。而相关规定会依据企业的新旧程度有所变化。考虑到工业污水的排放标准日渐严格，尽管现有的处理工艺能够满足现行标准的要求，但仍有必要继续发展改良型污水处理工艺，以进一步优化出水水质并降低处理工艺的成本。芬顿型工艺已被证明是一种可处理各种废水并且经济、有效的处理方案（见 7.4 节）。

7.2　芬顿工艺类型

芬顿反应可以是均相反应（所有反应发生在液相）或是非均相反应（反应发生在液相和固相）。如固态铁可被用作催化剂，以载体（如沸石或者聚合膜）负载形式或者无载体负载形式存在于非均相反应体系中。

7.2.1　芬顿工艺

7.2.1.1　均相芬顿反应

均相芬顿反应是以 $Fe^{II}_{(aq)}$ 或 $Fe^{III}_{(aq)}$ 作为催化剂的芬顿反应。由于 $Fe^{II}_{(aq)}/H_2O_2$ 体系中也会产生 $Fe^{III}_{(aq)}$，因此这两种体系并没有明显的区别，体系中发生的反应相同但意义不同。若反应体系中未引入适当波长的光照用来还原 Fe（Ⅲ）络合物，此时该类反应可称为暗芬顿反应或热芬顿反应，除非另有说明，一般假设均相芬顿反应是暗反应。

（1）$Fe^{II}_{(aq)}/H_2O_2$

这一反应的起源可以追溯到 19 世纪晚期，当时 Henry John Horstman Fenton 首先提出 Fe^{2+} 和 H_2O_2 能够降解酒石酸（Fenton，1876；Fenton，1894）。Haber 和 Willstätter（1931）以及 Haber 和 Weiss（1932，1934）的研究均提出反应中会生成 $^{\bullet}OH$ 作为氧化中

间产物，此外，Barb 等（1951a，1951b）提出的自由基链式反应机理如今已被广泛采纳。自最先提出·OH 以来，有关反应里面氧化剂的性质仍然存在争议，早期也有研究者认为 Fe（Ⅳ）这种高价态铁离子可能是芬顿反应中真正的氧化剂（Bray 和 Gorin，1932）。由于目前仍未有研究可证明该体系中存在不同于·OH 的中间体（Kremer，1999，2003），所以有关氧化剂本质的争论仍在进行中（Dunford，2002）。然而，目前普遍接受的理论是：在酸性条件下，当使用与芬顿反应相关的高级氧化工艺时，·OH 是工艺中最可能生成的氧化剂（Lee 等，2013；Bataineh，2012；Keenan 和 Sedlak，2008），体系中主要的自由基反应式如下所示。

$$Fe^{II} + H_2O_2 \longrightarrow Fe^{III} + {}^{\cdot}OH + OH^- \tag{7-1}$$

$$Fe^{II} + {}^{\cdot}OH \longrightarrow Fe^{III} + OH^- \tag{7-2}$$

$${}^{\cdot}OH + H_2O_2 \longrightarrow HO_2^{\cdot} + H_2O \tag{7-3}$$

$$HO_2^{\cdot} \rightleftharpoons H^+ + O_2^{\cdot -} \tag{7-4}$$

$$Fe^{III} + O_2^{\cdot -} \longrightarrow Fe^{II} + O_2 \tag{7-5}$$

$$Fe^{II} + HO_2^{\cdot}/O_2^{\cdot -} \longrightarrow Fe^{III} + H_2O_2 \tag{7-6}$$

$$Fe^{III} + H_2O_2 \longrightarrow Fe^{II} + HO_2^{\cdot} + H^+ \tag{7-7}$$

$$Fe^{II} + O_2 \longrightarrow Fe^{III} + O_2^{\cdot -} \tag{7-8}$$

$$RH + {}^{\cdot}OH \longrightarrow R^{\cdot} + H_2O \tag{7-9}$$

在上述反应式中，RH 代表一种模型污染物，在此处表示目标污染物与·OH 发生脱氢反应，尽管体系中也存在其他可能的反应路径，比如·OH 与芳香族环状物很有可能发生反应并生成环已二烯自由基（von Sonntag，2008）。体系中各反应的相对重要性很大程度上取决于被研究体系的性质，这是由于 Fe^{II} 和 Fe^{III} 的存在形态（包括不同 pH 条件下生成的各种水解产物）会影响其在每个反应中的活性，例如只需在接近中性的 pH 条件下考虑 Fe^{II} 被 O_2 氧化这一过程，而在常用的酸性 pH 条件下可以忽略该过程。

（2）$Fe^{III}_{(aq)}/H_2O_2$

由于 H_2O_2 既能还原 $Fe^{III}_{(aq)}$ 也能氧化 $Fe^{II}_{(aq)}$，因此在芬顿体系中可以利用 $Fe^{III}_{(aq)}$ 作为铁源（De Laat 和 Gallard，1999；De Laat 等，2004；De Laat 和 Le，2005）。在该体系中，H_2O_2 首先将 Fe^{III} 还原为 Fe^{II}，之后发生的反应与 $Fe^{II}_{(aq)}/H_2O_2$ 体系相同，即生成的 Fe^{II} 与 H_2O_2 反应产生·OH。由于 $Fe^{III}_{(aq)}$ 与 H_2O_2 的反应速率较慢，因此 $Fe^{III}_{(aq)}/H_2O_2$ 体系中产生氧化剂的速率相较于 $Fe^{II}_{(aq)}/H_2O_2$ 体系更慢，当反应体系的混合速率较慢或当反应物在被消耗前扩散状况较好时，$Fe^{III}_{(aq)}/H_2O_2$ 体系具有一定优势。至关重要的是，由于该体系中的 $Fe^{III}_{(eq)}$ 须保持在溶解状态，所以为了防止 $Fe^{III}_{(aq)}$ 在体系中以氧化物形式明显析出，需要保证反应在酸性条件下进行（Stefánsson，2007）。向体系中添加羟胺等还原剂可极大地促进 Fe（Ⅲ）被还原为 Fe（Ⅱ）这一过程，此外，过量加入羟胺还可以长时间地保持 Fe 在体系中的循环（Chen 等，2011）。

(3) Fe^{II}-配体$_{(aq)}$/ H_2O_2

引入配体能够改变 Fe^{II} 和 Fe^{III} 的活性，这种形式的催化剂有两个很重要的优点：一是能够保证·OH 在接近中性的条件下生成，进而选择适当的配体（Miller 等，2016；Remucal 和 Sedlak，2011）；二是可以抑制 Fe^{III} 产生沉淀，从而使反应适用的 pH 范围更广。如果 Fe^{III}-配体$_{(aq)}$络合物可轻易被 $O_2^{\cdot-}$（或者 H_2O_2）还原，则体系中会出现与无配体芬顿体系性质相似的 Fe^{II} - Fe^{III} 催化循环过程。

配体的选择需要慎重考虑，一方面，配体需要具有合适的化学性质；另一方面，其本身不能是潜在的污染物。以乙二胺四乙酸酯（ethylenediamine tetraacetate，EDTA）为例，其具有较好的化学性质且已得到充分研究，但 EDTA 通常被认为是一种可持久存在于自然环境中的物质，应避免将其直接排放（Bucheli-Witschel 和 Egli，2001）。然而，与 EDTA 结构相似的乙二胺-N，N′-二琥珀酸（ethylenediamine-*N*，*N*′-disuccinate，EDDS）是一种易被生物降解的物质，其可用作 EDTA 的替代物，在芬顿体系中具有一定的应用前景（Huang 等，2013）。但无论使用哪种配体都应谨慎控制其浓度，以减少配体本身对·OH的消耗作用。

无机配体可用于溶解 Fe 并增强其反应活性。目前发现，当 Fe（Ⅱ）在接近中性 pH 条件下与 H_2O_2 反应时，四聚磷酸盐能够增加该反应过程中的·OH 产量，只是这种增加很轻微，因此·OH 的产率仍可能低于 1%（Biaglow 和 Kachur，1997）。尽管如此，向一系列芬顿型反应体系中添加四聚磷酸盐可实现反应效率的实质性提升，达到甚至超出向同类型体系中添加 EDTA 产生的效果。

(4) Fe^{III}-配体$_{(aq)}$/ H_2O_2

在 Fe^{III}-配体$_{(aq)}$/ H_2O_2 体系中，Fe^{III}-配体被一个 H_2O_2 分子还原生成 Fe^{II}-配体，Fe^{II}-配体随即与另外的 H_2O_2 分子反应生成·OH。一般情况下，Fe^{III}-配体被还原生成活性 Fe^{II}-配体的反应是整个反应体系中的限速步骤，其对于体系中 Fe 元素的催化循环尤为重要。例如，尽管配合物 Fe^{II}-DTPA 是一种有效的芬顿催化剂，但其对应的三价铁络合物很难被 H_2O_2 和 $O_2^{\cdot-}$ 还原（Gutteridge，1990；Aruoma 等，1989；Buettner 等，1983），因此，如果不额外添加合适的还原剂，Fe^{III}-DTPA 在 Fe^{III}-配体$_{(aq)}$/ H_2O_2 体系中难以发挥催化作用。有关 Fe^{III}-EDTA 在该体系中的使用已得到了详尽的研究，其中包括了 pH 和溶液条件对其反应活性的重要影响（Walling 等，1975）。由于 EDDS 在结构上与 EDTA 相似，所以在 Fe^{II}-配体/H_2O_2 体系中使用 EDDS 作为配合物同样具有一定的应用前景（Huang 等，2013）。在包括 Fe^{III}-配体/ H_2O_2 体系在内的一些反应体系中，有些化学物质并不遵循基于芬顿反应的化学规律。比如用作 H_2O_2 激活剂的四酰胺铁（Ⅲ）大环类配合物（Fe^{III}-TAML）能够氧化水中的物质（Kundu 等，2013；Shappell，2008），有研究认为该过程中产生了 Fe^{IV} 和 Fe^{V} 中间体作为氧化剂，但其真正机理仍在探索中（Ryabov 等，2013）。尽管这是一项很有前景的处理技术，但由于它并不属于芬顿型反应，所以不再进行深入讨论。

7.2.1.2 非均相芬顿反应

非均相芬顿反应使用 $Fe^{II}_{(s)}$ 或 $Fe^{III}_{(s)}$ 作为催化剂。投加固体形态铁作为芬顿体系的铁源能够减少反应过程中的污泥产量。如下所述，Fe 不仅能够以含铁矿物或者金属颗粒等无载体支撑的形式存在于体系中，还能够被吸附在固体材料上（固体材料仅提供支撑作用，不可催化反应）。

由于氧化铁矿物和黏土的价格低廉、储量丰富，且属于环境友好型材料，因此它们在用作芬顿型反应的催化剂方面引起了广泛关注。这些铁矿物还具有以下优点：在某些情况下，铁矿物可在历经多个处理工艺后仍保持反应活性，且在每个工艺后均易于从体系中分离。此外，它们均可以适用于较广的 pH 范围（包括接近中性 pH）和温度范围（Garrido-Ramírez 等，2010；Pereira 等，2012）。

大多数无载体支撑的非均相反应催化剂是微粒物质，包括 Fe^{III}-氧化物$_{(s)}$，如赤铁矿（αFe_2O_3）、针铁矿（α-$Fe^{III}OOH$）、纤铁矿（γ-FeOOH）、两系水体矿（$Fe_2(OH)_6$）（Matta 等，2007）以及 Si/ Fe（Ⅲ）的复合氧化物（Hanna 等，2008）；$Fe^{II,III}$-氧化物$_{(s)}$，如磁铁矿（Fe_3O_4）（Matta 等，2007）；Fe^{II}-硫化物$_{(s)}$，如黄铁矿（FeS_2）（Matta 等，2007）。此外，一些合成材料，例如纳米颗粒的 $Fe^0_{(s)}$（纳米零价铁（nZVI））也可用作催化材料（Keenan 和 Sedlak，2008；Xu 和 Wang，2011），其中 $Fe^{III}OCl$ 的活性极强，比针铁矿高几个数量级（Yang 等，2013，2015）。

虽然非均相芬顿反应都是将固体形态铁作为铁源投加到体系中，但固相并不总是催化反应的活性位点，比如，黄铁矿的催化效率很高，这是因为它能够持续地释放 Fe（Ⅱ），且 Fe（Ⅲ）能够很快地被黄铁矿还原，所以在黄铁矿持续被氧化的情况下，反应体系中的 Fe（Ⅱ）得以保持适宜浓度（Choi 等，2014）。对于其他材料而言，反应体系中的均相反应和非均相反应都很重要，而这两者之间的平衡取决于 pH（Fang 等，2013）、结晶程度以及材料表面积（以磁铁矿为研究对象）（Prucek 等，2009）等因素。由于铁氧化物表面吸附的 Fe（Ⅱ）能够改变矿物相的性质（Boland 等，2014），在铁氧化物矿物的表面也可以发生均相氧化 Fe（Ⅱ）反应的催化过程，因此，解释体系中的反应现象变得尤为困难。当纳米零价铁和微米零价铁在有氧溶液中发生腐蚀时，上述反应也会发生在与催化剂表面相关的芬顿体系中（He 等，2016；Ma 等，2016）。一些有关二氧化硅的研究也可以说明催化剂表面的重要性，二氧化硅会延缓 Fe（Ⅱ）在催化剂表面被 O_2 和 H_2O_2 氧化的过程（Kinsela 等，2016；Pham 等，2012），但不会影响 H_2O_2 转化为其他氧化剂的过程（Pham 等，2012）。

研究发现，许多含铁矿物的活性与其 Fe（Ⅱ）含量相关，大致的顺序是：Fe^{2+} ＞黄铁矿＞绿锈＞磁铁矿≈赤铁矿＞针铁矿（Lee 等，2006；Matta 等，2008）。相关研究普遍认为 H_2O_2 转换成另一种氧化剂的效率与其反应速率成反比（Pham 等，2012）。有研究者在磁铁矿内用 Co^{2+}、Mn^{2+} 和 Cr^{3+} 对 Fe^{2+} 进行同晶替代，结果合成了更高效的催化剂，而在使用 Ni^{2+}（在氧化还原反应中呈惰性）进行上述操作时，却合成了一种惰性材料，由此可得出 Fe^{II} 位点在磁铁矿中的作用（Costa 等，2006；Magalhães 等，2008）；此外，

在磁铁矿中引入 Cr^{3+} 可以改变磁铁矿表面的吸附作用，进而改变反应的动力学（Liang等，2011）。磁铁矿表面的 Fe^{II} 位点对于 $\cdot OH$ 的生成是不可或缺的（不适用于均相反应），而磁铁矿最终会被氧化为赤铁矿（Ardo 等，2015；He 等，2014），但 Fe^0 的加入能够将赤铁矿还原为磁铁矿，从而使催化剂表面的活性保持得更长久（Costa 等，2008）。

作为一种载体支撑型非均相反应催化剂，$Fe^{III}_{(ads)}$ 是指吸附在微粒状的材料上的 Fe^{III}，常见的吸附材料包括 Fe-ZSM-5（一种合成沸石材料）、铁/蒙脱石、成柱状的层间黏土（内含铝氧化物/铁氧化物作为柱撑）和 γ-Fe_2O_3/Y 沸石等（Garrido-Ramírez 等，2010）。载体可以大量吸附污染物，使活性位点附近的污染物浓度升高，从而加快反应的进行，相关研究已经成功在用铁浸渍沸石吸附、氧化甲基叔丁基醚的实验中利用了载体的该种性质（Gonzales-Olmos 等，2013）。此外，纳米零价铁也能够以 $Fe^0_{(ads)}$ 的形式催化反应进行，比如基于皂石黏土的铁纳米复合材料（Feng 等，2006）以及以高岭土作为载体的纳米零价铁（Liu 等，2014）。

纳米催化剂的表面积大且扩散阻力小，因此，相较于由纯微粒矿物质制备而成的传统非均相催化剂，纳米催化剂具有更好的催化效果（Garrido-Ramírez 等，2010）。

7.2.2 改进型芬顿工艺

目前一些外加非化学能已被用于与芬顿试剂联合使用。这些能源包括电磁辐射（如紫外光、近紫外光、微波（Yang 等，2009）和伽马射线）、超声波辐射和脉冲电子束辐射等。此外，一部分甚至所有的芬顿试剂都可以通过电化学反应现场制备生成。当使用的外部能源是可见光、电能和超声波时，此时的改进型芬顿工艺分别称为光-芬顿工艺、电-芬顿工艺和超声-芬顿工艺。此外，改进型芬顿工艺的结合工艺也是可行的，即为混合芬顿工艺，如超声-电-芬顿工艺、超声-光-芬顿工艺和光-电-芬顿工艺（Nidheesh 等，2013）。

7.2.2.1 均相光-芬顿反应

（1）$Fe^{II}_{(aq)}/H_2O_2/UV$

$Fe^{II}_{(aq)}/H_2O_2$ 体系中发生的标准化学反应在均相光-芬顿工艺里是可控的，紫外光可从两个方面来促进芬顿反应。一方面，紫外光能够光解 $Fe^{III}_{(aq)}$，使其被还原成 $Fe^{II}_{(aq)}$，该过程还伴随着 $\cdot OH$ 的直接生成；另一方面，反应中生成的 Fe $(OH)^{2+}$ 的反应活性最高，因此 pH 会直接影响该芬顿反应的效果。

$$Fe^{3+} \sim\longrightarrow Fe^{2+} + \cdot OH \tag{7-10}$$

$$Fe(OH)^{2+} \sim\longrightarrow Fe^{2+} + \cdot OH \tag{7-11}$$

就反应（7-11）而言，Faust 和 Hoigné（1990）发现当 UV 波长为 313nm 时，反应中 Fe^{II} 的量子产率为 Φ（Fe^{II}）$=0.14$。而 H_2O_2 可直接分解成两个 $\cdot OH$，量子产率为 Φ（$\cdot OH$）$=1$（效率约为 50%）（Yu，2004）。

$$H_2O_2 \sim\longrightarrow 2\cdot OH \tag{7-12}$$

此外，紫外光还可能通过光化学过程直接降解一些污染物。

(2) $Fe^{Ⅲ}$-配体$_{(aq)}$/H_2O_2/$h\nu$

在光-芬顿体系中加入配体化合物一方面能够增加 $Fe^{Ⅲ}$ 在较高 pH 条件下的溶解度，另一方面还可以使更大波长范围内的光具有光化学活性，从而让可见光能更高效地驱动反应进行。当 $Fe^{Ⅲ}$ 与羧酸阴离子形成络合物（如草酸盐）时，在光还原过程中 $Fe^{Ⅱ}$ 的量子产率可增加一个数量级。比如，在 313nm 波长下使用 6mmol/L 草酸铁作为催化剂时，$Fe^{Ⅱ}$ 的量子产率 Φ（$Fe^{Ⅱ}$）=1.24（Murov 等，1993）。当外加光源的波长在可见光光谱范围内时（大约在 550nm），草酸铁络合物 $[Fe(C_2O_4)_3]^{3-}$ 在 $Fe^{Ⅲ}$ 还原为 $Fe^{Ⅱ}$ 这一过程中具有很高的光反应活性（Hislop 和 Bolton，1999）；由于这种化合物对光非常敏感，因此可以将其用作低光通量时的化学光度计（Hatchard 和 Parker，1956）。

草酸铁的反应过程可以代表许多配体化合物的反应过程。草酸铁首先吸收光能，随即通过从配体到金属的电荷转移实现能级的跃迁，此时其处于激发的电荷转移状态［反应式 7-13)］，之后这种激发态络合物会发生分解，生成 Fe（Ⅱ）和草酸根自由基［反应式（7-14)］（Balmer 和 Sulzberger，1999）。

$$Fe^{Ⅲ}(C_2O_4)_n^{(3-2n)} \sim\longrightarrow Fe^{Ⅱ}(C_2O_4^{\bullet})(C_2O_4)_{n-1}^{(3-2n)*} \tag{7-13}$$

$$Fe^{Ⅱ}(C_2O_4^{\bullet})(C_2O_4)_{n-1}^{(3-2n)*} \longrightarrow Fe^{Ⅱ} + (n-1)C_2O_4^{2-} + C_2O_4^{\bullet-} \tag{7-14}$$

草酸根自由基既可以分解为二氧化碳自由基（$CO_2^{\bullet-}$）和 CO_2［反应式（7-15)］，也可以与氧气反应产生 $O_2^{\bullet-}$ 和 CO_2［反应式（7-16)］。在含氧环境中，$CO_2^{\bullet-}$ 会快速与氧气反应生成 $O_2^{\bullet-}$ 和 CO_2［与反应式（7-16）的结果一样］。$CO_2^{\bullet-}$ 也可能进一步还原 $Fe^{Ⅲ}$［反应式（7-17)］。

$$C_2O_4^{\bullet-} \longrightarrow CO_2^{\bullet-} + CO_2 \tag{7-15}$$

$$C_2O_4^{\bullet-} + O_2 \longrightarrow O_2^{\bullet-} + 2CO_2 \tag{7-16}$$

$$CO_2^{\bullet-} + Fe^{Ⅲ}(C_2O_4)_3{}^{3-} \longrightarrow Fe^{Ⅱ} + CO_2 + 3C_2O_4^{2-} \tag{7-17}$$

超氧化物能够通过歧化反应产生过氧化氢，也可氧化 $Fe^{Ⅱ}$［反应式（7-18)］或还原 $Fe^{Ⅲ}$［反应式（7-18）和式（7-20)］（Balmer 和 Sulzberger，1999；Hislop 和 Bolton，1999）。

$$2HO_2^{\bullet}/O_2^{\bullet-} \longrightarrow H_2O_2 + O_2 \tag{7-18}$$

$$Fe^{Ⅱ} + HO_2^{\bullet}/O_2^{\bullet-} \longrightarrow Fe^{Ⅲ} + H_2O_2 \tag{7-19}$$

$$Fe^{Ⅲ}(C_2O_4)_3^{3-} + O_2^{\bullet-} \longrightarrow Fe^{Ⅱ} + O_2 + 3C_2O_4^{2-} \tag{7-20}$$

$Fe^{Ⅱ}$ 量子产率的增加可能是由于 $C_2O_4^{\bullet-}$ 自由基（或者后续反应中生成的中间产物）能够进一步将 $Fe^{Ⅲ}$ 还原成 $Fe^{Ⅱ}$。相较于多数 $Fe^{Ⅱ}$ 在反应中被 H_2O_2 氧化的体系，由于 H_2O_2 自身也会产生 $^{\bullet}OH$，则当体系中的 H_2O_2 充足时，$^{\bullet}OH$ 的量子产率会更高。当体系中草酸盐过量时，由 $Fe^{Ⅱ}$ 氧化产生的 $Fe^{Ⅲ}$ 会与草酸盐反应生成草酸铁，从而实现体系中的催化循环。

芬顿反应中生成的还原性配体自由基可用于处理一些难以通过氧化法去除的化合物，

如全氯烷烃等。在 $CO_2^{\cdot-}$ 的参与下（无 H_2O_2），可利用还原法脱除全氯烷烃上的卤素。随后可通过加入 H_2O_2 来产生 $^{\cdot}OH$，进而进一步氧化上述反应的产物（Huston 和 Pignatello，1996）。

有机物通常会在发生起始氧化反应时生成带有羧基的含氧中间体。这些中间产物能够与 Fe^{III} 结合，进而产生具有光反应活性的络合物，该种络合物经光照射可生成 CO_2、有机类自由基以及 Fe^{II}。因此，在没有 $^{\cdot}OH$ 参与的条件下，有机物仍可能发生降解（Safarzadeh-Amiri 等，1996）。

草酸盐只是被应用于该类反应中的诸多配体之一，配体的类型可影响整个反应的活性以及效率。其中 Fe^{III}EDTA 的光反应活性已经得到了详细的研究（Kocot 等，2007），当反应体系中存在可氧化物质 D 时，其相关反应过程如式（7-21）和式（7-22）所示。

$$[Fe^{III}(EDTA)(H_2O)]^- \sim \longrightarrow [Fe^{II}(EDTA^{\cdot})(H_2O)]^{-*} \tag{7-21}$$

$$[Fe^{II}(EDTA^{\cdot})(H_2O)]^{-*} + D \rightarrow [Fe^{III}(EDTA)(H_2O)]^- + D^{\cdot+} \tag{7-22}$$

此外，该过程中还存在一个竞争的反应路径：处于激发态的反应物可与另外的 Fe^{III}EDTA 反应，从而导致配体的分解（生成乙二胺三乙酸，ED3A）及 Fe^{II}EDTA 的生成，而 Fe^{II}EDTA 能够及 H_2O_2 反应，进而形成 Fe^{II}-配体$_{(aq)}$/H_2O_2 体系：

$$[Fe^{II}(EDTA^{\cdot})(H_2O)]^{-*} + [Fe^{III}(EDTA)(H_2O)]^- \longrightarrow$$
$$[(EDTA^{\cdot})Fe^{II}(\mu - OH_x)Fe^{III}(EDTA)]^{x-4} \tag{7-23}$$

$$[(EDTA^{\cdot})Fe^{II}(\mu - OH_x)Fe^{III}(EDTA)]^{x-4} \longrightarrow$$
$$[Fe^{II}(EDTA)(H_2O)]^{2-} + Fe^{II} + ED3A + CO_2 + H_2CO \tag{7-24}$$

许多实例显示，螯合型配体的氧化可以被认为是螯合剂配体的优势，因为其可以使铁处于溶解态并长时间保持铁的催化活性，从而达到污染物去除的理想效果。这样体系中的螯合型配体不需再用其他过程进行清除（Sun 和 Pignatello，1992）。此外，目前已有研究成功开发出了一些易被生物降解的类似的配体，EDDS 就是其中一种适用材料（Wu 等，2014）。

（3）Fe^{III}-配体$_{(aq)}$/hv

尽管在 Fe^{III}-配体$_{(aq)}$的光化学反应体系中加入 H_2O_2 能够大幅度提高污染物的降解效率，但由于许多反应过程中会有 $O_2^{\cdot-}$ 的生成，而其最终系统中生成足够高浓度的 H_2O_2，从而不需要向体系中额外添加 H_2O_2。

7.2.2.2 非均相光-芬顿反应

非均相光-芬顿反应通常只能使用载体支撑型铁催化剂，因为无载体支撑型固相催化剂往往会阻挡光路。

可应用于光-芬顿反应体系的载体支撑型催化剂包括被吸附的 Fe^{III} 离子及铁（Ⅲ）氧化物。$Fe^{III}_{(ads)}$ 型催化剂通过离子交换将三价铁离子固定在全氟膜（Fernandez 等，1999）或者全氟膜/玻璃纤维（Dhananjeyan 等，2001a）上，另外考虑到 $^{\cdot}OH$ 不能氧化破坏 Nafion® 膜，上述的全氟膜和全氟膜/玻璃纤维均使用了这种价格高昂的 Nafion® 膜。此外，也可以通过离子交换将三价铁离子固定到结构化的硅胶织物上（Bozzi 等，2003）。就 Fe^{III}-氧化物$_{(ads)}$ 型催化剂而言，可以利用聚乙烯共聚物支撑 Fe_2O_3（Dhananjeyan 等，2001b），尽管这种材料比 Nafion® 膜便宜，但是 $\cdot OH$ 对其的降解能力大于对 Nafion® 膜的降解能力。

7.2.2.3 电-芬顿反应

阴极芬顿反应和阳极芬顿反应均可以利用电化学原理原位生成芬顿试剂，其区别主要在于铁元素进入反应体系的形式。在阴极芬顿反应中，铁以 Fe（Ⅱ）和 Fe（Ⅲ）盐的形式被添加到体系中；而在阳极芬顿反应中；由 Fe（O）制成的阳极作为反应的铁源，体系中发生牺牲阳极的过程。

阴极芬顿反应：在阴极芬顿反应中，作为反应试剂的 Fe（Ⅱ）和 H_2O_2 会被原位生成。Fe（Ⅱ）可能直接来源于 Fe（Ⅱ）的添加（通过投加二价铁盐或者非均相型铁源如黄铁矿（Ammar 等，2015）），或者由 Fe（Ⅲ）在阴极处被还原产生［反应式（7-25）］。H_2O_2 可来源于直接投加到体系的 H_2O_2，或者由 O_2 在阴极处被还原产生［反应式（7-26）］（Brillas 等，1996；Ventura 等，2002）。

$$Fe^{III} + e^- \longrightarrow Fe^{II} \tag{7-25}$$

$$O_2 + 2H^+ + 2e^- \longrightarrow H_2O_2 \tag{7-26}$$

体系中，阴极处能够同时发生 Fe（Ⅲ）和 O_2 的还原反应，相关反应速率取决于 Fe（Ⅲ）浓度以及阴极处 O_2 的供应量，并且 Liu 等（2007a）已成功开发出可用来描述 O_2 相关反应的模型。由于阴极芬顿反应中 Fe（Ⅱ）和 O_2 能够以可控速率持续生成，所以相比于典型的芬顿反应（所有的试剂通常在反应开始前添加到体系中），该反应能够更高效、更彻底地降解污染物。这是因为电化学芬顿体系中较少发生既消耗反应试剂但又不产生 $\cdot OH$的竞争反应（Ventura 等，2002；Duesterberg 等，2006）。此外，相较于均相芬顿反应里在溶液中发生的 H_2O_2 还原 Fe（Ⅲ）反应，在电极表面发生的 Fe（Ⅲ）的非均相还原反应速率更快（Qiu 等，2015）（图 7-1）。

大多数应用中的电化学池是阳极阴极共用一个池体，且阳极通常是由惰性材料制备而成，如铂或者镀铂钛。此外，也有研究者将掺硼金刚石（BDD）膜覆盖在阳极上，一方面，BDD 电极表面可以直接产生 $\cdot OH$，从而促进污染物的氧化过程；另一方面，$\cdot OH$ 在 BDD 表面发生的二聚反应可以提高 H_2O_2 的产率（Brillas 等，2011），如下所示：

$$BDD + H_2O \longrightarrow BDD(\cdot OH) + H^+ + e^- \tag{7-27}$$

$$2BDD(\cdot OH) \longrightarrow BDD + H_2O_2 \tag{7-28}$$

阴极主要由含碳材料制备而成，如石墨、碳毡（Oturan，2000）以及碳-聚四氟乙烯（Brillas 等，2000），且反应时需在阴极处供应氧气。相关研究的最新进展包括粒状活性炭填充床电极的使用，该体系中氧气通过填充床扩散（Banuelos 等，2014）。

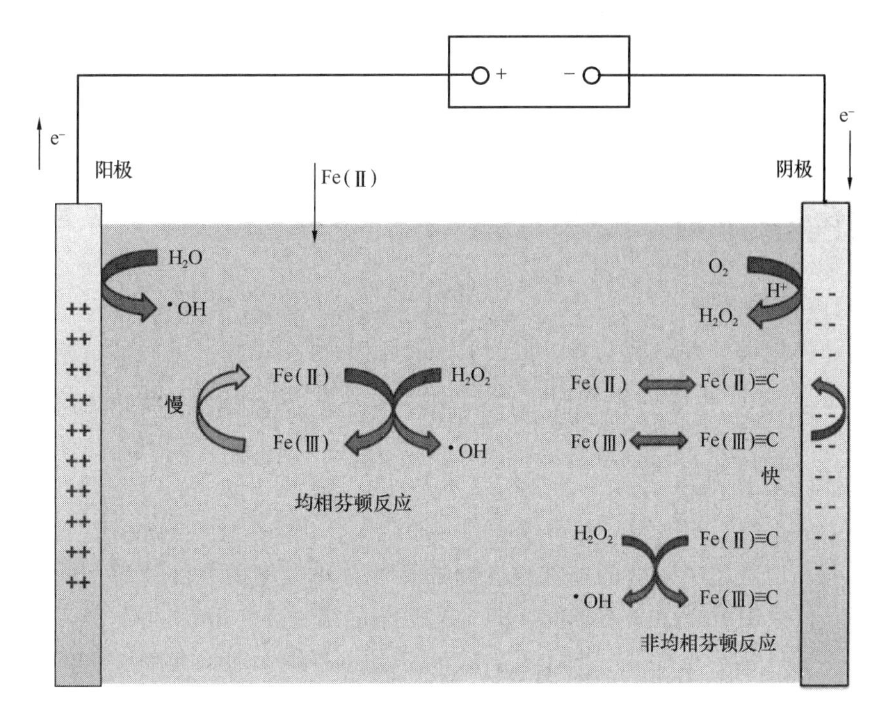

图 7-1　均相和非均相（位于电极处）芬顿反应降解污染物的示意图（改编自 Qiu 等，2015）

注：Fe（Ⅲ）≡C 表示吸附在含碳阴极表面的 Fe（Ⅲ）。

由于电极反应既可以消耗 H^+ 也可以生成 H^+，所以可利用该性质实现多组分反应体系中 pH 的控制。Liu 等（2007b）研究发现，如果用琼脂盐桥将主阳极和阴极分开，在一级阳极室中产生的 H^+ 可将中性溶剂的 pH 降至约 3.5，H^+ 随后进入到阳极阴极共存的二级联合反应室中，而体系的关键反应过程主要在该反应室发生。溶液最终被转移到第一隔室旁边的一个有阴极的隔室，其中随着 H^+ 的消耗，溶液的 pH 上升到接近中性水平，此时 Fe 的沉淀不仅有利于去除 Fe，还可以让其循环回到主要的组合装置，从而有助于反应溶液的排放以及进一步处理的进行。

电-芬顿反应也可以与 UV/可见光联合，构成光电-芬顿反应（Boye 等，2002）。当本体污染物（如染料）或者其降解产物（如 Fe（Ⅲ）与羧酸的络合物）含有发色基团时，光电-芬顿反应的处理效果尤为显著（Brillas 和 Martinez-Huitle，2015；Olvera-Vargas 等，2015）。

阳极芬顿反应：在阳极芬顿反应中，铁电极作为阳极并成为体系中 Fe（Ⅱ）的来源，反应过程如下所示：

$$Fe^0 \longrightarrow Fe^{2+} + 2e^- \quad (7\text{-}29)$$

阳极芬顿反应的最适 pH 为 2～3，反应通常使用两个电解池并在两池之间加入盐桥用以导电，此外，反应的阴极一般是石墨电极（Wang 和 Lemley，2001）。Lemley 及其合作者（Zhang 和 Lemley，2006）把他们早期的序批式阳极芬顿处理工艺（AFT）改进成了流路式系统，并利用这种更实用的方式降解水溶液中的多种杀虫剂。尤其值得指出的是，该研究结合 Duesterberg 等（2005）模拟的非均相芬顿反应模型与阳极芬顿反应中的关键电极反应成功开发出了一个动力学模型，并对其进行了运用。

Brillas 和 Casado（2002）对牺牲阳极（铁）的电-芬顿反应进行了一些修改。该工艺使用了一种合并式电化学池。但由于溶液的 pH 不能保持在酸性范围内，铁的氢氧化物会在该反应体系中发生沉淀。

7.2.2.4 超声-芬顿反应

标准的超声化学处理过程可产生 H_2O_2，因此添加 Fe（Ⅱ）可以通过将 H_2O_2 转化为 $^{\cdot}OH$ 来进一步促进此过程，从而加速污染物的分解（Jiang 和 Waite，2006；Torres 等，2007）。

Ma（2012）已对超声-芬顿工艺在水处理中的运用进行了总结。其中超声的频率是此工艺成功与否的重要影响因素。超声频率的增加能提高活性空化气泡的产生速率，从而生成更多的 $^{\cdot}OH$，但是超声频率的增加也会增加活性空化气泡破裂的速率。因此在较低的超声频率下，体系中可能存在更多的 $^{\cdot}OH$。此工艺的最适 pH 范围为 2～4，一方面过低的 pH 会抑制 $^{\cdot}OH$ 的产生，另一方面过高的 pH 会引起 Fe（Ⅲ）氢氧化物的沉淀，从而导致 Fe 元素的流失。这一 pH 范围和传统芬顿工艺的最适 pH 范围一致，因此，超声的使用并不能扩大芬顿工艺适用的 pH 范围。相较于单独使用超声工艺，超声-芬顿工艺的处理时间更短，所需的处理费用也更低，而这也是其主要优势。

7.2.3 类芬顿工艺

7.2.3.1 均相类芬顿试剂

许多微量金属也可与 H_2O_2 反应生成活性氧化剂（$^{\cdot}OH$ 或其他物质）；此外，次氯酸（HOCl）、过硫酸盐（$S_2O_8^{2-}$）以及有机过氧化物（ROOH，尤其是与大气化学相关的物质）也可能发挥 H_2O_2 的作用，反应生成活性氧化剂（Chevallier 等，2004；Lister，1956；Walling 和 Camaioni，1978）。较为常用的微量金属包括 Cu^{I}、Co^{II}、Mn^{II} 和 Ti^{III}（Armstrong，1969；Bandala 等，2007；Watts 等，2005）。在中性条件下，Cu^{I}-H_2O_2 体系中的活性中间产物很可能为 Cu^{III} 而非 $^{\cdot}OH$（Lee 等，2013；Pham 等，2013）。

7.2.3.2 非均相类芬顿试剂

如同含铁矿石可与 H_2O_2 发生反应，一些含有过渡金属的矿石也可以与其他氧化剂（如过硫酸盐等）发生类似反应。例如，Ruan 等（2015）成功利用磁铁矿/$S_2O_8^{2-}$ 体系降解三氯乙烯；Yip 等（2005）制备了一种负载 Cu 元素的黏土催化剂，并发现其可有效催化 UV/H_2O_2 体系对偶氮染料酸性黑 1 的降解过程。与 Fe^{II} 相似，Ag^{0} 纳米颗粒也可以被 H_2O_2 氧化，进而产生 $^{\cdot}OH$，但该反应仅可在酸性 pH 条件下发生。

7.3 反应动力学及模型

在一个反应体系中，一系列可能发生的反应及其反应速率决定了该体系的效率。近乎所有芬顿型体系中都存在许多可能发生的反应，其中一些有利于提高体系效率，而有些则会降低体系效率。由此可知，明确可能发生的反应并预测这些反应在指定情况下对于整个体系的重要程度是设计一个高效反应体系的关键所在。反应动力学模型则可以起到这一作用。在早期关于反应机理的研究中，揭示最简单的反应流程需要大量的工作和直观的假设[如 Barb 等（1951a，1951b）以及 Merz 和 Waters（1947）的研究所示]。尽管如此，对一个设想的反应序列进行定量分析有助于探明反应的真实机理。在利用相关反应体系进行水处理方案设计时，这些方法也非常有用，且当今的计算机资源大大简化了其实施过程。

通常情况下，芬顿反应的主要目的是产生$^{\bullet}OH$，使其与一些污染物（RH）反应，从而实现污染物的矿化或将其降解为其他物质，以减少这些污染物所带来的问题。芬顿体系的主要中间产物一般为其产生的自由基，如式（7-30）所示：

$$^{\bullet}OH + RH \rightarrow H_2O + R^{\bullet} \tag{7-30}$$

上述反应是控制反应动力学和污染物去除效果的一个重要步骤，其中生成的生存周期极短的有机自由基最终会转化为反磁性物质，然而在这一转化过程中具体发生的反应却常被忽略，但其对于整个反应过程也具有重要影响。有关$^{\bullet}OH$与多种物质的初步反应速率常数已得到了很好的汇总，相关研究最初是在放射化学领域展开的，其中包括 Buxton 等（1998）汇编的早期版本以及 Notre Dame 放射实验室的更新版本，后者现可在美国标准技术研究所查阅（http：//kinetics. nist. gov/solution/）。尽管大部分化合物的反应活性都较为明确，但反应中生成的自由基的活性却经常是未知的（von Sonntag 等，1997；Pignatello 等，2006）。

Neta 等（1990，1996）汇总了碳中心自由基和过氧自由基（碳中心自由基与O_2反应生成的代表性产物）之间发生的反应，这对于判断反应发生的可能性具有指导作用。可惜的是，关于其中大部分自由基与Fe^{II}或Fe^{III}（络合态或其他状态）反应的相关信息却非常有限，且其中部分交互作用在一些条件下可能影响工艺效率。

即使是确定一种简单化合物的降解路径也是很有难度的。以探究叔丁醇（2-methyl-propan-2-ol，TBA）的反应机理为例。如图 7-2 所示，尽管 TBA 中只有两类氢原子可以

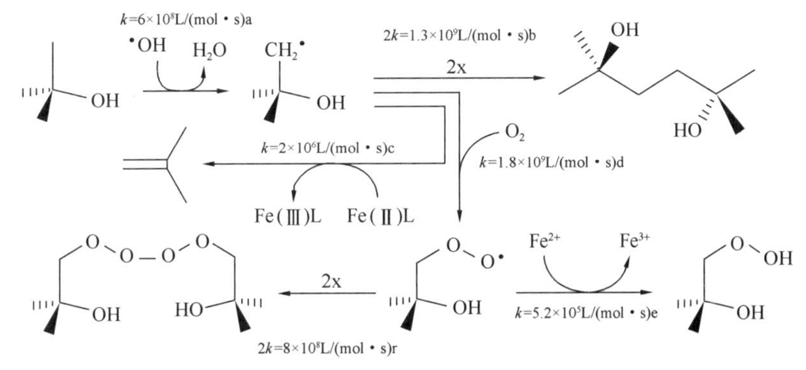

图 7-2　$^{\bullet}OH$ 氧化 TBA 的反应及其后续反应过程

[a]Buxton 等（1988）；[b]Simic 等（1969）；[c]Fe（Ⅱ）EDTA 的速率常数（Croft 等，1992），产物的本质（Eberhardt，1984）；[d]Reisz 等（2003）；[e]Khaikin 等（1996）；[f]Schuchmann 和 von Sonntag（1979）。

与·OH 发生反应，且仅一种与·OH 的反应较为显著，但反应机理仍然较为复杂。在初步形成以碳为中心的 2-羟基-2-甲基丙烷自由基后，此时存在三条可能的反应路径：一是该自由基通过二聚反应生成二聚叔丁醇，二是该自由基被 Fe（Ⅱ）还原，三是该自由基被 O_2 氧化为过氧自由基。该种碳中心自由基的氧化还原电位决定了其反应过程，相比于被 Fe（Ⅲ）氧化，这种自由基更容易被 Fe（Ⅱ）还原。每个反应的相对重要性取决于该反应的速率常数以及反应物的浓度。由于二聚反应需要较高的自由基浓度，因此其只会在脉冲辐解等特殊情况下发生，而在常规处理工艺中很难发生。此外，由于该种碳中心自由基被 O_2 氧化生成过氧自由基的反应速率常数大约是其与 Fe（Ⅱ）L 反应的速率常数的 10^3 倍，则当 Fe（Ⅱ）L 浓度低于约 0.25mol/L 时，形成过氧根自由基的反应将占主导地位。

2-羟基-2-甲基丙烷自由基能氧化 Fe（Ⅱ），进而阻止 Fe（Ⅱ）与 H_2O_2 反应生成更多羟基自由基的过程，由此可知该自由基与 Fe（Ⅱ）的反应属于链终止反应。然而，包括·CH_2OH在内的还原性自由基能将 Fe（Ⅲ）还原为 Fe（Ⅱ）（Buxton 和 Green，1978），重新生成的 Fe（Ⅱ）进一步生成更多的·OH，此时链反应得到促进。体系中存在的自由基能促进链反应还是终止链反应将极大程度地影响芬顿反应的效率（Merz 和 Waters，1949；Duesterberg 和 Waite，2006）。

2-羟基-2-甲基丙烷过氧自由基的最终去向取决于其稳态浓度和 Fe^{2+} 浓度，其中前者会受到过氧自由基产率的影响，而其产率由·OH 的产率决定。由于过氧自由基浓度通常会比 Fe^{2+} 浓度低几个数量级，尽管其二聚反应的反应速率常数是其与 Fe^{2+} 反应速率常数的 10^3倍，但在许多情况下两个反应仍存在竞争关系。聚合反应的产物为存在时间极短的四氧化物（图 7-2），其主要有四条降解路径（图 7-3）。Russell 路径中，在释放 O_2 的同时有一分子乙醇和一分子乙醛被释放出来；Bennett 路径中会产生 H_2O_2 和两分子乙醛；被释放的 O_2 能生成二烷基过氧化物，此外，四氧化物也可以均匀断裂形成 O_2、甲醛和 2-

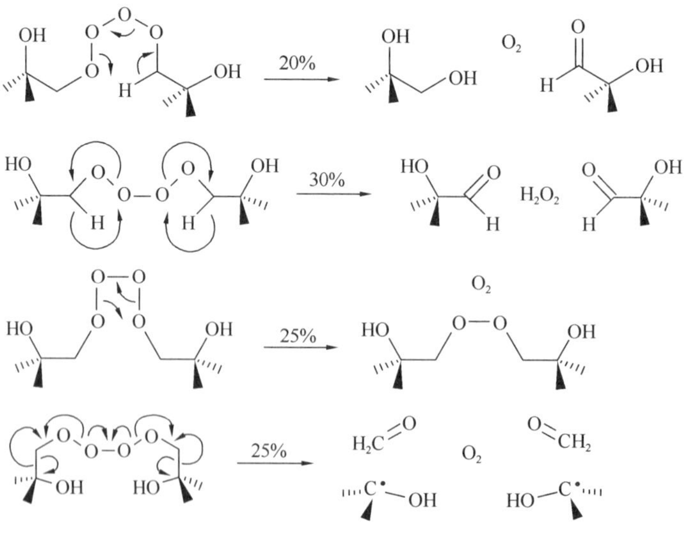

图 7-3　由 2-羟基-2-甲基丙烷过氧自由基发生二聚反应生成的四氧化物的降解过程（Reisz 等，2003）

羟基丙烷自由基。尽管有研究指出烷基氢过氧化物能促进类芬顿反应的进行（Chevallier 等，2004），但二烷基过氧化物属于惰性物质（Sawyer 等，1996）。

2-羟基丙烷自由基的反应如图 7-4 所示；与 2-羟基-2-甲基丙烷自由基不同，其还原 Fe^{3+} 的能力比氧化 Fe^{2+} 的能力更强，因此 2-羟基丙烷自由基能促进链反应的进行。然而，在含氧条件下，只有当 Fe^{3+} 浓度为 O_2 浓度的 10 倍以上时，2-羟基丙烷自由基与 Fe 的反应才占主导地位，这是因为 2-羟基丙烷自由基与 O_2 反应生成的 α-羟基过氧自由基会迅速分解为丙酮和 $O_2^{\bullet-}$。但由于 $O_2^{\bullet-}$ 本身可还原 Fe^{3+}（Rush 和 Bielski，1985），2-羟基丙烷自由基在整体上对链反应起促进作用。

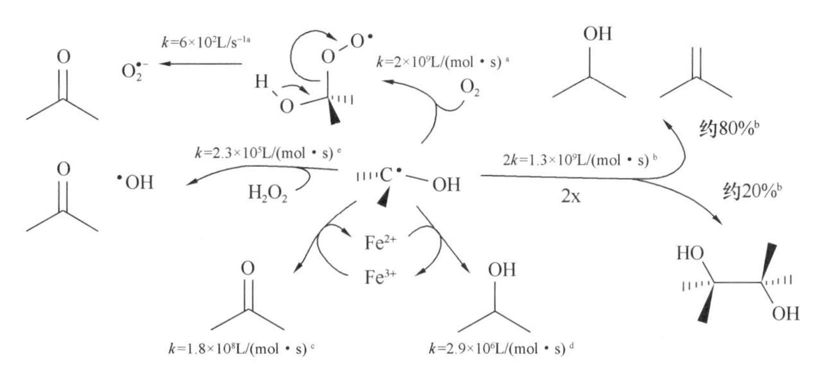

图 7-4　由异丙醇自由基主导的典型反应过程

注：[a]Reisz 等（2003）；[b]Lehni 和 Fischer（1983）；[c]Berdnikov 等（1977）；[d]Pribush 等（1975）；[e]Kishore 等（1987）。

当所有有关自由基的反应均是其与 O_2 的反应占主导地位时，TBA 降解反应的最终产物如图 7-5 所示。随着反应的进行，这些产物浓度会上升进而成为重要的 ·OH 捕获剂。

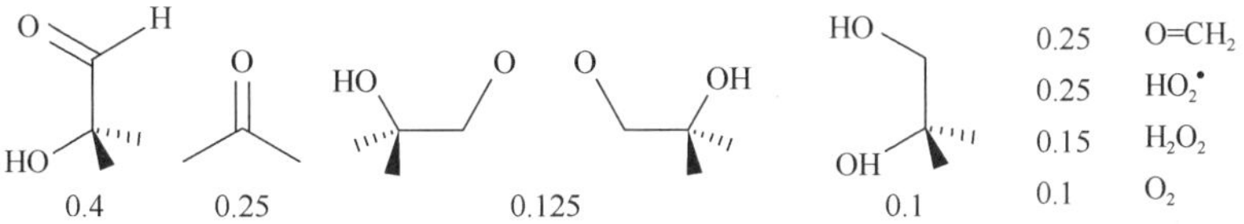

0.4　0.25　0.125　0.1

0.25 $O{=}CH_2$
0.25 $HO_2^{\bullet}$
0.15 H_2O_2
0.1 O_2

图 7-5　当 1 分子的 TBA 与 ·OH 和充足氧气反应时的最终产物

注：给出的数字代表根据上述机理推导出的与每摩尔 TBA 反应的物质的表观化学计量系数。

即使是在可预见的将来，也几乎不可能精确得到（或模拟出）任何复杂污染物的降解机理，尤其是当其作为一种组分存在于一个更复杂的混合体系中时。然而，在研究可能发生的大致反应路径时，也许能得到有用的启示。芳香族化合物在芬顿反应中的反应机理通常比上述的脂肪族化合物更为复杂，因此受到了许多研究者的关注。芳香族化合物发生氧化反应的常见反应路径为：·OH 加成到苯环上后生成羟基环己二烯自由基，该自由基随即与氧气反应生成超氧环己二烯自由基，其中后一反应属于可逆反应（Dorfman 等，1962；Fang 等，1995）。上述反应过程如图 7-6 所示，相关的反应机理适用于许多芳香族物质，但每一步骤的反应速率常数会受到苯环上取代基的影响，而哈米特相关性可用于描述一些简单芳香族化合物的相对活性（Neta 和 Dorfman，1968）。

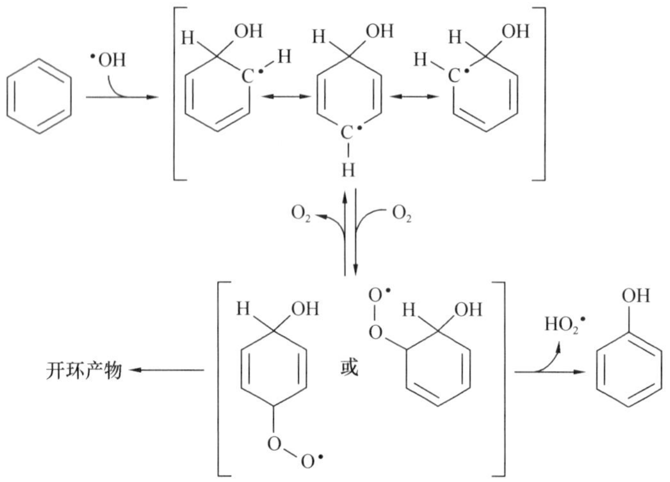

图 7-6　$^{\bullet}OH$ 氧化苯环的初始反应

注：其中包括羟基环己二烯自由基的形成以及随后发生的氧气氧化过程（产生过氧自由基作为中间体），最终生成苯酚或开环产物。

尽管污染物的降解机理十分复杂，且受一系列实验条件参数影响，但其在实际系统中的应用具有一定的可行性，且对于优化系统有重要价值。Duesterberg 等（2005）在酸性条件下进行了 $Fe^{II}_{(aq)}/H_2O_2$ 体系降解甲酸的实验，并利用相关动力学模型清楚阐明了所有中间产物的活性。研究表明，污染物被氧化产生的自由基的性质（此系统中为 $CO_2^{\bullet -}$）以及反应中 O_2 的存在与否（O_2 能与 Fe^{III} 竞争 $CO_2^{\bullet -}$）将决定此中间产物自由基是否能促进 Fe 的氧化还原循环。随后，Duesterberg 和 Waite（2006）进一步探究了 pH 以及链终止和链促进自由基的重要性，研究发现，在向体系中加入 TBA 后，由于形成了活性较低的 2-羟基-2-甲基丙基自由基（至少其与 Fe 的反应活性较低），因此其对污染物的处理效率明显降低。

为了进一步扩展相关研究，Duesterberg 和 Waite（2007）充分考虑了有关 p-羟基苯甲酸降解的所有反应路径，并建立了一个包含 49 个反应（如图 7-7 中的流程所示）的动力学模型，其可以充分模拟反应过程中目标污染物的降解以及降解中间产物的生成。此外，这一模型也展示了在 Fe 的氧化还原循环过程中，醌以及与醌类似的中间产物发挥着重要作用。对此系统进行深入理解有利于优化系统，从而更高效地去除污染物。此外，针对一种特定的物质，可以通过研究某种其他物质如何降解得到该种特定物质，以及在该过程中伴随产生的特殊产物的活性，从而将该种建模方法推广应用到更加复杂的化合物反应中。在未来的工作中，有关实际存在的、更复杂的目标污染物在芬顿体系中的反应机理研究将有利于实现体系优化，且当处理效果不理想时，该研究可帮助完成系统改造。

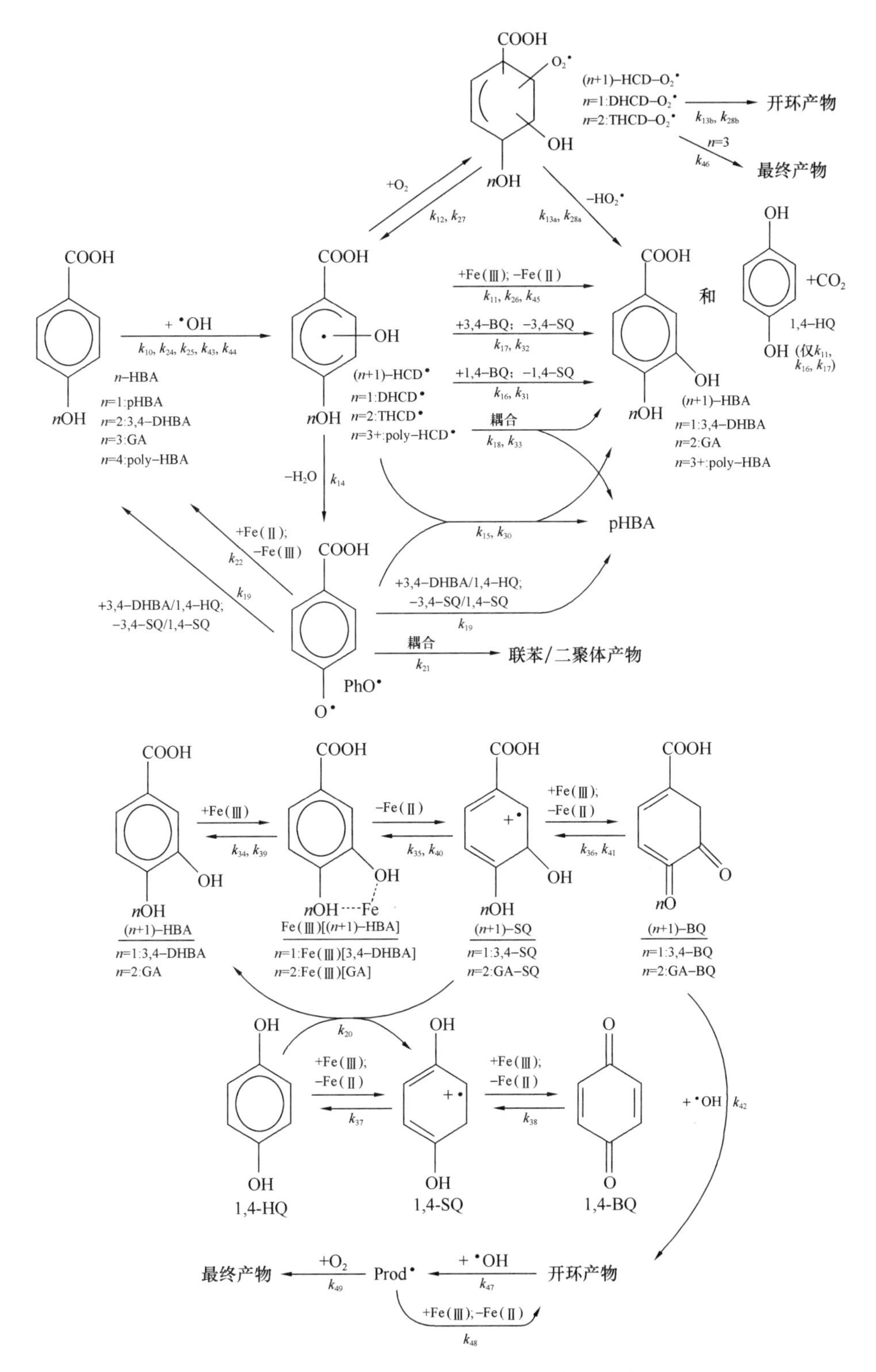

图 7-7　模拟芬顿反应中 p-羟基苯甲酸被氧化过程的反应流程图［经 Duesterberg 和 Waite（2007）允许后重印，2007 版权归美国化学学会（ACS）所有］

7.4 应用及意义

芬顿及光-芬顿工艺（及其改造工艺）是应用最为广泛的芬顿型工艺。相比于暗芬顿工艺，光-芬顿工艺更适宜于工业应用，这是因为光照能极大地提高反应速率，能使反应进行完全所需的时间从几个小时缩短为几分钟。不论是用光化学反应还是用暗反应降解在大气雨滴、地表淡水和海水中的有机物（包括人工合成的和天然的有机物），（光-）芬顿反应都发挥着重要作用（Southworth 和 Voelker，2003）。就反应体系中的天然有机物（NOM）而言，一方面，NOM 可捕获˙OH，这一过程可实现 NOM 的矿化；另一方面，NOM（或其他有机配体）可与 Fe^{II} 形成络合物，在中性 pH 条件下的 Fe^{II}/H_2O_2 体系中，络合物的形成是体系中产生˙OH 的必要条件，而未络合的 Fe^{II} 产生的氧化剂并非˙OH（Miller 等，2013）。除此之外，NOM 的存在加速了自然条件下 Fe^{II} 和 Fe^{III} 的循环过程，从而可促进˙OH 的产生（Burns 等，2010）。研究显示，芬顿型反应在人体健康和病理学方面也有重要作用（Halliwell 和 Gutteridge，1990）。受到 H_2O_2 和 Fe^{II} 浓度较低、太阳光强度较弱、天然物质对光有遮蔽作用、存在竞争离子、环境 pH 非最适值以及混合不够充分等一系列因素的影响，自然系统中的光-芬顿反应速率明显低于其在工业应用过程中的速率。在自然系统中，光-芬顿反应能否成功将取决于其与太阳光的接触面积是否足够大以及是否有足够长的反应停留时间。尽管如此，光-芬顿反应在自然系统中仍发挥了重要作用，且已有研究发现，光-芬顿反应是将甲基汞氧化为低毒性产物的一条重要路径（Hammerschmidt 和 Fitzgerald，2010）。

7.4.1 处理目的

芬顿型工艺在整个污水处理系统中主要起到以下一个或几个作用：

（1）将目标有机化合物降解为其他有机化合物；

（2）实现目标有机化合物的矿化；

（3）降低污水的毒性；

（4）提高污水中有机负荷的可生物降解性；

（5）降低污水的生物需氧量（biological oxygen demand，BOD）和化学需氧量（chemical oxygen demand，COD）；

（6）减少污水中总有机碳含量（total organic carbon，TOC）；

（7）处理污水色度问题；

（8）处理污水嗅味问题。

当在水处理系统中采用芬顿型工艺时，可能需要增加以下处理过程：

（1）预处理过程，包括：

1）用过滤、溶解气浮或混凝沉淀等工艺去除悬浮固体；

2）采用其他降解或分离技术；

3）调节 pH，脱去二氧化碳；

4）与不同种类的污水混合。

（2）后处理过程，包括：

1）pH 调节；

2）污泥分离；

3）进一步深度处理。

处理后的出水依据其组分不同有以下几种去向，包括：

（1）回用于工业生产（可回用至产生原废水的工艺或其他工艺）；

（2）回用于农业灌溉；

（3）排向工业或市政污水管网；

（4）排入天然水体；

（5）排向有内衬的蒸发水池。

7.4.2　适合处理的化合物类型

有许多有机污染物可用芬顿型工艺降解。一些受到广泛研究的化合物被归类为持久性有机污染物（POPs）、新兴污染物（CECs）以及优先控制物质，如下所示：

（1）纺织染料（Kiwi 等，2000）；

（2）皮革制造相关化学试剂及其副产物（Kurt 等，2007）；

（3）甲醛（Guimaraes 等，2012）；

（4）石油精炼时生成的副产物，包括 BTEX（苯、甲苯、乙苯以及二甲苯）（Da Silva 等，2012）；

（5）石油化工、石油精炼、聚合物制造业以及制药工业产生的苯酚和酚类化合物，主要包括以下优先控制物质：烷基酚（alkyl phenols，APs）、烷基酚聚氧乙烯醚（alkylphenol ethoxylates，APEOs）以及双酚 A（bisphenol A，BPA）（Gözmen 等，2013；Molkenthin 等，2013）；

（6）木材制浆及食品制造时产生的天然酚类化合物（Gernjak 等，2003）；

（7）一些氯代有机化合物，例如四氯化碳（Che 和 Lee，2011）；

（8）农用化学品，包括农药（杀虫剂、除草剂、抗微生物剂和杀真菌剂）（Ballesteros Martín 等，2008；Lapertot 等，2006）；

（9）药物及个人护理品（PPCPs）（Fatta-Kassinos 等，2011）；

（10）表面活性剂（Lin 等，1999）；

（11）芳香胺类物质（Brillas 和 Casado，2002）；

（12）地下水和土壤中的硝基芳香类易燃物（Matta 等，2007）；

（13）垃圾渗滤液中的污染物（Deng 和 Englehardt，2006）；

（14）市政污水处理厂出水中的污染物（De la Cruz 等，2012）。

7.4.3 工艺优势

相比于其他高级氧化工艺，芬顿型工艺具有反应速度快、投资及运行费用低等优势（Cañizares 等，2007）。由于均相芬顿体系中没有固体和/或气体，因此其不会像非均相芬顿体系一样存在传质受限的问题。铁元素的含量相当丰富，且可能天然存在于反应体系中。铁系催化剂无毒且价格便宜，而许多其他适用的金属催化剂可能具有毒性，且成本较高。另外，过氧化氢易于运输和管理，且在稀释后不会对环境造成污染。

太阳光通常可作为光-芬顿反应的光源（太阳光-芬顿反应）。地面上太阳光的光子通量极大，可达 300nm 以上，而大部分具有光活性的铁组分可吸收光的最大波长在 400nm 左右（Zuo 和 Hoigne，1992）。因此，波长在 300～400nm 的光可被用于光-芬顿反应。例如，污染物在水中的直接光解多发生在 200～280nm 波长范围内，因此，太阳光并不适用于直接光解污染物。

电-芬顿工艺和超声-芬顿工艺需要使用专业、昂贵的设备，同时这两种工艺的能耗要高于常规芬顿工艺或太阳光-芬顿工艺。

7.4.4 工艺局限性

在未使用合适的络合剂时，均相芬顿反应只在 pH 为 2～4 范围内具有较高的效率。因此，对于大部分的天然水体（pH 为 5～9）以及生物处理出水（pH 为 6～7）而言，该工艺的处理效果较差。这主要是因为当 pH 大于 3～4 时会发生铁（Ⅲ）氢氧化物的沉淀，而该沉淀物的催化活性较低。因此，在芬顿工艺进行前需要进行 pH 调节。另外，由于碳酸盐是 ·OH 的淬灭剂，芬顿工艺前需要利用酸化步骤去除碳酸盐（同时进行快速搅拌）。

芬顿工艺完成后，处理后的出水需要在回用或排放前再一次调节 pH。这将增加额外的支出，且会产生大量的含铁污泥（Andreozzi 等，1999）。有研究发现，当体系中使用了能与 Fe（Ⅲ）形成络合物的特定有机配体时，此时芬顿反应可在更高的 pH 条件下运行（Balmer 和 Sulzberger，1999）。相关原理主要有以下两个：一是络合物的产生可以防止体系中发生铁（Ⅲ）氢氧化物的沉淀，从而减少体系中铁（Ⅲ）的质量损失；二是（在光-芬顿体系中）络合态 Fe（Ⅲ）的光解速率比 Fe（Ⅲ）的水合物或无机化合物的光解速率更快（Andreozzi 等，1999）。有机配体的浓度越高，Fe（Ⅲ）的络合程度越大。然而，由于大多数有机配体也可与自由基或其他氧化剂反应，所以增加有机配体的浓度也可能导致目标污染物的氧化速率下降。

向体系中加入可与 Fe（Ⅲ）络合的有机化合物是芬顿工艺的一种重要改良方式。在传统的芬顿工艺中，首先需要投加大量的酸以实现最适宜的反应条件，在反应完全后还需要加碱调节溶液的 pH，由于上述过程会增加水中的含盐量并引发一系列操作上的问题，例如需要现场存储和处理这些具有危险性的酸和碱，因此很难将其运用到实际工艺中。尽管用于此工艺的有机配体在使用过程中会被部分消耗，但这些有机配体仍然必须具有良好的可生物降解性。合适的配体一方面需要能与 Fe（Ⅲ）紧密结合，另一方面还不能影响体系中还原性物质（如超氧化物）将Fe（Ⅲ）还原为Fe（Ⅱ）的过程。当Fe（Ⅲ）络合物具有光敏性时，光照可使络合物的中心金属发生还原反应（配体—金属间产生电荷转移），从而促进Fe（Ⅱ）的生成。在pH为3～9条件下，用于改良芬顿反应的配体包括天然的聚羧酸（例如草酸和柠檬酸）以及人工合成的氨基聚羧酸（例如EDTA和EDDS）。其中EDTA的可生物降解性差，且不能被污水的化学处理工艺去除。在EDDS的三个立体异构体中，[S，S]-EDDS是可生物降解的，且在上述四种络合剂中具有最好的效果（Huang等，2012）。

络合剂的使用并不能解决出水中铁元素浓度较高的问题，但其可以避免在后续加入碱性物质或混凝剂时产生Fe的沉淀物（当配体在芬顿反应中未被降解时）。使用非均相芬顿工艺能有效减少体系中溶解态铁的含量，这是因为此时大部分铁元素是以固相存在的（矿物态或被吸附离子态）。此外，大多数非均相芬顿工艺还具有可在接近中性pH条件下运行的优点。

芬顿反应可以使部分有机物完全矿化，将其转化为CO_2、H_2O以及无机离子。但这通常需要消耗过量的化学试剂，进而导致工艺的运行成本较高。因此在实际的芬顿反应中，有机物通常不会被完全降解（Huston和Pignatello，1999）。污染物的部分降解一般可使其毒性降低，并提高处理后出水的可生物降解性。然而，有时未被完全降解的产物可能与原物质毒性相当，甚至具有更高的毒性（Fernández-Alba等，2002）。

7.4.5　实验室以及中试研究

近25年来，有许多研究者在实验室或中试水厂开展了有关芬顿工艺的应用研究。针对与芬顿反应相关的工艺，Pignatello等（2006）发表了一篇详尽的文献综述。这篇综述中叙述的大部分工艺都是异位处理工艺，适用于处理污水前将污水贮存在水池中的情况。此外，文中也有提及一些用于处理地下水和土壤的原位处理工艺。

7.4.5.1　均相暗（热）芬顿反应

农药：阿特拉津（2-氯-4-二乙胺基-6-异丙胺基-1，3，5-三嗪）是一种常用的除草剂，其对动物具有毒性且很难被生物降解。Chan和Chu（2005）在pH＝2的条件下研究了Fe^{II}和H_2O_2的比例对阿特拉津降解效果的影响，发现在60min内阿特拉津（初始浓度为10 μmol/L）的去除率最高可达到98%，对应的最佳实验条件为[Fe^{II}]＝200μmol/L、[H_2O_2]＝600μmol/L。研究结果显示，此过程中阿特拉津的降解路径十分复杂，反应过程中产生了10种有机中间产物，这些中间产物有些是由阿特拉津发生脱烷基（完全或部分）反应产生的，有些是由其发生脱氯反应生成的，但并未发生开环反应。此条反应路径中的最终产物为三聚氰酸二酰胺，其比阿特拉津更容易被生物降解。在将处理后的出水排放至水体环境前，需要对其进行进一步处理以去除水中残留的氯代-s-三嗪（Arnold等，1995）。

纺织染料：纺织废水中通常含有高浓度的偶氮染料以及很多其他污染物，其中偶氮染料具有高色度且很难被生物降解。然而，羟基自由基可与染料快速反应，例如其与偶氮染料金橙Ⅱ的反应速率常数可达 6.0×10^9 L/(mol·s)（Kiwi 等，2000）。此反应可破坏染料的发色团，并形成无色的羟化产物；因此处理后的水可重新回用于染色工艺。与大部分常规芬顿工艺类似，Kiwi 等（2000）的研究在 pH 小于 3 的条件下进行，但是印染工艺出水的 pH 一般在 4～12 之间。有研究利用 Fe^{III} 络合物扩大芬顿工艺适用的 pH 范围（Aplin，2001）。研究发现，向体系中加入一些常见且便宜的络合物可以使芬顿工艺在 pH 为 6 的条件下运行（Sun 和 Pignatello，1993）。此外，部分结构更加复杂且价格较高的络合剂可以使芬顿工艺在很高的 pH 条件下运行，例如在将 Fe^{III} 和四氨基环状配体形成的络合物（Fe^{III}-TAML）与 H_2O_2 联合使用时，可在 pH 为 9～11 的条件下将金橙Ⅱ降解为无毒产物（Chahbane 等，2007）。

7.4.5.2 非均相暗（热）芬顿反应

与均相芬顿工艺，尤其是均相暗芬顿工艺相比，非均相芬顿工艺的主要优点在于其不会产生大量的含铁污泥。在某些情况下，固体物质可充当 Fe^{2+} 离子的来源，例如水矿石可溶解产生 Fe^{2+}（Barreiro 等，2007）或者树脂可解析产生 Fe^{2+}。在另一些条件下则发生真正的非均相催化反应，此时铁一直以固相存在于体系中。

杂环芳香族化合物：Valentine 和 Wang（1998）发现，在一项名为 IROX 的非均相芬顿工艺专利中（Gurol 和 Lin，1998），针铁矿表现出对喹啉氧化反应最佳的催化效果。此工艺使用矿石氧化物的微粒（10μm～5mm）作为催化剂（通常为针铁矿（α-FeOOH）），而氧化剂一般选用过氧化氢。其他可选择的 Fe（Ⅲ）氧化物催化剂包括纤铁矿（γ-FeOOH）、赤铁矿（α-Fe_2O_3）、褐铁矿（FeO（OH）·nH_2O）、磁铁矿（Fe_3O_4）等其他铁（Ⅲ）的氧化物和氢氧化物。矿石的表面积越大，其催化效率越高。由于针铁矿在大部分 pH 条件下不溶于液体溶剂，因此其在用作非均相催化剂时不会有较大的质量损失。

7.4.5.3 均相光-芬顿反应

天然酚类化合物：食品加工业和木浆造纸工业产生的天然酚类化合物的毒性并不高。然而，当其浓度过高时可能会杀死污水处理厂内生物处理工艺中的微生物。Gernjak 等（2003）发现，当加入 100mmol/L Fe（Ⅱ）以及过量 H_2O_2（按化学计量数计算得到的数值的 12～24 倍）时，利用光-芬顿反应（以中压汞灯作为光源）可在 1～3h 内将这些天然酚类化合物（1mmol/L）完全矿化，且反应中未生成难降解的中间产物。

氯代芳香族化合物：氯代芳香族化合物存在于多处污水和地下水中。其具有较高的毒性，且不能被完全生物降解。Benitez 等（2001）发现，光-芬顿工艺对一系列氯代苯酚有去除效果，但不能使其完全降解。实验结果显示，氯代芳香族化合物的降解效果受其芳香环上氯原子数目影响，目标物质上取代的氯原子数目越多，则该物质越难被降解。

纺织染料：在一项用光-芬顿工艺降解活性红 235 的研究中（汞弧灯作为光源，草酸盐、柠檬酸和戊二酸盐作为 Fe（Ⅲ）的配体），Aplin（2001）发现配体的催化效率取决于反应体系的 pH 值。在 pH 为 3 的条件下，以草酸盐作为配体时染料的降解速率最快（与无配体情况下的降解速率一致）。当 pH 为 4.5 时，依然是以草酸盐作为配体时染料的降解速率最快，但当 pH 为 6 时，以柠檬酸盐作为配体的体系表现出更好的降解效果。研究发现，以戊二酸盐作为配体时染料的降解速率相对更低，这是因为络合物 Fe（Ⅲ）-戊二酸盐的光活性较低。

农药： Balmer 和 Sultzberger（1999）研究了阿特拉津在铁^{Ⅲ}-草酸体系中的降解过程，该体系与光-芬顿体系较为相似，但不同之处在于光-芬顿体系中的过氧化氢是作为反应试剂被添加到体系中，而该体系是通过光解 $Fe^{Ⅲ}$-草酸络合物原位生成过氧化氢。研究者发现，在以氙弧灯为光源（模拟太阳光）的体系中，当反应条件为 pH＝ 3.2、[$Fe_{(aq)}$] ＝ 6μmol/L、[草酸] ＝ 18μmol/L 时，0.47μmol/L 阿特拉津可以在 125min 内被完全降解。此外，将草酸浓度增大 10 倍可以使反应时间缩短至 20min，而当 pH 大于 7 时阿特拉津并未发生降解。当反应体系中没有草酸盐配体时，阿特拉津的降解效率显著下降，且该体系在 pH>4 时无降解效果。

7.4.5.4　非均相光-芬顿反应

氯酚： Sabhi 和 Kiwi（2001）以及 Maletzky 等（1999）研究了非均相芬顿反应以及光-芬顿反应对氯酚的降解过程，实验中的铁离子被固定在 Nafion® 全氟化膜上。Nafion® 膜（Dupont™N117）很难被羟基自由基氧化破坏。这些反应可以在中性 pH 条件下进行，其对污染物的降解效果与酸性体系相近，且在后续的生物处理之前不需进行 pH 调节（Balanosky 等，1999）。膜表面上 Fe（Ⅱ）和 Fe（Ⅲ）离子发生的反应与溶解的 Fe（Ⅱ）和 Fe（Ⅲ）离子发生的反应相同。这种膜可以多次循环使用，且膜上的 Fe（Ⅲ）离子不会被大量释放进入溶液，从而导致反应效率降低（Sabhi 和 Kiwi，2001）。

纺织染料： Fernandez 等（2000）利用芬顿反应来强化偶氮染料金橙Ⅱ的脱色/降解过程，该研究以被包覆的 Fe 作为反应的催化剂。其中铁通过与羧酸基团的络合反应负载在海藻酸钠凝胶微球上。Fe-海藻酸钠微球的直径约为 2mm，其中含有高度分散的粒径约为 0.5nm 的铁质。能量色散 X 射线显微分析的结果显示，Fe-海藻酸钠微球中的铁主要分布在微球表面。当采用模拟太阳光并加入 H_2O_2 时，研究者发现金橙Ⅱ在 pH＝5.6 时的降解速率仅略高于其在 pH＝7.8 时的降解速率，然而 pH＝10 时的降解速率显著降低。

硝基酚： Pulgarin 等（1995）利用非均相光-芬顿反应降解 4-硝基酚，该研究中的铁催化剂以沸石为载体（Fe-ZSM-5）存在于体系中。当反应条件为 T＝35℃、Fe-沸石＝1.5%、[H_2O_2] ＝13mmol/L 时，溶液中 3.6mmol/L 的 4-硝基酚可在约 8h 内被光完全降解。然而，反应物完全矿化的实现需要超过 12h。

7.4.5.5　电-芬顿反应

Brillas 等（2009）对目前可应用的电-芬顿工艺的类别及其应用进行了总结。

农药： Brillas 等（2000）在 pH 为 3 条件下用电-芬顿法和光电-芬顿法（原位生成 H_2O_2）降解 2，4-D，实验结果显示，对于低盐溶液中的 230mg/L 2，4-D，光电-芬顿法可在低电流条件下使其完全矿化，而电-芬顿法对其矿化率为 90%左右。2，4-D 在两种芬顿型反应中的去除率是相同的，但光电-芬顿法具有更高的降解能力，这是因为一些中间体可快速发生光解反应。这些中间体包括氯代酚类（如 2，4-二氯苯酚、4，6-二氯间苯二酚、氯对苯二酚和氯苯醌）以及一些短链酸（如乙醇酸、乙醛酸、马来酸、富马酸和草酸等）。

芳香胺：Brillas 和 Casado（2002）在中试研究中用电-芬顿® 和过氧-混凝工艺降解苯胺，采用的恒定电流高达 20A。在 pH ＝3、$T=40$℃ 条件下，研究者在 50mmol/L Na_2SO_4/H_2SO_4 溶液中配制了初始浓度为 1000mg/L 的苯胺溶液。反应器由一个以再循环模式运行的压滤式电池组成，包含一个阳极和一个氧气扩散阴极（由碳-聚四氟乙烯组成），每个电极的面积为 0.010m^2。就电-芬顿反应®而言，其阳极是镀铂钛网或 DSA® 板。而过氧-混凝法中的阳极是铁板。采用电-芬顿工艺（使用 1mmol/L Fe（Ⅱ））时，20A 电流下苯胺的降解率在 2h 后达到 61％。过氧-混凝工艺显示出更高的降解能力，其在 20A 电流下可以去除 95％以上的溶解性苯胺，这是因为一些中间产物会与反应中产生的氢氧化铁（Ⅲ）沉淀物发生混凝反应。这两种工艺的能耗较为适中，将随着电解时间和外加电流的增加而增加。

7.4.5.6 类芬顿反应

燃料：在一项降解 1，1-二甲基联氨（1，1-dimethylhydrazine，UDMH）的研究中，Pestunova 等（2002）比较了一系列含 Cu-氢氧化物和 Fe-氢氧化物的催化剂，该类催化剂负载在氧化物载体上，所含活性金属质量分数小于 2％。UDMH 是航天火箭和导弹的主要推进燃料，属于剧毒物质，在水中允许存在的最大浓度为 0.01mg/L。研究者发现，当体系中存在金属氢氧化物催化剂时，H_2O_2 和 O_2 均可以在水溶液中有效氧化 UDMH。溶液的 pH 会影响相关反应机理。在中性 pH 条件下，该反应的主要产物为无毒的 1，1，5，5-四甲基甲醛阳离子（产率可达 30％），该物质随后会进一步分解为其他低毒性产物。然而，这一反应在碱性介质中不具有选择性，将生成一些有毒且稳定的产物，如 1，1-二甲基亚硝胺（1，1-dimethylnitrosamine，DMNA）和二甲基甲酰胺（dimethylformamide，DMFA）等，产率可高达 15％。实验结果表明，相较于含铜催化剂，含铁催化剂在反应体系中的金属损失率更低，两种催化剂中的活性金属在 pH＝7 时的浸出率分别为 0.5％（Fe）和 30％（Cu）。

受无机污染的地下水：Hug 等（2001）开发了一种类似于光-芬顿工艺的工艺，并用于处理被砷污染的地下水。在该工艺中，As（Ⅲ）先被氧化为 As（Ⅳ），随后被氧化为 As（Ⅴ）。这一工艺可以在接近地下水的 pH 条件下进行（pH 通常为 6.5～8）。在该工艺中，研究者首先向水中加入柠檬酸（以柠檬汁的形式），然后将其暴露于阳光下。但体系中通常不会添加铁元素，因为 Fe（Ⅱ）可自然存在于含砷地下水中，但如有必要，可以向其中添加 Fe（Ⅱ）或 Fe（Ⅲ）盐。该反应过程中会形成一种具有光活性的 Fe（Ⅲ）-柠檬酸盐络合物。尽管该体系中没有添加过氧化氢，但有研究者猜测系统中产生的超氧自由基会导致少量过氧化氢的生成，其中超氧自由基是由 Fe（Ⅲ）-柠檬酸盐后续的光解反应产生的。当体系中的柠檬酸盐在光解反应中被消耗殆尽时，柠檬酸的光解产物（3-氧戊二酸）会导致 Fe（Ⅲ）-氢氧化物沉淀析出。随后，As（V）被吸附在沉淀物上，即可通过沉淀和分离的方式将其从系统中去除。该工艺可利用已有的无毒物质（如柠檬汁）、阳光和简单的反应装置（如透明塑料瓶），因此适合在发展中国家进行小规模使用。

7.4.6　商业化应用

7.4.6.1　工业废水处理厂

非原位的芬顿工艺通常可以利用常规的废水处理设备。下列公司可为相关废水处理厂提供芬顿型工艺的设计：

（1）USP Technologies（曾用名 US Peroxide），美国（http：//www. H_2O_2. com/）；

（2）Lenntech，荷兰（http：//www. lenntech. com/fenton-reaction. htm）；

（3）Enviolet，德国（Aqua Concept）（http：//www. enviolet. com/en/uv-oxidation/uvoxidation/photo-fenton-reaction. html）。

7.4.6.2　原位土壤以及地下水修复

向土壤或地下水中注入含有 H_2O_2 溶液的方法属于原位化学氧化法（in-situ chemical oxidation，ISCO）。这类方法也称为催化 H_2O_2 传播法（catalyzed H_2O_2 propagations，CHP），涉及芬顿型化学。有几项应用芬顿反应的专利技术被用于 ISCO 方法修复受污染的土壤和地下水过程，其中包括：

（1）Geo-清洁法®（利用过氧化氢和金属盐原位处理地下环境），Geo-清洁国际公司（http：//www. geocleanse. com/chemical-remediation/reagents）。

（2）CleanOX® 原位化学氧化法（利用过氧化氢和天然铁元素原位处理土壤和地下水，必要时额外补充铁），MEC^X（http：//www. mecx. net）。

（3）ISOTECH℠利用改良的芬顿试剂进行原位处理（中性 pH 下使用铁的螯合物）（http：//www. isotec-inc. com）。

（4）BIOX® 法（原位耦合化学氧化-强化生物降解工艺，以硫酸铁为催化剂），Innovative Remediation Technologies（http：//irtechllc. com/in-situ-chemical-oxidation-technology/）。

（5）采用 In-Situ Technieken b. v. 的 ISCO 技术修复土壤和地下水，荷兰（http：//insitu. nl/en/）。

ISCO 工艺是利用各种技术将过氧化氢和催化剂（一种专用的、无危害的金属盐混合物）注入至地下环境中。通常修复过程的完成需要耗费几个小时至几个月时间。

ISCO 工艺的缺点之一是在注入试剂时可能会发生剧烈的放热反应。此外，由于芬顿反应的最适 pH 为 3 左右，而地下环境中存在的碱性岩石会中和反应体系中添加的酸，因此很多相关应用在进行中受阻。然而在许多上述处理工艺中，相关人员利用可在接近中性 pH 条件下工作且引起温度变化最小的铁络合剂，使得这一问题得到了解决。

BIOX® 工艺在中性 pH 条件和地下水环境温度下进行。该工艺将一种专用试剂（含过氧化氢、硫酸铁、钙或镁的氧化物及其他物质）应用于土壤。该工艺并未采用注入井的方法，也未向体系中添加酸。该工艺中的有机降解产物（毒性较低）随后会被土壤中天然产生的细菌利用（Holish 等，2000）。

ISOTECH℠改良型芬顿工艺使用一种专有的催化剂来延缓羟基自由基的形成，从而使试剂和污染物充分混合。该催化剂中含有铁络合剂，可用于防止铁沉淀，并使反应可在中性 pH 条件下进行（Greenberg 等，1998）。

Geo-清洁法®在弱酸性条件下使用（pH 为 4～6），而对于 pH 高于 8 的地下水以及含泥炭的土壤则不推荐使用该种方法。当化学氧化过程结束后，可用天然产生的微生物来完成现场修复（Casey 和 Bergren，1999）。

7.4.7 设备设计与经济考虑

芬顿型工艺的投资成本主要由仪器成本和场地费用组成，其中仪器成本包括反应容器、泵、定量给料设备、混合器、光源（例如 UVA 灯）或太阳能收集器等的成本。另外，运营成本包括化学品、电力、劳动力、设备维护以及废弃物处置的成本等。大多数工艺使用廉价的铁盐（例如 $FeSO_4 \cdot 7H_2O$）作为催化剂，其余反应试剂包括过氧化氢、酸和碱，但是有些方法需要使用更昂贵的催化剂。

有些工艺增加了能耗（例如使用更强的光源），但其对应的处理时间也会缩短，因此工厂单位产量的投资成本也可能会降低。

处理成本通常依据处理单位水量所需的费用计算，但是这种计算方式没有考虑水中污染物浓度变化的影响，即当污染物浓度增加时处理费用也会相应升高。Bolton 等（2001）提出的优值法可作为比较废水处理中高级氧化工艺能耗的标准化准则，该方法在考虑目标污染物浓度的基础上对各种工艺进行了能效评价。研究者已针对电能驱动系统和太阳能驱动系统这两种系统推导出相关计算公式，且每种系统的计算公式与 AOP 的种类无关。对于电能驱动系统而言，当其处理的污水中含高浓度污染物时，优值法计算的是去除单位质量污染物所耗费电能（E_{EM}），而当其处理的污水中污染物浓度较低时，则是计算当污染物浓度降低一个数量级时所耗费电能（E_{EO}）。对于太阳能驱动系统而言，优值法计算的是去除单位质量污染物所需收集器面积（A_{CM}）和使污染物浓度降低一个数量级所需收集器面积（A_{CO}）。

相关人员在评估某项工艺的投资成本和运营成本时，通常忽略该工艺对环境的影响。在用各种 AOPs 处理牛皮纸制造厂的漂白废水时，Muñoz 等（2005）比较了用太阳能以及 UVA 灯作为光源的两种情况。研究人员考虑了催化剂、其他试剂以及电力生产过程对环境造成的影响，主要包括以下 8 类：全球变暖、臭氧耗竭、水体富营养化、酸化、人体毒性、淡水水生毒性、光化学臭氧形成和非生物资源消耗。研究显示，电耗对环境的影响最大，而催化剂和其他试剂的生成过程造成的影响相对较小。此外，与 UVA 灯相比，太阳能的利用使该工艺对环境的影响降低了超过 90%。

7.4.8 联合工艺

芬顿工艺通常与生物降解法、混凝沉淀或压力驱动的膜工艺等其他水处理工艺结合使用，从而形成高效的处理系统（Comninellis，2008）。尽管芬顿工艺可在其他工艺之前或之后运行，但相关工艺的组合顺序通常由污染物种类及处理目标决定。

7.4.8.1 芬顿工艺与混凝沉淀联用

芬顿工艺中使用的铁元素可以代替混凝过程中投加的三价铁盐（Dolejs 等，1994）。芬顿工艺的污泥产量比传统的水处理工艺更低，因此，芬顿工艺可利用已有的混凝-絮凝装置处理受有机污染的水。然而，芬顿反应要求的低 pH 条件可能会阻碍这一工艺的应用，因为在低 pH 条件下水厂可能发生腐蚀现象。需要说明的是，一些在芬顿工艺中未被降解的有机物可能会在混凝和沉淀过程中被去除。这一现象看似有利，但也可能导致体系中生成难以处置的有毒污泥。

当水中存在悬浮颗粒时，光线会受到阻挡，此时只可采用暗芬顿工艺。由于芬顿工艺通常不能完全矿化所有的有机物，因此出水在回用或排入天然水体前，可能仍需对其进行生物处理。此外，为去除出水中的含铁污泥，需要进行中和以及进一步的沉淀处理。

7.4.8.2 芬顿工艺与生物降解法联用

不论有机物是否可被生物降解，芬顿工艺通常能使其部分矿化。当污水中难生物降解的有机物含量远远高于易生物降解的有机物时，尤其是水中存在的高毒性有机物对生物处理过程有抑制作用时，应该先使用芬顿工艺，从而可先将这些化合物降解成更易于被生物降解的物质。但该工艺顺序（芬顿工艺-生物处理）也存在缺点：由于光-芬顿工艺在低 pH 条件下的处理效率更高，因此芬顿工艺出水在进行生物降解处理前需要调节 pH。这会导致处理成本升高，并使出水中的盐含量增加。如果待处理水中的可生物降解有机物浓度较高，而不可被生物降解且对生物反应器中的生物体相对无毒的有机物浓度较低时，则可以先进行生物降解过程。

若生物降解过程受到毒性有机物的抑制，那么水或土壤中的生物活性可能会在芬顿工艺处理后增加。然而，芬顿工艺的运行条件非常不利于生物生长，一方面体系中存在过量的过氧化氢和其他氧化剂，另一方面反应中通常会出现低 pH 的情况（$pH<4$），则体系中原本存在的微生物越来越少。当反应体系中原本存在致病菌时，这种消毒方式具有一定优势，但如果随后还需进行生物降解反应，则水体必须进行中和，且水中不能含有剩余的过氧化氢。Pulgarin 等（1999）发现，半连续运行方式可以解决芬顿工艺出水中剩余大量过氧化氢的问题。

De la Cruz 等（2012）研究发现，对于活性污泥法（一种好氧生物处理工艺）处理后的出水而言，芬顿工艺和光-芬顿工艺可以大量或完全去除其中存在的微污染物。这种水中所含的溶解性有机物（dissolved organic matter，DOM）浓度约为微污染物浓度的 2000 倍，且芬顿反应在 pH 接近中性的条件下进行。其中 DOM 可能起到光敏剂或络合剂的作用，使铁元素保持溶解态。

许多情况下，需要在处理后的土壤或水中接种适合的生物，这一目的可通过将其与未受污染且含有所需生物的土壤或水混合来实现。如果条件适宜，处理后土壤或水中的生物量可达到原先状态，甚至普遍超过之前的生物量，这是因为水中的有毒物质已被去除。

Miller 等（1996）发现，某些特定种类的细菌（尤其是假单胞菌）会在处理后的土壤或水中繁殖。这些物种的存在可促进被污染土壤的修复过程。由于工艺的反应条件不适合菌种生存，所以反应介质中异养细菌的多样性降低；然而，一旦氧化剂衰减至无，之前生长受抑制的微生物种群就会进行繁殖。

为了优化反应过程，需要均衡芬顿工艺和生物降解过程的处理时间（Pulgarin 等，1999）。若芬顿反应未彻底进行，则进入生物处理的水仍具有毒性；然而，延长芬顿工艺的运行时间会增加处理成本，在延长同等时间的条件下，芬顿工艺对处理成本的影响大于生物过程。如果光-芬顿工艺在最佳条件下运行，此时可能不需要进一步的生物降解过程。

7.4.8.3 芬顿工艺与膜工艺联用

比起单独使用芬顿工艺或压力驱动的膜工艺，两者的组合工艺能达到更好的处理效果，其中膜工艺包括反渗透、纳滤或超滤。当膜工艺产生的浓缩液中含有高浓度的难生物降解有机物时，可以采用芬顿工艺解决浓缩液的处置问题。这种组合工艺最适用于废水中含有痕量的有机污染物（如浓度在 ng/L～μg/L 范围内的微量污染物）且所选膜对有机污染物的截留率较高的情况。由于芬顿工艺出水中残留的铁会导致膜污染，所以用膜法处理芬顿工艺的出水通常是不可行的。即使在两个工艺之间加入混凝沉淀过程也可能不行，因为氧化降解过程会使有机物的分子量降低，从而使其更难被纳滤膜或超滤膜截留。

Miralles-Cuevas 等（2014）对该联合工艺进行了研究，研究者首先配制了含有 5 种药物（卡马西平、氟甲喹、布洛芬、氧氟沙星和磺胺甲恶唑）的合成污水，其中每种药物的初始浓度均为 15μg/L，随后将合成的污水与天然水混合，实验结果显示，相比于处理原始废水，采用太阳光-芬顿工艺处理纳滤膜浓缩液所需的时间缩短了 88%，使用的 H_2O_2 量减少了 89%。该实验中纳滤工艺的截留率超过 95%，且滤后水中的药物浓度低于其原始浓度的 1.5%。浓缩液中每种药物的浓度约为 150μg/L，用芬顿工艺处理该浓缩液的反应条件为：$[Fe^{2+}]=5mg/L$，$[H_2O_2]=25mg/L$，pH≈5。由于浓缩液中的碳酸盐总量低于原始废水，为除去体系中的碳酸盐，只需向浓缩液中添加相对少量的 H_2SO_4（酸化后进行搅拌处理）。

7.4.8.4 多种污水的共同处理

在不添加酸或络合剂等其他化学物质的条件下，有些污水很难被芬顿工艺处理。当某种污水中含有的物质可用于处理其他污水的芬顿工艺中时，应考虑对多种污水进行共同处理。

例如，Rivas 等（2002）建议将某些含酚类物质的食品工业废水与含农药的废水混合后再共同处理。其中酚类物质可与 Fe（Ⅲ）形成络合物，进而产生更高效的催化剂。此外，其他含有脂肪族有机酸（如柠檬酸）的食品工业废水也可共同处理。这些化合物的存在可使芬顿工艺的最终出水更易被微生物进一步降解。

Chou 等（2001）在高度为 7m、直径为 1m 的流化床反应器（fluidised-bed reactor，FBR）中展开了中试研究，研究者用铁的氢氧化物（支撑型）和芬顿试剂共同处理印染废水与苯甲酸溶液。该工艺中同时发生了有机化合物的矿化和 Fe（Ⅲ）的沉淀。实验结果表明，在共同处理苯甲酸和纺织染色/染整废水时，FBR-芬顿法矿化有机物以及沉淀

Fe（Ⅲ）的速率均高于传统芬顿法。且与传统芬顿法相比，该方法可使污泥产量降低 60％以上。

7.5 展望

芬顿、改进型芬顿和类芬顿工艺已得到大量研究和报道，这在一定程度上证明了这些工艺在污染物降解方面是具有前景的。然而其中许多研究，尤其是近年来的研究显示，有关芬顿型工艺降解效果的机理研究并未有较大进展，且将该类工艺投入实际生产的可行性并不高。鉴于此现象，我们强调，未来有关芬顿类工艺的研究需要更加详尽、系统，且应关注其中的主导机理。许多有前景的领域在发展过程中受到了阻碍，原因包括对系统的运作方式缺乏充分的理解（以及一些同样重要的深层原因）。因此，对体系进行更深层的、系统的调查性研究有助于对所有芬顿型工艺的相似之处有一个更清晰且全面的理解，从而有助于这一工艺向着经济、有效且实用的方向发展。

每一项研究都宣称其有关某项技术的特定发现是“前所未有的”或“异常惊奇的”。因此，为了真实、可靠且公平地比较不同方法，相关研究者需要采用特定的测试实例或有代表性的运行方案，从而更易确定出优势工艺，并推动这些真正有前景的工艺快速发展。

7.6 参考文献

Ammar S., Oturan M. A., Labiadh L., Guersalli A., Abdelhedi R., Oturan N. and Brillas E. (2015). Degradation of tyrosol by a novel electro-Fenton process using pyrite as heterogeneous source of iron catalyst. *Water Research*, **74**, 77–87.

Andreozzi R., Caprio V., Insola A. and Marotta R. (1999). Advanced oxidation processes (AOP) for water purification and recovery. *Catalysis Today*, **53**, 51–59.

Aplin R. (2001). Degradation of Reactive Dyes by a Modified Photo-Fenton Process. PhD Thesis, School of Civil and Environmental Engineering, The University of New South Wales, Australia.

Ardo S. G., Nélieu S., Ona-Nguema G., Delarue G., Brest J., Pironin E. and Morin G. (2015). Oxidative degradation of nalidixic acid by nano-magnetite via Fe^{2+}/O_2-mediated reactions. *Environmental Science & Technology*, **49**(7), 4506–4514.

Armstrong W. A. (1969). Relative rate constants for reactions of hydroxyl radicals from the reaction of Fe(II) or Ti(III) with H_2O_2. *Canadian Journal of Chemistry*, **47**(20), 3737–3744.

Arnold S. M., Hickey W. J. and Harris R. F. (1995). Degradation of atrazine by Fenton's reagent: Condition optimisation and product quantification. *Environmental Science & Technology*, **29**, 2083–2089.

Aruoma O. I., Halliwell B., Gajewski E. and Dizdaroglu M. (1989). Damage to the bases in DNA induced by hydrogen peroxide an ferric ion chelates. *Journal of Biological Chemistry*, **264**(34), 20509–20512.

Balanosky E., Fernandez J., Kiwi J. and Lopez A. (1999). Degradation of membrane concentrates of the textile industry by Fenton like reactions in iron-free solutions at biocompatible pH values (pH ≈ 7-8). *Water Science & Technology*, **40**(4-5), 417–424.

Ballesteros Martín M. M., Sanchez Perez J. A., Acien Fernandez F. G., Casas López J. L., García-Ripoll A. M., Arques A., Oller I. and Malato Rodriguez S. (2008). Combined photo-Fenton and biological oxidation for pesticide degradation: effect of photo-treated intermediates on biodegradation kinetics. *Chemosphere*, **70**(8), 1476–1483.

Balmer M. E. and Sultzberger B. (1999). Atrazine degradation in irradiated iron/oxalate systems: Effects of pH and oxalate. *Environmental Science & Technology*, **33**, 2418–2424.

Bandala E. R., Peláez M. A., Dionysiou D. D., Gelover S., Garcia J. and Macías D. (2007). Degradation of

2,4-dichlorophenoxyacetic acid (2,4-D) using cobalt-peroxymonosulfate in Fenton-like process. *Journal of Photochemistry and Photobiology A*, **186**(2–3), 357–363.

Bañuelos J. A., El-Ghenymy A., Rodríguez F. J., Manríquez J., Bustos E., Rodríguez A., Brillas E. and Godínez L. A. (2014). Study of an air diffusion activated carbon packed electrode for an electro-Fenton wastewater treatment. *Electrochimica Acta*, **140**, 412–418.

Barb W. G., Baxendale J. H., George P. and Hargrave K. R. (1951a). Reactions of ferrous and ferric ions with hydrogen peroxide. Part I.—The ferrous ion reaction. *Transactions of the Faraday Society*, **47**, 462–500.

Barb W. G., Baxendale J. H., George P. and Hargrave K. R. (1951b). Reactions of ferrous and ferric ions with hydrogen peroxide. Part II.—The ferric ion reaction. *Transactions of the Faraday Society*, **47**, 591–616.

Barbusiński K. (2009). Fenton reaction-controversy concerning the chemistry. *Ecological Chemistry and Engineering. S*, **16**, 347–358.

Barreiro J. C., Capelato M. D., Martin-Neto L. and Bruun Hansen H. C. (2007). Oxidative decomposition of atrazine by a Fenton-like reaction in a H_2O_2/ferrihydrite system. *Water Research*, **41**(1), 55–62.

Bataineh H., Pestovsky O. and Bakac A. (2012). pH-induced mechanistic changeover from hydroxyl radicals to iron(IV) in the Fenton reaction. *Chemical Science*, **3**(5), 1594–1599.

Benitez F. J., Beltran-Heredia J., Acero J. L. and Rubio F. J. (2001). Oxidation of several chlorophenolic derivatives by UV irradiation and hydroxyl radicals. *Journal of Chemical Technology and Biotechnology*, **76**, 312–320.

Berdnikov V. M., Zhuravleva O. S. and Terent'eva L. A. (1977). Kinetics and mechanism of elementary electron transfer in the oxidation of alcohol radicals by hydrated Fe(III) ions. *Bulletin of the Academy of Sciences of the USSR, Division of Chemical Science*, **26**(10), 2050–2056.

Biaglow J. E. and Kachur A. V. (1998). The generation of hydroxyl radicals in the reaction of molecular oxygen with polyphospate complexes of ferrous ion. *Radiation Research*, **148**(2), 181–187.

Boland D. D., Collins R. N., Miller C. J., Glover C. J. and Waite T. D. (2014). Effect of solution and solid-phase conditions on the Fe(II)-accelerated transformation of ferrihydrite to lepidocrocite and goethite. *Environmental Science & Technology*, **48**(10), 5477–5485.

Bolton J. R., Bircher K. G., Tumas W. and Tolman C. A. (2001). Figures-of-merit for the technical development and Application of advanced oxidation technologies for both electric- and solar-driven systems (IUPAC Technical Report). *Pure and Applied Chemistry*, **73**(4), 627–637.

Bossmann S. H., Oliveros E., Göb S., Siegwart S., Dahlen E. P., Payawan (Jr) L., Straub M., Wörner M. and Braum A. M. (1998). New evidence against hydroxyl radicals as reactive intermediates in the thermal and photochemically enhanced Fenton reactions. *Journal of Physical Chemistry A*, **102**, 5542–5550.

Boye B., Dieng M. M. and Brillas E. (2002). Degradation of herbicide 4-chlorophenoxyacetic acid by advanced electrochemical oxidation methods. *Environmental Science & Technology*, **36**, 3030–3035.

Bozzi A., Yuranova T., Mielczarski E., Mielczarski J., Buffat P. A., Lais P. and Kiwi, J. (2003). Superior biodegradability mediated by immobilized Fe-fabrics of waste waters compared to Fenton homogeneous reactions. *Applied Catalysis B*, **42**(3), 289–303.

Bray W. C. and Gorin M. H. (1932). Ferryl ion, A compound of tetravalent iron. *Journal of the American Chemical Society*, **54**(5), 2124–2125.

Brillas E. (2011). Fenton-Electrochemical Treatment of Wastewaters for the Oxidation of Organic Pollutants Using BDD. In: "Synthetic Diamond Films: Preparation, Electrochemistry, Characterization, and Applications", E. Brillas and C. A. Martinez-Huitle (eds.), Wiley, Hoboken, New Jersey, USA, pp. 405–435.

Brillas E. and Casado J. (2002). Aniline degradation by Electro-Fenton® and peroxi-coagulation processes using a flow reactor for wastewater treatment. *Chemosphere*, **47**(3), 241–246.

Brillas E. and Martinez-Huitle C. A. (2015). Decontamination of wastewaters containing synthetic organic dyes by electrochemical means. An updated review. *Applied Catalysis B*, **166-167**, 603–645.

Brillas E., Mur E. and Casado J. (1996). Iron(II) catalysis of the mineralization of aniline using a carbon-PTFE O_2-fed cathode. *Journal of The Electrochemical Society*, **143**(3), L49–L53.

Brillas E., Calpe J. C. and Casado J. (2000). Mineralisation of 2,4-D by advanced electrochemical oxidation processes. *Water Research*, **34**, 2253–2262.

Brillas E., Sirés I. and Oturan M. A. (2009). Electro-Fenton process and related electrochemical technologies based on Fenton's reaction chemistry. *Chemical Reviews*, **109**(12), 6570–6631.

Bucheli-Witschel M. and Egli T. (2001). Environmental fate and microbial degradation of aminopolycarboxylic acids. *FEMS Microbiology Reviews*, **25**(1), 69–106.

Buettner G. R., Doherty T. P. and Patterson L. K. (1983). The kinetics of the reaction of superoxide radical with

Fe(III) complexes of EDTA, DETAPAC and HEDTA. *FEBS Letters*, **158**(1), 143–146.

Burns J. M., Craig P. S., Shaw T. J. and Ferry J. L. (2010). Multivariate examination of Fe(II)/Fe(III) cycling and consequent hydroxyl radical generation. *Environmental Science & Technology*, **44**(19), 7226–7231.

Buxton G. V. and Green J. C. (1978). Reactions of some simple α- and β-hydroxyalkyl radicals with Cu^{2+} and Cu^{+} ions in aqueous solution. A radiation chemical study. *Journal of the Chemical Society, Faraday Transactions 1*, **74**, 697–714.

Buxton G. V., Greenstock C. L., Helman W. P. and Ross A. B. (1988). Critical review of rate constants for reactions of hydrated electrons, hydrogen atoms and hydroxyl radicals ($^{\bullet}OH/^{\bullet}O^{-}$) in aqueous solution. *Journal of Physical and Chemical Reference Data*, **17**(2), 513–886.

Cañizares P., Paz R., Sáez C. and Rodrigo M. A. (2007). Costs of the electrochemical oxidation of wastewaters: A comparison with ozonation and Fenton oxidation processes. *Journal of Environmental Management*, **90**(1), 410–420.

Casey C. and Bergren C. (1999). Chemical oxidation, natural attenuation drafted in Navy cleanup. *Pollution Engineering*, March 1999 Supplement.

Chahbane N., Popescu D. L., Mitchell D. A., Chanda A., Lenoir D., Ryabov A. D., Schramm, K.-W. and Collins, T. J. (2007). Fe III–TAML-catalyzed green oxidative degradation of the azo dye Orange II by H_2O_2 and organic peroxides: products, toxicity, kinetics, and mechanisms. *Green Chemistry*, **9**(1), 49–57.

Chan K. H. and Chu W. (2005). Model applications and mechanism study on the degradation of atrazine by Fenton's system. *Journal of Hazardous Materials*, **118**(1), 227–237.

Che H. and Lee W. (2011). Selective redox degradation of chlorinated aliphatic compounds by Fenton reaction in pyrite suspension. *Chemosphere*, **82**(8), 1103–1108.

Chen L., Ma J., Li X., Zhang J., Fang J., Guan Y. and Xie P. (2011). Strong enhancement on Fenton oxidation by addition of hydroxylamine to accelerate the ferric and ferrous iron cycles. *Environmental Science & Technology*, **45**(9), 3925–3930.

Chevallier E., Jolibois R. D., Meunier N., Carlier P. and Monod A. (2004). "Fenton-like" reactions of methylhydroperoxide and ethylhydroperoxide with Fe^{2+} in liquid aerosols under tropospheric conditions. *Atmospheric Environment*, **38**(6), 921–933.

Choi K., Bae S. and Lee W. (2014). Degradation of off-gas toluene in continuous pyrite Fenton system. *Journal of Hazardous Materials*, **280**, 31–37.

Chou S., Huang Y.-H., Lin H.-L. and Liao C.-C. (2001). Treatment of dying-finishing wastewater using iron oxyhydroxide and Fenton's reagent in a fluidised bed reactor. The Seventh International Conference on Advanced Oxidation Technologies for Water and Air Remediation, Niagara Falls, Ontario, Canada, 25–29 June, pp. 89–91.

Comninellis C., Kapalka A., Malato S., Parsons S. A., Poulios I. and Mantzavinos D. (2008). Advanced Oxidation Processes for Water Treatment: Advances and Trends for R&D. *Journal of Chemical Technology and Biotechnology*, **83**, 769–776.

Costa R. C. C., Lelis M. F. F., Oliveira L. C. A., Fabris J. D., Ardisson J. D., Rios R. R. V. A., Silva C. N. and Lago R. M. (2006). Novel active heterogeneous Fenton system based on $Fe_{3-x}M_xO_4$ (Fe, Co, Mn, Ni): The role of M^{2+} species on the reactivity towards H_2O_2 reactions. *Journal of Hazardous Materials*, **129**(1-3), 171–178.

Costa R. C. C., Moura F. C. C., Ardisson J. D., Fabris J. D. and Lago R. M. (2008). Highly active heterogeneous Fenton-like systems based on Fe^0/Fe_3O_4 composites prepared by controlled reduction of iron oxides. *Applied Catalysis B: Environmental*, **83**(1-2), 131–139.

Croft S., Gilbert B. C., Smith J. R. L. and Whitwood, A. C. (1992). An E.S.R. investigation of the reactive intermediate generated in the reaction between Fe^{II} and H_2O_2 in aqueous solution. Direct evidence for the formation of the hydroxyl radical. *Free Radical Research*, **17**(1), 21–39.

Da Silva S. S., Chiavone-Filho O., de Barros Neto E. L. and Nascimento C. A. (2012). Integration of processes induced air flotation and photo-Fenton for treatment of residual waters contaminated with xylene. *Journal of Hazardous Materials*, **199**, 151–157.

De Laat J. and Gallard H. (1999). Catalytic decomposition of hydrogen peroxide by Fe(III) in homogeneous aqueous solution: mechanism and kinetic modeling. *Environmental Science & Technology*, **33**(16), 2726–2732.

De Laat J. and Le G. T. (2005). Kinetics and modeling of the Fe(III)/H_2O_2 system in the presence of sulfate in acidic aqueous solutions. *Environmental Science & Technology*, **39**(6), 1811–1818.

De Laat J., Le G. T. and Legube B. (2004). A comparative study of the effects of chloride, sulfate and nitrate ions on the rates of decomposition of H_2O_2 and organic compounds by Fe(II)/H_2O_2 and Fe(III)/H_2O_2. *Chemosphere*, **55**(5), 715–723.

De la Cruz N., Giménez J., Esplugas S., Grandjean D., De Alencastro L. F. and Pulgarin C. (2012). Degradation of 32 emergent contaminants by UV and neutral photo-Fenton in domestic wastewater effluent previously treated by activated sludge. *Water Research*, **46**(6), 1947–1957.

Deng Y. and Englehardt J. D. (2006). Treatment of landfill leachate by the Fenton process. *Water Research*, **40**(20), 3683–3694.

Dhananjeyan M. R., Kiwi J., Albers P. and Enea O. (2001a). Photo-assisted immobilized Fenton Degradation up to pH 8 of Azo Dye Orange II mediated by Fe^{3+}/*Nafion*/Glass Fibers. *Helvetica Chimica Acta*, **84**, 3433–3441.

Dhananjeyan M. R., Mielczarski E., Thampi K. R., Buffat Ph., Bensimon M., Kulik A., Mielczarski J. and Kiwi J. (2001b). Photodynamics and surface characterization of TiO_2 and Fe_2O_3 photocatalysts immobilized on modified polyethylene films. *Journal of Physical Chemistry B*, **105**, 12046–12055.

Dolejs P., Kalousková N., Prados M. and Legube B. (1994). Coagulation of humic water with Fenton reagent. In: Chemical Water and Wastewater Treatment III, R. Klute and H. H. Hahn (eds), Springer-Verlag, Berlin, pp. 117–129.

Dorfman L. M., Taub I. A. and Buhler R. E. (1962). Pulse radiolysis studies. I. Transient spectra and reaction-rate constants in irradiated aqueous solutions of benzene. *Journal of Chemical Physics*, **36**(11), 3051–61.

Duesterberg, C. K. and Waite, T. D. (2006). Process optimization of Fenton oxidation using kinetic modeling. *Environmental Science & Technology*, **40**(13), 4189–4195.

Duesterberg C. K. and Waite T. D. (2007). Kinetic modeling of the oxidation of *p*-hydroxybenzoic acid by Fenton's reagent: Implications of the role of quinones in the redox cycling of iron. *Environmental Science & Technology*, **41**(11), 4103–4110.

Duesterberg C. K., Cooper W. J. and Waite T. D. (2005). Fenton-mediated oxidation in the presence and absence of oxygen. *Environmental Science & Technology*, **39**, 5052–5058.

Dunford H. B. (2002). Oxidations of iron(II)/(III) by hydrogen peroxide: from aquo to enzyme. *Coordination Chemistry Reviews*, **233–234**, 311–318.

Eberhardt M. K. (1984). Formation of olefins from alkyl radicals with leaving groups in the β-position. *Journal of Organic Chemistry*, **49**(20), 3720–3725.

EPA (2014a). Water: Contaminants of Emerging Concern. http://water.epa.gov/scitech/cec/ (accessed 17 December 2014).

EPA (2014b). Water: Industry Effluent Guidelines. http://water.epa.gov/scitech/wastetech/guide/laws.cfm (accessed 17 December 2014).

EPA (2015). Persistent Organic Pollutants: A Global Issue, a Global Response. http://www2.epa.gov/international-cooperation/persistent-organic-pollutants-global-issue-global-response (accessed 23 February 2015).

European Commission (2015). Priority substances under the Water Framework Directive, updated: 04/02/2015. http://ec.europa.eu/environment/water/water-dangersub/pri_substances.htm (accessed 23 February 2015).

Fang G.-D., Zhou D.-M. and Dionysiou D. D. (2013). Superoxide mediated production of hydroxyl radicals by magnetite nanoparticles: Demonstration in the degradation of 2-chlorobiphenyl. *Journal of Hazardous Materials*, **250-251**, 68–75.

Fang X., Pan X., Rahmann A., Schuchmann H.-P. and von Sonntag C. (1995). Reversibility in the reaction of cyclohexadienyl radicals with oxygen in aqueous solution. *Chemistry – A European Journal*, **1**(7), 423–429.

Fatta-Kassinos D., Vasquez M. I. and Kümmerer K. (2011). Transformation products of pharmaceuticals in surface waters and wastewater formed during photolysis and advanced oxidation processes–degradation, elucidation of byproducts and assessment of their biological potency. *Chemosphere*, **85**(5), 693–709.

Faust B. C. and Hoigné J. (1990). Photolysis of iron(III)-hydroxy complexes as sources of hydroxyl radicals in clouds, fog and rain. *Atmospheric Environment*, **24A**(1), 79–89.

Feng J., Hu X. and Yue P. L. (2006). Effect of initial solution pH on the degradation of Orange II using clay-based Fe nanocomposites as heterogeneous photo-Fenton catalyst. *Water Research*, **40**(4), 641–646.

Fenton H. J. H. (1876). On a new reaction of tartaric acid. *Chemistry News*, **33**, 190.

Fenton H. J. H. (1894). Oxidation of tartaric acid in the presence of iron. *Journal of the Chemical Society*, **65**, 899–910.

Fenton H. J. H. (1894). LXXIII. – Oxidation of tartaric acid in presence of iron. *Journal of the Chemical Society, Transactions*, **65**, 899–910.

Fernandez J., Bandara J., Lopez A., Buffat, P. and Kiwi J. (1999). Photoassisted Fenton degradation of nonbiodegradable azo dye (Orange II) in Fe-free solutions mediated by cation transfer membranes. *Langmuir*, **15**, 185–192.

Fernandez J., Dhananjeyan M. R., Kiwi J., Senuma Y. and Hilborn J. (2000). Evidence for Fenton photoassisted processes mediated by encapsulated Fe ions at biocompatible pH values. *Journal of Physical Chemistry B*, **104**, 5298–5301.

Fernández-Alba A. R., Hernando D., Agüera A., Cáceres J. and Malato S. (2002). Toxicity assays: a way for evaluating AOPs efficiency. *Water Research*, **36**, 4255–4262.

Garrido-Ramírez E. G., Theng B. K.G. and Mora, M. L. (2010). Clays and oxide minerals as catalysts and nanocatalysts in Fenton-like reactions – a review. *Applied Clay Science*, **47**(3), 182–192.

Gernjak W., Krutzler T., Glaser A., Malato S., Caceres J., Bauer R. and Fernández-Alba A. R. (2003). Photo-Fenton treatment of water containing natural phenolic pollutants. *Chemosphere*, **50**(1), 71–78.

Gonzales-Olmos R., Kopinke F-D., Mackenzie K. and Georgi A. (2013). Hydrophobic Fe-zeolites for removal of MTBE from water by combination of adsorption and oxidation. *Environmental Science & Technology*, **47**(5), 2353–2360.

Gözmen B., Oturan M. A., Oturan N. and Erbatur O. (2003). Indirect electrochemical treatment of bisphenol A in water via electrochemically generated Fenton's reagent. *Environmental Science & Technology*, **37**(16), 3716–3723.

Greenberg R. S., Andrews T., Kakarla P. K. C., Watts R. J. (1998). In-situ Fenton-like oxidation of volatile organics: Laboratory, pilot, and full-scale demonstrations. *Remediation*, **8**(2), 29–42.

Guimaraes J. R., Farah C. R.T., Maniero M. G. and Fadini P. S. (2012). Degradation of formaldehyde by advanced oxidation processes. *Journal of Environmental Management*, **107**, 96–101.

Gurol M. D. and Lin S. (1998) Continuous Catalytic Oxidation Process. US Patent No. 5,755,977.

Gutteridge J. M. C. (1990). Superoxide-Dependent Formation of Hydroxyl Radicals from Ferric-Complexes and Hydrogen Peroxide: An Evaluation of Fourteen Iron Chelators. *Free Radical Research*, **9**(2), 119–125.

Haber F. and Weiss J. (1932). Über die katalyse des hydroperoxydes (About the catalysis of hydroperoxides). *Naturwissenschaften*, **20**(51), 948–950.

Haber F. and Weiss J. (1934). The catalytic decomposition of hydrogen peroxide by iron salts. *Proceedings of the Royal Society, Series A*, **147**(861), 332–351.

Haber F. and Willstätter R. (1931). Unpaarigkeit und radikalketten im reaktionsmechanismus organischer und enzymatischer vorgänge (Unpaired and radical chain reaction mechanisms in organic and enzymatic processes). *Ber. Dtsch. Chem. Ges.*, **64**(11), 2844–2856.

Halliwell B. and Gutteridge J. M. C. (1990). Role of free radicals and catalytic metal ions in human disease: An overview. *Methods in Enzymology*, **186**, 1–85.

Hammerschmidt C. R. and Fitzgerald W. F. (2010). Iron-mediated photochemical decomposition of methylmercury in an arctic Alaskan lake. *Environmental Science & Technology*, **44**(16), 6138–6143.

Hanna K., Kone T. and Medjahdi G. (2008). Synthesis of the mixed oxides of iron and quartz and their catalytic activities for the Fenton-like oxidation. *Catalysis Communications*, **9**(5), 955–959.

Hatchard C. G. and Parker C. A. (1956). A new sensitive chemical actinometer. II. Potassium ferrioxalate as a standard chemical actinometer. *P. Roy. Soc. Lond. A Mat.*, **235**(1203), 518–536.

He D., Ma J., Collins R. N. and Waite T. D. (2016). Effect of structural transformation of nanoparticulate zero-valent iron on generation of reactive oxygen species. *Environmental Science & Technology*, **50**, 3820–3828.

He D., Miller C. J. and Waite T. D. (2014). Fenton-like zero-valent silver nanoparticle-mediated hydroxyl radical production. *Journal of Catalysis*, **317**, 198–205.

He J., Yang X., Men B., Bi Z., Pu Y. and Wang D. (2014). Heterogeneous Fenton oxidation of catechol and 4-chlorocatechol catalyzed by nano-Fe_3O_4: Role of the interface. *Chemical Engineering Journal*, **258**, 433–441.

Hislop, K. A. and Bolton, J. B. (1999). The photochemical generation of hydroxyl radicals in the UV-vis/ferrioxalate/H_2O_2 system. *Environmental Science & Technology*, **33**, 3119–3126.

Holish L. L., Lundy W. L. and Nuttall H. E. (2000). Indiana "land banned" herbicide release. *Soil Sediment & Groundwater*, October/November, 14–18.

Huang W., Brigante M., Wu F., Hanna K. and Mailhot G. (2012). Development of a new homogenous photo-Fenton process using Fe (III)-EDDS complexes. *Journal of Photochemistry and Photobiology A*, **239**, 17–23.

Huang W., Brigante M., Wu F., Mousty C., Hanna K. and Mailhot G. (2013). Assessment of the Fe(III)–EDDS complex in Fenton-like processes: From the radical formation to the degradation of bisphenol A. *Environmental Science & Technology*, **47**(4), 1952–1959.

Hug S. J., Canonica L., Wegelin W., Gechter G. and von Gunten, U. (2001). Solar oxidation and removal of arsenic at circumneutral pH in iron containing waters. *Environmental Science & Technology*, **35**, 2114–2121.

Huston P. L. and Pignatello J. J. (1999). Degradation of selected pesticide active ingredients and commercial formulations in water by the photo-assisted Fenton reaction. *Water Research*, **33**(5), 1238–1246.

Jiang Y. and Waite T. D. (2003). Degradation of trace contaminants using coupled sonochemistry and Fenton's reagent. *Water Science & Technology*, **47**(10), 85–92.

Jones A. M., Griffin P. J., Collins R. N. and Waite T. D. (2014). Ferrous iron oxidation under acidic conditions – The effect of ferric oxide surfaces. *Geochimica et Cosmochimica Acta*, **145**, 1–12.

Keenan C. R. and Sedlak D. L. (2008). Factors affecting the yield of oxidants from the reaction of nanoparticulate zero-valent iron and oxygen. *Environmental Science & Technology*, **42**(4), 1262–1267.

Khaikin G. I., Alfassi Z. B., Huie R. E. and Neta P. (1996). Oxidation of ferrous and ferrocyanide ions by peroxyl radicals. *Journal of Physical Chemistry*, **100**(17), 7072–7077.

Kinsela A. S., Jones A. M., Bligh M. W., Pham A. N., Collins R. N., Harrison J. J., Wilsher K. L., Payne T. E. and Waite T. D. (2016). Influence of dissolved silicate on rates of Fe(II) oxidation. *Environmental Science & Technology*, **50**, 11663–11671.

Kishore K., Moorthy P. N. and Rao K. N. (1987). Reactivity of H_2O_2 with radiation produced free radicals: Steady state radiolysis methods for estimating the rate constants. *International Journal of Radiation Applications and Instrumentation Part C*, **29**(4), 309–313.

Kiwi J., Lopez A. and Nadtochenko V. (2000). Mechanism and kinetics of the OH-radical intervention during Fenton oxidation in the presence of a significant amount of radical scavenger (Cl^-). *Environmental Science & Technology*, **34**(11), 2162–2168.

Kocot P., Szaciłowski K. and Stasicka Z. (2007). Photochemistry of the $[Fe^{III}(edta)(H_2O)]^-$ and $[Fe^{III}(edta)(OH)]^{2-}$ complexes in presence of environmentally relevant species. *Journal of Photochemistry and Photobiology A*, **188**(1), 128–134.

Kremer M. L. (1999). Mechanism of the Fenton reaction. Evidence for a new intermediate. *Physical Chemistry Chemical Physics*, **1**, 3595–3605.

Kremer M. L. (2003). The Fenton Reaction. Dependence of the Rate on pH. *Journal of Physical Chemistry*, **107**(11), 1734–1741.

Kundu S., Chanda A., Khetan S. K., Ryabov A. D. and Collins T. J. (2013). TAML activator/peroxide-catalyzed facile oxidative degradation of the persistent explosives trinitrotoluene and trinitrobenzene in micellar solutions. *Environmental Science & Technology*, **47**(10), 5319–5326.

Kurt U., Apaydin O. and Gonullu M. T. (2007). Reduction of COD in wastewater from an organized tannery industrial region by Electro-Fenton process. *Journal of Hazardous Materials*, **143**(1), 33–40.

Lapertot M., Pulgarín C., Fernández-Ibáñez P., Maldonado M. I., Pérez-Estrada L., Oller I., Gernjak W. and Malato S. (2006). Enhancing biodegradability of priority substances (pesticides) by solar photo-Fenton. *Water Research*, **40**(5), 1086–1094.

Lee H., Lee H.-J., Sedlak D. L. and Lee C. (2013). pH-Dependent reactivity of oxidants formed by iron and copper-catalyzed decomposition of hydrogen peroxide. *Chemosphere*, **92**(6), 652–658.

Lehni M. and Fischer H. (1983). Effects of diffusion on the self-termination kinetics of isopropylol radicals in solution. *International Journal of Chemical Kinetics*, **15**(8), 733–757.

Liang X., Zhong Y., He H., Yuan P., Zhu J., Zhu S. and Jiang Z. (2012). The application of chromium substituted magnetite as heterogeneous Fenton catalyst for the degradation of aqueous cationic and anionic dyes. *Chemical Engineering Journal*, **191**, 177–184.

Lin S. H., Lin c.M. and Leu H. G. (1999). Operating characteristics and kinetic studies of surfactant wastewater treatment by Fenton oxidation. *Water Research*, **33**(7), 1735–1741.

Lister M. W. (1956). Decomposition of sodium hypochlorite: The catalyzed reaction. *Canadian Journal of Chemistry*, **34**(4), 479–488.

Liu H., Li X. Z., Leng Y. J. and Wang, C. (2007a). Kinetic modeling of electro-Fenton reaction in aqueous solution. *Water Research*, **41**(5), 1161–1167.

Liu H., Wang C., Li X., Xuan X., Jiang C. and Cui H. (2007b). A novel electro-Fenton process for water treatment: Reaction-controlled pH adjustment and performance assessment. *Environmental Science & Technology*, **41**(8), 2937–2942.

Liu X., Wang F., Chen Z., Megharaj M. and Naidu R. (2014). Heterogeneous Fenton oxidation of Direct Black G in dye effluent using functional kaolin-supported nanoscale zero iron. *Environmental Science and Pollution Research*, **21**, 1936–1943.

Ma J., He D., Collins R. N., He C. and Waite T. D. (2016). The tortoise versus the hare – Possible advantages of microparticulate zerovalent iron (mZVI) over nanoparticulate zerovalent iron (nZVI) in aerobic degradation of contaminants. *Water Research*, **105**, 331–340.

Ma Y.-S. (2012). Short review: Current trends and future challenges in the application of sono-Fenton oxidation for wastewater treatment. *Sustainable Environment Research*, **22**(5), 271–278.

Magalhães F., Pereira M. C., Botrel S. E. C., Fabris J. D., Macedo W. A., Mendonça R., Lago R. M. and Oliveira L. C. A. (2007). Cr-containing magnetites $Fe_{3-x}Cr_xO_4$: The role of Cr^{3+} and Fe^{2+} on the stability and reactivity towards H_2O_2 reactions. *Applied Catalysis A: General*, **332**(1), 115–123.

Maletzky P., Bauer R., Lahnsteiner J. and Pouresmael B. (1999). Immobilisation of iron ions on Nafion and its applicability to the photo-Fenton method. *Chemosphere*, **38**(10), 2315–2325.

Matta R., Hanna K. and Chiron S. (2007). Fenton-like oxidation of 2,4,6-trinitrotoluene using different iron minerals. *Science of the Total Environment*, **385**, 242–251.

Merz, J. H. and Waters, W. A. (1947). A – Electron-transfer reactions. The mechanism of oxidation of alcohols with Fenton's reagent. *Discussions of the Faraday Society*, **2**, 179–188.

Merz J. H. and Waters W. A. (1949). S 3. Some oxidations involving the free hydroxyl radical. *Journal of the Chemical Society*, S15–25.

Miller C. M., Valentine R. L., Roehl M. E. and Alvarez P. J. J. (1996). Chemical and microbiological assessment of pendimethalin-contaminated soil after treatment with Fenton's reagent. *Water Research*, **30**(11), 2579–2586.

Miller C. J., Rose A. L. and Waite T. D. (2013). Hydroxyl radical production by H_2O_2-mediated oxidation of Fe(II) complexed by Suwannee River fulvic acid under circumneutral freshwater conditions. *Environmental Science & Technology*, **47**(2), 829–835.

Miller C. J., Rose A. L. and Waite T. D. (2016). Importance of iron complexation for Fenton-mediated hydroxyl radical production at circumneutral pH. *Frontiers in Marine Science*, **3**, 134.

Miralles-Cuevas S., Oller I., Aguirre A. R., Pérez J. S. and Rodríguez S. M. (2014). Removal of pharmaceuticals at microg L^{-1} by combined nanofiltration and mild solar photo-Fenton. *Chemical Engineering Journal*, **239**, 68–74.

Molkenthin M., Olmez-Hanci T., Jekel M. R. and Arslan-Alaton, I. (2013). Photo-Fenton-like treatment of BPA: Effect of UV light source and water matrix on toxicity and transformation products. *Water Research*, **47**(14), 5052–64.

Muñoz I., Rieradevall J., Torrades F., Peral J. and Domènech X. (2005). Environmental assessment of different solar driven advanced oxidation processes. *Solar Energy*, **79**, 369–375.

Murov, S. L., Carmichael, I. and Hug, G. L. (1993). Handbook of photochemistry. 2nd edn, Marcel Dekker, New York, 299–305.

Neta P. and Dorfman L. M. (1968). Pulse radiolysis studies. XIII. Rate constants for the reaction of hydroxyl radicals with aromatic compkounds in aqueous solutions. Radiation Chemistry. American Chemical Society, Washington, D. C., 222–230.

Neta P., Huie R. E. and Ross A. B. (1990). Rate constants for reactions of peroxyl radicals in fluid solutions. *Journal of Physical and Chemical Reference Data*, **19**(2), 413–513.

Neta P., Grodkowski J. and Ross A. B. (1996). Rate constants for reactions of aliphatic carbon-centred radicals in aqueous solutions. *Journal of Physical and Chemical Reference Data*, **25**(3), 709–1050.

Nidheesh P. V., Gandhimathi R. and Ramesh S. T. (2013). Degradation of dyes from aqueous solution by Fenton processes: a review. *Environmental Science and Pollution Research*, **20**, 2099–2132.

Oturan M. A. (2000). An ecologically effective water treatment technique using electrochemically generated hydroxyl radicals for in situ destruction of organic pollutants: Application to herbicide 2,4-D. *Journal of Applied Electrochemistry*, **30**, 475–482.

Olvera-Vargas H., Oturan N., Oturan M. A. and Brillas E. (2015). Electro-Fenton and solar photoelectro-Fenton treatments of the pharmaceutical ranitidine in pre-pilot flow plant scale. *Separation and Purification Technology*, **146**, 127–135.

Pestunova O. P., Elizarova G. L., Ismagilov Z. R., Kerzhentsev M. A. and Parmon V. N. (2002). Detoxication of water containing 1,1-dimethylhydrazine by catalytic oxidation with dioxygen and hydrogen peroxide over Cu- and Fe-containing catalysts. *Catalysis Today*, **75**, 219–225.

Pereira M. C., Oliveira L. C. A. and Murad E. (2012). Iron oxide catalysts: Fenton and Fenton-like reactions - a review. *Clay Minerals*, **47**(3), 285–302.

Pham A. L.-T., Doyle F. M. and Sedlak D. L. (2012). Kinetics and efficiency of H_2O_2 activation by iron-containing minerals and aquifer materials. *Water Research*, **46**(19), 6454–6462.

Pham A. N., Xing G., Miller C. J. and Waite T. D. (2013). Fenton-like copper redox chemistry revisited: Hydrogen peroxide and superoxide mediation of copper-catalyzed oxidant production. *Journal of Catalysis*, **301**, 54–64.

Pignatello J. J., Oliveros E. and MacKay A. (2006). Advanced oxidation processes for organic contaminant destruction based on the Fenton reaction and related chemistry. *Critical Reviews in Environmental Science and Technology*, **36**(1), 1–84.

Pribush A. G., Brusentseva S. A., Shubin V. N. and Dolin P. I. (1975). Mechanism of the reaction of α-hydroxyisopropyl radicals with ferrous ions. *High Energy Chemistry*, **9**, 206–208.

Prucek R., Hermanek M. and Zbořil R. (2009). An effect of iron(III) oxides crystallinity on their catalytic efficiency and applicability in phenol degradation—A competition between homogeneous and heterogeneous catalysis. *Applied Catalysis A: General*, **366**(2), 325–332.

Pulgarin C., Invernizzi M., Parra S., Sarria V., Polania R. and Péringer P. (1999). Strategy for the coupling of photochemical and biological flow reactors useful in mineralization of biorecalcitrant industrial pollutants. *Catalysis Today*, **54**, 341–352.

Pulgarin C., Peringer P., Albers P. and Kiwi J. (1995). Effect of Fe-ZSM-5 zeolite on the photochemical and biochemical degradation of 4-nitrophenol. *Journal of Molecular Catalysis A: Chemical*, **95**(1), 61–74.

Qiu S., He D., Ma J., Liu T. and Waite T. D. (2015). Kinetic modeling of the electro-Fenton process: quantification of reactive oxygen species generation. *Electrochimica Acta*, **176**, 51–58.

Reisz E., Schmidt W., Schuchmann H. P. and von Sonntag C. (2003). Photolysis of ozone in aqueous solutions in the presence of tertiary butanol. *Environmental Science & Technology*, **37**(9), 1941–1948.

Remucal C. K. and Sedlak D. L. (2011). The role of iron coordination in the production of reactive oxidants from ferrous iron oxidation by oxygen and hydrogen peroxide. In: Aquatic Redox Chemistry, P. G. Tratnyek, T. J. Grundl and S. B. Haderlein (eds.) ACS Symp. Ser., **1071**, 177–197.

Rivas F. J., Beltrán F. J., Garcia-araya J. F., Navarrete V and Gimeno, O. (2002). Co-oxidation of *p*-hydroxybenzoic acid and atrazine by the Fenton's like system Fe(III)/H_2O_2. *Journal of Hazardous Materials*, **91**(1–3), 143–157.

Ruan X., Gu X., Lu S., Qiu Z. and Sui Q. (2015). Trichloroethylene degradation by persulphate with magnetite as a heterogeneous activator in aqueous solution. *Environmental Technology*, **36**(11), 1389–1397.

Rush J. D. and Bielski B. H. J. (1985). Pulse radiolytic studies of the reaction of perhydroxyl/superoxide O_2^- with iron(II)/iron(III) ions. The reactivity of HO_2/O_2^- with ferric ions and its implication on the occurrence of the Haber-Weiss reaction. *Journal of Physical Chemistry*, **89**(23), 5062–5066.

Ryabov A. D. and Collins T. J. (2013). Green challenges of catalysis via iron(IV)oxo and iron(V)oxo species. In: Adv. Inorg. Chem., R. van Eldik and C. D. Hubbard (eds), Academic Press, USA, **61**, 471–521.

Sabhi S. and Kiwi J. (2001). Degradation of 2,4-dichlorophenol by immobilised iron catalysts. *Water Research*, **35**(8), 1994–2002.

Safarzadeh-Amiri, A., Bolton, J. R. and Cater, S. R. (1996). The use of iron in advanced oxidation processes. *Journal of Advanced Oxidation Technologies*, **1**(1), 18–26.

Sawyer D. T., Sobkowiak A. and Matsushita T. (1996). Metal [ML_x; M = Fe, Cu, Co, Mn]/hydroperoxide-induced activation of dioxygen for the oxygenation of hydrocarbons: Oxygenated Fenton chemistry. *Accounts of Chemical Research*, **29**(9), 409–416.

Schuchmann M. N. and von Sonntag C. (1979). Hydroxyl radical-induced oxidation of 2-methyl-2-propanol in oxygenated aqueous solution. A product and pulse radiolysis study. *Journal of Physical Chemistry*, **83**(7), 780–784.

Shappell N. W., Vrabel M. A., Madsen P. J., Harrington G., Billey L. O., Hakk H., Larsen G. L., Beach E. S., Horwitz C. P., Ro K., Hunt P. G. and Collins T. J. (2008). Destruction of estrogens using Fe-TAML/peroxide catalysis. *Environmental Science & Technology*, **42**(4), 1296–1300.

Simic M., Neta P. and Hayon E. (1969). Pulse radiolysis study of alcohols in aqueous solution. *Journal of Physical Chemistry*, **73**(11), 3794–3800.

Southworth B. A. and Voelker B. M. (2003). Hydroxyl radical production via the photo-Fenton reaction in the presence of fulvic acid. *Environmental Science & Technology*, **37**(6), 1130–1136.

Stefánsson A. (2007). Iron(III) hydrolysis and solubility at 25 °C. *Environmental Science & Technology*, **41**(17), 6117– 6123.

Sun Y. and Pignatello, J. J. (1992). Chemical Treatment of pesticide wastes. Evaluation of Fe(III) chelates for catalytic hydrogen peroxide oxidation of 2,4-D at circumneutral pH. *Journal of Agricultural and Food Chemistry*, **40**(2), 322–327.

Sun Y. and Pignatello J. J. (1993). Activation of hydrogen peroxide by iron(III) chelates for abiotic degradation of herbicides and insecticides in water. *Journal of Agricultural and Food Chemistry*, **41**(2), 308–312.

Torres R. A., Pétrier C., Combet E., Moulet F. and Pulgarin C. (2007). Bisphenol A mineralization by integrated ultrasound-UV-iron (II) treatment. *Environmental Science & Technology*, **41**, 297–302.

Valentine R. L., Wang H. C. A. (1998). Iron oxide surface catalysed oxidation of quinoline by hydrogen peroxide. *Journal of Environmental Engineering*, **124**(1), 31–38.

Ventura A., Jacquet G., Bermond A. and Camel V. (2002). Electrochemical generation of the Fenton's reagent: application to atrazine degradation. *Water Research*, **36**, 3517–3522.

von Sonntag C. (2008). Advanced oxidation processes: mechanistic aspects. *Water Science & Technology*, **58**(5), 1015–1021.

von Sonntag C., Dowideit P., Xingwang F., Mertens R., Xianming P., Schuchmann M. N. and Schuchmann, H.-P. (1997). The fate of peroxyl radicals in aqueous solution. *Water Science & Technology*, **35**(4), 9–15.

Walling C. and Camaioni D. M. (1978). Role of silver(II) in silver-catalyzed oxidations by peroxydisulfate. *The Journal of Organic Chemistry*, **43**(17), 3266–3271.

Walling C., Partch R. E. and Weil T. (1975). Kinetics of the decomposition of hydrogen peroxide catalyzed by ferric ethylenediaminetetraacetate complex. *Proceedings of the National Academy of Sciences*, **72**(1), 140–142.

Wang L., Wang F., Li P. and Zhang L. (2013). Ferrous-tetrapolyphosphate complex induced dioxygen activation for toxic organic pollutants degradation. *Separation and Purification Technology*, **120**, 148–155.

Wang L., Cao M., Ai Z. and Zhang L. (2014). Dramatically enhanced aerobic atrazine degradation with Fe@Fe_2O_3 core-shell nanowires by tetrapolyphosphate. *Environmental Science & Technology*, **48**(6), 3354–3362.

Wang L., Cao M., Ai Z. and Zhang L. (2015). Design of a highly efficient and wide pH electro-Fenton oxidation system with molecular oxygen activated by ferrous-tetrapolyphosphate complex. *Environmental Science & Technology*, **49**(5), 3032–3039.

Wang Q. and Lemley A. T. (2001). Kinetic model and optimization of 2,4-D degradation by anodic Fenton treatment. *Environmental Science & Technology*, **35**, 4509–4514.

Watts R., Sarasa J., Loge F. and Teel A. (2005). Oxidative and reductive pathways in manganese-catalyzed Fenton's reactions. *Journal of Environmental Engineering*, **131**(1), 158–164.

Wu Y., Passananti M., Brigante M., Dong W. and Mailhot G. (2014). Fe(III)–EDDS complex in Fenton and photo-Fenton processes: from the radical formation to the degradation of a target compound. *Environmental Science and Pollution Research*, **21**(21), 12154–12162.

Xu L. and Wang J. (2011). A heterogeneous Fenton-like system with nanoparticulate zero-valent iron for removal of 4-chloro-3-methyl phenol. *Journal of Hazardous Materials*, **186**, 256–264.

Yang Y., Wang P., Shi S. and Liu Y. (2009). Microwave enhanced Fenton-like process for the treatment of high concentration pharmaceutical wastewater. *Journal of Hazardous Materials*, **168**, 238–245.

Yang X.-j., Xu X.-m., Xu J. and Han Y.-f. (2013). Iron oxychloride (FeOCl): An efficient Fenton-like catalyst for producing hydroxyl radicals in degradation of organic contaminants. *Journal of the American Chemical Society*, **135**(43), 16058–16061.

Yang X.-j., Tian P.-f., Zhang X.-m., Yu X., Wu T., Xu J. and Han Y.-f. (2015). The generation of hydroxyl radicals by hydrogen peroxide decomposition on FeOCl/SBA-15 catalysts for phenol degradation. *AIChE Journal*, **61**(1), 166–176.

Yip A. C.-K., Lam F. L.-Y. and Hu X. (2005). Chemical-vapor-deposited copper on acid-activated bentonite clay as an applicable heterogeneous catalyst for the photo-Fenton-like oxidation of textile organic pollutants. *Industrial & Engineering Chemistry Research*, **44**(21), 7983–7990.

Yu X.-Y. (2004). Critical evaluation of rate constants and equilibrium constants of hydrogen peroxide photolysis in acidic aqueous solutions containing chloride ions. *Journal of Physical and Chemical Reference Data*, **33**(3), 747–763.

Zhang H. and Lemley A. T. (2006). Reaction mechanism and kinetic modeling of DEET degradation by flow-through anodic Fenton treatment. *Environmental Science & Technology*, **40**, 4488–4494.

Zuo Y. and Hoigne J. (1992). Formation of hydrogen peroxide and depletion of oxalic acid in atmospheric water by photolysis of iron (III)-oxalato complexes. *Environmental Science & Technology*, **26**(5), 1014–1022.

第 8 章　光催化：一种有效的高级氧化工艺

苏雷什·C. 皮莱，尼尔·B. 麦吉尼斯，希亚拉·伯恩，韩昌熙，雅各布·拉利，马利卡尔琼纳·纳达古达，波利卡波斯·法拉尔斯，阿萨纳修斯·G. 康托斯，米格尔·A. 格雷西亚·皮尼拉，凯文·奥谢，拉玛林伽·V. 曼加拉拉哈，赫里斯托福罗斯·克里斯托福里迪，塞奥佐罗斯·特里安蒂斯，安娜斯塔西娅·希斯契亚，狄奥尼修斯·D. 狄奥尼西奥

8.1　引言

1972 年，一种新型的电化学电池被设计出来，它由二氧化钛（TiO_2）电极以及铂黑（Pt-black）电极组成，可利用可见光能量光解 H_2O 分子（Fujishima 和 Honda，1972）。这一发现推动了光催化法降解有机物研究领域的全面发展。这种高级氧化工艺中使用的材料可通过吸收特定波长的光子能量提高化学反应的速率（Banerjee 等，2014；Pelaez 等，2012；Schneider 等，2014），而这一吸收过程会受到化合物带隙及电子结构的影响（Hoffmann 等，1995）。

近年来，大气和水中出现的有害污染物引起了广泛关注，其对人类、动物、植被和环境都造成了影响。这些污染物包括氮氧化物（nitrogen oxides，NO_X）、挥发性有机化合物（volatile organic compounds，VOCs）、工业和制药化合物、毒素、激素、内分泌干扰物和病原微生物（Keane 等，2014）。因此，相关部门有必要针对污染物的检测、评估和控制展开全球性的协作研究，尤其需要关注极其有害的新兴污染物。在这方面，开发新型纳米材料以及实施创新的 AOPs、高级氧化技术（advanced oxidation technologies，AOTs）和高级氧化纳米技术（advanced oxidation nanotechnologies，AONs）并用其去除这些污染物是保护和修复环境的最优先研究之一。

光催化材料的合成方法有很多，例如溶胶-凝胶法、微波辅助合成法、电化学合成法、水热合成法、溶剂热合成法等。这类材料凭借其多种优良特性（如自清洁性和抗微生物活性等）被广泛使用，由此得到了许多工业应用和商业应用。举例来说，光催化相关应用包括电致变色技术、自清洁材料、太阳能电池、水裂解过程、污染物降解过程和净水技术等（Etacheri 等，2012a Etacheri 等，2011；Kamat 等，2007；Keane 等，2014；Mills 和 Lee，2002；Pelaez 等，2012；Periyat 等，2010；Pillai 等，2007）。

8.2 工艺原理——最新研究进展及相关解释

8.2.1 二氧化钛纳米管光催化材料用于水及空气净化

二氧化钛纳米材料具有独特的结构、形貌及光电性能，这些特性使得该种材料在环境保护以及能量转化领域的光驱动应用方面成为理想的选择（Hoffmann 等，1995；O'Regan 等，1991；Khan 等，2002；Bahu 等，2015）。随着材料合成技术的创新，该种光催化材料的制备条件已得到有效控制，且材料的功能参数也得到了优化，相关参数包括尺寸、形状、结构修饰、表面积、光吸收效率（包括带隙工程）以及电传导率等。由此，TiO_2 催化剂可呈浆状、薄膜状或被制备为复合材料，其具有极好的光催化活性且已成功用于降解多种天然环境中的无机物及有机物（Fujishima 等，2008）。

TiO_2 纳米管（nanotubes，NTs）可通过多种方法制备，包括模板法、电化学阳极氧化法以及碱性水热法（Pang 等，2014）。自组织 TiO_2 纳米管式膜可由钛箔在腐蚀性介质（通常是含氟溶液或有机溶液）中的阳极氧化法制备而成，其具有高度整齐的开孔结构和稳定的化学性质（图 8-1）。

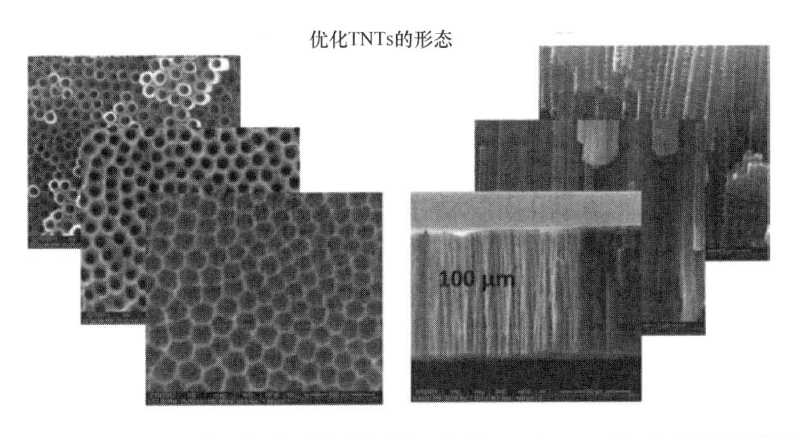

图 8-1 通过在含有水和氟离子的有机电解质［乙二醇（EG）］中有效控制阳极处理条件（恒定电压或恒定电流下进行阳极氧化）以改变光催化材料的形态（上表面、比表面积及管长、壁厚）

［图片取自 N. Vaenas 的博士论文（NCSR Demokritos，2014）］

当这种一维高纵横比（表面积与体积之比）的纳米结构以垂直对齐的形态被封装时，由于这种方式可以避免颗粒团聚的问题且不需要额外添加分离步骤，则此时纳米材料的催化性能优于 TiO_2 粉末/泥浆。此外，该种材料还具有操作简单、易被载体支撑的优点，这为新型光催化反应器的发展提供了新方向（Zhang 等，2011）。已有文献详细讨论了阳极处理过程中的重要影响因素和关键参数（选用的电压、浓度、pH、腐蚀液种类、阳极处理时间、水浴温度以及结晶条件）（Zhou 等，2014；Ghicov 等，2009），其中后者会导致在 TiO_2NT 阵列变化过程中发生剧烈的自重排现象。这些参数会影响多孔 TiO_2 的力学特征、结构特征、化学性质以及电相关特性。此外，对于这类以垂直对齐的形态被封装的自组织 TiO_2NT 材料而言，已有研究证明其光催化活性与其表面润湿性有关，后者可由光催化材料的 UV 光致超亲水效应表示。另外，有研究进一步发现材料的光催化活性与其几何粗糙系数成定量相关关系，这也证实了对于垂直形态的管状 TiO_2 而言，该材料的形态特征对其光致性质有重要影响（Kontos 等，2009）。TiO_2NT 阵列主要应用于去除污染物、环境分析化学、裂解水分子、太阳能电池以及 CO_2 转换等过程或领域，相关内容近期已形成综述，这证明这些多孔结构的纳米材料具有很好的科学及技术前景（Zhou 等，2015）。其中有关自组织 TiO_2 NT 及其在光催化工艺中的应用（降解受污染的水或大气中有毒有害的有机污染物）受到了特别关注。由钛金属衬底的阳极氧化作用制备而成的纳米管材料，其在结构上具有单向孔径可调、内表面积大的特点，此外，该种材料具有较高的回收率和再利用率。纳米管式膜的结构相关参数（壁厚、管长以及结晶态）可精细调控，其对材料的光催化活性有重要影响。有研究考察了用阳极法制备的锐钛矿纳米 TiO_2 管式膜降解甲苯和苯两类挥发性有机污染物的光催化性质。实验中污染物的初始浓度为 μg/L 级别，研究者在与实际室外环境一致的条件下进行实验时发现，材料的光催化活性取决于其管长和形态特征。TiO_2 NT 展示出较高的光催化降解率，其性能优于相似厚度的 Evonic 公司商业化产品 P-25 膜（Kontos 等，2010）。此外，在与真实环境对应的动态实验条件下，有研究者在一个连续流的光催化反应器中实现了 μg/L 级别 NO 污染物的光催化氧化（Kontos 等，2012）。以上所有结果都验证了自组合的纳米多孔 TiO_2 NT 在光催化反应中的优势以及在大气净化领域的应用前景。

除大气污染物外，TiO_2 NT 也可用于水的净化。有研究者用含离子液体和水的乙二醇溶液（ethylene glycol，EG）制备 TiO_2 纳米管式膜后，在 UV 灯照射下用其降解偶氮染料甲基橙（methyl orange，MO），此时该种光催化材料展示了较高的光催化活性（Wender 等，2011）。另外，有研究证实，优化热处理条件可以增大 NT 的比表面积（高效吸附污染物）和孔隙容积（加速物质扩散），这两者均可加快 UV 光照条件下污染物质 2，3-二氯苯酚(2，3-DCP)的降解速率（Liang 等，2009）。此外，有研究者用阳极氧化法和超声工艺制备锐钛矿 TiO_2 NT 粉末，其在亚甲蓝染料降解过程中展示出高结晶度和较高的光催化活性（Lin 等，2015）。有研究考察了 TiO_2 NT 以及其他具有可控结构和架构特性的二氧化钛非均质纳米材料（纳米棒、纳米片、纳米球以及纳米颗粒）光催化（UV）降解苯酚的性能（Turki 等，2015）。研究证实当 TiO_2 纳米材料在锐钛矿结晶度、结晶尺寸以及比表面积三方面达到一个好的匹配状态时，该材料的光催化活性可相应提高。用阳极法制成的 TiO_2 纳米管式膜可从金属箔上取下，随即转移到玻璃/导电玻璃基板上。这一操作可使材料的双面（正面和背面）都接收到光照，从而扩大材料在新领域的应用潜力。由此，研究发现，经上述处理后的材料在光氧化葡萄糖实验中展示出更高的光催化活性（Zhang 等，2010）。另外，用极性光进行的显微拉曼光谱分析结果验证了天线效应的存在，这从侧面反映了在沿 NT 轴线方向上发生了矢量电子转移现象（Likodimos 等，2008）。该种天线拉曼效应（图 8-2）证明了该种材料具有较高的电荷（电子）迁移率，这也同样反映了其具有较低的重组率，由此说明，阳极法制备的 TiO_2 纳米管式膜具有很好的光催化性能以及光电催化性能（Liu 等，2008）。

对 NTs 进行改性处理（通过掺杂、金属沉积以及敏化）可以使其对可见光产生响应，并降低电子/空穴的复合率。因此，有研究者用银/还原的氧化石墨烯材料（silver/reduced Graphene Oxide，Ag/RGO）对 TiO_2 NT 进行改性处理，随后用此合成材料去除除草剂 2，4-二氯苯氧乙酸（Tang 等，2012）。该研究者还用 RGO 和 PbS 共同改性 TiO_2 NTs，实验结果显示，改性后的光催化材料在五氯酚降解过程中具有稳定性，且可重复使用（Zhang 等，2013）。此外，有研究者对负载 CuO 颗粒的 TiO_2 NT 进行阳极法处理，得到了一种 Cu_2O/TiO_2 p-n 异质结网状催化剂，在人造太阳光条件下，该种催化剂的使用实现了对硝基苯酚的高效光催化降解（Yang 等，2010）。在相同研究领域中，也有研究者实现了 Ag-Ag_2O/TiO_2 TNs 催化材料在可见光辐照条件下对染料酸橙 7（acid orange 7，AO7）和化工原料对硝基苯酚的高效光催化去除（Liu 等，2015）。对于共掺 Cr 和 N 两种元素的 TiO_2 NTs 而言，以 MO 染料为目标污染物的降解实验结果显示，该种光催化剂对于可见光的利用率更高（Fan 等，2015）。最后，有研究者在静态的连续流装置中对双氯芬酸（一种非甾体抗炎药）展开了光催化降解实验和毒性评估，该实验采用了 TiO_2 纳米管-聚醚砜（Polyethersulfone，PES）膜组合技术（Fischer 等，2005），实验结果证明，运用这种在工业上可兼容的工艺组合可实现污染物的完全降解并避免高毒性中间产物释放进入地表水体。

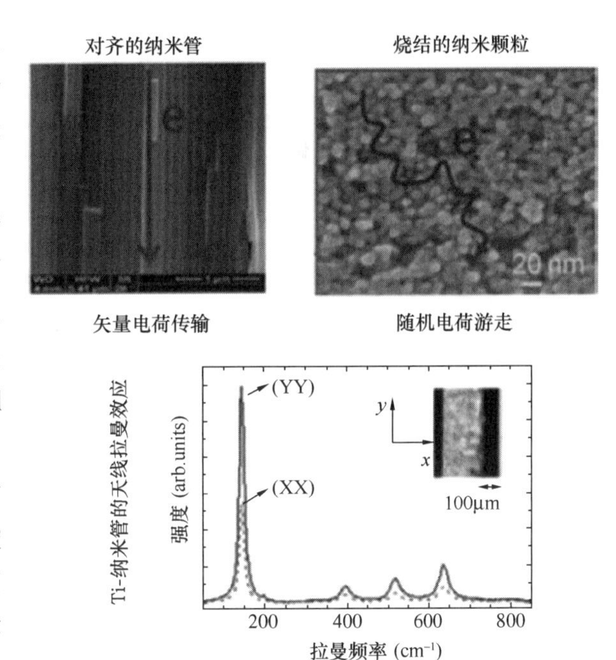

图 8-2　比较 TiO_2 纳米管式膜和 TiO_2 纳米颗粒膜的电子转移情况和重组率

总的来看，这一领域的发展由纳米材料的合成到设备的设计和生产，再经历工程应用和优化，这种可降解受污染水或大气环境中高危毒素和新兴污染物的新型高效环境净化纳米技术可被开发出来。利用有序的或自组装的 TiO_2 NTs 以及太阳光辐射（对环境有益）可成功实现污染物的高效去除（图 8-3）。这种不同于传统分离技术的新型工艺主要聚焦于 AOPs 在全球环境中的应用，并使污染物发生光催化降解反应。由此，这一技术可在日常太阳光条件下实现大气/水的净化以及环境质量的提升，且其具有高效和低成本优势（Pelaez 等，2012；Moustakas 等，2013；Romanos 等，2013；Moustakas 等，2014；Banerjee 等，2014）。

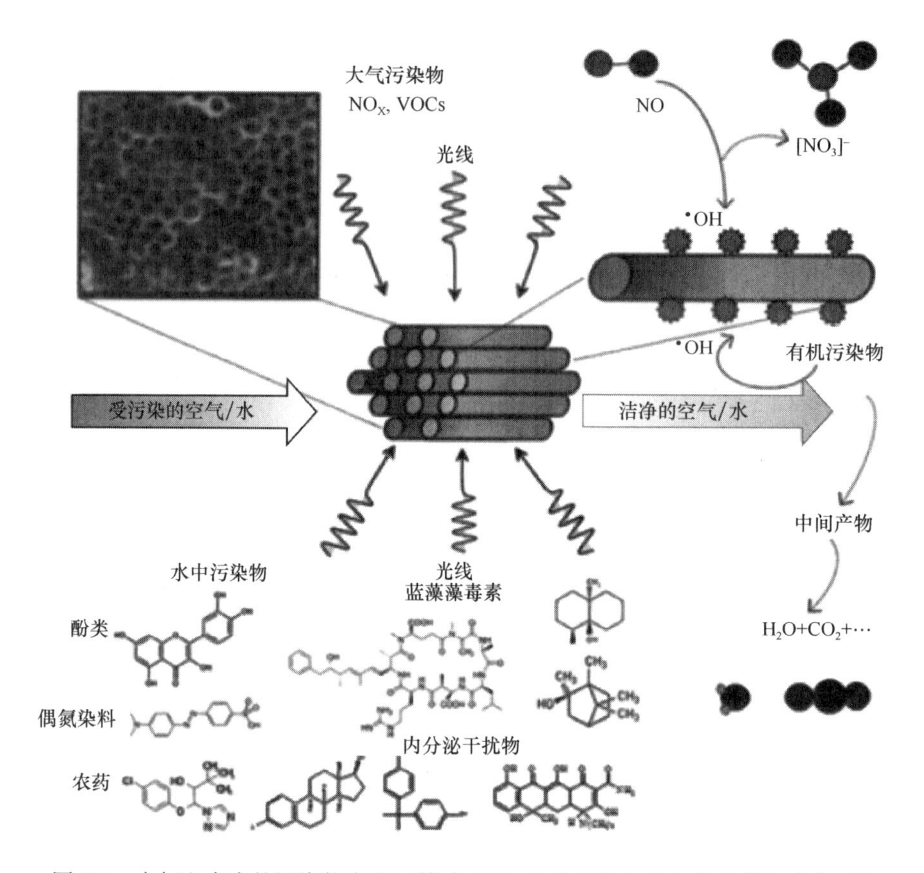

图 8-3　大气和水中的污染物在流过管式 TiO_2 纳米材料时发生的光催化净化过程

8.2.2　可磁分离的光催化剂

铁基材料在环境修复领域已得到广泛应用（Casbeer 等，2012；Ren 等，2013）。带隙相对较窄（约 2.0eV）的尖晶石铁氧体（MFe_2O_4，M=Ni、Co 等）是可磁分离的光催化材料，可用于降解水中的污染物（Casbeer 等，2012；He，2015）。此外，为开发出具有高光催化活性的可磁分离的光催化剂，可以利用铁基材料（如铁氧体、磁赤铁矿（γ-Fe_2O_3）和磁铁矿（Fe_3O_4））的磁性，应用沉积法或复合法将包括 TiO_2、石墨烯和石墨碳氮化物（g-C_3N_4）在内的不同材料与铁基材料结合（Larumbe 等，2014；Xuan 等，2009；Chen 和 Sun，2012；Ye 等，2013；Fu 和 Wang，2011）。

He（2015）通过水热法制备出镍-钴铁氧体（$Ni_{1-x}Co_xFe_2O_4$），用于在太阳光照射下有效降解碱性孔雀绿。使用该方法可以合成平均尺寸为 14～29nm 的纳米结构 $Ni_{1-x}Co_xFe_2O_4$颗粒。研究者还观察到，光催化材料的带隙减小至 1.75～1.91eV 时，带隙大小受材料中钴含量的影响。所有合成的材料都具有亚铁磁性，其饱和磁化强度在 50.7～64.2emu/g 范围内。Casbeer 等（2012）对可见光诱导下铁氧体的光催化反应相关文献进行了综述。当照射光波长超过 400nm 时，钙、锌和锰三种金属的铁氧体可参与亚甲基蓝（methylene blue，MB）染料的降解过程。在紫外线、可见光和太阳光照射下，使用铁氧体光催化材料可以有效地分解甲基橙（MO）染料。此外，有研究者合成了锌铁氧体（$ZnFe_2O_4$）NT阵列，并考察了其在可见光照射下对4-氯苯酚（4-chlorophenol，4-CP）的降解效果（Li等，2011）。这种通过溶胶-凝胶法合成的$ZnFe_2O_4$ NT阵列材料长度为60μm、直径为200nm，在可见光照射6h后能有效降解4-CP。连续五次实验中4-CP的光催化降解效率保持一致，表明$ZnFe_2O_4$ NT材料是可重复使用的。

除了铁氧体可作为光催化材料外（如上段所述），铁基材料也是制备具有高光催化活性且可磁分离的光催化剂的核心材料。由于TiO_2具有光催化活性且可用于降解多种污染物，因此TiO_2是制备这种催化剂时使用的主要光催化剂（Xuan等，2009；Larumbe等，2014；Han等，2011，2014a）。有关TiO_2光催化反应的详细讨论参见8.2节。有研究者利用聚苯乙烯-丙烯酸合成了磁性Fe_3O_4/TiO_2空心球体光催化材料，其饱和磁化强度值为42.7emu/g（Xuan等，2009）。这种Fe_3O_4/TiO_2材料的壁厚约为50nm，而空心球内形成了晶体尺寸为10nm（由Scherrer公式计算得出）的锐钛矿TiO_2。研究者用这种合成的空心球体光催化剂在紫外光照射条件下降解罗丹明B（Rhodamine B，RhB）染料。紫外照射80min后，RhB染料的降解率达到96%，合成光催化材料在六次循环实验中均表现出对RhB染料降解的高光催化活性。Chung等（2004）采用超声喷雾热解法制备了外覆TiO_2的球形$NiFe_2O_4$（TiO_2-$NiFe_2O_4$）光催化材料。由于TiO_2和铁基材料之间存在的异质结会降低TiO_2的光催化效率，因此研究者在外层TiO_2和内部铁基材料之间加入了一层二氧化硅（SiO_2）。SiO_2层的加入可以解决原有的一些问题，如铁的光溶解以及光生电子和空穴的复合率升高，其中，光生电子和空穴的复合率升高与TiO_2光催化效率的降低直接相关。TiO_2-$NiFe_2O_4$中$NiFe_2O_4$的含量在0～100%之间。该实验制成的所有材料均具有铁磁性，材料的平均直径为1.3μm，其磁场强度与样品中铁氧体含量成比例关系。为了考察制成样品的光催化活性，研究者在紫外光照射下用其进行MB染料降解实验。每个样品进行三次重复实验，实验结果显示，样品在每次循环实验中的光催化活性相似，这表明铁氧体上的TiO_2涂层非常稳定。这可能是由于TiO_2-$NiFe_2O_4$中的Ti前体物和SiO_2内层的Si前体物发生了稀释效应。对于可见光诱导下的TiO_2光催化反应，Pelaez等（2013）合成了一种复合材料N-TiO_2/$NiFe_2O_4$，其中N-TiO_2涂覆在$NiFe_2O_4$表面。在可见光照射下，N-TiO_2/$NiFe_2O_4$材料有效降解了微囊藻毒素-LR（microcystin-LR，MC-LR）。可见光照射5h后，反应体系中的MC-LR完全降解，而使用单独N-TiO_2材料的反应体系中MC-LR的去除率仅为75%。这可能是由于在可见光诱导的N-TiO_2光催化过程中，$NiFe_2O_4$可作为光生电子和空穴的复合中心。然而，经过三个循环实验后，合成材料的光催化活性降低至初始活性的70%，这表明，尽管样品具有易于分离的适当磁性，但N-TiO_2涂层的稳定性不高。

除了使用TiO_2光催化材料外，研究人员还将不同的碳基材料（如石墨烯、碳纳米管和氮化碳）引入铁基材料中，用于合成可磁分离的光催化剂（Fu和Wang，2011；Fu等，2012；Ye等，2013；Xiong等，2012）。由于碳纳米管（carbon nanotubes，CNTs）比表面积大、化学稳定性高且具有导电性，有研究者利用CNTs和$NiFe_2O_4$开发具有可磁分离性质的光催化剂（Xiong 等，2012）。在该研究中，研究人员用一步水热法将无光催化活性的 $NiFe_2O_4$ 纳米颗粒（nanoparticles，NPs）（小于 10nm）沉积在多壁碳纳米管（multi-walled carbon nanotubes，MWCNTs）上。合成样品的光吸收范围发生红移，且样品在苯酚降解过程中表现出较高的光催化活性。在三个循环实验中的苯酚去除率均超过 80%，此结果表明该合成材料具有机械稳定性。此外，由于石墨烯比表面积大、化学稳定性和热稳定性高及导电性强，有研究人员将石墨烯引入铁氧体中制备可见光诱导光催化材料（Fu 和 Wang，2011；Fu 等，2012）。研究人员使用简单的一步水热法将铁氧体纳米颗粒（即 $ZnFe_2O_4$ 和 $NiFe_2O_4$）（小于 10nm）沉积在石墨烯上。两种铁氧体（$ZnFe_2O_4$ 和 $NiFe_2O_4$）制成的光催化材料样品都实现了光吸收范围的红移，表明样品的带隙变窄。在可见光照射下，铁氧体与石墨烯合成的光催化材料可以有效降解 MB 染料。近年来，g-C_3N_4 因其在光催化降解有机污染物中的应用而备受关注，因此有研究者利用 g-C_3N_4 开发可磁分离的光催化材料（Ye 等，2013）。材料合成过程中形成的主要物质为磁性 γ-Fe_2O_3，合成样品中 Fe_2O_3 的含量在 2.8%～11.6%范围内。当 Fe_2O_3 含量为 11.6%（质量分数）时合成样品的饱和磁化强度达到最大，对应的最大值为 1.56emu/g，由于吸收光的波长发生红移，计算得到的样品带隙为 1.66eV。为考察合成样品的光催化活性，研究者在可见光条件下进行了 RhB 染料降解实验。实验结果显示，当样品中 Fe_2O_3 含量为 2.8%时光催化活性最强，样品的光催化活性与 Fe_2O_3 含量成反比，这可能是由于样品中过量的 Fe_2O_3 会导致光生电子-空穴的结合率升高。因此，在用 Fe_2O_3 制备高光催化活性的催化材料时，必须严格控制 Fe_2O_3 的含量。

8.2.3 光催化活性的提高

通过向半导体材料中掺杂金属和/或非金属，如铁（Niu 等，2013；Yang 等，2010）、钕（Wu 等，2013）、钒（Liu 等，2011）、钼（Li 等，2012）、铜（Fisher 等，2013）、钨（Thind 等，2012）、氮（Fisher 等，2013；Hamilton 等，2014；Liu 等，2011；Nolan 等，2012；Thind 等，2012；Yang 等，2010）、碳（Li 等，2012；Wu 等，2013）、硫（Niu 等，2013）和氟（Hamilton 等，2014）等，可以实现光催化材料（例如 TiO_2）性能的改善。其他常见的半导体，如 ZnO 和 ZnS，也可利用金属进行掺杂（Etacheri 等，2012a；Kudo 和 Sekizawa，2000）。

研究人员通过在薄膜中沉积各种金属氧化物（如小颗粒）来制备纳米级异质结材料（Patrocinio 等，2014）。此外，也有研究者已制备出金属-无机异质结构，其中金属（例如 Ag）掺杂到金属氧化物中，可以捕获来自半导体导带（conduction band，CB）的光生电子（Georgekutty 等，2008）。稳定的聚合半导体材料 g-C_3N_4 在可见光下发生光催化反应，且已得到多处应用（Gondal 等，2015；C. Wang 等，2014）。由于已制备出的石墨烯-TiO_2（Cao 等，2014；Sayed 等，2014；Wang 等，2014）和石墨烯-ZnO 等复合材料（Chang 等，2015；Fu 等，2012；L. Zhang 等，2013）具有增强的电荷分离能力，且已证明这类复合材料光生电子-空穴对的再结合时间较长，因此，引入石墨烯的半导体体系变得越来越普遍（Fan 等，2012；Xu 等，2011；H. Zhang 等，2010；J. Zhang 等，2013）。

8.2.3.1　掺杂金属和非金属的 TiO_2

由于向 TiO_2 中掺杂不同组分的研究已进行了一段时间，其可得到理想的窄带隙，延长光生电子-空穴对的再结合时间，进而使得材料能够被可见光激活。使用溶胶-凝胶化学法可将氮、铜共掺杂的 TiO_2 透明薄涂层黏附到玻璃瓶内部，这些改性涂层材料能够在太阳光照射下除去细菌［大肠杆菌（*E. coli*）和粪肠球菌］和化学污染物（MB 染料）。与未掺杂其他物质的 TiO_2 相比，这种 TiO_2 材料的光催化效率更高，且在没有紫外光时也能持续效果（Fisher 等，2013）。另外，也有研究采用溶胶-凝胶化学法制备 Fe、S 共掺杂的 TiO_2 材料，同时使用溶剂热法缩小带隙，此时材料的光吸收范围可扩展到可见光区域。材料表面上的 Fe^{3+} 和 $SO_4{}^{2-}$ 可捕获光生电子，从而阻止光生电子和空穴复合，有利于两者分离。向 TiO_2 中掺杂铁和硫可生成具有小晶粒尺寸和大比表面积的颗粒，其可将水吸附到表面上。这会进一步促进羟基自由基（$^{\bullet}OH$）的形成，可见光照射 10h 后，苯酚在水中的光催化降解率进一步升高（降解率为 99.4%）（Niu 等，2013）。

已有研究用水热法合成了氮、铁共掺杂的锐钛矿 TiO_2 纳米颗粒。在可见光的照射下，氮元素的掺杂使材料的光催化效率提高了两倍，但与纯 TiO_2 材料相比，掺杂 Fe 或 N-Fe 的 TiO_2 材料的光催化活性更低。Fe^{3+} 的加入可有效缩小带隙，但此时体系中几乎不产生羟基自由基，具有较高的光致发光效率，从而导致电子-空穴的复合率增加（Yang 等，2010）。此外，也有研究者采用两步水热浸渍技术合成了 TiO_2 纳米催化剂。研究者首先向原光催化材料中掺杂钒元素（图 8-4（a）），随后再掺杂氮元素（图 8-4（b）），处理后的光催化材料形成了较小的微晶，具有更大的表面积。由于晶格内存在的 V^{4+} 物质会导致材料中形成 V 2p 状态，钒元素的掺杂可使光催化材料的光吸收区域产生红移，直至可见光区域。此外，取代 N 2p 态和间隙 N-O 态的形成，以及 NO_X 物质和空氧原子位点的产生都导致了 V-N-TiO_2 材料光吸收范围的剧烈变化。有研究者测试了共掺杂 V-N-TiO_2 材料

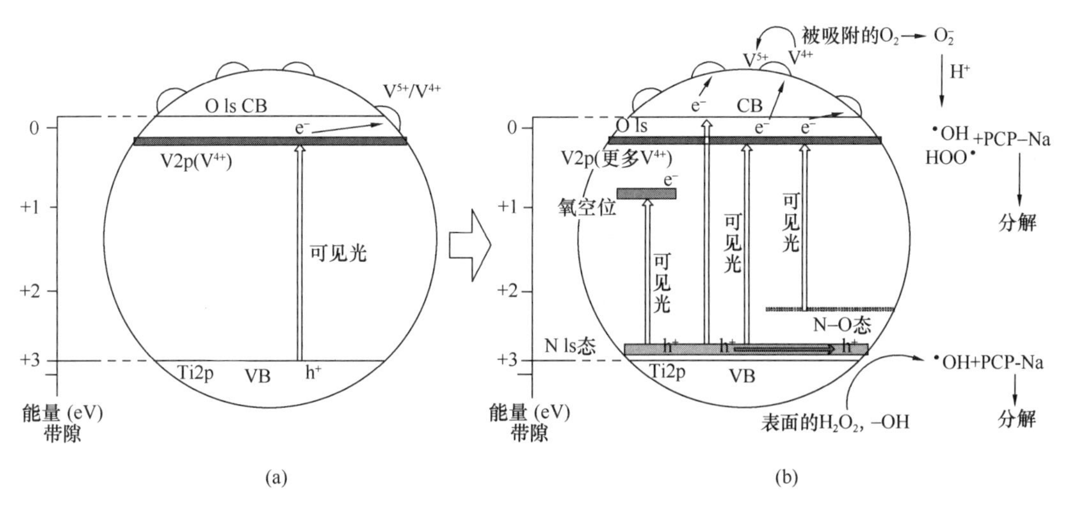

图 8-4　两步水热过程和可见光诱导的光催化反应（经 Liu 等许可转载，2011）

（a）第一步水热过程；（b）第二步水热过程

对有害的五氯苯酚钠（sodium pentachlorophenate，PCP-Na）的光催化降解速率，实验结果显示，相较于仅经过一次水热处理的钒浸渍 TiO_2，这种材料的催化速率是钒浸渍 TiO_2 的 3.1 倍（Liu 等，2011）。

水热法可用于合成碳钼共掺杂的 TiO_2 材料。这种材料在煅烧后表面会存在碳质物质，这些碳质物质可以增强材料对可见光的吸收率；晶格内的 Mo^{6+} 物质取代了钛元素，产生的掺杂能级可促进光生电子-空穴的分离。有研究发现，在可见光照射下光催化降解水中的 RhB 染料和丙酮时，相比于 C-TiO_2、Mo-TiO_2 和纯 TiO_2 材料，这种共掺杂材料的光催化效率最高（Li 等，2012）。也有研究使用类似的溶剂热法合成钕和碳共掺杂的 TiO_2 材料，这种材料可以吸收所有紫外光和可见光，即可吸收光的波长范围为 200～900nm。可能是由于在 TiO_2 导带以下存在未占用的 Nd^{3+} 4f 能级，材料中的电子较易从 TiO_2 价带（valance band，VB）转移到未占用的钕，使得这种材料对可见光有吸收作用。此外，TiO_2 中掺杂的钕会使材料的粒径减小，比表面积增大，从而导致光生电子到达表面反应位点所需的距离缩短。此外，在水中降解气态 NO_X 和 MO 时，该材料具有极高的光催化效率（Wu 等，2013）。另外，有研究者采用溶液燃烧法制备出了一种氮、钨共掺杂的介孔锐钛矿 TiO_2 材料，具有较大的比表面积，TiO_2 晶格中有效掺杂的物质使得这种材料的带隙变窄（约 2.7eV）。在可见光照射下（$\lambda>420$nm）使用这种共掺杂材料时，研究者发现 RhB 染料在水中的光催化分解速率比使用 Degussa P-25 时的速率快 14 倍（Thind 等，2012）。

8.2.3.2　纳米异质结

异质结通常由两种不同的半导体化合物组成，这些半导体化合物使光催化材料有不等的带隙，可用于延长电子-空穴对的复合时间。有研究者用乙二胺四乙酸（EDTA）改进的溶胶-凝胶法制备出一种掺杂氮的 TiO_2 催化材料，这种材料具有锐钛矿-金红石异质结构，其在可见光下的光催化活性比商业光催化剂 Degussa P-25 高 9 倍。分析结果证明，光生电子从锐钛矿 CB 向金红石 CB 的转移过程可促进电子-空穴对的有效分离，由此，在可见光照射下该催化材料具有更高的光催化活性（Etacheri 等，2010）。该研究者还合成了硫、氮共掺杂的 TiO_2 催化材料，其具有锐钛矿-金红石异质结构，这种材料的光催化效率比 Degussa P-25 高 8 倍。该材料中的 VB 和 CB 之间形成了孤立的 S 3p、N 2p 和 π 反键 N-O 状态，使得材料的带隙变窄，对可见光的吸收作用增强（Etacheri 等，2012b）。另一种材料制备方法是在 100℃低温下用非水热低功率（300W）微波辅助合成锐钛矿-板钛矿异质结构的纳米 TiO_2。材料中掺杂的碳元素使得 VB 和 CB 之间形成带间 C 2p 态，从而使 TiO_2 带隙变窄，该材料的光催化效率比 Degussa P-25 高 2 倍。此外，该材料在可见光下具有光催化活性，且对金黄色葡萄球菌具有抗菌活性。这是因为光生电子可从板钛矿相的 CB 转移到锐钛矿相的 CB，进而促使光生电子-空穴对有效分离（Etacheri 等，2013）。

已有研究合成了 TiO_2/WO_3 薄膜，其可通过逐层沉积的方法起到纳米级异质结的作用（图 8-5）。采用溶胶-凝胶化学法可在掺氟氧化锡（fluorinc doped tin oxide，FTO）玻璃基板上合成金属氧化物纳米颗粒。与类似的纯 TiO_2 薄膜相比，薄膜内的纳米 WO_3 成分缩小了双层膜的光学带隙。紫外光强化的超亲水薄膜可用于氧化气相中的乙醛，其光子效率是类似 TiO_2 薄膜的 2 倍，由此，研究者认为它们是优质的防雾和自清洁材料（Patrocinio 等，2014）。

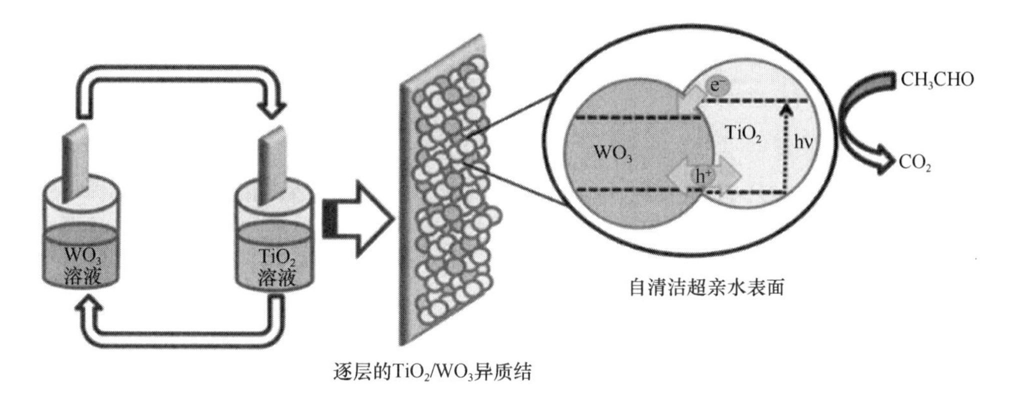

图 8-5　溶胶-凝胶化学法合成 TiO_2/WO_3 异质结的示意图（经 Patrocinio 等许可转载，2014）

注：在 TiO_2/WO_3 膜上逐层实现光生电子-空穴分离过程，从而产生有效的自清洁表面。

已有研究人员制造出黏附在 n-ZnO 纳米线上的单晶 p-NiO 纳米颗粒，这种材料的紫外光吸收能力增大到 2.8×10^8，比原本的 ZnO 纳米线高一千倍。这一显著提高可归因于在 ZnO 纳米线表面上形成了 p-n 纳米异质结（约 70%的表面覆盖率）。栅极电压的变化可证明向上弯曲材料表面促进了光生电子-空穴对的分离，这是一种通过表面技术改变材料性能的有效方式（Retamal 等，2014）。

8.2.3.3　金属-无机异质结构

研究人员通过分析有机染料在水中的降解过程，尤其是罗丹明 6G 染料，考察了 Ag-ZnO 材料的光催化活性。在特定的摩尔浓度和反应温度条件下，这种材料的光催化效率有明显提高，其光催化效率分别是纯 ZnO 和 Degussa P-25 的 3 倍和 5 倍。此外，在可见光照射下，Ag-ZnO 材料的光催化效率是纯 ZnO 材料的 5 倍。晶体 Ag 可以捕获 ZnO 导带上的电子，从而对 ZnO e_{CB}^- 进行利用，增强材料的光催化活性（Georgekutty 等，2008）。已有研究证明，在葡萄糖转化为葡萄糖酸的酶介氧化反应中，掺氟氧化锡（FTO）上的石墨烯-WO_3-Au 杂化膜具有极高的光催化活性（图 8-6（左上和右上））。WO_3 NPs 产生电子-空穴对，其可以利用黄素腺嘌呤二核苷酸/被还原的黄素腺嘌呤二核苷酸（flavin adenine dinucleotide/reduced flavin adenine dinucleotide，FAD/$FADH_2$）氧化生物分子，并同时将 H_2O 还原为 H_2。在该系统中（图 8-6（下）），等离子体 Au 纳米颗粒可通过形成肖特基结（电子路径Ⅰ）来促进其界面处的电荷收集，从而使石墨烯-WO_3 膜在可见光下的光催化活性升高。随后，固定化葡萄糖氧化酶（glucose oxidase，GOD）的光催化活性也得到增强（电子路径Ⅱ）（Devadoss 等，2014）。

有研究者利用溶剂热法合成了液态金属/金属氧化物骨架。该骨架由微米级至纳米级的等离子体 Galistan 材料构成，同时还含有 γ-Ga_2O_3 NPs。Galistan 是镓、铟和锡三种金

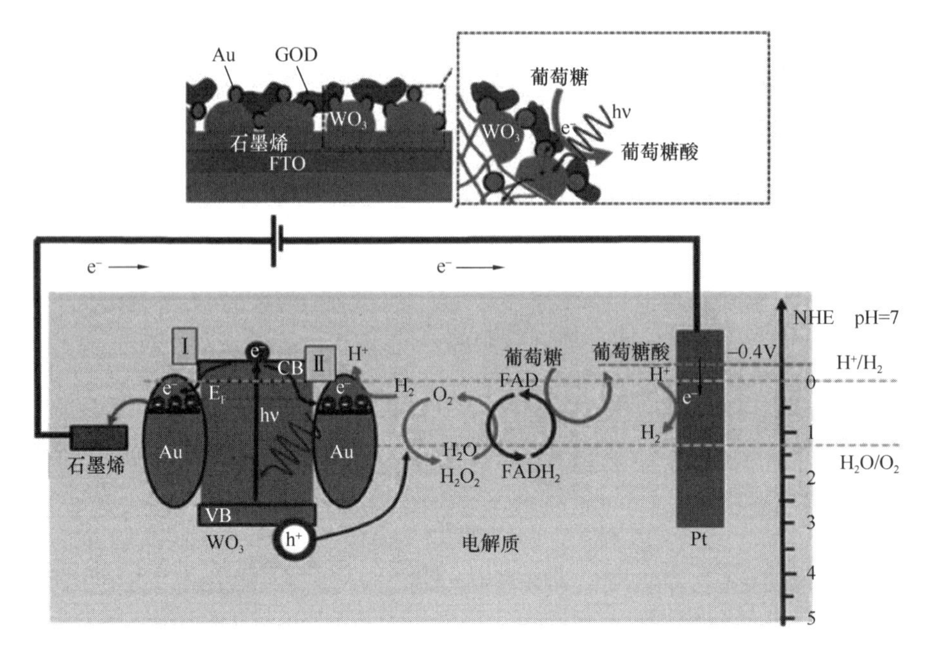

图 8-6 石墨烯-WO_3-Au 形成的三重结用于葡萄糖传感以及葡萄糖的氧化机理和石墨烯-WO_3-Au 光电极的能级（经 Devadoss 等，2014）

属的合金，其表面有自然形成的氧化层。在这项研究中，反应体系在最优条件的每小时光催化效率约达 100%。在模拟太阳光对水中有机染料刚果红进行光催化降解实验时，研究者发现这种光催化材料在重复催化循环实验中展示出较好的可回用性。材料能带结构的检测结果表明，在纳米颗粒和液态金属成分之间可能会形成伪欧姆接触，使光催化材料更容易发生空穴注入现象，从而导致 γ-Ga_2O_3 价带上的氧化电位升高以及过剩空穴浓度增加，其中过剩空穴可能与其他物质发生反应（W. Zhang 等，2015）。另外有研究者合成了纳米哑铃态的 Pt-CdSe-Pt 材料，当照射光能量高于 CdSe 带隙能量时，这种材料在 CO 氧化过程中的催化活性是纯铂纳米颗粒催化活性的 2～3 倍。因此，该研究发现，光生热电子是从 CdSe 半导体进入到 Pt 纳米颗粒，并随即参与 CO 的氧化过程（S. M. Kim 等，2013）。

8.2.3.4 石墨烯复合材料

已有研究表明，当复合材料中的石墨烯含量增加时，石墨烯/TiO_2 复合材料的光催化自清洁效率可提高 2 倍，且材料的亲水转换效率也高于 TiO_2 膜（Anandan 等，2013）。通过使用阴离子表面活性剂十二烷基磺酸钠，含石墨烯的金红石-锐钛矿纳米晶体 TiO_2 可实现自组装过程（图 8-7）。有研究指出，在可见光照射下，为实现光催化效率的最大化，必须在光催化材料中加入氧化石墨烯（graphene oxide，GO）（相对于纳米复合物的质量含量为 5%）。但 GO 浓度的进一步升高会导致材料的光催化效率下降，这是由于石墨烯和二氧化钛在吸收光时存在竞争关系（Lee 等，2012）。当同时暴露于可见光（通过石墨烯吸收）和紫外光下（通过石墨烯和 TiO_2 吸收）时，逐层自组装石墨烯/TiO_2 复合薄膜展示出超亲水性，这是因为这种材料中生成了较高浓度的光生电子-空穴对，且其复合速率较慢（Zhu 和 He，2012）。

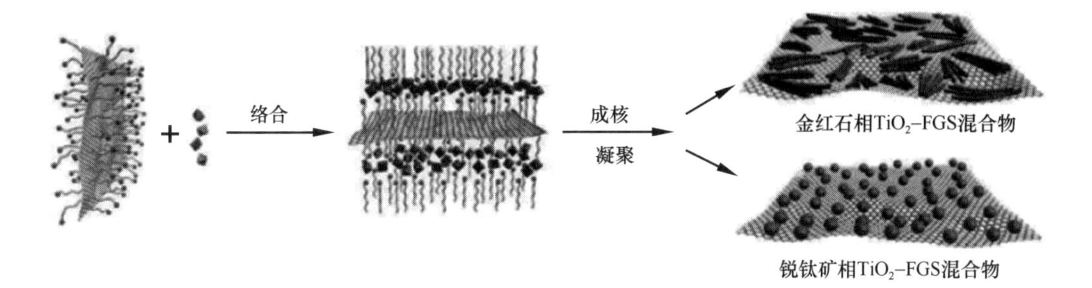

图 8-7　阴离子硫酸盐表面活性剂的使用和 TiO_2 石墨烯纳米混合物的扩增实现了石墨烯稳定化（经 Wang 等许可转载，2009）

半导体硫化镉（CdS）在沉积的同时将 GO 还原成了石墨烯，这一过程产生了单层石墨烯-CdS 纳米复合材料，其中 CdS 和石墨烯层之间的电子转移速度极快，只需皮秒即可完成转移过程（Cao 等，2010）。有研究者将 MoS_2 量子点结合到石墨烯 TiO_2 复合材料中，同时采用溶剂热法使该复合材料具有更大的比表面积和更多的反应位点，从而提高了材料的光催化降解能力。材料光催化效率的提高一方面是因为其对可见光有吸收作用，另一方面是因为材料电荷分离能力增强（Gao 等，2015）。单步可见光光催化反应可以提高钒酸铋（$BiVO_4$）的光响应能力，与此同时 $BiVO_4$ 还原 GO 生成 $BiVO_4$-RGO 复合物。在可见光照射下，$BiVO_4$-RGO 复合物在光电化学裂解水反应中的催化效率是纯 $BiVO_4$ 催化效率的 10 倍。研究者指出，复合物光催化效率的提高是由于大部分激发态的 $BiVO_4$ e_{CB}^- 在形成后立即被转移到 RGO 中，从而具有较长的生存周期，避免了电荷复合（Ng 等，2010）。已有研究者开发出一种单步、低成本、低温生产石墨烯/TiO_2 复合材料的方法，在这种方法中，GO 被还原为石墨烯，石墨烯表面负载 TiO_2 纳米颗粒，材料中形成了 O-Ti-C/Ti-O-C 结构，并实现了 Ti^{3+} 在 TiO_2 上的自掺杂。该方法可将 TiO_2 带隙变窄，从而实现可见光区域内的高效光电转换（Qiu 等，2015）。

8.2.3.5　石墨碳氮化物（g-C_3N_4）

g-C_3N_4 复合材料是一种十分常用的光催化剂，已在多个领域得到广泛应用。有研究利用 TiO_2/g-C_3N_4 对二苯并噻吩及其他硫化物（燃料油）进行了有效的光催化氧化处理，目标物被转化为相应的砜（转化率达 98.9%），可通过萃取提出（Wang 等，2014）。一些特定的复合材料已被用于光催化降解水中的有机染料。在可见光照射下，CeO_2/g-C_3N_4（质量分数为 5%）对 MB 染料的光催化降解效率是纯 g-C_3N_4 的 8 倍（She 等，2015），此外，WO_3/g-C_3N_4（质量分数为 10%）复合材料在用于 RhB 染料的光催化降解时，其催化效果可以持续超过五个循环实验，表明这种复合材料具有极好的稳定性和很高的效率（Gondal 等，2015）。研究人员已开发出一种 Ag_3PO_4/g-C_3N_4 复合材料，其能在太阳光辐射下将 CO_2 转化为燃料，期间发生的光催化反应可能遵循 Z 型反应机理（图 8-8）。在此过程中，Ag 纳米颗粒可作为 Ag_3PO_4 和 g-C_3N_4 组分之间电荷转移的桥梁。Ag_3PO_4 中的光生 e^-_{CB} 和 g-C_3N_4 中的光生 h^+_{VB} 可移动至 Ag 纳米颗粒，随即进行结合。这一现象有利于实现 g-C_3N_4 中光生 e^-_{CB} 和 Ag_3PO_4 中光生 h^+_{VB} 的进一步分离。此外，由于 g-C_3N_4 CB 具有电负性，所以 g-C_3N_4 CB 中的光生 e^-_{CB} 具有很强的还原能力。而 Ag_3PO_4 中的异质结构可促进光吸收过程及 CO_2 还原过程，使得该复合材料的催化效率是纯 g-C_3N_4 催化效率的 6 倍（He 等，2015）。有研究者制备出了含有两种相态的复合材料。在适当的比例下，亚稳态四方相原钒酸盐（t-$LaVO_4$）和单斜相原钒酸盐（m-$LaVO_4$）已被证实可通过抑制电子-空穴对的复合来增强 g-C_3N_4 对 RB 降解的光催化活性。由于 t-$LaVO_4$ 可形成比 m-$LaVO_4$ 更小的颗粒，使复合物内的异质结增多，因此 t-$LaVO_4$ 在整个 g-C_3N_4 复合材料中的分散程度更高（He 等，2014）。

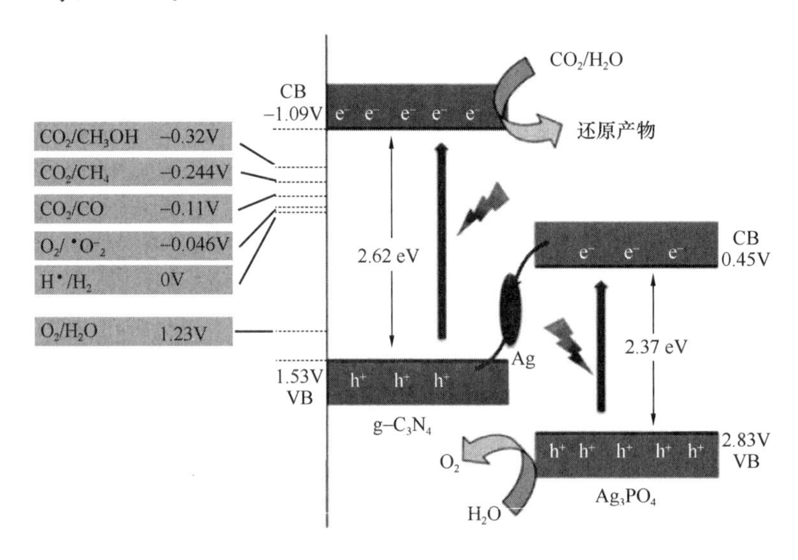

图 8-8　Ag_3PO_4/g-C_3N_4 复合物的光催化机理（经 He 等许可转载，2015）

8.3　适用于光催化处理的化合物类型以及反应机理实例

AOPs 可以产生活性氧物质（reactive oxygen species，ROS），即 $^{\bullet}OH$、$^1O_2$ 和 $O_2^{\bullet-}$，有关用 AOPs 去除水中难降解污染物已得到非常广泛的研究。ROS 能够攻击并降解多种有机污染物（Han 等，2013；Han 等，2014b）。作为 AOPs 中的光催化剂，ZnO 和 TiO_2 等半导体材料在环境应用领域备受关注。由于 TiO_2 具有独特的物化性质，已被广泛用于 AOPs 中，以去除水中存在的污染物（Comninellis 等，2008；Poyatos 等，2010；Han 等，2014a）。TiO_2 在紫外光照射下会产生活性氧，且许多研究结果显示，使用 TiO_2 的光催化反应可有效降解水中的污染物（Cho 等，2006；Giraldo 等，2010；Antoniou 等，2009）。TiO_2 在 UV 照射下可通过光催化反应有效降解多种污染物，包括偶氮染料（亚甲基蓝，MB）、抗生素（恶喹酸，OA）和蓝藻毒素（微囊藻毒素-LR，MC-LR）。Choi 等（2006）

提出，表面活性剂的使用可增加 TiO_2 材料的孔隙度和表面积，从而提高 TiO_2 材料的光催化活性，但表面活性剂的添加比例会影响 TiO_2 的形态特性。表面活性剂的最佳添加比例为1.0，此时制备得到的锐钛矿 TiO_2 膜光催化效率最高，其BET（brunauer，emmett and teller）比表面积为147m^2/g，高于合成过程中未使用表面活性剂的 TiO_2 材料（22.7 m^2/g）。在UV照射下，该种光催化材料能有效降解MB染料。

Giraldo等（2010）研究了商品 TiO_2（Degussa P-25）对OA的降解效果。在该研究中，研究者对实验条件进行了优化（pH=7.5，TiO_2 添加量=1.0g/L），以求在OA降解实验中达到最好的光催化效果。在UV照射条件下，OA的降解率在30min时达到100%，而反应60min时的化学需氧量和溶解氧需求仅降低了50%，这可能意味着反应中间体仍然存在抗菌活性。因此，研究者利用大肠杆菌研究了体系中剩余的抗菌活性。紫外光照射30min后，体系中剩余的抗菌活性被完全去除，这表明 TiO_2 光催化反应可非常有效地降解抗生素OA。Antoniou等（2009）利用在UV照射下具有光催化活性的二氧化钛膜材料催化降解藻毒素MC-LR。研究者用溶胶-凝胶法制备出比表面积（采用BET法测试得到）为147m^2/g、孔隙率为46%、锐钛矿晶粒尺寸为9.2nm的 TiO_2 膜材料。该研究考察了在UV照射下MC-LR初始浓度、溶液初始pH、TiO_2 膜厚度以及基质上 TiO_2 的覆盖面积对MC-LR降解效果的影响。由于不同pH条件下 TiO_2 和MC-LR的带电属性不同，所以溶液pH条件是该降解实验中的重要影响因素。MC-LR的降解率在pH=3.0时达到最大，此时 TiO_2 呈正电性而MC-LR呈负电性。另外，研究者探究了MC-LR浓度对初始降解速率的影响，实验中MC-LR浓度在0.84～5.38μmol/L范围内。实验结果显示，该反应遵循假一级反应动力学，反应速率与MC-LR的初始浓度成正比，计算得到的速率在 $1.48\times10^{-2}\sim3.82\times10^{-2}\mu$mol/(L·min)范围内。研究者合成了基底上 TiO_2 覆盖面积不同的膜材料（如22.5cm^2、45.0cm^2 和67.5cm^2），用以研究基底上 TiO_2 覆盖面积对MC-LR降解效果的影响。TiO_2 覆盖面积可显著影响MC-LR的降解效果，这是因为较大的覆盖面积可为 TiO_2 的光催化反应提供更多活性位点。实验结果表明，当基底上 TiO_2 的覆盖面积增大时，MC-LR的降解率随之升高。此外，考虑到膜厚度与材料的吸附能力直接相关，研究者还考察了膜厚度对MC-LR降解效果的影响。另外，膜厚度与其机械稳定性有关，而后者可用于评估材料的可重复利用性。膜厚度可通过反复涂覆 TiO_2 膜来控制。当 TiO_2 的涂覆操作次数过多时（超过10次），膜将从基底上脱离下来；而涂覆三次 TiO_2 的薄膜材料具有最大的吸附能力。这表明 TiO_2 的光催化反应是发生在其外部，因为仅有少量MC-LR可渗透进入 TiO_2 的内层。

如上所述，UV诱导的 TiO_2 光催化反应可高效降解水中的多种污染物，但其也具有局限性。由于常规 TiO_2 材料的带隙较大（锐钛矿为3.2eV），需要UV光才能使其活化，但UV光在整个太阳光光谱中仅占4%～5%。为将光吸收范围扩展到可见光区域（约占整个太阳光光谱的45%），有研究者通过加入非金属和贵金属来缩小常规 TiO_2 的带隙。此外，使常规 TiO_2 的带隙处于局部中间禁带能量状态，或者将具有表面等离子体共振现象的金属［如银（Ag）或金（Au）］添加到常规 TiO_2 材料的表面上也可用于缩小材料的带隙（Pelaez 等，2009；Han 等，2011，2014a，2014b；Khan 等，2014；Sacco 等，2015）。Han 等（2011）使用简单的溶胶-凝胶法合成了在可见光下具有催化活性的掺硫 TiO_2（S-TiO_2）膜，并用该种材料降解 MC-LR。该研究考察了在材料合成过程中煅烧温度对材料的影响。在 350℃的煅烧温度下合成的锐钛矿 S-TiO_2 材料在 MC-LR 降解实验中展示出最高的光催化活性，此时该材料的计算带隙、BET 比表面积、孔隙率和含硫量分别为 2.94eV、179m^2/g、33.3%和 4.1%。在材料合成过程中，升高煅烧温度会使样品中的硫含量降低。该研究中合成的膜材料在连续三次实验中均表现出较高的机械稳定性，这表明该种膜催化材料具有可重复利用性。除了研究在 S-TiO_2 薄膜合成过程中煅烧温度的影响外，研究者还考察了在用溶胶-凝胶法制备不同性质的 S-TiO_2 材料过程中溶剂的影响（Han 等，2014a）。当选用不同的溶剂进行溶胶-凝胶法时，S-TiO_2 薄膜的结构特征，包括表面粗糙度、BET 比表面积、孔径分布和晶体尺寸均会发生显著变化。合成材料的表面粗糙度、晶体尺寸和孔径分布与每种溶剂的介电常数（D 值）成正比，而其比表面积会随着溶剂 D 值的增大而减小。选用不同溶剂制备出的薄膜催化材料均可在可见光下有效降解 MC-LR，这表明在 S-TiO_2 薄膜催化材料的制备过程中，溶剂的选择并不会影响 S-TiO_2 材料的光学性能和电性能。

有研究者利用共掺杂方式（引入两种不同的掺杂剂）提高光催化材料的可见光活性，其中 Pelaez 等（2009）和 Khan 等（2014）分别开发出了氮氟共掺杂 TiO_2 材料（NF-TiO_2）、磷-氟共掺杂 TiO_2（PF-TiO_2）纳米颗粒（NPs）。锐钛矿 PF-TiO_2 纳米颗粒的计算带隙为 2.75eV，BET 比表面积为 141m^2/g，孔隙率为 49%，孔径为 2～10nm，该催化材料在实验条件下对 MC-LR 的降解具有最高的光催化活性。Pelaez 等（2009）指出，氮的掺杂可使 TiO_2 带隙变窄，而氟的掺杂可使催化材料产生表面氧空位。氮和氟的共掺杂可协同促进 TiO_2 利用可见光进行光催化反应。此外，Khan 等（2014）使用简单的溶胶-凝胶法合成了 PF-TiO_2 NPs，其计算带隙为 2.70eV，比表面积为 212m^2/g，孔隙率为 36.5%，晶体尺寸为 5.9nm。在 UV-可见光照射下的阿特拉津降解实验中，PF-TiO_2 显示出比掺杂单元素的 TiO_2（即 P-TiO_2 和 F-TiO_2）更高的光催化活性。这表明共掺杂方式具有协同效应，可增强 UV-可见光诱导下的 TiO_2 光催化作用。

Sacco 等（2015）的一项研究显示，在可见光下有光催化活性的掺氮 TiO_2（N-TiO_2）NPs 的计算有效带隙为 2.5eV，研究者将此催化材料固定在微尺寸的 ZnS 荧光材料（ZSP）上，该种荧光材料在受到 365nm 波长辐射时可发射出波长为 440nm 的冷光。在农药阿特拉津的降解实验中，为增强 TiO_2 在 UV 照射下的光催化效率，研究者将 N-TiO_2 在 ZSP 上的负载率保持在 15%～50%（质量分数）范围内。ZSP 具有的发光效应使材料的光催化活性提高，且实验结果显示，负载率为 30%（质量分数）的样品材料在降解阿特拉津时具有最高的光催化活性。当光催化材料浓度和溶液 pH 分别为 0.5g/L 和 5.8 时，目标污染物的降解率达到最高。当 ZSP 上 N-TiO_2 的负载量超过最佳值时，ZSP 上形成的较厚 N-TiO_2 层会干扰紫外光的透射，进而阻碍 ZSP 的发光作用。

此外，为了利用太阳光中的可见光部分，有研究者将平均直径为（5.9±1.2）nm的Ag纳米颗粒修饰在平均直径为350nm的单分散TiO_2聚集体上（Han等，2014 b）。贵金属在可见光下可通过局部表面等离子体共振反应产生自由电子，而由自由电子生成的ROS能降解水中的污染物（Wang和Lim，2013）。为了使样品材料具有最高的光催化活性，研究者将单分散TiO_2聚集体表面上的Ag负载量设置在0.8%～5.5%（质量分数）范围内。实验结果显示，单分散TiO_2聚集体表面上Ag的沉积量越大，则样品对可见光的吸收能力越强。在该研究的实验条件下进行药用土霉素降解实验时，Ag含量为1.9%（质量分数）的样品在UV-可见光照射下显示出最高的光催化活性。而当Ag负载量超过最佳值时，样品材料的光催化活性降低，这可能是由于电子-空穴的复合率增加以及过量的Ag沉积物导致TiO_2活性位点阻塞。此外，在光催化活性最高的样品中，Ag的浸出总量远低于美国二级饮用水标准的限值1.0mg/L。近期，有研究者利用碳基材料［包括碳纳米管（CNTs）和石墨烯（GO）］增强TiO_2在模拟太阳光下的光催化活性（Sampaio等，2015）。在该研究的实验条件下进行蓝藻毒素微囊藻毒素-LA（MC-LA）降解实验时，GO含量为4%（质量分数）的样品显示出最高的光催化活性。在模拟太阳光的照射下，MC-LA的降解率在5min时达到100%；而在可见光的照射下，2h后MC-LA的降解率为88%。由于GO和TiO_2发生了最佳界面耦合现象，所以TiO_2在太阳光诱导下的光催化作用显著增强。反应中产生的羟基自由基有效攻击并破坏了MC-LA中Adda基团的共轭二烯结构，而该结构与MC-LA的生物毒性有关。

Sleiman等（2008）利用TiO_2作为光催化材料去除气相中包括敌敌畏在内的农药物质。为对该过程进行全方位考察，如考察相对湿度（relative humidity，RH）以及TiO_2与活性炭（activated carbon，AC）关系的影响，研究者进行了静态和动态两种反应体系实验。在低RH条件下，反应中会发生直接的电荷转移过程以及氯自由基（$\cdot Cl$）对目标物质的降解作用，而当RH高时，反应中的活性氧化剂为$\cdot OH$。该过程中包含有两种反应路径，其中实际发生的反应将由RH水平决定，如图8-9所示（Sleiman等，2008）。

路径Ⅰ：当体系里不存在水时，反应中仅产生有限的$\cdot OH$。敌敌畏分子中的C═C发生电子转移，进而形成自由基。基于Russel机理，这些自由基可与$\cdot Cl$和$\cdot O_2$反应生成三氯乙醛（trichloroacetaldehyde，TCA）和磷酸二甲酯（dimethyl phosphate，DMP）。也有研究者利用类似的反应机理降解三氯乙烯和全氯乙烯（Ou和Lo，2007；Hegeds和Dombi，2004；Sleiman等，2008）。随后TCA被氧化，进而产生CO_2和$CHCl_3$。$CHCl_3$可与$\cdot Cl$反应生成CCl_4，或与$\cdot O_2^-$反应生成HCl和光气（COCl）。而光气的氧化产物包括CO、CO_2、Cl_2和HCl。

路径Ⅱ：当体系的RH值高时，水分子会被吸附到空穴（h^+），进而形成$\cdot OH$。而$\cdot Cl$会与水反应产生HCl，则体系中不会存在$\cdot Cl$。有研究者在大气条件下通过实验研究敌敌畏与$\cdot OH$的反应路径（Feigenbrugel等，2006）。Feigenbrugel等（2006）提出了两种反应路径，一种是甲氧基的脱H^+反应，另一种是$\cdot OH$在C═C键上的加成反应，两种反

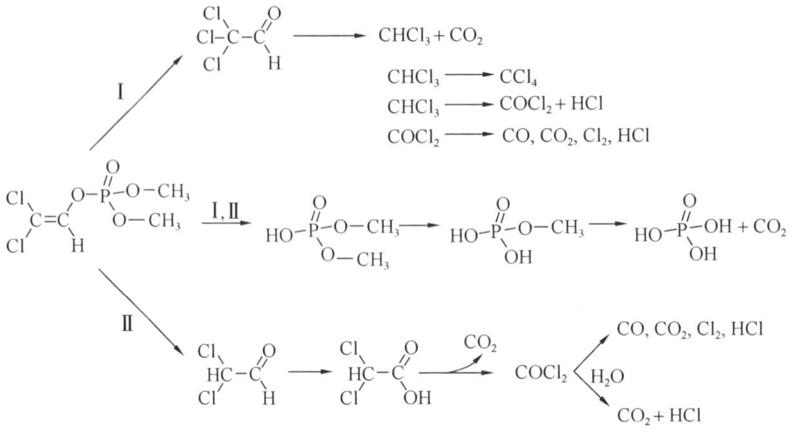

图 8-9 光催化降解气相中敌敌畏的反应路径（Sleiman 等，2008）

注：在 0%RH 时反应路径Ⅰ占优势，在 40%RH 时反应路径Ⅱ占优势。

应的产物分别是一氧化碳和光气。在比较反应产物及其生成比例时，Sleiman 等和 Feigenbrugal 等提出了不同的观点。Sleiman 等认为，导致这些差异产生的原因主要有两个。首先，在 Feigenbrugal 等的研究中，降解过程中生成的多数中间产物并未被识别或定量。其次，由于该反应中存在表面化学现象和吸附过程，所以均相气相 OH 氧化反应和 OH 引发的非均相光催化氧化具有不同的反应机理。Sleiman 等对此进行了总结，高 RH 条件下发生的是˙OH 在敌敌畏 C=C 结构上的加成反应，反应产物为 DCA 和 DMP。而由于气相中的 CO 浓度非常低，此时第一种反应（脱 H^+ 反应）较难发生。随后，DCA 被˙OH 氧化产生 DCAA。而 DCAA 会在 TiO_2 表面发生分解反应，进而产生 CO_2 和光气。该反应的最后一步是光气的氧化反应和水解反应，反应产物为 CO、CO_2、Cl_2 和 HCl。DMP 的降解是通过 CH_3O 基团的脱氢反应完成的，其最终产物为磷酸盐。尽管实验结果证实了所提出的反应路径是正确的，但 Sleiman 等认为需要通过进一步的研究对反应中间产物进行验证。

阿特拉津是一种用于控制阔叶和杂草生长的除草剂，Grandos-Oliveros 等（2009）对其降解过程进行了研究。实验以 TiO_2 作为光催化材料，研究者在光催化材料的各个中心上（Zn（Ⅱ）、Cu（Ⅱ）、Fe（Ⅲ）和无金属处）用四（4-羧基苯基）卟啉对其进行表面改性处理。起初并未发生光催化反应或阿特拉津的降解反应，直到加入过氧化氢后，体系中才开始进行光催化过程和降解过程。在四种类型的中心里，Cu（Ⅱ）卟啉显示出最高的光催化活性。当加入的 H_2O_2 浓度从 0.015mol/L 增加到 0.05mol/L 时，阿特拉津的降解速率也随之增加；但当 H_2O_2 浓度继续增加时，阿特拉津的降解速率基本保持不变。此外，Grandos-Oliveros 等还提出了反应机理并识别了中间产物。

反应路径：为了探明反应过程中产生的˙OH 的氧化作用，并确定阿特拉津的降解路径，有研究者在可见光照射下向反应体系中加入 H_2O_2、氧分子和 TcPPCu /TiO_2，用以氧化目标物（Granados-Oliveros 等，2009）。在可见光照射下，阿特拉津在 1h 时的降解率为 82%。$^{\bullet}OH$ 首先攻击阿特拉津中的氨基烷基，进而引发降解反应。在该过程中，有机底物快速发生脱 H^{+} 反应，从而产生有机自由基。当体系中发生烷基氧化反应时形成了中间产物Ⅰ、Ⅱ和Ⅲ。随后发生的脱烷基反应使得中间产物Ⅳ、Ⅴ和Ⅵ产生（表 8-1 和图 8-10）。中间产物Ⅳ的存在可能意味着氨基邻位的碳原子在降解前期发生了氧化反应。Grandos-Oliveros 等提出的反应机理与先前其他研究结果有关（Chan & Chu，2005；Maurino 等，1999）。

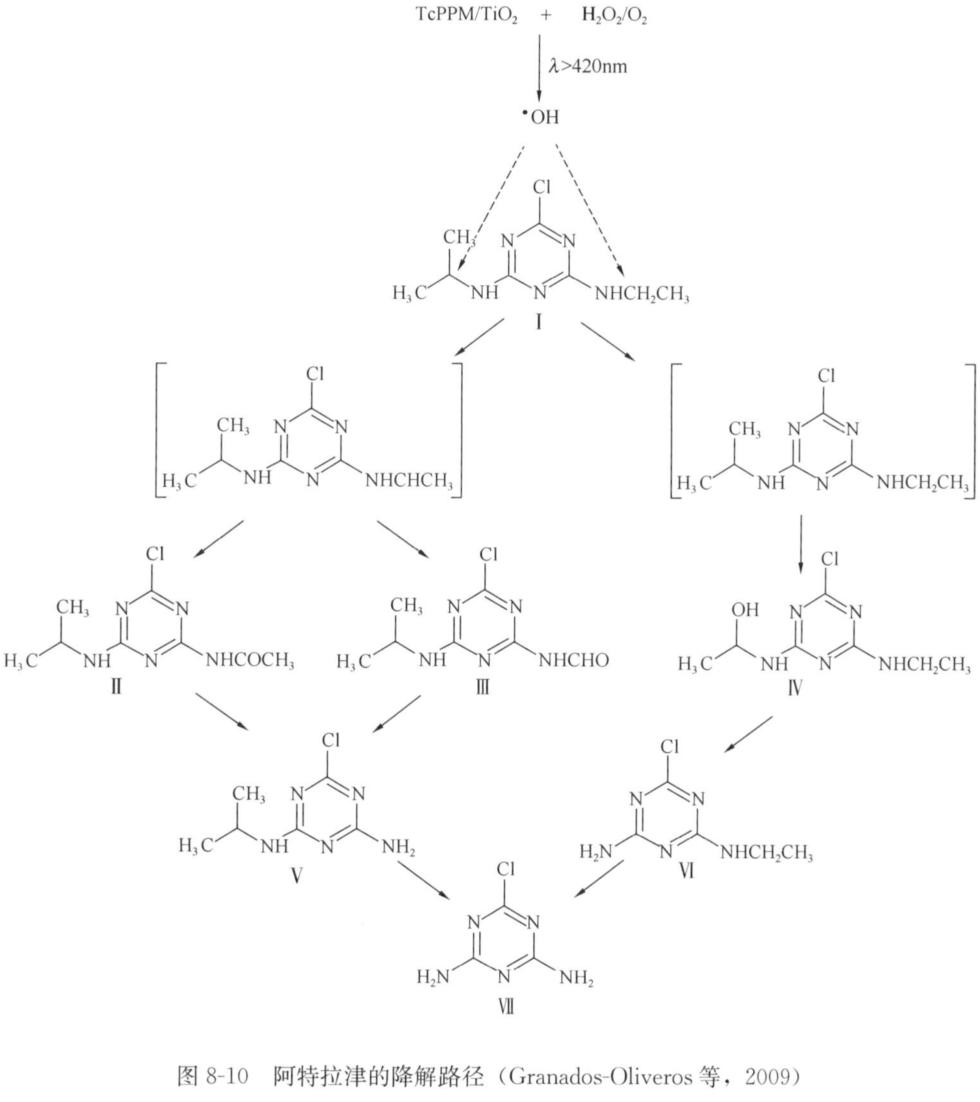

图 8-10　阿特拉津的降解路径（Granados-Oliveros 等，2009）

可见光照射下阿特拉津降解过程的中间产物（Granados-Oliveros 等，2009）　表 8-1

化合物	名称
Ⅰ	2-氯-4-（乙氨基）-6-（异丙胺）-三嗪
Ⅱ	2-氯-4-乙酰胺-6-异丙胺-1,3,5-三嗪

续表

化合物	名称
Ⅲ	2-氯-4-酰胺-6-异丙胺-1,3,5-三嗪
Ⅳ	2-氯-4-乙基氨基-6-（2-丙烯醇）氨基-1,3,5-三嗪
Ⅴ	去乙基阿特拉津
Ⅵ	二异丙基嗪
Ⅶ	去乙基二异丙基阿特拉津

Li 等（2011）在氙灯照射下使用硅酸铋光催化材料降解五氯苯酚（pentachlorophenol，PCP）。研究结果表明，该体系中降解 PCP 的氧化活性物质为$^{\cdot}O_2^-$。研究者利用 GC/MS 检测到 13 个中间产物，包括四氯苯酚（tetrachlorophenols，TeCP）、三氯苯酚（trichlorophenols，TCP）、二氯苯酚（dichlorophenols，DCP）、氯酚（chlorophenols，CP）和苯酚。基于识别出的中间产物及观测到的浓度变化，研究者提出了该体系中 PCP 的降解路径，如图 8-11 所示（Li 等，2011）。

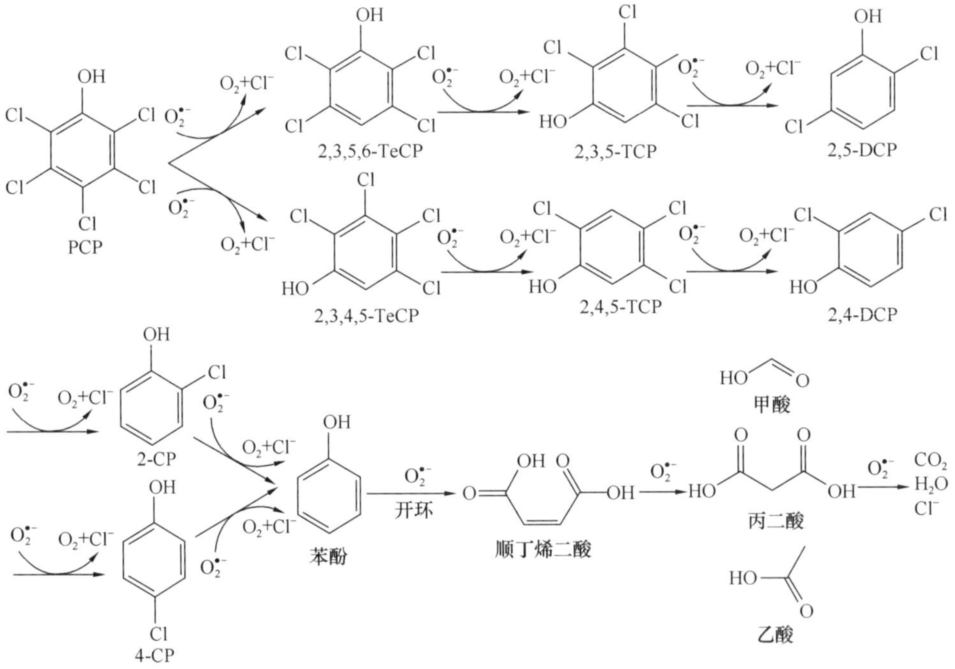

图 8-11　PCP 的降解路径（Li 等，2011）

8.4　动力学、反应建模及定量构效关系（QSAR）

在光催化过程中，半导体金属氧化物被暴露在光照下（图 8-12）。当光催化材料接收的能量等于或超过材料带隙能量时，材料可吸收光子，进而促使激发态电子（e_{CB}^-）从 VB 迁移到 CB，而 VB 中对应产生空穴（h_{VB}^+）[式（8-1）]。电子-空穴对的再结合可以释放能

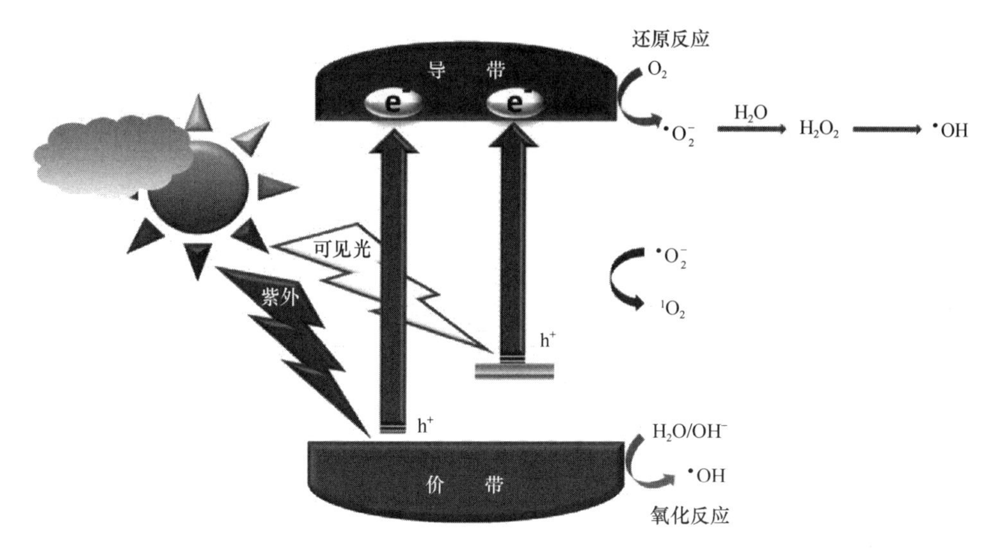

图 8-12　光催化机理（经 Banerjee 等许可转载，2014）

量［式（8-2)］，且这一过程在半导体材料中很容易发生，进而导致半导体材料（如 TiO_2）的光能转换效率很低（Etacheri 等，2012a）。

$$TiO_2 + hv \longrightarrow h_{VB}^+ + e_{CB}^- \tag{8-1}$$

$$h_{VB}^+ + e_{CB}^- \longrightarrow 能量 \tag{8-2}$$

如果光生电子和光生空穴不发生复合，那么这些电荷载流子将迁移到材料表面，进而与被吸附的化合物发生反应（图 8-13）。光生 e_{CB}^-可以还原大气中的氧气，进而产生活性氧物种（ROS)，如超氧自由基阴离子（$O_2^{\bullet-}$）［式（8-3)］。同时，光生 h_{VB}^+可将水氧化为$^{\bullet}$OH［式（8-4)］。这两种活性物质以及反应中产生的其他物质均可与有机化合物反应，生成的中间产物在长时间高能 UV 辐射下可被矿化为二氧化碳（CO_2)、水（H_2O）和无机离子，如卤素离子、硝酸根和硫酸根等［式（8-5）和式（8-6)］。

$$O_2 + e_{CB}^- \longrightarrow O_2^{\bullet-} \tag{8-3}$$

$$H_2O + h_{VB}^+ \longrightarrow {}^{\bullet}OH + H^+ \tag{8-4}$$

$$O_2^{\bullet-} + 污染物 \rightarrow\rightarrow\rightarrow\rightarrow H_2O + CO_2 \tag{8-5}$$

$$^{\bullet}OH + 污染物 \rightarrow\rightarrow\rightarrow\rightarrow H_2O + CO_2 \tag{8-6}$$

金属氧化物中较容易发生光生电子-空穴对的复合，导致该种半导体的光催化效率较低。此外，半导体具有的宽带隙［例如 TiO_2（>3.0eV)］使其对可见光（>390nm）无吸收作用，这种潜在有用材料的应用由此受到了限制。有研究显示，向半导体材料中掺杂金属或非金属、使用异质结构以及掺入包括石墨烯和 g-C_3N_4 在内的新型材料均是解决上述问题的极好方法。

近期，有研究者通过检测太阳可见光下的吸收光谱与开路光电压之间的相关性，研究了氮氟共掺杂 TiO_2 材料的光催化机理。分析发现较低的可见光光电流和开路光电压，这一结果表明，从带隙中间氮能隙态激发到 TiO_2CB 的电子被导带下方的缺陷能级捕获。而

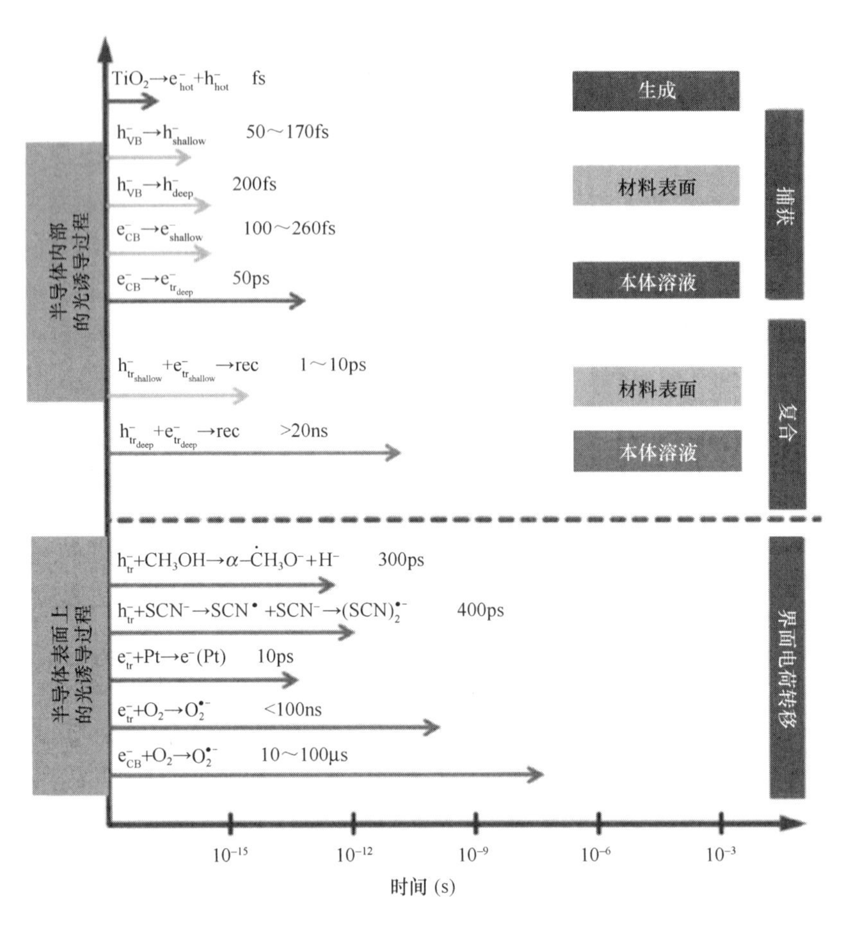

图 8-13　发生在 TiO_2 光催化材料表面和内部的光致反应过程及其对应的反应时间

（经 Schneider 等许可转载，2014）

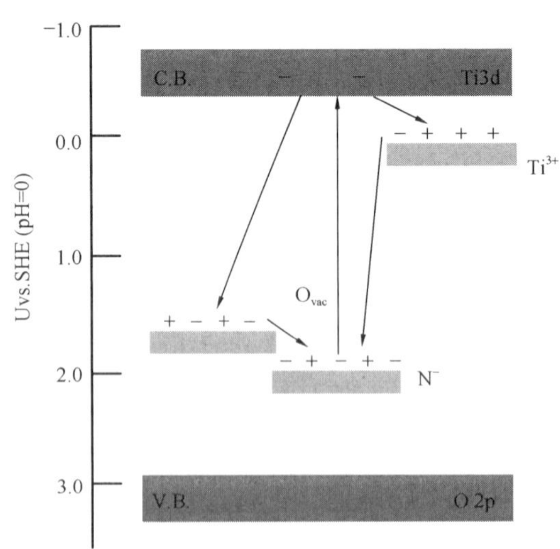

图 8-14　N-TiO_2 的可见光激发及通过从 Ti^{3+} 或 O_{vac} 电子转移重新填充空氮状态

（经 Hamilton 等许可转载，2014）

且，$O_2^{\bullet -}$ 很可能被氮能隙态上的空穴氧化成单线态氧（$^1O_2$），而光生 e^-_{CB} 可将 O_2 还原为 ROS，进而使得污染物中的有机物被氧化分解（图 8-14）（Hamilton 等，2014）。

当由微波辅助方法合成的硫化锌（ZnS）纳米晶体光催化材料（4～6nm）暴露于 60W 灯泡下时，该材料显示出了对金黄色葡萄球菌和大肠杆菌的光催化降解性能。研究发现该种材料具有抑菌和杀菌的作用（反应 5h 后细菌浓度降低 88%）。在这项研究中，研究者发现 ZnS 材料中存在点缺陷（包括填隙锌以及硫和锌空位），这些缺陷保证了带间供体能级，降低了电子从 VB 跃迁至 CB 所需的能量。这些供体能级产生能隙（例如

2.5eV)，使得该材料可在小于500nm的波长照射下发生电子转移，该波长范围包括了小部分的可见光（Synnott等，2013）。依据激光闪光光解实验的结果，研究人员在1995年提出了一种包含两个过程的反应机理。首先，存在两种竞争，即电子-空穴对的捕获与复合之间的竞争以及这些捕获物种的界面电子转移与复合之间的竞争（Hoffman等，1995）。已有文献证明，缩窄光催化材料的带隙是使其在可见光下具有光催化活性的主要方法，而在TiO_2材料中存在的氧缺陷使该材料具有高温稳定性。该种材料的晶体结构在900℃高温下仍保持锐钛矿相，而普通光催化材料从锐钛矿相（高光催化活性）到金红石相（较低光催化活性）的相变通常发生在约600℃条件下，锐钛矿颗粒在次稳定点时的临界粒径约为14nm（Etacheri等，2011；Pillai等，2007）。

非均相光催化反应已被广泛用于环境领域，以净化水和空气（Wang等，2003；Zhou等，2006；Valencia等，2011）。以TiO_2作为光催化材料的光催化反应在污染物降解方面已得到广泛研究，并且有学者利用模型法研究了光催化反应的动力学（Upadhya和Ollis，1997；Monllor-Satoca等，2007；Ollis，2005）。最常用于环境污染物降解的光催化反应动力学模型是Langmuir-Hinshelwood（L-H）模型，该模型基于以下几个假设条件：（1）有限的表面吸附位点；（2）过程中仅发生单层吸附；（3）吸附后的分子之间无相互作用（Allen等，1989；Hoffmann等，1995；Fox和Dulay，1993）。它的表达式为（Valencia等，2011）：

$$\frac{\mathrm{d}C}{\mathrm{d}t}=\frac{k_{\mathrm{obs}}K_{\mathrm{L}}C}{1+K_{\mathrm{L}}C}$$

式中 $\frac{\mathrm{d}C}{\mathrm{d}t}$——产物形成速率；

k_{obs}——表观速率常数（最大速率）；

K_{L}——Langmuir吸附/解吸常数；

C——反应物浓度。

在L-H模型中，反应速率的大小取决于光催化材料的表面积和反应物浓度。在反应物浓度较高和光催化材料表面积较大条件下，反应速率较大。许多研究结果显示，TiO_2光催化降解多种化合物的反应均遵循L-H模型（Daneshvar等，2004；Dung等，2005；Kim和Hong，2002）。然而，该模型无法解释未被吸附的污染物在催化剂表面发生的降解反应（Minero，1999；Valencia等，2011）。此外，即使K_{L}由光强大小决定，也无法用该模型解释光子通量对反应速率的影响（Mora-Seró等，2005；Montoya等，2009；Davydov和Smirniotis，2000）。

Ollis（2005）的研究中假定，由于吸附在光催化材料表面的化合物会与电子、空穴和羟基自由基等活性中心发生反应，材料表面持续进行化合物的吸附过程，所以体系中不存在吸附/解吸平衡状态。该研究得到的催化速率常数和表观吸附/解吸常数与L-H模型一致。此外，Monllor-Satoca等（2007）提出了另一种动力学模型，即“直接-间接”模型，该模型考虑了界面电荷的直接转移及间接转移两种反应机制。在直接转移机制中，有机物直接与离域价带上的空穴发生反应。而在间接转移机制中，迁移至材料表面的空穴将污染物氧化。区分光氧化反应的机理并非易事，因为其中需要考虑许多参数，包括光子通量、污染物浓度和光催化材料对污染物的特定吸附效果等。Montoya 等（2009）用“直接-间接”模型重新分析了有关苯酚和甲酸降解的实验结果。对于苯酚而言，由于其不会被 TiO_2 吸附，所以反应过程中间接转移机制占主导地位，此时该模型较好地拟合了实验结果。而当直接转移机制占主导地位时，该“直接-间接”模型适当地模拟了甲酸的降解结果。近期，Montoya 等（2014）提出了用“直接-间接”模型分析 TiO_2 光催化反应的理论计算方法。它表示为：

间接转移机制：$r_{ox}^{IT}=[(\alpha^{IT}[C_{liq}])^2+2\alpha^{IT}k_0\rho[C_{liq}]]^{1/2}-\alpha^{IT}[C_{liq}]$

其中 $\alpha^{IT}=\dfrac{k_{ox}^{IT}k'_{red}[(O_2)_{liq}]}{4k'_{r,1}}\rho$，$r_{ox}^{IT}$ 为间接转移机制下半导体材料物理吸附的污染物的初始光氧化反应速率，α^{IT} 为间接转移参数，C_{liq} 为液相中溶解性污染物的浓度，k_0 为光子吸收常数的经验值，ρ 为光子通量强度，k_{ox}^{IT} 为间接转移机制下的光氧化速率常数，k'_{red} 为导带自由电子与电解质中溶解性 O_2 的结合速率常数，$(O_2)_{liq}$ 为液相中溶解的 O_2 浓度，$k'_{r,1}$ 为导带自由电子与表面捕获空穴的结合速率常数，其中空穴的迁移通过终端氧和氧自由基的架桥作用实现。

直接转移机制：$r_{ox}^{DT}=\dfrac{k_o k_{ox}^{DT}[C_{ads}]}{k'_1[O_s^{2-}]+k_{ox}^{DT}[C_{ads}]}\rho$

其中 $C_{ads}=\dfrac{k_{abs}bC_{liq}}{1+k_{abs}C_{liq}}$，$C_{ads}$ 为半导体材料表面被吸附污染物的浓度，k_{abs} 为 Langmuir 吸附常数，b 为半导体材料中可用于污染物吸附的最大表面积，r_{ox}^{DT} 为直接转移机制下半导体材料化学吸附的污染物的初始光氧化反应速率，k_{ox}^{DT} 为直接转移机制下的光氧化速率常数，k'_1 为溶解性污染物从电解质向半导体表面扩散的速率常数，O_s^{2-} 代表末端氧离子。

当溶解性污染物的吸附-解吸过程达到平衡时，结合直接转移机制和间接转移机制可得到如下的速率表达式：

$$r_{ox}=r_{ox}^{IT}+r_{ox}^{DT}\approx[(\alpha^{IT}[C_{liq}])^2+2\alpha^{IT}k_0\rho[C_{liq}]]^{1/2}-\alpha^{IT}[C_{liq}]+\frac{k_o k_{ox}^{DT}[C_{ads}]}{k'_1[O_s^{2-}]+k_{ox}^{DT}[C_{ads}]}\rho$$

近期，有研究者针对未被吸附在光催化材料表面的化合物开发出一种新型动力学模型，其中还考虑了逆反应的存在（Valencia 等，2011）。当体系中发生逆反应时，该模型特别关注了光催化材料表面非特异吸附物质的光催化降解机理。对于苯酚的光催化降解反应，由于“直接-间接”模型未考虑逆反应的存在，所以其不能最佳地拟合苯酚的光催化降解过程。

8.5 水质对处理效果的影响及工艺参数选择标准的实际考虑因素

工业、商业、农业和家庭生活中的各种活动均会对水质产生负面影响。在用 AOPs 进行废水处理时，每种目标废水均会遇到其对应的处理难点。例如，家庭洗涤活动中产生的城市废水（灰水）的污染程度虽远低于工业废水，但其中却含有多种有机污染物，如防腐剂、香料和紫外滤剂等，因此，该种废水在水回用去向、水量及毒性去除率等方面有特殊要求。光催化反应的效率与被处理水的水质情况密切相关，水中存在的有机物、水的浊度、水中的微生物以及水的 pH 值可能会显著影响光催化反应的降解效果，尤其是当反应体系中的目标污染物是新兴污染物和持久性有机污染物时。为了优化光催化工艺的性能，需在工艺中添加额外的处理步骤（预处理或后处理），包括调整某些水质特征至正常状态以及对实验参数进行精准微调。

混凝工艺可以有效地去除水的浊度和天然有机物（natural organic matter，NOM）（Chekli 等，2015）。与传统混凝剂（如聚合氯化铝）相比，由钛基材料制备得到的混凝剂[例如，四氯化钛（$TiCl_4$）]能更有效地降低出水中的化学需氧量（chemical oxygen demand，COD）和溶解性有机碳含量（dissolved organic carbon，DOC），该混凝剂拥有更好的应用前景。事实上，该混凝剂产生的无毒絮凝污泥可以回收再利用，用于生产实用的 TiO_2 光催化材料，该材料的光催化效率与 Evonic 公司提供的 P25 材料光催化效率的参考值相当（Zhao 等，2011）。

当使用浆料型光催化反应器时，后续需要进行颗粒分离操作，从而在排出处理后出水的同时保留系统中的光催化材料。在饮用水和废水的深度处理中，在线混凝是一种简单高效的方法，其可用于改善浆料型光催化-MF/UF 这一混合工艺的处理效果（Erdei 等，2008）。研究者在实验室范围内用浆料（悬浮）型连续光催化（continuous photocatalytic，CP）系统和浸入式中空纤维膜微-超滤（micro-ultrafilter，MF/UF）单元组成了一个混合处理系统，并利用该系统实现了对一种合成废水（代表生物处理后的出水）的有效净化，且处理过程中并未预先添加任何浆料沉降操作。通过对膜工艺的进水进行预处理能够提高临界膜通量、降低滤后水浊度（接近于零）、完全防止光催化材料流失、提高工艺中 DOC 去除率以及控制膜污染，预处理方法包括调节 pH 以及用氯化铝混凝剂中和颗粒物质所带电荷。

悬浮态 TiO_2 催化材料在废水处理中具有很高的光催化效率。然而，光催化完成后如何将光催化剂从溶液中分离成为现今存在的主要问题。有学者通过在实验室以及中试水厂的研究发现，电中和反应以及用电解质进行混凝处理可提高光催化材料的回收率（Fernandez-Ibanez 等，2003），该研究还评估了用光催化法降解污染物四氯乙烯（C_2Cl_4）后分离光催化材料的难易程度。Zeta 电位分析结果表明，TiO_2 悬浮物的等电点（isoelectric point，IEP）在 pH=7 附近，此时 TiO_2 颗粒的沉降速率和流体力学直径达到最大值。研究者由此得出结论，当光催化材料未与水分离时，其光催化效率随着连续运行时间的增加而下降；而当 TiO_2 从溶液中分离出时，其光催化活性将持续保持。

光催化材料的催化效率及其催化效果的重现性与反应介质对入射光的吸收（定性和定量）能力有关，而相关参数则取决于反应溶液的组成成分。关于 TiO_2 悬浮溶液的研究表明，该种材料的吸收光谱并不稳定，其与悬浮液的离子强度以及 TiO_2 颗粒所带电荷有关（Martyanov 等，2003）。有研究者发现，通过调节 pH（增强溶液的酸性或碱性）可增加

TiO_2 颗粒所带的电荷数量，从而稳定悬浮液的吸收光谱。此外，超声处理可促进催化材料光密度的恢复，这是因为超声可改变悬浮聚体的尺寸。

橄榄油生产过程中伴随有高度污染、难降解的工业废水产生，在对该种废水进行回用处理时，反渗透（reverse osmosis，RO）工艺展示了其优越性。将 RO 工艺与预处理及 UV/TiO_2 光催化反应组合可增加反渗透膜的通量阈值，保证投加材料的回收率，同时降低膜的长期污染指数（Ochando-Pulido 等，2014）。这种组合工艺降低了反应能耗并使反应所需的膜面积大幅度减少，从而节约了批量膜处理所需的投资成本。上述工艺的出水可满足灌溉水质标准，这实现了生产废水（清洗橄榄油机器产生的废水）的再生利用。

光催化反应有时对水中难生物降解和有毒有机物的降解能力有限。而光催化和生物降解的耦合工艺（intimate coupling of photocatalysis and biodegradation，ICPB）可以提高污染物的去除效率。Li 等（2011）制备了一种有 TiO_2 涂层的新型海绵状生物膜载体材料，其中 TiO_2 紧密附着在载体材料上，且载体内部对生物质有积聚作用。在一个连续流的光催化循环床生物膜反应器（photocatalytic circulating-bed biofilm reactor，PCBBR）中，研究者考察了使用该种载体材料时，ICPB 对 2,4,5-三氯苯酚（2,4,5-trichlorophenol，TCP）（一种难生物降解的化合物）的矿化效果。实验结果表明，TCP 在光催化反应中生成了可被矿化的中间产物；此外，载体材料对 TCP 的高效吸附可降低其毒性，从而促进了生物降解过程。

AOPs 可有效降低水中的病原体污染。Polo-Lopez 等（2014）评估了几种太阳能驱动的 AOPs 对一种全球性植物病原体——镰刀菌孢子（Fusarium sp.）的去除效果，被研究的 AOPs 包括低反应物浓度条件下的光-芬顿工艺（Fe^{2+}，Fe^{3+}）、非均相光催化（TiO_2）工艺以及太阳光下的 H_2O_2 处理工艺。该实验在一个中试规模的太阳能光反应器中进行，反应器中含有复合抛物面聚光器（compound parabolic collector，CPC）。实验结果表明，不同水体中的病原体灭活率不同，其中蒸馏水中的消毒速率最快，随后是模拟的市政污水处理厂出水（simulated municipal wastewater effluent，SMWWE）和实际的污水处理厂出水（real municipal wastewater effluents，RMVVWE）。在 pH＝3 的条件下，光-芬顿工艺中太阳光对病原体的灭活率最高，随后是 H_2O_2/太阳光工艺和 TiO_2/太阳光工艺。上述实验结果表明，太阳能驱动的 AOPs 和 CPC 装置可用于较好地去除/灭活水介病原体。

Pecson 等（2012）研究了石英砂负载氧化铁（iron-oxide coated sand，IOCS）对病毒的吸附效果，研究结果显示，将石英砂负载氧化铁与太阳光照结合可提高湿地对病毒的灭活率，这是因为氧化铁表面具有的光活性可提高其吸附性能，使病毒更接近灭活反应发生的位置。研究者基于此机理提出了一个有关湿地设计的新理念，即增强照射在 IOCS 上的太阳光，如建造一个上层滤料为 IOCS 的垂直流湿地。此工艺对病原体的灭活率可达到典型的饮用水消毒要求（4log）。

印染工业废水中的污染物组成非常复杂，通常用一系列水质指标来描述其水质特征（pH、TDS、BOD_5、COD、TOC、色度和总铬含量）。在合适的基质中及优化的运行条件下，这类废水的处理可通过吸附和/或光催化完成。但 Visa 等（2011）的实验结果表明，粉煤灰（fly-ash，FA）和 FA /TiO_2 混合物对工业废水的处理可作为预处理工艺，其处理效率达到 40%，在后续需要进行生物处理或深度化学处理。由此可见，尽管光催化反应能有效处理含一种染料物质的溶液，但实际工业废水中的有机物组成非常复杂，因此难以将其完全矿化。与仅含一种染料物质的溶液相比，实际工业废水中存在的各种染料及其反应副产物会存在竞争效应，进而导致实际工业废水的总体降解效率显著降低。

通过分析紫外光照射下柠檬黄的光催化降解实验，Gupta 等（2009）提出，若想要成功去除水溶液中的有害染料物质，需要对实验条件进行优化处理，包括 pH、催化剂（TiO_2）投加量和染料浓度。研究者观察到反应中溶液的 COD 值有明显降低，此现象证明了水中添加的电子受体（如 H_2O_2）可促进 $^{\bullet}OH$ 的生成，同时抑制电子-空穴对的复合，进而提高了废水的净化效果。

光催化材料的性质和光源类型（紫外光、可见光和太阳光）会极大地影响新兴污染物（例如，蓝藻毒素）的光催化降解效果。Zhao 等（2014）提出，掺杂阴离子的 NF- TiO_2 VLA 光催化材料在紫外光和可见光照射下对各类水体均有较好的处理效果。在探究不同 ROS 的作用时，研究者发现增加 pH 值可以提高光催化反应对蓝藻毒素污染水体的处理效果，且当体系中存在腐殖酸（humic acid，HA）、Fe^{3+} 和 Cu^{2+} 时，污染物的降解速率也会提高。

8.6　工艺局限性及副产物生成情况；降低对处理后出水水质产生的不利影响的策略

TiO_2 被认为是一种高效、低成本且非常稳定的半导体光催化材料，其在水处理中有广泛的应用。非均相光催化工艺的处理效率通常取决于各种操作参数的设置，这些参数有可能对工艺出水水质造成负面影响，也有可能有助于提高工艺的处理效果（Chong 等，2010）。

光催化过程的反应速率与 TiO_2 的浓度呈线性正相关关系，而当 TiO_2 投加量持续增加直至超过某一饱和值时，此时的光催化效率逐渐降低。这是因为光催化材料表面对光子的吸收能力有限，过量的 TiO_2 会阻碍光的穿透效果，从而使 TiO_2 表面上可接收光照的有效面积减小（Chong 等，2010；Gaya 和 Abdullah，2008）。相关研究表明，TiO_2 的最佳浓度与所用光催化反应器的设计和尺寸有关（Chong 等，2009；Herrmann，1999）。由于较小的反应器直径是实现有效光穿透的必要条件，所以在连续流的光反应器中，TiO_2 负载也与流体力学和水力条件有关。另一方面，为降低光催化材料在反应器部分区域中的沉积率，溶液需要处于紊流状态，但这在直径小于 20mm 的反应器中不可能实现（Malato 等，2009；Malato 等，2003）。因此，在设计光催化反应器时，应考虑光催化材料负载对处理效果的影响以及其与流体动力学参数之间的关系。

在非均相光催化反应中，由于 pH 会改变光催化材料的表面带电情况，其对工艺的处理效率有显著影响。当光催化材料表面呈电中性时，此时即为材料的零电点（point of zero charge，PZC)。TiO_2 催化材料的 PZC 值在 4.0～7.0 范围内，具体数值由不同的光催化材料种类决定（Ahmed，2012；Chong 等，2010）。当溶液的 pH＜PZC（TiO_2）时，此时光催化材料表面带正电（$TiOH_2^+$），可吸引带负电荷的化合物，该种化合物被吸附在催化剂表面后随即发生光解反应。当溶液的 pH＞PZC（TiO_2）时，光催化材料表面带负电（TiO^-），此时光催化材料对带正电荷的化合物具有更强的吸附能力（Ahmed，2012；Rincón 和 Pulgarin，2004）。TiO_2 表面的带电情况也会影响光催化材料颗粒之间的相互作用。当光催化材料处于零电点时，其表面呈电中性状态，导致颗粒之间发生聚集和沉淀（Gaya 和 Abdullah，2008）。光催化膜反应器（photocatalytic membrane reactors，PMRs）即利用了光催化材料的这一性质，该反应器中溶液的初始 pH 值被调节至 TiO_2 颗粒的 PZC 范围内，进而最大化地促进了 TiO_2 颗粒的聚集、沉降和收集过程。为了实现最佳的处理效果及催化剂颗粒的充分分离，光催化水处理过程的许多步骤中都需进行适当的 pH 调节。

在光催化工艺中，溶解氧（dissolved oxygen，DO）的存在可保证体系中含有充足的电子捕获剂，其可阻碍导带上光生电子和空穴的复合过程。此外，DO 还可促进体系中各种 ROS 的生成，并提高自由基中间产物的稳定性。在光催化过程中，可通过曝气的方式（空气或氧气）确保体系中存在足量的 DO，而曝气操作还可以促进反应器中 TiO_2 的悬浮过程（Pichat，2013）。

另一个可限制工艺处理效率的因素是反应中照射光的波长及强度。由于 TiO_2 光催化材料的带隙能量存在差异，为实现光子对电子的激发效应，不同材料所需的光照波长范围不同（Bahnemann，2004；Herrmann，1999）。因此，为实现入射光的充分利用，必须谨慎选择光催化材料。对于大多数 TiO_2 光催化材料而言，UV-A 区（315～400nm）的光照可充分实现光子对电子的激发效应。但这也体现了光催化的局限性，由于到达地球表面的自然紫外光的光强较低，因此需要利用有充足光强的人造光源进行光催化反应（Malato 等，2009；Pichat，2013；Spasiano 等，2015）。这凸显了光强对光催化整体效率的重要影响。已有研究证明，在低光照强度条件下，光催化反应的反应速率与光通量（Φ）之间存在线性关系，而当光强增加至超过某一特定值时，反应速率与光通量的平方根（$\Phi^{0.5}$）相关（Gaya 和 Abdullah，2008；Herrmann，1999；Malato 等，2009；Pichat，2013）。在高光照强度条件下，限制反应速率的唯一因素是光催化材料表面和本体溶液之间的传质效率。当光催化反应被用于水处理时，为激发光催化材料中的电子，需要使用较高光强的光源以提供充足的辐射能量（Chong 等，2010）。

水中存在的悬浮颗粒物会使水产生浊度，其可通过对入射光的散射以及对辐射能的吸收阻碍 UV 光在水中的透射，进而降低光催化反应在净水过程中的处理效率（Ahmed，2012；Haque 和 Muneer，2007）。用光催化反应处理低浊度水（低于 30NTU）时，可实现较高的紫外光透射率及光催化反应速率（Gelover 等，2006；Rincón 和 Pulgarin，2003）。为降低进水浊度，应在光催化处理工艺前进行常规的物理处理（混凝、过滤等）。

水中存在的无机离子可通过抑制 ROS 产生或使催化剂表面失活（生成沉淀及发生表

面污染）影响光催化反应的速率（Ahmed，2012；Guillard 等，2003a，2003b；Habibi 等，2005；Mahvi 等，2009；Muruganandham 等，2006；Naeem 和 Feng，2008；Özkan 等，2004；Rincón 和 Pulgarin，2004）。如上所述，溶液的 pH 可影响 TiO_2 表面带电情况，从而使 TiO_2 表面对无机离子产生选择性的吸引或排斥作用（Guillard 等，2003b）。尽管 Fe^{2+} 可催化光-芬顿反应，但由于其在中性 pH 下会在催化剂表面形成 $Fe(OH)_3$，所以增加体系中的 Fe^{2+} 浓度可能会降低材料的催化效率（Choi 等，1994）。此外，已有研究证明，PO_4^{3-} 和 SO_4^{2-} 可被光催化材料表面有效吸附，进而抑制材料的催化活性（Abdullah，1990）。无机离子的负面影响可通过不同机理解释，例如其可屏蔽入射紫外光、在光催化材料表面产生沉淀物沉积、捕获自由基和空穴以及竞争表面活性位点等（Abdullah，1990；Burns，1999；Chong 等，2010；Guillard 等，2003b）。已知 Cl^-、HCO_3^-、SO_4^{2-} 和 PO_4^{3-} 均对自由基和空穴具有捕获作用（Abdullah，1990；Chong 等，2010；Muruganandham 等，2006；Pichat，2013）。因此，为降低水中无机离子对光化学反应的不利影响，应在光催化反应前进行各种预处理（包括沉淀、络合或离子交换），以防止水中的无机离子对 TiO_2 材料表面造成污染（Burns，1999）。此外，受污染的光催化材料可进行再生处理，在用各种化学药剂冲洗从而溶解表面沉淀物后，光催化材料可得到重复利用（Abdullah，1990）。

水中存在的 NOM 会限制光催化工艺的处理效率，这是因为它会与目标污染物竞争光催化材料的表面活性位点。而将光催化氧化与物理吸附两种工艺结合使用可解决这一问题。可使用的吸附剂包括活性炭、沸石和黏土等。在该过程中，有毒的有机污染物被保留在吸附剂表面，随后吸附剂将与 TiO_2 混合。吸附材料释放出的化合物在光照下可被光催化降解，而吸附剂在通过再生处理后可进一步循环利用。另一种可解决该问题的方法是将光催化材料固定在吸附剂表面，进而制备出一种具有渗透性的混合材料。该方法可用于降解苯酚和氯代苯酚等（Crittenden 等，1997；Herrmann 等，1999）。

得到广泛应用的光催化反应器包括以下两类：在浆料中使用悬浮态 TiO_2 颗粒的反应器和光催化材料固定在惰性表面的反应器。

有研究发现，ROS 的生成速率与悬浮态催化剂表面的活性位点数量有关，因此浆料中的悬浮态 TiO_2 颗粒被广泛应用于光催化反应器中（Pozzo 等，1997）。由于光催化材料的该种存在形式可增大单位体积内催化剂的表面积，所以与固定态的光催化剂相比，这种材料具有更高的光催化活性。污染物在固定态光催化系统中的降解效率更低，这是因为：一方面污染物从本体溶液到催化剂表面活性位点的传质过程受限，另一方面是因为光子没有到达有效催化位点，从而使体系中光催化效率较低（Augugliaro 等，2006；Pozzo 等，1997）。此外，光催化反应器中使用的光照形式对工艺的整体处理效果有重要影响。为了实现反应器中的均匀布光和对称透射，可将直接光子激活或间接光照射（利用抛物面光反射器）结合以校正光源位置（Bahnemann，2004；Chong 等，2010；Malato 等，2009）。

浆料型反应器的缺点是后续需要添加处理工艺，以将悬浮的光催化剂从出水中分离，从而避免光催化材料流失并防止 TiO_2 颗粒对出水造成污染。光催化材料的分离及回收可通过常规的物理-化学方法实现，例如沉淀、混凝、气浮和过滤等（Chong 等，2010；Fernández-Ibáñez 等，2003），尤其是在最优处理条件下可完成这些过程。将溶液 pH 调节至材料 PZC 附近或向体系中添加混凝剂可以实现 TiO_2 颗粒的混凝，但是该过程耗时较长，且需额外添加处理过程（如需要进行过滤并去除过量的混凝剂）。由于 TiO_2 颗粒的直径通常在 20～40nm 范围内，膜滤法可实现有效的固液分离（Doll 和 Frimmel，2005；Malato 等，2009；Xi 和 Geissen，2001；Zhang 等，2008；Zhao 等，2002）。在进行微滤和超滤工艺时，需考虑一些因素，包括膜污染、膜孔堵塞和再生方法等（Lee 等，2001；Molinari 等，2002；Xi 和 Geissen，2001）。

膜反应器（membrane reactors，MRs）结合了浆料法与膜滤法，同时利用了两种工艺的优点。然而，在使用小尺寸颗粒的光催化材料时，污染物首先需要扩散到颗粒材料表面，但这一过程的速率较慢。此外，由于膜材料可与紫外光辐射和·OH 发生相互作用，所以将 TiO_2 颗粒固定在膜上可能导致膜结构的严重损坏。

在混合光催化膜反应器（PMR）中，光催化材料位于膜的表面和膜孔中，因此膜能在选择性分离污染物的同时使其发生光催化降解反应，并最大限度地提高了体系中的传质效率（Augugliaro 等，2006；Herz，2004；Molinari 等，2004）。光催化膜由半导体材料制备而成，其中 TiO_2 负载在聚合物或点状聚合膜上（Bellobono 等，2005；Bosc 等，2005；Molinari 等，2004）。这种光催化膜已被广泛用于在水处理过程中去除三氯乙烯、4-硝基苯酚、MB、腐殖酸和双酚 A（Artale 等，2001；Chin 等，2006；Ryu 等，2005；Tsuru 等，2003；Tsuru 等，2005）。

在上述系统中，跨膜压差是一个可影响水处理成本的重要参数。调节水的 pH 值以及加入电解质可以避免体系中发生孔隙堵塞现象，进而延长膜的使用寿命（Xi 和 Geissen，2001）。近年来，越来越多的研究倾向于将具有选择性的有机膜与光催化材料（渗透蒸发）结合使用（Augugliaro 等，2006；Camera-Roda 和 Santarelli，2007），这表明该种混合光催化膜反应器在降解痕量有机污染物方面具有广阔的应用前景，它能实现对目标物质的选择性截留。

光催化反应中会产生高活性的自由基，它们能够部分降解甚至矿化水中的污染物。然而，从反应开始到完成污染物矿化的过程中产生了多种转化产物（transformation products，TPs）和中间降解产物。对这些产物进行识别是评估其环境影响的重要步骤。其中一些 TPs 可能比初始的母体化合物更难被降解，并且具有更高的毒性。尽管识别 TPs 并评估其生态毒性在近期已引起科研人员的关注，但迄今为止，有关其环境风险的可用信息却很少。为了降低水中存在的 TPs 造成的风险，可以应用许多前沿技术（膜过滤、反渗透等）对其进行处理，此外还可将这些技术与各种 AOPs 结合使用，以求实现难降解 TPs 的完全矿化（Konstantinou 等，2014）。

以往文献中有关 TiO_2 毒性的研究非常有限。尽管如此，近期一项研究（Adams 等，2006）已经证明，纳米级 TiO_2 能够抑制革兰氏阳性枯草芽孢杆菌和革兰氏阴性大肠杆菌的生长，这两种菌种是常用的实验菌。此外，纳米级 TiO_2 在无光照条件下仍可抑制细菌的生长。然而由于材料颗粒会发生聚集，其尺寸在实验过程中会逐渐变大。Aruoja 等（2009）进行的藻类生长抑制试验结果表明，即使在遮光条件下，纳米级 TiO_2 对羊角月牙藻仍具有较高毒性。纳米颗粒在藻类细胞中的聚集使其整体毒性增加。Heinlaan 等（2008）已经证明，在浓度高达 20g/L 的情况下，纳米级 TiO_2 颗粒和块状 TiO_2 颗粒均不会对费氏弧菌、甲壳类动物大型蚤和鸭嘴兽具有毒性效应。

8.7 反应器/装置的设计、经济性考虑及性能指标

光催化反应器的优化设计可显著降低该工艺在实际运行中的经济成本。为降解环境中存在的各种污染物，研究人员开发出了几类光催化反应器，如图 8-15 所示（改编自 Chin 等（2004））。循环模式的管状光催化反应器、半导体涂覆的管状光反应器和批处理式光催化反应器都是为研究污染物的光催化降解而开发出的一些反应器实例。设计低成本的光催化反应器或更换光催化反应器的昂贵组件可以降低该工艺的商业成本。利用太阳能作为光源可显著提高光催化反应的降解效率，并可避免使用传统光催化反应器中的紫外光源。此外，合适的掺杂剂可对光催化材料进行改性处理，使其在可见光下具有光催化活性，并提高光催化的处理效率。综上所述，太阳光辅助的光催化反应器具有较低的经济成本以及较高的处理效率，由此受到了广泛的关注和研究。此外，光催化过程中产生的活性氧物种的数量取决于光催化反应器的几何结构。在投入商业化应用之前，需要对光催化反应器的能耗、运行成本以及优缺点进行详细分析。

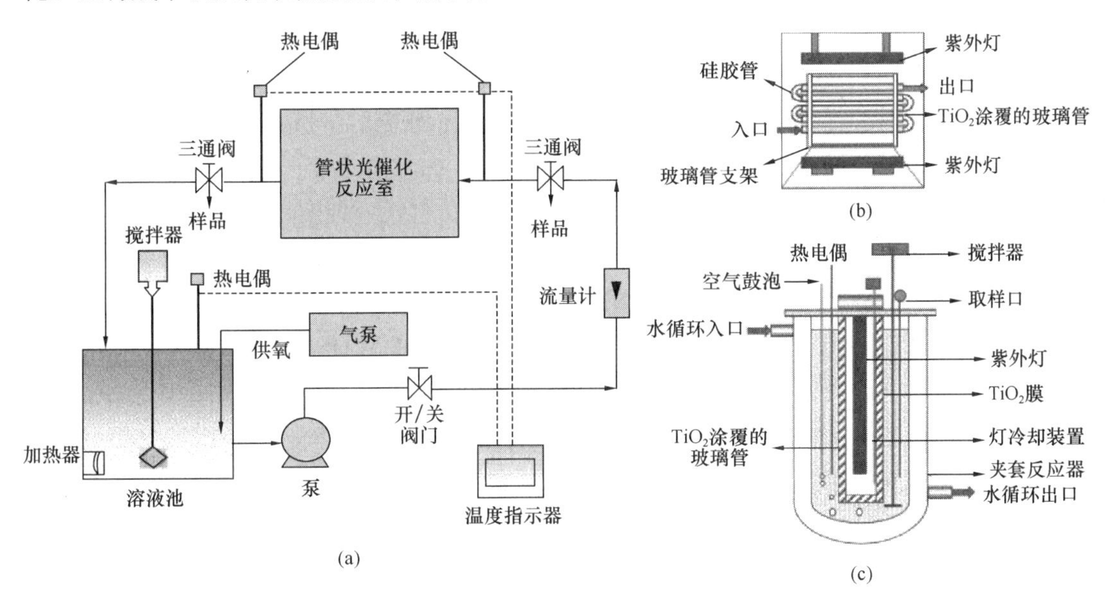

图 8-15 3 种光催化反应器（经 Chin 等许可转载（2004））

（a）循环模式的管状光催化反应器示意图；（b）管状光反应器室中 TiO_2 涂覆的玻璃管；

（c）批处理式光催化反应器（横断面图）

8.8 与水处理有关的应用案例研究

如今，人们日益关注环境中存在的新兴污染物。高级氧化工艺中产生的·OH是一种强氧化剂，能有效降解持久性污染物。在这些AOPs中，以TiO_2为光催化材料的非均相光催化工艺具有很好的应用前景，且TiO_2光催化材料已被认为是能矿化难降解有机污染物的重要材料（Fujishima等，2008)。半导体光催化的商业化程度因应用领域的不同而不同，从基础研究到成熟市场不等。在过去5年中，光催化相关产品在全球的销售量以每年14.3%的速率增加，其中包括超过1000家公司销售的应用于各领域的光催化产品（Gagliardi，2010；Portela 和 Hernandez-Alonso，2013)。光催化反应主要应用于材料表面自清洁、空气净化/灭菌以及水处理等领域。尽管光催化产品的市场在过去十年中发展迅速，但市面上可用的光催化相关净水系统的数量依然十分有限。目前，全球主要的水处理公司均未将光催化工艺视作一种经济的、可替代现有工艺（如氯化和臭氧分解）的处理技术。然而，处理水量较小且有特定处理目标物的企业可选择利用光催化系统进行净水处理，例如电子、纺织、汽车工业以及军事和石化工业的废水处理（污水或污染场地清理)。

Mills和Lee在一篇基于网络的综述中（Mills 和 Lee，2002）以及Saari等在最近的简报中（Saari等，2010）介绍了大型公司推行过的净水系统。许多光催化净水产品仍处于开发或验证阶段，包括松下公司在东京举办的Eco-Products 2014发布会（Panasonic，2014）上展示的可用于光催化水处理技术的样机以及SOWARLA系统（Saari等，2010；SOWARLA GmbH)。SOWARLA系统是一个太阳能光催化的净水系统，德国兰波尔豪森（Lampoldshusen）的宇航研究院（DRL）在一个示范水厂中实现了该系统的运行。此外，INETI（Instituto Nacional de Engenharia，Technologia Industrial elnoyacao，葡萄牙）和PSA（Plataforma Solar de Almeria，西班牙）的知名水厂已建立起中试规模的太阳能光催化处理系统。由于利用半导体光催化反应的市售水处理系统的数量有限，因此相关的案例研究也非常有限，且相关公司的网页上很少会有关于产品、操作和/或处理条件的详细信息。

尽管缺乏详细资料，但以下研究案例可提供迄今为止半导体光催化领域所取得的技术进步的有价值信息，以及净水系统在商用时发生的实际问题和解决办法。文中省略了其他学者提供的研究案例（Mills 和 Lee，2004)。

在所有可提供光催化净水系统（公司网站显示）的公司中，Purifics® ES公司是最大的供应商，该公司展示了一系列有关产品Photo-Cat®系统的具有研究价值的历史案例。该系统采用了全光谱的人造紫外光对浆料型TiO_2光催化材料进行活化。在Photo-Cat®系统中，被处理水首先通过预过滤装置去除水中的微细固体材料，随后通过聚结器去除水中的乳化油或油脂，再进入到一个Photo-Cat®反应器中。在Photo-Cat®反应器中有不锈钢管材组成的一套支架，反应器中的专利陶瓷膜的分离工艺可从水中完全分离光催化材料并将其重新投加至进水处（Purifics ES Inc. DOC3006R5，2011)。三个有关该系统的历史案例如下所述。

8.8.1　美国佛罗里达州萨拉索塔市受1,4-二恶烷和挥发性有机溶剂污染的地下水（2013）

洛克希德马丁公司于1996年收购了位于美国佛罗里达州萨拉索塔市的前美国公司Beryllium，且洛克希德马丁公司发现地下水受到了1,4-二恶烷、挥发性有机化合物（VOCs）（三氯乙烯（trichloroethene，TCE）；四氯乙烯（tetrachloroethene，PCE）；1,1-二氯乙烯（1,1-Dichloroethene，DCE）；1,1-二氯乙烷（1,1-Dichloroethane，DCA）；氯乙烯（vinyl chloride，VC））、铝和高浓度铁的污染。该公司承担起净化地下水的责任，在2006年至2012年期间使用临时的Photo-Cat系统净化了该区域涵盖的10个抽水井中的受污染地下水。这些修复工作在佛罗里达州环境保护部（Florida Department of Environmental Protection，FDEP）通过的“过渡阶段修复行动计划”的框架内实施。2013年，Purifics公司使用了一种集成式全自动地下水净化系统（Photo-Cat），该处理系统能够去除金属（如铁和铝）并降解可溶性的有机化学物质（即1,4-二恶烷和VOCs）。据该公司介绍，这种无需投加化学试剂的工艺能够处理80个抽水井中的受污染地下水，每日的处理量为1900m^3（每天50万gal）。该系统实现了完全的自动化，可在无人值守的条件下长时间运行。此外，它还能将受关注污染物的浓度降至低于检测限（3μg/L）的水平，且不会产生废水（Purifics ES Inc. DOC4016R6，2013）。洛克希德马丁公司发布的有关Photo-Cat工艺的信息公告称：“洛克希德马丁认为，在处理地下水中具有区域特性的受关注化学物质（COCs）[包括三氯乙烯（TCE）和1,4-二恶烷]时，高级氧化工艺[Photo-Cat]是最有效、最安全、最经济的处理工艺（Purifics ES Inc.，2011）”。

8.8.2　美国南部水域饮用水中1,4-二恶烷和VOCs的降解工艺（2013）

美国南部水域的市政地下水井曾受到1,4-二恶烷和致癌性VOCs的污染。这些化合物中，1,4-二恶烷的浓度要求低于1mg/L，而VOCs的浓度则要求低于每种物质各自的最大污染水平（maximum contaminant level，MCL），并希望最终能使其低于检测限浓度。为了获得最优化的处理效率，在最终选择出一套合适的Photo-Cat系统前开展了室内的小试和中试验证。2013年8月，两个经NSF-61认证的Photo-Cat系统进行了现场安装，其处理水量为每天100万gal（1MGD）。该系统已于2013年10月启动运行，能在设计流量下生产出高质量的水（Purifics ES Inc. DOC4020R8，2013）。

8.8.3　美国得克萨斯州敖德萨的“超级基金”污染场址地下水中铬（Cr^{6+}）的去除（2013）

在位于美国得克萨斯州敖德萨的美国环保署超级基金污染场址，有研究者利用传统的离子交换技术处理被六价铬（Cr^{6+}）污染的地下水，并成功将Cr^{6+}浓度从400μg/L降低到50μg/L（允许排放限值）。然而该处理工艺无法持续处理受污染的水，且很难将出水中

Cr^{6+}的浓度降低至1mg/L（待定标准值）。因此，美国环保署测试考察了其他工艺的处理效果，如Purifics Photo-Cat平台。起初，为了优化光催化工艺，研究人员开展了为期4个月的中试实验。实验结果表明，该中试系统可经济有效地去除Cr^{6+}，使出水中Cr^{6+}浓度低于1mg/L。2013年春季，在中试实验取得成功后，研究者采购并安装了一套处理水量为2180m^3/d（400gal/min）的全自动Photo-Cat系统（Purifics ES Inc. DOC4015R10，2013）。该水处理系统由光催化单元（Photo-Cat）和脱水回收系统（dewatering recovery system，DeWRS）组成，在脱水回收系统中可实现TiO_2的清洗和铬的回收。六价铬在光催化过程中被还原成毒性更低的Cr^{3+}，生成的Cr^{3+}随即被吸附在TiO_2上。膜滤装置可使光催化工艺出水与其中的TiO_2光催化材料分离。净化后的水从处理系统中流出，随后再次被注入至地下水的含水层。而浆料型TiO_2光催化材料则可重复使用，以处理新的进水。工艺中持续进行TiO_2的分离操作，分离后被运送至脱水回收系统进行处理。在脱水回收系统中，酸洗再生后得到的干净TiO_2材料可重新用于Photo-Cat系统，而Cr^{3+}则以高度浓缩的湿固体（$Cr(OH)_3$）形式得以回收（Purifics ES Inc. DOC4015R10；Endlund，2013）。此外，已有两项独立研究证明光催化工艺可有效去除水中各种形态的铬元素，其中一项研究使用了商售的紫外联合反应器系统（Photo-Cat serial 0700 system；Purifics ES，Inc.），另一项研究使用了商品级TiO_2材料（Stancl等，2015）。

8.9 商业应用

8.9.1 全球市场和相关标准

2014年，应用于能源和环境领域的光催化材料的全球市场价值为257亿美元。预计该市场价值在2015年至2020年期间将从273亿美元增长到358亿美元，复合年增长率（compound annual growth rate，CAGR）为5.76%。其中环境领域相关光催化材料的市场价值增长最快，但单独应用于环境领域的光催化剂的市场价值从2015年的198亿美元增加到2020年的247亿美元，CAGR为4.4%。此外，能源领域相关光催化材料的市场价值预计将从2015年的74亿美元增加到2020年的111亿美元，CAGR为8.6%（McWilliams，2015）。

8.9.2 饮用水规范推动光催化工艺的应用

随着光催化剂技术的快速发展，许多标准应运而生。这些标准通常与光催化剂及其在净水过程中的应用相关。国际标准化组织（International Organization of Standardization，ISO）发布了几条有关光催化剂和水处理的标准。具体标准包括ISO 10676：2010（2010），该标准描述了光催化材料表面在紫外光照射下对水中污染物降解和去除的效果；ISO 10677：2011（2011）和ISO 14605：2013（2013）描述了在实验室中进行光催化实验时，如何准确测量光催化材料在各种光源照射下接收到的辐射强度。ISO 10678：2010

（2010）详细说明了如何测定材料表面的光催化活性。该方法通过观察 UV 照射下染料分子 MB 在水溶液中的降解情况来实现对材料光催化活性的检测。ISO 13125：2013（2013）详细说明了如何测定光催化材料的抗真菌活性。该方法通过分析 UV-A 光照射后预培养真菌孢子中存活的孢子数量来测定材料的抗真菌活性。ISO 27447：2009（2009）提供了一种通过测量紫外光照射后的细菌数量以测试光催化材料抗细菌活性的方法。在以商业化为目的开发应用于水处理的新型光催化技术方面，技术委员会负责制定新标准/修订已有标准，包括水质（ISO/TC 147）、精细陶瓷（ISO/TC 206）、与饮用水供应和废水处理相关的服务活动（ISO/TC 224）、纳米技术（ISO/TC 229）和水回用（ISO/TC 282）等领域。

8.9.3　商业化技术

商业规模的光催化工艺是在光照条件下利用大型光反应器进行光催化反应。光反应器在设计时必须保证所有混合的化学物质均可与光作用，进而生成必要的产物。光反应器的设计主要可分为三种类型，即抛物槽聚光器（parabolic trough collector，PTC）、非聚光收集器（non-concentrating collector，NCC）和复合抛物面聚光器（compound parabolic collector，CPC），如图 8-16 所示。

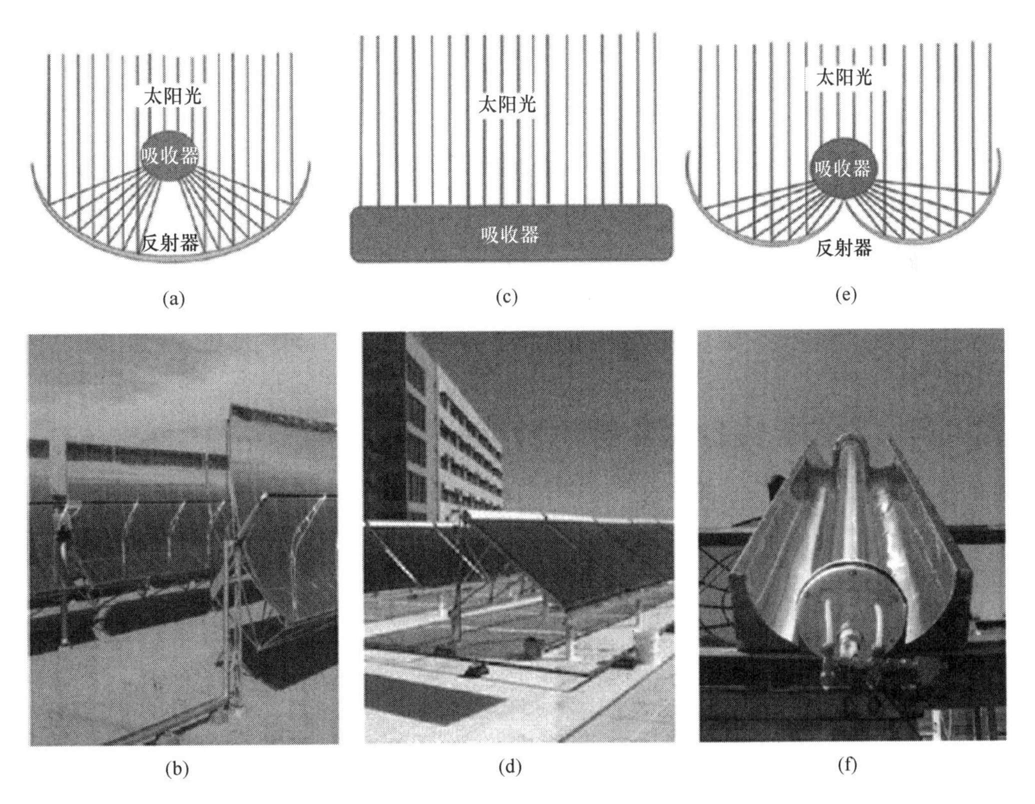

图 8-16　三种主要光反应器中的集光方法（SkyFuel，2015；Apricus，2015；PSA，2015）
(a)、(b) 抛物槽聚光器（PTC）；(c)、(d) 非聚光收集器（NCC）；(e)、(f) 复合抛物面聚光器（CPC）

1989年，研究人员在新墨西哥州桑迪亚的太阳能热测试设施中安装了能够将太阳光聚集50倍的PTC。该光催化系统由6个具有太阳追踪功能的单轴PTC组成，被用于处理受到三氯乙烯（TCE）污染的水。该系统的反应器总长度和槽孔面积分别为218m和465m^2（Pacheco等，1990）。而在1993年，桑迪亚国家实验室、国家可再生能源实验室和劳伦斯·利弗莫尔国家实验室进行合作，利用158m^2 PTC处理了美国加利福尼亚州劳伦斯·利弗莫尔国家实验室内超级基金污染场址处的受污染水，使水中的TCE得到降解。研究结果表明，PTC对污水的处理成本与传统工艺相当（Mehos和Turchi，1993）。

已有利用太阳能的中试水厂通过NCC光催化处理商用的偶氮染料Yellow Cibacron FN-2R（Zayani等，2009）、有机污染物（包括4-对氯苯酚、甲酸酯、靛蓝胭脂红和刚果红）（Guillard等，2003）以及苯酚和二氯乙酸（Feitz等，2000），NCC光催化系统也可用于灭活棉铃虫ATCC 35654（Khan等，2012）。

CPC已被用于在中试规模上降解酚类化合物、香兰素、原儿茶酸、丁香酸、对香豆酸、没食子酸和L-酪氨酸。该过程利用了光-芬顿反应，反应中目标物在太阳光下（西班牙的阿尔梅里亚太阳能平台）被降解去除，且生成了可被完全矿化的中间产物（Gernjak等，2003）。中试处理厂还利用光-芬顿工艺对活性染料Procion Red H-E7B和Cibacron Red FN-R进行了预处理，研究发现，光-芬顿工艺出水中的染料浓度（溶解有机碳（DOC）的去除率大于82%）足以再利用生物反应器对染料进行生物降解处理（García-Montañoer等，2008）。

已有中试水厂利用35L和75L的CPC对水溶性农药（霜脲氰、灭多虫、草氨酰、乐果、嘧霉胺和二氯丙烯）进行太阳光-芬顿处理和TiO_2光催化处理。该处理方法完全降解了这些化合物，同时还实现了几乎完全的矿化作用（Oller等，2006）。在一个使用CPC（光反应器容积为35L）的水厂中，有研究者比较了太阳能TiO_2光催化工艺和太阳光-芬顿工艺的净水效果。包括二氯甲烷、二氯乙烷和三氯甲烷在内的难生物降解的氯代有机溶剂（non-biodegradable chlorinated solvents，NBCS）在水中的初始浓度为50mg/L，在比较了工艺的脱卤效果和TOC矿化率后，研究者提出光-芬顿工艺是更优的处理工艺（Rodríguez等，2005）。另外有研究者在CPC中通过TiO_2光催化工艺对水进行消毒处理，其中光反应器体积为5.4L，处理总量为11.0L。实验对象是被大肠杆菌纯培养物污染的水样。研究者在实验过程中观察到了大肠杆菌的再生现象，这证明TiO_2光催化工艺并不是一种有效的消毒工艺（Fernández等，2005）。此外，有研究者在一个初始处理水量为250L/h的工业水厂中探究了难生物降解的α-甲基苯基甘氨酸（α-methyl phenyl glycine（MPG），一种药物前体物）的分解过程。该处理工艺中的光反应器为光-芬顿CPC收集器（面积为100m^2），待处理废水中MPG的浓度为500mg/L。实验结果显示，MPG污染废水的处理成本为7～10美元/m^3（其中30%为投资成本，70%为运营成本）（Malato等，2007）。

CPC已被用于处理垃圾填埋场产生的渗滤液。经过曝气预处理后，渗滤液进入由CPC（面积为39.5m^2）组成的太阳能光-芬顿氧化系统，其可降解有机化合物（腐殖质）

中最难降解的组分。Zahn-Wellens 测试结果显示，处理过程中的这一步骤使得有机化合物的生物降解率提升为 70%（Silva 等，2013）。有研究者将太阳光下的 TiO_2 光催化工艺和太阳能光-芬顿工艺结合，用于处理未稀释的橄榄油厂生产废水，该废水中多酚类物质的浓度达到 g/L 级别。处理结果表明，在用絮凝工艺去除上述系统出水中的大颗粒固体后，此时水中含有较高浓度的钾元素和磷酸盐，可将其用于灌溉和施肥（Gernjak 等，2004）。在西班牙阿尔泰里亚太阳能平台的中试水厂中，有研究者在 CPC（总容积为 35L）中进行了均相和非均相的太阳能光催化反应，用以降解人工合成的含有蛋白胨、肉汁、尿素、K_2HPO_4、NaCl、$CaCl_2 \cdot 2H_2O$ 和 $MgSO_4 \cdot 7H_2O$ 的市政污水，其 DOC 为200mg/L。研究结果表明，光-芬顿工艺的处理效率更高，其中有机物的降解率在光照 4h 后达到 80%，但对于 $TiO_2/Na_2S_2O_8$系统而言，光照 5h 后体系中有机物的降解率为 73%（Kositzi 等，2004）。此外，有研究者利用光-芬顿工艺处理实际的工业废水，该废水的 DOC 为 500mg/L，其中含有商用农药 Couraze®、Ditimur-40®、Metomur®、Scala® 和 Vydate®。该实验在一个水厂（CPC 的面积为 $150m^2$，总体积为 1060L）中进行，实验结果显示，该处理工艺可提高水中难生物降解物质的生物降解性，从而将废水的 DOC 值从 500mg/L 降低至 325mg/L，且光照 9h 后废水中的活性农药成分含量从 325mg/L 降低至 0mg/L（Zapata 等，2010）。欧洲联营的 SOLARDETOX 公司已在两个水厂中利用 TiO_2 光催化工艺和 CPC 降解水中的二氯乙酸和氰化物。两个水厂应用的 CPC 收集器的表面积分别为 $9.9m^2$ 和 $3.0m^2$，光反应器的体积分别为 247L 和 22L。实验结果表明，该处理工艺可完全降解浓度高达 1g/L 的氰化物（Malato 等，2002）。

8.9.4　公司和产品

Evonik 公司生产的 Degussa P-25（现称为 AEROXIDE® TiO_2 P25）是迄今为止最常用的市售光催化材料，该产品由约 75%的锐钛矿和 25%的金红石的混合物组成，材料的比表面积为 $30 \sim 40m^2/g$。Sachtleben Chemie 股份有限公司生产的 Hombifine N 产品是另一种十分常见的 TiO_2 粉末。此外，Cristal Chemical Company 是世界第二大 TiO_2 生产商，同时也是世界最大的钛化学品生产商。该公司生产的 CristalACTiV™超细 TiO_2 材料可用于水的净化过程。Green Millenium 股份有限公司生产的溶胶产品由过氧钛酸（peroxotitanic acid，PTA）和 TiO_2（过氧化的锐钛矿）的混合溶液组成，分别称作 TPX-85 和 TPX-220，两种产品中均包含尺寸约为 10nm 的微粒物质。这些中性溶液可应用于各种材料的表面，包括金属和树脂，从而产生完全不溶于水的涂层。Zixilai Environmental Protection Technology 公司使用 TiO_2 纳米颗粒光催化剂降解来源于各种行业的有机和无机有毒污染物，其中包括酒精和化工厂、生物药物制造厂、农药制造厂、造纸厂和印刷厂等领域。该公司的纳米颗粒产品可在 1h 内将水的 COD 值降低 90%以上。Purifics Environmental Technologies 股份有限公司开发了由浆料 TiO_2 光催化材料和低压汞灯组成的 Photo-Cat（R）系统。该公司是工业废水光催化处理系统的最大供应商。该公司在美国、加拿大和韩国主要是处理受污染的地下水、工业废水和泻湖（Oller 等，2007）。

8.10 展望

TiO_2 纳米材料的结构、形态、极性和光电性能均会影响其在环境改善和能量转换方面的效率。在样品制备过程中，研究者可以通过改变外加电压值、前体物浓度、溶液 pH 值、腐蚀性溶液类型以及结晶条件等相关参数来优化 TiO_2 材料的性能（如制备 TiO_2 NTs）。TiO_2 NTs 具有较高的光催化活性以及污染物分解速率，但是 NTs 的长度会影响材料的活性。高效经济的 TiO_2 NTs 可以用于空气和水的净化过程，尤其是用于光催化降解有害毒素和污染物。

许多方法可以提高光催化材料在水处理过程中的活性（如掺杂金属或非金属以及形成异质结等）。但由于光催化材料具有不同的形态和组成成分，且研究者通常在不同条件下（如照射光波长和光通量、溶液 pH 和污染物浓度等）进行实验，因此很难比较各种光催化材料的催化效果（Banerjee 等，2015）。提高材料在水处理中光催化活性的另一种方法是用化学法对材料进行改性处理，以增加光催化材料的表面粗糙度。未来研究需要进一步探究并理解光催化材料的结构活性关系和激发态行为（Banerjee 等，2015）。目前，研究人员主要关注光催化湿润材料的开发。但由于光催化湿润材料的应用、油水乳化液的分离和废水处理等原因，水下超疏油材料的制备也受到关注。研究者需要进行关于材料结构-可湿润性的研究。

铁基材料也被应用于环境修复过程。具有窄带隙的尖晶石型铁氧体材料是一种可磁分离的光催化剂，它们可通过光催化反应降解水中的污染物质。为了提高材料的光催化性能，相关研究将包括 TiO_2、石墨烯或镍-钴在内的各种材料组合使用。与现有的光催化材料相比，一些新型复合材料在多种光催化应用中具有更高的光催化效率。然而，关于这些新型复合材料在各种环境条件下的光催化效率的研究并不够全面，且研究者需要进一步探究光催化材料在各种条件下（例如 pH 值变化或气候影响）的稳定性和鲁棒性。尽管如此，新型光催化材料领域的快速发展和持续进步为高级氧化工艺提供了更好的应用前景。

Fagan 等（2016）详细讨论了以活性太阳光和可见光为光源的光催化工艺在环境修复领域的发展历程，其中包括其对新兴污染物（CECs）、耐药性病原微生物和内分泌干扰物（EDCs）的处理。标准化的水处理工艺通常无法有效去除上述污染物，并导致最终产物的不完全生物降解。因此，开发高效的处理工艺去除这类难降解污染物是非常重要的。相关工作还包括如何同时利用太阳光中的紫外光和可见光，如本章中讨论的光催化技术。此外，还需要提高光催化材料在大规模工业应用中的催化效率（Fagan 等，2016）。

截至目前，已有的研究表明，在未来需要进一步开发可由太阳光激活的光催化材料（即可有效利用太阳光中的紫外光和可见光），探究如何有效降低电子-空穴的复合率以提高光催化材料的活性，并解决在设计实际反应器时遇到的问题，包括催化剂的回用/保持、催化剂的污染/磨损及工艺操作等问题。以上所有步骤是实现进一步工业化及光催化技术在水处理过程中大规模应用的必要条件。

8.11　免责声明

美国环保署通过下属的研发部门对本章相关研究进行赞助（或部分赞助）及管理，同时双方也存在合作关系。本章已提交至美国环保署进行行政审查，且已被允许在外部出版。本章所有观点均来自文献作者，不代表美国环保署的观点，不可引用为官方观点。作者对书中提及的所有公司名或商业产品均不抱有支持或推荐态度。

8.12　致谢

感谢爱尔兰科学基金会（SFI 批准号 10/US/I1822（T））和美国国家科学基金会 CBET（基金号 1033317）合作成立的美国-爱尔兰科研发展组织对本章的经费支持。作者 Ciara Byrne 感谢斯莱戈理工学院校长奖学金提供的经费支持。“这项工作应用了欧洲 COST 行动 MP1302 纳米光谱仪。”该研究由欧盟（European Social Fund，ESF）和希腊国家基金通过国家战略参考框架（NSRF）-研究资助计划：Thales “AOP-NanoMat”（MIS，379409）中的“教育和终身学习”项目共同资助。作者 D. D. Dionysiou 感谢辛辛那提大学通过联合国教科文组织关于“水的获取和可持续性”的联合主持项目提供的支持。作者 P. Falaras 感谢 2014 年苏丹・本・阿卜杜勒・阿齐兹亲王国际水资源奖（PSIPW）-可替代水资源奖的资助。

8.13　参考文献

Abdullah M. (1990). Effects of common inorganic anions on rates of photocatalytic oxidation of organic carbon over illuminated titanium dioxide. *Journal of Physical Chemistry*, **94**(17), 6820–6825.

Adams L. K., Lyon D. Y. and Alvarez P. J. J. (2006). Comparative eco-toxicity of nanoscale TiO_2, SiO_2, and ZnO water suspensions. *Water Research*, **40**(19), 3527–3532.

Ahmed S. (2012). Impact of operating conditions and recent developments in heterogeneous photocatalytic water purification process. *Critical Reviews in Environmental Science and Technology*, **42**(6), 601–675.

Allen S. J., McKay G. and Khader K. Y. H. (1989). Equilibrium adsorption isotherms for basic dyes onto lignite. *Journal of Chemical Technology and Biotechnology*, **45**, 291–302.

Anandan S., Narasinga Rao T., Sathish M., Rangappa D., Honma I. and Miyauchi M. (2013). Superhydrophilic graphene-loaded TiO_2 thin film for self-cleaning applications. *ACS Applied Materials & Interfaces*, **5**, 207–212.

Antoniou M. G., Nicolaou P. A., Shoemaker J. A., de la Cruz A. A. and Dionysiou D. D. (2009). Impact of the morphological properties of thin TiO_2 photocatalytic films on the detoxification of water contaminated with the cyanotoxin, microcystin-LR. *Applied Catalysis B: Environmental*, **91**, 165–173.

Apricus (2015). Evacuated Tube Solar Collectors. http://www.apricus.com/html/solar_collector.htm#.VfbW4NLBwXA (accessed 14 November 2015).

Artale M. A., Augugliaro V., Drioli E., Golemme G., Grande C., Loddo V., Molinari R., Palmisano L. and Schiavello M. (2001). Preparation and characterisation of membranes with entrapped TIO_2 and preliminary photocatalytic tests. *Annali di Chimica*, **91**(3–4), 127–136.

Aruoja V., Dubourguier H.-C., Kasemets K. and Kahru A. (2009). Toxicity of nanoparticles of CuO, ZnO and TiO_2 to microalgae Pseudokirchneriella subcapitata. *Science of The Total Environment*, **407**(4), 1461–1468.

Augugliaro V., Litter M., Palmisano L. and Soria J. (2006). The combination of heterogeneous photocatalysis with chemical and physical operations: A tool for improving the photoprocess performance. *Journal of Photochemistry and Photobiology C: Photochemistry Reviews*, **7**(4), 127–144.

Babu V. J., Vempati S., Uyar T. and Ramakrishna S. (2015). Review of one-dimensional and two-dimensional nanostructured materials for hydrogen generation. *Physical Chemistry Chemical Physics*, **17**, 2960–2986.

Bahnemann D. (2004). Photocatalytic water treatment: solar energy applications. *Solar Energy*, **77**(5), 445–459.

Banerjee S., Pillai S., Falaras P., O'Shea K., Byrne J. and Dionysiou D. (2014). New insights into the mechanism of visible light photocatalysis. *The Journal of Physical Chemistry Letters*, **5**, 2543–2554.

Banerjee S., Dionysiou D. D. and Pillai S. C. (2015). Self-cleaning applications of TiO_2 by photo-induced hydrophilicity and photocatalysis. *Applied Catalysis B: Environmental*, **176**, 396–428.

Bellobono I. R., Morazzoni F., Bianchi R., Mangone E. S., Stanescu R., Costache C. and Tozzi P. M. (2005). Solar energy driven photocatalytic membrane modules for water reuse in agricultural and food industries. Pre-industrial experience using s-triazines as model molecules. *International Journal of Photoenergy*, **7**(2), 87–94.

Bosc F., Ayral A. and Guizard C. (2005). Mesoporous anatase coatings for coupling membrane separation and photocatalyzed reactions. *Journal of Membrane Science*, **265**(1–2), 13–19.

Burns R. A. (1999). Effect of inorganic ions in heterogeneous photocatalysis of TCE. *Journal of Environmental Engineering*, **125**(1), 77–85.

Camera-Roda G. and Santarelli F. (2007). Intensification of water detoxification by integrating photocatalysis and pervaporation. *Journal of Solar Energy Engineering, Transactions of the ASME*, **129**(1), 68–73.

Cao A., Liu Z., Chu S., Wu M., Ye Z., Cai Z., Chang Y., Wang S., Gong Q. and Liu Y. (2010). A facile one-step method to produce graphene-CdS quantum dot nanocomposites as promising optoelectronic materials. *Advanced Materials (Weinheim, Germany)*, **22**, 103–106.

Cao S., Chen C., Liu T., Zeng B., Ning X., Chen X., Xie X. and Chen W. (2014). Superfine and closely-packed TiO_2/Bi_2O_3 lamination on graphene nanoplates with high photocatalytic activity. *Catalysis Communications*, **46**, 61–65.

Casbeer E., Sharma V. K. and Li X. Z. (2012). Synthesis and photocatalytic activity of ferrites under visible light: A review. *Separation and Purification Technology*, **87**, 1–14.

Chan K. and Chu W. (2005). Atrazine removal by catalytic oxidation processes with or without UV irradiation: Part I–quantification and rate enhancement via kinetic study. *Applied Catalysis B: Environmental*, **58**(3), 157–163.

Chang Q., Ma Z., Wang J., Yan Y., Shi W., Chen Q., Huang Y., Yu Q. and Huang L. (2015). Graphene nanosheets@ZnO nanorods as three-dimensional high efficient counter electrodes for dye sensitized solar cells. *Electrochimica Acta*, **151**, 459–466.

Chekli L., Galloux J., Zhao Y. X., Gao B. Y. and Shon H. K. (2015). Coagulation performance and floc characteristics of polytitanium tetrachloride (PTC) compared with titanium tetrachloride ($TiCl_4$) and iron salts in humic acid-kaolin synthetic water treatment. *Separation and Purification Technology*, **142**, 155–161.

Chin M. L., Mohamed A. R. and Bhatia S. (2004). Performance of photocatalytic reactors using immobilized TiO_2 film for the degradation of phenol and methylene blue dye present in water stream. *Chemosphere*, **57**(7), 547–554.

Chin S. S., Chiang K. and Fane A. G. (2006). The stability of polymeric membranes in a TiO_2 photocatalysis process. *Journal of Membrane Science*, **275**(1–2), 202–211.

Chio H., Stathatos E. and Dionysiou D. D. (2006). Synthesis of nanocrystalline photocatalytic TiO_2 thin films and particles using sol-gel modified with nonionic surfactants. *Thin Solid Films*, **510**, 107–114.

Choi W., Termin A. and Hoffmann M. R. (1994). The role of metal ion dopants in quantum-sized TiO_2: correlation between photoreactivity and charge carrier recombination dynamics. *Journal of Physical Chemistry*, **98**(51), 13669–13679.

Chong M. N., Lei S., Jin B., Saint C. and Chow C. W. K. (2009). Optimisation of an annular photoreactor process for degradation of Congo Red using a newly synthesized titania impregnated kaolinite nano-photocatalyst. *Separation and Purification Technology*, **67**(3), 355–363.

Chong M. N., Jin B., Chow C. W. K. and Saint C. (2010). Recent developments in photocatalytic water treatment technology: A review. *Water Research*, **44**(10), 2997–3027.

Chung Y. S., Park S. B. and Kang D.-W. (2004). Magnetically separable titania-coated nickel ferrite photocatalyst. *Materials Chemistry and Physics*, **86**, 375–381.

Comninellis C., Kapalka A., Malato S., Parsons S. A., Poulios I. and Mantzavinos D. (2008). Advanced oxidation processes for water treatment: advances and trends for R&D. *Journal of Chemical Technology and Biotechnology*, **83**, 769–776.

Crittenden J. C., Suri R. P. S., Perram D. L. and Hand D. W. (1997). Decontamination of water using adsorption and photocatalysis. *Water Research*, **31**(3), 411–418.

Daneshvar N., Rabbani M., Modirshahla N. and Behnajady M. (2004). Kinetic modeling of photocatalytic degradation of acid red 27 in UV/TiO_2 process. *Journal of Photochemistry and Photobiology A: Chemistry*, **168**, 39–45.

Davydov L. and Smirniotis P. G. (2000). Quantification of the primary processes in aqueous heterogeneous photocatalysis using single-stage oxidation reactions. *Journal of Catalysis*, **191**, 105–115.

Devadoss A., Sudhagar P., Das S., Lee S. Y., Terashima C., Nakata K., Fujishima A., Choi W., Kang Y. S. and Paik U. (2014). Synergistic metal-metal oxide nanoparticles supported electrocatalytic graphene for improved photoelectrochemical glucose oxidation. *ACS Applied Materials & Interfaces*, **6**, 4864–4871.

Doll T. E. and Frimmel F. H. (2005). Cross-flow microfiltration with periodical back-washing for photocatalytic degradation of pharmaceutical and diagnostic residues-evaluation of the long-term stability of the photocatalytic activity of TiO_2. *Water Research*, **39**(5), 847–854.

Dung N. T., Van Khoa N. and Herrmann J.-M. (2005). Photocatalytic degradation of reactive dye RED-3BA in aqueous TiO_2 suspension under UV-visible light. *International Journal of Photoenergy*, **7**, 11–15.

Endlund C. E. (2013). Second Five-Year Review the Sprague Road Groundwater Plume Superfund Site, EPA ID# TX0001407444, Odessa, Ector County, Texas, USA. http://www.epa.gov/superfund/sites/fiveyear/f2013060004657.pdf (accessed 25 August 2015).

Erdei L., Arecrachakul N. and Vigneswaran S. (2008). A combined photocatalytic slurry reactor-immersed membrane module system for advanced wastewater treatment. *Separation and Purification Technology*, **62**, 382–388.

Etacheri V., Seery M. K., Hinder S. J. and Pillai S. C. (2010). Highly visible light active $TiO_{2-x}N_x$ heterojunction photocatalysts. *Chemistry of Materials*, **22**, 3843–3853.

Etacheri V., Seery M. K., Hinder S. J. and Pillai S. C. (2011). Oxygen rich titania: a dopant free, high temperature stable, and visible-light active anatase photocatalyst. *Advanced Functional Materials*, **21**, 3744–3752.

Etacheri V., Roshan R. and Kumar V. (2012a). Mg-doped ZnO nanoparticles for efficient sunlight-driven photocatalysis. *ACS Applied Materials & Interfaces*, **4**, 2717–2725.

Etacheri V., Seery M. K., Hinder S. J. and Pillai S. C. (2012b). Nanostructured $Ti_{1-x}S_xO_{2-y}N_y$ heterojunctions for efficient visible-light-induced photocatalysis. *Inorganic Chemistry*, **51**, 7164–7173.

Etacheri V., Michlits G., Seery M. K., Hinder S. J. and Pillai S. C. (2013). A highly efficient $TiO_{2-x}C_x$ nano-heterojunction photocatalyst for visible light induced antibacterial applications. *ACS Applied Materials & Interfaces*, **5**, 1663–1672.

Fagan R., Mccormack D. E., Dionysiou D. D. and Pillai S. C. (2016). A review of solar and visible light active TiO_2 photocatalysis for treating bacteria, cyanotoxins and contaminants of emerging concern. *Materials Science in Semiconductor Processing*, **42**(1), 2–14.

Fan H., Zhao X., Yang J., Shan X., Yang L., Zhang Y., Li X. and Gao M. (2012). ZnO-graphene composite for photocatalytic degradation of methylene blue dye. *Catalysis Communications*, **29**, 29–34.

Fan J. M., Zhao Z. H., Wang J. Y. and Zhu L. X. (2015). Synthesis of Cr,N-codoped titania nanotubes and their visible-light-driven photocatalytic properties. *Applied Surface Science*, **324**, 691–697.

Feigenbrugel V., Person A. L., Calvé S. L., Mellouki A., Munoz A. and Wirtz K. (2006). Atmospheric fate of dichlorvos: photolysis and OH-initiated oxidation studies. *Environmental science & technology*, **40**(3), 850–857.

Feitz A. J., Boyden B. H. and Waite T. D. (2000). Evaluation of two solar pilot scale fixed-bed photocatalytic reactors. *Water Research*, **34**(16), 3927–3932.

Fernández P., Blanco J., Sichel C. and Malato S. (2005). Water disinfection by solar photocatalysis using compound parabolic collectors. *Catalysis Today*, **101**(3), 345–352.

Fernandez-Ibanez P., Blanco J., Malato S. and de las Nieves F. J. (2003). Application of the colloidal stability of TiO_2 particles for recovery and reuse in solar photocatalysis. *Water Research*, **37**(13), 3180–3188.

Fischer K., Kuhnert M., Glaser R. and Schulze A. (2015). Photocatalytic degradation and toxicity evaluation of diclofenac by nanotubular titanium dioxide-PES membrane in a static and continuous setup. *RSC Advances*, **5**, 16340–16348.

Fisher M. B., Keane D. A., Fernandez-Ibanez P., Colreavy J., Hinder S. J., McGuigan K. G. and Pillai S. C. (2013). Nitrogen and copper doped solar light active TiO_2 photocatalysts for water decontamination. *Applied Catalysis, B: Environmental*, **130–131**, 8–13.

Fox M. A. and Dulay M. T. (1993). Heterogeneous photocatalysis. *Chemical Reviews*, **93**, 341–357.

Fu D., Han G., Chang Y. and Dong J. (2012). The synthesis and properties of ZnO-graphene nano hybrid for photodegradation of organic pollutant in water. *Materials Chemistry and Physics*, **132**, 673–681.

Fu Y. and Wang X. (2011). Magnetically separable $ZnFe_2O_4$-Graphene catalyst and its high photocatalytic performance under visible light irradiation. *Industrial & Engineering Chemistry Research*, **50**, 7210–7218.

Fu Y., Chen H., Sun X. and Wang X. (2012). Graphene-supported nickel ferrite: a magnetically separable photocatalyst with high activity under visible light. *AIChE Journal*, **58**, 3298–3305.

Fujishima A. and Honda K. (1972). Electrochemical photolysis of water at a semiconductor electrode. *Nature (London, United Kingdom)*, **238**, 37–38.

Fujishima A., Zhang X. and Tryk D. A. (2008). TiO_2 photocatalysis and related surface phenomena. *Surface Science Reports*, **63**(12), 515–582.

Gagliardi M. M. (2010). Photocatalysts: Technologies and Global Market. BCC Research Report, Report Code: AVM069A.

Gao W., Wang M., Ran C. and Li L. (2015). Facile one-pot synthesis of MoS_2 quantum dots-graphene-TiO_2 composites for highly enhanced photocatalytic properties. *Chemical Communications (Cambridge, United Kingdom)*, **51**, 1709–1712.

García-Montaño J., Pérez-Estrada L., Oller I., Maldonado M. I., Torrades F. and Peral J. (2008). Pilot plant scale reactive dyes degradation by solar photo-Fenton and biological processes. *Journal of Photochemistry and Photobiology A: Chemistry*, **195**(2), 205–214.

Gaya U. I. and Abdullah A. H. (2008). Heterogeneous photocatalytic degradation of organic contaminants over titanium dioxide: a review of fundamentals, progress and problems. *Journal of Photochemistry and Photobiology C: Photochemistry Reviews*, **9**(1), 1–12.

Gelover S., Gómez L. A., Reyes K. and Teresa Leal M. (2006). A practical demonstration of water disinfection using TiO_2 films and sunlight. *Water Research*, **40**(17), 3274–3280.

Georgekutty R., Seery M. K. and Pillai S. C. (2008). A highly efficient Ag-ZnO photocatalyst: Synthesis, properties, and mechanism. *Journal of Physical Chemistry C*, **112**, 13563–13570.

Gernjak W., Krutzler T., Glaser A., Malato S., Caceres J., Bauer R. and Fernández-Alba A. R. (2003). Photo-Fenton treatment of water containing natural phenolic pollutants. *Chemosphere*, **50**(1), 71–78.

Gernjak W., Maldonado M. I., Malato S., Cáceres J., Krutzler T., Glaser A. and Bauer R. (2004). Pilot-plant treatment of olive mill wastewater (OMW) by solar TiO_2 photocatalysis and solar photo-Fenton. *Solar Energy*, **77**(5), 567–572.

Ghicov A., Albu S. P., Hahn R., Kim D., Stergiopoulos T., Kunze J., Schiller C.-A., Falaras P. and Schmuki P. (2009). TiO_2 nanotubes in dye-sensitized solar cells: critical factors for the conversion efficiency. *Chemistry, An Asian Journal*, **4**(4), 520–525.

Giraldo A. L., Peñuela G. A., Torres-Palma R. A., Pino N. J., Palominos R. A. and Mansilla H. D. (2010). Degradation of the antibiotic oxolinic acid by photocatalysis with TiO_2 in suspension. *Water Research*, **44**, 5158–5167.

Gondal M. A., Adesida A. A., Rashid S. G., Shi S., Khan R., Yamani Z. H., Shen K., Xu Q., Seddigi Z. S. and Chang X. (2015). Preparation of $WO_3/g\text{-}C_3N_4$ composites and their enhanced photodegradation of contaminants in aqueous solution under visible light irradiation. *Reaction Kinetics, Mechanisms and Catalysis*, **114**, 357–367.

Granados-Oliveros G., Páez-Mozo E. A., Ortega F. M., Ferronato C. and Chovelon J.-M. (2009). Degradation of atrazine using metalloporphyrins supported on TiO_2 under visible light irradiation. *Applied Catalysis B: Environmental*, **89**(3), 448–454.

Guillard C., Disdier J., Monnet C., Dussaud J., Malato S., Blanco J., Maldonado M. I. and Herrmann J. M. (2003a). Solar efficiency of a new deposited titania photocatalyst: Chlorophenol, pesticide and dye removal applications. *Applied Catalysis B: Environmental*, **46**(2), 319–332.

Guillard C., Lachheb H., Houas A., Ksibi M., Elaloui E. and Herrmann J. M. (2003b). Influence of chemical structure of dyes, of pH and of inorganic salts on their photocatalytic degradation by TiO_2 comparison of the efficiency of powder and supported TiO_2. *Journal of Photochemistry and Photobiology A: Chemistry*, **158**(1), 27–36.

Gupta V. K., Jain R., Nayak A., Agarwal S. and Shrivastava M. (2011). Removal of the hazardous dye-Tartrazine by photodegradation on titanium dioxide surface. *Materials Science & Engineering C-Materials for Biological Applications*, **31**, 1062–1067.

Habibi M. H., Hassanzadeh A. and Mahdavi S. (2005). The effect of operational parameters on the photocatalytic degradation of three textile azo dyes in aqueous TiO_2 suspensions. *Journal of Photochemistry and Photobiology A: Chemistry*, **172**(1), 89–96.

Hamilton J. W. J., Byrne J. A., Dunlop P. S. M., Dionysiou D. D., Pelaez M., O'Shea K., Synnott D. and Pillai S. C. (2014). Evaluating the mechanism of visible light activity for N,F-TiO_2 using photoelectrochemistry. *Journal of Physical Chemistry C*, **118**, 12206–12215.

Han C., Pelaez M., Likodimos V., Kontos A. G., Falaras P., O'Shea K. and Dionysiou D. D. (2011). Innovative visible light-activated sulfur doped TiO_2 films for water treatment. *Applied Catalysis B: Environmental*, **107**, 77–87.

Han C., Choi H. and Dionysiou D. D. (2013). Green chemistry for environmental remediation. In: An Introduction to Green Chemistry Methods, R. Luque and J. C. Colmenares (eds), 1st edn, Future Science, London, UK, pp. 148–166.

Han C., Andersen J., Likodimos V., Falaras P., Linkugel J. and Dionysiou D. D. (2014a). The effect of solvent in the sol-gel synthesis of visible light-activated, sulfur-doped TiO_2 nanostructured porous films for water treatment. *Catalysis Today*, **224**, 132–139.

Han C., Likodimos V., Khan J. A., Nadagouda M. N., Andersen J., Falaras P., Rosales-Lombardi P. and Dionysiou D. D. (2014b). UV-visible light-activated Ag-decorated, monodisperse TiO_2 aggregates for treatment of the pharmaceutical oxytetracycline. *Environmental Science and Pollution Research*, **21**, 11781–11793.

Haque M. M. and Muneer M. (2007). TiO_2-mediated photocatalytic degradation of a textile dye derivative, bromothymol blue, in aqueous suspensions. *Dyes and Pigments*, **75**(2), 443–448.

Hashimoto K., Irie H. and Fujishima A. (2005). TiO_2 photocatalysis: a historical overview and future prospects. *Japanese Journal of Applied Physics*, **44**(12R), 8269–8285.

He H.-Y. (2015). Photocatalytic degradation of malachite green on magnetically separable $Ni1_{-x}Co_xFe_2O_4$ nanoparticles synthesized by using a hydrothermal process. *American Chemical Science Journal*, **6**, 58–68.

He Y., Cai J., Zhang L., Wang X., Lin H., Teng B., Zhao L., Weng W., Wan H. and Fan M. (2014). Comparing two new composite photocatalysts, *t*-$LaVO_4$/*g*-C_3N_4 and *m*-$LaVO_4$/*g*-C_3N_4, for their structures and performances. *Industrial & Engineering Chemistry Research*, **53**, 5905–5915.

He Y., Zhang L., Teng B. and Fan M. (2015). New application of Z-scheme Ag_3PO_4/*g*-C_3N_4 composite in converting CO_2 to fuel. *Environmental Science & Technology*, **49**, 649–656.

Hegedűs M. and Dombi A. (2004). Gas-phase heterogeneous photocatalytic oxidation of chlorinated ethenes over titanium dioxide: Perchloroethene. *Applied Catalysis B: Environmental*, **53**(3), 141–151.

Heinlaan M., Ivask A., Blinova I., Dubourguier H.-C. and Kahru A. (2008). Toxicity of nanosized and bulk ZnO, CuO and TiO_2 to bacteria Vibrio fischeri and crustaceans Daphnia magna and Thamnocephalus platyurus. *Chemosphere*, **71**(7), 1308–1316.

Herrmann J. M. (1999). Heterogeneous photocatalysis: fundamentals and applications to the removal of various types of aqueous pollutants. *Catalysis Today*, **53**(1), 115–129.

Herrmann J. M., Matos J., Disdier J., Guillard C., Laine J., Malato S. and Blanco J. (1999). Solar photocatalytic degradation of 4-chlorophenol using the synergistic effect between titania and activated carbon in aqueous suspension. *Catalysis Today*, **54**(2–3), 255–265.

Herz R. K. (2004). Intrinsic kinetics of first-order reactions in photocatalytic membranes and layers. *Chemical Engineering Journal*, **99**(3), 237–245.

Hoffmann M. R., Martin S. T., Choi W. Y. and Bahnemann D. W. (1995). Environmental applications of semiconductor photocatalysis. *Chemical Reviews*, **95**(1), 69–96.

ISO 27447:2009 (2009). Fine ceramics (advanced ceramics, advanced technical ceramics) – Test method for antibacterial activity of semiconducting photocatalytic materials.

ISO 10676:2010 (2010a). Fine ceramics (advanced ceramics, advanced technical ceramics) – Test method for water purification performance of semiconducting photocatalytic materials by measurement of forming ability of active oxygen.

ISO 10678:2010 (2010b). Fine ceramics (advanced ceramics, advanced technical ceramics) – Determination of photocatalytic activity of surfaces in an aqueous medium by degradation of methylene blue.

ISO 10677:2011 (2011). Fine ceramics (advanced ceramics, advanced technical ceramics) – Ultraviolet light source for testing semiconducting photocatalytic materials.

ISO 13125:2013 (2013a). Fine ceramics (advanced ceramics, advanced technical ceramics) – Test method for antifungal activity of semiconducting photocatalytic materials.

ISO 14605:2013 (2013b). Fine ceramics (advanced ceramics, advanced technical ceramics) – Light source for testing semiconducting photocatalytic materials used under indoor lighting environment.

Kamat P. V. (2007). Meeting the clean energy demand: Nanostructure architectures for solar energy conversion. *Journal of Physical Chemistry C*, **111**, 2834–2860.

Keane D. A., McGuigan K. G., Ibanez P. F., Polo-Lopez M. I., Byrne J. A., Dunlop P. S. M., O'Shea K., Dionysiou D. D. and Pillai S. C. (2014). Solar photocatalysis for water disinfection: materials and reactor design. *Catalysis Science & Technology*, **4**, 1211–1226.

Khan J. A., Han C., Shah N. S., Khan H. M., Nadagouda M. N., Likodimos V., Falaras P., O'Shea K. and Dionysiou D. D. (2014). Ultraviolet-visible light-sensitive high surface area phosphorous-fluorine-co-doped TiO_2 nanoparticles for the degradation of atrazine in water. *Environmental Engineering Science*, **31**, 435–446.

Khan S. J., Reed R. H. and Rasul M. G. (2012). Thin-film fixed-bed reactor (TFFBR) for solar photocatalytic inactivation of aquaculture pathogen Aeromonas hydrophila. *BMC microbiology*, **12**(1), 5.

Khan S. U. M., Al-Shahry M. and Ingler W. B. (2002). Efficient photochemical water splitting by a chemically modified n-TiO_2. *Science*, **297**(5590), 2243–2245.

Kim S. B. and Hong S. C. (2002). Kinetic study for photocatalytic degradation of volatile organic compounds in air using thin film TiO_2 photocatalyst. *Applied Catalysis B: Environmental*, **35**, 305–315.

Kim S. M., Lee S. J., Kim S. H., Kwon S., Yee K. J., Song H., Somorjai G. A. and Park J. Y. (2013). Hot carrier-driven catalytic reactions on Pt-CdSe-Pt nanodumbbells and Pt/GaN under light irradiation. *Nano Letters*, **13**, 1352–1358.

Konstantinou I. K., Antonopoulou M. and Lambropoulou D. A. (2014). Transformation products of emerging contaminants formed during advanced oxidation processes. In: Transformation Products of Emerging Contaminants in the Environment, Lambropoulou D. A. and Nollet L. M. L. (eds), John Wiley and Sons Ltd, West Sussex, UK, pp. 179–228.

Kontos A. G., Kontos A. I., Tsoukleris D. S., Likodimos V., Kunze J., Schmuki P. and Falaras P. (2009). Photo-induced effects on self-organized TiO_2 nanotube arrays: the influence of surface morphology. *Nanotechnology*, **20**(4), 045603.

Kontos A. G., Katsanaki A., Maggos T., Likodimos V., Ghicov A., Kim D., Kunze J., Vasilakos C., Schmuki P. and Falaras P. (2010). Photocatalytic degradation of gas pollutants on self-assembled titania nanotubes. *Chemical Physics Letters*, **490**(1–3), 58–62.

Kontos A. G., Katsanaki A., Likodimos V., Maggos T., Kim D., Vasilakos C., Dionysiou D. D., Schmuki P. and Falaras P. (2012). Continuous flow photocatalytic oxidation of nitrogen oxides over anodized nanotubular titania films. *Chemical Engineering Journal*, **179**, 151–157.

Kositzi M., Poulios I., Malato S., Caceres J. and Campos A. (2004). Solar photocatalytic treatment of synthetic municipal wastewater. *Water Research*, **38**(5), 1147–1154.

Kudo A. and Sekizawa M. (2000). Photocatalytic H_2 evolution under visible light irradiation on Ni-doped ZnS photocatalyst. *Chemical Communications (Cambridge, United Kingdom)*, **15**, 1371–1372, doi: 10.1039/b003297m.

Larumbe S., Monge M. and Gómez-Polo C. (2012). Magnetically separable photocatalyst Fe_3O_4/SiO_2/N-TiO_2 hybrid nanostructures. *IEEE Transactions on Magnetics*, **50**, 2302404.

Lee E., Hong J.-Y., Kang H. and Jang J. (2012). Synthesis of TiO_2 nanorod-decorated graphene sheets and their highly efficient photocatalytic activities under visible-light irradiation. *Journal of Hazardous Materials*, **219–220**, 13–18.

Lee S. A., Choo K. H., Lee C. H., Lee H. I., Hyeon T., Choi W. and Kwon H. H. (2001). Use of ultrafiltration membranes for the separation of TiO_2 photocatalysts in drinking water treatment. *Industrial and Engineering Chemistry Research*, **40**(7), 1712–1719.

Li G., Park S., Kang D. W., Krajmalnik-Brown R. and Rittmann B. E. (2011). 2,4,5-Trichlorophenol degradation using a novel TiO_2-coated biofilm carrier: Roles of adsorption, photocatalysis, and biodegradation. *Environmental Science & Technology*, **45**, 8359–8367.

Li X., Hou Y., Zhao Q., Teng W., Hu X. and Chen G. (2011). Capability of novel $ZnFe_2O_4$ nanotube arrays for visible-light induced degradation of 4-chlorophenol. *Chemosphere*, **82**, 581–586.

Li Y., Niu J., Yin L., Wang W., Bao Y., Chen J. and Duan Y. (2011). Photocatalytic degradation kinetics and mechanism of pentachlorophenol based on superoxide radicals. *Journal of Environmental Sciences*, **23**(11), 1911–1918.

Li Y.-F., Xu D., Oh J. I., Shen W., Li X. and Yu Y. (2012). Mechanistic study of codoped titania with nonmetal and metal ions: a case of C + Mo codoped TiO_2. *ACS Catalysis*, **2**, 391–398.

Liang H. C. and Li X. Z. (2009). Effects of structure of anodic TiO_2 nanotube arrays on photocatalytic activity for the degradation of 2,3-dichlorophenol in aqueous solution. *Journal of Hazardous Materials*, **162**(2–3), 1415–1422.

Likodimos V., Stergiopoulos T., Falaras P., Kunze J. and Schmuki P. (2008). Phase composition, size, orientation, and antenna effects of self-assembled anodized titania nanotube arrays: A polarized micro-raman investigation. *The Journal of Physical Chemistry C*, **112**(33), 12687–12696.

Lin J., Liu X. L., Zhu S., Liu Y. S. and Chen X. F. (2015). Anatase TiO_2 nanotube powder film with high crystallinity for enhanced photocatalytic performance. *Nanoscale Research Letters*, **10**, 110.

Liu C., Cao C., Luo X. and Luo S. (2015). Ag-bridged Ag_2O nanowire network/TiO_2 nanotube array p–n heterojunction as a highly efficient and stable visible light photocatalyst. *Journal of Hazardous Materials*, **285**, 319–324.

Liu J., Han R., Zhao Y., Wang H., Lu W., Yu T. and Zhang Y. (2011). Enhanced photoactivity of V-N codoped TiO_2 derived from a two-step hydrothermal procedure for the degradation of PCP-Na under visible light irradiation. *Journal of Physical Chemistry C*, **115**, 4507–4515.

Liu Z., Zhang X., Nishimoto S., Jin M., Tryk D. A., Murakami T. and Fujishima A. (2008). Highly ordered TiO_2 nanotube arrays with controllable length for photoelectrocatalytic degradation of phenol. *The Journal of*

Physical Chemistry C, **112**(1), 253–259.
Malato S., Blanco J., Maldonado M. I., Oller I., Gernjak W. and Pérez-Estrada L. (2007). Coupling solar photo-Fenton and biotreatment at industrial scale: Main results of a demonstration plant. *Journal of Hazardous Materials*, **146**(3), 440–446.
Maurino V., Minero C., Pelizzetti E. and Vincenti M. (1999). Photocatalytic transformation of sulfonylurea herbicides over irradiated titanium dioxide particles. *Colloids and Surfaces A: Physicochemical and Engineering Aspects*, **151**(1), 329–338.
McWilliams A. (2015). Catalysts for Environmental and Energy Applications, Report CHM020E, BCC Research, Wellesley, MA 02481, USA.
Mehos M. S. and Turchi C. S. (1993). Field testing solar photocatalytic detoxification on TCE-contaminated groundwater. *Environmental Progress*, **12**(3), 194–199.
Mills A. and Lee S.-K. (2002). A web-based overview of semiconductor photochemistry-based current commercial applications. *Journal of Photochemistry and Photobiology, A: Chemistry*, **152**, 233–247.
Mills A. and Lee S.-K. (2004). Semiconductor photocatalysis. In: Advanced Oxidation Processes for Water and Wastewater Treatment, S. Parsons (ed.), IWA Publishing, London, pp. 137–166.
Mahvi A. H., Ghanbarian M., Nasseri S. and Khairi A. (2009). Mineralization and discoloration of textile wastewater by TiO_2 nanoparticles. *Desalination*, **238**(1–3), 309–316.
Malato S., Blanco J., Vidal A., Fernández P., Cáceres J., Trincado P., Mezcua M. and Vincent M. (2002). New large solar photocatalytic plant: Set-up and preliminary results. *Chemosphere*, **47**(3), 235–240.
Malato S., Blanco J., Campos A., Cáceres J., Guillard C., Herrmann J. M. and Fernández-Alba A. R. (2003). Effect of operating parameters on the testing of new industrial titania catalysts at solar pilot plant scale. *Applied Catalysis B: Environmental*, **42**(4), 349–357.
Malato S., Fernández-Ibáñez P., Maldonado M. I., Blanco J. and Gernjak W. (2009). Decontamination and disinfection of water by solar photocatalysis: Recent overview and trends. *Catalysis Today*, **147**(1), 1–59.
Martyanov I. N., Savinov E. N. and Klabunde K. J. (2003). Influence of solution composition and ultrasonic treatment on optical spectra of TiO_2 aqueous suspensions. *Journal of Colloid and Interface Science*, **267**, 111–116.
Minero C. (1999). Kinetic analysis of photoinduced reactions at the water semiconductor interface. *Catalysis Today*, **54**, 205–216.
Mitsubishi Mat. Corp., EP 786,283.
Molinari R., Palmisano L., Drioli E. and Schiavello M. (2002). Studies on various reactor configurations for coupling photocatalysis and membrane processes in water purification. *Journal of Membrane Science*, **206**(1–2), 399–415.
Molinari R., Pirillo F., Falco M., Loddo V. and Palmisano L. (2004). Photocatalytic degradation of dyes by using a membrane reactor. *Chemical Engineering and Processing: Process Intensification*, **43**(9), 1103–1114.
Monllor-Satoca D., Gómez R., González-Hidalgo M. and Salvador P. (2007). The “Direct-Indirect” model: An alternative kinetic approach in heterogeneous photocatalysis based on the degradation of interaction of dissolved pollutant species with the semiconductor surface. *Catalysis Today*, **129**, 247–255.
Montoya J., Velásquez J. and Salvador P. (2009). The direct-indirect kinetic model in photocatalysis: A reanalysis of phenol and formic acid degradation rate dependence on photon flow and concentration in TiO_2 aqueous dispersions. *Applied Catalysis B: Environmental*, **88**, 50–58.
Montoya J. F., Peral J. and Salvador P. (2014). Comprehensive kinetic and mechanistic analysis of TiO_2 photocatalytic reactions according to the Direct-Indirect Model: (I) Theoretical approach. *The Journal of Physical Chemistry C*, **118**, 14266–14275.
Mora-Seró I., Villareal L., Bisquert J., Pitarch A., Gómez R. and Salvador P. (2005). Photoelectrochemical behavior of nanostructured TiO_2 thin-film electrodes in contact with aqueous electrolytes containing dissolved pollutants: a model for distinguishing between direct and indirect interfacial hole transfer from photocurrent measurements. *The Journal of Physical Chemistry B*, **108**, 3371–3380.
Moustakas N. G., Kontos A. G., Likodimos V., Katsaros F., Boukos N., Tsoutsou D., Dimoulas A., Romanos G. E., Dionysiou D. D. and Falaras P. (2013). Inorganic-organic core-shell titania nanoparticlesfor efficient visible light activated photocatalysis. *Applied Catalysis B: Environmental*, **130–131**, 14–24.
Moustakas N. G., Katsaros F. K., Kontos A. G., Romanos G. E., Dionysiou D. D. and Falaras P. (2014). Visible light active TiO_2 photocatalytic filtration membranes with improved permeability and low energy consumption. *Catalysis Today*, **224**, 56–69.
Muruganandham M., Shobana N. and Swaminathan M. (2006). Optimization of solar photocatalytic degradation conditions of Reactive Yellow 14 azo dye in aqueous TiO_2. *Journal of Molecular Catalysis A: Chemical*,

246(1–2), 154–161.

Ng Y. H., Iwase A., Kudo A. and Amal R. (2010). Reducing graphene oxide on a visible-light $BiVO_4$ photocatalyst for an enhanced photoelectrochemical water splitting. *Journal of Physical Chemistry Letters*, **1**, 2607–2612.

Nolan N. T., Synnott D. W., Seery M. K., Hinder S. J., Van Wassenhoven A. and Pillai S. C. (2012). Effect of N-doping on the photocatalytic activity of sol-gel TiO_2. *Journal of Hazardous Materials*, **211–212**, 88–94.

Naeem K. and Feng O. (2008). Parameters effect on heterogeneous photocatalysed degradation of phenol in aqueous dispersion of TiO_2. *Journal of Environmental Sciences*, **21**, 527–533.

O'Regan B. and Gratzel M. (1991). A low-cost, high-efficiency solar cell based on dye-sensitized colloidal TiO_2 films. *Nature*, **353**, 737–740.

Ochando-Pulido J. M., Stoller M., Di Palma L. and Martinez-Ferea A. (2014). Threshold performance of a spiral-wound reverse osmosis membrane in the treatment of olive mill effluents from two-phase and three-phase extraction processes. *Chemical Engineering and Processing: Process Intensification*, **83**, 64–70.

Oller I., Gernjak W., Maldonado M. I., Pérez-Estrada L. A., Sánchez-Pérez J. A. and Malato S. (2006). Solar photocatalytic degradation of some hazardous water-soluble pesticides at pilot-plant scale. *Journal of Hazardous Materials*, **138**(3), 507–517.

Ollis D. F. (2005). Kinetics of liquid phase photocatalyzed reaction: an illuminating approach. *The Journal of Physical Chemistry B*, **109**, 2439–2444.

Ou H.-H. and Lo S.-L. (2007). Photocatalysis of gaseous trichloroethylene (TCE) over TiO_2: The effect of oxygen and relative humidity on the generation of dichloroacetyl chloride (DCAC) and phosgene. *Journal of Hazardous Materials*, **146**(1), 302–308.

Özkan A., Özkan M. H., Gürkan R., Akçay M. and Sökmen M. (2004). Photocatalytic degradation of a textile azo dye, Sirius Gelb GC on TiO_2 or Ag-TiO_2 particles in the absence and presence of UV irradiation: The effects of some inorganic anions on the photocatalysis. *Journal of Photochemistry and Photobiology A: Chemistry*, **163**(1–2), 29–35.

Pacheco J. E., Prairie M., Evans L. and Yellowhorse L. (1990). Engineering-scale experiements of solar photocatalytic oxidation of trichloroethylene. Proceedings 25th Intersociety Energy Conversion Engineering Conference, Reno, Nevada, 141–145.

Panasonic (2014). Panasonic Develops 'Photocatalytic Water Purification Technology' – Creating Drinkable Water with Sunlight and Photocatalysts. http://news.panasonic.com/global/stories/2014/30520.html (accessed 25 August 2015).

Pang Y. L., Lim S., Ong H. C. and Chong W. T. (2014). A critical review on the recent progress of synthesizing techniques and fabrication of TiO_2-based nanotubes photocatalysts. *Applied Catalysis A-General*, **481**, 127–142.

Patrocinio A. O. T., Paula L. F., Paniago R. M., Freitag J. and Bahnemann D. W. (2014). Layer-by-layer TiO_2/WO_3 thin films as efficient photocatalytic self-cleaning surfaces. *ACS Applied Materials & Interfaces*, **6**, 16859–16866.

Pecson B. M., Decrey L. and Kohn T. (2012). Photoinactivation of virus on iron-oxide coated sand: Enhancing inactivation in sunlit waters. *Water Research*, **46**, 1763–1770.

Pelaez M., de la Cruz A. A., Stathatos E., Falaras P. and Dionysiou D. D. (2009). Visible light-activated N-F-codoped TiO_2 nanoparticles for the photocatalytic degradation of microcystin-LR in water. *Catalysis Today*, **144**, 19–25.

Pelaez M., Nolan N., Pillai S. C., Seery M., Falaras P., Kontos A. G., Dunlop P. S. M., Byrne J. A., O'Shea K., Entezari M. H. and Dionysiou D. D. (2012). A review on the visible light active titanium dioxide photocatalysts for environmental applications. *Applied Catalysis B: Environmental*, **125**, 331–349.

Pelaez M., Baruwati B., Varma R. S., Luque R. and Dionysiou D. D. (2013). Microcystin-LR removal from aqueous solutions using a magnetically separable N-doped TiO_2 nanocomposite under visible light irradiation. *Chemical Communications*, **49**, 10118–10120.

Periyat P., Leyland N., McCormack D. E., Colreavy J., Corr D. and Pillai S. C. (2010). Rapid microwave synthesis of mesoporous TiO_2 for electrochromic displays. *Journal of Materials Chemistry*, **20**, 3650–3655.

Pichat P. (2013). Photocatalysis and Water Purification: From Fundamentals to Recent Applications. Wiley-VCH Verlag GmbH & Co. KGaA, Weinheim, Germany.

Pillai S. C., Periyat P., George R., McCormack D. E., Seery M. K., Hayden H., Colreavy J., Corr D. and Hinder S. J. (2007). Synthesis of high-temperature stable anatase TiO_2 photocatalyst. *Journal of Physical Chemistry C*, **111**, 1605–1611.

Portela R. and Hernandez-Alonso M. D. (2013). Environmental applications of photocatalysis. In: Design of Advanced Photocatalytic Materials for Energy and Environmental Applications, J. M. Coronado, F. Fresno, M. D. Hernandez-Alonso, R. Portela, (eds), Springer-Verlag, London, pp. 35–66.

Polo-Lopez M. I., Castro-Alferez M., Oller I. and Fernandez-Ibanez P. (2014). Assessment of solar photo-Fenton, photocatalysis, and H_2O_2 for removal of phytopathogen fungi spores in synthetic and real effluents of urban wastewater. *Chemical Engineering Journal*, **257**, 122–130.

Poyatos J. M., Muñio M. M., Almecija M. C. Torres J. C., Hontoria E. and Osorio F. (2010). Advanced oxidation processes for wastewater treatment: state of the art. *Water, Air & Soil Pollution*, **205**, 187–204.

Pozzo R. L., Baltanás M. A. and Cassano A. E. (1997). Supported titanium oxide as photocatalyst in water decontamination: State of the art. *Catalysis Today*, **39**(3), 219–231.

PSA (2015) Solar Chemical Facilities. http://www.sollab.eu/psa.html (accessed 15 April 2016).

Purifics ES Inc. (2011). Photo-Cat cleans up contaminated groundwater. *Membrane Technology*, **2011**(9), 6.

Purifics ES Inc. DOC3006R5. (2011). Photo-Cat Water Purification. http://www.purifics.com/lwdcms/doc-view.php?module=documents&module_id=376&doc_name=doc (accessed 25 August 2015).

Purifics ES Inc. DOC4015R10. (2013). Case History: Photo-Cat Chromium (Cr6) Removal to <1ppb. http://www.purifics.com/lwdcms/doc-view.php?module=documents&module_id=468&doc_name=doc (accessed 25 August 2015).

Purifics ES Inc. DOC4016R6. (2013). Chemical Free Case History: 1,4-Dioxane Groundwater Purification for Lockheed Martin. http://www.purifics.com/lwdcms/doc-view.php?module=documents&module_id=379&doc_name=doc (accessed 25 August 2015).

Purifics ES Inc. DOC4020R8. (2013). Case History: 1,4-Dioxane and cVOC Destruction in Drinking Water. http://www.purifics.com/lwdcms/doc-view.php?module=documents&module_id=461&doc_name=doc (accessed 25 August 2015).

Qiu B., Zhou Y., Ma Y., Yang X., Sheng W., Xing M. and Zhang J. (2015). Facile synthesis of the Ti^{3+} self-doped TiO_2-graphene nanosheet composites with enhanced photocatalysis. *Scientific Reports*, **5**, 8591.

Ren B., Han C., Al Anazi A. H., Nadagouda M. N. and Dionysiou D. D. (2013). Iron-based nanomaterials for the treatment of emerging environmental contaminants. In: Interactions of Nanomaterials with Emerging Environmental Contaminants, R. Doong, V. K. Sharma and H. Kim (ed.), ACS Symposium Series 1150, American Chemical Society, Washington, DC, pp. 135–146.

Retamal J. R. D., Chen C. Y., Lien D. H., Huang M. R., Lin C. A., Liu C. P. and He J. H. (2014). Concurrent improvement in photogain and speed of a metal oxide nanowire photodetector through enhancing surface band bending via incorporating a nanoscale heterojunction. *ACS Photonics*, **1**(4), 354–359.

Rincón A. G. and Pulgarin C. (2003). Photocatalytical inactivation of *E. coli*: effect of (continuous-intermittent) light intensity and of (suspended-fixed) TiO_2 concentration. *Applied Catalysis B: Environmental*, **44**(3), 263–284.

Rincón A. G. and Pulgarin C. (2004). Effect of pH, inorganic ions, organic matter and H_2O_2 on *E. coli* K12 photocatalytic inactivation by TiO_2: Implications in solar water disinfection. *Applied Catalysis B: Environmental*, **51**(4), 283–302.

Rodríguez S. M., Gálvez J. B., Rubio M. I. M., Ibáñez P. F., Gernjak W. and Alberola I. O. (2005). Treatment of chlorinated solvents by TiO_2 photocatalysis and photo-Fenton: influence of operating conditions in a solar pilot plant. *Chemosphere*, **58**(4), 391–398.

Romanos G., Athanasekou C., Likodimos V., Aloupogiannis P. and Falaras P. (2013). Hybrid ultrafiltration/photocatalytic membranes for efficient water treatment. *Industrial & Engineering Chemistry*, **52**, 13938–13947.

Ryu J., Choi W. and Choo K-H. (2005). A pilot-scale photocatalyst-membrane hybrid reactor: Performance and characterization. *Water Science and Technology*, **51**(6–7), 491–497.

Saari J., Muller N. and Nowack B. (2010). Photocatalysis for water treatment. *Observatory Nano Briefing*, **2**, 1–4.

Sacoo O., Vaiano V., Han C., Sannino D. and Dionysiou D. D. (2015). Photocatalytic removal of atrazine using N-doped TiO_2 supported on phosphors. *Applied Catalysis B: Environmental*, **164**, 462–474.

Sampaio M. J., Silva C. G., Silva A. M. T., Pastrana-Martínez L. M., Han C., Morales-Torres S., Figueiredo J. L., Dionysiou D. D. and Faria J. (2015). Carbon-based TiO_2 materials for the degradation of microcystin-LA. *Applied Catalysis B: Environmental*, **170**, 74–82.

Sayed F. N., Sasikala R., Jayakumar O. D., Rao R., Betty C. A., Chokkalingam A., Kadam R. M., Jagannath, Bharadwaj S. R., Vinu A. and Tyagi A. K. (2014). Photocatalytic hydrogen generation from water using a hybrid of graphene nanoplatelets and self doped TiO_2-Pd. *RSC Advances*, **4**, 13469–13476.

Schneider J., Matsuoka M., Takeuchi M., Zhang J., Horiuchi Y., Anpo M. and Bahnemann D. W. (2014). Understanding TiO_2 photocatalysis: Mechanisms and materials. *Chemical Reviews (Washington, DC, United States)*, **114**, 9919–9986.

She X., Xu H., Wang H., Xia J., Song Y., Yan J., Xu Y., Zhang q., Du D. and Li H. (2015). Controllable synthesis of CeO_2/*g*-C_3N_4 composites and their applications in environment. *Dalton Transactions*, **44**(15), 7021–7031.

Silva T. F., Silva M. E. F., Cunha-Queda A. C., Fonseca A., Saraiva I., Boaventura R. A. and Vilar V. J. (2013). Sanitary landfill leachate treatment using combined solar photo-Fenton and biological oxidation processes at

pre-industrial scale. *Chemical Engineering Journal*, **228**, 850–866.
SkyFuel (2015). Skytrough, High Performance, Low Cost. http://www.skyfuel.com/skytrough.shtml (accessed 14 November 2015).
Sleiman M., Ferronato C. and Chovelon J.-M. (2008). Photocatalytic removal of pesticide dichlorvos from indoor air: A study of reaction parameters, intermediates and mineralization. *Environmental Science & Technology*, **42**(8), 3018–3024.
SOWARLA GmbH. The SOWARLA SUN system. http://www.sowarla.de/sowarla-sun-1.html (accessed 25 August 2015).
Spasiano D., Marotta R., Malato S., Fernandez-Ibañez P. and Di Somma I. (2015). Solar photocatalysis: Materials, reactors, some commercial, and pre-industrialized applications. A comprehensive approach. *Applied Catalysis B: Environmental*, **170–171**(0), 90–123.
Stancl H., Hristovski K. and Westerhoff P. (2015). Hexavalent Chromium Removal Using UV-TiO_2/Ceramic Membrane Reactor. *Environmental Engineering Science*, **32**(8), 676–683.
Synnott D. W., Seery M. K., Hinder S. J., Michlits G. and Pillai S. C. (2013). Anti-bacterial activity of indoor-light activated photocatalysts. *Applied Catalysis, B: Environmental*, **130–131**, 106–111.
Tang Y., Luo S., Teng Y., Liu C., Xu X., Zhang X. and Chen L. (2012). Efficient removal of herbicide 2,4-dichlorophenoxyacetic acid from water using Ag/reduced graphene oxide co-decorated TiO_2 nanotube arrays. *Journal of Hazardous Materials*, **241–242**, 323–330.
Thind S. S., Wu G. and Chen A. (2012). Synthesis of mesoporous nitrogen-tungsten co-doped TiO_2 photocatalysts with high visible light activity. *Applied Catalysis, B: Environmental*, **111–112**, 38–45.
Tsuru T., Toyosada T., Yoshioka T. and Asaeda M. (2003). Photocatalytic membrane reactor using porous titanium oxide membranes. *Journal of Chemical Engineering of Japan*, **36**(9), 1063–1069.
Tsuru T., Ohtani Y., Yoshioka T. and Asaeda M. (2005). Photocatalytic membrane reaction of methylene blue on nanoporous titania membranes. *Kagaku Kogaku Ronbunshu*, **31**(2), 108–114.
Turki A., Guillard C., Dappozze F., Ksibi Z., Berhault G. and Kochkar H. (2015). Phenol photocatalytic degradation over anisotropic TiO_2 nanomaterials: Kinetic study, adsorption isotherms and formal mechanisms. *Applied Catalysis B-Environmental* **163**, 404–414.
Upadhya S. and Ollis D. F. (1997). Simple photocatalysis model for photoefficiency enhancement via controlled, periodic illumination. *The Journal of Physical Chemistry B*, **101**, 2625–2631.
Valencia S., Cataño F., Rios L., Restrepo G. and Marín J. (2011). A new kinetic model for heterogeneous photocatalysis with titanium dioxide: Case of non-specific adsorption considering back reaction. *Applied Catalysis B: Environmental*, **104**, 300–304.
Visa M., Pricop F. and Duta A. (2011). Sustainable treatment of wastewaters resulted in the textile dyeing industry. *Clean Technologies and Environmental Policy*, **13**, 855–861.
Wang C., Böttcher C., Bahnemann D. and Dohrmann J. (2003). A comparative study of nanometer sized Fe(III)-doped TiO_2 photocatalysts: Synthesis, characterization and activity. *Journal of Materials Chemistry*, **13**, 2322–2329.
Wang C., Zhu W., Xu Y., Xu H., Zhang M., Chao Y., Yin S., Li H. and Wang J. (2014). Preparation of TiO_2/g-C_3N_4 composites and their application in photocatalytic oxidative desulfurization. *Ceramics International*, **40**, 11627–11635.
Wang D., Choi D., Li J., Yang Z., Nie Z., Kou R., Hu D., Wang C., Saraf L. V., Zhang J., Aksay I. A. and Liu J. (2009). Self-assembled TiO_2-graphene hybrid nanostructures for enhanced Li-ion insertion. *ACS Nano*, **3**, 907–914.
Wang R., Wu Q., Lu Y., Liu H., Xia Y., Liu J., Yang D., Huo Z. and Yao X. (2014). Preparation of nitrogen-doped TiO_2/graphene nanohybrids and application as counter electrode for dye-sensitized solar cells. *ACS Applied Materials & Interfaces*, **6**, 2118–2124.
Wang X. and Lim T.-T. (2013). Highly efficient and stable Ag-AgBr/TiO_2 composites for destruction of Escherichia coli under visible light irradiation. *Water Research*, **47**, 4148–4158.
Wender H., Feil A. F., Diaz L. B., Ribeiro C. S., Machado G. J., Migowski P., Weibel D. E., Dupont J. and Teixeira S. R. (2011). Self-organized TiO_2 nanotube nrrays: Synthesis by anodization in an ionic liquid and assessment of photocatalytic properties. *Applied Materials & Interfaces*, **3**(4), 1359–1365.
Wu X., Yin S., Dong Q., Guo C., Kimura T., Matsushita J.-i. and Sato T. (2013). Photocatalytic properties of Nd and C codoped TiO_2 with the whole range of visible light absorption. *Journal of Physical Chemistry C*, **117**, 8345–8352.
Xi W. and Geissen S. U. (2001). Separation of titanium dioxide from photocatalytically treated water by cross-flow microfiltration. *Water Research*, **35**(5), 1256–1262.
Xie K., Sun L., Wang C., Lai Y., Wang M., Chen H. and Lin C. (2010). Photoelectrocatalytic properties of Ag

nanoparticles loaded TiO_2 nanotube arrays prepared by pulse current deposition. *Electrochimica Acta*, **55**, 7211–7218.

Xiong P., Fu Y., Wang L. and Wang X. (2012). Multi-walled carbon nanotubes supported nickel ferrite: A magnetically recyclable photocatalyst with high photocatalytic activity on degradation of phenols. *Chemical Engineering Journal*, **195**, 149–157.

Xu T., Zhang L., Cheng H. and Zhu Y. (2011). Significantly enhanced photocatalytic performance of ZnO via graphene hybridization and the mechanism study. *Applied Catalysis, B: Environmental*, **101**, 382–387.

Xuan S., Jiang W., Gong X., Hu Y. and Chen Z. (2009). Magnetically separable Fe_3O_4/TiO_2 hollow sphere: fabrication and photocatalytic activity. *The Journal of Physical Chemistry C*, **113**, 553–558.

Yang L., Luo S., Li Y., Xiao Y., Kang Q. and Cai Q. (2010). High efficient photocatalytic degradation of *p*-nitrophenol on a unique Cu_2O/TiO_2 *p–n* heterojunction network catalyst. *Environmental Science & Technology*, **44**, 7641–7646.

Yang M., Hume C., Lee S., Son Y.-H. and Lee J.-K. (2010). Correlation between photocatalytic efficacy and electronic band structure in hydrothermally grown TiO_2 nanoparticles. *Journal of Physical Chemistry C*, **114**, 15292–15297.

Ye S., Qiu L.-G., Yuan Y.-P., Zhu Y.-J., Xia J. and Zhu J.-F. (2013). Facile fabrication of magnetically separable graphitic carbon nitride photocatalysts with enhanced photocatalytic activity under visible light. *Journal of Materials Chemistry A*, **1**, 3008–3015.

Zapata A., Oller I., Sirtori C., Rodríguez A., Sánchez-Pérez J. A., López A., Mezcua M. and Malato S. (2010). Decontamination of industrial wastewater containing pesticides by combining large-scale homogeneous solar photocatalysis and biological treatment. *Chemical Engineering Journal*, **160**(2), 447–456.

Zayani G., Bousselmi L., Mhenni F. and Ghrabi A. (2009). Solar photocatalytic degradation of commercial textile azo dyes: Performance of pilot plant scale thin film fixed-bed reactor. *Desalination*, **246**(1), 344–352.

Zhang A., Zhou M., Han L. and Zhou Q. (2011). The combination of rotating disk photocatalytic reacotr and TiO_2 nanotube arrays for environmental polluntants removal. *Journal of Hazardous Materials*, **186**(2–3), 1374–1383.

Zhang H., Lv X.-J., Li Y.-M., Wang Y. and Li J.-H. (2010). P25-graphene composite as a high performance photocatalyst. *ACS Nano*, **4**, 380–386.

Zhang J., Zhu Z., Tang Y. and Feng X. (2013). Graphene encapsulated hollow TiO_2 nanospheres: Efficient synthesis and enhanced photocatalytic activity. *Journal of Materials Chemistry A: Materials for Energy and Sustainability*, **1**, 3752–3756.

Zhang L., Du L., Cai X., Yu X., Zhang D., Liang L., Yang P., Xing X., Mai W., Tan S., Gu Y. and Song J. (2013). Role of graphene in great enhancement of photocatalytic activity of ZnO nanoparticle-graphene hybrids. *Physica E: Low-Dimensional Systems & Nanostructures (Amsterdam, Netherlands)*, **47**, 279–284.

Zhang S., Qiu J., Han J., Zhang H., Liu P., Zhang S., Peng F. and Zhao H. (2011). A facile one-step preparation of hierarchically-structured TiO_2 nanotube array photoanodes with enhanced photocatalytic activity. *Electrochemistry Communications*, **13**(11), 1151–1154.

Zhang W., Naidu B. S., Ou J. Z., O'Mullane A. P., Chrimes A. F., Carey B. J., Wang Y., Tang S.-Y., Sivan V., Mitchell A., Bhargava S. K. and Kalantar-zadeh K. (2015). Liquid metal/metal oxide frameworks with incorporated Ga_2O_3 for photocatalysis. *ACS Applied Materials & Interfaces*, **7**, 1943–1948.

Zhang X., Du A. J., Lee P., Sun D. D. and Leckie J. O. (2008). TiO_2 nanowire membrane for concurrent filtration and photocatalytic oxidation of humic acid in water. *Journal of Membrane Science*, **313**(1–2), 44–51.

Zhang X., Tang Y., Li Y., Wang Y., Liu X., Liu C. and Luo S. (2013). Reduced graphene oxide and PbS nanoparticles co-modified TiO_2 nanotube arrays as a recyclable and stable photocatalyst for efficient degradation of pentachlorophenol. *Applied Catalysis A: General*, **457**, 78–84.

Zhao Y., Zhong J., Li H., Xu N. and Shi J. (2002). Fouling and regeneration of ceramic microfiltration membranes in processing acid wastewater containing fine TiO_2 particles. *Journal of Membrane Science*, **208**(1–2), 331–341.

Zhao Y. X., Gao B. Y., Cao B. C., Yang Z. L., Yue Q. V., Shon H. K. and Kim J. H. (2011). Floc characteristics of titanium tetrachloride ($TiCl_4$) compared with aluminum and iron salts in humic acid-kaolin synthetic water treatment. *Chemical Engineering Journal*, **166**, 544–550.

Zhao Y. X., Gao B. Y., Shon H. K., Wang Y., Kim J. H. and Yue Q. Y. (2011). The effect of second coagulant dose on the regrowth of flocs formed by charge neutralization and sweep coagulation using titanium tetrachloride ($TiCl_4$). *Journal of Hazardous Materials*, **198**, 70–77.

Zhou M., Yu J. and Cheng B. (2006). Effects of Fe-doping on the photocatalytic activity of mesoporous TiO_2 powders prepared by an ultrasonic method. *Journal of Hazardous Meterials*, **137**, 1838–1847.

Zhou Q. X., Fang Z., Li J. and Wang M. Y. (2015). Review: Applications of TiO_2 nanotube arrays in environmental and energy fields: A review. *Microporous and Mesoporous Materials*, **202**, 22–35.

Zhou X. M., Nhat N. T., Oezkan S. and Schmuki P. (2014). Anodic TiO_2 nanotubes layers: Why does self-organized growth occur – a mini review. *Electrochemistry Communications*, **46**, 157–162.
Zhu J. and He J. (2012). Self-assembly fabrication of graphene-based materials with optical-electronic, transient optical and electrochemical properties. *International Journal of Nanoscience*, **11**(6), 1240032.

第9章 紫外/氯工艺

约瑟夫·德·莱特， 米哈埃拉·I．斯蒂芬

9.1 引言

自20世纪70年代初以来，关于用高级氧化工艺来降解水处理中传统氧化剂（氯、臭氧、二氧化氯）难以降解的有机污染物的研究越来越多。高级氧化工艺是一种基于原位生成具有强氧化性、与多数有机污染物反应活性高的·OH的工艺。在芬顿反应（Fe^{2+}/H_2O_2）首次应用于工业废水处理后，过去30年对其他高级氧化工艺在实验室规模、中试规模和实际水处理设施上的研究也在逐渐进行。·OH可以通过化学、光化学、电化学或声化学反应等各种途径在室温和大气压下产生（Legrini等，1993；Oturan和Aaron，2014）。最近，紫外/氯（UV/Cl_2）工艺作为UV/H_2O_2工艺的替代工艺已被广泛研究，并在回用水、饮用水或地下水修复等部分水处理设施（中试或全规模）中进行了测试。

如Allmand等（1925）所述，自19世纪50年代以来，人们一直在研究水中氯的光分解。Buxton和Subhani（1972b）的研究表明，次氯酸根离子的光分解机制非常复杂，取决于照射波长。次氯酸根离子的光分解可以原位生成·OH和Cl·以及许多其他不稳定的中间体，并以Cl^-、氯酸盐、亚氯酸盐和氧气作为最终产物。许多20世纪70年代进行的研究表明，紫外/氯可以完全氧化或矿化难以在黑暗条件下被氯氧化和直接光解的有机化合物，并已经在以下实验中被证明：乙醇、正丁醇和苯甲酸在$pH<10$和约350nm波长条件下的降解（Oliver和Carey，1977），乙二醇二甲醚和相关底物、乙酸和丙酸在$pH>12$和高压汞灯条件下的降解（Ogata等，1978；Ogata等，1979），苯甲酸在$pH\geqslant12$且波长$\lambda=253.7nm$及$\lambda\geqslant350nm$条件下的降解（Ogata和Tomizawa，1984），苯甲酸和硝基苯在$pH=6$和波长$\lambda\geqslant350nm$条件下的降解（Nowell和Crosby，1985），以及1-氯丁烷、正辛醇和硝基苯在日光波长下的降解（Nowell和Hoigné，1992b）。自2005年以来，已经有许多研究团队探究了游离氯（HOCl和ClO^-）在不同波长下光解的量子产率，还研究了不同实验参数变化对游离氯光解速率的影响，并评估了紫外/氯工艺作为高级氧化工艺的性能。

本章将首先介绍水溶液中游离氯光化学分解为·OH和氯原子（Cl·）的基本内容。然后综述氯原子（Cl·）和二氯阴离子自由基（$Cl_2^{\cdot-}$）对有机和无机化合物的反应活性。在本章最后部分，将讨论最近关于紫外/氯高级氧化工艺降解有机污染物的研究。在此背景

下，将重点关注中试和全规模工程的应用研究，并比较 UV/Cl_2 和 UV/H_2O_2 氧化工艺的性能。

9.2 游离氯的紫外光光解

9.2.1 游离氯种类分布

稀溶液中游离氯的种类主要是溶解的氯气（Cl_2）、次氯酸（HOCl）和次氯酸根离子（ClO^-）：

$$Cl_2 + H_2O \rightleftharpoons HOCl + H^+ + Cl^- \quad K_d = 3.94 \times 10^{-4}(mol/L)^2$$

$$(\text{当温度为 } 25℃、I = 0 \text{ 时})(\text{Connick 和 Chia,1959}) \tag{9-1}$$

$$HOCl \rightleftharpoons ClO^- + H^+ \quad pK_a = 7.537$$

$$(\text{当温度为 } 25℃、I = 0 \text{ 时})(\text{Morris,1966}) \tag{9-2}$$

Cl_2、HOCl 和 ClO^- 的种类分布可以由 Cl_2 的歧化常数（K_d）和 HOCl 的 pK_a值计算得到。在给定的温度和离子强度为 0（$I=0$）下，K_d和 pK_a可分别由式（9-3）（Connick 和 Chia，1959）和式（9-4）（Morris，1966）计算：

$$\log K_d = -982798/T^2 + 5485.7/T - 10.7484(\text{温度从 } 0 \sim 45℃) \tag{9-3}$$

$$pK_a = 3000/T - 10.0686 + 0.0253T(\text{温度从 } 0 \sim 35℃) \tag{9-4}$$

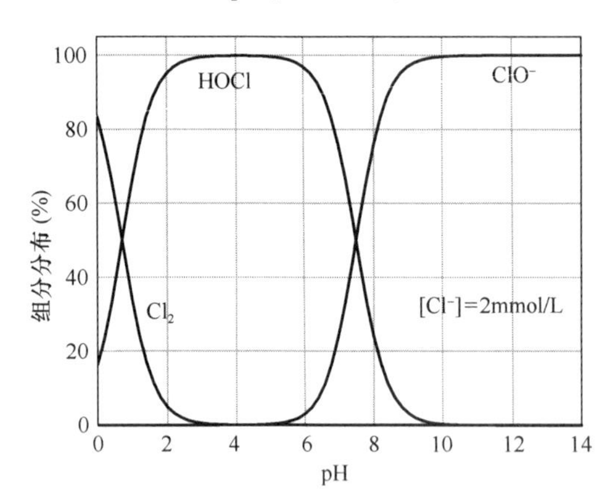

图 9-1 25℃时水中 Cl_2、HOCl 和 ClO^- 分布随 pH 变化函数图（分布曲线计算条件为［Cl^-］=2mmol/L，K_d=3.94 × 10^{-4} (mol/L)^2，pK_a=7.537；De Laat，2016）

其中 T 是开尔文温度（0℃=273.15K）表示的绝对温度。

通过式（9-3）计算得到，在 0~45℃范围内，K_d值从 1.45×10^{-4} (mol/L)^2 变到 6.09×10^{-4} (mol/L)^2，且由式（9-4）计算得到的 HOCl 的 pK_a值从 0℃下的 7.825 减少到 35℃下的 7.463。当温度为 25 ℃、I=0 时，K_d和 pK_a的值分别等于 3.94×10^{-4} (mol/L)^2 和 7.537。

如式（9-1）和式（9-2）所示，游离氯种类的分布取决于 Cl^-浓度、温度和 pH 值；其中，pH 值的影响最大。图 9-1 显示了在 25℃下 Cl^- 浓度为 2mmol/L 时计算的不同种类氯的分布。

Cl_2 仅在低 pH 值（pH<3）下存在。在 25 ℃下，pH<7.5 时，HOCl 是主要的游离氯种类，而在 pH>7.5 时 ClO^- 是主要的

游离氯种类。超过99%的游离氯在pH=3～5.5范围内以HOCl形式存在，当pH>9.5时以ClO^-形式存在。

9.2.2　水中游离氯的吸收光谱

HOCl和ClO^-可吸收波长范围为200～375nm的紫外光（图9-2），因此，游离氯可以在UV-C光以及来自太阳光的UV-B和UV-A辐射下光解（Buxton和Subhani，1972b；Nowell和Hoigné，1992a）。摩尔吸光系数（ε）的范围为0～370L/(mol·cm)。吸收光谱显示HOCl的最大吸收带中心为236nm［ε=（101±2)L/(mol·cm)］，ClO^-的最大吸收带中心为292nm（ε=（365±8）L/(mol·cm)）。HOCl和ClO^-在253.7nm处的摩尔吸光系数分别为（59±1）L/(mol·cm）和（66±1）L/(mol·cm）（Feng等，2007；De Laat和Berne，2009)。

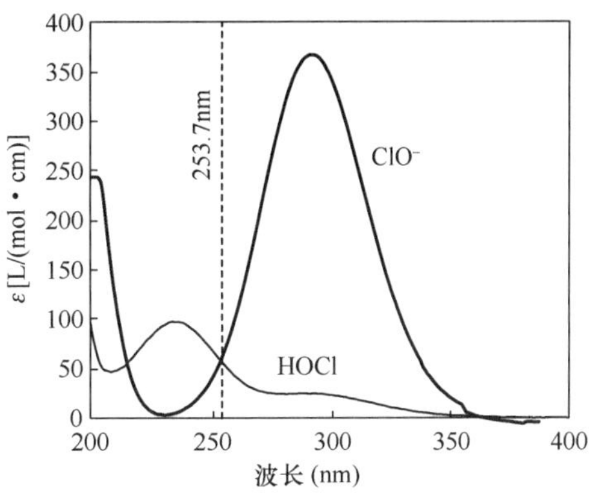

图9-2　水中HOCl和ClO^-的紫外光谱（De Laat，2016）

9.2.3　游离氯的自由基种类、量子产率和降解机理

虽然自19世纪50年代以来水中氯的光解已经被研究（Allmand等，1925），但是近年来才将UV/Cl_2作为一种高级氧化工艺进行研究（Watts等，2007a，2007b；Jin等，2011；Sichel等，2011；Watts等，2012；Wang等，2012；Shu等，2014；Wang等，2015a)。氯在水溶液中的光解作用最终生成Cl^-、氯酸盐、亚氯酸盐和氧气。这些产物的产率与波长和氯的种类有关（Buxton和Subhani，1972b；Cooper等，2007）。产生氯酸盐的摩尔产率变化范围为0.02～0.3（氯酸盐摩尔数/氯分解的摩尔数），其取决于辐照波长、pH和氯的浓度（Buxton和Subhani，1972b；Karpel Vel Leitner等，1992a；Feng等，2010；Rao等，2010；Wang等，2012）。最近有研究表明，高氯酸盐的产率低于0.01（ClO_4^-的摩尔数/氯光解的摩尔数）（Kang等，2006；Rao等，2010）。所有这些最终产物都是由HOCl或ClO^-的初级光产物所引发的复杂反应形成的，同时大量活性中间体也由此生成。

9.2.3.1　次氯酸根离子和次氯酸光解的初级量子产率

通过碱性pH下次氯酸钠溶液的稳态和瞬间光解实验，Buxton和Subhani（1972b）的研究表明，次氯酸根离子的主要光产物以及光产物形成的初级量子产率取决于辐照波长（表9-1）。次氯酸根离子在波长253.7nm、313nm和365nm下光解的主要产物是氯离子、羟基自由基（$^{\bullet}OH/O^{\bullet-}$，$pK_a=11.9$；Buxton等，1988）、$Cl^{\bullet}$和O（$^3P$）。在波长253.7nm和313nm下也会产生O（^1D）。

pH>11.5 时次氯酸根离子光解反应的初级量子产率（Buxton 和 Subhani，1972b） 表 9-1

初级过程	反应	253.7nm	313nm	365nm
$ClO^- + h\nu \longrightarrow Cl^- + O(^3P)$	(9-5)	0.074±0.019	0.075±0.015	0.28±0.03
$ClO^- + h\nu \longrightarrow Cl^{\bullet} + O^{\bullet -}$	(9-6)	0.278±0.016	0.127±0.014	0.08±0.02
$ClO^- + h\nu \longrightarrow Cl^- + O(^1D)$	(9-7)	0.133±0.017	0.020±0.015	0

如表 9-1 所示，随辐照波长变大，由 ClO^- 光解形成的（$^{\bullet}OH/O^{\bullet -}$）和 $Cl^{\bullet}$ 的量子产率显著降低，例如，从 253.7nm 处的 0.28 降低到 365nm 处的 0.08。

类似的，$^{\bullet}OH$、$Cl^{\bullet}$ 和氧原子也可通过 HOCl 的紫外光解生成（Kläning 等，1984；Thomsen 等，2001；Herrmann，2007）。$Cl^{\bullet}$ 在紫外区域具有强吸收带，最大值在 310～320nm 附近（图 9-3）（Kläning 和 Wolff，1985；Buxton 等，2000；Thomsen 等，2001）。通过 266nm 下 HOCl（约 1.5mol/L）的飞秒光解实验，Thomsen 等（2001）发现，HOCl 分子在 1ps 内光解成 $^{\bullet}OH$ 和 $Cl^{\bullet}$，具有接近一致的量子产率：

$$HOCl \xrightarrow{h\nu} {}^{\bullet}OH + Cl^{\bullet} \tag{9-8}$$

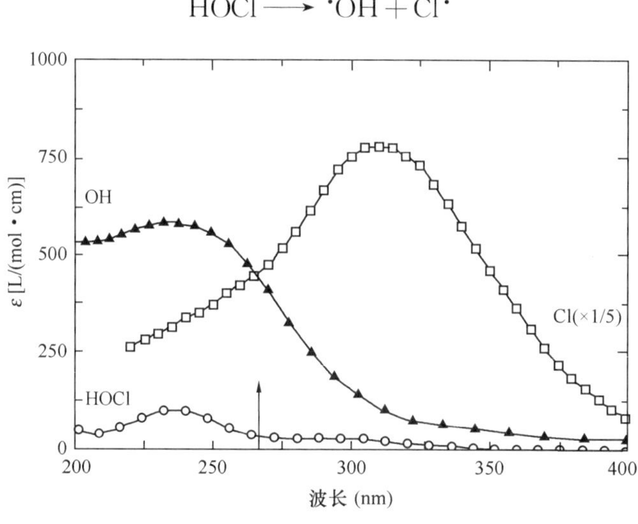

图 9-3 HOCl、$^{\bullet}OH$ 和 $Cl^{\bullet}$（× 1/5）的吸收光谱（经 Thomsen 等（2001）许可转载；2016 版权归 AIP 出版社所有）

Thomsen 等同时也观察到在实验条件下（高 HOCl 浓度）$^{\bullet}OH$ 比 $Cl^{\bullet}$ 有更高的产率，因为一部分 $Cl^{\bullet}$（约 10%）与 HOCl 反应生成了 $^{\bullet}OH$：

$$Cl^{\bullet} + HOCl \longrightarrow Cl_2 + {}^{\bullet}OH \tag{9-9}$$

通过用超快瞬态吸收光谱法对光产物浓度进行监测，Thomsen 等（2001）观察到 $Cl^{\bullet}$ 的浓度在 50ps 内迅速衰减，这是由于在溶剂"笼"内 $Cl^{\bullet}$ 与 $^{\bullet}OH$ 成对复合重新形成了次氯酸（图 9-4）。

假设 340nm 处吸光度的降低与 $Cl^{\bullet}$ 的浓度成正比，由式（9-10），Thomsen 等通过在 1ps 和 150ps 测得的吸光度值可计算出没有重新结合的 $Cl^{\bullet}$ 的量子产率：

$$\Phi(Cl^{\bullet}) = \frac{\Delta OD(t = 150ps)}{\Delta OD(t = 1ps)} \tag{9-10}$$

在266nm处，Φ（$Cl^{\cdot}$）的值为0.55±0.05。因此，在266nm处，HOCl光解Φ（HOCl）与$^{\cdot}OH$和$Cl^{\cdot}$形成［Φ（$^{\cdot}OH$）和Φ（$Cl^{\cdot}$）］的初级量子产率等于0.55±0.05。

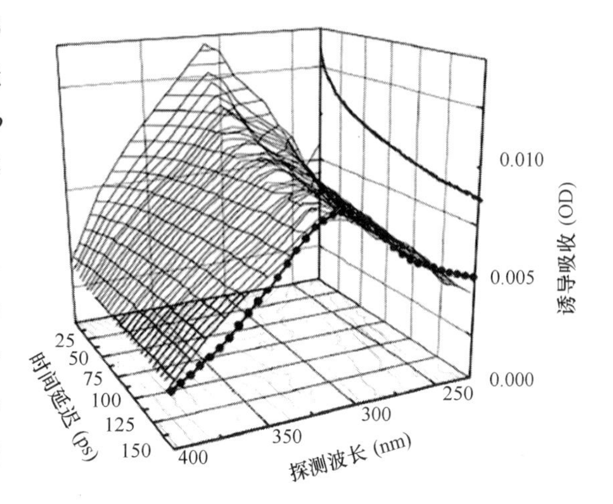

图9-4 在266nm光照下水中HOCl光解后的全瞬态吸收光谱

［经Thomsen等（2001）许可转载；2016版权归AIP出版社所有］

注：$Cl^{\cdot}$的稳态光谱显示在波长瞬态吸收平面中，光谱积分动力学显示在时间瞬态吸收平面中。

然而，一项新的研究（Herrmann，2007）在248nm准分子激光光解实验中获得了一个更低的值。该实验在pH=1.5及无O_2溶液中进行，氯浓度为4.4×10^{-4}mol/L。在Herrmann使用的实验条件下，HOCl、Cl^-、Cl_2和Cl_3^-的浓度分别约为4.4×10^{-4}mol/L、4.4×10^{-4}mol/L、2×10^{-5}mol/L和2×10^{-9}mol/L。Cl_2和Cl_3^-在反应池中对UV（248nm）光的吸收可以忽略不计。Φ（$Cl^{\cdot}$）和Φ（$^{\cdot}OH$）值（0.25±0.05；Herrmann，2007）是通过在$t=50$ns时由HOCl光解形成的$Cl^{\cdot}$初始浓度以及在最初50ns期间与$Cl^{\cdot}$、HOCl、Cl^-和H_2O反应消耗的$Cl^{\cdot}$的量计算得到的。

为了评估在游离氯光解过程中形成的$^{\cdot}OH$，Nowell和Hoigné（1992b）引入了“产率因子”，它代表了每摩尔游离氯光解释放的$^{\cdot}OH$量。在模拟太阳光辐射和253.7nm照射条件下，Nowell和Hoigné确定了游离氯光解受pH影响的$^{\cdot}OH$产率因子。在pH为5和不存在除探针化合物之外的清除剂的条件下，$^{\cdot}OH$产率因子在253.7nm和模拟太阳光下分别为0.85和0.70；在pH为10的条件下，产率因子分别为0.12和0.10。

Watts和Linden（2007a）确定了在pH=5时从HOCl光解中形成$^{\cdot}OH$的量子产率为1.40±0.18（253.7nm），并将其与水溶液中H_2O_2光解形成$^{\cdot}OH$（$\Phi_{\cdot OH}\approx1.0$）的量子产率进行了比较。Wang等（2012）报道在pH=5时$\Phi_{\cdot OH}$（253.7nm）=0.79±0.01，这大于Jin等（2011）测定的值，即$\Phi_{\cdot OH}=0.46\pm0.09$。在pH=10时，Wang等，（2012）报道了$^{\cdot}OH$的量子产率为1.18±0.12（253.7nm），这几乎是Chan等，（2012）测定值的2倍，即$\Phi_{\cdot OH}=0.61$。基于ClO^-光解的$^{\cdot}OH$产率因子（0.70±0.02），Chan等（2012）发现有30%的次氯酸盐光解不会产生$^{\cdot}OH$。

9.2.3.2 次氯酸盐和次氯酸在不含有机物的水中的降解途径

ClO^-的初级光产物一旦生成，就会引发ClO^-分解成不稳定的瞬态物质（$ClO^{\cdot}$、Cl_2O_2、Cl_2O）、次级氧化剂（ClO_2、O_3、H_2O_2）和稳定的副产物（Cl^-、ClO_2^-、ClO_3^-、ClO_4^-和O_2）。副产物的产率高度依赖于实验条件，例如照射波长、pH和溶解氧的浓度。

表9-2列出了由Buxton和Subhani（1972b）在无氧溶液中测定的ClO^-光解副产物形成的量子产率。ClO^-在253.7nm处光解产生的主要副产物是Cl^-（约0.82mol/mol

ClO^-）和氯酸盐（约 0.18mol/mol ClO^-）。Cl^- 和氯酸盐的产率在 308nm 处大致相同。在 365nm 处，Cl^-、亚氯酸盐和氯酸盐的摩尔产率分别为 0.60mol/mol ClO^-、0.13mol/mol ClO^- 和 0.27mol/mol ClO^-。

在 253.7nm、313nm 和 365nm 处 ClO^- 光解副产物生成的量子产率（实验值）（Buxton 和 Subhani，1992b）　表 9-2

条件	253.7nm pH=11.5 [ClO^-]=1mmol/L	313nm pH=12.0 [ClO^-]=1mmol/L	365nm pH=12.1 [ClO^-]=7～10mmol/L
$\Phi-ClO^-$ 光解	0.85±0.02	0.39±0.01	0.60±0.05
$\Phi-ClO^-$ 形成	0	0	0.160±0.005
$\Phi-ClO_2^-$ 形成	0.15±0.02	0.08±0.02	0.08±0.02
$\Phi-Cl^-$ 形成	0.70±0.03	0.27±0.02	0.36±0.03
$\Phi-O_2$ 形成	0.200±0.005	0.069±0.005	0.04±0.02

Buxton 和 Subhani（1972b）提出了表 9-3 中列出的一系列反应，以解释 Cl^-、ClO_2^-、ClO_3^-、O_2 和 O_3 在次氯酸根离子光解过程中的生成。这些反应由 ClO^- 的初级光产物引发[表 9-1 中的式（9-5）～式（9-7）]。

次氯酸根离子光解途径（Buxton 和 Subhani，1972a，1972b）　表 9-3

反应式		速率常数和注释
$\cdot OH+ClO^- \longrightarrow ClO\cdot+OH^-$	(9-11)	(9.0±0.5)×10^9L/(mol·s)（Buxton 和 Subhani，1972a）
$O^{\cdot -}+ClO^- \longrightarrow ClO\cdot+O^{2-}$	(9-12)	(2.4±0.1)×10^8L/(mol·s)（Buxton 和 Subhani，1972a）
$Cl\cdot+ClO^- \longrightarrow ClO\cdot+Cl^-$	(9-13)	8.2×10^9L/(mol·s)（Kläning 和 Wolff，1985）
$2ClO\cdot \rightleftharpoons Cl_2O_2$	(9-14)	$2k$=1.5×10^{10}L/(mol·s)（Buxton 和 Subhani，1972a）
$Cl_2O_2+H_2O \longrightarrow ClO_2^-+ClO^-+2H^+$	(9-15)	
$Cl_2O_2+H_2O \longrightarrow Cl^-+O_2+ClO^-+2H^+$	(9-16)	k_{9-15}/k_{9-16}=1.93±0.24（Buxton 和 Subhani，1972b）
$Cl_2O_2+ClO_2^- \longrightarrow ClO_3^-+Cl_2O$	(9-17)	k_{9-17}/k_{9-15}=（1.3±0.6）×10^5L/mol（Buxton 和 Subhani，1972b）
$Cl_2O+H_2O \rightleftharpoons 2HOCl$	(9-18)	
$\cdot OH+ClO_2^- \longrightarrow ClO_2+HO^-$	(9-19)	(6.3±0.5)×10^9L/(mol·s)（Buxton 和 Subhani，1972a）
$O^{\cdot -}+ClO_2^- \longrightarrow ClO_2+O^{2-}$	(9-20)	(1.9±0.1)×10^8L/(mol·s)（Buxton 和 Subhani，1972a）
$\cdot OH+ClO_3^- \longrightarrow$ 产物	(9-21)	<10^6L/(mol·s)（Buxton 和 Subhani，1972a）
$O^{\cdot -}+ClO_3^- \longrightarrow$ 产物	(9-22)	<10^6L/(mol·s)（Buxton 和 Subhani，1972a）
$O(^1D)+H_2O \longrightarrow H_2O_2$	(9-23)	$O(^1D)$ 仅在 λ=253.7nm 和 313nm 处产生
$ClO^-+H_2O_2 \longrightarrow O_2+Cl^-+H_2O$	(9-24)	
$O(^3P)+ClO^- \longrightarrow ClO_2^-$	(9-25)	
$O(^3P)+ClO^- \longrightarrow Cl^-+O_2$	(9-26)	k_{9-26}/k_{9-25}=0.17±0.09（Buxton 和 Subhani，1972b）
$O(^3P)+ClO_2^- \longrightarrow ClO_3^-$	(9-27)	

续表

反应式		速率常数和注释
$O(^3P)+ClO_2^- \longrightarrow Cl^-+O_2+O(^3P)$	(9-28)	$k_{9-28}/k_{9-27}=1.50\pm0.27$（Buxton 和 Subhani，1972b）
$O(^3P)+O_2 \longrightarrow O_3$	(9-29)	4×10^9L/(mol·s)（Kläning 等，1984）
$O^{\bullet-}+O_2 \rightleftharpoons O_3^{\bullet-}$	(9-30)	3.6×10^9L/(mol·s)（Buxton 等，1988）
$ClO^\bullet+O_3^{\bullet-} \longrightarrow O_3+ClO^-$	(9-31)	1×10^9L/(mol·s)（Kläning 等，1984）

$^\bullet OH/O^{\bullet-}$ 和 $Cl^\bullet$ 将次氯酸根离子氧化成 $ClO^\bullet$ [式（9-11）～式（9-13）]。$ClO^\bullet$ 通过快速的二聚反应 [式（9-14）] 生成二氯过氧化物（Cl_2O_2 或 ClOOCl），其进而通过平行途径分解产生稳定的最终产物 Cl^-、氯酸盐和氧气以及亚氯酸盐 [式（9-15）～式（9-18）]。亚氯酸盐仅在 365nm 波长照射的次氯酸盐溶液中才被检测到（表 9-2）。Rao 等，(2010) 更新的研究也证实，次氯酸盐（$[Cl_{2,T}]_0\approx16\sim18$mmol/L，初始 pH>10.6）在 253.7nm、300nm 和 350nm 处的光解中，亚氯酸盐仅在 350nm 处产生。Buxton 和 Subhani（1972b）通过 $O(^3P)$ 的低产率和 Cl_2O_2 对亚氯酸根离子的破坏作用 [式(9-17)] 解释了在 253.7nm 和 313nm 的辐照溶液中没有亚氯酸盐的现象。亚氯酸盐也可以通过 $^\bullet OH/O^{\bullet-}$ [式（9-19）和式（9-20）] 氧化成二氧化氯。其他研究表明，二氧化氯可被 $^\bullet OH/O^{\bullet-}$ 氧化成氯酸盐（Kläning 等，1985）：

$$^\bullet OH + ClO_2 \longrightarrow ClO_3^- + H^+ \quad [k=(4.0\pm0.4)\times10^9 L/(mol\cdot s); \text{Kläning 等}, 1985] \tag{9-32}$$

$$O^{\bullet-} + ClO_2 \longrightarrow ClO_3^- \quad [k=(2.7\pm0.4)\times10^9 L/(mol\cdot s); \text{Kläning 等}, 1985] \tag{9-33}$$

通过次氯酸盐光解产生的氧原子 $O(^1D)$ 和 $O(^3P)$ [式（9-5）和式（9-7），表 9-1] 也有助于次氯酸盐的分解。大多数 $O(^1D)$ 将与水分子反应生成 H_2O_2 [式（9-23）]，其进一步与次氯酸盐反应形成分子氧（$^1O_2$）和 Cl^- [式（9-24）]。Macounová 等，(2015) 也在 pH=9.5 的次氯酸盐溶液的电化学氧化过程中检测到 H_2O_2，并把它的形成归因于以下由 $ClO^\bullet$ 水解为 $HO_2^\bullet/O_2^{\bullet-}$ 自由基引起的一系列反应：

$$ClO^\bullet + H_2O \longrightarrow HO_2^\bullet + Cl^- + H^+ \tag{9-34}$$

$$ClO^\bullet + OH^- \longrightarrow O_2^{\bullet-} + Cl^- + H^+ \tag{9-35}$$

$$O_2^{\bullet-} + HOCl \longrightarrow O_2 + Cl^- + {}^\bullet OH \tag{9-36}$$

$$HO_2^\bullet \rightleftharpoons O_2^{\bullet-} + H^+ \tag{9-37}$$

$$HO_2^\bullet + O_2^{\bullet-} + H_2O \rightleftharpoons H_2O_2 + O_2 + OH^- \tag{9-38}$$

$O(^3P)$ 原子既可以将次氯酸盐和亚氯酸盐还原为 Cl^- [式（9-26）和式（9-28）]，也可以分别将次氯酸盐和亚氯酸盐氧化成亚氯酸盐和氯酸盐 [式（9-25）和式（9-27）]。因此，稳定的光产物（Cl^-、ClO_3^- 和 O_2）的分布将取决于受波长影响的 $O(^1D)$ 和 $O(^3P)$ 形成的量子产率（表 9-1），以及式（9-25）～式（9-28）的绝对和相对速率常数。

Buxton 和 Subhani（1972b）通过闪光光解实验发现，由于式（9-29）、式（9-30）的发

生，ClO^- 在 O_2 饱和溶液中的光解可产生臭氧（O_3）和臭氧化物阴离子自由基（$O_3^{\cdot -}$）。臭氧可以参与 ClO^-、ClO_2^- 和含氯自由基（例如 $Cl^\cdot$、$ClO^\cdot$）的相关反应（Siddiqui，1996；von Sonntag 和 von Gunten，2012）。

此外，亚氯酸盐和二氧化氯也可以光解，其最终产物主要是 Cl^- 和氯酸盐（Buxton 和 Subhani 1972a；Karpel Vel Leitner 等 1992a，1992b）。

HOCl 在水中的光解途径是未知的。由 HOCl 直接光解产生的 $^\cdot OH$ 和 $Cl^\cdot$ 与 HOCl 反应生成 $ClO^\cdot$ ［表 9-4 中的式（9-39）和式（9-40）］。$ClO^\cdot$ 的自反应生成 Cl_2O_2，其随后分解成 Cl^-、ClO_2^-、ClO_3^- 和 O_2，而 $^\cdot OH$ 与 ClO_2^- 的次级反应产生 ClO_2 和 ClO_3^-。

如表 9-4 所示，$^\cdot OH$ 和 $Cl^\cdot$ 与游离氯（HOCl 和 ClO^-）的反应速率常数在文献中没有被很好地记载，不同文献报道的 $HO^\cdot$ 与 HOCl 反应的速率常数彼此相差几个数量级［从 8.46×10^4 L/(mol・s) 到 2×10^9 L/(mol・s)］。

$^\cdot OH$ 和 $Cl^\cdot$ 与 HOCl 和 ClO^- 反应的速率常数 **表 9-4**

反应式		速率常数［L/(mol・s)］	参考文献
$^\cdot OH + HOCl \longrightarrow ClO^\cdot + H_2O$	(9-39)	1.4×10^8	Zuo 等，(1997)；pH=0
		2.0×10^9	Matthew 和 Anastasio (2006)
		8.46×10^4	Watts 和 Linden (2007a)
$^\cdot OH + Cl^- \longrightarrow ClO^\cdot + HO^-$	(9-11)	$(9.0 \pm 0.5) \times 10^9$	Buxton 和 Subhani (1972b)
		2.7×10^9	Zuo 等 (1997)
$Cl^\cdot + HOCl \longrightarrow ClO^\cdot + HCl$	(9-40)	3.0×10^9	Kläning 和 Wolff (1985)
$Cl^\cdot + ClO^- \longrightarrow ClO^\cdot + Cl^-$	(9-13)	8.2×10^9	Kläning 和 Wolff (1985)

还有研究表明，痕量的高氯酸盐（ClO_4^-）可以由 ClO^- 在 pH 大于 10 条件下（Kang 等，2006）或由游离氯（HOCl + ClO^-）在初始 pH 值从 2.6 至 11.4 范围内光解形成（Rao 等，2010）。由于 $^\cdot OH$ 不能氧化 ClO_3^-，因此高氯酸盐的产生归因于 ClO_3^- 首先被 $Cl^\cdot$ 氧化成 $ClO_3^\cdot$ 自由基，其二聚化得到二氯化六氧化物 Cl_2O_6。随后 Cl_2O_6 水解产生 ClO_4^- 和 ClO_3^-（Kang 等，2006；Rao 等，2010）：

$$ClO_3^- + Cl^\cdot \longrightarrow ClO_3^\cdot + Cl^- \tag{9-41}$$

$$ClO_3^\cdot + ClO_3^\cdot \longrightarrow Cl_2O_6 \tag{9-42}$$

$$Cl_2O_6 + H_2O \longrightarrow ClO_4^- + ClO_3^- + 2H^+ \tag{9-43}$$

Rao 等，(2010) 发现 ClO_4^- 形成的量取决于各种游离氯的初始浓度，Cl^-、ClO_2^- 和 ClO_3^- 的背景浓度，波长和 pH，但与光强度无关。然而，当 UV/Cl_2 用于饮用水处理时，ClO_4^- 的浓度不超过 0.1μg/L（［Cl_2］<0.1mmol/L；pH=7）(Rao 等，2010)。

9.2.3.3 不存在有机化合物时氯光解反应的量子产率

表 9-5 总结了文献报道的 HOCl（Φ_{HOCl}，酸性 pH）、ClO^-（Φ_{ClO^-}，碱性 pH）及两种物质组合（$\Phi_{氯}$，两种物质共存的 pH 值条件下）的光解总量子产率值。

Feng 等（2010）使用 Bolton 和 Stefan（2002）开发的表达式确定了在 253.7nm 处游

离氯的光解总量子产率：

$$\ln\frac{[C]_0}{[C]_F}=k'_1F=\frac{\Phi\varepsilon(\lambda)\ln(10)}{10U(\lambda)}F \tag{9-44}$$

$$\Phi_\lambda=\frac{k'_1\times10\times U(\lambda)}{\varepsilon(\lambda)\ln(10)} \tag{9-45}$$

式中 $[C]_0$和$[C]_F$——暴露于紫外光前后的游离氯浓度（mol/L）；

F——波长λ下的剂量（J/m^2）；

k'_1——基于剂量的一级速率常数（m^2/J）；

$\Phi(\lambda)$——在波长λ下游离氯光解的总量子产率；

$\varepsilon(\lambda)$——在波长λ下游离氯的摩尔吸光系数（L/(mol·cm))；

$U(\lambda)$——在波长λ下摩尔光子能量（J/einstein）。

HOCl（Φ_{HOCl}）、ClO^-（Φ_{ClO^-}）和混合自由氯（$\Phi_{氯}$）在不含有机物的水中的光解总量子产率 **表 9-5**

氯种类	实验条件			量子产率（Φ）	量子产率	参考文献
	pH	波长（nm）	[Cl]（mmol/L）			
ClO^-	11.5	253.7	1	Φ_{ClO^-}	0.86±0.07	Buxton 和 Subhani (1972b)
ClO^-	12.0	313	1	Φ_{ClO^-}	0.43±0.06	Buxton 和 Subhani (1972b)
ClO^-	12.1	365	7～10	Φ_{ClO^-}	0.64±0.05	Buxton 和 Subhani (1972b)
$HOCl+ClO^-$	5、7和9	240	5.71	$\Phi_{氯}$	1.21 (pH=5) 1.24 (pH=7) 1.50 (pH=9)	Cooper 等 (2007)
$HOCl+ClO^-$	5、7和9	253.7	5.71	$\Phi_{氯}$	1.64 (pH=5) 1.51 (pH=7) 0.84 (pH=9)	Cooper 等 (2007)
$HOCl+ClO^-$	5、7和9	265.2	5.71	$\Phi_{氯}$	1.39 (pH=5) 1.10 (pH=7) 0.92 (pH=9)	Cooper 等 (2007)
$HOCl+ClO^-$	5、7和9	296.7	5.71	$\Phi_{氯}$	0.78 (pH=5) 0.76 (pH=7) 0.80 (pH=9)	Cooper 等 (2007)
$HOCl+ClO^-$	5、7和9	313	5.71	$\Phi_{氯}$	0.80 (pH=5) 0.71 (pH=7) 0.80 (pH=9)	Cooper 等 (2007)
$HOCl+ClO^-$	5和7	334	5.71	$\Phi_{氯}$	0.69 (pH=5) 0.61 (pH=7)	Cooper 等 (2007)
$HOCl+ClO^-$	5和7	365	5.71	$\Phi_{氯}$	0.73 (pH=5) 0.55 (pH=7)	Cooper 等 (2007)

续表

氯种类	实验条件			量子产率(Φ)	量子产率	参考文献
	pH	波长(nm)	[Cl](mmol/L)			
HOCl	5	253.7	<1	Φ_{HOCl}	1.0±0.1	Feng 等(2007)
HOCl	5	253.7	19	Φ_{HOCl}	4.5±0.2	Feng 等(2007)
ClO^-	10	253.7	0.05~9	Φ_{ClO^-}	0.9±0.1	Feng 等(2007)
HOCl	4	253.7	0.014~0.056	Φ_{HOCl}	1.5	Watts 和 Linden (2007a)
HOCl	4	MP UV(200~350)	0.014~0.056	Φ_{HOCl}	3.7	Watts 和 Linden (2007a)
ClO^-	10	253.7	0.014~0.056	Φ_{ClO^-}	1.2	Watts 和 Linden (2007a)
ClO^-	10	MP 灯(200~350)	0.014~0.056	Φ_{ClO^-}	1.7	Watts 和 Linden (2007a)
$HOCl+ClO^-$	7.1~7.9	253.7	0.014~0.056	$\Phi_{氯}$	1.3~1.7	Watts 和 Linden (2007a)
$HOCl+ClO^-$	7.1~7.9	MP UV(200~350)	0.014~0.056	$\Phi_{氯}$	1.2~1.7	Watts 和 Linden (2007a)
HOCl	5	253.7	1.41	Φ_{ClO^-}	1.0±0.1	Jin 等(2011)
ClO^-	10	253.7	1.41	Φ_{ClO^-}	1.15±0.08	Jin 等(2011)
ClO^-	10	303±8	0~4.23	Φ_{ClO^-}	0.87±0.01	Chan 等(2012)
HOCl	5	MP 灯	0.15	Φ_{HOCl}	1.06±0.01	Wang 等(2012)
ClO^-	10	MP 灯	0.15	Φ_{ClO^-}	0.89±0.08	Wang 等(2012)
HOCl	5	253.7	0.01~0.1	Φ_{HOCl}	1.45±0.06	Fang 等(2014)
ClO^-	10	253.7	0.01~0.1	Φ_{ClO^-}	0.97±0.05	Fang 等(2014)

当用中压(MP)UV灯发出的多色辐射照射时，游离氯可以被波长在200~375nm范围内的所有辐射光降解(图9-2)。在MP-UV照射下，游离氯光解的表观量子产率($\Phi_{200\sim375nm}$)可由光解伪一级速率常数(k_1，s^{-1})和游离氯光吸收的特定速率确定，该特定速率是利用Schwazenbach等(1993)发展的表达式求和所有波长所得($\sum k_s(\lambda)$，einstein/(mol·s))。

$$\Phi_{200\sim375nm}=\frac{k_1}{\sum k_s(\lambda)} \tag{9-46}$$

$$k_s(\lambda)=\frac{E_p^0(\lambda)\varepsilon(\lambda)[1-10^{-a(\lambda)z}]}{a(\lambda)z} \tag{9-47}$$

式中 E_p^0——入射光子辐照度[10^{-3} einstein/(cm^2·s)];

$a(\lambda)$——在波长λ下的溶液吸收系数(cm^{-1});

z——溶液层的深度(cm)。

尽管公布的数值存在差异(表9-2)，但多数研究发现，在辐射波长240~265nm范围内稀水溶液($[Cl_2]_{0,T}$<1mmol/L)中HOCl(pH≈5)分解的量子产率为0.90~1.64。

如果每一个产生于 HOCl 光解初始步骤［式（9-8）］的$^{\cdot}$OH 和 Cl$^{\cdot}$ 继续分解另一个 HOCl 分子，则 HOCl 光解的总量子产率应该等于 $3\Phi_{初级}$（如果后续反应不产生游离氯），其中 $\Phi_{初级}$表示 HOCl 光解的初级量子产率。表 9-5 中显示 HOCl 在 240～365nm（$1.45<\Phi<1.64$）范围内光解的最高总量子值似乎与 Thomsen 等（2001）得到的 HOCl 在 266nm 处光解的初级量子产率值一致（$\Phi_{初级}\approx0.5\pm0.05$）。当辐射波长大于 290nm 时，HOCl 在单色辐射下的光解总量子产率范围为 0.69～0.80（表 9-5）。用 pH≈9 的游离氯溶液（ClO^- 作为主要的游离氯种类存在）或用次氯酸盐水溶液（pH＞11）进行的类似实验表明，ClO^- 的光解总量子产率大致等于 0.75±0.10。

在多色照射下（MP-UV 灯，200～350nm），Wang 等（2012）测定发现在 pH＝5 和 pH＝10 时总量子产率接近一致，而 Watts 和 Linden（2007a）在 pH＝4（$\Phi=3.7$）和 pH＝7.1～7.9（$\Phi=1.2\sim1.7$）下获得了更高的值（表 9-5）。

Cooper 等（2007）检测了在不同波长（240～365nm）和不同 pH（5、7 和 9）条件下游离氯（$[Cl_2]_{0,T}=5.1$mmol/L）的光解速率。他们用窄带截止滤波器（10nm 带宽）从 Xe-Hg 灯中分离出准单色辐射。在 pH＝5 和 pH＝7 下的数据显示，量子产率随着波长的增加而降低。

Feng 等（2007）的研究表明，当 HOCl 的浓度从 70mg/L（以 Cl 计）增加到 1350mg/L（以 Cl 计）时，HOCl（pH＝5）在 253.7nm 处的光解量子产率呈线性增加（［HOCl］＜70mg/L 时 $\Phi=1.0\pm0.1$，［HOCl］＝1350mg/L 时 $\Phi=4.5\pm0.2$），而 ClO^- 光解（pH＝10）的量子产率不随氯浓度变化（3.5mg/L＜［ClO^-］＜640mg/L 时 $\Phi=0.9\pm0.1$）。HOCl 光解的量子产率随着 HOCl 浓度的增加而增加被归因于由$^{\cdot}$OH 和 Cl$^{\cdot}$ 自由基引发的链式反应（表 9-4）。然而，Feng 等（2007）对于 ClO^- 光解量子产率不受浓度影响仍然未得到解释，因为$^{\cdot}$OH和 Cl$^{\cdot}$ 也可以分解 ClO^- ［$k>1\times10^9$ L/（mol·s），表 9-4］。

9.2.3.4 存在有机化合物时氯光解反应的量子产率

在太阳光波长范围内，发现甲醇的加入能够加速氯的光解，特别是在低 pH 条件下（Nowell 和 Crosby，1985）。Feng 等（2007）也证明了添加甲醇增加了 HOCl 在 253.7nm 下的光解速率。如图 9-5 所示，在不存在和存在 120mmol/L 甲醇的情况下，HOCl 的光解量子产率分别为 1.0±0.1 和约 55。在另一项研究中，当甲醇浓度从 0 增加到 86.5mmol/L，在 pH＝5 和 253.7nm 条件下，HOCl 光解的量子产率从 1.0±0.1增加到 16.3±0.3（Jin 等，2011）。相反，Feng 等（2007）和 Jin 等（2011）报道，添加甲醇（0～

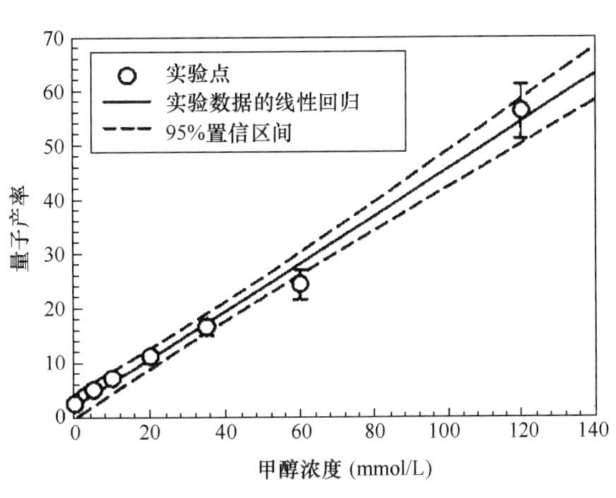

图 9-5 HOCl 光解的量子产率（253.7nm，pH＝5）随甲醇浓度变化的函数图（Feng 等，2007）

50mmol/L）不会影响 ClO^-（pH＝10）的光解速率，即在 20mmol/L＜ $[CH_3OH]_0$＜50mmol/L 时为 1.20±0.20，在 0mmol/L＜ $[CH_3OH]_0$＜61.8mmol/L 时为 1.15±0.08。

有甲醇存在时，HOCl 量子产率的增加可通过涉及有机自由基的链式反应来解释，Oliver 和 Carey（1977）也提出了这一点：

$$RH + {}^{\cdot}OH \longrightarrow R^{\cdot} + H_2O \tag{9-48}$$

$$RH + Cl^{\cdot} \longrightarrow R^{\cdot} + H^+ + Cl^- \tag{9-49}$$

$$R^{\cdot} + HOCl \longrightarrow ROH + Cl^{\cdot} \tag{9-50}$$

$$R^{\cdot} + HOCl \longrightarrow RCl + {}^{\cdot}OH \tag{9-51}$$

更复杂的分子，如在饮用水中存在的天然有机物（NOM）的分子，也存在加速游离氯光解速率的影响（Ormeci 等，2005）。通过将腐殖酸和海藻酸的混合物溶解在去离子水（pH≈7.2）中氯化 5h，使光解实验中背景氯的需求最小化，Feng 等（2010）发现在 253.7nm 处游离氯光解的量子产率随着 TOC 浓度增加呈线性增加（TOC＜0.4mg/L 时 Φ＝1.0±0.1；TOC≈6.8mg/L 时 Φ＝4.9±0.4）。

Feng 等（2007）的研究表明，在暴露于 253.7nm 的光照下，浓度为 71mg/L（1mmol/L）的游离氯在 pH＝5 和 pH＝10 的去离子水中分解的基于剂量的速率常数是相似的（约为 $2.9\times10^{-5}\ m^2/J$），对应于分解 50％和 90％游离氯所需的紫外线剂量分别约为 $2.4\times10^4 J/m^2$ 和 $8\times10^4 J/m^2$。在通常用于饮用水 UV 消毒的 $400J/m^2$ 的紫外线剂量下，当游离氯的初始浓度低于 71mg/L 时，游离氯的分解将接近 1％（不依赖于 pH）。

将含有约 2～4mg/L TOC 的地表水或饮用水中的游离氯浓度降低 50％需要较低的紫外线剂量（$2\times10^3\sim6\times10^3 J/m^2$）（Ormeci 等，2005）。

Wang 等（2012）确定了在中压灯发出的多色辐射下，游离氯光解的基于剂量的速率常数，当 pH 为 5、7.5 和 10 时分别为（15.0±0.1）$\times10^{-6} m^2/J$、（33.7±0.4）$\times10^{-6} m^2/J$ 和（58.7±1.5）$\times10^{-6} m^2/J$。这些速率常数比在相同 pH 和 UV 辐射条件下 H_2O_2 光解的速率常数高一个数量级。Watts 和 Linden（2007a）报道了在单色光（253.7nm）和多色光（200～400nm）辐射下，pH＝6 和 pH＝9 时游离氯和一氯胺光解的基于剂量的速率常数是氯浓度和水质的函数。

9.3 氯自由基的反应性和归趋

9.3.1 涉及 $Cl^{\cdot}$、$Cl_2^{\cdot-}$ 和 ${}^{\cdot}OH$ 的平衡

由于 Cl^- 总是存在于游离氯溶液中，由 HOCl 和 ClO^- 的光解产生的 $Cl^{\cdot}$ 和 ${}^{\cdot}OH$ 可与 Cl^- 反应得到 $Cl_2^{\cdot-}$、$HClOH^{\cdot}$ 和 $ClOH^{\cdot-}$。含氯自由基和 ${}^{\cdot}OH$ 处于非常快速的平衡中。各种反应的速率常数已在文献中报道，如表 9-6 所示。值得注意的是，表 9-6 中给出的反应不会导致自由基总浓度的降低。

在 Cl^- 存在时涉及 $Cl^•$ 和 $^•OH$ 的多种平衡反应的速率常数 **表 9-6**

反应式		速率常数
$Cl^• + Cl^- \longrightarrow Cl_2^{•-}$	(9-52)	4.1×10^9 L/(mol·s) (Jayson 等，1973) 6.5×10^9 L/(mol·s) (Kläning 和 Wolff，1985) $(8.5\pm0.7)\times10^9$ L/(mol·s) (Buxton 等，1998) $(7.8\pm0.8)\times10^9$ L/(mol·s) (Yu 和 Barker，2003) $(7.8\pm0.8)\times10^9$ L/(mol·s) (Yu，2004)
$Cl_2^{•-} \longrightarrow Cl^• + Cl^-$	(9-53)	$(1.1\pm0.4)\times10^5 s^{-1}$ (Jayson 等，1973) $(6.0\pm0.5)\times10^4 s^{-1}$ (Buxton 等，1998) $(5.2\pm0.3)\times10^4 s^{-1}$ (Yu 和 Barker，2003) $(5.7\pm0.4)\times10^4 s^{-1}$ (Yu，2004)
$Cl^• + H_2O \longrightarrow HClOH^•$	(9-54)	$(2.5\pm0.2)\times10^5 s^{-1}$ (McElroy，1990)
$HClOH^• \longrightarrow Cl^• + H_2O$	(9-55)	$<1\times10^3 s^{-1}$ (McElroy，1990)
$Cl^• + H_2O \longrightarrow ClOH^{•-} + H^+$	(9-56)	$7.2\times10^4 s^{-1}$ (Jayson 等，1973) $1.6\times10^5 s^{-1}$ (Kläning 和 Wolff，1985) $(2.5\pm0.2)\times10^5 s^{-1}$ (McElroy，1990) $(1.8\pm0.6)\times10^5 s^{-1}$ (Yu，2004)
$ClOH^{•-} + H^+ \longrightarrow Cl^• + H_2O$	(9-57)	$(2.1\pm0.7)\times10^{10}$ L/(mol·s) (Jayson 等，1973) 2.1×10^{10} L/(mol·s) (Kläning 和 Wolff，1985) $(2.6\pm0.6)\times10^{10}$ L/(mol·s) (Yu 和 Barker，2003) $(2.4\pm0.4)\times10^{10}$ L/(mol·s) (Yu，2004)
$^•OH + Cl^- \longrightarrow ClOH^{•-}$	(9-58)	$(4.3\pm0.4)\times10^9$ L/(mol·s) (Jayson 等，1973) $(4.2\pm0.2)\times10^9$ L/(mol·s) (Yu，2004)
$ClOH^{•-} \longrightarrow {}^•OH + Cl^-$	(9-59)	$(6.1\pm0.8)\times10^9 s^{-1}$ (Jayson 等，1973) $(6.0\pm1.1)\times10^9 s^{-1}$ (Yu，2004)
$Cl_2^{•-} + H_2O \longrightarrow HClOH^• + Cl^-$	(9-60)	$1.3\times10^5 s^{-1}$ (McElroy，1990)
$HClOH^• + Cl^- \longrightarrow Cl_2^{•-} + H_2O$	(9-61)	5×10^9 L/(mol·s) (McElroy，1990)
$Cl_2^{•-} + OH^- \longrightarrow ClOH^{•-} + Cl^-$	(9-62)	4.5×10^7 L/(mol·s) (Grigorev 等，1987)
$ClOH^{•-} + Cl^- \longrightarrow Cl_2^{•-} + OH^-$	(9-63)	1.0×10^5 L/(mol·s) (Grigorev 等，1987)
$Cl^• + OH^- \longrightarrow ClOH^{•-}$	(9-64)	1.8×10^{10} L/(mol·s) (Kläning 和 Wolff，1985)
$ClOH^{•-} \longrightarrow {}^•OH + Cl^-$	(9-65)	$23 s^{-1}$ (Kläning 和 Wolff，1985)
$HClOH^• \longrightarrow ClOH^{•-} + H^+$	(9-66)	$1.0\times10^8 s^{-1}$ (McElroy，1990)
$Cl_2^{•-} + H_2O \longrightarrow ClOH^{•-} + H^+ + Cl^-$	(9-67)	$<1\times10^2$ (Yu 和 Barker，2003)

表 9-6 中的反应并不是所有都是众所周知的或者研究充分的，文献报道的速率常数和测量的平衡常数之间仍然存在差异（Yu，2004）。这种不确定性严重影响了文献中报道的 UV/Cl_2 高级氧化工艺动力学模型的准确性，以及该工艺中活性自由基（$^•OH$ 和含氯自由基）浓度的计算。Armstrong 等（2015）推荐的涉及含氯自由基和$^•OH$ 反应的平衡常数

和不确定度值为：

$$Cl^{\cdot} + Cl^- \rightleftharpoons Cl_2^{\cdot -}\ K = (1.4 \pm 0.2) \times 10^5 (mol/L)^{-1}$$

$$Cl^{\cdot} + H_2O \rightleftharpoons ClOH^{\cdot -} + H^+\ K = 5.0 \times 10^{-6} mol/L(\text{不确定性在二分之一以内})$$

$$^{\cdot}OH + Cl^- \rightleftharpoons ClOH^{\cdot -}\ K = (0.70 \pm 0.13)(mol/L)^{-1}$$

$$^{\cdot}OH + Cl^- + H^+ \rightleftharpoons Cl^{\cdot} + H_2O\ K = 9.1 \times 10^4 (mol/L)^{-2}(\text{不确定性在二分之一以内}) \quad (9\text{-}68)$$

$$Cl_2^{\cdot -} + H_2O \rightleftharpoons {}^{\cdot}OH + H^+ + 2Cl^-\ K = (6.1 \pm 0.7) \times 10^{-11} (mol/L)^3 \quad (9\text{-}69)$$

式（9-52）～式（9-69）表明，在不含有机物的水中，自由基的种类和浓度将取决于pH和Cl^-浓度。例如，基于上面报道的双分子速率常数和平衡常数，可以得出如下结论：$Cl^{\cdot}$可以在Cl^-浓度高于1mmol/L和酸性pH条件下转化为$Cl_2^{\cdot -}$，在中性pH条件下转化为$^{\cdot}OH$。然而，还需要更多的研究来解释和验证每种活性自由基在UV/Cl_2工艺中对微污染物降解的贡献。

9.3.2 水中$^{\cdot}OH$、$Cl^{\cdot}$和$Cl_2^{\cdot -}$的终止反应

涉及$^{\cdot}OH$、$Cl^{\cdot}$和$Cl_2^{\cdot -}$的终止反应能够降低自由基的浓度并导致游离氯的生成（表9-7中的式（9-71）～式（9-74））和$^{\cdot}OH$的生成（表9-7中的式（9-70））。然后，H_2O_2可以将游离氯还原为氯化物和O_2［式（9-77）和式（9-78）；Held等，1978］。

涉及$^{\cdot}OH$、$Cl^{\cdot}$和$Cl_2^{\cdot -}$的终止反应和后续反应 **表9-7**

反应式	速率常数[L/(mol·s)]	参考文献
$^{\cdot}OH + {}^{\cdot}OH \longrightarrow H_2O_2$ (9-70)	5.5×10^9	Buxton等(1988)
$Cl^{\cdot} + Cl^{\cdot} \longrightarrow Cl_2$ (9-71)	8.8×10^8	Wu等(1980)
$Cl_2^{\cdot -} + Cl_2^{\cdot -} \longrightarrow Cl_2 + 2Cl^-$ (9-72)	$\log(k) = 8.8 + 1.6\ /^{0.5}/(/^{0.5}+1)$ $k = 6.3 \times 10^8$ L/(mol·s)（当$I=0$时）	Alegre等(2000)
$Cl_2^{\cdot -} + {}^{\cdot}OH \longrightarrow HOCl + Cl^-$ (9-73)	1×10^9	Wagner等(1986)
$Cl_2^{\cdot -} + Cl^{\cdot} \longrightarrow Cl_2 + Cl^-$ (9-74) $Cl_2 + H_2O \rightarrow HOCl + HCl$ (9-1) $HOCl \rightleftharpoons ClO^- + H^+$ (9-2)	2.1×10^9	Yu等(2004)
$^{\cdot}OH + HOCl/ClO^- \longrightarrow ClO^{\cdot} + H_2O/HO^-$ (9-39)/(9-11)	表9-4	
$Cl^{\cdot} + HOCl/ClO^- \longrightarrow ClO^{\cdot} + HCl/Cl^-$ (9-40)/(9-13)	表9-4	
$Cl_2^{\cdot -} + ClO^- \longrightarrow ClO^{\cdot} + 2Cl^-$ (9-75)	5.4×10^8(I=5mol/L)	Zuo等(1997)
$H_2O_2 \rightleftharpoons HO_2^- + H^+$ (9-76)	$pK_a = 11.7$	
$H_2O_2 + ClO^- \longrightarrow Cl^- + {}^1O_2 + H_2O$ (9-77)	3.4×10^3	Held等(1978)
$HO_2^- + HOCl \longrightarrow Cl^- + {}^1O_2 + H_2O$ (9-78)	4.4×10^7	Held等(1978)

在 UV/Cl_2 工艺中，自由基和自由基终止反应分解自由氯的地位是相对次要的，这是因为自由基浓度远小于自由氯的浓度，并且多数 $^{\cdot}OH$、$Cl^{\cdot}$ 和 $Cl_2^{\cdot-}$ 会被水中各种分子氯和其他自由基捕获剂消耗。

9.3.3　$Cl^{\cdot}$ 和 $Cl_2^{\cdot-}$ 与有机和无机化合物的反应性

9.3.3.1　测定 $Cl^{\cdot}$ 和 $Cl_2^{\cdot-}$ 速率常数的方法

$Cl^{\cdot}$ 和 $Cl_2^{\cdot-}$ 是强氧化剂，相对标准氢电极 E°（$Cl^{\cdot}/Cl^-$）$=2.43V$、E°（$Cl_2^{\cdot-}/2Cl^-$）$=2.13$ V（Armstrong 等，2015）。$Cl^{\cdot}$ 和 $Cl_2^{\cdot-}$ 与有机和无机化合物反应主要通过氢提取、电子转移或不饱和键加成实现。关于 $Cl^{\cdot}$ 和 $Cl_2^{\cdot-}$ 与水中溶质反应的速率常数研究较少。

$Cl^{\cdot}$ 和 $Cl_2^{\cdot-}$ 与溶质的双分子速率常数通常采用脉冲辐射或激光闪光光解实验，通过监测 340nm 处瞬态吸光度的衰减来测定。$Cl^{\cdot}$ 和 $Cl_2^{\cdot-}$ 在 340nm 处均有吸光，摩尔吸光系数分别约为 3700L/(mol · cm) 和 8800L/(mol · cm)　（Thomsen 等，2001；Yu 等，2004）。

$Cl^{\cdot}$ 可以通过激光闪光光解氯丙酮直接产生［Buxton 等，2000；式（9-79）］，也可以通过脉冲辐射分解氯化钠水溶液间接产生［式（9-80）和式（9-56）～式（9-59）］。Cl^- 存在时，在过硫酸钠溶液闪光光解过程中也会产生 $Cl^{\cdot}$ ［式（9-81）和式（9-82）］：

$$CH_3C(O)CH_2Cl + h\nu \longrightarrow CH_3C(O)CH_2^{\cdot} + Cl^{\cdot} \tag{9-79}$$

$$H_2O \longrightarrow H^{\cdot},{}^{\cdot}OH, e_{aq}^-, H^+, H_2O_2, H_2 \tag{9-80}$$

$$^{\cdot}OH + Cl^- \rightleftharpoons ClOH^{\cdot-}$$

$$ClOH^{\cdot-} + H^+ \rightleftharpoons Cl^{\cdot} + H_2O$$

$$S_2O_8^{2-} + h\nu \longrightarrow 2SO_4^{\cdot-} \tag{9-81}$$

$$SO_4^{\cdot-} + Cl^- \rightleftharpoons Cl^{\cdot} + SO_4^{2-} \tag{9-82}$$

$Cl^{\cdot}$ 和 $Cl_2^{\cdot-}$ 氧化有机或无机溶质 S：

$$Cl^{\cdot} + S \longrightarrow 产物 \tag{9-83}$$

$$Cl_2^{\cdot-} + S \longrightarrow 产物 \tag{9-84}$$

创建体系使得基底 S 仅通过 $Cl^{\cdot}$ 和 $Cl_2^{\cdot-}$ 降解：

$$-d[S]/dt = (k_1[Cl^{\cdot}] + k_2[Cl_2^{\cdot-}])[S] \tag{9-85}$$

其中，k_1 和 k_2 分别为 $Cl^{\cdot}$ 和 $Cl_2^{\cdot-}$ 与 S 反应的二级速率常数［L/(mol · s)］。

如果［S］≫［$Cl^{\cdot}$］和［S］≫［$Cl_2^{\cdot-}$］，则 S 的降解遵循假一级动力学，其表观速率常数 k_{app}（s^{-1}）为：

$$k_{aqq} = \alpha_1 k_1 + \alpha_2 k_2, 即 k_{aqq} = \frac{1}{1+K[Cl^-]} k_1 + \frac{K[Cl^-]}{1+K[Cl^-]} k_2 \tag{9-86}$$

其中，α_1 和 α_2 分别为 $Cl^{\cdot}$ 和 $Cl_2^{\cdot-}$ 的摩尔分数，$K=[Cl_2^{\cdot-}]/([Cl^-][Cl^{\cdot}])=1.4\times10^5\ (mol/L)^{-1}$（Buxton 等，1998）。

利用氯丙酮的激光闪光光解产生 Cl 原子以测定 $Cl^{\cdot}$ 速率常数是最佳的方法，因为在反应开始时该体系中不存在 $Cl_2^{\cdot -}$（Buxton 等，2000）。用激光光解 $Na_2S_2O_8/NaCl$ 溶液来测定 $Cl^{\cdot}$ 和 $Cl_2^{\cdot -}$ 的速率常数较复杂，因为必须调节 Cl^- 浓度以使 $SO_4^{\cdot -}$ 与 S 的反应最小化，从而使 S 被 $Cl^{\cdot}$ 或 $Cl_2^{\cdot -}$ 选择性降解。有文献资料表明，有些 $Cl_2^{\cdot -}$ 与有机化合物反应的动力学常数被高估，这是由于 $Cl^{\cdot}$ 向 $Cl_2^{\cdot -}$ 转化不完全（Wicktor 等，2003）。此外，测定 $Cl_2^{\cdot -}$ 反应的速率常数需要高 Cl^- 浓度（0.5～1mol/L）和离子强度校正。

9.3.3.2 $Cl^{\cdot}$ 与有机化合物的反应

表 9-8 提供了 $Cl^{\cdot}$ 与某些脂肪族化合物（Gilbert 等，1988；Buxton 等，2000；Wicktor 等，2003；Mertens 和 von Sonntag，1995；Zhu 等，2005）和芳香族化合物（Alegre 等，2000；Mártire 等，2001）反应的速率常数。Neta 等（1988）汇编了一个关于所选无机自由基（包括 $Cl_2^{\cdot -}$）与无机和有机化合物反应速率常数的实用数据库。

$Cl^{\cdot}$ 与大多数脂肪族化合物（醇，醛，酮和酸）的反应速率常数在 10^7～10^{10} L/(mol·s) 范围内，这与 $^{\cdot}OH$ 是同数量级的。$Cl^{\cdot}$ 以接近扩散控制的速率 [$k \approx (1\sim2) \times 10^{10}$ L/(mol·s)] 与芳香族化合物反应。

$Cl^{\cdot}$ 与含氧脂肪族化合物反应主要通过提取 C—H 键中的 H 实现。这种机理得到了 ESR 光谱学（Gilbert 等，1988）以及速率常数与最弱 C—H 键的键离解焓的相关性理论支持（Wicktor 等，2003）。有研究还提出了通过电子转移机制从 O—H 基团进行 H 提取（Gilbert 等，1988）：

$$(CH_3)_3COH + Cl^{\cdot} \rightarrow [Cl^- + (CH_3)_3C(+)OH] \longrightarrow H^+ + Cl^- + (CH_3)_3CO^{\cdot} \longrightarrow (CH_3)_2CO + CH_3^{\cdot} \tag{9-87}$$

$Cl^{\cdot}$ 也可通过直接加成到不饱和脂肪族化合物的 C=C 键发生反应。例如，$Cl^{\cdot}$ 加成到四氯乙烯的 C=C 双键上形成五氯乙基，其在氧气存在下迅速转化为过氧自由基（Mertens 和 von Sonntag，1995）：

$$Cl^{\cdot} + CCl_2 = CCl_2 \longrightarrow CCl_3\text{-}CCl_2^{\cdot} \tag{9-88}$$

$$CCl_3\text{-}CCl_2^{\cdot} + O_2 \longrightarrow CCl_3\text{-}CCl_2OO^{\cdot} \tag{9-89}$$

$$CCl_3\text{-}CCl_2OO^{\cdot} \longrightarrow \text{产物(三氯乙酸、}CO_2\text{ 和 }HCl\text{)} \tag{9-90}$$

表 9-9 给出了通过激光和常规闪光光解含有 Cl^- 的 $Na_2S_2O_8$ 水溶液产生 $Cl^{\cdot}$ 和 $Cl_2^{\cdot -}$，测定了其与苯、苯甲酸、甲苯和氯苯反应的氧化副产物（Alegre 等，2000；Mártire 等，2001）。瞬态物质的吸收光谱表明，$Cl^{\cdot}$ 加成到芳环上形成氯代环己二烯（Cl-CHD）自由基是主要的反应机理。Cl-CHD 自由基进而发生歧化反应生成氯代苯甲酸。在空气饱和溶液中，Cl-CHD 自由基分解形成氯化和氧化副产物（表 9-9）。

水中 $Cl^{\cdot}$ 和 $Cl_2^{\cdot -}$ 与部分有机物反应的速率常数 **表 9-8**

有机化合物	$Cl^{\cdot}$ [L/(mol·s)]	$Cl_2^{\cdot -}$ [L/(mol·s)]
甲醇	$(1.0\pm0.2)\times10^{9a}$；$(1.0\pm0.1)\times10^{9b}$	3.5×10^{3c}；$(0.3\pm1.3)\times10^{4d}$ $(5.1\pm0.8)\times10^{4b}$
乙醇	$(1.7\pm0.7)\times10^{9a}$；$(2.2\pm0.7)\times10^{9b}$	4.5×10^{4c}；$(1.2\pm0.2)\times10^{5d}$

续表

有机化合物	$Cl^{\cdot}$[L/(mol·s)]	$Cl_2^{\cdot -}$[L/(mol·s)]
2-丙醇	$(1.5\pm0.1)\times10^{9}$[a]；$(3.2\pm0.7)\times10^{9}$[b]	1.2×10^{5}[c]；$(1.9\pm0.3)\times10^{5}$[d]
叔丁醇	$(6.2\pm0.5)\times10^{8}$[a]；$(1.5\pm0.1)\times10^{9}$[b]	$(2.6\pm0.5)\times10^{4}$[d]
乙醚	$(1.3\pm0.1)\times10^{9}$[b]	$(4.0\pm0.2)\times10^{5}$[d]；$(3.6\pm0.2)\times10^{5}$[b]
甲基叔丁基醚(MTBE)	$(1.3\pm0.1)\times10^{9}$[b]	$(7\pm1)\times10^{4}$[d]；$(1.6\pm1.5)\times10^{4}$[b]
四氢呋喃	$(2.6\pm0.4)\times10^{9}$	$(5.3\pm0.6)\times10^{5}$[b]
甲酸($pK_a=3.75$)	$(1.3\pm0.3)\times10^{8}$($pH=1$)[a]；$(4.2\pm0.5)\times10^{9}$[a]；$(2.8\pm0.3)\times10^{9}$($pH=1$)[b]	6.7×10^{3}($pH=1$)[c]；$(8.0\pm1.4)\times10^{4}$($pH=4$)[d]
乙酸($pK_a=4.75$)	$(3.2\pm0.2)\times10^{7}$($pH=1$)[a]；$(3.7\pm0.4)\times10^{9}$[a]；$(1.0\pm0.2)\times10^{8}$($pH=1$)[b]	$<10^{4}$($pH=7$)[c]；$(1.5\pm0.8)\times10^{3}$($pH=0.4$)[d]
水合甲醛	$(1.4\pm0.1)\times10^{9}$($pH=1$)[a]；$(3.2\pm0.2)\times10^{7}$($pH=1$)[a]；$(1.4\pm0.3)\times10^{9}$[b]	
丙酮	$<5\times10^{6}$[a]；$(7.8\pm0.7)\times10^{7}$[b]	1.4×10^{3}[c,d]
二氯甲烷	$(9.3\pm0.3)\times10^{6}$[b]	
三氯甲烷	$(2.2\pm0.5)\times10^{8}$[b]	
四氯乙烯	2.8×10^{8}[e]	
氯丙嗪		5×10^{9}[i]
二甲基亚砜(DMSO)	$(6.3\pm0.6)\times10^{9}$[f]	1.6×10^{7}[f]
二甲基砜	$(8.2\pm1.6)\times10^{5}$[f]	
苯	$(0.6\sim1.2)\times10^{10}$[g]	$<1\times10^{5}$[h]
甲苯	$(1.8\pm0.3)\times10^{10}$[h]	$<1\times10^{6}$[h]
氯苯	$(1.8\pm0.3)\times10^{10}$[h]	$<1\times10^{6}$[h]
苯甲酸($pK_a=4.2$)	$(1.8\pm0.3)\times10^{10}$[h]	2×10^{6}($pH=7$)[c]；$<10^{6}$($pH=4$)[h]
对氯苯甲酸($pK_a=4.0$)		3×10^{6}($pH=7$)[c]
对羟基苯甲酸($pK_{a1}=4.6$；$pK_{a2}=9.2$)		2.8×10^{8}($pH=7$)[c]
苯酚		2.5×10^{8}[c]；5×10^{8}[i]

[a] Buxton 等 (2000)；[b] Wick tor 等 (2003)；[c] Hasegawa 和 Neta (1978)；[d] Jacobi 等 (1999)；[e] Mertens 和 Von Sonntag (1995)；[f] Zhu 等 (2005)；[g] Alegre 等 (2000)；[h] Mártire 等 (2001)；[i] Willson (1973)。

芳香化合物被 Cl· 降解生成的副产物 表 9-9

母体化合物	确定的氧化副产物	参考文献
苯	氯苯（10%） 2，4-己二烯-乙醛	Alegre 等（2000）
氯苯	苯酚 2-邻氯苯酚 三氯（苯）酚	Mártire 等（2001）
甲苯	1-氯-2-甲基苯 1-氯-4-甲基苯 苯甲醛、苯甲醇 氯化苄、联苯	Mártire 等（2001）
苯甲酸	3-氯苯甲酸和 4-氯苯甲酸（估计产率：30%） 氯苯（产率<0.4%）	Mártire 等（2001）

对于氯苯、环己二烯基自由基的形成也可能通过以下途径实现：芳香环电荷转移到Cl·生成不稳定的阳离子基团，其水解得到羟基环己二烯基自由基（HO-CHD）（图 9-6）。HO-

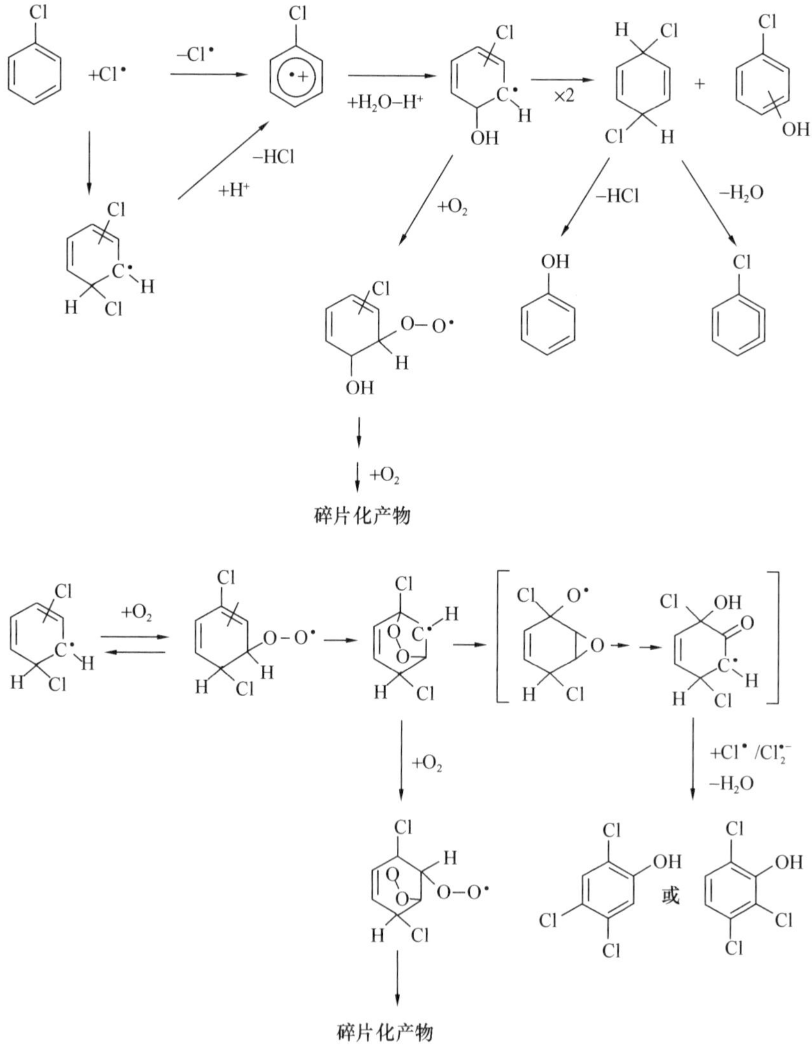

图 9-6 Cl· 降解氯苯的反应途径

（改编自 Mártire 等（2001）；2016 版权归美国化学学会所有）

CHD 自由基经历歧化反应以产生氯酚和不稳定的氯氧基环己二烯，氯氧基环己二烯继续分解成苯酚或氯苯。形成三氯苯酚和四氯苯酚的机理涉及过氧自由基作为中间体物质，其分解为内过氧化物并进一步分解为氯酚。

9.3.3.3 $Cl_2^{\cdot-}$ 与有机化合物的反应

文献数据显示，$Cl_2^{\cdot-}$ 比 $Cl^{\cdot}$ 的反应活性低 2～5 个数量级（表 9-8）。$Cl_2^{\cdot-}$ 与脂肪族化合物的反应速率常数：饱和醇、酮和酸为 10^3～10^5 L/(mol・s)，氨基酸为 10^5～10^6 L/(mol・s)，不饱和脂肪族化合物为 10^6～10^8 L/(mol・s)（例如，富马酸、丙烯酸和烯丙醇）。$Cl_2^{\cdot-}$ 与芳香族化合物的反应速率常数的变化范围，从苯甲酸衍生物的约 10^6 L/(mol・s)，到苯酚、苯胺和苯甲醚衍生物的 10^7～10^9 L/(mol・s)。$Cl_2^{\cdot-}$ 与有机溶剂的反应通过以下途径实现：与脂肪族化合物和芳香环通过氢提取反应，与氨基酸的 NH_2 基团反应，与脂肪族化合物中的不饱和键通过 $Cl^{\cdot}$ 加成反应，以及与含有富电子取代基（如 OH、NH_2 或 OCH_3 基团）的芳香族化合物通过电子转移反应（Hasegawa 和 Neta，1978）。例如，$Cl_2^{\cdot-}$ 可以从苯酚中提取一个电子以产生酚阳离子自由基，其之后转化成苯氧基自由基。$Cl_2^{\cdot-}$ 与苯氧基自由基的后续反应已经被用来解释氯酚的形成（Vione 等，2015）：

$$H-Ph-OH+Cl_2^{\cdot-} \longrightarrow H-Ph^{\cdot+}-OH+2\,Cl^- \quad (9\text{-}91)$$

$$H-Ph^{\cdot+}-OH \rightleftharpoons H-Ph-O^{\cdot}+H^+ \quad (9\text{-}92)$$

$$H-Ph-O^{\cdot}+Cl_2^{\cdot-} \longrightarrow Cl-Ph-OH+Cl^- \quad (9\text{-}93)$$

$Cl_2^{\cdot-}$ 的寿命比 $Cl^{\cdot}$ 长得多，因此，在溶液中 $Cl_2^{\cdot-}$ 积累的浓度高于 $Cl^{\cdot}$。因此，在 UV/Cl_2 工艺应用中，$Cl_2^{\cdot-}$ 的双分子反应不可忽略。

9.3.3.4 $Cl^{\cdot}$ 和 $Cl_2^{\cdot-}$ 与自然水体中存在的无机化合物的反应

还原形式的无机化合物（如在缺氧和厌氧条件下可存在于地下水中的 Fe^{2+}、Mn^{2+}、NO_2^- 和 H_2S）可被 $Cl^{\cdot}$、$Cl_2^{\cdot-}$ 以及分子氯氧化。作为众所周知的 $^{\cdot}OH$ 捕获剂碳酸氢根和碳酸根离子在地下水和地表水中的浓度范围为 0.5～5mmol/L。少数文献中报道的速率常数表明，这些离子也可以清除 $Cl^{\cdot}$ 和 $Cl_2^{\cdot-}$，并且 $Cl^{\cdot}$ 和 $Cl_2^{\cdot-}$ 与碳酸氢根离子的反应速度比 $^{\cdot}OH$ 更快，而碳酸氢根离子是中性 pH 水中的主要物质（表 9-10）。

$Cl^{\cdot}$、$Cl_2^{\cdot-}$ 和 $^{\cdot}OH$ 与碳酸氢根和碳酸根离子反应的速率常数　　表 9-10

反应式	速率常数 [L/(mol・s)]	参考文献
$HCO_3^-+Cl^{\cdot} \longrightarrow CO_3^{\cdot-}+HCl$　(9-94)	2.2×10^8	Mertens 和 von Sonntag (1995)
$CO_3^{2-}+Cl^{\cdot} \longrightarrow CO_3^{\cdot-}+Cl^-$　(9-95)	5.0×10^8	Mertens 和 von Sonntag (1995)
$HCO_3^-+Cl_2^{\cdot-} \longrightarrow CO_3^{\cdot-}+H^++2Cl^-$　(9-96)	8.0×10^7	Matthew 和 Anastasio (2006)
$CO_3^{2-}+Cl_2^{\cdot-} \longrightarrow CO_3^{\cdot-}+2Cl^-$　(9-97)	1.6×10^8	Matthew 和 Anastasio (2006)
$HCO_3^-+{}^{\cdot}OH \longrightarrow CO_3^{\cdot-}+H_2O$　(9-98)	8.5×10^6	Buxton 等 (1988)
$CO_3^{2-}+{}^{\cdot}OH \longrightarrow CO_3^{\cdot-}+HO^-$　(9-99)	3.9×10^8	Buxton 等 (1988)

在 UV/Cl_2 高级氧化工艺应用过程中，HOCl/ClO^- 光解产生的高活性$^{\bullet}OH$ 和 $Cl^{\bullet}$ 参与了基于 pH 的平衡和与水中成分（如氯离子、碳酸氢根离子、溶解性有机物、化学污染物等）以及游离氯（HOCl/ClO^-）的反应。其中一些反应已列在表 9-4、表 9-6 和表 9-7 中，并且在图 9-7 中给出了简化的反应途径，图中 S_i 表示水基质中除目标污染物和游离氯之外的任何自由基捕获剂。

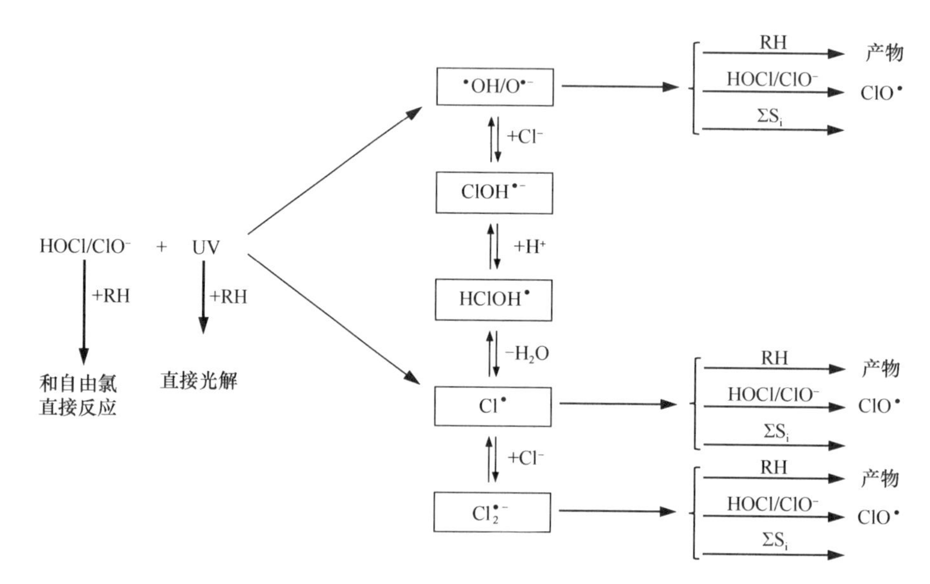

图 9-7　有机溶液（RH）在 UV/Cl_2 工艺中不同降解途径的简化示意图（$\sum S_i$ 表示自由基捕获剂）（De Laat，2016）

$^{\bullet}OH$、$Cl^{\bullet}$ 和 $Cl_2^{\bullet -}$ 对给定污染物 RH 总氧化反应的贡献取决于：影响这些自由基平衡反应的参数，如 pH 和氯离子浓度（表 9-6 中的反应）；自由基的稳态浓度；$^{\bullet}OH$、$Cl^{\bullet}$ 和 $Cl_2^{\bullet -}$ 与 RH 反应的速率常数。

9.4　UV/Cl_2 工艺去除水中污染物

9.4.1　有机化合物的降解途径

UV/Cl_2 高级氧化工艺中有机污染物的降解途径遵循平行反应，例如，如果有机化合物吸收辐射则直接光解，通过自由基（$^{\bullet}OH$ 和 $Cl^{\bullet}$ 以及较少的 $Cl_2^{\bullet -}$ 和体系中形成的其他自由基）氧化，以及游离氯与有机污染物的暗（“热”）反应。氯化反应可以在紫外反应器之前、内部和之后发生。直接光解、暗条件下氯化和自由基反应对有机污染物降解的相对贡献取决于许多参数，其中包括有机化合物的化学和光化学特性（例如，在辐射波长下的量子产率和摩尔吸光系数，有机污染物与游离氯和氧化性自由基的反应速率常数）、紫外系统（灯的类型和光谱功率分布、光强、混合效率）、水质组成（溶解性有机碳、碱度以及其他可与目标污染物竞争光子或/和活性自由基的水基质成分）、UV/Cl_2 工艺条件

（pH、游离氯浓度）。

对 UV/Cl_2 工艺的研究表明，同时耐分子氯氧化和紫外线光解（LP 和 MP 灯，模拟太阳辐射的灯）的有机化合物可能会因氯和紫外线辐射的结合而降解，从而间接证明了 HOCl 或 ClO^- 光解过程中形成了高活性自由基（$^{\cdot}OH$、$Cl^{\cdot}$）。这些降解反应已经在乙醇和正丁醇（Oliver 和 Carey，1977）、乙二醇二甲醚及相关底物、乙酸和丙酸（Ogata 等，1978；Ogata 等，1979）、1-氯丁烷和正辛醇（Nowell 和 Hoigné，1992b）及含有吸电子基团的芳族化合物例如硝基苯和苯甲酸（Oliver 和 Carey，1977；Ogata 和 Tomizawa，1984；Nowell 和 Crosby，1985）中被观察到。最近，对氯苯甲酸（p-CBA）已在 UV/Cl_2 实验中用作探针化合物以定量 $^{\cdot}OH$ 的稳态浓度（Watts 和 Linden，2007a；Jin 等，2011）。甲醇也已用于 UV/Cl_2 实验中，以估计 $^{\cdot}OH$ 产率，$\eta=\Delta[^{\cdot}OH]/\Delta$[游离氯]（Jin 等，2011）。

观察到的副产物表明，UV/Cl_2 高级氧化工艺降解有机化合物的机理涉及羟基化、氧化和卤化反应。例如，经 UV/Cl_2 和 UV/H_2O_2 氧化硝基苯可生成初始副产物 2-硝基苯酚、3-硝基苯酚和 4-硝基苯酚（Nowell 和 Crosby，1985；Watts 等，2007b），但在 UV/Cl_2 工艺中其他副产物（例如氯酚）也迅速形成（Watts 等，2007b）。

在对 UV（253.7nm）/Cl_2 高级氧化工艺降解除草剂绿麦隆的研究中（$[绿麦隆]_0=5\mu mol/L$；$[氯]_0=25\sim100\mu mol/L$），Guo 等（2016）发现 $^{\cdot}OH$ 的攻击（$k=(2.18\pm0.83)\times10^9L/(mol\cdot s)$）是绿麦隆的主要降解途径。他们确定了 10 种芳香族降解副产物。在已鉴定的中间体中，两种中间体是通过直接光解（C—Cl 键断裂）然后芳香环羟基化形成的。其他产物表明，UV/Cl_2 高级氧化工艺会导致芳香环和酰胺基上甲基的羟基化和氯化。后氯化实验（$[绿麦隆]_0=100\mu mol/L$；$[氯]_0=500\mu mol/L$）表明，与单独的紫外线辐射相比，UV/Cl_2 促进了 C-DBPs（1，1-二氯丙酮、1,1,1-三氯丙酮、氯仿、氯乙醛）和 N-DBPs（二氯乙腈和三氯硝基甲烷）的形成。

Qin 等（2014）研究了 UV/Cl_2 对抗原生动物药物罗硝唑（RNZ）的氧化作用（$[RNZ]_0=0.1mmol/L$；$[Cl_2]_{T,0}=1mmol/L$；pH=7；253.7nm），并鉴定了 2 种单独氯化作用生成的氯化副产物和 5 种羟基化副产物（其中 4 种也在紫外光解过程中生成）。后氯化（$[后氯]_0=1mmol/L$；pH=7；7d）表明，UV/Cl_2 通过 $^{\cdot}OH$ 诱导 RNZ 上杂环的降解生成了氯仿和三氯硝基甲烷（TCNM）前体物（如胺和亚胺）。

Deng 等（2014）的研究表明，在处理聚胺水溶液过程中，UV（253.7nm）/Cl_2 工艺促进了 TCNM 前体物（甲胺和二甲胺）的生成。在长时间的紫外线照射下，TCNM 由于直接光解而浓度降低。UV/Cl_2 工艺促进了聚胺降解转化为甲胺和二甲胺，可能还降解为其他 TCNM 前体物，这归因于自由基（$^{\cdot}OH$ 和 $Cl^{\cdot}$）以及氯胺中间体光解产生的活性物种。叔丁醇（自由基捕获剂）的添加完全抑制了由甲胺生成的 TCNM，并部分减少了由二甲胺和聚胺生成的 TCNM。基于实验数据，Deng 等提出了两种不同的由甲胺和二甲胺形成 TCNM 的反应途径。与暗氯化作用相比，甲胺经 UV/Cl_2 形成的 TCNM 含量更高，主要是由于 $^{\cdot}OH$ 和 $Cl^{\cdot}$ 增加了由氯胺生成硝基甲烷（CH_3NO_2）的速率。由二甲胺生成 TCNM 的其他机理涉及甲基亚胺中间体。通过 UV/Cl_2 工艺生成的 TCNM 可能涉及光子强化的氯化反应（Deng 等，2014）。

Xiang 等（2016）的研究表明，反应 30min 后，UV（253.7nm）/Cl_2 高级氧化工艺降解抗炎药布洛芬（IBP）产生的总有机氯（[TOCl]＝31.6μmol/L）明显高于暗氯化（[TOCl]＝0.2μmol/L）。脂肪族氯化副产物（氯仿、水合氯醛、1,1-二氯-2-丙酮、1,1,1-三氯丙烷、二氯乙酸和三氯乙酸）占 TOCl 的 17.4%。基于已识别的羟基化和氯化副产物，Xiang 等提出了如图 9-8 所示的 UV/Cl_2 高级氧化工艺降解布洛芬的途径。

括号中所示的氯化产物是首次在该研究中被鉴定。分析表明，在 pH＝6 条件下，布洛芬的初始降解步骤产生了 6 种羟基化衍生物和 1 种一氯代副产物。在 pH＝0 条件下进行了类似实验，此时 Cl_2 的光解仅形成 $Cl^•$，布洛芬降解仅产生一氯代副产物而没有生成羟基化中间体。根据这些数据，Xiang 等得出结论，羟基化化合物的生成仅可归因于 $^•OH$ 的攻击。进一步的降解反应会通过羟基化、脱羧、脱甲基化和氯化反应生成多种芳香族中间体，并通过开环反应生成脂肪族副产物（图 9-8）。

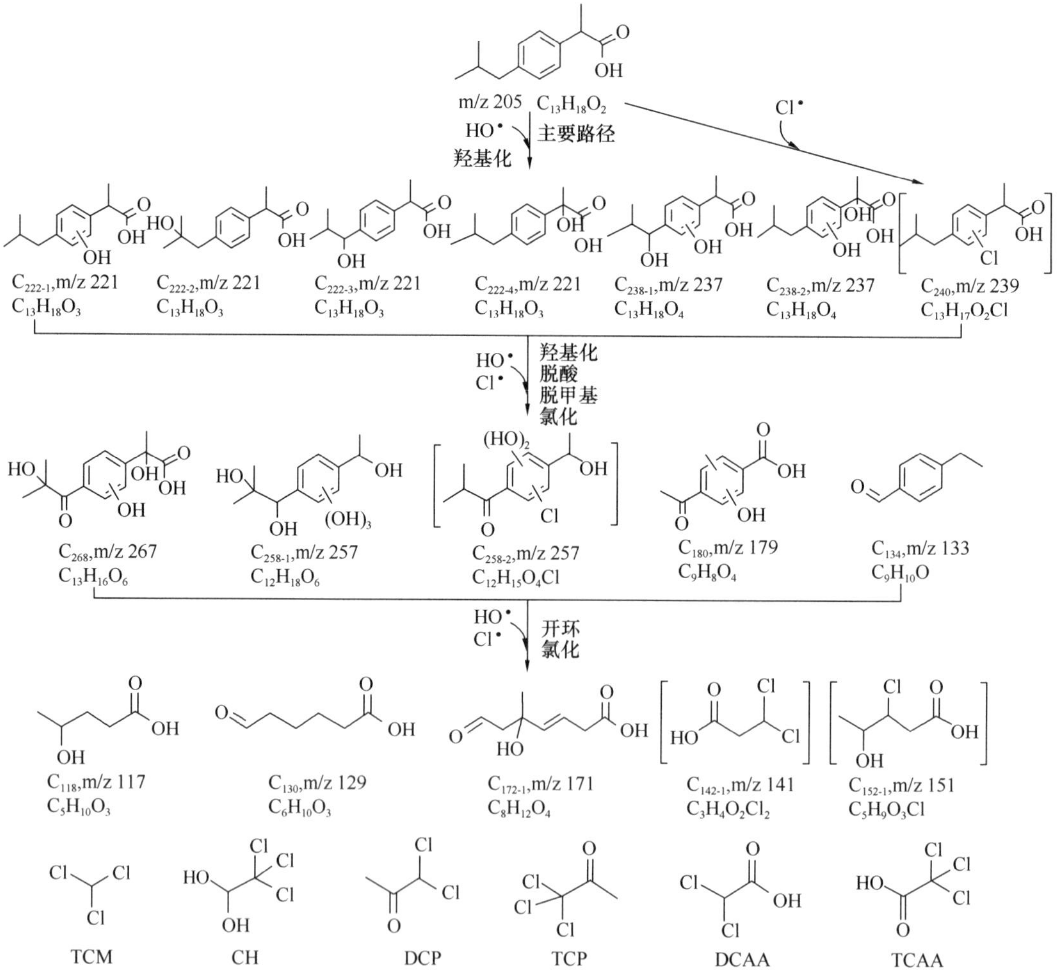

图 9-8 UV/Cl_2 高级氧化工艺降解布洛芬的反应途径

（经允许转载自 Xiang 等（2016）；2016 版权归 Elsevier 所有）

在单独紫外线照射、UV/Cl_2 和 UV/H_2O_2 降解除草剂阿特拉津（ATZ）的比较研究中（$[ATZ]_0=5\mu mol/L$；$[氯]_0$或 $[H_2O_2]_0=0$ 或 $70\mu mol/L$；pH=7；253.7nm），Kong等（2016）分别鉴定出5种、11种和10种阿特拉津副产物。由于在 UV/Cl_2 工艺中鉴定出的阿特拉津副产物未显示出阿特拉津结构中添加了Cl原子，因此Kong等提出阿特拉津的降解途径是被$^{\cdot}OH$和$Cl^{\cdot}$氧化而不是被氯取代。在反应开始时对阿特拉津的3种主要副产物（去乙基-阿特拉津（DEA）、去异丙基-阿特拉津（DIA）和去乙基-去异丙基-阿特拉津（DEIA））进行定量分析表明，UV/Cl_2 和 UV/H_2O_2 降解过程中，DEA：DIA的产率比分别约为4和1，这是由于$^{\cdot}OH$和$Cl^{\cdot}$与阿特拉津反应的机理不同。

Wang等（2016a）基于UV（253.7nm）/Cl_2 对抗癫痫药物卡马西平（CBZ）的降解进行了广泛的研究，其中包括副产物鉴定和机理路径、动力学模型和工艺经济学（单阶电能消耗，E_{EO}）。研究发现CBZ无明显直接光解，并且直接（热）氯化作用仅占 UV/Cl_2 工艺对CBZ总降解量的5%。研究测定了各种实验条件下的降解速率常数，包括pH（4.5～10.5）、Cl^-和碳酸氢盐浓度（0～50mmol/L）、游离氯剂量（0.03～0.63mmol/L）和紫外线剂量等。结果表明Cl^-的影响可以忽略不计；相反，碳酸氢根离子浓度降低了表观速率常数。动力学模型类似于Fang等，（2014）建立的模型，但是这两个研究中使用的一些关键自由基速率常数有很大不同。例如，$k_{Cl^{\cdot},HCO_3^-}=2.2\times10^8 L/(mol \cdot s)$（Fang等，2014），$k_{Cl^{\cdot},HCO_3^-}=2.9\times10^9 L/(mol \cdot s)$（Wang等，2016a）；$k_{Cl^{\cdot},TBA}=3.0\times10^8 L/(mol \cdot s)$（Fang等，2014），$k_{Cl^{\cdot},TBA}=1.9\times10^9 L/(mol \cdot s)$（Wang等，2016a）。尽管在产物研究中未发现氯化副产物，但Wang等并没有排除Cl原子的反应，而且还测定了随着pH变化$^{\cdot}OH$和$Cl^{\cdot}$对总速率常数（k_{obs}）的相对贡献。

使用硝基苯和苯甲酸作为化学探针的竞争动力学实验测得 $k_{Cl^{\cdot},CBZ}=(5.6\pm1.6)\times10^{10} L/(mol \cdot s)$，这比典型的扩散速率系数要大。Wang等认为需要进行更多的研究才能正确理解$Cl^{\cdot}$的反应活性，即复杂系统中的瞬态动力学。E_{EO}数据是通过在去离子水和废水样品中、氯剂量为0.28mmol/L（约20mg/L）的准直束光照实验计算得出的。Wang等考虑了与氯和紫外线消耗相关的能量需求，发现去离子水（pH=7）和废水（3.1mg/L TOC；62.2mg/L IC；7.9mg-N/L；24mg/L NO_3^-；pH=7）中CBZ去除的能量消耗分别为0.32kWh/（m^3·阶）和0.44kWh/（m^3·阶）。

9.4.2　UV/Cl_2 高级氧化工艺的动力学模型

与 UV/H_2O_2 高级氧化工艺相比，UV/Cl_2 工艺中涉及的光化学和化学反应很少阐明，许多速率常数是未知的或没有详细记录。许多使用 UV/Cl_2 高级氧化工艺降解微污染物的研究尝试对实验数据进行动力学建模，但是关键参数（包括各种游离氯的表观光解量子产率和自由基产率、自由基与游离氯反应的速率常数以及在氧化降解机理中考虑的自由基种类）在不同模型中并不相同。

Fang等（2014）研究了在各种实验条件下（包括pH和苯甲酸、游离氯、氯离子、碳酸氢根离子、叔丁醇和萨旺尼河天然有机物（NOM）的初始浓度），UV（253.7nm）/

Cl_2 工艺对苯甲酸的降解。单独紫外线照射或"暗"氯化都不会降解苯甲酸。根据苯甲酸的浓度，UV/Cl_2 工艺降解过程遵循一级动力学。Fang 等开发了一个复杂的动力学模型，该模型解释了 HOCl 和 ClO^- 光解产生$^{\bullet}OH/O^{\bullet-}$ 和 $Cl^{\bullet}$，高活性物种之间（$^{\bullet}OH$、$O^{\bullet-}$、$Cl^{\bullet}$、$Cl_2^{\bullet-}$、HClOH 和 $ClOH^{\bullet-}$，表 9-6）依赖于 pH 与 Cl^- 的相关平衡，自由基（$^{\bullet}OH$、$Cl^{\bullet}$）与游离氯（HOCl、ClO^-）反应生成氯氧自由基 $ClO^{\bullet}$ 的现象，以及自由基与苯甲酸和水基质成分的反应（例如碳酸氢根和氯离子以及 NOM）。为了阐明每种自由基在苯甲酸降解中的作用，Fang 等（2014）使用了硝基苯（与 $Cl^{\bullet}$ 明显不反应）和叔丁醇（对$^{\bullet}OH$和 $Cl^{\bullet}$ 都反应）等化学探针。

该动力学模型在各种实验条件下均能较好地模拟苯甲酸的降解，下一部分将对其中的部分内容进行举例说明。计算机模拟表明，苯甲酸的降解主要归因于$^{\bullet}OH$ 和 $Cl^{\bullet}$，因为 $Cl_2^{\bullet-}$ 和 $O^{\bullet-}$与苯甲酸反应的速率常数比$^{\bullet}OH$ 和 $Cl^{\bullet}$ 小几个数量级，且在 pH<9 的碱性条件下可以忽略以 $O^{\bullet-}$ 形式存在的$^{\bullet}OH$ 的比例。该模型还用于确定$^{\bullet}OH$、$O^{\bullet-}$、$Cl^{\bullet}$ 和 $Cl_2^{\bullet-}$ 对苯甲酸降解的相对贡献。在 NOM 存在下，根据苯甲酸衰减的伪一级反应速率常数的理论表达式和实验值，计算出 $Cl^{\bullet}$ 与 NOM 反应的速率常数 $k_{Cl^{\bullet},NOM}=1.3\times10^4$ $(mg\ C/L)^{-1}\cdot s^{-1}$。该值小于通常报道的$^{\bullet}OH$ 与 NOM 反应的速率常数 [$k_{^{\bullet}OH,NOM}=2.5\times10^4$ $(mg\ C/L)^{-1}\cdot s^{-1}$]，这表明相比于$^{\bullet}Cl$，NOM 更能清除$^{\bullet}OH$。但是，计算出的速率常数 $k_{Cl^{\bullet},NOM}$必须通过实验验证。

Fang 等开发的动力学模型是迄今为止 UV/Cl_2 高级氧化工艺最全面的模型，虽然这个模型没有考虑在该工艺中以高产率形成的氯氧自由基 $ClO^{\bullet}$ 的归宿，以及对 UV/Cl_2 工艺中的实时氧化剂和自由基浓度的影响。Aghdam 等（2016）使用了这类动力学模型，用于 UV/Cl_2 降解驱虫剂 N，N'-二乙基间甲苯胺（DEET）的研究。在这项研究中，Aghdam 等估计 $Cl^{\bullet}$ 与 DEET 反应的速率常数为 8×10^9 L/(mol·s)，这几乎是$^{\bullet}OH$ 速率常数的 2 倍 [4.95×10^9 L/(mol·s)；Song 等，2009]。据报道，在 pH=6 和 pH=7 下，$Cl^{\bullet}$ 对 DEET 总体降解的贡献分别约为 30%和 45%。最近关于 UV/Cl_2 的研究也使用了 Fang 等开发的动力学模型的基本内容，评估直接紫外线光解以及$^{\bullet}OH$ 和 $Cl^{\bullet}$ 对布洛芬降解的贡献（Xiang 等，2016），以及模拟卡马西平的降解（Wang 等，2016a）。

Qin 等（2014）提出了一种动力学模型，在不存在除氧化剂和目标化合物以外的自由基捕获剂的去离子水中，用于 UV（253.7nm）/Cl_2 降解罗硝唑（RNZ）的研究。他们指出，在 UV/Cl_2 工艺中$^{\bullet}OH$ 是主要的氧化剂，并且 HOCl 和 ClO^- 光解的量子产率均采用 1.0。该模型说明了 RNZ 的"暗"氯化作用，但忽略了 $Cl^{\bullet}$ 与氧化剂和 RNZ 的反应。Fang 等（2014）和 Qin 等（2014）的 UV/Cl_2 动力学模型均使用 $k_{HO^{\bullet},HOCl}=2\times10^9$ L/(mol·s)（Matthew 和 Anastasio，2006）。

Wang 等（2012）在 MatLab® 中建立了一个数值模型，以模拟在暴露于中压灯的多色辐射下的去离子水中，UV/Cl_2 体系中 TCE 的光解。他们测定了基于实验光通量的速率常数，并将其与模型计算的数据进行了比较。该模型计算了 TCE 的直接光解和 TCE 与 TCE 光解形成的 $Cl^{\bullet}$ 的反应，但却未包括 HOCl 和 ClO^- 光解形成的 $Cl^{\bullet}$ 与氧化剂或 TCE

的反应。Wang 等使用了在他们的研究中观察到的$^{\cdot}OH$产率（HOCl 和 ClO^- 分别为 0.79 和 1.18），但这与其他研究报告的结果不同（Jin 等，2011；Chan 等，2012；Watts 和 Linden，2007a）。此模型中未考虑 $ClO^{\cdot}$ 的反应。Wang 等开发的动力学模型使用 $k_{HO^{\cdot},HOCl}=8.46\times10^4L/(mol\cdot s)$（Watts 和 Linden，2007a），这个参数比上述模型使用的动力学模型小了近 5 个数量级。根据他们模型中使用的输入动力学参数，Wang 等发现在 UV（多色）/Cl_2 工艺中，TCE 降解的基于光通量的速率常数实验值和模拟计算值之间有很好的一致性。

以上讨论的 UV/Cl_2 高级氧化工艺动力学模型对相同的关键输入参数（例如，量子产率、$^{\cdot}OH$ 和 $Cl^{\cdot}$ 速率常数）使用了不同的值，且所有这些参数都在已公开的文献中。文献中报道的这些关键参数之间存在较大差异，反映了当前对 UV/Cl_2 工艺的基本原理以及 $Cl^{\cdot}$ 和 $ClO^{\cdot}$ 的归宿及其对反应机理贡献的了解非常有限，说明对于 UV/Cl_2 工艺需要进一步的研究。

9.4.3　所选参数对 UV/Cl_2 工艺性能的影响

水溶液中有机微污染物的氧化速率相对于有机溶质的浓度呈伪一级衰减（Nowell 和 Hoigné 1992b；Wang 等，2012；Fang 等，2014；Qin 等，2014；Guo 等，2016；Xiang 等，2016）并与光强成正比（Qin 等，2014；Guo 等，2016）。UV/Cl_2 高级氧化工艺对目标微污染物的降解速率取决于各种参数，包括辐射波长、pH、氯剂量、自由基清除剂的浓度和紫外吸收系数。降解速率还取决于污染物的化学性质，例如对自由基（特别是$^{\cdot}OH$ 和 $Cl^{\cdot}$）和游离氯的反应活性，以及微污染物的光稳定性（摩尔吸光系数和辐射波长处的光解量子产率）。

9.4.3.1　pH 的影响

UV/Cl_2 工艺在弱酸性条件下（pH=5）比在中性和碱性介质下（pH>7）效率更高。据报道，在去离子水制备的缓冲溶液中，UV/Cl_2 高级氧化工艺去除某些污染物的效率随着 pH 的增加而降低，例如对氯苯甲酸（低压灯和中压灯；Watts 和 Linden，2007a）、硝基苯（Watts 等，2007b）、苯甲酸（Fang 等，2014；图 9-9）、三氯乙烯（中压灯；Wang 等，2012）、1,4-二噁烷（$\lambda=253.7nm$；Kishimoto 和 Nishimura，2015）、罗硝唑（$\lambda=253.7nm$；Qin 等，2015）、氯甲苯隆（$\lambda=253.7nm$、Guo 等，2016）、布洛芬（$\lambda=253.7nm$；Xiang 等，2016）、阿特拉津（$\lambda=253.7nm$；Kong 等，2016）和卡马西平（$\lambda=253.7nm$；Wang 等，2016a）的氧化。在自然水体中，UV/Cl_2 氧化某些微污染物时也观察到了相似的趋势，如 2-甲基异莰醇（Rosenfeldt 等，2013；Wang 等，2015a）、三氯乙烯（Wang 等，2011）、土臭素和咖啡因（Wang 等，2015a）以及氯化挥发性有机化合物（Boal 等，2015）。

UV/Cl_2 工艺的效率在弱酸性 pH（此时 HOCl 是主要的游离氯种类）下最佳。Watts 和 Linden（2007b）及 Watts 等（2010）把 UV/Cl_2 在 pH≈5 时处理效率更高归因于 HOCl 光解产生自由基的速率高于 ClO^-，以及 HOCl 清除$^{\cdot}OH$ 的速率［$k=8.5\times10^4L/$

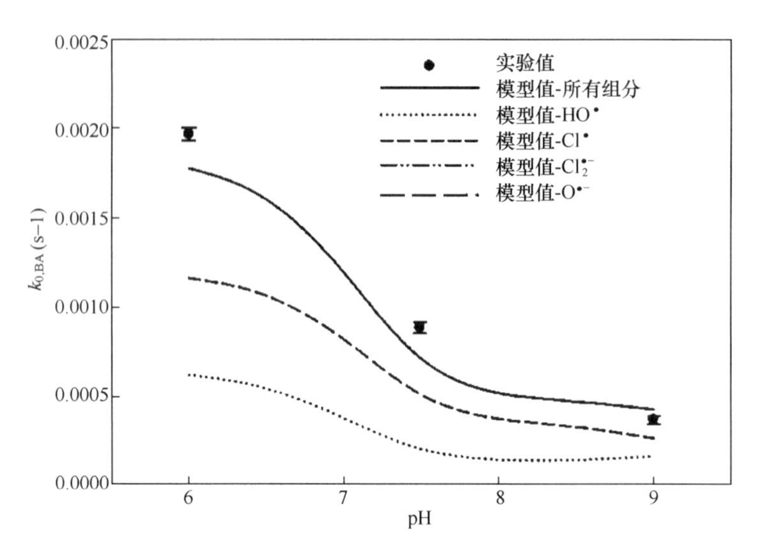

图 9-9 pH 对 UV/Cl_2 高级氧化工艺降解苯甲酸的假一级反应速率常数的影响

（[苯甲酸]$_0$＝5μmol/L，[游离氯]$_0$＝70μmol/L）

（经 Fang 等（2014）许可转载；2016 版权归美国化学学会所有）

(mol・s)] 比 ClO^- [$k=8\times10^9$L/(mol・s)] 低得多。如图 9-9 所示，Fang 等（2014）通过使用•OH 与 HOCl 和 ClO^- 反应的速率常数 [2×10^9L/(mol・s) 和 8×10^9L/(mol・s)]，很好地模拟了 pH（6＜pH＜9）对苯甲酸的表观一级反应速率常数的影响。•OH 和 Cl• 降解苯甲酸的模拟曲线还证实，随着 pH 增加苯甲酸降解速率的降低可能归因于自由基量子产率的降低和游离氯对•OH 和 Cl• 捕获能力的增加。pH 在 6～9 范围内时，$Cl_2^{•-}$ 和 $O^{•-}$ 对苯甲酸氧化的贡献可以忽略不计。在将 UV/Cl_2 高级氧化工艺全面应用于天然水净化时，需要使用化学药品（酸和碱）调节 pH，这将大大增加运营成本和复杂性。

9.4.3.2 游离氯剂量的影响

在 UV/Cl_2 高级氧化工艺中，增加游离氯用量将增加氧化性自由基的光生速率和残留游离氯消耗自由基的速率。因此，在应用 UV/Cl_2 工艺时，存在最佳的游离氯剂量，这与水质和工艺条件有关。

UV（253.7nm）/Cl_2 实验室规模的研究表明，某些物质降解的伪一级反应速率常数随游离氯浓度的增加而线性增长，如硝基苯（[硝基苯]$_0$＝5μmol/L，[游离氯]$_0$＝30～150μmol/L，pH＝5；Watts 等，2007b）、绿麦隆（[绿麦隆]$_0$＝5μmol/L，[游离氯]$_0$＝25～100μmol/L，pH＝7；Guo 等，2016）和卡马西平（[卡马西平]$_0$＝8.5μmol/L，[游离氯]$_0$＝30～630μmol/L，pH＝7；Wang 等，2016a）。在这些情况下，最佳氯剂量高于研究者使用的氯剂量。另一方面，Fang 等（2014）通过实验和建模发现苯甲酸的降解速率有两个动力学机制（图 9-10），低氯剂量下的降解速率增长快于高氯剂量下的降解速率增长，这主要是因为氧化剂（游离氯）对•OH 和 Cl• 的捕获能力在高剂量下比低剂量下强。

Xiang 等（2016）的研究表明，当氯剂量高于 70μmol/L 时，随着氯剂量的增加，布

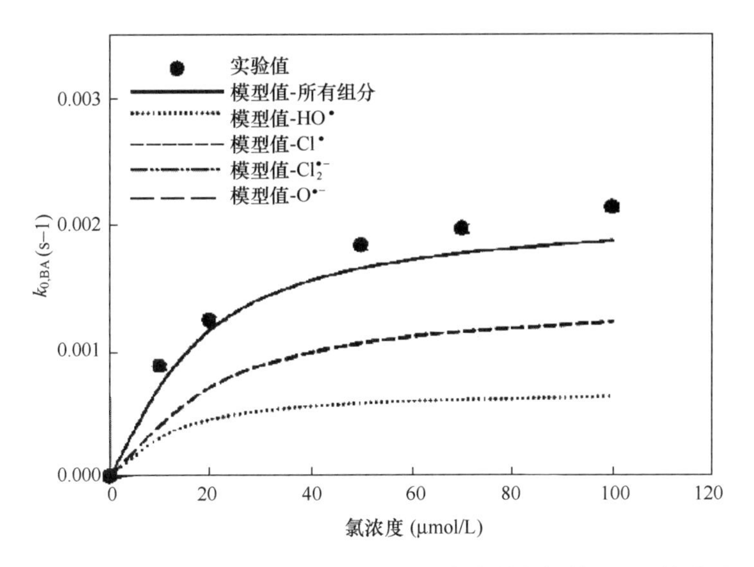

图 9-10　UV/Cl_2 降解苯甲酸的假一级速率常数与氯剂量的函数关系（[苯甲酸]$_0$＝5μmol/L，pH＝6.0）（经 Fang 等（2014）许可转载；2016 版权归美国化学学会所有）

洛芬的降解速率增加趋于平缓（[布洛芬]$_0$＝10μmol/L；[游离氯]$_0$＝0～100μmol/L；pH＝6；253.7nm）。

根据不同有机微污染物的化学和光化学性质，氯剂量会影响直接光解反应（对于在照射波长下可被光解的化合物）或与氯的直接氧化反应（对于与分子氯具有高反应性的化合物）对微污染物整体降解速率的贡献。

9.4.3.3　氯离子浓度的影响

Cl^-存在于游离氯溶液和天然水中。Cl^-与$^•OH$和$Cl^•$发生可逆反应生成$HClOH^•$/$ClOH^{•-}$和$Cl_2^{•-}$[式（9-52）～式（9-68）]，因此Cl^-的存在会影响UV/Cl_2高级氧化工艺降解有机微污染物的速率。然而，一些实验数据表明，在特定实验条件下Cl^-浓度没有显著影响目标污染物的降解速率，如在pH为6的条件下苯甲酸（[Cl^-]＝0～20mmol/L；Fang 等，2014）和布洛芬（[Cl^-]＝0～10mmol/L；Xiang 等，2016）的降解，以及在pH为7时阿特拉津（[Cl^-]＝0～10mmol/L；Kong 等，2016）和卡马西平（[Cl^-]＝0～50mmol/L；Wang 等，2016a）的降解。Fang 等（2014）对pH为6时苯甲酸氧化的建模数据表明，Cl^-浓度从0增加到20mmol/L不会改变$^•OH$和$Cl^•$对苯甲酸降解的贡献，但会略微增加$Cl_2^{•-}$的贡献。

9.4.3.4　碱度的影响

相对于其他所有在中性pH下操作的高级氧化工艺，在碱度增加的情况下，UV/Cl_2对微污染物的降解速率也会降低。Fang 等（2014）的研究表明，当碳酸氢盐的浓度从0增加到4mmol/L时，苯甲酸降解的伪一级反应速率常数降低了2.6倍。Xiang 等（2016）用布洛芬进行了类似的降解实验，结果表明当碳酸氢盐的浓度从0.2mmol/L增加到

4mmol/L 时，速率常数仅降低 1.25 倍。如表 9-10 所示，碳酸氢盐与 $Cl^{\cdot}$ 的反应比与 $^{\cdot}OH$ 的反应快得多。因此，对于与 $Cl^{\cdot}$ 具有较大二级反应速率常数且其自由基降解机理主要由 $Cl^{\cdot}$ 而非 $^{\cdot}OH$ 决定的微污染物，碱度对 UV/Cl_2 高级氧化工艺降解它们的效率抑制作用将更为明显。在天然水中，碱度起到缓冲作用，水的 pH 可能在 6.8～8.2 范围内。在该范围内，游离氯的形态变化很大，这会影响 UV/Cl_2 工艺的性能。

9.4.3.5 天然有机物（NOM）的影响

天然有机物（NOM）可以通过多种方式影响 UV/Cl_2 高级氧化工艺的效率。NOM 可吸收紫外光［在 253.7nm 处的吸收系数≈3L/（m・mg DOC)]，因此会充当光的内部过滤器降低自由氯光解产生氧化性自由基（$^{\cdot}OH$ 和 $Cl^{\cdot}$）的速率。另外，NOM 可以通过自由基链反应显著提高游离氯光解的总量子产率，但这在高级氧化工艺应用中是不希望出现的（Ormeci 等，2005；Feng 等，2010）。NOM 与目标有机微污染物竞争 $^{\cdot}OH$ 和 $Cl^{\cdot}$，从而降低了氧化性自由基的稳态浓度和有机微污染物的降解速率。$^{\cdot}OH$ 与 NOM 提取物反应的速率常数范围为 $1.2\times10^4\sim3.8\times10^4$ L/(mg DOC・s)（Westerhofft 等，2007）。游离氯与 NOM 的直接反应（水中需氯量）也可能导致游离氯的即时消耗并生成氯化副产物（Westerhoff 等，2004）。

在 Fang 等（2014）对 UV/Cl_2 高级氧化工艺降解苯甲酸的详细研究中表明，当 NOM（萨旺尼河天然有机物分离物，简称 SW NOM）的浓度从 0 增加到 10mg C/L 时，伪一级速率常数从 2×10^{-3} s^{-1}降低到 1.2×10^{-3} s^{-1}。Fang 等估计 SW NOM 与 $Cl^{\cdot}$ 反应的速率常数为 $k_{Cl^{\cdot},NOM}=1.3\times10^4$ L/(mg C・s)，大约是与 $^{\cdot}OH$ 反应的一半。

9.4.4 UV/Cl_2 与 UV/H_2O_2 工艺对比

与 UV/H_2O_2 工艺相似，UV/Cl_2 高级氧化工艺只能用于处理对低压灯（253.7nm）或中压灯（200～400nm）发射的紫外线辐射有弱吸收的水溶液。因此这两种高级氧化工艺在地下水、饮用水水源和直接或间接回用的三级污水废水的处理上具有潜在应用价值。文献已在实验室规模下对 UV/Cl_2 和 UV/H_2O_2 两种高级氧化工艺的效率进行了比较研究，其中大多数是在去离子水中进行的。UV/Cl_2 和 UV/H_2O_2 在水处理设施中进行中试和大规模的比较研究非常少，并且几乎只发表在会议文集中而不是在同行评审的期刊中。本节讨论了已出版文献中的一些示例。

9.4.4.1 硝基苯的氧化

Watts 等（2007b）在实验室规模相同的条件下（去离子水中［硝基苯］$_0$＝5μmol/L；［游离氯］$_0$或［H_2O_2］$_0$＝0.03～0.35mmol/L)，使用低压准平行光束仪（253.7nm）进行了 UV/Cl_2 和 UV/H_2O_2 降解探针化合物［硝基苯，$k_{^{\cdot}OH}=3.9\times10^9$ L/(mol・s)］的对比研究。数据显示，硝基苯（NB）的降解速率（［氧化剂］$_0$＝0.11mmol/L）按以下顺序增加：UV/Cl_2（pH＝7）＜UV/H_2O_2（pH＝5 和 pH＝7）＜UV/Cl_2（pH＝6）＜UV/Cl_2（pH＝5）。当氧化剂剂量＞0.22mmol/L 时，UV/H_2O_2 在 pH＝6 下对 NB 的降解速率比 UV/Cl_2 在 pH＝7 下对 NB 的降解速率快。采用水库水（TOC＝4.32mg/L；碱度＝80mg

$CaCO_3$/L；$UV_{253.7nm}$=0.21cm^{-1}）和砂滤水（TOC=2.2mg/L；碱度=77.5mg $CaCO_3$/L；$UV_{253.7nm}$=0.05cm^{-1}）进行的相似实验研究表明，此情况下两种高级氧化工艺（pH为5、7和9.5）降解NB（$[NB]_0$=5μmol/L）的速率比在去离子水中慢得多，这是因为天然水中存在光子吸收剂和自由基捕获剂。采用砂滤水实验获得的数据表明，pH为5、氯剂量为7.7mg/L且紫外线剂量为1200mJ/cm^2时，UV/Cl_2对NB去除效果最好，去除率为90%。

9.4.4.2 挥发性有机化合物（VOCs）的去除

滑铁卢的米德尔顿供水区（加拿大安大略省）用UV/Cl_2工艺在TrojanUVSwift™ ECT 16L30反应器中对地下水进行修复。水中主要污染物是三氯乙烯（TCE，约5μg/L），但是偶尔会发现含量非常低的1,4-二恶烷。Wang等（2011）在该水厂进行了一系列测试，考察了在各种流速（50L/s、55L/s、80L/s和95L/s）下UV/Cl_2工艺的处理性能，并比较了同一流速（55L/s）下UV/Cl_2和UV/H_2O_2工艺的性能。所有测试的氧化剂浓度是固定的，即9mg/L（127μmol/L）游离氯和8mg/L（235μmol/L）H_2O_2。地下水中三氯乙烯的浓度为4～6μg/L，TOC含量很低（约0.65mg/L）、碱度较高（以$CaCO_3$计约为288mg/L），pH为7.55。他们发表了TCE直接光解（无氧化剂）和在UV高级氧化工艺中降解的数据。在所有测试中，游离氯几乎都在UV反应器中被完全除去（残留0.06mg Cl_2/L）。根据流速不同，单独UV会降解50%～70%的TCE。在55L/s的流速下，直接光解、UV/Cl_2和UV/H_2O_2对TCE的去除率分别为64%、90%和75%。在30L/s的流速下，UV/H_2O_2工艺对TCE的去除率为90%。对于相同的TCE处理效果，UV/Cl_2和UV/H_2O_2处理每立方米水的成本估算分别为13美分和18美分。在此研究中未尝试进行工艺优化（例如氧化剂剂量），因此结果可能无法准确反映高级氧化工艺的性能。

Wang等（2012）采用中压准平行光束仪（UV剂量高达2000mJ/cm^2），在超纯水中TCE浓度为1.1μmol/L的情况下，对初始浓度相同的游离氯和H_2O_2（0.15mmol/L）进行了实验室规模的实验，结果表明，UV/Cl_2在pH为5.5时对TCE的去除效率比UV/H_2O_2高2.3倍；而在pH为7.5和10的条件下，UV/H_2O_2比UV/Cl_2效率更高（pH=7.5时，高4倍）。pH为7.5和10的UV/Cl_2工艺，直接光解大约占总速率常数的71%～74%，自由基引起的降解贡献不到30%。两种高级氧化工艺的比较是基于针对每组实验设定的条件计算的光通量速率常数进行的。在这两项研究中未对TCE降解副产物进行鉴定，但可以设想，UV/Cl_2降解TCE的途径与在UV/H_2O_2工艺中所观察到的一样复杂（Li等，2007）。

Boal等（2015）报道了UV/Cl_2和UV/H_2O_2高级氧化工艺的比较研究，研究是在Aerojet Rocketdyne（美国加利福尼亚州萨克拉门托县）的两个地下水抽取和处理厂（GET）进行的。两个GET设施使用不同的处理技术达到水修复的目标。两个水厂均在Calgon Carbon RAYOX™中压紫外（MP-UV）反应器（Calgon Carbon Corporation，宾夕法尼亚州匹兹堡）中使用了UV/H_2O_2高级氧化工艺，去除受污染地下水中的NDMA

和 VOCs（TCE、1，2-DCE、1，1-DCE 和氯乙烯）。一个水厂以低流速和高化学剂量（LFHC）运行，而另一个水厂以高流速和低化学剂量（HFLC）运行。来自 HFLC 设施的 UV-AOP 废水在补给地下水之前先经过 GAC 过滤器，以增强 UV/H_2O_2 的处理能力。LFHC 和 HFLC 设施的电能消耗量分别为 5.89kWh/kgal（1.56kWh/m^3）和 0.97kWh/kgal（0.26kWh/m^3）。UV/Cl_2 工艺所需的次氯酸盐是采用 MIOX VAULT H25 原位生成系统生产的。在进行 UV/H_2O_2 工艺试验时，不进行任何 pH 调节，氧化剂浓度范围为 6.5～8.2mg/L（LFHC）和 6.6～6.9mg/L（HFLC）。H_2O_2 残留量范围为 3.3～3.5mg/L（LFHC）和 5.3～6.0mg/L（HFLC）。在进行 UV/Cl_2 工艺试验时，在 LFHC 设施中，氯剂量为 0.8～7.7mg/L；在 HFLC 设施中，氯剂量为 0.9～5.7mg/L。在两个水厂的所有试验中，除在 7.8mg/L H_2O_2 的实验条件下（NDMA 含量为 23ng/L）外，处理后水中 NDMA 含量均低于方法检测限（MDL）（2ng/L）。在所有 UV/H_2O_2 试验中，处理后水中 VOCs 均低于 MDL。在 LFHC 设施的 UV/Cl_2 工艺中，除在 0.8mg/L Cl_2 试验中 TCE（0.53μg/L）接近 MDL（0.5μg/L）以及 1，1-DCE 残留为 0.66μg/L 外，所有试验处理后的 VOCs 均低于 MDL。在所有游离氯剂量条件下，pH 为 7.7 的 HFLC 水厂中，除 TCE 以外，所有 VOCs 都被去除。

数据显示，在 LFHC 厂（pH 约为 7.0）用于 TCE 去除的最佳氯剂量约为 2.5mg/L，且在 HFLC 水厂（pH＝7.69）将氯剂量从 3.6mg/L 增加到 5.7mg/L 处理效果并未发生明显改善。工艺经济学表明，UV/Cl_2 高级氧化工艺的化学成本约为 UV/H_2O_2 高级氧化工艺的 1/4～1/2，而 UV/H_2O_2 高级氧化工艺是目前在这两个水厂使用的工艺。表 9-11 总结了这项研究的主要成果。

UV/Cl_2 和 UV/H_2O_2 出水对水生生物 Ceriodaphnia dubia 没有急性毒性，除了一种来自 LFHC 设施的 UV/Cl_2 出水能够影响 10％的生物。

两个水厂使用 UV/H_2O_2 和 UV/Cl_2 工艺处理 NDMA 和 VOCs 的数据以及相关处理成本（Boal 等，2015）　　表 9-11

项目	LFHC 设施			HFLC 设施		
	原水	UV/H_2O_2	UV/Cl_2	原水	UV/H_2O_2	UV/Cl_2
氧化剂用量（mg/L）		6.5～8.2	2.8		6.6～6.9	3.6
出水氧化剂（mg/L）		3.3～3.5	＜0.02		5.3～6.0	＜0.02
电能计量（kWh/1000gal）		5.89	5.89		0.97	0.97
pH	7.06			7.69		
碱度（mg/L，以 $CaCO_3$ 计）	86			130		
NDMA（ng/L）	930～1300	＜2；23	＜2	27～37	＜2	＜2
TCE（μg/L）	12～14	＜0.5	＜0.5	8～9.7	＜0.5	1.8
1，1-DCE（μg/L）	16～19	＜0.5	＜0.5	＜0.5	＜0.5	＜0.5
1，2-DCE（μg/L）	0.8～0.9	＜0.5	＜0.5	＜0.5～0.55	＜0.5	＜0.5
处理费用（美元/kgal）		0.067*	0.017*		0.073**	0.038**

*仅包括氧化剂成本（7.4mg/L H_2O_2；2.5mg/L Cl_2）的处理；

**包括氧化剂成本（7.4mg/L H_2O_2；3.0mg/L Cl_2）和 GAC 成本的处理。

9.4.4.3　新污染物的去除

Xiang 等（2016）比较了在相同实验条件下，UV/Cl_2 和 UV/H_2O_2 对去离子水中布洛芬（IBP）的降解速率（[IBP]$_0$=10μmol/L；[游离氯]$_0$或[H_2O_2]$_0$=100 μmol/L；pH=6.0；UV（253.7nm）；光强=1.05mW/cm^2）。数据表明，在 pH=6 时 UV/Cl_2 对 IBP 的降解速率比 UV/H_2O_2 对 IBP 的降解速率快 3.3 倍，这归因于两种氧化剂光化学特性的差异：$\varepsilon_{HOCl}\approx 60$L/(mol · cm)，$\varepsilon_{H_2O_2}=19.6$L/(mol · cm)，$\Phi_{HOCl}\approx 1\sim 1.5$；$\Phi_{H_2O_2}\approx 1.0$。

Watts 和 Linden（2009）在 UV/Cl_2 和 UV/H_2O_2 处理三（2-丁乙基）磷酸酯（TBEP，[TBEP]$_0$=50μg/L）过程中观察到了相似的去除率。实验在 pH=6.8 的模拟地表水（2mg/L DOC；30mg/L 碳酸氢盐；0.3mg/L 硝酸盐）中进行，其中氧化剂剂量为 6.1mg/L，H_2O_2 和游离氯均为 3.4mg/L，紫外线剂量高达 1000mJ/cm^2。

Sichel 等（2011）比较了用 UV/Cl_2 和 UV/H_2O_2 工艺处理 8 种新污染物（ECs）的降解率（表 9-12）。该实验使用 40W、80W 或 200W 的紫外低压灯反应器以流通模式进行。基质为自来水或富含溶解性有机碳的水，并掺有环境水平（μg/L）的混合新污染物。游离氯的初始浓度为 1mg/L 或 6mg/L，而 H_2O_2 浓度为 5mg/L。H_2O_2 浓度的选择与欧洲一家饮用水处理厂在首次大规模应用 UV/H_2O_2 工艺时所使用的浓度相似（荷兰安代克；Kruithof 等，2007）。安代克的中压紫外（Trojan UVSwiftET™ 16L30）反应器以 6mg/L 的 H_2O_2 和约 0.5kWh/m^{3}的电量（E_{ED}）运行，去除地表水中各种有机微污染物。

在电能消耗为 0.32kWh/m^{3}时，与单独使用紫外线相比，加入 1mg Cl_2/L 显著提高了所有 ECs 的去除量。研究发现在较低的能耗（0.16kWh/m^3）下，使用 UV/Cl_2（[Cl_2]$_{入口}$=（6.1±0.1）mg/L；[Cl_2]$_{出口}$=（5.4±0.2）mg/L）工艺比使用 UV/H_2O_2（[H_2O_2]=5.2mg/L）工艺更有效。在 Sichel 等的研究条件下，UV/H_2O_2 工艺降解 90%的 ECs 所需的电能可从 0.17kWh/m^3 变到 1.00kWh/m^3，这具体取决于所处理的污染物。Sichel 等估计，与 UV/H_2O_2 工艺相比，UV/Cl_2 工艺可节省 30%～75%的能源，且最多可节省 30%～50%的操作成本。

在各种处理条件下新兴污染物（自来水，pH=7）的降解率
（数据是根据 Sichel 等（2011）提供的数据估算得出的）　　表 9-12

处理条件及 ECs	单独 Cl_2 接触时间 15min	单独 UV	UV/Cl_2	UV/H_2O_2	UV/Cl_2	UV/H_2O_2	E_{EO} [kWh/（m^3 · 阶）] UV/H_2O_2
[Cl_2]（mg/L）	6	0	1	0	6	0	
[H_2O_2]（mg/L）	0	0	0	5	0	5	
E_{ED}（kWh/m^3）	0	0.32	0.32	0.32	0.16	0.16	
17α-炔雌醇		8	100	92			
苯并三唑	1	11	94	71	71	25	0.52
甲基苯骈三氮唑	4	18	94	63	70	29	0.59

续表

处理条件及 ECs	单独 Cl_2 接触时间 15min	单独 UV	UV/Cl_2	UV/H_2O_2	UV/Cl_2	UV/H_2O_2	E_{EO} [kWh/ (m^3·阶)] UV/H_2O_2
二丁基阿特拉津	17	13	21	48	23	19	1.00
卡马西平	4	3	48	58	90	32	0.62
磺胺甲恶唑	100	55	100	92	100	64	0.29
双氯芬酸	32	61	100	100	100	88	0.17
碘必乐	4	31	92	81	96	58	0.42

Yang 等（2016）研究了从三个水处理设施收集的经砂滤处理的水样采用 UV/Cl_2 和 UV/H_2O_2（253.7nm 辐射）处理后 10 种药物和个人护理品（PPCP）的去除率。其中水质参数变化很大，例如 3.5mg/L、1.1mg/L 和 1.9mg/L TOC；0.013mg/L、0.027mg/L 和 3.14mg/L NH_3-N（UV/Cl_2 工艺中的重要参数）；3.5mg/L、47.4mg/L、14.1mg/L HCO_3^-。三种水的透射率（94%～95% $T_{1cm,253.7nm}$）和 pH（7.6～7.9）相似。在所有实验中将 pH 调节至 7。Yang 等观察到在高 TOC、低氨和低碱度水中，三氯生、2-乙基己基-4-甲氧基肉桂酸酯（EHMC）、环丙沙星、四环素、二苯甲酮-3（BP3）和甲氧苄啶在单独氯（3mg/L）和 UV/Cl_2（3mg/L）的处理下，经过相同反应时间，降解率约为 100%。在相同水中，用 UV/H_2O_2（5mg/L）工艺降解三氯生、磺胺甲恶唑、EHMC 和环丙沙星，去除率为 90%～98%。所有处理工艺对咖啡因的去除率均不到 20%。在三种水中，UV/Cl_2（5mg/L）工艺在氨含量最高的水中处理效率最低。两种水的实验结果表明，UV/Cl_2 工艺的性能优于 UV/H_2O_2 工艺，并且在富含氨的水中表现出相似的性能。Yang 等指出，$\cdot OH$ 和 $Cl^\cdot$ 都是 UV/Cl_2 工艺中的氧化性自由基。经过 24h 反应（游离氯残留量约为 1mg/L），观察到经 UV/Cl_2 和经 UV/H_2O_2 处理的水（高氨水、中等碱度样品），总 THM 水平增加了 20%，但是 t-THMs 不超过 40μg/L。在处理高 TOC 的水样时，经过 UV/Cl_2 工艺处理后的三氯乙醛相对于未经处理和经 UV/H_2O_2 工艺处理后的含量增加了约 30%。

9.4.4.4 从饮用水水源中去除引起嗅味的化合物（T&O）

在大辛辛那提水务公司的 Richard Miller 水处理厂进行了一项中试规模的研究，比较了 UV/Cl_2 和 UV/H_2O_2 高级氧化工艺去除 2-甲基异莰醇（2-MIB）的效率（Rosenfeldt 等，2013）。在预处理过的水中（0.78mg/L 的 TOC；68mg/L（以 $CaCO_3$ 计）的碱度）加入 30ng/L 2-MIB。数据表明，在紫外线剂量为 250mJ/cm^2 的情况下，中压 UV/Cl_2（1mg/L 或 5mg/L）在 pH 为 6 时能够去除 80%～90%的 2-MIB，在 pH 为 7.5 时能够去除 45%～70%的 2-MIB。Rosenfeldt 等观察到，当 pH 在酸性范围时，在高、低氧化剂浓度下，UV/Cl_2 工艺均优于 UV/H_2O_2。UV/Cl_2 高级氧化工艺在 pH 为 6 时去除 1log 2-MIB 的运行成本（UV+化学药品，美元/1000gal 处理过的水）（2mg/L 和 5mg/L 的氯剂量下，分别为 0.07～0.14 和 0.11～0.15）比 UV/H_2O_2 在 pH 为 6 或 7.5 时低（H_2O_2 剂

量为 2mg/L 和 5mg/L 时分别为 0.26 和 0.18～0.19)。如果考虑去除残留 H_2O_2 的成本，在 2mg/L 和 5mg/L H_2O_2 剂量下，UV/H_2O_2 工艺的成本分别增加 0.30 美元/1000gal 和 0.27～0.28 美元/1000gal 处理过的水。

在大规模紫外线设备应用下，最近的一项研究比较了 UV/Cl_2 和 UV/H_2O_2 对饮用水中土臭素、2-MIB 和咖啡因的去除（Wang 等，2015a)。该实验在康沃尔净水厂（加拿大安大略省）进行，该厂使用配备 MP-UV 反应器（Trojan UVSwiftECT™ 8L24）的 UV/H_2O_2 工艺来控制季节性藻华事件期间在地表水中产生的 T&O 化合物。经过预处理（预氯化、混凝、絮凝、砂/无烟煤过滤）的圣劳伦斯河水（pH＝7.9；1.5mg/L TOC；92mg/L 碱度（以 $CaCO_3$ 计)；0.3mg/L 余氯）以流量 100 L/s 通过一台中压紫外反应器[估计的紫外线剂量为 $(2000\pm150)mJ/cm^2$；反应器功率为 83.5kW；$E_{ED}=0.23kWh/m^3$]。在第一组实验中，将土臭素和 2-MIB 加入到 UV 反应器上游的水中（约 400ng/L)，氧化剂剂量为 2mg/L、6mg/L 或 10mg/L 的游离氯（UV/Cl_2）或 1.0mg/L、2.9mg/L 或 4.8mg/L 的 H_2O_2（UV/H_2O_2）。第二组实验安排在 T&O 污染事件期间（水中约 18ng/L 土臭素）进行，仅采用了 UV/Cl_2 高级氧化工艺。两组实验均将水的 pH 调节至 6.5、7.5 和 8.5。第一组实验的 2-MIB 和土臭素处理数据如图 9-11 所示。

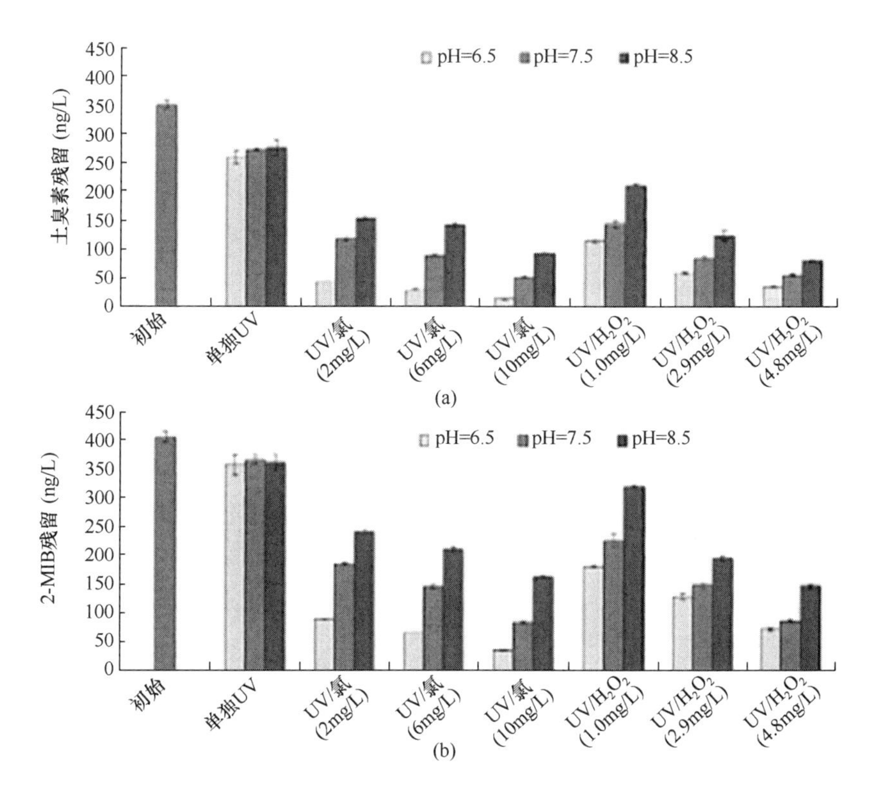

图 9-11 在康沃尔净水厂（加拿大安大略省）进行的第一次大规模测试中对土臭素和 2-MIB 的去除（经 Wang 等（2015a）许可转载；2016 版权归 Elsevier 所有）

(a) 土臭素；(b) 2-MIB

Wang 等（2015a）计算了图 9-11 中所示的所有条件下 90%去除率所需电能（E_{EO}）。在两种高级氧化工艺中，在 pH 为 6.5 且氧化剂剂量最高的条件下 E_{EO}值最低。对于土臭素，pH = 6.5 时 UV/Cl_2（10mg/L）和 UV/H_2O_2（4.8mg/L）的 E_{EO} 值分别为 0.16kWh/(m^3 • order）和 0.23kWh/(m^3 • order)。pH 为 7.5 和 8.5 时，两种高级氧化工艺在所有氧化剂剂量下，土臭素的 E_{EO}值均增加。在 pH=6.5 时，UV/Cl_2（10mg/L）和 UV/H_2O_2（4.8mg/L）处理 2-MIB 的 E_{EO} 值分别为 0.22kWh/(m^3 • order）和 0.31kWh/(m^3 • order)；且观察到与土臭素相似的 E_{EO}-pH 模式。

除了上述的大规模测试之外，Wang 等还在类似于大规模应用的氧化剂剂量条件下对咖啡因处理进行了中试测试。来自 Keswick WTP（加拿大安大略省）的 Simcoe 湖水经过滤（TOC 为 3.5mg/L，$CaCO_3$ 碱度为 123mg/L，吸收系数为 0.04cm^{-1}（254nm））后，在 40L 配备有 1kW MP 灯的完全混合间歇式反应器（Rayox®，Calgon Carbon Corporation，宾夕法尼亚州匹兹堡）中进行处理。据报道，中试下咖啡因的 E_{EO}数据要比大规模试验下咖啡因的 E_{EO}数据大，这是由于两种处理条件下水质不同。Wang 等指出咖啡因可能是评估 UV/Cl_2 和 UV/H_2O_2 工艺对 T&O 化合物处理效果的良好替代品，并建议在自来水公司进行中试或大规模测试以在实施之前确认 UV/Cl_2 工艺的现场特定性能。

9.4.4.5　UV/Cl_2 高级氧化工艺用于水回用：Terminal 岛水回用厂（TIWRP）案例研究

近年来，已对 UV/Cl_2 工艺进行了中试和全规模评估，评估结果认为这是在回用水应用中对三级废水进行处理的潜在的、经济有效的高级氧化工艺。洛杉矶市公共工程部（DPW）卫生局（LASAN）正在将 TIWRP 高级水净化设施（AWPF）的高级污水处理能力从 15.77 m^3/min（6mgD）扩大到 31.55m^3/min（12mgD）（Aflaki 等，2015）。经过高级处理的水将用于补给地下水，并为当地工业和灌溉设施提供水，从而替代和减少工业用水。AWPF 扩展项目包括附加微滤（MF）系统、反渗透（RO）系统以及后续用于消毒和去除有机微污染物的高级氧化工艺，AWTP 上游的三级污水平衡池（7570m^3（2MG）)，以及对现有泵送和化学计量设备的一系列升级。

目前，世界各地的水务公司在（间接或直接）饮用水回用应用中都对三级废水进行了高级处理，其中 UV/H_2O_2 高级氧化工艺用于控制微生物（病毒、细菌和原生动物）和处理 NDMA、1，4-二恶烷以及其他微污染物（更多有关信息请参见第 14 章）。TIWRP 的三级废水中 NDMA 水平低于 CA 通报限值（10ng/L），因此该化合物不是 AWPF 应用高级氧化工艺的主要考虑因素。LASAN 做出对 TIWRP AWPF Ultimate Expansion 项目的高级氧化工艺投资决定是基于 18 个月的实验室规模和中试规模的研究，这使 LASAN 可以为该特定项目选择最佳高级氧化工艺，这种高级氧化工艺系统按比例扩大应用规模的方法完全符合加利福尼亚州饮用水部（DDW）和《地下水补给再利用条例》（GRRR）。2014 年的 GRRR 要求在 RO-AOP 处理过的水中满足 12log 的病毒、10log 的贾第鞭毛虫和 10log 的隐孢子虫灭活，$<$10ng/L NDMA 和$\geq$0.5log 的 1，4-二恶烷去除（或等效处理），并作为 LASAN 设置用于实验室规模和中试规模测试的设计标准。

针对实验室规模的 RO 出水，研究了四种高级氧化工艺即 UV/H_2O_2、UV/Cl_2、O_3/

H_2O_2 和 $H_2O_2/O_3/UV$ 的性能。UV/H_2O_2 和 UV/Cl_2 高级氧化工艺使用低压和中压汞蒸气灯进行测试，而 O_3/H_2O_2 工艺进行了 H_2O_2 分别在 O_3 注入前或后投加的测试，这些初步测试的详细信息可从 Aflaki 等（2015）的论文中获得。实验室规模的研究数据表明，所有经测试的高级氧化工艺均符合 LASAN 为每个高级氧化工艺设置的微生物去除标准，UV/Cl_2 高级氧化工艺中并未形成 THMs 和 HAAs，在高级氧化工艺的出水中未检测到氯酸盐，溴酸盐仅在 O_3/H_2O_2 高级氧化工艺特定的 pH 和 [O_3] ：[H_2O_2] 摩尔比条件下形成（并在中试试验中进一步进行了调整）。

中试实验之所以必要是为了：(1) 验证实验室规模的实验结果；(2) 在实验室规模、中试规模以及随后的全规模数据之间建立正确关系；(3) 建立化学剂量和种类与水力条件的关系；(4) 细化每个高级氧化工艺的设计标准和成本；(5) 在精细的化学和水力条件下评估副产物的形成；(6) 确定可扩展的条件/标准，并为全规模应用选择高级氧化工艺。

WEDECO MiPRO 高级氧化工艺中试系统被用于上述所有高级氧化工艺的测试，进行了为期 12 个月的中试实验，该系统具有全自动 PLC 和操作界面、远程监控、数据记录和在线水质监控仪器。Aflaki 等（2015）既没有实验室规模的数据，也没有中试规模的数据，只有如图 9-12 所示的一些 UV（253.7nm）/Cl_2 工艺数据。O_3/H_2O_2 高级氧化工艺有效去除了 1，4-二恶烷，但未能将 NDMA 从 30ng/L（出于这些研究目的加到 RO 出水中）去除至 10ng/L 以下。虽然基于 MP-UV 的高级氧化工艺符合所有设计标准，但与 LP-UV 相比，因其具有高生命周期成本而未被考虑（生命周期成本比较请参阅 Aflaki 等（2015））。LP-UV/Cl_2 和 LP-UV/H_2O_2 都能有效处理 1，4-二恶烷和 NDMA，但是 H_2O_2 需要更高的浓度。

在图 9-12 正方形区域所示的所有化学剂量和紫外线剂量条件下，LP-UV/Cl_2 在 RO 出水中对 1，4-二恶烷的去除率均超过 0.5log（>68.38%）。

在经过测试的高级氧化工艺中，LP-UV/Cl_2 工艺是最具成本效益的。除满足性能标准和较低的生命周期成本外，选择 UV/Cl_2 而不是 UV/H_2O_2 高级氧化工艺还具有以下优点：现有水厂中已经将 NaOCl 用作二次消毒剂；降低氧化剂用量；残留氯用于配水管网中消毒；DBP 的形成不明显；易于理解、操作和监控。

LP-UV/Cl_2 高级氧化工艺已经在 TIWRP AWPF 全面实施。根据 H_2O_2 和游离氯成本计算，预计在 20 年的运营中将节省 330 万美元的化学成本。

高级氧化工艺的设计基础是：3～12mgD 的流量，TOC<0.25mg/L，%T（1cm，254nm）>96%，加利福尼亚地下水补给规定。

高级氧化工艺的设计标准是：灭活 6log 的病毒，去除 0.5log 的 1，4-二恶烷，NDMA<10ng/L，紫外线剂量为 920mJ/cm^2，游离氯剂量为 2～4mg/L。该项目被授予 Xylem/Wedeco 公司，于 2016 年底启动。在 TIWRP AWPF 上将安装和运行两个 Wedeco K143 系列 LP-UV 反应器，配备 17 排灯（每排一个紫外线强度传感器），每个反应器每排有 12 盏灯（600W/盏）。K143 反应器为模块化设计，允许更多排用于线性扩展。该系统配备透射率、流量和强度的实时监控器，可以实时计算紫外线剂量，对紫外线剂量设定

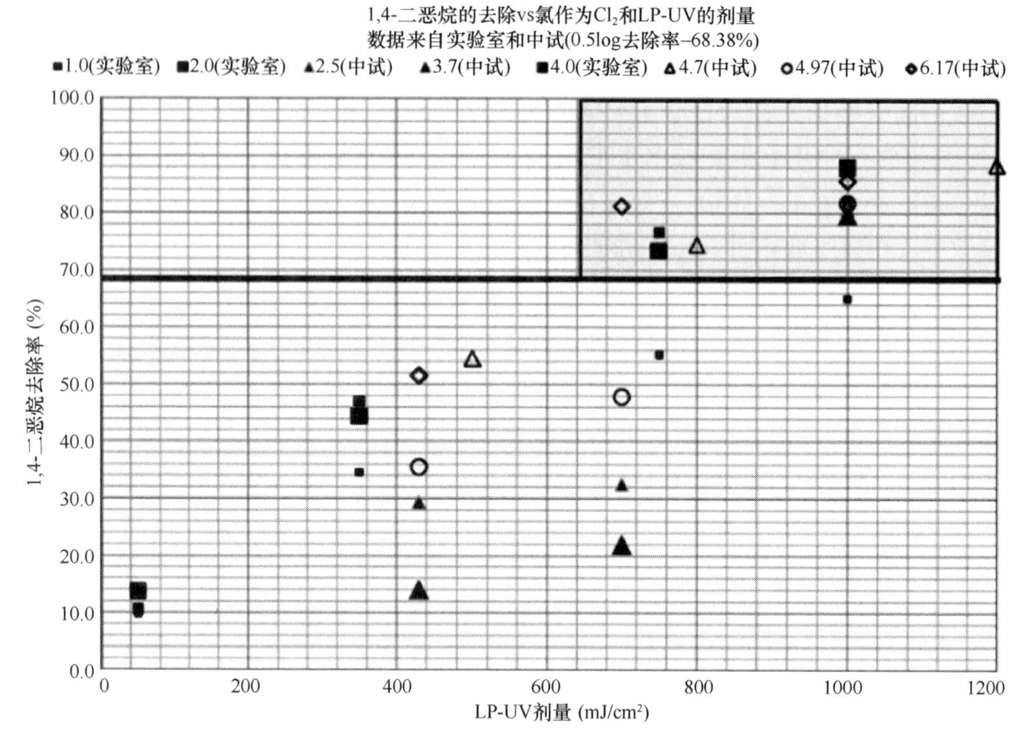

图 9-12 选定的 UV（253.7nm）/Cl_2 中试测试数据（由 R. Aflaki 博士提供）

点进行操作调整。值得注意的是，紫外线剂量是设计标准和工艺性能监控参数。在线监测 pH 值、游离氯和总氯的仪器将确保最佳的氧化剂投加量和处理性能。LASAN 的 TIWRP AWPF 将是世界上第一个设置低压紫外/Cl_2 高级氧化工艺处理回用水的先进处理设施。

9.4.4.6 基于太阳辐射的 UV/Cl_2 修复受油砂工艺影响的水

在水和废水处理中使用太阳能驱动 UV/Cl_2 高级氧化工艺的可能性已有许多研究，如 Chan 等（2012）研究了亚甲基蓝（MB）和环己酸（CHA）的降解，Shu 等（2014）对受油砂工艺影响的水（OSPW）的脱毒进行了研究。两项研究均在阿尔伯塔大学校园（加拿大艾伯塔省埃德蒙顿）的真实阳光下进行。Chan 等（2012）证明，在太阳光紫外线下氯化作用会导致 MB 光褪色（0.039mmol/L MB；1.37mmol/L ClO^-）和 CHA 降解（0.23mmol/L CHA；1.55mmol/L ClO^-）。Shu 等（2014）研究了太阳光紫外线辐射引起的游离氯光解能够降解环烷酸（NAs）和荧光团有机化合物，并能够降低 OSPW 的急性毒性。OSPW 的主要特征如下：pH＝8.3～8.6；277NTU；47mg/L TOC；(683±32) mg/L 碳酸氢盐；451mg/L Cl^-；总 NAs 约为 33mg/L。研究开展了四个实验。在 200mg/L 或 300mg/L NaOCl 存在时，OSPW 暴露于太阳光辐射下长达 7h 后，其中的 NAs 和荧光团有机化合物（例如，石油多环芳烃）去除率可高达 84%。该工艺降低了 OSPW 对费氏弧菌的急性毒性，但相对于未经处理的 OSPW，未观察到对金鱼原代肾巨噬细胞毒性的变化。研究得出，太阳能驱动的 UV/Cl_2 高级氧化工艺是对 OSPW 进行去污的一种有前途的方法，但是需要进一步研究优化去除毒性的过程。

9.4.5 在 UV/Cl_2 高级氧化工艺中形成的消毒副产物

氯广泛用于饮用水消毒。施用的氯剂量要满足水本底的氯需求量，并确保配水管网中残留余氯为 0.3～0.5mg/L。游离氯与水中的有机物反应会导致一系列消毒副产物(DBPs)的生成，例如三卤甲烷（THMs）、卤乙酸（HAAs）、卤乙腈（HANs）、卤代酮（HKs）和卤霉素（Richardson 等，2007）。

UV/Cl_2 高级氧化工艺在饮用水处理中的应用可能会生成氯化有机副产物（例如卤代NOM，DBPs）和无机副产物（亚氯酸盐、氯酸盐、溴酸盐）。不同于饮用水氯化条件（0.5～2mg/L Cl_2；在水库中接触时间 0.5～4h，在配水管网中长达 72h），UV/Cl_2 高级氧化工艺需要高氯剂量（3～6mg/L 作为实际范围），以及非常短的接触时间在 UV 反应器中暴露于高紫外线能量下（≪1min）。氯原子与 NOM 反应可以在 UV 反应器内形成氯代化合物。此外，紫外线和游离氯光解产生的·OH 和 Cl· 将天然有机物的结构改变为易于在水库和配水系统中氯化的 DBP 前体物。在接下来几节中，将讨论由于 UV/Cl_2 工艺而形成副产物的相关研究。有关副产物形成的更多信息，请参见第 9.4.4 节中使用 UV/Cl_2高级氧化工艺去除微污染物的研究示例。

9.4.5.1 NOM 氧化和消毒副产物

Zhao 等（2011）研究了 MP-UV 与游离氯结合时卤代有机物（TOX）的形成，并将数据与“暗”氯化法进行了比较。他们使用了探针化合物，结果表明，带有吸电子基团的化合物硝基苯（NB）和苯甲酸（BA）在暴露于中压紫外/Cl_2（0.28mmol/L NaOCl，pH=6.5，约 220mJ/cm^2）时大部分都变成了氯化产物。在溴化物存在的情况下，也观察到相对于“暗”氯化法而言高级氧化工艺的 TOX 增加，并且将溴引入了产物中。pH=8.5 时，在处理 NB 的过程中没有观察到 TOX 生成，且不存在溴化物时在 BA 降解过程中 TOX 产率也较低。用萨旺尼河 NOM（5mgC/L）进行的类似实验表明，在黑暗条件下氯化和中压紫外/Cl_2 暴露下 NOM 均显著转化为 TOX；但是，在这两个过程中测得的 TOX 浓度水平之间没有显著差异。在存在溴化物的情况下，中压紫外/Cl_2 在两种 pH 下导致的 TOX 浓度水平均比单独氯化略低。经 UV/Cl_2 处理的 NOM 在 ESI-tqMS 光谱中观察到其结构发生了变化，尤其是在 NOM 极性和可电离部分。此外也观察到溶液性质的其他变化，例如紫外线吸收率。该研究反映了卤素原子在暴露于紫外线的有机物转化中的作用。

Pisarenko 等（2013）针对来自供水公司的科罗拉多河水（经预氯化），开展了 UV/Cl_2 高级氧化工艺对 NOM 氧化和 DBP 形成的研究。在水样（2.6mg/L TOC；pH=8.1，调节至 6.0、7.5 和 9.0；$UV_{253.7nm}$=0.045cm^{-1}）中加入不同浓度的游离氯（0～50mg/L NaOCl），并且进一步暴露于单色 UV-C（253.7nm，约 3900mJ/cm^2）或多色 UV-A（310～410nm；最大在 365nm 处，约 7000mJ/cm^2）的辐射下。这项研究使用的氯剂量和紫外线剂量远大于水处理设备的实际应用值。用盐酸将 pH 调节至 6 和 7.5，这提高了 Cl^-浓

度并且通过 Cl^- 反应提高了 $Cl^{\cdot}$ 的需水量。NOM 矿化作用不明显（TOC 损失＜ 0.3mg/L），但 UV-C/Cl_2 工艺在 pH 为 6 和 7.5 条件下分别将 UV_{254} 吸光度降低了约 50% 和 40%。荧光激发发射矩阵和 SEC-UV 荧光数据表明，NOM 的主要结构发生了变化，芳香性降低（发色的 NOM）。在游离氯为 10mg/L 和 pH 为 7.5 时，相对于对照组（“暗”氯化法），UV-C/Cl_2 工艺不会影响总（4 种）THM 水平，但会增加总（9 种）HAA 水平并降低 TOX。氯仿是 UV-C/Cl_2 工艺中主要的 THM，而氯溴代 THM 在“暗”氯化法和 UV-A/Cl_2 工艺中均占主导地位。二氯乙酸和三氯乙酸是主要的 HAAs。由于暴露在低压或中压辐射下 2h 后，游离氯几乎被完全分解，而在 2h 的“暗氯化”中预计会有大量 Cl_2 残留，因此这不是这些测试的真正“对照”。高紫外线剂量可能会使工艺中生成的 DBP 前体或/和 DBPs 降解。

Wang 等（2015b）在 UV/Cl_2 和 UV/H_2O_2 工艺用于 T&O 和咖啡因的处理过程中，进行了大规模和中试规模的副产物形成研究。细节在第 9.4.4.4 节中已给出。这些研究中监测的氯化和溴化有机副产物为 4 种 THMs、9 种 HAAs、1，1-二氯-2-丙酮和 1，1，1-三氯-2-丙酮（HKs）、4 种卤代乙腈（HANs）、氯仿和可吸附有机卤化物（AOX），所监测的无机副产物包括亚氯酸盐、氯酸盐、高氯酸盐和溴酸盐。第 9.4.5.2 节和第 9.4.5.3 节讨论了这项工作产生的无机副产物。在任何全规模测试（Cornwall WTP）的 UV/Cl_2 和 UV/H_2O_2 工艺的出水中，未观察到 t-THMs 相对于未处理水（18μg/L）的变化。也就是说，在 UV 反应器（约 1800mJ/cm^2）中较短的停留时间（30s）内没有形成 THMs。在进水口未经预氯化的西姆科湖水（中试）中，相对于未处理或单独 UV 处理的水样，UV/Cl_2 处理过的样品（60s）导致 t-THMs 增加了 100% 以上。反应 24h 后，UV/Cl_2（10mg/L）和 UV/H_2O_2（4.8mg/L）处理的大规模测试废水中 THMFP 增加了 30%～100%，且在 pH=6.5 的 UV/Cl_2 工艺中比所有其他样品中形成了更多的 t-THMs。在中试中观察到的 THMFP 增幅比在大规模测试中大得多。相对于未经处理的水，经大规模 UV/Cl_2（pH=6.5 和 7.5）处理的废水中的 HAA9 水平增加（10%～40%）；经 UV/H_2O_2 处理的废水中未见增加。两种高级氧化工艺处理康沃尔和辛科湖水后，24h HAA9FP 分别增加 40%～110% 和 20%～90%。这表明 HAA 前体物是由自由基诱导的溶解 NOM 降解形成的。二氯乙酸和三氯乙酸约占 t-HAAs 的 60%。

在大规模处理中，UV 高级氧化工艺均未形成 HKs 和三氯硝基甲烷；仅在 pH 为 6.5 和 7.5 的 UV/Cl_2 工艺中观察到 HANs 最多增加 4 倍，但浓度水平非常低（达 4μg/L）。在 UV/Cl_2 和 UV/H_2O_2 处理的样品中，HANFP 的产率提高了相似的倍数，最高可达 15μg/L。在 UV/Cl_2 处理辛科湖水的中试实验中形成的 HAN 含量要比在大规模（Cornwall WTP）下 UV/Cl_2 处理过的水样更大，pH 为 6.5 时的 HANFP 约为 30μg/L。二氯乙腈和溴二氯乙腈是主要的 HAN 种类。在大规模应用 UV 高级氧化工艺的废水中，AOX 和 AOX-FP 比原水略有增加。相对于未处理的水（约 20μg C/L），在经 UV/Cl_2 处理的辛科湖水中检测到 AOX 含量约增加了 5 倍（约 100μg C/L）。由于在 UV/H_2O_2 测试中未观察到这种情况，Wang 等提出：在 UV/Cl_2 工艺中形成的可吸附卤化有机物是由

$Cl^{\bullet}$与NOM反应产生的，而$Cl^{\bullet}$则来自氯的光解作用。

在氯化工艺中，含碘化物的水中可形成碘代DBPs（I-DBPs）。碘化X射线造影剂（例如，碘化丙啶、碘海醇、碘帕醇）是废水和地表水中的新兴污染物。单独UV和高级氧化工艺驱动的碘化物降解都会导致碘化物生成，在氯化过程中碘化物进一步氧化为次碘酸（HOI）。HOI与溶解有机物反应会生成I-DBPs。Wang等（2016b）研究了单独UV和UV/Cl_2高级氧化工艺对碘海醇的降解作用，实验用水为实验室配水和两个污水处理厂实际水样。对于给定的水基质，所观察到的I-THMs的产率和种类取决于工艺、氯浓度和pH。后-UV/Cl_2处理氯化消毒水样所产生的I-THMs少于后-UV（单独）氯化。

Zhang等（2015）研究了UV/Cl_2对氨和DBP的还原作用。在他们的研究中，将氯以0.8 Cl_2/N的摩尔比添加到富氨水中，在存在紫外线（253.7nm）的情况下转化为UV/氯胺工艺，而不是UV/（游离）氯高级氧化工艺。水样是从中国哈尔滨市的一家城市饮用水处理厂采集的。一氯胺吸收253.7nm的辐射要比游离氯强得多并光解为$Cl^{\bullet}$；亚硝酸盐和硝酸盐为最终降解产物。暴露于800mJ/cm^2的UV/氯（NH_2Cl）时，游离氨（0.07mmol/L）被去除约50%。Zhang等假设$Cl^{\bullet}$从NH_3提取H原子，然后是一系列从氨基自由基（$NH_2^{\bullet}$）开始的反应。后-UV/Cl_2处理的水氯化对氯的需求量低于未处理的水，并且生成的THMs和HAAs更少。该过程比未处理水的“暗”氯化形成更多的HANs。这项研究与RO渗透物中存在游离氨的水再利用有关，因此，将观察到Cl_2需求的增加。氯胺的光解作用将发生在UV/Cl_2水回用的应用中，因此预期与不存在氯胺的情况相比化学和光化学会更加复杂，并且会形成不良的副产物。

9.4.5.2 亚氯酸盐、氯酸盐和高氯酸盐

氯化物、亚氯酸盐和氯酸盐是仅有报道的游离氯的光解产物。在去离子水中进行的实验室研究表明，按质量计9%～30%的氯可以在253.7nm处转化为氯酸盐（Buxton和Subhani，1972b；Feng等，2010）。在加拿大安大略省米德尔顿WTP进行的一项关于大规模MP-UV/Cl_2（9mg/L；pH=7.55；TCE降低90%）降解地下水中TCE的研究中，Wang等（2011）发现，被处理水中的氯酸盐浓度约为0.95mg/L。该浓度超过了世界卫生组织饮用水中氯酸盐的规定（0.7mg/L），略低于加拿大卫生部的饮用水规定（1mg/L）。Wang等（2015b）在康沃尔的饮用水处理厂进行了大规模应用研究（Trojan UVSwiftECT™ 8L24）（请参见第9.4.4.4节中的测试条件），反应器中2%～17%（质量）的游离氯光解转化为氯酸盐，在pH=8.5和10mg/L Cl_2条件下测得最高值。未检测到亚氯酸盐和高氯酸盐。但是，亚氯酸盐是365nm处氯光解的产物，而365nm是中压灯发射光谱的强光线之一（Buxton和Subhani，1972b）。由于加拿大卫生部（2012）将饮用水中氯酸盐的最高浓度控制在1mg/L，氯酸盐的产生将是使用UV/Cl_2 AOP处理饮用水的主要限制因素。另外，在使用商品NaOCl溶液时，氯酸盐也可以被带入水中（Stanford等，2011）。

9.4.5.3 溴酸盐

溴酸盐是一种潜在的人类致癌物，其在饮用水中的浓度被限制在10μg/L。溴酸盐通常在用臭氧处理含溴离子水的过程中产生（von Gunten和Oliveras，1998）。游离氯光解

过程中$^{\bullet}OH$的产生，可能会在富含溴化物的水处理过程中促进UV反应器中溴酸盐的形成。

在间歇式低压紫外反应器中使用去离子水（80μg/L Br^-；pH≈7.8）和过滤后的长江水（56.3μg/L Br^-；1.7mg/L DOC；pH≈7.5）进行实验室规模的实验结果表明，UV/Cl_2工艺（5mg/L Cl_2）会导致溴酸盐的形成（Huang等，2008）。溴酸盐的产率随施加的紫外线剂量增加而增加。去离子水（约200mJ/cm^2）和河水（约700mJ/cm^2）中测定的溴酸盐水平约为10μg/L（饮用水中的最大允许水平）。对于实验使用的最高紫外线剂量（约1450mJ/cm^2），残留的游离氯＜0.5mg/L，去离子水和河水中溴酸盐分别约为18μg/L和12μg/L（0.01～0.14mol BrO_3^-/mol Br^-）。Huang等的研究表明，UV/Cl_2工艺中溴酸盐的形成要比"暗"氯化过程中高得多，并且还取决于pH和氯剂量。Wang等（2015b）在位于康沃尔的WTP的UV/Cl_2高级氧化工艺的大规模应用研究中，测得溴酸盐生成量为0.1～2μg/L，在较低的pH下具有较高的水平（与Huang等的发现一致），即使在地表水中存在低浓度Br^-（2～3μg/L）时也是如此。为了评估是否应关注UV/Cl_2高级氧化工艺中溴酸盐的形成，需要对含不同Br^-浓度的水（据报道用于饮用水生产的地表水中含量高达700μg/L）进行更全面的研究。

9.5 展望

此文献综述表明，纯水中游离氯的整体光解机理非常复杂，而且取决于许多参数，其中包括pH和辐射波长。公共资料可得的动力学研究提供了各游离氯种类总体光解的量子产率值，但没有UV/Cl_2高级氧化工艺的综合动力学模型，该模型应包括此过程中发生的所有引发、传播和终止反应。动力学模型必须能够涵盖这些反应，以便正确预测氧化物质的稳态浓度和微污染物的降解速率。需要开展基础研究阐明反应机理，进一步了解特定反应活性物质（例如$Cl^{\bullet}$、$ClO^{\bullet}$、$Cl_2^{\bullet-}$）在UV/Cl_2工艺中的作用，并确定$^{\bullet}OH$和$Cl^{\bullet}$与HOCl、水中基质成分和微污染物准确的反应速率常数。

在回用水中，RO渗透液中含有氯胺，并且可能含有游离氨。氯胺吸收紫外线辐射，并以较大的、与pH和氧有关的量子产率进行光解，形成自由基物质和稳定的产物，从而干扰游离氯化学和光化学反应。水中存在氨时预期会消耗游离氯并形成额外的氯胺。氯胺在UV/Cl_2高级氧化工艺中的作用尚未得到研究，其对工艺性能的影响尚不清楚。

研究需要进一步阐明在UV/Cl_2工艺中产生的各种自由基对微污染物降解的贡献，确定$Cl^{\bullet}$和$Cl_2^{\bullet-}$与有机和无机化合物反应的速率常数，更好地了解有机自由基（$R^{\bullet}$、$ROO^{\bullet}$）的归宿，以及涉及HOCl和ClO^-的二次反应，了解水基质成分对UV/Cl_2工艺效率的影响。

UV/Cl_2高级氧化工艺对处理后水质的影响（包括毒性，诱变性和遗传毒性以及新出现的消毒副产物），尚未进行充分的研究。

9.6　结论

与其他高级氧化工艺相比，UV/Cl_2 工艺氧化有机化合物的研究非常新颖和稀缺。过去几年，在饮用水和中水回用处理厂进行的中试规模和大规模研究表明，UV/Cl_2 工艺可能是有前景的 UV/H_2O_2 工艺替代技术，特别是从经济和工艺操作角度而言。饮用水生产和水的再生利用，必须预测和控制不良副产物（氯酸盐，溴酸盐，TOX，THM，HAAs，HANs）的形成，以确保处理后水质符合法规标准。

使用 UV/Cl_2 高级氧化工艺处理被有机微污染物污染的地下水或地表水时，需要氯剂量为 5～10mg/L，紫外线剂量为 500～2000mJ/cm^2。考虑到反应机理的复杂性和微污染物降解途径的多样性（直接光解，与游离氯的反应，自由基的氧化），需要进行实验室规模的研究和初步试验以确定最佳工艺条件（紫外线剂量，氯剂量，pH），为特定应用选择UV设备并确定其尺寸，估算处理成本。优化 UV/Cl_2 工艺实际应用中的氯剂量，获得可接受的残留游离氯浓度，用于储罐和配水管网中水的二次消毒，从而避免使用淬灭剂处理游离氯。

9.7　致谢

特别感谢加利福尼亚州洛杉矶市公共工程部门的 Roshanak Aflaki 博士为本章的图提供了根据 Aflaki 等（2015）改编的 TIWRP 试点数据。

9.8　参考文献

Aflaki R., Hammond S., Tag Oh S., Hokanson D., Trussell S. and Bazzi A. (2015). Scaling-up step-by-step and AOP investment decision. Proceedings of the Water Environment Federation's Technical Exhibition and Conference (WEFTEC), September 26–30, 2015, Chicago, IL, USA, pp. 9–21.

Aghdam E., Sun J. and Shang C. (2016). DEET degradation by the UV/chlorine process: kinetics, contributions of radicals and byproduct formation. *IUVA World Congress*, January 31–February 3, 2016, Vancouver, BC, Canada. https://iuva.wildapricot.org/resources/Documents/world%20conference%202016/tuesday/5/Ehsan%20Aghdam%20IUVA.pdf

Alegre M. L., Gerones M., Rosso J. A., Bertolitti S. G., Braun A. M., Martire D. O. and Gonzalez M. C. (2000). Kinetic study of the reactions of chlorine atoms and $Cl_2^{\bullet -}$ radical anions in aqueous solutions. 1. Reaction with Benzene. *Journal of Physical Chemistry A*, **104**(14), 3117–3125.

Allmand A. J., Cunliffe P. W. and Maddison R. E. W. (1925). The photodecomposition of chlorine water and of aqueous hypochlorous acid solutions. Part I. *Journal of the Chemical Society, Transactions*, **127**, 822–840.

Armstrong D. A., Huie R. E., Koppenol W. H., Lymar S. V., Merényi G., Neta P., Ruscic B., Stanbury D. M., Steenken S. and Wardman P. (2015). Standard electrode potentials involving radicals in aqueous solution: inorganic radicals (IUPAC Technical Report). *Pure and Applied Chemistry*, **87**(11–12), 1139–1150.

Boal A. K., Rhodes C. and Garcia S. (2015). Pump-and-treat groundwater remediation using chlorine/ultraviolet advanced oxidation processes. *Groundwater Monitoring & Remediation*, **35**(2), 93–100.

Bolton J. R. and Stefan M. I. (2002). Fundamental photochemical approach to the concepts of fluence (UV dose) and electrical energy efficiency in photochemical degradation reactions. *Research on Chemical Intermediates*, **28**(7), 857–870.

Buxton G. V. and Subhani M. S. (1972a). Radiation chemistry and photochemistry of oxychlorine ions. Part 1. -Radiolysis of aqueous solutions of hypochlorite and chlorite ions. *Journal of the Chemical Society, Faraday Transactions 1: Physical Chemistry in Condensed Phases*, **68**, 947–957.

Buxton G. V. and Subhani M. S. (1972b). Radiation chemistry and photochemistry of oxychlorine ions. Part 2. -Photodecomposition of aqueous solutions of hypochlorite ions. *Journal of the Chemical Society, Faraday Transactions 1: Physical Chemistry in Condensed Phases*, **68**, 958–969.

Buxton G. V., Bydder M. and Salmon G. A. (1998). Reactivity of chlorine atoms in aqueous solution. Part I: the equilibrium $Cl^{\bullet} + Cl^{-} \rightleftharpoons Cl_2^{\bullet-}$. *Journal of the Chemical Society, Faraday Transactions*, **94**(5), 653–657.

Buxton G. V., Greenstock C. L., Helman W. P. and Ross A. B. (1988). Critical review of rate constants for reactions of hydrated electrons, hydrogen atoms and hydroxyl radicals ($OH^{\bullet}/O^{\bullet-}$) in aqueous solution. *Journal of Physical and Chemical Reference Data*, **17**(2), 513–886.

Buxton G. V., Bydder M., Salmon G.A. and Williams J. E. (2000). The reactivity of chlorine atoms in aqueous solution. Part III: the reaction of $Cl^{\bullet}$ with solutes. *Physical Chemistry Chemical Physics*, **2**, 237–245.

Chan P. Y., El-Din M. G. and Bolton J. R. (2012). A solar-driven UV/chlorine advanced oxidation process. *Water Research*, **46**(17), 5672–5682.

Connick R. E. and Chia, Y. (1959). The hydrolysis of chlorine and its variation with temperature. *Journal of the American Chemical Society*, **81**(6), 1280–1284.

Cooper W. J., Jones A. C., Whitehead R. F. and Zika R. G. (2007). Sunlight-induced photochemical decay of oxidants in natural waters: implications in ballast water treatment. *Environmental Science & Technology*, **41**(10), 3728–3733.

De Laat J. (2016). Personal communication.

De Laat J. and Berne F. (2009). La dèchloramination des eaux de piscines par irradiation UV. Etude bibliographique. Theoretical and practical aspects of the dechloramination of swimming pool water by UV irradiation. *European Journal of Water Quality*, **40**(2), 129–149.

Deborde M. and von Gunten U. (2008). Reactions of chlorine with inorganic and organic compounds during water treatment – Kinetics and mechanisms: a critical review. *Water Research*, **42**(1–2), 13–51.

Deng L., Huang C. H. and Wang Y. L. (2014). Effects of combined UV and chlorine treatment on the formation of trichloronitromethane from amine precursors. *Environmental Science & Technology*, **48**(5), 2697–2705.

Fang J., Fu Y. and Shang C. (2014). The roles of reactive species in micropollutant degradation in the UV/Free chlorine system. *Environmental Science & Technology*, **48**(3), 1859–1868.

Feng Y., Smith, D. W. and Bolton J. R. (2007). Photolysis of aqueous free chlorine species (HOCl and OCl) with 254 nm ultraviolet light. *Journal of Environmental Engineering and Science*, **6**(3), 277–284.

Feng Y., Smith, D. W. and Bolton J. R. (2010). A potential new method for determination of the fluence (UV dose) delivered in UV reactors involving the photodegradation of free chlorine. *Water Environment Research*, **82**(4), 328–334.

Gilbert B. C., Stell J. K., Peet W. J. and Radford K. J. (1988). Generation and reactions of the chlorine atom in aqueous solution. *Journal of the Chemical Society, Faraday Transactions 1: Physical Chemistry in Condensed Phases*, **84**(10), 3319–3330.

Grigorev A. E., Makarov I. E. and Pikaev A. K. (1987). Formation of Cl_2 in the bulk solution during the radiolysis of concentrated aqueous solutions of chloride. *High Energy Chemistry*, **21**, 99–102.

Guo Z. B., Lin Y. L., Xu B., Huang H., Zhang T. Y., Tian F. X. and Gao Y. (2016). Degradation of chlortoluron during UV irradiation and UV/chlorine processes and formation of disinfection by-products in sequential chlorination. *Chemical Engineering Journal*, **283**, 412–419.

Hasegawa K. and Neta P. (1978). Rate constants and mechanisms of reaction of Cl_2^- radicals. *Journal of Physical Chemistry*, **82**(8), 854–857.

Health Canada (2012). Guidelines for Canadian Drinking Water Quality – Summary Table. Water, Air and Climate Change Bureau. Healthy Environments and Consumer Safety Branch, Health Canada, Ottawa, Ontario, Canada.

Held A. M., Halko D. J. and Hurst J. K. (1978). Mechanisms of chlorine oxidation of hydrogen peroxide. *Journal of American Chemical. Society*, **100**(18), 5732–5740.

Herrmann H. (2007). On the photolysis of simple anions and neutral molecules as sources of O^-/OH, SO_x- and Cl in aqueous solution. *Physical Chemistry Chemical Physics*, **9**(30), 3925–3964.

Huang X., Gao N. and Deng Y. (2008). Bromate ion formation in dark chlorination and ultraviolet/chlorination processes for bromide-containing water. *Journal of Environmental Sciences*, **20**(2), 246–251.

Jacobi H. W., Wicktor F., Herrmann H. and Zellner R. (1999). A laser flash photolysis kinetic study of reactions of the Cl_2^- radical anion with oxygenated hydrocarbons in aqueous solution. *International Journal of Chemical*

Kinetics, **31**(3), 169–181.

Jayson G. G., Parsons B. J. and Swallow A. J. (1973). Some simple, highly reactive, inorganic chlorine derivatives in aqueous solution. Their formation using pulses of radiation and their role in the mechanism of the Fricke dosimeter. *Journal of the Chemical Society, Faraday Transactions 1: Physical Chemistry in Condensed Phases*, **69**(0), 1597–1607.

Jin J., El-Din M. G. and Bolton J. R. (2011). Assessment of the UV/chlorine process as an advanced oxidation process. *Water Research*, **45**(4), 1890–1896.

Kang N., Anderson T. A. and Jackson W. A. (2006). Photochemical formation of perchlorate from aqueous oxychlorine anions. *Analytica Chimica Acta*, **567**(1), 48–56.

Karpel Vel Leitner N., De Laat J. and Doré M. (1992a). Photodécomposition du bioxyde de chlore et des ions chlorite par irradiation U.V. en milieu aqueux – Partie I. Sous-produits de réaction. Photodecomposition of chlorine dioxide and chlorite by U.V.-Irradiation—Part I. Photo-products. *Water Research*, **26**(12), 1655–1664.

Karpel Vel Leitner N., De Laat J. and Doré M. (1992b). Photodécomposition du bioxyde de chlore et des ions chlorite par irradiation U.V. en milieu aqueux – Partie II. Etude cinétique. Photodecomposition of chlorine dioxide and chlorite by U.V.-Irradiation—Part II. Kinetic study. *Water Research*, **26**(12), 1665–1672.

Kishimoto N. and Nishimura H. (2015). Effect of pH and molar ratio of pollutant to oxidant on a photochemical advanced oxidation process using hypochlorite. *Environmental Technology*, **36**(19), 2436–2442.

Kläning U. K. and Wolff T. (1985). Laser flash photolysis of HClO, ClO^-, HBrO, and BrO^- in aqueous solution. Reactions of Cl^- and Br^- atoms. *Berichte der Bunsengesellschaft für Physikalische Chemie*, **89**, 243–245.

Kläning U. K., Sehested K. and Wolff T. (1984). Ozone formation in laser flash photolysis of oxoacids and oxoanions of chlorine and bromine. *Journal of the Chemical Society, Faraday Transactions 1*, 80, 2969–2979.

Kläning U. K., Sehested K. and Holcman J. (1985). Standard Gibbs energy of formation of the hydroxyl radical in aqueous solution. Rate constants for the reaction $ClO_2^- + O_3 \rightleftarrows O_3^- + ClO_2$. *Journal of Physical Chemistry*, **89**(5), 760–763.

Kong X., Jiang J., Ma J., Yang Y., Liu W. and Liu Y. (2016). Degradation of atrazine by UV/chlorine: efficiency, influencing factors, and products. *Water Research*, **90**, 15–23.

Kruithof J. C., Kamp P. C. and Martijn B. J. (2007). UV/H_2O_2 Treatment: a practical solution for organic contaminant control and primary disinfection. *Ozone: Science & Engineering: The Journal of the International Ozone Association*, **29**(4), 273–280.

Legrini O., Oliveros, E. and Braun, M. (1993). Photochemical processes for water treatment. *Chemical Reviews*, **93**(2), 671–689.

Li K., Stefan M. I. and Crittenden J. C. (2007). Trichloroethene degradation by UV/H_2O_2 advanced oxidation process: product study and kinetic modelling. *Environmental Science & Technology*, **41**(5), 1696–1703.

Macounová K. M., Simic N., Ahlberg E. and Krtil P. (2015). Electrochemical water-splitting based on hypochlorite oxidation. *Journal of the American Chemical Society*, **137**(23), 7262–7265.

Mártire D. O., Rosso J. A., Bertolotti S., Le Roux G. C., Braun A. M. and Gonzalez M. C. (2001). Kinetic Study of the reactions of chlorine atoms and $Cl_2^{\bullet-}$ radical anions in aqueous solutions. II. Toluene, benzoic acid and chlorobenzene. *Journal of Physical Chemistry A*, **105**(22), 5385–5392.

Matthew B. M. and Anastasio C. (2006). A chemical probe technique for the determination of reactive halogen species in aqueous solution: part 1 – Bromide solutions. *Atmospheric Chemistry and Physics*, **6**(9), 2423–2437.

McElroy W. J. (1990). A laser photolysis study of the reaction of SO_4^- with Cl^- and the subsequent decay of Cl_2^- in aqueous solution. *Journal of Physical Chemistry*, **94**, 2435–2441.

Mertens M. and von Sonntag C. (1995). Photolysis (λ = 254 nm) of tetrachloroethene in aqueous solutions. *Journal of Photochemistry and Photobiology A: Chemistry*, **85**(1), 1–9.

Morris J. C. (1966). The acid ionization constant of HOCl from 5 to 35°. *Journal of Physical Chemistry*, **70**(12), 3798–3805.

Neta P., Huie R. E. and Ross A. B. (1988). Rate constants for reactions of inorganic radicals in aqueous solution. *Journal of Physical Chemistry and Reference Data*, **17**(3), 1027–1284.

Nowell L. H. and Crosby D. G. (1985). Photodegradation of water pollutants in chlorinated water. In: Water Chlorination: Chemistry, Environmental Impact and Health Effects, R. Jolley W. Davis S. Katz M. Jr, Roberts and V. Jacobs (eds), Lewis Publishers Inc., Chelsea, Michigan, pp. 1055–1062.

Nowell L. H. and Hoigné, J. (1992a). Photolysis of aqueous chlorine at sunlight and ultraviolet wavelengths I. Degradation rates. *Water Research*, **26**(5), 593–598.

Nowell L.H. and Hoigné, J. (1992b). Photolysis of aqueous chlorine at sunlight and ultraviolet wavelengths II. Hydroxyl radical production. *Water Research*, **26**(5), 599–605.

Ogata Y. and Tomizawa K. (1984). Photoreaction of benzoic acid with sodium hypochlorite in aqueous alkali. *Journal of the Chemical Society, Perkin Transactions 2*, 6, 985–988.

Ogata Y., Takagi K. and Susuki T. (1978). Photolytic oxidation of ethylene glycol, dimethyl ether and related compounds by aqueous hypochlorite. *Journal of the Chemical Society, Perkin Transactions 2*, **6**, 562–567.

Ogata Y., Suzuki T. and Takagi K. (1979). Photolytic oxidation of aliphatic acids by aqueous sodium hypochlorite. *Journal Chemical Society, Perkin Transactions 2*, **12**, 1715–1719.

Oliver B. G. and Carey J. H. (1977). Photochemical production of chlorinated organic in aqueous solutions containing chlorine. *Environmental Science & Technology*, **11**(9), 893–895.

Ormeci B., Ducoste J. J. and Linden K. G. (2005). UV disinfection of chlorinated water: impact on chlorine concentration and UV dose delivery. *Journal of Water Supply: Research and Technology-AQUA*, **54**(3), 189–199.

Oturan M. A. and Aaron J.-J. (2014). Advanced oxidation processes in water/wastewater treatment: principles and applications. A Review. *Critical Reviews in Environmental Science and Technology*, **44**(23), 2577–2641.

Pisarenko A. N., Stanford B. D., Snyder S. A., Rivera S. B. and Boal A. K. (2013). Investigation of the use of chlorine based advanced oxidation in surface water: oxidation of natural organic matter and formation of disinfection byproducts. *Journal of Advanced Oxidation Technologies*, **16**(1), 137–150.

Qin L., Lin Y. L., Xu B., Hu C. Y., Tian F. X., Zhang T. Y., Zhu W. Q., Huang H. and Gao N. Y. (2014). Kinetic models and pathways of ronidazole degradation by chlorination, UV irradiation and UV/chlorine processes. *Water Research*, **65**, 271–281.

Rao B., Estrada N., McGee S., Mangold J., Gu B. and Jackson W. A. (2010). Perchlorate production by photodecomposition of aqueous chlorine solutions. *Environmental Science & Technology*, **46**(21), 11635–11643.

Richardson S. D., Plewa M. J., Wagner E. D., Schoeny R. and Demarini D. M. (2007). Occurrence, genotoxicity, and carcinogenicity of regulated and emerging disinfection by-products in drinking water: a review and roadmap for research. *Mutation Research*, **636**(1–3), 178–242.

Rosenfeldt E., Boal A. K., Springer J., Stanford B., Rivera S., Mashinkunti R. D. and Metz D. H. (2013). Comparison of UV-mediated advanced oxidation. *Journal of the American Water Works Association*, **105**(7), 29–33.

Schwarzenbach R.P., Gschwend P.M. and Imboden D.M. (1993). Chapter 13 in Environmental Organic Chemistry. Wiley-Interscience: John Wiley and Sons, New York.

Shu Z., Li C., Belosevic M., Bolton J. R. and El-Din G. M. (2014). Application of a solar UV/solar advanced oxidation process to oil sands process-affected water remediation. *Environmental Science & Technology*, **48**(16), 9692–9701.

Sichel C., Garcia C. and Andre K. (2011). Feasibility studies: UV/chlorine advanced oxidation treatment for the removal of emerging contaminants. *Water Research*, **45**(19), 6371–6380.

Siddiqui M. S. (1996). Chlorine-ozone interactions: formation of chlorate. *Water Research*, **30**(9), 2160–2170.

Song W., Cooper W. J., Peake B. M., Mezyk S. P., Nickelsen M. G. and O'Shea K. E. (2009). Free-radical-induced oxidative and reductive degradation of N,N'-diethyl-*m*-toluamide (DEET): kinetic studies and degradation pathway. *Water Research*, **43**(3), 635–642.

Stanford B. D., Pisarenko, A. N., Snyder, S. A. and Gordon, G. (2011). Perchlorate, bromate, and chlorate in hypochlorite solutions: guidelines for utilities. *Journal of the American Water Works Association*, **103**(6), 71–83.

Thomsen C. L., Madsen D., Poulsen J. Aa., Thøgersen J., Knak Jensen S. J. and Keiding S. R. (2001). Femtosecond photolysis of aqueous HOCl. *The Journal of Chemical Physics*, **115**(20), 9361–9369.

Vione D., Maurino V., Minero C., Calza P. and Pelizzetti E. (2005). Phenol chlorination and photochlorination in the presence of chloride ions in homogeneous aqueous solution. *Environmental Science & Technology*, **39**(13), 5066–5075.

Von Gunten U. and Oliveras Y. (1998). Advanced oxidation of bromide-containing waters: bromate formation mechanisms. *Environmental Science & Technology*, **32**(1), 63–70.

von Sonntag C. and von Gunten, U. (2012). Chemistry of Ozone in Water and Wastewater Treatment. IWA Publishing, London, UK.

Wagner I., Karthäuser J. and Strehlow H. (1986). On the decay of the dichloride anion Cl_2^- in aqueous solution. *Berichte der Bunsengesellschaft für Physikalische Chemie*, **90**(10), 861–867.

Wang D., Walton T., McDermott L. and Hofmann R. (2011). Control of TCE using UV combined with hydrogen peroxide or chlorine. Proceedings of IOA-IUVA World Congress & Exhibition, 23–27 May, 2011, Paris, France, pp. 152–158.

Wang D., Bolton J. R. and Hofmann R. (2012). Medium pressure UV combined with chlorine advanced oxidation for trichloroethylene destruction in a model water. *Water Research*, **46**(15), 4677–4686.

Wang D., Bolton J. R., Andrews S. A. and Hofmann R. (2015a). UV/chlorine control of drinking water taste and odour at pilot and full-scale. *Chemosphere*, **136**, 239–244.

Wang D., Bolton J. R., Andrews S. A. and Hofmann R. (2015b). Formation of disinfection by-products in the ultraviolet/chlorine advanced oxidation process. *Science of the Total Environment*, **518**–519, 49–57.

Wang W. L., Wu Q. Y., Huang N., Wang T. and Hu H. Y. (2016a). Synergistic effect between UV and chlorine (UV/chlorine) on the degradation of carbamazepine: influence factors and radical species. *Water Research*, **98**, 190–198.

Wang Z., Lin, Y. L., Xu, B., Xia, S. J., Zhang, T. Y. and Gao N. Y. (2016b). Degradation of iohexol by UV/chlorine process and formation of iodinated trihalomethanes during post-chlorination. *Chemical Engineering Journal*, **283**, 1090–1096.

Watts, M. J. and Linden K. G. (2007). Chlorine photolysis and subsequent OH radical production during UV treatment of chlorinated water. *Water Research*, **41**(13), 2871–2878.

Watts M. J. and Linden K. G. (2009). Advanced oxidation kinetics of aqueous trialkyl phosphate flame retardants and plasticizers. *Environmental Science & Technology*, **43**(8), 2937–2942.

Watts M. J. Rosenfeldt E. J. and Linden K. G. (2007). Comparative OH radical oxidation using UV-Cl_2 and UV-H_2O_2 processes. *Journal of Water Supply: Research and Technology-AQUA*, **56**(8), 469–477.

Watts M. J., Hofmann R. and Rosenfeldt E. J. (2012). Low-pressure UV/Cl2 for advanced oxidation oxidation of taste and odor. *Journal of American Water Works Association*, **104**(1), E58–E65.

Westerhoff P., Chao P. and Mash H. (2004). Reactivity of natural organic matter with aqueous chlorine and bromine. *Water Research*, **38**(6), 1502–1513.

Westerhoff P., Mezyk S. P., Cooper W. J. and Minakata D. (2007). Electron pulse radiolysis determination of hydroxyl radical rate constants with Suwannee River fulvic acid and other dissolved organic matter isolates. *Environmental Science & Technology*, **41**(13), 4640–4646.

Wicktor F., Donati A., Herrmann H. and Zellner R. (2003). Laser based spectroscopic and kinetic investigations of reactions of the Cl atom with oxygenated hydrocarbons in aqueous solution. *Physical Chemistry Chemical Physics*, **5**(12), 2562–2572.

Willson R. L. (1973). Free-radical chain oxidation by carbon tetrachloride and related compounds: model pulse-radiolysis studies. *Biochemical Society Transactions*, **1**, 929–931.

Wu D., Wong D. and Di Bartolo B. (1980). Evolution of Cl_2^- in aqueous NaCl solutions. *Journal of Photochemistry*, **14**(4), 303–310.

Xiang Y., Fang J. and Shang C. (2016). Kinetics and pathways of ibuprofen degradation by the UV/chlorine advanced oxidation process. *Water Research*, **90**, 301–308.

Yang X., Sun J., Fu W., Shang C., Li Y., Chen Y., Gan W., and Fang J. (2016). PPCP degradation by UV/chlorine treatment and its impact on DBP formation potential in real waters. *Water Research*, **98**, 309–318.

Yu X. Y. and Barker J. R. (2003). Hydrogen peroxide photolysis in acidic solutions containing chloride ions. I. Chemical mechanism. *Journal of Physical Chemistry A*, **107**(9), 1313–1324.

Yu X. Y., Bao Z. C. and Barker J. R. (2004). Free radical reactions involving $Cl^•$, $Cl_2^{•-}$, and $SO_4^{•-}$ in the 248 nm photolysis of aqueous solutions containing $S_2O_8^{2-}$ and Cl^-. *Journal of Physical Chemistry A*, **108**(2), 295–308.

Zhang X., Li W., Blatchley III E. R., Wang X. and Ren P. (2015). UV/chlorine process for ammonia removal and disinfection by-product reduction: comparison with chlorination. *Water Research*, **68**, 804–811.

Zhao Q., Shang C., Zhang X., Ding G. and Yang X. (2011). Formation of halogenated organic byproducts during medium-pressure UV and chlorine coexposure of model compounds, NOM and bromide. *Water Research*, **45**(19), 6545–6554.

Zhu L., Nicovich J. M. and Wine P. H. (2005). Kinetics studies of aqueous reactions of Cl atoms and Cl_2^- radicals with organic sulfur compounds of atmospheric interest. *Journal of Physical Chemistry A*, **109**(17), 3903–3911.

Zuo Z., Katsumura Y., Ueda K. and Ishigure K. (1997). Reactions between some inorganic radicals and oxychlorides studied by pulse radiolysis and laser photolysis. *Journal of the Chemical Society, Faraday Transactions*, **93**(10), 1885–1891.

第 10 章　基于硫酸根自由基的高级氧化工艺

娜塔莉·卡佩尔·韦尔·莱特纳

10.1　引言

正如其他章节中所广泛讨论的那样，基于˙HO 的高级氧化工艺的基础和应用研究的信息已经积累了一个多世纪。在 1984 年，Fenton 发现金属活化过氧化氢可导致酒石酸被快速氧化。Haber 和 Weiss 于 20 世纪 30 年代对该过程进行了进一步研究，证明了羟基自由基是反应过程中的活性物质。然而直到 1977 年，在 Koubek 发表的关于通过 UV 光解 H_2O_2 去除多种有机酸的著作中，UV/H_2O_2 高级氧化工艺才正式出现。从那时起，大量的研究开始关注于 UV/H_2O_2 工艺的应用，如今该工艺在世界各地的多个水处理厂得以应用。

相对而言，硫酸根自由基（$SO_4^{\cdot-}$）的“历史”较短，涵盖了大约半个世纪的研究成果，硫酸根自由基驱动的氧化过程引起了日益广泛的关注，特别是在过去 10 年中，相关的实验室研究大量开展并在科技文献中报道。

虽然基于硫酸根自由基的高级氧化工艺已经有大量的学术研究，但其工业应用却很罕见。迄今为止，这种通过原位活化过硫酸盐产生硫酸根自由基或过硫酸根自由基的原位化学氧化（In Situ Chemical Oxidation ，ISCO）技术仅在土壤和地下水修复领域中有少量应用。

本章主要概述了基于硫酸根自由基的高级氧化工艺研究与应用的最新进展。同时介绍了硫酸根自由基的生成机理以及其与有机和无机化合物的反应。

10.2　硫酸根自由基的生成方法

目前，文献中已经报道了多种硫酸根自由基的生成方法。这些方法包括均相或非均相的、化学或热学的、光化学或者物理的过程。最常见的生成方法是基于过硫酸盐的活化。过硫酸盐（$S_2O_8^{2-}$）是一种强氧化剂（E^0＝2.1eV），其在贮存和处置过程中相对稳定，但可以被多种试剂活化，以产生反应活性更高、氧化还原电位更高的硫酸根自由基（2.6eV）。在实际的活化过程中，过硫酸盐（过二硫酸盐，PDS）可以通过直接 UV 光解、热和金属活化三个主要方式激发产生硫酸根自由基；同时，也可以活化单过硫酸氢盐（Oxone，PMS），产生硫酸根自由基。

10.2.1 过硫酸盐的轻度热活化和碱活化

研究发现，在30～90℃范围内加热过硫酸盐可有效破坏水中的各种污染物，其中包括挥发性有机化合物（VOCs）（Huang 等，2005）、全氟羧酸（Hori 等，2010）以及对$\cdot HO$惰性的化合物。在热活化下，PDS 可转化为具有强氧化性的硫酸根自由基。

在30℃条件下，$S_2O_8^{2-}$分子中O—O键的断裂被缓慢引发［反应（10-1)］；若将温度升至90℃，O—O键的断裂会变得非常迅速，其活化能在中性条件下约为29kcal/mol（Kolthoff 和 Miller，1951）。

$$S_2O_8^{2-} \xrightarrow{\text{加热}} 2SO_4^{\cdot -} \tag{10-1}$$

研究指出（Furman 等，2010），碱性pH条件可以催化过硫酸盐水解并生成H_2O_2阴离子和硫酸根离子，接下来，H_2O_2阴离子还原过硫酸盐分子并生成硫酸根和硫酸根自由基。此外，过硫酸盐碱活化的总反应（10-2）中还产生了超氧阴离子自由基（$O_2^{\cdot -}$）。

$$2\,S_2O_8^{2-} + 2H_2O \xrightarrow{OH^-} 3SO_4^{2-} + SO_4^{\cdot -} + O_2^{\cdot -} + 4H^+ \tag{10-2}$$

目前，对于通过ISCO手段修复受污染的地下水而言，碱是最常用的过硫酸盐活化剂（Siegrist 等，2011）。

10.2.2 光化学工艺

10.2.2.1 过硫酸盐光解

在紫外线照射下，过二硫酸盐中的过氧键发生断裂并形成了游离的$SO_4^{\cdot -}$自由基［反应（10-3)］。

$$^{-}O-S(=O)_2-O-O-S(=O)_2-O^{-} \xrightarrow{h\nu} 2\ ^{-}O-S(=O)_2-O^{-} \tag{10-3}$$

紫外线活化过硫酸盐是获得硫酸根自由基的一种环境友好的方式，其量子产率高且与pH无关。过硫酸根离子与H_2O_2具有相似的吸收光谱，二者在254nm处的摩尔吸光系数彼此相当，分别为20～22L/(mol·cm)（Heidt，1942；Mark 等，1990）和18.6 L/(mol·cm)（pH=7.5；Hochanadel，1962）。

过硫酸盐在248～254nm波长范围内发生光解并生成硫酸根自由基的量子产率为1.4±0.3（Herrmann，2007；Mark 等，1990；图10-1），远大于H_2O_2发生光解产生$\cdot HO$的量子产率（1.0；Hochanadel，1962）。

$S_2O_8^{2-}$/UV体系中生成的自由基与氧化剂的反应速率比UV/H_2O_2体系的更小，例如$SO_4^{\cdot -}+S_2O_8^{2-}$和$\cdot HO+H_2O_2$两个反应的反应速率常数分别为$k_{SO_4^{\cdot -}/S_2O_8^{2-}}=(6.1\pm0.6)\times10^5$ L/(mol·s)（McElroy 和 Waygood，1990）和$k_{\cdot HO/H_2O_2}=2.7\times10^7$ L/(mol·s)（Buxton 等，1988）。因此，当以上两个反应体系面对同样的水质背景和目标污染物所带来的自由基捕获效应时，相对于UV/H_2O_2体系，$S_2O_8^{2-}$/UV体系中氧化剂和自由

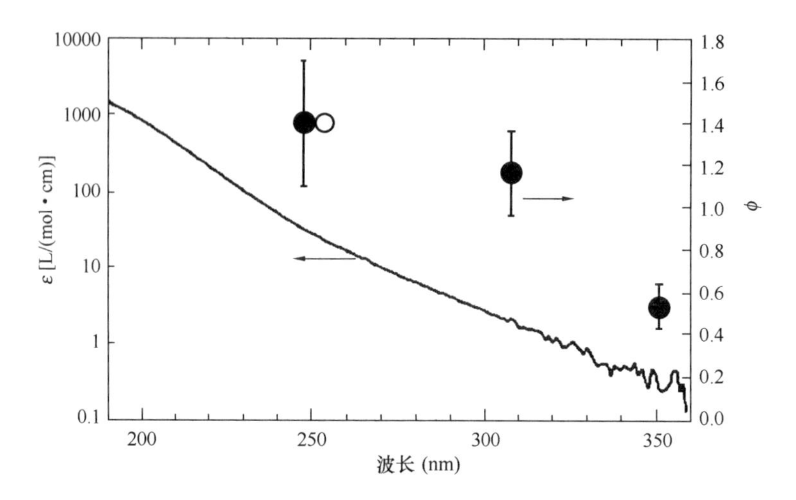

图 10-1　水溶液中 $S_2O_8{}^{2-}$ 的紫外线吸收光谱和光解 $S_2O_8{}^{2-}$ 生成 $SO_4^{\cdot-}$ 的量子产率（（o）Mark 等，1990；（•）Herrmann，2007；2016 版权归英国皇家化学学会所有）

基的低竞争性将更有利于体系的反应效率。

10.2.2.2　单过硫酸氢盐光解

当单过硫酸氢盐（PMS）在单过氧化形态（$HSO_5{}^-$）下存在时，在 $\lambda=254$nm 处所测得的摩尔吸光系数为 13.8～14L/(mol·cm)（pH＝6～7）（Herrmann，2007；Guan 等，2011），而相对的，PMS 在解离形态（$SO_5{}^{2-}$）下的摩尔吸光系数值更高（$\varepsilon=149.5$L/(mol·cm)）。PMS 在 253.7nm 处发生光解，通过过氧键的裂解产生$^{\cdot}$HO 和 $SO_4^{\cdot-}$ 自由基。经计算，在 pH＝7 的条件下，UV/PMS 体系在 254nm 处产生 $SO_4^{\cdot-}$ 的表观量子产率为 0.52±0.01，若假设$^{\cdot}$HO 和 $SO_4^{\cdot-}$ 的生成量相等，则总自由基生成的表观量子产率可估计为 1.04（Guan 等，2011）；因此，UV/PMS 工艺的总自由基产率与 UV/H_2O_2 工艺的$^{\cdot}$HO 产率相似。

$$HSO_5^-/SO_5^{2-}+h\upsilon \longrightarrow SO_4^{\cdot-}+{}^{\cdot}HO \tag{10-4}$$

在 8～10 的 pH 范围内，PMS 的光解速率及其生成$^{\cdot}$HO 和 $SO_4^{\cdot-}$ 的速率随着 pH 的增加而增加（Guan 等，2011）。

10.2.3　过渡金属活化分解过硫酸盐

许多过渡金属，特别是土壤和地下水中常见的二价金属，可以作为电子供体，通过单电子转移反应催化过硫酸盐的分解，从而产生硫酸根自由基。

$$S_2O_8^{2-}+M^{n+} \longrightarrow M^{(n+1)+}+SO_4^{\cdot-}+SO_4^{2-} \tag{10-5}$$

与 Fenton 试剂（亚铁离子活化过氧化氢分解）类似，过硫酸盐可以被 Fe^{2+} 活化：

$$S_2O_8^{2-}+Fe^{2+} \longrightarrow SO_4^{\cdot-}+Fe^{3+}+SO_4^{2-} \tag{10-6}$$

然而，Fe（Ⅱ）可能并不是过硫酸盐的理想活化剂，因为它也可以作为自由基和 PDS 的捕获剂［式（10-7）和式（10-8）］，从而导致反应体系对污染物的降解效率下降

（Liang 等，2004a）。

$$SO_4^{\cdot -} + Fe^{2+} \longrightarrow Fe^{3+} + SO_4^{2-} \quad k = 4.6 \times 10^9 \ L/(mol \cdot s) \ (22℃) \tag{10-7}$$

$$S_2O_8^{2-} + 2Fe^{2+} \longrightarrow 2Fe^{3+} + 2SO_4^{2-} \tag{10-8}$$

为了将以上竞争反应所带来的不良影响最小化，以小增量顺序添加 Fe^{2+} 可以提高反应体系对污染物的去除效率（Liang 等，2004a；Killian 等，2007）。同时，当作为过硫酸盐的活化剂使用时，螯合的亚铁离子远远优于游离的亚铁离子。当有螯合剂（如 EDTA 或柠檬酸）存在时，Fe（Ⅱ）活化过硫酸盐的过程中，Fe^{2+} 对 $SO_4^{\cdot -}$ 的捕获可以被阻止（Liang 等，2004b；Rastogi 等，2009；Liang 等，2009）。研究发现，螯合物/Fe^{2+} 的摩尔比可以控制亚铁离子的有效性。

Oh 等（2010）在研究中指出，零价铁（Fe^0）可以通过不涉及 Fe^{2+} 的机制活化过硫酸盐，即通过 Fe^0 的电子转移使过硫酸根离子发生非均相活化。

$$2\,S_2O_{8\,(aq)}^{2-} + Fe_{(s)}^0 \longrightarrow Fe_{(aq)}^{2+} + 2SO_{4\,(aq)}^{\cdot -} + 2SO_{4\,(aq)}^{2-} \tag{10-9}$$

此外，Fe^0 也可以作为缓释的溶解性亚铁离子源［式（10-10）］，并随之活化 PDS 产生 $SO_4^{\cdot -}$。

$$Fe^0 + S_2O_8^{2-} \longrightarrow Fe^{2+} + 2SO_4^{2-} \tag{10-10}$$

在以上体系中，零价铁表面的铁离子的再循环可以避免亚铁离子的积累并减少氢氧化铁的沉淀。

与 PDS 活化类似，过渡金属离子还可以活化 PMS 以产生硫酸根自由基（大部分）以及 $^{\cdot}HO$。

$$M^{n+} + HSO_5^- \longrightarrow M^{(n+1)+} + SO_4^{\cdot -} + OH^- \tag{10-11}$$

$$HSO_5^- + M^{n+} \longrightarrow M^{(n+1)+} + SO_4^{2-} + {}^{\cdot}OH \tag{10-12}$$

过渡金属活化 PMS 的效率和所生成的两种自由基的物种分布（$SO_4^{\cdot -}$ 和 $^{\cdot}OH$）取决于金属的性质和形态，但在大多数情况下，过渡金属活化 PMS 更倾向于生成 $SO_4^{\cdot -}$（Anipsitakis 和 Dionysiou，2004）。

10.2.4　其他活化工艺

10.2.4.1　单过硫酸氢盐/臭氧联合

Yang 等（2015）在研究中发现，臭氧在与去质子化的单过硫酸盐（SO_5^{2-}）的反应中可以同时产生 $^{\cdot}OH$ 和硫酸根自由基。在 Yang 等推测的反应机制中，参与反应的物质之间形成了加合物（$^-O_3SO_5^-$）［式（10-13）～式（10-18）］。

$$SO_5^{2-} + O_3 \longrightarrow {}^-O_3SO_5^- \tag{10-13}$$

$${}^-O_3SO_5^- \longrightarrow SO_5^{\cdot -} + O_3^{\cdot -} \tag{10-14}$$

$${}^-O_3SO_5^- \longrightarrow SO_4^{2-} + 2O_2 \tag{10-15}$$

$$O_3^{\cdot -} \rightleftharpoons O_2 + O^{\cdot -} \tag{10-16}$$

$$O^{\cdot -} + H_2O \rightleftharpoons {}^{\cdot}HO + OH^- \tag{10-17}$$

$$SO_5^{\cdot -} + O_3 \longrightarrow SO_4^{\cdot -} + 2O_2 \tag{10-18}$$

10.2.4.2 过硫酸盐的光催化

与 H_2O_2 相似，将 $S_2O_8{}^{2-}$ 或 $HSO_5{}^-$ 添加到光催化氧化降解染料的体系中，能加速体系对目标染料的降解与矿化。过硫酸盐与光生导带电子的反应［式（10-19）］及其生成的硫酸根自由基可以发挥双重作用：（1）过硫酸盐作为强氧化剂为反应体系增加了额外的活性物种；（2）过硫酸盐作为电子受体，可以抑制半导体催化剂表面的电子-空穴复合（Konstantinou 和 Albanis，2004；Madhavan 等，2006）。

$$S_2O_8^{2-} + e^-_{CB} \longrightarrow SO_4^{\cdot -} + SO_4^{2-} \tag{10-19}$$

大多数研究结果表明，过二硫酸盐能够显著增强光催化反应的活性。然而，过量的过硫酸盐可能由于 $SO_4{}^{2-}$ 终产物吸附到 TiO_2 表面上而导致反应速率饱和（Syoufian 和 Nakashima，2007）。

10.2.4.3 水分子相关化合物对过硫酸盐的活化

水的脉冲辐射分解可用于确定许多反应的速率常数（Neta 等，1988）。水的辐射分解会形成寿命很短的中间体，即水合电子、氢原子和$^{\cdot}OH$。许多关于硫酸根自由基动力学的研究都采用了过二硫酸根离子与水合电子［式（10-20）］的还原反应来产生硫酸根自由基。

$$S_2O_8^{2-} + e^-_{aq} \longrightarrow SO_4^{\cdot -} + SO_4^{2-} \quad k = 1.2 \times 10^{10}\ L/(mol \cdot s)\ (\text{Buxton 等,1988}) \tag{10-20}$$

Criquet 和 Leitner（2011，2012）在研究中指出，在对含有羧酸的水溶液进行电子束照射过程中，过二硫酸根离子与水合电子反应所生产的硫酸根自由基的氧化特性是促进反应体系中污染物降解和矿化的原因。

在声化学系统中，由于水的热分解，声空化也可产生 OH 和 H 自由基等活性物质。在超声波/$S_2O_8{}^{2-}$ 体系中，这些活性物种，特别是还原性 $H^{\cdot}$，可以与过二硫酸根离子反应，产生硫酸根自由基。此外，过二硫酸根离子也可以通过在这种声化学系统中形成的气泡内产生的热量而发生分解生成硫酸根（Neppolian 等，2010）。

除了上述方式，Matzek 和 Carter 在其综述（2016）中介绍了包括电化学活化和活性炭活化等在内的其他用来降解有机污染物的过硫酸盐活化方式。

10.3 硫酸根自由基在纯水中的特性及稳定性

10.3.1 氧化还原电位

在水溶液中，臭氧（$E^0=2.07V$）、过氧化氢（$E^0=1.78V$）、高锰酸盐（$E^0=1.70V$）和过硫酸盐（$E^0 \approx 2.01V$）的标准氧化还原电位（E^0）十分接近，而相对的，硫酸根自由基则具有更高的氧化还原电位（$E^0=2.6V$）。硫酸根自由基的存在寿命短，但却具有非常强的氧化性。$SO_4^{\cdot -}$ 是硫氧自由基 $SO_n{}^{\cdot -}$ 中最强的氧化剂（式中 n=3、4、5，在 pH=7 条件下，以上硫氧自由基相应的氧化还原电位分别为 0.63V、2.5～3.1V 和

1.1V）（Neta 等，1988；Antoniou 等，2010a）。

表 10-1 总结了 $^{\cdot}HO$ 和 $SO_4^{\cdot-}$ 分别与几类有机化合物反应的速率常数。很明显，除芳烃类化合物外，$SO_4^{\cdot-}$ 的反应活性通常低于 $^{\cdot}HO$。

$^{\cdot}HO$ 和 $SO_4^{\cdot-}$ 与部分羧酸、甲醚、醇、芳烃和胺类化合物在 292K 的水溶液中反应的速率常数 k [L/(mol·s)]　　**表 10-1**

化合物名称		$^{\cdot}HO$	$SO_4^{\cdot-}$
HCO_2^{-}[a]		4.3×10^9	1.1×10^8
HCOOH[a]		1.3×10^8	4.6×10^5
CH_3COO^-[a]		7.5×10^7	3.7×10^6
CH_3COOH[a]		1.8×10^7	1.4×10^4
$CH_3CO_2CH_3$[a]		1.2×10^8	5.0×10^4
甲醇[b]		9.7×10^8	3.2×10^6
乙醇[b]		$(1.2\sim2.8)\times10^9$	$(1.6\sim7.7)\times10^7$
丙醇[b]		2.8×10^9	6×10^7
叔丁醇[b]		$(3.8\sim7.6)\times10^8$	$(4\sim9.1)\times10^5$
芳烃	苯[b]	7.8×10^9	$(2.4\sim3)\times10^9$
	硝基苯[b]	$(3.0\sim3.9)\times10^9$	$<10^6$
	苯酚[b]	6.6×10^9	8.8×10^9
	苯甲酸[b]	4.2×10^9	1.2×10^9
	苯甲醚[b]	7.8×10^9	4.9×10^9
	4-氯甲苯[c]	5.5×10^9	1.1×10^9
	4-溴甲苯[c]	2.9×10^9	1.0×10^9
胺类和氨基酸	丙氨酸[d]	7.7×10^7	$(4.9\pm0.1)\times10^6$
	甘氨酸[d]	1.7×10^7	$(3.7\pm0.1)\times10^6$
	色氨酸[d]		2.0×10^9
	酪氨酸[d]		5.8×10^8

[a] Buxton 等（2001）；[b] Liang 和 Su（2009）；[c] Choure 等（1997）；[d] Bosio 等（2005）。

10.3.2　对 pH 的依赖性

在纯水中，由于自由基的再结合和自由基与氧化剂的反应，硫酸根自由基浓度会降低。

$$SO_4^{\cdot-}+SO_4^{\cdot-}\longrightarrow S_2O_8^{2-}\quad 2k=(8.9\pm0.3)\times10^8\,L/(mol\cdot s)\text{(McElroy 和 Waygood, 1990)}\tag{10-21}$$

$$S_2O_8^{2-} + SO_4^{\cdot -} \longrightarrow S_2O_8^{\cdot -} + SO_4^{2-} \quad k < 1\times 10^4 \sim 7\times 10^5\ \text{L/(mol}\cdot\text{s)}\ \text{(Chitose 等, 1999)} \tag{10-22}$$

在水溶液中，硫酸根自由基也可以参与 pH 依赖性反应并产生$^{\cdot}$OH（Liang 和 Su，2009）。

$$SO_4^{\cdot -} + H_2O \longrightarrow H^+ + SO_4^{2-} + {}^{\cdot}HO\ \text{（在整个 pH 范围内）}\quad k[H_2O] < 2\times 10^{-3}\ s^{-1} \tag{10-23}$$

$$SO_4^{\cdot -} + OH^- \longrightarrow SO_4^{2-} + {}^{\cdot}HO\ \text{（在碱性条件下）}\quad k = (6.5\pm 1.0)\times 10^7\ \text{L/(mol}\cdot\text{s)} \tag{10-24}$$

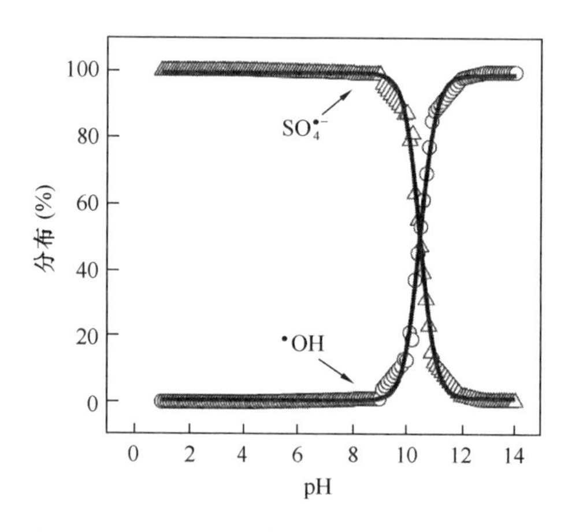

图 10-2　pH 对纯水中自由基种类分布的影响［改编自 Fang 等（2012）；由 Guodong Fang 博士提供（2016）］

在大多数反应体系中，式（10-23）的贡献很小（Norman 等，1970）；在碱性溶液中，硫酸根自由基与氢氧根离子的反应［式（10-24）］则非常迅速。因此，反应体系中主要的自由基物种（$SO_4^{\cdot -}$ 和$^{\cdot}$HO）会根据溶液 pH 的变化而变化。图 10-2 描述了水中硫酸根自由基和羟基自由基的相对分布随 pH 的变化情况。

Dogliotti 和 Hayon（1967）监测了 455nm 处不同 pH 下过硫酸盐溶液闪蒸光解所产生的硫酸根自由基的吸光度。研究发现，在 pH > 10.8 时，几乎没有检测到硫酸根自由基的吸收，这表明在强碱性介质下 $SO_4^{\cdot -}$ 转化为了$^{\cdot}$OH（图 10-3）。

水的 pH 可以通过以下几个方面影响基于硫酸根自由基的高级氧化工艺：

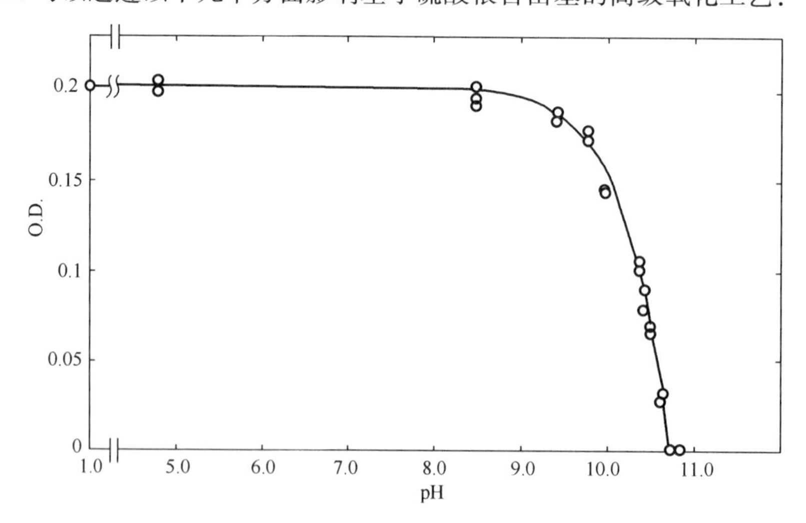

图 10-3　闪蒸光解过硫酸盐溶液（10^{-2}mol/L）所产生的瞬态 $SO_4^{\cdot -}$ 在 455nm 处的光密度值随 pH 的变化图（经 Dogliotti 和 Hayon（1967）许可转载；2016 版权归美国化学学会所有）

（1）影响自由基的生成速率。pH 对自由基生成速率的改变主要是由于 pH 可以改变氧化剂的存在形态。Guan 等（2011）在考察 UV/PMS 体系降解苯甲酸时发现，当溶液的 pH 在 8～11 范围内不断增加时，PMS 的存在形式也不断从 HSO_5^- 转变为 SO_5^{2-}，由于 SO_5^{2-} 的摩尔吸光系数明显高于 HSO_5^-，因此 $SO_4^{\cdot-}$ 和 $^{\cdot}OH$ 的生成速率也随着 pH 的提高而增大。以上现象在 UV/H_2O_2 体系中也被观测到，但在 $UV/S_2O_8^{2-}$ 体系中并不适用（参见第 10.2.2 节）。

（2）影响水中各种自由基的相对分布，例如图 10-2 中的 $SO_4^{\cdot-}$ 和 $^{\cdot}OH$ 或其他自由基体系如 $Cl^{\cdot}/Cl_2^{\cdot-}$ 和 $^{\cdot}OH$（见第 10.6 节和第 9 章）。

（3）影响一些有机化合物的电离状态，即质子化或去质子化形态。不同的电离形态对氧化性自由基也会呈现出的不同的反应活性。

（4）影响水质背景因子及其对自由基的捕获能力，例如碳酸氢盐/碳酸盐以及溶解性有机物与自由基的反应。

pH 对污染物降解的总体影响将由上述几个方面综合产生。

还应注意的是，在无缓冲或低碱度的水溶液中，基于 PDS 活化的高级氧化工艺会出现溶液酸化现象，这主要源于活化反应的主要稳定产物 HSO_4^- 的生成及酸转化产物和质子的存在。

10.4 硫酸根自由基在纯水体系中与有机物反应的机理

$SO_4^{\cdot-}$ 主要通过氢原子提取、电子转移和加成反应三种方式与有机物反应。

（1）氢原子提取：

$$RH + SO_4^{\cdot-} \longrightarrow R^{\cdot} + HSO_4^- \tag{10-25}$$

（2）电子转移：

$$R\text{-}C_6H_5 + SO_4^{\cdot-} \longrightarrow R\text{-}C_6H_5^{\cdot+} + SO_4^{2-} \tag{10-26}$$

（3）加成反应：

$$H_2C = CHR + SO_4^{\cdot-} \longrightarrow {}^-OSO_2OCH_2 - C^{\cdot}HR \tag{10-27}$$

在与有机或无机化合物的反应中，$SO_4^{\cdot-}$ 比 $^{\cdot}OH$ 更具有选择性。$SO_4^{\cdot-}$ 的反应机理与 $^{\cdot}OH$ 略有不同。例如，相对于 $HO^{\cdot}$，$SO_4^{\cdot-}$ 更易于通过单电子转移与目标污染物反应，而通过加成反应和氢原子提取反应则进行较慢。这一差异也导致了 $SO_4^{\cdot-}$ 的氧化产物与 $^{\cdot}OH$ 的氧化产物有所不同。以下小节主要介绍了 $SO_4^{\cdot-}$ 与各类有机化合物反应的实例。

10.4.1 氢原子提取（析氢）反应

10.4.1.1 烷烃类和醇类化合物

醇类、烷烃类和醚类化合物与 $SO_4^{\cdot-}$ 的反应主要通过氢原子提取来进行。$SO_4^{\cdot-}$ 的氢原子提取反应速率常数比 $^{\cdot}HO$ 的小约 1～2 个数量级。

根据 Mendez-Diaz 等（2010）的报道，在没有氧气存在的情况下，氢原子提取反应中形成的自由基可以参与以下链式反应：

$$SO_4^{\cdot -} + RH_2 \longrightarrow SO_4^{2-} + H^+ + RH^{\cdot} \tag{10-28}$$

$$RH^{\cdot} + S_2O_8^{2-} \longrightarrow R + SO_4^{2-} + H^+ + SO_4^{\cdot -} \tag{10-29}$$

$$SO_4^{\cdot -} + RH \longrightarrow R^{\cdot} + SO_4^{2-} + H^+ \tag{10-30}$$

$$2R^{\cdot} \longrightarrow RR(\text{二聚体}) \tag{10-31}$$

$$SO_4^{\cdot -} + H_2O \longrightarrow HSO_4^- + {}^{\cdot}HO \tag{10-32}$$

$${}^{\cdot}HO + S_2O_8^{2-} \longrightarrow HSO_4^- + SO_4^{\cdot -} + 1/2O_2 \tag{10-33}$$

Levey 和 Hart（1975）则提出了硫酸根自由基氧化醇类化合物的以下链式反应机理：

$$SO_4^{\cdot -} + R_2CHOH \longrightarrow HSO_4^- + R_2C^{\cdot}OH \tag{10-34}$$

$$R_2C^{\cdot}OH + S_2O_8^{2-} \longrightarrow HSO_4^- + SO_4^{\cdot -} + R_2C=O \tag{10-35}$$

在有氧气存在的情况下，氢原子提取反应可形成有机过氧自由基（$ROO^{\cdot}$）。Mark 等（1990）指出了在有氧气存在的条件下硫酸根自由基氧化叔丁醇（tert-butyl alcohol，TBA）的机理，该反应机理涉及 TBA 衍生的过氧自由基的双分子衰减以及羰基化合物的生成。

$$SO_4^{\cdot -} + (CH_3)_3COH \longrightarrow SO_4^{2-} + H^+ + {}^{\cdot}CH_2C(CH_3)_2OH \tag{10-36}$$

$${}^{\cdot}CH_2C(CH_3)_2OH + O_2 \longrightarrow {}^{\cdot}O_2CH_2C(CH_3)_2OH \tag{10-37}$$

$$2{}^{\cdot}O_2CH_2C(CH_3)_2OH \longrightarrow HOC(CH_3)_2CH_2O_4CH_2C(CH_3)_2OH(RO_4R) \tag{10-38}$$

$$RO_4R \longrightarrow HOC(CH_3)_2CH_2OH + O_2 + HOC(CH_3)_2CHO \tag{10-39}$$

$$RO_4R \longrightarrow 2HOC(CH_3)_2CHO + H_2O_2 \tag{10-40}$$

$$RO_4R \longrightarrow 2CH_2O + 2{}^{\cdot}C(CH_3)_2OH + O_2 \tag{10-41}$$

$${}^{\cdot}C(CH_3)_2OH + O_2 \longrightarrow HO_2^{\cdot} + (CH_3)_2CO \tag{10-42}$$

以上反应机理类似于 $^{\cdot}HO$ 对 TBA 的攻击。

10.4.2 电子转移反应

10.4.2.1 羧酸类化合物

据文献报道，$^{\cdot}OH$ 与取代乙酸的反应是通过对其取代甲基基团（$-CR_1R_2H$）夺氢（亲电子攻击）来进行的。

$${}^{\cdot}HO + R_1-CHR_2COO^- \longrightarrow H_2O + R_1-C^{\cdot}R_2COO^- \tag{10-43}$$

$^{\cdot}HO$ 氧化羧酸会引起少量脱羧反应的发生。

与 $^{\cdot}HO$ 的反应机理不同，氢原子提取并不是 $SO_4^{\cdot -}$ 与脂肪族羧酸的主要反应途径。相反，$SO_4^{\cdot -}$ 与羧酸更倾向于通过电子转移发生反应，并引发脱羧反应（Madhavan 等，

1978)。例如，已有研究指出，$SO_4^{\cdot-}$攻击乙酸酯和卤代乙酸酯时，是通过电子转移与目标污染物的羧酸酯基团发生反应并产生羧基自由基的。随后，羧基自由基进一步脱羧产生$C^{\cdot}R_1R_2H$基团［式（10-44）和式（10-45）］，式中R_1和R_2代表CH_3、H、Br、Cl、F、NH_3^+）(Chawla 和 Fessenden，1975；Madhavan 等，1978；Bosio 等，2005)。

$$SO_4^{\cdot-} + R_1CHR_2COO^- \longrightarrow SO_4^{2-} + R_1CHR_2COO^{\cdot} \tag{10-44}$$

$$R_1CHR_2COO^{\cdot} \longrightarrow {}^{\cdot}CR_1R_2H + CO_2 \tag{10-45}$$

Criquet 和 Leitner（2009）对比了 H_2O_2/UV 和 $S_2O_8^{2-}$/UV 工艺对乙酸盐及 TOC 的去除，发现以上两个工艺对乙酸盐的降解效率相似，但 $S_2O_8^{2-}$/UV 工艺对 TOC 的去除率更高。Criquet 和 Leitner 认为，通过硫酸根自由基引导的脱羧反应［式（10-46）］以及中间体（甲醇、甲醛和甲酸根离子）的氧化，乙酸盐获得了更好的矿化，而与 $S_2O_8^{2-}$/UV 不同的是，H_2O_2/UV 和乙酸盐反应导致了乙醛酸盐、乙醇酸盐和草酸盐离子的形成，不利于乙酸盐的矿化。

$$SO_4^{\cdot-} + CH_3COO^- \longrightarrow SO_4^{2-} + {}^{\cdot}CH_3 + CO_2 \tag{10-46}$$

有研究指出，硫酸根自由基引导的脱羧反应对乙酸盐、丙二酸盐、丙酸盐和琥珀酸盐的去除率可以达到 80%以上（Madhavan 等，1978）。与$^{\cdot}$HO 类似，硫酸根自由基与质子化物质的反应要慢于与去质子化物质的反应。

10.4.2.2 氨基酸和胺类化合物

根据 Madhavan 等（1978）和 Bosio 等（2005）的研究，$SO_4^{\cdot-}$降解氨基酸（和肽）的过程中可以观测到很高的脱羧产率，这表明羧酸基团是$SO_4^{\cdot-}$倾向攻击的位点。对于与$SO_4^{\cdot-}$反应，肽比其母体化合物氨基酸的反应活性更高，而其中的芳香基团则是更易受到自由基攻击的位点。在贫氧条件下，$SO_4^{\cdot-}$与氨基酸或肽类物质反应生成的以碳为中心的自由基还会继续与氧化剂（PDS）发生反应（以甘氨酸为例）：

$$H_2N-CH_2CO_2^- + SO_4^{\cdot-} \longrightarrow H_2N-C^{\cdot}H_2 + CO_2 + SO_4^{2-} \tag{10-47}$$

$$H_2N-C^{\cdot}H_2 + S_2O_8^{2-} \longrightarrow HN=CH_2 + H^+ + SO_4^{2-} + SO_4^{\cdot-} \tag{10-48}$$

$SO_4^{\cdot-}$氧化含胺基基团的化合物也可通过对氮原子的亲电子攻击进行，例如硫酸根自由基与胞苷的反应（Aravindakumar 等，2003），在发生电子转移后形成氮中心自由基。硫酸根自由基氧化苯胺衍生物时，首先$SO_4^{\cdot-}$夺取电子并形成 N-中心自由基正离子（R-$NH_2^{\cdot+}$），该自由基正离子接下来迅速水解生成羟胺衍生物（R-NHOH），以上过程与$^{\cdot}$OH 引导的芳香环自由基加成反应明显不同（Mahdi-Ahmed 等，2012）。

10.4.2.3 芳烃类化合物

在$SO_4^{\cdot-}$与富电子的芳烃化合物的反应中$SO_4^{\cdot-}$基夺取芳环上的电子是最主要的反应途径。Zemel 和 Fessenden（1978）采用 ESR 和光学吸收光谱法研究了$SO_4^{\cdot-}$与一些苯衍生物的反应产物，发现所有反应中苯环均被氧化生成了中间体阳离子产物：

$$C_6H_4(R_1R_2) + SO_4^{\cdot -} \longrightarrow {}^{\cdot +}C_6H_4(R_1R_2) + SO_4^{2-} \tag{10-49}$$

Neta 等（1977）在研究中观测到了 $SO_4^{\cdot -}$ 与许多取代苯类化合物反应的速率常数与反映苯环上电子电荷分布的 Hammett 取代基常数 σ 之间存在线性相关性，从而证实了硫酸根自由基夺取芳环电子的高选择性，同时，他们还利用脉冲辐射法分析确定了双分子反应速率常数。

$SO_4^{\cdot -}$ 与芳烃化合物反应形成的自由基阳离子会与水分子快速反应并形成羟基环己二烯基自由基，这与·OH 攻击芳环时所形成的中间体相同。根据芳环上取代基的不同，也可能发生一些平行反应，即去质子反应（来自羟基或甲基）或者羧基官能团中失去一分子 CO_2 的反应（Zemel 和 Fessenden，1978）。

对于 $SO_4^{\cdot -}$ 与苯酸盐反应所生成的寿命极短的自由基阳离子中间体，其后续反应一般有以下两个途径：(1) 发生脱羧反应，失去一分子 CO_2 并形成苯基自由基；(2) 发生水解和质子化反应形成羟基环己二烯基自由基（Zemel 和 Fessenden，1978）。以上两个途径发生的比例为 70∶30（图 10-4），这表明失去一分子 CO_2 是 $SO_4^{\cdot -}$ 降解苯甲酸的最主要途径（70%）。而不同于 $SO_4^{\cdot -}$，当·OH 与苯甲酸反应时，产生的脱羧产率占总降解机理的不到 10%。Criquet 和 Leitner（2015）在最近的一篇关于采用电子束辐照活化产生硫酸根自由基以降解对羟基苯甲酸的研究中也报道了类似的结果。Criquet 和 Leitner 在研究中发现，苯醌是活化过硫酸盐降解苯甲酸过程中产生的主要降解产物，该过程中没有形成聚羟基苯甲酸；而在基于·OH 的电离辐射反应体系中，却检测到了对羟基苯甲酸的聚羟基化衍生产物。

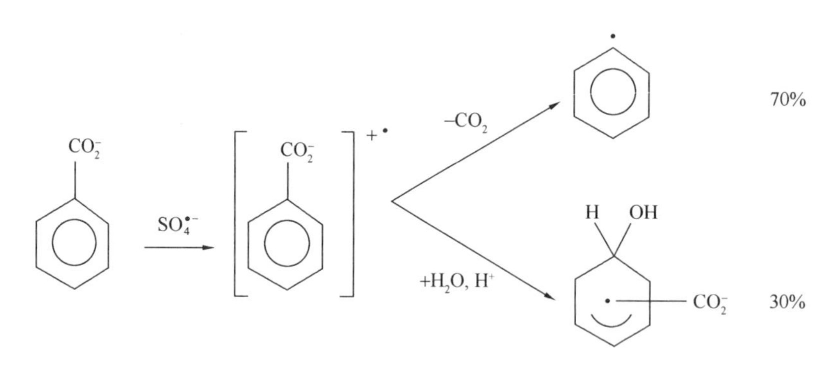

图 10-4 由 Zemel 和 Fessenden（1978）提出的 $SO_4^{\cdot -}$ 与苯酸盐的反应机理（本图经许可重印；2016 版权归美国化学学会所有）

实际上，无论通过哪种途径，硫酸根自由基与芳烃化合物反应所产生的自由基正离子都是不断趋向于转化成为更稳定的中间体自由基。Zemel 和 Fessenden（1978）研究了 $SO_4^{\cdot -}$ 与三种甲苯甲酸异构体反应所得的转化产物，并从研究中得出了以下结论：

(1) 邻甲苯甲酸主要通过损失其甲基中的 H^+ 而产生了邻羧苄基自由基；

(2) 间甲苯甲酸则基于自由基阳离子与水分子的反应，通过羟基化形成了 OH 基团加成的混合物（羟基环己二烯基自由基），而没有形成间羧苄基自由基；

(3) 对甲苯甲酸：25%～35%和 25%～45%的自由基阳离子分别衍生为对羧苄基自

由基和双甲基取代的羟基环己二烯基自由基，另外 20%～50%的自由基阳离子通过脱羧反应生成了对甲基苯基自由基。

图 10-5 显示了初级自由基阳离子向稳定自由基中间体的演变。

尽管 $SO_4^{\cdot-}$ 与芳烃化合物反应产生的自由基中间体通常不同于 $^{\cdot}OH$ 与有机化合物反应生成的自由基中间体，但两个体系中的许多转化产物依然是相同的。例如，Anipsitakis 等（2006）在 $SO_4^{\cdot-}$ 降解苯酚的过程中检测到了邻苯二酚、对苯二酚和醌，同时，以上产物也是 $^{\cdot}OH$ 氧化苯酚的主要转化产物。Anipsitakis 等指出，在反应初期，$SO_4^{\cdot-}$ 与苯酚反应生成的自由基正离子转化成了羟基环己二烯基（与 $^{\cdot}OH$ 攻击芳环的情况相同）。

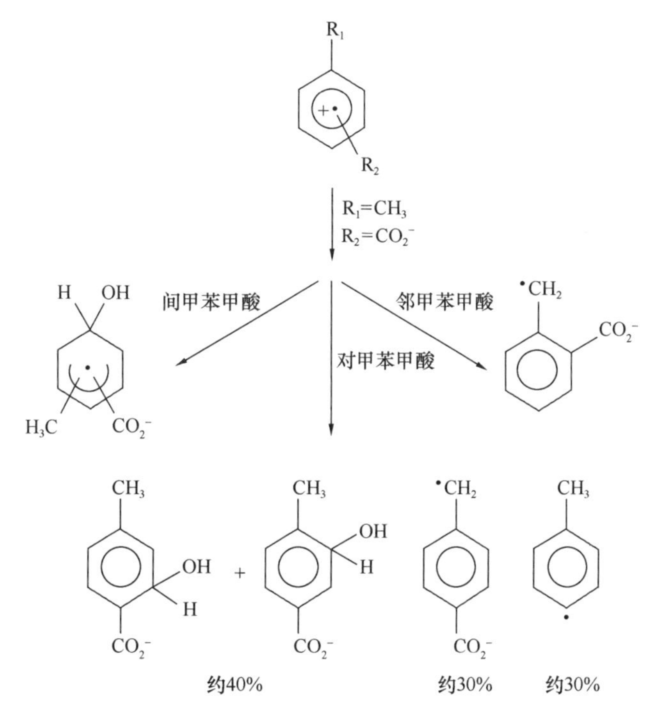

图 10-5 $SO_4^{\cdot-}$ 与三种甲苯甲酸异构体反应生成的不同反应产物的产率［本图经 Zemel 和 Fessenden（1978）许可修改；2016 版权归美国化学学会所有］

10.4.3 不饱和键的加成反应

Norman 等（1970）指出，硫酸根自由基与 3，3-二甲基丙烯酸或其阴离子的不饱和结构发生反应时，可通过双键加成反应进行并随后发生异裂［式（10-50）和式(10-51)］，也可通过电子转移来进行［式（10-52)］。

$$(CH_3)_2C=CH-COOH+SO_4^{\cdot-}\longrightarrow(CH_3)_2C(OSO_2O^-)-C^{\cdot}H-COOH\longrightarrow (CH_3)_2C^+-C^{\cdot}H-COOH+SO_4^{2-} \tag{10-50}$$

$$(CH_3)_2C=CH-COOH+SO_4^{\cdot-}\longrightarrow(CH_3)_2C^{\cdot}-C(OSO_2O^-)H-COOH\longrightarrow (CH_3)_2C^{\cdot}-C^+H-COOH+SO_4^{2-} \tag{10-51}$$

$$(CH_3)_2C = CH - COOH + SO_4^{\cdot -} \longrightarrow (CH_3)_2C^+ - C^{\cdot}H - COOH + SO_4^{2-} \quad (10\text{-}52)$$

以上两个途径产生的自由基正离子发生水解后形成羟基化的自由基 [$(CH_3)_2C(OH)—C^{\cdot}H—COOH$ 和 $(CH_3)_2C^{\cdot}—C(OH)H—COOH$]，这与 $^{\cdot}HO$ 体系下产生的产物类似。

类似的，当硫酸根自由基氧化三氯乙烯（TCE）时，$SO_4^{\cdot -}$ 从烯烃基团夺取电子（Liang 等，2009），随后自由基正离子在水溶液中发生分解形成羟烷自由基（类似于直接由 OH 基团加成所形成的结构）。

$$Cl_2C = CHCl + SO_4^{\cdot -} \longrightarrow Cl_2C^{\cdot} - C^+HCl + SO_4^{2-} \quad (10\text{-}53)$$

$$Cl_2C^{\cdot} - C^+HCl + H_2O \longrightarrow (OH)CHCl - C^{\cdot}Cl_2 + H^+ \quad (10\text{-}54)$$

10.5 硫酸根自由基降解水中有机微污染物

水中相当多的有机微污染物具有持久性，对环境、水生生物和人类健康都可产生不利影响。目前，已经有大量的文献报道了采用硫酸根自由基高级氧化体系降解水中微量有机污染物，这些研究已经由 Zhang 等（2015）做了汇编和整理。许多实验室规模的研究都集中在考察硫酸根自由基高级氧化技术对水环境和饮用水水源中频繁检出的污染物的降解，以及考察这些污染物的转化产物方面。本节仅介绍硫酸根自由基高级氧化技术对部分有机微污染物的降解。表 10-2 列出了近期文献报道中的一系列水环境污染物与 $SO_4^{\cdot -}$ 的二级反应速率常数。这些动力学数据和整体研究都表明，基于硫酸根自由基的高级氧化技术在降解污染物方面的效率与基于羟基自由基的高级氧化技术相当甚至更高。

$SO_4^{\cdot -}$ 与部分有机微污染物的二级反应速率常数　　表 10-2

微污染物名称（P）		$k_{SO_4^{\cdot -},p}$ [$\times 10^9$ L/(mol·s)]	参考文献
农药	阿特拉津	3（pH=5）	Manoj 等（2007）
	阿特拉津	3.5±0.08（pH=7～8）	Lutze 等（2015a）
	阿特拉津	2.59	Khan 等（2014）
	去异丙基阿特拉津	2.0±0.57（pH=7～8）	Lutze 等（2015a）
	去乙基阿特拉津	0.96±0.017（pH=7～8）	Lutze 等（2015a）
	脱乙基去异丙基阿特拉津	0.15±0.008（pH=7～8）	Lutze 等（2015a）
	特丁津	3.0±0.05（pH=7～8）	Lutze 等（2015a）
	扑灭津	2.2±0.05（pH=7～8）	Lutze 等（2015a）
	去乙基特丁津	0.36±0.023（pH=7～8）	Lutze 等（2015a）
	1，3，5-三嗪	0.081（pH=5）	Manoj 等（2007）

续表

微污染物名称 (P)		$k_{SO_4^{\cdot -},P}$ [×10^9 L/(mol·s)]	参考文献
农药	2,4,6-三甲氧基-1,3,5-三嗪	0.051 (pH=5)	Manoj 等 (2007)
	2,4-二氧六氢-1,3,5-三嗪	0.046	Manoj 等 (2007)
	杀草强	0.377±0.017 (pH=7) 0.258±0.028 (pH=3) 0.292±0.013 (pH=12)	Orellana-Garcia 等 (2015)
	草甘膦	0.16±0.01 (pH=4~5)	Diaz Kirmser 等 (2010)
	百草枯	1.2±0.3 (pH=4~5)	Diaz Kirmser 等 (2010)
	广灭灵	0.94±0.04 (pH=4.4)	Gara 等 (2009)
藻毒素和嗅味物质	肝毒素	4.5 (pH=7.4)	He 等 (2013)
	2-甲基异莰醇 (2-MIB)	0.42±0.06 (pH=4~7)	Xie 等 (2015)
	土臭素	0.76±0.06 (pH=7.0)	Xie 等 (2015)
多氯联苯 (pH=5)	2-一氯联苯	0.21	Fang 等 (2012)
	4-一氯联苯	0.199	Fang 等 (2012)
	2,4-二氯联苯	0.089	Fang 等 (2012)
	2,4′-二氯联苯	0.0688	Fang 等 (2012)
	2,2′-二氯联苯	0.0265	Fang 等 (2012)
	4,4′-二氯联苯	0.131	Fang 等 (2012)
	2,4,4′-三氯联苯	0.025	Fang 等 (2012)
药物	阿莫西林*	3.48±0.05 (pH=7.4)	Rickman 和 Mezyk (2010)
	青霉素 G*	2.08±0.04 (pH=7.4)	Rickman 和 Mezyk (2010)
	青霉素 V*	2.89±0.05 (pH=7.4)	Rickman 和 Mezyk (2010)
	哌拉西林*	1.74±0.11 (pH=7.4)	Rickman 和 Mezyk (2010)
	头孢克洛*	2.44±0.04 (pH=7.4)	Rickman 和 Mezyk (2010)
	磺胺甲恶唑	12.5±3.1 (pH=7)	Mahdi-Ahmed 等 (2012)
	双氯芬酸	9.2±2.6 (pH=7)	Mahdi-Ahmed 等 (2012)
	立痛定	1.92±0.01 (pH=3) 2.63	Matta 等 (2011) Rao 等 (2013)
	环丙沙星	1.2±0.1 (pH=7)	Mahdi-Ahmed 和 Chiron (2014)
	阿替洛尔	13 (pH=7) 22	Liu 等 (2013a) Liu 等 (2013b)
	碘普罗胺	(1.5±0.5) ×10^{4}L/(mol·s)	Chan 等 (2010)

* β-内酰胺类抗生素。

通常，测定 $SO_4^{\cdot -}$ 与化合物的反应速率常数时，可以通过竞争动力学、激光闪光光解和脉冲辐射分解法等方式构建反应体系，并通过基于自由基稳态假设的反应方程式计算得到。在最近的一项研究中，Xiao 等 (2015) 开发了可预测 $SO_4^{\cdot -}$ 反应的定量构效关系 (Quantitative Structure Activity Relationship，QSAR) 模型。该模型中，两个分子描述符合一个经验关系，即 E_{LUMO}（最低未占据轨道能）和 E_{HOMO}（最高占据轨道能）的能隙以及氧原子与碳原子的比率，为预测 $SO_4^{\cdot-}$ 降解微量有机化合物的反应速率常数提供了可靠手段。

10.5.1 农药

Manoj 等（2007）和 Lutze 等（2015a）计算了 $SO_4^{\cdot-}$ 与许多取代的三嗪类农药及其代谢产物的反应速率常数。除了阿特拉津外，$SO_4^{\cdot-}$ 与三嗪类农药的反应速率要低于 $^{\cdot}OH$。$SO_4^{\cdot-}$ 氧化阿特拉津所产生的转化产物及其降解途径已报道（Lutze 等，2015a；Khan 等，2014）。根据瞬态吸收光谱的分析结果，$SO_4^{\cdot-}$ 与目标污染物反应生成的中间体转化成了碳中心自由基、OH 基团加合物和氮中心自由基。在众多可能的反应机理中，脱烷基化是最为主要的降解机理，其中脱乙基反应的发生频率要高于脱异丙基取代基反应（Lutze 等，2015a）。

对于其他农药，包括敌草隆、杀草强、硫丹、广灭灵、百草枯和草甘膦等的降解研究主要集中在动力学方面和对实验影响因素的考察方面（影响因素包括温度、pH、氧化剂剂量、初始污染物浓度、碱度、无机阴离子和有机物等）（Tan 等，2012；Orellana-Garcia 等，2015；Shah 等，2013；Diaz Kirmser，2010；Gara 等，2009）。与其他环境化学污染物一样，农药已被证实可以干扰内分泌系统，并可能对人类的生长发育、生殖、神经、心血管、代谢和免疫等方面产生负面影响（Schug 等，2011）。

10.5.2 药物

目前也有相当多的文献报道了硫酸根自由基对多种不同结构和不同生化活性药物的降解，这些药物包括抗生素（磺胺甲恶唑、磺胺二甲嘧啶、环丙沙星、β-内酰胺类抗生素）、抗炎药物和镇痛药（布洛芬、双氯芬酸）、X 射线造影剂（碘普罗胺）、抗癫痫药物（卡马西平）和β-受体阻滞剂（阿替洛尔）等（Ghauch 等，2013；Mahdi-Ahmed 等，2012；Gao 等，2012；Mahdi-Ahmed 和 Chiron，2014；Rickmann 和 Mezyk，2010；Roshani 和 Leitner，2011；Chan 等，2010；Deng 等，2013；Matta 等，2011；Rao 等，2013；Liu 等，2013a，2013b）。在上述研究中，大部分药物（初始浓度范围：20～500 μmol/L）都能得到有效去除，同时，这些研究也考察了水质和工艺参数对硫酸根自由基生成产率及其氧化药物效果的影响。

Mahdi-Ahmed 等（2012）以双氯芬酸和磺胺甲恶唑为探针化合物，研究了苯胺类药物对硫酸根阴离子的反应活性。他们报道了这些化合物与硫酸根阴离子在扩散控制动力学下的反应，其二级速率常数在 9×10^9～13×10^9 L/(mol・s) 范围内。结果表明，选择性氧化反应始于药物的氨基与硫酸根阴离子通过单电子转移形成的氮中心自由基，接下来是一系列包括脱羧、羟基化和键断裂的降解反应。

10.5.3 藻毒素和嗅味物质

目前，在以地表水为水源的饮用水处理工艺中，主要采用 UV/H_2O_2 高级氧化工艺来去除藻毒素（强效神经毒素和肝毒素）和嗅味物质。截至目前，只有少数研究考察了硫酸根自由基高级氧化工艺对以上污染物的降解。He 等（2013）发现羟基和硫酸根自由基降解蓝藻毒素中的柱孢藻毒素的二级反应速率常数彼此相当，分别为 5.1×10^{9} L/(mol・s）和 4.5×10^{9} L/(mol・s)。其他一些相似研究也表明（Antoniou 等，2010a，2010b），硫酸根自由基高级氧化工艺降解蓝藻毒素中的微囊藻毒素-LR（MC-LR，1 μmol/L）的速率与一些基于羟基自由基的高级氧化工艺相当甚至更高，同时，当硫酸根自由基攻击 MC-LR 上的不同位点（苯环、二烯键、不饱和 C 键和氧化键断裂）时会生成一系列复杂的中间产物混合物。

在藻华爆发期间，蓝藻中会产生 2-甲基异莰醇（2-MIB）和土臭素，尽管 2-MIB 和土臭素是无毒的，但它们会使饮用水产生异味。目前，已有研究指出，2-MIB 和土臭素可被 UV/过硫酸盐工艺有效去除，同时，该研究还考察了溶液中存在的碳酸盐物质和天然有机物对降解反应的影响（Xie 等，2015）。

10.5.4　挥发性有机化合物（VOCs）

已经有相当多的研究考察了各种参数如氧化剂/化合物摩尔比和水质参数（如 pH、Cl^-、HCO_3^- 浓度和腐殖酸）等对硫酸根自由基降解 VOCs 的影响，这些 VOCs 包括甲基叔丁基醚（MTBE），1,1,1-三氯乙烷（TCA），1,4-二恶烷，三氯乙烯和 BTEX 等。同时，还有一些研究关注了目标 VOCs 在反应体系中的转化产物和可能的降解途径。最早的一篇相关研究考察了 UV/PDS 对工业溶剂 1,4-二恶烷（400 μmol/L）的降解，研究发现，目标污染物的转化产物有乙二醇二甲酸盐、甲酸和甲醛，这也表明降解反应的机理是氧化开环（Maurino 等，1997）。值得一提的是，Stefan 和 Bolton（1998）在采用 UV/H_2O_2 工艺降解 1,4-二恶烷时，也观测到了以上这些转化产物。

Gu 等（2012）对比了 H_2O_2/UV 和 $S_2O_8^{2-}$/UV 对 1,1,1-三氯乙烷（TCA；0.15～0.75mmol/L）的降解，其中，在 $S_2O_8^{2-}$/UV 工艺中检测到了 1,1,1,2-四氯乙烷、四氯化碳、氯仿、四氯乙烯、1,1-二氯乙烯、三氯乙酸和二氯乙酸，然而在 H_2O_2/UV 工艺中仅检测到了一氯乙酸和其他无挥发性的转化产物。同时，Gu 等指出，虽然 $S_2O_8^{2-}$/UV 工艺降解 TCA 的效率更高，但由于该工艺中产生了大量有毒有害的中间产物，因此 H_2O_2/UV 工艺相对更环保。然而，Li 等（2013）在考察超声活化过硫酸盐去除 TCA 时发现，随着反应的不断进行，大多数 TCA 转化产物的浓度在增大到一定峰值后逐渐下降直至接近于零，最后体系中转化生成的氯离子含量占到反应前 TCA 中氯含量的 91%（$[TCA]_0$ =85 mg/L)。除了结合在转化产物四氯化碳和 1,1,1,2-四氯乙烷中的氯元素，TCA 中几乎所有的有机氯都被矿化为了氯离子，这一现象说明，足够的氧化反应时间（能量）可以避免毒性中间产物的释放。此外，氯离子可被硫酸根自由基氧化成氯自由基，而氯自由基在 TCA 降解过程中也可以发挥重要作用（图 10-6）。

Huang 等（2005）采用热活化过硫酸盐体系降解由 59 种 VOCs（每种 VOC 的浓度为 0.6～2 μmol/L）构成的混合物，这些 VOCs 包括氯化乙烯、BTEX 和三氯乙烷等。Huang 等发现，含有碳碳双键或含有被活性官能团取代的芳环结构的 VOCs 更容易被降解，而饱和烃和卤代烷烃则较难被氧化。

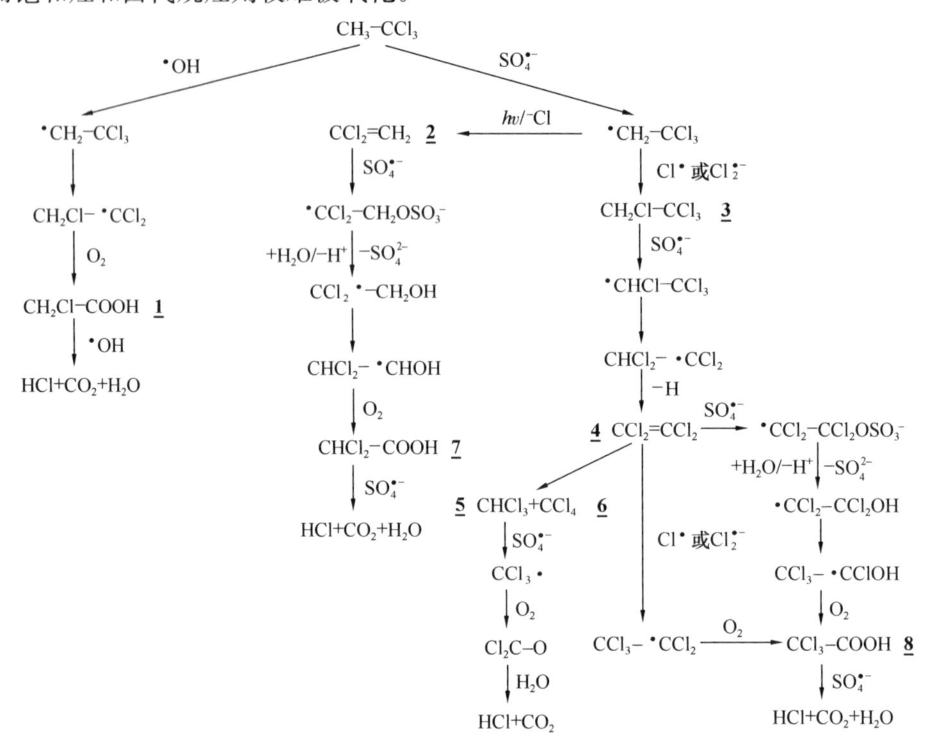

图 10-6　H_2O_2/UV 和 $S_2O_8^{2-}$/UV 氧化 TCA 的途径

（经 Gu 等（2012）许可转载；2016 版权归美国化学学会所有）

10.5.5　全氟化合物

全氟酸，特别是全氟羧酸（PFCAs）、氢全氟羧酸（H-PFCAs）、全氟醚羧酸和全氟辛烷磺酸（PFOS），在近些年引起了越来越广泛的关注。这类毒性污染物目前在水和土壤环境中广泛存在，同时，基于•OH 的高级氧化工艺对该类污染物的去除效果也较为有限。在 2016 年 5 月 19 日，美国环保署针对 PFOS 和全氟辛酸（PFOA）颁布了 70ng/L 的饮用水健康建议标准以保护人群健康，特别是保护长期饮用含有该类污染物的饮用水的敏感人群（https://www.epa.gov/ground-water-and-drinking-water/drinkingwater-health-advisories-pfoa-and-pfos）。这一校准限值是美国环保署依据当年最新的全氟化合物健康风险评估研究结果所确定的。

研究表明，采用活化过硫酸盐过程中形成的 $SO_4^{•-}$ 可有效降解带有 C_4～C_8 全氟烷基的全氟羧酸（PFCAs、$C_nF_{2n+1}COOH$；0.5 μmol/L～1.35 mmol/L）（Hori 等，2005，2010；Lee 等，2009；Liu 等，2012）。同时，PFCAs 降解过程中，氟化链分解所产生的主要产物一般包括氟化物、二氧化碳和失去 CF_2 基团的短链 PFCAs，且不生成能够破坏臭氧层的碳氟化合物 CF_4 和 CF_3H。

目前，已经有相关文献研究并报道了 $SO_4^{•-}$ 氧化降解 PFCAs 的机理。式(10-55)～式

（10-61）以 PFOA 为例，简要说明了 $SO_4^{\cdot -}$ 降解 PFCAs 的过程（Lee 等，2009；Hori 等，2010）。首先，在 $SO_4^{\cdot -}$ 的攻击下，目标污染物经过脱羧反应形成不稳定的全氟烷自由基［$C_nF_{2n+1}{}^{\cdot}$；式（10-55）和式（10-56）］，随后全氟烷自由基发生水解形成全氟化醇［$C_nF_{2n+1}OH$；式（10-57）］。接下来，全氟化醇脱去 HF 后形成酸性氟化物 $C_{n-1}F_{2n-1}COF$［式（10-60）］。Liu 等（2012）指出，全氟烷自由基还可以与 $SO_4^{\cdot -}$ 反应并形成不稳定的加合物中间体（$C_nF_{2n+1}OSO_3^-$），该中间体继而发生水解反应生成相应的醇［$C_nF_{2n+1}OH$；式（10-58）和式（10-59）］。酸性氟化物 $C_{n-1}F_{2n-1}COF$ 发生水解后可产生失去一分子 CF_2 单元的短链 PFCAs［即 $C_{n-1}F_{2n-1}COOH$；式（10-61）］。短链 PFCAs 在后续反应中的降解机理与以上过程类似，同样是不断失去 CF_2 基团并产生矿化后产物 CO_2 和 F^-，这一过程将导致更短链的 PFCAs 的产生。有研究发现，短链 PFCAs 比长链更易被降解和矿化（Lee 等，2009）。活化过硫酸盐（$S_2O_8^{2-}$）过程中所产生的 $SO_4^{\cdot -}$ 也在不断定量转化为硫酸根离子（$SO_4{}^{2-}$）。

$$SO_4^- + C_7F_{15}COOH \longrightarrow SO_4^{2-} + C_7F_{15}COOH^{\cdot +} \tag{10-55}$$

$$C_7F_{15}COOH^{\cdot +} \longrightarrow C_7F_{15}{}^{\cdot} + CO_2 + H^+ \tag{10-56}$$

$$C_7F_{15}^{\cdot} + H_2O \longrightarrow C_7F_{15}OH + H^{\cdot} \tag{10-57}$$

$$C_7F_{15}^{\cdot} + SO_4^{\cdot -} \longrightarrow C_7F_{15}OSO_3^- \tag{10-58}$$

$$C_7F_{15}OSO_3^- + H_2O \longrightarrow C_7F_{15}OH + HSO_4^- \tag{10-59}$$

$$C_7F_{15}OH \longrightarrow C_6F_{13}COF + F^- + H^+ \tag{10-60}$$

$$C_6F_{13}COF + H_2O \longrightarrow C_6F_{13}COOH + F^- + H^+ \tag{10-61}$$

Hori 等（2005）采用 $S_2O_8^{2-}$/UV 工艺降解地板蜡废水中的全氟壬酸（3.25 μmol/L），取得了较好的效果。

$SO_4^{\cdot -}$ 降解氢过氟羧酸（H-PFCAs、$HC_nF_{2n}COOH$）的机理不同于 PFCAs。H-PFCAs 在降解过程中并不形成短链 H-PFCAs（Hori 等，2010），其产生的反应中间体为各种链长的全氟二羧酸。$SO_4^{\cdot -}$ 降解 H-PFCAs 的机理可以解释为以下过程：$SO_4^{\cdot -}$ 攻击 H-PFCAs 结构中与 ω-H 原子相连的碳原子并发生亲核取代，同时释放 F^-，随后全氟二羧酸（$HOOCC_{n-1}F_{2n-2}COOH$）生成并与 $SO_4^{\cdot -}$ 反应产生短链全氟二羧酸（Hori 等，2010）。相对于 PFCAs，$SO_4^{\cdot -}$ 降解 H-PFCAs 的初始反应速率会更高（Hori 等，2010）。

从目前众多文献的研究结果可以看出，基于硫酸根自由基的高级氧化工艺是去除废水和饮用水原水中持久性有机微污染物的非常有前景的工艺。

10.6　硫酸盐自由基与水中基质成分的反应

10.6.1　与无机化合物的反应

10.6.1.1　与碳酸根/碳酸氢根离子的反应

碳酸氢根离子（HCO_3^-）是天然水体（pH＝6.8～8.2）含有的重要成分，其同时也是羟基自由基的“捕获剂”，并因此而影响微污染物的处理效能。根据文献报道，$SO_4^{\cdot -}$ 和 $^{\cdot}HO$

与碳酸氢根离子反应的速率常数分别为 8.5×10^6 L/(mol·s) 和 1.6×10^6 L/(mol·s)，另外，二者与碳酸根离子反应的速率常数分别为 3.9×10^8 L/(mol·s) 和 6.1×10^6 L/(mol·s)（Buxton 等，1988；Zuo 等，1999)。硫酸根自由基与碳酸根/碳酸氢根离子均是通过电子转移来进行反应的。

$$SO_4^{\cdot -} + HCO_3^- \longrightarrow SO_4^{2-} + CO_3^{\cdot -} + H^+ \tag{10-62}$$

$$SO_4^{\cdot -} + CO_3^{2-} \longrightarrow SO_4^{2-} + CO_3^{\cdot -} \tag{10-63}$$

Yang 等（2014）以苯甲酸、3-环己烯-1-羧酸和环己烷羧酸作为芳烃、烯烃和烷烃成分的模型化合物，考察了 $S_2O_8^{2-}$/UV 工艺对以上污染物（10～100 μmol/L）的降解，他们发现，当向反应体系中加入 2.3 mmol/L 重碳酸盐时，$S_2O_8^{2-}$/UV 对目标污染物的降解并未受到明显影响。Lutze 等（2015b）则发现，在实际水体（Ruhr 河水）背景下，当 $S_2O_8^{2-}$/UV 体系中存在 HCO_3^- 时，阿特拉津和对硝基苯甲酸的降解效率均显著降低。Lutze 等认为，降解效率的下降是由于氯离子的存在而造成的，并非归因于 HCO_3^- 对 $SO_4^{\cdot -}$ 的捕获。此外，Bennedsen 等（2012）在研究中指出，当碳酸根和碳酸氢根离子存在时，不同活化方式下的基于过硫酸盐的高级氧化工艺对染料亚硝基二甲基苯胺的降解效能会受到不同程度的影响。他们发现，一定浓度范围下的碳酸盐（10～100mmol/L）可以提高碱活化过硫酸体系对染料的降解效率，因此不应认为碳酸根是严格意义上的自由基捕获剂。$SO_4^{\cdot -}$ 氧化碳酸根所产生的碳酸根自由基也可能在目标污染物降解过程中发挥重要作用。

10.6.1.2 与氯离子的反应

相对于基于·OH 的高级氧化工艺，水中氯离子的存在对基于硫酸根自由基的高级氧化工艺影响更大，这是因为 $SO_4^{\cdot -}$ 与 Cl^- 的反应与 pH 无关，而·OH 与 Cl^- 的反应要在酸性条件下才能进行。$SO_4^{\cdot -}$ 与 Cl^- 的反应速度较快［k=（3.6±0.1）×10^8 L/(mol·s)；Zuo 等，1997］，二者的反应动力学取决于反应体系中的离子强度（Yu 等，2004）。$SO_4^{\cdot -}$ 与 Cl^- 反应生成 $Cl^\cdot$，$Cl^\cdot$ 随后与 Cl^- 反应［k=（7.8±0.8）×10^9 L/(mol·s)；Yu 和 Barker，2003］产生双氯自由基（$Cl_2^{\cdot -}$），以上含氯物种之间存在着反应平衡关系（反应(10-64)、(10-65)）。根据反应平衡常数［k=（1.4±0.2)×10^5 L/(mol·s)；Yu 和 Barker，2003］可以看出，对于含有氯离子的反应体系，$Cl_2^{\cdot -}$ 是主要的氯自由基物种，而不是 $Cl^\cdot$。氯自由基后续将参与到一系列与 pH 和氯化物浓度相关的反应中［Yu 等，2004；以式（10-66）～式（10-68）为例；详见第 9 章］。在中性条件下，$Cl^\cdot/Cl_2^{\cdot -}$ 会与水反应产生·HO。因此，当 Cl^- 浓度较高时，基于硫酸根自由基的高级氧化工艺会转变为基于羟基自由基的高级氧化工艺（Lutze 等，2015b）。

$$SO_4^{\cdot -} + Cl^- \rightleftharpoons SO_4^{2-} + Cl^\cdot \tag{10-64}$$

$$Cl^\cdot + Cl^- \rightleftharpoons Cl_2^{\cdot -} \tag{10-65}$$

$$Cl^\cdot/Cl_2^{\cdot -} + H_2O \longrightarrow ClOH^{\cdot -} + H^+/+Cl^- \tag{10-66}$$

$$ClOH^{\cdot -} \rightleftharpoons {}^\cdot OH + Cl^- \tag{10-67}$$

$$Cl_2^{\cdot -} + Cl_2^{\cdot -} \rightleftharpoons Cl_2 + 2Cl^- \tag{10-68}$$

有研究指出，在 $S_2O_8^{2-}$/UV 体系下，当 pH=3 时，可以明显观察到 $SO_4^{\cdot -}$ 氧化纯水

中氯离子并生成氯酸盐（Lutze 等，2015b）。

在天然水体背景下，考虑到氯离子和碳酸氢根离子与 $SO_4^{\cdot -}$ 的反应速率常数，氯离子对 $SO_4^{\cdot -}$ 的捕获作用将占主导。

在经过以上复杂的反应过程之后，碳酸氢根离子将捕获 $Cl^{\cdot}$ 和 $Cl_2^{\cdot -}$ [式（10-69）和式（10-70）]；$k=2.2\times10^8$ L/(mol·s) 和 $k=8.0\times10^7$ L/(mol·s)；Mertens 和 von Sonntag，1995；Matthew 和 Anastasio，2006）。$Cl^{\cdot}$ 和 $Cl_2^{\cdot -}$ 是形成 $^{\cdot}HO$ 的关键中间体自由基，因此，碳酸氢根离子对它们的捕获会影响 $SO_4^{\cdot -}$ 到 $^{\cdot}HO$ 的转化，而碳酸氢根离子与 $Cl^{\cdot}$、$Cl_2^{\cdot -}$ 反应产生的碳酸根自由基与有机物的反应活性则远低于 $^{\cdot}HO$。

$$Cl^{\cdot} + HCO_3^- \longrightarrow Cl^- + CO_3^{\cdot -} + H^+ \tag{10-69}$$

$$Cl_2^{\cdot -} + HCO_3^- \longrightarrow 2Cl^- + CO_3^{\cdot -} + H^+ \tag{10-70}$$

Cl^- 和 HCO_3^- 对总体氧化效率和反应途径的不同影响取决于基于硫酸根自由基高级氧化工艺、目标化合物和实验条件的不同（Bennedsen 等，2012）。

10.6.1.3　与溴离子的反应

Br^- 和 $SO_4^{\cdot -}$ 发生反应后产生 $Br^{\cdot}$（$k_{Br^-, SO_4^{\cdot -}}=3.5\times10^9$ L/(mol·s)；Neta 等，1988）[式（10-71）]。$k_{Br^-, SO_4^{\cdot -}}$ 相较 $k_{Cl^-, SO_4^{\cdot -}}$（$(3.6\pm0.1)\times10^8$ L/(mol·s)；Zuo 等，1997）大了一个数量级。

$$SO_4^{\cdot -} + Br^- \longrightarrow SO_4^{2-} + Br^{\cdot} \tag{10-71}$$

$Br^{\cdot}$ 一旦形成，它就会迅速与溴离子反应生成二溴阴离子自由基（$Br_2^{\cdot -}$）。$Br^{\cdot}$ 和 $Br_2^{\cdot -}$ 可以与 Br^- 和 H_2O 发生后续的一系列反应，形成 $BrOH^{\cdot -}$ 和 $HOBr/BrO^-$（Wang 等，2014；Lutze 等，2014）。Fang 和 Shang（2012）在研究中发现，在 pH=7 的超纯水中，当过硫酸盐剂量为 20～300 μmol/L 以上时，UV/过硫酸盐将初始浓度为 20 μmol/L 的溴化物转化为溴酸盐的比率为 5.8%～100%。$SO_4^{\cdot -}$ 氧化溴离子生成溴酸盐的机理与 $^{\cdot}OH$类似，次溴酸是溴酸盐形成的必需中间体（图 10-7；Fang 和 Shang，2012）

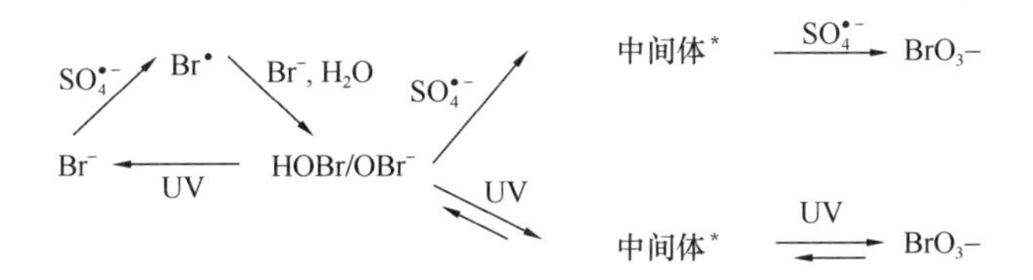

图 10-7　UV/过硫酸盐氧化溴化物形成溴酸盐的反应途径

（经 Fang 和 Shang（2012）许可转载；2016 版权归美国化学学会所有）

溴化物普遍存在于世界各地的水源水体中，其浓度范围一般在 0～2.3 mg/L。因此，当采用基于 $SO_4^{\cdot -}$ 的高级氧化工艺处理含溴饮用水时，溴酸盐的生成问题就可能成为该类工艺的一个缺陷。研究表明（Fang 和 Shang，2012），为了控制溴酸盐的形成，提高 pH（> 8），可能是通过 AOPs 降解微污染物的一种选择，而 pH 提高至碱性范围对反应体系降解微污染物不产生负面影响。

10.6.2 在天然水体中的反应

能够捕获自由基的竞争反应一定程度上决定了基于硫酸根自由基的高级氧化工艺的处理效率。如前所述，在天然水体中，硫酸根、碳酸氢根和氯离子与 $SO_4^{\cdot -}$ 的反应对 $SO_4^{\cdot -}$ 降解目标微污染物形成了竞争，从而可能限制处理工艺对污染物的降解效能。同样地，天然水体中存在的溶解性有机物可能会对基于硫酸根自由基的高级氧化工艺的效能产生较大影响。

10.6.2.1 与溶解性有机物的反应

硫酸根自由基和羟基自由基与腐殖酸的反应速率显著不同。根据 Lutze 等（2015a）的报道，腐殖酸与硫酸根自由基的反应速率常数为 6.8×10^3 L/（mg-C・s）。$^{\cdot}HO$ 与 NOM 的反应速率要高于 $SO_4^{\cdot -}$ 与 NOM 的反应速率，其速率常数范围为（2.2～6.7）$\times10^4$ L/（mgC・s）（Westerhoff 等，1999）。相对于 $^{\cdot}HO$，$SO_4^{\cdot -}$ 与 NOM 的反应活性更低，这主要是由于 $SO_4^{\cdot -}$ 参与的氢原子提取反应比 $^{\cdot}HO$ 慢（Lutze 等，2015a），从而使得有机物的饱和基团与 $^{\cdot}HO$ 的反应更快。在水处理工艺中，相对于 $^{\cdot}HO$，$SO_4^{\cdot -}$ 不容易被溶解性有机物捕获清除，有助于提高基于硫酸根自由基的高级氧化工艺对污染物的降解效能，这一优势也抵消了 $SO_4^{\cdot -}$ 对部分化合物反应活性较低的缺陷。此外，处于解离形态的酸通常比它们的质子化形态具有更高的反应活性，因此，随着 pH 的降低，有机物捕获 SO_4^- 的效率也会下降。因而，当水中存在腐殖酸时，硫酸根自由基降解许多化合物的效能要强于羟基自由基。由于 $SO_4^{\cdot -}$ 的选择性要强于 $^{\cdot}HO$，从而使得 NOM 对$SO_4^{-\cdot}$ 的捕获能力弱于 $^{\cdot}HO$，$SO_4^{\cdot -}$ 降解污染物的效率得到提高，因此，基于 $SO_4^{\cdot -}$ 的高级氧化工艺非常有望在今后应用于对污/废水中污染物的处理。

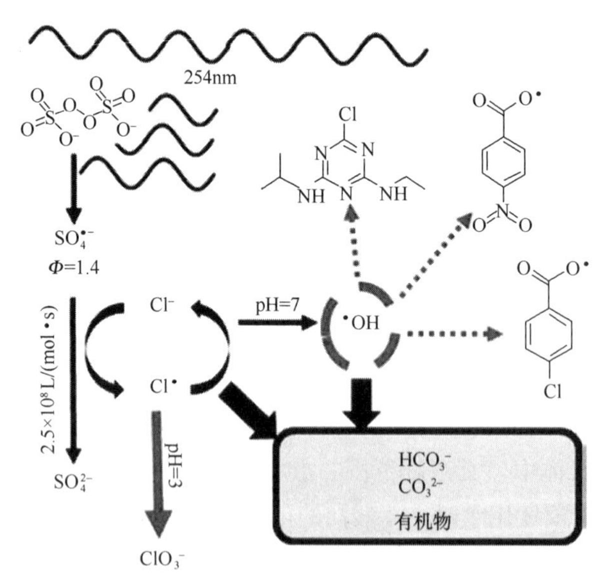

图 10-8 UV/$S_2O_8^{2-}$ 工艺中硫酸根自由基与氯离子相互作用的反应简图
［转载自 Lutze 等（2015b）；2016 版权归 Elsevier 所有］

10.6.2.2 氯代转化副产物

目前，已有文献报道了氯离子对硫酸根自由基高级氧化工艺降解污染物效能的促进和抑制作用。图 10-8 总结了当氯离子存在时 UV/过硫酸盐工艺中的关键反应，以及参与到这些反应中的 pH 依赖性物质。图 10-8 所示的反应体系中的自由基分布取决于以下几方面：

（1）活性硫酸根自由基的清除；

（2）活性卤素自由基的生成；

（3）硫酸根自由基反应所产生的低选择性的羟基自由基。

Yang 等（2014）在研究中发现，UV/$S_2O_8^{2-}$ 工艺降解苯甲酸和环己烷羧酸（10～100μmol/L）的效率要高于

UV/H_2O_2 工艺，主要是因为 $S_2O_8^{2-}$ 在 253.7nm 下光解的量子效率要高于 H_2O_2，二者的量子产率分别为 0.7 和 0.5。当 Yang 等向淡水基质中投加盐时（模拟盐水），他们发现，高浓度的 Cl^-（540mmol/L）对 $UV/S_2O_8^{2-}$ 工艺的抑制效果要强于 UV/H_2O_2 工艺，这是因为在 pH=7 时，相对于 $^{\cdot}HO$，Cl^- 更容易被 $SO_4^{\cdot-}$ 氧化。然而，$UV/S_2O_8^{2-}/Cl^-$ 体系中形成的含卤素活性物种也能够氧化有机污染物。含氯活性物种对污染物降解的贡献一般取决于污染物的结构特征，因为含氯活性物种在反应中比 $SO_4^{\cdot-}$ 和 $^{\cdot}HO$ 更具选择性（Yang 等，2014），同时，其贡献还取决于氯化物浓度以及生成硫酸根自由基的体系（Yuan 等，2011；Wang 等，2011）。含氯活性物种会优先攻击有机化合物的富电子基团（Yang 等，2014）。

当有高浓度氯化物存在时，会产生一些不希望出现的氯代化合物。Anipsitakis 等（2006）报道了 Co/PMS 氧化苯酚和 2，4-二氯苯酚（3～30 mmol/L）时所形成的氯化中间体产物（最大浓度 46μmol/L）。他们发现，氯化物无论是来自钴反离子（2～15 mmol/L）还是底物氧化本身，都参与形成氯自由基和游离氯物种的反应中，从而产生了含氯的中间体转化产物。Yang 等（2011）采用 Co/PMS 工艺降解偶氮染料（0.1～0.2 mmol/L）时，同样发现在反应过程中产生了氯代芳香化合物（图 10-9）。Yang 等还在研究中指出

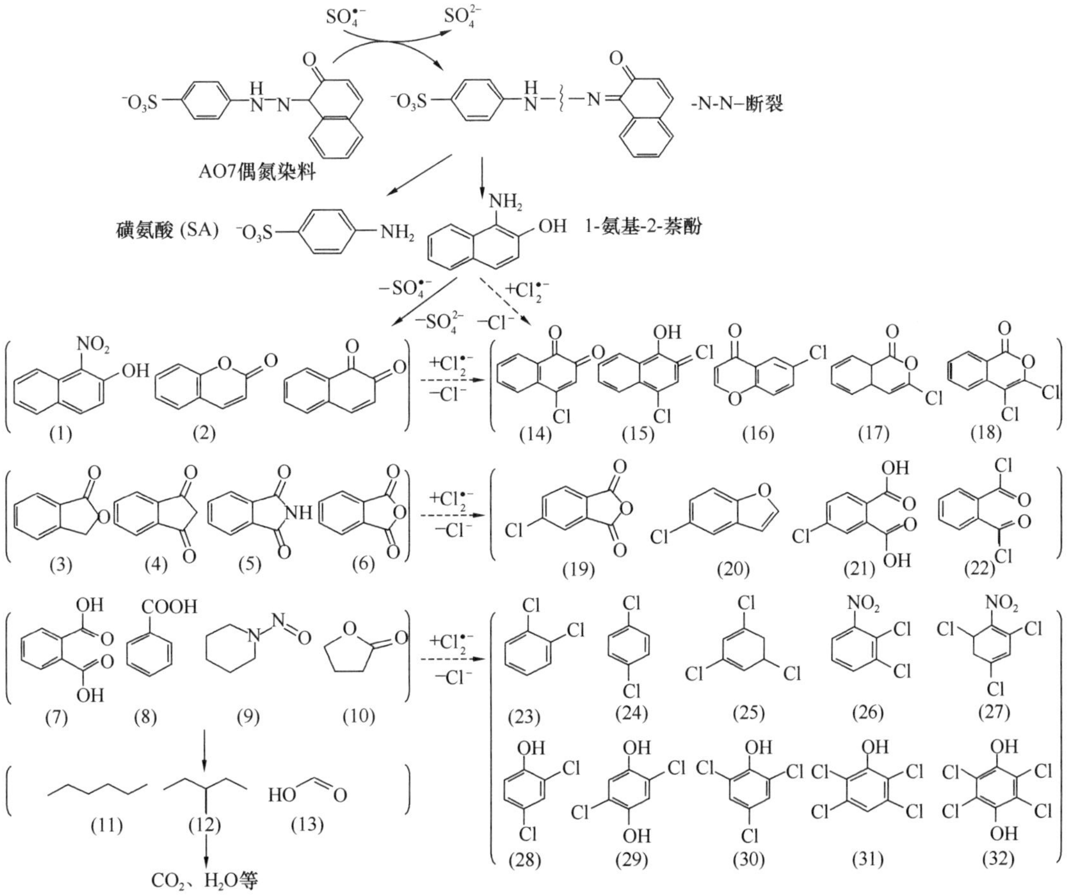

图 10-9　$SO_4^{\cdot-}$ 氧化偶氮染料酸性橙 7 所产生的副产物（括号中编号）和可能的降解途径

（经 Yuan 等（2011）许可转载；2016 版权归 Elsevier 所有）

了氯离子（0.2～200 mmol/L）对反应体系的双重作用，一方面，氯离子可以捕获硫酸根自由基，抑制自由基氧化污染物；另一方面，氯离子又可以与硫酸根自由基和 PMS 发生反应，产生能够加速偶氮染料降解的氯自由基/含氯活性物种（HOCl）。Fang 等（2012）建立了活化过硫酸盐产生硫酸根自由基的动力学模型，他们通过计算发现，在 100 mmol/L Cl^-（pH<6）存在时，体系中总自由基浓度要显著高于没有 Cl^- 存在时的浓度（50 倍）。以上这些研究结果对选择采用基于硫酸根自由基的高级氧化工艺处理含氯化物废水（如纺织工业废水）产生了重要影响。

10.6.2.3 溴代转化副产物

水中的基质成分，如天然有机物（NOM），不仅能够通过消耗氧化剂从而降低氧化效率，而且还可能影响反应机理。与实验室配水试验相比，在实际水体背景下反应体系中溴酸盐的生成会明显变少。这主要是由于在溴酸盐生成过程中，NOM 和其他无机化合物作为竞争者与形成溴酸盐的关键中间体（即 $HOBr/BrO^-$ 和 $Br^\cdot$；Fang 和 Shang，2012）发生了反应。NOM 对溴酸盐生成的抑制作用也可以通过硫酸根自由基与有机物中的芳香基团反应形成的超氧化合物来解释（Lutze 等，2014）。一般来说，超氧阴离子自由基是一种温和的还原剂，但它可以有效地还原次溴酸/次溴酸盐，从而产生溴离子和溴原子（式（10-72）和式（10-73）；$k_{O_2^{\cdot-},HOBr}=3.5\times10^9 L/(mol \cdot s)$，$k_{O_2^{\cdot-},BrO^-}<2\times10^8 L/(mol \cdot s)$；Schwarz 和 Bielski，1986）。

$$HOBr/Br^- + O_2^{\cdot-} \longrightarrow O_2 + OH^- + Br_2^{\cdot-} \tag{10-72}$$

$$BrO^-/Br^- + O_2^{\cdot-} + H_2O \longrightarrow O_2 + 2OH^- + Br_2^{\cdot-} \tag{10-73}$$

溴离子引起的涉及含溴活性物种生成的链式反应可被 NOM 的相关反应所终止。溴离子与 NOM 的相关反应可能导致产生具有潜在健康风险的含溴副产物（Wang 等，2014）。Wang 等考察了活化 PMS 的体系在溴离子（2.5～6.5 μmol/L）存在下 $SO_4^{\cdot-}$ 氧化单独的某种天然有机物所形成总有机溴（TOBr）和溴代消毒副产物（Br-DBPs）的情况。他们发现，在 pH=7.5 时，溴仿和二溴乙酸为主要的 Br-DBPs [浓度分别为 3.5～6μg/(mgC) 和 2～7μg/(mgC)]。然而，硫酸根自由基高级氧化工艺所产生的 TOBr 要比单纯的溴化工艺所产生的 TOBr 少得多。

10.6.2.4 反应副产物——硫酸根离子

在基于硫酸根自由基的高级氧化工艺中，硫酸根离子是反应的最终产物，而这将导致反应介质中盐含量的增加。因此，使用 PDS 或 PMS 作为氧化剂所带来的硫酸根离子释放问题可能会影响水质。然而，SO_4^{2-} 因其惰性一般不被认为是环境污染物。考虑到一些美观因素，美国环保署在国家二级饮用水标准中将硫酸根离子的最大浓度限值规定为 250mg /L（1.43 mmol/L）。根据关于采用 UV /过硫酸盐降解污染物文献的研究结果，降解过程所释放的硫酸根离子的浓度低于二级饮用水标准。此外，当降解高浓度污染物时，高浓度氧化剂所释放的大量硫酸根离子可以通过如离子交换树脂等相应技术消减或去除。

10.7 商业应用

基于硫酸根自由基的高级氧化工艺已经受到了越来越多的关注。目前，大多数关于硫酸根自由基高级氧化工艺的文献都是基于实验室规模的研究。很少有文献对工艺效率优化展开研究。该类工艺在工业领域的应用目前还比较有限。

10.7.1　总有机碳（TOC）分析仪

硫酸根自由基高级氧化工艺最早的应用就是 TOC 分析。其历史可追溯至 20 世纪 60 年代末，Ehrhardt（1969）介绍了一种测量海水中溶解性有机物含量的新方法，即采用汞蒸气高压弧光灯辐照活化过硫酸盐溶液，从而将样品中的有机物氧化成二氧化碳。在 Ehrhardt 当时的著作中，仅认为 PDS 是能够完全氧化溶解性有机碳的氧供体。后来，TOC 分析仪根据 UV（253.7nm）活化过硫酸盐的原理而被开发，而最近，基于热/UV/过硫酸盐体系的 TOC 分析系统已经实现商业化。

10.7.2　原位化学氧化（ISCO）

在过去的几十年中，人们越来越关注以过硫酸钠作为氧化剂进行的土壤和地下水污染修复，即原位化学氧化（ISCO）。目前，过硫酸盐已经广泛用于 ISCO 技术，以修复被含氯溶剂、BTEXs 和 PAHs 等有机物所污染的环境介质（Siegrist 等，2011）。其中，使用 ISCO 技术修复受污染的地下水时，是直接将氧化剂（可能存在共同修复）注入污染源区。

在 ISCO 技术中，将过硫酸盐活化成硫酸根自由基的常用方法包括碱活化、热活化和使用对环境友好的过渡金属铁进行活化。

10.7.3　其他应用

最近的一些报告报道了采用 UV/过硫酸盐工艺处理微电子工业用高纯水生产过程中产生的尿素、异丙醇、丙酮、阿特拉津和氯仿（Knapp，2009；Feng，2011；Coulter 等，2014）。报告中的数据特别强调了 UV/过硫酸盐工艺相对于超纯水生产中常用的 UV（和 VUV_{185nm}）氧化工艺的高效率。尤其是已证实结合过硫酸盐的工艺（西门子 Vanox™ AOP）能够有效氧化尿素。尿素在基于·OH 的工艺中难以被降解，而且无法通过常规的超纯水处理工艺去除。而基于过硫酸盐的工艺可以将 TOC 去除至非常低的水平（通常低于 1mg/L），使得出水可以在微电子工业中再循环使用（作为超纯水）。对于去除水中由常见清洁剂异丙醇（Isopropyl alcohol，IPA）及其主要降解副产物丙酮所造成的痕量 TOC，也发现 UV /过硫酸盐工艺的效率要优于 UV（253.7nm）/VUV（184.9nm）高级氧化工艺。通过 184.9nm 紫外光辐照使水光解产生的·OH 降解 IPA 比较有效 [$k_{OH,IPA}=1.9\times10^9 L/(mol\cdot s)$，Buxton 等，1988]，但其与丙酮的反应活性却不高 [$k_{OH,丙酮}=1.9\times10^8 L/(mol\cdot s)$，Buxton 等，1988]。

10.8　展望

基于硫酸根自由基的高级氧化工艺目前仍处于研究阶段，而且仅有少数的利基应用

(例如土壤修复)，仍然缺乏大规模的实际工程应用。

在未来，对于基于硫酸根自由基的高级氧化工艺的研究可集中在以下几个方面：

(1) 由于天然水体和废水背景下的硫酸根自由基反应体系具有复杂性（$SO_4^{\cdot -}$ 与氯离子和碳酸氢根等可发生相互作用；氧化过程中对 $^{\cdot}OH$ 和 $Cl_2^{\cdot -}$ 生成的贡献；有机物对反应效率的影响等)，因此，有必要建立动力学模型模拟各种参数对降解的影响，从而有助于更好地理解反应体系并实现工艺优化（污染物去除、氧化剂剂量及其消耗以及副产物消减方案等)。根据工艺的应用领域，这种方法有助于量化副产物，并可以评估产生不期望的副产物（卤代有机物、溴酸盐和氯酸盐等）的潜在风险。同时，通过动力学模型还可以更好地了解能够被硫酸根自由基高级氧化工艺降解的污染物类别，了解水质背景成分对活性物种（如 $SO_4^{\cdot -}$、$^{\cdot}OH$、$Cl^{\cdot}$、$Cl_2^{\cdot -}$）降解效率的影响以及这些活性物种对目标微污染物的反应活性。

(2) 需要采用系统的方法研究水的各种理化特性指标（如 pH、有机物、矿物质组成以及紫外线吸收特性）对基于硫酸根自由基的高级氧化工艺降解各类微污染物效能的影响，同时，还需要对工艺进行优化并与基于 $^{\cdot}OH$ 的高级氧化工艺进行对比。

(3) 目前对氧化剂剂量优化的研究还很少，并且已发表的文献没有涉及如何去除反应体系出水中的残留氧化剂。

目前，在实现基于硫酸根自由基的高级氧化工艺的实际应用之前还需要进行大量的中试试验、反应器设计、扩大动力学研究和计算流体动力学模型研究等。同时，一旦基于硫酸根自由基的高级氧化工艺成为具有发展前景的水处理工艺，还需要开展该工艺用于水处理时的生命周期评估和成本研究。

10.9 结论

虽然对基于硫酸根自由基的高级氧化工艺的研究可以追溯到半个多世纪以前，但该工艺在过去 10 年中依然引起了足够多的关注，越来越多与之相关的研究和报道也足以证明这一点。在实验室规模的研究中，通常采用紫外光或过渡金属活化过硫酸盐或者单过硫酸氢盐，以产生硫酸根自由基，继而氧化污染物。由于对许多微污染物及其转化产物具有高选择性和高反应活性，活性物质硫酸根自由基（其生成通常伴随着 $^{\cdot}OH$ 的产生）受到了广泛的关注。基于 $SO_4^{\cdot -}$ 的氧化工艺可以对常见的基于 $^{\cdot}HO$ 的高级氧化工艺形成补充。然而，考虑到水中的有机和无机成分，基于 $SO_4^{\cdot -}$ 的高级氧化工艺应该在实际应用前得到合理有效的优化，从而能够最大限度地提高污染物的去除效率，并最大限度地降低形成潜在有害转化产物的风险。

10.10 致谢

特别感谢 Mihaela Stefan 博士（Trojan Technologies，安大略省加拿大伦敦市）对本

章节撰写时提供的热情支持和宝贵意见。

10.11　参考文献

Anipsitakis G. P. and Dionysiou D. D. (2004). Radical generation by the interaction of transition metals with common oxidants. *Environmental Science & Technology,* **38**, 3705–3712.

Anipsitakis G. P., Dionysiou D. D. and Gonzalez M. A. (2006). Cobalt-mediated activation of peroxymonosulfate and sulfate radical attack on phenolic compounds. Implications of chloride ions. *Environmental Science & Technology*, **40**, 1000–1007.

Antoniou M. G., de la Cruz A. A. and Dionysiou D. D. (2010a). Degradation of microcystin-LR using sulfate radicals generated through photolysis, thermolysis and e- transfer mechanisms. *Applied Catalysis B: Environmental*, **96**, 290–298.

Antoniou M. G., de la Cruz A. A. and Dionysiou D. D. (2010b). Intermediates and reaction pathways from the degradation of Microcystin-LR with sulfate radicals. *Environmental Science & Technology*, **44**, 7238–7244.

Aravindakumar, C. T., Schuchmann, M. N., Rao, B. S. M., von Sonntag, J. and von Sonntag, C. (2003). The reactions of cytidine and 2′-deoxycytidine with $SO_4^{\bullet-}$ revisited. Pulse radiolysis and product studies. *Organic & Biomolecular Chemistry*, **1**, 401–408.

Bennedsen L. R., Muff J. and Sogaard E. G. (2012). Influence of chloride and carbonates on the reactivity of activated persulfate. *Chemosphere*, **86**, 1092–1097.

Bosio G. Criado S., Massad W., Nieto F. J. R., Gonzalez M. C., Garcia N. A. and Martire D. O. (2005). Kinetics of the interaction of sulfate and hydrogen phosphate radicals with small peptides of glycine, alanine, tyrosine and tryptophan, *Photochem. Photobiol. Sci.*, **4**, 840–846.

Buxton G. V., Greenstock C. L., Helman W. P. and Ross A. B. (1988). Critical review of rate constants for reactions of hydrated electrons, hydrogen atoms and hydroxyl radicals ($^{\bullet}OH/^{\bullet}O^-$) in aqueous solution. *Journal of Physical and Chemical Reference Data*, **17**, 513–886.

Buxton G. V., Wang J. and Salmon G. A. (2001). Rate constants for the reactions of $NO_3^{\bullet}$, $SO_4^{\bullet-}$ and $Cl^{\bullet}$ radicals with formate and acetate esters in aqueous solution. *Physical Chemistry Chemical Physics*, **3**, 2618–2621.

Chan T. W., Graham N. J. D. and Chu W. (2010). Degradation of iopromide by combined UV irradiation and peroxydisulfate. *Journal of Hazardous Materials*, **181**, 508–513.

Chawla O. P. and Fessenden R. W. (1975). Electron Spin resonance and pulse radiolysis studies of some reactions of $SO_4^{\bullet-}$. *Journal of Physical Chemistry*, **79**, 2693–2700.

Chitose N., Katsumura Y., Domae M., Zuo Z. and Murakami T. (1999). Radiolysis of aqueous solutions with pulsed helium ion beams – 2. Yield of $SO_4^{\bullet-}$ formed by scavenging hydrated electron as a function of $S_2O_8^{2-}$ concentration. *Radiation Physics and Chemistry*, **54**, 385–391.

Choure S. C., Bamatraf M. M. M., Rao B. S. M., Das R., Mohan H. and Mittal J. P. (1997). Hydroxylation of chlorotoluenes and cresols: a pulse radiolysis, laser flash photolysis, and product analysis study. *Journal of Physical Chemistry*, **101**, 9837–9845.

Coulter B., Sundstrom G., Hall C. and Doung S. (2014). An advanced oxidation process update for removal of low organic levels. http://www.evoqua.com/en/brands/IPS/productinformationlibrary/aop-removal-low-organics-presentation.pdf

Criquet J. and Leitner N. K. V. (2009). Degradation of acetic acid with sulfate radical generated by persulfate ion photolysis. *Chemosphere*, **77**, 194–200.

Criquet J. and Leitner N. K. V. (2011). Radiolysis of acetic acid aqueous solutions-Effect of pH and persulfate addition. *Chemical Engineering Journal*, **174**, 504–509.

Criquet J. and Leitner N. K. V. (2012). Electron beam irradiation of citric acid aqueous solutions containing persulfate. *Separation and Purification Technology*, **88**, 168–173.

Criquet J. and Leitner N. K. V. (2015). Reaction pathway of the degradation of the p-hydroxybenzoic acid by sulfate radical generated by ionizing radiations. *Radiation Physics and Chemistry*, **106**, 307–314.

Deng J., Shao Y., Gao N., Xia S., Tan C., Zhou S. and Hu X. (2013). Degradation of the antiepileptic drug carbamazepine upon different UV-based advanced oxidation processes in water. *Chemical Engineering Journal*, **222**, 150–158.

Diaz Kirmser E. M., Martire D. O., Gonzalez M. C. and Rosso J. A. (2010). Degradation of the herbicides Clomazone, Paraquat, and Glyphosate by thermally activated peroxydisulfate. *Journal of Agricultural and Food Chemistry*, **58**, 12858–12862.

Dogliotti L. and Hayon E. (1967). Flash photolysis of persulfate in aqueous solutions. Study of the sulfate and ozonide radical anions. *Journal of Physical Chemistry*, **71**, 2511–2516.

Ehrhardt M. (1969). A new method for the automatic measurement of dissolved organic carbon in sea water. *Deep-Sea Research*, **16**, 393–397.

Fang G.-D., Dionysiou D. D., Wang Y., Al-Abed S. R. and Zhou D.-M. (2012). Sulfate radical-based degradation of polychlorinated biphenyls: effects of chloride ion and reaction kinetics. *Journal of Hazardous Materials*, **227–228**, 394–401.

Fang J. Y. and Shang C. (2012). Bromate formation from bromide oxidation by the UV/persulfate process. *Environmental Science & Technology*, **46**, 8976–8983.

Feng J. (2011). UV oxidation with persulfate for High-Purity Water in microelectronics and pharmaceutical applications. CD Conference Proceedings: Ultrapure Water Asia Conference. Singapore Water Week, Singapore, July 6–7, 2011.

Furman O. S., Teel A. L. and Watts R. J. (2010). Mechanism of base activation of persulfate. *Environmental Science & Technology*, **44**, 6423–6428.

Gao Y.-Q., Gao N.-Y., Deng Y., Yang Y.-Q. and Ma Y. (2012). Ultraviolet (UV) light-activated persulfate oxidation of sulfamethazine in water. *Chemical Engineering Journal*, **195–196**, 248–253.

Gara P. M. D., Bosio G. N., Arce V. B., Poulsen L., Ogilby P. R., Giudici R., Gonzalez M. C. and Martire D. O. (2009). Photoinduced degradation of the herbicide Clomazone model reactions for natural and technical systems. *Photochemistry and Photobiology*, **85**, 686–692.

Ghauch A., Ayoub G. and Naim S. (2013). Degradation of sulfamethoxazole by persulfate assisted micrometric Fe^0 in aqueous solution. *Chemical Engineering Journal*, **228**, 1168–1181.

Gu X., Lu S., Qiu Z., Sui Q., Miao Z., Lin K., Liu Y. and Luo Q. (2012). Comparison of photodegradation performance of 1,1,1-Trichloroethane in aqueous solution with the addition of H_2O_2 or $S_2O_8^{2-}$ oxidants. *Industrial & Engineering Chemistry Research*, **51**, 7196–7204.

Guan Y.-H., Ma J., Li X.-C., Fang J.-Y. and Chen L.-W. (2011). Influence of pH on the formation of sulfate and hydroxyl radicals in the UV/peroxymonosulfate system. *Environmental Science & Technology*, **45**, 9308–9314.

He X., de la Cruz A. A. and Dionysiou D. D. (2013). Destruction of cyanobacterial toxin cylindrospermopsin by hydroxyl radicals and sulfate radicals using UV-254 nm activation of hydrogen peroxide, persulfate and peroxymonosulfate. *Journal of Photochemistry and Photobiology A-Chemistry*, **251**, 160–166.

Heidt L. J. (1942). The photolysis of persulfate. *Journal of Chemical Physics*, **10**(5), 297–302.

Herrmann H. (2007). On the photolysis of simple anions and neutral molecules as sources of O^-/OH, SO_x^- and Cl in aqueous solution. *Physical Chemistry Chemical Physics.*, **9**, 3935–3964.

Hochanadel C. J. (1962). Photolysis of dilute hydrogen peroxide solution in the presence of dissolved hydrogen and oxygen. Evidence relating to the nature of the hydroxyl radical and the hydrogen atom produced in the radiolysis of water. *Radiation Research*, **17**, 286–301.

Hori H., Yamamoto A., Hayakawa E., Taniyasu S., Yamashita N. and Kutsuna S. (2005). Efficient decomposition of environmentally persistent perfluorocarboxylic acids by use of persulfate as a photochemical oxidant. *Environmental Science & Technology*, **39**, 2383–2388.

Hori H., Murayama M., Inoue N., Ishida K. and Kutsuna S. (2010). Efficient mineralization of hydroperfluorocarboxylic acids with persulfate in hot water. *Catalysis Today*, **151**, 131–136.

Huang K. C., Zhao Z., Hoag G. E., Dahmani A. and Block P. A. (2005). Degradation of volatile organic compounds with thermally activated persulfate oxidation. *Chemosphere*, **61**, 551–560.

Khan J. A., He X., Shah N. S., Khan H. M., Hapeshi E., Fatta-Kassinos D. and Dionysiou D. D. (2014). Kinetic and mechanism investigation on the photochemical degradation of atrazine with activated H_2O_2, $S_2O_8^{2-}$ and HSO_5^-. *Chemical Engineering Journal*, **252**, 393–403.

Killian P. F., Bruell C. J., Liang C. and Marley M. C. (2007). Iron(II) activated persulfate oxidation of MGP contaminated soil. *Soil & Sediment Contamination*, **16**, 523–537.

Knapp A. G. (2009). Advanced oxidation for the removal of organic contaminants in industrial waters. CD Conference Proceedings: Ultrapure Water Conference. Portland, OR, November 4–5, 2009.

Kolthoff I. M. and Miller I. K. (1951). The chemistry of persulfate. I. The kinetics and mechanism of the decomposition of the persulfate ion in aqueous medium. *Journal of the American Chemical Society*, **73**, 3055–3059.

Konstantinou I. K. and Albanis T. A. (2004). TiO_2-assisted photocatalytic degradation of azo dyes in aqueous solution: kinetic and mechanistic investigations A review. *Applied Catalysis B.*, **49**, 1–14.

Lee Y. C., Lo S. L., Chiueh P. T. and Chang D. G. (2009). Efficient decomposition of perfluorocarboxylic acids in aqueous solution using microwave-induced persulfate. *Water Research*, **43**, 2811–2816.

Levey G. and Hart E. J. (1975). γ-Ray and electron pulse radiolysis studies of aqueous peroxodisulfate and peroxodiphosphate ions. *Journal of Physical Chemistry*, **79**, 1642–1646.

Li B., Li L., Lin K., Zhang W., Lu S. and Luo Q. (2013). Removal of 1,1,1-Trichloroethane from aqueous solution by a sono-activated persulfate process. *Ultrasonics Sonochemistry*, **20**, 855–863.

Liang C. and Su H. W. (2009). Identification of sulfate and hydroxyl radicals in thermally activated persulfate. *Industrial & Engineering Chemistry Research*, **48**, 5558–5562.

Liang C., Bruell C. J., Marley M. C. and Sperry K. L. (2004a). Persulfate oxidation for *in situ* remediation of TCE. I. Activated by ferrous ion with and without a persulfate-thiosulfate redox couple. *Chemosphere*, **55**, 1213–1223.

Liang C., Bruell C. J., Marley M. C. and Sperry K. L. (2004b). Persulfate oxidation for *in situ* remediation of TCE. II. Activated chelated by ferrous ion. *Chemosphere*, **55**, 1225–1233.

Liang C., Liang C.-P. and Chen C.-C. (2009). pH dependence of persulfate activation by EDTA/Fe(III) for degradation of trichloroethylene. *Journal of Contaminant Hydrology*, **106**, 178–182.

Liu C. S., Higgins C. P., Wang F. and Shih K. (2012). Effect of temperature on oxidative transformation of perfluorooctanoic acid (PFOA) by persulfate activation in water. *Separation and Purification Technology*, **91**, 46–51.

Liu X., Zhang T., Zhou Y., Fang L. and Shao Y. (2013a). Degradation of atenolol by UV/peroxymonosulfate: kinetics, effect of operational parameters and mechanism. *Chemosphere*, **93**, 2717–2724.

Liu X., Fang L., Zhou Y., Zhang T. and Shao Y. (2013b). Comparison of UV/PDS and UV/H_2O_2 processes for the degradation of atenolol in water. *Journal of Environmental Sciences*, **25**, 1519–1528.

Lutze H. V., Bakkour R., Kerlin N., von Sonntag C. and Schmidt T. C. (2014). Formation of bromate in sulfate radical based oxidation: mechanistic aspects and suppression by dissolved organic matter. *Water Research*, **53**, 370–377.

Lutze H. V., Bircher S., Rapp I., Kerlin N., Bakkour R., Geisler M., von Sonntag C. and Schmidt T. C. (2015a). Degradation of chlorotriazine pesticides by sulfate radicals and the influence of organic matter. *Environmental Science & Technology*, **49**, 1673–1680.

Lutze H. V., Kerlin N. and Schmidt T. C. (2015b). Sulfate radical-based water treatment in presence of chloride: formation of chlorate, inter-conversion of sulfate radicals into hydroxyl radicals and influence of bicarbonate. *Water Research*, **72**, 349–360.

Madhavan J., Muthuraaman B., Murugesan S., Anandan S. and Maruthamuthu P. (2006). Peroxomonosulphate, an efficient oxidant for the photocatalysed degradation of a textile dye, acid red 88. *Solar Energy Materials & Solar Cells*, **90**, 1875–1887.

Madhavan V., Levanon H. and Neta P. (1978). Decarboxylation by $SO_4^{\bullet-}$ radicals. *Radiation Research*, **76**, 15–22.

Mahdi-Ahmed M. and Chiron S. (2014). Ciprofloxacin oxidation by UV-C activated peroxymonosulfate in wastewater. *Journal of Hazardous Materials*, **265**, 41–46.

Mahdi-Ahmed M., Barbati S., Doumenq P. and Chiron S. (2012). Sulfate radical anion oxidation of diclofenac and sulfamethoxazole for water decontamination. *Chemical Engineering Journal*, **197**, 440–447.

Manoj P., Prasanthkumar K. P., Manoj V. M., Aravind U. K., Manojkumar T. K. and Aravindakumar C. T. (2007). Oxidation of substituted triazines by sulfate radical anion ($SO_4^{\bullet-}$) in aqueous medium: a laser flash photolysis and steady state radiolysis study. *Journal of Physical Organic Chemistry*, **20**, 122–129.

Mark G., Schuchmann M. N., Schuchmann H. P. and von Sonntag C. (1990). The photolysis of potassium peroxodisulphate in aqueous solution in the presence of *tert*-butanol: a simple actinometer for 254 nm radiation. *Journal of Photochemistry and Photobiology A-Chemistry*, **55**, 157–168.

Matta R., Tlili S., Chiron S. and Barbati S. (2011). Removal of carbamazepine from urban wastewater by sulfate radical oxidation. *Environmental Chemistry Letters*, **9**, 347–353.

Matthew B. M. and Anastasio C. (2006). A chemical probe technique for the determination of reactive halogen species in aqueous solution: Part 1- Bromide solutions. *Atmospheric Chemistry and Physics*, **6**, 2423–2437.

Matzek L. W. and Carter K. E. (2016). Activated persulfate for organic chemical degradation: a review. *Chemosphere*, **151**, 178–188.

Maurino V., Calza P., Minero C., Pelizzetti E. and Vincenti M. (1997). Light-assisted 1,4-Dioxane degradation. *Chemosphere*, **35**, 2675–2688.

McElroy W. J. and Waygood S. J. (1990). Kinetics of the reactions of the $SO_4^{\bullet-}$ radical with $SO_4^{\bullet-}$, $S_2O_8^{2-}$, H_2O and Fe^{2+}. *Journal of the Chemical Society Faraday Transactions*, **86**, 2557–2564.

Mendez-Diaz J., Sanchez-Polo M., Rivera-Utrilla J., Canonica S. and von Gunten, U. (2010). Advanced oxidation of the surfactant SDBS by means of hydroxyl and sulphate radicals. *Chemical Engineering Journal*, **163**, 300–306.

Mertens M. and von Sonntag C. (1995). Photolysis (λ = 254 nm) of tetrachloroethene in aqueous solutions. *Journal of*

Photochemistry and Photobiology A-Chemistry, **85**, 1–9.
Neppolian B., Doronila A. and Ashokkumar M. (2010). Sonochemical oxidation of arsenic(III) to arsenic(V) using potassium peroxydisulfate as an oxidizing agent. *Water Research*, **44**, 3687–3695.
Neta P., Madhavan V., Zemel H. and Fessenden R. W. (1977). Rate constants and mechanism of reaction of $SO_4^{\bullet-}$ with aromatic compounds. *Journal of the American Chemical Society*, **99**, 163–164.
Neta P., Huie R. E. and Ross A. B. (1988). Rate constants for reactions of inorganic radicals in aqueous solution. *Journal of Physical and Chemical Reference Data*, **17**, 1027–1247.
Norman R. O. C., Storey P. M. and West P. R. (1970). Electron spin resonance studies. Part XXV. Reactions of the sulphate radical anion with organic compounds. *Journal of the Chemical Society (B)*, 1087–1095.
Oh S.-Y., Kang S.-G. and Chiu P. C. (2010). Degradation of 2,4-dinitrotoluene by persulfate activated with zero-valent iron. *Science of the Total Environment*, **408**, 3464–3468.
Orellana-Garcia F., Alvarez M. A., Lopez-Ramon M. V., Rivera-Utrilla J. and Sanchez-Polo M. (2015). Effect of $HO^{\bullet}$, $SO_4^{\bullet-}$ and $CO_3^{\bullet-}$ /$HCO_3^{\bullet}$ radicals on the photodegradation of the herbicide amitrole by UV radiation in aqueous solution. *Chemical Engineering Journal*, **267**, 182–190.
Rao Y. F., Chu W. and Wang Y. R. (2013). Photocatalytic oxidation of carbamazepine in triclinic-WO_3 suspension: role of alcohol and sulfate radicals in the degradation pathway. *Applied Catalysis A*, **468**, 240–249.
Rastogi A., Al-Abed S. R. and Dionysiou D. D. (2009). Effect of inorganic, synthetic and naturally occurring chelating agents on Fe(II) mediated advanced oxidation of chlorophenols. *Water Research*, **43**, 684–694.
Rickman K. A. and Mezyk S. P. (2010). Kinetics and mechanisms of sulfate radical oxidation of β-lactam antibiotics in water. *Chemosphere*, **81**, 359–365.
Roshani B. and Leitner N. K. V. (2011). The influence of persulfate addition for the degradation of micropollutants by ionizing radiation. *Chemical Engineering Journal*, **168**, 784–789.
Schug T. T., Janesick A., Blumberg B. and Heindel J. J. (2011). Endocrine disrupting chemicals and disease susceptibility. *Journal of Steroid Biochemistry and Molecular Biology*, **127**(3–5), 204–215.
Schwarz H. A. and Bielski B. H. J. (1986). Reactions of hydroperoxo and superoxide with iodine and bromine and the iodide (I_2^-) and iodine atom reduction potentials. *Journal of Physical Chemistry*, **90**, 1445–1448.
Shah N. S., He X., Khan H. M., Khan J. A., O'Shea K. E., Boccelli D. L. and Dionysiou D. D. (2013). Efficient removal of endosulfan from aqueous solution by UV-C/peroxides: a comparative study. *Journal of Hazardous Materials*, **263**, 584–592.
Siegrist R. L., Crimi M. and Simpkin T. J. (2011). *In Situ* Chemical Oxidation for Groundwater Remediation. Springer, New York.
Stefan M. I. and Bolton J. R. (1998). Mechanism of the degradation of 1,4-Dioxane in dilute aqueous solution using the UV/Hydrogen peroxide process. *Environmental Science & Technology*, **32**(11), 1588–1595.
Syoufian A. and Nakashima K. (2007). Degradation of methylene blue in aqueous dispersion of hollow titania photocatalyst: optimization of reaction by peroxydisulfate electron scavenger. *Journal of Colloid and Interface Science*, **313**, 213–218.
Tan C., Gao N., Deng Y., An N. and Deng J. (2012). Heat-activated persulfate oxidation of diuron in water. *Chemical Engineering Journal*, **203**, 294–300.
Wang P., Yang S., Shan L., Niu R. and Shao X. (2011). Involvements of chloride ion in decolorization of Acid Orange 7 by activated peroxydisulfate or peroxymonosulfate oxidation. *Journal of Environmental Sciences*, **23**, 1799–1807.
Wang Y., Le Roux J., Zhang T. and Croue J. P. (2014). Formation of brominated disinfection byproducts from natural organic matter isolates and model compounds in a sulfate radical-based oxidation process. *Environmental Science & Technology*, **48**, 14534–14542.
Westerhoff P., Aiken G., Amy G. and Debroux J. (1999). Relationships between the structure of natural organic matter and its reactivity towards molecular ozone and hydroxyl radicals. *Water Research*, **33**, 2265–2276.
Xiao R., Ye T., Wei Z., Luo S., Yang Z. and Spinney R. (2015). Quantitative Structure-Activity Relationship (QSAR) for the oxidation of trace organic contaminants by sulfate radical. *Environmental Science & Technology*, **49**, 13394–13402.
Xie P., Ma J., Liu W., Zou J., Yue S., Li X., Wiesner M. R. and Fang J. (2015). Removal of 2-MIB and geosmin using UV/persulfate: contributions of hydroxyl and sulfate radicals. *Water Research*, **69**, 223–233.
Yang Y., Pignatello J. J., Ma J. and Mitch W. A. (2014). Comparison of halide impacts on the efficiency of contaminant degradation by sulfate and hydroxyl radical-based advanced oxidation processes (AOPs). *Environmental Science & Technology*, **48**, 2344–2351.
Yang Y., Jiang J., Lu X., Ma J. and Liu Y. (2015). Production of sulfate radical and hydroxyl radical by reaction of

ozone with peroxymonosulfate: a novel Advanced Oxidation Process. *Environmental Science & Technology*, **49**, 7330–7339.

Yu X.-Y. and Barker J. R. (2003). Hydrogen peroxide photolysis in acidic aqueous solutions containing chloride ions. I. Chemical mechanism. *Journal of Physical Chemistry A*, **107**, 1313–1324.

Yu X.-Y., Bao Z.-C. and Barker J. R. (2004). Free radical reactions involving $Cl^{\bullet}$, $Cl_2^{\bullet-}$, and $SO_4^{\bullet-}$ in the 248 nm photolysis of aqueous solutions containing $S_2O_8^{2-}$ and Cl^-. *Journal of Physical Chemistry A*, **108**, 295–308.

Yuan R., Ramjaun S. N., Wang Z. and Liu J. (2011). Effects of chloride ion on degradation of Acid Orange 7 by sulfate radical-based advanced oxidation process: implications for formation of chlorinated aromatic compounds. *Journal of Hazardous Materials*, **196**, 173–179.

Zhang B.-T, Zhang Y., Teng Y. and Fan M. (2015). Sulfate radical and its application in decontamination technologies. *Critical Reviews in Environmental Science and Technology*, **45**, 1756–1800.

Zemel H. and Fessenden R. W. (1978). The mechanism of reaction of $SO_4^{\bullet-}$ with some derivatives of benzoic acid. *Journal of Physical Chemistry*, **82**, 2670–2676.

Zuo Z., Katsumura Y., Ueda K. and Ishigure K. (1997). Reactions between some inorganic radicals and oxychlorides studied by pulse radiolysis and laser photolysis. *Journal of the Chemical Society Faraday Transactions*, **93**, 1885–1891.

Zuo Z., Cai Z., Katsumura Y., Chitose N. and Muroya Y. (1999). Reinvestigation of the acid-base equilibrium of the (bi)carbonate radical and pH dependence of its reactivity with inorganic reactants. *Radiation Physics and Chemistry*, **55**, 15–23.

第 11 章　基于超声波的高级氧化工艺

奥-纳龙·拉尔帕里苏蒂，提摩西·J. 梅森，拉尔沙·帕尼威克

11.1　引言

超声在环境保护方面的应用研究受到了大量的关注，其中大多数研究都集中在利用机械和化学作用产生的空化效应降解水中的污染物和处理污水（Mason & Tiehm，2001）。当然，超声的应用领域实际上要更为广泛，表 11-1 中总结了当前广泛关注的超声应用范围。本章总结了超声单独使用或与其他高级氧化工艺相结合用于水处理的各种方法。

超声在环境保护方面的常规用途　　　　表 11-1

去除水中的化学和生物污染物	1. 超声单独使用或结合其他高级氧化工艺（例如臭氧、紫外光、电化学）进行化学氧化和生物去污； 2. 直接作用于生物细胞的机械作用导致细胞破裂、细菌团块破裂，增加杀菌剂对细胞的渗透性
表面清洁	去除表面污染物和生物膜
土壤清洗	去除有机和无机污染物
控制空气污染	促进烟雾和气溶胶的凝聚、液体脱泡
污水处理	加速厌氧消化、污泥脱水

11.2　声化学原理

超声在水处理中的应用是一个研究和开发的热门课题。声化学效应来源于超声诱导的声空化作用（见下文），因此所采用的是能够产生空化的声场范围，通常在低于 1MHz 的超声频率范围内（图 11-1）。使用 1MHz 以上的频率并不常见，因为很少有制造商生产这一频率范围内的设备（Mason 和 Lorimer，2002）。然而，人们对使用更高频率的超声波越来越感兴趣，因为在更高的频率下产生自由基的可能性更大，即发生化学反应的可能性更大（Mason 等，2011）。

最初在水处理中使用功率超声可以追溯到 1927 年，当时报告了声波降解法的生物学和化学效应。

Wood 和 Loomis 确定了“超声”的生物学效应，并确定了两种对比效应，例如对单细胞生物、组织、小鱼和动物的刺激或致死效应（Wood 和 Loomis，1927）。两年后，

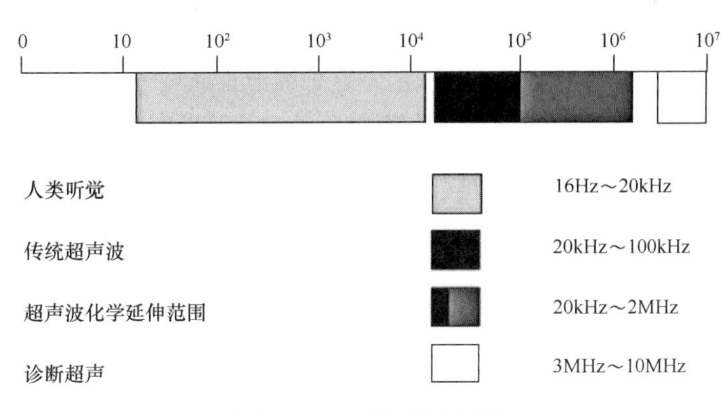

图 11-1　声音的频率范围

Harvey 和 Loomis 检测到海水悬浮液中杆状芽孢杆菌在 375kHz 和 19℃的超声波作用下发光减弱（一种细菌死亡的标志）(Harvey 和 Loomis，1929)。论文的最后一句预测超声波（当时他们称为辐照）的商业开发前景很差："总之，我们可以说在适当的辐照条件下，发光细菌可以被约 400000Hz 的声波分解和杀死，但该方法因为费用高没有任何实际或商业的用途"。在写这篇文章的时候，该结论可能是合理的，因为当时超声设备还比较专业化、大型和昂贵。如今这种情况已经改变了，超声技术更加普及，成本更低，应用更加经济。

Richards 和 Loomis 在 1927 年也发表了一篇关于高频声波的化学效应的论文，描述了超声在乳化和表面清洗等一系列应用中的发展（Richards 和 Loomis，1927)。1929 年，Schmitt 等发现在碘化钾水溶液的超声过程中，当释放碘时，空化现象会引起氧化反应。氧化被认为是由于 H_2O_2 的产生而引起的（Schmitt 等，1929)。

在 20 世纪 30 年代，超声波的作用变得越来越常见，成为许多报道的主题。Richards 在一篇题为"超声波现象"的优秀论文中对这些现象进行了综述，该论文包含 348 篇参考文献（Richards，1939)。超声也被认为是改善电化学过程的一个重要因素，Yeager 等从超声波对电极反应过程的影响、超声波的电动力学现象、超声波作为研究电解质溶液结构的工具等方面进行了回顾（Yeager 和 Hovorka，1953)。不久之后，Rich 发表了一篇论文，被证明是现代超声辅助电镀技术的基础（Rich，1955)。

从 20 世纪 50 年代到今天，超声产生的空化及其所产生的效应一直在持续。从基础（Noltingk 和 Neppiras，1950)、应用（Knapp 和 Hollander，1948）和化学等方面（Fitz-gerald 等，1956）考虑，都是大家感兴趣的研究课题。到 20 世纪 60 年代，超声的工业应用已被广泛接受（Brown 和 Goodman，1965；Frederick，1965；Neppiras，1972)，而各种关注也正在持续扩大（Abramov，1998；Mason 和 Lorimer，2002；Feng 等，2011；Gallego-Juarez 和 Graff，2015)。

11.3　声化学的驱动力：声空化

超声化学效应的起源是在超声场中产生的空化气泡的破裂。像任何声波一样，超声波是通过一系列压缩波和稀疏波在介质分子中诱导传播的。在足够高的功率下，稀疏循环可能会超过液体分子的吸引力，形成空化气泡。这种气泡是通过一种称为整流扩散的过程生长的，即介质中少量的蒸汽（或气体）在膨胀阶段进入气泡，在压缩阶段没有被完全排出。在特定频率下，气泡在几个周期内增长到平衡尺寸。当这些气泡在随后的压缩循环中破裂时，会产生具有化学和机械效应的能量（图 11-2）。空化气泡破裂是声波能量在液体中引起的一种显著现象。在超声频率为 20kHz 的水体系中，每一个空化气泡破裂都充当一个局部“热点”，产生约 4000K 的温度和超过 1000 个大气压的压力（Fitzgerald 等，1956；Neppiras，1984；Henglein，1987；Suslick，1990；Ashokkumar 和 Mason，2007；Nikitenko，2014）。

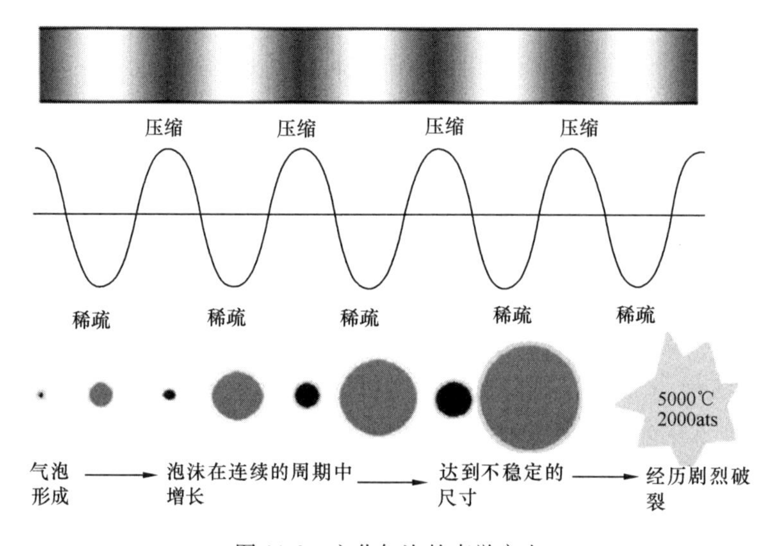

图 11-2　空化气泡的声学产生

无论要研究或开发声化学的任何应用，都需要两种必不可少的成分：液体介质和高能振动源。液体介质的必要性在于声空化驱动声化学，而声空化只能发生在液体中。振动能量的来源是换能器，主要有几种类型：流体驱动换能器（液体汽笛）、机电换能器（磁致伸缩换能器和压电换能器）。在实验室中用于产生声空化的两种最常见的设备是超声水浴锅（通常是简单的清洗浴）和强度更大的超声探测器（图 11-3）（Mason 和 Peters，2002）。

空化气泡在液体介质中有多种影响，这取决于产生空化气泡的体系类型。这些体系大致可分为均质液体、非均质固体/液体和非均质液体/液体。每种类型都与水处理相关。

11.3.1　均质液相体系

严格地说，由于气泡的存在，产生的空化不一定是均质的。然而，在这种情况下，“均质”指的是空化产生前的状态，即均质液体或溶液。这类体系中的空化气泡破裂会影响气泡周围的液体，气泡的快速破裂会产生强大的剪切力，从而产生机械效应，导致溶解在液体中的高分子聚合物的化学键断裂（Price，1990）。这种力量也可以提供非常有效的

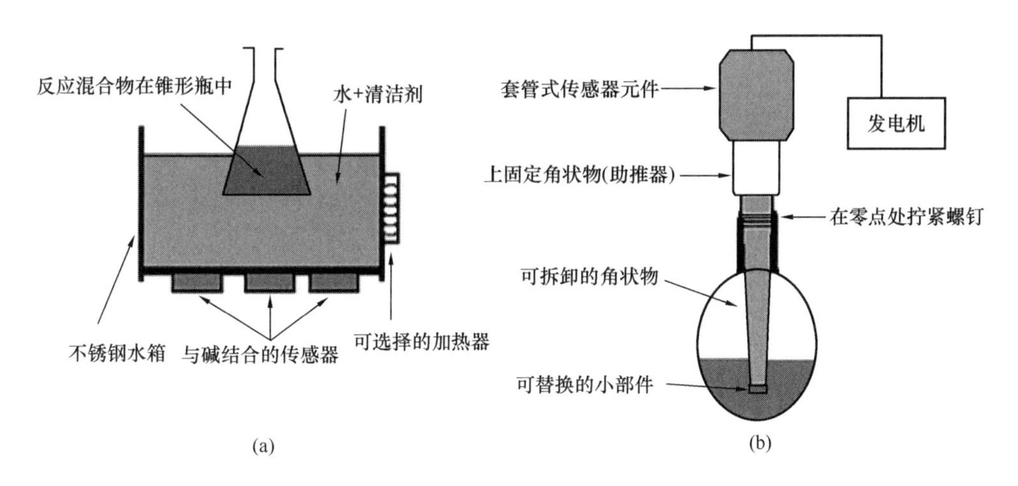

图 11-3　实验室常用超声设备

（a）水浴锅；（b）探测器

混合，其可以用来快速乳化和溶解化学药品或气体。在破裂的气泡内，极端的温度和压力条件可以引起气泡内各种污染物发生类似于热解的化学效应。水中气泡的破裂引起 O—H 键的断裂，可产生自由基、氧气和过氧化氢［反应（11-1）～(11-6)］。

$$H_2O \longrightarrow H^{\bullet} + OH^{\bullet} \tag{11-1}$$

$$OH^{\bullet} + OH^{\bullet} \longrightarrow H_2O_2 \tag{11-2}$$

$$OH^{\bullet} + OH^{\bullet} \longrightarrow H_2 + O_2 \tag{11-3}$$

$$H^{\bullet} + O_2 \longrightarrow HO^{\bullet}_2 \tag{11-4}$$

$$HO^{\bullet}_2 + H^{\bullet} \longrightarrow H_2O_2 \tag{11-5}$$

$$HO^{\bullet}_2 + HO^{\bullet}_2 \longrightarrow H_2O_2 + O_2 \tag{11-6}$$

在上述反应体系中，自由基如 $H^{\bullet}$、$O^{\bullet}$、$OH^{\bullet}$ 和 $HO^{\bullet}_2$ 通过键解离生成。水通过 H—O 键的解离形成 $H^{\bullet}$ 和 $OH^{\bullet}$ 需要 460kJ/mol 的键解离能。在上述反应体系中，生成 $OH^{\bullet}$ 的最低键能要求是过氧化氢的 HO—OH 键解离，过氧化氢的键解离能低很多，仅 180kJ/mol。H_2 形成 $^{\bullet}H$ 的键解离能是 436kJ/mol，而 O_2 形成 $O^{\bullet}$ 的键解离能是 497kJ/mol。水解离产生的 $^{\bullet}OH$ 的存在及随后过氧化氢的解离都是产生氧化性物质的最可能源头。无论是从水的解离还是从氧的解离生成 $O^{\bullet}$，都需要最高的能量，所以不太可能发生。$H^{\bullet}$ 尽管在一定程度上是存在的，但它是还原性的，不参与氧化反应。

在利用电子自旋共振（ESR）进行的一项关键研究中，Makino 等首次报道了超声波在水溶液中产生空化气泡时形成 $OH^{\bullet}$ 和 $H^{\bullet}$ 的确凿证据。确认自由基的办法是通过 $OH^{\bullet}$ 和 $H^{\bullet}$ 清除剂（甲酸盐、硫氰酸盐、苯甲酸盐、甲醇、乙醇、1-丙醇、2-甲基-2-丙醇、丙酮、2-甲基-2-亚硝基丙烷（MNP））与自旋捕捉剂争夺羟基自由基和氢原子的反应差别(Makino 等，1983)。

从实际应用的角度来看，在水处理中最受关注的两种氧化物质是高活性、短寿命的 $^{\bullet}OH$ 和过氧化氢。前者涉及硝基苯酚、四氯化碳、对硫磷、4-硝基苯乙酸和三硝基甲苯等一系列典型污染物的氧化降解（Hoffmann 等，1996）。·OH 能与空化气泡内的物质发生反应，并在其周围的液体中短暂存在。它还被发现可促进化学杀菌剂、臭氧或紫外光对微生物污染的处理效果（Joyce 和 Mason，2008）。

多年来，人们对空化产生的 H_2O_2 一直很感兴趣（Anbar 和 Pecht，1964）。过氧化氢的产量取决于超声频率。1997 年，Petrier 报道 200kHz 的超声处理 2h 后会产生 0.6mmol/L 的 H_2O_2，效果优于使用 20kHz、500kHz 或 850kHz 的超声效果（P'etrier 和 Francony，1997）。H_2O_2 的生成已经被用作声化学产率的监测指标（Gong 和 Hart，1998）。它作为氧化剂与其自由基共同参与声化学氧化。

11.3.2 非均质固体表面-液体体系

与液体中的空化气泡破裂不同，其在非均质固体-液体体系表面或靠近表面破裂是不对称的，因为表面提供了对来自该侧的液体流动的阻力。其结果是大量液体从远离表面的气泡一侧涌入，形成了朝向气泡表面的强大液体射流。这种效果相当于高压喷射，也就是为什么超声波被广泛用于清洗和去除生物膜的原因（Bulat，1974）。超声已应用于食品工业中，比如，与化学处理技术结合以提高新鲜蔬菜的洗涤效果（Warning 和 Datta，2013）。更普遍的是，超声在食品加工的去污过程中有许多应用（Chandrapala 等，2012）。

超声波清洗技术的开发和使用，不仅仅是 40kHz 频率波的常规清洗，也包括用 1MHz 左右频率的超声波对硅片等易碎材料进行清洗（Mason，2016）。这种效应还可以通过破坏界面边界层来增加表面的质量和热量转移。在电化学的应用中，超声也对质量迁移和表面清洁起着重要作用（Mason 和 Bernal，2012）。这意味着电化学在环境修复中的应用可因超声波的使用而显著加强，因为它提供了一种可持续清除电极表面污染的方法。

11.3.3 非均质颗粒-液体体系

声空化可以对悬浮在液体中的颗粒或团聚体产生显著影响。空化作用可实现对颗粒尺寸的减小、解聚和有效分散。空化气泡在颗粒附近的液相中发生破裂能迫使颗粒快速运动，通常分散效应伴随着颗粒间的碰撞，从而导致侵蚀、表面清洗和润湿，这些性质对于增强异相光催化修复具有重要价值（Augugliaro 等，2006）。

11.3.4 非均质液体-液体体系

在非均质液体/液体反应中，液体界面或附近的空化气泡破裂会引起分裂和混合，从而形成非常精细的乳化液。在涉及不溶性液体污染物修复的情况下，乳化过程可促进其与短寿命声化学产生的自由基的相互作用，这种技术的应用有望在石油行业中出现（Hu 等，2013）。

11.4 水中超声波氧化性能回顾

自最早观察到超声波可以促进化学反应以来，人们就认识到在水中传播足够强度的声波可以诱导氧化反应。早在 1929 年，Schmitt 等报告了以下观察结果（Schmitt 等，1929）：

（1）在 750kHz 的超声波辐射下，碘原子可以从含有饱和空气的碘化钾溶液中被释放出来，表明该过程产生了一种氧化性物质。

（2）在相同条件下，氯化钾和溴化钾溶液都能氧化碘化钾淀粉试剂。

（3）超声波辐射硫酸钛溶液过程中会产生一种黄色物质，表明形成了 H_2O_2。

（4）只有当能量足够使液体中形成空化气泡时，超声才会产生这种效应。

（5）当四氯化碳加入碘化钾/淀粉反应混合物中时，反应速率增加，Schmitt 等推测这是由于氧化过程中氧的裂解形成"活性氧"所致。大约 20 年后，Weissler 等评估了向溶液中加入四氯化碳以增强碘化钾在溶液中氧化能力的现象，随后这种试剂组合被称为"Weissler 溶液"，广泛用于超声空化水平的评估（Weissler 等，1950）。

为了扩展 Schmitt 的原始研究，几个小组通过实验证实了过氧化氢的形成和通过超声诱导空化产生的直接激活氧化作用（Liu 和 Wu，1934；Flosdorf 等，1936；Schulter 和 Gohr，1936；Loiseleur，1944）。这些研究者还证实了四氯化碳或氯仿与空化过程中形成的所谓"活性氧"发生反应。随后，在 1949 年一个非常重要的观察发现上述氧化反应其实不需要氧气，因为氧化效果也可以发生在氩饱和的脱氧水中（Prudhomme 和 Grabar，1949）。然而，水自身在这个过程中是必不可少的。在空化条件下，超声处理无氧水除产生过氧化氢外，还产生分子氧和分子氢。

Anbar 和 Pecht 对空化水中 H_2O_2 的形成重新进行了研究，他们在饱和氩气或饱和分子氧 $O_2{}^{18,18}$ 的溶液中标记了水同位素 H_2O^{18} 和过氧化氢 $H_2O_2{}^{16,16}$（Anbar 和 Pecht，1964）。在氩气环境中，$H_2O_2{}^{18,18}$ 的形成支持了水的分解。然而，用充满饱和 $O_2{}^{16,16}$ 的 H_2O^{18} 或充满饱和 $O_2{}^{18,18}$ 的 H_2O^{16} 进行的实验形成了 $H_2O_2{}^{18,18}$ 和 $H_2O_2{}^{16,18}$。这暗示在含有饱和氧的介质中过氧化氢可能有三种来源：水、分子氧和氧原子。该问题在 1986 年利用相同的技术进行了重新研究，通过溶解不同比例的 $O_2{}^{18,18}$ 和氩的水探讨过氧化氢的来源问题（Fischer 等，1986）。在这项研究中，Fischer 等考虑了气泡高温区中间体的稳定性。讨论强调说 H_2O_2 的形成主要发生在气泡和溶液之间的低温界面区，方式是 $^{\cdot}OH$ 重组。而原子氧与 H_2O 的反应主要发生在气泡内的高温区，其应只生成 $OH^{\cdot}$。

Makino、Mossoba 和 Riesz 利用电子自旋共振直接证明了自由基的产生（Makino 等，1982；Makino 等，1983）。通过自旋捕获剂 DMPO（5,5-二甲基-1-吡咯啉 N-氧化物），他们观察到在氩饱和水中存在稳定的自旋加合物 HO-DMPO 和 H-DMPO 的光谱。该研究首次直接证明了声化学分裂水可产生自由基。

通过与对苯二甲酸（TA）阴离子反应生成荧光性羟基对苯二甲酸离子，人们可以监测水中声空化所产生的 $^{\cdot}OH$，该方法已用于探针系统（20kHz、40kHz 和 60kHz）中自由基的比较（Mason 等，1994）。荧光产率（荧光强度/超声剂量）在 60kHz 时最高，且在各种情况下与功率输入和对苯二甲酸浓度成正比。Juretic 等（2015）用同样的方法比较了间歇和连续流动条件下空化水中 $^{\cdot}OH$ 的形成。在相同的声能输入下，间歇反应的自由基生成效率取决于反应器容积，而流动系统的自由基生成效率取决于流速。

70 多年来，人们一直在试图弄清楚破裂的气泡内的物质究竟发生了什么，以帮助解释空化学效应。多年来，人们提出了一系列的建议，涉及放电或电晕放电、等离子体形成、超临界流体形成、热点以及往气泡内注入液滴引发化学反应。

各种电学理论的发展最早可以追溯到 Frenkel 提出的理论，他提出在空化气泡的相反面上可能产生电荷（Frenkel，1940）。在空化气泡破裂过程中释放这些电荷导致空化气泡中所有气体的离子化和键裂，这与 Weiss 关于电离辐射的假设一致（Weiss，1944）。几十年后，一种替代的电学理论被提出，该理论是基于在空化气泡破裂阶段产生的放电（Margulis，1985）。直到 20 世纪中叶，电学理论一直是解释声化学效应的主要物理化学依据。

1950 年 Griffing 提出水的离解可能发生在空化气泡绝热破裂最后一步的热反应中（Griffing，1950）。这种解释被称为“热点理论”，其可以解释通过超声波行为产生自由基并因此促进氧化过程。该理论得到了实验证实，并在科学界取代了电学理论（Noltingk 和 Neppiras，1950；Fitzgerald 等，1956；Henglein，1987）。

从那之后，人们陆续提出了一些热点理论的替代原理，包括从周围液体中向空腔中喷射喷雾（Lepoint 和 Mullie，1994；Lepoint-Mullie 等，1996）。因此，气泡部分电离能够产生，从而表明有可能发生等离子体化学。实际上，在空化气泡破裂期间等离子体的形成最近得到了一些理论支持（Nikitenko，2014）。等离子体技术是废水处理研究中的一个活跃领域（Jiang 等，2014）。

11.5 水系统声化学净化

高级氧化工艺（AOPs）通常依赖于羟基自由基（HO•）的产生，它能够将对环境有害的有机化合物氧化为更简单、无害的最终产物（Andreozzi 等，1999；Pera-Titus 等，2004）。其过程通常包括三个步骤：

（1）通过 HO•的攻击使污染物分子发生初级氧化。OH•与化学污染物的主要反应包括脱氢、不饱和键加成和电子转移。

（2）在第一步中，由污染物分子形成的自由基向着稳态分子的方向发展，基于污染物的原始结构，产物分子量可能低于母体化合物的分子量。

（3）通过进一步氧化中间产物，可将原始有机碳和杂原子矿化成 CO_2、H_2O 和无机离子（例如卤化物、硝酸盐、硫酸盐）。

在某些情况下，降解过程中可能产生与原污染物毒性相同或比之毒性更大的产物。虽然母体分子的分解可能只是部分氧化，但有时这足以将特定的化合物转化为更易于后续生物处理的化合物或降低其毒性（Metcalf 和 Eddy，2004）。

在水相中产生 HO•的技术有很多种，包括芬顿试剂、臭氧或二氧化钛光催化。利用超声波可以提高这些过程的效率，在某些情况下，仅超声波就足以引发污染物分解。

11.5.1　单独超声的高级氧化工艺

目前所研究的大多数水相体系是芳香族化合物或卤代烃的水溶液。这些物质代表了废水和地下水中典型的有机污染物。Berlan 等在一项经典研究中报道，苯酚经 541kHz（270℃，带气泡空气）声化学处理后的主要产物是对苯二酚和邻苯二酚（Berlan 等，1994）。这些化合物易于监测，并且可以清楚地看到中间体随着反应的进行而消失（图 11-4）。同样，4-氯苯酚水溶液的超声分解生成了具有 OH˙氧化特征的产物，如 4-氯邻苯二酚，但在这两个例子中该反应的最终有机产物都是 CO、CO_2 和 HCOOH（图 11-5）（Petrier 等，1994；Serpone 等，1994）。

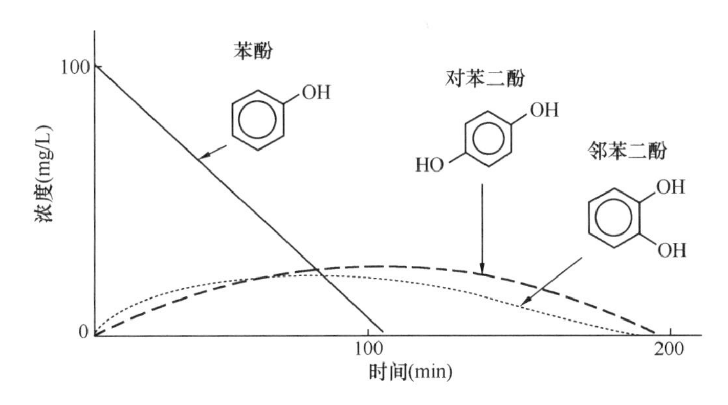

图 11-4　充气水中苯酚的声化学分解

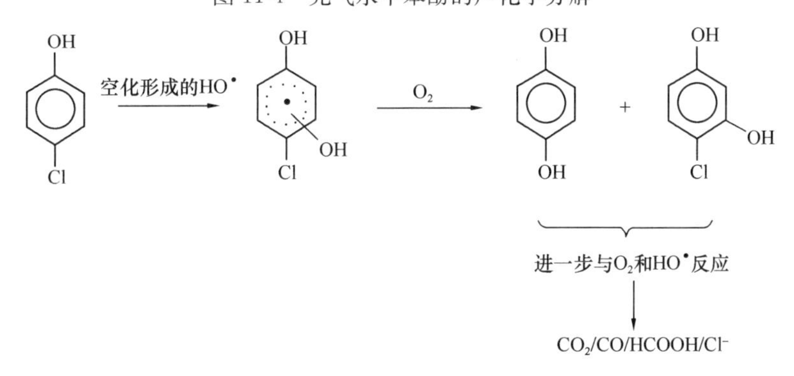

图 11-5　充气水中 4-氯苯酚的声化学分解

辐照 300min（500kHz，30W，20℃）后，羟基化中间体消失，氯原子完全矿化成氯离子。最终产物（CO 和 CO_2）的浓度缓慢上升，400min 后，它们分别占起始氯酚和苯酚浓度的 21%和 18%。这些研究已扩展到降解一系列氯代芳烃（表 11-2）（Petrier 和 Casadonte，2001）。

氯代芳烃初始浓度及辐照 150min 后的氯产率　　　　**表 11-2**

氯代芳烃	初始浓度（mmol/L）	氯产率（%）
1,2-二氯苯	0.4	90
1,3-二氯苯	0.05	89

续表

氯代芳烃	初始浓度（mmol/L）	氯产率（%）
1,4-二氯苯	0.2	95
1,3,5-三氯苯	0.02	95
1-氯苯	0.04	98

注：处理体积为250cm³；超声波功率为30W；电源功率为50W；频率为500kHz。

一般来说，氯代芳烃的分解速度比酚类等亲水化合物快，这两种污染物的破坏发生在空化气泡内部或周围的不同位置，并遵循不同的途径。当处理更多挥发性污染物时，这种差异变得更加明显。一个用20kHz、200kHz、500kHz和800kHz超声分解含饱和氧水中苯酚（转化为羧酸）和四氯化碳（转化为CO_2和Cl^-）的比较研究清晰地说明了这一点（表11-3）（P′etrier和Francony，1997）。该研究结果清楚地显示了化学污染物（初始浓度为10^{-3}mol/L）的行为差异，苯酚的降解正好对应于过氧化物的形成，表明该反应在气泡界面或气泡外进行。然而，挥发性四氯化碳在气泡内被分解，这个过程随着频率的增加而加速。

不同频率下H_2O_2生成量与苯酚、四氯化碳降解率的比较［μmol/(L·min)］　表11-3

频率（kHz）	H_2O_2形成	苯酚降解	CCl_4降解
20	0.7	0.5	19
200	5.0	4.9	33
500	2.1	1.9	37
800	1.4	1.0	50

表11-3显示，200kHz是H_2O_2形成和苯酚去除的最佳频率，这可归因于氧化过程的一个两步反应途径。在第一步中，水的超声在气泡内产生自由基；在第二步中，自由基迁移到气泡界面或进入水介质中形成H_2O_2或与酚类底物发生反应。作者认为较低的频率对气泡内的分子分解更有效。随着频率的增加，气泡的波动和破裂发生得更快，更多的自由基从气泡中逸出。但频率的增加同时导致空化强度的下降及自由基产量的减少，从而使到达气泡界面和溶液中的自由基数量减少。两个因素共同决定了反应的最佳频率。

4-氯苯酚在不同浓度、不同温度、不同频率的O_2饱和溶液中的超声作用也被观察到具有最佳频率（Jiang等，2006）。随着浓度的增加（1000μmol/L），初始降解率增加。Jiang等认为，在高浓度情况下，降解主要发生在气泡界面，而在低浓度情况下，降解大部分发生在溶液中。

Pétrier等（2007）对氧诱导的挥发性和非挥发性芳香族化合物氯苯和4-氯苯酚的同时超声降解的研究揭示了更多气泡内外的反应信息。这些实验表明，在破裂的空化气泡内，挥发性有机污染物的降解可以产生$^{\bullet}OH$，这些新生成的自由基可以与气泡周围挥发性较低的有机化合物发生反应。因此，尤其是在富氧介质中，空化气泡及其周围的水层可以看作一个多功能的微型反应器。气泡内挥发性化合物的分解将在其表面产生 OH˙，供非挥发性污染物进行氧化。这一机理在处理水中混合型污染物时具有特殊的意义，并表明氧气的加入提供了一个在空化气泡内降解挥发性物质时产生 OH˙的新来源，其随后可协助氧化溶液中挥发性较低的化合物。

有文章曾报道过 2-氯苯酚、3-氯苯酚、4-氯苯酚和五氯苯酚在 200kHz 超声及含空气和氩气环境下的声化学降解（Nagata 等，2000）。这里的降解过程和其他许多声化学高级氧化工艺一样遵循一级反应动力学。由于 OH˙的亲电性，˙OH 的攻击位点一般为芳香族化合物中 Cl 和 OH 基团的邻位和对位。因此，3-氯苯酚的分解速度比 2-氯苯酚和 4-氯苯酚快，因为 3-氯苯酚有三个可以同时发生反应的邻位和对位的点。添加自由基清除剂叔丁醇降低了反应速率，但不能完全抑制降解。这表明，虽然该反应的主要降解途径是与˙OH发生反应，但也有可能在气泡内发生一定程度的热解。在另一项研究中，通过向反应体系中加入自由基清除剂（叔丁醇），˙OH 作为 4-氯苯酚的氧化贡献者的证据也获得了支持（Hamdaoui 和 Naffrechoux，2008）。在叔丁醇存在的条件下，4-氯苯酚的降解过程几乎完全被抑制。

在声化学处理方面被广泛研究的另一类化合物是化学染料，特别是偶氮染料（Vinodgopal 等，1998；Ince 和 Tezcanl′i，2001；Tezcanli-Guyer 和 Ince，2003；Rehorek 等，2004；Tezcanli-Guyer 和 Ince，2004；Okitsu 等，2005；Vajnhandl 和 Le Marechal，2007）。超声能够通过类似去除氯酚的过程（即通过产生氧化自由基）来脱色和矿化化学染料。添加自由基清除剂如叔丁醇后反应速率降低，这一现象可以支持上述结论（Rehorek 等，2004；Okitsu 等，2005）。在偶氮染料处理情况中，自由基首先攻击 N ═ N 键，导致脱色（Comeskey 等，2012）。一系列声波频率（20kHz、40kHz、380kHz、512kHz、850kHz、1000kHz 和 1176kHz）研究显示，在 850kHz 下处理样品其过氧化氢产量最高，脱色量也最大。虽然脱色可能相对较快，但完全矿化需要较长的处理时间。因此，采用 640kHz 超声波处理 33μmol/L 活化黑 5 染料可以在 90min 后使其完全脱色，但处理 6h 仅能将其矿化约 60%（Vinodgopal 等，1998）。研究人员进一步报道称超声波处理后剩余的成分是草酸盐、硫酸盐和硝酸盐离子。Rehorek 等报道了同样的产物，但他们还检测到了甲酸和乙酸离子（Rehorek 等，2004）。通过测量其在可见光范围内的最大吸收变化，偶氮染料的降解速率一般为一级，且降解速率随着酸度的增加而增加（Tezcanli-Guyer 和 Ince，2003；Dükkanci 等，2014）。

在废水处理中关于空化作用的问题之一是声化学引起的污染物部分分解是否可能产生比原来的污染物毒性更大或更易吸收的物质。研究人员研究了 2,3,5-三氯苯酚在 41kHz、206kHz、360kHz、618kHz、1068kHz 和 3217kHz 超声波下的降解（Tiehm 和 Neis，2005）。在研究中，污染物的最大分解率发生在 360kHz。采用欧洲标准规程 EN ISO 11348 对费氏弧菌进行了生物发光实验。海洋细菌费氏弧菌在生理活动过程中能够发光。光强的降低意味着样品毒性的增加。在生物发光实验中，超声处理后样品的毒性在初始阶段呈上升趋势，然后明显下降。这一模式表明，有毒的副产物在处理的第一阶段形成，但经过长时间的处理后分解成无毒化合物。为了进一步研究超声样品的生物可降解性，加入适合微生物生长的矿物盐并将 pH 调整为 7.0。以某城市污水处理厂的活性污泥为接种剂，在 20℃ 时用呼吸计监测生物降解情况。经过短时间的超声预处理后，剩余有机污染物的生物降解速度被发现加快了。综上，所列结果展示了超声/生物耦合处理有毒污染物废水的潜力。

近年来，由于人类活动的直接影响，在污水处理厂的水中检测和鉴定出了许多新的、复杂的化合物，统称为“药物活性化合物”。它们是野生动物和人类水环境中出现的一个新问题。在诸多化合物中，合成类雌激素（即内分泌干扰物（EDCs））引起了更多的关注。当地表水被用作饮用水水源时，一旦 EDCs 排放到环境中，会对水生野生动物和人类健康造成严重威胁（Diamanti-Kandarakis 等，2009)。其中最早发现的一种 EDCs 是双酚 A（BPA)，它是许多塑料产品中的一种添加剂，会泄漏至环境中。有学者在实验室条件下研究了不同超声波频率（300～800kHz）和功率（20～80W）去除这种物质的方法（Torres 等，2008)。最佳结果出现在 300kHz、80W 及氧饱和条件下，大约 90min 后可以完全去除双酚 A。使用 HPLC-MS 发现了几种羟基化芳香族化合物，表明超声波降解 BPA 的主要途径是双酚 A 与 OH·发生反应。2h 后，这些早期产物转化为可生物降解的脂肪酸。

研究人员利用实验室规模的超声水浴锅，研究了低能耗声化学去除另外两种内分泌干扰物（17β-雌二醇（E2）和 17α-炔雌醇（EE2））的效率。当初始浓度为 1mg/L 时，较高的超声波频率去除效果更好，850kHz 时对污染物降解效果最好：E2 为 9.0×10^{-1}mg/kWh，EE2 为 6.8×10^{-1}mg/kWh (Capocelli 等，2012)。E2 和 EE2 在水和废水中的超声降解速率受 pH、功率、空气喷射和溶解性有机物含量的影响（Ifelebuegu 等，2014)。在不同的超声波功率、初始污染物浓度、pH 以及共存化学物质（氧、氮、臭氧和自由基清除剂）存在等条件下去除另一种内分泌干扰物［即 1-H-苯并三唑（EDC)］的结果表明，高超声波功率可提高 1-H-苯并三唑的去除率，也可在臭氧和氧气存在下被加快去除，但氮气对该物质的去除有抑制作用。超声降解最优的 pH 为酸性，2h 内污染物去除率达到 90%，结果表明，降解发生在气泡-液体界面和溶液中，而 OH·是主要的反应物（Zuniga-Benitez 等，2014)。

另一种检测细胞中自然雌激素和合成雌激素的相对暴露试验是使用酵母的雌激素筛查（YES）试验（Arnold 等，1996)。有学者对超声法、芬顿氧化法和铁超声法降解水中卡马西平（CBZ）进行了比较研究。该化学物质是一种抗惊厥镇痛的药物，是水体中最常见的药物残留（Zhang 等，2008)。虽然大多数关于超声法和芬顿氧化法或两者结合（铁超声法）降解 CBZ 的研究都是在实验室模拟水中进行的，但最近的一项研究将超声（20kHz）等技术应用到实际废水中（Mohapatra 等，2013)。结果表明：芬顿氧化法是去除卡马西平最有效的方法，而在这三种方法中都发现了降解卡马西平的类似氧化副产物（环氧卡马西平和羟基卡马西平)，雌激素筛查试验结果表明，处理后的废水对酵母无毒，即无雌激素效应。

废水中另一种常见的药物是布洛芬。Méndez-Arriaga 等（2008）在 300kHz 的超声波下进行了布洛芬的去除研究。在 80W 的功率下，30min 内布洛芬去除率达到 98%。化学和生物需氧量变化显示，该工艺可将布洛芬氧化为可降解物质，其可在随后的生物处理步骤中被去除。

汽油增氧剂是添加到汽油中用于提高燃烧效率的挥发性支链醚。由于汽油泄漏或地下储油罐渗漏，它们会进入地下水中。Kim 等（2012）用 665kHz 的超声波处理汽油增氧剂，如二异丙基醚（DIPE）、乙基叔丁基醚（ETBE）和叔戊基醚（TAME）（它们是广泛应用的增氧剂甲基叔丁基醚（MTBE）的替代品）。超声处理在温度为（12±3）℃、脉冲时间为 0.62s、脉冲重复时间为 2.5s 的饱和氧水中进行，结果发现处理 30min 后，60%以上的汽油增氧剂被降解，6h 后几乎完全降解。涉及的分解机理包括·OH（在空化过程中形成）对 α-氢原子的取代和热解（主要为进入空化气泡的一些挥发性物质）。

蓝绿藻（蓝藻细菌）是一种广泛存在于世界各地的地表水中的重要污染物，尤其是富营养水域。一些种类的蓝藻细菌产生毒素并通过受污染的饮用水或在接触娱乐用水时影响动物和人类。藻类细胞也会释放影响水体感官的化合物。其中包括两种可引起味觉和气味异常的化学物质，即 2-甲基异莰醇（2-MIB）和土臭素（GSM）。这类半挥发性化合物的去除对于给水厂来说是一个重大挑战。虽然传统的水处理方法无法高效去除这些低浓度物质，但 640kHz 的超声波能快速降解 2-MIB 和 GSM（Song 和 O'Shea，2007）。其降解速率遵循一级动力学，主要机理涉及 OH·；由于 GSM 与 OH·的反应速率常数大于2-MIB，且 GSM 蒸气压较高，所以 GSM 的降解速率大于 2-MIB。Wu 等（2011）试图通过直接暴露在超声波下去除蓝藻细菌，但该方法很难适用于在藻华期间处理大面积水域。

11.5.2　超声与臭氧联用的高级氧化工艺

臭氧（O_3）是一种具有强氧化性的氧化剂，它可将一系列有机化合物氧化成二氧化碳和水，但反应速率取决于污染物的结构。因此，臭氧分解被认为比羟基自由基具有选择性。超声与臭氧联用提供了高活性·OH 的三种来源（Weavers 和 Hoffmann，1998）：

（1）水的声化学分解；

（2）臭氧的常规化学分解产生的原子氧和羟基自由基；

（3）超声空化气泡中臭氧的热分解。

空化气泡气相中臭氧的热分解过程如下（Weavers，2001）：

$$O_3 \xrightarrow{\triangle} O_2 + O(^3P) \tag{11-7}$$

该反应产生的原子氧可以与水反应形成羟基自由基：

$$O(^3P) + H_2O \longrightarrow 2OH^{\cdot} \tag{11-8}$$

空化气泡气相中的一系列反应按式（11-7）和式（11-8）顺序发生，短寿命产物迁移到气泡与水的界面，并从界面迁移到水相中。因此，臭氧与超声联用是一个有效的氧化系统，因为每消耗一个 O_3 分子就会产生两个·OH 分子。

Weavers 提出了超声与臭氧联用可能的反应途径（图 11-6）（Weavers，2001）。途径 1 和 2 表示在没有超声的情况下发生的臭氧分解过程，包括在没有超声的情况下臭氧从气相到液相的传质过程（途径 1）以及在水溶液中化合物与臭氧或与 O_3 自分解产生的自由基的反应过程（途径 2）。途径 6 和 7 是在没有臭氧的情况下发生的超声降解反应。当两者联用后，更多反应过程通过途径 3、4、5 和 8 发生。此外，途径 2、6 和 7 可因超声降解和臭氧分解的直接相互作用而改变。例如，臭氧在空化气泡中分解形成 $OH^{\bullet}$，其可与 C 反应（途径 3）。另外，O_3 可能与空化气泡中 O_3 热分解产生的 $O(^3P)$ 发生反应生成 O_2（途径 4）。这两种途径都减少了 O_3 参与途径 2 的反应。

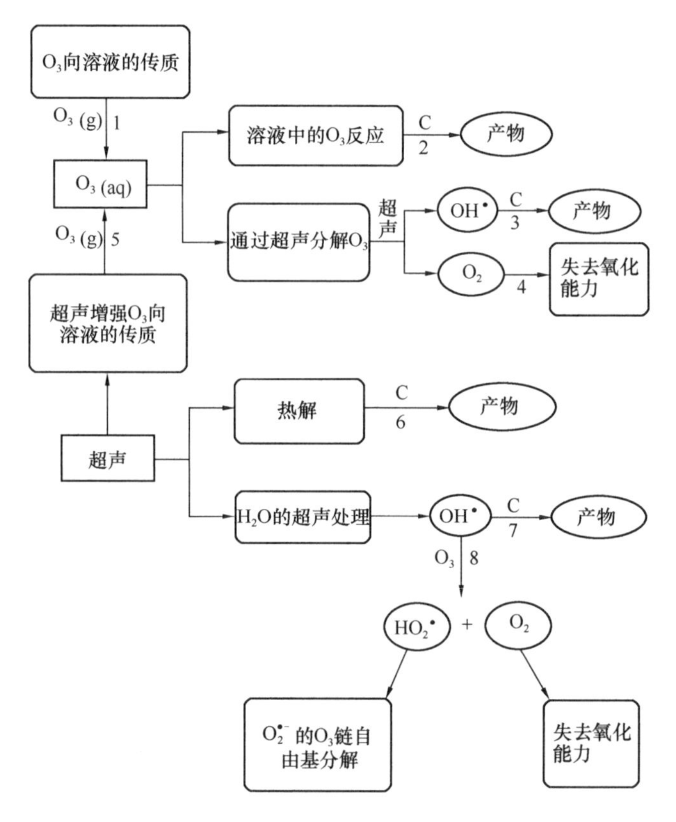

图 11-6　超声和臭氧联用可能的反应途径

在低浓度条件下残留染料的色度也是相当明显的，所以纺织厂废水中色度的去除问题是环境中长期存在的一个问题。解决这一问题的传统方法有活性炭吸附法、絮凝法、化学氧化法、臭氧分解法和紫外光照射法。其中任何一种方法都可以与超声联用，而超声与臭氧联用似乎特别有效（Tezcanli-Güyer 和 Ince，2004；Gültekin 和 Ince，2006）。据报道，超声与臭氧联用有助于 C・I・活性黄 84（He 等，2007）、C・I・碱性红 9（Martins 等，2006）、甲基橙（Zhang 等，2006）和 C・I・酸性橙 7（Zhang 等，2008）的脱色。

工业有机废物的去除，包括纺织品中染色有机物的去除，仍然是值得关注的问题。苯胺是纺织印染工业、医药和石油工业的主要污染物之一，可以通过超声与臭氧联用来降低浓度并使其矿化。当苯胺浓度为 100mg/L 时，超声和臭氧分别可将苯胺浓度降低 6%和

44%，而二者联用（Song 等，2007）则可将其降低 82%。环境中排放的药物不仅来自工业，也来自口服药物或避孕药的人群，无论何种来源的污染都能改变自然生态系统。Wang 等（2012）研究了在气升式反应器中采用臭氧-超声联用方式来增强对四环素的降解，结果表明该药物的去除呈假一级动力学规律，且该药物的去除率随着臭氧浓度（35.8～47mg/L）、气体流速（30～50L/h）和功率强度（0～218.6 W/L）的增加而增加。在臭氧（3g/L）氧化过程中，使用 20kHz 超声波（600W/L）可增加·OH 的生成量，从而显著增强磺胺甲恶唑的降解（Guo 等，2015）。在不同 pH 条件下，由于超声增强了 S—N 键的裂解，从而使 S—N 键暴露在受到氧化自由基的攻击下，使反应速率提高 6%～26%，进而促进了整体降解。

有研究者曾将超声（850kHz）、臭氧和催化剂联用以去除水溶液中的布洛芬（Ziylan 和 Ince，2015）。在一系列的联用中，pH =3.0 时超声、石墨负载零价铁（100%、58%）及臭氧联用氧化 40min 后，能最大限度地去除药物及 TOC。在酸性条件下，超声与零价铁的协同作用归因于流体动力剪切力在催化剂表面的连续增强和清洁作用。

Eren 等（2014）研究了超声对臭氧处理漂白棉织物的影响，并与常规过氧化氢漂白工艺（60℃，90min）进行了比较。该研究对棉织物样品进行了两种不同的超声和臭氧处理：一种在超声波均质器中使用臭氧，另一种在超声水浴锅中使用臭氧。臭氧和均质器工艺（30℃，30min）产生了与经典过氧化物漂白工艺相似的棉织物白度和黄度，重量损失略小，但大大降低了工艺出水中的 COD，从而实现了更经济、更环保的工艺效果。

由于臭氧气体的传质作用增强以及羟基自由基的生成量增加，超声联合臭氧氧化是降解饮用水和废水中多种污染物的一种有效且通用的处理方法。环烷酸是石油工业废物中产生的污染物，这些污染物天然存在于油砂、石油、沥青和原油等碳氢化合物沉积物中（Headley 和 McMartin，2004）。作为复杂有机混合物，它们含有部分饱和烷基取代的环脂肪族羧酸和无环脂肪族酸。在臭氧浓度为 3.3mg/L、超声功率为 130W 的条件下，臭氧联合超声处理可将二环己基乙酸（DAA）在 15min 内全部去除，COD 下降（98±0.8)%（Kumar 等，2014）。采用 28kHz 联合 208kHz、495kHz、679kHz 或 890kHz 双频超声降解农药污染废水的结果表明，28kHz/208kHz 组合系统适用于溶解臭氧，28kHz/495kHz 组合系统适用于降解农药乙酰甲胺磷（Wang 等，2014）。在臭氧存在下，利用 35kHz（1.6W/cm）超声不仅可以降低腐殖酸的分子量及增强其矿化作用，还可以将腐殖酸和单宁酸的色度分别减少 99%和 98%（Cui 等，2011）。

Gogate 等研发了一种混合型高级氧化反应器，可以有效处理多种类型的废水。该反应器基于强化降解/消毒原理，采用水力空化、声空化、臭氧注入和电化学氧化/沉淀相结合的方式。Gogate 等认为该混合反应器将比常规处理工艺强 5～20 倍，具体倍数取决于应用的类型。同时 Gogate 等认为效率的加强主要由于羟基自由基的产量提高、臭氧与污染物的接触增加及在电化学氧化/沉淀过程中消除了传质阻力（Gogate 等，2014）。

有研究报道了过氧化氢、臭氧、零价铁和零价铜与 3 种超声波（频率为 20kHz、300kHz 和 520kHz）联合作用降解苯酚（Chand 等，2009），结果显示超声波频率为

300kHz 时能产生最多的 OH·并降解最大量的苯酚。在不同组合中，300kHz 超声波与零价铁、H_2O_2 和空气（作为喷雾气体）的组合系统是最有效的方法。在此条件下，苯酚在 25min 内被完全去除，并有 37%的 TOC 被矿化。

臭氧是一种重要的饮用水消毒剂，可替代常见的含氯消毒剂并能减少消毒副产物的生成（von Gunten，2003）。臭氧氧化在超声协同作用下可显著提高细菌的灭活率，具体通过以下几个过程实现：

（1）分解细菌团簇，使细菌分散成更容易被臭氧氧化的单个细胞；

（2）细胞膜上化学键的断裂使细菌细胞功能减弱；

（3）在处理过程中提高水中臭氧的分解速率。

臭氧与超声联用不仅可以减少细菌数量，还可以降低像总大肠菌群、粪大肠菌群和粪链球菌这类饮用水污染指标（Jyoti 和 Pandit，2004）。

研究人员使用超声系统股份有限公司（Ultrasonic Systems Gmbh）的市售 USO_3 系统评估了臭氧与超声联用处理对高盐悬浮液中大肠杆菌的影响（Al-hashimi 等，2015）。结果显示，使用臭氧与超声组合技术处理更具优势（表 11-4）。

通过 TEM 分析 USO_3 系统处理 16min 后大肠杆菌（10^{11} cell/mL）的失活百分比　　表 11-4

菌株	超声（612kHz）	臭氧（0.5mg/L）	处理时间（min）	失活率（%）
大肠杆菌	—	是	16	86
大肠杆菌	是	—	16	24
大肠杆菌	是	是	16	95

11.5.3 超声与紫外联用的高级氧化工艺

超声与紫外联用对水中化学污染物的去除研究表明，联用技术对水中化学污染物的去除具有协同作用。比如，超声与紫外联用去除水溶液中的 1,1,1-三氯乙烷比单独应用这两种技术更有效（Toy 等，1990）。通过对水中苯酚的超声光化学降解研究，Wu 等得出了两者的协同效应可归因于羟基自由基的增强这一结论（Wu 等，2001）。他们在报道中表明该反应的第一中间体是对苯二酚、邻苯二酚、苯醌和间苯二酚，这些产物的出现清楚地表明 OH·是存在于超声光化学降解系统中的。

大多数关于超声光化学修复的研究报道都涉及催化剂的使用（Gogate 和 Pandit，2004；Adewuyi，2005）。声光催化涉及在光催化材料（如二氧化钛）悬浮液存在下，通过紫外线分解化学污染物，其中底物吸附在紫外光活化表面可以引发化学反应，例如硫化物氧化成砜和亚砜（Sierka 和 Amy，1985）。该技术已被用于废水中多氯联苯（PCB）的降解。以五氯苯酚为模型底物，在 0.2%二氧化钛及紫外光照射下，该化合物脱氯效率相对较好（表 11-5）（Johnston 和 Hocking，1993；Theron 等，2001）。当超声与光解联用时，五氯苯酚脱氯效果显著提高。提高的原因是声化学三种机械作用的结果，即表面清洁、粒度尺寸减小和粉末表面传质增加。

含 0.2%二氧化钛的五氯苯酚水溶液（2.4×10^{-4}mol/L）光解　　表 11-5

条件	Cl^-产量（50min）	Cl^-产量（120min）
紫外线	40%	没有变化
紫外线/超声	60%	100%

类似的超声与光催化组合也曾用于去除水中的 2,4,6-三氯苯酚（Shirgaonkar 和 Pandit，1998）。有人用带紫外光源（15W）的超声探头（22kHz）探究了超声波强度、反应温度和紫外光透过率等条件对处理效果的影响。实验采用 2,4,6-三氯苯酚（100mg/L）和二氧化钛（0.1g/L）进行，结果表明，2,4,6-三氯苯酚降解速率随溶液温度的升高而增大。在较低的超声波强度下累积效应更为明显，而增大超声波功率几乎没有额外的效果。

有人研究了单独使用超声波、紫外光和催化剂 TiO_2 以及 UV/TiO_2 与超声联用对水中三氯乙酸的降解。在较大的催化剂负载量、较高的温度和含溶解氧的酸性条件下，光催化降解速率加快（Hu 等，2014）。超声与 UV/TiO_2 联用对废水中二硝基甲苯（DNTs）和 2，4，6-三硝基甲苯（TNT）的氧化降解呈现出协同效应（Chen 和 Huang，2011）。超声光催化几乎可以完全去除硝基甲苯污染物。

Bokhale 等（2014）以 CuO 和 TiO_2 为固体催化剂，采用超声催化和声光催化技术对水中罗丹明 6G 进行了降解。在 CuO 浓度为 1.5g/L 时，污染物最大降解率为 52.2%；而在相似的处理时间范围内，TiO_2 负载量为 4g/L 时污染物最大降解率可达 51.2%。有人采用超声辐射与非均相催化剂（TiO_2）和均相光催化剂（光催化辅助芬顿氧化法）联用的方法降解水系统中的孔雀石绿（Berberidou 等，2007）。频率为 80kHz 的超声变幅杆与 9W 的 UV-A 灯联用时，孔雀石绿的降解率随超声波功率强度的增强而增大，但随孔雀石绿初始浓度的增大而减小。超声和光催化联用具有协同作用，对孔雀石绿的降解速度更快。在反应初期，孔雀石绿的中心碳原子和二甲胺基受到自由基攻击而发生降解。之后通过一系列的去甲基化/氧化反应形成更小的分子和硝酸盐。Zhou 等（2011）报道了超声、紫外和铁体系联用对活性黑 5 的降解效率。草酸、柠檬酸、酒石酸和琥珀酸等有机配位体的存在促进了活性黑 5 降解，但次氮基三乙胺（NTA）和乙二胺四乙酸（EDTA）对活性黑 5 的降解有较强的抑制作用。该过程具有 pH 依赖性，在低 pH（pH=3～4）下降解速度最快。也有报道称，在氧化锌纳米催化剂存在下，更低的 pH 可促进直接蓝 71 的超声催化降解（Ertugay 和 Acar，2014）。过氧化氢的加入会进一步增强该降解过程。

近年来，人们越来越重视水中药物和制药废弃物的去除。有人采用 213kHz 超声（US）研究了在均相（Fe^{3+}）和非均相（TiO_2）光催化剂存在下，超声分解、光催化和声光催化对扑热息痛的降解（Jagannathan 等，2013）。结果表明，超声分解与光催化（TiO_2 或 Fe^{3+}）联用可产生加和效应，协同指数约为 1.0。采用 TiO_2 的声光催化对总有机碳（TOC）的去除无协同效应，而 Fe^{3+} 的存在对超声光催化的矿化过程具有协同作用。电喷雾质谱显示在超声分解过程中形成了对乙酰氨基酚的羟基化衍生物。

安替比林是一种镇痛药物。作为一种新兴污染物，它可以在均相超声光催化氧化

（H_2O_2/UV/FeⅡ/超声）过程中被矿化（Durán 等，2013）。在 H_2O_2 浓度为 1500mg/L、pH 为 2.7、振幅为 100%、脉冲周期为 0.3（超过 15min）的条件下处理 50mg/L 的安替比林溶液，反应 50min 后可去除 90%以上的总有机碳（TOC）。·OH 清除剂实验表明，抗喹啉降解主要是通过自由基反应机理进行的，首先通过裂解五环杂环的 N—N 键生成芳香酸（邻氨基苯甲酸和 1,4-苯二甲酸），然后苯环打开生成可进一步矿化的小分子有机酸（主要是 2-丁烯二酸、4-氧代-戊酸和丁二酸）。

Na 等（2012）报道了不同紫外长下超声分解、光解和声光联合降解激素雌三醇的结果。研究人员检测了 UVA（365nm）、UVC（254nm）、VUV（185nm）辐射以及超声波（283kHz）对雌三醇的降解情况。在超声分解过程中，雌三醇降解的主要机理为·OH反应，由于在较短的紫外波长（VUV）下具有较高的光子能量和雌三醇摩尔吸光系数，水中·OH 的生成量增加，因此光解和声光联合降解雌三醇的速率更高。而 UVA 和 UVC 辐照对声光联合降解的协同效应较小。

超声分解（US）与光氧化（UV/H_2O_2）联用，可用于中试规模的外循环气升式声光反应器，以处理合成制药废水（Ghafoori 等，2015）。以总有机碳（TOC）为指标来表征废水有机物，结果表明，H_2O_2 投加量和超声波功率对废水中 TOC 的去除率有显著影响。

超声还用来增强其他化工废水的芬顿氧化反应，其中一个例子是对染料的降解。有研究采用均相芬顿型试剂（$FeSO_4$/H_2O_2）和非均相试剂（含有 ZSM-5 沸石的 Fe/ H_2O_2）与紫外和超声技术（850kHz）联合去除橙色Ⅱ染料（Dükkanci 等，2014）。紫外辐照和超声各自的脱色度分别为 6.5%和 28.9%，而二者联用可使脱色度达到 47.8%，说明超声与紫外光存在协同效应。同时实验结果表明，加入一定量的芬顿试剂可提高脱色率，其最佳试剂配比为 Fe^{2+} ∶ H_2O_2＝1∶50。在均相芬顿体系中引入超声和紫外光，2h 可以实现 80.8%的脱色，可见紫外光可以改善橙色Ⅱ染料的降解。非均相超声芬顿体系（含有 ZSM-5 沸石催化剂的 Fe＋ H_2O_2＋超声）的脱色度始终低于传统的均相超声芬顿体系，这可能是由于铁离子与过氧化氢反应难度较大所致。在所有情况下，橙色Ⅱ染料超声脱色遵循一级反应动力学。超声、紫外和 Fe^{3+} 三者联用比 Fe^{3+} 与紫外或超声二者联用对活性黑 5 的降解能力高 2.5 倍（Zhou 等，2011）。草酸、柠檬酸、酒石酸和琥珀酸等有机配位体的存在促进了降解，但次氮基三乙胺（NTA）和乙二胺四乙酸（EDTA）对降解有较强的抑制作用，该过程也具有 pH 依赖性，且在低 pH（pH＝3～4）下降解速度最快。

11.5.4 超声与电化学联用的高级氧化工艺

利用超声对有机物进行电化学转化的优势早已确立（Walton 和 Mason，1998），但超声电化学降解有机物是高级氧化工艺（AOPs）中的一种新兴技术。它比单独超声处理更具有优势，主要体现在可以提高工艺效率，更快地降低化学需氧量（COD）和总有机碳（TOC），并加速通常需要很长时间才能矿化的电化学氧化过程。

Sáez 等报道了一种利用超声（20kHz）电化学技术批量处理硫酸钠水溶液中过氯乙烯的成功案例（Sáez 等，2010）。这种溶剂在商业上用于干洗和作为脱脂剂，它与肝脏问题和癌症的出现有关。结果表明，与简单电解相比，超声与电化学联用不仅提高了其分解效率，而且提高了电流效率。在没有背景电解质的情况下运行该工艺，分解效率也可实现显著增强（Sáez 等，2011）。

采用电化学和电-芬顿工艺与超声联用氧化降解废水中的二硝基甲苯（DNT）和2,4,6-三硝基甲苯（TNT），会产生协同效应（Chen 和 Huang，2014）。研究考察了电极电位、超声电解温度、废水酸度、氧气用量、铁离子用量等操作变量，确定了声电-芬顿法能完全降解硝基甲苯污染物。H_2O_2 是通过氧气的阴极还原产生的，而氧气由水的阳极氧化而来。尽管在超声电解过程中存在脱气现象，但由于超声使氧向阴极的传质速率显著提高，所以 H_2O_2 有较高产率。有研究者采用高频超声（850kHz）和不锈钢电极研究了超声电化学对苯酚的降解（Ren 等，2013），据报道其协同效应为60%。与氢氧化钠和硫酸相比，硫酸钠作为电解液对苯酚具有更高的降解率。随着硫酸钠浓度的增加和电压的增大，苯酚降解率增加。在硫酸钠电解液浓度为4.26g/L、电压为30V、苯酚初始浓度为0.5mmol/L 和1mmol/L 时，在60min 内苯酚几乎可以完全降解。

红色食品添加剂苋菜红染料是废水中的内分泌干扰物。有人已采用掺硼金刚石阳极研究了超声电化学对苋菜红染料的降解（Steter 等，2014）。当电流密度为10～50mA/cm^2 时，电解90min 后，TOC 去除率为92.1%～95.1%。据报道，利用 Ti/Ta_2O_5-SnO_2 电极通过超声电化学可有效分解亚甲基蓝（Shestakova 等，2015）。脱色用于评估降解初期阶段，COD 和 TOC 作为总降解度指标。发现850kHz 和380kHz 的超声波频率以及使用更高功率对染料脱色更有效。采用声电催化联合实验，MB 完全降解的时间从单独电解时的180min 或单独超声降解时的90min 缩短到45min。

一种利用纳米涂层电极进行超声电化学催化氧化的新兴工艺已用于处理亚甲基蓝水溶液（Yang 等，2014）。纳米涂层电极比非纳米电极产生了更多的羟基自由基，且超声增强了纳米涂层电极对染料溶液的去除。在电流为600mA、频率为45kHz 的最佳运行条件下，TOC 的去除率可达92%。

研究表明，采用超声电化学方法处理酿酒行业的高污染废水（COD＝10240mg/L；总悬浮固体（TSS）＝2860mg/L）具有良好的前景（Orescanin 等，2013）。系统采用不锈钢、铁和铝电极组对废水进行电氧化和电凝处理，同时在强电磁场中进行超声处理和再循环。随后向废水中添加 H_2O_2，通过臭氧与紫外辐射联用技术进行后处理。综合处理后，悬浮物和磷酸盐的最终去除率均在99%以上。铁、铜和氨的去除率约为98%，COD 和硫酸盐的去除率分别为77%和62%。

超声、电化学、臭氧及其联用技术已用于对1,3-二硝基苯和2,4-二硝基甲苯的降解研究（Abramov 等，2006）。但1,3-二硝基苯和2,4-二硝基甲苯在超声协同臭氧氧化时很难被氧化，在超声增强电化学的作用下可缓慢降解。然而，臭氧、超声和电化学联用处理，可在短时间内将其完全降解。

据报道，使用超声波在接近1MHz 频率下可对一些药物进行超声电化学降解。使用850kHz 超声波电解可快速去除水溶液中的抗菌剂三氯生（Ren 等，2014）。在多种不同电极系统中使用金刚石涂层铌电极均表现出最佳去除效果，在三氯生浓度为 1mg/L、反应 15min 时三氯生可去除 92%。采用铂阳极（6cm×8cm）、不锈钢阴极（7cm×8cm）以及超声（1000kHz）对布洛芬进行降解（Thokchom 等，2015）。结果表明，NaOH、H_2SO_4 和去离子水体系反应 1h 后布洛芬降解率分别达 89.32%、81.85%和 88.7%。

11.6 超声设备及发展前景

在水处理应用中超声具有潜在的明显优势，所以大型超声设备的需求正呈上升趋势。一些厂家已经生产了一些小型槽式和连续流动式设备，并且由于需要更多的中试规模或工业规模的超声设备，正在开发、制造和销售大型超声设备。大多数超声系统都可用于环境修复。Nikitenko 等对不同几何形状的超声化学反应器进行了对比研究，结果表明超声效率取决于吸收的总能量，且与反应器几何形状基本无关（Nikitenko 等，2007）。他们多次研究 20kHz 超声波实验室规模反应器发现，如果吸收功率保持不变，超声化学变幅杆表面积的减少会导致效率的提高。它表明吸收超声能量的程度是未来设计中要考虑的主要因素，因此会影响大型反应器的发展。

图 11-7　间歇式萃取反应器

文献中已经描述了几种超声反应器的结构，尽管它们最初可能有其他的用途，但基本的设计可以用于水体修复。某最初设计用于从植物中提取药用化合物的大型间歇式反应器就是一个典型例子（Vinatoru，2001），它由一个容量为 $1m^3$、工作容积为 700～850L 的不锈钢罐组成（图 11-7）。

为了在食品工业应用超声波处理，现已开发出了具有潜在配置和选项的不同规模（从小型到大型，如 1000L）的超声波间歇式处理系统（Chemat 等，2011）。间歇式系统可以在大容量反应器中提供间歇和连续的低强度超声辐射（0.01～0.1W/cm^3）。在耦合间歇式反应器外部的循环流动单元后，有可能产生更高的局部功率（0.5～10W/cm^3）（图 11-8）。

现有几种不同设计类型的设备可以用于规模化的超声波加工，所有这些设备都显示出使用超声技术的优势（Leonelli 和 Mason，2010）。

Prosonix 公司开发的 Prosonitron P500 系统（Prosonix，2015）（图 11-9）使用压电

换能器连接到一个金属管的外表面，加工液体通过该金属管流动。该系统的优点是管道本身产生共振，从而将声能传递到流体中心。

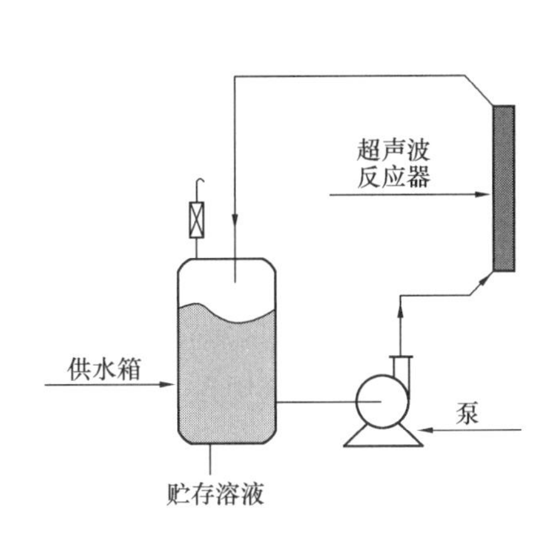

图 11-8　外流回路系统示意图

图 11-9　Prosonitron 系统

由先进的超声波处理系统（Advanced Sonic Processing Systems，2015）制造的双频反应器系统（DFR）（图 11-10）具有多种尺寸。图 11-10 所示的系统是一个典型的结构，由两个平行的垂直板组成，待处理的流体通过板（从底部）被泵送入。它使用磁致伸缩换能器，每个板在不同的频率（20kHz 和 16kHz）下工作，以在流经的流体中产生高空化活性。板与板之间的间隙也可以调整。

Hielscher 公司生产了一个包含 20kHz 超声变幅杆的流动式反应系统（产品号 UIP16000），（Hielscher Ultrasonics 股份有限公司，2015）（图 11-11），其运转功率为 16000W，他们声称这是目前世界上最强大的超声波处理器。该处理器可在三个或更多单元的集群中工作，以高达 $50m^3/h$ 的速度进行大量处理。

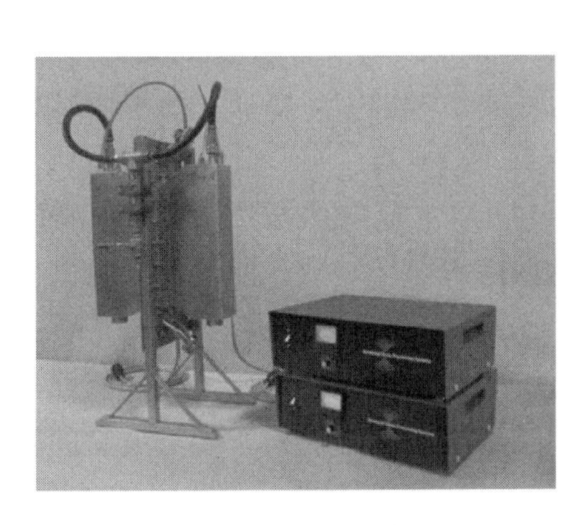

图 11-10　双频反应器

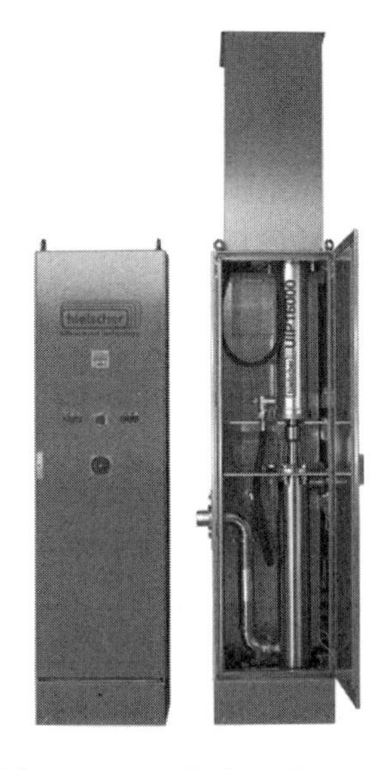

图 11-11　Hielscher UIP16000

有文章描述了中试条件（7L）下氧化降解苯酚的过程（Khokhawala 和 Gogate，2010)。该系统可采用不同操作模式进行处理，包括单独 UV、单独超声、UV/超声、UV/TiO_2（光催化)、UV/ H_2O_2、UV/NaCl（此处使用 NaCl 作为添加剂是为了确定投加额外的盐是否有利于降解)、UV/超声/ TiO_2 和 H_2O_2 协助声光催化（通过形成各种氧化自由基进行降解)，以实现最大程度的苯酚降解。

UV 辐照（8W UV 管）与超声处理（额定功率 1kW，频率 25kHz）联用比它们单独运行更有效。添加过氧化氢可产生额外的自由基从而提高降解效率。使用 NaCl 可选择性地改变自由基产生部位的污染物分布，且添加 TiO_2 可提高对污染物的降解，TiO_2 最佳浓度为 2.0g/L。pH 为 2 时，H_2O_2 协助超声光催化对苯酚的最大降解率为 37.75%。同实验室也报道了超声降解硝基苯酚（25kHz，声功率 1kW）的中试规模（体积为 7L）研究（Mishra 和 Gogate，2011)。采用超声光催化与最佳用量的 H_2O_2 相结合的处理方法，10mg/L 的硝基苯酚得到了最大程度的降解。使用径向超声仪的中试反应器（7L）去除 2,4-二硝基苯酚的研究结果表明，在较低的 pH（pH=2.5 和 pH=4）下 2,4-二硝基苯酚去除率较高，当加入芬顿试剂后去除率可提高至 98.7%（Bagal 等，2013)。

一般采用絮凝和混凝两种方法大规模处理含油和含金属离子的工业废水。有报道称可通过铁与焦炭之间的电化学反应产生氧化铁盐（Fe_2O_3）颗粒，该颗粒可作为水处理的混凝剂（Abramov 等，2014)。对这些颗粒进行超声处理可减小颗粒尺寸并使其表面清洁，处理污水更加有效。试验证明了这些颗粒用于处理实验室制备的废水和圣彼得堡地铁站清洗的实际废水都具有良好的效果。

Gogate 等开发了一种将水动力空化、声空化、臭氧和电化学氧化/沉淀相结合的商业化高级氧化反应器（Gogate 等，2014)。该反应器被命名为 Ozonix®，并且已经在美国各地超过 750 口石油和天然气井进行了测试、部署和商业化应用，目的是处理回收液体。Poeschl 和 Oliveri（2014）也介绍了臭氧与超声联用连续处理多种废水的设备。目前该设备已被应用于许多领域，包括消毒、去除痕量化学物质和碱性硫化物残留物的氧化。

一个关于声化学修复的常见问题是该过程是否经济。这是一个很难回答的问题，因为早期的大多数结论都是基于实验室规模的反应器获得的（Löning 等，2002)。这些反应器通常使用超声变幅杆（探针）作为超声波的来源，所得结果肯定不能应用于具有不同超声波能量传输模式的大型反应器（Leonelli 和 Mason，2010)。然而，在不同结构的反应器的能量转移方面取得了一些进展（Nikitenko 等，2007)。

有人计算了一个处理规模为 1000L/min 的净水厂的经济运行成本（Mahamuni 和 Adewuyi，2010)，该计算涉及一系列污染物的降解速率常数，如苯酚、偶氮染料和三氯乙烯。该计算使用各种参数确定了降解苯酚的资本和运营成本，当采用单独超声处理 1000gal 的水时，苯酚降解的参考成本为 15576 美元；但超声与紫外和臭氧联用时，成本可显著下降到仅 89 美元，这说明协同作用具有巨大的益处。对于偶氮染料的降解也有类似的结果，而三氯乙烯的降解确实显示了联用技术的协同效应，但协同效应并不如在其他情况中那样显著。

11.7 结论

对于超声波在环境保护方面的应用，目前的实验室研究已经进行得非常广泛，其广阔的应用前景引起了工业界的注意。然而，与现有工艺相比，单独使用超声作为高级氧化工艺似乎不太经济，但超声与其他氧化技术（如 UV、臭氧、芬顿型试剂或电化学）联用则是较好的选择。后续深入研究需考虑超声与其他高级氧化工艺的协同作用。

有足够的证据表明，一些设备制造商已经进入了超声系统的规模化生产，其中许多超声系统都适用于高级氧化工艺。因此，必须考虑纳入其他氧化技术，并重视其吸收超声能量的程度，以更好地评价这种高级氧化工艺在未来的经济性、有效性以及可行性。

当规模化超声系统的能量传输效率得到优化后，将其应用于水处理中，从环境效果看，使用超声产出的整体经济效益是无可置疑的。

11.8 参考文献

Abramov O. V. (1998). High-Intensity Ultrasound: Theory and Industrial Applications. Gordon and Breach, London, U.K.

Abramov V. O., Abramov O. V., Gekhman A. E., Kuznetsov V. M. and Price G. J. (2006). Ultrasonic intensification of ozone and electrochemical destruction of 1,3-dinitrobenzene and 2,4-dinitrotoluene. *Ultrasonics Sonochemistry*, **13**(4), 303–307.

Abramov V. O., Abramova A. V., Keremetin P. P., Mullakaev M. S., Vexler G. B. and Mason T. J. (2014). Ultrasonically improved galvanochemical technology for the remediation of industrial wastewater. *Ultrasonics Sonochemistry*, **21**(2), 812–818.

Adewuyi Y. G. (2005). Sonochemistry in environmental remediation. 2. Heterogeneous sonophotocatalytic oxidation processes for the treatment of pollutants in water. *Environmental Science & Technology*, **39**(22), 8557–8570.

Advanced Sonic Processing Systems (2015). http://www.advancedsonicprocessingsystems.com.

Al-hashimi A. M., Mason T. J. and Joyce E. M. (2015). The combined effect of ultrasound and ozone on bacteria in water. *Environmental Science & Technology*, **49**(19), 11697–11702.

Anbar M. and Pecht I. (1964). On the sonochemical formation of hydrogen peroxide in water. *Journal of Physical Chemistry*, **68**(2), 352–355.

Andreozzi R., Caprio V., Insola A. and Marotta R. (1999). Advanced oxidation processes (AOP) for water purification and recovery. *Catalysis Today*, **53**(1), 51–59.

Arnold S. F., Robinson M. K., Notides A. C., Guillette L. J. and McLachlan J. A. (1996). A yeast estrogen screen for examining the relative exposure of cells to natural and xenoestrogens. *Environmental Health Perspectives*, **104**(5), 544–548.

Ashokkumar M. and Mason T. J. (2007). Sonochemistry. In: Kirk-Othmer Encyclopedia of Chemical Technology, John Wiley & Sons, Inc. Doi: 10.1002/0471238961.1915141519211912.a01.pub2.

Augugliaro V., Litter M., Palmisano L. and Soria J. (2006). The combination of heterogeneous photocatalysis with chemical and physical operations: a tool for improving the photoprocess performance. *Journal of Photochemistry and Photobiology C: Photochemistry Reviews*, **7**(4), 127–144.

Bagal M. V., Lele B. J. and Gogate P. R. (2013). Removal of 2,4-dinitrophenol using hybrid methods based on ultrasound at an operating capacity of 7 L. *Ultrasonics Sonochemistry*, **20**(5), 1217–1225.

Berberidou C., Poulios I., Xekoukoulotakis N. P. and Mantzavinos D. (2007). Sonolytic, photocatalytic and sonophotocatalytic degradation of malachite green in aqueous solutions. *Applied Catalysis B: Environmental*, **74**(1–2), 63–72.

Berlan J., Trabelsi F., Delmas H., Wilhelm A. M. and Petrignani J. F. (1994). Oxidative degradation of phenol in aqueous media using ultrasound. *Ultrasonics Sonochemistry*, **1**(2), S97–S102.

Bokhale N. B., Bomble S. D., Dalbhanjan R. R., Mahale D. D., Hinge S. P., Banerjee B. S., Mohod A. V. and Gogate P. R. (2014). Sonocatalytic and sonophotocatalytic degradation of rhodamine 6G containing wastewaters. *Ultrasonics Sonochemistry*, **21**(5), 1797–1804.

Brown B. and Goodman J. E. (1965). High Intensity Ultrasonics. Iliffe Books Ltd, London, U.K.

Bulat T. J. (1974). Macrosonics in industry: 3. Ultrasonic cleaning. *Ultrasonics*, **12**(2), 59–68.

Capocelli M., Joyce E., Lancia A., Mason T. J., Musmarra D. and Prisciandaro M. (2012). Sonochemical degradation of estradiols: incidence of ultrasonic frequency. *Chemical Engineering Journal*, **210**, 9–17.

Chand R., Ince N. H., Gogate P. R. and Bremner D. H. (2009). Phenol degradation using 20, 300 and 520 kHz ultrasonic reactors with hydrogen peroxide, ozone and zero valent metals. *Separation and Purification Technology*, **67**(1), 103–109.

Chandrapala J., Oliver C., Kentish S. and Ashokkumar M. (2012). Ultrasonics in food processing – food quality assurance and food safety. *Trends in Food Science & Technology*, **26**(2), 88–98.

Chemat F., Zilll H. and Khan M. K. (2011). Applications of ultrasound in food technology: processing, preservation and extraction. *Ultrasonics Sonochemistry*, **18**(4), 813–835.

Chen W.-S. and Huang S.-C. (2011). Sonophotocatalytic degradation of dinitrotoluenes and trinitrotoluene in industrial wastewater. *Chemical Engineering Journal*, **172**(2–3), 944–951.

Chen W.-S. and Huang C.-P. (2014). Decomposition of nitrotoluenes in wastewater by sonoelectrochemical and sonoelectro-Fenton oxidation. *Ultrasonics Sonochemistry*, **21**(2), 840–845.

Comeskey D., Larparadsudthi O. A., Mason T. J. and Paniwnyk L. (2012). The use of a range of ultrasound frequencies to reduce colouration caused by dyes. *Water Science and Technology*, **66**(10), 2251–2257.

Cui M., Jang M., Cho S.-H., Elena D. and Khim J. (2011). Enhancement in mineralization of a number of natural refractory organic compounds by the combined process of sonolysis and ozonolysis (US/O_3). *Ultrasonics Sonochemistry*, **18**(3), 773–780.

Diamanti-Kandarakis E., Bourguignon J.-P., Giudice L. C., Hauser R., Prins G. S., Soto A. M., Zoeller R. T. and Gore A. C. (2009). Endocrine-disrupting chemicals: an endocrine society scientific statement. *Endocrine Reviews*, **30**(4), 293–342.

Dükkancı M., Vinatoru M. and Mason T. J. (2014). The sonochemical decolourisation of textile azo dye Orange II: effects of Fenton type reagents and UV light. *Ultrasonics Sonochemistry*, **21**(2), 846–853.

Durán A., Monteagudo J. M., Sanmartín I. and García-Díaz A. (2013). Sonophotocatalytic mineralization of antipyrine in aqueous solution. *Applied Catalysis B: Environmental*, 138–139(0), 318–325.

Eren H., Avinc O., Erişmiş B. and Eren S. (2014). Ultrasound-assisted ozone bleaching of cotton. *Cellulose*, **21**(6), 4643–4658.

Ertugay N. and Acar F. N. (2014). The degradation of Direct Blue 71 by sono, photo and sonophotocatalytic oxidation in the presence of ZnO nanocatalyst. *Applied Surface Science*, **318**(0), 121–126.

Feng H., Barbosa-Canovas G. and Weiss J. (2011). Ultrasound Technologies for Food and Bioprocessing. Springer, New York, NY.

Fischer C. H., Hart E. J. and Henglein A. (1986). Ultrasonic irradiation of water in the presence of oxygen 18, $^{18}O_2$: isotope exchange and isotopic distribution of hydrogen peroxide. *Journal of Physical Chemistry*, **90**(9), 1954–1956.

Fitzgerald M. E., Griffing V. and Sullivan J. (1956). Chemical effects of ultrasonics-'Hot Spot' chemistry. *Journal of Physical Chemistry*, **25**, 926–933.

Flosdorf E. W., Chambers L. A. and Malisoff W. M. (1936). Sonic activation in chemical systems: oxidations at audible frequencies. *Journal of the American Chemical Society*, **58**(7), 1069–1076.

Frederick J. R. (1965). Ultrasonic Engineering. John Wiley, London.

Frenkel Y. I. (1940). Electrical phenomena connected with cavitation caused by ultrasonic oscillation in a liquid. *Russian Journal of Physical Chemsitry*, **14**, 305–308.

Gallego-Juárez J. A. and Graff K. F. (2015). Power Ultrasonics. Woodhead Publishing, Oxford.

Ghafoori S., Mowla A., Jahani R., Mehrvar M. and Chan P. K. (2015). Sonophotolytic degradation of synthetic pharmaceutical wastewater: statistical experimental design and modeling. *Journal of Environmental Management*, **150**, 128–137.

Gogate P. R. and Pandit A. B. (2004). Sonophotocatalytic reactors for wastewater treatment: a critical review. *AIChE Journal*, **50**(5), 1051–1079.

Gogate P. R., Mededovic-Thagard S., McGuire D., Chapas G., Blackmon J. and Cathey R. (2014). Hybrid reactor based on combined cavitation and ozonation: from concept to practical reality. *Ultrasonics Sonochemistry*, **21**(2), 590–598.

Gong C. and Hart D. P. (1998). Ultrasound induced cavitation and sonochemical yields. *The Journal of the Acoustical*

Society of America, **104**(5), 2675–2682.

Griffing V. (1950). Theoretical explanation of the chemical effects of ultrasonics. *Journal of Chemical Physics*, **18**(7), 997–998.

Gültekin I. and Ince N. H. (2006). Degradation of aryl-azo-naphthol dyes by ultrasound, ozone and their combination: effect of α-substituents. *Ultrasonics Sonochemistry*, **13**(3), 208–214.

Guo W.-Q., Yin R.-L., Zhou X.-J., Du J.-S., Cao H.-O., Yang S.-S. and Ren N.-Q. (2015). Sulfamethoxazole degradation by ultrasound/ozone oxidation process in water: kinetics, mechanisms, and pathways. *Ultrasonics Sonochemistry*, **22**(0), 182–187.

Hamdaoui O. and Naffrechoux E. (2008). Sonochemical and photosonochemical degradation of 4-chlorophenol in aqueous media. *Ultrasonics Sonochemistry*, **15**(6), 981–987.

Harvey E. N. and Loomis A. L. (1929). The destruction of luminous bacteria by high frequency sound waves. *Journal of Bacteriology*, **17**, 373–379.

He Z., Song S., Xia M., Qiu J., Ying H., Lü B., Jiang Y. and Chen J. (2007). Mineralization of C.I. Reactive Yellow 84 in aqueous solution by sonolytic ozonation. *Chemosphere*, **69**(2), 191–199.

Headley J. V. and McMartin D. W. (2004). A review of the occurrence and fate of naphthenic acids in aquatic environments. *Journal of Environmental Science and Health,* **39**(8), 1989–2010.

Henglein A. (1987). Sonochemistry: historical developments and modern aspects. *Ultrasonics*, **25**(1), 6–16.

Hielscher Ultrasonics gmbh. (2015). http://www.hielscher.com.

Hoffmann M. R., Hua I. and Höchemer R. (1996). Application of ultrasonic irradiation for the degradation of chemical contaminants in water. *Ultrasonics Sonochemistry*, **3**(3), S163–S172.

Hu B., Wu C., Zhang Z. and Wang L. (2014). Sonophotocatalytic degradation of trichloroacetic acid in aqueous solution. *Ceramics International*, **40**(5), 7015–7021.

Hu G., Li J. and Zeng G. (2013). Recent development in the treatment of oily sludge from petroleum industry: a review. *Journal of Hazardous Materials*, **261**(0), 470–490.

Ifelebuegu A. O., Onubogu J., Joyce E. and Mason T. (2014). Sonochemical degradation of endocrine disrupting chemicals 17β-estradiol and 17α-ethinylestradiol in water and wastewater. *International Journal of Environmental Science and Technology*, **11**(1), 1–8.

Ince N. H. and Tezcanlí G. (2001). Reactive dyestuff degradation by combined sonolysis and ozonation. *Dyes and Pigments*, **49**(3), 145–153.

Jagannathan M., Grieser F. and Ashokkumar M. (2013). Sonophotocatalytic degradation of paracetamol using TiO_2 and Fe^{3+}. *Separation and Purification Technology*, **103**, 114–118.

Jiang B., Zheng J., Qiu S., Wu M., Zhang Q., Yan Z. and Xue Q. (2014). Review on electrical discharge plasma technology for wastewater remediation. *Chemical Engineering Journal*, **236**, 348–368.

Jiang Y., Petrier C. and Waite T. D. (2006). Sonolysis of 4-chlorophenol in aqueous solution: effects of substrate concentration, aqueous temperature and ultrasonic frequency. *Ultrasonics Sonochemistry*, **13**(5), 415–422.

Johnston A. J. and Hocking P. (1993). Ultrasonically accelerated photocatalytic waste treatment. *Emerging Technologies in Hazardous Waste Management III (American Chemical Society)*, **518**, 106–118.

Joyce E. M. and Mason T. J. (2008). Sonication used as a biocide a review: ultrasound a greener alternative to chemical biocides? Chimica Oggi – Chemistry Today, **26**(6), 12–15.

Juretic H., Montalbo-Lomboy M., van Leeuwen J., Cooper W. J. and Grewell D. (2015). Hydroxyl radical formation in batch and continuous flow ultrasonic systems. *Ultrasonics Sonochemistry*, **22**, 600–606.

Jyoti K. K. and Pandit A. B. (2004). Ozone and cavitation for water disinfection. *Biochemical Engineering Journal*, **18**(1), 9–19.

Khokhawala I. M. and Gogate P. R. (2010). Degradation of phenol using a combination of ultrasonic and UV irradiations at pilot scale operation. *Ultrasonics Sonochemistry*, **17**(5), 833–838.

Kim D. K., O'Shea K. E. and Cooper W. J. (2012). Oxidative degradation of alternative gasoline oxygenates in aqueous solution by ultrasonic irradiation: mechanistic study. *Science of The Total Environment*, **430**, 246–259.

Knapp R. T. and Hollander A. (1948). Laboratory investigations of the mechanism of cavitation. *Transactions of the American Society Mechanical Engineering*, **70**, 419–435.

Kumar P., Headley J., Peru K., Bailey J. and Dalai A. (2014). Removal of dicyclohexyl acetic acid from aqueous solution using ultrasound, ozone and their combination. *Journal Environmental Science Health A Toxic Hazardous Substances & Environmental Engineering*, **49**(13), 1512–1519.

Leonelli C. and Mason T. J. (2010). Microwave and ultrasonic processing: now a realistic option for industry. *Chemical Engineering and Processing: Process Intensification*, **49**(9), 885–900.

Lepoint-Mullie F., De Pauw D., Lepoint T., Supiot P. and Avni R. (1996). Nature of the 'Extreme Conditions' in single sonoluminescing bubbles. *Journal of Physical Chemistry*, **100**(30), 12138–12141.

Lepoint T. and Mullie F. (1994). What exactly is cavitation chemistry? *Ultrasonics Sonochemistry*, **1**(1), S13–S22.

Liu S.-C. and Wu H. (1934). Mechanism of oxidation promoted by ultrasonic radiation. *Journal of the American Chemical Society*, **56**(5), 1005–1007.

Loiseleur J. (1944). Sur l'activation de l'oxygène par les ultrasons. *C.R. Academy Science France*, **218**, 876–878.

Löning J.-M., Horst C. and Hoffmann U. (2002). Investigations on the energy conversion in sonochemical processes. *Ultrasonics Sonochemistry*, **9**(3), 169–179.

Mahamuni N. N. and Adewuyi Y. G. (2010). Advanced oxidation processes (AOPs) involving ultrasound for waste water treatment: a review with emphasis on cost estimation. *Ultrasonics Sonochemistry*, **17**(6), 990–1003.

Makino K., Mossoba M. M. and Riesz P. (1982). Chemical effects of ultrasound on aqueous solutions. Evidence for hydroxyl and hydrogen free radicals by spin trapping. *Journal of the American Chemical Society*, **104**(12), 3537–3539.

Makino K., Mossoba M. M. and Riesz P. (1983). Chemical effects of ultrasound on aqueous solutions. Formation of hydroxyl radicals and hydrogen atoms. *Journal of Physical Chemistry*, **87**(8), 1369–1377.

Margulis M. A. (1985). Sonoluminescence and sonochemical reactions in cavitation fields. A review. *Ultrasonics*, **23**(4), 157–169.

Martins A., de O., Canalli V. M., Azevedo C. M. N. and Pires M. (2006). Degradation of pararosaniline (C.I. Basic Red 9 monohydrochloride) dye by ozonation and sonolysis. *Dyes and Pigments*, **68**(2–3), 227–234.

Mason T. J. (2016). Ultrasonic cleaning: an historical perspective. *Ultrasonics Sonochemistry*, **29**, 519–523. Special Issue: Cleaning with bubbles; R. David Fernandez and V. Bram (guest eds).

Mason T. J. and Bernal V. S. (2012). An Introduction to Sonoelectrochemistry. In: Power Ultrasound in Electrochemistry, B. G. Pollet (ed.), John Wiley & Sons, Ltd, Chichester, UK, 21–44.

Mason T. J. and Lorimer J. P. (2002). Applied Sonochemistry. Wiley VCH, Weinheim, Germany.

Mason T. J. and Peters D. (2002). Practical Sonochemistry, Power Ultrasound uses and Applications, 2nd edn, Ellis Horwood Publishers, Chichester, UK.

Mason T. J. and Tiehm A. (2001). Ultrasound in Environmental Protection. Elsevier, Amsterdam, Netherlands.

Mason T. J., Lorimer J. P., Bates D. M. and Zhao Y. (1994). Dosimetry in sonochemistry: the use of aqueous terephthalate ion as a fluorescence monitor. *Ultrasonics Sonochemistry*, **1**(2), S91–S95.

Mason T. J., Cobley A. J., Graves J. E. and Morgan D. (2011). New evidence for the inverse dependence of mechanical and chemical effects on the frequency of ultrasound. *Ultrasonics Sonochemistry*, **18**(1), 226–230.

Méndez-Arriaga F., Torres-Palma R. A., Pétrier C., Esplugas S., Gimenez J. and Pulgarin C. (2008). Ultrasonic treatment of water contaminated with ibuprofen. *Water Research*, **42**(16), 4243–4248.

Metcalf S. and Eddy S. (2004). Wastewater Engineering – Treatment and Reuse. McGraw Hill Book Co, New York, NY.

Mishra K. P. and Gogate P. R. (2011). Intensification of sonophotocatalytic degradation of p-nitrophenol at pilot scale capacity. *Ultrasonics Sonochemistry*, **18**(3), 739–744.

Mohapatra D. P., Brar S. K., Tyagi R. D., Picard P. and Surampalli R. Y. (2013). A comparative study of ultrasonication, Fenton's oxidation and ferro-sonication treatment for degradation of carbamazepine from wastewater and toxicity test by Yeast Estrogen Screen (YES) assay. *Science of The Total Environment*, **447**, 280–285.

Na S., Park B., Cho E., Koda S. and Khim J. (2012). Sonophotolytic degradation of estriol at various ultraviolet wavelength in aqueous solution. Japanese Journal of Applied Physics, **51**(7S), 07GD11.

Nagata Y., Nakagawa M., Okuno H., Mizukoshi Y., Yim B. and Maeda Y. (2000). Sonochemical degradation of chlorophenols in water. *Ultrasonics Sonochemistry*, **7**(3), 115–120.

Neppiras E. A. (1972). Macrosonics in industry 1. Introduction. *Ultrasonics*, **10**(1), 9–13.

Neppiras E. A. (1984). Acoustic cavitation series: part one: acoustic cavitation: an introduction. *Ultrasonics*, **22**(1), 25–28.

Nikitenko S. I. (2014). Plasma formation during acoustic cavitation: toward a new paradigm for sonochemistry. *Advances in Physical Chemistry*, **2014**, 1–8.

Nikitenko S. I., Le Naour C. and Moisy P. (2007). Comparative study of sonochemical reactors with different geometry using thermal and chemical probes. *Ultrasonics Sonochemistry*, **14**(3), 330–336.

Noltingk B. E. and Neppiras E. A. (1950). Cavitation produced by Ultrasonics. *Proceedings of the Physical Society. Section B*, **63**(9), 674–685.

Okitsu K., Iwasaki K., Yobiko Y., Bandow H., Nishimura R. and Maeda Y. (2005). Sonochemical degradation of azo dyes in aqueous solution: a new heterogeneous kinetics model taking into account the local concentration of OH radicals and azo dyes. *Ultrasonics Sonochemistry*, **12**(4), 255–262.

Orescanin V., Kollar R., Nad K., Mikelic I. L. and Gustek S. F. (2013). Treatment of winery wastewater by electrochemical methods and advanced oxidation processes. *Journal of Environmental Science and Health, Part A*, **48**(12), 1543–1547.

Pera-Titus M., García-Molina V., Baños M. A., Giménez J. and Esplugas S. (2004). Degradation of chlorophenols by means of advanced oxidation processes: a general review. *Applied Catalysis B: Environmental*, **47**(4), 219–256.

Petrier C. and Casadonte D. (2001). The sonochemical degradation of aromatic and chloroaromatic contaminants. In: Advances in Sonochemistry: Theme issue – Ultrasound in Environmental Protection, T. J. Mason and A. Tiehm (eds), Elsevier, **6**.

Pétrier C. and Francony A. (1997). Ultrasonic waste-water treatment: incidence of ultrasonic frequency on the rate of phenol and carbon tetrachloride degradation. *Ultrasonics Sonochemistry*, **4**(4), 295–300.

Petrier C., Lamy M.-F., Francony A., Benahcene A., David B., Renaudin V. and Gondrexon N. (1994). Sonochemical degradation of phenol in dilute aqueous solutions: comparison of the reaction rates at 20 and 487 kHz. *Journal of Physical Chemistry*, **98**(41), 10514–10520.

Pétrier C., Combet E. and Mason T. (2007). Oxygen-induced concurrent ultrasonic degradation of volatile and non-volatile aromatic compounds. *Ultrasonics Sonochemistry*, **14**(2), 117–121.

Poeschl U. and Oliveri C. (2014). Method for Treatment of Sulphide-Containing Spent Caustic. US patent 20140346121 A1.

Price G. J. (1990). The use of ultrasound for the controlled degradation of polymer solutions. In: Advances in Sonochemistry, T. J. Mason (ed.), JAI Press, London U.K., **1**, 231–287.

Prosonix. (2015). http://www.prosonix.co.uk

Prudhomme R. O. and Grabar P. (1949). De l'action des ultrasons sur certaines solutions aqueuses. *Journal de Chimie Physique et de Physico-chimie Biologique*, **46**(7–8), 323–331.

Rehorek A., Tauber M. and Gübitz G. (2004). Application of power ultrasound for azo dye degradation. *Ultrasonics Sonochemistry*, **11**(3–4), 177–182.

Ren Y.-Z., Franke M., Anschuetz F., Ondruschka B., Ignaszak A. and Braeutigam P. (2014). Sonoelectrochemical degradation of triclosan in water. *Ultrasonics Sonochemistry*, **21**(6), 2020–2025.

Ren Y.-Z., Wu Z.-L., Franke M., Braeutigam P., Ondruschka B., Comeskey D. J. and King P. M. (2013). Sonoelectrochemical degradation of phenol in aqueous solutions. *Ultrasonics Sonochemistry*, **20**(2), 715–721.

Rich R. (1955). Improvement in electroplating due to ultrasonics. *Plating*, **42**, 1407–1411.

Richards W. T. (1939). Supersonic Phenomena. *Reviews of Modern Physics*, **11**(1) 36–64.

Richards W. T. and Loomis A. L. (1927). The Chemical effects of high frequency sound. *Journal of the American Chemical Society*, **49**(12), 3086–3100.

Sáez V., Esclapez M. D., Tudela I., Bonete P., Louisnard O. and González-García J. (2010). 20kHz sonoelectrochemical degradation of perchloroethylene in sodium sulfate aqueous media: influence of the operational variables in batch mode. *Journal of Hazardous Materials*, **183**(1–3), 648–654.

Sáez V., Tudela I., Esclapez M. D., Bonete P., Louisnard O. and González-García J. (2011). Sonoelectrochemical degradation of perchloroethylene in water: enhancement of the process by the absence of background electrolyte. *Chemical Engineering Journal*, **168**(2), 649–655.

Schmitt F. O., Johnson C. H. and Olson A. R. (1929). Oxidations promoted by ultrasonic radiation. *Journal of the American Chemical Society*, **51**(2), 370–375.

Schulter H. and Gohr H. (1936). Über chemische wirkungen des ultraschallwellen. *Zeits. Angew. Chem*, **49**(27), 420–423.

Serpone N., Terzian R., Hidaka H. and Pelizzetti E. (1994). Ultrasonic induced dehalogenation and oxidation of 2-, 3-, and 4-chlorophenol in air-equilibrated aqueous media. Similarities with irradiated semiconductor particulates. *Journal of Physical Chemistry*, **98**(10), 2634–2640.

Shestakova M., Vinatoru M., Mason T. J. and Sillanpää M. (2015). Sonoelectrocatalytic decomposition of methylene blue using Ti/Ta_2O_5–SnO_2 electrodes. *Ultrasonics Sonochemistry*, **23**(0), 135–141.

Shirgaonkar I. Z. and Pandit A. B. (1998). Sonophotochemical destruction of aqueous solution of 2,4,6-trichlorophenol. *Ultrasonics Sonochemistry*, **5**(2), 53–61.

Sierka R. A. and Amy G. L. (1985). Catalytic effects of ultraviolet light and/or ultrasound on the ozone oxidation of humic acid and trihalomethane precursors. *Ozone: Science & Engineering*, **7**(1), 47–62.

Song S., He Z. and Chen J. (2007). US/O_3 combination degradation of aniline in aqueous solution. *Ultrasonics Sonochemistry*, **14**(1), 84–88.

Song W. and O'Shea K. E. (2007). Ultrasonically induced degradation of 2-methylisoborneol and geosmin. *Water Research*, **41**(12), 2672–2678.

Steter J. R., Barros W. R. P., Lanza M. R. V. and Motheo A. J. (2014). Electrochemical and sonoelectrochemical processes applied to amaranth dye degradation. *Chemosphere*, **117**(0), 200–207.

Suslick K. S. (1990). Sonochemistry. *Science*, **247**(4949), 1439–1445.

Tezcanli-Guyer G. and Ince N. H. (2003). Degradation and toxicity reduction of textile dyestuff by ultrasound. *Ultrasonics Sonochemistry*, **10**(4–5), 235–240.

Tezcanli-Güyer G. and Ince N. H. (2004). Individual and combined effects of ultrasound, ozone and UV irradiation: a case study with textile dyes. *Ultrasonics*, **42**(1–9), 603–609.

Theron P., Pichat P., Petrier C. and Guillard C. (2001). Water treatment by TiO_2 photocatalysis and/or ultrasound: degradations of phenyltrifluoromethylketone, a trifluoroacetic-acid-forming pollutant, and octan-1-ol, a very hydrophobic pollutant. *Water Science and Technology*, **44**(5), 263–270.

Thokchom B., Kim K., Park J. and Khim J. (2015). Ultrasonically enhanced electrochemical oxidation of ibuprofen. *Ultrasonics Sonochemistry*, **22**(0), 429–436.

Tiehm A. and Neis U. (2005). Ultrasonic dehalogenation and toxicity reduction of trichlorophenol. *Ultrasonics Sonochemistry*, **12**(1–2), 121–125.

Torres R. A., Pétrier C., Combet E., Carrier M. and Pulgarin C. (2008). Ultrasonic cavitation applied to the treatment of bisphenol A. Effect of sonochemical parameters and analysis of BPA by-products. *Ultrasonics Sonochemistry*, **15**(4), 605–611.

Toy M. S., Carter M. K. and Passell T. O. (1990). Photosonochemical decomposition of aqueous 1,1,1 - trichloroethane. *Environmental Technology*, **11**(9), 837–842.

Vajnhandl S. and Le Marechal A. M. (2007). Case study of the sonochemical decolouration of textile azo dye Reactive Black 5. *Journal of Hazardous Materials*, **141**(1), 329–335.

Vinatoru M. (2001). An overview of the ultrasonically assisted extraction of bioactive principles from herbs. *Ultrasonics Sonochemistry*, **8**(3), 303–313.

Vinodgopal K., Peller J., Makogon O. and Kamat P. V. (1998). Ultrasonic mineralization of a reactive textile azo dye, remazol black B. *Water Research*, **32**(12), 3646–3650.

von Gunten U. (2003). Ozonation of drinking water: part II. Disinfection and by-product formation in presence of bromide, iodide or chlorine. *Water Research*, **37**(7), 1469–1487.

Walton D. J. and Mason T. J. (1998). Organic sonoelectrochemistry. In: Synthetic Organic Sonochemistry. J.-L. Luche, Plenum Press, New York, NY, 263–297.

Wang B., Zhu C. P., Yin Y. Z., Yao C., Chen B. Y., Yin C., Shan M. L., Ren Q. G., Gao Y. and Han Q. B. (2014). Dual-frequency ultrasonic assisted ozonation for degradation of pesticide wastewater. *Applied Mechanics & Materials*, **(587–589)**, 598–601.

Wang Y., Zhang H., Chen L., Wang S. and Zhang D. (2012). Ozonation combined with ultrasound for the degradation of tetracycline in a rectangular air-lift reactor. *Separation and Purification Technology*, **84**, 138–146.

Warning A. and Datta A. K. (2013). Interdisciplinary engineering approaches to study how pathogenic bacteria interact with fresh produce. *Journal of Food Engineering*, **114**(4), 426–448.

Weavers L. K. (2001). Sonolytic ozonation for the remediation of hazardous pollutants. In: Advances in Sonochemistry Theme issue – Ultrasound in Environmental Protection. T. J. Mason and A. Tiehm (eds), Elsevier, **6**, 111–140.

Weavers L. K. and Hoffmann M. R. (1998). Sonolytic decomposition of ozone in aqueous solution: mass transfer effects. *Environmental Science & Technology*, **32**(24), 3941–3947.

Weiss J. (1944). Radiochemistry of aqueous solutions. Nature, **153**, 748–750.

Weissler A., Cooper H. W. and Snyder S. (1950). Chemical effect of ultrasonic waves: oxidation of potassium iodide solution by carbon tetrachloride. *Journal of the American Chemical Society*, **72**(4), 1769–1775.

Wood R. W. and Loomis A. (1927). The physical and biological effects of high frequency sound waves of great intensity. *Philosophy Magazine*, **4**, 417.

Wu C., Liu X., Wei D., Fan J. and Wang L. (2001). Photosonochemical degradation of Phenol in water. *Water Research*, **35**(16), 3927–3933.

Wu X., Joyce E. M. and Mason T. J. (2011). The effects of ultrasound on cyanobacteria. *Harmful Algae*, **10**(6), 738–743.

Yang B., Zuo J., Tang X., Liu F., Yu X., Tang X., Jiang H. and Gan L. (2014). Effective ultrasound electrochemical degradation of methylene blue wastewater using a nanocoated electrode. *Ultrasonics Sonochemistry*, **21**(4), 1310–1317.

Yeager E. and Hovorka F. (1953). Ultrasonic waves and electrochemistry. I. a survey of the electrochemical applications of ultrasonic waves. *The Journal of the Acoustical Society of America*, **25**(3), 443–455.

Zhang H., Duan L. and Zhang D. (2006). Decolorization of methyl orange by ozonation in combination with ultrasonic

irradiation. *Journal of Hazardous Materials*, **138**(1), 53–59.
Zhang H., Lv Y., Liu F. and Zhang D. (2008). Degradation of C.I. Acid Orange 7 by ultrasound enhanced ozonation in a rectangular air-lift reactor. *Chemical Engineering Journal*, **138**(1–3), 231–238.
Zhang Y., Geißen S.-U. and Gal C. (2008). Carbamazepine and diclofenac: removal in wastewater treatment plants and occurrence in water bodies. *Chemosphere*, **73**(8), 1151–1161.
Zhou T., Lim T.-T. and Wu X. (2011). Sonophotolytic degradation of azo dye reactive black 5 in an ultrasound/UV/ferric system and the roles of different organic ligands. *Water Research*, **45**(9), 2915–2924.
Ziylan A. and Ince N. H. (2015). Catalytic ozonation of ibuprofen with ultrasound and Fe-based catalysts. *Catalysis Today*, **240**, Part A: 2–8.
Zuniga-Benitez H., Soltan J. and Penuela G. (2014). Ultrasonic degradation of 1-H-benzotriazole in water. *Water Science and Technology*, **70**(1), 152–159.

第 12 章　放电等离子体在水处理中的应用

塞尔玛·梅杰多维奇·萨伽德，　布鲁斯·R. 洛克

12.1　引言——等离子体水处理工艺

等离子体被认为是物质的第四态，由电离的分子、原子以及自由电子组成（Lieberman 和 Lichtenberg，2005）。欧文·朗格缪尔在研究基于电离气体的电子装置时，首次提出了“等离子体”一词（Tonks 和 Langmuir，1929）。等离子体有很多种，包括天然的和人造的。根据电子能量和电子密度的主要性质，等离子体可以按不同的方式进行分类（Lieberman 和 Lichtenberg，2005）。电子能通常以 eV 为单位，商业化等离子体工艺的电子能的典型范围是 1～10eV（Fridman 和 Kennedy，2004）。等离子体的一个重要分类是基于等离子体中电子相对于背景气体温度的相对能量或温度。在热等离子体中所有物质的能量相同，通常这样的平衡等离子体具有非常高的温度（大于几千开尔文）。电弧是商用热等离子体的一种。当电子的能量远高于背景气体中物质的能量时，就会产生非热等离子体。这些等离子体中的背景气体温度可以从环境温度到大约 1000K，而电子的能量 1～10eV 之间变化（1eV＝11600K）。用于商业化产生臭氧的介质阻挡放电（DBD）是一种非热等离子体。与水处理有关的非热等离子体可通过直流电（DC）、交流电（AC）、脉冲放电、射频（RF）和微波（MW）电源产生（Fridman 和 Kennedy，2004）。

人们把第一个水处理高级氧化工艺（AOP）——臭氧化技术的开发归因于放电。1857 年维尔纳·冯·西门子在氧气或空气中研究介质阻挡放电时发明了产生臭氧的方法。臭氧的强氧化剂特性与高效的冯·西门子工艺相结合，使臭氧于 20 世纪初在法国、俄国和西班牙的城市饮用水处理工艺中得到应用（Fridman，2008；Kogelschatz 和 Eliasson，1995）。自此世界许多地方将臭氧用于水处理，尽管臭氧作为水消毒的主要用途被价格相对低廉、在输水系统中作用更持久的氯消毒法所取代，但是后来许多国家因氯消毒法产生的消毒副产物和味道问题而摒弃了氯消毒法。由于氯消毒副产物的形成以及在常规消毒剂量下对多种污染物的处理效果不佳，人们对非卤素化学氧化、紫外-过氧化氢工艺（UV/H_2O_2）（Ahmed 等，2009）和臭氧-过氧化氢工艺（O_3/H_2O_2）（Beltrán 等，1996）等 AOPs 进行了大量的研究和开发。然而，这些工艺需要添加大量的化学物质并去除残余的 H_2O_2，如果不去除残余的 H_2O_2，则可能由于释放的 O_2 而促进供水管网中的生物再生长（Kavanaugh 和 Chowdhury，2004）。此外，由于 UV 透光率降低，所以涉及 UV 的 AOPs 对高浊度的水无效（Ein-Mozaffari 等，2009），而使用 O_3 的工艺需要处置和贮存压缩氧

(Li 等，2010)。

为解决高级氧化工艺在使用及商业化过程中出现的问题，人们已考虑采用 TiO_2 催化（光催化）(Pichat 等，2000)、空化（Kim 等，2001)、电子束辐照（Duarte 等，2002）和芬顿反应（Ioan 等，2007）等新兴氧化技术去除污染物。这些 AOPs 会产生羟基自由基（$\cdot OH$)，然而它们的有效性可能受到 $\cdot OH$ 前体物的类型、催化剂和溶液浊度的限制。此外，系统复杂性和反应物的传质限制也是高效氧化技术仍然难以实现的原因。虽然这些新兴氧化技术的化学反应和规模化应用受到很大关注，但放电等离子体反应器的发展却没有得到足够的重视。与其他 AOPs 相比，放电等离子体具有以下优点：不需要添加化学物质，可以降解范围更广的污染物，并且具有对小型处理系统进行优化的潜力。等离子体能够产生在其他 AOPs 中发现的所有化学物质和效应以及通常不存在的其他要素，其中包括活性氧化物（ROS)，例如 $\cdot OH$、H_2O_2、O_3、UV 辐射和形成的冲击波（当放电直接发生在液体中时)。这些要素的丰富程度及产生的效率因等离子体反应器设计和等离子体类型而异。除了在大多数 AOPs 中发现的活性氧化物外，当放电中存在氮和氧时等离子体工艺会产生活性氮化物（RNS）以及多种还原性物质（例如 H_2、$H^\cdot$、自由电子和水合电子）(Locke 等，2012；Lukes 等，2012)。

最近研究学者发表了许多关于使用等离子体工艺进行污染控制的综述，包括大气污染物处理（Kim 等，2006；Mizuno，2007）和水处理（Akiyama，2000；Bruggeman 和 Locke，2013；Hackam 和 Akiyama，2000；Hijosa-Valsero 等，2014；Jiang 等，2014；Joshi 和 Thagard，2013b；Locke 等，2006；Malik 等，2001；Sato，2008；Sunka，2001；Sunka 等，1999)。近期的详细研究也综述了等离子体与液态水相互作用的基本物理化学原理（Joshi 和 Thagard，2013a；Locke 等，2012；Locke 和 Thagard，2012；Lukes 等，2012；Lukes 等，2012)。在本章中，我们将重点介绍等离子体作为一种高级氧化工艺在水和废水处理中的应用现状，着重讨论间接等离子体和直接等离子体两种处理工艺。间接等离子体最典型的代表为臭氧发生器，等离子体用于产生氧化剂，然后氧化剂被送到单独的反应器进行水处理。在直接等离子体处理中，等离子体直接接触含有污染物的液体。本章还将重点讨论臭氧和其他强氧化剂的产生，并考察放电等离子体工艺的反应条件及其在水处理中的应用。

12.2　间接等离子体——产生臭氧

人们广泛研究了通过放电从氧气或空气中产生臭氧的现象并将其在文献中进行了报道（Eliasson 等，1987；Eliasson 和 Kogelschatz，1991；Lieberman 和 Lichtenberg，2005)。主要反应包括分子氧式［式（12-1）和式（12-2)］的电子碰撞解离，形成原子氧，然后与分子氧［式（12-3)］发生三体碰撞反应，形成臭氧。

$$O_2 + e^- \longrightarrow e^- + O(^3P) + O(^3P) \tag{12-1}$$

$$O_2 + e^- \longrightarrow e^- + O(^3P) + O(^1D) \tag{12-2}$$

$$O+O_2+M \longrightarrow O_3^*+M \longrightarrow O_3+M \tag{12-3}$$

M 是第三碰撞体（如 O_2、O_3 或纯氧提供的 O）。

在间接等离子体工艺中，载气（如氧气或空气）用于产生活性物质，这里是臭氧，随后在等离子体反应器后续的单独反应室中与目标污染物（通常浓度较低）发生反应。对于式（12-1）和式（12-2）中的氧而言，物质 i 与电子碰撞的反应速率常数 k_{ei} 可由式（12-4）确定，其中指标 i 指 O_2（Lieberman 和 Lichtenberg，2005）。

$$k_{ei}=\int_0^{\infty}\left(\frac{\varepsilon}{2m}\right)^{1/2}\sigma_{ei}(\varepsilon)f(\varepsilon)\mathrm{d}\varepsilon \tag{12-4}$$

在式（12-4）中，ε 是电子能，$\sigma(\varepsilon)$ 是碰撞截面，$f(\varepsilon)$ 是电子能分布函数。电子能分布曾经被假定遵循麦克斯韦分布（Bell，1974）；然而，使用精确计算程序的较新方法能够从特定放电的 Boltzmann 方程的解中确定精确分布（例如，BOLSIG（Hagelaar 和 Pitchford，2005））。在臭氧产生过程中，由氧气载气产生臭氧的效率仅取决于约化场强（E/N），其中 E 是场强，N 是气体粒子数密度。这是因为式（12-1）和式（12-2）只包括与分子氧的直接电子碰撞，随后是式（12-3）中原子氧与氧气的三体碰撞（Eliasson 和 Kogelschatz，1986；Plank 等，2014）。因为在空气中涉及氮的其他（非电子碰撞）反应会影响臭氧的产生，所以这种 E/N 的关系并不成立（Plank 等，2014）。虽然与等离子体形成臭氧有关的基本反应是众所周知的（Egli 和 Eliasson，1989；Eliasson 等，1987；Eliasson 和 Kogelschatz，1991），但为了提高生成臭氧的能量效率，人们继续对多种类型的反应器结构和生成等离子体的方法进行了广泛研究（Ono 和 Oda，2007；Plank 等，2014）。

对于环境应用中产生臭氧而言，由于空气通常是比纯氧更便宜的制剂，因此分子氮对臭氧的生成具有非常重要的影响。尽管电子与分子氮的碰撞会生成另外的原子氧［式（12-5）～式（12.7）（Kogelschatz 等，1988）］，但臭氧与形成的氮氧化物的后续反应降低了臭氧的产率［式（12-8）和式（12-9）］。必须注意的是，反应过程中还可能形成其他的氮氧化物（N_2O、N_2O_5）。

$$N_2+e^- \longrightarrow e^-+N+N \tag{12-5}$$

$$O_2+N \longrightarrow NO+O \tag{12-6}$$

$$N+NO \longrightarrow N_2+O \tag{12-7}$$

$$O_3+NO \longrightarrow NO_2+O_2 \tag{12-8}$$

$$O_3+NO_2 \longrightarrow NO_3+O_2 \tag{12-9}$$

在有关空气污染治理的文献中广泛记载了氮氧化物形成的化学过程以及等离子体放电降低氮氧化物的作用，人们将外部产生的臭氧注入废气中去除氮氧化物也取得了很好的效果(Mok，2006)。

湿度和水不仅对臭氧产生过程具有重要影响，而且对等离子体直接应用于含有水蒸气和液态水分子的系统具有重要影响。通过建模（Chen 和 Wang，2005；Peyrous，1990a；Peyrous，1990b)和实验(Ono 和 Oda，2003)证明了水蒸气对减少臭氧产生的影响。建模结果表明原子氧被水分子除去(Chen 和 Wang，2005），实验表明水蒸气可以使空气中的臭氧生成量减少6倍(Ono和Oda，2003)。虽然湿度和产生的氮化物的综合效应会形成酸并对纯臭氧的产生有不利影响，但过氧化氢、硝酸盐、亚硝酸盐和氮氧化物与酸结合形成的等离子体活化水(PAW)在农业和医药领域有着广泛的应用(Lindsay等，2014；Lukes等，2014；Naïtali等，2012)。

表12-1对各等离子体工艺产生臭氧的情况进行了总结，数据展现了各种等离子体工艺的最大臭氧产能。根据臭氧在干燥氧气中生成的反应焓计算的热力学极限为1220g/kWh (Kogelschatz和Eliasson，1995)。如表12-1所示，具有纳秒脉冲放电的实验室研究获得了最高能量产量，约为热力学极限的60%(725g/kWh或4×10^{-6} mol/J)。另一方面，基于空气的臭氧发生器和基于氧气的臭氧发生器其典型商业能量产量分别为25～50g/kWh和50～70g/kWh (Fridman，2008；Kogelschatz和Eliasson，1995)。Kogelschatz和Eliasson指出，商业上臭氧合成的运营成本大约有1/2来自于氧气的供应成本，而大多数原始资料在说明臭氧能量产量时没有将氧气成本考虑在内(Kogelschatz和Eliasson，1995)。Fridman论述了包括研究低温冷却反应器壁情况下获得最高产率400g/kWh在内的早期文献，然而其并未包括冷却的成本(Fridman，2008)。值得注意的是，电化学电池在各种水电解液中产生臭氧的效率通常比等离子体工艺的效率要低得多。

如前所述，等离子体反应器产生的臭氧必须注入受污染的水中，才能与目标污染物发生反应(von Sonntag和von Gunten，2012；另见本书第3章和第4章)。因此，传质限制和臭氧溶解度会影响臭氧与特定目标污染物的反应量，而液体的性质(包括组成、pH和温度)将影响降解速率和程度。许多潜在的目标化合物并不直接与臭氧发生反应，而是与臭氧在液体中分解形成的OH$^{\cdot}$($^{\cdot}$OH)发生反应。尽管臭氧对某些有机化合物可能具有一定的选择性，但$^{\cdot}$OH特异性并不高且具有很高的(接近扩散极限)反应速率。

与臭氧一样，$^{\cdot}$OH也可以在后续等离子体反应器中产生，并注入水中与有机污染物和微生物发生反应。在一个这样的系统中，强电场放电(SED)利用水蒸气和氧气的混合物产生活性物质，如O_2^+、H_2O^+、$O(^1D)$、$O(^3P)$和H_2O_2(Bai等，2010)。水分子与O_2^+和H_2O^+的后续反应以及通过H_2O_2和$HO_2^{\cdot}$的平衡移动产生物质自由基的传播反应是生成$^{\cdot}$OH的主要原因。$^{\cdot}$OH的生成速率约为$5.9\times10^3\mu$mol/(L·min)，是非热等离子体的最高值之一(Bai和Zhang，2015)。一旦在气相中形成$^{\cdot}$OH，便将$^{\cdot}$OH迅速注入液态水中，使其溶解并与目标污染物和微生物发生反应。但是该过程没有测量臭氧浓度，因此臭氧氧化在整个处理过程中的相对贡献尚不清楚。

各等离子体工艺产生臭氧情况 **表12-1**

气体	臭氧浓度 ($g\ O_3/m^3$)	臭氧生产率 ($g\ O_3/h$)	臭氧产量 (g/kWh)	放电类型	参考文献
氧气	15	0.9	725	负纳秒脉冲 60kV，5pps	Takamura等(2011)
氧气	10，30	0.6，1.8	570，400	2ns脉冲，40kV和50kV	Matsumoto等(2011)

续表

气体	臭氧浓度 $(g\ O_3/m^3)$	臭氧生产率 $(g\ O_3/h)$	臭氧产量 (g/kWh)	放电类型	参考文献
氧气	5.8	0.7	274	复合表面放电	Nomoto 等(1995)
氧气	16.6	3.5	202	脉冲 DBD	Samaranayake 等(2000)
氧气	48	0.9	185	无声放电	Garamoon 等(2002)
氧气	61	3.7	173	填充床介质阻挡	Chen 等(2006)
氧气	17	0.2	85	DBD 微通道阵列	Kim 等(2013)
氧气	10～50	0.2～0.9	120～250	防护滑动放电（+/−）	Malik(2014)
空气	4～13	0.07～0.2	75～110	防护滑动放电(−)	Malik(2014)
空气	无	无	150～300	直流放电，50-122Torr，700～4600V	Plank 等(2014)
空气	最多 4	无	最多 350	50Hz，交流电	Buntat 等(2009)
空气	最多 8	最多 1000	最多 239	纳秒脉冲，50kV，20pps	Wang 等(2010)
无	无	无	6～21	不同电解液的电化学电池	Christensen 等(2013)

虽然间接生成·OH 可能是一种值得关注且可供选择的水处理技术，但许多研究开发工作都试图考虑将等离子体与受污染的液体接触。下一节将讨论这些直接等离子体处理工艺，其中羟基自由基受污染的液体内或其表面产生。

12.3 直接等离子体——等离子体直接接触液体溶液

与上文讨论的间接等离子体臭氧发生器不同的是，直接等离子体工艺涉及直接接触含有待降解污染物的溶液(如饮用水或废水)。1887 年 Gubkin 首次进行了液相与放电相接触的研究(Gubkin，1887)。辉光放电电解和接触辉光放电电解领域的研究源于 Gubkin 的研究，随后在 20 世纪中期 Hickling 也进行了广泛研究(Hickling，1971；Hickling 和 Ingram，1964)。长期以来，在液体中通过脉冲电源形成类电晕放电以实现电气绝缘一直是研究热点，但始于 20 世纪 80 年代末、90 年代初的大部分污染治理工作采用点-面电极结构在水中进行脉冲放电(Clements 等，1987；Sharma 等，1993)。

图 12-1 显示了选定的多种方案，基于这些方案两个电极之间形成的等离子体放电可以在液相内或与液相接触时产生。等离子体可以在液相中直接产生、完全在气相中产生或在气相中产生后沿气相和液相之间的界面传播。文献中已经对这些结构及其性能的评估进行了报道，且有些电极结构如图 12-1 所示(Bruggeman 和 Locke，2013；Bruggeman 等，2016；Jiang 等，2014；Joshi 和 Thagard，2013b；Locke 等，2006；Locke 等，2012；Lukes 等，2012)。

如图 12-1 所示的反应器类型 A 和 F，直接在液相中形成放电需要非常大的电场(约为 1MV/cm)(Locke 等，2006；Locke 和 Thagard，2012；Sunka 等，1999)。带有脉冲放电的小半径针或极细的导线可用来产生这种放电，隔膜放电(E)也可用于通过将电场集中在分隔两电极的小开口中直接在液体中产生放电。相反，当在气相中开始放电时击穿场要低得多，例如在环境压力下干燥空气中的电场约为 25～35kV/cm。因此，气泡(B)、气隙(C 和 D)以及完全以气相放电(G、H 和 I)的使用简化了利用液态水放电的电源要求。如图 12-1 中放电沿气液界面传播的 C、D、I 型反应器，气体中的击穿场会随湿度降低，并且也可能受到液相存在的影响。放电等离子体反应器运行所需能量约从 1J/脉冲(Clements 等，1987) 到 kJ/脉冲 (Hoffmann 等，1997；Willberg 等，1996a)。由 kJ 脉冲产生的水下等离子体温度可能很高，且为热等离子体(Locke 和 Thagard，2012)。

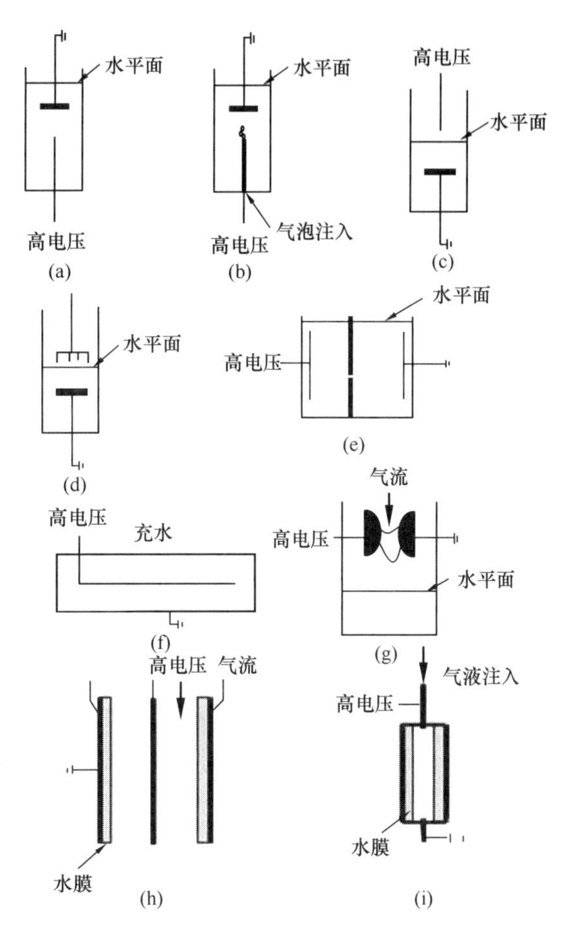

图 12-1　液相和液相/气相放电等离子体反应器的各电极结构示意图

(a)A 型反应器；(b)B 型反应器；(c)C 型反应器；(d)D 型反应器；(e)E 型反应器；(f)F 型反应器；(g)G 型反应器；(h)H 型反应器；(i)I 型反应器

图 12-1 所示的许多反应器类型已经过测试，且发现具有较高化学氧化效率和过氧化氢生成效率的反应器是具有喷水功能或水膜的反应器，其放电在气相中形成并可沿气液界面传播 (Bruggeman 和 Locke，2013；Malik，2010)。关于使用浸入式线-柱电极(F)的纳秒脉冲的最新研究可能导致这一发现另作别论(Banaschik 等，2014)。

这些具有喷水功能或水膜的“接触导向式”反应器效率高的原因是它们具有较大的界面面积(即等离子体与水接触的面积)。事实上，对于接触水的气体放电，已经表明污染物的去除率与界面面积成正比，这可能是气体放电比液体放电降解污染物更有效的原因(Stratton 等，2015)。由于接触水的(等离子体)气体放电是一种非均匀介质，因此降解有机溶质的化学反应必须视为非均相反应而不是均相反应。因此，对于溶质 S 与 $^{\cdot}OH$ 之间的非均相不可逆假一级反应，速率表达式由式(12-10)给出。

$$r_s = \frac{A}{V \cdot (1/k_m + 1/k')} \cdot C_s = k_{obs} \cdot C_s \tag{12-10}$$

式中　A——界面面积 (m^2)；

V——溶液体积(m^3)；

k'——假一级反应速率常数(m/s)，$k'=k\cdot C_{OH}$；

k_m——溶质的传质系数(m/s)，$k_m=D/L$，其中 D 为溶质扩散率(m^2/s)，L 为界面区的厚度(m)；

k_{obs}——测得的假一级反应速率常数。

因此，大多数放大版的放电等离子体反应器利用气体或气泡中的放电来最大限度地扩大等离子体与受污染液体之间的接触面积。第 12.3.4 节讨论了这些等离子体反应器和小试规模等离子体反应器在饮用水和废水处理方面的有效性。

12.3.1 化学物质的生成

如果存在直接在液相中、沿气-液界面或在湿润的气相中形成放电使水解离这种方式，则可以解离或激发处理气体。图 12-2 展示了在图 12-1(i)表示的氩-水膜反应器中形成的等离子体放电的发射光谱，在氩-水膜反应器中水沿着反应器壁的边缘向下流动，等离子体放电沿着文献中描述的气-液界面传播(Wandell 和 Locke，2014)。观察到的谱线起源于氧、氢、羟基和激发态的氩发射。OH 峰可以用来估计等离子体的温度和 H_β，发射量可以用来估计电子密度 (Gigosos 等，2003)。这两个参数连同电子能对于表征等离子体至关重要，并且便于比较多种产生等离子体的方法。随后涉及主要水解离产物的重结合反应形成更稳定的分子种类，包括 O_2、H_2 和 H_2O_2(Kirkpatrick 和 Locke，2005)。

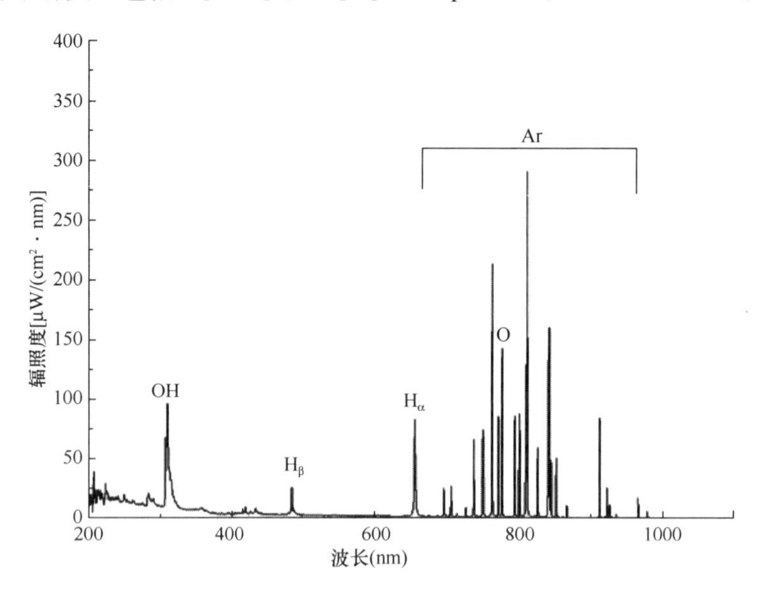

图 12-2 等离子体反应器发射光谱图

注：其中液态水在 0.4L/min 的氩气载气中以 0.25mL/min 的速度流动。此图未发表过并由佛罗里达州州立大学 Kevin Hsieh 博士提供。

通过将气流注入浸入式电极或通过在液体上方的气体中形成放电来添加分子氧或其他气体，当纯氧或空气加入系统中时就会形成臭氧。随后臭氧在液体中的传质和反应是以水中的臭氧化学为基础的。在如图 12-1 所示的 B、C、D、G、H 和 I 型反应器中同时产生气体和液体放电时，可同时产生气相臭氧和液相过氧化氢(Grymonpre 等，2004)。如果气相含有氮气，则气相中可生成氮氧化物[式(12-5)～式(12-9)]。经式(12-11)～式(12-14)，这些氮氧化物与·OH 进一步反应或直接溶解在液态水中可形成亚硝酸盐、硝酸盐和相应的酸。

$$NO + {}^{\cdot}OH \longrightarrow HNO_2 \tag{12-11}$$

$$NO_2 + {}^{\cdot}OH \longrightarrow HNO_3 \tag{12-12}$$

$$2NO_{2(aq)} + H_2O \longrightarrow NO_2^- + NO_3^- + 2H^+ \tag{12-13}$$

$$NO_{(aq)} + NO_{2(aq)} + H_2O \longrightarrow 2NO_2^- + 2H^+ \tag{12-14}$$

其他反应也有涉及，消毒中特别要注意的是通过·OH 与亚硝酸盐离子反应形成过氧亚硝酸根（$ONOO^-$）的反应以及随后形成活性氧化物和活性氮化物的反应（Brisset 和 Hnatiuc，2012；Lukes 等，2014；Lukes 等，2012）。

12.3.2　H_2O_2 的产生

通过大气化学、辐射化学和等离子体化学等多种工艺从水中形成 H_2O_2 的研究已被广泛报道（Locke 和 Shih，2011）。基于标准条件下反应焓的热力学极限为 400g/kWh (Locke 和 Shih，2011)。多种等离子体工艺产生 H_2O_2 的能量产率汇总在表 12-2 中，此表是可用的完整数据集（Locke 和 Shih，2011）的浓缩版本。

各种等离子体工艺产生过氧化氢汇总　　表 12-2

[改编自 Bruggeman 和 Locke（2013），基于 Locke 和 Shih（2011）]

工艺	媒介	产生率（g/h）	能量效率（g/kWh）
火花放电	直接在液态水中	约 8.6×10^{-2}	0.43～0.55
脉冲电晕	直接在液态水中	0.01～0.21	0.96～3.64
毛细管/隔膜放电	直接在液态水中	0.02～0.36	0.1～1
接触辉光放电电解	直接在液态水中	0.03 ～0.64	0.8～1.6
RF/MW 放电	直接在液态水中	约 0.1	0.46～0.64
气泡放电	液态水中的空气/Ar/O_2	2.3×10^{-3}～26	0.4～8.4
复合放电	组合液态水+空气	2.7×10^{-3}～6.6×10^{-2}	0.37～1
气相电晕放电	空气/Ar+水面	5.7×10^{-5}～2.5×10^{-2}	0.13～5
液面上 DBD	空气/水面	2.5×10^{-4}～0.12	0.04～2.7
MW	蒸汽	48	24
DBD	湿气	1.8×10^{-3}～1.6×10^{-2}	1.14～1.7
滑动电弧	水滴（Ar）	0.02～0.14	0.57～80
水膜	带水膜的管式反应器	0.01	1～40
电子束	液态水	无	8.9
超声	溶解气+液态水	$(1.2\sim9.8)\times10^{-3}$	0.01～0.12
真空紫外	蒸汽或液态水	无	13～33
电解	液体电解质溶液	无	112.4～227.3

注：表中 RF 指射频，MW 指微波，DBD 指介质阻挡放电。

如上所述，直接在液相中放电（火花放电、脉冲电晕放电）产生 H_2O_2 的效率相对较低，而水膜和气溶胶反应器往往具有更高的 H_2O_2 产生效率。在气相中产生等离子体对功率要求较低，因此加热较少，液体与等离子体的接触使液体能够分离形成 H_2O_2。由于 H_2O_2 高度溶于液态水，而等离子体仅存在于周围相中，因此 H_2O_2 一旦进入液相就会被部分保护而免受等离子体的降解。在等离子体-液体边界上可能会出现较大的时空梯度，这些梯度会引起快速猝灭以减少破坏目标产物的逆反应。

如式（12-10）所示，H_2O_2 的总生成速率与等离子体液体界面的面积成正比。但与式（12-10）不同的是，式（12-15）（Stratton 等，2015）所示的反应为假零级反应，所有反应物都源自等离子体内部，因此其扩散可以忽略不计。

$$r_{H_2O_2} = \frac{A \cdot L}{V} \cdot k'_{H_2O_2} = k_{H_2O_2,obs} \tag{12-15}$$

式中 A——界面面积（m^2）；

V——溶液体积（m^3）；

L——界面区的厚度（m）；

$k_{H_2O_2,obs}$——由 $C_{H_2O_2}$ 测量得到的表观速率常数 [mmol/(L · min)]；

$k'_{H_2O_2}$——假零级速率常数，$k'_{H_2O_2}=k_{H_2O_2} \cdot C_{OH}^2$，其中 $k'_{H_2O_2}$ 是二级反应速率常数。

须注意的是，严格来说式（12-15）不是非均相速率方程，而是适用于说明实际发生反应的体积分数的均相速率方程。

12.3.3 ·OH 的产生

水通过式（12-16）反应生成羟基自由基的解离能为 117kcal/mol，而能量产率可以通过解离能的倒数表示为 2×10^{-6}mol/J（G 值=20 分子/100eV）（Ruscic 等，2002）。

$$H_2O \longrightarrow H^{\cdot} + {}^{\cdot}OH \tag{12-16}$$

表 12-3 给出了多种工艺产生·OH 的能量产率，这些工艺包括水中的等离子体、水面上的等离子体、潮湿气体中的等离子体、水中的电子束和超声波分解（Hsieh，2015；Hsieh 等，2017）。G 表示体系每吸收 100eV 能量生成产物的分子数，在某种程度上取决于测量·OH 的方法以及与·OH 反应产生的气体或液体成分。而通过直接在水中的等离子体或有些潮湿等离子体形成·OH 的典型能量产率较低。沿着水膜脉冲放电的能量产率与直接在水中的电子束和外加气体的超声分解的能量产率相差不大。基于水解离能的热力学极限的 25%，等离子体对·OH 的最高能量产率是 5 分子/100eV。为了有效处理液相污染物，气-液等离子体中形成的·OH 必须接触并传输到液体中，因此需要较高的传质速率和较大的比表面积。·OH 与有机化合物的反应通常接近扩散极限，因此反应很可能接近或处于气-液界面。需要注意的是，在没有化学探针与·OH 反应的情况下，一些·OH重新反应形成 H_2O_2 并随后溶解在液体中，而其他的反应消耗其余的·OH。在金属催化剂或碱存在下，溶解的 H_2O_2 在液体中分解成·OH。

各种等离子体工艺产生·OH 汇总（改编自 Hsieh，2015）　　表 12-3

等离子体类型	水源	气体	·OH 产率 (mol/s)	功率 (W)	G(·OH) (分子/100eV)	参考文献
滑动弧	湿润	空气	4.6×10^{-8}	1.0×10^{2}	4.4×10^{-3}	Benstaali 等（2002）
脉冲电弧	湿润	空气	2.3×10^{-6}	3.0×10^{5}	6.7×10^{-5}	Ono 和 Oda（2001）
交流电弧	湿润	空气	5.8×10^{-6}	9.0×10^{2}	6.2×10^{-2}	Srivastava 等（2009）
脉冲介质阻挡放电	蒸汽	氩气、H_2O	2.8×10^{-8}	0.4×10^{-1}	7.4×10^{-1}	Hibert 等（1999）
大气压力辉光放电	自来水	空气	4.4×10^{-8}	1.0×10^{1}	4.3×10^{-2}	Bruggeman 等（2008）
脉冲流光	液面	空气	2.2×10^{-11}	2.8	7.6×10^{-5}	Kanazawa 等（2011）
脉冲电晕	液膜	空气	5.7×10^{-8}	3.4	1.6×10^{-1}	Sano 等（2003）
脉冲电晕	液体 (150μS/cm)	无	6.7×10^{-8}	64	1.0×10^{-2}	Sahni 和 Locke（2006b）
脉冲电晕	液面 (150μS/cm)	氧气	2.5×10^{-8}	64	3.7×10^{-3}	Sahni 和 Locke（2006b）
脉冲电晕	液面	空气	3.7×10^{-9}	0.6	6.0×10^{-2}	Hoeben 等（2000）
电子束辐照	液体	无	1.7×10^{-2}	无	2.7	Cooper 等（1992）
超声波分解	液体	空气	无	无	4.7	Mark 等（1998）
超声波分解	液体	氩气	无	无	7.4	Mark 等（1998）
脉冲电晕	蒸汽	氩气	3.1×10^{-7}	1.8	1.9	Su 等（2002）
管状脉冲放电	液膜	氩气	2.0×10^{-7}～5.4×10^{-7}	0.6～2.8	0.9～5.0	Hsieh（2015）

12.3.4　关于模型化合物的数据

12.3.4.1　氧化反应

在通过电子诱导和热分解水分子形成的包括·OH、O、$HO_2^{\cdot}$ 和 H_2O_2 在内的所有氧化性自由基中，·OH 可能是最重要的一种。·OH 是已知的最强氧化剂之一（相对于标准氢电极，E°(·OH/H_2O)=2.85V(Tarr，2003))，它与大多数有机化合物的反应几乎是扩散控制和非选择性的。·OH 与有机物的反应类型包括：直接电子传递、不饱和体系的亲电加成反应以及典型的烷基或羟基的氢取代反应(Parvulescu 等，2012)。有关这些反应的详细机理概述，读者可参阅 Parvulescu 的文章(Parvulescu 等，2012)。

通过光学发射光谱可以直接观察到原子氧(图 12-2)。此外，通过水下放电等离子体初级反应的数学模型结果预测到该物质是由·OH 重组形成的(Mededovic 和 Locke，2007a)。

$$\cdot OH + \cdot OH \longrightarrow H_2O + O \tag{12-17}$$

相对于标准氢电极，O 是一种较强的氧化剂(E°(O/H_2O)=2.42V（Tarr，2003)），

但该物质参与有机化合物的氧化不存在实验证据。这是因为 O 与不同有机化合物的化学反应和˙OH 与这些有机化合物的化学反应非常相似。

氢过氧自由基（$HO_2^{\bullet}$）是在分子氧和氢自由基反应中产生的一种氧化物。相对于标准氢电极，其氧化电位[$E^{\circ}(HO_2^{\bullet}/H_2O)$]为 1.44V（Tarr，2003），$HO_2^{\bullet}$ 成为等离子体的所有氧化物质中氧化性最弱的一种。与 O 相同，涉及 $HO_2^{\bullet}$ 的有机化合物的化学转变尚未通过实验得到证实。虽然相对于标准氢电极 H_2O_2 具有相对高的氧化电位[$E^{\circ}(H_2O_2/H_2O)=1.77V$(Tarr，2003)]，并且可以直接氧化许多有机化合物，但实际上这些反应通常太慢以至于没有意义（Petri 等，2011）。然而，通过光解或基于金属的催化反应间接分解 H_2O_2 可以在溶液中产生额外的˙OH 从而提高了许多有机化合物的去除率。

12.3.4.1.1 苯酚和苯酚衍生物

苯酚是生产酚醛树脂的重要原料，酚醛树脂通常用于胶合板、建筑、汽车和电器行业。苯酚也用于生产己内酰胺和双酚 A，而己内酰胺和双酚 A 分别是制备尼龙和环氧树脂的中间体。美国环保署已将苯酚列为极其危险的物质，并根据《净水法案》对其进行监管。

苯酚已被用作评估多种 AOPs 的模型化合物，在等离子体工艺中使用苯酚可追溯到 20 世纪 90 年代初，随后人们对这种化合物进行了许多研究（Hoeben 等，2000；Joshi 等，1995；Sharma 等，1993）。由于苯酚在液体中的溶解度高、存在芳香环且降解反应途径已知，所以是良好的水污染的代表化合物。但是因为苯酚既能与臭氧反应又能与˙OH 反应，且这些反应取决于溶液的 pH 以及液相中存在的其他化合物，所以苯酚用于研究特定的反应途径时存在一些缺点。

表 12-4 改编自 Bruggeman 和 Locke（2013），总结了用多种等离子体工艺进行苯酚降解的能量产率（每单位输入能量的反应量）。通常，水中直接放电的能量产率非常低。但加入铁盐会引起等离子体辅助芬顿反应或活性炭在溶液中悬浮的现象，通入氧气可以显著提高苯酚氧化的能量产率或将苯酚从溶液中去除的能量产率。据报道，在以氧气作为载气的脉冲放电中，水喷雾的最高能量产率为 $(1.6\sim2.6)\times10^{-7}$ mol/J（Preis 等，2013）。人们已经对其他多种等离子体反应器降解苯酚的配置、放电阶段、工作气体（Lukes 和 Locke，2005a；Shin 等，2000；Yan 等，2006）、操作参数（Yuan 和 Watanabe，2011）以及添加剂（Grymonpre 等，1999）等进行了研究，这些研究的总结可以在最近的一些综述和书籍中找到（Hijosa-Valsero 等，2014；Jiang 等，2014；Joshi 和 Thagard，2013b；Parvulescu 等，2012）。

使用液态水在不同等离子体工艺处理下进行苯酚降解的能量产率　　表 12-4

放电类型	放电相位	添加剂	气体	能量产率（mol/J）
火花放电	直接在水中	无	无	$1\times10^{-10}\sim2\times10^{-9}$
火花放电	直接在水中	无	O_2气泡	$4\times10^{-9}\sim1\times10^{-8}$
火花放电	直接在水中	活性炭	无	8×10^{-9}

续表

放电类型	放电相位	添加剂	气体	能量产率 (mol/J)
火花放电	直接在水中	芬顿试剂（铁）	无	8×10^{-10}
火花放电	直接在水中	无	O_3	4×10^{-9}
介质阻挡放电	降膜	无	O_2	3×10^{-9}
电晕放电	水上	无	O_2	1×10^{-8}
电晕放电和火花放电	气液混合放电	活性炭	O_2	1×10^{-8}
100ns 脉冲 20kV	水喷雾阶段	无	O_2	3×10^{-7}
间接等离子体	气泡	无	O_3/O_2	5.2×10^{-8} (Hoeben 等，1999)
介质阻挡放电	降膜	无	多种	$(1\sim8)\times10^{-8}$

总之，由于不同的溶液条件（pH、电导率、温度、存在的杂质和竞争反应物）、氧化程度、矿化水平以及缺乏对所有等离子体特性的了解，等离子体工艺与其他 AOPs 之间的对比充满了困难。苯酚在水中分解能实现的最佳能量产率约为 $(2\sim3)\times10^{-7}$ mol/J。通常气体在液膜上方或带有喷雾或液滴的放电要比在液相中的直接放电更有效。然而，由于传质限制的降低，直接在水中放电可能仍然具有一些优势，而且最近关于水中纳秒放电的研究可能会导致能量产率的提高（Banaschik 等，2014）。

多项研究确定了苯酚的降解产物，并提出了其降解的化学途径。对于直接在水中形成的等离子体和在氩气中与水接触的等离子体，苯酚降解的主要机理是·OH 攻击分子（Bian 等，2011；Lukes，2001）。在氧气浓度足够的情况下，苯酚也可直接与臭氧反应，臭氧是 O_2 在等离子体中解离的直接产物（Grabowski 等，2006；Hayashi 等，2000；Sugiarto 和 Sato，2001）。苯酚被·OH 氧化生成邻苯二酚、对苯二酚和 1,4-苯醌，它们是羟基化的主要副产物。邻苯二酚、对苯二酚和 1,4-苯醌可以进一步氧化成三羟基苯，如邻苯三酚、羟基苯醌和间苯三酚（Parvulescu 等，2012；Patai，1971）。同时，作为邻苯二酚、对苯二酚和 1,4-苯醌形成前体物的中间苯基自由基可与分子氧发生额外的反应生成开环产物，如有机酸（通过实验鉴定的马来酸、甲酸和草酸）和无机酸（Parvulescu 等，2012）。

尽管臭氧和苯酚的反应速率相对于·OH 而言较慢，但苯酚的臭氧化作用还会产生邻苯二酚、对苯二酚和 1,4-苯醌作为主要的羟基化芳香族产物，以及顺式-粘康酸和/或顺式-粘康醛作为次级产物，所有这些产物都可能会进一步进行臭氧化处理（Lukes 和 Locke，2005b）。Lukes 和 Locke 通过对氧气而非氩气等离子体中的顺式-粘康酸（臭氧攻击的特定产物）进行鉴定，证明臭氧参与了等离子体化学反应。·OH 和臭氧攻击苯酚分子的详细化学反应机理可以在 Parvulescu 等（2012）的研究中找到。通常，苯酚的降解速率和形成的副产物类型取决于顶部空间气体的化学组成（用于与液体接触的气体放电）、溶液的 pH 和选择的操作参数。

包括氯酚［例如，2-氯酚（Dojcinovic 等，2008；Lukes 等，2003；Lukes 和 Locke，

2005b)、3-氯酚（Lukes 和 Locke，2005b；Tezuka 和 Iwasaki，1998)、4-氯酚（Lukes 和 Locke，2005b；Tezuka 和 Iwasaki，1998）和五氯苯酚（Brisset，1997；Sharma 等，2000)]、羟基化苯酚［间苯二酚、邻苯二酚和对苯二酚（Lukes 和 Locke，2005b)]、硝基苯酚［例如，2-硝基苯酚（Lukes 和 Locke，2005b)、3-硝基苯酚（Lukes 和 Locke，2005b)、4-硝基苯酚（Gao 等，2004；Lukes 和 Locke，2005b)、2，4-二硝基苯酚和2,4,6-三硝基苯酚（Gao 等，2004；Willberg 等，1996a)］和氯硝基苯（Liu，2009）等苯酚衍生物的降解也在不同的等离子体系统中得到了研究。已经提出的用于解释其形成的鉴定产物和降解途径表明，取代酚类降解的一般机理与苯酚非常相似，并且包括·OH 和/或臭氧攻击，这取决于取代酚类化合物的体系。初级转化产物包括羟基化芳香族化合物，但也可能发生脱卤作用（Tezuka 和 Iwasaki，1998)。有机酸通常是最终的降解产物。在空气或氮气存在下，也观察到了硝化化合物（Parvulescu 等，2012；Zhang 等，2007)。

当加入水溶液中时，均相和非均相催化剂通常会提高化合物的降解速率。使用不同催化剂对苯酚及其衍生物进行降解测试的试验结果表明，对其去除有促进作用的催化剂有 TiO_2（Lukes 等，2005；Wang 和 Chen，2011)、铁（Grymonpre 等，2001；Liu 和 Jiang，2005；Yan 等，2006)、沸石（Kusic 等，2005)、碳凝胶（Sano 等，2006)、活性炭（Grymonpre 等，1999）和碳酸根离子（Li 等，2012)。以铁为例，由于在溶液中产生额外的·OH 以及存在苯酚及其降解产物与亚铁和铁离子的直接反应，因而化合物的降解速率得到提高。同样，在使用 TiO_2 催化时，由于等离子体产生的紫外光与 TiO_2 之间的光催化相互作用产生了额外的·OH 和 O，因而提高了化合物的降解速率。沸石、碳和无机离子的作用机理尚不清楚。

12.3.4.1.2　有机染料

纺织工业及其含染料废水是有色废水的主要来源之一。通常，这些废水未经适当处理就直接排放到天然水体或废水处理系统中并长时间存留。由于这些废水具有颜色且许多染料成分具有毒性、致癌性和致突变性，因此将有色废水排放到环境中是不可取的（Zaharia 和 Suteu，2012)。

自 20 世纪 80 年代以来，人们已使用不同的染料作为模型化合物来评估众多的等离子体系统。人们对不同等离子体反应器降解多种染料的有效性进行了评估，包括电极配置、操作参数、放电极性、溶液 pH、电导率以及存在的添加剂（Baroch 等，2008；Benetoli 等，2012；Bozic 等，2004；Burlica 等，2004；Gao 等，2001；Gao 等，2008；Ghezzar 等，2007；Hoeben，2000；Ikoma 等，2012；Krcma 等，2010；Lu 等，2010；Magureanu 等，2008a；Magureanu 等，2008b；Malik 等，2002；Mededovic 和 Takashima，2008；Minamitani 等，2008；Nikiforov 等，2011；Pawlat 和 Ihara，2007；Reddy 等，2013；Stara 等，2008；Stratton 等，2015；Sun 等，2012；Xue 等，2008)。

表 12-5 比较了 27 种用于处理各种染料的不同等离子体反应器配置的能量产率，最有效的是脉冲功率反应器，其中等离子体形成于气体中，处理后的液体喷入等离子体区。靛蓝红染料脱色的最高效率（3×10^{-7}mol/J）发生在薄水膜上的脉冲电晕放电中，并且该值非常接

近上述苯酚的最高效率。这些反应器效率高的原因是喷雾液滴沿等离子体区均匀分布，并且活性自由基只需穿过较短的距离就能遇到液滴的表面并扩散到有机化合物并与之反应。

如第 12.3.6 节所述，用于水处理的大规模等离子体反应器最成功的是使等离子体和处理溶液之间的接触达到最大化的反应器。总的来说，染料的降解速度取决于处理气体的化学成分（氧气通常是最好的，但不总是如此）、溶液体积（较小体积的溶液通常降解速度更快）、溶液 pH（取决于染料类型）和初始染料浓度。通常，添加催化剂如 TiO_2（Zhang 等，2010b）、γ-Al_2O_3-TiO_2（Liu 等，2012a）、沸石（Vujevic 等，2004）、亚铁离子（Magureanu 等，2013a；Reddy 等，2013；Zhou 等，2015）、铁矿物（Benetoli 等，2012）和活性炭（Zhang 等，2010a），通过产生额外的·OH 从而提高各种染料的去除率。当硫酸根离子存在时，它们被等离子体激活并转化为具有高度氧化性的硫酸根自由基离子，与·OH 一起氧化染料（Reddy 等，2013）。

通常，染料的降解是通过紫外-可见分光光度计在特定染料的最大吸收波长处监测的，该波长由发色团的化学组成决定。当发色团被氧化自由基或分子攻击发生化学转化时，吸收的强度降低。仅少数研究确定了染料降解产物并提出了化学降解途径（Kozakova 等，2010；Magureanu 等，2007；Magureanu 等，2008a；Minamitani 等，2008；Mok 等，2008；Moussa 等，2007；Yan 等，2008）。偶氮染料是以存在的偶氮（—N ═ N—）基团为特征的染料，染料降解主要归因于·OH 与偶氮基团（—C—N ═ N—）上的碳原子的反应（Parvulescu 等，2012）。当存在氧气并形成臭氧时，假定臭氧主要与染料的芳环反应而不是与发色团反应（Parvulescu 等，2012）。有时，氮衍生化合物如过氧亚硝酸盐和亚硝酸也会氧化染料（Moussa 等，2007）。

150 多项研究调查了其他类型染料的降解，如羰基染料（含有—C ═ O 发色团）、甲烷染料（—CH ═发色团）和硝基染料（—NO_2 发色团），这些研究在降解机理和形成的产物类型方面报告了不同的结果（Parvulescu 等，2012）。对于有些染料，臭氧被认为是破坏发色团的主要氧化剂，而·OH 对整体染料降解的贡献非常小（Grabowski 等，2007）。对于其他类型的染料，情况正好相反（Velikonja 等，2002）。染料降解的初级降解产物通常来源于与发色团相连的芳香取代基，可能包括芳香胺、酚类化合物、萘醌以及各种脂族和羧酸（Parvulescu 等，2012）。从现有文献看，缺乏预测染料与特定氧化剂反应的一般规则，这些规则取决于等离子体系统，包括操作条件和水相的物理化学特性。

表 12-5 计算了用于水净化的等离子体反应器的能量产率和相对能量效率。原始数据由 Malik（2010）给出，该表改编后包括了基于摩尔量的能量产率。

用于水净化的等离子体反应器的能量产率和相对能量效率　　　表 12-5

染料	分子量	C_0（mg/L）	条件	能量产率（g/kWh）	相对的量效率（mol/J）
活性蓝	901	20	水中 PCD	0.034	1.0×10^{-11}
伊红	692	12	水中 GDE	0.029	1.2×10^{-11}

续表

染料	分子量	C_0（mg/L）	条件	能量产率（g/kWh）	相对的量效率（mol/J）
活性蓝 137	901	20	空气中交流滑动电弧	0.038	1.2×10^{-11}
甲基橙	327	13	水中 CGDE	0.024	2.0×10^{-11}
芝加哥蓝	993	10	水中 PCD	0.081	2.3×10^{-11}
活性蓝 137	901	20	水和空气中的 HS-PCD	0.091	2.8×10^{-11}
美蓝	320	5	水中 RFD	0.037	3.2×10^{-11}
美蓝	320	12	水中 DD	0.042	3.6×10^{-11}
活性蓝 137	901	20	O_2 中交流滑动电弧里喷水雾	0.130	4.0×10^{-11}
罗丹明 B	479	10	水中脉冲- SSD	0.081	4.7×10^{-11}
亚甲蓝	320	13	水中 PCD	0.064	5.6×10^{-11}
甲基橙	327	10	水中脉冲- SSD	0.090	7.6×10^{-11}
芝加哥蓝	993	10	水中脉冲-SSD	0.328	9.2×10^{-11}
罗丹明 B	479	50	水中脉冲- SSD	0.202	1.2×10^{-10}
伊红	691	12	水中 DD	0.307	1.2×10^{-10}
亚加蓝	320	10	有空气泡水中的 MWD	0.155	1.3×10^{-10}
靛胭脂	262	20	空气中 PCD	0.149	1.6×10^{-10}
甲基橙	327	10	有空气泡的脉冲-DD	0.262	2.2×10^{-10}
酸性橙 7	350	20	有空气泡水中的 PCD	0.370	2.9×10^{-10}
亚甲蓝	320	13	有氧气泡水中的 PCD	0.341	3.0×10^{-10}
芝加哥蓝	993	10	PCD 和 O_2 气泡通过针孔	1.20	3.4×10^{-10}
甲基橙	327	40	有氧气泡水中的 PCD	0.585	5.0×10^{-10}
靛胭脂	262	20	有空气泡水中的 PCD	0.486	5.2×10^{-10}
亚甲蓝	320	15	水面上氧气中的 PCD	1.50	1.3×10^{-9}
靛胭脂	262	20	有氧气泡水中的 PCD	1.38	1.5×10^{-9}
甲基橙	327	50	有空气泡水中的脉冲-SD	1.79	1.5×10^{-9}
罗丹明 B	479	57	3mm 水层上空气中直流放电	4.86	2.8×10^{-9}
酸性橙 7	350	25	来自空气中 DBD 的 UV 和 O_3	3.86	3.1×10^{-9}
活性蓝 137	901	20	氧气中脉冲滑动电弧里喷水雾	12.7	3.9×10^{-9}
靛胭脂	262	20	水面上氩气中 PCD	4.84	5.1×10^{-9}
甲基橙	327	40	HS-PCD 在水和空气中进行多次预处理	6.10	5.2×10^{-9}
甲基橙	327	10	薄水膜上方空气中脉冲 DBD	9.38	8.0×10^{-9}
罗丹明 B	479	22	往氧气中脉冲 DBD 里喷水雾	44.9	2.6×10^{-8}
靛胭脂	262	20	薄水膜上方空气中 PCD	294	3.1×10^{-7}
靛胭脂	262	20	薄水膜上方氧气中 PCD	566	6.0×10^{-7}
靛胭脂	262	20	在空气中的 PCD 里喷水雾	622	6.6×10^{-7}

注：PCD 表示脉冲电晕放电；GDE 表示辉光放电电解；CGDE 表示接触辉光放电电解；RFD 表示射频放电；DD 表示膜片放电；MWD 表示微波放电；DBD 表示介质阻挡放电；HS 表示复合系列；SSD 表示流光放电；SD 表示火花放电。

12.3.4.1.3　药物和个人护理品

在处理过的废水中可以检测到药物和个人护理品（PPCPs）、内分泌干扰物（ECDs）、激素、植物雌激素和其他痕量有机化合物（Snyder，2008）。虽然废水在排入接收水域之前经过处理，但废水处理中使用的工艺单元是为了去除已知的病原体和优先污染物而不是药物残留物。因此，痕量有机化合物往往会穿过废水处理系统，并在接收水中达到足以对生活在水中的生物产生有害生物效应的浓度（Tyler 等，1998）。在至少 4100 万人的饮用水供应中也发现了这一系列化合物（U. S. Water and Wastes Digest，2008）。

使用各种类型的放电等离子体系统降解 PPCPs、ECDs 和其他痕量有机污染物的研究结果如表 12-6 所示，该表包括化合物的类型和初始浓度、处理量、处理时间、化合物降解的百分比和能耗成本。虽然大多数系统有效地降解了多种污染物，但处理时间和能耗成本差别很大，其中性能最佳的等离子体系统是气体等离子体与液体接触的系统。该系统主要使用空气、氧气和氩气这三种气体，其中空气和氧气都会产生臭氧而有利于提高许多有机物的去除率。空气中的放电会额外产生氮和氮氧化物及自由基，它们也会参与化学反应。与一般情况相反，当存在己酮可可碱时，Magureanu 等（2010）发现其在化学反应中仅消耗了等离子体中产生的少量臭氧，并且该化合物主要被·OH 氧化。以卡马西平为例，Liu 等（2012b）发现，对于相同浓度的臭氧，臭氧化工艺中该化合物的降解速度明显快于等离子体工艺，并且两种工艺的降解产物也不同。等离子体对卡马西平的抑制作用不是因为臭氧，而是因为氮自由基的氧化。图 12-3 比较了卡马西平的臭氧氧化途径和氮氧化途径。

有机化合物降解的处理效果和处理参数比较（改编自 Banaschik 等，2015）　**表 12-6**

化合物类型	浓度	处理量	等离子系统	降解程度及处理时间	能耗	参考文献
氯贝酸	0.1mmol/L（22～27）mg/L	200mL	两个阻挡电极	>98%，30min	500W	Krause 等（2009）
卡马西平						
氯丙胺						
眠尔通	36～378ng/L	150L	极板与水接触	>90%，19min	2.6～6.4kWh/m³（EEO[a]）	Gerrity 等（2010）
狄兰汀						
去氧苯巴比妥						
卡马西平						
阿替洛尔						
甲氧苄氨嘧啶						
阿特拉津						
五羟色胺	100mg/L	200mL	同轴 DBD[b]	>92.5%，60min	16g/kWh	Magureanu 等（2010）
阿莫西林	100mg/L	200mL	同轴 DBD[b]	>90%，30min、10min、20min	27g/kWh，105g/kWh，29g/kWh	Magureanu 等（2011）
新青二						
氨苄青霉素						

续表

化合物类型	浓度	处理量	等离子系统	降解程度及处理时间	能耗	参考文献
卡马西平	20mg/L	100mL	同轴 DBD[b]	90.7%，60min	12W	Liu 等（2012b）
对乙酰氨基酚	3～100mg/L	40～50mL	PCD[c]	70%～99%，30min	1.5～150g/kWh	Panorel 等，（2013a）；Panorel 等（2013b）
β-雌二醇						
水杨酸						
吲哚美辛						
布洛芬						
依那普利	50mg/L	300mL	同轴 DBD[b]	>90%，20min	20.66g/kWh	Magureanu 等（2013b）
阿特拉津	1～5mg/L	175mL	同轴 DBD[b]	87%～89%，5min	47～447mg/kWh	Hijosa-Valsero 等（2013）
毒虫畏						
2,4-二溴苯酚						
林丹						
双氯芬酸	50mg/L	55mL	PCD[c]	>99%，15min	0.76g/kWh（90% 转化）	Dobrin 等（2013）
卡马西平	500μg/L	300mL	直接在水中同轴	55%～99%，66min	3～45mg/kWh	Banaschik 等（2015）
泛影葡胺						
地西泮						
双氯芬酸						
布洛芬						
甲氧苄啶						
17α-炔雌醇						

a EEO 值定义为将污染物浓度降低一个数量级（90%）所需的电能（kWh）；

b 介质阻挡放电；

c 脉冲电晕放电。

12.3.4.1.4 双酚 A

双酚 A（BPA）是一种新兴污染物，广泛用于制造环氧树脂、不饱和聚酯-苯乙烯、聚碳酸酯树脂和阻燃剂。BPA 通过工业和城市废水排放以及垃圾填埋场渗滤液释放到环境中（Chakma 和 Moholkar，2014），在婴儿奶瓶、塑料垃圾、聚碳酸酯管以及地表水中已经检测到 BPA，并且可能通过与内分泌系统的相互作用对人类和水生野生动物产生不利影响（Flint 等，2012）。BPA 在非常低的浓度下仍具有活性，并且不易被常规饮用水处理工艺降解。此外，许多 BPA 的降解副产物比 BPA 本身表现出更强的雌激素活性。

少量研究已经评估了等离子体工艺在降解双酚 A 方面的效果（Abdelmalek 等，2008；Dai 等，2015）。研究者将等离子体工艺与添加亚铁盐的等离子体辅助芬顿工艺进行了比较。正如所料，添加铁盐提高了 BPA 的去除率，这种效应归因于 Fe^{2+} 和放电产生的 H_2O_2 之间的芬顿反应。他们还使用不同电解溶液和工作气体研究了亚铁离子（Fe^{2+}）、三价铁离子（Fe^{3+}）以及 H_2O_2 浓度对去除双酚 A 的影响（Abdelmalek 等，2008；Dai 等，2015；Wang

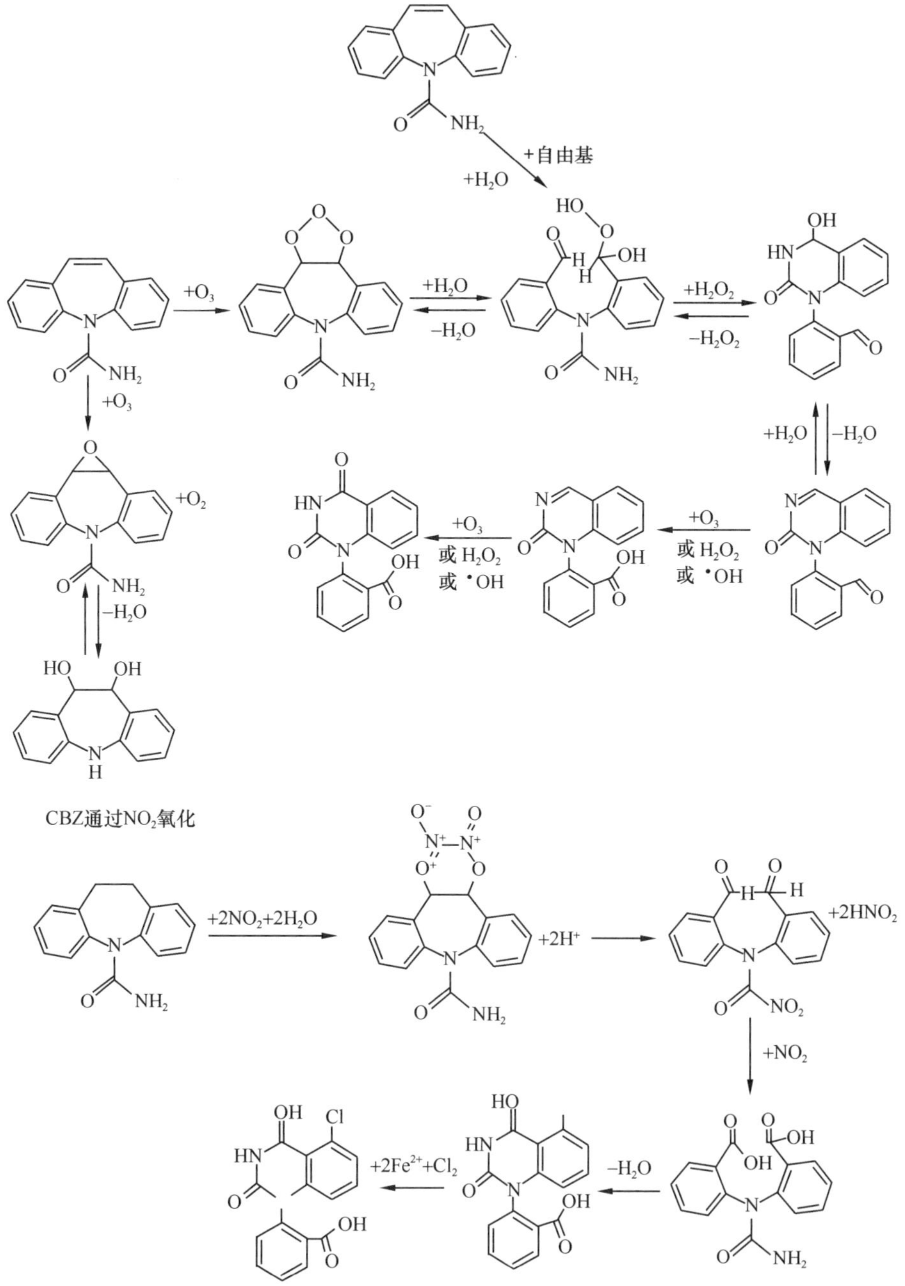

+自由基
$+H_2O$
$+O_3$
$+H_2O$
$-H_2O$
$+H_2O_2$
$-H_2O_2$
$+O_3$
$+O_2$
$+H_2O$
$-H_2O$
$+O_3$ 或 H_2O_2 或 ·OH
$+O_3$ 或 H_2O_2 或 ·OH
$-H_2O$

CBZ通过NO_2氧化

$+2NO_2+2H_2O$
$+2H^+$
$+2HNO_2$
$+NO_2$
$-H_2O$
$+2Fe^{2+}+Cl_2$

图 12-3　卡马西平降解机理（经 Liu 等（2012b）许可转载；2012 版权归 Elsevier 所有）

等，2008）。另外，铁接地电极代替铁盐也用于引发芬顿的反应（Dai 等，2015）。

各种双酚 A 降解产物的鉴定表明，以过氧化氢为基础的 AOPs 会形成不同的部分羟基化的双酚 A 类似物。Dai 等（2015）利用密度泛函理论（DFT）模拟和实验确定的双酚 A 副产物提出了放电等离子体反应器中存在痕量空气时双酚 A 降解的一般途径。整体机理如图 12-4 所示，大概步骤（基于计算活化能和反应速率常数）可以概括如下：（1）·OH 从

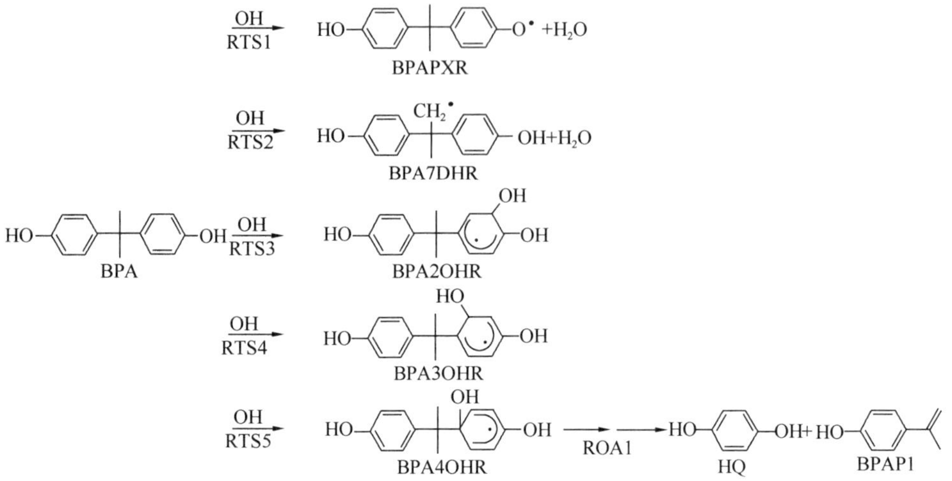

OH RTS1 BPAPXR $+H_2O$

OH RTS2 $CH_2^{\bullet}$ BPA7DHR $+H_2O$

BPA OH RTS3 BPA2OHR

OH RTS4 BPA3OHR

OH RTS5 BPA4OHR ROA1 HQ BPAP1

(a)

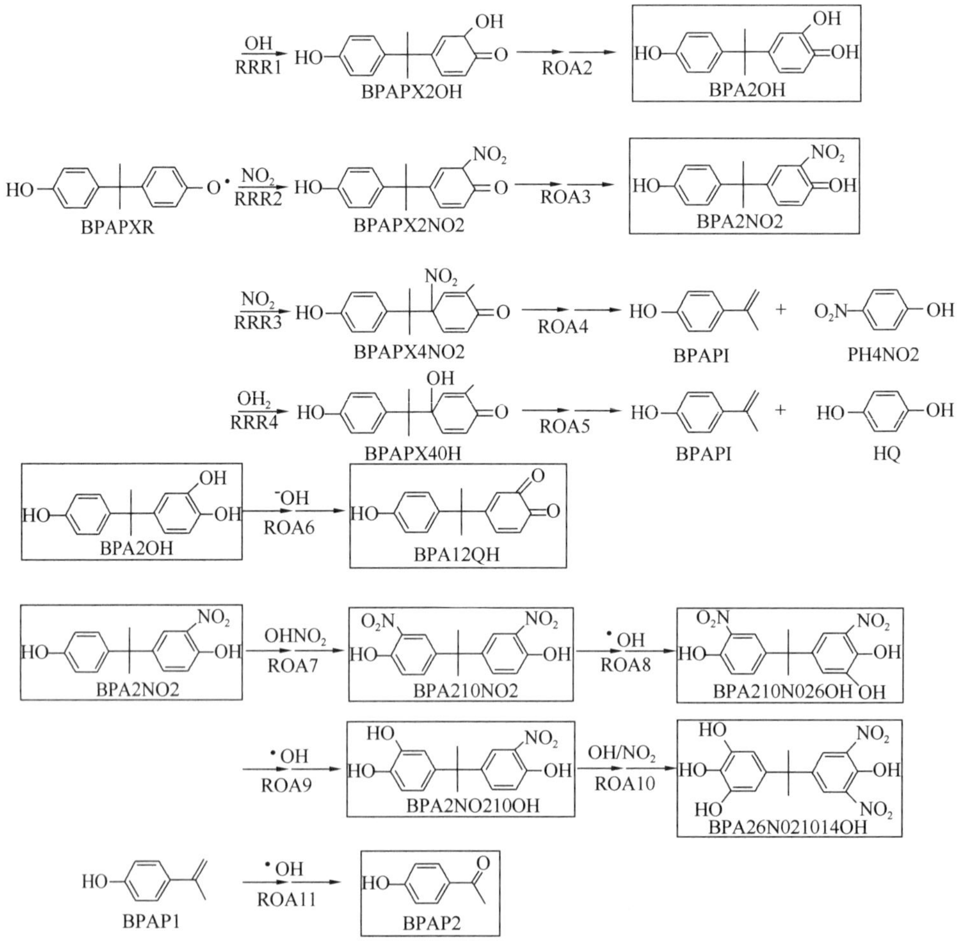

OH RRR1 BPAPX2OH ROA2 BPA2OH

BPAPXR NO_2 RRR2 BPAPX2NO2 ROA3 BPA2NO2

NO_2 RRR3 BPAPX4NO2 ROA4 BPAPI + PH4NO2

OH_2 RRR4 BPAPX40H ROA5 BPAPI + HQ

BPA2OH ^-OH ROA6 BPA12QH

BPA2NO2 $OHNO_2$ ROA7 BPA210NO2 $^{\bullet}OH$ ROA8 BPA210N026OH OH

$^{\bullet}OH$ ROA9 BPA2NO210OH OH/NO_2 ROA10 BPA26N021014OH

BPAP1 $^{\bullet}OH$ ROA11 BPAP2

(b)

图 12-4 类芬顿等离子体处理 BPA 的反应途径（Dai 等，2015）

（a）途径 A；（b）途径 B

BPA 的酚 OH 基团中提取 H 原子并产生 BPAPXR 自由基；（2）BPAPXR 自由基与 OH 自由基和 NO_2 自由基重组形成 BPA_2OH、BPA_2NO_2 和单环芳香族化合物；（3）BPA_2OH和 BPA_2NO_2 发生与 BPA 类似的反应形成多种副产物。研究显示所有副产物表现出比 BPA 更低的雌激素活性。Dai 等（2015）也发现利用接地电极作为铁源的类芬顿等离子体反应系统可能是小型水处理系统的可行处理选择，该系统寻求在没有外部供应化学品的情况下降低有机化合物的浓度。

图 12-4 展示了类芬顿等离子体处理 BPA 的反应途径。途径 A 为主要降解步骤，途径 B 为次级和进一步降解步骤。标记 RTS 表明反应具有过渡态，这是计算活化能和反应速率常数的前提。标记 RRR 表示没有过渡态的自由基重组反应。ROA 表示总体反应。方形结构已在实验中确定。

12.3.4.2　还原反应

在光学发射光谱法实验中已经观察到水分子与电子的直接碰撞会产生强还原剂 $H^{\bullet}$ [$E^{\circ}(H_2O/H^{\bullet})=-2.30V$(Tarr,2003)]。$H^{\bullet}$与有机化合物的化学反应包括加氢和夺氢。对于从脂肪族化合物中提取氢或加成芳香环，$H^{\bullet}$的反应通常遵守与$^{\bullet}OH$ 相同的模式。然而，$^{\bullet}OH$ 取代的反应速率常数通常高于 $H^{\bullet}$，且$^{\bullet}OH$ 的选择性较低。相对于标准氢电极而言，超氧自由基阴离子（$O_2^{\bullet -}$）可能是构成等离子体的最弱还原物质，其 E°（$H_2O/O_2^{\bullet -}$）为$-0.33V$（Tarr，2003）。该物质与氢过氧自由基（$HO_2^{\bullet}$）处于酸性平衡状态，并且仅当 pH 高于 4.8（$pK_a=4.88$）时，才能在适当的浓度下使用。虽然 $O_2^{\bullet -}$ 已经被鉴定和量化（Sahni 和 Locke，2006c），但直接的实验证据表明该物质有助于除还原性自由基探针物质之外的有机分子的降解。超氧自由基阴离子传统上被视为弱或慢反应自由基，能够降解包括氯代庚烷和硝基甲烷在内的高度氧化的有机化合物（Siegrist 等，2011）。

相对于标准氢电极，在水中以及接触水放电产生的水合电子（e_{aq}^-）是等离子体中最强的还原物质 [$E^{\circ}(H_2O/e_{aq}^-)=-2.77V$(Tarr，2003)]。对于直接液体放电，该物质已经在与银离子的反应中被鉴定（Mededovic Thagard 等，2009），对于与水接触的气体放电，使用光学吸收光谱可直接检测到（Rumbach 等，2015）。水合电子可与许多有机化合物反应，其反应程度通常由特定官能团的电子密度决定。研究表明，水合电子的化学还原在苯乙酮的降解中起着重要作用（Wen 和 Jiang，2001）。多氯联苯（Sahni 等，2005）和三氯乙烯可能通过还原反应降解，但途径尚未完全建立（Sahni 等，2002）。下文所述的等离子体辅助降解全氟烷基物质（PFASs）也许是证明水合电子参与污染物降解的最令人信服的例子。

由于 PFASs 的毒性以及在环境中的普遍存在性和稳定性，其最近受到了相当多的关注（Houtz 等，2013）。制造和处理含 PFASs 的试剂和产品，以及在不同地点使用水性泡沫灭火剂已经导致地下水和饮用水被 PFASs 污染（Guelfo 和 Higgins，2013）。特别是，由于缺乏高效的处理技术，全氟烷基酸（PFAAs，例如全氟辛酸（PFOA）、$C_7F_{15}COOH$ 和全氟辛烷磺酸（PFOS）、$C_8F_{17}SO_3H$）的处理是非常棘手的。

由于存在强 C—F 键，只有硫酸根自由基阴离子可以氧化 PFOA 和 PFOS（Appleman

等，2014）。对比·OH的氧化会受到动力学阻碍，水合电子（Zhang等，2014）或超氧化物自由基（Schaefer等，2015）对PFASs的化学还原很容易进行。然而，对于大多数氧化和还原过程，这些化合物降解至其检测限值以下的最佳处理时间是每升数小时至数十小时（Yasuoka等，2011）。

Stratton等开发了一种能够在30min内完全降解PFOA的等离子体反应器（Stratton等，2015），该反应器是具有鼓泡的层流喷射器，特点是将由氩气鼓泡通过浸没式扩散器而产生的泡沫与气体放电接触。基于等离子体的PFOA去除工艺被用于两种情况：高去除率和高去除效率。经过30min的处理，高去除率工艺将1.4L溶液中的PFOA浓度降低了90%，输入功率为76.5W，而高去除效率工艺使用4.1W功率（未发表）将浓度降低了25%。

如表12-7所示，与主要的替代工艺如超声波分解、活化过硫酸盐和电化学处理（包括现有的O_2气泡中直流电驱动等离子体处理技术）相比，两种情况的基于等离子体的水处理（PWT）工艺在去除效率和矿化效率方面表现非常出色。高效的PWT对PFOA的去除效率（可表达为表观一级去除速率（k_{obs}）与功率密度（PD=输入功率/处理体积）的比率）大约是活化过硫酸盐处理效率的8倍，是超声波分解效率的57倍以上，是电化学处理效率的3.6倍，是直流等离子体处理效率的200倍以上。表12-7中还展示了这五个工艺的其他性能指标和相应的实验参数。由于降解副产物可能仍然对环境有害并且比母体化合物更具流动性，因此除PFOA的去除效率之外，矿化效率也很重要。矿化程度可以用脱氟程度来表示（Vecitis等，2009），因此矿化速率用F_{50}/t_{50}表示，其中t_{50}是PFOA浓度减少50%（$t_{50}=-\ln(1/2)/k_{obs}$）所需的时间，F_{50}是从降解的PFOA中除去的氟的百分比并且被检测为F^-离子。矿化效率被定义为（F_{50}/t_{50}）/PD。两种情况的PWT工艺均优于替代处理方法，高效PWT获得的矿化效率约是活化过硫酸盐的29倍，是超声波分解的11倍以上，高出电化学处理14%，大约是直流等离子体处理的40倍以上。

表12-7给出了高去除率PWT（未发表）、高去除效率PWT（未发表）、紫外线活化过硫酸盐、超声波分解、电化学处理和O_2气泡中直流等离子体处理的性能指标和相应的实验参数。紫外线活化过硫酸盐和超声波分解的数据来自Veciti等（2009），电化学处理的电流密度是10mA/cm^2，数据引自Schaefer等（2015），O_2气泡中直流等离子体处理的数据来自Yasuoka等（2011）。未发表的数据由克拉克森大学等离子体研究实验室的Gunnar Stratton提供。

五种PFOA处理工艺的性能指标和相应的实验参数 **表12-7**

处理工艺	[PFOA]$_0$ (μmol/L)	PD (W/L)	k_{obs} (min^{-1})	$\frac{k_{obs}}{PD}\left(10^{-4}\cdot\frac{min^{-1}}{W/L}\right)$	$\frac{F_{50}}{t_{50}}\left(\frac{\%}{min}\right)$	$\frac{F_{50}/t_{50}}{PD}$ $\left(10^{-2}\cdot\frac{\%/min}{W/L}\right)$	EY (10^{-11}·mol/J)
高去除率PWT	20	54.6	0.074	14	2.08	3.8	140

续表

处理工艺	$[PFOA]_0$ (μmol/L)	PD (W/L)	k_{obs} (min^{-1})	$\frac{k_{obs}}{PD}\left(10^{-4}\cdot\frac{min^{-1}}{W/L}\right)$	$\frac{F_{50}}{t_{50}}\left(\frac{\%}{min}\right)$	$\frac{F_{50}/t_{50}}{PD}$ $\left(10^{-2}\cdot\frac{\%/min}{W/L}\right)$	EY ($10^{-11}\cdot$ mol/J)
高去除效率 PWT	20	2.90	0.012	41	0.31	11	45
超声波分解	20	250	0.018	0.72	2.47	0.99	2.4
紫外线活化过硫酸盐	50*	23	0.012	5.2	0.09	0.38	43
电化学处理	0.031*	5.0	0.0057	11	0.47	9.5	0.059
O_2 气泡中直流等离子体处理	100	1550	0.030	0.20	4.4	0.28	3.3

* 性能可能对初始 PFOA 浓度敏感，因此比较是近似的。

对降解 PFOA 的活性物质类型的进一步研究证实，传统的主要氧化剂如 OH·和超氧自由基不起重要作用。相反，水合电子对 PFOA 的降解量占其总降解量的一大部分，其余归因于等离子体内部自由电子或氩离子的作用。水合电子的参与在用硝酸钠（一种众所周知的 e_{aq^-} 清除剂）所做的清除实验中得以证实。已经提出的用于解释 PFAAs 转化的化学反应机理仅是一种假设，并且在某些情况下是矛盾的。然而，涉及水合电子的反应机理与逐步脱氟一致，此外也有人提出·OH 和水合电子之间存在协同作用。包括 PWT 在内的不同处理工艺识别了 F^- 和较短链的 PFAAs，例如 $C_3F_7COO^-$-(PFBA)、$C_4F_9COO^-$(PFPnA)、$C_5F_{11}COO^-$-(PFHxA)和 $C_6F_{13}COO^-$-(PFHpA)为 PFOA 的转化产物(Hori 等，2004；Moriwaki 等，2005；Yasuoka 等，2011)。

12.3.4.3　其他化合物

在过去的 30 年中，很多其他各种 EPA 法规限定和未限定的化合物在放电等离子体反应器中被降解（Hijosa-Valsero 等，2014）。这些化合物包括甲酸（Grinevich 等，2009）、醋酸（Bobkova 等，2012；Sano 等，2004）、苯胺（Tezuka 和 Iwasaki，2001）、汽油组分及其添加剂（Even-Ezraa 等，2009；Johnson 等，2003）、甲醇（Burlica 等，2011；Thagard Mededovic 等，2009；Yan 等，2009）、乙醇（Chernyak 等，2008；Levko 等，2011）、甲酚（Tomizawa 和 Tezuka，2006a）、对苯二甲酸（Sahni 和 Locke，2006a）、苯甲酸（Tezuka 和 Iwasaki，1999）、二甲苯（Gai，2009；Manolache 等，2004）、二甲基亚砜（DMSO）（Lee 等，2006）、四硝基甲烷（TNM）（Sahni 和 Locke，2006c）、正己烷（Bresch 等，2016）、三氯乙烯（Even-Ezraa 等，2009）、氯仿和磷酸三丁酯（Moussa 和 Brisset，2003）、三硝基甲苯（Lang 等，1998）、4-氨基二乙基苯胺硫酸盐（Kravchenko 等，2002）、十五氟辛酸（Horikoshi 等，2011）、氟表面活性剂 1110、全氟化非离子表面活性剂（Maroulf-Khelifa 等，2008）、磺胺（Bobkova 等，2015）、农药烯啶虫胺

(Li 等，2013)、均三嗪（Mededovic 等，2007）和除草剂阿特拉津（Karpel Vel Leitner，2005；Mededovic 和 Locke，2007）。

12.3.5 直接水放电中的热等离子体化学

除了水和有机污染物的电子诱导解离之外，在具有非常高的温度（＞2000～4000K）的等离子体中，热解离是至关重要的，甚至是产物形成的主要途径。例如，图 12-5 显示了乙腈水溶液在脉冲直接液体放电过程中热分解形成碳基原子和双原子激发自由基产物[Franclemont 和 Thagard，(2014) 补充材料]。许多其他化合物的高浓度（＞0.1mol/L）水溶液的类似光谱（Franclemont 和 Thagard，2014）已被记录。

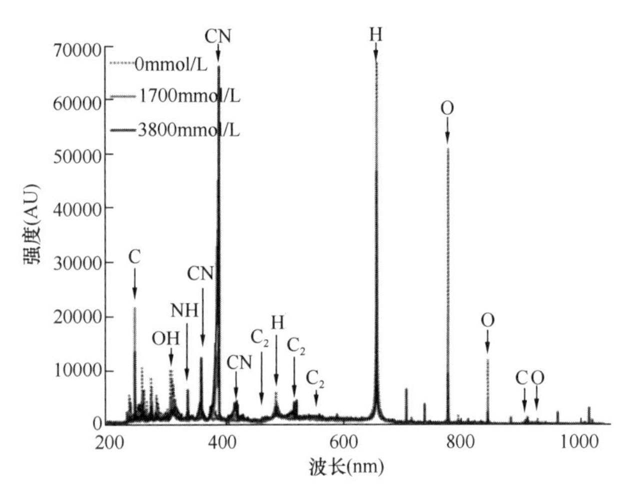

图 12-5 含不同浓度乙腈的水溶液中等离子体的发射光谱（摘自 Franclemont 和 Thagard (2014)，补充材料）

虽然有机化合物的氧化通常会产生羟基化合物并最终转化为水和二氧化碳，但热降解会导致短链碳氢化合物的形成。的确，在水下等离子体处理苯酚水溶液（约 19g/L）的情况下，气态产物主要包括 CO、CO_2、CH_4、C_2H_2、C_2H_4 和 C_2H_6（Fan 和 Mededovic Thagard，2014）。再者，当苯酚浓度非常低（＜1mmol/L）时，可以看到 75%～80%的降解通过自由基反应在液体中发生，当苯酚浓度为 10mmol/L 时，50%的降解通过热裂解发生（Parvulescu 等，2012）。研究发现，对于水下放电，所有的有机化合物，无论它们的蒸汽压力如何，都很容易扩散到等离子体中，并在那里被氧化和热降解。在等体积液体摩尔浓度下，等离子体内部发现的疏水化合物（具有较高的 K_{ow}，辛醇-水分配系数）的浓度高于亲水化合物（Franclemont 和 Thagard，2014）。

最后，在一些热等离子体反应器中，等离子体传播过程中产生的大的空间和时间梯度可以增强稳定分子物质的形成，如 H_2、O_2 和 H_2O_2（Fridman，2008；Locke 和 Mededovic-Thagard，2009）。然而，在非常高的温度下，类似 H_2O_2 这样的物质是不稳定的，$^{\cdot}OH$ 反应以及热裂解可能会更加显著（Hoffmann 等，1997；Willberg 等，1996b）。

12.3.6 等离子体工艺的规模放大

尽管等离子体工艺在实验室规模已经取得了有希望的结果，在水处理中也具有明显的潜在优势，但该技术尚未达到足以应用于实践的发展水平。等离子体反应器研发进展的主要障碍是，缺乏指导效率更高的新反应器设计工作的通用性原则。虽然目前已经确定了具有最优去除效率的等离子体反应器（Malik，2010），但其杰出性能背后的根本原因尚不清楚。

为了提高等离子体工艺用于水处理的可行性并制定反应器设计和优化的指导方针，Stratton 等（2015）进行了一项研究来确定和表征影响处理效率的设计参数和物理现象。他们的研究结果表明，影响等离子体反应器性能的最重要的单一因素是等离子体与处理溶液之间的接触面积。在此基础上，他们研发了一些“接触式”反应器，其目的就是最大限度地扩大等离子体与反应液体之间的接触面积。采用性能最好的反应器——发泡层流射流等离子体反应器进行罗丹明 B 染料的降解试验，发现该反应器的 G_{50} 达到了 11.4g/kWh，接近液体放电的 150 倍，明显高于其他高级氧化工艺中罗丹明 B 的去除效率(表 12-8)。

不同高级氧化工艺降解罗丹明 B 染料的 G_{50} 和能量产率　　表 12-8

（改编自 Stratton 等，2015）

高级氧化工艺	G_{50} (g/kWh)	能量产率 (10^{-11} · mol/J)
UV/H_2O_2	0.1	5.8
超声波	0.2	12
光催化作用	0.2	12
水力空化	0.01	0.58
臭氧氧化	0.3	17
放电等离子体：液相介质放电反应器（性能最差的反应器）	0.078	4.5
放电等离子体：发泡层流射流等离子体反应器（性能最佳的反应器）	11.4	660

Stratton 和 Mededovic Thagard 还将层流射流等离子体反应器规模扩大，设计出了如图 12-6 所示的发泡等离子体反应器（Mededovic 和 Stratton，2015）。该反应器用于处理宾夕法尼亚州沃明斯特一个受污染的海军研究基地含有全氟化合物（PFCs）的地下水。试验结果如表 12-9 所示，处理 1min，全氟辛酸（PFOA）的浓度便降低至检测限值以下；60min 后，除全氟戊酸（PFPnA）外，其他全氟化合物均被完全转化。

在污水处理中，活性炭（AC）吸附是去除水中全氟化合物的主要方法。活性炭可有效去除包括全氟化合物在内的多种危险化学品和表面活性剂。然而如表 12-10 所示，吸附饱和的活性炭需要进行后处理，所以处理费用很高（Menger-Krug，2011）。为解决这一弊端，各研究小组（Hori 等，2015；Mitchell 等，2014；Park 等，2009；Zhang 等，2014）提出了 10 种其他替代的处理方法来降解全氟辛酸（PFOA）和全氟辛烷磺酰基化合物（PFOS）。如表 12-10 所示，在这些处理方法中，超声波降解（Cheng 等，2008）是最有效的（被美国环保署认为是具有潜力的处理技术），但其成本比泡沫等离子体反应器高 35～73 倍。

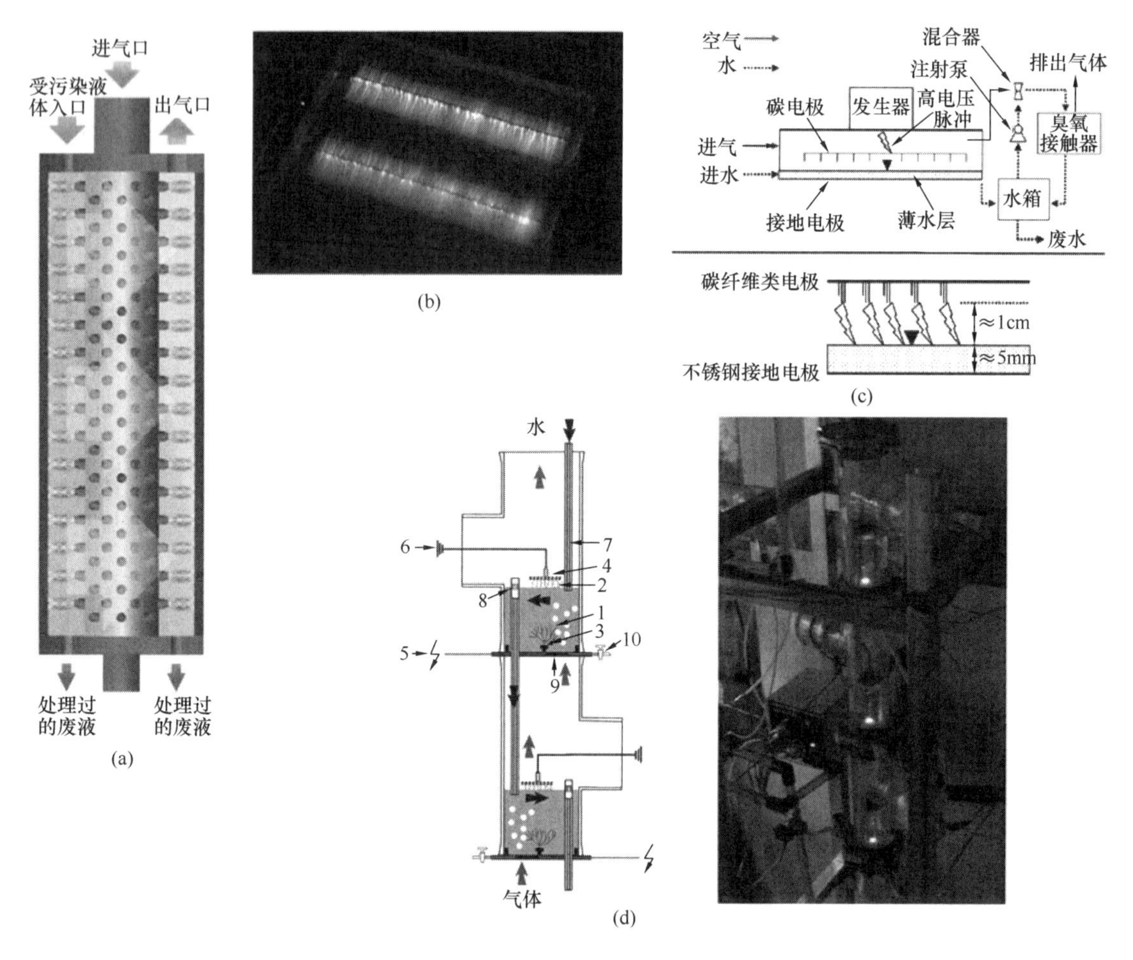

图 12-6 规模放大的等离子体反应器

(a) 商业化 Symbios 等离子体反应器 (www.symbiosplasma.com); (b) 泡沫等离子体反应器 (克拉克森大学塔加德等离子体研究组); (c) 中试规模的气相介质放电等离子体反应器 [经 Gerrity 等 (2010) 许可转载; 2010 版权归 Elsevier 所有]; (d) 多级气-液介质放电柱式反应器 [经 Holzer 和 Locke (2008) 许可转载; 2008 版权归美国化学学会所有]

1、2—放电单元; 3—高压针; 4—网状玻璃炭 (RVC) 接地电极; 5—高压电缆; 6—不锈钢管; 7—下水管; 8—椭圆形开口; 9—接头; 10—采样阀

泡沫等离子体反应器处理含全氟化合物的地下水　　表 12-9

化合物	C_{0min} (μg/L) 直接喷射	C_{1min} (μg/L) 直接喷射	C_{60min} (μg/L) 固相萃取	去除率 (%)
全氟辛酸 (PFOA)	0.89	检测限值以下	0.0035	99.6
全氟辛烷磺酰基化合物 (PFOS)	0.18	不适用	0.0026	98.5
全氟庚酸 (PFHpA)	0.11	不适用	0.0002	99.8
全氟己酸 (PFHxA)	0.27	不适用	0.024	91.1
全氟戊酸 (PFPnA)	0.22	不适用	0.16	26.4
全氟己磺酸 (PFHxS)	0.32	不适用	0.0041	98.7

注: 处理体积=4L, 输入功率=100W, 气体通量=35mL/(cm^2 · min)。地下水来自宾夕法尼亚州沃明斯特一处受污染的海军研究基地。未发表并由克拉克森大学等离子体研究实验室 Gunnar Stratton 提供。

成本估算　　　　**表 12-10**

工艺	污染物	处理成本（百万美元/kg）
活性炭	全氟辛酸（PFOA）	5.5
	全氟辛烷磺酰基化合物（PFOS）	4.4
等离子体	全氟辛酸（PFOA）	2.6
	全氟辛烷磺酰基化合物（PFOS）	1.5
超声波降解	全氟辛酸（PFOA）	190
	全氟辛烷磺酰基化合物（PFOS）	320

注：用等离子体处理工艺（Stratton 等，2015）、当前替代处理方法中表现最佳的方法（Vecitis 等，2009）和活性炭（MengerKrug，2011）去除 75%的全氟辛酸（初始浓度 95ng/L）和全氟辛烷磺酰基化合物（初始浓度 135ng/L）。未发表并由克拉克森大学等离子体研究实验室 Gunnar Stratton 提供。

如图 12-6 所示，等离子体反应器规模化的其他工作包括多级气-液介质柱式反应器（Holzer 和 Locke，2008）、管式高密度等离子体反应器（Johnson 等，2006）和多点-平板电极反应器系统（Gerrity 等，2010）的研发。Holzer 和 Locke（2008）测试了多级柱式反应器对活性蓝 137 染料、苯酚、2-氯乙基苯基硫化物（2-CEPS）和氯磷酸二苯酯（DPCP）的降解性能。结果表明，当反应器在再循环模式（而不是在连续流模式）下运行时去除能量产率最高。活性蓝 137 染料、苯酚、2-氯乙基苯基硫化物和氯磷酸二苯酯的能量产率分别为 2.08g/kWh、0.88g/kWh、2.42g/kWh 和 0.63g/kWh。在溶液中加入亚铁离子后，2-氯乙基苯基硫化物和氯磷酸二苯酯的能量产率分别提高到了 3.02g/kWh 和 2.15g/kWh。

Gerrity 等人（2010）利用多点-平板电极反应器对药物和内分泌干扰物等痕量有机物的降解进行了试验。如表 12-11 所示，根据计算出的单位电能消耗量 EEO（kWh/m^3-log，去除一个对数污染物所需的能量）发现等离子体工艺与中试规模的 UV/H_2O_2 工艺的反应效果相似或者更有效。由于等离子体反应器与其他高级氧化工艺相比消耗的能量相近或更少，且不需要添加化学物质，因此 Gerrity 等得出结论，利用等离子体技术替代传统高级氧化工艺进行水处理是可行的。

高级氧化工艺特定的 EEO 值（kWh/m^3-log）（改编自 Gerrity 等，2010）　　**表 12-11**

污染物	间歇式污水处理工艺	中等能耗的非循环式污水处理工艺（WW）	中等能耗的非循环式地表水处理工艺（SSW）	UV 地表水处理工艺	UV/H_2O_2 地表水处理工艺	UV/TiO_2 地表水处理工艺
眠尔通	6.4	10	3.5	6.6	1.0	6.8
苯妥英钠	4.4	3.1	2.0	2.1	1.0	2.2
扑痫酮	5.8	4.3	2.2	3.7	0.6	3.9
卡马西平	2.2	1.8	<0.7	2.3	0.4	2.1
阿替洛尔	3.8	2.9	1.0	1.4	0.5	2.0
甲氧苄啶	3.2	2.2	<0.7	0.8	0.4	1.5
阿特拉津	无	无	3.7	3.3	1.2	4.7

注：EEO=每个数量级降解需要的电能。

12.3.7 生物灭活

现在已经研发了许多灭活和杀死各种致病微生物（包括细菌、酵母菌和病毒）的方法，传统工艺依赖于紫外线进行处理，而其他新兴技术则通过高能辐射、高温高压以及各种有毒化学品使微生物失活。等离子体工艺已经在环境和医疗领域被广泛研究，主要涉及水和固体表面的净化（Laroussi，1996；Laroussi，2002；Lukes 等，2012）。等离子体工艺和其他高级氧化工艺都会产生损害 DNA 的活化氧，从而有效灭活多种微生物，等离子体工艺可能同时具有高电场、紫外线辐射和某些情况下在液体中形成冲击波的协同效应。近期，Lukes 等（2012）对组成活细胞的各种生物分子与活性氧和活性氮的反应途径进行了综述。表 12-12 比较了不同等离子体工艺对大肠杆菌的灭活，其中 D 值（单位为 J/mL 每个对数灭活）表示相对效率。表中数据显示，水中介质阻挡放电和火花放电效果最好，脉冲电晕效果最差。在其他的研究或者综述中，也报告了更广泛的微生物的数据和总结（Bruggeman 和 Locke，2013；Lukes 等，2012）。

各种等离子体工艺中大肠杆菌灭活情况（改编自 Bruggeman 和 Locke，2013）**表 12-12**

等离子体	D 值* (J/mL)	初始细菌密度（CFU/mL）	参考文献
表面放电	0.3	10^6	Anpilov 等（2004）
水中脉冲电晕	3	无	Abou-Ghazala 等（2002）
空气中的低频交流电	23	$10^5\sim10^6$	Chen 等（2008）
水中脉冲电弧	18.7	10^7	Ching 等（2008）
空气中介质阻挡放电（发泡）	0.29	无	Gemo 等（2012）
水中脉冲电晕	33.3	$10^4\sim10^5$	Dors 等（2008）
水中脉冲电弧	2.1	$10^5\sim10^6$	Efremov 等（2000）
水中脉冲电晕	45	$10^6\sim10^7$	Fudamoto 等（2008）
水中毛细管放电	5.4	10^7	Hong 等（2010）
水中电晕	18	10^5	Lukes 等（2007）
脉冲电场	<5	10^5	Mazurek 等（1995）
气泡中放射	13	$10^5\sim10^6$	Marsili 等（2002）
脉冲电场	40	$10^8\sim10^9$	Ohshima 等（1997）
火花弧	0.6	10^6	Rutberg（2002）
火花弧	1	4×10^4	Rutberg 等（2007）
空气中脉冲电晕	0.1	$10^7\sim10^8$	Satoh 等（2007）
液体中低电压 10μs 脉冲放电	158	2.5×10^5	Sakiyama 等（2009）
表面放射	8.6	10^7	Shmelev 等（1996）
水中火花放电	0.1～0.4	$10^4\sim10^6$	Yang 等（2011）
填充床气泡放电	9	10^6	Zhang 等（2006）

注：D 值表示每毫升液体细胞减少 1 个对数所需的能量（J）。

12.4　结论

等离子体工艺可以间接（产生臭氧）或直接用于处理受污染的水。其应用包括化学破坏和生物灭活。间接的非热等离子体工艺是从纯氧或空气中产生臭氧的最有效方法。首个高级氧化工艺是通过介电屏障等离子体反应器产生的臭氧对水进行处理。20 世纪，在提高臭氧能量产率方面不断取得新进展。特别值得注意的是，近期在实验室中对纳秒脉冲放电的研究已将产率提高到热力学极限的 60%左右。由于臭氧氧化工艺是氧化有机化合物最有效的方法之一，所以高效臭氧发生器的进一步开发有望使高级氧化工艺的应用取得重大进展。

已经开发出的许多类型的等离子体工艺直接将等离子体与含有污染物的液体相接触。其中效率最高的是利用气相等离子体与液滴或薄膜形式的液体接触。这些等离子体工艺可以产生·OH 并降解典型化合物（如酚、染料、药物和个人护理品等），其能量产率与传统高级氧化工艺相近甚至更高。特别值得注意的是，这些等离子体可以在具有竞争力的能量产率下提供从水中产生 H_2O_2 的有效方法，并且可以利用空气等离子体产生大量具有抗菌作用的活性氮。对用于气相和液相中纳秒脉冲放电的先进电源设备的持续开发，有望改善臭氧产生、化学降解和生物灭活的能量产率。

一般来说，等离子体反应器的性能取决于电极的几何形状、放电相位（气液比）、输入功率、供电方式、处理液体体积以及初始化合物类型和浓度。研究表明，性能最佳的等离子体反应器具有以下特点：（1）气体放电是以喷雾或射流的形式与液体相接触，或液体中存在气泡；（2）氩气和/或氧气用作工艺气体；（3）用于处理浅层水。看上去，等离子体技术在处理具有表面活性剂性质的分子方面非常优异且在处理痕量有机污染物方面具有竞争力。

12.5　致谢

Bruce R. Locke 博士要感谢 Kevin Hsieh 博士提供了发射光谱和一些数据表，并感谢 Hsieh 博士和 Robert Wandell 先生所做的有益讨论。Selma Mededovic Thagard 博士要感谢 Gunnar Stratton 先生在所选择的数据表上的协助。

12.6　参考文献

http://www.Symbiosplasma.Com/html/people.Php

www.Epa.Gov

(2008). U.S. Water and wastes digest, http://www.Wwdmag.Com/

Abdelmalek F., Torres R., Combet E., Petrier C., Pulgarin C. and Addou A. (2008). Gliding arc discharge (GAD) assisted catalytic degradation of bisphenol a in solution with ferrous ions. *Separation and Purification*

Technology, **63**(1), 30–37.

Abou-Ghazala A., Katsuki S., Schoenbach K. H., Dobbs F. C. and Moreira K. R. (2002). Bacterial decontamination of water by means of pulsed-corona discharges. *IEEE Transactions on Plasma Science*, **30**, 1449–1453.

Ahmed B., Mohamed H., Limem E. and Nasr B. (2009). Degradation and mineralization of organic pollutants contained in actual pulp and paper mill wastewaters by a UV/H_2O_2 process. *Industrial and Engineering Chemistry Research*, **48**(7), 3370–3379.

Akiyama H. (2000). Streamer discharges in liquids and their applications. *IEEE Transactions on Dielectrics and Electrical Insulation*, **7**(5), 646–653.

Anpilov A., Barkhudarov E., Christofi N., Kopev V., Kossyi I. and Taktakishvili M. (2004). The effectiveness of a multi-spark electric discharge system in the destruction of microorganisms in domestic and industrial wastewaters. *Journal of Water and Health*, **2**(4), 267–277.

Appleman T. D., Higgins C. P., Quiñones O., Vanderford B. J., Kolstad C., Zeigler-Holady J. C. and Dickenson E. R. V. (2014). Treatment of poly- and perfluoroalkyl substances in U.S. Full-scale water treatment systems. *Water Research*, **51**, 246–255.

Bai M. and Zhang Z. (2015). Method for hydroxyl radical rapid production using a strong ionization discharge combined with effect of water jet cavitation. In: 250th American Chemical Society National Meeting & Exposition, August 16–20, 2015, Boston, MA.

Bai M., Zhang Z., Xue X., Yang X., Hua L. and Fan D. (2010). Killing effects of hydroxyl radical on algae and bacteria in ship's ballast water and on their cell morphology. *Plasma Chemistry and Plasma Processing*, **30**(6), 831–840.

Banaschik R., Koch F., Kolb J. F. and Weltmann K.-D. (2014). Decomposition of pharmaceuticals by pulsed corona discharges in water depending on streamer length. *IEEE Transactions on Plasma Science*, **42**(10), 2736–2737.

Banaschik R., Lukes P., Jablonowski H., Hammer M. U., Weltmann K. D. and Kolb J. F. (2015). Potential of pulsed corona discharges generated in water for the degradation of persistent pharmaceutical residues. *Water Research*, **84**, 127–135.

Baroch P., Saito N. and Takai O. (2008). Special type of plasma dielectric barrier discharge reactor for direct ozonization of water and degradation of organic pollution. *Journal of Physics D-Applied Physics*, **41**(8), 085207.

Bell A. T. (1974). Fundamentals of plasma chemistry. In: Techniques and Applications of Plasma Chemistry, J. Hollahan and A. T. Bell (eds), John Wiley & Sons, New York, pp. 1–56.

Beltrán F. J., Ovejero G. and Rivas J. (1996). Oxidation of polynuclear aromatic hydrocarbons in water. 4. Ozone combined with hydrogen peroxide. *Industrial and Engineering Chemistry Research*, **35**(3), 891–898.

Benetoli L. O. D., Cadorin B. M., Baldissarelli V. Z., Geremias R., de Souza I. G. and Debacher N. A. (2012). Pyrite-enhanced methylene blue degradation in non-thermal plasma water treatment reactor. *Journal of Hazardous Materials*, **237**, 55–62.

Benstaali B., Boubert P., Cheron B. G., Addou A. and Brisset J. L. (2002). Density and rotational temperature measurements of the OH and NO radicals produced by a gliding arc in humid air. *Plasma Chemistry and Plasma Processing*, **22**(4), 553–571.

Bian W. J., Song X. H., Liu D. Q., Zhang J. and Chen X. H. (2011). The intermediate products in the degradation of 4-chlorophenol by pulsed high voltage discharge in water. *Journal of Hazardous Materials*, **192**(3), 1330–1339.

Bobkova E. S., Isakina A. A., Grinevich V. I. and Rybkin V. V. (2012). Decomposition of aqueous solution of acetic acid under the action of atmospheric-pressure dielectric barrier discharge in oxygen. *Russian Journal of Applied Chemistry*, **85**(1), 71–75.

Bobkova E. S., Shishkina A. I., Borzova A. A. and Rybkin V. V. (2015). Influence of parameters of oxygen atmospheric-pressure dielectric barrier discharge on the degradation kinetics of sulfonol in water. *High Energy Chemistry*, **49**(5), 375–378.

Bozic A. L., Koprivanac N., Sunka P., Clupek M. and Babicky V. (2004). Organic synthetic dye degradation by modified pinhole discharge. *Czechoslovak Journal of Physics*, **54**, C958–C963.

Bresch S., Wandell R., Wang H., Alabugin I. and Locke B. (2016). Oxidized derivatives of n-hexane from a water/argon continuous flow electrical discharge plasma reactor. *Plasma Chemistry and Plasma Processing*, 36(**2**), 553–584.

Brisset J. L. (1997). Air corona removal of phenols. *Journal of Applied Electrochemistry*, **27**(2), 179–183.

Brisset J.-L. and Hnatiuc E. (2012). Peroxynitrite: a re-examination of the chemical properties of non-thermal discharges burning in air over aqueous solutions. *Plasma Chemistry and Plasma Processing*, **32**(4), 655–674.

Bruggeman P. and Locke B. R. (2013). Assessment of potential applications of plasma with liquid water. In: Low Temperature Plasma Technology: Methods and Applications, X. L. P. Chu (ed.), Taylor and Francis Group, Boca raton, FL, pp. 367–390.

Bruggeman P., Ribezl E., Maslani A., Degroote J., Malesevic A., Rego R., Vierendeels J. and Leys C. (2008). Characteristics of atmospheric pressure air discharges with a liquid cathode and a metal anode. *Plasma Sources Science and Technology*, **17**(2), 025012.

Bruggeman P., Kushner M. J., Locke B. R., *et al.* (2016). Plasma–liquid interactions: a review and roadmap. *Plasma Sources Science and Technology*, **25**(5), http://dx.doi.org/10.1088/0963-0252/25/5/053002

Buntat Z., Smith I. R. and Razali N. A. M. (2009). Ozone generation using atmospheric pressure glow discharge in air. *Journal of Physics D: Applied Physics*, **42**(23), 235202.

Burlica R., Kirkpatrick M., Finney W., Clark R. and Locke B. (2004). Organic dye removal from aqueous solution by glidarc discharges. *Journal of Electrostatics*, **62**(4), 309–321.

Burlica R., Shih K. Y., Hnatiuc B. and Locke B. R. (2011). Hydrogen generation by pulsed gliding arc discharge plasma with sprays of alcohol solutions. *Industrial and Engineering Chemistry Research*, **50**(15), 9466–9470.

Chakma S. and Moholkar V. S. (2014). Investigations in synergism of hybrid advanced oxidation processes with combinations of sonolysis plus Fenton process plus UV for degradation of bisphenol A. *Industrial and Engineering Chemistry Research*, **53**(16), 6855–6865.

Chen H. L., Lee H. M. and Chang M. B. (2006). Enhancement of energy yield for ozone production via packed-bed reactors. *Ozone Science and Engineering*, **28**(2), 111–118.

Chen H. L., Lee H. M., Chen S. H. and Chang M. B. (2008). Review of packed-bed plasma reactor for ozone generation and air pollution control. *Industrial and Engineering Chemistry Research*, **47**(7), 2122–2130.

Chen J. H. and Wang P. X. (2005). Effect of relative humidity on electron distribution and ozone production by dc coronas in air. *IEEE Transactions on Plasma Science*, **33**(2), 808–812.

Cheng J., Vecitis C. D., Park H., Mader B. T. and Hoffmann M. R. (2008). Sonochemical degradation of perfluorooctane sulfonate (PFOS) and perfluorooctanoate (PFOA) in landfill groundwater: environmental matrix effects. *Environmental Science and Technology*, **42**(21), 8057–8063.

Chernyak V. Y., Olszewski S. V., Yukhymenko V., Solomenko E. V., Prysiazhnevych I. V., Naumov V. V., Levko D. S., Shchedrin A. I., Ryabtsev A. V., Demchina V. P., Kudryavtsev V. S., Martysh E. V. and Verovchuck M. A. (2008). Plasma-assisted reforming of ethanol in dynamic plasma-liquid system: experiments and modeling. *IEEE Transactions on Plasma Science*, **36**(6), 2933–2939.

Ching W. K., Colussi A. J., Sun H. J., Nealson K. H. and Hoffmann M. R. (2001). *Escherichia coli* disinfection by electrohydraulic discharges. *Environmental Science and Technology*, **35**(20), 4139–4144.

Christensen P. A., Yonar T. and Zakaria K. (2013). The electrochemical generation of ozone: a review. *Ozone Science and Engineering*, **35**(3), 149–167.

Clements J. S., Sato M. and Davis R. H. (1987). Preliminary investigation of prebreakdown phenomena and chemical reactions using a pulsed high-voltage discharge in water. *IEEE Transactions on Industry Applications*, **23**, 224–235.

Cooper W. J., Nickelsen M. G., Meacham D. E., Cadavid E. M., Waite T. D. and Kurucz C. N. (1992). High energy electron beam irradiation: an innovation process for the treatment of aqueous bases organic hazardous wastes. *Journal of Environmental Science and Health*, **A27**, 219–244.

Dai F., Fan X., Stratton G. R., Bellona C. L., Holsen T. M., Crimmins B. S., Xia X. and Mededovic Thagard S. (2015). Experimental and density functional theoretical study of the effects of Fenton's reaction on the degradation of bisphenol A in a high voltage plasma reactor. *Journal of Hazardous Materials,* **308**, 419–429.

Dobrin D., Bradu C., Magureanu M., Mandache N. B. and Parvulescu V. I. (2013). Degradation of diclofenac in water using a pulsed corona discharge. *Chemical Engineering Journal*, **234**, 389–396.

Dojcinovic B. P., Manojlovic D., Roglic G. M., Obradovic B. M., Kuraica M. M. and Puric J. (2008). Plasma assisted degradation of phenol solutions. *Vacuum*, **83**(1), 234–237.

Dors M., Metel E., Mizeraczyk J. and Marotta E. (2008). *Coli* bacteria inactivation by pulsed corona discharge in water. *International Journal of Plasma Environmental Science and Technology*, **2**(1), 34–37.

Duarte C. L., Sampa M. H. O., Rela P. R., Oikawa H., Silveira C. G. and Azevedo A. L. (2002). Advanced oxidation process by electron-beam-irradiation-induced decomposition of pollutants in industrial effluents. *Radiation Physics and Chemistry*, **63**(3–6), 647–651.

Efremov N. M., Adamiak B. Y., Blochin V. I., Dadshev S. J., Dmitriev K. I., Semjonov V. N., Levashov V. F. and Jusbashev V. F. (2000). Experimental investigation of the action of pulsed eelctrical discharges in liquids on biological objects. *IEEE Transactions on Plasma Science*, **28**, 224–228.

Egli W. and Eliasson B. (1989). Numerical calculation of electrical breakdown in oxygen in a dielectric-barrier discharge. *Helvetica Physica Acta*, **62**, 302–305.

Ein-Mozaffari F., Mohajerani M. and Mehrvar M. (2009). An overview of the integration of advanced oxidation technologies and other processes for water and wastewater treatment. *International Journal of Engineering*, **3**, 120–146.

Eliasson B. and Kogelschatz U. (1986). Electron impact dissociation in oxygen. *Journal of Physics B: Atmospheric Molecular Physics*, **19**, 1241–1247.

Eliasson B. and Kogelschatz U. (1991). Modeling and applications of silent discharge plasmas. *IEEE Transactions on Plasma Science*, **19**, 309–323.

Eliasson B., Hirth M. and Kogelschatz U. (1987). Ozone synthesis from oxygen in dielectric barrier discharges. *Journal of Physics D: Applied Physics*, **20**, 1421–1437.

Even-Ezra I., Mizrahi A., Gerrity D., Snyder S., Salveson A. and Lahav O. (2009). Application of a novel plasma-based advanced oxidation process for efficient and cost-effective destruction of refractory organics in tertiary effluents and contaminated groundwater. *Desalination and Water Treatment*, **11**, 236–244.

Fan X. and Mededovic Thagard S. (2014). Quantum mechanical approach to studying degradation of phenol by electrical discharges in water. In: The 9th International Symposium on Non-Thermal/Thermal Plasma pollution Control Technology and Sustainable Energy, June 16–20, 2014, Dalian, China.

Flint S., Markle T., Thompson S. and Wallace E. (2012). Bisphenol A exposure, effects, and policy: a wildlife perspective. *Journal of Environmental Management*, **104**, 19–34.

Franclemont J. and Thagard S. M. (2014). Pulsed electrical discharges in water: can non-volatile compounds diffuse into the plasma channel? *Plasma Chemistry and Plasma Processing*, **34**(4), 705–719.

Fridman A. (2008). Plasma Chemistry. Cambridge University Press, Cambridge.

Fridman A. and Kennedy L. A. (2004). Plasma Physics and Engineering. Taylor and Francis, New York.

Fudamoto T., Namihira T., Katsuki S., Akiyama H., Imakubo T. and Majima T. (2008). Sterilization of *E. coli* by underwater pulsed streamer discharges in a continuous flow system. *Electrical Engineering in Japan*, **164**(1), 1–7.

Gai K. (2009). Anodic oxidation with platinum electrodes for degradation of p-xylene in aqueous solution. *Journal of Electrostatics*, **67**(4), 554–557.

Gao J. Z., Hu Z. G., Wang X. Y., Hou J. G., Lu X. Q. and Kang J. W. (2001). Oxidative degradation of acridine orange induced by plasma with contact glow discharge electrolysis. *Thin Solid Films*, **390**(1–2), 154–158.

Gao J. Z., Pu L. M., Yang W., Yu J. and Li Y. (2004). Oxidative degradation of nitrophenols in aqueous solution induced by plasma with submersed glow discharge electrolysis. *Plasma Processes and Polymers*, **1**(2), 171–176.

Gao J. Z., Yu J., Lu Q. F., He X. Y., Yang W., Li Y., Pu L. M. and Yang Z. M. (2008). Decoloration of alizarin red S in aqueous solution by glow discharge electrolysis. *Dyes and Pigments*, **76**(1), 47–52.

Garamoon A. A., Elakshar F. F., Nossair A. M. and Kotp E. F. (2002). Experimental study of ozone synthesis. *Plasma Sources Science and Technology*, **11**(3), 254–259.

Gemo N., Biasi P., Canu P. and Salmi T. O. (2012). Mass transfer and kinetics of H_2O_2 direct synthesis in a batch slurry reactor. *Chemical Engineering Journal*, **207–208**(0), 539–551.

Gerrity D., Stanford B. D., Trenholm R. A. and Snyder S. A. (2010). An evaluation of a pilot-scale nonthermal plasma advanced oxidation process for trace organic compound degradation. *Water Research*, **44**(2), 493–504.

Ghezzar M. R., Abdelmalek F., Belhadj M., Benderdouche N. and Addou A. (2007). Gliding arc plasma assisted photocatalytic degradation of anthraquinonic acid green 25 in solution with TiO_2. *Applied Catalysis B-Environmental*, **72**(3–4), 304–313.

Gigosos M. A., Gonzalez M. A. and Cardenoso V. (2003). Computer simulated Balmer-alpha, -beta and -gamma Stark line profiles for non-equilibrium plasmas diagnostics. *Spectrochimica Acta Part B-Atomic Spectroscopy*, **58**(8), 1489–1504.

Grabowski L., Van Veldhuizen E., Pemen A. and Rutgers W. (2006). Corona above water reactor for systematic study of aqueous phenol degradation. *Plasma Chemistry and Plasma Processing*, **26**(1), 3–17.

Grabowski L. R., van Veldhuizen E. M., Pemen A. J. M. and Rutgers W. R. (2007). Breakdown of methylene blue and methyl orange by pulsed corona discharge. *Plasma Sources Science and Technology*, **16**(2), 226–232.

Grinevich V. I., Plastinina N. A., Rybkin V. V. and Bubnov A. G. (2009). Oxidative degradation of formic acid in aqueous solution upon dielectric-barrier discharge treatment. *High Energy Chemistry*, **43**(2), 138–142.

Grymonpre D. R., Finney W. C. and Locke B. R. (1999). Aqueous-phase pulsed streamer corona reactor using suspended activated carbon particles for phenol oxidation: model-data comparison. *Chemical Engineering Science*, **54**, 3095–3105.

Grymonpre D. R., Sharma A., Finney W. and Locke B. (2001). The role of Fenton's reaction in aqueous phase pulsed streamer corona reactors. *Chemical Engineering Journal*, **82**(1–3), 189–207.

Grymonpre D., Finney W., Clark R. and Locke B. (2004). Hybrid gas-liquid electrical discharge reactors for organic compound degradation. *Industrial and Engineering Chemistry Research*, **43**(9), 1975–1989.

Gubkin J. (1887). Electrolytiche metallabscheidung an der freien oberfläche einer salzlösung. *Ann. Physik*, **268**(9), 114–115.

Guelfo J. L. and Higgins C. P. (2013). Subsurface transport potential of perfluoroalkyl acids at aqueous film-forming foam (AFFF)-impacted sites. *Environmental Science and Technology*, **47**(9), 4164–4171.

Hackam R. and Akiyama H. (2000). Air pollution control by electrical discharges. *IEEE Transactions on Dielectrics and Electrical Insulation*, **7**, 654–683.

Hagelaar G. J. M. and Pitchford L. C. (2005). Solving the Boltzmann equation to obtain electron transport coefficients and rate coefficients for fluid models. *Plasma Sources Science and Technology*, **14**(4), 722.

Hayashi D., Hoeben W. F. L. M., Dooms G., Veldhuizen E. M. v., Rutgers W. R. and Kroesen G. M. W. (2000). Influence of gaseous atmosphere on corona-induced degradation of aqueous phenol. *Journal of Physics D: Applied Physics*, **33**(21), 2769.

Hibert C., Gaurand I., Motret O. and Pouvesle J. M. (1999). [OH(X)] measurements by resonant absorption spectroscopy in a pulsed dielectric barrier discharge. *Journal of Applied Physics*, **85**(10), 7070–7075.

Hickling A. (1971). Electrochemical processes in glow discharge at the gas-solution interface. In: Modern Aspects of Electrochemistry, J. O. M. Bockris and B. E. Conway (eds), Plenum Press, New York, Vol. **6**, pp. 329–373.

Hickling A. and Ingram M. D. (1964). Contact glow-discharge electrolysis. *Transactions of the Faraday Society*, **60**, 783–793.

Hijosa-Valsero M., Molina R., Schikora H., Muller M. and Bayona J. M. (2013). Removal of priority pollutants from water by means of dielectric barrier discharge atmospheric plasma. *Journal of Hazardous Materials*, **262**, 664–673.

Hijosa-Valsero M., Molina R., Montràs A., Müller M. and Bayona J. M. (2014). Decontamination of waterborne chemical pollutants by using atmospheric pressure nonthermal plasma: A review. *Environmental Technology Reviews*, **3**(1), 71–91.

Hoeben W. F. L. M. (2000). Pulsed Corona-induced Degradation of Organic Materials in Water. PhD thesis, Eindhoven, Netherlands.

Hoeben W. F. L. M., van Veldhuizen E. M., Rutgers W. R. and Kroesen G. M. W. (1999). Gas phase corona discharges for oxidation of phenol in an aqueous solution. *Journal of Physics D: Applied Physics*, **32**, L133–L137.

Hoeben W. F. L. M., van Veldhuizen E. M., Rutgers W. R., Cramers C. A. M. G. and Kroesen G. M. W. (2000). The degradation of aqueous phenol solutions by pulsed positive corona discharges. *Plasma Sources Science and Technology*, **9**, 361–369.

Hoffmann M. R., Hua I., Hochemer R., Willberg D., Lang P. and Kratel A. (1997). Chemistry under extreme conditions in water induced electrohydraulic cavitation and pulsed-plasma discharges. In: Chemistry under Extreme or Non-Classical Conditions, R. van Eldik and C. D. Hubbard (eds), John Wiley and Sons, Inc., New York, pp. 429–477.

Holzer F. and Locke B. R. (2008). Multistage gas-liquid electrical discharge column reactor for advanced oxidation processes. *Industrial and Engineering Chemistry Research*, **47**(7), 2203–2212.

Hong Y. C., Park H. J., Lee B. J., Kang W.-S. and Uhm H. S. (2010). Plasma formation using a capillary discharge in water and its application to the sterilization of *E. coli*. *Physics of Plasmas*, **17**(5), 1–2.

Hori H., Hayakawa E., Einaga H., Kutsuna S., Koike K., Ibusuki T., Kiatagawa H. and Arakawa R. (2004). Decomposition of environmentally persistent perfluorooctanoic acid in water by photochemical approaches. *Environmental Science and Technology*, **38**(22), 6118–6124.

Hori H., Saito H., Sakai H., Kitahara T. and Sakamoto T. (2015). Efficient decomposition of a new fluorochemical surfactant: Perfluoroalkane disulfonate to fluoride ions in subcritical and supercritical water. *Chemosphere*, **129**, 27–32.

Horikoshi S., Sato S., Abe M. and Serpone N. (2011). A novel liquid plasma AOP device integrating microwaves and ultrasounds and its evaluation in defluorinating perfluorooctanoic acid in aqueous media. *Ultrasonics Sonochemistry*, **18**(5), 938–942.

Hsieh K. C., Wandell R. J., Bresch S. and Locke B. R. (2017). Analysis of hydroxyl radical formation in a gas-liquid electrical discharge plasma reactor utilizing liquid and gaseous radical scavengers. *Plasma Processes and Polymers*. DOI: 10.1002/ppap.201600171.

Houtz E. F., Higgins C. P., Field J. A. and Sedlak D. L. (2013). Persistence of perfluoroalkyl acid precursors in AFFF-impacted groundwater and soil. *Environmental Science and Technology*, **47**(15), 8187–8195.

Hsieh K. (2015). Analysis of Radicals in Gas–Liquid Electrical Discharges. PhD Dissertation, Tallahassee, Florida.

Ikoma S., Satoh K. and Itoh H. (2012). Decomposition of methylene blue in an aqueous solution using a pulsed-discharge plasma at atmospheric pressure. *Electrical Engineering in Japan*, **179**(3), 1–9.

Ioan I., Wilson S., Lundanes E. and Neculai A. (2007). Comparison of Fenton and sono-fenton bisphenol A degradation. *Journal of Hazardous Materials*, **142**(1–2), 559–563.

Jiang B., Zheng J., Qiu S., Wu M., Zhang Q., Yan Z. and Xue Q. (2014). Review on electrical discharge plasma technology for wastewater remediation. *Chemical Engineering Journal*, **236**, 348–368.

Johnson D. C., Shamamian V. A., Callahan J. H., Denes F. S., Manolache S. O. and Dandy D. S. (2003). Treatment of methyl tert-butyl ether contaminated water using a dense medium plasma reactor: a mechanistic and kinetic investigation. *Environmental Science and Technology*, **37**(20), 4804–4810.

Johnson D. C., Dandy D. S. and Shamamian V. A. (2006). Development of a tubular high-density plasma reactor for water treatment. *Water Research*, **40**(2), 311–322.

Joshi R. P. and Mededovic Thagard S. (2013a). Streamer-like electrical discharges in water: Part I. Fundamental mechanisms. *Plasma Chemistry and Plasma Processing*, **33**(1), 1–15.

Joshi R. P. and Mededovic Thagard S. (2013b). Streamer-like electrical discharges in water: Part II. Environmental applications. *Plasma Chemistry and Plasma Processing*, **33**(1), 17–49.

Joshi A., Locke B., Arce P. and Finney W. (1995). Formation of hydroxyl radicals, hydrogen peroxide and aqueous electrons by pulsed streamer corona discharge in aqueous solution. *Journal of Hazardous Materials*, **41**(1), 3–30.

Kanazawa S., Kawano H., Watanabe S., Furuki T., Akamine S., Ichiki R., Ohkubo T., Kocik M. and Mizeraczyk J. (2011). Observation of OH radicals produced by pulsed discharges on the surface of a liquid. *Plasma Sources Science and Technology*, **20**(3), 034010.

Karpel Vel Leitner N., Syoena G., Romat H., Urashima K. and Chang J.-S. (2005). Generation of active entities by the pulsed arc electrohydraulic discharge system and application to removal of atrazine. *Water Research*, **39**, 4705–4714.

Kavanaugh M., Chowdhury Z., Kommineni S., *et al.* (2004). Removal of MTBE with Advanced Oxidation Processes. IWA Publishing (International Water Assoc), Denver, CO.

Kim H.-H., Ogata A. and Futamura S. (2006). Application of plasma-catalyst hybrid processes for the control of NO_x and volatile organic compounds. In: Trends in Catalysis Research, L. P. Bevy (ed.), Nova Science Publishers, Inc., Hauggpauge, NY, pp. 1–50.

Kim I.-K., Huang C.-P. and Chiu P. C. (2001). Sonochemical decomposition of dibenzothiophene in aqueous solution. *Water Research*, **35**(18), 4370–4378.

Kim M. H., Cho J. H., Ban S. B., Choi R. Y., Kwon E. J., Park S. J. and Eden J. G. (2013). Efficient generation of ozone in arrays of microchannel plasmas. *Journal of Physics D-Applied Physics*, **46**(30), 305201.

Kirkpatrick M. and Locke B. (2005). Hydrogen, oxygen, and hydrogen peroxide formation in aqueous phase pulsed corona electrical discharge. *Industrial and Engineering Chemistry Research*, **44**(12), 4243–4248.

Kogelschatz U., Eliasson B. and Hirth M. (1988). Ozone generation from oxygen and air – discharge physics and reaction-mechanisms. *Ozone Science and Engineering*, **10**(4), 367–377.

Kogelschatz Y. and Eliasson B. (1995). Chapter 26, Ozone generation and applications. In: Handbook of Electrostatic Processes, J. S. Chang, A. J. Kelly and J. M. Crowley (eds), Marcel Dekker, Inc., New York, pp. 581–605.

Kozakova Z., Nejezchleb M., Krcma F., Halamova I., Caslavsky J. and Dolinova J. (2010). Removal of organic dye direct red 79 from water solutions by dc diaphragm discharge: analysis of decomposition products. *Desalination*, **258**(1–3), 93–99.

Krause H., Schweiger B., Schuhmacher J., Scholl S. and Steinfeld U. (2009). Degradation of the endocrine disrupting chemicals (EDCs) carbamazepine, clofibric acid, and iopromide by corona discharge over water. *Chemosphere*, **75**(2), 163–168.

Kravchenko A. V., Rudnitskii A. G., Nesterenko A. F. and Kublanovskii V. S. (2002). Purification of wastewater containing color developers and silver ions under conditions of low-temperature plasma electrolysis. *Russian Journal of Applied Chemistry*, **75**(8), 1265–1268.

Krcma F., Stara Z. and Prochazkova J. (2010). Diaphragm discharge in liquids: Fundamentals and applications. Third International Workshop and Summer School on Plasma Physics, June 30–July 5, 2008, Kiten, Bulgaria 207.

Kusic H., Koprivanac N. and Locke B. (2005). Decomposition of phenol by hybrid gas/liquid electrical discharge reactors with zeolite catalysts. *Journal of Hazardous Materials*, **125**(1–3), 190–200.

Lang P., Ching W., Willberg D. and Hoffmann M. (1998). Oxidative degradation of 2, 4, 6-trinitrotoluene by ozone in an electrohydraulic discharge reactor. *Environmental Science and Technology*, **32**(20), 3142–3148.

Laroussi M. (1996). Sterilization of contaminated matter with an atmospheric pressure plasma. *IEEE Transactions on Plasma Science*, **24**, 1188–1191.

Laroussi M. (2002). Nonthermal decontamination of biological media by atmospheric-pressure plasma: review, analysis and prospects. *IEEE Transactions on Plasma Science*, **30**(4), 1409–1415.

Lee C., Lee Y. and Yoon J. (2006). Oxidative degradation of dimethylsulfoxide by locally concentrated hydroxyl radicals in streamer corona discharge process. *Chemosphere*, **65**(7), 1163–1170.

Levko D., Shchedrin A., Chernyak V., Olszewski S. and Nedybaliuk O. (2011). Plasma kinetics in ethanol/water/air mixture in a 'tornado'-type electrical discharge. *Journal of Physics D-Applied Physics*, **44**(14), 145206.

Li S. P., Jiang Y. Y., Cao X. H., Dong Y. W., Dong M. and Xu J. (2013). Degradation of nitenpyram pesticide in aqueous solution by low-temperature plasma. *Environmental Technology*, **34**(12), 1609–1616.

Li W., Zhou Q. and Hua T. (2010). Removal of organic matter from landfill leachate by advanced oxidation processes: a review. *International Journal of Chemical Engineering*, **2010**, Article ID 270532, 10 pages.

Li X., Chen J. and Gao L. (2012). Enhanced degradation of phenol by carbonate ions with dielectric barrier discharge. *IEEE Transactions on Plasma Science*, **40**(1), 112–117.

Lieberman M. and Lichtenberg A. (2005). Principles of Plasma Discharge and Materials Processing. 2nd edn, Wiley, Hoboken, New Jersey.

Lindsay A., Byrns B., King W., Andhvarapou A., Fields J., Knappe D., Fonteno W. and Shannon S. (2014). Fertilization of radishes, tomatoes, and marigolds using a large-volume atmospheric glow discharge. *Plasma Chemistry and Plasma Processing*, **34**(6), 1271–1290.

Liu H., Du C. M., Wang J., Li H. X., Zhang L. and Zhang L. L. (2012a). Comparison of acid orange 7 degradation in solution by gliding arc discharge with different forms of TiO_2. *Plasma Processes and Polymers*, **9**(3), 285–297.

Liu Y. J. (2009). Aqueous p-chloronitrobenzene decomposition induced by contact glow discharge electrolysis. *Journal of Hazardous Materials*, **166**(2–3), 1495–1499.

Liu Y. J. and Jiang X. Z. (2005). Phenol degradation by a nonpulsed diaphragm glow discharge in an aqueous solution. *Environmental Science and Technology*, **39**(21), 8512–8517.

Liu Y. N., Mei S. F., Iya-Sou D., Cavadias S. and Ognier S. (2012b). Carbamazepine removal from water by dielectric barrier discharge: Comparison of ex situ and in situ discharge on water. *Chemical Engineering and Processing: Process Intensification*, **56**, 10–18.

Locke B. R. and Mededovic-Thagard S. (2009). Analysis of chemical reactions in gliding arc reactors with water spray. *IEEE Transactions on Plasma Science*, **37**(4), 494–501.

Locke B. R. and Shih K.-Y. (2011). Review of the methods to form hydrogen peroxide in electrical discharge plasma with liquid water. *Plasma Sources Science and Technology*, **20**(3), 034006.

Locke B. R. and Mededovic Thagard S. (2012). Analysis and review of chemical reactions and transport processes in pulsed electrical discharge plasma formed directly in liquid water. *Plasma Chemistry and Plasma Processing*, **32**(5), 875–917.

Locke B. R., Sato M., Sunka P., Hoffmann M. and Chang J. (2006). Electrohydraulic discharge and nonthermal plasma for water treatment. *Industrial and Engineering Chemistry Research*, **45**(3), 882–905.

Locke B. R., Lukes P. and Brisset J. L. (2012). Elementary chemical and physical phenomena in electrical discharge plasma in gas-liquid environments and in liquids. In: Plasma Chemistry and Catalysis in Gases and Liquids, M. M. V. I. Parvulescu and P. Lukes (ed.), Wiley-VCH Verlag GmbH & Co. KGaA, Weinheim, pp. 185–225.

Lu D. L., Chen J. R., Gao A. H., Zissis G., Hu S. B. and Lu Z. G. (2010). Decolorization of aqueous acid red B solution during the cathode process in abnormal glow discharge. *IEEE Transactions on Plasma Science*, **38**(10), 2854–2859.

Lukes P. (2001). PhD Dissertation, Institute of Chemical Technology, Prague, Czech Republic.

Lukes P. and Locke B. R. (2005a). Degradation of phenol in a hybrid series gas-liquid electrical discharge reactor. *Journal of Physics D: Applied Physics*, **38**, 4074–4081.

Lukes P. and Locke B. R. (2005b). Degradation of substituted phenols in a hybrid gas-liquid electrical discharge reactor. *Industrial and Engineering Chemistry Research*, **44**(9), 2921–2930.

Lukes P. and Locke B. R. (2005c). Plasmachemical oxidation processes in a hybrid gas-liquid electrical discharge reactor. *Journal of Physics D: Applied Physics*, **38**(22), 4074–4081.

Lukes P., Clupek M., Babicky V., Sunka P., Winterova G. and Janda V. (2003). Non-thermal plasma induced decomposition of 2-chlorophenol in water. *Acta Physica Slovaca*, **53**(6), 423–428.

Lukes P., Clupek M., Sunka P., Peterka F., Sano T., Negishi N., Matsuzawa S. and Takeuchi K. (2005). Degradation of phenol by underwater pulsed corona discharge in combination with TiO_2 photocatalysis. *Research on Chemical Intermediates*, **31**(4), 285–294.

Lukes P., Clupek M., Babicky V. and Vykouk T. (2007). 16th IEEE International Pulsed Power Conference (Vol. 1), June 17–22, 2007, Albuquerque, NM.

Lukes P., Brisset J. L. and Locke B. R. (2012a). Biological effects of electrical discharge plasma in water and in gas-liquid environments. In: Plasma Chemistry and Catalysis in Gases and Liquids, M. M. V. I. Parvulescu and

P. Lukes (ed.), Wiley-VCH Verlag GmbH & Co. KGaA, Weinheim, pp. 309–337.

Lukes P., Locke B. R. and Brisset J. L. (2012b). Aqueous-phase chemistry of electrical discharge plasma in water and in gas-liquid environments. In: Plasma Chemistry and Catalysis in Gases and Liquids, M. M. V. I. Parvulescu and P. Lukes (ed.), Wiley-VCH Verlag GmbH & Co. KGaA, Weinheim, pp. 243–293.

Lukes P., Dolezalova E., Sisrova I. and Clupek M. (2014). Aqueous-phase chemistry and bactericidal effects from an air discharge plasma in contact with water: Evidence for the formation of peroxynitrite through a pseudo-second-order post-discharge reaction of H_2O_2 and HNO_2. *Plasma Sources Science and Technology*, **23**(1), 1–2.

Magureanu M., Mandache N. B. and Parvulescu V. I. (2007). Degradation of organic dyes in water by electrical discharges. *Plasma Chemistry and Plasma Processing*, **27**(5), 589–598.

Magureanu M., Piroi D., Gherendi F., Mandache N. B. and Parvulescu V. (2008a). Decomposition of methylene blue in water by corona discharges. *Plasma Chemistry and Plasma Processing*, **28**(6), 677–688.

Magureanu M., Piroi D., Mandache N. B. and Parvulescu V. (2008b). Decomposition of methylene blue in water using a dielectric barrier discharge: optimization of the operating parameters. *Journal of Applied Physics*, **104**(10), 1–2.

Magureanu M., Piroi D., Mandache N. B., David V., Medvedovici A. and Parvulescu V. I. (2010). Degradation of pharmaceutical compound pentoxifylline in water by non-thermal plasma treatment. *Water Research*, **44**(11), 3445–3453.

Magureanu M., Piroi D., Mandache N. B., David V., Medvedovici A., Bradu C. and Parvulescu V. I. (2011). Degradation of antibiotics in water by non-thermal plasma treatment. *Water Research*, **45**(11), 3407–3416.

Magureanu M., Bradu C., Piroi D., Mandache N. and Parvulescu V. (2013a). Pulsed corona discharge for degradation of methylene blue in water. *Plasma Chemistry and Plasma Processing*, **33**(1), 51–64.

Magureanu M., Dobrin D., Mandache N. B., Bradu C., Medvedovici A. and Parvulescu V. I. (2013b). The mechanism of plasma destruction of enalapril and related metabolites in water. *Plasma Processes and Polymers*, **10**(5), 459–468.

Malik M. A. (2010). Water purification by plasmas: which reactors are most energy efficient? *Plasma Chemistry and Plasma Processing*, **30**(1), 21–31.

Malik M. A. (2014). Ozone synthesis using shielded sliding discharge: effect of oxygen content and positive versus negative streamer mode. *Industrial and Engineering Chemistry Research*, **53**(31), 12305–12311.

Malik M. A., Ghaffar A. and Malik S. A. (2001). Water purification by electrical discharges. *Plasma Sources Science and Technology*, **10**(1), 82–91.

Malik M. A., Ubaid-ur-Rehman Ghaffar A. and Ahmed K. (2002). Synergistic effect of pulsed corona discharges and ozonation on decolourization of methylene blue in water. *Plasma Sources Science and Technology*, **11**(3), 236–240.

Manolache S., Shamamian V. and Denes F. (2004). Dense medium plasma-plasma-enhanced decontamination of water of aromatic compounds. *Journal of Environmental Engineering-ASCE*, **130**(1), 17–25.

Mark G. A., Tauber A., Laupert R., Schuchmann H. P., Schulz D., Mues A. and von Sonntag C. (1998). OH-radical formation by ultrasound in aqueous solution – part II: Terephthalate and ficke dosimetry and the influence of various conditions on the sonolytic yield. *Ultrasonics Sonochemistry*, **5**(2), 41–52.

Maroulf-Khelifa K., Abdelmalek F., Khelifa A. and Addou A. (2008). TiO_2-assisted degradation of a perfluorinated surfactant in aqueous solutions treated by gliding arc discharge. *Chemosphere*, **70**(11), 1995–2001.

Marsili L., Espie S., Anderson J. G. and MacGregor S. J. (2002). Plasma inactivation of food-related microorganisms in liquids. *Radiation Physics and Chemistry*, **65**, 507–513.

Matsumoto T., Wang D., Namihira T. and Akiyama H. (2011). Process performances of 2 ns pulsed discharge plasma. *Japanese Journal of Applied Physics*, **50**(8), 1–2.

Mazurek B., Lubicki P. and Staroniewicz Z. (1995). Effect of short HV pulses on bacteria and fungi. *IEEE Transactions on Dielectrics and Electrical Insulation*, **2**, 418–425.

Mededovic S. and Locke B. (2007a). Primary chemical reactions in pulsed electrical discharge channels in water. *Journal of Physics D: Applied Physics*, **40**(24), 7734–7746.

Mededovic S. and Locke B. (2007b). Side-chain degradation of atrazine by pulsed electrical discharge in water. *Industrial and Engineering Chemistry Research*, **46**(9), 2702–2709.

Mededovic S. and Stratton G. (2015). Enhanced Contact Electrical Discharge Plasma Reactor for Liquid and Gas Processing, 15/018780, USA.

Mededovic S. and Takashima K. (2008). Decolorization of indigo carmine dye by spark discharge in water. *International Journal of Plasma Environmental Science and Technology*, **2**(1), 56–66.

Mededovic S., Finney W. C. and Locke B. R. (2007). Aqueous-phase mineralization of s-triazine using pulsed electrical discharge. *International Journal of Plasma Environmental Science and Technology*, **1**(1), 82–90.

Mededovic Thagard S., Takashima K. and Mizuno A. (2009). Chemistry of the positive and negative electrical discharges formed in liquid water and above a gas-liquid surface. *Plasma Chemistry and Plasma Processing*, **29**(6), 455–473.

Menger-Krug E. (2011). Cohiba guidance document no. 4 – PFOS/PFOA. *COHIBA Project Consortium*.

Minamitani Y., Shoji S., Ohba Y. and Higashiyama Y. (2008). Decomposition of dye in water solution by pulsed power discharge in a water droplet spray. *IEEE Transactions on Plasma Science*, **36**(5), 2586–2591.

Mitchell S. M., Ahmad M., Teel A. L. and Watts R. J. (2014). Degradation of perfluorooctanoic acid by reactive species generated through catalyzed H_2O_2 propagation reactions. *Environmental Science and Technology Letters*, **1**(1), 117–121.

Mizuno A. (2007). Industrial applications of atmospheric non-thermal plasma in environmental remediation. *Plasma Physics and Controlled Fusion*, **49**(5A), A1–A15.

Mok Y. S. (2006). Absorption-reduction technique assisted by ozone injection and sodium sulfide for NO_x removal from exhaust gas. *Chemical Engineering Journal*, **118**(1–2), 63–67.

Mok Y. S., Jo J.-O. and Whitehead J. C. (2008). Degradation of an azo dye Orange II using a gas phase dielectric barrier discharge reactor submerged in water. *Chemical Engineering Journal*, **142**(1), 56–64.

Moriwaki H., Takagi Y., Tanaka M., Tsuruho K., Okitsu K. and Maeda Y. (2005). Sonochemical decomposition of perfluorooctane sulfonate and perfluorooctanoic acid. *Environmental Science and Technology*, **39**(9), 3388–3392.

Moussa D. and Brisset J.-L. (2003). Disposal of spent tributylphosphate by gliding arc plasma. *Journal of Hazardous Materials*, **102**(2), 189–200.

Moussa D., Doubla A., Karagang-Youbi G. and Brisset J. L. (2007). Postdischarge long life reactive intermediates involved in the plasma chemical degradation of an azoic dye. *IEEE Transactions on Plasma Science*, **35**(2), 444–453.

Naïtali M., Herry J.-M., Hnatiuc E., Kamgang G. and Brisset J.-L. (2012). Kinetics and bacterial inactivation induced by peroxynitrite in electric discharges in air. *Plasma Chemistry and Plasma Processing*, **32**(4), 675–692.

Nikiforov A. Y., Leys C., Li L., Nemcova L. and Krcma F. (2011). Physical properties and chemical efficiency of an underwater dc discharge generated in He, Ar, N_2 and air bubbles. *Plasma Sources Science and Technology*, **20**(3), 1–2.

Nomoto Y., Ohkubo T., Kanazawa S. and Adachi T. (1995). Improvement of ozone yield by a silent-surface hybrid discharge ozonizer. *IEEE Transactions on Industry Applications*, **31**(6), 1458–1462.

Ohshima T., Sato K., Terauchi H. and Sato M. (1997). Physical and chemical modifications of high-voltage pulse sterilization. *Journal of Electrostatics*, **42**, 159–166.

Ono R. and Oda T. (2001). OH radical measurement in a pulsed are discharge plasma observed by a LIF method. *IEEE Transactions on Industry Applications*, **37**(3), 709–714.

Ono R. and Oda T. (2003). Dynamics of ozone and OH radicals generated by pulsed corona discharge in humid-air flow reactor measured by laser spectroscopy. *Journal of Applied Physics*, **93**, 5876–5882.

Ono R. and Oda T. (2007). Ozone production process in pulsed positive dielectric barrier discharge. *Journal of Physics D-Applied Physics*, **40**(1), 176–182.

Panorel I., Preis S., Kornev I., Hatakka H. and Louhi-Kultanen M. (2013a). Oxidation of aqueous paracetamol by pulsed corona discharge. *Ozone Science and Engineering*, **35**(2), 116–124.

Panorel I., Preis S., Kornev I., Hatakka H. and Louhi-Kultanen M. (2013b). Oxidation of aqueous pharmaceuticals by pulsed corona discharge. *Environmental Technology*, **34**(7), 923–930.

Park H., Vecitis C. D., Cheng J., Choi W., Mader B. T. and Hoffmann M. R. (2009). Reductive defluorination of aqueous perfluorinated alkyl surfactants: effects of ionic headgroup and chain length. *The Journal of Physical Chemistry A*, **113**(4), 690–696.

Parvulescu V. I., Magureanu M. and Lukes P. (2012). Plasma Chemistry and Catalysis in Gases and Liquids. Wiley, Weinheim, Germany.

Patai S. (1971). The chemistry of the hydroxyl group. In: The Chemistry of Functional Groups, S. Patai (ed.), vol. **2**. Interscience, London, New York, pp. 1–51.

Pawlat J. and Ihara S. (2007). Removal of color caused by various chemical compounds using electrical discharges in a foaming column. *Plasma Processes and Polymers*, **4**(7–8), 753–759.

Petri B. G., Watts R. J., Teel A. L., Huling S. G. and Brown R. A. (2011). Fundamentals of ISCO using hydrogen peroxide. In: In Situ Chemical Oxidation for Groundwater Remediation, R. L. Siegrist, M. Crimi, and T. J. Simpkin (ed.), Springer, New York, pp. 33–88.

Peyrous R. (1990a). The effect of relative humidity on ozone production by corona discharge in oxygen or air – a numerical simulation, Part II: air. *Ozone Science and Engineering*, **12**, 40–64.

Peyrous R. (1990b). The effect of relative humidity on ozone production by corona discharge in oxygen or air – a numerical simulation. Part I: oxygen. *Ozone Science and Engineering*, **12**, 19–40.

Pichat P., Cermenati L., Albini A., Mas D., Delprat H. and Guillard C. (2000). Degradation processes of organic compounds over UV-irradiated TiO_2. Effect of ozone. *Research on Chemical Intermediates*, **26**(2), 161–170.

Plank T., Jalakas A., Aints M., Paris P., Valk F., Viidebaum M. and Jogi I. (2014). Ozone generation efficiency as a function of electric field strength in air. *Journal of Physics D: Applied Physics*, **47**(33), 1–2.

Preis S., Panorel I. C., Kornev I., Hatakka H. and Kallas J. (2013). Pulsed corona discharge: the role of ozone and hydroxyl radical in aqueous pollutants oxidation. *Water Science and Technology*, **68**(7), 1536–1542.

Reddy P. M. K., Raju B. R., Karuppiah J., Reddy E. L. and Subrahmanyam C. (2013a). Degradation and mineralization of methylene blue by dielectric barrier discharge non-thermal plasma reactor. *Chemical Engineering Journal*, **217**, 41–47.

Reddy P. M. K., Ramaraju B. and Subrahmanyam C. (2013b). Degradation of malachite green by dielectric barrier discharge plasma. *Water Science and Technology*, **67**(5), 1097–1104.

Rumbach P., Bartels D. M., Sankaran R. M. and Go D. B. (2015). The solvation of electrons by an atmospheric-pressure plasma. *Nature Communications*, **6**, 1–6.

Ruscic B., Wagner A. F., Harding L. B., Asher R. L., Feller D., Dixon D. A., Peterson K. A., Song Y., Qian X. M., Ng C. Y., Liu J. B. and Chen W. W. (2002). On the enthalpy of formation of hydroxyl radical and gas-phase bond dissociation energies of water and hydroxyl. *Journal of Physical Chemistry A*, **106**(11), 2727–2747.

Rutberg P. G. (2002). Some plasma environmental technologies developed in Russia. *Plasma Sources Science and Technology*, **11**(3A), A159–A165.

Rutberg P. G., Kolikov V. A., Kurochkin V. E., Panina L. K. and Rutberg A. P. (2007). Electric discharges and the prolonged microbial resistance of water. *IEEE Transactions on Plasma Science*, **35**(4), 1111–1118.

Sahni M. and Locke B. (2006a). Quantification of hydroxyl radicals produced in aqueous phase pulsed electrical discharge reactors. *Industrial and Engineering Chemistry Research*, **45**(17), 5819–5825.

Sahni M. and Locke B. R. (2006b). The effect of reaction conditions on hydroxyl radical production in gas-liquid pulsed electrical discharge reactors. *Plasma Processes and Polymers*, **3**, 668–681.

Sahni M. and Locke B. R. (2006c). Quantification of reductive species produced by high voltage electrical discharges in water. *Plasma Processes and Polymers*, **3**(4–5), 342–354.

Sahni M., Finney W. C., Clark R. J., Landing W. and Locke B. R. (2002). Degradation of Aqueous Phase Trichloroethylene Using Pulsed Corona Discharges. HAKONE VIII, International Symposium on High Pressure, Low Temperature Plasma Chemistry, July 21–25, 2002, Puhajarve, Estonia.

Sahni M., Finney W. and Locke B. (2005). Degradation of aqueous phase polychlorinated biphenyls (PCB) using pulsed corona discharges. *Journal of Advanced Oxidation Technologies*, **8**(1), 105–111.

Sakiyama Y., Tomai T., Miyano M. and Graves D. B. (2009). Disinfection of *E. coli* by nonthermal microplasma electrolysis in normal saline solution. *Applied Physics Letters*, **94**(16), 161501.

Samaranayake W. J. M., Miyahara Y., Namihira T., Katsuki S., Hackam R. and Akiyama H. (2000). Ozone production using pulsed dielectric barrier discharge in oxygen. *IEEE Transactions on Dielectrics and Electrical Insulation*, **7**(6), 849–854.

Sano N., Yamamoto D., Kanki T. and Toyoda A. (2003). Decomposition of phenol in water by a cylindrical wetted-wall reactor using direct contact of gas corona discharge. *Industrial and Engineering Chemistry Research*, **42**(22), 5423–5428.

Sano N., Fujimoto T., Kawashima T., Yamamoto D., Kanki T. and Toyoda A. (2004). Influence of dissolved inorganic additives on decomposition of phenol and acetic acid in water by direct contact of gas corona discharge. *Separation and Purification Technology*, **37**(2), 169–175.

Sano N., Yamamoto T., Takemori I., Kim S. I., Eiad-ua A., Yamamoto D. and Nakaiwa M. (2006). Degradation of phenol by simultaneous use of gas-phase corona discharge and catalyst-supported mesoporous carbon gels. *Industrial and Engineering Chemistry Research*, **45**(8), 2897–2900.

Sato M. (2008). Environmental and biotechnological applications of high-voltage pulsed discharges in water. *Plasma Sources Science and Technology*, **17**(2), 024021.

Satoh K., MacGregor S. J., Anderson J. G., Woolsey G. A. and Fouracre R. A. (2007). Pulsed-plasma disinfection of water containing *Escherichia coli*. *Japanese Journal of Applied Physics Part 1-Regular Papers Brief Communications and Review Papers*, **46**(3A), 1137–1141.

Schaefer C. E., Andaya C., Urtiaga A., McKenzie E. R. and Higgins C. P. (2015). Electrochemical treatment of perfluorooctanoic acid (PFOA) and perfluorooctane sulfonic acid (PFOS) in groundwater impacted by aqueous film forming foams (AFFFs). *Journal of Hazardous Materials*, **295**, 170–175.

Sharma A., Locke B., Arce P. and Finney W. (1993). A preliminary study of pulsed streamer corona discharge for the degradation of phenol in aqueous solutions. *Hazardous Waste and Hazardous Materials*, **10**(2), 209–219.

Sharma A. K., Josephson G. B., Camaioni D. M. and Goheen S. C. (2000). Destruction of pentachlorophenol using glow discharge plasma process. *Environmental Science and Technology*, **34**(11), 2267–2272.

Shin W.-T., Yiacoumi S., Tsouris C. and Dai S. (2000). A pulseless corona-discharge process for the oxidation of organic compounds in water. *Industrial and Engineering Chemistry Research*, **39**(11), 4408–4414.

Shmelev V. M., Evtyukhin N. V. and Che D. O. (1996). Water sterilization by pulse surface discharge. *Chemical Physics Reports*, **15**(3), 463–468.

Siegrist R. L., Crimi M., Simpkin T. J. (2011). Strategic Environmental Research and Development Program (U.S.), and Environmental Security Technology Certification Program (U.S.) "In situ chemical oxidation for groundwater remediation." SERDP and ESTCP remediation technology monograph series.

Snyder S. A. (2008). Occurrence, treatment, and toxicological relevance of EDCs and pharmaceuticals in water. *Ozone: Science and Engineering*, **30**(1), 65–69.

Srivastava N., Wang C. and Dibble T. S. (2009). A study of OH radicals in an atmospheric ac discharge plasma using near infrared diode laser cavity ringdown spectroscopy combined with optical emission spectroscopy. *European Physical Journal D*, **54**(1), 77–86.

Stara Z., Krcma F., Nejezchleb M. and Skalny J. D. (2008). Influence of solution composition and chemical structure of dye on removal of organic dye by DC diaphragm discharge in water solutions. *Journal of Advanced Oxidation Technologies*, **11**(1), 155–162.

Stratton G. R., Bellona C. L., Dai F., Holsen T. M. and Mededovic Thagard S. (2015). Plasma-based water treatment: conception and application of a new general principle for reactor design. *Chemical Engineering Journal*, **273**, 543–550.

Su Z. Z., Ito K., Takashima K., Katsura S., Onda K. and Mizuno A. (2002). OH radical generation by atmospheric pressure pulsed discharge plasma and its quantitative analysis by monitoring CO oxidation. *Journal of Physics D: Applied Physics*, **35**, 3192–3198.

Sugiarto A. T. and Sato M. (2001). Pulsed plasma processing of organic compounds in aqueous solution. *Thin Solid Films*, **386**(2), 295–299.

Sun B., Aye N. N., Gao Z. Y., Lv D., Zhu X. M. and Sato M. (2012). Characteristics of gas-liquid pulsed discharge plasma reactor and dye decoloration efficiency. *Journal of Environmental Sciences-China*, **24**(5), 840–845.

Sunka P. (2001). Pulse electrical discharges in water and their applications. *Physics of Plasmas*, **8**, 2587–2594.

Sunka P., Babicky V., Clupek M., Lukes P., Simek M., Schmidt J. and Cernak M. (1999). Generation of chemically active species by electrical discharges in water. *Plasma Sources Science and Technology*, **8**, 258–265.

Takamura N., Matsumoto T., Wang D., Namihira T. and Akiyama H. (2011). Ozone generation using positive- and negative-nano-seconds pulsed discharges. In: Pulsed Power Conference (PPC), 2011 IEEE, IEEE Conference Publications, pp. 1300–1303.

Tarr M. A. (2003). Chemical Degradation Methods for Wastes and Pollutants: Environmental and Industrial Applications. M. Dekker, New York.

Tezuka M. and Iwasaki M. (1998). Plasma induced degradation of chlorophenols in an aqueous solution. *Thin Solid Films*, **316**, 123–127.

Tezuka M. and Iwasaki M. (1999). Liquid-phase reactions induced by gaseous plasma. Decomposition of benzoic acids in aqueous solution. *Plasmas and Ions*, **1**, 23–26.

Tezuka M. and Iwasaki M. (2001). Plasma-induced degradation of aniline in aqueous solution. *Thin Solid Films*, **386**(2), 204–207.

Thagard Mededovic S., Takashima K. and Mizuno A. (2009). Electrical discharges in polar organic liquids. *Plasma Processes and Polymers*, **6**(11), 741–750.

Tomizawa S. and Tezuka M. (2006). Oxidative degradation of aqueous cresols induced by gaseous plasma with contact glow discharge electrolysis. *Plasma Chemistry and Plasma Processing*, **26**(1), 43–52.

Tonks L. and Langmuir I. (1929). A general theory of the plasma of an arc. *Physical Review*, **34**(6), 0876–0922.

Tyler C., Jobling S. and Sumpter J. (1998). Endocrine disruption in wildlife: a critical review of the evidence. *CRC Critical Reviews in Toxicology*, **28**(4), 319–361.

Vecitis C., Park H., Cheng J., Mader B. and Hoffmann M. (2009). Treatment technologies for aqueous perfluorooctanesulfonate (PFOS) and perfluorooctanoate (PFOA). *Frontiers of Environmental Science and Engineering in China*, **3**(2), 129–151.

Velikonja J., Bergougnou M. A., Castle G. S. P., Cairns W. L. and Inculet I. I. (2002). Ozone dissolution vs. aqueous methylene blue degradation in semi-batch reactors with dielectric barrier discharge over the water surface.

Ozone Science and Engineering, **24**(3), 159–170.
von Sonntag C. and von Gunten U. (2012). Chemistry of Ozone in Water and Wastewater Treatment. IWA Publishing, London.
Vujevic D., Koprivanac N., Bozic A. L. and Locke B. R. (2004). The removal of direct orange 39 by pulsed corona discharge from model wastewater. *Environmental Technology*, **25**(7), 791–800.
Wandell R. J. and Locke B. R. (2014). Hydrogen peroxide generation in low power pulsed water spray plasma reactors. *Industrial and Engineering Chemistry Research*, **53**(2), 609–618.
Wang D. Y., Matsumoto T., Namihira T. and Akiyama H. (2010). Development of higher yield ozonizer based on nano-seconds pulsed discharge. *Journal of Advanced Oxidation Technologies*, **13**(1), 71–78.
Wang H. J. and Chen X. Y. (2011). Kinetic analysis and energy efficiency of phenol degradation in a plasma-photocatalysis system. *Journal of Hazardous Materials*, **186**(2–3), 1888–1892.
Wang L., Jiang X. Z. and Liu Y. J. (2008). Degradation of bisphenol A and formation of hydrogen peroxide induced by glow discharge plasma in aqueous solutions. *Journal of Hazardous Materials*, **154**(1–3), 1106–1114.
Wen Y.-Z. and Jiang X.-Z. (2001). Pulsed corona discharge-induced reactions of acetophenone in water. *Plasma Chemistry and Plasma Processing*, **21**(3), 345–354.
Willberg D. M., Lang P. S., Hochemer R. H., Kratel A. and Hoffmann M. R. (1996a). Degradation of 4-chlorophenol, 3,4-dichloroanilin, and 2,4,6-trinitrotoluene in an electrohydraulic discharge. *Environmental Science and Technology*, **30**, 2526–2534.
Willberg D. M., Lang P. S., Hochemer R. H., Kratel A. and Hoffmann M. R. (1996b). Electrohydraulic destruction of hazardous wastes. *Chemtech*, **26**, 52–57.
Xue J., Chen L. and Wang H. L. (2008). Degradation mechanism of alizarin red in hybrid gas-liquid phase dielectric barrier discharge plasmas: experimental and theoretical examination. *Chemical Engineering Journal*, **138**(1–3), 120–127.
Yan J., Du C. M., Li X., Cheron B., Ni M. and Cen K. (2006). Degradation of phenol in aqueous solutions by gas–liquid gliding arc discharges. *Plasma Chemistry and Plasma Processing*, **26**(1), 31–41.
Yan J. H., Liu Y. N., Bo Z., Li X. D. and Cen K. F. (2008). Degradation of gas-liquid gliding arc discharge on acid Orange II. *Journal of Hazardous Materials*, **157**(2–3), 441–447.
Yan Z. C., Li C. and Lin W. H. (2009). Hydrogen generation by glow discharge plasma electrolysis of methanol solutions. *International Journal of Hydrogen Energy*, **34**(1), 48–55.
Yang Y., Kim H., Starikovskiy A., Cho Y. I. and Fridman A. (2011). Note: an underwater multi-channel plasma array for water sterilization. *Review of Scientific Instruments*, **82**(9), 1–2.
Yasuoka K., Sasaki K. and Hayashi R. (2011). An energy-efficient process for decomposing perfluorooctanoic and perfluorooctane sulfonic acids using dc plasmas generated within gas bubbles. *Plasma Sources Science and Technology*, **20**(3), 034009.
Yuan M.-H. and Watanabe T. (2011). Decomposition mechanism of phenol in water plasmas by DC discharge at atmospheric pressure. *Chemical Engineering Journal*, **168**(3), 985–993.
Zaharia C. and Suteu D. (2012). Textile Organic Dyes – Characteristics, Polluting Effects and Separation/Elimination Procedures from Industrial Effluents – A Critical Overview, Organic Pollutants Ten Years After the Stockholm Convention – Environmental and Analytical Update, Dr. Tomasz Puzyn (ed.), InTech, DOI: 10.5772/32373.
Zhang R. B., Wang L. M., Wu Y., Guan Z. C. and Jia Z. D. (2006). Bacterial decontamination of water by bipolar pulsed discharge in a gas-liquid-solid three-phase discharge reactor. *IEEE Transactions on Plasma Science*, **34**(4), 1370–1374.
Zhang Y., Zhou M. H. and Lei L. C. (2007). Degradation of 4-chlorophenol in different gas-liquid electrical discharge reactors. *Chemical Engineering Journal*, **132**(1–3), 325–333.
Zhang Y. Z., Sun B. Y., Deng S. H., Wang Y. J., Peng H., Li Y. W. and Zhang X. H. (2010a). Methyl orange degradation by pulsed discharge in the presence of activated carbon fibers. *Chemical Engineering Journal*, **159**(1–3), 47–52.
Zhang Y. Z., Xiong X. Y., Han Y., Yuan H., Deng S. H., Xiao H., Shen F. and Wu X. B. (2010b). Application of titanium dioxide-loaded activated carbon fiber in a pulsed discharge reactor for degradation of methyl orange. *Chemical Engineering Journal*, **162**(3), 1045–1049.
Zhang Z., Chen J.-J., Lyu X.-J., Yin H. and Sheng G.-P. (2014). Complete mineralization of perfluorooctanoic acid (PFOA) by gamma-irradiation in aqueous solution. *Scientific Reports*, **4**, 1–6.
Zhou Z. Y., Zhang X. Y., Liu Y., Ma Y. P., Lu S. J., Zhang W. and Ren Z. Q. (2015). Treatment of azo dye (acid Orange II) wastewater by pulsed high-voltage hybrid gas-liquid discharge. *RSC Advances*, **5**(88), 71973–71979.

第 13 章　光化学在地表水污染物转化中的作用

道格拉斯·E. 拉奇

13.1　引言

光化学反应在许多地表水污染物的降解和转化中起着重要作用。光化学转化途径可分为直接光解和间接光解两种。一些综述已经全面概括了地表水中特定类型污染物的光化学转化以及光化学反应过程中生成的瞬态物种的产生、反应过程和反应特性，因此本章以作为地表水中污染物直接和间接光解反应途径相关的入门读物为目的，同时引导读者了解相关的前期研究工作，包括早期的开创性研究，一些有趣的关于环境光化学转化过程、分析技术以及当前关注的污染物光化学转化等方面的文章。主题包括：地表水中常见的污染物，地表水中溶解性组分如天然有机物、硝酸盐/亚硝酸盐是怎样促进光化学反应的，用于区分各种光化学反应途径的研究方法，以及如何结合季节、纬度和水体条件预测光化学转化结果。通过介绍几种重要污染物的光化学行为来阐明一些关键概念，并强调了几种典型的水污染物的光反应降解。

13.2　地球表面的太阳辐射

13.2.1　太阳光谱

太阳光是地表水中光化学反应的驱动因素。太阳光的电磁波谱辐射范围包含了从真空紫外（从 $\lambda \approx 120$nm 开始）直至红外光谱区域（到 $\lambda \approx 3000$nm）。然而，大气层中的一些组分反射了几乎一半的太阳辐射并吸收了大量的辐射，其中上层大气中的某些组分会吸收某些特定波长区域的辐射（Larson 和 Weber，1994）。大气中吸收光辐射的主要成分为臭氧、水和二氧化碳。其中臭氧吸收了太阳光中大部分高能紫外线辐射，从而使其不能到达地表。由于大气组分对太阳光的反射和吸收，使到达地表的太阳辐射与在地外空间的辐射有明显的不同：到达地表的辐射一般只包含极少的高能紫外光（$\lambda < 290$nm）。图 13-1 展现了在紫外和可见光区域上 45°纬度夏季的太阳光谱示例。对于大多数有机化合物，包括环境中的天然有机物，只有太阳光谱中的紫外线（$\lambda < 400$nm）和可见光（$\lambda \approx 400 \sim 800$nm）具有足够的能量可以引起光化学转化过程。

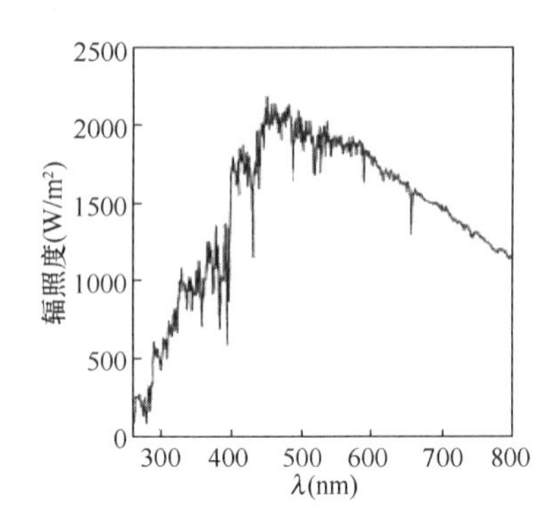

图 13-1 在典型的 45°纬度的夏季太阳光谱中光化学活性紫外和可见光区域的地表太阳辐照度（改编自 Latch，2005）

光子 $E(\lambda)$（kJ/mol）的能量与波长 λ（nm）成反比，如式（13-1）所示（Larson 和 Weber，1994；Schwarzenbach 等，2002）：

$$E(\lambda)=\frac{119600}{\lambda} \tag{13-1}$$

太阳光谱中紫外光区比可见光区具有更高的能量，所以紫外光区的辐射在地表水的光化学反应过程中起着更为重要的作用。紫外光在地表水的光化学反应中特别重要的另一个原因是天然水体中的许多成分（如污染物、硝酸盐离子和天然有机物）吸收紫外光的能力要比吸收可见光的能力强得多。这些细节将会在后面的章节中详细介绍。

13.2.2 昼夜、季节和纬度的变化

太阳光谱随时间、季节和纬度而变化。这些变化因素都已经过深入的研究。我们可以运用已知的规律预测在一年中任意地点或时间点的光化学过程（Zepp 和 Cline，1977；Leifer，1988；Schwarzenbach 等，2002）。美国环保署开发了 GCSOLAR 程序，用于预测不同时间和地点的直接光解反应速率。该程序可从网站上免费获取（United States Environmental Protection Agency Exposure Assessment Models，GC Solar；http://www2.epa.gov/exposure-assessment-models/gcsolar）。近年来，研究人员开发出了另一个光化学预测模型（环境发生的异种生物的水光化学，APEX），它不仅包含了与水污染物光解有关的其他地表水条件，还解释了季节和纬度的变化对光化学过程的影响（Bodrato 和 Vione，2004）。

13.2.3 光化学反应中的光衰减及其与深度的相关性

当通过地表水时，由于体系中存在颗粒物和溶解性组分，太阳光会被吸收和散射。实际上，很难完全解释自然水体中光的衰减，部分原因是粒子对光的散射发生在正、反两个方向上，同步监测这些过程十分复杂（Brezonik 和 Arnold，2011；Schwarzenbach 等，2002）。对于给定的混合均匀的非浑浊水体，一个相对简单的评估水中光衰减的方法是检测给定波长下的光屏蔽因子（$S(\lambda)$），如下所示（Schwarzenbach 等，2002）：

$$S(\lambda)=\frac{1-10^{-1.2\alpha(\lambda)z_{\text{深度}}}}{(2.303)(1.2)\alpha(\lambda)z_{\text{深度}}} \tag{13-2}$$

光的屏蔽取决于两个变量：$\alpha(\lambda)$ 和 $z_{\text{浓度}}$。第一项 $\alpha(\lambda)$ 是特定水体中的光束衰减系数（包括基质在内的水中所有物质对光的吸收和散射），可通过分光光度计测量获取（这是一个测量入射光束降低程度的方法）。$z_{\text{深度}}$ 指在混合均匀的水体中透光层的深度（或实验研究水体的深度）。由式（13-2）可知，$S(\lambda)$ 在非常浅的清澈水体中可达到极值，随着 $\alpha(\lambda)$

和/或 $z_{深度}$ 的增大而减小。光屏蔽对污染物在相对于水体表面的 $z_{深度}$ 区域的直接光化学半衰期（$t_{1/2}$）的影响可估计为：

$$混合层相对的t_{1/2} = \frac{表面t_{1/2}}{S(\lambda)} \tag{13-3}$$

Zepp 和 Cline’s（1977）、Schwarzenbach 等（2002）以及 Brezonik 和 Arnold（2011）提供了更多关于光吸收和散射过程的详细资料，以及这些过程对光化学反应速率在深度方面的影响。

13.3　地表水中光化学反应的类型

13.3.1　直接光化学反应

在天然水体中，化合物光解的一种途径是直接光解。在这个过程中，水体基质吸收光，并由于光吸收过程中获得的能量而发生化学结构的转变。驱动转化的光能被水体基质直接吸收时，会发生直接光解。因此，污染物分子若要发生直接光解，就必须能够吸收入射辐射。污染物通过直接光解降解的速率取决于多个因素（其中大多数是与辐射波长相关的），包括目标物质分子的吸收特性（即摩尔吸光系数）、光吸收结果导致光化学转化的概率（即量子产率）、导致化学反应的吸收光子的比例以及入射光的能量。

在太阳光照射的地表水中，污染物必须吸收 $\lambda > 290$nm 的光，才能进行直接光解（即其吸收光谱必须在一定程度上与地球表面的太阳光谱重叠）。分子内的吸光官能团称为生色团；环境光化学中重要的生色团有共轭双键、取代芳香环、羧基、羧酸盐、硝基和苯酚（特别是脱质子的苯氧基阴离子）团。环境中发现的许多化合物都含有这类官能团，包括天然有机物（NOM）和人为污染物，如农药、除草剂、天然和合成类固醇激素、药物和工业化学品，例如多环芳香烃（Larson 和 Weber，1994；Schwarzenbach 等，2002）。

吸收过程中获得的能量会在许多不同的过程中消耗掉，或者导致降解和化学反应。各种反应和降解途径总结在 Jablonski 基态图中（图 13-2）。这张图说明了可以分散能量的辐射吸收以及化学、热和辐射的降解途径，其中 S_0 是单线态激发态，S_1 是第一电子单线态激发态，T_1 是第一电子激发三重态，abs. 是光吸收，fluor. 是荧光，IC 是内转换，ISC 是系统间穿越，phos. 是磷光，k_{rxn} [R] 是和反应物（R）的化学反应，k_q [Q] 是淬灭剂（Q）的物理淬灭，$k_{degrade}$ 是激发态发生的底物降解过程。S（singlet）表明基质的电子都是自旋成对的，而 T（triplet）则表示两个未成对（自旋平行）电子。一般来说，在正常情况下 S 和 T 之间的转换往往很慢，因为这些转换是自旋禁止的。根据图 13-2，激发态可以通过释放多余的辐射能量（荧光或磷光）和热能（内部转换）而返回到单线态基态。这些过程不涉及水体基质的降解和与其他化合物的能量转移。然而，激发态底物的反应、键的断裂或物理淬灭会导致水体基质的降解或产生新的激发态物质，这些可能转化其他化学物质。直接光化学反应可通过 S_1 和 T_1 激发态进行，如图 13-2 所示。

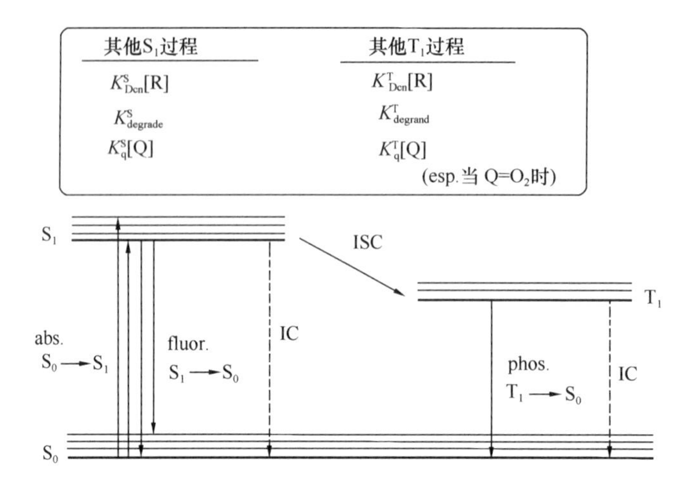

图 13-2　描述光吸收和激发态转化、反应和淬灭过程的 Jablonski 基态图（改编自 Turro，1991；Schwar-Zenbach 等，2002；Klan 和 Wirz，2010；Brezonik 和 Arnold，2011）

注：为了清晰起见，省略了 S_0、S_1 和 T_1 电子态中的振动弛豫。Jablonski 基态图上方的方框是其他常见的激发态过程，包括与其他反应物的化学反应（R）、淬灭剂的物理淬灭（Q）和基质的单分子降解（例如键断裂、分子内环化、重排）。

量子产率是光化学中的一个重要术语，它给出了特定光化学反应（例如转化或荧光）中每吸收一定量的光而发生的百分比：

$$\Phi_x = \frac{\text{参与反应 } x \text{ 的摩尔数}}{\text{光子吸收的摩尔数}} \tag{13-4}$$

基质吸收导致光解的光子部分被量化为基质的直接光解量子产率（Φ_{dir}）：

$$\Phi_{dir} = \frac{\text{基质转化的摩尔数}}{\text{光子吸收的摩尔数}} \tag{13-5}$$

具有高 Φ_{dir} 的基底有效利用吸收过程中获得的能量来裂解键或引发一些其他反应，从而导致分子结构的改变。如果入射辐射波长处的摩尔吸光系数很小，那么具有高 Φ_{dir} 的物质不一定会迅速降解。

测量量子产率的一个重要组成部分是确定基底吸收的光的数量。测定入射到样品上的光量的最常用方法是化学光量测定法。在该方法中，具有已知的直接光解量子产率和吸收光谱的基质（光度计或参考化合物）与要研究的底物同时照射。参考化合物和基质均在相对较低浓度下使用（以确保溶液是光学稀释的）。然后，可以使用以下方程确定水体基质的量子产率（$\Phi_{dir,S}$）：

$$\Phi_{dir,S} = \frac{k_{dir}\varepsilon_{act}}{k_{act}\varepsilon_S}\Phi_{dir,act} \tag{13-6}$$

公式中水体基质（k_{dir}）和光度计（k_{act}）的损失速率常数是通过实验确定的，并连同光度计的摩尔吸光系数（ε_{act}）、水体基质的摩尔吸光系数（ε_S）和已知的 $\Phi_{dir,act}$ 输入方程中。速率通常以 mol/(L·s) 为单位，速率常数通常以 s^{-1} 为单位，浓度以摩尔浓度（M）表示。该公式适用于在单一波长下的光反应。荧光和系统间交叉的量子产率可以用类似的方法测量。

对于使用宽带辐照（如太阳光）或多条激发线的实验（如光化学实验中常用的高压汞灯），其相关方程为：

$$\Phi_{dir,S} = \frac{k_{dir}k_{a,act}}{k_{act}k_{a,S}}\Phi_{dir,act} \tag{13-7}$$

公式中，$k_{a,act}$ 和 $k_{a,S}$ 是在基质和光度计的吸收光谱与光源光谱输出重叠的波长范围内计算的积分光吸收率。在确定 $k_{a,act}$ 和 $k_{a,S}$ 时，也要考虑光源各波长的光谱输出，以及在此范围内的光屏蔽因子 [$S(\lambda)$]。这些值可以通过吸收光谱或光源强度表计算和测量（Leifer，1988；Schwarzenbach 等，2002）。两种有效并常用的光度计被开发出来（对硝基苯甲醚和对硝基苯乙酮），用于调节光度计的损耗率，使其与基质的损耗率相匹配。这确保了基质和光度计在相同的时间间隔内接收相同数量的光（Dulin 和 Mill，1982）。这对于相对较慢的或光源的光强随时间变化（例如，当一天的光照强度随时间变化时）的光反应尤为重要。Zepp（1978）介绍了如何进行辐射测量实验并确定地表水中污染物的直接光解损失率。该研究以农药西维因为例，说明如何利用直接光解量子产率、摩尔吸光系数和不同波长的太阳光强度来预测环境半衰期。关于化学光量测定法的更多细节，包括如何建立和开展光测量实验，可以在以下参考文献中找到：Dulin 和 Mill，1982；Leifer，1988；Schwarzenbach 等，2002。Arnold 和 McNeill（2007）综述了许多药物在环境中的非生物转化反应，并列举了其中许多污染物的直接光解量子产率。

水体基质直接光解的光解速率 $rate_{dir}$，如下所示：

$$rate_{dir} = k_{dir}[S] = k_{abs}\Phi_{dir}[S] \tag{13-8}$$

k_{dir} 是直接光解速率常数（s^{-1}），[S] 是基质浓度（mol/L），Φ_{dir} 是直接光解过程中的量子产率，k_{abs} 是光吸收速率（s^{-1}），该常数取决于入射辐射光谱和基质的吸收光谱。因此，可以根据基质在环境中的吸收光谱、太阳辐射到达水中的光谱分布、基质浓度和 Φ_{dir} 计算基质在环境中的光解速率。需要注意的是，摩尔吸光系数和 k_{abs} 与波长有关，而 Φ_{dir} 在一个吸收带内的波长通常是保持不变的。然而，由于每一个吸收带对应一个独特的电子跃迁，因此不同吸收带的量子产率往往不同。地表水中的直接光解速率包括基质吸收的表面太阳光谱的所有波长、每个相关吸收带的量子产率以及水体深度上的光衰减。由于水环境中微污染物的浓度极低，其降解遵循动力学第一定律。由于任何底物的吸收光谱和 Φ_{dir} 都可以通过实验测量，并且太阳光谱随季节和纬度的变化都可以绘制成表格，因此测量的直接光解半衰期可以很容易地外推到不同的地理区域和季节。

上面给出的直接光解反应速率方程可以随时间重新排列、积分，并通过取自然对数线性拟合：

$$\ln\frac{[S]_t}{[S]_0}=-k_{dir}t \tag{13-9}$$

如果绘制 $\ln([S]_t/[S]_0)$ 与时间的关系，则斜率 k_{dir} 为负数。由式（13-10）可以很容易地计算出化合物 S 直接光解后的半衰期。

$$t_{1/2,dir}=\frac{\ln 2}{k_{dir}} \tag{13-10}$$

13.3.2 间接光化学反应

在间接光化学中，基质的转化是通过与天然水体中光活性成分发生光化学反应产生的中间体（PPRIs）反应而不是通过前一节所述的直接光解过程来实现的。因此，水体基质通过与光化学产生的 PPRIs 反应间接降解，而不是直接吸收光来获得能量。天然水体中的 PPRIs 有多种产生途径：（1）水体中所含的发色团化合物的光解作用；（2）光敏作用，即水体中所含的发色团化合物（敏化剂）吸收光，并将能量转移给其他化合物，形成 PPRIs。这些 PPRIs 可以与太阳光照射的水体污染物发生反应或将能量转移给污染物，从而导致污染物的转化。间接光解这种命名产生的原因是这种转化不需要底物直接吸收光，而是通过感光物质的光化学行为间接吸收太阳光。这样，当描述由于与 PPRIs 反应而导致的污染物损失时，术语间接光解有点用词不当，因为这种转化反应直到光吸收过程之后才发生。尽管如此，“间接光解”这一术语依然经常作为一种方便的方法来描述 PPRIs 产生过程以及随后与污染物的反应。

敏化过程通常依赖于激发态敏化剂与激发三重态的系统间穿越（图 13-2）。激发三重态（T_1）在敏化过程中非常重要，因为它的自旋禁止弛豫途径导致比激发单重态存在的时间要长。当光敏剂的 T_1 态被其他化合物（如微污染物）猝灭时，能量或电子转移到这些“猝灭剂”中，常常导致猝灭物质（如污染物）的随后降解或产生其他活性中间体（如单线态氧）。

间接光解反应的总速率（$rate_{indir}$）取决于天然水体中 PPRIs 单体的浓度以及 PPRIs 与目标污染物反应的双分子速率常数，如下所示。

$$rate_{indir}=\sum k_{PPRI,S}[PPRI]_{SS}[S] \tag{13-11}$$

其中，$k_{PPRI,S}$是给定 PPRI 与水体基质的双分子速率常数，$[PPRI]_{SS}$是给定 PPRI 的稳态浓度，[S] 是基质浓度。由式（13-11）可知，总间接光解速率常数为各 PPRI 引起的单个转化率之和。图 13-3 显示了自然水域中污染物直接和间接光解的途径。

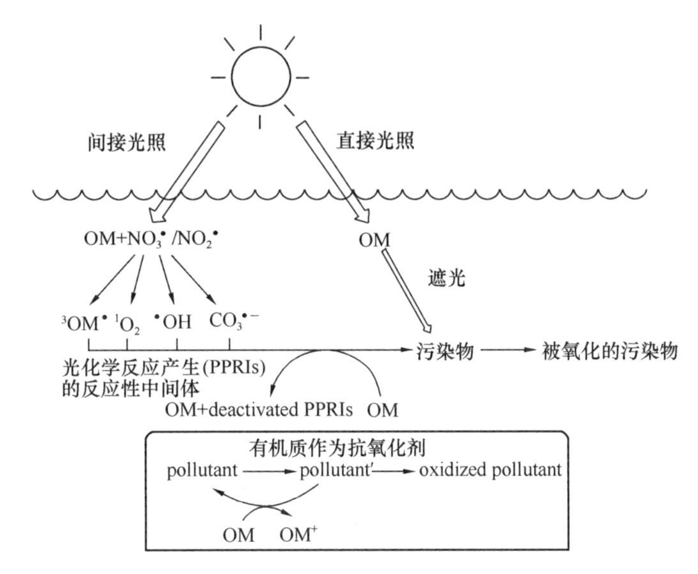

图 13-3　有机质（OM）在直接和间接光化学过程中作用的示意图
（改编自 Cooper 等，1989；Blough 和 Zepp，1995；Schwarzenbach 等，2002；
Canonica 和 Laubscher，2008；Brezonik 和 Arnold，2011；
Wenk 和 Canonica，2012；Wenk 等，2013）
注：该图还描述了有机物还可以作为一些 PPRIs 的抑制剂和抗氧化剂。

13.4　研究污染物光化学降解的实验室方法与技术

环境光化学研究所使用的光源包括天然太阳光、模拟宽频带太阳光（例如使用过滤的氙灯）或过滤的线光源（例如 Hg 蒸汽灯）。这些光源通常用作稳态光源，将目标污染物在相对恒定、稳定的光强下辐照。为确定反应机理往往会设计更为复杂的实验用以探测污染物与单个 PPRI 的反应，并且可能依赖于时间分辨仪器，在这种仪器中，短脉冲强激光用于激发污染物或产生 PPRI。Klan 和 Wirz（2009）撰写了一本关于有机物光化学反应的教科书，是一本较好的关于常用光化学仪器的读本。

目标污染物的光化学降解可能是由于直接光解和/或与一个或多个 PPRIs 反应造成的。在将特定水体的光化学动力学结果外推到其他地点时，确定污染物对直接或间接光解途径的敏感程度至关重要。为此，一些技术被开发出来。化合物在天然水样中直接光解程度的估算相对简单。将过滤灭菌后的天然水样与去离子水同时进行光解，可以在天然水中含有或不含有潜在致敏物质的情况下测定基质的光化学反应特性。去离子水的降解（与黑暗对照组测量的参数相同）表明了直接光解的机理。如果基质在天然水样中降解较快，则说明反应中涉及间接光解。间接光解降解速率提高的程度，可以在充分考虑天然水样中成分引起的光衰减的基础上，根据两个样品中降解速率常数差异的大小来计算（Schwarzenbach 等，2002）。如果已知被分析物的吸收光谱和量子产率，则在给定 pH 下地表水中直接光解动力学的推断是简单的；在这种情况下，通过考虑不同位置的光谱、强度和过滤的变化，可以非常简单地计算半衰期。间接光化学动力学数据的推断较为复杂，因为在不同的自然水域 PPRIs 的浓度和分布可能有很大的差异。这是因为溶解在特定天然水体中的化学成分导致了间接光解过程，而这些成分的性质和浓度因地点而异。

间接光解过程中所涉及的 PPRIs 的测定及动力学结果外延，要比直接光解复杂得多。第一步是识别导致降解的特定 PPRI（或 PPRIs）。通常，在光解之前，会向溶液中添加对特定 PPRIs 具有选择性的各种淬灭剂。如果给定 PPRI 的淬灭剂不能降低基质的降解率，则可能是其他的瞬态物种导致降解。如果观察到较低的损失率，则正在淬灭的 PPRI 可能与所研究的污染物的降解有关。例如，异丙醇是一种很好的 PPRI 羟基自由基（$^{\bullet}OH$）淬灭剂。如果添加 1%的异丙醇不能改变给定污染物的降解速度，则$^{\bullet}OH$ 不太可能参与到污染物的光解中。但是，如果添加异丙醇后发现给定污染物的降解速度减慢，则说明$^{\bullet}OH$（或其他可能被异丙醇淬灭的 PPRI）与该特定水样中污染物的间接光解有关。

为了更好地测量底物与单个 PPRIs 的反应性，通常在实验室中使用定义明确的小分子有机感光剂进行光化学反应，例如用于生产单重态氧（$^{1}O_2$）的芴酮（Schmidt 等，1994）。通过选择不同的感光剂，有效地产生特定 PPRI，基质的反应活性可以通过一系列的反应瞬态物种测量。根据该方法测定的速率常数，以及自然水体中单一 PPRI 的浓度，可以用于推断基质在不同天然水体中间接光解过程的降解速率（$rate_{indir}$）。另一种方法是使用非光化学反应产生单独的 PPRI，并测量它们与目标污染物的反应活性。Huang 和 Mabury（2000）描述了在含过氧亚硝酸盐的碱性溶液中产生碳酸根自由基的方法。其他实验也表明，某些 PPRIs 可用于间接光解实验。例如，可以通过 H_2O 或 D_2O 的稀释溶液来验证$^{1}O_2$；$^{1}O_2$ 的寿命在 D_2O 中被延长，导致$^{1}O_2$ 对基质的反应在 D_2O 中的降解速率比在 H_2O 中的更快（Merkel 等，1972；Wilkinson 等，1995）。单线态氧可以通过其在 1270nm 处微弱的磷光信号进行追踪（Krasnovsky，1976；Krasnovsky，1977；Wilkinson 等，1995；Nonell 和 Braslavsky，2000）。

单个 PPRIs 的稳态浓度（$[PPRI]_{SS}$）通常使用已知与正在研究的 PPRI 反应的双分子速率常数（$k_{PPRI,探针}$）的分子进行探针测量（Blough 和 Zepp，1995；Zafiriou 等，1990；Vione 等，2010；Burns 等，2012）。图 13-4 描述了如何使用分子探针来确定 $[PPRI]_{SS}$。Zepp（1977）提供了一个早期使用分子探针（二甲呋喃）捕获和量化太阳光照射下地表水中单线态氧的例子。

对给定 PPRI 具有选择性的分子探针的降解如下所示：

$$\frac{-\mathrm{d}[探针]}{\mathrm{d}t}=k_{PPRI,探针}[PPRI]_{SS}[探针]=k_{obs,探针}[探针] \tag{13-12}$$

对式（13-12）进行重新排列、积分、线性拟合，以确定探针分子损失反应速率常数（$k_{obs,探针}$）。

$$\ln\left(\frac{[探针]_t}{[探针]_0}\right)=-k_{obs,探针}t \tag{13-13}$$

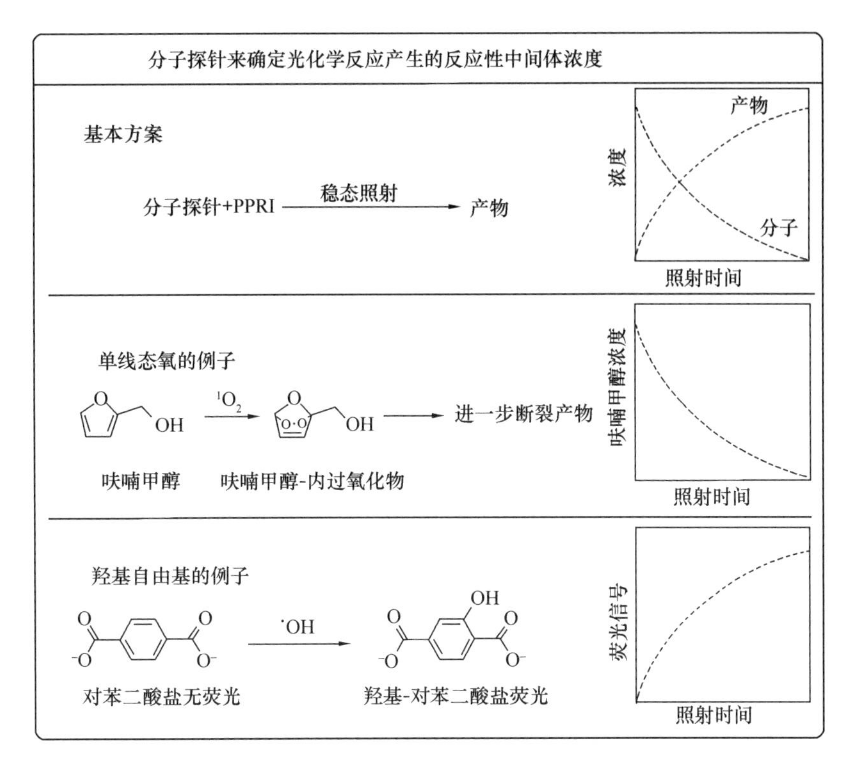

图 13-4　分子探针在稳态辐照条件下测定 PPRI 浓度的原理图（改编自 Haag 等，1984a；Haag 和 Hoigne，1986；Zafiriou 等，1990；Page 等，2010；Burns 等，2012）

注：通过跟踪探针分子的丢失或 PPRI 引发的光化学产物的演化来确定 $[PPRI]_{SS}$。

将给定探针 PPRI 对的 $k_{obs,探针}$（s^{-1}）除以已知的 k_{PPRI} [L/(mol · s)] 可以计算得到稳态 PPRI 的浓度，如式（13-14）所示。

$$[PPRI]_{SS}=\frac{k_{obs,探针}}{k_{PPRI,探针}} \tag{13-14}$$

通过比较在相同条件下辐照分子探针的损失率，可以用类似的方法确定给定的 PPRIs 与污染物反应的双分子速率常数。如果探针和污染物在溶液中的浓度较低，则它们对 $[PPRI]_{SS}$的影响可以忽略不计。在这种情况下，可以根据上面给出的公式使用探针分子来测量 $[PPRI]_{SS}$。然后根据式（13-15）计算 PPRI 与污染物的反应速率常数。

$$k_{PPRI,污染物}=\frac{k_{obs,污染物}}{[PPRI]_{SS}} \tag{13-15}$$

这十分有用，因为如果已知各种 PPRIs 的 k_{PPRI} [L/(mol · s)]，就可以在广泛变化的环境条件下预测间接光解的程度（Lam 等，2003；Al Housari 等，2010；de Laurentiis 等，2012；Vione 等，2013；Bodrato 和 Vione，2014）。与某一特定 PPRI 反应产生的污染物的损失半衰期可由式（13-16）确定。

$$t_{1/2,PPRI}=\frac{\ln 2}{k_{PPRI,污染物}[PPRI]_{SS}} \tag{13-16}$$

表 13-1 显示了几种有机污染物的半衰期，这是根据它们在两种不同的环境·OH 浓度

下对 PPRI·OH 的反应活性估算出来的。

当考虑直接和间接光解反应时，式（13-17）可用于估算污染物的光化学反应半衰期。这个相对简单的方程包含了多重 PPRIs 在给定深度和 NOM 浓度下的势能转换反应。直接和间接光解的速率常数以及污染物的半衰期，会随着深度和 NOM 浓度的变化而变化。

$$t_{1/2}=\frac{\ln 2}{k_{\text{obs},污染物}}\quad k_{\text{obs}}\approx k_{\text{dir}}+\sum(k_{\text{PPRI},污染物}[\text{PPRI}]_{\text{SS}}) \tag{13-17}$$

·OH 与几种有机污染物的反应速率常数和两种·OH 浓度下污染物半衰期估算值　　表 13-1

化合物	结构式	$k_{\cdot OH}$ [×10^9 L/(mol·s)][a]	估算的 $t_{1/2}$ (h)	
			$[\cdot OH]_{SS}$	
			1fmol/L	0.01fmol/L
邻苯二甲酸二乙酯	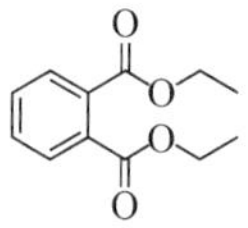	4	48	4800
2,3,3′,5,6-PCB	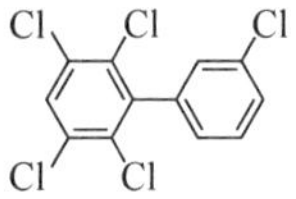	5	39	3900
苯并[a]芘	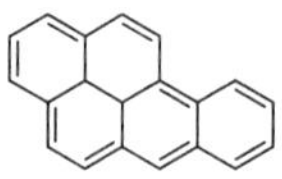	10	19	1900
2,3,7,8-四氯二苯并对二恶英	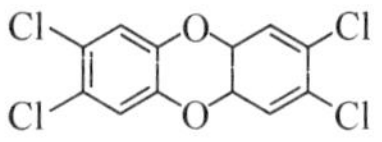	4	48	4813
林丹	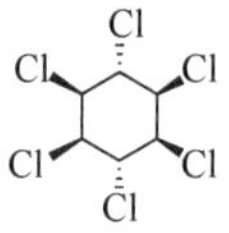	5.8	33	3300
毒杀芬	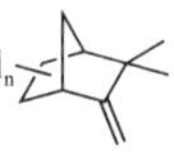	约 4.6	42	4200
阿特拉津	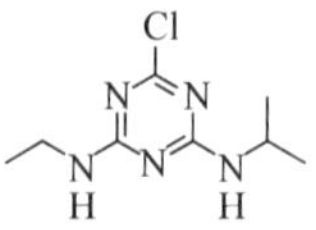	2.6	74	7400
甲草胺	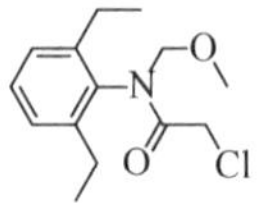	7	28	2800

续表

化合物	结构式	$k_{\cdot OH}[\times 10^9 L/(mol \cdot s)]$[a]	估算的 $t_{1/2}$(h)	
			$[\cdot OH]_{SS}$	
			1fmol/L	0.01fmol/L
2,4-二氯苯氧乙酸	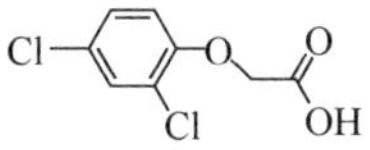	5	39	3900
涕灭威	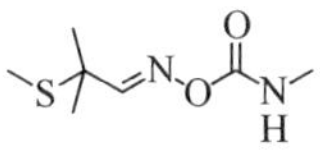	8.1	24	2400
草甘膦	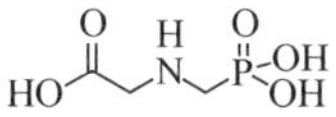	0.18	1100	11000
敌草快	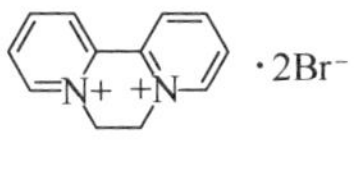 ·2Br⁻	0.8	240	24000

[a] Haag 和 Yao（1992）报道的双分子反应速率常数。

13.5　光化学反应中间体（PPRIs）及其在间接光化学反应中的作用

天然水体中会产生多种 PPRIs，包括羟基自由基（$\cdot OH$）、激发三重态有机物(^3OM)、单线态氧（$^1O_2$）、水合电子（e_{aq}^-）、超氧自由基阴离子（$O_2^{\cdot -}$）、碳酸根自由基（$CO_3^{\cdot -}$）和有机过氧自由基（Cooper 等，1989；Blough 和 Zepp，1995；Aguer 等，1999）。有机物（OM）是天然水体中重要的感光剂。水中天然有机物（NOM）来源于陆生植物（“陆生”或异源有机物）的分解或产生于水中藻类和其他微生物（“微生物”或内源有机物）。美国和世界各地的许多地表水也受到来自污水处理厂的污水有机物（EfOM）的影响（Brooks 等，2006）。污水有机物在结构和反应活性上与内源有机物相似（Nam 和 Amy，2002；Drewes 和 Croue，2006；Shon 等，2006；Jarusutthiraka 和 Amy，2007）。大多数天然水体的有机物主要由陆生有机物控制，但内源有机物在植物不能维持生命的水产养殖水和污水排入的地表水中可能很重要（Brooks 等，2006；Guerard 等，2009a）。许多研究表明，源自 OM 的 PPRIs 在地表水发生的化学反应过程中起着重要作用（Zepp 等，1981；Cooper 等，1989；Goldberg 等，1992；Blough 和 Zepp，1995；Richard 和 Canonica，2005；Aguer 和 Richard，1996；Scully 等，1997；Aguer 等，1999；Burns 等，2012）。PPRIs 作为一种活性物质参与了天然水体中多种污染物的降解。图 13-5 显示了直接光解和间接光解途径，以及 OM、硝酸盐和亚硝酸盐产生的各种 PPRIs。下面介绍了在太阳光照射的地表水中发现的一些重要的 PPRIs。

13.5.1 羟基自由基（·OH）

在天然水体中，·OH 是最活跃的 PPRIs 之一。虽然过氧化氢（H_2O_2）在 UV 照射下光解是实验室中生成·OH 的一种简单方法，但在太阳光波长到达自然水的波长区域，这一过程的效率并不高（Cooper 等，1989）。虽然 OM 也被证明能使其敏化（Hoigne 等，1989），但大多数天然水体中·OH 主要源自 NO_3^- 和 NO_2^-（Brezonik 和 Fulkerson-Brekken，1988；Larson 和 Weber，1994；Schwarzenbach 等，2002），如图 13-5 所示。对天然水体中·OH 在平均正午辐射水平下的稳态表面浓度（$[\cdot OH]_{SS}$）进行了估算，大概为（0.15～50）× 10^{-17} mol/L（Cooper 等，1989）。·OH 是非选择性很强的反应物，它几乎以扩散控制速率与大多数有机化合物反应（Buxton 等，1988）。·OH 的主要反应途径是氢原子提取或·OH 加成。Haag 和 Yao（1992）测定了·OH 与几种污染物的反应速率常数。由于其对大多数有机物具有高反应活性，因此许多不同类型的探针分子被用于其检测（Mill 等，1980；

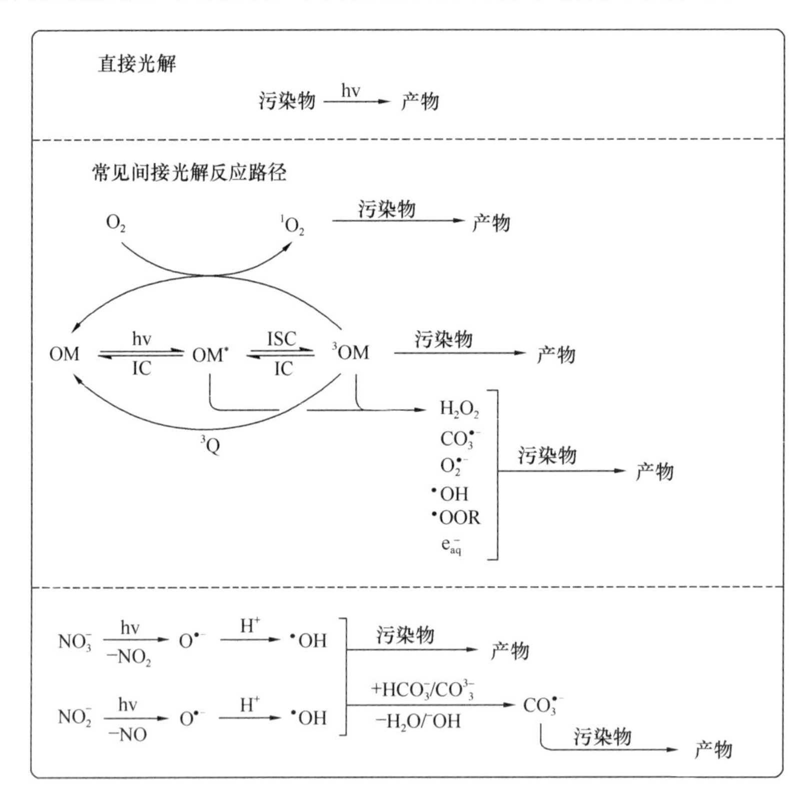

图 13-5　给定污染物可能的光化学反应路径图

（改编自 Cooper 等，1989；Blough 和 Zepp，1995；Schwarzenbach 等，2002；Brezonik 和 Arnold，2011；Huang 和 Mabury，2000a，2000b；Canonica 等，2005）

注：间接光解部分显示从有机物（OM）和硝酸盐/亚硝酸盐中生成常见 PPRIs 的简易过程。图片下部显示了羟基自由基（·OH）在碱性水中除了与水生污染物快速反应外，还会产生碳酸根自由基（$CO_3^{\cdot-}$）。

Cooper 等，1989；Hoigne 等，1989；Blough 和 Zepp，1995；Zafiriou 等，1990；Vione 等，2010；Burns 等，2012）。分析这些分子探针所产生的反应产物已成为分析水系统中 $^{\bullet}OH$的常规方法，因为这些产物表明 $^{\bullet}OH$ 或其他自由基物种是否参与了探针的降解（Cooper 等，1989；Hoigne 等，1989；Blough 和 Zepp，1995；Zafiriou 等，1990）。Vione 等（2010）测定了 $^{\bullet}OH$ 苯特异性，使其成为几种被测芳香族分子中最好的探针。一种对苯二甲酸盐探针已经被开发出来，并在最近的研究中用于评估在黑暗和辐照条件下自然水体中 $^{\bullet}OH$ 的形成和反应活性（Saran 和 Summer，1999；Page 等，2010；Page 等，2011；Page 等，2012）。对苯二甲酸酯探针的优点是灵敏度高，与 $^{\bullet}OH$ 反应活性高。最近的两项研究表明，污水处理厂的污水中所含的 OM（EfOM）也能光敏化产生"$^{\bullet}OH$"，这可能在污水处理厂下游微污染物的间接光解中起重要作用（Dong 和 Rosario-Ortiz，2012；Lee 等，2013）。

13.5.2　激发三重态有机物（^3OM）

激发三重态有机物（^3OM）是天然水体中一类特别重要的 PPRI，是其他 PPRIs（例如 $^1O_2$ 和 $O_2^{\bullet -}$）的直接前体物，（Cooper 等，1989；Blough 和 Zepp，1995）。^3OM 不仅是次生 PPRIs 的来源，还可以通过直接能量或电子转移引起有机污染物的转化（Canonica 和 Hoigne，1995；Canonica 等，1995；Canonica 等，2000；Canonica 和 Freiburghaus，2001；Canonica，2007；Felcyn 等，2012；Grebel 等，2012）。与 ^3OM 的反应（E＝1.36～1.95V）可以通过电子转移、脱氢反应或能量转移等途径进行（Canonica，2007）。然而，^3OM引发的污染物氧化往往是通过电子转移发生的（Canonica 等，2006；Canonica，2007；Canonica 和 Laubscher，2008）。^3OM 是通过单态激发态 OM 的系间穿越而形成的（如图 13-5 所示）。Zepp 等（1985）已经证明，在太阳光照射的天然水体中形成的所有 ^3OM中，有一半的激发态能量＞60kcal/mol。他们还估计，在地表水中，^{3}Omol/L的浓度范围在 10^{-15}～10^{-13}mol/L 之间。在各种酚类化合物的反应中，与 ^3OM 的反应似乎是一个特别重要的反应途径。这种反应活性足够强，在一些实验室研究中，苯酚已被用作 ^3OM的探针和淬灭剂，其中三甲基苯酚（TMP）是最常用的 ^3OM 探针（Canonica 等，1995；Canonica 和 Freiburghaus，2001；Halladja 等，2007）。^3OM 在光敏化过程中的证据还可以通过观察戊二烯顺反异构化（Zepp 等，1981）、^3OM 探针或监测溶解氧（一种有效的三重态淬灭剂）浓度变化对 ^3OM 敏化底物降解动力学的影响来确定（Canonica 等 1995；Zepp 等，1985；Felcyn 等，2012）。Grebel 等（2011）证明了反式山梨酸可以用作 ^3OM的探针分子。山梨酸（SA）作为探针的一个优点在于，它易溶于水，可以检测 ^3OM 中能量的转移，而大多数探针分子（如 TMP）只能检测电子转移过程。图 13-6 显示了在 ^3OM 介导的 SA 转化过程中检测到的 SA 异构体。

值得注意的是，OM 除了作为 PPRIs 的感光剂外，还可以作为 PPRI 的淬灭剂和抗氧化剂，作用于与 ^3OM 反应产生的部分氧化污染物。图 13-5 的下部描述了这一过程。Canonica和 Laubscher（2008）证明了 OM 能够在部分氧化物中间体完全氧化为相对稳定

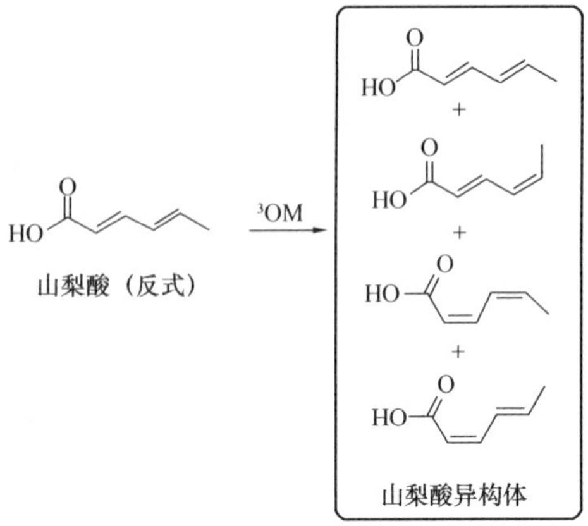

图 13-6 山梨酸作为^3OM的探针
（改编自 Grebel 等，2011）
注：辐照后山梨酸异构体的分布用来测定 $[^3OM]_{SS}$。

的产物之前对其淬灭。在这个过程中，OM 向部分氧化的污染物中间体提供一个电子，从而使污染物再生，如图 13-3 所示。Wenk 等（2011）用一系列部分氧化的污染物证明了这种效果。为了确定 OM 抗氧化性能的组成部分，进一步的研究表明，不同的酚类分子抑制了苯胺和磺胺类抗菌药物的激发三重态介导的氧化（Wenk 和 Canonica，2012）。另一项研究发现，来自水生和陆生的 OM 比来自微生物的 OM 具有更强的抗氧化能力，这意味着当微生物源 OM 在 OM 池中占主导地位时，^3OM 对污染物的敏化氧化可能会进行得更快（Aeschbacher 等，2012）。Wenk 等（2013）利用时间分辨分光光谱提供了直接证据，证明了 OM 具有淬灭三重激发态的能力。有机质也是$^{\bullet}OH$的一个吸收库。

13.5.3 单线态氧（$^1O_2$）

单线态氧（$^1O_2$）是在太阳光照射的水体中，通过溶解氧对^3OM 的淬灭形成的，溶解氧本身是基态三线态，图 13-5 描述了这一过程。Zepp 等（1977）首次报道了它在天然水体中的存在。在地表水中，$^1O_2$ 的浓度往往在 10^{-14}～10^{-12}mol/L 之间（Cooper 等，1989；Blough 和 Zepp，1995；Burns 等，2012）。

单线态氧是一种比$^{\bullet}OH$ 更具有选择性的氧化剂，主要与烯烃、酚、不饱和杂环系统和硫化物反应（Ackerman 等，1971；Wilkinson 等，1995）。作为亲电子试剂，$^1O_2$ 与上述富电子官能团的反应更快。Tratnyek 和 Hoigne（1991）证明了一系列取代酚和脱质子酚的这种行为。糠醇是一种经常用于$^1O_2$ 定量的探针分子（Haag 等，1984a，1984b，1986；Schwarzenbach 等，2002）。叠氮化钠是光化学研究中常用的$^1O_2$ 淬灭剂（Haag 和 Mill，1987；Burns 等，2012）。Paul 等（2004）使用激光闪光系统测量了几个 OM 样品中$^1O_2$ 的量子产率。他们发现陆源 OM 产生$^1O_2$ 的效率要高于微生物源的 OM。Mostafa 和 Rosario-Ortiz 证明，废水有机物经辐照后也能产生$^1O_2$，在环境条件下，它在地表产生的$[^1O_2]_{SS}$约为 10^{-13}mol/L。他们同时也发现污水有机物比 NOM 产生$^1O_2$ 的效率略高，污水有机物的$^1O_2$ 量子产率为 2.8%～4.7%，而 NOM 为 1.6%～2.1%。两个研究表明，因为$^1O_2$ 在 OM 分子内生成，而且在溶液中扩散距离有限（由于水的淬灭），因此 OM 分子与本体水相之间存在着$^1O_2$ 的浓度梯度（Latch 和 McNeill，2006；Grandbois 等，2008）。大多数污染物和$^1O_2$ 探针分子在水相中自由溶解，测定为“表观” $[^1O_2]_{SS}$。然而，疏水性污染物分隔到 OM 微环境中，可以明显地观测到$^1O_2$ 浓度要比大部分水相高出两个数量级，这可能导致这些类型的污染物会更快地降解。

13.5.4　水合电子（e_{aq}^-）、超氧自由基阴离子（$O_2^{\cdot-}$）和过氧化氢

在辐照 OM 溶液中也发现了水合电子（e_{aq}^-）。e_{aq}^-是一种难以检测的 PPRI，被认为是产生于酚类 OM（Zepp 等，1987；Cooper 等，1989；Blough 和 Zepp，1995），然而已经有人证明 OM 对 e_{aq}^-的量子产率与酚含量成反比（Thomas-Smith 和 Blough，2001）。后一项研究的作者认为羰基是天然水体中主要的产生 e_{aq}^-的光敏剂。水合电子与含有负电原子的有机和无机化合物反应，尽管 OM 可能是天然水体中 e_{aq}^-的主要来源（Cooper 等，1989）。与^{3}OM 类似，e_{aq}^-是次级 PPRIs 的来源，因为它与基态氧反应生成超氧阴离子。O_2 和 e_{aq}^-的反应十分迅速，$k \approx 2\times 10^{10}$ L/(mol · s)，表明这可能是自然系统中产生$O_2^{\cdot-}$的主要方式（Cooper 等，1989）。Baxter 和 Carey（1983）发表了一篇关于天然水体中 $O_2^{\cdot-}$的早期报告，他们估计天然水体中 $O_2^{\cdot-}$ 产量在 $10^{-11}\sim 10^{-9}$ mol/(L · s）之间（Cooper 等，1989）。在海水中，$O_2^{\cdot-}$ 是普遍存在，并被认为是主要的自由基物质，占所有自由基物质总和的三分之一（Mincinski 等，1993）。与其他 PPRIs 相比，$O_2^{\cdot-}$在自然水体中的寿命较长，因为它的反应活性相对较低（$t_{1/2}\approx$20min）（Petasne 和 Zika，1987）。它表现为一个单电子还原剂，主要经过歧化作用形成 H_2O_2（Petasne 和 Zika，1987；Cooper 等，1989；Blough 和 Zepp，1995）。天然水体中形成的 $O_2^{\cdot-}$ 的 60%会生成 H_2O_2；由于其相对稳定，H_2O_2（高达 500nmol/L）通常比其他 PPRIs 更容易被检测到（Petasne 和 Zika，1987）。

13.5.5　碳酸根自由基（$CO_3^{\cdot-}$）

碳酸根自由基是一种相对温和的氧化剂，通常在高碱度的水中通过$^{\cdot}$OH 与碳酸根、碳酸氢根离子反应而形成，如图 13-5 所示。它能够氧化含氮杂环、硫类、酚类和苯胺类的污染物，特别是当这些物质含有丰富的电子时，因为这些物质能够有效地提供电子并将 $CO_3^{\cdot-}$还原为稳定的 CO_3^{2-}（Huang 和 Mabury，2000a，2000c；Canonica，2005）。用 N，N-二甲基苯胺作为分子探针进行的现场测量给出了 [$CO_3^{\cdot-}$]$_{ss}$值约为 $10^{-15}\sim 10^{-13}$ mol/L（Huang 和 Mabury，2000c）。Canonica 等（2005）测定了 $CO_3^{\cdot-}$与几种化合物的反应活性，包括苯胺、去质子化酚和苯脲类除草剂。Huang 和 Mabury（2000a，2000c）的两项研究表明，$CO_3^{\cdot-}$ 能够和富电子硫化物、各种农药快速反应。其中一项研究提出了一种新的非光化学方法，即通过碳酸氢盐或碳酸氢盐存在下的过氧亚硝酸盐的热解产生 $CO_3^{\cdot-}$。该方法可以独立评估给定污染物与 $CO_3^{\cdot-}$ 的反应，避免它们直接光解或与其他 PPRIs 反应。$CO_3^{\cdot-}$ 与污染物分子的双分子反应速率常数可以通过和各种苯胺的竞争动力学来确定（Huang 和 Mabury，2000）或在加入污染物后直接跟踪 $CO_3^{\cdot-}$ 吸光度的变化（Canonica 等，2005；Burns 等，2012）。

13.5.6　有机过氧自由基（$^{\cdot}$OOR）

有机过氧自由基是一类在极短寿命的碳中心自由基与 O_2 反应时形成的 PPRIs

(Cooper 等，1989；Hoigne 等，1989；Blough 和 Zepp，1995)。由于它们的化学行为难以与·OH 分开，而且在分析检测时也难以构成 $RO_2^{\cdot}$ 个体，因此它们没有像其他 PPRIs 那样得到很好的研究，特别是它们在降解水中污染物方面的研究。$RO_2^{\cdot}$ 的总浓度估计在 100pmol/L 到 10nmol/L 之间（Cooper 等，1989）。一些富电子酚会与 $RO_2^{\cdot}$ 迅速反应（Cooper 等，1989；Hoigne 等，1989；Blough 和 Zepp，1995）。

13.6 盐度对天然水体光化学反应的影响

本章的重点是淡水表面的光化学反应，因为淡水中污染物的问题更多而且研究得更好。本节将着重介绍一些研究，以说明高盐度是如何对河口和海洋系统的光解速率和途径产生影响的。杀菌剂氯苯嘧啶醇的直接光解速率随盐度的增加而降低（Conceicao 等，2000)。对反应机理的研究表明，氯苯嘧啶醇从单线激发态（S_1）开始降解，卤素离子可能会淬灭这种 S_1 激发态，从而导致上述现象。在研究卤素离子如何影响包括·OH 在内的高级氧化工艺时，Grebel 等（2010）发现溴离子和氯离子清除了·OH，从而降低了污染物的降解速率并产生了活性卤素自由基（RHS)。产生的 RHS 与富含电子的有机污染物反应很快，而与缺乏电子的分子反应很慢。总的来说，卤素离子淬灭·OH 对低电子污染物的影响更大。这些结果对太阳光照射下含盐水中的·OH 反应性污染物有一定影响。

Glover 和 Rosario-Ortiz（2013）测量了加入不同浓度氯离子和溴离子的水体中 OM 生成各种 PPRIs 的量子产率。他们发现 ^{3}OM 的生成量随卤素离子浓度的增加而增加，这可能是由于卤素离子增强了系间穿越过程。为了支持这一结论，同时观测了 OM 荧光的减少，这与单重激发态 OM（^{1}OM*）浓度的降低是一致的，即随着卤化物浓度的增加，OM（^{1}OM*）的浓度会降低（因为卤化物离子会促进 ^{1}OM* 向 OM 转化）。在地表水中，这可能意味着与 ^{3}OM 或其下游 PPRIs 反应的污染物在盐水中的速率可能会增强。Parker 等（2013）也报道了 ^{3}OM 的浓度随离子强度的增加而增加，但 ^{3}OM 浓度的增加取决于反应的类型。尽管 ^{3}OM 浓度升高了，但 ^{3}OM 引发的电子转移反应实际上降低了，这是由于在 OM 内部电子转移反应较慢；另一方面，^{3}OM 引发的能量转移反应没有受到抑制，参与这一反应途径的污染物降解速度更快，因为河口和海洋系统中 ^{3}OM 浓度会增加。然而，两个研究表明，OM 的光褪色作用在含盐水中比在淡水中更快（Grebel 等，2009；Grebel 等，2012)。这种光漂白作用似乎是由于广义离子强度效应以及与光解过程中产生的活性卤素的反应共同作用的结果。在实际应用中，在含盐水中 OM 光褪色作用的增强会导致 OM 光敏反应的减少，这是由于 OM 色团丢失造成的。Grebel 等（2012）展示了这种光褪色作用如何影响雌激素 17β-雌二醇（E2）的光解，并介绍了 E2 的损耗速率以及从淡水中向更多盐水中扩散的反应途径。

13.7 雷尼替丁和西咪替丁：地表水光化学实例

本节专门讨论两种常用药物（抗酸剂西咪替丁和雷尼替丁）的光化学反应，以说明前面章节中描述的一些光化学概念和分析技术。本节介绍的光化学结果均来自 Latch 等（2003a）的研究。西咪替丁和雷尼替丁是大量使用的非处方药，已在一些地表水中检测到（Zuccatoer 等，2000；Kopin 等，2002；Calamari 等，2003）。西咪替丁和雷尼替丁虽然具有相似的治疗作用，但在太阳光照射下，它们的光化学行为却有很大的不同。由于雷尼替丁含有硝基乙酰脒色团，它在 $\lambda>290$nm 处吸收大量的辐射，吸收过程中获得了可以导致化学转移的一部分光能。在 45°纬度的仲夏太阳光照射的水面上，测量到其 Φ_{dir} 为 0.005，环境半衰期约为 35min。另一方面，西咪替丁没有明显地吸收太阳光，也不易在去离子水（DI）中直接光解。图 13-7(a) 为与太阳光谱重叠的雷尼替丁和西咪替丁的吸收光谱。图 13-7(b)为雷尼替丁和西咪替丁在直接光解条件下的光化学动力学反应。尽管西咪替丁对直接光解有惰性，在黑暗中保存的样品也很稳定，但它在暴露于太阳光下的自然水体中很容易发生转化，如图 13-8 所示。用西咪替丁的光化学反应例证了间接光解过程，虽然西咪替丁不能通过直接光解转化，但它很容易在太阳光照射的天然水体中与至少一个 PPRI 发生反应。

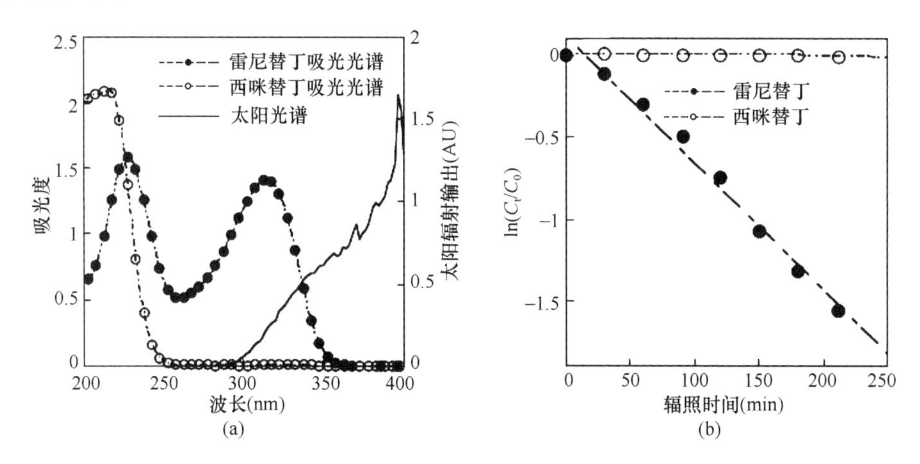

图 13-7　雷尼替丁和西咪替丁的光化学分析结果（改编自 Latch 等，2003a）

（a）雷尼替丁和西咪替丁的吸光光谱及太阳光谱；

（b）雷尼替丁和西咪替丁的直接光解结果

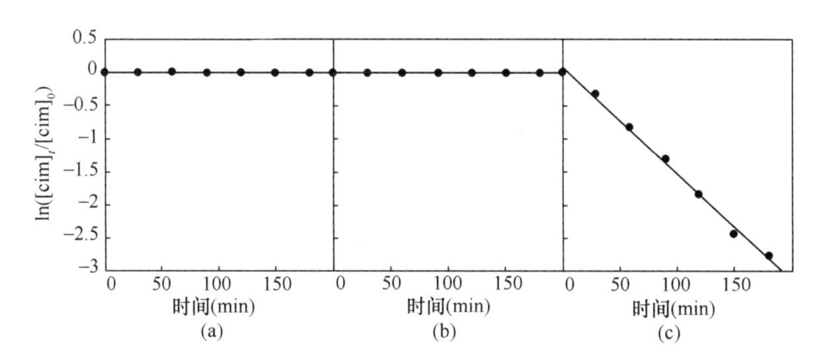

图 13-8　间接光解在西咪替丁（cim）降解中的重要性（改编自 Latch 等，2003a）

（a）西咪替丁溶于密西西比河水中（MRW）的无辐照（hv）黑暗对照实验；

（b）去离子水（DI）中西咪替丁的辐照光化学行为；（c）密西西比河水中西咪替丁的辐照降解情况

对雷尼替丁和西咪替丁的进一步实验揭示了它们光化学行为的更多细节。不同种类淬灭剂的实验表明：$^1O_2$ 参与了雷尼替丁和西咪替丁的光解反应。对于雷尼替丁而言，相对于其直接光解速率，$^1O_2$ 加速了约 10%的降解速率。西咪替丁的降解以 $^1O_2$ 反应为主。虽然最后只确定了一种光产物（西咪替丁亚砜），但通过研究模型化合物的光反应活性可以确定反应位点。硫化物模型化合物对 $^1O_2$ 有一定的反应，雷尼替丁和西咪替丁杂环（呋喃用于雷尼替丁，咪唑用于西咪替丁）模型与 $^1O_2$ 的反应更强，这可能与母体化合物的反应位点有关。然而西咪替丁杂环的电子密度受 pH 影响较大，随着咪唑环的质子化（$pK_a=7.1$），其与 $^1O_2$ 的反应活性急剧下降，这就导致了在天然水体中 pH 对反应具有很大的影响。雷尼替丁也有一个与环境有关的 pK_a 值（8.2），但其在天然水体中的光解速率预计不会随 pH 发生太大变化。这是因为在低 pH 下，作为质子化位点的胺官能团与驱动直接光解反应的硝基乙酰生色团大相径庭。通过模型化合物相对于雷尼替丁母体分子的吸收光谱和直接光解反应速率揭示了这一点。图 13-9 给出了雷尼替丁和西咪替丁光化学行为的总结。

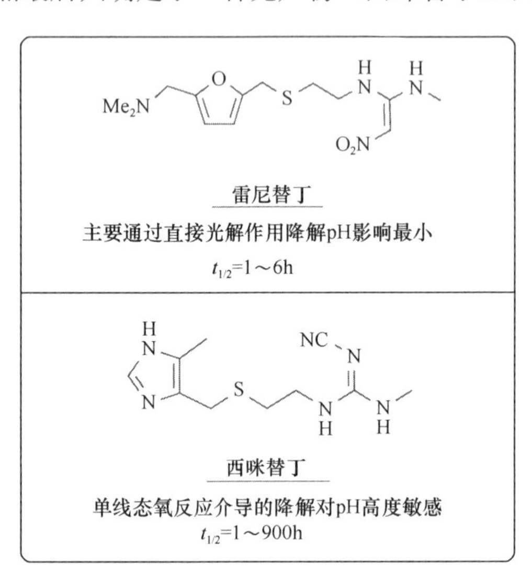

图 13-9　雷尼替丁和西咪替丁的光化学动力学行为总结（改编自 Latch 等，2003a）

13.8　光化学活性水污染物的筛选

地表水中污染物的出现引起了环境科学界和公众的关注（Richardson 和 Bowron，1985；Buser 等，1998；Christensen，1998；Halling-Sorenson 等，1998；Jobling 等，1998；Belfroid 等，1999；Daughton 和 Ternes，1999；Jones 等，2002；Kolpin 等，2002；Singer 等，2002；Kolodziej 等，2003；Snyder 等，2003；Holbrook 等，2004；Lin 和 Reinhardt，2005；Zuo 等，2006）。在 1999—2000 年的一次全国普查中，美国地质调查局（USGS）报告称，在 139 条被研究的河道中，80%的河道至少含有一种药物、激素或其他废水污染物，这些河道为污水处理厂（WWTPs）下游受纳水体（Kolpin 等，2002）。美国地质调查局在那篇具有开创性的报告和随后的一篇美联社新闻文章（美联社调查：在饮用水中发现的药物）中的结果引起了极大的关注，因为这些目标化学物质已经被证明（实际上是被设计的）能够在低浓度下引发生物反应（Woodling 等，2006；Martinovic 等，2008；Thorpe 等，2009）

发表在《科学》杂志上的一篇综述概述了天然水体中微污染物带来的一些挑战

（Schwarzenbach 等，2006）。文章指出，杀虫剂、化肥和合成有机化学品等化学制品产量极高，其中许多化学品具有重要的生物活性，可能在生物体内富集，并可能导致细菌耐药性。事实上，有报告显示，生活在受污染系统中的水生生物受到了负面影响，内分泌干扰物如激素是最重要的污染物之一，因为它们被证明会引起深刻的负面生理反应，包括间性体发育（Woodling 等，2006；Kidd 等，2007；Martinovic 等，2008；Thorpe 等，2009）。幸运的是，地表水中包括光化学反应在内的自然过程可能会降低重要污染物和水中病原体的浓度（Wegelin 等，1994；Gurr 和 Reinhard，2006）。以下各节重点介绍了一些关于水污染物光化学的早期研究，以及在天然水体中检测到的重要光活性地表水污染物降解的有趣研究。下面列出的远不是一个详尽的清单，还引用了一些水中污染物反应的评论性文章，让读者可以找到包含对光不稳的污染物的其他信息。

13.8.1　药物

许多药物和个人护理品（PPCPs）的光化学降解已经被证实。这项研究的动力是在北美洲、南美洲和欧洲的天然水体中广泛检测到各种 PPCPs（Buser 等，1998；Belfroid 等，1999；Daughton 和 Ternes 1999；Stumpf 等，1999；Kolpin 等，2002；Boyd 等，2003；Kolpin 等，2003；Anderson 等，2004；Boyd 等，2004）。药物和个人护理品通过许多途径进入水环境（图 13-10 对这些途径进行了概述）。将 PPCPs 引入环境的主要途径是通过污水处理厂的排放（Daughton 和 Ternes，1999）。环境中 PPCPs 的其他来源包括将未使用的药物倾倒到固体废物流中、处理不需要或过期的药物、工业废物、合流污水溢流、水产养殖以及畜牧业领域由水诱发的径流等（Halling-Sorenson 等，1998；Daughton 和 Ternes，1999；Kolodziej 等，2004；Kolodziej 和 Sedlak，2007；Mansell 等，2011；Fore-

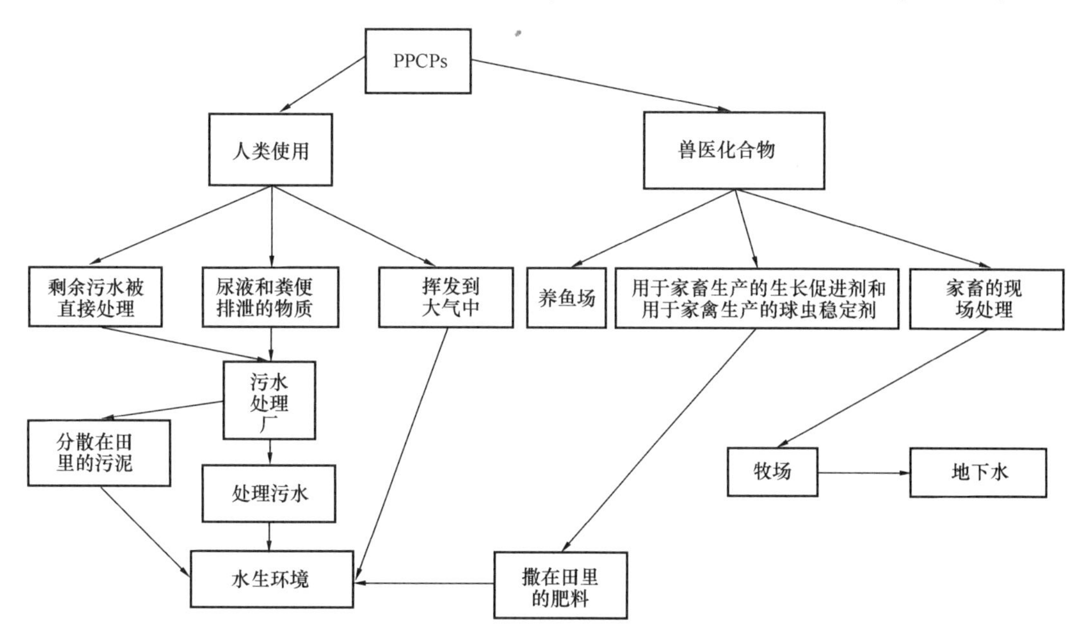

图 13-10　PPCPs（及相关污染物）进入水环境的过程（改编自 Halling-Sorensen 等，1998）

man 等，2012；Phillips 等，2012；Webster 等，2012）。

Khetan 和 Collins（2007）广泛回顾了人类药物在环境中的发生和变化。这篇综述包括介绍药物是如何进入水生环境及过多使用药物对环境的影响，探索了一些极其重要药物的水生生态毒理学效应，并强调了几种药物的光化学反应。Barcelo 和 Petrovic（2007）指出了药物在环境中转化方面存在的一些知识空白，包括固体基质或生物群中所缺乏的污染物信息、识别转化产物的需求以及需要使用生物测定或其他方法确定混合产物的需求。Barcelo 和 Petrovic 提出，鱼的细胞组织中存在较低（ng/g）水平的 PPCPs，这在美国各地几个网站都有报道（Ramirez 等，2009）。Oulton 等（2010）综述了污水处理过程中 PPCPs 的去除过程。除了介绍大多数处理条件下这些污染物的去除不完全外，他们还强调了可能存在处理过程中产生的具有生物活性的副产物的问题，并指出今后对这些副产物进行研究是有必要的。

Boreen 等在 2003 年的一篇综述中指出，许多药物都对光不稳定，尽管许多药物还没有在相关环境条件下（即在辐射波长为＞300nm 的水中）进行研究。2007 年，Arnold 和 McNeill 综述了药物的光化学特性，报道了直接光解量子产率，解释了几种常见污染物的直接/间接联合光解。Challis 等（2014）发表了一篇关于天然水体中药物光解反应的综述。综述中的一部分重点分析了一些备受关注的污染物，并评估了实验室的设计及实施情况。在开展污染物光化学研究项目之前，这一综述具有很高的参考价值。

13.8.1.1 抗生素

Kummerer 等（2001）综述了抗生素在环境中的产生和光化学行为。地表水中抗生素浓度多在 ng/L 范围内，有些浓度高出几个数量级（如红霉素高达 1.7μg/L）。在两项研究中，Boreen 等（2004，2005）报道了含有五元或六元杂环的 10 种磺胺类药物的直接和间接光化学行为。他们还进行了实验，以量化间接光解途径的重要性，并确定了主要的光产物。他们确定含有五元杂环的磺胺类药物通过直接光解降解（表 13-2），而含有六元杂环的磺胺类药物通过直接光解降解的速度明显减慢，主要通过与^{3}OM 反应转化。该表还强调了 pH 对含有环境相关 pK_a 值的污染物的物种形成和光化学行为的重要性。这类污染物的光解会受到其吸收光谱（k_{abs}）、量子产率以及与 PPRIs 反应速率的影响。表 13-3 显示了含有六元杂环的磺胺类药物在不同季节、不同纬度和不同$^{\bullet}$OH 浓度下的半衰期预测值。Guerard 等（2009a）认为水产养殖水中有机物的组成会造成对抗生素磺胺二甲氧嘧啶的光化学归宿有显著差别，微生物源的有机物比陆生源的有机物更敏感。Guerard 及其同事的另一项研究（2009b）证实，当微生物源的有机物存在时，与陆生源的有机物用作光敏剂相比，磺胺二甲氧嘧啶和抗菌剂三氯卡班的间接光解加速。抗菌化合物磺胺甲恶唑和甲氧苄氨嘧啶的光解也得到了类似的结果（Ryan 和 Arnold，2011）。他们的研究主要集中在湖水与污水有机物的对比上，污水中含有大量的微生物有机质。当污水有机质作为光敏剂时，污水中的光解速率与湖水相比有明显的提高。Bahnmuller 等（2014）报道了磺胺嘧啶和磺胺甲恶唑在含有天然有机物的水、河水和废水中的反应。他们发现，直接和间接光解途径很重要，这取决于特定污染物和 OM 的特性。与$^{\bullet}$OH 和^{3}EfOM 的反应在间接光处理中非常重要。在围隔实验中，磺胺嘧啶被快速光解，其消耗主要是由于一些直接光解作用及与^{3}OM 和$^1O_2$ 的反应（Challis 等，2013）。

阿莫西林是一种与青霉素类似的强效抗生素，在地表水中的浓度较低（ng/L）。研究发现，在模拟太阳光和天然水体条件下它会迅速降解，其降解是由于一部分直接光解作用以及与激发态 OM 反应二者复合造成的（Xu 等，2011）。

Werner 等（2006）研究了四环素的光化学转化，发现四环素对 pH 和二价阳离子 Mg^{2+} 和 Ca^{2+} 的浓度敏感，从而得出水的硬度可能是其光解过程中的一个重要变量（以及能够结合二价阳离子的类似污染物）。泰乐菌素是一种兽用大环内酯类抗生素，在泰乐菌素的光化学反应中，在直接光解反应之前，光异构化反应的强度较低（Werner 等，2007）。

13.8.1.2　非甾体类抗炎药（NSAIDs）及其他镇痛药

Packer 等（2003）研究了四种非甾体类抗炎药的光化学反应：布洛芬、双氯芬酸、萘普生和氯贝酸。这四种药物在光照射下都不稳定，萘普生和双氯芬酸主要通过直接光解降解。氯贝酸和布洛芬通过与$^\bullet$OH 等自由基的反应间接光解而降解。

一项现场研究发现，在瑞士湖中双氯芬酸通过直接光解迅速消失，半衰期不到 1h（Buser 等，1998）。Tixier 等（2003）对瑞士格里芬湖的药物进行了检测，双氯芬酸的深度曲线表明，该药物在湖表面通过光解作用迅速消散，这个结果与 Buser 等（1998）的结果一致。他们的数据表明，湖内的光解也可能促使萘普生和酮洛芬降解。他们还发现了一些光产物。Ruggeri 等（2013）也研究了布洛芬的光化学反应，推断其转化过程包括直接光解及与$^\bullet$OH 和^{3}OM 反应等一系列反应过程。他们还确定了一个主要的光产物——有毒的异丁基苯乙酮（Jacobs 等（2011）也检测到了），且产量较高。此外，他们还模拟了布洛芬的光化学反应如何随着水深、OM 浓度、碳酸氢盐浓度和亚硝酸盐含量的变化而变化。De Laurentiis 等（2014）研究了对乙酰氨基酚在水环境体系中的光化学反应。他们的研究表明，对乙酰氨基酚可以通过直接光解（$\Phi_{dir}=0.046$）、与 $CO_3^{\bullet -}$（特别是在碱性条件下）和^{3}OM 反应（仅在 5mg DOC/L 以上）等途径降解。他们输入了不同的光化学参数，模拟不同环境条件下（如不同的 OM 浓度、水深和碱度）对乙酰氨基酚的反应过程，发现夏季光化学半衰期预计在几天到几周之间。此外，他们还鉴定了几种光氧化产物。

几种磺胺类抗生素的结构、酸解离常数、质子化态、直接光解反应速率常数和量子产率（改编自 Boreen 等，2004；Boreen 等，2005）　表 13-2

化合物	结构	pK_{a1}	pK_{a2}	质子化态[a]	k_{dir} ($\times 10^{-6} s^{-1}$)	Φ_{dir}
磺胺甲恶唑	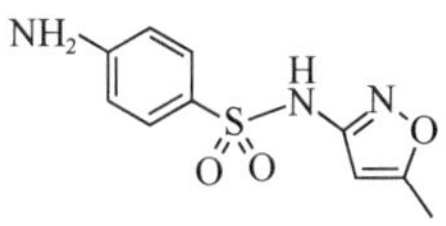	1.6	5.7	SH^+	<3	0
				S	60	0.5
				S^-	8	0.09

续表

化合物	结构	pK_{a1}	pK_{a2}	质子化态[a]	k_{dir} ($\times10^{-6}s^{-1}$)	Φ_{dir}
磺胺甲基异恶唑	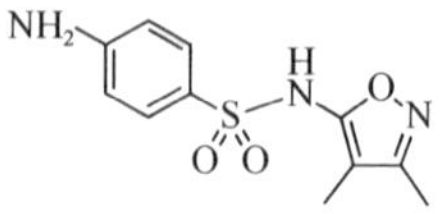	1.5	5.0	SH^+	110	0.7
				S	70	0.17
				S^-	21	0.07
磺胺甲二唑	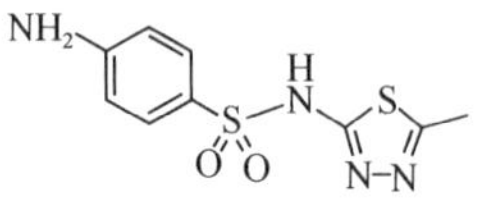	2.1	5.3	SH^+	<3	<0.01
				S	<3	<0.005
				S^-	13	0.5
磺胺塞唑	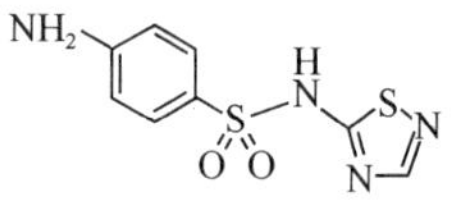	2.2	7.2	SH^+	6	0.02
				S	31	0.07
				S^-	140	0.40
磺胺甲嘧啶	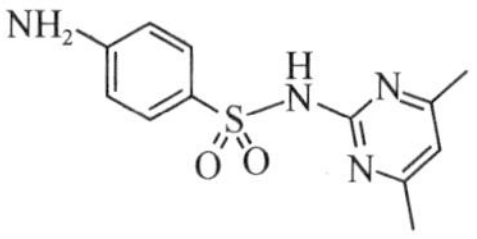	2.6	8	SH	10	0.0003
				S^-	7	0.005
磺胺甲基嘧啶	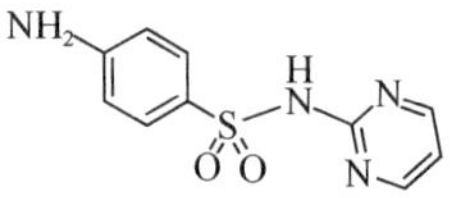	2.5	7	SH	5.4	0.00023
				S^-	6	0.003
磺胺嘧啶	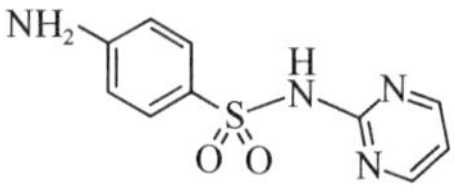	2	6.4	SH	8	0.0004
				S^-	10	0.0012
磺胺二甲基嘧啶	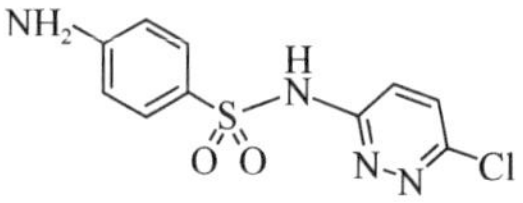	2	5.9	SH	10	0.0003
				S^-	34	0.0023
磺胺二甲氧基	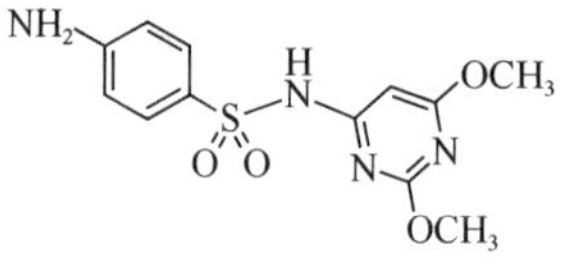	2.9	6.1	SH	20	0.000010
				S^-	4	0.000014

[a] 确定质子化态、计算 k_{dir}和 Φ_{dir}的 pH 值见 Boreen 等（2004）、Boreen 等（2005）。

在两种不同 ·OH 浓度的地表水（pH＝8）中磺胺类抗生素的光化学半衰期和间接光解作用随季节和纬度的变化（改编自 Boreen 等，2005）　表 13-3

化合物	$t_{1/2}$ (h)						天然水体增强 $k_{natural}/k_{DI}$
	直接光解				羟基自由基		
	30°纬度		45°纬度		$[·OH]_{ss}$		
	夏季	冬季	夏季	冬季	1fmol/L	0.01fmol/L	
磺胺甲嘧啶	28	72	31	180	38	3800	2.8
磺胺甲基嘧啶	51	120	55	300	51	5100	1.6

续表

化合物	$t_{1/2}$ (h)						天然水体增强 $k_{natural}/k_{DI}$
	直接光解				羟基自由基		
	30°纬度		45°纬度		[$\cdot OH$]$_{ss}$		
	夏季	冬季	夏季	冬季	1fmol/L	0.01fmol/L	
磺胺嘧啶	28	69	31	160	52	5200	1.4
磺胺二甲基嘧啶	9	21	9	48	44	4400	1.3
磺胺二甲氧基	35	120	45	420	32	3200	0.9

13.8.1.3　其他 PPCPs

Goncalves 等（2011）研究了抗病毒药物特敏福的光化学行为。他们发现，母体药物的降解速度远远快于其主要代谢物（$t_{1/2}$分别为 15d、150d）。来自特敏福及其主要代谢物的光产物往往比母体化合物性质更稳定，这意味着这些产物可能会在天然水体中积累。抗癫痫药物卡马西平通过直接光解和光生$\cdot OH$反应降解，这两条途径的贡献程度取决于具体的野外条件（De Laurentiis 等，2012）。他们建立了一个模型，根据水深和天然水体成分浓度的变化来预测反应速率和反应途径。他们还鉴定了几种光产物，包括致突变化合物吖啶。个人护理品也得到了广泛的研究，防晒霜的光化学降解就是一个例子（MacManus-Spencer 等，2011；Vione 等，2013）。Vione 等（2013）的研究包括预测不同环境条件下行为的模型。

13.8.2　农药

农药（杀虫剂、除草剂、杀菌剂）是地表水中普遍存在的污染物，已成为许多光化学研究的课题。Fenner 等（2013）综述了环境中杀虫剂的降解，其中生物降解是主要的转化途径，而直接和间接的光化学反应对某些农药的降解也很重要。他们还注意到杀虫剂的降解产物可能依然会保持其生物活性（甚至增强药效）。

早期的一些研究表明，阿特拉津-三嗪类在紫外光照射下会降解（Pape 和 Zabik，1972）。在此基础上，Minero 等证明，阿特拉津暴露于相关环境光能下时会发生降解（Minero 等，1992）。此外，他们还证明了 OM 能提高阿特拉津的光解速率，这表明间接光解途径可能是该除草剂一个重要的环境转化过程。Marchetti 等（2013）对之前的工作进行了追踪，以表明直接光解及与$\cdot OH$和^3OM的反应可能对阿特拉津的转化很重要。它们包括一个模型，以显示反应速率和反应途径预计将如何随着溶解的天然水体成分的深度和浓度而变化。Lam 等（2003）使用类似的方法来分析阿特拉津及其他几种农药和药物的光化学行为。

一些研究证明了光化学对含氯农药降解的重要性（Pillai，1977；Quistad 和 Mulholland，1983；Palumbo 和 Garcia，1988；Fulkerson Brekken 和 Brezonik，1998）。在这些报道中，直接光解及涉及$^1O_2$和$\cdot OH$的间接光解都被认为是降解途径。间接光解机理也参与其他农药的降解。一种苹果种植者使用的农药无亚拉剂，被证实可以与$^1O_2$反应

(Brown 和 Casida，1988)，其他包括二硫酚和倍硫磷等一系列的硫酚类农药也具有明显的反应活性（Gohre 和 Miller，1986)。涉及^{3}OM 的间接光化学反应能提高有机磷农药(Gohre 和 Miller，1986；Kamiya 和 Kameyama，2001)、农药非草隆的模型（Richard 等，1997）和苯脲类除草剂（Gerecke 等，2001）的降解速率。Gerecke 等（2001）已经指出，在实验室条件下，实验中测量的三线态敏化反应速率可以解释天然水体中苯脲浓度随季节和深度的变化情况。Gerecke 等（2001）和 Canonica 等（2006）报道了苯脲类除草剂与激发态三重态的快速反应，二级反应速率常数接近扩散控制极限（10^9 L/(mol・s))。速率常数与苯脲类的 σ_{meta^+} 和哈米特常数 σ_{para^+} 之和成很强的负相关（Gerecke 等，2001；Schwarzenbach 等，2002)。所提出的激发态三重态氧化苯脲类除草剂的一般机理如图 13-11所示。

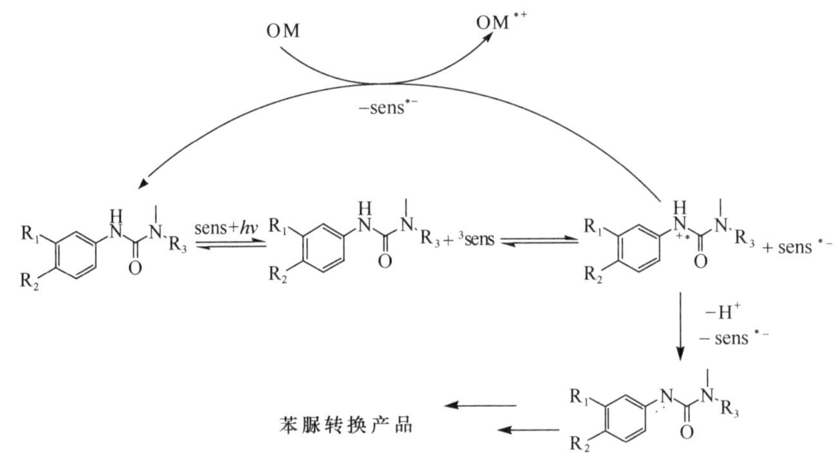

图 13-11　三重态敏化剂（sens）及 OM 作为抗氧化剂的苯脲类除草剂的氧化流程、部分氧化苯脲自由基阳离子的淬灭及以萨旺尼河富里酸为增感剂对几种苯脲类除草剂进行三重态敏化氧化反应的速率常数（改编自 Gerecke 等，2001；Schwarzenbach 等，2002；Canonica 等，2006；Canonica 和 Glaubscher，2008）

相对难降解的除草剂甲草胺与处理湿地水中产生的•OH 可发生对 pH 敏感的降解反应（Miller 和 Chin，2005)。Hand 和 Oliver（2010）介绍了新型杀菌剂吡唑萘菌胺在实验室中的间接光解，并强调需要进行更接近环境条件的深入研究。除草剂咪草烟也被发现是可光解的，直接光解是主要的反应途径（Espy 等，2011)。该研究还指出，高强度的紫外光（254nm）比太阳光降解的速率更快，这是由于 254nm 紫外光的光子通量和能量更大。他们还发现，在光解过程中，NOM 主要起光催化剂的作用，在 pH＝4 以上时光解速度更快，并识别出几种光产物。两项有趣的研究报道了 NOM 在高氯农药灭蚁灵光解中的作用（Mudawbi 和 Hassett，1988；Burns 等，1997)。通过严谨的实验，两项研究的研究人员确定了在 NOM 基质内灭蚁灵的光脱氯反应（即在光解过程中，高度疏水性的灭蚁灵在 NOM 中被分割，而不是自由溶解在水相中)。

Zeng 和 Arnold（2013）调查了美国北达科他州洞穴湖中 16 种农药的光化学活性。

草原洞穴湖是遍布美国和加拿大大平原的非常小的湿地。他们发现，与去离子水相比，这些洞穴湖中的光化学反应更高，这表明这些系统促进了间接光解。

Burrows 等（1998）综述了各种酚类农药直接和间接光化学降解的动力学。Burrows 等（2002）的另一篇综述报道了更广泛的农药的光化学反应途径和机理。Pace 和 Barreca（2013）的一篇综述描述了包括农药在内的几种人为化学物质的地表水光化学反应机理。Remucal（2014）撰写了一篇广泛的综述，涵盖了大量农药的间接光化学研究，并强调了未来研究的重点领域，包括评估特定配方对农药光解的重要性、识别光产物并分析其生态毒性以及间接光解反应中 PPRIs 的更好识别。

13.8.3　地表水中其他光化学活性污染物

除了转化有机污染物外，光化学过程还可以参与金属的循环和有机金属物种的分解，例如汞。汞是在地表水中发现的最有问题的污染物之一。在地表水中汞最常见的有三种形式为：中性形式（Hg^0）、二价阳离子形式（Hg^{2+}）和有机汞[$(CH_3)Hg^+$、$MeHg^+$]。光化学过程与汞的环境循环和迁移有关(Nriagu，1994；Sellers 等，1996；Lalonde 等，2001；Zhang 和 HsuKim，2010)。Amyot 等（1997）指出，Hg^{2+}很容易被光还原为 Hg^0。除此之外，Lalonde 及其同事（2001，2004）通过实验指出，Hg^0与 Hg^{2+}也会发生逆向的光氧化反应。在 2005 年的一项研究中，Garcia 等监测了 Hg^0光氧化过程的一昼夜变化，并确定 Hg^{2+}的还原反应主要发生在白天（即 Hg^{2+}的还原速度要快于 Hg^0的光氧化速率）。从人类健康的角度来看，$MeHg^+$是最有问题的汞形态，因为其具有毒性和生物累积性。Sellers 等（1996）报道称，$MeHg^+$在太阳光下会发生光致脱甲基反应。后来的一项研究认为，光致脱甲基反应是在 OM 内部发生的 $MeHg^+$与$^1O_2$ 的反应（Zhang 和 Hsu-Kim，2010)。随后的两项研究指出了在 $MeHg^+$的光致脱甲基过程中 $MeHg^+$与 OM 还原硫位点结合的重要性（Black 等，2012；Fernandez-Gomez 等，2013)。这两项研究还指出，较短的辐射波长将导致更快的降解速度。Black 等（2012）指出，虽然较短的波长导致表面更快的光致脱甲基速率，但可见光区域较长的波长由于它们在天然水体中的穿透深度，可能在降解 $MeHg^+$中更为重要。Jeremiason 等（2015）的研究结果表明，OM 上的硫醇结合位点参与了 Hg^{2+}的光还原和 $MeHg^+$的光致脱甲基反应。Hg^{2+}的光还原反应可能是通过 Hg^{2+}硫醇键的直接光解实现的，而 $MeHg^+$的光致脱甲基反应涉及 PPRIs。

光化学与许多其他与环境有关的化合物的降解有关，包括二氯二恶英（Choudry 和 Webster，1987；Kim 和 O’Keefe，2000)、多环芳烃（PAHs）(Karthikeyan 和 Chorover，2000）以及各种酚类污染物（Garcia，1994；Canonica 和 Hoigne，1995；Canonica 等，1995；Burrows 等，1998；Vialoton 等，1998；Chun 等，2000；Richard 和 Grabner，2001；Vialoton 和 Richard，2002；Javier Benitez 等，2003)。壬基酚和壬基酚聚氧乙烯醚是在环境中检测到的强效内分泌干扰物，也被证明主要通过间接途径降解（Ahel 等，1994；Hale 等，2000；Neamtu 和 Frimmel，2006)。微囊藻毒素-LR 是由蓝藻细菌产生的一种强效毒素，它会受到间接光解作用，尽管这可能只是浅水区的一个重要降解过程

(Welker 和 Steinberg，2000)。

13.9 光化学反应降解水中污染物的典型案例

13.9.1 三氯生

三氯生是一种广泛使用的抗菌类化合物，被用于许多消费品中，如肥皂、洗发水、漱口水、除臭剂和聚合物混合物，使它们具有抗菌作用（Heath 等，1998；McMurry 等，1998；Schweizer，2001)。三氯生是最普遍的个人护理品之一，它在美国每年的消耗量约为 600000kg（Anderson 等，2004)，因此受到了环境科学家及工程师的极大关注。目前已有许多关于三氯生及其相关化合物的产生和反应的出版物（Okomura 和 Nishikawa，1996；Müller 等，2000；Kolpin 等，2002；Lindstrom 等，2002；Tixier 等，2002；Bester，2003；Boyd 等，2003；Anderson 等，2004；Balmer 等，2004；Boyd 等，2004；Morrall 等，2004；Kanda 等，2003；Quintana 和 Reemtsma，2004；Kronimus 等，2004；Mezcua 等，2004)。作为一种水环境体系中的污染物，人们对三氯生的研究兴趣主要集中在三个方面：诱导细菌耐药性的潜力、普遍性和前二恶英结构。

细菌对三氯生的耐药机理是已知的（Schweizer，2001)。McBain 等（2002）报告称，暴露在低浓度下就可能导致对三氯生耐药的葡萄球菌的产生。目前已从大量使用三氯生杀菌的工厂中分离出三氯生耐药菌（Lear 等，2002)。虽然分离出的大多数菌株是自然耐药的，但其他菌株对三氯生的耐受性较低。在有关三氯生的综述文献中，Aiello 和 Larson（2003）报道称，有一些证据表明某些细菌对三氯生产生了抗药性。Drury 等（2013）发现，虽然三氯生不会改变细菌的丰度或呼吸速率，但向人工流中添加三氯生会导致底栖细菌多样性降低，并可能导致三氯生具有耐药性。由于三氯生和三氯卡班（另一种抗菌剂）对水生环境具有潜在危害且其在家庭使用中的效果有限，因此 Halden（2014）呼吁规范其使用。

Anderson 等（2004）指出，污水处理设施对三氯生的去除效果差异很大，初级处理方法对三氯生的去除率仅为 32%左右，二级处理和三级处理相结合的处理方法对三氯生的去除率为 90%～95%。在美国地质调查局对全国抽样调查中，139 条河流中有 57%检测出了三氯生（报告中检出限为 50ng/L)，其中最大浓度为 2.3μg/L，中值为 140ng/L（Kolpin 等，2002)。美国地质调查局的其他研究报告称，在低流量条件下，美国爱荷华州 10%的河流中检测到的三氯生含量高达 140ng/L 或更高（Kolpin 等，2004)。在荷兰一家污水处理厂的进水口也检测到了三氯生，排出的废水中也发现了微量三氯生（van Stee 等，1999)。Kanda 等（2003）对英国 6 个污水处理厂的 PPCPs 进行了调查，在所有的进水和出水中都检测到了三氯生。

英国的一项研究发现，三氯生存在于多个污水处理厂的进水和出水中（Sabalunius 等，2003)。尽管研究人员证明，各种处理方法的组合可以使三氯生的去除率达到 95%～

99.5%，但在出厂水中仍能检测到三氯生。此外，他们还跟踪了三氯生在污水处理厂下游的降解情况；在流程中，三氯生的降解速率常数为0.21～0.33h^{-1}。与此一致的是，Morrall等（2004）还在得克萨斯州污水处理设施下游的不同地点检测到了三氯生。Morrall等指出，经吸附和沉淀处理后，其他过程去除或降解三氯生的速率常数为0.25h^{-1}。在两项研究中，Singer等（2002）和Tixier等（2002）发现，光化学过程是格雷芬湖中三氯生在夏季降解的主要过程。在对西班牙废水处理设施的一项研究中，Mezcua等（2004）在进水和出水中检测到了三氯生及未能处理的2,7-二氯二苯并对二恶英（2,7-DCDD）和2,8-二氯二苯并对二恶英（2,8-DCDD）。Bester（2003）在德国污水处理设施的进水（中位数1200ng/L）和出水（中位数51ng/L）中检测到了三氯生，表明有4%～5%的入厂三氯生在处理设施中无法去除。在洛杉矶新奥尔良的雨水渠和休闲城市水道中，也检测到了浓度在1.6～29ng/L之间的三氯生（Boyd等，2004）。美国纽约牙买加湾沉积物中三氯生的存在表明，它在过去几十年中一直存在（Miller等，2008）。除了这些发现，还有人发现了由三氯生的生物甲基化产生的甲基三氯生，它是德国沉积物中普遍存在的污染物（Kronimus等，2004）。在瑞士的湖泊和取自这些湖泊的鱼类组织中也发现了甲基三氯生（Balmer等，2004）。

与其他多氯代苯氧基苯酚一样，三氯生也是一种二恶英前体物，在光解时形成聚氯二苯并对二恶英（Crosby和Wong，1976；Choudry和Webster，1987；Freeman和Srinivasa，1986；Kanetoshi等，1988；Kanetoshi等，1992；Latch等，2003b；Latch等，2005）。二恶英是一类因其对动物和生态系统具有潜在毒性而被广泛研究的化合物。一组有关波塔赛特河和普罗维登斯河的早期研究发现了三氯生以及与其结构相关的化合物，包括2,8-DCDD，假设这些化合物是在三氯生合成过程中带来的（Jungclaus等，1978；Hites和Lopez-Avila，1979；Lopez-Avila和Hites，1980）。这些与三氯生有关的化合物也有可能是由三氯生在天然水体中的光化学降解形成的。Müller及其同事认为，三氯生的光化学转化导致其在夏季从格雷芬湖的上层中降解了80%（Singer等，2002；Tixier等，2002）。Latch等（2003b）的研究表明，在环境条件下，三氯生经光化学反应可转化为2,8-二氯二苯并对二恶英（2,8-DCDD）。一项后续研究确定美国环保署优先控制污染物2,4-二氯苯酚（2,4-DCP）是另外一种三氯生光解产物（Latch等，2005）。早期对2,4-DCP的研究表明，它也具有光敏性，能产生几种氯化产物（Boule等，1984）。Kliegman等（2013）鉴定了二氯苯酚和氯化联苯为三氯生的附加光产物。三氯生光化学反应的总结见图13-12。

三氯生除了具有光化学活性外，还易发生氯化反应，反应过程中氯优先添加到酚环的邻位和对位（Rule等，2005）。事实上，在这些位点氯化产生的三种氯代三氯生，经常在使用氯化作用的处理厂的废水中检测到（2～98ng/L），但在使用紫外线的处理厂的废水中基本没有发现（Buth等，2011）。像三氯生一样，这些氯化三氯生衍生物在光解时会产生多氯二苯并对二恶英（Buth等，2009）。他们研究的沉积物岩心揭示这些二恶英相对于其他焚烧衍生的多氯二苯并对二恶英和多氯二苯并呋喃（PCDDs和PCDFs）一个显著的

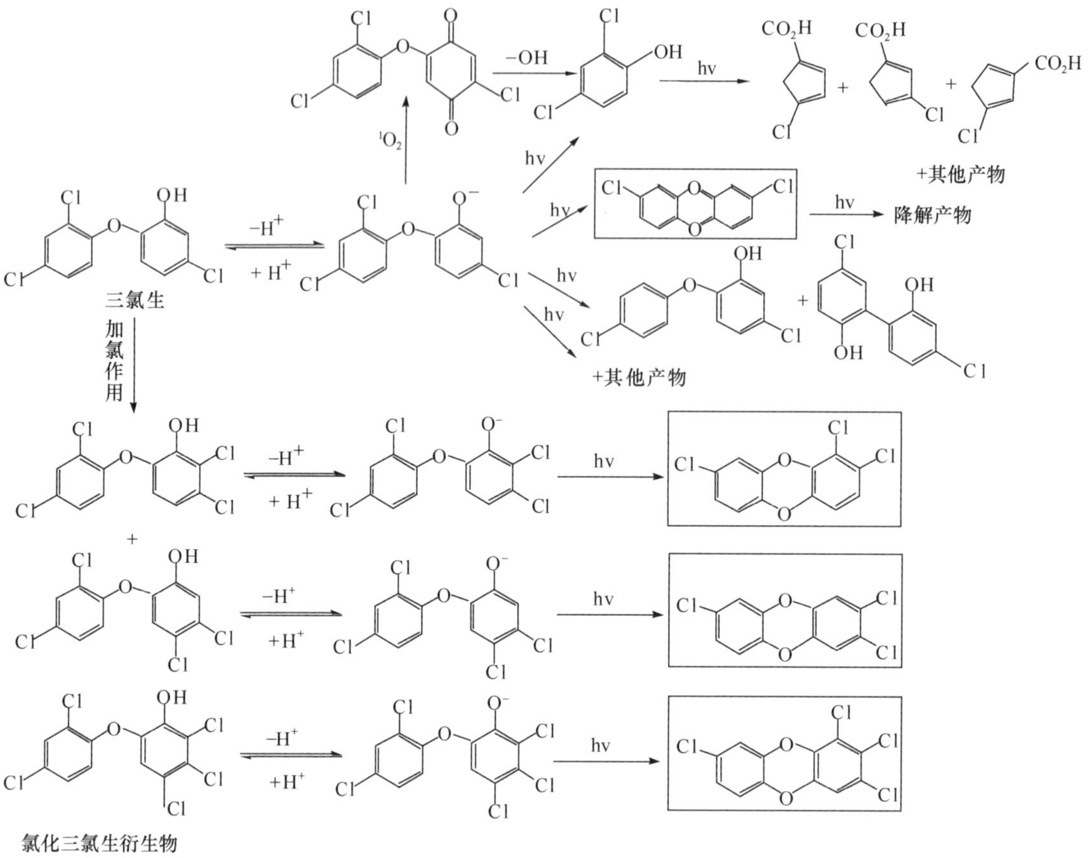

图 13-12　三氯生在光化学和氯化条件下的反应（改编自 Latch 等，2003b；Latch 等，2005；Rule 等，2005；Buth 等，2009；Anger 等，2013；Kliegman 等，2013；Boule 等，1984）

注：图中所示所有氯化联苯均已在环境样品中检测到。

时间趋势。虽然焚烧产生的 PCDDs 和 PCDFs 的沉积物浓度在 20 世纪 70 年代中期达到峰值，并在此后有所下降，但在 20 世纪六七十年代，三氯生和氯化三氯生产生的多氯二苯并对二恶英基本上不存在，随着三氯生商业用途的扩大，其浓度有所增加。后来的一项关于受废水影响湖泊的研究给出了类似的结果，即在没有废水输入的湖泊中无法检测到三氯生或氯化三氯生（Anger 等，2013）。图 13-12 显示了三氯生生成三种氯化三氯生衍生物的氯化过程，以及这些衍生物随后转化为 PCDDs 的过程。Bianco 等（2015）的一项研究表明，其他过程，即与·OH 和^{3}OM 的反应，也可能对三氯生的反应起到重要作用，特别是在三氯生主要以质子化形式存在的酸性水域中。

13.9.2　类固醇激素和相关的内分泌干扰物

类固醇激素和其他内分泌干扰物（EDCs）是在天然水体中发现的最严重的污染物之一，因为它们普遍存在并具有显著的生物效力。在地表水体中经常检测到类固醇激素和

EDCs（Desbrow 等，1998；Baronti 等，2000；Kolpin 等，2002；Phillips 等，2012）。这些化学物质在天然水体中的存在，即使是在非常低的浓度下也是有问题的，因为它们有能力改变水生生物的发育（Jobling 等，1998；Sumpter 和 Johnson，2005；Woodling 等，2006）。Vajda 等（2008，2011）报告了暴露在含雌激素废水中的雄性鱼类的雄性特征丧失且相关生殖破坏。雄性鱼类的雌雄间性发育与人为因素有关，这可以从卵黄原蛋白（卵黄原蛋白是卵黄蛋白的前体）与污水处理厂上游种群大小的相关性得到证明（Desforges 等，2010）。Al Ansari 等（2010）在污水处理厂排放口附近取样的一半短头红马吸盘中检测到了雌激素 17α-乙炔雌醇，浓度约为 1.5ng/g，而在下游的采样点则没有检测到。Kidd 等（2007）报道了在一个实验湖的控制实验中暴露于 5ng/L 17α-炔雌醇的雄性黑头呆鱼的雌性化。经过 7 年的研究，由于 17α-炔雌醇对繁殖的影响，黑头呆鱼种群接近灭绝。

已有研究报道了类固醇激素在光化学条件下及在太阳光照射的水域可产生活性中间体的高级氧化工艺中的反应过程。Lee 等（2008）报道了暴露于多种氧化处理条件下（包括·OH 诱导的过程）的求偶性荷尔蒙迅速丧失。在·OH 含量高的地表水中，这种活性的丧失也有可能发生。Bledzka 等（2010）报道称，·OH 作为氧化剂时，两种类固醇激素去甲雄三烯醇酮和去氢睾酮迅速减少。重要的雌激素 17β-雌二醇和 17α-炔雌醇在模拟太阳光照射下降解，直接光解量子产率分别为 0.07 和 0.08。Whidbey 等（2012）追踪了 5 种雌激素的光化学降解，并使用酵母雌激素筛选法检测了这些光溶液的雌激素活性。他们发现 4 种雌激素（17β-雌二醇、17α-炔雌醇、马烯雌酮、马萘雌酮）生成了不活跃的产物，而雌二醇生成了一种温和的雌激素性雌酮表聚物——卢米斯特龙。这一结果与其他人报道的从雌酮中提取的卢米斯特龙的光合成结果一致，并强调了识别光产物和评估其活性的重要性（Atkinson 等，2011；Trudeau 等，2011）。雄烯二酮和睾酮通过直接光解迅速降解，在地表水中的半衰期约为 3～12h（Young 等，2013）。这些雄激素在光解作用下产生非活性产物，这是由酵母雄激素筛选法测定的。植物雌激素是一种从植物中提取的非类固醇化学物质，可以作为雌激素。Kelly 和 Arnold（2012）及 Felcyn 等（2012）的研究表明，5 种植物雌激素对光不稳定，它们的减少涉及直接和间接光解途径。

近年来对雄激素去甲雄三烯醇酮的光化学行为进行了研究。去甲雄三烯醇酮是醋酸去甲雄三烯醇酮的主要代谢物，是牛的一种高体积生长促进剂。它和其他醋酸去甲雄三烯醇酮代谢物通过直接光解被迅速降解（Kolodziej 等，2013）。鉴定了几种光产物，包括单羟基化产物和多羟基化产物。重要的是，生物测定结果显示，这些光产物保留了生物活性，表明这些光产物和未知的化学结构本身就是 EDCs。后来对去甲雄三烯醇酮的研究揭示了有关光解溶液活性的一个更重要的方面，即生物活性可以在黑暗中反弹（Qu 等，2013）。在这项研究中，考查了去甲雄三烯醇酮在几个光和暗周期中的浓度变化。当去甲雄三烯醇酮被直接光解快速降解时，它（和它的生物活性）在黑暗条件下可再生。这些有关去甲雄三烯醇酮的研究在下结论（随着污染物的降解，生物活性会丧失（以及永久丧失））时应该谨慎。考虑到这些结果，Cwiertny 等（2014）撰写了一篇专题文章，阐述了在光解研究中，随着时间推移跟踪生物活动的重要性，而不是仅仅关注母体污染物的损耗。

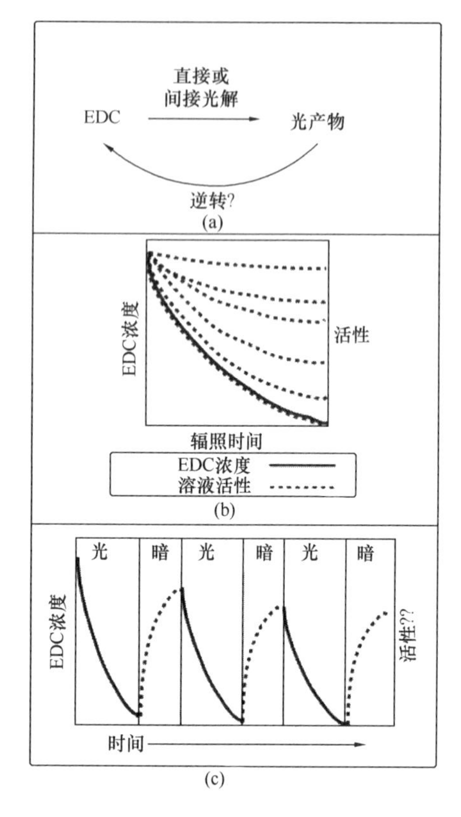

图 13-13 类固醇激素和相关 EDCs 光化学行为中的一些重要方面
（改编自 Kolodziej 等，2013；Qu 等，2013；Cwiertny 等，2014；Whidbey 等，2012；Young 等，2013）

图 13-13显示了类固醇激素和相关 EDCs 光化学行为中的一些重要方面。

图 13-13(a) 为 EDC 光化学转化的简易流程图。该图表明，在一定条件下，EDC 光产物可以恢复到原来结构。图 13-13(b) 为 EDC 降解时生物活性变化趋势图（假设没有逆转）。由此产生的溶液活性取决于产物相对于初始 EDC 的活性。在本例中，产物相对于初始 EDC 的活性减弱。图 13-13(c) 显示了由于产物的黑暗逆转反应而导致的 EDC 再生。在这种情况下，溶液的活性预计也会随着光/暗循环而增强/减弱，但也会反映在该循环中形成的任何其他产物的活性。

13.9.3 水媒病毒和类似模式病原体

正如 Wegener 等（1994）总结的那样，利用太阳光对水进行消毒的想法已经存在很长一段时间了，最近的一些研究探究了直接和间接光化学反应对水中病原体的作用。这些研究的主要目的是确定太阳光是否可以用来灭活病毒，并确定灭活的机理，如图 13-14 所示。

一些研究已经使用噬菌体 MS2（人类肠道病毒的替代物）探索光化学消毒途径。这些研究的总体目标是确定直接紫外光解、病毒内含有的敏化剂产生 PPRIs（“内源性”）和其他水体成分（如 OM 和硝酸盐（“外源性”））产生 PPRIs 使

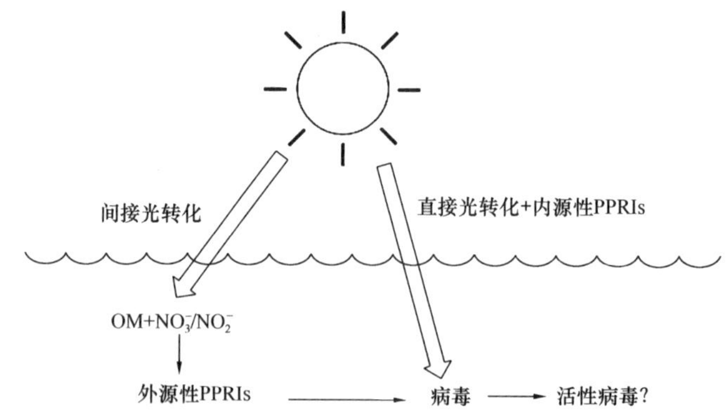

图 13-14 水媒病毒光化学转化示意图（改编自 Kohn 和 Nelson，2007；Kohn 等，2007；Nguyen 等，2014；Mattle 等，2015）

注：除了直接光转化外，病毒还可能与内源性（自敏化）和外源性（来自其他天然水体成分，如有机物和硝酸盐）PPRIs 发生反应。

MS2 失活的程度。由于高能量 UV-B 光穿透能力较低，在自然系统中病毒直接紫外灭活可能受到限制（Kohn 和 Nelson，2007）。Kohn 和 Nelson（2007）观察到，在模拟太阳光下，以不同 NOM 源作为敏化剂的间接光反应可有效灭活 MS2。淬灭实验和在重水（D_2O）中进行的实验结果表明，$^1O_2$ 是导致 PPRI 失活的原因。测定的 MS2 失活速率常数也与以糠醇为 $^1O_2$ 探针测定的 $[^1O_2]_{SS}$ 值有很好的相关性。相对较大的 MS2 结构与 OM 的结合导致了 MS2 在 $^1O_2$ 介导下的失活率提高，这是因为相对于本体溶液，OM 中及其附近的 $^1O_2$ 浓度更高（Kohn 等，2007；Latch 和 McNeill，2006；Grandbois 等，2008）。对 OM 的吸附提高了反应速率。质谱分析表明，$^1O_2$ 对衣壳蛋白的氧化是 MS2 失活的一个重要过程（Rule-Wigginton 等，2010）。一项使用几种噬菌体和人类病毒的研究指出，MS2 的光化学灭活速率比其他病毒慢，这表明使用 MS2 作为病毒灭活探针可能低估了其他病毒的灭活速率。这项研究的另一个重要观点是，现场测定的失活率与实验室使用太阳模拟器测定的失活率有很好的相关性。

Cho 等（2010）证明了基于 C_{60} 纳米颗粒合成的 $^1O_2$ 敏化剂可以用来在可见光下有效地灭活 MS2，突出了它们作为消毒剂的潜在用途。在一项类似的研究中，研究人员检测了芬顿和类芬顿反应导致 MS2 失活的潜能（Nieto-Juarez 等，2010）。他们确定这些反应体系对于灭活 MS2 是有效的，而灭活速率不能完全用溶液中 $^{\bullet}OH$ 的浓度来解释。

Nguyen 等（2014）研究了 MS2 在缺乏外源性敏化剂的情况下产生内源性 PPRIs 的能力。他们发现，根据 MS2 吸收、遮光以及光强的日变化和季节变化，可以很好地预测灭活率。太阳光谱的高能区（280～320nm）在灭活过程中尤为重要。Mattle 等（2015）建立了一个预测 MS2、腺病毒和 phiX174 光化学灭活率的模型，并评估了直接光解和各种 PPRIs 在灭活过程中的相对作用。不同 PPRIs 的相对重要性与预测微污染物间接损失率的方式相似（例如通过使用 $k_{PPRI,污染物}$ 的值和 $[PPRI]_{ss}$）。他们的研究结果表明，这些病毒的失活主要与直接光转化有关，有些病毒由于 $^1O_2$ 而被灭活。

13.10　展望

随着新的商业产品不断研发并在废水中被发现，有必要识别可能造成不利生态影响的新型污染物。对这类污染物的研究应该包括对其进行直接和间接光反应潜力的分析。目前的一个例子是添加到消费品中的纳米材料。正如一些研究人员所指出的那样（Schwarzenbach 等，2006；Oulton 等，2010；Fenner 等，2013；Cwiertny 等，2014），我们还必须尝试确定和评估在污水处理厂中、在农药和其他污染物的生物降解中以及在水生光化学反应中产生的新的副产物的活性和生态毒理特性。定量结构活性关系（QSARs）已用来预测污染物的反应性及确定在具有不同 PPRIs 的污染物中发现的基团（Tratnyek 和 Hoigne，1991；Canonica 和 Tratnyek，2003）。虽然 QSARs 随着哈米特（Hammett）常数的发展而变得有用，但它仅限于相对简单和相关的分子结构。利用计算化学方法可以提高我们预测新型污染物光化学反应的能力。光化学研究不仅应侧重于降解速率，而且还应侧重于光产物的鉴定。如有可能，应测定光产物或光解反应混合物的活性。实验室研究应仔细设计，以便更好地将结果外推至现场条件（Challis 等，2014）；此外，还应开展更多的现场和中试研究，以补充实验室的研究结果。最后，OM（NOM 和 EfOM）产物和淬灭 PPRIs 的机理应继续进行研究，以更好地了解广泛场地和环境条件（包括受影响的回流水域）下的间接光化学。

13.11 致谢

我非常感谢西雅图大学环境公正与可持续发展中心的支持。

13.12 参考文献

Ackerman R. A., Pitts Jr. J. N. and Rosenthal I. (1971). Singlet oxygen in the environmental sciences. Reactions of singlet oxygen, $O_2(^1\Delta g)$ with olefins, sulfides, and compounds of biological significance. *American Chemical Society, Division of Petroleum Chemistry*, **16**, A25–A34.

Aeschbacher M., Graf C., Schwarzenbach R. P. and Sander M. (2012). Antioxidant properties of humic substances. *Environmental Science and Technology*, **46**, 4916–4925.

Aguer J. P. and Richard C. (1996). Reactive species produced on irradiation at 365 nm of aqueous solutions of humic acids. *Journal of Photochemistry and Photobiology, A*, **93**, 193–198.

Aguer J. P., Richard C. and Andreux F. (1999). Effect of light on humic substances: production of reactive species. *Analusis*, **27**, 387–390.

Ahel M., Scully Jr. F. E., Hoigne J. and Giger W. (1994). Photochemical degradation of nonylphenol and nonylphenol ethoxylates in natural waters. *Chemosphere*, **28**, 1361–1368.

Aiello A. E. and Larson E. (2003). Antibacterial cleaning and hygiene products as an emerging risk factor for antibiotic resistance in the community. *Lancet Infectious Diseases*, **3**, 501–506.

Al-Ansari A. M., Saleem A., Kimpe L. E., Sherry J. P., McMaster M. E., Trudeau V. L. and Blais J. M. (2010). Bioaccumulation of the pharmaceutical 17alpha-ethinylestradiol in shorthead redhorse suckers (*Moxostoma macrolepidotum*) from the St. Clair River, Canada. *Environmental Pollution*, **158**(8), 2566–2571.

Al Housari F., Vione D., Chiron S. and Barbati S. (2010). Reactive photoinduced species in estuarine waters. Characterization of hydroxyl radical, singlet oxygen and dissolved organic matter triplet state in natural oxidation processes. *Photochemical and Photobiological Sciences*, **9**, 78–86.

Amyot M., Gill G. A. and Morel F. M. M. (1997). Production and loss of dissolved gaseous mercury in coastal seawater. *Environmental Science and Technology*, **31**, 3606–3611.

An AP Investigation. Pharmaceuticals Found in Drinking Water. http://hosted.ap.org/specials/interactives/pharmawater_site/ (accessed 1 April 2015).

Anderson P. D., D'Aco V. J., Shanahan P., Chapra S. C., Buzby M. E., Cunningham V. L., DuPlessie B. M., Hayes E. P., Mastrocco F. J., Parke N. J., Rader J. C., Samuelian J. H. and Schwab B. W. (2004). Screening analysis of human pharmaceutical compounds in U.S. surface waters. *Environmental Science and Technology*, **38**, 838–849.

Anger C. T., Sueper C., Blumentritt D. J., McNeill K., Engstrom D. R. and Arnold W. A. (2013). Quantification of triclosan, chlorinated triclosan derivatives, and their dioxin photoproducts in lacustrine sediment cores. *Environmental Science and Technology*, **47**, 1833–1843.

Arnold W. A. and McNeill K. (2007) Transformation of pharmaceuticals in the environment: photolysis and other abiotic processes. In: *Comprehensive Analytical Chemistry 50*, M. Petrovic and D. Barcelo (eds), Elsevier, Amsterdam, pp. 361–385.

Atkinson S. K., Marlatt V. L., Kimpe L. E., Lean D. R., Trudeau V. L. and Blais J. M. (2011). Environmental factors affecting ultraviolet photodegradation rates and estrogenicity of estrone and ethinylestradiol in natural waters. *Archives of Environmental Contamination and Toxicology*, **60**(1), 1–7.

Balmer M. E., Poiger T., Droz C., Romanin K., Bergqvist P. A., Mueller M. D. and Buser H. R. (2004). Occurrence of methyl triclosan, a transformation product of the bactericide triclosan, in fish from various lakes in Switzerland. *Environmental Science and Technology*, **38**, 390–395.

Bahnmuller S., von Gunten U. and Canonica S. (2014). Sunlight-induced transformation of sulfadiazine and sulfamethoxazole in surface waters and wastewater effluents. *Water Research*, **57**, 183–192.

Barcelo D. and Petrovic M. (2007). Conclusion and future research needs. In: Comprehensive Analytical Chemistry 50, M. Petrovic and D. Barcelo (eds.), Elsevier, Amsterdam, pp. 515–527.

Baronti C., Curini R., D'Ascenzo G., Di Corcia A., Gentili A. and Samperi R. (2000). Monitoring natural and synthetic estrogens at activated sludge sewage treatment plants and in a receiving river water. *Environmental Science and Technology*, **34**(24), 5059–5066.

Baxter R. M. and Carey J. H. (1983). Evidence for photochemical generation of superoxide ion in humic waters. *Nature*, **306**, 575– 576.

Belfroid A. C., Van der Horst A., Vethaak A. D., Schafer A. J., Rijs G. B. J., Wegener J. and Cofino W. P. (1999). Analysis and occurrence of estrogenic hormones and their glucuronides in surface water and waste water in the Netherlands. *Science of the Total Environment*, **225**, 101–108.

Bester K. (2003). Triclosan in a sewage treatment process—Balances and monitoring data. *Water Research*, **37**, 3891–6.

Bianco A., Fabbri D., Minella M., Brigante M., Mailhot G., Maurino V., Minero C. and Vione D. (2015). New insights into the environmental photochemistry of 5-chloro-2-(2,4-dichlorophenoxy)phenol (triclosan): reconsidering the importance of indirect photoreactions. *Water Research*, **172**, 271–280.

Black F. J., Poulin B. A. and Flegal A. R. (2012). Factors controlling the abiotic photo-degradation of monomethylmercury in surface waters. *Geochimica et Cosmochimica Acta*, **84**, 492–507.

Bledzka D., Gmurek M., Gryglik M., Olak M., Miller J. S. and Ledakowicz S. (2010). Photodegradation and advanced oxidation of endocrine disruptors in aqueous solutions. *Catalysis Today*, **151**, 125–130.

Blough N. V. and Zepp R. G. (1995). Reactive oxygen species in natural waters. In: Active Oxygen in Chemistry, C. Foote, J. Valentine, A. Greenberg and Liebman S. (eds), Chapman and Hall, New York, pp. 280–333.

Bodhipaksha L. C., Sharpless C. M., Chin Y. P., Sander M., Langston W. K. and MacKay A. A. (2015). Triplet photochemistry of effluent and natural organic matter in whole water and isolates from effluent-receiving rivers. *Environmental Science and Technology*, **49**(6), 3453–3463.

Bodrato M. and Vione D. (2014). APEX (Aqueous Photochemistry of Environmentally occurring Xenobiotics): a free software tool to predict the kinetics of photochemical processes in surface waters. *Environmental Science: Processes & Impacts*, **16**, 732–740.

Boreen A. L., Arnold W. A. and McNeill K. (2003). Photodegradation of pharmaceuticals in the aquatic environment: a review. *Aquatic Sciences*, **65**, 320–341.

Boreen A. L., Arnold W. A. and McNeill K. (2004). Photochemical fate of sulfa drugs in the aquatic environment: sulfa drugs containing five-membered heterocycic groups. *Environmental Science and Technology*, **38**, 3933–3940.

Boreen A. L., Arnold W. A. and McNeill K. (2005). Triplet-sensitized photodegradation of sulfa drugs containing six-membered heterocyclic groups: identification of an SO_2 extrusion photoproduct. *Environmental Science and Technology*, **39**, 3630–3638.

Boule P., Guyon C. and Lemaire J. (1984). Photochemistry and the environment. VIII. Photochemical behavior of dichlorophenols in a dilute aqueous solution. *Chemosphere*, **13**, 603–612.

Boyd G. R., Reemtsma H., Grimm D. A. and Mitra S. (2003). Pharmaceuticals and personal care products (PPCPs) in surface and treated waters of Louisiana, USA and Ontario, Canada. *Science of the Total Environment*, **311**, 135–149.

Boyd G. R., Palmeri J. M., Zhang S. and Grimm D. A. (2004). Pharmaceuticals and personal care products (PPCPs) and endocrine disrupting chemicals (EDCs) in stormwater canals and Bayou St. John in New Orleans, Louisiana, USA. *Science of the Total Environment*, **333**, 137–48.

Brezonik P. L. and Arnold W. A. (2011). Water Chemistry. An Introduction to the Chemistry of Natural and Engineered Aquatic Systems. Oxford University Press, New York.

Brezonik P. L. and Fulkerson-Brekken J. (1998). Nitrate-induced photolysis in natural waters: controls on concentrations of hydroxyl radical photo-intermediates by natural scavenging agents. *Environmental Science and Technology*, **32**, 3004–3010.

Brooks B. W., Riley T. M. and Taylor R. D. (2006). Water quality of effluent-dominated ecosystems: ecotoxicological, hydrological, and management considerations. *Hydrobiologia*, **556**, 365–379.

Brown M. A. and Casida J. E. (1988). Daminozide: oxidation by photochemically generated singlet oxygen to dimethylnitrosamine and succinic anhydride. *Journal of Agricultural and Food Chemistry*, **36**, 1064–1066.

Burns J. M., Cooper W. J., Ferry J. L., King D. W., DiMento B. P., McNeill K., Miller C. J., Miller W. L., Peake B. M., Rusak S. A., Rose A. L. and Waite T. D. (2012). Methods for reactive oxygen species (ROS) detection in aqueous environments. *Aquatic Sciences*, **74**, 683–734.

Burns S. E., Hassett J. P. and Rossi M. V. (1997). Mechanistic implications of the intrahumic dechlorination of mirex. *Environmental Science and Technology*, **31**, 1365–1371.

Burrows H. D., Ernestova L., Kemp T. J., Skurlatov Y. I., Purmal A. P. and Yermakov A. N. (1998). Kinetics and mechanism of photodegradation of chlorophenols. *Progress in Reaction Kinetics and Mechanism*, **23**, 145–207.

Burrows H. D., Canle L. M., Santabella J. A. and Steenken S. (2002). Reaction pathways and mechanisms of photodegradation of pesticides. *Journal of Photochemistry and Photobiology B*, **67**, 71–108.

Buser H.-R., Poiger T. and Mueller M. D. (1998). Occurrence and fate of the pharmaceutical drug diclofenac in surface waters: rapid photodegradation in a lake. *Environmental Science and Technology*, **32**, 3449–3456.

Buth J. M., Grandbois M., Vikesland P. J., McNeill K. and Arnold W. A. (2009). Aquatic photochemistry of chlorinated triclosan derivatives: potential source of polychlorinateddibenxo-*p*-dioxins. *Environmental Toxicology and Chemistry*, **28**, 2555–2563.

Buth J. M., Steen P. O., Sueper C., Blumentritt D., Vikesland P. J., Arnold W. A. and McNeill K. (2010). Dioxin photoproducts of triclosan and its chlorinated derivatives in sediment cores. *Environmental Science and Technology*, **44**, 4545–4551.

Buth J. M., Ross M. R., McNeill K. and Arnold W. A. (2011). Removal and formation of chlorinated triclosan derivatives in wastewater treatment plants using chlorine and UV disinfection. *Chemosphere*, **84**, 1238–1243.

Buxton G. V., Greenstock C. L., Helman N. P. and Ross A. B. (1988). Critical review of rate constants for reaction of hydrated electrons and hydroxyl radicals in aqueous solution. *Journal of Physical Chemistry Reference Data*, **17**, 513–886.

Calamari D., Zuccato E., Castiglioni S., Bagnati R. and Fanelli R. (2003). Strategic survey of therapeutic drugs in the Rivers Po and Lambro in Northern Italy. *Environmental Science and Technology*, **37**, 1241–1248.

Canonica S. (2007). Oxidation of aquatic organic contaminants induced by excited triplet states. *Chimia*, **61**, 641–644.

Canonica S. and Freiburghaus M. (2001). Electron-rich phenols for probing the photochemical reactivity of freshwaters. *Environmental Science and Technology*, **35**, 690–695.

Canonica S. and Hoigne J. (1995). Enhanced oxidation of methoxy phenols at micromolar concentration photosensitized by dissolved natural organic material. *Chemosphere*, **30**, 2365–2374.

Canonica S. and Laubscher H. U. (2008). Inhibitory effect of dissolved organic matter on triplet-induced oxidation of aquatic contaminants. *Photochemical and Photobiological Sciences*, **7**, 547–551.

Canonica S. and Tratnyek P. G. (2003). Quantitative structure-activity relationships for oxidation reactions of organic chemicals in water. *Environmental Toxicology and Chemistry*, **22**, 1743–1754.

Canonica S., Jans U., Stemmler K. and Hoigne J. (1995). Transformation kinetics of phenols in water: photosensitization by dissolved natural organic material and aromatic ketones. *Environmental Science and Technology*, **29**, 1822–1831.

Canonica S., Hellrung B. and Wirz J. (2000). Oxidation of phenols by triplet aromatic ketones in aqueous solutions. *Journal of Physical Chemistry A*, **104**, 1226–1232.

Canonica S., Kohn T., Mac M., Real F. J., Wirz J. and von Gunten U. (2005). Photosensitizer method to determine rate constants for the reaction of carbonate radical with organic compounds. *Environmental Science and Technology*, **39**, 9182–9188.

Canonica S., Hellrung B., Mueller P. and Wirz J. (2006). Aqueous oxidation of phenylurea herbicides by triplet aromatic ketones. *Environmental Science and Technology*, **40**, 6636–6641.

Challis J. K., Carlson J. C., Friesen K. J., Hanson M. L. and Wong C. S. (2013). Aquatic photochemistry of the sulfonamide antibiotic sulfapyridine. *Journal of Photochemistry and Photobiology A.*, **262**, 14–21.

Challis J. K., Hanson M. L., Friesen K. J. and Wong C. S. (2014). A critical assessment of the photodegradation of pharmaceuticals in aquatic environments: defining our current understanding and identifying knowledge gaps. *Environmental Science Processes & Impacts*, **16**, 672–696.

Christensen F. M. (1998). Pharmaceuticals in the environment-a human risk? *Regulatory Toxicology Pharmacology*, **28**, 212–221.

Cho M., Lee J., Mackeyev Y., Wilson L. J., Alvarez P. J. J., Hughes J. B. and Kim J. H. (2010). Visible light sensitized inactivation of MS-2 bacteriophage by a cationic amine-functionalized C_{60} derivative. *Environmental Science and Technology*, **44**, 6685–6691.

Choudhry G. G. and Webster G. R. B. (1987). Environmental photochemistry of polychlorinated dibenzofurans (PCDFs) and dibenzo-*p*-dioxins (PCDDs): a review. *Toxicological and Environmental Chemistry*, **14**, 43–61.

Chun H., Yizhong W. and Hongxiao T. (2000). Destruction of phenol aqueous solution by photocatalysis or direct photolysis. *Chemosphere*, **41**, 1205–9.

Conceicao M., Mateus D. A., Da Silva A. M. and Burrows H. D. Kinetics of the fungicide fenarimol in natural waters and in various salt solutions: salinity effects and mechanistic considerations. *Water Research*, **34**, 1119–1126.

Cooper W. J. and Zika R. G. (1983). Photochemical formation of hydrogen peroxide in surface and ground waters exposed to sunlight. *Science*, **220**, 711–712.

Cooper W. J., Zika R. G., Petasne R. G. and Fischer A. M. (1989). Sunlight-induced photochemistry of humic substances in natural waters: major reactive species. In: Aquatic Humic Substances, I. H. Suffet and P. MacCarthy (eds), American Chemical Society, Washington, D.C., pp. 333–362.

Crosby D. G. and Wong A. S. (1976). Photochemical generation of chlorinated dioxins. *Chemosphere*, **5**, 327–332.

Cwiertny D. M., Snyder S. A., Schlenk D. and Kolodziej E. P. (2014). Environmental designer drugs: when transformation may not eliminate risk. *Environmental Science and Technology*, **48**(20), 11737–11745.

Daughton C. G. and Ternes T. A. (1999). Pharmaceuticals and personal care products in the environment: agents of subtle change? *Environmental Health Perspectives Supplement*, **107**, 907–938.

De Laurentiis E., Chiron S., Kouras-Hadef S., Richard C., Minella M., Maurino V., Minero C. and Vione D. (2012). Photochemical fate of carbamazepine in surface freshwaters: laboratory measures and modeling. *Environmental Science and Technology*, **46**, 8164–8173.

De Laurentiis E., Prasse C., Ternes T. A., Minella M., Maurino V., Minero C., Sarakha M., Brigante M. and Vione D. (2014). Assessing the photochemical transformation pathways of acetaminophen relevant to surface waters: transformation kinetics, intermediates, and modelling. *Water Research*, **53**, 235–248.

Desbrow C., Routledge E. J., Brighty G. C., Sumpter J. P. and Waldock M. (1998). Identification of estrogenic chemicals in STW effluent. 1. Chemical fractionation and in vitro biological screening. *Environmental Science and Technology*, **32**(11), 1549–1558.

Desforges J. P. W., Peachey, B. D. L., Sanderson, P. M., White P. A. and Blais J. M. (2010). Plasma vitellogenin in male teleost fish from 43 rivers worldwide is correlated with upstream population size. *Environmental Pollution*, **158**, 3279–3284.

Dong M. M. and Rosario-Ortiz R. L. (2012). Photochemical formation of hydroxyl radical from effluent organic matter. *Environmental Science and Technology*, **46**, 3788–3794.

Drewes J. E. and Croue J. P. (2002). New approaches for structural characterization of organic matter in drinking water and wastewater effluents. *Water Supply*, **2**, 1–10.

Drury B., Scott J., Rosi-Marshall E. J. and Kelly J. J. (2013). Triclosan exposure increases triclosan resistance and influences taxonomic composition of benthic bacterial communities. *Environmental Science and Technology*, **47**, 8923–8930.

Dulin D. and Mill T. (1982). Development and evaluation of sunlight actinometers. *Environmental Science and Technology*, **16**, 815–820.

Espy R., Pelton E., Opseth A., Kasprisin J. and Nienow A. M. (2011). Photodegradation of the herbicide imazethapyr in aqueous solutions: effects of wavelength, pH, and natural organic matter (NOM) and analysis of photoproducts. *Journal of Agricultural and Food Chemistry*, **59**, 7277–7285.

Felcyn J. R., Davis J. C. C., Tran L. H., Berude J. C. and Latch D. E. (2012). Aquatic photochemistry of isoflavone phytoestrogens: degradation kinetics and pathways. *Environmental Science and Technology*, **46**, 6698–6704.

Fenner K., Canonica S., Wackett L. P. and Elsner M. (2013). Evaluating pesticide degradation in the environment: blind spots and emerging opportunities. *Science*, **341**, 752–758.

Fernandez-Gomez C., Drott A., Bjorn E., Diez S., Bayona J. M., Tesfalidet S., Lindfors A. and Skyllberg U. (2013). Towards universal wavelength-specific photodegradation rate constants for methylmercury in humic waters, exemplified by a boreal lake-wetland gradient. *Environmental Science and Technology*, **47**, 6279–6287.

Foreman, W. T., Gray, J. L., ReVello, R. C., Lindley, C. E., Losche, S. A. and Barber L. B. (2012). Determination of steroid hormones and related compounds in filtered and unfiltered water by solid-phase extraction, derivatization, and gas chromatography with tandem mass spectrometry, U.S. Geological Survey Techniques and Methods, book 5, chapter B9, 1–118.

Freeman P. K. and Srinivasa R. (1986). Photochemistry of polyhaloarenes. 4. Phototransformations of perchloro-*o*-phenoxyphenol in basic media. *Journal of Organic Chem*istry, **51**, 3939–3942.

Fulkerson-Brekken J. and Brezonik P. L. (1998). Indirect photolysis of acetochlor: rate constant of a nitrate-mediated hydroxyl radical reaction. *Chemosphere*, **36**, 2699–2704.

Garcia E., Poulain A. J., Amyot M. and Ariya P. A. (2005). Diel variations in photoinduced oxidation of Hg0 in freshwater. *Chemosphere*, **59**, 977–981.

Garcia N. A. (1994). New trends in photobiology: singlet-molecular-oxygen-mediated photodegradation of aquatic phenolic pollutants. A kinetic and mechanistic overview. *Journal of Photochemistry and Photobiology*, *22*, 185–196.

Gerecke A. C., Canonica S., Mueller S. R., Schaerer M. and Schwarzenbach R. P. (2001). Quantification of dissolved natural organic matter (DOM) mediated phototransformation of phenylurea herbicides in lakes. *Environmental Science and Technology*, **35**, 3915–3923.

Glover C. M. and Rosario-Ortiz F. L. (2013). Impact of halides on the photoproduction of reactive intermediates from organic matter. *Environmental Science and Technology*, **47**, 13949–13956.

Gohre K. and Miller G. C. (1986). Photooxidation of thioether pesticides on soil surfaces. *Journal of Agricultural and Food Chemistry*, **34**, 709–713.

Goldberg M. C., Cunningham K. M., Aiken G. R. and Weiner E. R. (1992). The aqueous photolysis of α-pinene in solution with humic acid. *Journal of Contaminant Hydrology*, **9**, 79–89.

Goncalves C., Perex S., Osorio V., Petrovic M., Alpendurada M. F. and Barcelo D. (2011). Photofate of Oseltamivir (Tamiflu) and oseltamivir carboxylate under natural and simulated solar irradiation: kinetics, identification of the transformation products, and environmental occurrence. *Environmental Science and Technology*, **45**, 4307–4314.

Grandbois M., Latch D. E. and McNeill K. (2008). Microheterogeneous concentrations of singlet oxygen in natural organic matter isolate solutions. *Environmental Science and Technology*, **42**, 9184–9190.

Grebel J. E., Pignatello J. J., Song W., Cooper W. J. and Mitch W. A. (2009). Impact of halides on the photobleaching of dissolved organic matter. *Marine Chemistry*, **115**, 134–144.

Grebel J. E., Pignatello J. J. and Mitch W. A. (2010). Effect of halide ions and carbonates on organic contaminant degradation by hydroxyl radical-based advanced oxidation processes in saline waters. *Environmental Science and Technology*, **44**, 6822–6828.

Grebel J. E., Pignatello J. J. and Mitch W. A. (2011). Sorbic acid as a quantitative probe for the formation, scavenging and steady-state concentrations of the triplet excited state of organic compounds. *Water Research*, **45**, 6535–6544.

Grebel J. E., Pignatello J. J. and Mitch W. A. (2012). Impact of halide ions on natural organic matter-sensitized photolysis of 17β-estradiol in saline waters. *Environmental Science and Technology*, **46**, 7128–7134.

Guerard J. J., Chin Y.-P., Mash H. and Hadad C. M. (2009a). Photochemical fate of sulfadimethoxine in aquaculture waters. *Environmental Science and Technology*, **43**, 8587–8592.

Guerard J. J., Miller P. L., Trouts T. D. and Chin Y.-P. (2009b). The role of fulvic acid composition in the photosensitized degradation of aquatic contaminants. *Aquatic Sciences*, **71**, 160–169.

Gurr C. J. and Reinhard M. (2006). Harnessing natural attenuation of pharmaceuticals and hormones in rivers. *Environmental Science and Technology*, **40**(9), 2872–2876.

Haag W. R. and Hoigné J. (1986). Singlet oxygen in surface waters. 3. Photochemical formation and steady-state concentrations in various types of waters. *Environmental Science and Technology*, **20**, 341–348.

Haag W. R. and Mill T. (1987). Rate constants for interaction of singlet oxygen ($^1\Delta g$) with azide ion in water. *Photochemistry and Photobiology*, **45**, 317–321.

Haag W. R. and Yao C. C. D. (1992). Rate constants for reaction of hydroxyl radicals with several drinking water contaminants. *Environmental Science and Technology*, **26**, 1005–1013.

Haag W. R., Hoigné J., Gassman E. and Braun A. M. (1984a). Singlet oxygen in surface waters – part I: furfuryl alcohol as a trapping agent. *Chemosphere*, **13**, 631–640.

Haag W. R., Hoigne J., Gassman E. and Braun A. M. (1984b). Singlet oxygen in surface waters – part II: quantum yields of its production by some natural humic materials as a function of wavelength. *Chemosphere*, **13**, 641–650.

Halden R. (2014). On the need and speed of regulating triclosan and triclocarban in the United States. *Environmental Science and Technology*, **48**, 3603–3611.

Hale R. C., Smith C. L., De Fur P. O., Harvey E., Bush E. O., La Guardia M. J. and Vadas G. G. (2000). Nonylphenols in sediments and effluents associated with diverse wastewater outfalls. *Environmental Toxicology and Chemistry*, **19**, 946–952.

Halladja S., ter Halle A., Aguer J.-P., Boulkamh A. and Richard C. (2007). Inhibition of humic substances mediated photooxygenation of furfuryl alcohol by 2,4,6-trimethylphenol. Evidence for reactivity of the phenol with humic triplet excited states. *Environmental Science and Technology*, **41**, 6066–6073.

Halling-Sorensen B., Nielsen S. N., Lanzky P. F., Ingerslev F., Lutzhft H. C. H. and Jorgensen S. E. (1998). Occurrence, fate and effects of pharmaceutical substances in the environment – a review. *Chemosphere*, **36**, 357–393.

Hand L. H. and Oliver R. G. (2010). The behavior of isopyrazam in aquatic ecosystems: implementation of a tiered investigation. *Environmental Toxicology and Chemistry*, **29**, 2702–2712.

Heath R. J., Yu Y. T., Shapiro M. A., Olson E. and Rock C. O. (1998). Broad spectrum antimicrobial biocides target the FabI component of fatty acid synthesis. *Journal of Biological Chemistry*, **273**, 30316–30320.

Hites R. A. and Lopez-Avila V. (1979). Identification of organic compounds in an industrial waste water. *Analytical Chemistry*, **51**, 1452A–1456A.

Hoigné J., Faust B. C., Haag W. R., Scully F. E. and Zepp R. G. (1989). Aquatic humic substances as sources and sinks of photochemically produced transient reactants. In: Aquatic Humic Substances, I. H. Suffet and P. MacCarthy (eds), American Chemical Society, Washington, D.C., pp. 363–381.

Holbrook R. D., Love N. G. and Novak J. T. (2004). Sorption of 17β-estradiol and 17α-ethinylestradiol by colloidal organic carbon derived from biological wastewater treatment systems. *Environmental Science and Technology*, **38**, 3322–3329.

Huang J. and Mabury S. A. (2000a). A new method for measuring carbonate radical reactivity toward pesticides. *Environmental Toxicology and Chemistry*, **19**, 1501–1507.

Huang J. and Mabury S. A. (2000b). Steady-state concentrations of carbonate radicals in field waters. *Environmental Toxicology and Chemistry*, **19**, 2181–2188.

Huang J. and Mabury S. A. (2000c). The role of carbonate radical in limiting the persistence of sulfur-containing chemicals in sunlit waters. *Chemosphere*, **41**, 1775–1782.

Jacobs L. E., Fimmen R. L., Chin Y. P., Mash H. E. and Weavers L. K. (2011). Fulvic acid mediated photolysis of ibuprofen in water. *Water Research*, **45**, 4449–4458.

Jarusutthiraka C. and Amy G. (2007). Understanding soluble microbial products (SMP) as a component of effluent organic matter (EfOM). *Water Research*, **41**, 2787–2793.

Javier Benitez F., Acero J. L., Real F. J. and Garcia J. (2003). Kinetics of photodegradation and ozonation of pentachlorophenol. *Chemosphere*, **51**, 651–662.

Jeremiason J. D., Portner J. C., Aiken G. R., Hiranaka A. J., Dvorak M. T., Tran K. T. and Latch D. E. (2015). Photoreduction of Hg(II) and photodemethylation of methylmercury: the key role of thiol sites on dissolved organic matter. *Environmental Science: Processes & Impacts*, **17**, 1892–1903.

Jobling S., Nolan M., Tyler C. R., Brighty G. and Sumpter J. P. (1998). Widespread sexual disruption in wild fish. *Environmental Science and Technology*, **32**(17), 2498–2506.

Jones O. A. H., Voulvoulis N. and Lester J. N. (2002). Aquatic environmental assessment of the top 25 English prescription pharmaceuticals. *Water Research*, **36**, 5013–5022.

Jungclaus G. A., Lopez-Avila V. and Hites R. A. (1978). Organic compounds in an industrial waste water: a case study of their environmental impact. *Environmental Science and Technology*, **12**, 88–96.

Kamiya M. and Kameyama K. (2001). Effects of selected metal ions on photodegradation of organophosphorus pesticides sensitized by humic acids. *Chemosphere*, **45**, 231–235.

Kanda R., Griffin P., James Huw A. and Fothergill J. (2003). Pharmaceutical and personal care products in sewage treatment works. *Journal of Environmental Monitoring*, **5**, 823–30.

Kanetoshi A., Ogawa H., Katsura E., Kaneshima H. and Miura T. (1988). Formation of polychlorinated dibenzo-p-dioxin from 2,4,4′-trichloro-2′-hydroxydiphenyl ether (Irgasan DP300) and its chlorinated derivatives by exposure to sunlight. *Journal of Chromatography*, **454**, 145–55.

Kanetoshi A., Ogawa H., Katsura E., Kaneshima H. and Miura T. (1992). Study on the environmental hygienic chemistry of chlorinated 2-hydroxydiphenyl ethers: photolytic conversion to polychlorinated dibenzo-*p*-dioxins. *Kankyo Kagaku*, **2**, 515–522.

Karthikeyan K. G. and Chorover J. (2000). Effects of Solution Chemistry on the Oxidative Transformation of 1-Naphthol and Its Complexation with Humic Acid. *Environmental Science and Technology*, **34**, 2939–2946.

Kelly M. M. and Arnold W. A. (2012). Direct and indirect photolysis of the phytoestrogens genistein and daidzein. *Environmental Science and Technology*, **46**(10), 5396–5403.

Kidd K. A., Blanchfield P. J., Mills K. H., Palace V. P., Evans R. E., Lazorchak J. M. and Flick R. W. (2007). Collapse of a fish population after exposure to a synthetic estrogen. *Proceedings of the National Academy of Sciences*, **104**(21), 8897–8901.

Kim M. and O'Keefe P. W. (2000). Photodegradation of polychlorinated dibenzo-*p*-dioxins and dibenzofurans in aqueous solutions and in organic solvents. *Chemosphere*, **41**, 793–800.

Khetan S. K. and Collins T. J. (2007). Human pharmaceuticals in the environment: a challenge to green chemistry.

Chemical Reviews, **107**, 2319–2364.
Klan P. and Wirz J. (2010). Photochemistry of Organic Compounds. From Concepts to Practice. Wiley, West Sussox.
Kliegman S., Eustic S. N., Arnold, W. A. and McNeill K. (2013). Experimental and theoretical insights into the involvement of radicals in triclosan phototransformation. *Environmental Science and Technology*, **43**, 6756–6763.
Kohn T. and Nelson K. L. (2007). Sunlight-mediated inactivation of MS2 coliphage via exogenous singlet oxygen produced by sensitizers in natural waters. *Environmental Science and Technology*, **41**, 192–197.
Kohn T., Grandbois M., McNeill K. and Nelson K. L. (2007). Association with Natural Organic Matter Enhances the Sunlight-Mediated Inactivation of MS2 Coliphage by Singlet Oxygen. *Environmental Science and Technology*, **41**, 4626–4632.
Kolodziej E. P. and Sedlak D. L. (2007). Rangeland grazing as a source of steroid hormones to surface waters. *Environmental Science and Technology*, **41**(10), 3514–3520.
Kolodziej E. P., Gray J. L. and Sedlak D. L. (2003). Quantification of steroid hormones with pheromonal properties in municipal wastewater effluent. *Environmental Toxicology and Chemistry*, **22**(11), 2622–2629.
Kolodziej E. P., Harter T. and Sedlak D. L. (2004). Dairy wastewater, aquaculture, and spawning fish as sources of steroid hormones in the aquatic environment. *Environmental Science and Technology*, **38**(23), 6377–6384.
Kolodziej E. P., Qu S., Forsgren K. L., Long S. A., Gloer J. B., Jones G. D., Schlenk D., Baltrusaitis J. and Cwiertny D. M. (2013). Identification and environmental implications of photo-transformation products of trenbolone acetate metabolites. *Environmental Science and Technology*, **47**(10), 5031–5041.
Kolpin D. W., Furlong E. T., Meyer M. T., Thurman E. M., Zaugg S. D., Barber L. B. and Buxton H. T. (2002). Pharmaceuticals, hormones, and other organic wastewater contaminants in U.S. streams, 1999–2000: a national reconnaissance. *Environmental Science and Technology*, **36**, 1202–1211.
Kolpin D. W., Skopec M., Meyer M. T., Furlong E. T. and Zaugg S. D. (2004). Urban contribution of pharmaceuticals and other organic wastewater contaminants to streams during differing flow conditions. *Science of the Total Environment*, **328**, 119–130.
Krasnovsky A. A. (1976). Photosensitized luminescence of singlet oxygen in solution. *Biofizika*, **21**, 748–749.
Krasnovsky A. A. (1977). Photoluminescence of singlet oxygen in solutions of chlorophylls and pheophytins. *Biofizika*, **22**, 927–928.
Kronimus A., Schwarzbauer J., Dsikowitzky L., Heim S. and Littke R. (2004). Anthropogenic organic contaminants in sediments of the Lippe River, Germany. *Water Research*, **38**, 3473–3484.
Kummerer K. (2009). Antibiotics in the environment – A review – Part I. *Chemosphere*, **75**, 417–434.
Lalonde J. D., Amyot M., Kraepiel A. M. L. and Morel F. M. M. (2001). Photooxidation of Hg(0) in artificial and natural waters. *Environmental Science and Technology*, **35**, 1367–1372.
Lalonde J. D., Amyot M., Orvoine J., Morel F. M. M., Auclair J.-C. and Ariya P. A. (2004). Photoinduced oxidation of Hg^0(aq) in waters from the St. Lawrence estuary. *Environmental Science and Technology*, **38**, 508–514.
Lam M. W., Tantuco K. and Mabury S. A. (2003). PhotoFate: a new approach in accounting for the contribution of indirect photolysis of pesticides in surface waters. *Environmental Science and Technology*, **37**, 899–907.
Larson R. A. and Weber E. J. (1994). Reaction Mechanisms in Environmental Organic Chemistry. CRC Press, Inc. Boca Raton, FL.
Latch D. E. (2005). Environmental photochemistry: Studies on the degradation of pharmaceutical pollutants and the microheterogeneous distribution of singlet oxygen. Ph.D. Thesis, Department of Chemistry, University of Minnesota, Minneapolis, MN.
Latch D. E. and McNeill K. (2006). Microheterogeneity of singlet oxygen distributions in irradiated humic acid solutions. *Science*, **311**, 1743–1747.
Latch D. E., Stender B. L., Packer J. L., Arnold W. A. and McNeill K. (2003a). Photochemical fate of pharmaceuticals in the environment: cimetidine and ranitidine. *Environmental Science and Technology*, **37**, 3342–3350.
Latch D. E., Packer J. L., Arnold W. A. and McNeill K. (2003b). Photochemical conversion of triclosan to 2,8-dichlorodibenzo-*p*-dioxin in aqueous solution. *Journal of Photochemistry and Photobiology, A.*, **158**, 63–66.
Latch D. E., Packer J. L., Stender B. L., VanOverbeke J., Arnold W. A. and McNeill K. (2005). Aqueous photochemistry of triclosan: formation of 2,4-dichlorophenol, 2,8-dichlorodibenzo-*p*-dioxin and oligomerization products. *Environmental Toxicology and Chemistry*, **24**, 517–525.
Lear J. C., Maillard J. Y., Dettmar P. W., Goddard P. A. and Russell A. D. (2002). Chloroxylenol- and triclosan-tolerant bacteria from industrial sources. *Journal of Industrial Microbiology and Biotechnology*, **29**, 238–242.
Lee E., Glover C. M. and Rosario-Ortiz F. L. (2013). Photochemical formation of hydroxyl radical from effluent

organic matter: role of Composition. *Environmental Science and Technology*, **47**, 12073–12080.

Lee Y., Escher B. I. and von Gunten U. (2008). Efficient removal of estrogenic activity during oxidative treatment of waters containing steroid estrogens. *Environmental Science and Technology*, **42**(17), 6333–6339.

Leifer A. (1988). The Kinetics of Environmental Aquatic Photochemistry: Theory and Practice. American Chemical Society, Washington, D.C.

Lin A. Y. and Reinhard M. (2005). Photodegradation of common environmental pharmaceuticals and estrogens in river water. *Environmental Toxicology and Chemistry*, **24**(6), 1303–1309.

Lindström A., Buerge I. J., Poiger T., Bergqvist P. A., Müller M. D. and Buser H. R. (2002). Occurrence and environmental behavior of the bactericide triclosan and its methyl derivative in surface waters and in wastewater. *Environmental Science and Technology*, **36**, 2322–2329.

Lopez-Avila V. and Hites R. A. (1980). Organic compounds in an industrial wastewater. Their transport into sediments. *Environmental Science and Technology*, **14**, 1382–90.

Love D. C., Silverman A. and Nelson K. L. (2010). Human virus and bacteriophage inactivation in clear water by simulated sunlight compared to bacteriophage inactivation at a southern California beach. *Environmental Science and Technology*, **44**, 6965–6970.

MacManus-Spencer L. A., Tse M. L., Klein J. L. and Kracunas A. E. (2011). Aqueous photolysis of the organic ultraviolet filter chemical octyl methoxycinnamate. *Environmental Science and Technology*, **45**, 3931–3937.

Mansell D. M., Bryson R. J., Harter T., Webster J. P., Kolodziej E. P. and Sedlak D. L. (2011). Fate of endogenous steroid hormones in steer feedlots under simulated rainfall-induced runoff. *Environmental Science and Technology*, **45**(20), 8811–8818.

Marchetti G., Minella M., Maurino V., Minero C. and Vione D. (2013). Photochemical transformation of atrazine and formation of photointermediates under conditions relevant to sunlit surface waters: laboratory measures and modelling. *Water Research*, **47**, 6211–6222.

Mattle M. J., Vione D. and Kohn T. (2014). Conceptual model and experimental framework to determine the contributions of direct and indirect photoreactions to the solar disinfection of MS2, phiX174, and adenovirus *Environmental Science and Technology*, **49**, 334–342.

McBain A. J., Rickard A. H. and Gilbert P. (2002). Possible implications of biocide accumulation in the environment on the prevalence of bacterial antibiotic resistance. *Journal of Industrial Microbiology and Biotechnology*, **29**, 326–330.

McMurry L. M., Oethinger M. and Levy S. B. (1998). Triclosan targets lipid synthesis. *Nature*, **394**, 531–532.

Merkel P. B., Nilsson R. and Kearns D. R. (1972). Deuterium effects on singlet oxygen lifetimes in solutions. New test of singlet oxygen reactions. *Journal of the American Chemical Society*, **94**, 1030–1031.

Mezcua M., Gomez M. J., Ferrer I., Aguera A., Hernando M. D. and Fernandez-Alba A. R. (2004). Evidence of 2,7/2,8-dibenzodichloro-p-dioxin as a photodegradation product of triclosan in water and wastewater samples. *Analytica Chimica Acta*, **524**, 241–247.

Micinski E., Ball L. A. and Zafiriou O. C. (1993). Photochemical oxygen activation: superoxide radical detection and production rates in the eastern Caribbean. *Journal of Geophysical Research*, **98**, 2299–3306.

Mill T., Hendry D. G. and Richardson H. (1980). Free-radical oxidants in natural waters. *Science*, **207**, 886–887.

Miller P. L. and Chin Y. P. (2005). Indirect photolysis promoted by natural and engineered wetland water constituents: processes leading to alachlor degradation. *Environmental Science and Technology*, **39**, 4454–4462.

Minero C., Pramauro E., Pelizzetti E., Dolci M. and Marchesini A. (1992). Photosensitized transformations of atrazine under simulated sunlight in aqueous humic acid solution. *Chemosphere*, **24**, 1597–1606.

Morrall D., McAvoy D., Schatowitz B., Inauen J., Jacob M., Hauk A. and Eckhoff W. (2004). A field study of triclosan loss rates in river water (Cibolo Creek, TX). *Chemosphere*, **54**, 653–60.

Mostafa S. and Rosario-Ortiz F. L. (2013). Singlet oxygen formation from wastewater organic matter. *Environmental Science and Technology*, **47**, 8179–8186.

Mudambi A. R. and Hassett J. P. (1988). Photochemical activity of mirex associated with dissolved organic matter. *Chemosphere*, **17**, 1133–1146.

Nam S. N. and Amy G. (2002). Differentiation of wastewater effluent organic matter (EfOM) from natural organic matter (NOM) using multiple analytical techniques. *Water Science and Technology*, **57**, 1009–1015.

Neamtu M. and Frimmel F. H. (2006). Photodegradation of endocrine disrupting chemical nonylphenol by simulated solar UV-irradiation. *Science of the Total Environment*, **369**, 295–306.

Nieto-Juarez J. I., Pierzchla K., Sienkiewicz A. and Kohn T. (2010). Inactivation of MS2 coliphage in Fenton and Fenton-like systems: role of transition metals, hydrogen peroxide and sunlight. *Environmental Science and Technology*, **44**, 3351–3356.

Nguyen M. T., Silverman A. I. and Nelson K. L. (2014). Sunlight inactivation of MS2 coliphage in the absence of photosensitizers: modeling the endogenous inactivation rate using a photoaction spectrum. *Environmental Science and Technology*, **48**, 3891–3898.

Nonell S. and Braslavsky S. E. (2000). Time-resolved singlet oxygen detection. *Methods in Enzymology*, **319**, 37–49.

Nriagu J. O. (1994). Mechanistic steps in the photoreduction of mercury in natural waters. *Science of the Total Environment*, **154**, 1–8.

Okumura T. and Nishikawa Y. (1996). Gas chromatography-mass spectrometry determination of triclosans in water, sediment and fish samples via methylation with diazomethane. *Analytica Chimica Acta*, **325**, 175–184.

Oulton R. L., Kohn T. and Cwiertny D. M. (2010). Pharmaceuticals and personal care products in effluent matrices: A survey of transformation and removal during wastewater treatment and implications for wastewater management. *Journal of Environmental Monitoring*, **12**, 1956–1978.

Pace A. and Barreca S. (2013). Environmental organic photochemistry: advances and perspectives. *Current Organic Chemistry*, **17**, 3032–3041.

Packer J. L., Werner J. J., Latch D. E., McNeill K. and Arnold W.A. (2003). Photochemical fate of pharmaceuticals in the environment: naproxen, diclofenac, clofibric acid, and ibuprofen. *Aquatic Sciences*, **65**, 342–351.

Page S. E., Arnold W. A. and McNeill K. (2010). Terephthalate as a probe for photochemically produced hydroxyl radical. *Journal of Environmental Monitoring*, **12**, 1658–1665.

Page S. E., Arnold W. A. and McNeill K. (2011). Assessing the contribution of free hydroxyl radical in organic matter-sensitized photo-hydroxylation reactions. *Environmental Science and Technology*, **45**, 2818–2825.

Page S. E., Sander M., Arnold W. A. and McNeill K. (2012). Hydroxyl radical formation upon oxidation of reduced humic acids by oxygen in the dark. *Environmental Science and Technology*, **46**, 1590–1597.

Palumbo M. C. and Garcia N. A. (1988). On the mechanism of quenching of singlet oxygen by chlorinated phenolic pesticides. *Toxicological and Environmental Chemistry*, **17**, 103–116.

Pape B. E. and Zabik M. J. (1972). Photochemistry of bioactive compounds. Solution-phase photochemistry of symmetrical triazines. *Journal of Agricultural and Food Chemistry*, **20**, 316–20.

Parker K. M., Pignatello J. J. and Mitch W. A. (2013). Influence of ionic strength on triplet-state natural organic matter loss by energy transfer and electron transfer pathways. *Environmental Science and Technology*, **47**, 10987–10994.

Paul A., Hackbarth S., Vogt R. D., Roeder B., Burnison B. K. and Steinberg C. W. (2004). Photogeneration of singlet oxygen by humic substances: comparison of humic substances of aquatic and terrestrial origin. *Photochemical and Photobiological Sciences*, **3**, 273–280.

Petasne R. G. and Zika R. G. (1987). Fate of superoxide in coastal sea water. *Nature*, **325**, 516–518.

Petrovic M., Gros M. and Barcelo D. (2007). Multi-residue analysis of pharmaceuticals using LC-tandem MS and LC-hybrid MS. Comprehensive Analytical Chemistry 50, M. Petrovic and D. Barcelo (eds), Elsevier, Amsterdam, pp. 157–183.

Phillips P. J., Chalmers A. T., Gray J. L., Kolpin D. W., Foreman W. T. and Wall G. R. (2012). Combined sewer overflows: an environmental source of hormones and wastewater micropollutants. *Environmental Science and Technology*, **46**, 5336–5343.

Pillai V. N. R. (1977). Role of singlet oxygen in the environmental degradation of chlorthiamid to dichlobenil. *Chemosphere*, **6**, 777–782.

Qu S., Kolodziej E. P., Long S. A., Gloer J. B., Patterson E. V., Baltrusaitis J., Jones G. D., Benchetler P. V., Cole E. A., Kimbrough K. C., Tarnoff M. D. and Cwiertny D. M. (2013). Product-to-parent reversion of trenbolone: unrecognized risks for endocrine disruption. *Science*, **342**(6156), 347–351.

Quintana J. B. and Reemtsma T. (2004). Sensitive determination of acidic drugs and triclosan in surface and wastewater by ion-pair reverse-phase liquid chromatography/tandem mass spectrometry. *Rapid Communications in Mass Spectrometry*, **18**, 765–774.

Quistad G. B. and Mulholland K. M. (1983). Photodegradation of dienochlor [bis(pentachloro-2,4-cyclopentadien-1-yl)] by sunlight. *Journal of Agricultural and Food Chemistry*, **31**, 621–624.

Ramirez A. J., Brain R. A., Usenko S., Mottaleb M. A., O'Donnell J. G., Stahl L. L., Wathen J. B., Snyder B. D., Pitt J. L., Perez-Hurtado P., Dobbins L. L., Brooks B. W. and Chambliss C. K. (2009). Occurrence of pharmaceuticals and personal care products in fish: results of a national pilot study in the United States. *Environmental Toxicology and Chemistry*, **28**, 2587–2597.

Remucal, C. K. (2014). The role of indirect photochemical degradation in the environmental fate of pesticides: a review. *Environmental Science: Processes and Impacts*, **16**, 628–653.

Richard C. and Canonica S. (2005). Aquatic phototransformation of organic contaminants induced by coloured dissolved organic matter. *Handbook of Environmental Chemistry*, **2**, 299–323.

Richard C. and Grabner G. (1999). Mechanism of phototransformation of phenol and derivatives in aqueous solution. *Handbook of Environmental Chemistry*, **2**, 217–240.

Richard C., Vialaton D., Aguer J. P. and Andreux F. (1997). Transformation of monuron photosensitized by soil extracted humic substances: energy or hydrogen transfer mechanism? *Journal of Photochemistry and Photobiology A*, **111**, 265–271.

Richardson M. L. and Bowron J. M. (1985). The fate of pharmaceuticals in the aquatic environment. *Journal of Pharmacy and Pharmacology*, **37**, 1–12.

Routledge E. J. and Sumpter J. P. (1996). Estrogenic activity of surfactants and some of their degradation products assessed using a recombinant yeast screen. *Environmental Toxicology and Chemistry*, **15**(3), 241–248.

Ruggeri G., Ghigo G., Maurino V., Minero C. and Vione D. (2013). Photochemical transformation of ibuprofen into harmful 4-isobutylacetophenone: pathways, kinetics, and significance for surface waters. *Water Research*, **47**, 6109–6121.

Rule K. L., Ebbett V. R. and Vikesland P. J. (2005). Formation of chloroform and chlorinated organics by free-chlorine-mediated oxidation of triclosan. *Environmental Science and Technology*, **39**, 3176–3185.

Rule-Wigginton K., Menin L., Montoya J. P. and Kohn T. (2010). Oxidation of virus proteins during UV_{254} and singlet oxygen mediated inactivation. *Environmental Science and Technology*, **44**, 5437–5443.

Ryan C. C., Tan D. T. and Arnold W. A. (2011). Direct and indirect photolysis of sulfamethoxazole and trimethoprim in wastewater treatment plant effluent. *Water Research*, **45**, 1280–1286.

Sabaliunas D., Webb S. F., Hauk A., Jacob M. and Eckhoff W. S. (2003). Environmental fate of triclosan in the River Aire Basin, UK. *Water Research*, **37**, 3145–3154.

Saran M. and Summer K. H. (1999). Assaying for hydroxyl radicals: hydroxylated terephthalate is a superior fluorescence marker than hydroxylated benzoate. *Free Radical Research*, **31**, 429–436.

Schmidt R., Tanielian C., Dunsbach R. and Wolff C. J. (1994). Phenalenone, a universal reference compound for the determination of quantum yields of singlet oxygen ($O_2{}^1\Delta_g$) sensitization. *Photochemistry and Photobiology A*, **79**, 11–17.

Schwarzenbach R. P., Escher B. I., Fenner K., Hofstetter T., Johnson C. A., von Gunten U. and Wehrli B. (2006). Challenge of micropollutants in aquatic systems. *Science*, **313**, 1072–1077.

Schwarzenbach R. P., Gschwend P. M. and Imboden D. M. (2002). Environmental Organic Chemistry, 2nd ed. Wiley-Interscience, New York.

Schweizer H. P. (2001). Triclosan: a widely used biocide and its link to antibiotics. *FEMS Microbiology Letters*, **202**, 1–7.

Scully F. E. and Hoigné J. (1987). Rate constants for reactions for singlet oxygen with phenols and other compounds in water. *Chemosphere*, **16**, 681–694.

Scully N. M., Vincent W. F., Lean D. R. S. and Cooper W. J. (1997). Implications of ozone depletion for surface-water photochemistry: sensitivity of clear lakes. *Aquatic Sciences*, **59**, 260–274.

Sellers P., Kelly C. A., Rudd J. W. M. and MacHutchon A. R. (1996). Photodegradation of methylmercury in lakes. *Nature*, **380**, 694–697.

Shon H. K., Vigneswaran S. and Snyder S. A. (2006). Effluent organic matter (EfOM) in wastewater: constituents, effects, and treatment. *Critical Reviews in Environmental Science and Technology*, **36**, 327–374.

Singer H., Müller S., Tixier C. and Pillonel L. (2002). Triclosan: occurrence and fate of a widely used biocide in the aquatic environment: field measurements in wastewater treatment plants, surface waters, and lake sediments. *Environmental Science and Technology*, **36**, 4998–5004.

Snyder S. A., Westerhoff P., Yoon Y. and Sedlak D. L. (2003). Pharmaceuticals, personal care products, and endocrine disruptors in water: implications for the water industry. *Environmental Engineering Science*, **20**(5), 449–469.

Stumpf M., Ternes T. A., Wilken R. D., Rodrigues S. V. and Baumann W. (1999). Polar drug residues in sewage and natural waters in the State of Rio de Janeiro, Brazil. *Science of the Total Environment*, **225**, 135–141.

Sumpter J. P. and Johnson A. C. (2005). Lessons from endocrine disruption and their application to other issues concerning trace organics in the aquatic environment. *Environmental Science and Technology*, **39**(12), 4321–4332.

Thomas-Smith T. E. and Blough N. V. (2001). Photoproduction of hydrated electron from constituents of natural waters. *Environmental Science and Technology*, **35**, 2721–2726.

Tixier C., Singer H. P., Canonica S. and Müller S. R. (2002). Phototransformation of triclosan in surface waters: a relevant elimination process for this widely used biocide—Laboratory studies, field measurements, and modeling. *Environmental Science and Technology*, **36**, 3482–3489.

Tixier C., Singer H. P., Oellers S. and Müller S. R. (2003). Occurrence and fate of carbamazepine, clofibric acid, diclofenac, ibuprofen, ketoprofen, and naproxen in surface waters. *Environmental Science and Technology*, **37**, 1061–1068.

Tranyek P. G. and Hoigne J. (1991). Oxidation of substituted phenols in the environment: a QSAR analysis of rate constants for reaction with singlet oxygen. *Environmental Science and Technology*, **25**, 1596–1604.

Trudeau V. L., Heyne B., Blais J. M., Temussi F., Atkinson S. K., Pakdel F., Popesku J. T., Marlatt V. L., Scaiano J. C., Previtera L. and Lean D. R. S. (2011). Lumiestrone is photochemically derived from estrone and may be released to the environment without detection. *Frontiers in Endocrinolology*, **2**, 1–83.

Turro N. J. (1991). Modern Molecular Photochemistry, University Science Books, Sausalito, California.

United States Environmental Protection Agency Exposure Assessment Models, GC Solar. http://www2.epa.gov/exposure-assessment-models/gcsolar (accessed 1 April 2015).

Vajda A. M., Barber L. B., Gray J. L., Lopez E. M., Woodling J. D. and Norris D. O. (2008). Reproductive disruption in fish downstream from an estrogenic wastewater effluent. *Environmental Science and Technology*, **42**(9), 3407–3414.

Vajda A. M., Barber L. B., Gray J. L., Lopez E. M., Bolden A. M., Schoenfuss H. L. and Norris D. O. (2011). Demasculinization of male fish by wastewater treatment plant effluent. *Aquatic Toxicology*, **103**(3–4), 213–221.

van Stee L. L. P., Leonards P. E. G., Vreuls R. J. J. and Brinkman U. A. T. (1999). Identification of non-target compounds using gas chromatography with simultaneous atomic emission and mass spectrometric detection (GC-AED/MS): analysis of municipal wastewater. *Analyst*, **124**, 1547–1552.

Velagaleti R. (1997). Behavior of pharmaceutical drugs (human and animal health) in the environment. *Drug Information Journal*, **31**, 715–722.

Vialaton D., Richard C., Baglio D. and Paya-Perez A.-B. (1998). Phototransformation of 4-chloro-2-methylphenol in water: influence of humic substances on the reaction. *Journal of Photochemistry and Photobiology A*, **119**, 39–45.

Vione D., Ponzo M., Bagnus D., Maurino V., Minero C. and Carlotti M. E. (2010). Comparison of different probe molecules for the quantification of hydroxyl radicals in aqueous solutions. *Environmental Chemistry Letters*, **8**, 95–100.

Vione D., Caringella R., De Laurentiis E., Pazzi M. and Minero C. (2013). Phototranformation of sunlight filter benzopheone03 (2-hydroxy-4-methoxybenzophenone) under conditions relevant to surface waters. *Science of the Total Environment*, **463–464**, 243–251.

Webster J. P., Kover S. C., Bryson R. J., Harter T., Mansell D. S., Sedlak D. L. and Kolodziej E. P. (2012). Occurrence of trenbolone acetate metabolites in simulated confined animal feeding operation (CAFO) runoff. *Environmental Science and Technology*, **46**(7), 3803–3810.

Wegelin M., Canonica S., Mechsner K., Fleischmann T., Pesaro F. and Metzler A. (1994). Solar water disinfection: scope of the process and analysis of radiation experiments. *Journal of Water Supply and Technology-Aqua*, **43**(3), 154–169.

Welker M. and Steinberg C. (2000). Rates of humic substance shotosensitized degradation of microcystin-LR in natural waters. *Environmental Science and Technology*, **34**, 3415–3419.

Wenk J. and Canonica S. (2012). Phenolic antioxidants inhibit the triplet-induced transformation of anilines and sulfonamide antibiotics in aqueous solution. *Environmental Science and Technology*, **46**, 5455–5462.

Wenk, J., von Gunten, U. and Canonica, S. (2011). Effect of dissolved organic matter on the transformation of contaminants induced by excited triplet states and the hydroxyl radical. *Environmental Science and Technology*, ***45***, 1334–1340.

Wenk J., Eustis S. N., McNeill K., Canonica S. (2013). Quenching of excited triplet states by dissolved natural organic matter. *Environmental Science and Technology*, **47**, 12802–12810.

Werner J. J., Arnold W. A. and McNeill K. (2006). Water hardness as a photochemical parameter: tetracycline photolysis as a function of calcium concentration, magnesium concentration, and pH. *Environmental Science and Technology*, **40**(23), 7236–7241.

Werner J. J., Wammer K. H., Chintapalli M., Arnold W. A. and McNeill K. (2007). Environmental photochemistry of tylosin: efficient, reversible photoisomerization to a less – active isomer, followed by photolysis. *Journal of Agricultural and Food Chemistry*, **55**, 7062–7068.

Whidbey C. M., Daumit K. E., Nguyen T. H., Ashworth D. D., Davis J. C. C. and Latch D. E. (2012). Photochemical induced changes of in vitro estrogenic activity of steroid hormones. *Water Research*, **46**, 5287–5296.

Wilkinson F., Helman W. P. and Ross A. B. (1995). Rate constants for the decay and reactions of the lowest electronically excited singlet state of molecular oxygen in solution. An expanded and revised compilation. *Journal of Physical Chemistry Reference Data*, **24**, 663–1021.

Woodling J. D., Lopez E. M., Maldonado T. A., Norris D. O. and Vadja A. M. (2006). Intersex and other reproductive disruption of fish in wastewater effluent dominated Colorado streams. *Comparative Biochemistry and Physiology – Part C: Toxicology*, **144C**(1), 10–15.

Xu H., Cooper W. J., Jung J. and Song W. (2011). Photosensitized degradation of amoxicillin in natural organic matter isolate solutions. *Water Research*, **45**, 632–638.

Young R. B., Latch D. E., Mawhinney D. B., Nguyen T. H., Davis J. C. C. and Borch T. (2013). Direct photodegradation of androstenedione and testosterone in natural sunlight and its effect on endocrine disrupting potential. *Environmental Science and Technology*, **47**, 8416–8424.

Zafiriou O. C., Blough N. V., Micinski E., Dister B., Kieber D. and Moffett J. (1990). Molecular probe systems for reactive transients in natural waters. *Marine Chemistry*, **30**, 45–70.

Zeng T. and Arnold W. A. (2013). Pesticide photolysis in prairie potholes: probing photosensitized processes. *Environmental Science and Technology*, **47**, 6735–6745.

Zepp R. and Cline D. (1977). Rates of direct photolysis in aquatic environment. *Environmental Science and Technology*, **11**(4), 359–366.

Zepp R. G. (1978). Quantum yields for reactions of pollutants in dilute aqueous solutions. *Environmental Science and Technology*, **12**, 327–329.

Zepp R. G., Wolfe N. L., Baughman G. L. and Hollis R. C. (1977). Singlet oxygen in natural waters. *Nature*, **267**, 421–423.

Zepp R. G., Baughman G. L. and Schlotzhauer P. F. (1981a). Comparison of the photochemical behavior of various humic substances in water: I. Sunlight induced reactions of aquatic pollutants photosensitized by humic substances. *Chemosphere*, **10**, 109–117.

Zepp R. G., Baughman G. L. and Schlotzhauer P. F. (1981b). Comparison of photochemical behavior of various humic substances in water: II. Photosensitized oxygenations. *Chemosphere*, **10**, 119–126.

Zepp R. G., Schlotzhauer P. F. and Sink R. M. (1985). Photosensitized transformations involving electronic energy transfer in natural waters: role of humic substances. *Environmental Science and Technology*, **19**, 48–55.

Zepp R. G., Braun A. M., Hoigne J. and Leenheer J. A. (1987). Photoproduction of hydrated electrons from natural organic solutes in aquatic environments. *Environmental Science and Technology*, **21**, 485–490.

Zhang T. and Hsu-Kim H. (2010). Photolytic degradation of methylmercury enhanced by binding to natural organic ligands. *Nature Geoscience*, **3**(7), 473–476.

Zuccato E., Calamari D., Natangelo M. and Fanelli R. (2000). Presence of therapeutic drugs in the environment. *Lancet*, **355**, 1789–1790.

Zuo Y., Zhang K. and Deng Y. (2006). Occurrence and photochemical degradation of 17α-ethinylestradiol in Acushnet River Estuary. *Chemosphere*, **63**, 1583–1590.

第 14 章　饮用水回用深度处理

斯图亚特·J. 卡恩，特洛伊·瓦尔克，本杰明·D. 斯坦福，约尔格·E. 德勒韦斯

14.1　有计划地饮用水回用

随着供水需求的不断增加和常规水资源获取难度的增加，一些城市已经开始有意地利用经过深度处理的城市污水，以增加饮用水供应。高级氧化工艺（AOPs）作为应对化学污染物和病原微生物的一道重要屏障，已越来越多地应用于此类饮用水回用工程实践中。

在饮用水回用（以及本章中）中，术语 AOP 主要应用于为促进自由基氧化剂的生成而专门设计的系统。尽管臭氧氧化处理再生水的某些应用可能产生自由基（尤其是在 pH 升高的操作情况下），但臭氧氧化工艺通常没有归类为 AOPs，除非有意地强化了自由基的形成。因此，（非强化的）臭氧氧化工艺在本章中不被定义为 AOPs。

在世界各地，经过处理和未经处理的城市污水被排放到包括溪流和河流在内的水道。在许多情况下，城镇的下游地区利用这些溪流和河流的水进行市政供水。因此，那些经过处理排放的污水可能会被无意地再用于饮用水供应。这种做法通常称为"无计划地"或"事实上"的饮用水回用，虽然通常不视其为一种有意的供水战略，但在许多地方却是一个事实（Rice 和 Westerhoff，2015）。

有计划地饮用水回用涉及在饮用水供应中有目的地增加经过深度处理的污水（即高品质再生水）。由于认识到目的不同以及对整个城市水循环更全面的看法带来的实施方面的变化，"无计划地"和"有计划地"饮用水回用之间有很大的区别（Drewes 和 Khan，2011）。这些变化包含了对健康风险评估和管理的更多关注，进而导致在某些情况下增加了强化或额外的水质处理屏障（Drewes 和 Khan，2015）。

有计划地饮用水回用的实践可分为"间接饮用水回用"（IPR）和"直接饮用水回用"（DPR）。区别在于是否纳入或排除所谓的"环境缓冲区"[1]（Leverenz 等，2011）。纳入环境缓冲区涉及在处理过程的某个适当点将水转移到环境系统，如地表水库或地下含水层。环境缓冲区可发挥多种功能，包括贮存、稀释和通过自然光诱导光解、生物转化和自然病原体灭活等自然处理过程以进一步改善水质。此外，人们认为，通过环境缓冲区调节后的再生水有益于提高公众对饮用水回用项目的接受度。这在一定程度上是通过将污水作为水

1　对于什么是"重要的"环境缓冲区，没有明确或一致的定义。因此，间接饮用水回用（IPR）和直接饮用水回用（DPR）之间的确切区别仍然有些模糊和不一致。

源与饮用水作为最终用途之间的“分离”来实现的。纳入使用环境缓冲区的项目是 IPR 的实例，而省略任何重要的环境缓冲区的项目则被认为是 DPR 的实例（Arnold 等，2012）。

自 20 世纪 60 年代初以来，国际上制定了一系列采用各种自然和工程处理工艺的有计划地饮用水回用方案（Drewes 和 Khan，2011）。表 14-1 中总结了一些在水处理过程中包含 AOPs 的突出工程案例。这些项目主要是 IPR 项目，但同时也包括两个目前正在运营的市政 DPR 项目，其中一个位于南非的西博福特市，另一个位于美国得克萨斯州的大斯普林市。

包含 AOP 的有计划地饮用水回用方案示例　　**表 14-1**

项目位置	项目规模（$\times 10^6$ L/d）	AOP 启用时间	状态（2016 年）	高级处理工艺（简称）	水回用类型
美国加利福尼亚州奥兰治县地下水补给系统	350	2008 年	运行中	UF → RO → UV/H_2O_2（AOP）	间接饮用水回用：通过直接注入和扩散盆地补给地下水
澳大利亚昆士兰东南部西走廊再生水项目	232	2008 年	未运行；大部分已退役	UF → RO → UV/H_2O_2（AOP）→Cl_2	间接饮用水回用：通过补充地表水进入饮用水水库
美国科罗拉多州阿拉珀霍县	34	2009 年	运行中	介质过滤→RO→UV/H_2O_2（AOP）→Cl_2	间接饮用水回用：通过扩散补给地下水
美国科罗拉多州奥罗拉市 Prairie Waters 项目	190	2010 年	运行中	河岸过滤→SAT→软化→UV/H_2O_2（AOP）→BAC→GAC→Cl_2	间接饮用水回用：通过河岸过滤补给地下水（注：在处理过程前期使用了环境缓冲区）
南非西博福特市政府	2	2011 年	运行中	砂滤→UF→RO→UV/H_2O_2（AOP）→Cl_2	直接饮用水回用：与常规处理的地表水源混合
美国加利福尼亚州西盆地再生水厂（Edward C. Little Water 水回用设施——第五阶段扩建项目）	47	2013 年	运行中	O_3 → MF → RO → UV/H_2O_2（AOP）→Cl_2	间接饮用水回用：直接注入补给地下水
美国得克萨斯州大斯普林市原水生产设施	7	2013 年	运行中	MF → RO → UV/H_2O_2（AOP）	直接饮用水回用：与原始地表水混合，然后进行常规水处理
美国加利福尼亚州洛杉矶 Terminal Island 再生水厂	45	2016 年	修建中	MF → RO → UV/Cl_2（AOP）	间接饮用水回用：直接注入补给地下水

注：Cl_2＝氯消毒；RO＝反渗透；UV＝紫外线；AOP＝高级氧化工艺；UF＝超滤；MF＝微滤；SAT＝土壤含水层过滤；GAC＝颗粒活性炭；BAC＝生物活性炭。

表 14-1 显示了每个案例所采用的深度处理技术，以说明其与常规“事实上”的饮用水回用相比所采用的额外处理。在所有情况下，这些深度处理工艺之前都经过了不同的传统二级生物处理或三级处理单元。类似的，IPR 工艺之后，再生水通常与其他水源混合，进而进入饮用水处理过程。

表 14-1 所列的饮用水回用项目采用了一系列深度处理工艺，以实现各种不同水质目标。尽管几十年来处理技术有了一定发展，但仍然缺乏标准的饮用水回用处理方法（Gerrity 等，2013）。相反，具体处理工艺的选择通常根据许多当地条件和限制来确定，监管要求和对某些处理工艺的预期效果导致了对某些组合的偏爱。不过，针对饮用水回用的不同水质目标可通过一系列处理单元的不同组合和配置实现。可以预见，设计上的灵活性将增加，因为项目目标往往是根据所需的处理目标（依用定质）而非所需的处理工艺确定的。

14.2 在饮用水回用中采用高级氧化工艺的处理目标和驱动因素

考虑到水源的性质，关于饮用水回用的公共卫生问题首先与病原体以及再生水中有机和无机化学组分有关。因此，饮用水回用项目必须整合适当的水处理工艺，以确保能够为去除这些病原体和化学污染物提供有效、可靠和多重的屏障（Drewes 和 Khan，2015）。但是，并非所有污水处理工艺都会产生相同的水质，从而为深度处理设施提供水源。因此，饮用水回用项目并未有“放之四海而皆准”的方法，必须考虑到现场特定限制条件选择适合的屏障。饮用水回用方案设计的基本理念是采用多重屏障以降低特定节点的风险，并确保可靠地实现最终可接受的水质。

对于许多饮用水回用项目，采用集成膜系统，包括微滤（MF）、超滤（UF）或反渗透（RO）已被视为行业标准（Gerrity 等，2013）。尽管 RO 概念的起源是为了控制盐度，而不是为了减少特定的病原体或其他可溶性有机化学成分。这种以脱盐为基础的项目大多位于浓缩废水（即反渗透浓缩液）可方便地排入海洋的沿海地区，或位于允许将浓盐水排放到下水道系统、高盐地表水或深井灌注的地区。在美国、新加坡和澳大利亚，公用事业公司都青睐这种处理方式，在某些情况下，会与随后的 AOPs 联合使用。然而，对于内陆地区的项目，基于膜工艺的处理方法往往受限于缺乏浓缩水处置途径或成本高昂的零排放处置途径。相反，各种非反渗透组合的低压膜、颗粒活性炭（GAC）过滤、化学氧化（即臭氧、UV/H_2O_2）和生物处理工艺已经发展起来。这些实践强调指出，饮用水回用方案的设计有多种选择，可根据区域条件进行差异化设计，但在降低或消除所关注的污染物风险的目标上是统一的。

截至目前，AOPs 在饮用水回用中最常见的应用是紫外线（UV）辐射与 H_2O_2 联用（图 14-1）。该技术在第 3 章中作了详细介绍。较为不常见的技术包括使用臭氧增强自由基的形成（第 4 章）和 UV/Cl_2系统（第 9 章）。利用固体光催化如二氧化钛（第 8 章）或其他电化学工艺如掺硼金刚石电极的技术正成为新兴关注点，有望在水处理领域展开大规模应用。

图 14-1　美国加利福尼亚州奥兰治县地下水补给系统的 UV/H_2O_2 AOP 系统

紫外线照射灭活致病菌（40～180mJ/cm^2）是城市污水处理厂和饮用水厂的一项重要且成熟的处理工艺（Hijnen 等，2006）。在这类应用中，通常使用两种类型的汞基紫外线灯，区别在于操作灯内部的汞蒸气压力。低压灯的工作范围大约在 0.01mbar（1Pa），中压灯的工作范围为高于 1bar（100kPa）。低压汞等离子体的光谱辐射以 253.7nm 和 184.9nm 波长为主，紫外线辐射被 DNA 吸收，从而破坏其结构，导致活细胞失活。消毒效果取决于紫外线剂量和波长，以 253.7nm 为宜。相反，中压汞蒸气灯产生更连续的发射光谱。它们最大的优点是每单位弧长具有非常高的特定紫外线辐射通量（功率输出），但它们的光电转换效率较低，因此成本更高。

在足够的能量下，紫外线辐射也可有效地对再生水饮用回用项目中所关注的许多微量有机污染物进行光解（Wols 和 Hofman-Caris，2012）。然而，有机分子对紫外线光解的敏感性高度依赖于分子特征，使得许多重要的水污染物可以有效抵抗或非常缓慢地进行光解（Yan 和 Song，2014）。

AOPs 扩大了可能被氧化的有机化学品的范围，并显著提高了反应速率（von Gunten，2003；Yan 和 Song，2014）。所有 AOPs 都涉及高活性物种的产生，最常见的是˙OH。如果有足够的辐射能量，有机化学物质可能会被矿化，即转化为二氧化碳和其他无机物，例如水、氯离子和硝酸根离子。但由于完全矿化需要能量投入，因此，完全矿化既不是一个目标，也不太可能在大规模的水处理系统中实现。

在 AOPs 应用中，系统的性能和大小通常是基于特定目标污染物的单位电耗（E_{EO}）确定的。E_{EO}是一个半经验参数，定义为在 1m^3 的水中将污染物浓度降低一个数量级（90%去除率）所需的电能（kWh）（kWh/(m^3·级））（Bolton 和 Stefan，2002）。这些是国际纯粹和应用化学家联合会（IUPAC）采用的定义和标准单位（Bolton 等，2001）。在北美，E_{EO}值通常用 1000gal 来表示，而不是 1m^3。E_{EO}参数不仅与污染物种类和反应器有关，也与水的紫外透光率（UVT）有关。

14.2.1 病原体灭活

病原体灭活所需的紫外线剂量取决于反应器内的紫外线辐射强度分布（由紫外线传感器测量）、紫外线反应器内的流速和流动模式以及水的紫外透光率。

UV/H_2O_2 AOP 在饮用水回用项目的消毒环节具有重要的作用。与典型的饮用水消毒所需紫外线剂量（40～180mJ/cm^2）相比，UV/H_2O_2 AOP 中的紫外线剂量要大很多倍（通常大于 500mJ/cm^2）。美国环保署制定了饮用水系统的紫外线剂量要求，以保障隐孢子虫、贾第鞭毛虫和病毒的灭活效果（USEPA，2006）。由于病毒灭活所需的紫外线剂量比其他两种生物体灭活所需的紫外线剂量高得多，因此紫外线剂量要求主要由病毒灭活决定。这些病毒灭活范围从 39mJ/cm^2 可实现 0.5log 的病毒对数灭活率到 186mJ/cm^2 可实现 4.0log 的病毒对数灭活率不等（USEPA，2006）。

这些紫外线灭活效果是基于美国饮用水法规（第 2 期长效增强地表水处理规则）发展制定的。因此，它们主要应用于饮用水项目，未考虑用于再生水饮用回用项目中 AOPs 高得多的紫外线剂量。通常，应用于 UV AOP 的高得多的能量，足以达到监管机构通常认可的消毒效果的限度。例如，加利福尼亚州的饮用水回用条例规定，任何深度处理工艺能保障的每种病原体的最大灭活能力极限为 6log（California Office of Administrative Law，2015）。

目前很少关注消毒过程中所产生的中间反应物的潜在作用。尽管如此，研究表明，对有些有机物的消毒效果可通过 AOPs 的中间反应物来增强，如羟基自由基（Mamane 等，2007；Labas 等，2008）。有研究表明，H_2O_2 的加入增强了紫外线对于腺病毒的灭活能力（Bounty 等，2012）。这一点很重要，因为之前的持续研究表明，腺病毒是对紫外线消毒耐受力最高的病原体之一。

14.2.2 微量化学污染物

从表 14-1 中可以看出，基于紫外线技术的 AOPs 在饮用水回用项目中多用于 RO 处理单元之后。这对 AOPs 是有利的，因为该过程的有效性取决于水中易被紫外线吸收的低浊度、低浓度的组分，以及除目标微污染物以外的低浓度化学物质的含量，这些化学物质可能与 ·OH 发生反应（或“捕获 ·OH”）。

虽然系统配置和操作条件不同可能会导致一些变化，但总体来说，RO 是饮用水回用项目中大多数受关注化学污染物的高效去除屏障。但也有少数化学污染物不能被 RO 很好地去除（Bellona 等，2004；Libotean 等，2008；Fujioka 等，2012）。这些污染物往往是不带电的小分子，分子量一般小于 100g/mol。其中一小部分可能出现在 RO 浓缩液中的小分子的浓度水平可能会对人体健康造成影响。在许多情况下，AOPs 被包括在饮用水回用项目中，作为专门去除这些污染物的重要屏障。增加 AOPs 的主要目的是去除两个重要的化学物质 N-亚硝基二甲胺（NDMA）（Mitch 等，2003b）和 1,4-二氧六环（Zenker 等，2003）。

14.2.2.1　N-亚硝基二甲胺（NDMA）

NDMA 是一种小而不带电，且具有极性的有机化学物质。这种物理性质的结合可导致高水溶性和反渗透膜截留效果不好（Bellona 等，2004）。NDMA 的分子结构和性质见表 14-2。

N-亚硝基二甲胺（NDMA）的分子结构和性质　　表 14-2

分子结构	分子特性
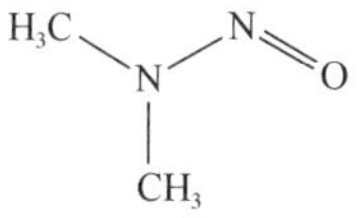 $H_3C-N(CH_3)-N=O$	CAS 注册号码：62-75-9 分子式：$C_2H_6N_2O$ 摩尔质量：74.08g/mol 水溶性：290mg/mL（20℃） $\log_{10}K_{ow}$：−0.50

在生活污水和工业废水中都可以发现 NDMA，据报道，在未经处理的生活污水中 NDMA 的浓度可高达 63ng/L（Sedlak 等，2005；Fujioka 等，2012），而在工业废水中 NDMA 的浓度可能会高得多。此外，在使用氯或氯胺对经过生物处理的出水进行消毒时，NDMA 很容易形成（Mitch 等，2003a；Pehlivanoglu-Mantas 等，2006）。由于水处理过程中膜工艺的生物污堵通常由氯或氯胺进行控制，所以有时候它是处理过程中 NDMA 形成的一个重要环节。

现已确定，在氯或氯胺消毒过程中强氧化剂氧化 NDMA 前体物可导致 NDMA 的形成（Charrois 和 Hrudey，2007），氯胺消毒过程中 NDMA 的形成被认为与二氯胺（$NHCl_2$）的存在有关（Shah 和 Mitch，2012）。虽然一氯胺（NH_2Cl）是目标氯胺种类，但根据式（14-1），二氯胺与之共存：

$$2NH_2Cl+H^+ \leftrightarrow NHCl_2+NH_4^+ \tag{14-1}$$

氢离子在式（14-1）中的作用使得该反应高度依赖于 pH。pH>8.5 时，一氯胺占优势。然而，在 pH<5 的条件下，二氯胺占优势（Schreiber 和 Mitch，2006）。在饮用水回用水厂中，RO 进水 pH 通常在 6～7 之间，RO 出水 pH 降至 5～6。在这些条件下，一氯胺和二氯胺两者均可以以明显的浓度存在。

有人认为，NDMA 的形成是通过二甲胺与 $NHCl_2$ 之间的亲核取代反应生成氯化不对称二甲肼中间体（Cl-UDMH）（图 14-2）（Schreiber 和 Mitch，2006；Shah 和 Mitch，2012），然后二甲肼中间体通过加氧氧化过程生成 NDMA，同时与通过氯胺氧化过程生成的其他产物竞争。

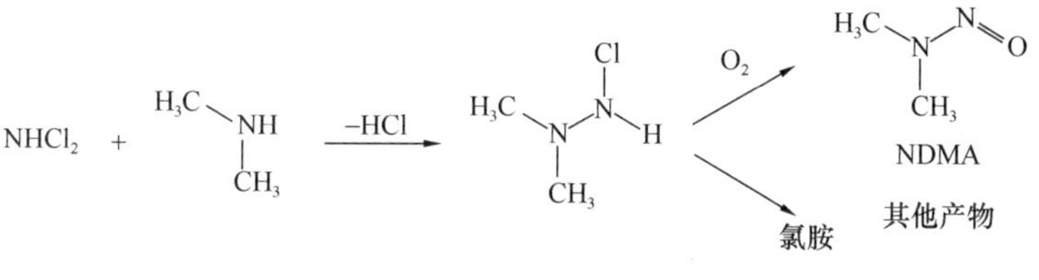

$$NHCl_2 + (CH_3)_2NH \xrightarrow{-HCl} (CH_3)_2N-N(Cl)H \begin{cases} \xrightarrow{O_2} (CH_3)_2N-N=O \ \text{(NDMA)} \\ \xrightarrow{\text{氯胺}} \text{其他产物} \end{cases}$$

图 14-2　氯胺化过程中 NDMA 的形成（Shah 和 Mitch，2012）

氯胺化过程中形成的NDMA可能有很大的差异，这取决于氯胺化过程的条件。例如，NDMA浓度可能随着反应时间和氯胺（或氯）剂量的增加而显著增加（Pehlivanoglu-Mantas等，2006）。在一家大型深度处理再生水厂开展的调查表明，1～2h的氯胺化接触导致大约7ng/L的NDMA形成，20～22h的氯胺化接触导致大约170ng/L的NDMA形成（Farré等，2011）。

除氯胺化途径外，NDMA还可在污水出水臭氧氧化过程中形成（Pisarenko等，2012）。虽然研究者们已经提出了几种机理（Andrzejewski等，2008；von Gunten等，2010），但臭氧与污水中NDMA形成之间的平衡有时是矛盾的。一方面，污水的臭氧氧化降低了处理水中后续NDMA的生成潜势；另一方面，臭氧可直接在污水中形成NDMA，有时浓度高达每万亿分之几百（Andrzejewski等，2008；Pisarenko等，2012）。

美国环保署认为NDMA是一种可能的人体致癌物，其在饮用水中浓度为0.7ng/L时，计算的生命周期癌症风险为10^{-6}（USEPA，1987）。CDPH建立的NDMA通知级别为10ng/L，响应级别为300ng/L。世界卫生组织（2011）和澳大利亚饮用水指南（NHRC&NRMMC，2011）设定的饮用水NDMA限值更高，为100ng/L。

对于涉及反渗透工艺的饮用水回用，可通过多种策略控制最终产品出水中NDMA的浓度，例如，减少氯胺化过程中NDMA的形成，将NDMA的浓度降到最低，这可以通过加入预先形成的氯胺（Farré等，2011）、减少氯胺化过程的接触时间（Mitch等，2005；Schreiber和Mitch，2005）等实现。然而，如果污水处理厂进水中NDMA浓度高于可调节水平，则仅减少NDMA的形成可能是不够的。另一种方法是使用额外的处理工艺去除NDMA。反渗透膜对NDMA的截留率差异较大，已发表的报道在10%～70%之间（Fujioka等，2012）。许多因素（包括膜的选择、水温和渗透通量等）可能导致截留率的差异（Fujioka等，2013；Fujioka等，2014）。

光解是饮用水系统中NDMA去除最常用的策略（Nawrocki和Andrzejewski，2011）。然而，由于需要接近1000mJ/cm^2的紫外线剂量才能减少1log的NDMA，因此对用于去除亚硝胺的紫外线处理比严格用于消毒的紫外线处理更耗能和更昂贵（Krasner等，2013）。

一些NDMA前体物（如图14-3所示的二甲胺）虽然本身没有重大的健康安全风险，但也是小的、极性的、不带电的有机分子。像NDMA一样，这些分子也很难被反渗透膜截留。因此，在最终氯胺化过程后的RO出水中可能还会有额外的NDMA形成（Sgroi等，2015）。事实上，有证据表明，在紫外线反应器中使用H_2O_2以达到AOPs条件，可能会产生比母体化合物具有更高NDMA生成潜势的氧化副产物，从而加剧这一问题（Farré等，2012；Sgroi等，2015）。

14.2.2.2 1,4-二恶烷

1,4-二恶烷是杂环饱和的有机化合物，主要用作1,1,1-三氯乙烷溶剂在铝容器中贮存和运输过程的稳定剂，类似NDMA，它具有低分子量且不带电。虽然结构上不是极性分子（其具有对称的结构），但两个氧原子的丰富电子密度导致其与水的互溶性以及RO膜的截留效果较差。表 14-3 中给出了 1,4-二恶烷的分子结构和性质。

1,4-二恶烷的分子结构和性质　　**表 14-3**

分子结构	分子特性
（环状结构：O、H_2C、CH_2、H_2C、CH_2、O）	CAS 注册号码：123-91-1 分子式：$C_4H_8O_2$ 摩尔质量：88.11g/mol 水溶性：能混溶

在美国和欧洲一些地区，1,4-二恶烷是一种重要的地下水污染物，特别是地下水被氯化溶剂污染的地方（Adamson 等，2014；Stepien 等，2014）。相对来说，它难以生物降解，其物理化学性质妨碍其通过挥发或吸附有效地从受污染的地下水中去除（Stepien 等，2014；Li 等，2015）。1,4-二恶烷也可能存在于溶解了混合物质的市政和工业污水中，传统的污水处理工艺对 1,4-二恶烷的降解或去除效果差（Stepien 等，2014）。事实上，在生物处理过程中，1,4-二恶烷的浓度可能会因为在缺氧反硝化过程中加入的杂质而增加（Stepien 等，2014）。在一项有关美国 40 家市政污水处理厂的调查中，检测到 1,4-二恶烷的浓度在 0.3～3.3μg/L 之间，平均浓度为 1.1μg/L（Simonich 等，2013）。

反渗透对 1,4-二恶烷的去除效果不佳，因此在市政污水处理厂反渗透工艺出水中 1,4-二恶烷被普遍检测到（Linge 等，2012）。然而，AOPs 对其去除可能是非常有效的（Chitra 等，2012；Antoniou 和 Andersen，2015）。

美国环保署认为，1,4-二恶烷“可能对人体致癌”，0.35μg/L 含量的致癌风险水平为 10^{-6}（USEPA，2016）。对啮齿类动物的研究表明，长期口服暴露后会引起肝脏肿瘤（Dourson 等，2014）。1,4-二恶烷不会引起点突变、DNA 修复或启动。然而，它可能会促进肿瘤和刺激 DNA 合成（Dourson 等，2014）。

14.3　验证和工艺控制

大多数现有的饮用水回用设施不需要正式的验证（即生物测试）来证明 AOPs 系统的消毒性能。相反，人们普遍认识到，紫外线光解所需的能量远高于消毒所需的能量（如上文所述），因此可在光解过程中同时进行消毒。

在需要进行消毒验证的情况下，美国环保署紫外线消毒指南手册（USEPA，2006）中描述的原则通常适用。在这种情况下，需要进行验证测试，以确定反应器在何种操作条件下为达到一定处理效果所需提供的紫外线剂量。这些操作条件必须包括流速、紫外线传感器测定的紫外线强度和紫外线灯状态。经过验证的操作条件必须考虑多种因素，包括（USEPA，2006）：

（1）水的紫外线吸光度；

（2）紫外线灯结垢和老化；

（3）在线传感器的测量不确定度；

（4）通过反应器的速度分布引起的紫外线剂量分布；

（5）紫外线灯或其他关键系统部件的故障；

（6）紫外线反应器的进口和出口管道或通道配置。

对于 UV/H_2O_2 AOP 系统，高级氧化单元的性能也可能需要验证。虽然目前针对这一工艺的正式指南或导则较少，但可能涉及的程序与用于消毒验证的程序类似。在这种情况下，控制 H_2O_2 溶液的剂量是另一个性能评价参数，在验证测试过程中需加以考虑。应将关键化学基团的氧化转化与紫外线能量（注量）联系起来，而不是将病原体的消毒效果与紫外线剂量联系起来。Dickenson 等（2009）详细介绍了使用具有不同化学性质和功能基团的化学指示剂评估有机化学物质氧化的情况。

加利福尼亚州饮用水部门实施了与饮用水回用项目有关的环境卫生条例，其中包括地下水补给，通常称为"第 22 条例"（California Office of Administrative Law，2015）。这些条例提到"充分高级处理"的概念，其中包括引入反渗透和氧化处理工艺。为证明为保障项目的实施已设计了一个充分的氧化工艺，项目方需针对该项目的市政污水进行实际考察研究，以识别指示化合物，并选择至少 9 个指示化合物，涵盖所有 9 种官能团：

（1）羟基芳香族；

（2）氨基/酰氨基芳香族；

（3）含碳双键的非芳香族；

（4）去质子化胺；

（5）烷氧基多环芳烃；

（6）烷氧基芳香族；

（7）烷基芳香族；

（8）饱和脂肪族；

（9）硝基芳香族。

然后，项目方必须证明，对于代表官能团 1～7 的至少 5 个指示化合物，氧化工艺可以至少达到 0.5log 的去除率；对于代表官能团 8～9 的 1 个指示化合物，氧化工艺可以至少达到 0.3log 的去除率。必须至少选择一个替代指标或操作参数来反映 9 个指示化合物中至少 5 个的去除情况，并且至少 1 个替代指标或操作参数能够被连续监测、记录和具有相关联的预警。然后，项目方必须通过激发试验或加标试验来证明，这些要求可以在全流程操作中得到满足，以确定在正常操作条件下的去除差异。

通常，项目方若不使用上述一套指示指标，则可通过测试，证明氧化工艺至少能达到 0.5log 的 1,4-二恶烷的去除。然后，提议者必须建立反映该设计标准的替代和/或操作参数。至少一个这样的替代或操作参数能够被连续监测、记录，并具有相关的预警设施，以便当处理过程未按照设计的情形进行时迅速反馈和调整。目前，这种更为简单的验证方法最常应用于美国的饮用水回用项目。

关键操作控制参数通常称为关键控制点（CCPs）。对 UV/H_2O_2 AOP 的持续监测可包括对已识别出的关键控制点的监测，以确保其性能。用于 UV/H_2O_2 AOP 的可能有用的 CCPs 案例包括：每级的电耗（按目标污染物（例如 NDMA）的函数计算，并与最低阈值相比较）、进水的紫外透光率（UVT）、水力流量、灯的状态、紫外线强度传感器读数和过氧化物剂量。包括美国和澳大利亚在内的一些国家，饮用水回用系统越来越需要这种类型的 CCPs 监控。因此，为某一特定处理工艺提供适当的 CCPs 是该工艺的重要优势，并可能对整个工艺的选择产生重大影响。

14.4　工艺性能

AOPs 的氧化效率取决于几个因素，包括设备设计（如紫外线反应器设计）、工艺优化［如氧化剂剂量、灯的类型和它们的光谱功率分布（若采用 UV-AOP）、流速］、氧化物种的产率、目标化合物对该/这些自由基的反应情况和水质参数。

在饮用水回用项目中，监测 UV/H_2O_2 AOP 对目标污染物的去除性能往往受阻于污染物浓度太低。在 RO 处理之后，诸如 NDMA 和 1,4-二恶烷之类的污染物在水中的浓度主要为几十纳克每升。这些化学物质的分析检测限，对于 NDMA 通常不超过 0.3ng/L（Munch 和 Bassett，2004），对于 1,4-二恶烷通常不超过 20ng/L（Munch 和 Grimmett，2008）。因此，这些化学物质在进水至 AOPs 流程中并不总是能检测到，并且在系统出水中很少检测到。因此，为了评估整体性能，需要使用长期监测数据或者通过人工升高（加标）进水浓度进行重点调查。

图 14-3 为在一个饮用水回用厂中，AOPs 进出水中 NDMA 浓度的长期监测结果（连同最终产品水一起），数据结果以对数正态概率图的形式呈现。这些数据表明，在 6 年的

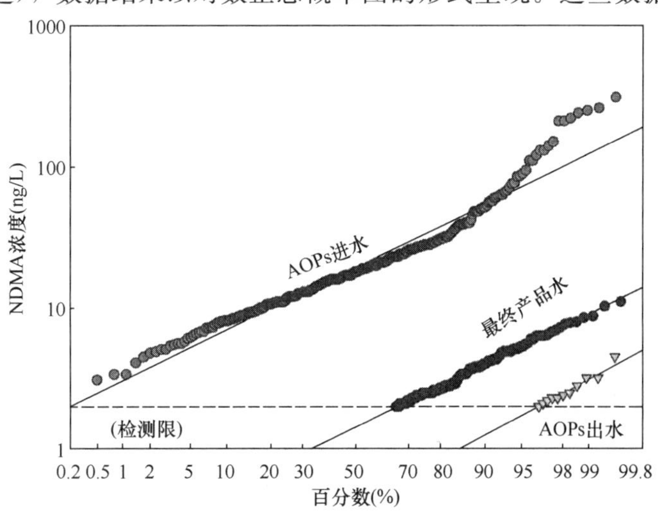

图 14-3　NDMA 在 AOPs 进水、AOPs 出水和最终产品水中的对数正态概率图

评价时间内，AOPs 进水中的 NDMA 浓度在接近检测限的 2ng/L（不同实验室可能有差异）至大约 500ng/L 的范围波动。绝大多数 AOPs 出水中的 NDMA 浓度在 2ng/L 检测限以下，但偶尔检测到高于 5ng/L 的浓度。

对数正态概率图显示，AOPs 出水水样中，仅有不到 5%的样品中 NDMA 的浓度在检测限以上。尽管如此，这些有限的数据足以表明，从 AOPs 进水到 AOPs 出水的过程中，NDMA 的平均去除效果大约是 1.6log。值得注意的是，NDMA 在最终（氯胺化的）出水中的浓度分布要高于其在 AOPs 出水中的浓度分布。这与实验结果是一致的，实验结果表明 AOPs 过程可能生成副产物，这些副产物在氯胺化过程中可成为 NDMA 形成的前体物（Sgroi 等，2015）。

1,4-二恶烷可能无法取得类似的结果，因为其在 AOPs 出水中的浓度从未超过 1μg/L 的检测限（图 14-4）。整个 6 年监测活动中，AOPs 进水样本中，仅有不到 5%的样本 1,4-二恶烷的浓度超过此检测限。

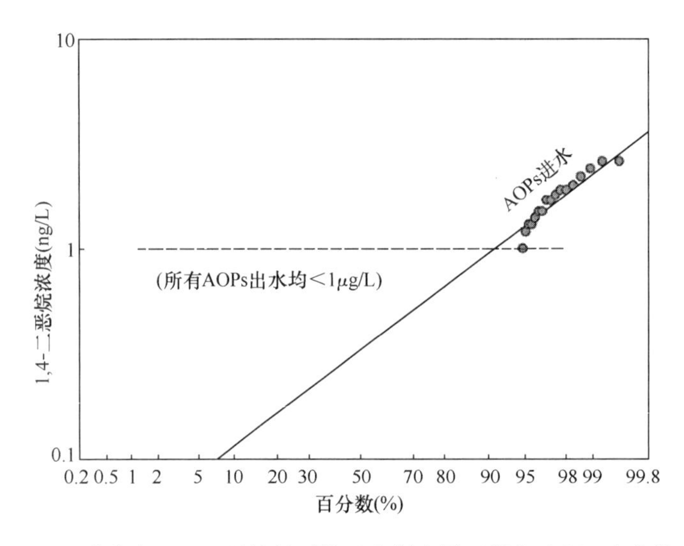

图 14-4 AOPs 进水中 1,4-二恶烷的对数正态概率图（所有 AOPs 出水均<1μg/L）

14.5 高级氧化工艺在饮用水回用项目中应用的国际案例

如表 14-1 所示，现在已经有少量的再生饮用水项目在设计时，在深度处理工艺中引入了 AOPs 单元，包括在美国、南非和澳大利亚建造的一些处理厂。本节介绍了一些重点受到关注的项目，包括地下水补给系统（美国加利福尼亚州）、Prairie Waters 项目（美国科罗拉多州）、西走廊再生水项目（澳大利亚昆士兰州）和西博福特再生水厂（南非）等案例，这些案例给出了 AOPs 所面临及需要克服的与当地具体情况有关的挑战。本节还介绍了 Terminal Island 再生水厂（美国加利福尼亚州）项目，该项目是一个目前正在建设中的实例，其在饮用水回用过程中采用了新的 AOPs 技术。

14.5.1　美国加利福尼亚州奥兰治县地下水补给系统（2008）

加利福尼亚州奥兰治县水务局自 1976 年建立“21 世纪水厂”工程以来，一直是有计划地回用饮用水的先驱。自 1977 年以来，21 世纪水厂（深度水处理厂）采用反渗透法处理市政污水，并于 2001 年采用高能量紫外线处理 NDMA。由于该系统不是为增强自由基生成而设计的（即不包括过氧化物或替代性催化剂的投加），因此它不符合 AOPs 的所有常用定义。但是，它与常规的紫外线消毒方法区别很大，因为它的设计和尺寸是为了提供化学物质光解所需的高紫外线能量。

21 世纪水厂于 2004 年退役，原因是需要扩大产能和引进最新的处理技术。随后建成了由奥兰治县水务局和奥兰治县卫生局共同出资和运营的地下水补充系统（GWRS），GWRS 已成为目前世界上最大的饮用水回用净化系统，处理原本排放到太平洋的污水，并通过 MF、RO 和 UV/H_2O_2 进行净化。净化后的水随后用于补给奥兰治县的地下饮用水水源。自 2008 年 1 月起，最近扩建后的 GWRS 可生产 350 ML/d 的净化水。

加利福尼亚州饮用水部门第 22 条例要求地下水补给 IPR 项目必须至少实现减少 12log 的肠道病毒、10log 的贾第鞭毛虫卵囊和 10log 的隐孢子虫卵囊（California Office of Administrative Law，2015）。目前没有一个规定的精确的处理流程实现这一目的。然而，至少需要保障有三个独立的处理单元，且每个单元对每一种病原体至少减少 1log。此外，还认为任何工程处理工艺对每种病原体的去除至多可以达到 6log。这些要求使得将紫外线消毒或 UV/H_2O_2 纳入 GWRS 处理全流程成为一个有吸引力的选择。

GWRS 选择的 UV AOP 系统由特洁安技术公司生产的 TrojanUVPhox™D72AL75 紫外线反应器组成，并于 2008 年 1 月投入使用。这是一个基于低压高输出灯（每个 250W）的封闭的容器型紫外线系统。紫外线系统由 8 个主单元和 3 个备用单元组成。每个主单元都有 6 个反应器，每个反应器有 72 支灯管。每个单元的最大处理能力为 33ML/d，系统总处理能力为 265ML/d。系统添加了 H_2O_2 进行高级氧化，以处理抗紫外线的化学污染物。

除了满足第 22 条例规定的病毒对数去除率要求外，包含 AOPs 的主要原因是为了光解去除 NDMA 和高级氧化去除 1,4-二恶烷及 RO 处理后残留的其他微量有机物。该系统的设计目的是在紫外透光率（$T_{254nm,1cm}$）为 95%的条件下实现所需的 1.2log 的 NDMA 和 0.5log 的 1,4-二恶烷的去除率（California Office of Administrative Law，2015）。加利福尼亚州饮用水部门认为该工艺具备 6log 的病毒去除能力。基于在 2004—2005 年由奥兰治县水务局进行的 AOPs 效能验证和认证，为达到对病毒的上述去除效果，需要的最小紫外线剂量为 101mJ/cm^2。该系统的性能验证要求使用 MS2 噬菌体在实际运行的系统中进行病毒加标试验。然而，AOPs 系统提供了更大的紫外线通量（通常＞400mJ/cm^2），以保障光解和 AOPs 的有效性。

持续监控%$T_{254nm,1cm}$和平均紫外线处理工艺功率这两个指标的限值，以确保在任何时候都能达到所计算的每个工艺的紫外线剂量（Patel，2014）。%$T_{254nm,1cm}$必须保持在 95%

以上。全部运行工艺的最低紫外线功率为每个工艺 74kW，部分运行工艺的紫外线功率为 24.6kW。随着 GWRS 初步扩建项目的进行，部分运行工艺的规模正向全部运行工艺扩展。通过对这两个参数的监测，可确保每个工艺的紫外线消毒剂量在任何时候都显著大于 $101mJ/cm^2$（Patel，2014）。如果在线传感器检测到灯故障或其他问题，备用的紫外线单元和反应器就会自动启动。

14.5.2 澳大利亚昆士兰州西走廊再生水项目（2008）

澳大利亚昆士兰的西走廊再生水项目包括三个深度处理再生水厂，每个都有 AOPs 工艺单元（Poussade 等，2009）。这些再生水厂分别是 Bundamba 再生水厂（66ML/d）、Luggage Point 再生水厂（66ML/d）和 Gibson Island 再生水厂（100ML/d），它们与来自澳大利亚第三大城市布里斯班及其周围的 6 个不同污水处理厂的二级出水连成一个整体系统。它们通过补给该地区最大的地表水水库 Wivenhoe 湖，然后大部分水用于 IPR 项目，进而为附近的两个燃煤发电站提供可替代饮用水的水源。然而，在 2009 年建成后不久，抗旱降雨减少了当前的缺水情况，虽然这些再生水厂继续生产用于工业用途的水，但截至目前，净化后的水尚未用于饮用。

每个再生水厂均选用了 MF/RO/AOP 和游离氯的组合工艺作为处理工艺。基于奥兰治县和西盆地的地下水补给系统实例，该项目选择了 UV/H_2O_2 AOP，因为它被认为是可用于饮用水回用的最佳可得技术。与奥兰治县进行的研究相反，NDMA 或 NDMA 前体物没有本地数据，1,4-二恶烷也是如此。由于该系统是作为快速跟踪项目进行开发的，因此选择该技术作为防止此类事件发生的一项保险措施。

3 个再生水厂都配备了多列 TrojanUVPhox™D72AL75 高级氧化系统，其中包括带有在线搅拌和顺序反应器的 H_2O_2 加药系统，每个系统均配备 72 个低压高输出、单色辐射汞蒸气灯。每个系统的设计是相似的，Luggage Point 和 Gibson Island 再生水厂具有相同的设计配置。Bundamba 再生水厂作为两个单独的水厂建造在同一场地，但配置稍有不同。表 14-4 总结了三个 AOP 系统的配置（Poussade 等，2009）。

西走廊再生水项目 AOP 系统的配置（Poussade 等，2009）　　表 14-4

再生水厂	处理单元数量	每列单元的组数	每组的反应器数量	每个反应器的灯管数量	H_2O_2 投加量（mg/L）
Bundamba	4 个现役工艺	2	2	72	4～5
Gibson Island	3 个现役工艺，1 个备用工艺	3	2	72	6～10
Luggage Point	3 个现役工艺，1 个备用工艺	3	2	72	6～8

GibsonIsland 和 Bundamba 再生水厂的 AOP 系统设计目标是实现 1.0log 的 NDMA 去除，Luggage Point 再生水厂的 AOP 系统设计目标则是实现 1.2log 的 NDMA 去除。这三个系统的设计目标都是去除 0.5log 的 1,4-二恶烷。

由于时间限制，没有对这些再生水厂各单元进行具体的系统验证。相反，由于系统设置与加利福尼亚州的系统类似，这些系统的配置设计被认为是可以接受的。这些 AOP 系统被认为是 NDMA 和 1,4-二恶烷去除以及病原微生物灭活的关键控制点。该系统起初主要是为了去除这两种化学污染物而设计的，由于 AOP 所需的高紫外线剂量，微生物去除保障能力被认为是一种有用的额外收益。

AOP 的关键监测点是与系统供应商密切协商后确定的，其基础是 NDMA 去除的 E_{EO}。西走廊再生水厂的 E_{EO}值是基于美国此前开展的验证工作与系统供应商工程师协商确定的，并辅之以特定系统的水力模型。三个再生水厂的各设计依据见表 14-5。

西走廊再生水项目三个再生水厂的 AOP 设计概况　　表 14-5

再生水厂	E_{EO} [kWh/(kgal·级)] 新灯/旧灯	设计的最小紫外透光率（%）	灯全寿命系数（%）新灯强度	灯结垢系数	NDMA 的对数去除情况	NDMA 最大通入量（ng/L）
Bundamba	0.24/0.33	95	90	0.8	1.0	50
Gibson Island	0.25/0.29	95	92	1.0	1.0	50
Luggage Point	0.29/0.37	95	80[1]	无[1]	1.2	80

1　在 Luggage Point 再生水厂设计中，在灯全寿命系数最后阶段，考虑了灯的结垢系数。

灯全寿命（EOLL）系数用于预测在寿命结束时（12000h 后）灯的较低紫外线辐射量。灯结垢系数用于校正由于 RO 出水的不稳定性和腐蚀特性等造成的灯结垢污染，这种情况鲜有发生。采用的关键控制系统是基于 E_{EO}度量和电能量剂量（EED）参数。根据加入 H_2O_2 后测得的$\%T_{254nm,1cm}$，计算该系统的目标 E_{EO}值。目标 EED（kWh/kgal）是通过将目标 E_{EO}值（kWh/（kgal·级））乘以目标对数去除率（级）来确定的，然后用测量的紫外线单元流量来计算该单元的目标功率（kW），最后确定 NDMA 处理所需的紫外线能量。

目前所使用的 AOP 系统的关键监控点是当前功率比（PPR），它是实际工作功率与目标功率的比值。紫外线控制系统的设计是基于以 100%的功率比操作紫外线系统以确保充分的 NDMA 处理。紫外线反应器能量输入是基于体积流量（流速）确定的。已建立的关键控制点（关键预警和临界极限）见表 14-6。

三个 AOP 系统的关键控制点　　表 14-6

关键控制点	预警极限	临界极限
当前功率比	<100%超过 10min	<90%超过 10min
H_2O_2 加药流量	+/−20%的设定值超过 10min	+/−50%的设定值超过 10min
灯故障	单个反应器中 6 个或更多的灯失效	单个反应器中 30 个或更多的灯失效（这将导致系统停止运行）

H_2O_2 剂量率和 RO 出水的$\%T_{254nm,1cm}$通过在线测定。每个紫外线处理单元的流量都是独立测量的。对每个反应器的温度、紫外线强度和当前能耗进行在线监测。通过测量已知紫外透光率下的 E_{EO}以及处理单元的流量，计算出每个单元的目标功率和 PPR。

与典型的消毒剂量相比，高级氧化的紫外线剂量是非常高的，如果 AOP 系统是按照 AOP 系统关键控制点的要求进行操作的，则该系统对病毒、细菌、隐孢子虫和贾第鞭毛虫的对数去除率可确保达到 4log。

在 Bundamba 再生水厂运行的第一年，对 NDMA 的实际去除量进行了测定。在该再生水厂，氯胺在膜处理工艺的前端形成，以尽量减少生物污堵，尤其是 RO 系统的生物污堵。在最初设计时，氯和氨被分别注入二级出水中，导致再生水厂上游产生明显的 NDMA（Farré 等，2011）。如预期的那样，反渗透膜对于 NDMA 的去除效果不明显（图 14-5），但由于反渗透出水中存在 NDMA，因此可以验证 AOP 系统的有效性，并验证其处理过的水中 NDMA 始终低于 10ng/L 的性能。对整个 AOP 的 NDMA 去除情况进行评估的抽样调查显示，其去除率始终大于 1.0log（Poussade 等，2009）。2008 年两天收集的这些数据的实例如图 14-5 所示。

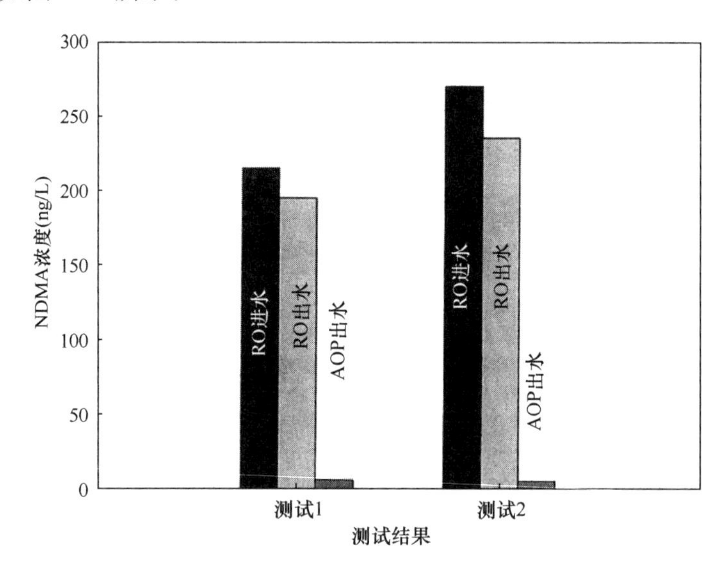

图 14-5 Bundamba 再生水厂的 RO 进水、RO 出水和 AOP 出水样品中的 NDMA 浓度

为了在加药前预先生成氯胺，对 Bundamba 再生水厂的系统配置进行了更改。其作用是显著降低了再生水厂内 NDMA 的形成，从而减少了 AOPs 暴露于较高浓度的 NDMA 环境中。在该变化之后，在 RO 出水中，很少检测到高于检测限 5ng/的 NDMA 浓度。在西走廊再生水厂的进水样品中，未曾检测到 1,4-二恶烷。

14.5.3 美国科罗拉多州奥罗拉 Prairie Waters 项目（2010）

190ML/d 的 Peter Binney 净水厂由美国科罗拉多州奥罗拉水务集团运营。它采用了一系列常规和先进的水处理方法，以扩大城市的饮用水供应，饮用水水源主要取自地表水体，进而进行深度处理。地表水体中大部分水来自污水处理厂出水的排放（>80%）。水厂的预处理由 17 个垂直的河岸过滤井和位于科罗拉多州布莱顿北部的人工补给和回用设施组成的自然处理工艺来提供。从那里，通过一条长 36 英里（约 57.9km）的管道水被泵输送到 Peter Binney 净水厂。深度处理工艺包括部分软化、UV/H_2O_2 AOP、生物活性炭过滤和最终颗粒活性炭过滤。随后，将水以 1：2 的比例与奥罗拉现有供水水源进行混合（常规地表水处理工艺处理后的山区径流），经氯消毒后输送到城市输配水管网。

选择深度处理工艺的主要动机是希望去除新兴化学污染物和病原体，以提供与奥罗拉现有饮用水供应无差异的水质。根据加利福尼亚州的经验，特别是奥兰治县的 GWRS 系统，在 2005 年采用特洁安技术公司生产的 TrojanUVPhox™ D72AL75 系统作为 UV/H_2O_2 工艺。选择 UV/H_2O_2 的主要驱动因素是 NDMA 去除效率和紫外线对病原微生物的灭活能力。该项目设施施工后，在现场进行的研究表明，NDMA 和其他亚硝胺类物质已通过自然处理工艺（河岸过滤后人工补给和回用）有效去除（Drewes 等，2006），AOP 进水中 NDMA 浓度始终低于检测限水平（<10ng/L）。

UV/H_2O_2 工艺的设计以在 $T_{254nm,1cm}$≥85%和最大流量 190ML/d 的条件下，RO 出水中 NDMA 的去除量达到≥1.2log 为目标。为控制 1,4-二恶烷的生成，H_2O_2 的投加浓度为 4mg/L。紫外线系统由 12 个平行单元组成，每个单元有 4 个 TrojanUVPhox™ D72AL74 反应器（即 8 个反应堆容器），符合加利福尼亚州的设计要求，因为科罗拉多州没有具体规定 AOP 的处理要求。AOP 的典型进水条件见表 14-7。有效的自然预处理过程、紫外透光率在 90%以上以及 DOC 作为碳源的良好可降解性，为 AOP 提供了有利的条件。

UV/H_2O_2 处理单元的典型常规水质参数 **表 14-7**

水质参数	UV/H_2O_2
温度（℃）	26
pH	7.21
浊度（NTU）	0.23
排水流量（ML/d）	10.374（每个 UV 单元）
进水 $T_{254nm,1cm}$（%）	90.9
DOC（mg/L）	3～3.1

由于在河岸过滤和人工补给回用过程中对有机物进行了有效的生物处理，DOC 仅表现出少量的额外氧化需求，在 AOP 中被降低了 2%～4%，但是紫外吸光度降幅在 16%～19%之间。表明在氧化过程中类腐殖质和类富里酸物质优先发生转化。

经过自然处理步骤后，AOP 为微量有机物的去除提供了一个额外屏障。不能被氧化的化学污染物（如氯化阻燃剂或人工甜味剂三氯蔗糖）在活性炭过滤过程中被保留下来。

最后，值得注意的是，AOP 只使用了大约 1.5 mg/L 的 H_2O_2（投加量为 4mg/L），剩余的 H_2O_2 被携带到后续的 BAC 滤池中。水厂操作人员报告说，剩余 H_2O_2 的好处是延长了 BAC 滤池的运行时间。

14.5.4 西博福特再生水厂（南非）

西博福特市位于卡鲁中部，是非洲南部最干旱的地区之一。它是卡鲁中部的经济、政治和行政中心。西博福特市大约有 40000 居民，分布在三个城镇，其中一个叫西博福特。

2010 年，一场严重的干旱几乎耗尽了该镇的水源。导致饮用水中度短缺。到 2011 年 1 月，该镇依靠卡车运送更多的饮用水来支撑居民生活。当时，每人每天 5 L 的饮用水被卡车运送到 8000 多户人家。干旱频发，加上预测的人口增长和尚未与供水系统连通的大型非正规居住区域，预计今后将增加对新鲜水源的供水压力。

由于西博福特的情况，建造了一座名为西博福特再生水厂（BWWRP）的 DPR 项目。该再生水厂是由当地公司“水和废水工程”承包建设的一个“设计、建造和运营”项目（Marais 和 von Durckheim，2012），于 2011 年 1 月投入使用，此后一直提供饮用水。继传统的三级处理之后，BWWRP 使用的额外处理工艺包括 UF、RO、UV/H_2O_2 AOP 和最终氯消毒。该再生水厂的设计处理能力为 2.1ML/d。

在 BWWRP 建设的最后阶段决定增加 AOP 单元，主要目的是提升群众的接受度及微量有机物的去除。为这些目的选择 AOP 的主要原因很大程度上是由于该项目的敏感的自然属性，AOP 提供了“最佳的可行性技术”的解决方案。虽然没有明确的目标污染物，但该系统被视为去除微量污染物包括激素和药物在内的有效的额外屏障。该系统运行的紫外线强度为 250mJ/cm^2，这对于消毒来讲已是很高的强度，但对于 AOP 来讲相对较低。基于紫外线的能耗成本远低于其他运行成本的事实，决定在超过消毒要求的剂量下运行是合理的。

该系统由 Hanovia 制造，使用中压紫外线灯。过氧化氢在紫外线反应器前投加，投加量为 0.6mg/L，以浓度为 50%的 H_2O_2 溶液的形式投加。由于所涉及的分析成本很高，所以不需要或不执行性能验证。在线监测是通过可编程逻辑控制程序提供的，当超过临界限值时，可启动关闭水厂。

14.5.5 美国加利福尼亚州洛杉矶 Terminal Island 再生水厂（2016）

洛杉矶市公共卫生局（LASAN）正在扩建 Terminal Island 再生水厂，以符合加利福尼亚州地下水补给条例（California Office of Administrative Law，2015）。扩建后的再生水厂每天可生产 45ML 的净化水，用于多种用途，包括注入 Dominguez Gap Barrier 以防海水入侵；从而减少外调水的需求，并提高当地供水的可靠性。

Terminal Island 再生水厂目前处理多达 23ML/d 的三级污水，通过 MF、RO 和氯胺消毒进行处理。再生水厂的扩建将扩容，并以紫外线为基础的 AOP［即使用低压紫外线灯与次氯酸钠（UV/Cl_2）］取代氯胺消毒。这种高级氧化工艺在第 9 章的其他部分进行了介绍。

2013 年开展了一项可行性研究，包括对现有 MF−RO 处理工艺出水进行实验室规模的 AOP 测试，以评价商业上可行的工艺是否满足规定的消毒和污染物去除要求。实验室规模的测试使用中压和低压 UV 灯，评价了臭氧过氧化氢（O_3/H_2O_2）、UV/H_2O_2 和 UV/Cl_2的效果。在低 pH 水中 UV/Cl_2被认为是唯一有效的，而低 pH 是饮用水回用项目 RO 出水的典型特征（Watts 等，2012）。可行性研究结果表明，所有评价的 AOPs 都值得进一步通过中试试验进行研究。

2014年，使用来自Xylem的AOP系统进行了中试试验，该系统能够评估包括O_3/H_2O_2（臭氧之前或之后加入H_2O_2）以及UV/Cl_2和UV/H_2O_2（均采用低压灯或中压灯进行紫外线照射）在内的所有可能的AOPs。在中试试验期间，对所有工艺进行了测试，并就效率和总成本进行了基准测试。Terminal Island再生水厂的中试试验装置如图14-6所示。在这一装置中，RO出水被送到中试场地，但由于在该设施中通常检测不到1,4-二恶烷，所以使用了加标系统添加1,4-二恶烷。

图14-6 Terminal Island再生水厂AOP中试试验装置

初步几轮中试试验表明，O_3/H_2O_2 AOP对1,4-二恶烷的去除效果很好，但对NDMA的去除效果不佳，需要将NDMA降至10ng/L以下，因此该项目未进一步考虑应用O_3/H_2O_2 AOP。此外，中压紫外线灯也被排除了，因为即使其有效，但总成本明显高于低压紫外线灯。对于1,4-二恶烷和NDMA的去除效率，无论是UV/Cl_2还是UV/H_2O_2，都有类似的表现，但UV/Cl_2被认为在总成本方面具有明显的优势，原因如下：

（1）该再生水厂已具备次氯酸钠贮存设施——这是在水和污水处理中常用的化学品；

（2）在紫外线反应器后，需要有余氯作为额外的消毒屏障；

（3）H_2O_2在AOP中消耗很少，对其淬灭非常昂贵。

实际运行规模的AOP设计是基于反应器入口处的最小紫外线剂量为920mJ/cm^2，游离余氯的最小浓度为2mg/L，以达到大于0.5log的1,4-二恶烷去除和NDMA小于10ng/L的目的。设计条件包括最小$\%T_{254nm,1cm}$为96%，pH小于6.5，以确保符合规定。

Terminal Island再生水厂的AOP选择的是由Xylem/Wedeco生产的MiPRO光电系统。该设备由两个Wedeco K143密闭容器和低压紫外线反应器组成，低压紫外线反应器总共有504个灯（每个灯600W）（图14-7）。MiPRO光电系统包括两个次氯酸钠加药和注入系统以及100%冗余度控制装置。K143反应器还能够通过开启或关闭成排的灯来实现高水力流量和功率调节，以降低能耗成本。该系统预期在2016年安装。

图14-7 Xylem/Wedeco制造的MiPRO光电系统的K143反应器

K143反应器前期根据紫外线设计指导手册（USEPA，2006）对饮用水中病毒的灭活进行了验证，其除了满足1,4-二恶烷和NDMA的去除要求外，还可达到6log的病毒灭活能力。该系统将被控制在一个紫外线剂量设定值，并通过实时监控$\%T_{254nm,1cm}$、流速和紫外线强度（每行灯有一个传感器）确保遵守法规，基于已通过计算流体动力学模型、生物测定试验和准直光束测试验证的方程式计算紫外线通量。还将实时测量包括pH、游离氯和总氯量在内的化学消毒指标，以确保次氯酸钠最优投加量和AOP最佳性能。

14.6 结论和展望

近年来，AOPs在饮用水回用处理系统中的应用是一个较新的现象，它提供了明显的额外消毒潜力，同时也可以通过高级氧化降解和UV/AOP光解等方式实现对某些化学组分的去除和控制。奥兰治县21世纪水厂项目为建立反渗透紫外线辐照后处理工艺铺平了道路，该工艺于2001年施行，专门用于NDMA的光解。随后在包括新加坡在内的许多其他项目中采用了类似的处理设计，但直到2008年，添加H_2O_2用于生产二次氧化剂的真正的AOP系统才在美国加利福尼亚州GWRS项目和澳大利用昆士兰州西走廊项目中正式投入使用。

自此，在饮用水回用项目中加入AOPs有许多重要的驱动因素，其中包括适当的病原体对数去除能力、NDMA的光解转化、使用人们普遍认为最佳的现有技术的愿望，以及预期AOP的加入将提高公众对一个项目的接受程度。高级氧化工艺的实际化学目标（需要自由基氧化剂）很少，但在某些情况下，1,4-二恶烷成为控制目标。

科罗拉多州奥罗拉Prairie Waters项目的成功开发证实了饮用水回用处理工艺选择方面的潜在灵活性，在AOP处理之前，高压膜处理单元并不总是必要的。在这种情况下，河岸过滤和土壤含水层处理等自然处理手段为UV/H_2O_2 AOP提供了有效的预处理措施。

最近，人们对UV/Cl_2 AOP用于饮用水回用项目产生了兴趣，尤其是目前正在规划中的由洛杉矶公共工程部卫生局所有的Terminal Island再生水厂项目。基于臭氧的AOPs的使用，旨在促进自由基的产生，也可用于今后的饮用水回用项目。臭氧AOPs与生物活性炭（BAC）和颗粒活性炭（GAC）系统相结合，可提供氧化、生物去除和物理一化学吸附相结合的组合工艺，特别适用于使用反渗透设施但浓盐水的处置方式有限的地区。然而，由于缺乏对NDMA去除效果的评价，臭氧系统的应用可能受限，NDMA的去除一直是饮用水回用项目中选择AOP的主要驱动因素。最近的证据表明，臭氧氧化可能导致NDMA浓度的增加，而不是降低。

目前，尚未考虑以TiO_2为原料生产$\cdot OH$的非均相催化工艺用于大规模的饮用水回用项目。如果要考虑这些问题，就需要解决诸如病原体灭活能力等问题。重要的是，对于化学氧化和任何病原体灭活，有必要采用相应的技术进行效果验证和持续性能监测。若不具备高紫外线通量的优势，这些系统可能很难有效地去除一些污染物，如NDMA。

有许多技术组合可有效实现饮用水回用系统中病原体和化学品风险管理所需的可靠性和冗余度，为每个应用点提供多种因地制宜的方法。尽管如此，正确的风险评估和对流程之间相互作用的理解对于确保组合工艺的正常运行以及从长期资产管理的角度确保其可操作性和可维护性来说至关重要。

目前 AOP 性能评估和验证的方法在很大程度上依赖于 1,4-二恶烷的氧化过程。虽然这是性能评价的一种有用方法，但也存在许多重要的限制。值得注意的是，1,4-二恶烷并不是一种普遍存在的水污染物，因此通常没有足够高的浓度，无法观察到 AOP 对其有效的去除。在某些情况下，这种污染物可以添加到 AOP 进水中进行性能测试，但这种方法将监测限制在相对较短的控制周期内。在可测量的操作参数（如当前功率比）周围纳入关键控制点，将有助于提高今后的验证和监测。

除了投资和运营成本之外，监管目标也是饮用水回用项目选择和实施 AOPs 的主要驱动力。向 DPR 发展的趋势可能导致对化学和病原体控制的要求增加，或进行更严格的性能评估。AOPs 已经被证明能够适应严格的性能验证和持续的监控要求，这使得 AOPs 在饮用水回用项目的技术选择中备受青睐。即使在未进行全面验证的情况下，普遍认为采用 AOP 的处理工艺将提供最佳的水处理和水质，这也是使用这种方法的另一个重要的动力因素。随着饮用水回用在国际上不断发展成为一项重要的城市供水战略，AOP 系统的采用需求也有望增长。

14.7　参考文献

Adamson D. T., Mahendra S., Walker K. L., Rauch S. R., Sengupta S. and Newell C. J. (2014). A multisite survey to identify the scale of the 1,4-Dioxane problem at contaminated groundwater sites. *Environmental Science & Technology Letters*, **1**(5), 254–258.

Andrzejewski P., Kasprzyk-Hordern B. and Nawrocki J. (2008). N-nitrosodimethylamine (NDMA) formation during ozonation of dimethylamine-containing waters. *Water Research*, **42**(4–5), 863–870.

Antoniou M. G. and Andersen H. R. (2015). Comparison of UVC/ $S_2O_8^{2-}$ with UVC/ H_2O_2 in terms of efficiency and cost for the removal of micropollutants from groundwater. *Chemosphere*, **119**, S81–S88.

Arnold R. G., Sáez A. E., Snyder S., Maeng S. K., Lee C., Woods G. J., Li X. and Choi H. (2012). Direct potable reuse of reclaimed wastewater: It is time for a rational discussion. *Reviews on Environmental Health*, **27**(4), 197–206.

Bellona C., Drewes J. E., Xu P. and Amy G. (2004). Factors affecting the rejection of organic solutes during NF/RO treatment—a literature review. *Water Research*, **38**(12), 2795–2809.

Bolton J. R., Bircher K. G., Tumas W. and Chadwick A. T. (2001). Figures-of-merit for the technical development and application of advanced oxidation technologies for both electric- and solar-driven systems (IUPAC Technical Report). *Pureand Applied Chemistry*, **73**(4), 627–637.

Bolton J. R. and Stefan M. I. (2002). Fundamental photochemical approach to the concepts of fluence (UV dose) and electrical energy efficiency in photochemical degradation reactions. *Research on Chemical Intermediates*, **28**(7–9), 857–870.

Bounty S., Rodriguez R. A. and Linden K. G. (2012). Inactivation of adenovirus using low-dose UV/H_2O_2 advanced oxidation. *Water Research*, **46**(19), 6273–6278.

California Office of Administrative Law (2015). California Code of Regulations, Title 22: Social Security, Division 4: Environmental Health, Chapter 3: Water Recycling Criteria.

Charrois J. W. A. and Hrudey S. E. (2007). Breakpoint chlorination and free-chlorine contact time: implications for drinking water N-nitrosodimethylamine concentrations. *Water Research*, **41**(3), 674–682.

Chitra S., Paramasivan K., Cheralathan M. and Sinha P. K. (2012). Degradation of 1,4-dioxane using advanced oxidation processes. *Environmental Science and Pollution Research*, **19**(3), 871–878.

Dickenson E. R. V., Drewes J. E., Sedlak D. L., Wert E. C. and Snyder S. A. (2009). Applying Surrogates and Indicators to Assess Removal Efficiency of Trace Organic Chemicals during Chemical Oxidation of Wastewaters. *Environmental Science and Technology*, **43**(16), 6242–6247.

Dourson M., Reichard J., Nance P., Burleigh-Flayer H., Parker A., Vincent M. and McConnell E. E. (2014). Mode of action analysis for liver tumors from oral 1,4-dioxane exposures and evidence-based dose response assessment. *Regulatory Toxicology and Pharmacology*, **68**(3), 387–401.

Drewes J. E. and Khan S. J. (2011). Chapter 16: Water reuse for drinking water augmentation. In: Water Quality & Treatment: A Handbook on Drinking Water, J. K. Edzwald, (ed.), 6th edition, McGraw-Hill Professional, New York, pp. 16.1–16.48.

Drewes J. E. and Khan S. J. (2015). Contemporary design, operation, and monitoring of potable reuse systems. *Journal of Water Reuse and Desalination*, **5**(1), 1–7.

Drewes J. E., Hoppe C. and Jennings T. (2006). Fate and transport of N-nitrosamines under conditions simulating full-scale groundwater recharge operations. *Water Environment Research*, **78**(13), 2466–2473.

Farré M. J., Döderer K., Hearn L., Poussade Y., Keller J. and Gernjak W. (2011). Understanding the operational parameters affecting NDMA formation at Advanced Water Treatment Plants. *Journal of Hazardous Materials*, **185**(2–3), 1575–1581.

Farré M. J., Radjenovic J. and Gernjak W. (2012). Assessment of Degradation Byproducts and NDMA Formation Potential during UV and UV/ H_2O_2 Treatment of Doxylamine in the Presence of Monochloramine. *Environmental Science and Technology*, **46**(23), 12904–12912.

Fujioka T., Khan S. J., Poussade Y., Drewes J. E. and Nghiem L. D. (2012). N-nitrosamine removal by reverse osmosis for indirect potable water reuse – A critical review based on observations from laboratory-, pilot- and full-scale studies. *Separation and Purification Technology*, **98**(0), 503–515.

Fujioka T., Khan S. J., McDonald J. A., Roux A., Poussade Y., Drewes J. E. and Nghiem L. D. (2013). N-nitrosamine rejection by reverse osmosis membranes: a full-scale study. *Water Research*, **47**(16), 6141–6148.

Fujioka T., Khan S. J., McDonald J. A., Roux A., Poussade Y., Drewes J. E. and Nghiem L. D. (2014). Modelling the rejection of N-nitrosamines by a spiral-wound reverse osmosis system: Mathematical model development and validation. *Journal of Membrane Sciences*, **454**, 212–219.

Gerrity D., Pecson B., Trussell R. S. and Trussell R. R. (2013). Potable reuse treatment trains throughout the world. *Journal of Water Supply Research and Technology-Aqua*, **62**(6), 321–338.

Hijnen W. A. M., Beerendonk E. F. and Medema G. J. (2006). Inactivation credit of UV radiation for viruses, bacteria and protozoan (oo)cysts in water: A review. *Water Research*, **40**(1), 3–22.

Krasner S. W., Mitch W. A., McCurry D. L., Hanigan D. and Westerhoff P. (2013). Formation, precursors, control, and occurrence of nitrosamines in drinking water: A review. *Water Research*, **47**(13), 4433–4450.

Labas M. D., Zalazar C. S., Brandi R. J. and Cassano A. E. (2008). Reaction kinetics of bacteria disinfection employing hydrogen peroxide. *Biochemical Engineering Journal*, **38**(1), 78–87.

Leverenz H. L., Tchobanoglous G. and Asano T. (2011). Direct potable reuse: A future imperative. *Journal of Water Reuse and Desalination*, **1**(1), 2–10.

Li M. Y., van Orden E. T., DeVries D. J., Xiong Z., Hinchee R. and Alvarez P. J. (2015). Bench-scale biodegradation tests to assess natural attenuation potential of 1,4-dioxane at three sites in California. *Biodegradation*, **26**(1), 39–50.

Libotean D., Giralt J., Rallo R., Cohen Y., Giralt F., Ridgway H. F., Rodriguez G. and Phipps D. (2008). Organic compounds passage through RO membranes. *Journal of Membrane Sciences*, **313**(1–2), 23–43.

Linge K. L., Blair P., Busetti F., Rodriguez C. and Heitz A. (2012). Chemicals in reverse osmosis-treated wastewater: Occurrence, health risk, and contribution to residual dissolved organic carbon. *Journal of Water Supply Research and Technology-Aqua*, **61**(8), 494–505.

Mamane H., Shemer H. and Linden K. G. (2007). Inactivation of E-coli, B-subtilis spores, and MS2, T4, and T7 phage using UV/H_2O_2 advanced oxidation. *Journal of Hazardous Materials*, **146**(3), 479–486.

Marais P. and von Durckheim F. (2012). Beaufort West Water Reclamation Plant: First Direct (Toilet-to-Tap) Water Reclamation Plant in South Africa. Water & Wastewater Engineering, Stellenbosch, South Africa.

Mitch W. A., Gerecke A. C. and Sedlak D. L. (2003a). A N-Nitrosodimethylamine (NDMA) precursor analysis for chlorination of water and wastewater. *Water Research*, **37**(15), 3733–3741.

Mitch W. A., Sharp J. O., Trussell R. R., Valentine R. L., Alvarez-Cohen L. and Sedlak D. L. (2003b). N-Nitrosodimethylamine (NDMA) as a drinking water contaminant: A review. *Environmental Engineering Sciences*, **20**(5), 389–404.

Mitch W. A., Oelker G. L., Hawley E. L., Deeb R. A. and Sedlak D. L. (2005). Minimization of NDMA formation during chlorine disinfection of municipal wastewater by application of pre-formed chloramines. *Environmental Engineering Sciences*, **22**(6), 882–890.

Munch J. W. and Bassett M. V. (2004). Method 521: Determination of nitrosamines in drinking water by solid phase extraction and capillary column gas chromatography with large volume injection and chemical ionization tandem mass spectrometry (MS/MS); Version 1.0. EPA Document #: EPA/600/R-05/054., National Exposure Research Laboratory, Office of Research and Development, US EPA., Cincinnati, Ohio.

Munch J. W. and Grimmett P. E. (2008). Method 522: Determination of 1,4-dioxane in drinking water by solid phase extraction (SPE) and gas chromatography/mass spectrometry (GC/MS) with selection ion monitoring (SIM); Version 1.0. EPA Document #: EPA/600/R-08/101., National Exposure Research Laboratory, Office of Research and Development, US EPA., Cincinnati, Ohio.

National Health and Medical Research Council and Natural Resource Management Ministerial Council (2011). Australian Drinking Water Guidelines. Government of Australia, Canberra.

Nawrocki J. and Andrzejewski P. (2011). Nitrosamines and water. *Journal of Hazardous Materials*, **189**(1–2), 1–18.

Patel M. (2014). OCWD's Groundwater Replenishment System uses critical control points to monitor project performance. *Source: California Section of AWWA*, **28**(3), 10–12.

Pehlivanoglu-Mantas E., Hawley E. L., Deeb R. A. and Sedlak D. L. (2006). Formation of nitrosodimethylamine (NDMA) during chlorine disinfection of wastewater effluents prior to use in irrigation systems. *Water Research*, **40**(2), 341–347.

Pisarenko A. N., Stanford B. D., Yan D., Gerrity D. and Snyder S. A. (2012). Effects of ozone and ozone/peroxide on trace organic contaminants and NDMA in drinking water and water reuse applications. *Water Research*, **46**(2), 316–326.

Poussade Y., Roux A., Walker T. and Zavlanos V. (2009). Advanced oxidation for indirect potable reuse: A practical application in Australia. *Water Science and Technology*, **60**(9), 2419–2424.

Rice J. and Westerhoff P. (2015). Spatial and Temporal Variation in De Facto Wastewater Reuse in Drinking Water Systems across the USA. *Environmental Science and Technology*, **49**(2), 982–989.

Schreiber I. M. and Mitch W. A. (2005). Influence of the Order of Reagent Addition on NDMA Formation during Chloramination. *Environmental Science andTechnology*, **39**(10), 3811–3818.

Schreiber I. M. and Mitch W. A. (2006). Nitrosamine formation pathway revisited: The importance of chloramine speciation and dissolved oxygen. *Environmental Science and Technology*, **40**(19), 6007–6014.

Sedlak D. L., Deeb R. A., Hawley E. L., Mitch W. A., Durbin T. D., Mowbray S. and Carr S. (2005). Sources and fate of nitrosodimethylamine and its precursors in municipal wastewater treatment plants. *Water Environment Research*, **77**(1), 32–39.

Sgroi M., Roccaro P., Oelker G. L. and Snyder S. A. (2015). N-nitrosodimethyl amine (NDMA) formation at an indirect potable reuse facility. *Water Research*, **70**, 174–183.

Shah A. D. and Mitch W. A. (2012). Halonitroalkanes, halonitriles, haloamides, and N-nitrosamines: A critical review of nitrogenous disinfection byproduct formation pathways. *Environmental Science and Technology*, **46**(1), 119–131.

Simonich S. M., Sun P., Casteel K., Dyer S., Wernery D., Garber K., Carr G. and Federle T. (2013). Probabilistic Analysis of Risks to US Drinking Water Intakes from 1,4-Dioxane in Domestic Wastewater Treatment Plant Effluents. *Integrated Environmental Assessment and Management*, **9**(4), 554–559.

Stepien D. K., Diehl P., Helm J., Thorns A. and Puttmann W. (2014). Fate of 1,4-dioxane in the aquatic environment: From sewage to drinking water. *Water Research*, **48**, 406–419.

US Environmental Protection Agency (1987). Integrated Risk Information System (IRIS), N-nitrosodimethylamine. Office of Research and Development (ORD), National Center for Environmental Assessment (1987) www.epa.gov/iris/subst/0045.htm (accessed May 2, 2016).

US Environmental Protection Agency (2006). Ultraviolet Disinfection Guidance Manual for the Final Long Term 2 Enhanced Surface Water Treatment Rule. US Environmental Protection Agency, Washington, DC.

US Environmental Protection Agency (2016). Integrated Risk Information System (IRIS). http://www.epa.gov/iris/subst/index.html (accessed May 2, 2016).

von Gunten U. (2003). Ozonation of drinking water: part I. Oxidation kinetics and product formation. *Water Research*, **37**(7), 1443–1467.

von Gunten U., Salhi E., Schmidt C. K. and Arnold W. A. (2010). Kinetics and mechanisms of N-Nitrosodimethylamine formation upon ozonation of N,N-Dimethylsulfamide-Containing waters: Bromide catalysis. *Environmental Science and Technology*, **44**(15), 5762–5768.

Watts M. J., Hofmann R. and Rosenfeldt E. J. (2012). Low-pressure UV/Cl_2 for advanced oxidation of taste and odor. *Journal of the American Water Works Association (JAWWA)*, **104**(1), 47–48.

Wols B. A. and Hofman-Caris C. H. M. (2012). Review of photochemical reaction constants of organic micropollutants required for UV advanced oxidation processes in water. *Water Research*, **46**(9), 2815–2827.

World Health Organization (2011). Guidelines for Drinking-Water Quality. 4th edition, WHO Press, World Health

Organization, Geneva, Switzerland.
Yan S. W. and Song W. H. (2014). Photo-transformation of pharmaceutically active compounds in the aqueous environment: A review. *Environmental Science-Processes & Impacts*, **16**(4), 697–720.
Zenker M. J., Borden R. C. and Barlaz M. A. (2003). Occurrence and treatment of 1,4-dioxane in aqueous environments. *Environmental Engineering Sciences*, **20**(5), 423–432.

第 15 章　饮用水生产中的深度处理

吉尔伯特·加利亚德，　布拉姆·马基恩，　埃里克·科雷曼，　霍利·绍尔尼-达尔比

15.1　引言

本章重点介绍可协同生产有助于提高 AOP 处理效率和经济效益的水质预处理策略和技术（Galjaard 等，2011；Martij Martijn 等，2011）。对原水中影响 AOP 的特定化合物进行针对性的预处理非常关键。由于可供选择的方法和工艺组合太多，本章仅讨论强化混凝、离子交换和陶瓷微滤工艺联合适当的 AOP 以及后续的颗粒活性炭（GAC）/生物活性炭（BAC）处理工艺。研究表明，溶解性有机碳（DOC）和硝酸盐会影响 UV/H_2O_2 的工艺效能，这导致了人们探索可替代的预处理方案。本章主要根据北荷兰 PWN 供水公司在 Andijk 水厂中的实践，重点介绍与 AOP 处理效果相关工艺中的一些发现。

Andijk 水厂建于 1968 年，是一个以折点加氯和混凝沉淀过滤（CSF）为基础的常规地表水处理厂，以 IJssel 湖水作为原水。1978 年，该水厂通过实施颗粒活性炭（GAC）过滤技术对处理工艺进行了升级，以解决顾客对水中嗅味的投诉。欧盟和荷兰严格的消毒副产物法规以及为应对原生动物而需要的额外消毒能力，再加上由于认识到仅以 GAC 吸附为基础的有机微污染物屏障不足以处理具有较强极性的新兴污染物，导致了探索高级氧化工艺的需求（Kamp 等，1997）。

探索了基于臭氧的 AOP 的适用性之后，考虑到溴酸盐的形成，PWN 选择了基于 UV 的 AOP 用于 Andijk 水厂，而未采用基于臭氧的 AOP（Kruithof 和 Kamp，1997；Kruithof，2005）。自 2004 年以来，Andijk 水厂使用了混凝、沉淀和快速砂滤等常规预处理方法，后续采用 MP UV/H_2O_2 和生物活性炭过滤技术，其中 MP UV/H_2O_2 可实现消毒和有机污染物控制（0.54kWh/m^3；6mg/L H_2O_2），为有机微污染物控制提供了非常强大的屏障和卓越的消毒效果。

在 Andijk 水厂，基于 UV 的 AOP 按可降解常规预处理 IJssel 湖地表水（水体紫外透光率约为 82%）中 80%的阿特拉津来设计，达到这一目标需要 0.54kWh/m^3 的紫外线设备能耗和 6mg/L 的 H_2O_2。用于 AOP 的装置有 3 个 UV 处理单元，每个单元由 4 台 TrojanUVSwiftECT™ 16L30 反应器组成。采用中压紫外线灯技术，每台反应器包括 16 盏灯，每盏灯功率为 12kW。每盏灯都可以由电子镇流器控制，镇流器功率可在 30%～100%之间变化。每个 UV 单元都配备了一个紫外透光率（%*T*）在线监测仪和流量计，

既能满足对处理目标的精确控制，又能高能效运行。

2008 年，PWN 在 Heemskerk 水厂的人工沙丘补给系统之前安装了类似的 UV AOP 系统，用于处理经常规预处理后的地表水。该 UV AOP 采用与 Andijk 水厂相同的紫外线技术建造。由于水质较差（紫外透光率约为 80%），因此装机容量略高（0.6kWh/m^3），H_2O_2 为 6mg/L。Heemskerk 水厂的 UV AOP 系统设计能力为 6000m^3/h，由 4 个 UV 单元组成，每个单元有 5 个 UV 反应器。在渗入沙丘之前，残余的 H_2O_2 会由 GAC 消解（EBCT 为 9min，水力加载速率为 50m/h）。

自 1968 年开始使用的常规预处理于 2015 年被离子交换加陶瓷微滤技术所取代。离子交换技术对硝酸盐离子和溶解性有机碳的去除率增加，使得陶瓷微滤膜可用于地表水处理，并改善了 MP UV AOP 的水质，在确保 AOP 处理目标的同时，大大降低了其能耗。Andijk 水厂通过这一措施所节省的能耗将现有 UV AOP 设备的处理能力由 3500m^3/h 提高到了 5000m^3/h。

15.2 UV/H_2O_2 工艺：Andijk 水厂（WTP）案例研究

如今，成千上万的低分子量有机化学品被用于日常生活中，提高了人们的生活质量和健康水平。它们的广泛使用使得这些化合物随处可见，包括出现在饮用水水源中（Houtman，2010）。第一批新兴化合物是味觉和气味化合物、藻毒素、酚类化合物和农药，随后是内分泌干扰物和药物（Snyder 等，2007）以及最近的全氟化合物（Eschauzier 等，2013）和纳米颗粒（Van Wezel 等，2011）。因此，饮用水水源中可能存在多种具有不同特性（如可吸收性、可降解性等）的有机化学物质，需要采用多屏障控制策略。

有机污染物控制是饮用水深度处理的一个主要目标。农药、内分泌干扰物和药物的存在使得 PWN 在其地表水处理厂中实施了多重屏障。为了加强对有机物的控制，采用了 UV/H_2O_2 高级氧化和 GAC 过滤相结合的工艺。工艺的设计基于小试和中试规模评估。在小试试验中建立了有机污染物的剂量-响应关系，并在中试试验中确定了它们在特定工艺条件下（即 0.54kWh/m^3；6mg/L H_2O_2）的降解率。以饮用水水源中可识别的农药阿特拉津达到 80% 的去除率确定工艺条件（图 15-1），其他常见的农药如 2,4-D、敌草隆和烟嘧磺隆也被去除了 80%。

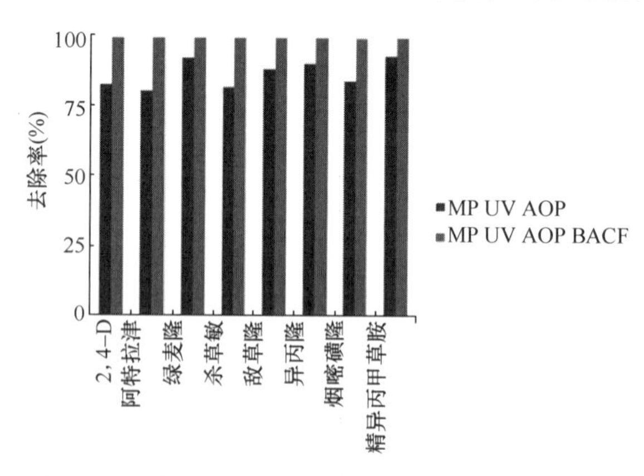

图 15-1 在 25min 的空床接触时间（EBCT）内单独中压灯（MP）UV/H_2O_2 AOP（0.54kWh/m^3，6mg/LH_2O_2）或与生物活性炭过滤（BACF）联用对农药的去除

药物的降解（图 15-2）显示出较为不同的情况。在 MP UV/H_2O_2 AOP 中，一些化合物如双氯芬酸和索他洛尔几乎

能够完全去除，而二甲双胍及其代谢产物胍基甲酰胺的去除率则较低。通过 GAC 过滤进行的 AOP 后续处理能够去除不可氧化的化合物，例如全氟辛酸（PFOA）和全氟辛烷磺酸（PFOS），从而为应对微污染物提供了非常强大的多重屏障（Hofs 等，2014）。无论是现在还是将来，新兴有机化学品的广泛生产和使用都会导致饮用水水源污染。另外，气候变化造成藻类大量繁殖，以及不适当地把水排放到水生环境中同样会对天然水质产生负面影响。

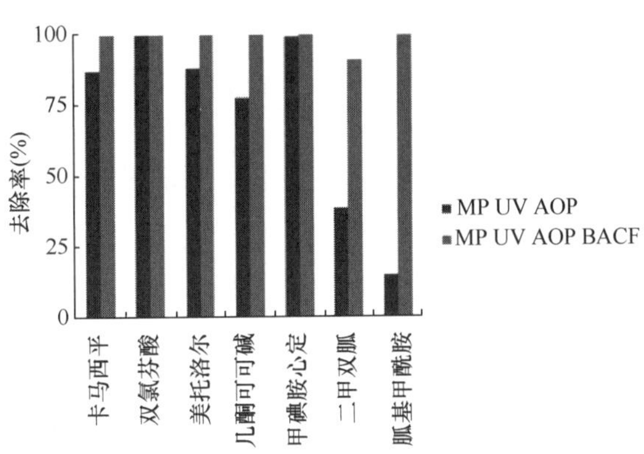

图 15-2　在 25min 的空床接触时间（EBCT）内单独中压灯（MP）UV/H_2O_2 AOP（0.54kWh/m^3，6mg/LH_2O_2）或与生物活性炭过滤（BACF）联用对药物的去除

在 Andijk 水厂，MP UV/H_2O_2 AOP 代表了有机微污染物多屏障策略中的一个步骤（Kruithof 等，2007）。鉴于有机微污染物种类繁多，无法通过所有化合物的去除来监测或判断装置的性能，因此，PWN 指定了阿特拉津为监测化合物，并将阿特拉津的去除与其他污染物的去除联系起来。Andijk 水厂的 MP UV/H_2O_2 AOP 装置的设计基于理论模型、实验室试验和小试（Stefan 等，2005）。在设计工艺条件（0.54kWh/m^3；6mg/LH_2O_2）和低电能剂量（0.42 kWh/m^3）下，对全尺寸设备去除阿特拉津的性能进行了评估（图 15-3）。基于设计模型的预测性能和实验观察到的阿特拉津降解效果基本一致，证实了建模的准确性和以往中试工作的代表性。

虽然 UV/H_2O_2 处理所需的能耗仍然较高，但该工艺已被证明在去除 NDMA（例如加利福尼亚州奥兰治县）、去除引起嗅味的化合物（例如科罗拉多州奥罗拉市）以及作为 PWN 供水公司在荷兰北部地区水厂中针对各种有机微污染物的一种非选择性屏障（图 15-4）方面具有经济可行性。如果能耗降低，经济可行性将显著提高，这项技术在解决更为广泛的水处理问题上将更具吸引力。

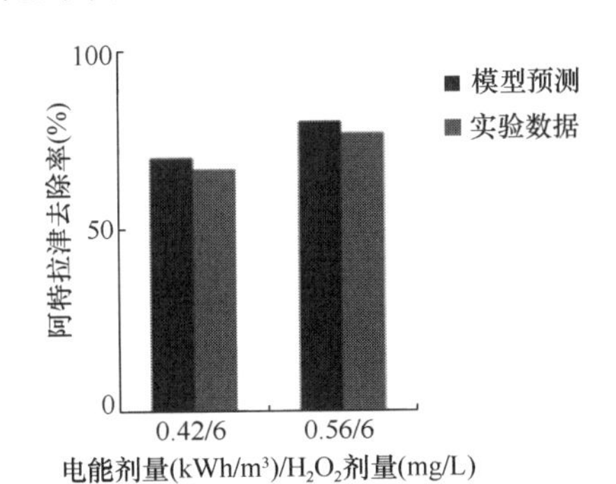

图 15-3　在两种电能剂量下全尺寸 MP UV/H_2O_2 AOP 装置对阿特拉津的去除率

图 15-4　PWN 的全尺寸 MP UV/H_2O_2 AOP 装置（6000m^3/h；0.54kWh/m^3；0～15mg/LH_2O_2）

15.3 饮用水处理中 AOP 的预处理策略

预处理是 AOP 持续、有效运行的关键。如前所述，当预处理去除了会与所添加的氧化剂（例如 H_2O_2）竞争紫外光的水质成分时，UV/H_2O_2 的能耗将会显著降低。此外，去除这些化合物可能会降低·OH 的本底需求量。·OH 由 H_2O_2 光解产生，其决定着 AOP 的效率。在评估任何一种 AOP 的预处理需求时，了解水质组成至关重要。影响 UV/H_2O_2 工艺效率的最重要的水质成分是天然有机物（NOM）和硝酸根离子，其中 NOM 通常以溶解有机碳（DOC）的形式测量，或与特定波长的紫外透光率（%T 或 UVT）关联起来。硝酸根离子会或多或少地与 H_2O_2 吸收相同波长范围的紫外线，但其摩尔吸光系数大于 H_2O_2，尤其是在应用广谱紫外线时，会导致其对光子的竞争。NOM 也是一种很强的紫外线吸收成分，同时也是水中最重要的·OH 清除剂，本节讨论了去除 DOC 和硝酸根离子的预处理技术。

标准的混凝沉淀砂滤（CSF）在一定程度上减少了 DOC 的含量，降低了水中本底对紫外线的吸收和对·OH 的清除能力，但不影响硝酸盐浓度。大多数情况下，通过强化混凝优化 DOC 的去除可以显著降低 AOP 的能耗，但是如果存在硝酸盐，AOP 的运行成本仍然高昂。通过离子交换、微滤和超滤（IX-MF/UF）进行深度预处理可去除硝酸盐和 DOC（Galjaard 等，2005）。与 CSF 预处理相比，IX-MF/UF 能更好地去除 DOC 和硝酸盐，为 UV-AOP 过程中增加 H_2O_2 光解产生·OH 和降低·OH 背景消耗创造了条件。使用 IX-MF/UF 预处理的另一个优点是可以通过工艺的不同运行设置实现特定水平的 DOC 和硝酸盐的去除。IX-MF/UF 预处理为 UV/H_2O_2 工艺的应用创造了有利条件。

作为一种过滤屏障，膜可以很好地去除悬浮颗粒物质和一些病原体（如蓝氏贾第鞭毛虫和隐孢子虫）。但是许多膜不能去除溶解的物质，如低分子量的 DOC 和硝酸根离子。膜容易受到 DOC 污染，因此，如果在膜和 UV/H_2O_2 之前的预处理中优化对 DOC 的去除，则对两者的应用都有利。聚合膜在水工业领域中一直占据主导地位；然而，陶瓷膜具有独特的弹性，使其成为 H_2O_2 AOP 前预处理适宜的选择。陶瓷膜能够承受包括过氧化氢在内的各种浓度的化学物质，使得在陶瓷膜上游投加 H_2O_2，然后进行 UV/H_2O_2 处理过程成为可能。这可以看作一种膜污染控制策略。

所有类型的膜都容易结垢。大多数研究表明位于膜之前的混凝能够控制胶体污垢（即由孔堵塞引起的污垢）并去除天然有机物（NOM）中的高分子量（HMW）部分，从而减少了由于 NOM 引起的膜污染。Gray 等（2008）指出，混凝控制污垢的机理在于去除低分子量（LMW）有机物（吸附峰为 220nm），这些有机物将胶体“粘合”到膜表面。Galjaard 等（2002，2005）提出并证明了混凝能够去除 HMW 有机物，但也会形成有机金属复合物。这些复合物可以与小分子有机物以及膜相互作用，导致膜表面形成薄膜，造成不可逆的膜污染（Galjaard 等，2005）。鉴于每个水源都有自己的特性，因此有必要进行充分的研究以确定预处理策略，即确定是使用混凝去除 HMW 有机物还是使用 IX 去除

LMW 有机物，或两者结合使用。当在膜之前使用 IX 去除低分子量有机物时，由于这些有机物通常会具有较高的 UV 吸收率，因此这种策略也有利于之后的 UV/H_2O_2 工艺。

臭氧与膜过滤的结合尚未大量探索，因为两者结合可能会对聚合物膜造成极大的破坏。陶瓷膜的耐用性（氧化铝、氧化钛或碳化硅膜材料具有抗氧化性），为臭氧与膜过滤的结合提供了独特的机会。最近的数据表明，臭氧的催化分解可能发生在陶瓷膜孔结构内，取决于膜的组分。这将导致·OH 的形成，从而最大限度地减少膜污染，同时氧化和去除一些新兴污染物，并通过氧化降低 DOC。这些过程导致处理后的水具有更高的紫外透光率。陶瓷过滤与臭氧氧化的组合已经在实验室或小试研究（Schlichter 等，2004；Zhu 等，2011）以及最近的中试实验和示范工厂中得到展示（Galjaard 等，2013）。现有数据表明，在陶瓷膜上使用臭氧会产生协同效应，可以降低运行成本并改善水质。以下各小节将详细介绍上述提到的不同预处理技术。

15.3.1　强化混凝

一般来说，混凝的主要目的是去除水中分散的细小物质，以降低水的浊度。原则上，混凝的作用在于让分散物质“脱稳”发生聚集，随后机械去除聚集颗粒。由于混凝法成本低、操作简单（Crozes 等，1995），且可以处理 TOC>2mg/L 的水体（Archer 和 Singer，2006），因此被认为是一种有吸引力的去除 NOM 的“常规”方法，在发展中国家尤甚。当混凝过程设计用于最大限度地去除消毒副产物（DBP）前体物（其中最重要的是 NOM 成分）时，人们会提到“强化”混凝（Edzwald 和 Tobiasson，1999）。

混凝处理过程可以分为 4 种主要的聚集机制（Amirtharajah 和 Mills，1982）：

（1）通过电荷中和降低电排斥力，即表面吸附和/或扩散双层压缩或失稳；

（2）跨聚合物结构的桥接；

（3）通过大型沉降聚合物或“絮体”截留胶体和小聚集体，也称为絮体嵌合体或“卷扫”絮体凝结；

（4）络合/沉淀。

传统混凝中第三种机制（卷扫混凝）占主导地位，而强化混凝中（即去除带负电荷的 NOM（宏观）分子）所有机制都很重要。Al/Fe 盐在强化混凝中的应用最为广泛，因为它们产生的中间体是发生上述机制所必需的。铝和铁离子的水化学性质都非常复杂。Al/Fe 阳离子在水环境中往往不以单一离子的形式存在，根据水 pH 的不同，它们要么沉淀为不溶性非晶态氢氧化物，要么形成带电复合物（Duan 和 Gregory，2002）。

多核配合物可以形成交联的凝胶状成分或吸附在表面大分子结构和胶体组分上，降低或中和表面电荷和 zeta 电位并促进进一步的聚集。一些聚合物可以吸附到微团聚体上，然后水解成非晶态氢氧化物团聚体，形成类似氢氧化物的涂层。这些带有“涂层”的粒子具有类似于纯 $Me(OH)_3$ 沉淀的电化学性质，因此可能会发生进一步的“絮体”生长。此外，一些微团聚体可能被类似氢氧化物的宏观结构包裹。通过将 pH 向中性或弱碱性条件转化可以促进后一种过程（Amritharajah 和 Mills，1982；Tambo 和 Kamei，1999）。

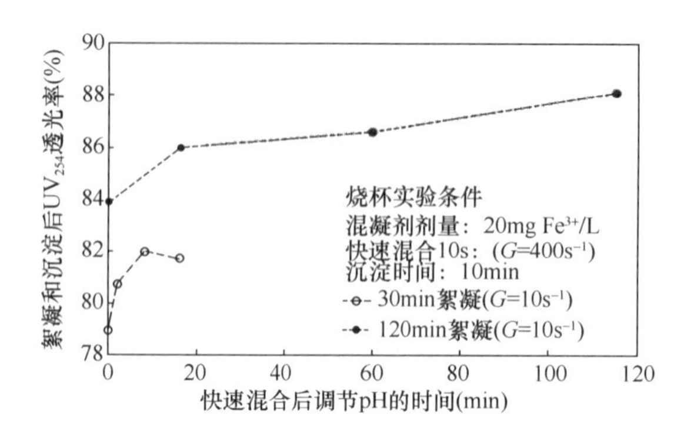

图 15-5　不同絮凝时间下（30min 和 120min）紫外透光率和 pH 调节时间间隔的函数（Koreman 等，2009）

注：在虹吸 300mL 上清液，10min 沉降时间和 0.45μm 孔径样品过滤后测量的 UV_{254}。

在 Andijk 水厂（荷兰）也发现 pH 对混凝和絮凝过程中 NOM 的去除有重大影响（Koreman 等，2009）。研究者首先通过一系列烧杯实验，在实验室规模上研究了 pH 的影响。这些实验清楚地表明，在混凝步骤结束前使用氢氧化钠将 pH 从 6.4 调节到 8.0（目标水平），而不是快速混合后直接调节，能够去除更多的 NOM 从而提高紫外透光率（图 15-5）。此外，将絮凝时间从 30min 延长到 120min（更能代表全尺寸过程），显示出了在 NOM 去除方面的显著优势。

2008 年 6 月实施全尺寸混凝工艺后，混凝过程中没有使用氢氧化钠调节 pH，而是在快速砂滤之前进行调节，254nm 紫外透光率的增幅比烧杯实验更为显著（$5\%<\Delta\%T_{254nm}<10\%$）。DOC 去除率从 30%左右（约从 5.8 mg C/L 到 4.0mg C/L）增加到 50%以上（进一步减少到 2.6mg C/L），这很可能是由于氢氧化铁基质的进一步啮合以及 NOM 聚集体和分子的表面吸附所造成的。因为整个过程是在污泥床接触器进行的，在约 120min 的絮凝时间内可以观察到絮体体积浓度的增加。

15.3.2　离子交换

离子交换（IX）被认为是一个吸附和解吸过程（Wachinski，2006）。“离子交换”这一名词描述了水处理过程中广泛用于去除水中特定成分的 IX 单元过程。IX 最常见的应用是软化，但是树脂种类很多，包括可用于去除多种阴离子（如硝酸盐、带负电荷的 DOC 物质、高氯酸盐、砷酸盐）的阴离子交换树脂。IX 已被世界卫生组织作为一种硝酸盐去除技术进行了推介，并被美国环保署批准为最佳的硝酸盐去除技术（BAT）。阳离子交换树脂用于去除水中的钙离子和镁离子，从而对水进行软化。

Wachinski（2006）强调由于受到环境、经济和健康等驱动因素的影响，IX 在水处理中的作用正在发生变化，这些因素包括加利福尼亚州、蒙大拿州和得克萨斯州提出的盐水排放法规；膜技术和 AOPs 的进步；自来水厂需满足降低 DBP 生成的更严格的要求。因为盐最常用于再生 IX 树脂，所以离子交换过程产生的废液通常称为盐水。这种废水含有高浓度的污染物离子和再生溶液（通常是氯化钠）。盐水的管理和处置给水处理工作者带来了巨大的挑战。他们不仅要选择正确的预处理和 IX 工艺，还要选择正确的盐水回收和/或盐水处置方案。常规处理方法如混凝或纳滤去除 DOC 也会产生废水。在某些情况下，这些废水比阴离子 IX 法产生的盐水更难排放或处置。这个问题取决于当地的立法和水的特点。

构成 NOM 的大多数化合物均带负电荷，所以阴离子 IX 是去除含中等至高浓度 NOM

原水中有机物质的很好的选择。

Huber 等（2011）开发的排阻色谱-液相色谱有机碳检测法(SEC-LC-OCD)是一个强大的分析工具，可用于表征有机物质并观察 DOC 的相对差异。SEC 将有机物大致分为五类：生物聚合物、腐殖质、结构单元、LMW 酸和 LMW 中性物质（按保留时间顺序列出）。有机碳检测器（OCD）和紫外检测器（UVD）可检测有机物，其中 OCD 光谱用于确定有机碳的总质量，而 UVD 光谱仅能检测吸收紫外线的物质（即含生色团的化合物，如双键、芳环、杂环等）。图 15-6 显示了一个 OCD 信号的例子，相同的地表水分别用强化混凝和阴离子 IX 处理。强化混凝显著去除了一部分生物聚合物（保留时间约 30min）和一小部分腐殖质（保留时间约 40min）。IX 去除了大部分的腐殖质和 LMW 组分（保留时间分别为 40min 和 50min 左右），但它对 NOM 中的生物聚合物几乎没有影响。因此，强化混凝后 254nm 的紫外透光率约为 82%，而阴离子 IX 处理后约为 94%；而未处理的 IJssel 湖水的紫外透光率约为 72%T（254nm，1cm）。这些研究表明，对于这个特殊的水源，吸收紫外线最多的是 DOC 中的腐殖质部分。

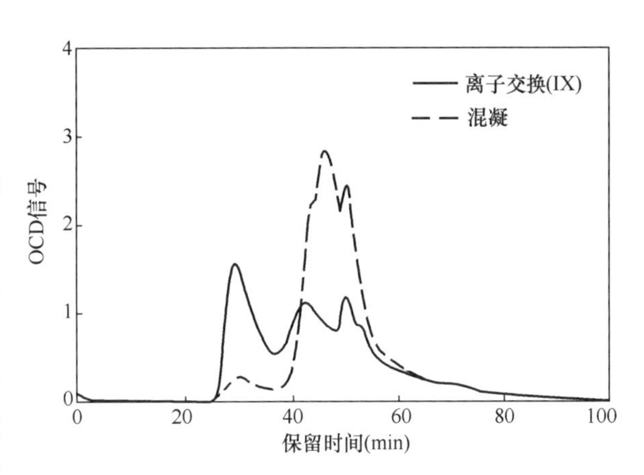

图 15-6　采用 IX 或在线混凝工艺处理 IJssel 湖水的 SEC-LC-OCD 色谱图

15.3.2.1　离子交换技术和相关挑战

有些水体的 DOC 浓度较高，尤其是受废水二级出水、娱乐用水、农业和工业影响的地表水。在英国和斯堪的纳维亚等地，由于气候变化，天然水体中的 DOC 含量正在上升。使用 IX 技术对这些类型的水进行预处理是值得考虑的，因为用 IX 技术去除 DOC 可有效提高包括混凝、膜过滤、AOP 和颗粒活性炭（GAC）过滤在内的后续处理的效率。这些水中也含有较大量的悬浮物质和胶体物质，使得最先进的标准固定床 IX 柱几乎无法使用。固定床 IX 柱会被快速污染，水头损失增加，同时树脂会随着生物膜的形成而导致“盲孔”。当这些现象发生时，离子交换床开始起过滤床的作用而不是吸附介质。

现有可用于处理水中悬浮物质和胶体物质的技术是基于流化床反应器或含有高浓度树脂（> 400 mL/L）的全混合反应器，像 MIEX® 工艺（磁性离子交换的缩写，由 Orica 制造并商业化），或者像 PWN 技术公司的 SIX® 工艺中的悬浮活塞流反应器。SIX® 工艺是为克服流化床和 MIEX® 工艺的缺点而开发的。MIEX® 有多种不同的工艺配置，但主要的两个是经典双级 MIEX® 工艺和高速 MIEX® 工艺。在经典双级 MIEX® 工艺中，一个或两个全混合反应器串联通入原水和树脂，使得接触器中树脂的平均浓度为 20～40mL/L。大约 5%～10%的沉淀树脂被泵送到再生站，再生并重新加载到剩余的 90%～95%树脂中。

在高速 MIEX®工艺中，接触器中树脂的浓度为 200～500mL/L。树脂停留在接触器中而水流过。只有非常少量（约 0.1%）的树脂被泵入再生容器，同时再生树脂泵入接触器。从现有的关于高速 MIEX®工艺的文献来看，并不很清楚在一段时间内有多少树脂泵入再生系统，因为 0.1%的树脂被再生与时间或容量没有直接的经验关系。根据最终用户和客户报告的信息，可以得出以下结论：该工艺中的有效树脂浓度在 1～2.5mL/L 之间。理论上可以得到，再生之前产生的 BV 为 1000～400，树脂停留时间是水力停留时间的 1000 倍，水力停留时间是未知的。这可以解释为什么这个过程被称为高速。与双级工艺相比，高速工艺水力停留时间和接触时间可能较短（尽管文献中未确认），但再生前的树脂存量要大得多，其停留时间也长得多。

流化床和 MIEX®工艺在树脂再生前处理床层体积较大（即大于每体积树脂 1000 体积的水）（Slunski，1999）。在某些水质条件下，这种方法可能会带来一些不利因素，从而降低该技术的经济吸引力。例如，如果水中的磷酸盐含量很高，在较长的保留时间内（旨在尽量减少再生次数）其会吸附到树脂上，因此阴离子交换 MIEX®工艺去除地表水原水中的溶解有机碳有时会不可行。再者，树脂珠现有的碳和多孔特性为细菌的生长创造了理想的环境。在树脂上形成的生物膜“遮蔽”了树脂的活性位点，为其运行和性能带来了挑战。此外，吸附能力的损失（Wachinski，2006）需要更高的树脂浓度或更短的接触时间（Verdickt 等，2011；Cornelissen 等，2009），这些因素会增加运营成本和/或降低水厂产能。另一个真正的问题是生物膜最终会释放出有机物或三磷酸腺苷（ATP），这两种物质都对后续水处理过程有害，特别是膜（Cornelissen 等，2010）。

为了克服“树脂堵塞”，固定床反应器系统需定期用高 pH 溶液冲洗，以尽可能地破坏生物膜。在使用疏水性树脂的 MIEX®工艺时，由于树脂不耐碱性药剂，所以无法使用高 pH 溶液抑制生物膜的形成，否则会导致树脂降解，从而缩短这种相对昂贵的树脂的寿命。

PWN（Galjaard 等，2005）在广泛探究了 MIEX®工艺的各个方面（包括动力学、再生、离子的影响、生物生长和整体性能）后表明，只有用阴离子树脂去除低分子量（LMW）DOC 组分后，才能用 MF/UF 直接处理 IJssel 湖水。MIEX®技术在 PWN 水厂应用中的主要问题是树脂堵塞，同时，作为公用事业公司 PWN 不希望被一家供货商的树脂供应所限制。

因此，PWNT 进行了进一步的研究，并开发了一种新的离子交换工艺，即悬浮离子交换工艺（Galjaard 等，2009）。与其他处理高含量悬浮物质的离子交换工艺不同，PWNT 开发的“单程”或“悬浮”离子交换工艺（SIX®）实现了对吸附过程的完全控制，从而最大限度地减少了树脂“堵塞”或生成生物质（www. pwntechnologies. com）。该工艺可使用所有的市售树脂，目前试验过的所有树脂都可以用碱性溶液处理以控制生物膜（如有必要）。在 SIX®工艺中，根据原水水质、所需的处理水水质和树脂类型，将树脂从加药罐中以 4～20mL/L 的低浓度加入原水中，然后混合物从活塞流接触器中流出。由于树脂与水会一起通过这些接触器，所以在接触器中树脂与被处理的水具有相同的停留时间。这与 MIEX® 不同，在 MIEX® 中树脂会保留在接触器中。接触器的数量、形状和设计在吸附动力学中起着重要作用。设计的目的是达到活塞流反应器的理想接触条件（Ramaswamy 等，1995），即树脂停留时间更短，接触时间更短。在接触器中接触过后，使用特定的斜板沉淀池将树脂与处理过的水分离。树脂收集在料斗中，然后立即再生并返回加药罐中（图 15-7）。

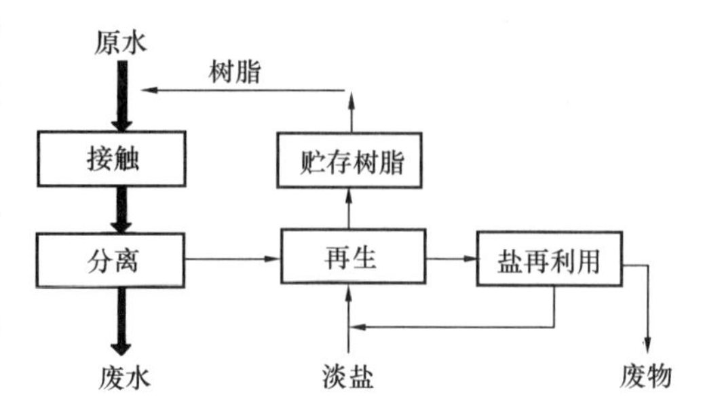

图 15-7　PWN 技术公司开发并实现的 SIX® 工艺流程示意图

知道树脂的准确停留时间就可以使所有的树脂均匀再生，从而降低再生次数。在再生过程之前，被处理水体与树脂相对较短的接触时间（例如，$10\text{min}<t<30\text{min}$），克服了细菌生长和树脂堵塞的问题，确保了树脂在稳定的吸附动力学下连续运行。

该工艺的另一个优点是，由于树脂在开始再生之前没有完全加载，因此再生过程是一个平衡过程，需要较少的盐和更短的接触时间。

15.3.2.2　IX 与 AOPs 组合的案例研究

文献中有许多案例和试验研究描述了在基于 UV 或 O_3 的 AOPs 前进行 IX 处理的好处。IX 作为预处理步骤改善 AOP 性能的最为相关的案例是荷兰的 Andijk 水厂。本章稍后将对此案例进行更详细的讨论。Andijk 水厂是 SIX® 工艺作为使用 AOP 的地表水处理工艺流程中的第一步的首次大规模应用。

荷兰西南部供水公司 Dunea Duin en Water 调查了现有处理厂对有机微污染物（OMP）的去除情况以及改进如 AOP 预处理屏蔽 OMP 的必要性（Scheideler 等，2015）。对前或后 AOP 处理的选择，如膜过滤、IX 和活性炭过滤以及沙丘过滤柱实验均进行了调查，但并未选择。Dunea 选择了 $UV/O_3/H_2O_2$ 技术在沙丘渗透前对常规预处理的地表水（紫外透光率约为 75%）进行处理，用于人工补充和随后的提取。

Echigo 等（2014）证明了联合工艺的有效性，例如氧化（臭氧化或高级氧化工艺）和 IX 联合处理对自来水中氯味的控制。在氧化过程中，NOM 的亲水中性组分部分转化为离子组分，通过随后的 IX 工艺可将其有效地除去。臭氧/真空 UV AOP 与高臭氧剂量、阳离子和阴离子交换树脂的组合效果最佳，氯味的形成潜力从 100 TON（临界臭味数）降低到约 30 TON。该工艺在连续模式下的有效性也通过中试得到了确认。

He（2014）报道了使用高级氧化、生物过滤（BAF）和 IX 预处理对反向电渗析（EDR）或高级氧化的反渗透（RO）浓水处理的研究结果。结果表明，臭氧和 BAF 预处理可以有效地控制 EDR 膜的有机污染。IX 预处理用于反渗透浓水处理时，无论是单独或与进一步控制微污染物的 AOP 联用都可以有效地控制 EDR 膜上的无机结垢。在中试试验结果和模型的基础上，对 8 种浓缩处理方案的成本进行了评估和比较。该项目展示了一种具有潜在成本效益的新方法，该方法可最大限度地减少浓水的产生，提高膜处理高盐再生水的回收量。

IX 技术也被用在 AOP 后面作为一个水质提升环节或去除 DOC/色度。Orica 测试了 UV/H_2O_2-AOP 作为 IX（MIEX®工艺）前处理步骤，以进一步去除 DOC，在某水厂这被看作是巨大的挑战（www. miexresin. com）。对澳大利亚维多利亚 Airey 水处理厂的一份原水样品单独使用 MIEX®DOC 树脂、单独使用高级氧化法和联合使用 MIEX®DOC 树脂与高级氧化法作为预处理步骤进行了测试，结果表明采用高浓度 H_2O_2 和长 UV 照射时间（约 60min）的高级氧化预处理，获得了较高的 DOC 去除率。

ESCO（www. escouk. com）开发了一个类似的装置，其使用 IX 作为水质提升环节，可用于处理污染严重的废水。ESCO 的 AOP-CATADOX 工艺结合了臭氧、UV、过氧化氢和专用催化剂，使工业客户能满足日益严格的废水和气体排放环境标准。处理后的水通过 IX 或 GAC 床进一步提升水质，这一工艺宣称对于具有挑战性的应用非常有效。

15.3.3 陶瓷膜和混合组合

膜过滤是一项成熟的水处理技术。在过去的 10 年中，水工业行业越来越关注通过实施水处理工艺提高效率。这种关注还包括环境效率，它是可持续性和适应性的关键因素。气候变化和快速城市化对重新思考水处理、消费和保护起到了重要作用。主要用于去除悬浮物质和胶体物质的陶瓷膜是一种具有高度弹性的技术，已成为许多世界学术会议的主题。聚合物膜也是有效的过滤屏障；然而与聚合物膜相比陶瓷膜有一些明显的优点（Galjaard 等，2011）：

（1）没有纤维断裂；

（2）使用寿命长（通常认为在 20 年以上）；

（3）对用于清洁膜和减少结垢的强化学品具有高耐受性；

（4）允许高反冲压力恢复渗透性；

（5）孔径分布窄，分离效果好。

与双介质砂滤不同，微滤是颗粒物、线虫、细菌和其他生物性载体的绝对屏障。为了应对 NOM 对膜污染的挑战，人类探索了在膜工艺前或膜上的臭氧氧化。研究发现，臭氧可以显著降低膜污染；因此，陶瓷膜与臭氧或臭氧/过氧化物-AOP 存在协同作用的潜力。通过这些组合方法，可以控制膜污染，去除浊度，产生氧化或高级氧化。

臭氧对 NOM 污染控制的好处可以用 NOM 在给水中的结构变化来解释。例如，在没有钙的情况下，人们观察到 NOM 在臭氧氧化后变得更加亲水，且带有更多的负电荷（Kim 等，2009）。这是因为臭氧氧化反应生成的低分子量、极性和富氧化合物含有大量的羟基、羰基和羧基。Kim 等也发现，当有钙存在时，臭氧氧化后 NOM 带的负电荷较少。这与观察到的水溶性 NOM 的臭氧化作用可修改氧化 NOM 中易与钙离子络合的官能团现象一致。

最近的资料表明，预臭氧化降低膜污染是微絮凝作用的结果（Stanford 等，2011）。虽然臭氧氧化过程导致的微絮凝是众所周知的（Edwards 和 Benjamin，1992），但之前并未将其视为减少膜污染的因素。当臭氧与陶瓷膜结合时，膜表面的臭氧分解可能会形成·OH 和其他反应性物质，这也被认为是预臭氧化可能的防污染因素。

Lehman 和 Liu（2009）报道了陶瓷微滤、臭氧氧化和在线混凝相结合来处理废水。在中试研究中使用 $25m^2$ 的单元膜组件达到了具有高比通量（>1000LMH/bar@20℃）的稳定性能。预处理包括臭氧氧化（4mg/L O_3）和聚合氯化铝混凝（PACI，Al 为 1mg/L），陶瓷微滤在 170LMH 下进行，每隔 2h 进行一次反冲洗，不添加任何化学物质。

新加坡国家水务署（PUB）对新加坡不同水厂的陶瓷微滤进行了研究。2007 年，PUB 与 Black & Veatch 和 METAWATER（前 NGK）合作，在 Bedok NEWater 水厂进行了陶瓷膜的中试试验（Clement，2008）。其中一个重要发现是，臭氧在陶瓷膜前使用，能够控制污染并提供良好的氧化和消毒作用，从而改善了陶瓷膜的运行。另一个好处是臭氧的存在增强了混凝效果。对 PUB 来说，在陶瓷膜前使用臭氧和混凝剂看似具有潜在效益，但需要通过更大规模和更长时间的进一步研究确定试验结论。

迄今为止，由 PUB 和 PWN 技术公司在 Chou Chu Kang 自来水厂中运营的 CeraMac® 示范工厂是臭氧和陶瓷微滤（$475m^2$ 膜表面积）结合用于饮用水处理最大规模的示范工程。处理澄清水时，膜前使用臭氧可显著提高膜的过滤性能。在 275～315LMH 的过滤通量范围内进行长期试验（反冲洗间隔时间为 3h，在第 4 次反冲洗后增强反冲洗）获得了较高的比通量（>700LMH/bar @ 25℃）。这些结果都是进一步测试 AOP 与陶瓷微滤混合模式的基础。

人们对臭氧与陶瓷微滤相结合用于再生水回用处理进行了评估。日本 Metawater 公司于 2010 年为东京都政府建造了第一座采用这一概念的再生水处理厂，处理量为 $7000m^3/d$，该厂的处理工艺由生物过滤和后续的臭氧化、混凝和陶瓷微滤组成。该工艺通过了 CDPH（加利福尼亚州公共卫生部）第 22 条例的认证。

由于陶瓷膜可以长期暴露在过氧化氢中，因此如果在膜后进行 UV/H_2O_2-AOP，且在膜前投加 H_2O_2，那么陶瓷膜将不太容易受到生物污染。在 Andijk 水厂（另见第 15.5.1 节）进行的水深度处理实验测试中，IX 和陶瓷膜过滤作为 UV/H_2O_2－AOP 的预处理步骤，将满足 AOP 微污染物处理性能所需的 H_2O_2 移至陶瓷膜前添加。自此之后，呈现出一个更加稳定的陶瓷膜过滤过程。图 15-8 显示了在陶瓷膜前投加 H_2O_2 的影响。在陶瓷膜前持续投加 H_2O_2 47d，膜工作压力（用跨膜压差测量，TMP）逐渐升高。H_2O_2 的防污染作用可归因于：

（1）H_2O_2 在膜表面分解形成的活性物质氧化降解了部分有机化合物；

（2）显著抑制生物活性。

确切的潜在机制尚不清楚，但正在积极地研究中。

这些对混合工艺的研究引起了将 $O_3/H_2O_2^-$ AOP 整合到水回用处理和其他挑战性水处理工艺流程中的想法。然而，陶瓷膜技术的主要挑战是实现饮用水处理等大规模应用的经济可行性。PWN 技术公司（PWNT）开发了一种名为 CeraMac 的系统（Kamp 等，2009），该系统大大降低了陶瓷膜系统的安装成本，使其与聚合物膜系统相比具有成本竞争力。其关键的设计特点在于可将 7～200 多个陶瓷膜组件安装在一个不锈钢容器中，而不是将单个陶瓷膜组件安装在单独的不锈钢外壳中（图 15-9）。这种创新设计大大降低了不锈钢的成本和阀门数量，并提高了生产率，此外所有的元件都同时进行了反冲洗，将反冲洗期间的安装停机时间从 10min 减少到了几秒钟。

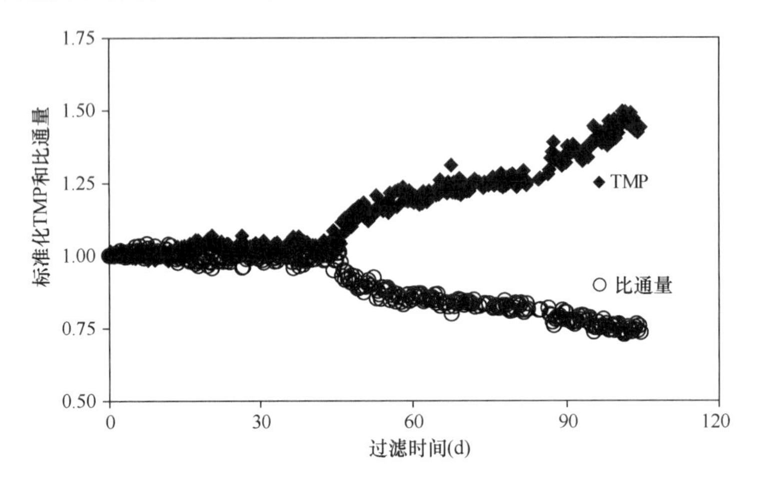

图 15-8　在 H_2O_2 加药实验中用陶瓷微滤处理离子交换流的标准化 TMP 和膜渗透性随时间的变化

图 15-9　具有 200 个陶瓷元件的 CeraMac 容器系统

15.4　预处理对 MP UV/H_2O_2AOP 的影响

位于 Andijk 的 PWN 地表水处理厂使用 UV/H_2O_2 和中压灯作为非选择性屏障处理有机微污染物。其能耗与水质密切相关，特别是水中的 NOM 含量和中压灯紫外发射光谱范围内的紫外透光率。IJssel 湖水中吸收紫外线的主要化合物是 NOM 和硝酸盐。NOM 含量（约 6.5mg/L，以碳计）在一年中相当稳定，而硝酸盐含量的季节性变化很大，年变化范围一般在 1～14mg/L（以硝酸根计）。

表 15-1 显示了相比于未处理水样，经混凝、沉降、砂滤（CSF）或 IX-UF 处理后 IJssel 湖水水样中 DOC 和硝酸盐的动态变化。

预处理可以降低 DOC 和硝酸盐的含量。在 Andijk 现有的水处理设施中，采用了常规的混凝和砂滤（CSF）预处理。使用铁混凝剂的 CSF 后，DOC 平均值从 6.5mg/L 降低到 5.8mg/L。CSF 对硝酸盐的去除效果不明显。IX 深度预处理后再进行微滤，可进一步去除 DOC 和硝酸盐。

Andijk 水处理设施中预处理对 IJssel 湖水中 DOC 和硝酸盐浓度的影响　　表 15-1

水样	最小值		最大值		平均值	
	mg C/L	mg NO_3/L	mg C/L	mg NO_3/L	mg C/L	mg NO_3/L
原水	5.1	1.2	7.2	12.4	6.0	6.5
CSF 处理水	2.9	1.7	5.1	9.4	4.0	5.8
IX-UF 处理水	2.1	0.5	4.4	4.2	2.9	2.3

注：CSF 是先混凝后再砂滤，混凝剂是氯化铁。IX-UF 使用 LanXess S5128 阴离子交换树脂（该树脂是 DOC 选择性树脂），随后超滤，在该工艺流程中不使用混凝剂。

MP UV/H_2O_2 AOP 可以利用中压灯在 200～400nm 范围内的全 UV 发射光谱。表15-2 提供了 240nm 和 254nm 处，IJssel 湖的原水和预处理后水添加 6mg/L H_2O_2 的光吸收值。其中 240nm 波长是从中压灯在短波紫外线发射光谱范围内任意选择的（在该波长上硝酸根离子和 NOM 都吸收紫外光），选择 254nm 波长是因为它通常用于表示紫外线的 NOM 特异性吸收（通常指以 SUVA 计），而汞原子的共振发射线为 253.7nm。在 240nm 和 254nm 处 H_2O_2 的吸收系数分别为 44.4L/(mol · cm)和 21.2L/(mol · cm)。$^{\cdot}OH$ 的产率与 H_2O_2 的光吸收分数成正比。因此，表 15-2 中的数据可以解释为给定波长下的$^{\cdot}OH$生成动力学，作为应用于原水预处理工艺的函数。数据显示，在两种预处理工艺的实验条件下，IX-UF 工艺在两个波长吸收物的去除方面明显优于 CSF 工艺。这一观察结果与 IX-UF 去除硝酸盐和离子化 NOM 的效果一致，而 CSF 对硝酸盐的去除无效。两种工艺都导致 H_2O_2 在两个波长上吸光值显著增加，这意味着在预处理应用时转化为$^{\cdot}OH$ 的产率更高。

预处理对 6mg/L H_2O_2 光吸收分数的影响　　表 15-2

水样	240nm	254nm
原水	4.5%	2.6%
CSF 处理水	8.2%	5.3%
IX-UF 处理水	19.4%	14.7%

深度预处理大大提高了原水的紫外透光率，预计会极大地降低能耗。采用两种世界各国立法规定的饮用水监测化合物——1,4-二恶烷和 N-亚硝基二甲胺（NDMA），就改进的预处理工艺对 MP UV/H_2O_2 AOP 能耗的定量影响进行了中试研究。NDMA 仅用于量化对光解的影响，而 1,4-二恶烷用于监测预处理对羟基自由基氧化的影响。能耗以每级电能（E_{EO}）

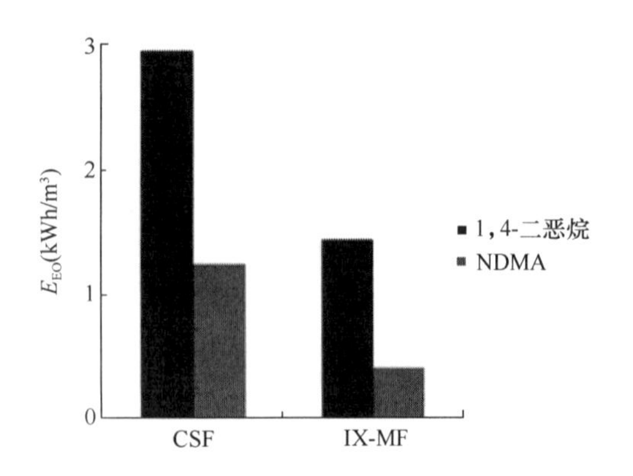

图 15-10　在 6mg/L H_2O_2 剂量下采用 MP UV/H_2O_2 AOP 处理经 CSF 或 IX-MF 预处理的地表水时 NDMA 和 1,4-二恶烷达到 90%去除率所需的能耗

表示，即在给定体积的水中化合物达到 90%去除率时所需的电能。预处理后的水质、DOC 和硝酸盐含量由表 15-2 中的平均值表示。图 15-10 表明了预处理对 MP UV/H_2O_2 AOP 所需能耗的实质性影响。以 Andijk 水厂为例，富营养化地表水采用常规工艺（即 CSF）进行预处理，并采用 IX 技术进行深度预处理，随后进行微滤，可使光解和羟基自由基氧化所需的电能减少 50%。

在最近的一项研究中，Metcalfe 等（2015）研究了英国三种不同水质地表水中 DBP 的形成潜力，分别采用全尺寸的常规工艺及悬浮离子交换（SIX）、在线混凝（IL-CA）和后续陶瓷膜过滤（CMF）的中试规模工艺。该研究揭示了相对于单独使用 SIX 和混凝工艺，SIX-ILCA 组合工艺在降低溶解性有机碳、紫外线吸收和 DBP 生成势方面的协同作用。此外，新工艺降低了溴代 DBPs 的浓度。与全尺寸的常规工艺相比，SIX/ILCA/CMF 组合工艺对 DOC、紫外线吸收、THM 生成势、HAA 生成势和溴代 DBPs 的去除分别提高了 50%、62%、62%、62%和 47%。

15.5　MP UV/H_2O_2 AOP 的副作用和补救策略

高级氧化处理作为控制有机微污染物的屏障，其目的是将有机微污染物降解为无害的代谢物。这适用于饮用水处理中所有常用的氧化技术，例如臭氧氧化和 O_3/H_2O_2、UV/H_2O_2 或 O_3/UV 联用的高级氧化（Glaze，1987）。高级氧化的效果取决于·OH 的形成和反应。·OH 是一种非选择性氧化物质，它可以通过添加芳香烃、不饱和位点或提取氢原子的方式与 NOM 等大多数有机化合物发生反应。原则上，通过高级氧化可以实现完全矿化。然而，在经济允许的条件下，完全矿化是不可能实现的，而且会产生反应副产物。大量研究表明，与臭氧化一样，反应副产物通常比母体化合物更易于生物降解且毒性较小。

在常规用于控制痕量有机污染物的 MP UV/H_2O_2 AOP 工艺条件下，无论是否进行预处理，高级氧化对 NOM 去除的影响都很小。但是由于 NOM 吸收紫外光并与·OH 反应，因此仍会受到影响。了解 AOP 处理后水的生物稳定性和副产物的潜在形成是非常重要的。图 15-11 显示了在采用类似 Andijk 水厂的 AOP 条件（0.54kWh/m^3；6mg/L H_2O_2）下的实验室规模研究中 AOP 对 DOC 的影响。实验中使用的水样是经过常规工艺预处理或 IX-MF 高级预处理的 IJssel 湖水。结果表明 MP UV/H_2O_2 AOP 处理对 DOC 的影响很小，而深度预处理对 DOC 的影响很大。

由于·OH 和吸收光子的非选择性行为，导致 NOM 发生了改变。在痕量化学污染物控制的工艺条件下，这种变化很小，并且不能使用 DOC 或 SEC-LC-OCD-OND 等指标精确测量。但这种影响可以用生物可同化有机碳（AOC）来衡量（Van der Kooij，1992），这是一个量化用于微生物生长的可生物降解有机碳的宏观参数。图 15-12 显示了 MP UV/H_2O_2 AOP 中 AOC 的生成情况和生物活性炭过滤器中 AOC 的去除情况。在没有残留消毒剂（氯、氯胺、二氧化氯等）的配水系统中，为了最大限度地减少细菌再生，在水处理厂中减少可生物降解的化合物至关重要。Andijk 水厂安装了 EBCT 为 25min 的生物活性炭过滤器，以去除在 MP UV/H_2O_2 AOP 水处理过程中形成的 AOC。向出厂水中投加低浓度的二氧化氯（0.07mg/L），以确保配水系统中的残留消毒能力。

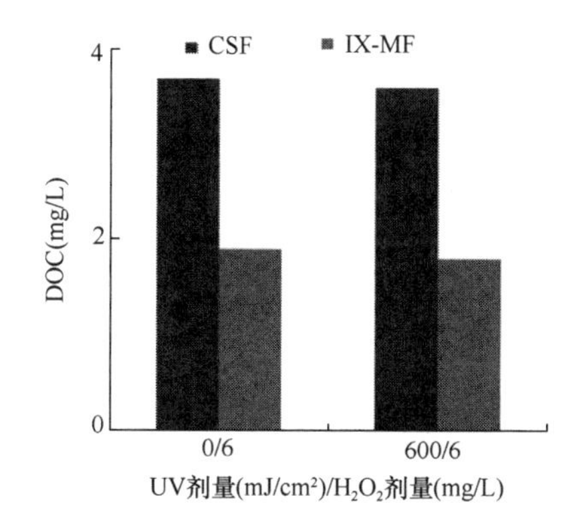

图 15-11　在预处理的地表水中 MP UV/H_2O_2 AOP（600mJ/cm^2；6mg/L H_2O_2）处理前后 DOC 的含量

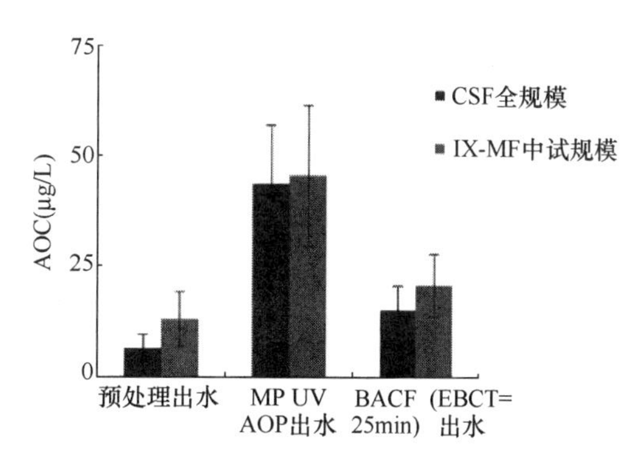

图 15-12　CSF 或 IX-MF 预处理过的地表水在 MP UV/H_2O_2 AOP 处理过程中 AOC 的形成以及在 BACF 中的去除

UV/H_2O_2 AOP 依靠 H_2O_2 光解产生满足于处理微污染水体所需的·OH 浓度。通常，在高级氧化工艺中会消耗 10%～15%的 H_2O_2。由于饮用水中不允许含有过氧化氢，因此必须清除 AOP 残留的 H_2O_2。在 UV/H_2O_2 后进行氯化是一个常见的做法，它可以去除的残留 H_2O_2 并满足残余消毒的要求。氯化的一种替代方法是活性炭过滤，其依赖于 GAC 的催化性能。在 Andijk 水厂中，活性炭过滤器安装在 MP UV/H_2O_2 AOP 之后，这种做法有很多优点，其中包括不需要添加化学药剂就可有效去除残留的 H_2O_2（图 15-13）。

如图 15-14 所示，活性炭对过氧化氢的分解与水力负荷率无关。通常通过生物活性炭过滤去除 99%的 H_2O_2 需要 6～9min 的 EBCT。

使用中压 UV 技术的主要副作用是在富含硝酸盐的水体中硝酸盐会光解形成亚硝酸盐。硝酸盐在紫外区有两个吸收带，一个在 260～350nm 的近紫外线范围内，最大值为 300nm；另一个更强的吸收带在较短的紫外线波长范围内（λ<240nm），最大值为 200nm（Krishnan 和 Guha，1934），与中压灯的高能发射光谱范围重叠。因此，在 λ<240nm 处，由于硝酸盐大摩尔吸光系数和高量子产率的有利结合，会导致中压 UV 水处理过程中硝酸盐光解显著生成亚硝酸盐（Mack 和 Bolton，1999）。

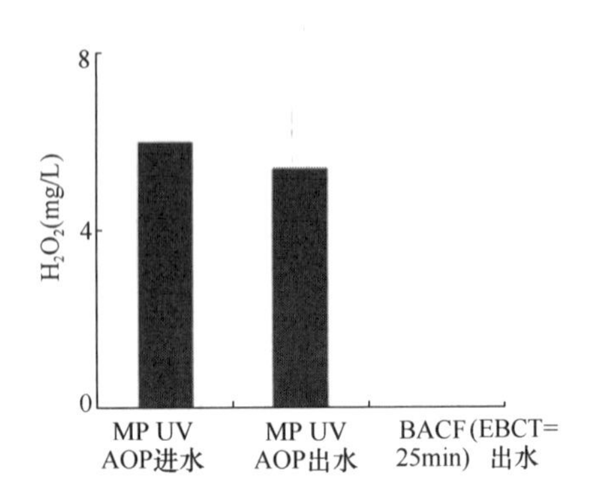

图 15-13 MP UVA OP 进出水以及 BACF 出水中的 H_2O_2 浓度

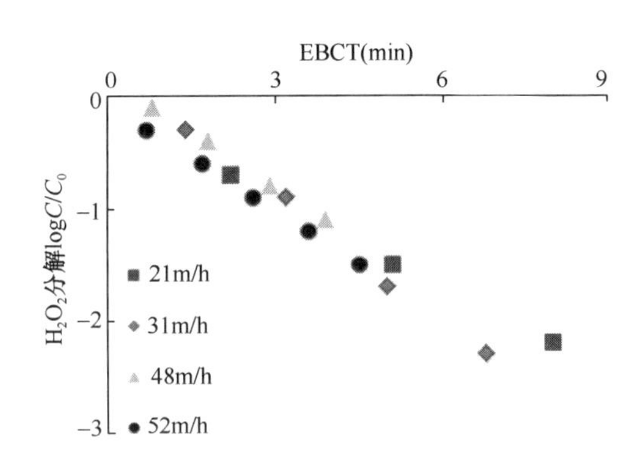

图 15-14 在四个高水力负荷率下通过 BAC（Norit RO 3502）过滤去除 H_2O_2 与空床接触时间（EBCT）的关系

UV 反应器中的 UV 灯封装在石英套管内，石英质量不同，则石英套管紫外透光率会有所不同。石英长时间暴露在高能量紫外线辐射下，会导致其在短紫外线波长范围（λ<240nm）内透光率下降，这是一种常见的现象。在天然石英中这一现象要比在合成石英中更为明显。图 15-15 描述了在 PWN 的全尺寸 MP UV/H_2O_2 AOP 中，中压灯辐射的石英透光特性对 CSF 预处理水体中硝酸盐光解和硝酸盐形成的影响。持续增加的电能剂量（EED）是 MP UV AOP 单元中第一个 MP 反应器到最后一个 MP 反应器的累积电能。高透光率石英让紫外线灯发射的全波段紫外光进入水中，有利于亚硝酸盐的形成并达到可能需要 AOP 后续处理的水平。老化的天然石英套管会阻挡短波长的透射，限制了硝酸盐的光解。但无法使用短波长范围内 UV 光的 AOP 可能会导致 UV 系统的能量效率降低。

欧盟饮用水中允许的最大亚硝酸盐浓度为 100μg NO_2^-/L。Andijk 水厂在 AOP 后设置的 EBCT 为 25min 的生物活性炭过滤确保了无亚硝酸盐检出。当水温<10℃时，添加磷酸盐有助于 BACF 中的生物过程。试验研究表明，在炭过滤器中亚硝酸盐氧化为硝酸盐是由生物驱动的；新鲜（原始）活性炭过滤器不会降低亚硝酸盐浓度（图 15-16）。

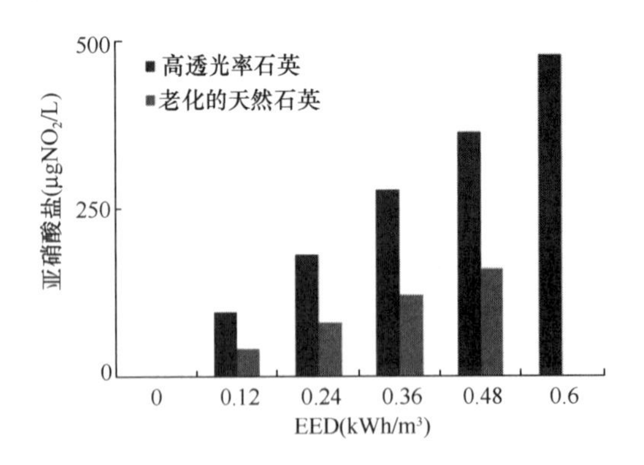

图 15-15 含有 9mg NO_3^-/L 的 CSF 预处理水在全尺寸 MP UV/H_2O_2 AOP 处理中亚硝酸盐的形成与电能剂量（使用高透光率石英套管（全中压灯光谱）和老化的天然石英套管（阻挡了短波 UV））的关系

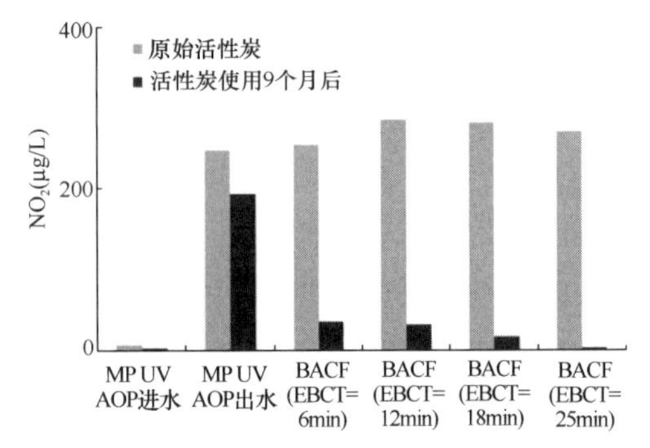

图 15-16 MP UV AOP 中亚硝酸盐的形成以及随后在原始活性炭和生物活性炭上的生物再氧化

硝酸盐光解最终的稳定无机产物是亚硝酸盐。硝酸盐的紫外光解反应相当复杂，会产生亚硝基自由基、硝基自由基和·OH 等反应中间体。这些自由基可能与构成 NOM 的有机化合物或其他来源的有机化合物发生反应，生成亚硝基衍生物和硝基衍生物（Goldstein 和 Rabani，2007）。由于 MP UV/H_2O_2 AOP 中产生的自由基具有较高的反应活性，所以许多反应产物（其中大部分未知）是由水基质和目标有机微污染物发生自由基反应而形成的。为了评价处理后的水质，PWN 技术公司进行了广泛的研究，其中采用 Ames II 生物测定法对水的致突变性进行了研究。在从全尺寸 MP UV/H_2O_2 装置（使用合成石英套管）采集的水样中观察到 Ames 试验响应的增加，表明有遗传毒性化合物的形成（Martijn 和 Kruithof，2012）。如前所述，高质量的石英可以在波长小于 240nm 处进行紫外线处理，使得在富含硝酸盐的地表水中发生硝酸盐光解。

如前一节所述，使用 IX 和 MF 预处理显著降低了 UV-AOP 进水中的硝酸盐浓度。因此 MP UV/H_2O_2 AOP 出水中亚硝酸盐含量较低。由于预处理的改善，MP UV/H_2O_2 处理后 Ames 试验响应显著降低。采集 BAC 过滤后的样品进行 Ames 试验表明，BAC 可完全去除致突变化合物。

在 PWN 全尺寸设施中实施的强大的水处理工艺中，采用了深度预处理和生物活性炭过滤作为最后的处理步骤，代表了一种多屏障处理方法，既可用于处理作为饮用水水源的地表水中存在的微污染物，也可用于去除 MP UV/H_2O_2 AOP 中氧化产生的潜在有害副产物。与此同时，PWN 技术公司在研究和创新方面的持续投资促进了水处理行业的技术进步，以应对日益严峻的目标，如节能和节水以及为人们提供安全的饮用水。

15.6 参考文献

Amirtharajah A. and Mills K. M. (1982). Rapid mix design for mechanisms of alum coagulation. *Journal of the American Water Works Association*, **74**(4), 210–216.

Archer A. D. and Singer P. C. (2006). Effect of SUVA and enhanced coagulation on removal of TOX precursors. *Journal of the American Water Works Association*, **98**(8), 97–107.

Clement J. A. (2008). Evaluation of ceramic membranes with ozone for water re-use. *Proceedings of Singapore International Water Week Conference*, Singapore.

Cornelissen E. R., Beerendonk E. F., Nederlof M. N., Van der Hoek J. P. and Wessels L. P. (2009). Fluidised ion exchange (FIX) to control NOM-fouling in Ultrafiltration. *Desalination*, **236**(1–3), 334–341.

Cornelissen E. R., Chasseriaud D., Siegers W. G., Beerendonk E. F. and Van der Kooij D. (2010). Effect of anionic fluidized ion exchange (FIX) pre-treatment on nanofiltration (NF) membrane fouling. *Water Research*, **44**(10), 3283–3293.

Duan J. and Gregory J. (2002). Coagulation by hydrolysing metal salts. *Advances in Colloid Interface Science*, **100**(102), 475–502.

Echigo S., Itoh S., Ishihara S., Aoki Y. and Hisamoto Y. (2014). Reduction of chlorinous odor by the combination of oxidation and ion-exchange treatments. *Journal of Water Supply: Research and Technology – AQUA*, **63**(2), 106–113.

Edwards M. and Benjamin M. M. (1992). Transformation of NOM by ozone and its effect on iron and aluminum solubility. *Journal of the American Water Works Association*, **84**(6), 56–66.

Edzwald J. K. and Tobiasson J. E. (1999). Enhanced coagulation: US requirements and a broader view. *Water Science and Technology*, **40**(9), 63–70.

Eschauzier C., Hoppe M., Schlummer M. and de Voogt P. (2013). Presence and sources of anthropogenic perfluoroalkyl acids in high-consumption tap-water based beverages. *Chemosphere*, **90**, 36–41.

Galjaard G. and Kruithof J. C. (2002). Enhanced Pre-coat Engineering (EPCE) for MF and UF: steps to full-scale application. *Proceedings of IWA Leading Edge Technology Conference*, Mülheim, Germany, ISSN 0941-0961.

Galjaard G., Kruithof J. C. and Kamp, P. C. (2005). Influence of NOM and membrane surface charge on UF-membrane fouling. *Proceedings of the AWWA Membrane Technology Conference*, Phoenix, USA.

Galjaard G., Kamp P. C. and Koreman E. (2009). SIX®: A new resin treatment technology for drinking water. *Proceedings of Singapore International Water Week Conference*, Singapore.

Galjaard G., Martijn B., Koreman E., Bogosh M. and Malley J. (2011). Performance evaluation of SIX® – Ceramac® in comparison with conventional pre-treatment techniques. *Water Practice and Technology*, **6**(4), doi: 10.2166/wpt.2011.0066 (online).

Galjaard G., Clement J., Ang W. S. and Lim M. H. (2013). CeraMac®-19 Demonstration Plant Ceramic Microfiltration at Choa Chu Kang Waterworks. *Proceedings of the AMTA/AWWA Membrane Technology Conference*, San Antonio, Texas.

Goldstein S. and Rabani J. (2007). Mechanism of nitrite formation by nitrate photolysis in aqueous solutions: the role of peroxynitrite, nitrogendioxide and hydroxyl radical. *Journal of the American Chemical Society*, **129**, 10597–10601.

Gray S. R., Ritchie C. B., Tran T., Bolto B. A., Greenwood P., Busetti F. and Allpike B. (2008). Effect of membrane character and solution chemistry on microfiltration performance. *Water Research*, **42**(3), 743–753.

He C., Carpentier G. and Westerhoff P. (2014). Minimizing Concentrate using Advanced Oxidation. Biofiltration and Ion-Exchange Pretreatment for Electrodialysis Reversal. WRRF-12-01 Report, WateReuse Research Foundation.

Hofs B., Baggelaar P., Harmsen D. and Siegers W. (2014). Robuustheid zuiveringen DPW 2012–2013; zomer en winter. KWR Report 2014.022, KWR Watercycle Research Institute, The Netherlands.

Houtman C. J. (2010). Emerging contaminants in surface waters and their relevance for the production of drinking water in Europe. *Journal of Integrative Environmental Sciences*, **7**, 271–295.

Huber S. A., Balz A., Albert M. and Pronk W. (2011). Characterisation of aquatic humic and non humic matter with size-exclusion chromatography-organic carbon detection – organic nitrogen detection (LC-OCD-OND). *Water Research*, **45**, 879–885.

Kamp P. C., Willemsen-Zwaagstra J., Kruithof J. C. and Schippers J. C. (1997). Treatment strategy PWN Water Supply Company North Holland (in Dutch). *H_2O*, **30**, 386–390.

Kim J., Shan W., Davies S. H. R., Baumann M. J., Masten S. J. and Tarabara V. V. (2009). Interactions of aqueous NOM with nanoscale TiO_2: implications for ceramic membrane filtration-ozonation hybrid process. *Environmental Science and Technology*, **43**(14), 5488–5494.

Koreman E. A., Visser M. and Welling M. (2009). Enhanced coagulation at SWTP Andijk (in Dutch: Klassiek werkpaard presteert boven verwachting). *H_2O*, **16**(17), 48–51.

Kooij van der D. (1992). Assimilable organic carbon as an indicator of bacterial growth. *Journal of the American Water Works Association*, **84**(2), 57–65.

Kruithof J. C. and Kamp P. C. (1997). *The Dilemma of Pesticide Control and By-Product Formation in the Heemskerk Water Treatment Plant Design: Selected Topics on New Developments in Physico-Chemical Water Treatment*, Leuven University, Leuven.

Kruithof J. C. (2005). State of the art of the use of ozone and related oxidants in Dutch drinking water treatment. *Proceedings 17th IOA World Congress*, Strasbourg.

Kruithof J. C., Kamp P. C. and Martijn A. J. (2007). UV/H_2O_2 treatment: a practical solution for organic contaminant control and primary disinfection. *Ozone Science and Engineering*, **29**, 273–280.

Lehman S. G. and Liu L. (2009). Application of ceramic membranes with pre-ozonation for treatment of secondary wastewater effluent. *Water Research*, **43**(7), 2020–2028.

Mack J. and Bolton J. R. (1999). Photochemistry of nitrate and nitrite in aqueous solution: a review. *Journal of Photochemistry and Photobiology A: Chemistry*, **128**, 1–13.

Martijn A. J., Fuller A. L., Malley J. P. and Kruithof J. C. (2010). Impact of IX-UF pretreatment on the feasibility of UV/H_2O_2 treatment for degradation of NDMA and 1,4 dioxane. *Ozone Science and Engineering*, **30**(6), 383–390.

Martijn A. J. and Kruithof J. C. (2012). UV and UV/H_2O_2 treatment: the silver bullet for by product and genotoxicity formation in water production. *Ozone Science and Engineering*, **34**, 92–99.

Metcalfe D., Rockey C., Jefferson B., Judd S. and Jarvis P. (2015). Removal of disinfection by-product precursors by coagulation and an innovative suspended ion exchange process. *Water Research*, **87**, 20–28.

Ramaswamy H. S., Abdelrahim K. A., Simpson B. K. and Smith J. P. (1995). Residence time distribution (RTD) in aseptic processing of particulate foods: a review. *Food Research International*, **28**(3), 291–310.

Scheideler J., Lekkerkerker-Teunissen K., Knol T., Ried A., Ver berk J. and Van Dijk J. (2011). Combination of O_3/H_2O_2

and UV for multiple barrier micropollutant treatment and bromate formation control – an economic attractive option. *Water Practice and Technology*, **6**(4), doi: 10.2166/wpt.2011.063 (online).

Schlichter B., Mavrov V. and Chmiel H. (2004). Study of a hybrid process combining ozonation and microfiltration/ultrafiltration for drinking water production from surface water. *Desalination*, **168**, 307–317.

Snyder S. A., Wert E. C., Lei H. X., Westerhoff P. and Yoon Y. (2007). *Removal of EDC's and Pharmaceuticals in Drinking and Reuse Treatment Processes*, AWWA Research Foundation, Denver CO, 331.

Stanford B. D., Pisarenko A. N., Holbrook R. D. and Snyder S. A. (2011). Preozonation effects on the reduction of Reverse Osmosis membrane fouling in water reuse. *Ozone Science and Engineering*, **33**(5), 379–388.

Stefan M. I., Kruithof J. C. and Kamp P. C. (2005). Advanced oxidation treatment of herbicides: from bench scale studies to full scale installation. *Proceedings of the 3rd IUVA World Congress*, Whistler, BC, Canada.

Verdickt L., Closset W., D'Haeseleer V. and Cromphout J. (2011). Applicability of ion exchange for NOM removal from a sulphate-rich surface water incorporating full reuse of the brine. *Proceedings of the IWA NOM-Specialty Conference*, Los Angeles, CA, USA.

Wachinski A. M. (2006). *Ion Exchange Treatment for Water.* American Water Works Association, Denver, CO, USA.

Van Wezel A. P., Morinière V., Emke E., ter Laak, T. and Hogenboom A. C. (2011). Quantifying summed fullerene nC60 and related transformation products in water using LC LTQ Orbitrap MS and application to environmental samples. *Environ. Int.*, **37**(6), 1063–1067.

Zhu H., Wen X. and Huang, X. (2011). Characterization of membrane fouling in a microfiltration ceramic membrane system treating secondary effluent. *Desalination*, **284**, 324–331.

第16章　高级氧化工艺在城市污水和工业废水处理中的应用

王建龙，　徐乐瑾

16.1　引言

在过去的几十年中，由于人口过度增长、城市化和工业化加剧以及农业技术提高等人类活动的影响，流入水环境的有机物、无机物和矿物质数量大幅增加。每天大约有200万吨的污水、农业和工业废物排入世界各地的水系中（Kansal和Kumari，2014）。以适当的方式处理这些污染物以及制定可持续的水处理战略至关重要。

针对水中大多数污染物化学稳定性强和可生物降解性差的特点，高级氧化工艺（AOPs）是一种去除污水中有机污染物的可行技术，例如UV直接光解、UV/H_2O_2、臭氧、芬顿和光芬顿、光催化、超声以及它们的组合技术。普遍认为，高级氧化工艺在处理难降解废水，将污染物转化为易于被传统生物方法降解的短链化合物方面具有明显效果。AOPs的功效取决于活性自由基的形成，尤其是高活性和非选择性的$\cdot OH$。针对特定工业废水的处理，选择适当工艺或者工艺组合时，必须综合考虑多种因素，包括废水性质、技术适用性和潜在限制、污水排放标准、监管要求、经济投入和长期环境影响等。Oneby等（2010）总结了美国城市污水处理厂（MWWTPs）二级出水的臭氧处理工艺。Brillas等（2009）概括并深入讨论了电化学高级氧化工艺用于处理含有农药、染料、药物和个人护理品（PPCPs）以及工业化合物等污染物的人工配水和实际废水的基本原理、实验装置、小试和中试试验结果。Oller等（2011）总结了近年来联合AOPs（作为预处理或后处理工艺段）和生物处理技术对各种人工配水和实际工业废水进行净化的研究。Wang和Xu（2012）全面深入讨论了关于AOPs中$\cdot OH$的形成机理及其在废水处理中的应用。

城市污水成分组成相似，而工业废水性质不仅因行业而异，而且同一行业的废水性质也不尽相同。废水中存在大量的污染物，主要通过化学需氧量（COD）、5日生化需氧量（BOD_5）、悬浮物（SS）、毒性和色度等指标表征。AOPs能够降解工业废水中多种有机化合物，包括染料（如酸性染料、碱性染料、直接染料、分散性染料等）、药物（如抗生素、血脂调节剂衍生物、神经保护剂等）、农药（如除草剂、杀虫剂、杀菌剂、灭鼠剂等）、芳香族化合物（如苯、苯酚、苯胺等）、脂肪族化合物等。本章涵盖了AOPs处理城市污水和工业废水（包括纺织废水、制药废水、农药废水和造纸废水等）的小试和中试研究，总结了AOPs在污水处理中的典型应用，并列举了AOPs在中国污水/废水处理中的相关案例。同时，为促进高效率地大规模推广应用，介绍了经济评价方法、正在开展的研究以及未来的工作方向。

16.2　城市污水处理

AOPs 在 MWWTPs 中的潜在应用包括：一级出水预氧化、污泥调理、二级出水后处理、反渗透浓缩液处理、出厂水消毒。图 16-1 展示了以上五个应用在一般污水处理工艺流程中的位置。城市污水通过管道收集，经过格栅、沉砂和初沉等一级处理后，出水经过常规活性污泥系统等二级处理，然后经过过滤或反渗透等处理，最后经过消毒处理后排放。

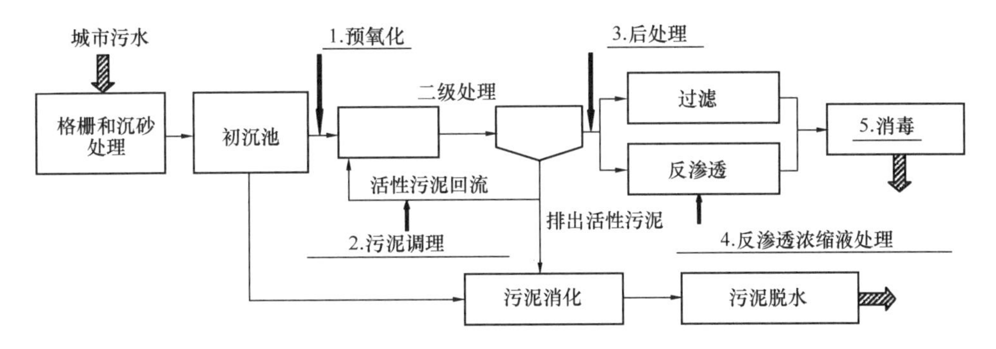

图 16-1　高级氧化技术在城市污水处理的潜在应用

一级出水经 AOPs 预氧化可以去除难降解或不可生物降解的有机物，能够提高二级处理工艺的生物去除效率。中国台北市某污水处理厂，通过臭氧氧化和离子交换组合工艺处理一级出水（Chou 等，2011）。当初始 pH 为 7、预臭氧氧化处理时间为 30min，或初始 pH 为 11、预臭氧氧化处理时间为 20min 时，再经过离子交换处理，TOC 去除率可达 94% 左右。Nielson 和 Smith（2005）研究了臭氧强化电絮凝法处理加拿大艾伯塔省埃德蒙顿市污水处理厂城市污水的能力，显示该工艺可作为替代传统二级处理的潜在选择。研究结果表明，总悬浮物（TSS）和总磷（TP）分别从 82mg/L 和 6mg/L 降至 15～45mg/L 和 0.3～0.6mg/L，均能满足监管限值要求；COD 和 BOD_5 分别从 359mg/L 和 158mg/L 降至 130～200mg/L 和 50～80mg/L，仍无法满足监管限值要求。Tahri 等（2010）使用 γ 射线对来自 Tétouan（摩洛哥）城市污水处理站的生活污水进行处理再利用。结果表明，γ 射线辐照对污水处理是有效的，不仅能够消除总菌群、粪大肠菌群、总大肠菌群，降低生化需氧量和化学需氧量，改善污水水质，而且能够保持污水中的营养元素（N、P 和 K）作为天然肥料再利用。

研究表明，回流活性污泥（RAS）经 AOPs 处理后，可以降低污泥产量，提高其沉降性和脱水性。电化学氧化技术已被用于提高 MWWTPs 污泥的脱水性能和稳定性（Bureau 等，2012），在 177kg NaCl/tDM 和 23.3kg H_2SO_4/tDM 的条件下，电解槽在 8.0A 条件下运行 60min，电耗为 856kWh/tDM，性能最佳。电化学工艺能有效地提高污泥的固含量，去除致病菌和异味，同时保留脱水污泥中的无机养分和有机质，从而保持污泥肥力。

AOPs（如臭氧氧化、光催化和光-芬顿等）对含有新兴污染物（如药物、个人护理品、类固醇性激素、毒品等）的污水具有脱毒能力，用途广泛，被建议作为MWWTPs污水的三级处理工艺。Giannakis等（2015）采用各种氧化工艺处理来自洛桑维迪（瑞士）污水处理厂三种不同二级处理工艺（活性污泥、移动床生物反应器和混凝-絮凝）的出水。在研究过程中，瑞士新环境法中规定的六种有机微污染物（卡马西平、克拉霉素、双氯芬酸、美托洛尔、苯并三唑、美托洛普）均在实验室进行了监测。经过二级处理后，AOPs处理效率均有所提高，顺序如下：移动床生物反应器＞活性污泥＞混凝-絮凝。各工艺对有机物降解速率的大小顺序为：UV/H_2O_2＞UV-C辐射和光-芬顿＞太阳光辐射＞芬顿。Hollender等（2009）以瑞士雷根斯多夫Wüeri MWWTP二级出水为研究对象，使用臭氧氧化作为后处理工艺，去除水中的有机微污染物（220种化合物，浓度范围为ng/L～μg/L），该污水处理厂由沉砂池、初沉池、具备反硝化和硝化区的传统活性污泥处理工艺和全尺寸臭氧氧化反应器等工艺组成（图16-2）。经后臭氧氧化后，大部分微污染物均有很大程度的去除，这表明臭氧氧化对大型污水处理厂微污染物总量的去除具有显著效果，在该应用领域是一项具有发展前景的技术。结合在小试试验中反应器水力学、反应动力学以及臭氧和·OH用量的测定，可以较准确地预测臭氧氧化的去除效率，为臭氧氧化处理污水的工艺设计和运行提供依据，该小试试验结果不需要通过昂贵和劳动密集的中试运行验证，可直接推广到实际应用规模。

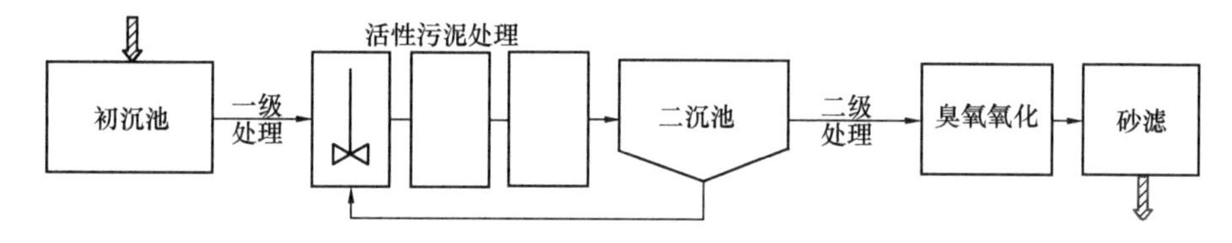

图16-2　瑞士雷根斯多夫Wüeri污水处理厂示意图（改编自Hollender等，2009）

UV/H_2O_2、UV/TiO_2、臭氧和电化学氧化等AOPs，可有效处理城市污水处理厂二级出水产生的反渗透浓缩液（ROC）。Roddick课题组（Liu等，2012；Umar等，2014；Umar等，2015）从澳大利亚维多利亚州某污水处理厂的再生处理设施中收集反渗透浓缩液，使用UV-C/H_2O_2进行处理，结果表明，经过UV-C/H_2O_2处理后，ROC几乎完全脱色，COD降低了54％以上，DOC减少了27％～38％，A_{254}降低了90％以上，可生物降解性至少提高了一倍。因此，UV-C/H_2O_2工艺可以降解污水中高浓度有机污染物，在盐度和初始溶解有机碳浓度较大范围内，可提高有机污染物的可生物降解性，证明该技术处理城市污水处理厂中的ROC或者潜在来源于微咸水的ROCs具有广泛的适用性。UV光解与电化学技术联合处理产生于城市污水的RO浓缩液时，表现出非选择性和强化降解作用（Hurwitz等，2014）。经过5h处理，80％以上的DOC被降解，表明污水中大量有机物被去除，而且处理速率超过了单独UV和阳极氧化处理速率，也超过了二者单独使用时的叠加速率。

紫外线辐射和臭氧氧化两种AOPs广泛应用于城市污水处理厂二级出水的消毒，用于

污水消毒的 TiO_2 光催化技术的推广应用正在研究。AOPs 消毒能增强细菌的灭活能力，消除污水中抗生素的耐药性，从而保证公共卫生安全。中国沈阳造化污水处理厂采用 A^2/O+深度处理工艺（Ya 等，2011），其中 A^2/O 工艺由厌氧、缺氧和好氧工艺段组成，用于脱氮除磷。该污水处理厂目前处理量为 $1\times10^4m^3/d$，未来处理量为 $6\times10^4m^3/d$，工艺所有投资约 240 万美元。污水处理厂进水中 COD 为 420mg/L、BOD_5 为 180mg/L、SS 为 200mg/L、NH_3-N 为 30mg/L、TN 为 40mg/L、TP 为 4mg/L、处理后的污水排入辽河，处理工艺流程图见图 16-3。本工艺中采用紫外线消毒，紫外线穿透率在 65%以上，运行功率为 15kW。该污水处理厂平均进水流量为 $1.1\times10^4m^3/d$，TSS 值小于 20mg/L，经处理后出水中 COD≤50mg/L、BOD_5≤10mg/L、SS≤10mg/L、NH_3-N≤5mg/L、TN≤15mg/L、TP≤0.5mg/L，能够满足《城镇污水处理厂污染物排放标准》GB 18918—2002 一级 A 排放标准的要求。

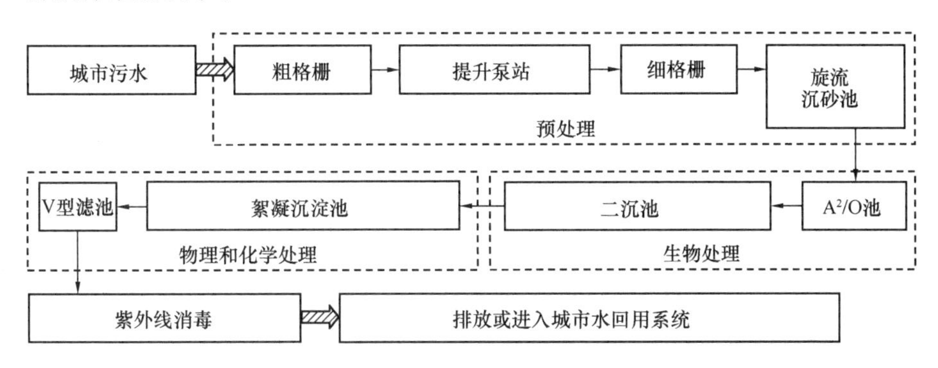

图 16-3　中国沈阳造化污水处理厂工艺流程图（改编自 Ya 等，2011）

16.3　工业废水处理

AOPs 对废水处理有效，但缺点是能耗高、化学试剂消耗量大。表 16-1 中总结了各种高级氧化工艺的优势和不足。如图 16-4 所示，AOPs 可用作废水预处理以提高其可生

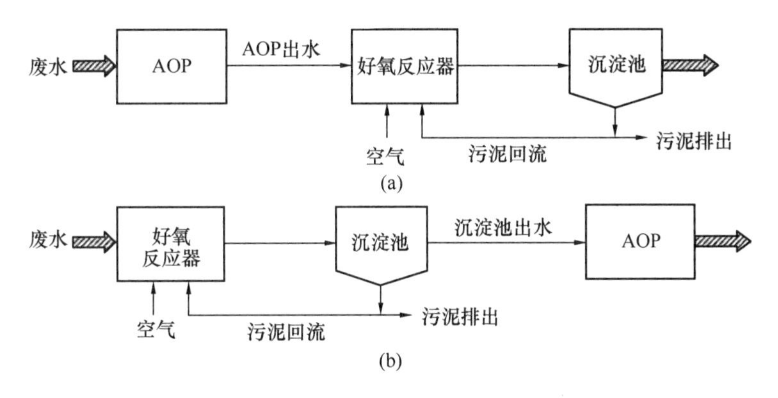

图 16-4　AOP 作为废水处理的预处理和后处理（改编自 Cesaro 等，2013）

（a）作为预处理；（b）作为后处理

物降解性，或用于后处理直接去除生物处理未完全降解的污染物（Cesaro 等，2013）。

16.3.1 纺织废水

含纺织染料和工业颜料的废水排放会影响水环境美观，引起水体富营养化，导致长期生物富集效应。这些染料对微生物、水生生物和人类具有毒性作用，能够降低被污染水体的透光性。纺织废水中大多数污染物来自漂白、染色、印染和固化等工艺环节，需关注的主要指标为悬浮物、浓度高且难去除的化学需氧量、颜色深的染料和其他可溶性物质，典型指标情况如下：COD 为 150～12000mg/L，总悬浮物为 2900～3100mg/L，总凯氏氮为 70～80mg/L，BOD 为 80～6000mg/L。

如表 16-2 所示，在实验室和中试规模试验条件下，各种 AOPs 处理纺织废水均具有良好的应用前景。针对纺织废水，研究人员主要开展了运行参数、脱色和降解效率、COD 或 TOC 去除、毒性降低、中间产物分析、反应动力学和机理等研究。例如，Zhao 等（2005）研究了染料 Diacryl Red X-GRL 的光解作用，考察了温度、pH、UV 灯入射光子通量、吹扫气体流速（氧气或氮气或两者的混合物）、初始染料浓度、叔丁醇（超氧自由基阴离子 $O_2^{\bullet -}$ 和单线态氧 $^1O_2$ 消除剂）浓度和溶解氧浓度对降解的影响，并提出了光降解动力学和机理。Song 课题组（Song 等，2007；Song 等，2008）以 $SrTiO_3/CeO_2$ 复合材料为催化剂，在紫外线照射下，开展了偶氮染料（C. I. Reactive Black 5 和 C. I. Direct Red 23）去除研究，优化了光催化降解反应条件，并初步推导出了降解路径和机理。模拟废水试验研究为处理更复杂的实际废水提供了具有参考价值的信息。Punzi 等（2015）采用一种新型装置（由厌氧生物膜反应器后接臭氧氧化工艺组成）处理含偶氮染料的人工配水和实际纺织废水，结果表明，臭氧氧化法作为生物处理的后续处理工艺，有利于去除纺织废水中难降解化合物和有毒物质。

高级氧化工艺用于废水处理的优势和局限　　表 16-1

高级氧化工艺	优势	局限
电离辐射	对 pH 不敏感；无需投加化学药品；同时杀菌、灭活病毒及去除污染物	未广泛应用
超声	通用技术；适用于小体积；可作为升级应用工艺	耗能；超声波发生器易腐蚀
O_3 氧化	氧化能力较强；对有机物广谱有效；现有的实际应用技术	耗能；运行成本高；存在臭氧泄漏风险
UV/O_3 UV/H_2O_2 $UV/H_2O_2/O_3$	比单一工艺更有效；紫外光诱发羟基自由基形成	比单一工艺更耗能；浊度干扰紫外线辐射
光催化	允许在比其他基于紫外线的技术更长波长下工作；可在常规环境条件下使用；无毒、廉价	处于发展阶段且使用费用高；需要预处理
基于芬顿的反应	相比其他 AOPs 耗能小；使用试剂无毒，且反应器设计简单	技术处于发展阶段；要求酸性条件；产生污泥

续表

高级氧化工艺	优势	局限
电化学氧化	无需额外的化学药品，最终产物无毒；高效	耗能过高
电-芬顿	现场产生过氧化氢；比单一工艺更高效	要求酸性条件
电凝聚法	比絮凝更高效、快速；无需控制 pH；化学药品用量少、污泥产量低；操作成本低	阳极钝化、污泥沉积在电极上；出水中铁铝离子浓度高

高级氧化工艺用于纺织或染料废水处理的部分研究结果　　表 16-2

高级氧化工艺	污水	废水特性	评估参数	结果	参考文献
光解	含有 Diacryl Red X-GRL 染料的人工配水溶液	Diacryl Red X-GRL 为 $(1.33\sim2.80)\times10^5$ mol/L； pH＝3.15～9.24； 溶液体积 3.5L	温度、pH、紫外线剂量、载气流速、染料初始浓度、叔丁醇浓度、溶解氧浓度等的影响； 动力学； 机理	300min 后染料降解约 70％	Zhao 等(2005)
γ 辐射	含有甲基橙的人工配水溶液	甲基橙为 0.5～2.0 mmol/L； 中性 pH； 溶液体积 100mL	γ 射线剂量、染料初始浓度以及气体饱和度等的影响； 动力学；中间产物分析； 降解机理	在 γ 射线剂量为 92Gy/min 时，120min 后染料降解率超过 90％	Chen 等(2008)
O_3 UV/O_3 UV/H_2O_2 $UV/H_2O_2/O_3$ Fe^{2+}/H_2O_2	土耳其涤纶及醋酸纤维染色工艺废水	COD 为 930mg/L； BOD_5 为 375mg/L； SS 为 95mg/L； TN 为 23mg/L； TP 为 1.13mg/L； pH＝9.2	与传统的化学处理方法相比：$Al_2(SO_4)_3\cdot18H_2O$、$FeCl_3$ 和 $FeSO_4$	$UV/H_2O_2/O_3$ 体系性能显著：纤维染色污水的 COD 去除率为 99％，色度去除率为 96％	Azbar 等(2004)
臭氧氧化	羊毛纺织加工厂染色工艺废水	COD 为 1700mg/L； 毒性 GL 值＝24； 电导率为 41.4mS/cm； pH＝8.30	时间间隔的影响； 生物处理前、后氧化处理	40min 内脱色率约为 98％～99％	Baban 等(2003)
厌氧-臭氧氧化	含偶氮染料的人工配水和实际纺织废水	人工配水的 Remazol Red 浓度为 100～1000mg/L，COD 浓度为 60～600mg/L； 实际纺织废水的 COD 浓度为 1190mg/L，pH＝7.5～8	将臭氧氧化作为人工配水和实际纺织废水生物工艺后的短程后续处理； 毒性试验	人工配水的脱色率大于 99％，COD 去除率和毒性降低 85％～90％； 实际纺织废水的 COD 去除率为 70％，毒性有效降低	Punzi 等(2015)

续表

高级氧化工艺	污水	废水特性	评估参数	结果	参考文献
光催化	巴西一家纺织厂废水	TOC为569mg/L； 总酚为7.3mg/L； pH=11.5	比较了二氧化钛、氧化锌以及氧化锌-二氧化硅等作为催化剂的工艺； 对脱色及总酚、TOC和毒性去除等进行了评估	脱色十分高效； 总酚去除率约40%； TOC去除率48%； 毒性降低约56%	Peralta-Zamora等(1998)
芬顿 光-芬顿	西班牙一家纺织厂废水	TOC为(605±9)mg/L； COD为(1669±4)mgO_2/L； 色度为(40±8)mgPt/L	光强度、温度、pH、Fe(Ⅱ)和过氧化氢初始浓度以及不同光源的影响	处理纺织废水十分高效	Pérez等(2002a)
电化学过氧化	巴西一水厂的纺织废水	COD为1136mg/L； TSS为80mg/L； 电导率为3.7mS/cm； pH=8.1；溶液体积500mL	污染物浓度、应用电流、温度及电极材料的影响	30min内，COD去除率55%，壬基酚去除率95%	Martins等(2006)
电-芬顿	中国台湾染色厂的纺织废水	COD为2942mg/L；Cl^-为238mg/L；ADMI色度=1094	氧气接触模式、氧气鼓泡率、电流密度、Fe^{2+}浓度、溶液温度及pH的影响	150min内，色度去除71%	Wang等(2008a)

如图16-5所示，在中国常州市一家纺织废水处理厂，废水经过五个主要处理工艺：调节池、推流曝气池、二沉池、改性磁粉/ClO_2氧化工艺和三沉池（Zhang等，2011）。当改性磁粉/ClO_2氧化工艺的操作条件为pH=4、改性磁粉投加量为10g/L、ClO_2投加量为88.2mg/L时，COD去除率约为95%，脱色率约为60%，表明该工艺选择合理、运行经济。

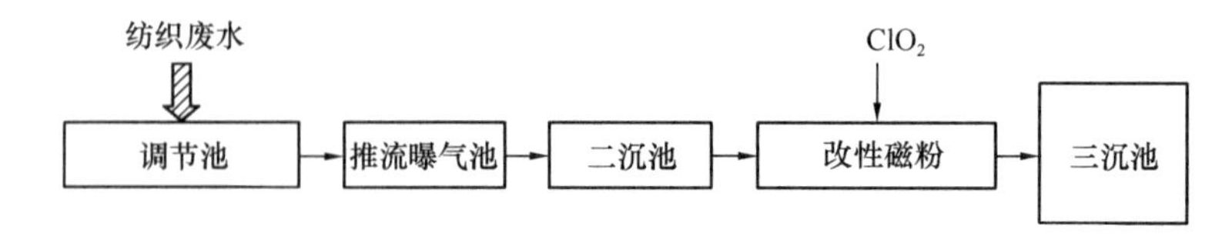

图16-5 中国常州市纺织废水处理厂工艺流程图（改编自Zhang等，2011）

在中国广东省一个500m^3/d的试验工厂，Guo等（2011）采用生物法联合臭氧氧化法处理纺织废水，COD浓度由600～1200mg/L下降到40mg/L左右，去除率约为95%，色度由 200～800（倍）下降到 28 以下［Wei（2002）采用标准稀释倍数法测定］，去除率约为 94%。

16.3.2　制药废水

退烧药、镇痛药、血脂调节剂、抗生素、抗抑郁药、化疗药和避孕药等大量药物不断排入水环境。个人护理品、毒品、阻燃剂和全氟化合物等新兴污染物，因其内分泌干扰特性，受到特别关注。当前的研究表明，这些存在于水环境和饮用水中的污染物，会对藻类和无脊椎动物产生毒性影响，促进微生物多重耐药菌株的生长，导致基因毒性和内分泌系统紊乱。由于这些污染物以微量水平存在，因此需要更精细和费力的分析工具精确测定。需要开发更有效的技术，对含有药物和新兴污染物的废水进行脱毒处理，从而提高其可生物降解性。

近期对 AOPs 的研究表明，AOPs 对废水中的药物具有氧化效果，甚至氧化中间产物可实现完全矿化（表 16-3）。研究者探讨了工艺参数、自由基促进剂和清除剂及水中化学成分对降解的影响，同时研究了反应动力学、降解机理以及可生物降解性的改善。Sánchez Polo 等（2009）开展了利用 γ 射线降解废水和饮用水中甲硝唑的研究。结果表明，在适当浓度的自由基促进剂（H_2O_2）存在及酸性条件下降解率较高。t-BuOH（$^{\bullet}OH$ 清除剂）和硫脲（$^{\bullet}OH$、H・和 e_{aq}^- 清除剂）的存在会降低甲硝唑的降解，这表明该污染物矿化过程包括两种路径：$^{\bullet}OH$ 氧化和 H・与 e_{aq}^- 还原。Rosal 等（2010）对来自 Alcalá de Henares（马德里）一座污水处理厂的药物、个人护理品和代谢物等 70 多种单一污染物进行了系统调查研究。污水样品通过生物处理联合臭氧氧化工艺处理，结果表明，臭氧氧化对污水中检测到的大部分单一污染物具有较好的去除效果。动力学分析确定了苯扎贝特、可替宁、敌草隆、酮洛芬和甲硝唑的臭氧氧化二级动力学常数，$^{\bullet}OH$ 反应对以上化合物的氧化转化具有重要作用。值得注意的是，在废水处理中，提高可生物降解性比完全矿化更重要，特别是对于抑制生物降解的药物而言。

高级氧化工艺用于制药废水处理的部分研究结果　　表 16-3

高级氧化工艺	污水	废水特性	评估参数	结果	参考文献
光解	含布洛芬、萘普生、酮洛芬、卡马西平和双氯芬酸的制药废水	药物浓度为 0.5～1μg/L；pH=2～3	应用生物处理、气穴/H_2O_2 工艺及 UV 处理；优化反应条件	卡马西平和双氯芬酸去除率大于 98%；氯贝酸去除率大于 90%	Zupanc 等（2013）
光解 光催化	含四环素、林可霉素和雷尼替丁的人工配水溶液	药物浓度为 10～50mg/L；pH=5.7～6	光化学降解和光催化降解药物；机理；动力学	经 UV/TiO_2 处理后，四环素几乎完全矿化，林可霉素和雷尼替丁的 TOC 去除率为 60%	Addamo 等（2005）

续表

高级氧化工艺	污水	废水特性	评估参数	结果	参考文献
γ 辐射	含硝基咪唑(甲硝唑、二甲硝咪唑、替硝唑)的人工配水溶液以及来自西班牙莫特里尔热带公司 Aguas y Servicios de la Costa 的实际水样	硝基咪唑浓度为 140 μmol/L; pH=6; 溶液体积 5mL	吸附剂量、污染物浓度及 pH 的影响; 降解动力学; 自由基促进剂和消除剂的影响; 水中化学成分的影响	辐射剂量为 700 Gy 时,硝基咪唑去除率为 62%~68%; 甲硝唑的 TOC 去除率约 70%	Sánchez-Polo 等(2009)
γ 辐射/H_2O_2 γ 辐射/Fe^{2+}	含磺胺甲嘧啶的人工配水溶液	磺胺甲嘧啶浓度为 20mg/L; pH=6.0~7.5; 溶液体积 20mL	过氧化氢和 Fe^{2+} 浓度的影响; 中间产物分析; 降解动力学和机理	磺胺甲嘧啶几乎完全去除	Liu 和 Wang (2013); Liu 等(2014)
O_3 氧化	新兴污染物(检出范围为 μg/L 级的 25 种化合物)	COD 为 269mg/L; BOD_5 为 42mg/L; TSS 为 67.8mg/L; TP 为 4.8mg/L; pH=7.54	生物-O_3 氧化处理; 动力学分析; 氧化机理	大多数污染物去除效果好	Rosal 等 (2010)
O_3 氧化 O_3/H_2O_2	土耳其伊斯坦布尔一家制药公司的含青霉素实际废水	COD 为 830mg/L; DOC 为 450mg/L; SS 为 150mg/L; pH=6.9	pH 和 H_2O_2 初始浓度的影响; 比较优化后的 O_3/OH^- 和 O_3/H_2O_2 工艺; 臭氧氧化后生物处理	臭氧氧化处理 COD 去除率为 10%~56%; O_3/H_2O_2 工艺 COD 去除率为 30%~83%	Alaton 等 (2004)
UV/H_2O_2 $UV/Fe^{2+}/H_2O_2$ $UV/Fe^{3+}/H_2O_2$ Fe^{2+}/H_2O_2 Fe^{3+}/H_2O_2 O_3/OH^-	土耳其伊斯坦布尔一家制药公司的含青霉素实际废水	COD 平均值为 1395mg/L; TOC 为 920mg/L; TSS 为 145mg/L; pH=6.95	不同高级氧化工艺对废水进行氧化预处理; 可生物降解性变化; 活性氧化剂和氧化剂用量; 青霉素活性物质的高级氧化	碱性臭氧氧化和光-芬顿试剂处理后 COD 去除率为 49%~66%,TOC 去除率为 42%~52%; 可生物降解性提高较小	Arslan-Alaton 和 Dogruel (2004)
芬顿	制药废水	COD 为 362000mg O_2/L; BOD 为 2900mg O_2/L; SS 为 45.95g/L; 电导率为 89.7 mS/cm; pH=5.32	温度、亚铁离子及过氧化氢浓度的影响	COD 总体去除率为 56.4%	San Sebastián Martínez 等(2003)

续表

高级氧化工艺	污水	废水特性	评估参数	结果	参考文献
阳极氧化 电-芬顿 光电-芬顿	含药物扑热息痛的人工配水溶液	扑热息痛浓度为 157mg/L； TOC 为 100mg/L； pH=3.0	电流、pH 及药物浓度的影响； 中间产物分析； 降解机理	UVA/Fe^{2+}/Cu^{2+} 对扑热息痛实现完全矿化	Sirés 等(2006)

高级氧化工艺用于农药废水处理的部分研究结果　　表 16-4

高级氧化工艺	污水	废水特性	评估参数	结果	参考文献
γ 辐射	含二嗪农的人工配水溶液	0.329～3.286μmol/L； pH=6.8； 溶液体积 40mL	污染物初始浓度和辐射剂量的影响； 中间产物检测； 降解机理	二嗪农去除 90%； 污染物在较低浓度水平实现完全降解	Basfar 等(2007)
超声波降解	含 2，4-二氯苯氧乙酸的人工配水溶液	2,4-二氯苯氧乙酸浓度为 0.2mmol/L； 溶液体积 600mL	pH 的影响； 吹脱各种气体； 中间产物生成； ·OH 清除剂的影响	100min 内的去除率几乎达到 90%	Peller 等(2001)
UV 光解 可见光光催化 臭氧氧化	来自马德里 Alcalá de Henares 一家 3000m^3/h 污水处理厂的含除草剂、杀虫剂、防腐剂及多环芳烃的二沉池出水	COD 为 28mg/L； TSS 为 20mg/L； 电导率为 875μS/cm； pH=7.8	不同工艺去除污染物效果； 能效； 毒性评估	臭氧处理去除率大于 95%； 紫外线(254nm)辐射处理平均去除率为 63%； 可见光 Ce-TiO_2 光催化处理总体去除率约为 70%	Santiago-Morales 等(2013)
O_3 UV 辐射 芬顿 UV/O_3 UV/H_2O_2 光-芬顿	含卡巴呋喃的人工配水溶液	卡巴呋喃浓度为 0.452mmol/L； 溶液体积 350mL	比较不同工艺去除效果； 温度、pH、过氧化氢和 Fe^{2+} 浓度的影响； 反应动力学	去除率：光-芬顿>UV/H_2O_2>UV/O_3>O_3>UV>芬顿	Benitez 等(2002)

续表

高级氧化工艺	污水	废水特性	评估参数	结果	参考文献
UV 光解 UV/H_2O_2 UV/Fe^{2+} 光-芬顿	含杀虫剂的人工配水溶液	杀虫剂浓度为 25mg/L； pH=6.4～7； 溶液体积 1.5L	不同工艺处理后杀虫剂去除率、TOC 矿化度、COD 去除率及 BOD 去除率； 毒性分析	反应 40min 后，光-芬顿工艺使杀虫剂去除 88%，毒性降低 65%	AI Momani 等（2007）
光催化	含杀虫剂、毒死蜱、氯氰菊酯和百菌清的人工配水溶液	杀虫剂浓度为 400mg/L(毒死蜱 100mg/L，氯氰菊酯 50mg/L，百菌清 250mg/L)； COD 为 1130mg/L； TOC 为 274mg/L； 生物降解性能指数约为 0； pH=6	UV 照射、二氧化钛浓度及 H_2O_2 投加量的影响； 降解动力学	$UV/TiO_2/H_2O_2$ 光催化技术使 COD 去除 54%，TOC 去除 22%； 生物降解性能指数 0.26	Affam 和 Chaudhuri(2013)
太阳光-芬顿	杀虫剂(阿拉氯、阿特拉津、毒虫畏、敌草隆、异丙隆)	阿拉氯、毒虫畏、异丙隆 50mg/L； 阿特拉津 25mg/L； 敌草隆 30mg/L	污染物去除率和矿化度； 毒性降低； 可生物降解性	所有受试杀虫剂均实现了完全矿化； 处理 12～25min 后，可生物降解性提高 70%	Lapertot 等(2006)
电化学氧化电-芬顿、光电-芬顿	含除草剂 2-(2，4-二氯苯氧基)-丙酸的人工配水溶液	除草剂 217mg/L； TOC 为 100mg/L； pH=3.0； 溶液体积 100mL	比较不同的工艺方法； 中间产物分析； 提出反应机理	除草剂实现完全矿化	Brillas 等（2007）

中国某公司采用冷却结晶除盐、芬顿氧化和活性污泥法处理含杂环化合物的制药废水（Huang 等，2001），COD 由 906.5mg/L 降至 93.4mg/L，BOD 由 550.1mg/L 降至 28.6mg/L，色度由 150 倍降至 40 倍，COD、BOD 和色度去除率分别为 90%、95% 和 73%。中国某制药厂采用多级生物处理系统、两级臭氧氧化和生物活性炭吸附三种工艺组合技术对其废水开展了中试处理研究，COD、NH_3-N、TN 和 TP 的去除效果良好（Geng 等，2014）。

16.3.3 农药废水

农药根据用途可以分为除草剂、杀虫剂、杀菌剂、灭鼠剂、杀线虫剂和微生物杀虫剂，广泛用于农业活动和非农业领域。这些化合物通常从施用地点进入环境中，导致地表水和地下水受到污染。这些化合物种类繁多，由于其持久性、生物难降解性以及在水环境中的高溶解性，很难被处理，会给人类带来致癌性、神经毒性、生殖和细胞发育慢性毒性等潜在负面健康影响，特别是在生命早期阶段。

AOPs 为处理农药废水提供了一种选择，该工艺能够有效降解很多种农药（表 16-4）。在诸多利用 AOPs 去除废水中农药的研究中，确定了去除效果最佳时的运行条件，降低了农药废水的毒性，提高了农药废水可生物降解性。Benitez 等（2002）采用芬顿反应、UV 辐射、O_3 氧化、UV/O_3、UV/H_2O_2 和光-芬顿工艺降解呋喃丹，各工艺反应的拟一级速率常数分别为（2.2～7.1）$\times10^{-4}$ s^{-1}、3.2$\times10^{-4}$ s^{-1}、（5.1～19.5）$\times10^{-4}$ s^{-1}、22.8$\times10^{-4}$ s^{-1}、（7.1～43.5）$\times10^{-4}$ s^{-1}、（17.2～200）$\times10^{-4}$ s^{-1}，他们还比较了各工艺的处理效率。Badawy 等（2006）采用光-芬顿工艺和生物过滤组合方法，处理位于埃及北部新达马塔的农药废水和化工公司废水。他们研究了 pH、光照时间、H_2O_2 和 Fe^{2+} 初始浓度对光一芬顿工艺的影响，得出了最佳运行条件，TOC 和 COD 去除率分别为 82% 和 85.6%，废水可生物降解性得到提高，与生物处理联合使用后，农药组分几乎可实现完全矿化。Xia 和 Sun（2005）使用产量为 800g/h 的两台臭氧发生器制备臭氧，对中国合肥市某公司的农药废水进行了臭氧氧化预处理，经臭氧氧化后，COD 浓度由 38341mg/L 降至 18787mg/L，COD 去除率为 51%，BOD 浓度由 5751mg/L 上升到 7703mg/L，pH 值由 12 变为 8，BODs/COD 比值由 0.15 提高到 0.41，表明可生物降解性提高。Santiago-Morales等（2013）采用臭氧氧化、紫外线（254nm）照射、可见光（氙弧灯）照射和可见光光催化（Ce 掺杂 TiO_2），对含紫外防晒剂、合成麝香、除草剂、杀虫剂、防腐剂和多环芳烃的生物处理后废水中的一组非极性污染物去除效果进行了评价，试验废水取自马德里 Alcalá de Henares 一座处理能力为 3000 m^3/h 的污水处理厂的二沉池。针对污染物去除率和用电效率而言，迄今为止，O_3 氧化是效率最高的工艺。O_3 氧化处理后的废水毒性降低，UV 线照射和光催化工艺会积累有毒中间产物，导致毒性增加。因此，在废水处理中，应特别注意监测有毒中间产物的演变和毒性。

16.3.4　造纸废水

纸浆造纸工业废水主要来自制浆、漂白和制纸生产工艺段，性质差异较大，这主要取决于制浆工艺类型和每个工厂的独特特点。例如，机械制浆废水 COD 含量在 1000～5600mg/L，而化学制浆废水 COD 含量在 2500～13000mg/L 之间。造纸废水有颜色，含酚类化合物、不可生物降解有机物、可吸附有机卤素（AOX）等，有机物和悬浮物浓度高是其主要污染特点。造纸废水排放到环境中会导致水体变色，水中有毒物质含量增加，热污染、黏菌生长、浮渣形成等不良影响，严重破坏了陆地生态系统。

本节综述了 AOPs 处理造纸废水的研究现状，包括反应程度、运行参数的影响、化合物识别、反应动力学和成本估算等方面。表 16-5 列出了各种 AOPs 应用于制浆和造纸工业废水的研究结果，如电离辐射、超声波、光催化、臭氧氧化、芬顿、光-芬顿和电-氧化。一般来说，AOPs 对造纸废水的 COD 去除率均能达到 40%以上，AOPs 与生物处理工艺结合，COD去除率能够提高20%左右。研究结果表明，臭氧氧化、光催化和芬顿工艺对COD的去除率分别为40%、50%和70%。在制浆和造纸废水处理或回用中，臭氧氧化法是研究最普遍、应用最成功的AOPs。尽管芬顿工艺（特别是光-芬顿）在实验室规模研究中显示出最好的氧化效果，但这些工艺在实际生产应用方面仍需要进一步发展（Hermosilla等，2015）。

芬顿氧化处理工业废水（包括制浆和造纸、制药、纺织等）示意图如图16-6所示（Bautista等，2008）。废水进入搅拌间歇式反应器，反应器中加入芬顿试剂（Fe^{2+}和H_2O_2），溶液pH一般控制在3～3.5。芬顿氧化池出水经含碱性试剂的中和池调节pH，絮凝处理后，沉降分离$Fe(OH)_3$和其他固体。中国某大型造纸企业采用水解酸化、好氧生物处理和芬顿组合工艺，处理再生造纸和制浆中段废水（Shi等，2012）。结果表明，当进水流量为（0.77～2.91）$\times 10^4 m^3/d$时，经生化处理、芬顿氧化、絮凝沉淀后，出水COD由2150～4430mg/L降至67～98mg/L，SS由1316～2414mg/L降至21～29mg/L，处理成本约2.4美元/m^3，具有良好的经济效益和环境效益。

高级氧化工艺用于造纸废水处理的部分研究结果　　表16-5

高级氧化工艺	污水	废水特性	评估参数	结果	参考文献
电离辐射 混凝 混凝/电离辐射	中国武汉市某工厂的造纸废水	COD为722mg/L； BOD_5为427mg/L； DOC为173.6mg/L； pH=6.9	比较不同工艺； 辐射剂量、pH及混凝剂剂量的影响	能够有效去除造纸厂污水中的有机物； 可生物降解性提高	Wang等(2011)
超声辐射 超声/Fe^{3+}/H_2O_2 光-芬顿($UV/Fe^{3+}/H_2O_2$) 电-氧化 化学沉淀	芬兰东部制浆和造纸工业漂白废水	COD为1170～1510mg/L； BOD_5为142～221mg/L； TOC为234～543mg/L； SS为354～563mg/L； 色度为660～1230铂钴单位； pH=6.4～7.3	比较不同处理工艺； pH和氧化剂剂量等运行参数的影响	高级氧化工艺可降低漂白废水中化合物的毒性，增强废水可处理性	Eskelinen等(2010)
O_3氧化	泰国北碧府制浆和造纸工业废水	COD为(2000±100)mg/L； BOD为(550±50)mg/L； TOC为(650±50)mg/L； ADMI值为1100±100； pH=7.5±0.5	废水中化合物的识别； 臭氧传质效率； pH对脱色和TOC去除的影响； 臭氧工艺对可生物降解性的影响	脱色率大于90%； BOD/COD由0.10增加至0.32	Kreetachat等(2007)
O_3/UVA或可见光/Fe(Ⅱ)/Fe(Ⅲ)	西班牙造纸厂漂白牛皮纸废水	TOC为(441±8)mg/L； COD为(1384±24)mg O_2/L； 色度为(197±25)mgPt/L	比较不同工艺； 成本估算； 应用于配水样品	高效去除TOC和COD（大于90%）	Pérez等(2002)

续表

高级氧化工艺	污水	废水特性	评估参数	结果	参考文献
光催化	巴西制浆和造纸工业废水	TOC 为 57.1～445.2mg/L；总酚为 10.2～29.7mg/L；pH=2.5～9.4	比较了二氧化钛、氧化锌以及氧化锌-二氧化硅等催化剂效果；对脱色、总酚、TOC 和毒性去除等进行了评估	能有效去除总酚；TOC 去除率 51%；毒性降低约 50%	Peralta Za-mora 等(1988)
太阳光光催化 光-芬顿	含对甲苯磺酸、丁香酚和愈创木酚的人工配水溶液；西班牙阿尔科伊一家纸板厂实际废水	丁香酚、愈创木酚浓度为 0.001mol/L；对甲苯磺酸浓度为 0.005mol/L；实际废水 COD 为 3500～11000mg/L	比较不同工艺；假一级动力学；中间产物检测	COD 去除率约 55%；BOD 下降 30%～50%	Amat 等(2005)
芬顿 光-芬顿	西班牙造纸工业牛皮纸和纤维素漂白废水	COD 为 1250～1384mg O_2/L；TOC 为 441～537mg/L；色度为 197～649mg Pt/L；pH=1.74	芬顿试剂初始浓度、温度、pH、光强度及氧气的影响；化合物识别	处理废水效率高；TOC 去除率为 90%	Pérez 等(2002d)；Torrades 等(2003)
电凝聚 电-氧化	印度一家大规模纸浆厂的蔗渣浆漂白废水	COD 为 1230mg/L；BOD 为 175mg/L；TS 为 1952mg/L；SS 为 56mg/L；色度为 1228 铂钴单位；pH=9.1	比较不同电化学工艺；优化运行条件；成本估算	电凝聚-电氧化法 COD 去除率 68%，TOC 去除率 52%；电凝聚和生物系统联合工艺对 COD 去除率为 80%	Antony 和 Natesan (2012)

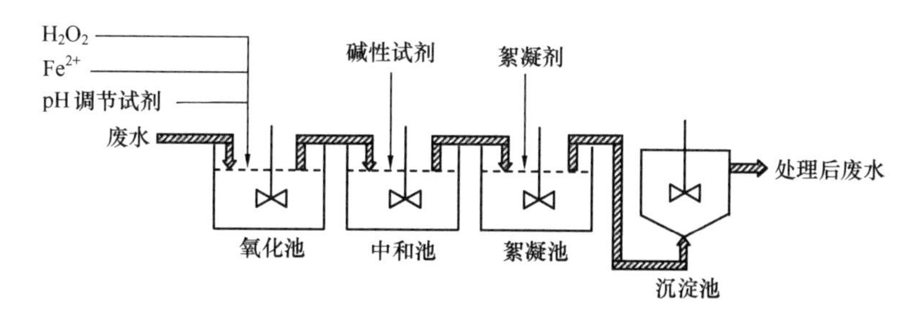

图 16-6　芬顿工艺处理工业废水典型流程（改编自 Bautista 等，2008）

16.3.5　石油化工废水

石油化工废水中含有大量的有机和无机污染物，包括石油烃、酚类、苯胺、硝基苯、萘酸、有机氯、表面活性剂、硫化物、金属衍生物等难降解化合物和有毒化合物。这些物质化学成分复杂，可生物降解性低，COD 高，对人类和包括水生生物在内的其他生物均构成健康风险。

AOPs 如 UV 辐射、UV/H_2O_2、光催化、超声波降解、臭氧氧化和基于芬顿的工艺，在石油化工废水处理方面具有显著优势（表 16-6）。图 16-7 所示为美国用于石油化工废水处理的主要工艺流程（Wong，2000）。该系统采用紫外线对反渗透给水进行消毒。来自冷却塔和有机废水处理系统的混合废水（110m^3/d），通过化学氧化处理沉淀重金属，重金属通过双介质过滤器（直径 0.91m）去除。两个颗粒活性炭过滤器（直径 0.91m）去除残余有机物，筒式过滤器（10μm）和超滤分别去除大于 10μm 和 0.01μm 的悬浮颗粒和胶体颗粒。三级（3∶2∶1）反渗透系统是处理体系的主要组成部分，用于去除溶解的无机和有机化合物、二氧化硅和残余胶体材料。再生水经脱气去除二氧化碳后，可作为去离子水回用。该工艺进行了长期中试试验评估，试验结果证明该工艺具有技术和经济可行性。

采用高效硝化池（HENT）与催化臭氧氧化相结合的方法处理中国某石化公司的丙烯腈废水（Lu 等，2014）。在 HENT 系统中，进水 NH_3-N 由 88～286mg/L 降至 0.53mg/L，去除率为 99.7%；通过催化臭氧氧化与曝气生物滤池组合工艺处理，COD 由 259mg/L 降至 57mg/L，去除率为 75.6%。中试试验中，总氰化物、悬浮物、硫化物和总磷的去除率分别为 49.3%、50.2%、33.5%和 11.1%。

高级氧化工艺用于石油化工废水处理的部分研究结果　　表 16-6

高级氧化工艺	污水	废水特性	评估参数	结果	参考文献
紫外线（UV）	美国某大型石油化工厂的废水	COD 为 51～74mg/L；TSS 为 10～24mg/L；pH=7.32～8.45	紫外消毒；处理工艺流程，包括化学氧化、过滤、吸附、超滤、消毒、反渗透以及脱气；经济性分析	以中试规模对工艺进行调试过程中，总水量回收始终能达到 73.6%	Wong(2000)
超声 超声/TiO_2/Fe^{2+}	土耳其伊兹密尔石油化工厂废水	COD 为 1465mg/L；BOD_5 为 37.4mg/L；TN 为 20mg/L；TP 为 11mg/L；pH=7.2	环境条件、超声时间、温度、二氧化钛和 Fe^{2+} 浓度的影响	能够高效去除多环芳烃，降低急性毒性	Sponza 和 Oztekin(2010)
O_3 氧化	中国某石油化工废水处理厂的二级出水	COD 为 70～120mg/L；BOD_5 为 1～5mg/L；DOC 为 16～30mg/L；TN 为 10～15mg/L；TP 为 0.5～2.0mg/L；pH=6～8	生物曝气滤池后接臭氧氧化；评价 DOC、UV_{254} 和基因毒性等指标去除情况；可生物降解性和有机物的变化	O_3 氧化可减小有机分子尺寸，提高可生物降解能力，显著降低基因毒性	Wu 等(2015)

续表

高级氧化工艺	污水	废水特性	评估参数	结果	参考文献
催化 O_3 氧化	石油化工废水有机污染物	苯胺浓度为 200mg/L； COD 为 491.4mgL； pH=7.2； 溶液体积 100mL	pH、催化剂剂量、温度和·OH 清除剂等的影响； 反应动力学； 降解途径； 催化剂表征和可重复利用性	10min 内，苯胺去除率为 77.5%，COD 去除率为 67.6%	Chen 等(2015)
光-芬顿(Fe^{3+}/H_2O_2/太阳光-UV)	土耳其伊兹密尔石油化工炼油厂废水	COD 为 1200～2800mg/L； BOD_5 为 800～1400mg/L； TOC 为 820～1385mg/L； pH=8.2～8.75	H_2O_2 剂量、Fe(Ⅲ)浓度及流速的影响； 评价色度、TOC、BOD_5 及 CODs 去除率等指标	TOC 去除率 49%； BOD_5 去除率 53%； COD 去除率 58%	Parilti(2010)
H_2O_2 UV UV/H_2O_2 光催化 O_3 氧化 芬顿 光-芬顿	巴西某石油炼油厂酸性废水	COD 为 850～1020mg/L； BOD_5 为 570mg/L； DOC 为 300～440mg/L； pH=8.0～8.2； COD 为 553mg/L； BOD_5 为 147mg/L； DOC 为 160.5mg/L； pH=9.5	不同工艺比较； 工艺条件评价； DOC 去除动力学	芬顿和光-芬顿工艺对 DOC 去除率分别为 55%和 83%； UV/H_2O_2 对 DOC 去除率接近 95%； 其他工艺对 DOC 去除率为 8%～35%	Coelho 等(2006) Guimarães 等(2012)
电-芬顿	中国台湾某石油化工厂废水	COD 为 226～435mg/L； Cl^- 为 103～128mg/L； pH=7.32～8.20	H_2O_2 剂量和反应时间的影响；小试和中试应用	COD 去除率大于 80%	Ting 等(2007)
电-氧化 电凝聚 电-芬顿	模拟油罐车清洗废水	COD 为 456mg/L； pH=6.5	pH、电流强度、油的初始浓度及反应时间的影响	电凝聚、电-芬顿和电-氧化工艺的 COD 去除率分别大于 80%、90% 和 98%	Dermentzis 等(2014)

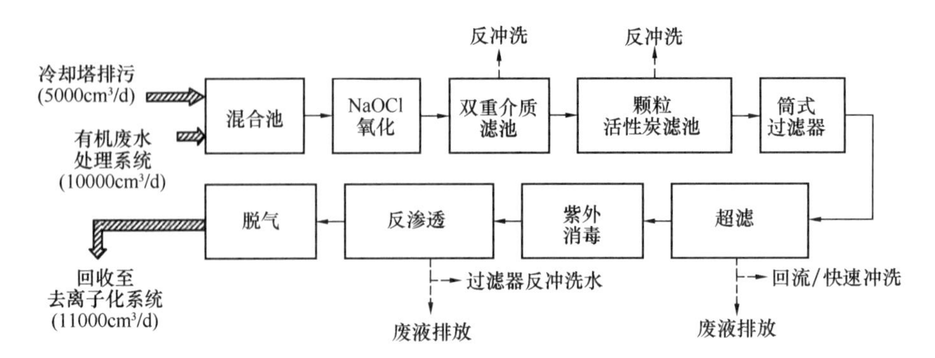

图 16-7　美国典型石油化工废水回用处理系统流程图（改编自 Wong，2000）

16.3.6　垃圾渗滤液

垃圾渗滤液是城市生活垃圾填埋场产生的一种污染严重的废水，含有大量难降解有机物、外源化合物、氨氮、无机盐和重金属。垃圾渗滤液的量和质随垃圾成分、气候、季节性降水、水文地质、垃圾填埋场设计和运行、垃圾填埋场使用时间等因素的变化而变化。一般来说，使用时间短的垃圾填埋场（2 年以下），垃圾渗滤液含有大量小分子有机物（如挥发性有机酸），COD（3000～60000mg/L）、TOC、BOD_5 和 BOD_5/COD 比值（0.6）较高。与此相反，使用时间长的垃圾填埋场（10 年以上），垃圾渗滤液含有高分子有机物（如腐殖酸和富里酸等物质），COD（100～500mg/L）、TOC、BOD_5 和 BOD_5/COD 比值（<0.3）较低。

用于垃圾渗滤液处理的 AOPs 包括 UV、O_3 氧化、芬顿反应、电-氧化等单一工艺及它们之间的组合工艺。表 16-7 提供的文献数据表明，AOPs 在去除垃圾渗滤液原液和经预处理后的垃圾渗滤液中的色度、难降解有机物和氨氮等方面效率较高。以上 AOPs 中，臭氧氧化法和芬顿氧化法是目前报道最多和应用最广的垃圾渗滤液处理方法，COD 浓度在 560～8894mg/L 时，两种方法对 COD 的去除率均能达到 40%～89%。联合芬顿氧化法和混凝-絮凝技术处理垃圾渗滤液，当 COD 浓度在 417～7400mg/L 时，COD 的去除率为 69%～90%。活性污泥法与芬顿氧化法或湿式空气氧化法相结合，几乎可以完全去除垃圾渗滤液中的 COD（Kurniawan 等，2006）。

芬顿工艺单元和电-氧化工艺单元集成系统（图 16-8），已在中试规模上应用于西班牙坎塔布里亚省梅鲁埃洛（Meruelo）市垃圾填埋场的渗滤液处理（Urtiaga 等，2009）。经生物处理的垃圾渗滤液再经过芬顿工艺处理，芬顿工艺由进料槽、连续搅拌氧化反应器、中和槽和超滤固体分离装置等组成，芬顿工艺处理完成的垃圾渗滤液再进入电-氧化处理中试装置处理，该装置的阴极为不锈钢，阳极为硅基上负载掺杂硼的金刚石（BDD）。垃圾渗滤液中 COD 平均值为 1750mg/L，氨氮平均值为 750mg/L，经处理后 COD（<40mg/L）和氨氮含量（<15mg/L）均低于排入自然水体的限值。当有机负荷低于处理限值（COD<160mg/L）时，中试规模需要的电氧化比能耗为 35kWh/m^3（120kWh/kg COD）。

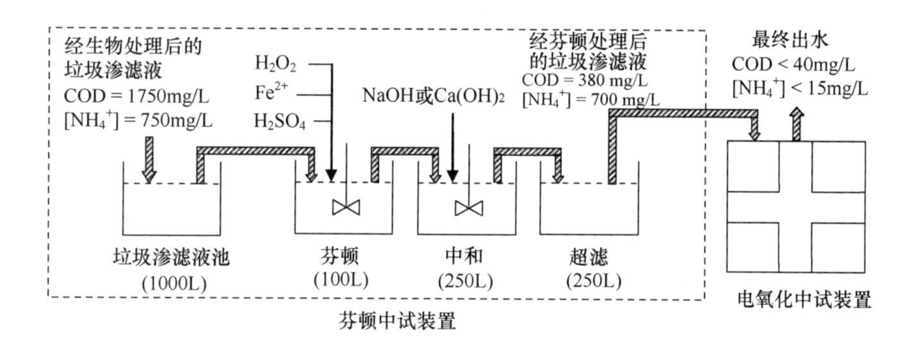

图 16-8　芬顿-电氧化组合工艺中试装置示意图（改编自 Urtiaga 等，2009）

高级氧化工艺用于垃圾渗滤液处理的部分研究结果　　表 16-7

高级氧化工艺	污水	废水特性	评估参数	结果	参考文献
γ辐射/H_2O_2	中国南京市一垃圾填埋场渗滤液	COD 为 5000mg/L； 浊度为 241； pH=8.24	吸附剂量、H_2O_2 浓度和初始 pH 的影响； 评价 COD 和浊度去除率	COD 去除率 44.3%； 浊度去除率 98.3%	Jia 等（2013）
微波/$S_2^{2-}O_8^{2-}$	中国台北市 Sanjuku 垃圾填埋场渗滤液	COD 为 80～600mg/L； BOD_5 为 50～400mg/L； TOC 为 20～200mg/L； pH=7.1～7.6	pH、温度、氧化剂剂量、微波功率以及辐射时间的影响	色度、UV_{254}、TOC 去除率分别为 81.0%、69.9%、77.9%； COD 由 268mg/L 降至 108mg/L，去除率 60%	Chou 等（2013）
O_3 氧化	斯洛文尼亚卢布尔市雅那南部垃圾填埋场渗滤液	运行前期垃圾渗滤液： COD 为 2790mg/L； BOD_5 为 230mg/L； DOC 为 700mg/L； 氨氮为 463mg/L； pH=8.2 运行稳定后垃圾渗滤液： COD 为 490mg/L； BOD_5 为 28mg/L； DOC 为 93mg/L； 氨氮为 316mg/L； pH=8.1	O_3 氧化时间的影响； 评价 COD、BOD_5、DOC 以及含氮化合物的去除率等； 急性毒性试验； 动力学	120min 后，运行前期垃圾渗滤液经 O_3 氧化处理后对有机物的去除率为 42%； 运行稳定后垃圾渗滤液经 O_3 氧化处理后对有机物的去除率为 65%	Gotvajn 等（2009）
光催化（UV/TiO_2）	阿尔及利亚 Oued Smar 垃圾填埋场渗滤液	COD 为 1233～16500mg/L； BOD_5 为 220～750mg/L； BOD_5/DOC 为 0.045～0.178； 氨氮为 166～392mg/L； pH=7.3～7.8	COD 去除率、难降解物质去除率、BOD_5/COD 比率以及毒性； DOC 生物降解动力学	UV/TiO_2 处理后，COD 去除率为 50%～84%，BOD_5/COD 比率为 0.2～0.6； 高级氧化生物反应器处理后，BOD_5 去除率为 90%，COD 去除率为 87%	Chemlal 等（2014）

续表

高级氧化工艺	污水	废水特性	评估参数	结果	参考文献
芬顿 光-芬顿	西班牙马德里 Colmenar Viejo 垃圾填埋场渗滤液	COD 为 836.5～6118.75mg/L； BOD_5 为 42.5～175mg/L； TOC 为 223～1481mg/L； 氨氮为 199.5～1965mg/L； pH=8.34～8.47	温度、pH、化学试剂及光辐射的影响	芬顿工艺处理后，运行早期垃圾渗滤液 COD 去除率大于 80%，运行稳定期及混合垃圾渗滤液 COD 去除率为 70%； 光-芬顿工艺处理后，COD 和 TOC 去除率约为 70%	Hermosilla 等(2009)
O_3 O_3/OH^- O_3/H_2O_2 芬顿	葡萄牙北部某城市垃圾填埋场渗滤液	COD 为(743±14)mg/L； BOD_5 为(10±1)mg/L； TOC 为(284±6)mg/L； 硝氮为(1824±103)mg/L； 氨氮为(714±23)mg/L； pH=3.5±0.1	比较不同工艺； 优化每种工艺的运行条件； 评价可生物降解性； 成本估算	芬顿工艺处理后，COD 去除率约为 46%，BOD_5/COD 比率由 0.01 增加至 0.15； 基于 O_3 的工艺处理后，COD 去除率为 72%，BOD_5/COD 比率由 0.01 增加至 0.24	Cortez 等 (2011)
微波-芬顿	中国西安市江村沟垃圾填埋场渗滤液	COD 为 20000～40000mg/L； BOD_5 为 5000mg/L； 氨氮为 1000mg/L； pH=8.5	Fe^{2+} 负载量、颗粒活性炭剂量、微波辐时间、微波功率、过氧化氢剂量及 pH 的影响； 微量分析； 动力学	COD 去除率 93%； 氨氮去除率 86%	Ding 和 Guan (2013)
电-芬顿	中国武汉市某垃圾填埋场渗滤液	COD 为 2720mg/L； 氨氮为 2850mg/L； 碱度为 11000 mg $CaCO_3$/L； pH=8.03	初始 pH、电极差、H_2O_2 与 Fe^{2+} 摩尔比、过氧化氢剂量及水力停留时间的影响； 动力学； 有机物检测	COD 去除率 62%； 检测出约 73 种污染物，其中 50 种被完全去除	Zhang 等 (2012)
光电-芬顿	土耳其锡瓦斯市固废处理区垃圾填埋场渗滤液	COD 为(2350±310)mg/L； BOD_5 为(915±110)mg/L； 氨氮为(310±56)mg/L； PO_4-P(10.25±2.0)mg/L； 色度为 1.143 ± 0.105； pH=8.36 ± 0.08	pH、H_2O_2 浓度和电流的影响； 比较不同处理工艺	COD 去除率 94%； 色度去除率 97%； 磷酸盐去除率 96%	Altin (2008)

16.3.7　其他污染物

AOPs 还可用于处理被其他污染物污染的工业废水，如橄榄油加工废水、酒厂废水、制革废水、混杂废水、含致病菌废水和含重金属废水等，表 16-8 提供了部分案例。研究人员优化了不同 AOPs 的运行条件，研究了反应动力学，并通过测定清除剂的影响和识别中间产物，推导降解机理。工业废水处理是一个复杂问题，因此不存在单一的最优解决方案，AOPs 与常规生物处理工艺组合是一种有吸引力的技术。例如，为了提高橄榄油加工废水的可生化性，有几项研究将 AOPs 作为降低 COD 和酚含量的预处理方法。大多数关于特定 AOPs/生物系统处理制革废水的研究，聚焦于利用 AOPs 作为生物处理的后处理技术。对于含有较高浓度可生物降解 COD 组分的废水，采用初步的生物处理去除可生物降解的化合物，再利用 AOPs 作为后续氧化工艺，将不可生物降解的部分转化为可生物降解的化合物，可减少化学试剂的消耗。

如图 16-9 所示，常规水处理工艺（混凝—沉淀—砂滤）联合臭氧-活性炭工艺（O_3-BAC）的中试装置，用于降低某些含氮和含碳消毒副产物的形成（Chu 等，2012）。该中试试验位于中国太湖附近的无锡市污水处理厂，以 $1m^3/h$ 的设计流量运行。试验结果表明，在现有常规水处理基础上增加 O_3-BAC 处理，能够有效改善出水水质，特别是提高了浊度（从 98％提高到 99％）、DOC（从 57％提高到 72％）、UV_{254}（从 31％提高到 53％）、NH_4^+（从 16％提高到 93％）和溶解有机氮（从 35％提高到 74％）等指标的去除率。另外，O_3-BAC 能够提高消毒副产物前体物的去除，改变消毒副产物前体物的化学分子结构，提高含氮有机物的可生物降解性，有效地控制总有机卤化物的形成。

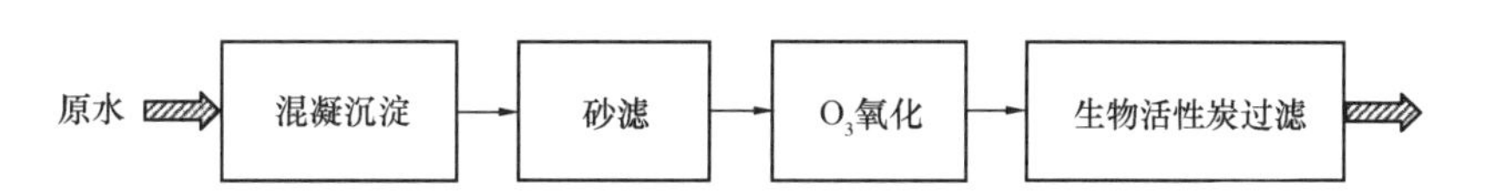

图 16-9　无锡市中试水处理工艺流程图（改编自 Chu 等，2012）

高级氧化工艺处理其他污染物的部分研究结果　　**表 16-8**

污染物	高级氧化工艺	废水特性	评估参数	结果	参考文献
橄榄油厂废水	非均相芬顿工艺(零价铁/H_2O_2)	COD 为 4000～85000mg/L； 总酚为 672mg/L； pH＝4.8～5.2	H_2O_2 剂量、Fe^0 剂量、pH 及 COD 初始浓度的影响； 酚类化合物分析	完全脱色； 酚类化合物去除率 50％； COD 去除率 78％～92％	Kallel 等 (2009a，2009b)
食用橄榄加工废水	电化学氧化	COD 为 60000mg/L； 总酚为 5200mg/L； 电导率为 111.5 mS/cm； pH＝4.5	有机物初始负荷、反应时间、电流强度、初始 pH 及 H_2O_2 剂量的影响	COD 去除率 73％； 零级动力学常数 8.5mg/(L·min)； 能量消耗效率 16.3g COD/(m^3·A·h)	Deligiorgis 等 (2008)

续表

污染物	高级氧化工艺	废水特性	评估参数	结果	参考文献
软木煮沸工艺废水	O_3 O_3/H_2O_2 太阳光-芬顿	COD为1240mg/L； DOC为586mg/L； TSS为290mg/L； 浊度为163NTU； 电导率为1.1mS/cm； pH=7.2	不同混凝剂和pH的影响； 比较不同工艺； 毒性及可生物降解性评价	太阳光-芬顿处理377～435min后，COD去除率52%～59%，DOC去除率16%～39%； O_3处理15h后，COD去除率62%，DOC去除率47%； O_3/H_2O_2处理15h后，COD去除率82%，DOC去除率60%	De Torres-Socias等(2013)
制革厂废水	UV/TiO_2 O_3 UV/O_3	COD为2365mg/L； TOC为820mg/L； DOC为720mg/L； BOD_5为1010mg/L； 氨氮为172mg/L	pH的影响； 物质的化学和特异性分析；生物毒性测试	COD去除率6%～21%； TOC去除率11%～13%； DOC去除率7%； BOD_5去除率15%～36%	Schrank等(2004)
含大量硫酸盐的表面活性剂废水	芬顿	COD为(1500±47)mg/L； BOD_5为(332±13)mg/L； SS为(213±8)mg/L； 直链烷基苯磺酸盐为(490±11)mg/L； pH=8.0±0.1	pH、Fe^{2+}、H_2O_2剂量的影响； 可生物降解性增强； 与好氧生物工艺相结合	40min后，COD去除率85%；直链烷基苯磺酸盐去除率95%	Wang等(2008b)
酚类废水	非均相芬顿	氯酚为0.10～1.05mmol/L TOC为7.3～59mg/L； pH=2.0～6.1	催化剂的表征； pH、催化剂投加量、H_2O_2浓度、温度及自由基清除剂的影响； 反应动力学； 降解机理	能够高效去除氯酚和TOC	Xu和Wang(2011；2012a，2012b；2015)
再生水设施的反渗透盐水	臭氧氧化	TOC为15.6mg/L； BOD_5<2.0mg/L； 色度为89.0铂钴单位； pH=6.9	O_3剂量和接触时间的影响； 可生物降解性增强； 与生物活性炭相结合	TOC去除率5.3%～24.5%，实现完全脱色，并且BOD_5/TOC比率增加1.8～3.5倍	Lee等(2009)
卤代含氮消毒副产物前体物	臭氧氧化	DOC为3.24～6.20mg/L； 氨氮为0.34～1.00mg/L； UV_{254}为0.039～0.112cm^{-1}； 浊度为33.7～95.7NTU； pH=7.4～7.8	评价浊度、DOC、UV_{254}、无机和有机氮去除率等； 测定氯仿、卤代酰胺、卤乙腈及三氯硝基甲烷等	浊度、溶解性有机碳、UV_{254}、氨氮和溶解性有机氮去除率分别为98%～99%、58%～72%、31%～53%、16%～93%和35%～74%	Chu等(2012)

续表

污染物	高级氧化工艺	废水特性	评估参数	结果	参考文献
实际工业废水	超声-芬顿	COD 为 42000mg/L；TOC 为 14000mg/L；pH＝1.7	进口压力、温度及铜绕组存在的影响；潜在修复	150min 后，TOC 去除率约为 70％	Chakinala 等(2009)
大肠杆菌噬菌体 MS2	光催化(可见光＋TiON/PdO 催化剂)	(3 ± 2)×10^8空斑形成单位(pfu)/L；pH＝8.1～8.2	催化剂特性；光化学去除大肠杆菌噬菌体 MS2；$\cdot OH$ 形成	吸附和光催化联用工艺对病毒的去除率为 99.75％～99.94％	Li 等(2008)
砷(Ⅲ)	光催化(UV/TiO_2)	As(Ⅲ)浓度为 40～333μmol/L；pH＝3～9	As(Ⅲ)浓度、pH、催化剂用量、光强度、溶解氧浓度、TiO_2 表面类型及 Fe^{3+} 的影响；动力学	光催化将 As(Ⅲ)氧化为 As(Ⅴ)后吸附，As 完全去除	Dutta 等(2005)
砷(Ⅲ)	超声	As(Ⅲ)浓度为 1.3～26.8μmol/L；pH＝7	苯甲酸、自由基清除剂、溶解氮和溶解氧、As(Ⅲ)浓度、声波振幅、反应器溶液体积及腐殖酸的影响	30min 后，As(Ⅲ)完全氧化	Neppolian 等(2009)

16.4　经济分析

AOPs 的总成本通常很高，这阻碍了其在废水处理中的应用。电能和化学试剂消耗量大是 AOPs 存在的主要问题，直接关系到污染物的去除效率。许多研究从投资和运行成本等多方面对污水处理成本进行了估算。由于成本分析通常基于不同假设，因此很难比较不同研究中的处理成本。

为了比较导电金刚石电化学氧化、芬顿氧化和臭氧氧化工艺中产生的氧化剂成本，Cañizares 等(2009)提出了氧当量化学氧化能力(OCC)的概念。在所有技术处理的废水均能达到排放标准时，芬顿氧化的平均估算成本为 0.7～3.0 欧元/kg 当量 O_2，导电金刚石电化学氧化的平均估算成本为 2.4～4.0 欧元/kg 当量 O_2，O_3 氧化的平均估算成本为 8.5～10.0 欧元/kg 当量 O_2。无论处理的污染物是什么，O_3 氧化法的投资最高，芬顿法的投资成本通常最低，导电金刚石电化学氧化法所需的投资始终低于臭氧氧化法，在某些废物处理方面与芬顿法相当。

基于处理能力为 1000L/min 的处理厂中污染物降解的速率常数，研究人员计算了超声波 AOPs 处理废水的成本(Mahamuni 和 Adewuyi，2010)。综合考虑设备投资成本和基于年能耗的运行成本估算处理成本，AOPs 降解苯酚的成本顺序为 US>US/光催化>US/UV>US/H_2O_2/CuO>US/O_3>US/芬顿>US/UV/O_3，每 1000gal 水的处理成本范围为 89～15536 美元。三氯乙烯（TCE）处理成本顺序为 US>US/UV>光催化>UV>UV/H_2O_2>O_3，每 1000gal 水的处理成本范围为 25～91 美元。活性偶氮染料废水的处理成顺序为 US>US/UV>US/O_3>US/UV/O_3>US/H_2O_2>超声波光催化>US/UV/H_2O_2，每 1000gal 水的处理成本范围为 65～14203 美元。

废水处理成本因选择的 AOP、废水类型及性质、污染物去除效率、目标污染物浓度和 COD/TOC 浓度等因素不同而异。Pérez 等（2002b）使用 AOP 或 AOPs 组合工艺降解纤维素漂白废水，并比较了不同工艺单元 TOC 的去除成本，这些工艺包括直接 UV 光解、TiO_2/UV、芬顿、类芬顿、Fe^{2+}/H_2O_2/UV、O_3/UV 和 Fe^{2+} 或 H_2O_2 添加到 TiO_2/UV 和 O_3/UV 系统中。与光催化相比，芬顿、类芬顿和光-芬顿法能够以较低成本实现更高水平的 TOC 降解，O_3 氧化是一种有效但成本较高的处理工艺。处理 3h 后 TOC 降解顺序为 O_3/UVA>臭氧>光催化/O_3>光催化，而去除每千克 TOC 估算的成本顺序为臭氧>1h 光催化+2hO_3>O_3/UVA>1hO_3+2h 光催化>光催化。Krichevskaya 等（2011）计算了臭氧氧化法和芬顿氧化法去除污染物的能耗成本。AOPs 处理污染物的估算成本如下：不饱和脂肪族化合物<酚类<木质素<腐殖质<含氧化合物。各种化合物的臭氧氧化处理成本分别为：不饱和脂肪族化合物 0.3～0.61 欧元/kg，木质素 0.9～3.2 欧元/kg，苯酚 0.4～17 欧元/kg，含氧化合物 2.2～23 欧元/kg，腐殖质 11.1 欧元/kg。芬顿法和光-芬顿法对化合物的氧化成本分别为：酚类 5.0～23 欧元/kg，含氧化合物 4.9～84 欧元/kg，腐殖质 3.5～11.2 欧元/kg TOC。

16.5 结论和展望

AOPs 作为处理城市污水和工业废水的可行技术，已全面应用于各种污染物的人工配水和含有各种持久性污染物混合物的实际废水的处理。这些工艺主要用于去除废水中的污染物，或作为废水处理过程中的前处理/后处理工艺段。与单一工艺相比，AOPs 组合工艺能够增强氧化自由基的产生，提高氧化剂的利用率和催化活性，因此更有利于废水处理。在工业规模上应用，AOPs 与生物系统相结合，更具适用性和成本竞争力，能够消除单一技术的缺点，实现以最小能耗获得最大效率的最终目标。

限制 AOPs 工业应用的主要问题是能源（如 γ 射线、紫外光）和试剂（如 O_3、H_2O_2）成本高，为解决该问题人们开展了大量工作。为了最大限度地提高降解效率和降低处理总成本，研究人员研究了 AOPs 中各种操作参数的影响。在 AOPs 最佳运行条件下，污染物可以被完全去除或转化为可生物降解的低毒化合物。在光催化领域，已开发出新型的光催化剂，可利用太阳光代替紫外线作为能源，这会使处理成本更容易接受。在电化学技术中，原位电化学试剂的产生可以大大降低能量需求，电极材料起着重要作用。在芬顿工艺中，含铁固体催化剂能够与溶解氧反应，可以代替 H_2O_2，降低成本。此外，许多催化剂被用来提高臭氧氧化的降解效率。因此，新型催化材料的开发，会促进各种 AOPs 的改进并扩大其应用，也是未来的主要研究方向。

16.6 参考文献

Addamo M., Augugliaro V., Di Paola A., García-López E., Loddo V., Marcì G. and Palmisano L. (2005). Removal of drugs in aqueous systems by photoassisted degradation. *Journal of Applied Electrochemistry*, **35**(7–8), 765–774.

Affam A. C. and Chaudhuri M. (2013). Degradation of pesticides chlorpyrifos, cypermethrin and chlorothalonil in aqueous solution by TiO_2 photocatalysis. *Journal of Environmental Management*, **130**, 160–165.

Alaton I. A., Dogruel S., Baykal E. and Gerone G. (2004). Combined chemical and biological oxidation of penicillin formulation effluent. *Journal of Environmental Management*, **73**(2), 155–163.

Al Momani F. A., Shawaqfeh A. T. and Shawaqfeh M. S. (2007). Solar wastewater treatment plant for aqueous solution of pesticide. *Solar Energy*, **81**(10), 1213–1218.

Altin A. (2008). An alternative type of photoelectro-Fenton process for the treatment of landfill leachate. *Separation and Purification Technology*, **61**(3), 391–397.

Amat A. M., Arques A., López F. and Miranda M. A. (2005). Solar photo-catalysis to remove paper mill wastewater pollutants. *Solar Energy*, **79**(4), 393–401.

Antony S. P. and Natesan B. (2012). Optimization of integrated electro-bio process for bleaching effluent treatment. *Industrial & Engineering Chemistry Research*, **51**(24), 8211–8221.

Arslan-Alaton I. and Dogruel S. (2004). Pre-treatment of penicillin formulation effluent by advanced oxidation processes. *Journal of Hazardous Materials*, **112**(1–2), 105–113.

Azbar N., Yonar T. and Kestioglu K. (2004). Comparison of various advanced oxidation processes and chemical treatment methods for COD and color removal from a polyester and acetate fiber dyeing effluent. *Chemosphere*, **55**(1), 35–43.

Baban A., Yediler A., Lienert D., Kemerdere N. and Kettrup A. (2003). Ozonation of high strength segregated effluents from a woollen textile dyeing and finishing plant. *Dyes and Pigments*, **58**(2), 93–98.

Badawy M. I., Gad-Allah T. A., Ghaly M. Y. and Lopez A. (2006). Combination of photocatalytic and biological processes as an integrated system for treatment and recovery of industrial wastewater containing pesticides. *Afinidad*, **63**(526), 478–487.

Basfar A. A., Mohamed K. A., Al-Abduly A. J., Al-Kuraiji T. S. and Al-Shahrani A. A. (2007). Degradation of diazinon contaminated waters by ionizing radiation. *Radiation Physics and Chemistry*, **76**(8–9), 1474–1479.

Bautista P., Mohedano A. F., Casas J. A., Zazo J. A. and Rodriguez J. J. (2008). An overview of the application of Fenton oxidation to industrial wastewaters treatment. *Journal of Chemical Technology and Biotechnology*, **83**(10), 1323–1338.

Benitez F. J., Acero J. L. and Real F. J. (2002). Degradation of carbofuran by using ozone, UV radiation and advanced oxidation processes. *Journal of Hazardous Materials*, **89**(1), 51–65.

Brillas E., Banos M. A., Skoumal M., Cabot P. L., Garrido J. A. and Rodriguez R. M. (2007). Degradation of the herbicide 2,4-DP by anodic oxidation, electro-Fenton and photoelectro-Fenton using platinum and boron-doped diamond anodes. *Chemosphere*, **68**(2), 199–209.

Brillas E., Sirés I. and Oturan M. A. (2009). Electro-Fenton process and related electrochemical technologies based on Fenton's reaction chemistry. *Chemical Reviews*, **109**(12), 6570–6631.

Bureau M. A., Drogui P., Sellamuthu B., Blais J. F. and Mercier G. (2012). Municipal wastewater sludge stabilization and treatment using electrochemical oxidation technique. *Journal of Environmental Engineering-Asce*, **138**(7), 743–751.

Cañizares P., Paz R., Sáez C. and Rodrigo M. A. (2009). Costs of the electrochemical oxidation of wastewaters: a comparison with ozonation and Fenton oxidation processes. *Journal of Environmental Management*, **90**(1), 410–420.

Cesaro A., Naddeo V. and Belgiorno V. (2013). Wastewater treatment by combination of advanced oxidation processes and conventional biological systems. *Journal of Bioremediation & Biodegradation*, **4**(8), 1–8.

Chakinala A. G., Gogate P. R., Burgess A. E. and Bremner D. H. (2009). Industrial wastewater treatment using hydrodynamic cavitation and heterogeneous advanced Fenton processing. *Chemical Engineering Journal*, **152**(2–3), 498–502.

Chemlal R., Azzouz L., Kernani R., Abdi N., Lounici H., Grib H., Mameri N. and Drouiche N. (2014). Combination of advanced oxidation and biological processes for the landfill leachate treatment. *Ecological Engineering*, **73**, 281–289.

Chen C. M., Yoza B. A., Chen H. S., Li Q. X. and Guo S. H. (2015). Manganese sand ore is an economical and effective catalyst for ozonation of organic contaminants in petrochemical wastewater. *Water Air and Soil Pollution*, **226**(6), 1–11.

Chen Y. P., Liu S. Y., Yu H. Q., Yin H. and Li Q. R. (2008). Radiation-induced degradation of methyl orange in aqueous solutions. *Chemosphere*, **72**(4), 532–536.

Chou C. Y., Yu Y. H., Chang C. Y., Lin C. F. and Shang N. C. (2011). The combination of ozonation and ion exchange processes for treatment of a municipal wastewater plant effluent. *2011 International Conference on Electric Technology and Civil Engineering (ICETCE))*, 22–24 April, Lushan in Shanxi Province, China, 6961–6964.

Chou Y. C., Lo S. L., Kuo J. and Yeh C. J. (2013). A study on microwave oxidation of landfill leachate-Contributions of microwave-specific effects. *Journal of Hazardous Materials*, **246–247**, 79–86.

Chu W. H., Gao N. Y., Yin D. Q., Deng Y. and Templeton M. R. (2012). Ozone-biological activated carbon integrated treatment for removal of precursors of halogenated nitrogenous disinfection by-products. *Chemosphere*, **86**(11), 1087–1091.

Coelho A., Castro A. V., Dezotti M. and Sant'Anna G. L. (2006). Treatment of petroleum refinery sourwater by advanced oxidation processes. *Journal of Hazardous Materials*, **137**(1), 178–184.

Cortez S., Teixeira P., Oliveira R. and Mota M. (2011). Evaluation of Fenton and ozone-based advanced oxidation processes as mature landfill leachate pre-treatments. *Journal of Environmental Management*, **92**(3), 749–755.

De Torres-Socías E., Fernández-Calderero I., Oller I., Trinidad-Lozano M. J., Yuste F. J. and Malato S. (2013). Cork boiling wastewater treatment at pilot plant scale: comparison of solar photo-Fenton and ozone (O_3,O_3/H_2O_2). Toxicity and biodegradability assessment. *Chemical Engineering Journal*, **234**, 232–239.

Deligiorgis A., Xekoukoulotakis N. P., Diamadopoulos E. and Mantzavinos D. (2008). Electrochemical oxidation of table olive processing wastewater over boron-doped diamond electrodes: treatment optimization by factorial design. *Water Research*, **42**(4–5), 1229–1237.

Dermentzis K., Marmanis D., Christoforidis A. and Ouzounis K. (2014). Electrochemical reclamation of wastewater resulted from petroleum tanker truck cleaning. *Environmental Engineering and Management Journal*, **13**(9), 2395–2399.

Ding Z. and Guan W. S. (2013). Treatment of landfill leachate by microwave-Fenton oxidation process catalyzed by Fe^{2+} loaded on GAC. *Journal of Testing and Evaluation*, **41**(5), 693–700.

Dutta P. K., Pehkonen S. O., Sharma V. K. and Ray A. K. (2005). Photocatalytic oxidation of arsenic(III): evidence of hydroxyl radicals. *Environmental Science & Technology*, **39**(6), 1827–1834.

Eskelinen K., Särkkä H., Kurniawan T. A. and Sillanpää M. E. T. (2010). Removal of recalcitrant contaminants from bleaching effluents in pulp and paper mills using ultrasonic irradiation and Fenton-like oxidation, electrochemical treatment, and/or chemical precipitation: a comparative study. *Desalination*, **255**(1–3), 179–187.

Geng A. F., Xu Z. and Wang D. (2014). Selection of advanced treatment process of pharmaceutical wastewater (in Chinese). *China Water & Wastewater*, **30**(13), 73–76.

Giannakis S., Gamarra Vives F. A., Grandjean D., Magnet A., De Alencastro L. F. and Pulgarin C. (2015). Effect of advanced oxidation processes on the micropollutants and the effluent organic matter contained in municipal wastewater previously treated by three different secondary methods. *Water Research*, **84**, 295–306.

Gotvajn A. Z., Derco J., Tišler T., Cotman M. and Zagorc-Končan J. (2009). Removal of organics from different types of landfill leachate by ozonation. *Water Science and Technology*, **60**(3), 597–603.

Guimarães J. R., Gasparini M. C., Maniero M. G. and Mendes C. G. N. (2012). Stripped sour water treatment by advanced oxidation processes. *Journal of the Brazilian Chemical Society*, **23**(9), 1680–1687.

Guo H. F., Yin H., Xiong Z. H. and Ou Z. H. (2011). Combined biological treatment and post-ozonation of dyeing and printing wastewater: a case study (in Chinese). *Journal of Chongqing University*, **34**, 41–45.

Hermosilla D., Cortijo M. and Huang C. P. (2009). Optimizing the treatment of landfill leachate by conventional Fenton and photo-Fenton processes. *Science of the Total Environment*, **407**(11), 3473–3481.

Hermosilla D., Merayo N., Gascó A. and Blanco A. (2015). The application of advanced oxidation technologies to the treatment of effluents from the pulp and paper industry: a review. *Environmental Science and Pollution Research*, **22**(1), 168–191.

Hollender J., Zimmermann S. G., Koepke S., Krauss M., McArdell C. S., Ort C., Singer H., von Gunten U. and Siegrist H. (2009). Elimination of organic micropollutants in a municipal wastewater treatment plant upgraded with a full-scale post-ozonation followed by sand filtration. *Environmental Science & Technology*, **43**(20), 7862–7869.

Huang Y. H., Lu J. X. and Wang C. (2001). The studies on the treatment process of pharmaceutical wastewater (in

Chinese). *Industrial Water Treatment*, **21**(1), 29–30.

Hurwitz G., Hoek E. M. V., Liu K., Fan L. H. and Roddick F. A. (2014). Photo-assisted electrochemical treatment of municipal wastewater reverse osmosis concentrate. *Chemical Engineering Journal*, **249**, 180–188.

Jia W. B., Wei Y. H., Liu J. G., Ling Y. S., Hei D. Q., Shan Q. and Zeng J. (2013). Studying the treatment effect of γ-rays combined with H_2O_2 on landfill leachate. *Journal of Radiation Research and Radiation Processing*, **31**(1), 104021–104025.

Kallel M., Belaid C., Boussahel R., Ksibi M., Montiel A. and Elleuch B. (2009a). Olive mill wastewater degradation by Fenton oxidation with zero-valent iron and hydrogen peroxide. *Journal of Hazardous Materials*, **163**, 550–554.

Kallel M., Belaid C., Mechichi T., Ksibi M. and Elleuch B. (2009b). Removal of organic load and phenolic compounds from olive mill wastewater by Fenton oxidation with zero-valent iron. *Chemical Engineering Journal*, **150**(2–3), 391–395.

Kansal S. K. and Kumari A. (2014). Potential of *M. oleifera* for the treatment of water and wastewater. *Chemical Reviews*, **114**(9), 4993–5010.

Kreetachat T., Damrongsri M., Punsuwon V., Vaithanomsat P., Chiemchaisri C. and Chomsurin C. (2007). Effects of ozonation process on lignin-derived compounds in pulp and paper mill effluents. *Journal of Hazardous Materials*, **142**(1–2), 250–257.

Krichevskaya M., Klauson D., Portjanskaja E. and Preis S. (2011). The cost evaluation of advanced oxidation processes in laboratory and pilot-scale experiments. *Ozone-Science & Engineering*, **33**(3), 211–223.

Kurniawan T. A., Lo W. H. and Chan G. Y. S. (2006). Radicals-catalyzed oxidation reactions for degradation of recalcitrant compounds from landfill leachate. *Chemical Engineering Journal*, **125**(1), 35–57.

Lapertot M., Pulgarín C., Fernández-Ibáñez P., Maldonado M. I., Pérez-Estrada L., Oller I., Gernjak W. and Malato S. (2006). Enhancing biodegradability of priority substances (pesticides) by solar photo-Fenton. *Water Research*, **40**(5), 1086–1094.

Lee L. Y., Ng H. Y., Ong S. L., Hu J. Y., Tao G. H., Kekre K., Viswanath B., Lay W. and Seah H. (2009). Ozone-biological activated carbon as a pretreatment process for reverse osmosis brine treatment and recovery. *Water Research*, **43**(16), 3948–3955.

Li Q., Page M. A., Mariñas B. J. and Shang J. K. (2008). Treatment of coliphage MS2 with palladium-modified nitrogen-doped titanium oxide photocatalyst illuminated by visible light. *Environmental Science & Technology*, **42**(16), 6148–6153.

Liu K., Roddick F. A. and Fan L. H. (2012). Impact of salinity and pH on the UVC/H_2O_2 treatment of reverse osmosis concentrate produced from municipal wastewater reclamation. *Water Research*, **46**(10), 3229–3239.

Liu Y. K. and Wang J. L. (2013). Degradation of sulfamethazine by gamma irradiation in the presence of hydrogen peroxide. *Journal of Hazardous Materials*, **250**, 99–105.

Liu Y. K., Hu J. and Wang J. L. (2014). Fe^{2+} enhancing sulfamethazine degradation in aqueous solution by gamma irradiation. *Radiation Physics and Chemistry*, **96**, 81–87.

Lu C. X., Yang Q. H., Bai Y. B., Chen A. M., Qian G. L., Shao Q. and Zhang Y. F. (2014). Pilot-scale test on advanced treatment of petrochemical wastewater by coupling process of high efficiency nitrifying tank and catalytic ozone oxidation. *China Water & Wastewater*, **30**(15), 129–131.

Mahamuni N. N. and Adewuyi Y. G. (2010). Advanced oxidation processes (AOPs) involving ultrasound for waste water treatment: a review with emphasis on cost estimation. *Ultrasonics Sonochemistry*, **17**(6), 990–1003.

Martins A. F., Wilde M. L., Vasconcelos T. G. and Henriques D. M. (2006). Nonylphenol polyethoxylate degradation by means of electrocoagulation and electrochemical Fenton. *Separation and Purification Technology*, **50**(2), 249–255.

Neppolian B., Doronila A., Grieser F. and Ashokkumar M. (2009). Simple and efficient sonochemical method for the oxidation of arsenic(III) to arsenic(V). *Environmental Science & Technology*, **43**(17), 6793–6798.

Nielson K. and Smith D. W. (2005). Ozone-enhanced electroflocculation in municipal wastewater treatment. *Journal of Environmental Engineering and Science*, **4**(1), 65–76.

Oller I., Malato S. and Sánchez-Pérez J. A. (2011). Combination of Advanced Oxidation Processes and biological treatments for wastewater decontamination-A review. *Science of the Total Environment*, **409**(20), 4141–4166.

Oneby M. A., Bromley C. O., Borchardt J. H. and Harrison D. S. (2010). Ozone treatment of secondary effluent at US municipal wastewater treatment plants. *Ozone-Science & Engineering*, **32**(1), 43–55.

Parilti N. B. (2010). Treatment of a petrochemical industry wastewater by a solar oxidation process using the Box-Wilson experimental design method. *Ekoloji*, **19**(77), 9–15.

Peller J., Wiest O. and Kamat P. V. (2001). Sonolysis of 2,4-dichlorophenoxyacetic acid in aqueous solutions. Evidence for OH-radical-mediated degradation. *Journal of Physical Chemistry A*, **105**(13), 3176–3181.

Peralta-Zamora P., de Moraes S. G., Pelegrini R., Freire M., Reyes J., Mansilla H. and Durán N. (1998). Evaluation of ZnO, TiO_2 and supported ZnO on the photoassisted remediation of black liquor, cellulose and textile mill effluents. *Chemosphere*, **36**(9), 2119–2133.

Pérez M., Torrades F., Domènech X. and Peral J. (2002a). Fenton and photo-Fenton oxidation of textile effluents. *Water Research*, **36**(11), 2703–2710.

Pérez M., Torrades F., Domènech X. and Peral J. (2002b). Removal of organic contaminants in paper pulp effluents by AOPs: an economic study. *Journal of Chemical Technology and Biotechnology*, **77**(5), 525–532.

Pérez M., Torrades F., Domènech X. and Peral J. (2002c). Treatment of bleaching Kraft mill effluents and polychlorinated phenolic compounds with ozonation. *Journal of Chemical Technology and Biotechnology*, **77**(8), 891–897.

Pérez M., Torrades F., García-Hortal J. A., Domènech X. and Peral J. (2002d). Removal of organic contaminants in paper pulp treatment effluents under Fenton and photo-Fenton conditions. *Applied Catalysis B-Environmental*, **36**(1), 63–74.

Punzi M., Nilsson F., Anbalagan A., Svensson B. M., Jönsson M., Mattiasson B. and Jonstrup M. (2015). Combined anaerobic-ozonation process for treatment of textile wastewater: removal of acute toxicity and mutagenicity. *Journal of Hazardous Materials*, **292**, 52–60.

Rosal R., Rodríguez A., Perdigón-Melón J. A., Petre A., García-Calvo E., Gómez M. J., Agüera A. and Fernández-Alba A. R. (2010). Occurrence of emerging pollutants in urban wastewater and their removal through biological treatment followed by ozonation. *Water Research*, **44**(2), 578–588.

San Sebastián Martínez N., Fíguls Fernández J., Font Segura X. and Sánchez Ferrer A. (2003). Pre-oxidation of an extremely polluted industrial wastewater by the Fenton's reagent. *Journal of Hazardous Materials*, **101**(3), 315–322.

Sánchez-Polo M., López-Peñalver J., Prados-Joya G., Ferro-García M. A. and Rivera-Utrilla J. (2009). Gamma irradiation of pharmaceutical compounds, nitroimidazoles, as a new alternative for water treatment. *Water Research*, **43**(16), 4028–4036.

Santiago-Morales J., Gómez M. J., Herrera-López S., Fernández-Alba A. R., García-Calvo E. and Rosal R. (2013). Energy efficiency for the removal of non-polar pollutants during ultraviolet irradiation, visible light photocatalysis and ozonation of a wastewater effluent. *Water Research*, **47**(15), 5546–5556.

Schrank S. G., José H. J., Moreira R. F. P. M. and Schröder H. F. (2004). Elucidation of the behavior of tannery wastewater under advanced oxidation conditions. *Chemosphere*, **56**(5), 411–423.

Shi X. L., Li F. M. and Hu H. Y. (2012). Application of hydrolytic acidification-aerobic biological treatment-Fenton process in pulping and papermaking wastewater treatment. *Water & Wastewater Engineering*, **38**(7), 47–51.

Sirés I., Garrido J. A., Rodríguez R. M., Cabot P. I., Centellas F., Arias C. and Brillas E. (2006). Electrochemical degradation of paracetamol from water by catalytic action of Fe^{2+}, Cu^{2+}, and UVA light on electrogenerated hydrogen peroxide. *Journal of the Electrochemical Society*, **153**(1), D1–D9.

Song S., Xu L. J., He Z. Q., Chen J. M., Xiao X. Z. and Yan B. (2007). Mechanism of the photocatalytic degradation of C.I. Reactive Black 5 at pH 12.0 using $SrTiO_3/CeO_2$ as the catalyst. *Environmental Science & Technology*, **41**, 5846–5853.

Song S., Xu L. J., He Z. Q., Ying H. P., Chen J. M., Xiao X. Z. and Yan B. (2008). Photocatalytic degradation of C.I. Direct Red 23 in aqueous solutions under UV irradiation using $SrTiO_3/CeO_2$ composite as the catalyst. *Journal of Hazardous Materials*, **152**(3), 1301–1308.

Sponza D. T. and Oztekin R. (2010). Effect of sonication assisted by titanium dioxide and ferrous ions on polyaromatic hydrocarbons (PAHs) and toxicity removals from a petrochemical industry wastewater in Turkey. *Journal of Chemical Technology and Biotechnology*, **85**(7), 913–925.

Tahri L., Elgarrouj D., Zantar S., Mouhib M., Azmani A. and Sayah F. (2010). Wastewater treatment using gamma irradiation: tétouan pilot station, Morocco. *Radiation Physics and Chemistry*, **79**(4), 424–428.

Ting W. P., Huang Y. H. and Lu M. C. (2007). Catalytic treatment of petrochemical wastewater by electroassisted Fenton technologies. *Reaction Kinetics and Catalysis Letters*, **92**(1), 41–48.

Torrades F., Pérez M., Mansilla H. D. and Peral J. (2003). Experimental design of Fenton and photo-Fenton reactions for the treatment of cellulose bleaching effluents. *Chemosphere*, **53**(10), 1211–1220.

Umar M., Roddick F. and Fan L. H. (2014). Effect of coagulation on treatment of municipal wastewater reverse osmosis concentrate by UVC/H_2O_2. *Journal of Hazardous Materials*, **266**, 10–18.

Umar M., Roddick F. A., Fan L., Autin Q. and Jefferson B. (2015). Treatment of municipal wastewater reverse osmosis concentrate using UVC-LED/H_2O_2 with and without coagulation pre-treatment. *Chemical Engineering Journal*,

260, 649–656.

Urtiaga A., Rueda A., Anglada A. and Ortiz I. (2009). Integrated treatment of landfill leachates including electrooxidation at pilot plant scale. *Journal of Hazardous Materials*, **166**(2–3), 1530–1534.

Wan J. X., He S. J., Sun W. H., Fang J. M. and Wang J. L. (2011). Pretreatment of paper mill effluent by a combined process of coagulation and ionizing radiation. *Environmental Science*, **32**(6), 1638–1643.

Wang C. T., Hu J. L., Chou W. L. and Kuo Y. M. (2008a). Removal of color from real dyeing wastewater by Electro-Fenton technology using a three-dimensional graphite cathode. *Journal of Hazardous Materials*, **152**(2), 601–606.

Wang J. L. and Xu L. J. (2012). Advanced oxidation processes for wastewater treatment: formation of hydroxyl radical and application. *Critical Reviews in Environmental Science and Technology*, **42**(3), 251–325.

Wang X. J., Song Y. and Mai J. S. (2008b). Combined Fenton oxidation and aerobic biological processes for treating a surfactant wastewater containing abundant sulfate. *Journal of Hazardous Materials*, **160**(2–3), 344–348.

Wei F. (2002). Analysis of Water and Wastewater. Chinese Environmental Science Press, Beijing.

Wong J. M. (2000). Testing and implementation of an advanced wastewater reclamation and recycling system in a major petrochemical plant. *Water Science and Technology*, **42**(5–6), 23–27.

Wu C. Y., Gao Z., Zhou Y. X., Liu M. G., Song J. M. and Yu Y. (2015). Treatment of secondary effluent from a petrochemical wastewater treatment plant by ozonation-biological aerated filter. *Journal of Chemical Technology and Biotechnology*, **90**(3), 543–549.

Xia X. W. and Sun S. Q. (2005). Study of pretreating farm chemicals wastewater by ozone (in Chinese). *Journal of Hefei University of Technology*, **28**(3), 270–273.

Xu L. J. and Wang J. L. (2011). A heterogeneous Fenton-like system with nanoparticulate zero-valent iron for oxidation of 4-chloro-3-methyl phenol. *Journal of Hazardous Materials*, **186**(1), 256–264.

Xu L. J. and Wang J. L. (2012a). Fenton-like degradation of 2,4-dichlorophenol using Fe_3O_4 magnetic nanoparticles. *Applied Catalysis B: Environmental*, **123**, 117–126.

Xu L. J. and Wang J. L. (2012b). Magnetic nanoscaled Fe_3O_4/CeO_2 composite as an efficient Fenton-like heterogeneous catalyst for degradation of 4-chlorophenol. *Environmental Science & Technology*, **46**(18), 10145–10153.

Xu L. J. and Wang J. L. (2015). Degradation of 2,4,6-trichlorophenol using magnetic nanoscaled Fe_3O_4/CeO_2 composite as a heterogeneous Fenton-like catalyst. *Separation and Purification Technology*, **149**, 255–264.

Ya F. L., Zhang X. N. and Zheng L. L. (2011). Engineering case for municipal wastewater treatment by an oxidation ditch-type A^2/O + Advanced treatment process. *2011 International Conference on Consumer Electronics, Communications and Networks (CECNet))*, 16–18 April, XianNing in Hubei Province, China, 1216–1219.

Zhang F. E., Li F., Dong L. F., Song W., Tu B. H., Li W. and Zhao L. P. (2011). A study of dyeing wastewater treatment technology in Changzhou textile park (in Chinese). *Chinese Journal of Environmental Engineering*, **5**(3), 589–592.

Zhang H., Ran X. N. and Wu X. G. (2012). Electro-Fenton treatment of mature landfill leachate in a continuous flow reactor. *Journal of Hazardous Materials*, **241–242**, 259–266.

Zhao W. R., Wu Z. B., Shi H. X. and Wang D. H. (2005). UV photodegradation of azo dye Diacryl red X-GRL. *Journal of Photochemistry and Photobiology a-Chemistry*, **171**(2), 97–106.

Zupanc M., Kosjek T., Petkovšek M., Dular M., Kompare B., Širok B., Blažeka Z. and Heath E. (2013). Removal of pharmaceuticals from wastewater by biological processes, hydrodynamic cavitation and UV treatment. *Ultrasonics Sonochemistry*, **20**(4), 1104–1112.

第 17 章　基于铁盐的绿色水修复技术

维伦德·K. 沙玛，拉德克·兹博里尔

17.1　引言

金属铁 Fe(0)、亚铁离子 Fe(Ⅱ)和三价铁离子 Fe(Ⅲ)在自然环境中普遍存在，其中 Fe(0)和 Fe(Ⅲ)氧化物具有广泛的应用，如用作催化剂、染料、磁记录介质和磁性流体(Bauer 和 Knölker，2015；Gutiérrez 等，2015；Ling 等，2015；Machala 等，2011；Pereira 等，2012；Reddy 等，2012)。近年来，纳米材料 Fe(0)(如纳米零价铁(nZVI))和 Fe(Ⅲ)氧化物［如磁铁矿（Fe_3O_4）和磁赤铁矿（γ-Fe_2O_3）］因在工业和水净化方面具有应用潜力而备受关注（Guan 等，2015；Noubactep，2015；Tang 和 Lo，2013；Yan 等，2013）。这种纳米材料具有较高的比表面积与体积比，因此具有较强的污染物去除能力。另外，由于自身粒径较小而具有快速的反应动力学和高反应活性，因此可有效地去除水中的污染物。这种纳米材料的另一个优点是具有磁性，可以通过施加磁场很容易地进行分离。

在过去的 20 年中，高价铁系物如高铁酸盐(FeO_4^{2-}，Fe(Ⅵ))等因广泛用于“超级铁”电池制备、绿色化学合成和可持续处理(如非氯氧化修复污染物)等过程，已成为一种绿色化合物(Carr，2008；Delaud 和 Laszlo，1996；Farmand 等，2011；Licht 等，1999；Sharma 等，2015；Wang 等，2016)。Fe(Ⅵ)在水介质中是一种强氧化剂，且 Fe(Ⅵ)的氧化反应时间比高锰酸盐、铬酸盐的氧化反应时间短(Delaude 和 Laszlo，1996；Kim 等，2015)。Fe(Ⅵ)离子反应生成的 Fe(Ⅲ) 氧化物是一种无毒物质，对环境危害小。而且铁（Ⅲ）氧化物是一种优良的混凝剂，可进一步去除污染水中的金属和放射性核素（Joshi 等，2008；Potts 和 Churchwell，1994；Prucek 等，2013；Prucek 等，2015)。

磁性铁纳米材料和高铁酸盐是绿色水处理剂，本章总结了 nZVI、铁(Ⅲ)氧化物纳米材料和高铁酸盐在处理水中无机和有机污染物的应用。

17.2　零价铁纳米材料

在过去的几年中，由于零价铁(ZVI)具有较强的还原能力，可有效去除废水和地下水中的污染物，因此备受关注(Bae 和 Hanna，2015)。纳米零价铁(nZVI)由于具有卓越的还原性能，因此能够去除多种无机和有机污染物(表 17-1)(Crane 和 Scott，2012；Jarošová

等，2015；Yan 等，2013）。nZVI 粒径小，表面积大，对污染物去除效率较高（Baikousi 等，2015；Jarošová 等，2015；Mueller 等，2012；Raychoudhury 和 Scheytt，2013；Soukupova 等，2015；Yan 等，2013）。目前合成 nZVI 的方法有：铁盐水还原法、氧化物热还原法、溅射气相凝聚法、金属络合物氢化法、化学气相沉积法和脉冲激光烧蚀法等（Crane 和 Scott，2012）。

nZVI 可处理污染物的种类　　**表 17-1**

污染物类别	范例
碱土金属	钡、铍
金属	镉、铅、铜、砷、硒、镍、银、钒、锝
非金属无机物	溴酸盐、高氯酸盐、硝酸盐、亚硝酸盐
卤代脂肪族化合物	氯化甲烷、溴化甲烷、氯化乙烯
卤代芳烃	氯化苯、氯化酚、氯化联苯、多溴联苯醚
其他有机化合物	染料、炸药、农药
药物	硝基咪唑、β-内酰胺

nZVI 在水中易发生溶解，产生亚铁(Fe^{2+})离子［式（17-1）和式（17-2）］。球形 nZVI 颗粒通常被纳米厚度的铁（氢）氧化物层覆盖。因此，nZVI 表面共存的 Fe(0)和 Fe(Ⅱ)可在第一阶段作为吸附剂，去除不同的环境污染物，去除机理有氧化还原反应、吸附、沉淀和溶解等。

$$2Fe^0_{(s)} + 4H^+_{(aq)} + O_{2(aq)} \rightarrow 2Fe^{2+} + 2H_2O_{(l)} \quad E^0 = +1.67V \tag{17-1}$$

$$2Fe^0_{(s)} + 2H_2O_{(l)} \rightarrow 2Fe^{2+} + H_{2(g)} + 2OH^-_{(aq)} \quad E^0 = -0.39V \tag{17-2}$$

Fe^{2+}离子氧化成 Fe^{3+}离子［式(17-3)和式(17-4)］。

$$2Fe^{2+}_{(s)} + 2H^+_{(aq)} + 1/2O_{2(aq)} \rightarrow 2Fe^{3+} + H_2O_{(l)} \quad E^0 = +0.46V \tag{17-3}$$

$$2Fe^{2+}_{(s)} + 2H_2O_{(l)} \rightarrow 2Fe^{3+} + H_{2(g)} + 2OH^-_{(aq)} \quad E^0 = -1.60V \tag{17-4}$$

近年来，含有 nZVI 的复合材料的开发在去除污染物方面不断取得新的进展。例如 nZVI/碳质复合材料（Baikousi 等，2015），该材料中的 nZVI（10～20nm）在碳基体中均匀分布，表面积为 $141m^2/g$，总铁负荷为 1mmol/g（Baikousi 等，2015）。nZVI/碳质复合材料对 As(Ⅲ)的去除效果最明显，活性炭与 nZVI 的复合材料对 As 有很强的吸附作用(Baikousi 等，2015)，这些复合材料的吸附能力是普通 nZVI 的 5～7 倍，大多数含铁材料和其他混凝剂对 As(Ⅲ)的去除率远低于 ZVI 复合材料（Baikousi 等，2015）。

阴阳离子以及天然有机物（NOM）的存在对 nZVI 的净化效果有很大影响（Doong 和 Lai，2005；Liu 等，2013；Liu 等，2014；Liu 和 Lowry，2006；Tratnyek 等，2001；Wang 等，2011；Xie 和 Shang，2007）。例如，Cu^{2+}、Co^{2+}、Ni^{2+}、Mn^{2+}和 Pb^{2+}等阳离子增强了污染物的降解，而 Cl^-、HCO_3^-、HPO_4^{2-}和 SO_4^{2-}等阴离子则抑制了三氯乙烯的脱氯作用。阳离子溶解了老化 Fe(0)表面沉积的被动氧化层，从而增强了污染物的降解能力。而阴离子则与铁氧化物层形成络合物，抑制了 nZVI 的污染物去除能力。溶液的 pH 是控制 nZVI 反应活性的重要水质参数，因此对 nZVI 去除污染物能力也有很大影响

（Bae 和 Hanna，2015）。

研究表明，pH 对 nZVI 还原污染物也有一定影响，4-硝基苯酚的降解能力会随着 pH 的增高而增强（Bae 和 Hanna，2015）。但是，也有其他研究表明 Cr(Ⅵ)、1,1-三氯乙烷、三氯乙烯和硝基苯等的降解能力随着 pH 的增加而下降（Bae 和 Lee，2010；Chen 等，2001；Dong 等，2010；Liu 和 Lowry，2006；Xie 和 Cwiertny，2012）。可以通过 Fe(Ⅱ)的生成及其与 nZVI 还原过程中形成的铁氧化物层的络合作用来评价 pH 对降解效果的影响（Bae 和 Hanna，2015）。目前，已有关于 nZVI 在欧洲地下水治理中的应用的详尽文献综述，nZVI 可有效降低目标污染物且对水环境无明显不良影响（Mueller 等，2012）。

研究证实，nZVI 对大肠杆菌也有灭活作用（Lee 等，2008），但在空气饱和溶液和不饱和溶液中灭活效果存在显著差异。在空气不饱和条件下，大肠杆菌灭活效果与 nZVI 之间具有对数线性关系[0.82log 失活/(mg/L nZVI-h)]。相对而言，要在空气饱和条件下实现大肠杆菌的类似灭活，需要更高剂量的 nZVI。灭活机理如下：(1)细胞内氧气氧化 nZVI 生成 Fe(Ⅱ)；(2)Fe(Ⅱ)与氧或 H_2O_2 反应生成的活性氧形成氧化应激，通过芬顿反应导致氧化性损伤；(3)破坏大肠杆菌细胞膜。研究者对 nZVI 在抑制蓝藻水华形成方面的作用已开展相关研究，nZVI 在破坏蓝藻细胞、固定微囊藻毒素以及去除生物可利用磷等方面具有多种作用方式（Marsalek 等，2012）。

17.3 铁(Ⅲ)氧化物纳米材料

磁性 Fe(Ⅲ)氧化物纳米材料，如磁铁矿(Fe_3O_4)和磁赤铁矿(γ-Fe_2O_3)，可去除水中的重金属（Tang 和 Lo，2013）。在 pH 为 2.5 的条件下，γ-Fe_2O_3（多分散型，平均粒径约为 10nm）在 14min 内对 Cr(Ⅵ)的去除率可达 90%(Hu 等，2005)，随后去除效率逐渐达到平衡，Cr(Ⅵ)的快速吸附表明纳米磁铁矿对其具有外部吸附作用。Cr(Ⅵ)的去除率随其初始浓度的变化而变化，当 Cr(Ⅵ)初始浓度为 50mg/L、100mg/L 和 150mg/L 时，其去除率分别为 97.3%、74.6%和 58.9%(Hu 等，2005)。当磁铁矿投加量固定时，其吸附位点数也恒定，因此，随着 Cr(Ⅵ)初始浓度的增加，其去除率逐渐降低。

Fe(Ⅲ)氧化物纳米材料去除金属的机理包括物理吸附和化学吸附。利用 X 射线衍射(XRD)和 X 射线光电子能谱(XPS)对 γ-Fe_2O_3 纳米颗粒去除 Cr(Ⅵ)的机理进行研究，结果表明 γ-Fe_2O_3 纳米颗粒通过物理吸附作用去除 Cr(Ⅵ)(Hu 等，2005)。由于 γ-Fe_2O_3 晶体结构未发生变化，因此在 Cr(Ⅵ) 的去除过程中未发生任何化学反应。而 Fe_3O_4 纳米颗粒对 Cr(Ⅵ)的去除则同时表现出物理吸附和化学吸附作用(Hu 等，2004)。

解吸后的磁性铁(Ⅲ)氧化物纳米材料可继续重复使用(Hao 等，2010)。然而，在材料再生处理过程中，一些环境条件可能会影响磁性 Fe(Ⅲ)氧化物纳米材料的再利用(Tang 和 Lo，2013)。例如，水中的天然有机物(NOM)、pH 和竞争离子的大量存在会影响重金属的去除(Tang 和 Lo，2013)，水中的 NOM 降低了 Fe(Ⅲ)氧化物纳米材料的吸附能力和反应动力(Chen 和 Huang，2004)。当 Zn(Ⅱ)离子存在时，As(Ⅴ)的去除增强(Yang 等，2010)。在高 pH 条件下，Fe(Ⅲ)氧化物纳米材料对金属的吸附率通常较低(Tang 和 Lo，2013)。通过用聚合物和表面活性剂涂覆磁性纳米颗粒，可降低 pH 的影响(Ge 等，2012)。

17.4　高铁酸盐

高铁酸盐(Fe(Ⅵ))具有较强的氧化能力，这是由其在酸性和碱性溶液中的氧化还原电位决定的(表 17-2)。在酸性条件下，与水处理中常用的消毒剂和氧化剂相比，Fe(Ⅵ)具有最高的氧化还原电位，而在中性条件下 O_3 的氧化还原电位显著高于其他氧化剂。

水中不同消毒剂/氧化剂的氧化还原电位　　表 17-2

氧化剂	酸性	E°(V/SHE)	碱性	E°(V/SHE)
Fe(Ⅵ)	$Fe^{VI}O_4^{2-}/Fe^{3+}$	2.20	$Fe^{VI}O_4^{2-}/Fe(OH)_3$	0.70
臭氧	O_3/O_2	2.08	O_3/O_2	1.24
过氧化氢	H_2O_2/H_2O	1.78	H_2O_2/OH^-	0.88
高锰酸盐	MnO_4^-/MnO_2	1.68	MnO_4^-/MnO_2	0.59
	MnO_4^-/Mn^{2+}	1.51		
次氯酸盐	$HClO/Cl^-$	1.48	ClO^-/Cl^-	0.84

目前研究人员已经合成了几种碱金属和碱土金属的高铁酸盐 (Sharma 等，2013)，其中以钠盐和钾盐的 Fe(Ⅵ)(Na_2FeO_4 和 K_2FeO_4)最为常见，这些盐主要通过热化学、湿化学和电化学方法合成(Sharma 等，2015)。使用热化学法合成 Fe(Ⅵ)时，在温度为 1100℃以上的条件下对 Fe(Ⅲ)氧化物和 KNO_3 的混合物加热，生成的 K_2FeO_4 纯度低(约 30%)。但是，当使用 Fe(Ⅲ)氧化物和 Na_2O_2 的混合物时，只需要将温度控制在 600℃以下，Na_2FeO_4 的产率便大大提高(>90%)(Sharma 等，2013)。采用湿化学法时，Fe(Ⅲ)氧化物(如 Fe_2O_3)或 Fe(Ⅲ)盐(如 $FeCl_3$、$Fe(NO_3)_3$)被强碱性次氯酸盐(OCl^-)溶液氧化，生成具有高溶解性的 Na_2FeO_4。继续添加 KOH，可得到溶解性较低的 K_2FeO_4 盐，纯度可达到 98%(Luo 等，2011)。臭氧也可用于制备 Na_2FeO_4(Perfiliev 等，2007)。采用电化学法时，常使用铁电极[Fe(0)、Fe(Ⅱ)盐、Fe(Ⅲ)盐]和氧化物(Macova 等，2009；Mácová 和 Bouzek,2012) 。Fe(Ⅵ)的合成效率随温度、溶液碱度和铁前体物的组成而变化，在 14 mol/L NaOH 电解质溶液中一般可得到 Fe(Ⅵ)的最佳产率。

Fe(Ⅵ)溶液呈紫红色，类似于高锰酸钾在水溶液中的颜色。Fe(Ⅵ)溶液在 510nm 处有最大吸收峰[$\varepsilon=(1150\pm25)$ L/(mol·cm)]，在 275～320nm 之间有肩峰。溶液中 Fe(Ⅵ)离子的含量可用 2，2-偶氮二(3-乙基苯并噻唑啉-6-磺胺)(ABTS)比色法或碘法测定[Fe(Ⅵ) + ABTS → Fe(Ⅲ) + $ABTS^{\cdot+}$；$\varepsilon_{415nm}=3.40\times10^4$ L/(mol·cm)；Fe(Ⅵ) + $3I^-$ → Fe(Ⅲ) + $I_3^{\cdot-}$；$\varepsilon_{351nm}=2.97\times10^4$ L/(mol·cm)(Lee 等，2005；Luo 等，2011]。

固体 Fe(Ⅵ)粉末可利用穆斯堡尔光谱、中子和 X 射线衍射、X 射线吸收近边缘结构(XANES)和傅里叶变换红外(FTIR)光谱等手段进行表征(Sharma 等，2013)。穆斯堡尔光谱可以测定铁的不同价态，主要基于异构体位移值(δ)对高铁酸盐中铁的氧化态(OS)具有较高灵敏性的原理，δ 值随 OS 的增加而减少(Poleshchuk 等，2010)。

Fe(Ⅵ)在水中自分解可生成分子氧[式(17-5)](Goff 和 Murmann，1971；Lee 等，2014)，反应速率与 Fe(Ⅵ) 初始浓度、pH、温度以及分解后形成的水合氧化铁表面特性有关(Carr，2008)，且 Fe(Ⅵ)稀溶液比浓溶液更稳定。

$$2FeO_4^{2-} + 5H_2O \rightarrow 2Fe^{3+} + 3/2O_2 + 10OH^- \tag{17-5}$$

在存在污染物(X)的情况下，Fe(Ⅵ)除自分解外，在氧化 X 过程中还会发生其他几种反应，主要如下(Sharma 等，2015)：(1) Fe(Ⅵ)氧化 X 通过 $1-e^-$ 和 $2-e^-$ 转移生成 Fe(Ⅴ)和 Fe(Ⅳ)(如 $Fe^{Ⅵ} + X \rightarrow Fe^{Ⅵ} + X\cdot$；$Fe^{Ⅵ} + X \rightarrow Fe^{Ⅵ} + X(O)$)；(2) X 生成自由基，而Fe(Ⅵ)与这些自由基反应又可产生 Fe(Ⅴ)及 Fe(Ⅳ)；(3) Fe(Ⅴ)和 Fe(Ⅳ)与污染物进一步反应(如 $Fe^{Ⅴ} + X \rightarrow Fe^{Ⅳ} + X\cdot$，$Fe^{Ⅴ} + X \rightarrow Fe^{Ⅲ} + X(O)$，$Fe^{Ⅳ} + X \rightarrow Fe^{Ⅲ}/Fe^{Ⅱ} +$ 降解产物)；(4) Fe(Ⅴ)和 Fe(Ⅳ)自分解(如 $Fe^{Ⅴ} + H_2O \rightarrow Fe^{Ⅲ} + O_2/H_2O_2$)；(5) Fe(Ⅵ)与自分解过程中生成的活性氧($O_2^-\cdot$ 和 H_2O_2)发生反应。Fe(Ⅵ)被还原为 Fe(Ⅲ)或 Fe(Ⅱ)，表明 Fe(Ⅵ)在氧化污染物时表现出不同的氧化能力。上述各反应的速率常数都与 pH 有关，因此 Fe(Ⅵ)的氧化能力可能会随着 pH 的变化而变化 (Sharma 等，2015)。

最近一项关于在液相中合成稳定的 $Fe^{Ⅵ}O_4^{2-}$ 的研究表明，热法和湿法相耦合的方法可得到能稳定存在两周的 Fe(Ⅵ)溶液。这种混合方法优于 Fe(Ⅵ)溶液稳定性只有几个小时的典型合成方法 (Sharma 等，2015)。

Fe(Ⅵ)同时具有消毒、氧化和混凝特性，因此单独使用 Fe(Ⅵ)处理可实现微生物灭活及工业污染物、微污染物和毒素的氧化转化，同时可去除重金属和磷酸盐等 (Jiang，2014；Sharma 等，2015；Sharma，2010b；Yates 等，2014)。以下几节将简要介绍 Fe(Ⅵ) 水处理技术的几种实际案例。

17.4.1 消毒

Fe(Ⅵ)用作消毒剂灭活多种微生物已有 30 多年的历史 (Jiang，2014；Sharma，2007b)。在世界不同地区的应用结果表明，Fe(Ⅵ)可以使总大肠菌群灭活率达到 99.9% 以上 (Sharma 等，2005)，且在宽 pH 范围内对大肠杆菌均可实现高效灭活。

在不同 pH (25mmol/L 磷酸盐缓冲液) 和 25℃的条件下，研究者通过研究Fe(Ⅵ)的综合暴露量 (即 $\int[Fe(Ⅵ)]dt$) 与大肠杆菌对数灭活水平之间的线性关系，得到了大肠杆菌灭活速率常数，其随 pH 的增加而降低 (Cho 等，2006)。在 pH＝7.2 和 25℃的条件下，大肠杆菌灭活速率常数为 0.625L/(mg·min)(Cho 等，2006)。其他对Fe (Ⅵ)消毒剂敏感的微生物致病菌主要包括：牛链球菌、白色念珠菌金黄色葡萄球菌、粪链球菌、蜡状芽孢杆菌、枯草芽孢杆菌、福氏志贺菌和沙门氏菌等 (Sharma，2007a)。

Fe(Ⅵ)也可以对类似病毒进行灭活(Jiang 等，2006；Sharma，2007a)。Fe(Ⅵ)可以灭活 $f2$ 和 $Q\beta$ 病毒，灭活率随 pH 的升高而降低，类似于 Fe(Ⅵ)对大肠杆菌的灭活。Fe(Ⅵ)灭活噬菌体 MS2 的研究表明，Fe(Ⅵ)主要通过损伤衣壳蛋白和病毒基因组起到灭活效果(Hu 等，2012)。

水源中的溴离子可与氯、H_2O_2 和 O_3 反应生成致癌溴代副产物。由于 Fe(Ⅵ)与溴离子不发生反应(Sharma，2010)，因此当 Fe(Ⅵ)作为预氧化剂在氯化前使用时，可减少消毒副产物(DBPs)的产生(Gan 等，2015；Yang 等，2013)。天然有机物消毒副产物生成势研究表明，利用 Fe(Ⅵ)进行预氧化后再氯化，三卤甲烷(THMs)、水合氯醛(CH)、卤乙腈(HANs)的生成量会降低(Gan 等，2015)。DBPs 的降低与 Fe(Ⅵ)的使用剂量有关。

17.4.2　氧化

研究者通过对 Fe(Ⅵ)与多种不同分子结构污染物反应动力学的研究，评价了Fe(Ⅵ)对污染物的去除效果(Lee 等，2014；Lee 等，2009；Lee 和 von Gunten，2010；Sharma，2011，2013；Zimmermann 等，2012)。早期的研究主要是 Fe(Ⅵ)氧化含硫和含氮化合物(如硫化物、亚硫酸氢盐、氰化物、氨、叠氮化物、硫醇、胺、氨基酸)，动力学测定主要在中性至碱性 pH 范围内进行。对于几乎所有的污染物，氧化动力学对 Fe(Ⅵ)及污染物均为一级反应，Fe(Ⅵ)氧化污染物为二级反应，反应速率常数 k_2 范围为 $10^{-2}\sim10^5$ L/(mol・s)。

近年来，反应动力学研究重点转向了新兴污染物，如内分泌干扰物(EDCs)、药物和个人护理品(PPCPs)(如烷基酚类、磺胺类、β-内酰胺类、β-阻滞剂和苯甲酮)及蓝藻毒素(如微囊藻毒素-LR)等(Sharma 等，2015，2016)。Fe(Ⅵ)与环境污染物如卡马西平、恩诺沙星、环丙沙星、双氯芬酸、17α-乙炔雌醇和磺胺甲恶唑的反应活性随 pH 的变化如图 17-1 所示(Lee 等，2009)。这些化合物具有丰富的电子基团(ERM)，如烯烃、胺和苯胺，

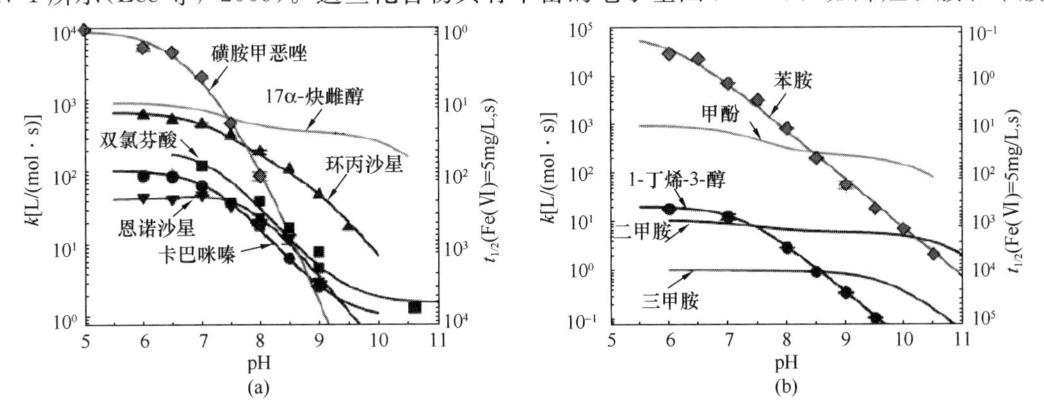

图 17-1　Fe(Ⅵ)与微污染物和有机模型化合物在 pH=5～11、T=(23±2)℃条件下反应的二级速率常数和半衰期($t_{1/2}$)(改编自 Lee 等，2009)

(a) 微污染物；(b) 有机模型化合物

注：符号表示实测数据，直线表示模型拟合。Fe(Ⅵ)的半衰期针对 5mg Fe/L(90μmol/L)计算。

因此与 Fe(Ⅵ)具有显著的反应活性(图 17-1)。在碱性介质中，速率常数随 pH 的增大而减小，计算得到的半衰期随 pH 的增大而增大(图 17-1)。pH 对速率常数和半衰期的影响，与 Fe(Ⅵ)($HFeO_4^-$)质子化型态的反应活性高于去质子化型态(FeO_4^{2-})有关。$HFeO_4^-$ 的含量随 pH 的增大而降低($HFeO_4^- \rightleftharpoons H^+ + FeO_4^{2-}$，$pK_{a3}=7.23$(Sharma 等，2001))，化合物的氧化速度随 pH 的增大而减慢。

表 17-3 总结了在 pH 为 7.0 的条件下 Fe(Ⅵ)与各种新兴污染物反应的二级速率常数。在 pH 为 7.0、Fe(Ⅵ) 剂量为 10mg/L 时，Fe(Ⅵ) 氧化 EDCs 的 k_2 值范围为 $6.5\times10^2 \sim 7.9\times10^3$L/(mol·s)，其半衰期为 1.7s～21.2s(表 17-3)。Fe(Ⅵ)氧化 PPCPs 时，k_2值变化较大[pH=7.0 时为 $1.8\times10^1 \sim 1.5\times10^3$ L/(mol·s)]，大多数 PPCPs 的计算半衰期以秒为单位(表 17-3)。表 17-3 的数据表明，大量化合物可以被Fe(Ⅵ)高效氧化，表 17-3 还表明 O_3氧化微污染物的二级速率常数比 Fe(Ⅵ)一般高 3～4 个数量级。O_3可以在不到 1s 的时间内去除大部分污染物(表 17-3)。因此，O_3处理新兴污染物比Fe(Ⅵ)更有效。但是需要注意的是，氧化剂的稳定性对水中污染物整体去除效率也起着重要的作用，在某一水处理厂的二级出水中，Fe(Ⅵ)比 O_3（小于 5min）更稳定（超过 30min）(Lee 等，2009)。

EDCs 和 PPCPs 与 Fe(Ⅵ) 反应的二级速率常数（pH=7.0 和 25℃条件下）　表 17-3

化合物		k_2[L/(mol·s)] ($t_{1/2}$(s)*)Fe(Ⅵ)	参考文献	k_2[L/(mol·s)] ($t_{1/2}$(s)**)O_3	参考文献
EDCs	双酚 A(BPA)	6.5×10^2(21.2)	Li 等(2008)	2.7×10^6(0.01)	Lee 等(2009)
	四溴双酚 A	7.9×10^3(1.7)	Yang 等(2014)	—	—
	17α-乙炔雌二醇(EE2)	8.1×10^2(17.0)	Li 等(2008)	1.6×10^6(0.02)	Lee 等(2009)
	雌激素酮(E1)	1.0×10^3(13.7)	Li 等(2008)	1.0×10^6(0.03)	Jiang 等(2012)
	β-雌二醇(E2)	1.1×10^3(12.6)	Li 等(2008)	1.7×10^6(0.02)	Lee 等(2009)
	雌激素三醇(E3)	1.2×10^3(10.9)	Li 等(2008)	1.0×10^6(0.03)	Jiang 等(2012)
PPCPs	亚砜唑	1.5×10^3(9.2)	Sharma 等(2006)	—	—
	磺胺甲嘧啶	1.0×10^3(13.2)	Sharma 等(2006)	—	—
	磺胺甲二唑	4.1×10^2(33.9)	Sharma 等(2006)	$(2\sim3)\times10^5$(0.14)	Garoma 等(2010)
	磺胺地托辛	0.8×10^2(175)	Sharma 等(2006)	—	—
	磺胺甲恶唑	1.3×10^3(10.4)	Sharma 等(2006)	2.5×10^6(0.01)	Lee 等(2009)
	三氯生	1.1×10^3(12.3)	Lee 等(2009)	3.8×10^7(0.01)	Lee 等(2009)
	氨甲酰氮草	6.7×10^1(202)	Lee 等(2009)	3.0×10^5(0.18)	Lee 等(2009)
	环丙沙星	4.7×10^2(28.8)	Lee 等(2009)	1.9×10^4(2.8)	Lee 等(2009)
	恩诺沙星	4.6×10^1(294)	Lee 等(2009)	1.5×10^5(0.36)	Lee 等(2009)
	阿莫西林	2.8×10^3(4.8)	Sharma 等(2013)	6.0×10^6(0.005)	Andreozzi 等(2005)
	氨比西林	1.1×10^3(12.3)	Sharma 等(2013)	4.1×10^5(1.0)	Jung 等(2012)
	青霉素 G	1.1×10^2(123)	Karlesa 等(2014)	4.8×10^3(1.2)	Dodd 等(2006)

续表

化合物		k_2[L/(mol·s)] [$t_{1/2}$(s)*]Fe(Ⅵ)	参考文献	k_2[L/mol·s)] [$t_{1/2}$(s)**]O_3	参考文献
PPCPs	头孢氨苄	6.9×10^2(19.6)	Karlesa 等(2014)	8.7×10^4(0.07)	Dodd 等(2006)
	双氯芬酸	1.3×10^2(104)	Lee 等(2009)	1.0×10^6(0.03)	Lee 等(2009)
	特拉莫尔	1.4×10^1(960)	Zimmermann 等(2012)	2.2×10^3(15.0)	Zimmermann 等(2012)
	甲氧苄氨嘧啶	4.0×10^1(338)	Anquandah 等(2011)	2.7×10^5(0.12)	Dodd 等(2006)
	阿替洛尔	1.3×10^3(10.4)	Lee 和 Von Gunten (2010)	1.7×10^3(11.6)	Benner 等(2008)
	心得安	1.8×10^1(720)	Anquandah 等(2013)	1.0×10^5(0.32)	Benner 等(2008)
	二苯甲酮-3	2.2×10^2(62.6)	Yang 和 Ying (2013)	—	—

* 在 Fe(Ⅵ)超标的假二级条件下计算的 10mg/L K_2FeO_4剂量；** [O_3] = 1.0 mg/L 时的半衰期。

Yang 等(2012)研究了Fe(Ⅵ)对两个污水处理厂(WWTPs)二级出水中的 EDCs 和 PPCPs 的降解效果，31 种 EDCs 和 PPCPs 的检出浓度范围为(0.2±0.1)～(1156±182) ng/L，Fe(Ⅵ)可以氧化大部分目标微污染物(Yang 等，2012)。总的来说，Fe(Ⅵ)易氧化富电子的有机污染物，如胺基、苯胺基、烯烃基和酚基等。EDCs 和 PPCPs 的去除率随 Fe(Ⅵ)剂量的增加而增加。研究表明，基于 Fe(Ⅵ)的处理技术对多种 EDCs 和 PPCPs 具有明显的去除效果(Yang 等，2012)。

采用 Fe(Ⅵ)对水源中的微囊藻毒素(MC-LR)进行氧化动力学研究发现，MC-LR 可以快速降解[pH=7.5 时 k_2=(1.3±10^2)L/(mol·s)，pH=10.0 时 k_2=(8.1±0.08)L/(mol·s)](Jiang 等，2004)。利用液相色谱-质谱/质谱(LC-MS/MS)对降解产物进行分析表明，氧化产物(OPs)主要是由甲基脱氢丙氨酸(Mdha)氨基残基、二烯和芳香官能团的双键羟基化而成。在 Fe(Ⅵ)处理过程中也出现了 MC-LR 环状结构的断裂，使用蛋白磷酸酶(PP1)进行的毒性试验表明，MC-LR 降解的副产物没有生物毒性。此外，Fe(Ⅵ)也可降解含有碳酸根离子和富里酸(FA)的水中以及湖泊水中的 MC-LR，但与去离子水相比，需要较高含量的 Fe(Ⅵ)(Jiang 等，2014)。

17.4.3　混凝

Fe(Ⅵ)生成的铁氧化物作为一种强力混凝剂，适用于去除腐殖酸、放射性核素、金属和非金属等(Horst 等，2013；Joshi 等，2008；Potts 和 Churchwell，1994；Prucek 等，2015；Qu 等，2003)。Fe(Ⅵ)预氧化有助于去除污染物，Fe(Ⅵ)可以破坏水基质颗粒上的有机层，从而增强混凝作用。例如，Fe(Ⅵ)与混凝剂联合使用时对富里酸的去除效果优于单独使用混凝剂的效果(Qu 等，2003)。采用 Fe(Ⅵ)对水样进行预处理，也可以观察到对藻类的强化混凝作用(Liu 和 Liang，2008)。

研究表明，Fe(Ⅵ)能够去除实验室配水中的多种有毒金属和非金属(Bartzatt 等，1992)，在去除过程中，也降低了水的浊度。这些金属的去除是通过氧化铁凝胶中的共沉淀过程完成的。对金属一氰化物络合物中亚砷酸盐、砷酸盐、铜(Ⅱ)、镉(Ⅱ)、镍(Ⅱ)和金属的去除机理的研究表明，引起混凝/共沉淀的主要铁种为纳米 Fe(Ⅲ)氧化物/氢氧化物，它们是通过 Fe(Ⅵ) 还原而生成的(Filip 等，2011；Jain 等，2009；Prucek 等，2013；Prucek 等，2015)。在含有亚砷酸盐的情况下，Fe(Ⅵ)与 Al(Ⅲ)和 Fe(Ⅲ)离子结合可以完全去除水中的砷(Jain 等，2009)。然而，基质成分如磷酸盐、硝酸盐、硅酸盐和天然有机物(NOM)增加了实验室配水中砷去除所需的 Fe(Ⅵ)含量。

17.5 结论和展望

磁性 ZVI 和 Fe(Ⅲ)氧化物纳米颗粒可用于去除水中的无机和有机污染物，使用低梯度磁场对这些纳米颗粒进行磁分离，与膜过滤相比成本效益更高。但是，纳米颗粒的聚集可能会降低其去除污染物的能力，因此，对于磁性纳米颗粒的回收和再利用还需要进一步的研究。在 nZVI 的使用中，存在混悬液的混合和注入等技术问题，因此 nZVI 对水源处理仍存在局限性，需要进一步研究。nZVI 和 Fe(Ⅲ)氧化物的表面化学性质复杂，其性能仍有很大的改善空间，这将提高其在环境处理中的实用性。

高铁酸盐是一种极具发展前景的环境友好型化合物，其具有消毒、氧化和混凝等多种作用。在过去的几年里，已有研究证明其在原位处理水中新兴污染物方面比常规工艺有更好的效果。然而，高铁酸盐溶液稳定性控制和大规模应用的工艺设计仍然存在困难。标准处理单元操作(如快速混合、絮凝、沉降、过滤、吸附)需要在大规模应用中解决。实验室配水处理的众多实例表明高铁酸盐技术的主要优势是一步处理，即可对多种污染物进行氧化/消毒和混凝。今后还需进一步评估在实际条件下处理不同来源的水和废水所需的高铁酸盐剂量。

17.6 致谢

V. K. Sharma 感谢美国国家科学基金会对高铁酸盐研究(CBET-1439314)的支持。R. Zboril 感谢捷克共和国教育、青年和体育部(LO1305)及捷克共和国技术署“能力中心”(项目 TE01020218)提供的经费支持。

17.7 参考文献

Andreozzi R., Canterino M., Marotta R. and Paxeus N. (2005). Antibiotic removal from wastewaters: The ozonation of amoxicillin. *Journal of Hazardours Materials*, **122**, 243–250.

Anquandah G. A. K., Sharma V. K., Knight D. A., Batchu S. R. and Gardinali P. R. (2011). Oxidation of Trimethoprim by Ferrate(VI): Kinetics, Products, and Antibacterial Activity. *Environmental Science & Technology*, **45**, 10575–10581.

Anquandah G. A. K., Sharma V. K., Panditi V. R., Gardinali P. R., Kim H. and Oturan M. A. (2013). Ferrate(VI) oxidation of propranolol: kinetics and products. *Chemosphere*, **91**, 105–109.

Bae S. and Hanna K. (2015). Reactivity of nanoscale zero-valent iron in unbuffered systems: effect of pH and Fe(II) dissolution. *Environmental Science Technology*, **49**, 1036–1045.

Bae S. and Lee W. (2010). Inhibition of nZVI reactivity by magnetite during the reductive degradation of 1,1,1-TCA in nZVI/magnetite suspension. *Application Catal. B Environmental*, **96**, 10–17.

Baikousi M., Georgiou Y., Daikopoulos C., Bourlinos A. B., Filip J., Zboril R., Deligiannakis Y. and Karakassides M. A. (2015). Synthesis and characterization of robust zero valent iron/mesoporous carbon composites and their applications in arsenic removal. *Carbon*, **93**, 636–647.

Bartzatt R., Cano M., Johnson L. and Nagel D. (1992). Removal of toxic metals and nonmetals from contaminated water. *Journal of Toxicology and Environmental Health*, **35**, 205–210.

Bauer I. and Knölker H. (2015). Iron catalysis in organic synthesis. *Chemical Reviews*, **115**, 3170–3387.

Benner J., Salhi E., Ternes T. and von Gunten U. (2008). Ozonation of reverse osmosis concentrate: Kinetics and efficiency of beta blocker oxidation. *Water Research*, **42**, 3003–3012.

Carr J. D. (2008). Kinetics and product identification of oxidation by ferrate(VI) of water and aqueous nitrogen containing solutes. *ACS Symposium Series*, **985**(Ferrates), 189–196.

Chen D. and Huang S. (2004). Fast separation of bromelain by polyacrylic acid-bound iron oxide magnetic nanoparticles. *Process Biochem*, **39**, 2207–2211.

Chen J., Al-Abed S. R., Ryan J. A. and Li Z. (2001). Effects of pH on dechlorination of trichloroethylene by zero-valent iron. *Journal of Hazardous Materials*, **83**, 243–254.

Cho M., Lee Y., Choi W., Chung H. and Yoon J. (2006). Study on Fe(VI) species as a disinfectant: Quantitative evaluation and modeling for inactivating *Escherichia coli*. *Water Research*, **40**, 3580–3586.

Crane R. A. and Scott T. B. (2012). Nanoscale zero-valent iron: Future prospects for an emerging water treatment technology. *Journal of Hazardous Materials*, 211–212, 112–125.

Delaude L. and Laszlo P. (1996). A novel oxidizing reagent based on potassium ferrate(VI). *The Journal of Organic Chemistry*, **61**, 6360–6370.

Dodd M. C., Buffle M. and Von Gunten U. (2006). Oxidation of antibacterial molecules by aqueous ozone: Moiety-specific reaction kinetics and application to ozone-based wastewater treatment. *Environmental Science & Technology*, **40**, 1969–1977.

Dong J., Zhao Y., Zhao R. and Zhou R. (2010). Effects of pH and particle size on kinetics of nitrobenzene reduction by zero-valent iron. *Journal of Environmental Sciences*, **22**, 1741–1747.

Doong R. and Lai Y. (2005). Dechlorination of tetrachloroethylene by palladized iron in the presence of humic acid. *Water Research*, **39**, 2309–2318.

Farmand M., Jiang D., Wang B., Ghosh S., Ramaker D. E. and Licht S. (2011). Super-iron nanoparticles with facile cathodic charge transfer. *Electrochemistry Communications*, **13**, 909–912.

Filip J., Yngard R. A., Siskova K., Marusak Z., Ettler V., Sajdl P., Sharma V. K. and Zboril R. (2011). Mechanisms and efficiency of the simultaneous removal of metals and cyanides by using ferrate(VI): Crucial roles of nanocrystalline iron(III) oxyhydroxides and metal carbonates. *Chemistry European Journal*, **17**, 10097–10105.

Gan W., Sharma V. K., Zhang X., Yang L. and Yang X. (2015). Investigation of disinfection byproducts formation in ferrate(VI) pre-oxidation of NOM and its model comounds followed by chlorination. *Journal of Hazardours Materials*, **292**, 197–204.

Garoma T., Umamaheshwar S. K. and Mumper A. (2010). Removal of sulfadiazine, sulfamethizole, sulfamethoxazole, and sulfathiazole from aqueous solution by ozonation. *Chemosphere*, **79**, 814–820.

Ge F., Li M., Ye H. and Zhao B. (2012). Effective removal of heavy metal ions Cd^{2+}, Zn^{2+}, Pb^{2+}, Cu^{2+} from aqueous solution by polymer-modified magnetic nanoparticles. *Journal of Hazardours Materials*, **211–212**, 366–372.

Goff H. and Murmann R. K. (1971). Studies on the mechanism of isotopic oxygen exchange and reduction of ferrate(VI) ion (FeO_4^{2-}). *Journal of the American Chemical Society*, **93**, 6058–6065.

Guan X., Sun Y., Qin H., Li J., Lo I. M. C., He D. and Dong H. (2015). The limitations of applying zero-valent iron technology in contaminants sequestration and the corresponding countermeasures: The development in zero-valent iron technology in the last two decades (1994–2014). *Water Research*, **75**, 224–248.

Gutiérrez L., Costo R., Grüttner C., Westphal F., Gehrke N., Heinke D., Fornara A., Pankhurst Q. A., Johansson C., Veintemillas-Verdaguer S. and Morales M. P. (2015). Synthesis methods to prepare single- and multi-core iron oxide nanoparticles for biomedical applications. *Dalton Transactions*, **44**, 2943–2952.

Hao Y., Man C. and Hu Z. (2010). Effective removal of Cu (II) ions from aqueous solution by amino-functionalized magnetic nanoparticles. *Journal of Hazardours Materials*, **184**, 392–399.

Horst C., Sharma V. K., Clayton Baum J. and Sohn M. (2013). Organic matter source discrimination by humic acid characterization: Synchronous scan fluorescence spectroscopy and Ferrate(VI). *Chemosphere*, **90**, 2013–2019.

Hu J., Lo I. M. C. and Chen G. (2004). Removal of Cr(VI) by magnetite nanoparticle. *Water Science and Technology*, **50**, 139–146.

Hu J., Chen G. and Lo I. M. C. (2005). Removal and recovery of Cr(VI) from wastewater by maghemite nanoparticles. *Water Research*, **39**, 4528–4536.

Hu L., Page M. A., Sigstam T., Kohn T., Mariñas B. J. and Strathmann T. J. (2012). Inactivation of bacteriophage MS2 with potassium ferrate(VI). *Environmental Science & Technology*, **46**, 12079–12087.

Jain A., Sharma V. K. and Mbuya M. S. (2009). Removal of arsenite by Fe(VI), Fe(VI)/Fe(III), and Fe(VI)/Al(III) salts: Effect of pH and anions. *Journal of Hazardours Materials*, **169**, 339–344.

Jarošová B., Filip J., Hilscherová K., Tucek J., Šimek Z., Giesy J. P., Zboril R. and Bláha L. (2015). Can zero-valent iron nanoparticles remove waterborne estrogens? *Journal of Environmental Management*, **150**, 387–392.

Jiang J., Pang S., Ma J. and Liu H. (2012). Oxidation of phenolic endocrine disrupting chemicals by potassium permanganate in synthetic and real waters. *Environmental Science & Technology*, **46**, 1774–1781.

Jiang W., Chen L., Batchu S. R., Gardinali P. R., Jasa L., Marsalek B., Zboril R., Dionysiou D. D., O'Shea K. E. and Sharma V. K. (2014). Oxidation of microcystin-LR by ferrate(VI): Kinetics, degradation pathways, and toxicity assessment. *Environmental Science & Technology*, **48**, 12164–12172 and

Jiang J. Q. (2014). Advances in the development and application of ferrate(VI) for water and wastewater treatment. *Journal Chemical Technology Biotechnology*, **89**, 165–177 and

Jiang J. Q. (2015). The role of ferrate(VI) in the remediation of emerging micropollutants: a review. *Desalination and Water Treatment*, **55**, 828–835.

Jiang J. Q., Wang S. and Panagoulopoulos A. (2006). The exploration of potassium ferrate(VI) as a disinfectant/coagulant in water and wastewater treatment. *Chemosphere*, **63**, 212–219.

Joshi U. M., Balasubramanian R. and Sharma V. K. (2008). Potential of ferrate(VI) in enhancing urban runoff water quality. *ACS Symposium Series*, **985**, 466–476.

Jung Y. J., Kim W. G., Yoon Y., Hwang T. and Kang J. (2012). pH effect on ozonation of ampicillin: Kinetic study and toxicity assessment. *Ozone Science and Engineering*, **34**, 156–162.

Karlesa A., De Vera G. A. D., Dodd M. C., Park J., Espino M. P. B. and Lee Y. (2014). Ferrate(VI) oxidation of ß-lactam antibiotics: Reaction kinetics, antibacterial activity changes, and transformation products. *Environmental Science & Technology*, **48**, 10380–10389.

Kim C., Panditi V. R., Gardinali P. R., Varma R. S., Kim H. and Sharma V. K. (2015). Ferrate promoted oxidative cleavage of sulfonamides: kinetics and product formation under acidic conditions. *Chemical Engineering Journal*, **279**, 307–316.

Lee C., Jee Y. K., Won I. L., Nelson K. L., Yoon J. and Sedlak D. L. (2008). Bactericidal effect of zero-valent iron nanoparticles on *Escherichia coli*. *Environmental Science & Technology*, **42**, 4927–4933.

Lee Y. and von Gunten U. (2010). Oxidative transformation of micropollutants during municipal wastewater treatment: Comparison of kinetic aspects of selective (chlorine, chlorine dioxide, ferrate^{VI}, and ozone) and non-selective oxidants (hydroxyl radical). *Water Research*, **44**, 555–566.

Lee Y., Yoon J. and von Gunten U. (2005). Spectrophotometeric determination of ferrate (Fe(VI)) in water by ABTS. *Water Research*, **25**, 1946–1953.

Lee Y., Zimmermann S. G., Kieu A. T. and von Gunten U. (2009). Ferrate (Fe(VI)) application for municipal wastewater treatment: A novel process for simultaneous micropollutant oxidation and phosphate removal. *Environmental Science & Technology*, **43**, 3831–3838.

Lee Y., Kissner Y. and von Gunten U. (2014). Reaction of ferrate(VI) with ABTS and self-decay of ferrate(VI): Kinetics and mechanism. *Environmental Science & Technology*, **48**, 5154–5162.

Li C., Li X. Z., Graham N. and Gao N. Y. (2008). The aqueous degradation of bisphenol A and steroid estrogens by ferrate. *Water Research*, **42**, 109–120.

Licht S., Wang B. and Ghosh S. (1999). Energetic iron(VI) chemistry: The super-iron battery. *Science*, **285**, 1039–1042.

Ling D., Lee N. and Hyeon T. (2015). Chemical synthesis and assembly of uniformly sized iron oxide nanoparticles for medical applications. *Accounts of Chemical Research*, **48**, 1276–1285.

Liu T., Li X. and Waite T. D. (2013). Depassivation of aged Fe (0) by ferrous ions: Implications to contaminant degradation. *Environmental Science & Technology*, **47**, 13712–13720.

Liu T., Li X. and Waite T. D. (2014). Depassivation of aged Fe(0) by divalent cations: Correlation between contaminant degradation and surface complexation constants. *Environmental Science & Technology*, **48**, 14564–14571.

Liu W. and Liang Y. (2008). Use of ferrate(VI) in enhancing the coagulation of algae-bearing water: effect and mechanism study. *ACS Symposium Series*, **985**(Ferrates), 434–445.

Liu Y. and Lowry G. V. (2006). Effect of particle age (Fe(0) content) and solution pH on NZVI reactivity: H_2 evolution and TCE dechlorination. *Environmental Science & Technology*, **40**, 6085–6090.

Luo Z., Strouse M., Jiang J. Q. and Sharma V. K. (2011). Methodologies for the analytical determination of ferrate(VI): A Review. *Journal of Environmental Science and Health: Part A Toxic/Hazardous Substances Environmental Engineering*, **46**, 453–460.

Machala L., Tuček J. and Zbořil R. (2011). Polymorphous transformations of nanometric iron(III) oxide: A review. *Chemical Materials*, **23**, 3255–3272.

Mácová Z. and Bouzek K. (2012). The influence of electrolyte composition on electrochemical ferrate(VI) synthesis. Part III: Anodic dissolution kinetics of a white cast iron anode rich in iron carbide. *Journal of Applied Electrochemistry*, **42**, 615–626.

Macova Z., Bouzek K., Hives J., Sharma V. K., Terryn R. J. and Baum J. C. (2009). Research progress in the electrochemical synthesis of ferrate(VI). *Electrochimica Acta*, **54**, 2673–2683.

Marsalek B., Jancula D., Marsalkova E., Mashlan M., Safarova K., Tucek J. and Zboril R. (2012). Multimodal action and selective toxicity of zerovalent iron nanoparticles against cyanobacteria. *Environmental Science & Technology*, **46**, 2316–2323.

Mueller N. C., Braun J., Bruns J., Cerník M., Rissing P., Rickerby D. and Nowack B. (2012). Application of nanoscale zero valent iron (NZVI) for groundwater remediation in Europe. *Environmental Science & Pollution Research*, **19**, 550–558.

Noubactep C. (2015). Metallic iron for environmental remediation: A review of reviews. *Water Research*, **85**, 114–123.

Pereira M. C., Oliveira L. C. A. and Murad E. (2012). Iron oxide catalysts: Fenton and Fenton-like reactions – A review. *Clay Mineral*, **47**, 285–302.

Perfiliev Y. D., Benko E. M., Pankratov D. A., Sharma V. K. and Dedushenko S. D. (2007). Formation of iron(VI) in ozonolysis of iron(III) in alkaline solution. *Inorganic Chimistry Acta*, **360**, 2789–2791.

Poleshchuk O., Kruchkova N., Perfiliev Y. and Dedushenko S. (2010). Estimations of the isomer shifts for tetraoxoferrates. *Journal Physical: Conference Series*, **217**, 012041–012044.

Potts M. E. and Churchwell D. R. (1994). Removal of radionuclides in wastewaters utilizing potassium ferrate(VI). *Water Environmental Research*, **66**, 107–109.

Prucek R., Tuček J., Kolařík J., Filip J., Marušák Z., Sharma V. K. and Zbořil R. (2013). Ferrate(VI)-induced arsenite and arsenate removal by in situ structural incorporation into magnetic iron(III) oxide nanoparticles. *Environmental. Science & Technology*, **47**, 3283–3292.

Prucek R., Tucek J., Kolarik J., Huskova I., Filip J., Varma R. S., Sharma V. K. and Zboril R. (2015). Ferrate(VI)-prompted removal of metals in aqueous media: mechanistic delineation of enhanced efficiency via metal entrenchment in magnetic oxides. *Environmental Science & Technology*, **49**, 2319–2327.

Qu J., Liu H., Liu S.-X. and Lei P. J. (2003). Reduction of fulvic acid in drinking water by ferrate. *Journal of Environmental Engineering*, **129**, 17–24.

Raychoudhury T. and Scheytt T. (2013). Potential of Zerovalent iron nanoparticles for remediation of environmental organic contaminants in water: A review. *Water Science & Technology*, **68**, 1425–1439.

Reddy L. H., Arias J. L., Nicolas J. and Couvreur P. (2012). Magnetic nanoparticles: Design and characterization, toxicity and biocompatibility, pharmaceutical and biomedical applications. *Chemical Reviews*, **112**, 5818–5878.

Sharma V. K. (2007a). Disinfection performance of Fe(VI) in water and wastewater: a review. *Water Science & Technology*, **55**, 225–232.

Sharma V. K. (2007b). Ferrate Studies for Disinfection and Treatment of Drinking Water. In: Nikolaou, A., Rizzo, L., Selcuk, H. (Eds.). *Advances in Control of Disinfection by-Products in Drinking Water Systems*. Nova Science Publishers, New York, USA, pp. 373–380.

Sharma V. K. (2010a). Oxidation of inorganic compounds by Ferrate (VI) and Ferrate(V): One-electron and two-electron transfer steps. *Environmental Science & Technology*, **44**, 5148–5152.

Sharma V. K. (2010b). Oxidation of nitrogen containing pollutants by novel ferrate(VI) technology: A review. *Journal of Environmental Science and Health: Part A Toxic/Hazardous Substances Environmental Engineering*, **45**,

645–667.
Sharma V. K. (2011). Oxidation of inorganic contaminants by ferrates(Fe(VI), Fe(V), and Fe(IV))- Kinetics and Mechanisms - A Review. *Journal Environmental Manage*, **92**, 1051–1073.
Sharma V. K. (2013). Ferrate(VI) and ferrate(V) oxidation of organic compounds: Kinetics and mechanism. *Coordination Chemistry Reviews*, **257**, 495–510.
Sharma V. K., Burnett C. R. and Millero F. J. (2001). Dissociation constants of monoprotic ferrate(VI) ions in NaCl media. *Physical Chemistry Chemical Physics*, **3**, 2059–2062.
Sharma V. K., Kazama F., Jiangyong H. and Ray A. K. (2005). Ferrates as environmentally-friendly oxidants and disinfectants. *Journal of Water and Health*, **3**, 45–58.
Sharma V. K., Mishra S. K. and Nesnas N. (2006). Oxidation of sulfonamide antimicrobials by ferrate(VI) [$Fe^{VI}O_4^{2-}$]. *Environmental Science & Technology*, **40**, 7222–7227.
Sharma V. K., Liu F., Tolan S., Sohn M., Kim H. and Oturan M. A. (2013). Oxidation of β—lactam antibiotics by ferrate(VI). *Chemical Engineering Journal*, **221**, 446–451.
Sharma V. K., Perfiliev Y., Zboril R., Machala L. and Wynter C. (2013). Ferrates (IV, V, and VI): Mössbauer Spectroscopy Characterization. In: Virender K. Sharma, Gostar Klingelhofer, Tetsuaki Nishida. (Ed.). *Mossbauer Spectroscopy: Applications in Chemistry*, Biology, Industry, and Nanotechnology, Hoboken, New Jersey, USA.
Sharma V. K., Zboril R. and Varma R. S. (2015). Ferrates: Greener oxidants with multimodal action in water treatment technologies. *Accounts of Chemical Research*, **48**, 182–191.
Sharma V. K., Chen L. and Zboril R. (2016). A Review on high valent Fe^{VI} (ferrate): A sustainable green oxidant in organc chemistry and transformation of pharmaceuticals. *ACS Sustainable Chemical Eng.*, In press.
Soukupova J., Zboril R., Medrik I., Filip J., Safarova K., Ledl R., Mashlan M., Nosek J. and Cernik M. (2015). Highly concentrated, reactive and stable dispersion of zero-valent iron nanoparticles: Direct surface and site application. *Chemical Engineering Journal*, **262**, 813–822.
Tang S. C. N. and Lo I. M. C. (2013). Magnetic nanoparticles: Essential factors for sustainable environmental applications. *Water Research*, **47**, 2613–2632.
Tratnyek P. G., Scherer M. M., Deng B. and Hu S. (2001). Effects of natural organic matter, anthropogenic surfactants, and model quinones on the reduction of contaminants by zero-valent iron. *Water Research*, **35**, 4435–4443.
Wang Y., Zhou D., Wang Y., Zhu X. and Jin S. (2011). Humic acid and metal ions accelerating the dechlorination of 4-chlorobiphenyl by nanoscale zero-valent iron. *Journal Environmental Science*, **23**, 1286–1292.
Wang C., Klamerth N., Huang R., Elnakar H. and Gamal El-Din M. (2016). Oxidation of oil sands process-affected water by potassium ferrate(VI). *Environmental Science & Technology*, **50**, 4238–4247.
Xie L. and Shang C. (2007). The effects of operational parameters and common anions on the reactivity of zero-valent iron in bromate reduction. *Chemosphere*, **66**, 1652–1659.
Xie Y. and Cwiertny D. M. (2012). Influence of anionic cosolutes and ph on nanoscale zerovalent iron longevity: Time scales and mechanisms of reactivity loss toward 1,1,1,2-tetrachloroethane and Cr(VI). *Environmental Science & Technology*, **46**, 8365–8373.
Yan W., Lien H., Koel B. E. and Zhang W. (2013). Iron nanoparticles for environmental clean-up: Recent developments and future outlook. *Environmental Science: Processes & Impacts*, **15**, 63–77.
Yang B. and Ying G. (2013). Oxidation of benzophenone-3 during water treatment with ferrate(VI). *Water Research*, **47**, 2458–2466.
Yang B., Ying G. G., Zhao J., Liu S., Zhou L. J. and Chen F. (2012). Removal of selected endocrine disrupting chemicals (EDCs) and pharmaceuticals and personal care products (PPCPs) during ferrate(VI) treatment of secondary wastewater effluents. *Water Research*, **46**, 2194–2204.
Yang B., Ying G., Chen Z., Zhao J., Peng F. and Chen X. (2014). Ferrate(VI) oxidation of tetrabromobisphenol A in comparison with bisphenol A. *Water Research*, **62**, 211–219.
Yang W., Kan A. T., Chen W. and Tomson M. B. (2010). PH-dependent effect of zinc on arsenic adsorption to magnetite nanoparticles. *Water Research*, **44**, 5693–5701.
Yang X., Guo W., Zhang X., Chen F., Ye T. and Liu W. (2013). Formation of disinfection by-products after pre-oxidation with chlorine dioxide or ferrate. *Water Research*, **47**, 5856–5864.
Yates B. J., Zboril R. and Sharma V. K. (2014). Engineering aspects of ferrate in water and wastewater treatment – A Review. *Journal of Environmental Science and Health: Part A Toxic/Hazardous Substances Environmental Engineering*, **49**, 1603–1604.
Zimmermann S. G., Schmukat A., Schulz M., Benner J., von Gunten U. and Ternes T. A. (2012). Kinetic and mechanistic investigations of the oxidation of tramadol by ferrate and ozone. *Environmental Science Technology*, **46**, 876–884.